Geschichte intellektuell

Geschichte intellektuell

Theoriegeschichtliche Perspektiven

Herausgegeben von

Friedrich Wilhelm Graf, Edith Hanke und Barbara Picht

Mohr Siebeck

Friedrich Wilhelm Graf ist emeritierter Professor für Systematische Theologie und Ethik an der Ludwig-Maximilians-Universität München.

Edith Hanke ist Generalredakteurin der Max Weber-Gesamtausgabe bei der Bayerischen Akademie der Wissenschaften München.

Barbara Picht ist Akademische Mitarbeiterin an der Axel Springer-Stiftungsprofessur für deutsch-jüdische Literatur- und Kulturgeschichte, Exil und Migration an der Europa-Universität Viadrina, Frankfurt (Oder).

ISBN 978-3-16-153317-4

Die Deutsche Nationalbibliothek verzeichnet diese Publikation in der Deutschen Nationalbibliographie; detaillierte bibliographische Daten sind im Internet über *http://dnb.dnb.de* abrufbar.

Das Buch wurde von Hubert & Co. in Göttingen auf alterungsbeständiges Werkdruckpapier gedruckt und gebunden.

Den Umschlag entwarf Uli Gleis in Tübingen; Umschlagabbildung „Tag“ von Daniela Hussel, 2010, Öl auf Leinwand, 120 x 160 cm (Ausschnitt), *http://www.daniela-hussel.de/*.

Inhaltsübersicht

III. Geschichtsdenken interdisziplinär

IV. Europa als Schauplatz und Problem der Historiographie

Einleitung: Problemgeschichte(n) denken

Zu Gangolf Hübingers impliziter Historik

Friedrich Wilhelm Graf

Sehr viel stärker als andere deutschsprachige Historiker seiner Generation hat Gangolf Hübinger sich mit großer Konsequenz die Grundfrage aller modernen Theorie historischen Erkennens gestellt: Was ist die spezifische Aufgabe akademischer Geschichtswissenschaft in der modernen pluralistischen Gesellschaft? Mit seinem stark ausgeprägten Interesse an begrifflicher Klarheit hat Hübinger die Frage, welche Geschichtswissenschaft die Gesellschaft denn brauche, in drei Fragen epistemologisch differenziert: Was ist die Eigenart geschichtswissenschaftlichen Erkennens im Unterschied zu anderen wissenschaftlichen Erkenntnisweisen? Was ist die genuine Aufgabe akademischer Geschichtsforschung im Verhältnis zu den vielen anderen, außerhalb des Wissenschaftssystems stattfindenden Aktivitäten zur Erzeugung und Verbreitung von Geschichtsbildern? Wie ist also, dieselbe Frage noch einmal anders formuliert, das Verhältnis von kulturellem Gedächtnis und professionellem historischen Erkennen zu bestimmen? Was unterscheidet den akademisch trainierten Geschichtsexperten von den vielen anderen Geschichtsbild-Produzenten in der Gesellschaft – oder: was sollte ihn unterscheiden? Und schließlich die dritte Frage: Wie unterliegen die von Historikern seit 1800 vielfältig entworfenen Selbstdeutungen ihrer Professionsrolle, also ihre diversen Konzepte der besonderen Aufgabe der Geschichtswissenschaft als einer disziplinär selbständigen Geistes-, Kultur- oder Historischen Sozialwissenschaft, ihrerseits historischem Wandel? Schon die Vorgehensweise Hübingers beim Versuch der Beantwortung dieser Fragen lässt eine Eigenart seiner professionellen Selbstreflexion erkennen: Er wahrt Skepsis gegenüber allen Ansprüchen einer *systematischen Historik*, das besondere Erkenntnisgeschäft des Historikers auf einen abschließenden Begriff bringen zu können. Gerade weil er seit den Tagen der Arbeit an der bei Wolfgang J. Mommsen geschriebenen Dissertation über Georg Gottfried Gervinus[1] den deutschsprachigen protestantisch imprägnierten Historik-Diskurs der großen Fachhistoriker des 19.

[1] Gangolf Hübinger, *Georg Gottfried Gervinus. Historisches Urteil und politische Kritik*, (Schriftenreihe der Historischen Kommission bei der Bayerischen Akademie der Wissenschaften, Band 23), Göttingen 1984.

Jahrhunderts hervorragend kennt und immer wieder auf die Historik Johann Gustav Droysens Bezug nimmt, betont er in seinen diversen Arbeiten zur Selbstreflexion der Geschichtswissenschaften durchgängig einen kognitiven Vorrang wissenschaftsgeschichtlicher Besinnung vor der reinen Theorie. Mit Blick auf die seit den späten 1980er Jahren und zu Beginn dieses Jahrhunderts geführte Debatte „Wozu Geisteswissenschaften?“ und die von Autoren wie Wolfgang Frühwald entfaltete These, dass sich in den Geistes- oder Kulturwissenschaften „moderne Gesellschaften ein Wissen von sich selbst in *Wissenschaftsform* verschaffen“[2], vertritt er die These, dass diese Bestimmung der Aufgabe der Geisteswissenschaften „einen Primat der Wissenschafts*geschichte* vor der Theorie“[3] impliziere. Obwohl er in all seinen Arbeiten so gut wie nie Immanuel Kant selbst zitiert, gibt er sich doch zutiefst überzeugt davon, dass der Historiker vom Fach die gedankliche Anstrengung des „Kantischen Turnens“ auf sich nehmen müsse. Aber mit dieser Turnerei ist gerade keine rein begrifflich entfaltete Kritik der historischen Urteilskraft intendiert, sondern eine kategorial geleitete, an Gegenwartsproblemen orientierte historisierende Selbstreflexion des Fachhistorikers auf die Geschichte seiner eigenen Disziplin. Gangolf Hübinger sucht die für die modernen Geistes- und Kulturwissenschaften grundlegende historistische Dauerrevolution gerade darin ernst zu nehmen, dass er sich jede Spekulation, auf die widersprüchliche Vielfalt geschichtlicher Lebenswelten von irgendeinem außergeschichtlichen, metahistorischen Standort blicken zu können, von vornherein verbietet. Ein Hang zu Geschichtsmetaphysik und holistischen Theorien ist ihm fremd. Er kennt durchaus eine eigene Historik oder Theorie gelehrter Geschichtsforschung. Aber diese entfaltet er immer nur implizit, in teils affirmativer, teils kritischer Rekonstruktion des „Geschichtsdenkens“ oder der „Historik“ anderer. Dabei sucht er fortwährend aktuelle Diskussionslagen, etwa die neueren Debatten um die diversen kulturwissenschaftlichen „turns“ – lingustic turn, semiotic turn, pictorial turn, spatial turn, postcolonial studies, Mikrogeschichte, das alles dann immer noch einmal differenzierbar in Gender-Perspektiven und so fort –, auf ältere, als klassisch geltende Positionen zu beziehen – und umgekehrt. Gegenüber linearen Fortschrittskonzepten und allen sonstigen Teleologien zeigt er sich dabei höchst skeptisch, reserviert. Wenn es in der Fülle seiner Arbeiten zur Fachgeschichte und zum Geschichtsdenken in der Moderne einen harten Kern gibt, dann ist es die Hochschätzung zweier Heidelberger Meisterdenker um 1900: Gangolf Hübinger ist

---

[2] Wolfgang Frühwald/Hans Robert Jauß/Reinhart Koselleck, *Geisteswissenschaften heute. Eine Denkschrift*, Frankfurt am Main 1991, 40.

[3] Gangolf Hübinger, „Wertekollisionen im frühen 20. Jahrhundert. Die Kompetenz der Geisteswissenschaften zur Deutung sozialer Wirklichkeit“, in: Rüdiger vom Bruch/Brigitte Kaderas (Hg.), *Wissenschaften und Wissenschaftspolitik. Bestandsaufnahmen zu Formationen, Brüchen und Kontinuitäten im Deutschland des 20. Jahrhunderts*, Stuttgart 2002, 75–83, 75 (Kurztitel: Hübinger, Wertekollisionen im frühen 20. Jahrhundert).

davon überzeugt, dass man bei Ernst Troeltsch und mehr noch bei Max Weber über methodisch diszipliniertes, darin wissenschaftliches geschichtliches Erkennen bzw. über Geschichtsforschung noch immer sehr viel mehr lernen kann als bei den meisten Geschichtsexperten und speziell Historik-Produzenten der Gegenwart.

Hat ‚die Geschichte' nicht aus oder in sich selbst eine Ordnung oder gar einen inneren Sinn, muss der Historiker eine relative Ordnung der zu erkennenden geschichtlichen Welt selbst erzeugen. Dabei sieht er sich einem elementaren Problem konfrontiert: Als Historiker ist er immer schon in jene geschichtliche Welt ‚verstrickt', die doch das Objekt seiner Erkenntnis bilden soll. Für Gangolf Hübingers historisierenden Denkstil ist es nun kennzeichnend, dass er sich bei der Deutung und Bearbeitung solcher Probleme gern an Klassikern orientiert und zugleich auf aktuelle Debattenlagen Bezug nimmt. Hübinger ist, bei allem selbstbewussten Eigensinn, ein dezidiert dialogischer Geschichtsdenker, der seine Sicht der Probleme vor allem im Austausch mit anderen, oft in überlegter Gleichzeitigkeit von zustimmender Rezeption und Abgrenzung, entwickelt. Für das alte „immer schon"-Problem knüpft er insbesondere an Arbeiten Reinhart Kosellecks, vor allem dessen Studien zu „Erfahrungswandel und Methodenwechsel" an. Die besondere Leistungskraft von Kosellecks „Historik" sei es, den jeden Historiker bestimmenden „Wirkungszusammenhang" zu erhellen, „der zwischen dem Erfahren der Gegenwart und Erforschen der Vergangenheit besteht".[4] Mit Koselleck hätten Historiker zu „begreifen, wie Erfahrungsquellen immer durch kulturelle Deutungsmuster gefiltert [werden] und solche Kulturmuster wiederum immer auf Erfahrungen beruhen".[5] „Aus diesem Zirkel kann niemand aussteigen"[6] – weil ja der kantianisch informierte Verzicht auf irgendeine „Geschichtsmetaphysik" keinerlei Ort des Denkens jenseits der immer schon geschichtlich bestimmten individuellen Erfahrungswelt des Historikers anzuvisieren oder gar zu erreichen erlaubt. Das Ja zum „anthropologischen Zirkel aus Erfahrung und Beobachtung" wird von Hübinger mehrfach affirmiert: „Es kann nicht gelingen, ihn zu durchbrechen, alle intellektuelle Anstrengung muss sich darauf richten, ihn produktiv zu machen."[7]

Wo es keine aus sich oder in sich selbst evidente Ordnung ‚der Geschichte' gibt, besteht hoher Bedarf daran, denkend, etwa durch rationale Begriffsbildung, relative Übersichtlichkeit zu erzeugen. Immer wieder zählt Gangolf Hübinger in seinen Texten auf, was man auseinanderhalten muss oder dringend zu unterscheiden hat. Seine große Sorge, dass im „Zeitalter der plurali-

---

[4] Gangolf Hübinger, *Über die Aufgaben des Historikers* (Reihe Pamphletliteratur, Band 3), Berlin 2012, 22 (Kurztitel: Hübinger, Über die Aufgaben des Historikers).

[5] Ebd., 23.

[6] Ebd., 23.

[7] Ebd., 24.

sierten Massenkultur das Geschichtswissen diffus geworden“ sei, begründet er mit drei von ihm beobachteten „Auflösungstendenzen“: der „Auflösung der Geschichte in Gedächtnispolitik“, ihrer „Auflösung in Eventmarketing“, ihrer „Auflösung in literarische Erzählung“.[8] Mit Wolfgang Hardtwig unterscheidet er „drei Stadien in der Problementwicklung des modernen Geschichtsdenkens“: erstens die von „Weltfrömmigkeit“ – dies ist ursprünglich ein Begriff Goethes – geprägte „Geschichtsreligion“ des klassischen deutschen Historismus, zweitens die Denkrevolution um 1900 mit der Etablierung von Geschichtswissenschaft als Forschung, drittens die radikale Dauerkonkurrenz höchst unterschiedlicher Geschichtsbilder auf dem postmodernen „Geschichtsmarkt“ der Gegenwart.[9] Mit Koselleck differenziert er drei zeitliche Erfahrungsdimensionen, denen dann die Formen methodologisch reflektierter Geschichtsschreibung entsprechen sollen: das Aufschreiben, das Fortschreiben und das Umschreiben.[10] Und immer wieder interessieren ihn die tiefen kognitiven, um 1900 dramatisch wachsenden Spannungen zwischen konkurrierenden Ordnungen des Lebens: die „Spannungen zwischen religiöser, politischer und wirtschaftlich-sozialer Ordnung“.[11]

Auch den modernen Historiker, also auch sich selbst, sieht Gangolf Hübinger in drei unterschiedlichen Rollen gefragt – in Rollen jedoch, die der moderne Fachhistoriker in sich vereinen können soll: „Als intellektueller Fremdenführer konfrontiert er seine Gegenwart mit der Fremderfahrung der Vergangenheit und beweist einen Spürsinn für relevante Perspektiven. Als Fachmann für die gedankliche Ordnung der Probleme verarbeitet er die Erfahrungsbestände vergangener Epochen mit begriffsklaren Konzepten und vermeidet extreme Kehrtwendungen von der Theoriebesessenheit zur Theorievergessenheit. Als Lotse des Umschreibens der Geschichte wahrt er eine kritische Distanz zu den Klippen der Geschichtspolitik und der Moralisierung wie zu den seichten Gewässern reiner Eventkultur.“[12]

Die Messlatte für professionelle Kompetenz wird hier sichtlich hoch gelegt. Deshalb braucht der Geschichtswissenschaftler von Beruf beim „Auf-, Fort- und Umschreiben jeden Gegenstandes den souveränen Umgang mit sechs K-Wörtern“: mit Kontingenz, Komplexität, Konstellationen, Kontexten, Konflikten und Kontinuitäten. Man spürt als Leser den Willen zu Form und klarer Übersichtlichkeit. Aber man ist auch dankbar dafür, dass im Deutschen „Chaos“ nicht mit K geschrieben wird. Und man gerät ins Grübeln: Müssen die K-Wörter untereinander irgendeine Stimmigkeit repräsentieren? Dies tun

[8] Ebd., 10.

[9] Ebd., 29.

[10] Ebd., 24 f.

[11] Gangolf Hübinger, „Protestantische Kultur im wilhelminischen Deutschland“, in: *Internationales Archiv für Sozialgeschichte der deutschen Literatur* 16.1 (1991), 174–199, 191 (Kurztitel: Hübinger, Protestantische Kultur im wilhelminischen Deutschland).

[12] Hübinger, Über die Aufgaben des Historikers, 65 f.

sie aber gerade nicht. Es ist ja nicht auszuschließen, dass die professionelle Arbeit an der „Kontingenz“ in Spannung zur intendierten Erfassung von „Kontinuitäten“ steht, der Historiker also in sich selbst einen epistemologischen „Konflikt“ austragen muss. Und fehlt nicht ein wichtiges siebtes „K-Wort“ historischer Erkenntnispraxis: die nun einmal unvermeidliche „Konkurrenz“ im Gebiet des Geistigen?

Bei Gangolf Hübinger geschieht dies oft und sehr gern zunächst so, dass von der eigenen Rationalität der Zahl Gebrauch gemacht wird. Zwar hat er, anders als Max Weber für seine Untersuchung *Zur Psychophysik der industriellen Arbeit*, keine „*50000* Rechenexempel in 6 Wochen“[13] durchgeführt. Trotz aller Absage an jede Geschichtsmetaphysik schätzt er insbesondere die luzide Klarheit der „drei“, wohl ein später, nicht bewusster Anklang an die Trinitätslehren der christlichen Theologen mit ihren allumfassenden Weltordnungsspekulationen. Obgleich Hübinger sich immer wieder von Hegel abgrenzen zu müssen meint, teilt er dessen im Tübinger Stift erworbenen Glauben, mithilfe der „drei“ Vernunft in die Geschichte bringen zu können. Jedenfalls zeigt er großes präreflexives Vertrauen in die Ordnungskraft der Dreifaltigkeit. Aus den Geschichtsdiskursen des deutschen Vormärz übernimmt er die Unterscheidung *dreier* Gestalten von Historikern: „Historiker der Stube“, „Historiker des Salons“, „Historiker des Lebens“.[14] Untersucht er ganz im Sinne von Transferforschung und histoire croisée die Wirkungen Friedrich Nietzsches in Deutschland, Frankreich und Polen, fordert Hübinger eine vergleichende Analyse in „*drei* Stufen“ ein. „Gemeint ist ein *drei*stufiger Analysevorgang, um zu ermitteln, wie ‚Klassiker‘ jeweils in die Gedächtnisspeicher nationalkultureller Selbstdeutungen eingebaut werden.“[15] Lässt Hübinger Nietzsche fragen: „Welche Vergangenheit braucht die Zukunft?“, fällt die Antwort abermals triadisch aus: „Zumindest mit *drei* seiner Antworten provozierte und stimulierte er vor allem die jungen Intellektuellen.“[16] Fragt er nach dem „posthumen Wandel des Rathenau-Bildes“, entdeckt er 2003 „*drei* Strategien, mit denen das Interesse, mit Rathenau Geschichte zu schreiben und umzuschreiben, neu belebt wird“ – mit der Folge, dass er selbst nun „drei unterschiedliche Ebenen markiert, auf denen Rathenau symbolische Reprä-

---

[13] Dazu siehe den Brief Max Webers an Paul Siebeck vom 8. Januar 1909, in: Max Weber, *Briefe 1909–1910*, hg. von M. Rainer Lepsius und Wolfgang J. Mommsen in Zusammenarbeit mit Birgit Rudhard und Manfred Schön (*MWG II/6*), Tübingen 1994, 19.

[14] Hübinger, Über die Aufgaben des Historikers, 64.

[15] Gangolf Hübinger, „Einleitung: Nietzsches Europa – Europas Nietzsche“, in: Ders./Andrzej Przylębski (Hg.), *Europäische Umwertungen/Europejskie przewartościowania. Nietzsches Wirkung in Deutschland, Polen und Frankreich/Recepja Nietzschego w Niemczech, Polsce i Francji*, (Studien zur Ethik in Ostmitteleuropa, Band 10), Frankfurt am Main u. a. 2007, 11–19, 12.

[16] Ebd., 13.

sentation zugeschrieben wird".[17]

Bei dieser Hochschätzung der sei es Klarheit bringenden, sei es Ordnung nur suggerierenden „Drei" kann es nicht verwundern, dass Gangolf Hübinger den modernen Historiker „in *drei* Rollen" gefragt sieht, so dass seine professionelle Kompetenz als dreieinige auszulegen ist. Deshalb muss der Geschichtswissenschaftler von Beruf auch weiter als nur bis drei zählen können: zunächst bis *zwei mal drei = sechs*. Mit den sechs K-Wörtern ist des Zählens noch lange nicht genug. In seiner gewichtigen Einleitung zu *Kritik und Mandat* unterscheidet Hübinger mit Blick auf die politischen Interventionsstrategien von Intellektuellen, die ja immer auch „die ‚relative' Preisgabe ihrer Autonomie zugunsten des politischen Engagements" bedeute, vier unterschiedliche politische Handlungsebenen: als erste Ebene „die Knüpfung von Kommunikationsnetzen" zur Mobilisierung und Organisation politischer Öffentlichkeiten; als zweite Ebene die Selbstdefinition und aktive Tätigkeit von Intellektuellen als Berater in staats- oder parteinahen Expertengremien; drittens der explizite innerparteiliche Kampf um ein parteipolitisches Mandat und, im Falle des Wahlsiegs, die Übernahme von Verantwortung in Stadträten, Landesparlamenten oder dem Reichstag – bis hin viertens zur zeitlich befristeten leitenden Tätigkeit als Staatssekretär, Minister oder – man denke nur an Theodor Heuss – Staatspräsident.[18] Auch für den Protestantismus im Kaiserreich nimmt Hübinger neben dem liberalen Kulturprotestantismus noch „drei weitere protestantische Fraktionen" – konservatives Kulturluthertum, populistischen Nationalprotestantismus, freireligiöse Strömungen – in den Blick.[19]

Gangolf Hübinger, geboren am 22. August 1950 in Düsseldorf, gehört zur Generation der ersten geborenen Bundesdeutschen. Diese Generation hat den Zweiten Weltkrieg nicht mehr miterlebt, ist aber im Schatten des Krieges, in den von den Zeithistorikern inzwischen höchst gegensätzlich gedeuteten „fünfziger Jahren" sozialisiert worden. Wer 1950 in Westdeutschland geboren wurde, hat als Gymnasiast in der Oberstufe oder als junger Student in den ersten Semestern die studentische Revolution der „68er" miterlebt und den tiefgreifenden gesellschaftlichen Wandel hin zu einer offeneren, liberaleren, durch ganz neue Vielfalt unterschiedlichster Lebenstile geprägten Gesellschaft, die zunehmend zu einer Einwanderungsgesellschaft wurde. Anders als viele Historiker seiner Generation hat Gangolf Hübinger seinen durch diese

[17] Gangolf Hübinger, „Rathenau – Das Opfer. Zum posthumen Wandel des Rathenau-Bilds", in: Karl-Heinz Hense/Martin Sabrow (Hg.), *Leitbild oder Erinnerungsort? Neue Beiträge zu Walther Rathenau*, Berlin 2003, 123–132, 131.

[18] Gangolf Hübinger, „Die politischen Rollen europäischer Intellektueller im 20. Jahrhundert", in: Ders./Thomas Hertfelder (Hg.), *Kritik und Mandat. Intellektuelle in der deutschen Politik*, (Stiftung Bundespräsident Theodor-Heuss-Haus. Wissenschaftliche Reihe, Band 3), Stuttgart 2000, 30–44, 39 f.

[19] Hübinger, Protestantische Kultur im wilhelminischen Deutschland, 175.

Erfahrungswelten geprägten individuellen Geschichtssinn nicht auf die Erschließung der nationalsozialistischen Vergangenheit des Landes konzentriert. Er ging in der bereits erwähnten Gervinus-Dissertation, aber auch in seiner großen, stark von Dieter Langewiesches Liberalismus-Studien[20] inspirierten Habilitationsschrift über „Kulturprotestantismus und Politik"[21] und in Arbeiten zu Theodor Mommsen[22] in die Wissenschaftsgeschichte, Ideengeschichte und auch Religionsgeschichte des langen 19. Jahrhunderts zurück – im Wissen darum, dass keinerlei kognitive Regression in eine als „leitende Orientierungswissenschaft" gedachte Geschichtswissenschaft möglich ist.[23]

Ihn interessierte Konfessionalität als ein gerade im Kaiserreich wichtiger Faktor „kultureller Vergesellschaftung"[24], und er fragte, hier natürlich stark von „Max Webers Fragestellung" geprägt, nach der Wirkweise und Durchsetzungskraft von Ideen, nach der „Ideenzirkulation". So sind auch die zahlreichen Arbeiten über „Verleger als Kulturberuf"[25], die religiös-weltanschauliche Fragmentierung des deutschen Verlagswesens[26], „Verlagswesen und Geschichtspolitik"[27], „Journalisten" und „Literaten"[28], und speziell den

[20] Dieter Langewiesche, *Liberalismus in Deutschland*, Frankfurt am Main 1988; Ders. (Hg.), *Liberalismus im 19. Jahrhundert. Deutschland im europäischen Vergleich*, Göttingen 1988.

[21] Gangolf Hübinger, *Kulturprotestantismus und Politik. Zum Verhältnis von Liberalismus und Protestantismus im wilhelminischen Deutschland*, Tübingen 1994.

[22] Gangolf Hübinger, *Theodor Mommsen und das Kaiserreich*, (Friedrichsruher Beiträge, Band 22), Friedrichsruh 2003.

[23] Gangolf Hübinger, „Geschichte als leitende Orientierungswissenschaft im 19. Jahrhundert", in: *Berichte zur Wissenschaftsgeschichte* 11 (1988), 149–158; Ders., „Wissenschaftliche Politik und Historismus", in: Wolfgang Küttler/Jörn Rüsen/Ernst Schulin (Hg.), *Geschichtsdiskurs in 5 Bänden, Band 3: Die Epoche der Historisierung*, Frankfurt am Main 1997, 340–352.

[24] Dazu siehe insbesondere: Gangolf Hübinger, „Confessionalism", in: Roger Chickering (Ed.), *Imperial Germany. A Historiographical Companion*, Westport, Connecticut/London 1996, 156–184.

[25] Gangolf Hübinger, „Verleger als Kulturberuf. Massenkommunikation im späten 19. und frühen 20. Jahrhundert", in: *Buchhandelsgeschichte* 2001.1, B 20-B 29.

[26] Gangolf Hübinger und Helen Müller, „Politisches, konfessionelles und weltanschauliches Verlagswesen", in: *Geschichte des deutschen Buchhandels im 19. und 20. Jahrhundert*, Band. 1/1, im Auftrag der Historischen Kommission des Börsenvereins des Deutschen Buchhandels hg. von Georg Jäger/Dieter Langewiesche/Wolfram Siemann, Frankfurt am Main 2001, 347–405.

[27] Gangolf Hübinger, „Verlagswesen und Geschichtspolitik. Eine Forschungsskizze", in: Wolfgang Küttler/Jörn Rüsen/Ernst Schulin (Hg.), *Geschichtsdiskurs Band 5: Globalisierte Konflikte, Erinnerungsarbeit und Neuorientierungen seit 1945*, Frankfurt am Main 1999, 284–296.

[28] Gangolf Hübinger, „‚Journalist' und ‚Literat'. Vom Bildungsbürger zum Intellektuellen", in: Ders./Wolfgang J. Mommsen (Hg.), *Intellektuelle im Deutschen Kaiserreich*, Frankfurt am Main 1993, 95–110.

Eugen Diederichs Verlag in Jena[29] auf eine prägnant formulierte Fragestellung bezogen: die Wirkungskraft von Ideen, speziell „Wertideen“ und „Kulturwerten“.

Keinen anderen Weber-Text schätzt Gangolf Hübinger so sehr wie den *Objektivitäts*-Aufsatz, den wir einst in den freitäglichen Treffen der sog. „Viererbande“ – Martin Riesebrodt, Klaus Tanner, Gangolf Hübinger und der Verfasser – Satz für Satz um Deutung ringend (und streitend) gelesen haben. Hübinger versteht ihn als eine Art Heidelberger Gründungsurkunde – als ebenfalls gewichtigen Basler Urtext schätzt er Jacob Burckhardts *Griechische Kulturgeschichte*, deren „Einleitung“ Weber „aktiv, mit dem Bleistift, gelesen“ habe[30] – einer kritizistisch reflektierten Geschichtswissenschaft, die im Wissen um die unaufhebbare Zirkularität des gegenwärtigen Blicks in die Vergangenheit die Standortgebundenheit, Perspektivität allen historischen Erkennens anerkennt. Zwar sucht Gangolf Hübinger einen radikalen Konstruktivismus zu vermeiden und hält gegen manchen postmodern literalen Erfindungsreichtum mit Koselleck an einem „Vetorecht der Quellen“ fest – auch wenn sie sich trotz aller Quellenkritik je nach Standort und Zeit höchst verschieden lesen lassen. Zudem tritt er dafür ein, dass gerade in „einer Zeit, in der die miteinander rivalisierenden turns immer kurzlebiger [...] werden, [...] die alte Sehepunktdebatte – welche Perspektive lässt was sehen? –“[31] fortgeführt werden müsse. Aber er weiß natürlich, dass man in aller Regel in jeder Perspektive etwas sehen kann und kein Historiker anderen vorschreiben kann, welche Sehepunkte sie einnehmen sollten. „Weber ist ein radikaler Perspektivist“[32], und Gangolf Hübinger will es als Experte für die „kopernikanische Wende“ im Geschichtsdenken um 1900 auch sein.[33]

In seinem entschiedenen „Perspektivismus“ schreibt er dem Geschäft des Fort- und Umschreibens von Geschichte einen signifikant höheren Stellenwert zu als andere Historiker. Dieter Langewiesche etwa gibt dem Begriff des „Umschreibens“ einen ganz anderen Bedeutungsgehalt. Für den Tübinger Historiker hat die Geschichtswissenschaft immer auch die Aufgabe, der Gesellschaft – oder bestimmten Gruppen der Gesellschaft – ein Wissen um Kontinuität in der Geschichte zu vermitteln und so in einer auf offene Zukunft hin

[29] Gangolf Hübinger, „Der Verlag Eugen Diederichs in Jena. Wissenschaftskritik, Lebensreform und völkische Bewegung“, in: *Geschichte und Gesellschaft* 22 (1996), 31–45; Ders. (Hg.), *Versammlungsort moderner Geister. Der Eugen Diederichs Verlag – Aufbruch ins Jahrhundert der Extreme*, München 1996.

[30] Hübinger, Über die Aufgaben des Historikers, 40.

[31] Ebd., 47.

[32] Ebd., 42.

[33] Hübingers Rede von der „kopernikanischen Wende“ um 1900 stützt sich auf Otto Gerhard Oexle, „Max Weber – Geschichte als Problemgeschichte“, in: Ders. (Hg.), *Das Problem der Problemgeschichte*, Göttingen 2011, 9–37, 18 f.

angelegten Gegenwart relative Orientierungssicherheit anzubieten.[34] Deshalb sieht Langewiesche im „Fortschreiben“ von Geschichte das „Normalgeschäft des Historikers“: „Die allermeisten Historiker sind Fortschreiber.“ Umschreiben hingegen spiegele eine elementare geschichtliche Krise, einen Umbruch, eine „Wende“, gar eine Katastrophe. Mit Blick auf „Geschichtskontinuität“, die Fortschreiben verlange, schreibt er: „Nur wenn dieses Kontinuitätsgefühl bricht, schlägt die Stunde des Umschreibens – die höchste Form der Innovation, zu der Geschichtsschreibung fähig ist. Es ist aber keine selbst bezogene Innovation aus dem Geiste des Historikers, sondern dessen innovative Antwort auf Umbrüche, denen seine Zeit ausgesetzt ist. Und nur wenn beides zusammenfindet, der gesellschaftliche Umbruch und das Umschreiben der Geschichte, nur in diesem Kairos entsteht eine neue Sicht auf die Vergangenheit, die von der Gesellschaft angenommen wird. Die Gesellschaft nimmt sie an, weil ihre eigene Erfahrung eine neue Sicht auf die Geschichte verlangt. Erfahrungsumbruch und Umbruch kollektiver Geschichtsbilder bedingen einander.“[35] Gangolf Hübinger hingegen vertritt die „Hypothese, dass in der neueren Wissenschaftsgeschichte das ‚Umschreiben‘ keineswegs nur den Ausnahmezustand markiert“.[36] Wird so nicht die triadische Differenzierung von „Auf-, Fort- und Umschreiben“ unterlaufen? Worin liegt noch der spezifische Unterschied zwischen „Fortschreiben“ und „Umschreiben“, wenn der Historiker immer auf „Umschreiben“ abonniert ist? Hübingers Begründung lautet: „Aus der Krise des Historismus am Ende des 19. Jahrhunderts heraus entwickelte sich eine Dauerrivalität sehr heterogener Zugriffe auf das, was ‚historische Wirklichkeit‘ sein sollte. Ob Nationalgeschichte à la John Robert Seeley oder Europa- und Weltgeschichte à la Jacob Burckhardt, ob Evolutionsgeschichte à la Darwin und Marx oder Konstellationsgeschichte à la Max Weber, ob soziale Strukturgeschichte à la Hans-Ulrich Wehler oder Erfahrungs- und Begriffsgeschichte à la Koselleck, – stets gehört es zum Geschäft jedes ambitionierten Historikers, sich an der Dynamik von Umschreibeprozessen reflektiert zu beteiligen.“[37]

Gewiss, all die genannten Wege der Geschichtsschreibung seit dem ausgehenden 19. Jahrhundert lassen sich als „Umschreibungen“ überkommener Geschichtsbildproduktion deuten. Dennoch droht sich Gangolf Hübinger beim Thema „Umschreiben“ in einen Widerspruch zu verwickeln, aus dem auch der Rekurs auf die kantianisierende Epistemologie Max Webers nicht hinaushilft. Einerseits klagt er fortwährend eine Art Heidelberger Klarheits-

---

[34] Dieter Langewiesche, *Zeitwende. Geschichtsdenken heute*, hg. von Nikolaus Buschmann und Ute Planert, Göttingen 2008 (Kurztitel: Langewiesche, Zeitwende).

[35] Dieter Langewiesche, „Erinnerungsgeschichte und Geschichtsnormierung“, in: Ders., Zeitwende, 21–40, 33.

[36] Hübinger, Über die Aufgaben des Historikers, 26.

[37] Ebd.

gebot ein: trennscharf prägnante Begriffe, gegenwartssensible Problemdefinitionen, reflektierte Standortwahl, überhaupt gedankliche Klarheit. In dieser Hinsicht, in der kantianisierenden Kritik eines naiven Geschichtsobjektivismus ist er ein Pluralist der unendlich vielen möglichen Beziehungen von Standortwahl, Problemdefinitionen und Wertideen auf die unerschöpfbare Welt der geschichtlichen ‚Tatsachen'. Andererseits grenzt er sich, oft durchaus polemisch, von allen möglichen neuen, ‚postmodernen' Geschichtskonzeptionen ab, von den postcolonial studies und der Genderforschung ebenso wie von der „Literarisierung und Metaphorisierung des Geschichtsdenkens im Geiste Blumenbergs und Derridas".[38] Nun mögen die einen Zugänge begrifflich klar und andere nur „verquollen"[39] sein. Doch das Problem bleibt: In seiner Kritik der pluralen Geschichtssichten einer ‚zweiten', sei es ‚postmodernen', sei es ‚reflexiven' Gegenwartsmoderne droht er, seine ganz eigene epistemologische Lebensentscheidung für die Heidelberger „klassische Moderne" um 1900 – er will ja wie M. Rainer Lepsius nicht nur mit Weber denken, sondern „leben"! – zu dogmatisieren. Doch warum sollte die – ihrerseits mit triadischen Grundunterscheidungen operierende und sich selbst als genuin weberianisch empfehlende – Gesellschaftsgeschichtsschreibung eines Hans-Ulrich Wehler von vornherein ‚wirklichkeits'erschließender sein als etwa ein reflektiertes, alles andere als begriffsarmes Erzählen, das in seinen Narrativen gedankliche Anstrengung bewusst zum Verschwinden bringt, um einem Eigenrecht des Individuellen Geltung zu verschaffen?

Erinnere ich mich recht – aber trotz aller hoch elaborierten Theorien des „kulturellen Gedächtnisses" ist das Gedächtnis des Einzelnen ein Ort vielfältiger Selbsttäuschungen und Projektionen –, hat Gangolf Hübinger meinem Einfall, neben der vor allem von Johannes Winckelmann, M. Rainer Lepsius und Wolfgang J. Mommsen initiierten großen historisch-kritischen Gesamtausgabe der Texte Max Webers eine Kritische Gesamtausgabe der Werke, Briefe und nachgelassenen handschriftlichen Texte (einschließlich der zum Teil sehr umfangreichen Marginalien und Ergänzungen in den Handexemplaren seiner Bücher und Aufsätze) Ernst Troeltschs in die Wege zu leiten, an Bord einer Lufthansa-Maschine während eines Rückfluges von London nach München zugestimmt; wir kamen zurück von der vom 20. bis 23. September 1984 im German Historical Institute, London, von Wolfgang J. Mommsen veranstalteten, entscheidend von Jürgen Osterhammel und Wolfgang Schwentker vorbereiteten Konferenz „Max Weber and his Contemporaries", bei der Gangolf Hübinger über „Gustav Stresemann und Max Weber. Interessentenpolitik und Gelehrtenpolitik" und ich über „Fachmenschenfreundschaft. Bemerkungen zu ‚Max Weber und Ernst Troeltsch'" gesprochen hatten – vor so wahrlich bedeutenden Sozialwissenschaftlern, Historikern und

[38] Ebd., 21.
[39] Ebd.

Weber-Forschern wie Wilhelm Hennis, Arthur Mitzman, Anthony Giddens, Jürgen Kocka, David Frisby, Guy Oakes, Pietro Rossi, Edward Shils, Ralf Dahrendorf und Dieter Henrich.[40] Die gemeinsame editorische Arbeit an Troeltschs Gedächtnis hat bei Gangolf Hübinger bald zwar zu einer Differenzierung seines Blicks auf Heidelberg um 1900 geführt. Aber in seinen gewichtigen Studien zu Troeltschs „Historik"[41] hat er diesen wohl manchmal eine Spur zu stark in die Nähe seines zweifellos genialeren, aber auch schwierigeren „Fachmenschenfreundes" Max Weber geführt. Troeltsch konnte in seinem stärker synthetischen Denkstil mit epistemologischer Pluralität oft gelassener, rezeptionsbereiter umgehen als der nicht selten abgrenzungsfixierte, auch streitsüchtige Freund.

Mehrfach hat Gangolf Hübinger eine von Ralf Dahrendorf mit Blick auf Sidney Webb geprägte Formel benutzt: Als ein klassischer Intellektueller in der Politik habe Webb, wie so viele andere in den politischen Betrieb intervenierende Intellektuelle auch, fortwährend vor der „fault line between wanting to know the causes of things and wanting to change things"[42] gestanden. So gern Gangolf Hübinger das öffentliche Engagement der ihm besonders wichtigen Gelehrten-Intellektuellen Max Weber und Ernst Troeltsch betont, so sehr er die Gleichzeitigkeit von wissenschaftlich fundiertem gelehrtem Expertentum und großer publizistischer Leidenschaft als für den Gelehrten-Intellektuellen grundlegend zeigt, so sehr er, gerade mit Max Weber, auch die mutige Bereitschaft des Intellektuellen zu offensivem Kampf und Meinungsstreit betont, der gelehrte Historiker Gangolf Hübinger pflegt sich in aller Regel im akademischen Diesseits der fault line zu halten und den Überschritt der Intellektuellen in die engagierte Parteilichkeit zu vermeiden. Bei allem starken Interesse an begrifflicher Prägnanz, reflektierter Problemorientierung und dadurch gewonnener analytischen Trennschärfe sind seine Aufsätze und großen Abhandlungen zur Gelehrtengeschichte, Medien- und Verlagsge-

---

[40] Das Ganze ist dokumentiert in: Wolfgang J. Mommsen/Jürgen Osterhammel (Eds.), *Max Weber and his Contemporaries*, (The German Historical Institute), London/Boston/Sidney 1987; Wolfgang J. Mommsen/Wolfgang Schwentker (Hg.), *Max Weber und seine Zeitgenossen*, (Veröffentlichungen des Deutschen Historischen Instituts London, Band 21/Publications of the German Historical Institute London, Volume 21), Göttingen/Zürich 1988.

[41] Gangolf Hübinger, „Ernst Troeltschs Heidelberger Historik", in: Friedrich Wilhelm Graf/Wolfgang Schluchter (Hg.), *Asketischer Protestantismus und ‚Geist' des modernen Kapitalismus. Max Weber und Ernst Troeltsch*, Tübingen 2005, 185–199; Ders., „Geschichtskonstruktion und Gedächtnispolitik. Ernst Troeltschs Berliner Historik", in: Friedrich Wilhelm Graf (Hg.), *„Geschichte durch Geschichte überwinden". Ernst Troeltsch in Berlin*, (Troeltsch-Studien, Neue Folge Band 1), Gütersloh 2006, 75–91; und vor allem die brillante Analyse in: Hübinger, „Ernst Troeltsch – Die Bedeutung der Kulturgeschichte für die Politik der modernen Gesellschaft", in: *Geschichte und Gesellschaft* 30 (2004), 187–216.

[42] Ralf Dahrendorf, *LSE. A History of the London School of Economics and Political Science 1895–1995*, Oxford 1995, 5.

schichte der Ideenzirkulation seit dem späten 19. Jahrhundert doch auf einen Grundton zurückhaltender, moderierender Besonnenheit gestimmt, die ihn als Geistes- und Kulturhistoriker von jenen nicht selten aggressiven Intellektuellen signifikant unterscheidet, deren Wertideen, Ordnungsvisionen und Denkstile ihn in immer neuen Zugriffen sichtlich faszinieren. Gangolf Hübinger ist Intellektuellenhistoriker, aber – nach seinem eigenen Begriff desselben[43] – kein Geschichtsintellektueller. In der gern „zankenden Zunft" der deutschen Historiker, speziell Zeithistoriker, geht er gerade darin seinen ganz eigenen Weg, dass er sich jenseits des innerfachlichen Streits positioniert.

Bei aller vielfältig bekundeten großen Verehrung für Max Weber sind ihm dessen Streitsucht und auch Rechthaberei eben sehr fremd. Er beschreibt glänzend Max Webers „soziologischen Grundbegriff" des „Kampfes" als elementare Bedingung des „Zwangsapparates Staat"[44] und zeichnet mit faszinierender Subtilität Webers Analysen von modernitätsspezifischen „Wertekollisionen" nach.[45] Aber für Max Webers pathetische Erregungsbereitschaft, Wertkonflikte bis hin zur ‚Letztentscheidung' zu dramatisieren, hat er – ganz im Gegenteil zu seinem Freiburger akademischen Förderer Wilhelm Hennis[46] – nur sehr wenig Sinn. Die wohl auch durch seine Troeltsch-Lektüren gestärkte Bereitschaft, einen epistemologischen Perspektivismus als für den denkenden Historiker unhintergehbar anzuerkennen, gewinnt oft Gestalt in einer eher *besorgten, duldenden, nicht wirklich überzeugten* Akzeptanz der widersprüchlichen Vielfalt ganz unterschiedlicher Geschichtsbilder und deren Fort- und Umschreibungen; die ebenso ruhige wie souveräne Gelassenheit, die Dieter Langewiesche in der Selbstbescheidung eines staatlich alimentierten, darin von Existenzsorge und Überlebenskampf entlasteten „Kleinanbieters" auf dem pluralen, also konkurrenzbestimmten Geschichtsmarkt der Gegenwartsmoderne auszeichnet, bleibt ihm fremd. „Die akademische Geschichtswissenschaft besaß nie ein Monopol auf dem öffentlichen Geschichtsmarkt", hat Langewiesche im ersten Satz seines 2006 in der Festschrift für Lothar Gall veröffentlichten gewichtigen Aufsatzes „Die Geschichtsschreibung und ihr Publikum. Zum Verhältnis von Geschichtswissen-

[43] Gangolf Hübinger, „Geschichts-Intellektuelle. Zum Verhältnis von Intellektuellengeschichte und Geschichtswissenschaft", in: Rainer Nicolaysen/Axel Schildt (Hg.), *100 Jahre Geschichtswissenschaft in Hamburg*, (Hamburger Beiträge zur Wissenschaftsgeschichte, Band 18), Berlin/Hamburg 2011, 29–42.

[44] Gangolf Hübinger, „Politische Wissenschaft um 1900 und Max Webers soziologischer Grundbegriff des ‚Kampfes'", in: Edith Hanke/Wolfgang Mommsen (Hg.), *Max Webers Herrschaftssoziologie*, Tübingen 2001, 101–120. 109.

[45] Hübinger, Wertekollisionen im frühen 20. Jahrhundert.

[46] Dazu siehe: Stephan Schlak, *Wilhelm Hennis. Szenen einer Ideengeschichte der Bundesrepublik*, München 2008, 139 und 217.

schaft und Geschichtsmarkt“ geschrieben.[47] Der Geschichtsmarkt sei „heute [...] größer und vielfältiger als je zuvor“.[48] Denn an der „Daueraufgabe der Geschichtsschreibung“, für die Gegenwart – eine je eigene Gegenwart! – Vergangenheit oder Vergangenheiten zu deuten, seien seit dem Ausgang des 19. Jahrhunderts nun einmal „unüberschaubar viele und an unüberschaubar vielen Orten beteiligt“: „Der Geschichtsmarkt verdaut sie alle.“[49] Vergleichbare Aussagen Gangolf Hübingers gibt es nicht. Denn er operiert mit sehr starken normativen Unterscheidungen zwischen akademischer Geschichtsforschung und nicht-akademischer Produktion von Geschichtsbildern. Auch hier zeigt sich eine kognitive oder gar habituelle Distanz zu jenen Gelehrten-Intellektuellen, deren Selbstverständnis er in immer neuen problemgeschichtlichen Suchbewegungen erkundet hat.

Gern zitiert Gangolf Hübinger Jacob Burckhardts bekannten Satz: „Wo einst Jubel und Jammer war, muß nun Erkenntnis werden“.[50] Welcher Gelehrte und auch Gelehrten-Intellektuelle wollte dem widersprechen? Aber Jubel und Erkenntnis sind, in allem Unterschied, doch nicht in der Weise disjunkt, dass Erkennen allen Jubel von vornherein ausschließt. Denn wenn geschichtliches Erkennen als „anstrengende und selbstkritische Arbeit eines gedanklichen Ordnens historischer Tatsachen“ zu entwerfen und auszuführen ist, als eine begreifende, weil von begrifflich gefassten Problemen angeleitete „*Darstellung der Vergangenheit für die Gegenwart*“[51], sollte der gelungene und noch immer gelingende, weil zugleich vergangenheitsdeutende wie gegenwartserschließende Vollzug dieser Anstrengung durchaus Anlass zur Freude sein. Aber kann man einen Kultur- und speziell Wissens- und Ideenhistoriker „bejubeln“, der sich in der immer neuen Lektüre von „Wissenschaft als Beruf“ die Absage an jeden akademischen Personenkult erarbeitet hat? „‚Persönlichkeit‘ auf wissenschaftlichem Gebiet hat nur der, der *rein der Sache* dient.“[52] Gangolf Hübinger hat sich dies auf seine ganz eigene Weise zu eigen gemacht; wie M. Rainer Lepsius, den er mit diesem Satz sehr gern zitiert, darf er gegen alle postmoderne Feier präreflexiver Unmittelbarkeit sachlich

---

[47] Dieter Langewiesche, „Die Geschichtsschreibung und ihr Publikum. Zum Verhältnis von Geschichtswissenschaft und Geschichtsmarkt“, in: Ders., Zeitwende, 85–100, 85.

[48] Ebd.

[49] Ebd., 97.

[50] Jacob Burckhardt, *Ästhetik der bildenden Kunst – Über das Studium der Geschichte*, (Jacob Burckhardt Werke. Kritische Gesamtausgabe, Band 10), München/Basel 2000, 137.

[51] Hübinger, Über die Aufgaben des Historikers, 9.

[52] Max Weber, *Wissenschaft als Beruf (1917/1919) – Politik als Beruf (1919)*, hg. von Wolfgang J. Mommsen und Wolfgang Schluchter in Zusammenarbeit mit Birgitt Morgenbrod (*MWG I/17*), Tübingen 1992, 84.

nüchtern, „mit kantianischem Pflichtbewußtsein“[53] sagen, dass er „mit Weber zu leben“ gelernt hat.

27 Historikerinnen und Historiker, Sozialwissenschaftlerinnen und Sozialwissenschaftler, Sprach- und Literaturwissenschaftlerinnen und Literaturwissenschaftler haben zu diesem Gangolf Hübinger gewidmeten Sammelband *Geschichte intellektuell* Beiträge beigesteuert. Sie alle haben Geschichte auf je eigene Weise auf-, fort- und umgeschrieben, tun dies noch und stimmen in wirklich elementaren Fragen der Bestimmung der Aufgabe des Historikers für die Gesellschaft nicht überein. Aber sie anerkennen in sehr großer lebensweltlicher Diversität und akademischer Vielfalt die große Bedeutung, die Gangolf Hübinger als Freund, Kollege, Mentor jeweils in Denken und Leben gespielt hat und noch spielt. Sie stimmen jedenfalls in aller elementaren Verschiedenheit – genauer: in vielen grundlegenden Verschiedenheiten von Alter, Geschlecht, Konfession, sozialer Lage, Denkstil, akademischer Disziplin, auch sexuellem Identitätsentwurf – in ihren Neu- und Umschreibaktivitäten des für sie jeweils relevanten ‚Ausschnitts‘ aus ‚der Geschichte‘ darin überein, von Gangolf Hübinger gelernt zu haben – sei es als älterer akademischer Freund und Mentor, sei es gleichaltriger wissenschaftlicher Freund und Kollege, sei es als akademischer Schüler und Mitarbeiter. Im „Kaufhaus unterschiedlichster Geschichtsbilder“[54] auf dem Massenmarkt der geschichtsbezogenen Gegenwartsdeutungen haben die Autoren dieses Buches durchaus an der „Dauerrivalität sehr heterogener Zugriffe auf das, was ‚historische Wirklichkeit‘ sein sollte“[55], engagiert Anteil. Aber wenn ‚die Geschichte‘ – im Kollektivsingular finden sich mindestens Spurenelemente einer Geschichtsmetaphysik, die Gangolf Hübinger durch radikalen Perspektivismus ein für allemal hinter sich lassen zu können meint – nicht als ein „homogenes“, sondern als ein „heterogenes Kontinuum“ deutend zu erforschen ist, ist auch in der community der Forscher Heterogenität nicht nur erlaubt, sondern geboten und erwünscht. Dieser Band spiegelt deshalb hohe Vielfalt ganz unterschiedlicher „Sehepunkte“ (Johann Martin Chladenius), allerdings jeweils methodisch sehr reflektierter individueller Orte von Problemdefinition und geschichtlicher Erkenntnis. Auf je eigene Weise beteiligen sich die Autorinnen und Autoren dieses Bandes an der Aufgabe, Geschichte intellektuell, eben deutend fortzuschreiben.

Wo Erkenntnis war und auch nach dem 65. Geburtstag weiter sein soll, darf durchaus gejubelt werden. Denn die elementaren „Konstellationen“ endlichen Lebens zwingen auch dazu, „Wendepunkte“ – ein „W-Wort“, das von

---

[53] Gangolf Hübinger, „‚Dem Rest der Welt wünsche ich viel Glück‘ – Zur Einführung“, in: Ders. (Hg.), *Gedenkschrift für H. D. Kittsteiner (1942–2008)*, (Europa-Universität Viadrina Frankfurt (Oder), Band 30), Frankfurt (Oder) 2009, 7–12.

[54] Hübinger, Über die Aufgaben des Historikers, 31.

[55] Ebd., 26.

Historikern oft als „K-Wort“: „Krise“ gedeutet und erlitten wird – in den kontingenzreichen Lebensgeschichten der Individuen ernst zu nehmen. Allerdings ist Lebensklugheit kein „weiteres K-Wort“, sondern ein „L-Wort“, das zudem, horribile dictu, an die von Max Weber verachtete, so auch von Gangolf Hübinger nicht geschätzte, aber von Ernst Troeltsch aus sehr rationalen Erwägungen deutlich ernster genommene „Lebensphilosophie“ erinnert. Auf K folgt L wie etwa Lebensweisheit. Gangolf Hübingers entschiedener Perspektivismus läuft auf weise Selbstbegrenzung hinaus. Seine entschiedene Absage an alle holistischen Fiktionen und überhaupt Totalitätsphantasmen aller möglichen Art spiegelt auch die Bereitschaft, die Partikularität des eigenen „Sehepunktes“ zu akzeptieren. Denn wer sich an „Problemgeschichten“ abarbeitet oder „Konstellationsgeschichten“ schreibt, jedenfalls Geschichte intellektuell deuten will, gewinnt im gelingenden Fall die Einsicht, dass alle historische Erkenntnis immer ein hypothetisches, nie definitives Wissen bleibt. Dazu kann man sich, wie Gangolf Hübinger zeigt, noch einmal reflexiv, denkend verhalten – und mit Weber betonen, dass „das Licht der großen Kulturprobleme“ auch in Zukunft „weiter“ ziehen wird.[56]

[56] Max Weber, „Die ‚Objektivität‘ sozialwissenschaftlicher und sozialpolitischer Erkenntnis“, in: *Archiv für Sozialwissenschaft und Sozialpolitik* 19.1 (1904), 22–87, hier 87.

I. Zur Theorie der Geschichte: Selbstreflexion und Impulse

Chronotop

Überlegungen zur Räumlichkeit von Geschichte nach dem „spatial turn“

Karl Schlögel

Mit der „spatialen Atrophie“ ist es, so scheint es, in den Humanwissenschaften, auch in der Geschichtswissenschaft, vorbei. Wenn nicht alles täuscht, kann man von einem regelrechten Boom des Räumlichen im letzten Jahrzehnt sprechen. *Space matters*, wohin man blickt – von der Erkenntnistheorie bis zur Ikonographie. Der *spatial turn* hat alle Disziplinen erreicht und sie zu Bindestrich-Disziplinen – Geo-Poetik, Geo-Historie, Geo-Politik – ausdifferenziert.[1] Die Lektüre von Gaston Bachelards *Poesie des Raumes* ist von einem Geheimtipp zu einem Gemeinplatz geworden.[2] Die Disziplinen, die auseinanderstrebten, sind über den Raum vermittelt wieder miteinander „befreundet“ und in fachübergreifenden Forschungsverbünden zusammengeführt worden.[3] Man beobachtet eine Verschiebung in der Hierarchie und im Verhältnis der Disziplinen zueinander, neue Allianzen und Kombinationen. Ein Buch mit dem Titel *Die Vermessung der Welt* konnte zu einem Welt-Bestseller aufsteigen.[4] Materialien, die bisher eher eine ergänzende oder dienende Funktion übernommen hatten – Karten, Reiseführer, Kursbücher – sind zu zentralen Quellen der Geschichtsarbeit avanciert. Visuelle Repräsentationen des Raumes, für die sich bisher allenfalls Kunsthistoriker oder Semiotiker interessiert hatten, sind plötzlich für die Geschichtswissenschaft zu Gegenständen allererster Relevanz aufgerückt. Die Erforscher der Erinnerungskulturen haben die lieux de memoire – die Grenzen der nationalen Historiographie überschreitend – sondiert.[5] Die Rekonstruktion von *mental maps*

---

[1] Zusammenfassend: Jörg Döring/Tristan Thielmann (Hg.), *Spatial turn. Das Raumparadigma in den Kultur- und Sozialwissenschaften*, Bielefeld 2008; Doris Bachmann-Medick, „Spatial Turn”, in: Dies., *Cultural turns. Neuorientierungen in den Kulturwissenschaften*, Reinbek 2009, 284–328.

[2] Gaston Bachelard, *Poesie des Raumes*, Frankfurt am Main 1992.

[3] Sigrid Weigel, „Zum ‚topographical turn’. Kartographie, Topographie und Raumkonzepte in den Kulturwissenschaften“, in: *KulturPoetik* 2.2 (2002), 151–165.

[4] Daniel Kehlmann, *Die Vermessung der Welt*. Roman, Reinbek bei Hamburg 2005.

[5] Franco Moretti, *Atlas des europäischen Romans. Wo die Literatur spielte*, Köln 1999.

und kognitiven Karten hat Hochkonjunktur.[6] Ein ganzes Feld, das für lange kontaminiert und stigmatisiert war – „Raum“ – scheint sich vom Generalverdacht des ihm anhaftenden oder angehefteten Statischen und somit Entwicklungsfeindlich-Reaktionären befreit zu haben. Kurzum: die Wiederentdeckung des Raums und des Räumlichen bedarf heute keiner Plädoyers mehr. Eher liegt die Nachfrage nahe, was diese Konjunktur, nachdem sie einmal in Schwung gekommen war, angetrieben, und was sie „gebracht“ hat, vor allem aber: welche narratologischen Probleme sie zurückgelassen hat.[7]

I. Raumrevolution und Raumdiskurs

Die Konjunktur des Raumes lässt sich nicht allein aus der „Logik der Forschung“, also dem zu einem Paradigmenwechsel nötigenden Problemdruck erklären. Es hat immer eine Tradition des Raumdenkens gegeben. Bernhard Waldenfels hat deshalb zu Recht darauf hingewiesen, dass die Rede von der „Wiederkehr des Raumes“ dahingehend missverstanden werden kann, als sei nicht unsere Vorstellung vom Raum, sondern der Raum selbst irgendwann verschwunden gewesen.[8] Die Anthologien mit Grundlagentexten, die dem Boom des *spatial turn* sekundiert haben, belegen dies ebenso wie die wissenschaftsgeschichtliche Genealogie und die bedeutende Ahnengalerie.[9] So unstrittig es ist, dass das Verhältnis von Zeit und Raum – von Aristoteles bis Heidegger, von Kant bis Virillo – immer behandelt worden ist, so mussten doch spezifische Bedingungen, ein spezieller Kontext gegeben sein, in dem sich die Raumfrage mit neuer Energie auflud und einen zentralen Stellenwert (zurück)bekam. Bereits auf dem Historikertag in Bamberg 1988 war das

[6] Frithjof B. Schenk, „Mental Maps. Die Konstruktion von geographischen Räumen in Europa seit der Aufklärung. Literaturbericht”, in: *Geschichte und Gesellschaft* 28 (2002), 493–514.

[7] Der Beitrag führt Gedanken weiter, die ich zuerst im Merkur geäußert habe: Karl Schlögel, „Narrative der Gleichzeitigkeit oder die Grenzen der Erzählbarkeit von Geschichte“, in: *Merkur. Deutsche Zeitschrift für europäisches Denken*, Heft 746, Juli 2011, 583–595.

[8] Bernhard Waldenfels, *Ortsverschiebungen, Zeitverschiebungen. Modi leibhaftiger Erfahrung,* Frankfurt am Main 2009, 9; Jürgen Osterhammel, „Raumerfassung und Universalgeschichte im 20. Jahrhundert“, in: Gangolf Hübinger u.a. (Hg.), *Universalgeschichte und Nationalgeschichte*, Freiburg/Br. 1994, 51–70; Ders., „Die Wiederkehr des Raums: Geographie, Geohistorie und historische Geographie“, in: *Neue politische Literatur*, 43 (1998), 374–395; Karl Schlögel, „Die Wiederkehr des Raums“, in: Ders., *Go East oder die zweite Entdeckung des Ostens*, Berlin 1995, 17–34.

[9] *Raumtheorie. Grundlagentexte aus Philosophie und Kulturwissenschaften,* hg. von Jörg Dünne und Stephan Günzel in Zusammenarbeit mit Hermann Doetsch und Roger Lüdeke, Frankfurt am Main 2006 (Kurztitel: Raumtheorie); *Raumwissenschaften*, hg. von Stephan Günzel, Frankfurt am Main 2009.

Thema „Raum und Geschichte" prominent angesprochen worden – in der Eröffnungsrede Christian Meiers und im Hauptvortrag von Reinhart Koselleck; der Historikertag war dann aber in den Sog des sog. Deutschen Historikerstreits geraten, der alle politische Wachheit und analytischen Scharfsinn für sich beanspruchte. Und was die Neueröffnung des Themas durch Koselleck angeht, so problematisierte er zwar die unter Historikern selbstverständliche Präferenz der Zeit vor dem Raum, und nannte einige Gesichtspunkte, die zu einer Veränderung der Raum-Zeit-Relationen geführt haben, aber Koselleck warf mehr Fragen auf als Antworten zu bieten.[10]

Vor allem aber wurde der neu eröffnete Raumdiskurs vom „Einbruch der Gegenwart" beherrscht und durcheinandergebracht: vom Fall des Eisernen Vorhangs und der damit verbundenen „Raumrevolution": Auflösung der politischen Bündnissysteme, Hervortreten eines kulturhistorischen Reliefs – „Mitteleuropa", das unter der Ost-West-Teilung Europas unsichtbar geworden war, Zerbrechen des sowjetischen Imperiums und Bildung neuer souveräner Nationalstaaten, gleichzeitiges Verschwinden wie Hervortreten von kulturellen, religiösen, sprachlichen Grenzen, aber auch eine neue Mobilität, die auf die Produktion eines neuen Raumes hinauslief – Europa nach dem Ende der Nachkriegszeit.[11] Der „Fall der Mauer" war aber nur der (jedenfalls in Deutschland bzw. Europa) sichtbarste und zugespitzte Ausdruck einer Raumrevolution, hinter der viel mächtigere Antriebsaggregate standen, und die man gewöhnlich mit Kommunikations- und Verkehrsrevolution im Zuge der Globalisierung assoziiert, und die letztlich zu einer Auflösung der alten bipolar geordneten Welt führte.[12] Die Karte der Welt wurde im Zeitalter der Globalisierung neu gezeichnet, mit der Homogenisierung von Räumen auf der einen Seite, und mit der Entstehung neuer Schütterzonen – so hieß in den 30er Jahren, was in der heutigen Literatur als *shatterzones* bezeichnet wird –, neuen Grenz- und Frontverläufen.[13] Es war meines Erachtens diese Infragestellung einer bis dahin gültigen Raumordnung, die den nachhaltigsten Anstoss für das Neudenken und die Reaktivierung des Raumdiskurses gegeben und die zum Ausbrechen aus dem wesentlich sozial- und strukturge-

---

[10] Reinhart Koselleck, „Raum und Geschichte", in: Ders., *Zeitschichten. Studien zur Historik. Mit einem Beitrag von Hans-Georg Gadamer*, Frankfurt am Main 2000, 78–96.

[11] Hierher gehört Milan Kundera, *Un Occident Kidnappé oder die Tragödie Zentraleuropas*, Frankfurt am Main 1983; György Konrad, *Mitteleuropäische Meditationen*, Frankfurt am Main 1985; Karl Schlögel. *Die Mitte liegt ostwärts. Die Deutschen, der verlorene Osten und Mitteleuropa*, Berlin 1986.

[12] Robert D. Kaplan, *The Revenge of Geography. What the Map tells us about Coming Conflicts and the Battle against Fate*, New York 2012.

[13] *Shatterzones of Empires. Coexistence and Violence in the German, Habsburg, Russian, and Ottoman Borderlands*, ed. by Omer Bartov and Eric D. Weitz, Bloomington 2013; Alexander V. Prusin, *The Lands Between: Conflict in the East European Borderlands, 1870–1992*, Oxford 2010 (Kurztitel: Prusin, Lands Between).

schichtlich interessierten Feld ermutigt hat. Die dogmatischen Züge einer die räumliche Dimension des geschichtlichen Geschehens ignorierenden Auffassung, nachdem vor aller Augen „Geschichte statt gefunden" hatte, traten nun deutlich zu tage, und was lange Zeit unter einem Generalverdacht gestanden hatte – die Reizvokabeln lauteten: Raum, Mittellage, Geopolitik – war jetzt wenigstens wieder „diskursfähig" geworden.[14] Und so scheint es auch generell zugegangen zu sein: dass es geschichtliche Konstellationen waren, die den Diskurs – kategorial, thematisch, methodisch – in erster Linie stimuliert oder gelähmt haben. Dies gilt für die erste Entdeckung Amerikas durch Columbus, die Begründung des internationalen und Völkerrechts durch die Aufteilung der Welt, ebenso wie für die zweite Entdeckung durch Alexander von Humboldts „Vermessung der Welt". Dies gilt für die Konjunktur eines ganzen Clusters von Disziplinen, die mit der Bildung der Imperien und Kolonialreiche im 19. Jahrhundert in den Vordergrund gerückt sind (Ethnologie, Geographie, Demographie) wie die naturwissenschaftlich-technische Revolution, die die Zeit- und Raumerfahrung in Frage gestellt haben.[15] Das „Zeitalter der Extreme" war allem Anschein nach von exzessiver Gewalt- und Ideologieentfaltung gezeichnet, aber auch diese Epoche von Kriegen und Revolution hatte ihre eigene Geopolitik nicht minder als der auf diese folgende Kalte Krieg.[16]

Ein zweites Motiv im Kontext eines erneuerten Raumdiskurses ist die räumliche Ausprägung der gesellschaftlichen Krise, zu deren Analyse die klassische marxistische Gesellschaftsanalyse offenbar sich als ungeeignet erwies. Die ersten Formulierungen eines erneuerten Raumdenkens – das manchmal nur wenig von der kritischen spatialen oder geographischen Denktradition wusste – sind angeregt worden vom Niedergang der amerikanischen Städte und der urbanen Lebensform überhaupt. Es ist nicht schwer, dieses Umfeld in Critical Geography zu erkennen, bei David Harvey und Henri Lefebvre wird der städtische Raum überhaupt als materiale Verkörperung des kapitalistischen Verwertungszusammenhanges analysiert.[17] Die Produktion von Raum ist – ohne sich auf die physische Geographie von Stadträumen noch beziehen zu müssen – einfach eine andere *facon de parler* über das

[14] Mit der deutschen Raum-Obsession setzte ich mich auseinander in: Karl Schlögel, *Im Raume lesen wir die Zeit. Über Zivilisationsgeschichte und Geopolitik*, München 2003. Das war jedenfalls die Hauptmotivation für *Im Raume lesen wir die Zeit*.

[15] Bis heute bahnbrechend: Stephen Kern, *The Culture of Time and Space 1880–1918*, Cambridge, Mass. 1983.

[16] Herfried Münkler, „Vom Nutzen und Nachteil geopolitischen Denkens", in: *Tumult. Vierteljahresschrift für Konsensstörung*, Winter 2014/15, 7–10. Übersehen wird meist die in Russland schon lange anhaltende Konjunktur geopolitischen Ideologisierens, vgl. Aleksandr Dugin, *Osnovy geopolitiki. Geopoliticeskoe buduscee Rossii*, Moskva 1997.

[17] Henri Lefebvre, *The production of Space*, Oxford/Cambridge 1991; David Harvey, *Spaces of Capital. Towards a Critical Geography*, New York 2001; Ders., *Spaces of Hope*, Berkeley/Los Angeles 2000; Ders., *Paris. Capital of Modernity*, New York 2003.

Kapitalverhältnis, eine Art Kryptomarxismus, der seine wesentlichen Impulse nicht eigentlich aus der empirischen Analyse stadträumlicher Verhältnisse gewonnen hat. Etwas Ähnliches kann man von dem in der Literatur überschätzten (minimalen) Beitrag Foucaults zum Raumdiskurs sagen, in dem die realen Raumverhältnisse von Macht verschwinden und in einem Diskursraum aufgegangen sind. [18] Es sind eigentlich keine Raumlektüren, sondern metaphorisierende Kapitallektüren. Die Wiederaufnahme des Raumdiskurses hat sich über weite Strecken als ein Vermeidungsdiskurs entfaltet: das heißt in einer expliziten Abgrenzung gegen die Vorstellung von Raum als einer ontologischen Gegebenheit, die als essentialistisch, naturalistisch charakterisiert wird, und in einer soziologischen Reduktion des Raumbegriffs, die im Konstruktivismus ihren Höhe- und Endpunkt erreicht hat. Raum ist nicht, sondern Raum wird gemacht – das ist die Kurzformel des konstruktivistischen Raumdiskurses, der mehr sein will als nur ein anderer Name dafür, dass alles historisch geworden ist.[19] Die zentrale Konsequenz dieser reduktionistischen Engführung ist, dass das für den Raumdiskurs wesentliche Verhältnis von physisch-geographischem und sozialem, kulturellem, mentalem usf. Raum aufgelöst wird (die Parallelen zur konstruktivistischen These von Nationen als „gemachten" *imagined communities* liegen auf der Hand).[20] Die so unumgängliche wie produktive Reibung zwischen geographischem und geschichtlichem Raum wird damit stillgelegt, bestimmte Elemente der wissenschaftsgeschichtlichen Tradition werden ausgeschieden, weil sie vorab als naturalistisch, essentialistisch, deterministisch, containerhaft u.ä. abgestempelt werden.

Neben der Kontinuität des angelsächsischen und französischen Raumdiskurses, der allenfalls durch die postkoloniale Zäsur unterbrochen ist, ist der deutsche Raumdiskurs fast bis auf den heutigen Tag geprägt vom Bruch, der von der Katastrophe des Nationalsozialismus erzeugt worden ist, der durch Wort und Tat die Rede vom Raum belastet, ja verdorben hat.[21] Der Raum hat durch die rassistische Kontaminierung gleichsam seine Unschuld verloren, und es bedurfte einer ziemlichen langen Zeit und einer systematischen Anstrengung, um aus dem nationalsozialistischen Diskurs wieder herauszu-

---

[18] Michel Foucault, „Von anderen Räumen", in: Raumtheorie, 317–329.

[19] Am eindeutigsten formuliert in: Hans-Dietrich Schultz, „Räume sind nicht, Räume werden gemacht. Zur Genese ‚Mitteleuropas' in der deutschen Geographie", in: *Europa Regional* 5 (1997), 2–14; Larry Wolff, *Inventing Eastern Europe. The Map of Civilization on the Mind of the Enlightenment*, Stanford 1994.

[20] Benedict Anderson, *Imagined Communities: Reflections on the Origin and Spread of Nationalisms*, London 1983.

[21] Zur Internationale der Geopolitik vgl. Karl Schlögel, „Die Tektonik der Grenzen – Geopolitik 1900 bis 1930", in: Michael Geyer/Helmut Lethen/Lutz Musner (Hg.), *Zeitalter der Gewalt. Zur Geopolitik und Psychopolitik des Ersten Weltkrieges*, Frankfurt/New York: Campus 2015, 39–66.

kommen – ein Schicksal, das auch andere Disziplinen in Deutschland – etwa die Anthropologie, die Germanistik – teilten. Die Unterbrechung der bedeutenden Tradition des Raumdenkens in Deutschland hat zwei wesentliche Formen angenommen: die Zerstörung einer gesellschaftskritischen Raumanalyse durch Verfolgung und Terror, die eine ganze Generation ins Exil getrieben hat, und die Beschädigung der Kategorien der Raumanalyse selbst.[22] Beides zusammengenommen führte dazu, dass ein unmittelbarer Anschluss bzw. eine Weiterführung der Linie Ritter-Humboldt-Ratzel-Simmel-Heidegger-Benjamin-Schmitt in kritischer Absicht unmöglich geworden war – sehr im Unterschied zu Engländern, Amerikanern und Franzosen, die weniger Grund hatten, sich von ihrem geographischen bzw. geopolitischen Erbe zu distanzieren.[23]

In meinen Augen waren es wesentlich die allgemein-gesellschaftlichen, nicht so sehr die akademischen Motive und Schubkräfte, die den Anstoß gegeben haben für den neuen Raumdiskurs, dem freilich disziplinimmanente Ungereimtheiten und Erklärungsdefizite entgegenkamen. Eine letzte Bemerkung bezieht sich auf die Qualität von *turns*, also: paradigmatischen Wenden, selbst. In ihrer Gesamtheit, zusammengenommen, sind sie nichts weiteres als die Entfaltung der Register geschichtlicher Wahrnehmung und Analyse, jeder für sich genommen, so spektakulär er daher kommen mag, ist eine Einseitigkeit, die auf Reduktion von Komplexität hinausläuft. Man kann natürlich unter dem Blickwinkel einer akustischen, ikonographischen, olfaktorischen Wende die Sinne und analytische Kraft schärfen – und dafür auch eine wissenschaftliche Karriere riskieren –, aber erst zusammengenommen ergeben sie ein Abbild von der Komplexität, hinter deren inneren Zusammenhang und vielleicht sogar deren „Sinn" wir zu kommen versuchen. Den Raumdiskurs in die Geschichtswissenschaft hineinzutragen, heißt dann eben nichts anderes als die räumliche Dimension, den Schauplatz, Handlungs- und Tatort der geschichtlichen Ereignisse mitzudenken und ins Spiel zu bringen und der Verführung aparter, für sich stehender Raumgeschichten zu entgehen – Raum als eine Dimension unter anderen, nicht als das wieder als das einzig Wahre Gefeierte.

Eine der Erscheinungsformen wissenschaftlicher Konjunkturen scheint eine gesteigerte Produktion von Metawerken zu sein, also Theorie- und Methodendiskussionen, die sich von der Arbeit am jeweiligen Stoff emanzipiert

[22] Über die Ethnisierung des Raumes vgl. Dan Diner, „‚Grundbuch des Planeten'. Zur Geopolitik Karl Haushofers", in: *Vierteljahreshefte für Zeitgeschichte* 32 (1984), 1–28; Neil Smith, *American Empire: Roosevelts Geographer and the Prelude to Globalization* , Berkeley 2003.

[23] Zur amerikanischen Raumdiskussion: Edward W. Soja, *Postmodern Geographies: The Reassertion of Space in Critical Social Theory*, London 1989; Donald W. Meinig, *The Shaping of America: A Geographical Perspective on 500 Years of History*, Bde.1–2, New Haven/London 1986–1993; Gearóid O Tuathail, *Critical Geopolitics*, Minneapolis 1996.

haben – und manchmal sogar nie in Kontakt mit ihm gestanden haben – wo doch Theorie und Methode nicht ins gesonderte Vorwort gehören, gleichsam dorthin abgedrängt werden, sondern zwischen die Zeilen des œuvres.[24] Methodische und theoretische Reflexion verhalten sich eher wie der Schatten, der dem Material und dem Gang seiner Bearbeitung folgt, und nicht so sehr als (oft bombastischer) Vor- und Überbau, der allem vorausgeht oder alles überwölbt. Methoden, Theoriefragen leiten sich ab, ja ergeben sich zwingend, wenn der Stoff es verlangt, eine Sache sich nicht anders machen lässt als eben so.

II. Proben aufs Exempel. Aus der Werkstatt

Rückblickend hat sich die Verräumlichung eines Sujets nicht aus einem Vorsatz ergeben, sondern aus der Sache selber. Hier soll von exemplarischen Studien gesprochen werden.

Erstes Exempel: Das Projekt, den Prozess der Selbstreflexion der russischen Intelligencija im Zuge und nach der Revolution zu rekonstruieren – von der Revolution von 1905 bis zum Ende des Bürgerkriegs 1921 –, war zunächst angelegt als Rekonstruktion eines Diskurses, der Herausarbeitung der Positionen und Kontroversen und deren Revolution im Laufe der Ereignisse, die die einen auf die Höhen der Macht, die anderen in den Untergrund, ins Exil oder in den Tod führten. Es stellte sich alsbald heraus, dass eine isolierte Behandlung des Intellektuellendiskurses an und für sich zwar ebenfalls interessant – in vieler Hinsicht aber auch redundant – gewesen wäre, während die Sache eigentlich verlangte, den Diskurs auf die gesellschaftliche Situation, auf die hauptstädtische Umgebung und auf die Netzwerke, in denen der Diskurs eingebunden war, zu beziehen. So kamen Verlagsszene, Fabrikmilieus, Kaufmannssalons, Bohème, die Architektur des Stadtraums u.v.m. ins Spiel. Das Ergebnis war dann Petersburg zwischen 1909-1921 als Laboratorium der Moderne.[25] Eine ähnliche Situation ergab sich bei der Studie über das russische Exil in Deutschland zwischen den Kriegen. Um die *community* des russischen Exils auf eine neue Weise zu erfassen, musste ein Kontext rekonstruiert werden, auf den die bis dahin isoliert behandelte russische Exilgemeinde nie bezogen war. So kam es zu einer Rekonstruktion der russisch-deutschen Netzwerke, der im Stadtraum lokalisierbaren Milieus, Zeitschriften

[24] Zur Metatheorie der Kulturwissenschaften samt ausführlichen Bibliographien vgl. Ansgar Nünning und Vera Nünning (Hg.), *Konzepte der Kulturwissenschaften. Theoretische Grundlagen – Ansätze – Perspektiven*, Stuttgart/Weimar 2003.

[25] Vgl. *Wegzeichen – Essays zur Krise der russischen Intelligenz.* Übersetzt und herausgegeben von Karl Schlögel, Frankfurt am Main 1990; Ders., *Jenseits des Großen Oktober. Petersburg 1909–1921. Das Laboratorium der Moderne*, Berlin 1988.

und Verlagsbeziehungen, die Rekonstruktion dessen, was seinerzeit als *Russkij Berlin*, als Russisches Berlin verstanden wurde. Die Sache selbst gebot, die unterschiedlichen Dimensionen von Raum ins Auge zu fassen: den physisch-geographischen der Existenz und Kohabitation, die sprachlich-kulturellen Räume, die Überschneidungen von biographischen Linien, die sozialen und symbolischen Welten usf. Es bedarf keines durch eine paradigmatische Wendung ausgesprochenen Imperativs, sondern allein der Folgerichtigkeit bei der Rekonstruktion eines Falles, eines Milieus, einer Handlung, die diese Ausrichtung und Ausweitung der Perspektive – fast zwingend – nahelegt.

Zweites Exempel: Von Fernand Braudel ist der Satz überliefert, das Mittelmeer sei das wichtigste Dokument für seine Studie über die Zivilisation des Mittelmeerraumes gewesen. In meinem Fall hat es sich so ergeben – auf die dafür verantwortlichen lebensgeschichtlich eventuell bedeutsamen Momente braucht hier nicht eingegangen zu werden –, dass Städte als zentraler Gegenstand geschichtlicher Wahrnehmung und Erkenntnis sich herausgestellt haben. Auf keinen Fall ergab sich die Entdeckung der Städte als Gegenstand zum „Städte lesen" aus einem methodischen oder theoretischen Vorsatz, wie inspirativ dabei auch Lektüren mitgewirkt haben mögen (in meinem Fall Carl Schorskes Wien-Buch und die Publikation von Walter Benjamins Moskauer Tagebuch und des Passagenwerkes). Hier spielten eine Rolle die Konfrontation mit einem an dieser Stelle nicht erwarteten Formen- und Stilreichtum, die Entdeckung von real existierenden Orten, die mir nur aus der Literatur als Handlungs- und Tatorte vertraut waren. Vor allem aber stellte sich heraus, dass die Begehung der Stadt, der Modus der tastendenden, zwar informierten, aber doch nicht vorab und *a priori* festgelegten und nun zu absolvierenden Begehung der Stadt – Benjamins Flanerie – eine Form der Erschließung war, die ich als zugleich beglückend und schockierend empfand: Sich zu verwandeln in einen Entdecker, unterwegs in einer Nussschale, auf dem Ozean der Welt – das ist ein erschütternder Vorgang für jeden, der es mit geschichtlicher Erkenntnis zu tun bekommen hat. Die Lesbarkeit der Städte als eine Hinwendung zum Realobjekt Stadt, als Hineingehen in den Kosmos, als die Entdeckung eines unendlich komplizierten „Textes", die der Dechiffrierung eines vielfach überschriebenen Palimpsestes gleichkommt – diese Erfahrung hat sich für mich materialisiert in *Moskau lesen*, das das Grundbuch für alle folgenden Studien und Essays zu Städten geworden ist.[26] Sich Bewegen, meist Gehen, als Modus der Erschließung, sich an den Oberflächen entlang arbeiten und sie zu dechiffrieren lernen, ist eine zweite Lehre; sie hat später sich auch theoretischen Rückhalt verschafft durch die Theoretiker der Alltagsroutinen und Praktiken, die Kultursemiotiker, vor allem der städtischen

[26] Karl Schlögel, *Moskau lesen*, Berlin 1984; erweiterte Ausgabe, München 2011.

Räume, die Theoretiker der Chorologie und die Phänomenologen Husserlscher und Merleau-Pontyscher Prägung.[27]

Drittes Exempel: Wenn man sich aus naheliegenden Gründen – die Viadrina liegt an einem Grenzfluss, an einer ziemlich jungen Grenze – mit Krieg, Flucht, Umsiedlung und Vertreibung beschäftigt, hat man es zwangsläufig mit zentralen Problemen von Raumbildung, Territorialisierung, Grenzziehung zu tun. Gewaltsame Bevölkerungsverschiebungen wie die des 20. Jahrhunderts in Ostmitteleuropa waren verbunden mit Grenzverschiebungen. Flucht und Vertreibung sind Formen von „Ortsveränderung“.[28] Grenzziehung ist eine der gravierendsten Raumerfahrungen.[29] Beide hängen eng miteinander zusammen und beide sind nicht nur von wissenschaftlich-akademischem Interesse, sondern gehören zum engsten Umkreis jener Fragen, die Polen und Deutsche auf beiden Seiten der Oder bewegen. Man bekommt es nicht nur mit großen, lange Zeit vernachlässigten Aufgaben empirischer Recherche und Forschung zu tun, sondern auch mit Grundfragen des Raumdiskurses, die uralt sind und gleichwohl neu durchdacht werden müssen. Dies betrifft die Frage nach der Existenz natürlicher Grenzen, den fundamentalen Charakter von Grenzen an und für sich, die nicht nur als Demarkationslinie, sondern als kulturelle Komplexe aufgefaßt werden können, mit einer beträchtlichen Spannbreite (im Englischen etwa ausgedrückt in einer Pluralität von Termini: border, boundary, borderlands, frontier, limits)[30] Grenzüberschreitung, *rite de passage* wird als grundlegende Lebenserfahrung fassbar, wie überhaupt die Grenze als „peripherisches Organ“ (Ratzel) die ihr gebührende zentrale Bedeutung zurückgewinnt. Die Geschichte der Genese und der Auflösung von Grenzen wird so gleichsam zu einer Geschichte Europas, gesehen durch das Prisma der Grenzerfahrung. Grenzüberschreitung, Grenzverschiebung – be-

[27] Maurice Merleau-Ponty, *Das Auge und der Geist*, Hamburg 2003; Bernhard Waldenfels, *In den Netzen der Lebenswelt*, Frankfurt am Main 1985.

[28] Zu Grenzziehung und ethnischer Homogenisierung: Aviel Roshwald, *Ethnic Nationalism and the Fall of Empires: Central Europe, Russia and the Middle East. 1914–1923*, London 2001; Timothy Snyder, *The Reconstruction of Nations: Poland, Ukraine, Lithuania, Belarus, 1569–1999*, New Haven 2003; Kate Brown, *A Biography of No Place*, Cambridge, Mass. 2004.

[29] Prusin, Lands Between.

[30] Friedrich Ratzel, *Politische Geographie oder die Geographie der Staaten, des Verkehres und des Krieges*, München/Berlin 1903, 596–620 (Neunzehntes Kapitel. Die Grenze als peripherisches Organ); die theoretische Position von Ratzels Opponenten findet sich in: Georg Simmel, *Soziologie. Untersuchungen über die Formen der Vergesellschaftung*, (Georg Simmel Gesamtausgabe, Band 11), Frankfurt am Main 1992. Brillant die Studie von Annemarie Sammartino, *The Impossible Border. Germany and the East, 1914–1922*, Ithaca 2010; Götz Aly/Susanne Heim, *Vordenker der Vernichtung. Auschwitz und die deutschen Pläne für eine neue europäische Ordnung*, Hamburg 1991; Bruno Wasser, *Himmlers Raumplanung im Osten. Der Generalplan Ost in Polen 1940–1944*, Basel/Berlin/Boston 1993.

sonders wenn sie gewaltsam erfolgen – verbindet sich so aufs engste mit Heimat- und Identitätsdiskursen.[31]

Hier ließe sich sogar der Gedanke weiterführen zu der These, dass sogar Universitätsgründungen wie die der Viadrina an der deutsch-polnischen Grenze ihre räumlichen Implikationen haben. Das wundert mit Hinblick auf epochemachende Universitätsgründungen (Bologna, Prag, Heidelberg, Sorbonne, Oxford, Krakau) nicht, aber es gilt auch heute in einem elementaren Sinne. So wahr es ist, dass Wissensproduktion universal gültigen Kriterien folgt, also der Referenzrahmen die *science community* im globalen Maßstab ist, so wahr ist auch, dass nur eine Universität, die etwas Spezifisch-konkretes, aus ihrer Lage in Raum und Zeit Abgeleitetes zu bieten hat, etwas zur Weltwissenschaft beizusteuern vermag. Die Ignorierung oder gar Negation des spezifischen Denkortes entzieht einer Institution wie der Universität geradezu den Boden. Erfolgreiche Universitätsgründungen sind solche, in denen sich die Kräfte finden, die aus ihrem Ort und ihrer Zeit etwas zu machen vermögen und sich nicht auf dem Gemeinplatz eines ebenso selbstgenügsamen Lokalismus wie leeren Globalismus niederlassen. Die große weite Welt in der eigenen kleinen zur Anschauung zu bringen, aber auch die großen Vorgänge in den molekularen vor Ort zu erkennen und fruchtbar zu machen, und sich daran abzuarbeiten, heißt sogar die eigene Institution aus einem Chronotop zu begründen – oder daran zu scheitern.

III. Der Ernstfall. Scheitern und Gelingen

Der *spatial turn* ist nicht die Antwort auf die von Reinhart Koselleck monierte „seit jeher theoretisch nur schwach begründete Dominanz der Zeit“. Es bleibt bei der von Bernhard Waldenfels konstatierten unaufhebbaren Symmetrie von Raum und Zeit: „Die Zweiheit von Ort/Raum und Zeit lässt sich nicht überspringen, aber auch nicht aufheben. Jede Hierarchisierung von Zeit und Raum, die ein einseitiges Gefälle herstellt, würde erfordern, dass man letzten Endes die Räumlichkeit aus der Zeitlichkeit oder die Zeitlichkeit aus der Räumlichkeit herleitet…“.[32]

Die geschichtliche Darstellung folgt in der Regel der zeitlichen Ordnung, ihr Grundmuster ist die Chronik und die Chronologie, das Nacheinander, der Prozess, die Abfolge der Ereignisse, ob nun kurzer oder längerer Dauer. Die Argumente für diese spontane Vorherrschaft der Zeit scheinen zwingend: Konsekutivität, Sequenzialität, Prozessualität, die der Dynamik der geschicht-

---

[31] Karl Schlögel, *Grenzland Europa. Unterwegs auf einem neuen Kontinent*, München 2013.

[32] Bernhard Waldenfels, *Ortsverschiebungen, Zeitverschiebungen. Modi leibhaftiger Erfahrung*, Frankfurt am Main 2009, 238.

lichen Entwicklung angemessen erscheinen, decken sich mit dem Erzähl- und Schreibvorgang selbst. Jede geschichtliche Erzählung tendiert – bewusst oder unbewusst – zu einem Primat der Zeitlichkeit und der Linearität, zu einer Vorherrschaft über die andere Dimension, ohne die Geschichte nicht „stattfindet" und nicht erzählt werden kann: den Ort, den Raum, den Schauplatz.

Ort, Raum, Räumlichkeit als die andere Dimension geschichtlicher Existenz sind aber charakterisiert nicht durch ein Nacheinander, nicht eine Abfolge, nicht Sequentialität, sondern Nebeneinander, Koexistenzialität, Simultaneität. Dieses Nebeneinander und diese Simultaneität lassen sich offensichtlich im linearen Nacheinander des Erzählens und des Schreibens nicht erfassen. Erzählen und Schreiben sind sukzessive, sequentielle Prozeduren. Das Nebeneinander und die Simultaneität bedürfen anderer Darstellungsformen: die Fläche, das Bild, die Karte insbesondere, die das Nebeneinander, die Koexistenz, die Gleichzeitigkeit der Dinge oder Vorgänge an einem Ort, in einem Raum zu einem gegebenen Zeitpunkt festhalten, sowie die Entwicklung von Narrativen, die die Komplexität historischer Vorgänge „vor Ort" entfaltet. Aber wie dies historiographisch bewältigt werden kann, ist meines Erachtens bis heute unbeantwortet. Bernhard Waldenfels hat von der Gleichzeitigkeit und der Gleichörtlichkeit und von der Einheit des gelebten Raums gesprochen, die die „alte" Opposition von Raum und Zeit hinter sich gelassen haben soll. Doch auf die Frage, wie geschichtliche Ereignisse, Vorgänge als gleichzeitige und gleichörtliche in einem Medium zur Darstellung kommen können, das nur die Sequenzialität, Konsekutivität, Linearität, also das Nacheinander der Erzählung kennt, gibt auch er keine Antwort. Ich kenne keine allgemein gefaßte, theoretische Formulierung für die Darstellung von Gleichzeitigkeit und Gleichörtlichkeit. Versuche, dieses Darstellungsproblem zu lösen, können aber – per Falsifikation – Aufschluss geben, wie es nicht „funktioniert", und wo sich möglicherweise ein Ausweg anbietet. „Mein Fall", der historiographisch zu bewältigen war, ist jenes fatale Jahr 1937, das Jahr des „Großen Terrors" in Stalins Sowjetunion.[33] Es ging um die äußerste Verdichtung von Ereignissen, die alle vor Ort sich ereigneten, aber nicht in einer Terrorgeschichte aufgingen: die Verabschiedung der neuen Verfassung im Dezember 1936, die Volkszählung im Januar 1937, eine Serie von Schauprozessen und das Puschkin-Jubiläum im Februar, der Selbstmord Ordshonikidses, die Eroberung des Nordpols, die Massentötungen ab August 1937 und die Entfaltung der Kampagne zu den Sowjetwahlen, die Premiere spektakulärer Unterhaltungsfilme und der Beginn großer Bauprojekte usf. Es ging im gegebenen Fall darum, eine narrative Form zu finden, in der das Neben- und Ineinander von Gewalt und Begeisterung, von Ausnahmezustand und Normalität, atemberaubendem sozialen Aufstieg und Vernichtung aus heiterem Himmel, von gezielten Massentötungen und gesellschaftlicher Ano-

[33] Karl Schlögel, *Terror und Traum. Moskau 1937*, München 2008. Einleitung.

mie erfasst werden konnten. Beides existierte gleichzeitig und gleichörtlich – und zwar nicht in der retrospektiven Konstruktion von Historikern, sondern im Erfahrungshorizont der Zeitgenossen. Um diese Koexistenz der Extreme zu erfassen, bedurfte es einer stereoskopisch-panoramatischen Übersicht ebenso wie spezifischer, individueller Blickwinkel. Alles spielte sich nicht nur in einem Augenblick ab – ein Jahr ist geraffte, verdichtete Zeit –, sondern eben auch an einem Ort, fast in Sicht- und Rufweite: die Puschkinfeier fand an dem Ort statt, wo auch die Schauprozesse inszeniert wurden; auf dem Roten Platz wechselten Sportlerparaden mit Massenaufmärschen, die Todesurteile für die Volksfeinde forderten; in den Kinostudios verschwanden Schauspieler, die als Spione entlarvt worden waren; ein Internationaler Geologenkongress stattet einem Großprojekt einen Besuch ab, das in Wahrheit ein Zwangsarbeitslager war – der Moskwa-Wolga-Kanal; und die neue Demokratie wird propagiert, während fast eine Million Menschen nach Plan getötet werden. Die Spezifik dieser Vorgänge, dieses Neben- und Ineinander verlangte eine spezifische erzählerische Form. Wenn man den Erfahrungshorizont der Zeitgenossen – Täter wie Opfer – rekonstruieren wollte, dann kam man nicht darum herum, sich ihrer Verwirrung und Paralysierung durch eben jene Simultaneität der Extreme auszusetzen. Man konnte hier nur „mitreden", wenn man etwas von der Auflösung der Grenzen und dem Verlust der Unterscheidbarkeit wusste. Unsere vom Nazi-Terror geprägten Vorstellungen mit ihren eindeutigen Unterscheidungen von Freund und Feind, half hier wenig, um an das Willkürlich-aleatorische und Enigmatische des stalinistischen Universums, in dem jeder Feind werden konnte, heranzukommen. Es ging darum, eine dem Prozess der Selbstzerstörung und der Auflösung der Freund-Feind-Unterscheidung angemessene Darstellungsform zu finden.

Es war primär nicht das Quellenproblem, von dem soviel die Rede ist, und nicht die Unsäglichkeit dessen, was Menschen von Menschen angetan wurde, sondern das Darstellungsproblem, das sich als das wirklich gravierende herausgestellt hat. Wenn klar war, dass die Geschichte nur angemessen erfasst werden konnte, wenn man sie in ihrer Simultaneität vor Ort darstellte, wie sollte dies in einer sprachlich-narrativ auf das Nacheinander verwiesenen Darstellung geschehen? Wittgensteins Satz, dass man von dem, wovon man nicht sprechen kann, schweigen müsse, implizierte auch die Möglichkeit, das ganze Unternehmen abzubrechen – Scheitern-können und Verstummen-müssen als eine für den historischen Beruf unverzichtbare Grenzerfahrung.

Fast alle zunächst ins Auge gefassten Pläne scheiterten, bis sich irgendwann die Dinge selber „fügten". Und dieses „Sich-fügen", in dem der Historiker gleichsam zurücktritt und zum Organon wird, in dem er den Akteuren von einst – Opfern wie Tätern – nur seine Stimme leiht –, und das ohne Zwang und ohne Konstruktion auskommt, scheint überhaupt ein Kriterium für Sagbarkeit und Gelingen. Aber es ergab sich erst nach vielen Ab- und Irrwegen.

Die Suchbewegung eins – die Flanerie à la Franz Hessel und Walter Benjamin – erwies sich als anachronistisch. Die Bewegungsform des Flaneurs, die den Stadtraum Moskau stereoskopisch, panoramatisch erschließen sollte, war den großen Aufmarschplätzen nicht mehr angemessen und der Flaneur war verdächtig geworden, abgelöst durch einen gesteuerten und von Geheimdienstleuten beschatteten Touristen. Vor allem aber: Das Tempo des Flaneurs blieb hinter der Beschleunigung der Ereignisse und der Radikalisierung der Bewegung zurück und wurde überholt von den schockhaften und überfallartigen Meldungen und Ereignissen jenes Jahres. Es war eine harte Einsicht, anzuerkennen, dass man mit Benjamin, der einen Rhythmus für die Erschließung der „Hauptstadt des 19. Jahrhunderts" gefunden hatte, in Moskau 1937 nicht weit kam.

Suchbewegung zwei zielte auf ein Medium, das dem scharfen Wechsel, der Diskontinuität, dem Bruch, dem Fragmentarisierten Rechnung trug. Und es ist keine große Überraschung, wenn einem hier Sergej Eisenstein in den Sinn kommt, der Meister und Theoretiker der filmischen Montage. Die Auflösung aller festen Orientierungen und Koordinaten, die Schocks, Brüche, kometenhaften Karrieren und aus heiterem Himmel niedersausenden Vernichtungsschläge legten dieses Verfahren nahe.[34] Aber auch hier stellte sich rasch heraus, dass das Modell nicht „funktionierte". Die Montage gab zwar die Fragmentierung, den Bruch wieder, nicht aber die Dynamik, den Prozess der „kumulativen Radikalisierung" (Hans Mommsen), der so kennzeichnend für den Großen Terror war. Die Montage hielt alles in der Schwebe, die Bewegung war stillgestellt; auch die Montage erwies sich, so paradox es klingt, als „unterkomplex". Literarische Paralleldarstellungen sind die Stadtromane des 20. Jahrhunderts, in denen die Stadt als Ort der Gleichzeitigkeit, der Verschlingungen und Überkreuzung von Lebenslinien und Handlungsräumen auf engstem Raume bewältigt werden muss. Im Unterschied zu Schriftstellern, die über eine grenzenlose Freiheit verfügen, unterliegen Historiker gänzlich dem Vetorecht, das den Quellen zusteht. Die Leichtigkeit, mit der die Literatur Zeiträume erschaffen und erzählen kann, bleibt uns verwehrt. Sie führt uns aber Register und Kompositionsweisen vor Augen, von denen wir lernen können.[35]

Der Terminus, in dem Zeit und Raum auch sprachlich verschmolzen und theoriefähig geworden sind, stammt von Michail Bachtin: Chronotopos. „Die literarische Aneignung der realen historischen Zeit und des realen histori-

---

[34] Hier ist auch zu nennen: Walter Kempowski, *Das Echolot. Ein kollektives Tagebuch*, 4 Bde., München 1993–2005.

[35] Hans Magnus Enzensberger hat in: *Hammerstein oder der Eigensinn. Eine deutsche Geschichte*, Frankfurt am Main 2008, ein Narrativ der Gleichzeitigkeit entwickelt; Florian Illies hat dasselbe in: *1913: Der Sommer des Jahrhunderts*, Frankfurt am Main 2012, suggeriert.

schen Raumes sowie des – in ihnen zutage tretenden – realen historischen Menschen" wird hier zum Thema. „Die Zeit verdichtet sich hierbei, sie zieht sich zusammen und wird auf künstlerische Weise sichtbar; der Raum gewinnt Intensität, er wird in die Bewegung der Zeit, des Sujets, der Geschichte hineingezogen. Die Merkmale der Zeit offenbaren sich im Raum, und der Raum wird von der Zeit mit Sinn erfüllt und dimensioniert."[36] Bachtin hat den Chronotopos für den Roman – den antiken Abenteuerroman, den Ritterroman – entwickelt, nicht für die Geschichtsschreibung. Dennoch lassen sich daraus wichtige Hinweise auch für das historische Narrativ entnehmen, vor allem jenem, dass es eine Korrespondenz gibt zwischen geschichtlicher Konstellation einerseits und Darstellungsform andererseits.

Es war denn auch ein literarisches Werk, das einen Schlüssel für die Erzählung bot, in der Gleichzeitigkeit und Gleichörtlichkeit zusammenkommen konnten: Michail Bulgakows Roman *Meister und Margarita*. Man hat dieses 1940 abgeschlossene Werk charakterisiert als „magischen Realismus". Die Grenzen zwischen Fiktivem und Wirklichkeit, zwischen erdachten und phantastischen Vorgängen – Verschwörungen aller Art, die Welt von Agenten und Spionen durchdrungen, jede Bagatelle eine Staatsaffäre, jeder Unfall eine von langer Hand geplante Sabotageaktion usf. – hatten sich aufgelöst, die willkürliche Behauptung setzte selber phantastische Wirklichkeiten. Der magische Realismus Bulgakows schien die literarische Form dessen zu sein, was einer historischen Erzählung erst noch bedurfte, und deren Kern eben nicht die Geschichte des Terrors oder die Geschichte der Utopie war, sondern die Auflösung aller relevanten Unterscheidungen in einem Tohuwabohu der Selbstverwirrung und Selbstdestruktion, wo auch die Unterscheidung von Opfern und Tätern, jene so fest etablierte Frontlinie, die das Gute vom Bösen, den Freund vom Feind, das Wahre vom Falschen unterscheidet, hinfällig geworden ist. Der Chronotopos des Bulgakowschen Romans ist der Zusammenbruch der Unterscheidungen und die Entstehung eines Raumes der totalen Willkür, in dem alles möglich ist. Zudem fanden sich in seinem Roman fast alle konkreten Topoi des empirisch erschließbaren Moskau jener Zeit – Komunalka, Parade, Totenzug, Hinrichtung, Schauprozess, Walpurgisnacht, himmelstürmende Bauten, die Chaotik und Idylle Moskaus –, betrachtet aus der Vogelperspektive des Fluges der Margarita über die Stadt hinweg: das Ganze auf einen Blick, die Gleichzeitigkeit der Ereignisse am gleichen Ort. Der Flug der Margarita konnte so zum Vehikel und zur Navigation über das Gelände werden, auf dem sich die Geschichte entfaltete. Die Urform dieser aus der Vogelschau gewonnenen panoramatischen Zusammenschau ist die Teichoskopie, die Mauerschau, wie schon in der *Ilias* von Homer vorgeführt.

[36] Michail M. Bachtin, *Chronotopos*. Aus dem Russischen von Michael Dewey, Frankfurt am Main 2008, 324; Katerina Clark/Michael Holquist, *Mikhail Bakhtin*, Cambridge, Mass. 1986.

Alles zusammengenommen – die Bewegungsform des Fluges (nicht der Flanerie), die Stadt als ganze (wahrgenommen aus der Vogelperspektive) und die wichtigsten Handlungs- und Tatorte berührend (wie sie im Roman bzw. in der Chronik der realen Ereignisse festgehalten sind) – ergab in rund 40 Bildern bzw. Stationen eine Erzählung, in der das Nebeneinander mit dem Nacheinander, die Koexistenz des Verschiedenen mit der kumulativen Radikalisierung der Bewegung zusammenkommen konnten.

Ich führe das aus, nicht um eine Selbstinterpretation nachzuliefern, sondern um den Prozess der Generierung eines Narrativs mir – und vielleicht auch für andere – zu rekapitulieren und klarzustellen, dass die Suche nach der angemessenen, vielleicht sogar: richtigen Form nicht mit stilistischem oder literarischem Ehrgeiz zu tun hat, sondern Form- und Kompositionsfragen wesentlich sind. Auch hier gilt die schöne Formel: *form follows function.* Das vorläufige Ergebnis lautet so: Es gibt so etwas wie ein Vetorecht und ein Privileg des Ortes: an ihm koexistiert, was allzu leicht voneinander isoliert wird, wenn man auf die räumliche Wahrnehmung verzichtet; an ihm steht nebeneinander, was in einer Perspektive des Nacheinander allzu leicht separiert und allzu leicht in eine teleologische Linearität gebracht werden kann; an ihm herrschen Mischungsverhältnisse, deren gleichzeitige und gleichörtliche Wahrnehmung eine irreduzible Komplexität verbürgen. Diese Komplexität generiert Wahrnehmungsweisen, Perspektiven und Einsichten, die eben durch die Simultaneität des Geschehens im Raum provoziert und verbürgt sind. Es werden damit auch Quellengruppen und Materialien relevant, die in einer chronologisch gefassten linearen Geschichte eher sekundär sind: Dokumente des Körperlichen, der physischen Präsenz, des Relationalen, des Verhaltens, das sich aus dem In- und Nebeneinander der in einer „Zeitheimat" lebenden Akteure (Ilja Ehrenburg) ergibt. Es wird ein Sinn geschult, der sehr aufs Phänomenologische aus ist und die Oberfläche Ernst nimmt. Dort, wo die Sukzession und die Fabel ihre Monopolstellung verloren haben, kommt endlich die Simultanstruktur zum Zug. Es geht dann nicht mehr, wie Jürgen Schramke in seiner Studie zum modernen Roman herausgearbeitet hat, um Entwicklungszusammenhänge, sondern um simultane Verweisungszusammenhänge. Nicht nur der historische Augenblick und die lineare Ereignisfolge, sondern die mehr horizontal angeordneten Knotenpunkte und Beziehungsnetze kommen dann ins Spiel.[37]

[37] Jürgen Schramke, *Zur Theorie des modernen Romans*, München 1974, 136, 137.

IV. Auf der Suche nach einer allgemeineren Formulierung, nicht nach einer Formel

Es muss möglich sein, das Problem der Darstellbarkeit von Gleichzeitigkeit und Gleichörtlichkeit allgemeiner zu fassen. Wenn man akzeptiert, dass die narratologische Form zuerst eine epistemologische Frage und nicht eine literarische ist, und wenn man der Auffassung ist, dass sie für die Geschichtsschreibung nicht minder wichtig ist als die wesentliche Unterscheidung von Fakten und Fiktion, dann muss man sich wundern, dass es über die *Bauformen historischen Erzählens* – um den Titel des auch für Historiker höchst anregenden literaturwissenschaftlichen Klassikers von Eberhard Lämmert abzuwandeln – kaum eine entfaltete Diskussion gibt.[38]

Fragen des Erzählens werden in einer arbeitsteilig organisierten Wissensgemeinde fast zwangsläufig in der dafür zuständigen Branche behandelt: in der Literatur und Literaturwissenschaft, in den dramatischen und darstellenden Künsten, neuerdings in den Medienwissenschaften. Von ihnen kann die Geschichtswissenschaft lernen, ohne dass sie die qualitative Differenz zur literarischen Fiktion aufheben könnte. Die meisten Anhaltspunkte lassen sich in der Literaturwissenschaft, die von Hause aus mit den zentralen Fragen der Darstellungs- und Erzählform zu tun hat, finden; aber es gilt in anderer Weise auch für die Bildwissenschaften und, beschleunigt durch die Entwicklungen des 20. Jahrhunderts, den Film, der mit seinen „bewegten Bildern" den unüberbrückbaren Gegensatz von Bild und Sprache, von Statik und Dynamik, von Beschreibung und Erzählung aufzuheben scheint. „Das Filmkunstwerk [...] bedient sich eines multimedialen Mediums, das sowohl zeitliches Nacheinander als auch räumliches Nebeneinander, dazu noch die Bewegung, den Ton und letztlich die Simultaneität synchron ablaufender Vorgänge darzustellen in der Lage ist."[39]

Das Problem, „gegenständliche und handlungsmäßige Simultaneität durch das lineare Medium der narrativen Struktur zu erfassen",[40] ist uralt. Es wurde bereits von Homer mit dem Schild des Achilles (die Beschreibung bringt die darauf abgebildete Handlung in Bewegung) und der Teichoskopie (in der Schau auf die Schlacht werden nicht nur das Getümmel insgesamt, sondern die vielen Einzelaktionen überschau- und beschreibbar) thematisiert; es wurde von Lessing in der *Laokoon*-Schrift theoretisch elaboriert in der Aufgaben-

[38] Eberhard Lämmert, *Bauformen des Erzählens*, 8. und unveränderte Aufl. Stuttgart 1991.

[39] Jochen Vogt, *Aspekte erzählender Prosa, Eine Einführung in Erzähltechnik und Romantheorie*, 7. Aufl. Opladen 1990, 138.

[40] A. J. Bisanz, „Linearität versus Simultaneität im narrativen Zeit-Raum-Gefüge", in: *Erzählforschung. Theorien, Modelle und Methoden der Narrativik*, hg. von Wolfgang Haubrichs, Bd. 1, Göttingen 1976, 200.

teilung zwischen Malerei und Poesie – die eine ist für das Nebeneinander, die andere für das Nacheinander zuständig, – und es wurde der Versuch einer systematisch gewordenen Synchronistik unternommen – etwa in Karl Ferdinand Gutzkows „Roman des Nebeneinander" im 19. Jahrhundert.[41] Auch Wilhelm Raabe wollte die „brave, allzu verständige, nüchterne Muse des Nacheinander" hinter sich lassen und wünschte sich die „Göttin des Durcheinander" herbei. Für den modernen Roman ist die Bewältigung der Gleichzeitigkeit zum Dauerthema geworden: von Tolstois „Krieg und Frieden" über John Dos Passos' „42. Breitengrad", Döblin und Joyce bis hin zur thematisch werdenden Auflösung der Romanform selbst.

Die Literaturwissenschaft hat die „Bauformen" herausgearbeitet, mittels derer Gleichzeitigkeit wenn nicht hergestellt, so doch wenigstens suggeriert werden kann. Das können sein der Botenbericht und die Teichoskopie, das Ineinanderlaufen verschiedener Fäden einer Handlung, die Verschachtelung mehrerer Handlungsstränge, Rückgriffe und Rückblenden, Interruptionen, *flash-backs*, rasche Szenewechsel und blitzartige Übergänge, die Polyphonie der Akteurs-stimmen, nachholende Handlungen, innere Monologe, die Einführung von vielen Perspektiven, die eine eher horizontale als eine vertikale Perspektive ermöglichen. Wo dies geschieht, ändert sich auch das Vokabular. Es ist nicht mehr nur von „als", „und dann" die Rede, sondern von das Nebeneinander herstellenden Vokabeln wie „während", „unterdessen", immer wieder – bei Kleist etwa – Zeitadverbien wie „eben als", „in diesem Augenblicke" „indem", „eben".

Eigentlich ist nur der Film mit seiner Kombination von erzählerischer Dynamik und dem Ineinandergreifen von Situationen in einem Bild in der Lage, die Grenzen der narrativen Struktur zu sprengen. Er schafft dies durch radikale Beschleunigung, rasche Ortswechsel, vielleicht auch die Verschränkung von Orten und Handlungen, Rückblenden usf., also das, was Döblin „Kinostil" genannt hat.

Wenn die Linearität der Rede oder Erzählung uns dazu verurteilt, die Dinge nacheinander zu erzählen, obwohl sie gleichzeitig ablaufen, es also immer nur eine Suggestion, eine Ahnung von Gleichzeitigkeit geben kann, dann bietet sich als einziger Ausweg für die Herstellung von Synchronizität die kompositorische Arbeit. „Die Verwandlung der epischen Zeit aus einer Linie in eine verwobene Fläche, aus einem Handlungsstrang in eine Simultanstruktur bedeutet, dass der zeitliche Sinnzusammenhang nicht mehr primär auf der Ebene der Fiktion (durch die erzählte Zeit), sondern auf der Ebene der Komposition (durch die Erzählzeit) hergestellt wird".[42] Die Arbeit an der Komposition, das wird hier deutlich, ist wiederum nicht eine Frage der gefäl-

[41] Karl Ferdinand Gutzkow, *Die Ritter vom Geiste*, hg. von Adrian Hummel und Thomas Neumann, Frankfurt am Main 1998, Vorwort, 10.

[42] Jürgen Schramke, *Zur Theorie des modernen Romans*, München 1974, 137.

ligen oder weniger gefälligen Anordnung, der besseren Lesbarkeit, sondern hat etwas mit der Angemessenheit gegenüber dem Gegenstand und dessen Entwicklung zu tun.

Die Geschichte der Geschichtsschreibung hat nicht nur einen ungeheuren Erkenntnis-, sondern einen nicht minder bedeutenden Formenreichtum hervorgebracht. Die Spannbreite der Zugänge und Methoden spiegelt die Komplexität der Welt wider, auf die sich Geschichtsschreibung einlässt. Sie entfaltet sich nicht nur in Genres und Spezialuntersuchungen, in Einzelforschungen und Synthetisierungsanstrengungen, Epochendarstellun-gen und Mikrostudien, Institutionen- und Geistesgeschichten, Biographien und Sozialgeschichten, und ihre Vitalität zeigt sich in einer unentwegten Verschiebung von Perspektiven und Neuerschließung oder Neubewertung von Quellen. Demgegenüber scheint die Arbeit mit dem Formenreichtum historischer Erzählung fast zweitrangig. so als könnte das Was vom Wie getrennt werden. Könnte es nicht sein, dass die Art und Weise, wie wir über das 20. Jahrhundert sprechen, hoffnungslos zurückgeblieben ist, gegenüber dem, was sich ereignet hat? Könnte es sein, dass wir noch immer an den Formen des Gesellschaftsromans des 19. Jahrhunderts uns orientieren, wo wir längst in die Abgründe des 20. katapultiert sind? Und könnte es nicht sein, dass wir in einem Schematismus befangen bleiben, der uns daran hindert, den Abenteuern und Abgründen, die wir doch ausgemacht haben, eine angemessene Sprache zu geben? Vieles spricht dafür, dass die Neigung, sich auf Haupt- oder Sonderwege festzulegen, alles auf den Begriff bringen zu müssen, nicht bloß forschungslogische Gründe hat, sondern zutiefst in einem Sicherheitsbedürfnis begründet ist, in einer Angst vor dem Chaos und dem Irrationalen, das freilich durch Begriffe oder Modelle sich kaum beeindrucken und disziplinieren lässt.

Es gibt nicht *ein* narratives Modell, sondern so viele Formen, wie es Gegenstände, Stoffe, Konstellationen der geschichtlichen Welt gibt. Es gibt kein Standardverfahren und kein Standardnarrativ. Man muss für jeden Fall und immer wieder aufs Neue die angemessene Form finden. Das biographische Narrativ ist anders als das Narrativ einer Institutionen- und Bürokratiegeschichte, das Narrativ einer konvulsivischen Situation ist anders als das einer langsam gehenden Zeit. Das alles verlangt mehr als die Abarbeitung eines Modells oder eines Idealtyps. Der geschichtliche Ernstfall ist nicht die Illustration eines Modells, sondern eher umgekehrt: Modelle werden der Wirklichkeit abgerungen. Wir müssen der Wucht des Materials vertrauen und die Illusion fallen lassen, wir seien Herrn des Verfahrens und könnten gleichsam über Geschichte wie über Versuchsanordnungen verfügen. Man muss nichts erfinden, nichts konstruieren und nichts ausprobieren. Wir müssen uns die Freiheit nehmen, uns von Begriffen und Schemata zu lösen. Ob wir mit einer Geschichte halbwegs klargekommen sind, wird sich nicht nur daran zeigen, ob sie den geschichtlichen Tatsachen entspricht, sondern daran, ob wir eine Sprache für sie finden, oder genauer: ob wir den Ton finden, der gewöhnlich die Musik macht. Vieles spricht dafür, dass wir den Kataklysmen der Geschichte, insbesondere des 20. Jahrhunderts, besser gerecht werden können, wenn wir uns nicht so sehr an die „brave, allzu verständige, nüchterne Muse des Nacheinander“ halten, sondern mehr an die „Göttin des Durcheinander“ (Wilhelm Raabe). Auch für Historiker hat es Folgen, wenn sie nicht mehr vom Ende einer linearen Geschichte auf die Vergangenheit zurück- oder herabblicken können. Sie lernen, etwas vorsichtiger und demütiger vom Privileg des Mehrwissens, das den Nachgeborenen ohne eigenes Verdienst zugefallen ist, Gebrauch zu machen, und sie gewinnen eine Vorstellung von den Risiken, die eine heillose und offene Gegenwart für die jeweils Lebenden bereit hält.

Geschichte und Geschehen

Zur Historizität der „Geschichte" als Wissensform*

Reinhard Blänkner

„Wieviel Geschichte braucht der Mensch?" – mit dieser Frage eröffnen Aleida Assmann und Ute Frevert ihr 1999 publiziertes Buch *Geschichtsvergessenheit – Geschichtsversessenheit*, in dem sie dem Umgang mit deutschen Vergangenheiten nach 1945 nachspüren. „Nicht zuviel, nicht zu wenig", lautet ihre Antwort, und sie beziehen sich hierbei auf Friedrich Nietzsches *Zweite Unzeitgemäße Betrachtung – Vom Nutzen und Nachteil der Historie für das Leben* (1873/74).[1] Ob dieser Rückgriff plausibel argumentativ begründet ist und wie weit Nietzsches Kritik am Historismus heute noch trägt, soll hier vorerst offen bleiben. Zunächst ist lediglich festzuhalten, dass die Antwort der beiden Autorinnen selbst unbefriedigend bleibt, weil sie sich zum einen ein „zu viel" aufbürdet, nämlich auf eine Aussage über „den Menschen" als Gattungswesen abzielt, zum anderen ein „zu wenig" hinterlässt, weil unklar bleibt, was mit „Geschichte" gemeint ist, und schließlich, insofern sie beide Aspekte miteinander verknüpft. Folgt man einer der Grundannahmen der Philosophischen Anthropologie – und ähnlich, wenngleich anders begründet auch der Historischen Anthropologie –, dass der Mensch im Unterschied zum Tier an sich ein „geschichtliches" Wesen sei, so ist die Frage, „wieviel" Geschichte der Mensch braucht, nicht sinnvoll. Umgekehrt verweist die Frage nach dem „wieviel" an Geschichte auf die politisch-kulturelle Verfügbarkeit der Geschichte und steht damit in unaufhebbarer Spannung zur These von der Geschichtlichkeit des Menschen. Das Problem, das hiermit angesprochen, jedoch nicht weiter diskutiert wird, ist das der Verfügbarkeit oder Unverfügbarkeit der Geschichte.[2]

---

* Die vorliegende Skizze geht zurück auf meinen Vortrag über „Geschichte und Geschehen", den ich auf Einladung von Doris Bachmann-Medick am Graduate Center for the Study of Culture in Gießen am 10. Mai 2011 gehalten habe.

[1] Aleida Assmann/Ute Frevert, *Geschichtsvergessenheit – Geschichtsversessenheit. Vom Umgang mit deutschen Vergangenheiten nach 1945*, Stuttgart 1999, 1.

[2] Siehe hierzu Stefan Deines/Stephan Jaeger/Ansgar Nünning (Hg.), *Historisierte Subjekte – Subjektivierte Historie. Zur Verfügbarkeit und Unverfügbarkeit von Geschichte*, Berlin/New York 2003 (Kurztitel: Deines/Jaeger/Nünning (Hg.), Historisierte Subjekte); Heinz Dieter Kittsteiner, *Out of Control. Über die Unverfügbarkeit des historischen Pro-*

Das Unbehagen, das die Frage „Wieviel Geschichte braucht der Mensch?" hinterlässt, bringt jedoch eine grundsätzliche Aporie zu Bewusstsein, die dem modernen Diskurs über Geschichte seit dem Ausgang des 18. Jahrhunderts zugrunde liegt – die Vermischung oder, problematischer noch, die Verwechselung von Geschichte, Erinnerung und Geschehen. In der nachfolgenden Skizze soll diese konzeptuelle Gemengelage mit der Absicht kritisch überprüft werden, Auswege aus diesem aporetischen Dauerzustand vorzubereiten, dessen grundsätzliche Problematik sich durch die Konzeptualisierung einer Historischen Kulturwissenschaft im Zeichen der Globalisierung und der Herausforderungen des Postkolonialismus verschärft. Die Argumentation zielt dabei auf eine systematische Unterscheidung von Geschichte und Geschehen sowie auf die Frage nach den historischen Bedingungen und konzeptuellen Möglichkeiten einer „Historie" nach der „Geschichte". Hierzu werde ich zunächst einen Blick auf einige Aspekte einer „Geschichtswissenschaft im Zeichen des Historismus" (I), anschließend auf den Postkolonialismus als Provokation der Geschichtswissenschaft (II) werfen, um abschließend (III) einige Problemfelder als Ausgangspunkt für die Diskussion einer nachhistoristischen Historie zu skizzieren.

I. Geschichtswissenschaft im Zeichen des Historismus

1. Geschichte – Geschehen und Erzählung

Die semantische Doppelbedeutung von Geschichte als Geschehen und deren Erzählung steht am Beginn des modernen Geschichtsbegriffs um 1800. Hierauf hat vor allem Hegel aufmerksam gemacht. „*Geschichte*", so Hegel am Beginn seiner *Philosophie der Weltgeschichte*, „vereinigt in unserer Sprache die objektive sowohl als die subjektive Seite und bedeutet ebenso gut die *historiam rerum gestarum* als die *res gestae* selbst; sie ist das Geschehene nicht minder wie die Geschichtserzählung".[3]

Unerwähnt lässt Hegel an dieser Stelle die Besonderheit seines nachfolgenden Arguments, dass das Geschehen bzw. der weltliche Geschehensraum – „die Schädelstätte des absoluten Geistes" – nicht schlechthin „Geschichte" ist, sondern hierzu erst durch politische Formung, durch „Staatsbildung" wird. Durch diese Qualifizierung kommt Hegel zur Unterscheidung von *ge-*

---

zesses, Berlin 2004 (Kurztitel: Kittsteiner, Out of Control); Reinhard Blänkner, „Prozeß und Ereignis. Zum Problem der Unverfügbarkeit der Geschichte", in: Bernhard Marx (Hg.), *Widerfahrnis und Erkenntnis. Zur Wahrheit menschlicher Erfahrung*, Leipzig 2010, 147–173.

[3] Georg Wilhelm Friedrich Hegel, „Vorlesungen über die Philosophie der Geschichte", in: Ders., *Werke in zwanzig Bänden*, hg. von Eva Moldenhauer/Karl Markus Michel, Bd. 12, Frankfurt am Main 1970, 83.

schichtlichen und *geschichtslosen* Völkern, zu denen er vor allem die afrikanischen und indischen Völker, aber auch die damals noch jungen Vereinigten Staaten von Amerika zählt. Weltgeschichte ist für Hegel das Geschehen der staatenbildenden Völker, und zentraler „Schauplatz der Weltgeschichte" ist die „Alte Welt", also „Europa".[4]

Hegels Unterscheidung zwischen „geschichtlichen" und „geschichtslosen" Völkern hat eine nachhaltige, bis in die aktuellen geschichtstheoretischen Debatten reichende Wirkung hinterlassen. Bevor auf den Plausibilitätsschwund dieses Theorems zurückzukommen sein wird, ist zunächst zu fragen, wie es überhaupt zu dieser Unterscheidung bzw. zur Mehrschichtigkeit des Geschichtsbegriffs als Geschehen sowie als Erzählung über das Geschehen gekommen ist, die noch ein halbes Jahrhundert früher, etwa in Johann Martin Chladenius' *Allgemeine(r) Geschichtswissenschaft* (1752) und noch in Friedrich Schillers Jenaer Antrittsvorlesung *Was heißt und zu welchem Ende studiert man Universalgeschichte?* (1789), nicht geläufig war.

Bis dahin besaß *Historie* noch keineswegs die Bedeutung des Geschehens selbst als Prozess, sondern als Bericht bzw. als Erzählung über das Geschehen als singuläre „Begebenheit". Im Rahmen der alteuropäischen Wissensordnung wurde *Historia* daher auch nicht zu den Wissenschaften, sondern den Künsten, näherhin zur *Rhetorik* und *Poetik* gerechnet. *Historia* hatte hier, wie Reinhart Koselleck in seinen einschlägigen Studien gezeigt hat, die Bedeutung der *magistra vitae*, einer „Lehrmeisterin für das Leben", sie war die narrative Wissensform des Geschehens als Exempelsammlung der Moral, an der sich die Menschen im Horizont zyklisch gedachter Abfolgen politisch-sozialer Ordnungen orientieren konnten.[5]

Der Krise dieses alteuropäischen Topos der *historia magistra vitae* liegen mehrere Faktoren zugrunde, unter denen vor allem die Ausweitung und die Verflechtungen des Geschehens- und Erfahrungsraums im Zuge der frühneuzeitlichen Globalisierung zu nennen sind, die sich nicht mehr in die bestehenden Wissensordnungen und Erzählmodi einfügen ließen. Konzepte der *conjectural history* in der schottischen Aufklärung, die *philosophie de l'histoire* von Voltaire, Abbé Raynal und Denis Diderot, die Göttinger Schule der *Staatenkunde*, gipfelnd in Arnold Hermann Ludwig Heerens *Handbuch der Geschichte des europäischen Staatensystems* (1809), oder das Konzept

---

[4] Ebd., 115, 134.

[5] Vgl. Reinhart Koselleck, „Historia magistra vitae. Über die Auflösung des Topos im Horizont neuzeitlich bewegter Geschichte" (1967), in: Ders., *Vergangene Zukunft. Zur Semantik geschichtlicher Zeiten*, Frankfurt am Main 1979, 38–66; Ders., Art. „Geschichte" V–VII, in: Otto Brunner/Werner Conze/Reinhart Koselleck (Hg.), *Geschichtliche Grundbegriffe. Historisches Lexikon zur politisch-sozialen Sprache in Deutschland*, Bd. 2, Stuttgart 1975, 647–717. Zur Spezifik frühneuzeitlicher „Geschichte" als *ars historica* bis zur Mitte des 18. Jahrhunderts s. Anthony Grafton, *What was History? The Art of History in Early Modern Europe*, Cambridge, Mass. 2002.

einer „philosophischen Reise" bei Georg Forster u.a. als neue Modi der Welterschließung markieren die Transformation des Diskurses über *Historie*, deren zentraler Aspekt in der Ausdifferenzierung des Begriffs der Geschichte als Autonomisierung und Erzählung des Geschehens liegt. Dabei wird auch das Verständnis des Geschehens selbst von der singulären Begebenheit auf den prozessualen Geschehenszusammenhang erweitert. „Geschichte" konstituiert sich also als neue Wissensform der Welterschließung, sie ist eine Antwort auf den neuen Problemzusammenhang von erweiterten globalen Handlungs- und Erfahrungsräumen und deren reflexiver Verarbeitung.

Die Komplexitätssteigerung der frühneuzeitlichen Globalisierung ist auch der Ausgangspunkt der spekulativen Geschichtsphilosophie. Ihren verschiedenen Varianten von Kant und Hegel bis Marx liegt als gemeinsame Problemstellung die Einsicht in die menschliche Unverfügbarkeit des historischen Prozesses zugrunde, die mit teleologischen Denkfiguren wie der *invisible hand*, der *Naturabsicht* oder *List der Vernunft* überspielt wurde, um sie ideell zu bändigen.[6] *Geschichte* wird hier zur „absoluten Metapher" (Hans Blumenberg) für die Totalität der globalen Geschehenszusammenhänge.

Die durchgängige Bezugnahme auf die Geschichte als „differenzlose Letztinstanz" (Niklas Luhmann) auf fast ausnahmslos allen Wissensfeldern verschaffte der *Geschichte* den Status einer „leitenden Orientierungsmacht"[7], und dies vor allem ist gemeint, wenn vom „Historismus" die Rede ist.[8] Die wissenschaftlich-akademischen Disziplinen von den Naturwissenschaften über die Jurisprudenz, die Literatur- und Kunstwissenschaft, die Nationalökonomie, Philosophie und Philosophiegeschichte bis hin zur Kirchen-, Religions- und Theologiegeschichtsschreibung – sie alle sind über mehr als ein Jahrhundert von diesem Historismus tief imprägniert gewesen, dessen kulturelle Wirksamkeit darüber hinaus durch seine Verfestigung als habituelles

---

[6] Zur problemgeschichtlichen Rekonstruktion der Ausgangsfragen, auf die die spekulative deutsche Geschichtsphilosophie von Kant bis Marx eine Antwort war, s. Heinz Dieter Kittsteiner, *Naturabsicht und Unsichtbare Hand. Zur Kritik des geschichtsphilosophischen Denkens*, Frankfurt am Main 1980; Ders., *Listen der Vernunft. Motive des geschichtsphilosophischen Denkens*, Frankfurt am Main 1998.

[7] Thomas Nipperdey, „Sich an der Geschichte orientieren?", in: *Der Mensch als Orientierungswaise. Ein interdisziplinärer Erkundungsgang. Beiträge von Hermann Lübbe u.a.*, Freiburg 1982, 107–144 (Kurztitel: Nipperdey, Sich an der Geschichte orientieren?); Gangolf Hübinger, „Geschichte als leitende Orientierungsmacht im 19. Jahrhundert", in: *Berichte zur Wissenschaftsgeschichte* 11 (1988), 149–158.

[8] Siehe hierzu Annette Wittkau, *Historismus. Zur Geschichte des Begriffs und des Problems*, Göttingen 1992; Otto Gerhard Oexle, *Geschichtswissenschaft im Zeichen des Historismus*, Göttingen 1996 (Kurztitel: Oexle, Geschichtswissenschaft); Ders./Jörn Rüsen (Hg.), *Historismus in den Kulturwissenschaften. Geschichtskonzepte, historische Einschätzungen, Grundlagenprobleme*, Köln 1996.

Muster stabilisiert wurde.[9] Vor allem aber stand die Geschichtswissenschaft selbst „im Zeichen des Historismus“ (Otto Gerhard Oexle), was weder ein Pleonasmus noch eine Selbstverständlichkeit ist.

Über die Mehrschichtigkeit des Geschichtsbegriffs als Geschehen und Erzählung über das Geschehen wurde nach der breiten Abwendung von der Geschichtsphilosophie seit den 1840er Jahren, von Ausnahmen wie Johann Gustav Droysen abgesehen, kaum noch kritisch nachgedacht. Und nicht selten wurden beide zur bis Unkenntlichkeit vermischt, ohne dass hieran nachhaltig Anstoß genommen worden wäre. Die Kritik an der spekulativen Geschichtsphilosophie, die deren problemgeschichtliche Ausgangsfragen gleich mit erledigte, und die Hinwendung zur positivistischen Geschichtswissenschaft seit der Mitte des 19. Jahrhunderts führten in einen faktenfixierten Objektivismus[10], gegen den niemand schärfer polemisiert hat als Friedrich Nietzsche.

„Ganze Gelehrten- und Forscher-Cohorten“, so Nietzsche, böten „das widrige Schauspiel einer blinden Sammelwuth, eines rastlosen Zusammenscharrens alles einmal Dagewesenen“ und hätten eine „fürchterliche Species von Historikern“ hervorgebracht, „tüchtige, strenge und ehrliche Charaktere – aber enge Köpfe“, die ihre Aufgabe darin sähen, „die Geschichte zu bewachen, dass nichts aus ihr heraus komme als eben Geschichten, aber ja kein Geschehen! [...].“[11] Im positivistisch-akademischem Betrieb der Geschichte als institutionalisierte Wissenschaft und im entwicklungsgeschichtlichen Denken, das sich im „Strome des Werdens“[12] verliert, sieht Nietzsche keinen Nutzen für das Leben, sondern eine „historische Krankheit“, die zur Orientierungslosigkeit des Menschen führe und nur durch die „unhistorische“ Kraft des Vergessens und den Blick auf die „überhistorischen“ Mächte der Kunst und Religion geheilt werden könne.[13]

---

[9] Siehe hierzu Elizabeth Deeds Ermath, „The Trouble with History“, in: Deines/Jaeger/Nünning (Hg.), Historisierte Subjekte, 105–120; Daniel Fulda, „Historicism as a Cultural Pattern: Practising a Mode of Thought“, in: *Journal of the Philosophy of History* 4 (2010), 138–153.

[10] Siehe hierzu umfassend Lorraine Daston/Peter Gallison, *Objektivität*, Frankfurt am Main 2007.

[11] Friedrich Nietzsche, „Unzeitgemäße Betrachtungen II. Vom Nutzen und Nachteil der Historie für das Leben“, in: Ders., *Kritische Studienausgabe*, hg. von Giorgio Colli/ Mazzino Montinari, 2. Aufl. München 1988, Bd. 1, 243–334, insbes. 268, 281, 288 f. (Kurztitel: Nietzsche, Vom Nutzen und Nachteil).

[12] Ebd., 250.

[13] Ebd., 330. Siehe hierzu auch Heinz Dieter Kittsteiner, „Vom Nutzen und Nachteil des Vergessens für die Geschichte“ (1996), in: Ders., Out of Control, 217–251.

2. Krise des Historismus

Kaum jemand der an der Debatte über die Krise des Historismus und der Konzeptualisierung von Wissenschaft als Kulturwissenschaft um 1900 Beteiligten hat ähnlich wie der kulturprotestantische Theologe Ernst Troeltsch Nietzsches Fragen aufgenommen, um sie jedoch gegen Nietzsche im Sinne eines erneuerten, „reflektierten Historismus" (Hartmut Ruddies) zu beantworten. Den, wie er 1913 schrieb, „entnervenden Wirkungen des historischen Relativismus"[14] versuchte Troeltsch durch die Überwindung der „Geschichte durch Geschichte", durch das Programm einer „europäischen Kultursynthese" zu begegnen, wie er sie nach dem Ersten Weltkrieg in seinem späten Hauptwerk *Der Historismus und seine Probleme* (1922) dargelegt hat.

Die „systematische Inkonsistenz von Troeltschs Geschichtsphilosophie"[15], Troeltschs konzeptuelles Dilemma der Vermittlung zwischen einer geschichtsphilosophisch begründeten Sphäre des Absoluten und der Geschichte sowie die methodische Struktur seines Historismus sind in jüngerer Zeit mehrfach Gegenstand eingehender Untersuchungen gewesen[16], darum ist hierauf an dieser Stelle nicht erneut einzugehen. Einen näheren Blick verdient stattdessen Troeltschs Idee einer „europäischen Kultursynthese", die er am Ende seines *Historismus*-Buchs entwirft. Dieses zuvor bereits separat und nun in überarbeiteter Version erschienene Schlusskapitel unter dem Titel „Über den Aufbau der europäischen Kulturgeschichte"[17] hat außerhalb der jüngeren Troeltsch-Forschung über Jahrzehnte ein Schattendasein geführt, obwohl der Text zu den bedeutendsten, aber auch problematischsten geschichtstheoretischen Aufsätzen des 20. Jahrhunderts zählt.

---

[14] Ernst Troeltsch, „Das neunzehnte Jahrhundert" (1913), wieder abgedruckt in: Ders., *Aufsätze zur Geistesgeschichte und Religionssoziologie*, Tübingen 1925, Nachdruck Aalen 1966, 628. Siehe hierzu auch Oexle, Geschichtswissenschaft, 57 ff.

[15] Friedrich Wilhelm Graf/Hartmut Ruddies, „Geschichtsphilosophie in praktischer Absicht", in: Josef Speck (Hg.), *Grundprobleme der großen Philosophen. Philosophie der Neuzeit IV*, Göttingen 1986, 128–164, hier: 160; s.a. Hartmut Ruddies, „‚Geschichte durch Geschichte überwinden'. Historismuskonzept und Gegenwartsdeutung bei Ernst Toeltsch", in: Wolfgang Bialas/Gérard Raulet (Hg.), *Die Historismusdebatte in der Weimarer Republik*, Frankfurt am Main 1996, 198–217, insbes. 217 (Kurztitel: Ruddies, Geschichte).

[16] Vgl. Otto Gerhard Oexle, „Troeltschs Dilemma", in: Friedrich Wilhelm Graf (Hg.), *Troeltschs „Historismus"* (Troeltsch-Studien, Bd. 11), Gütersloh 2000, 23–64, insbes. 49; Trutz Rendtorff, „Geschichte durch Geschichte überwinden. Beobachtungen zur methodischen Struktur des Historismus", in: Friedrich Wilhelm Graf (Hg.), *„Geschichte durch Geschichte überwinden". Ernst Troeltsch in Berlin* (Troeltsch-Studien, N.F. 1), Gütersloh 2006, 285–325 (Kurztitel: Rendtorff, Geschichte).

[17] Ernst Troeltsch, *Der Historismus und seine Probleme,* Tübingen 1922, 694–772 (Kurztitel: Troeltsch, Historismus). Der ursprüngliche Text geht auf einen im Mai 1918 gehaltenen Vortrag zurück, dessen Druckfassung in *Schmollers Jahrbuch für Gesetzgebung, Verwaltung und Volkswirtschaft im Deutschen Reiche* 44 (1920), 633–680, erschienen war.

Nicht zu Unrecht wird Troeltschs Entwurf einer „europäischen Kultursynthese" gemeinhin als Antwort auf die imperialen Nationalismen und den deutschen Sonderweg gelesen, die in den Ersten Weltkrieg geführt haben.[18] Politisch fügt sich der Entwurf insofern in die anhebenden Europadiskussionen nach dem Krieg ein. Was auf den ersten Blick als offensives Programm auf dem Weg zu einer nach-nationalistischen europäischen Integration erscheint, ist tatsächlich jedoch der Versuch einer defensiven historisch-philosophischen Selbstvergewisserung vor dem Hintergrund des globalpolitischen Bedeutungsverlusts Europas und des Aufstiegs außereuropäischer Mächte. Anders als Jacob Burckhardt, der sich angesichts des Aufkommens der industriellen Massengesellschaft auf ein melancholisches Alteuropa-Denken zurückgezogen hatte[19], schlägt Troeltsch unter dem Eindruck des aufziehenden Antikolonialismus der „geschichtslosen Völker" und der „Frage eines etwaigen Weltkampfes mit den gelben Rassen"[20] den Ton eines kämpferischen „Europäismus" an, der nicht nur politisch, sondern explizit geschichtstheoretisch gemeint ist. „Es gibt für uns", so Troeltsch, „nur eine Weltgeschichte des Europäertums"[21], und an anderer Stelle schreibt er:

> „So wird also die Universalgeschichte, die Geschichtsphilosophie und die Zukunftsgestaltung in Wahrheit zu einem möglichst einheitlichen Selbstverständnis des eigenen Gewordenseins und der eigenen Entwicklung. Für uns gibt es nur die Universalgeschichte der europäischen Kultur, die natürlich der vergleichenden Blicke auf fremde Kulturen praktisch und theoretisch bedarf, um sich selbst und ihr Verhältnis zu den anderen zu verstehen, die aber mit den anderen dadurch nicht etwa in eine allgemeine Menschheitsgeschichte und Menschheitsentwicklung zusammenfliessen kann."[22]

Weitere Stellen aus Troeltschs *Historismus*-Buch ließen sich als Beleg für seinen „exklusiven Eurozentrismus" (Jürgen Osterhammel) anführen, der nicht darum eurozentrisch ist, weil er von Europa aus auf die Welt blickt, sondern weil er das globale Geschehen ausschließlich unter der europäischen Wissensform der „Geschichte" betrachtet. Ausdrücklich stellt Troeltsch sich in die Hegelsche Tradition und die von Hegel begründete Unterscheidung zwischen „geschichtlichen" und „geschichtslosen Völkern", und wie kaum ein anderer Autor nach ihm hat Troeltsch diese eurozentristische Geschichtsauffassung nochmals konzise zusammengefasst:

---

[18] Siehe hierzu Ruddies, Geschichte, insbes. 199, 203–208; Gérard Raulet, „‚Patriotismus' und ‚Kultursynthese'. Zu Ernst Troeltschs ‚Überwindung des Historismus'", in: Ders. (Hg.), *Historismus, Sonderwege und dritte Wege*, Frankfurt am Main 2001, 183–200.

[19] Siehe hierzu Wolfgang Hardtwig, *Geschichtsschreibung zwischen Alteuropa und moderner Welt. Jacob Burckhardt in seiner Zeit*, Göttingen 1974.

[20] Troeltsch, Historismus, 712.

[21] Ebd., 708.

[22] Ebd., 710.

„Den außereuropäischen Gebieten fehlt das historische Selbstbewußtsein und die kritische Kenntnis der Vergangenheit, wonach nur der europäische Geist ein Bedürfnis empfunden hat. Aus diesem Grunde fehlen dort nicht nur – etwa abgesehen von der islamischen Kultur, die auch hierin von den Griechen gelernt hat, und von den chinesischen Annalen – auch die Urkunden, Quellen und Vorarbeiten im Sinne europäischen historischen Denkens. Unsere Historie und die der Leute draußen ist eben deshalb überhaupt nicht auf ein gemeinsames Niveau zu bringen und auf diesem zu einer Einheit zusammenzuschließen.“[23]

Troeltschs „europäistischer“ Eurozentrismus war jedoch keineswegs rassistisch gemeint. Er lag vielmehr in der Struktur seines Historismus-Verständnisses mit seinem dreifachen normativen Bezug auf die Schriftlichkeit der Quellen, des reflektierten Traditionszusammenhangs der Historie als „Geschichte“ jenseits „mythisch-poetischer Bilder“ und der institutionellen Kontinuität durch Kirche und Staat begründet.[24]

Mit der Idee eines „Aufbaus“ einer europäischen Kulturgeschichte, die auf der Verknüpfung von „gegenwärtiger Kultursynthese“ und „Universalgeschichte“ beruhte und die an die Stelle einer historischen Darstellung der europäischen „Entwicklungsgeschichte“ treten sollte, wollte Troeltsch „Geschichte durch Geschichte überwinden“.[25] Für eine historisch-kulturwissenschaftliche Analyse und Darstellung des Geschehens, die die „planetarische Weltsituation“[26] miteinbezieht, ist hiermit jedoch nichts gewonnen. Ein letztes Mal wird somit hier im Rückbezug auf Hegel ein geschichtstheoretischer Wurf vorgelegt, der allerdings schon im Schatten seines eigenen Arguments steht. Letztlich vermochte auch Troeltsch nicht dem Verdikt Nietzsches zu entrinnen, dass „ein Übermaß der Historie dem Lebendigen schade“.[27]

Dies haben vor allem jene so gesehen, die, wie Martin Heidegger oder Rudolf Bultmann überzeugt waren von der „Tatsache“ – wie Bultmann 1924 gegen die von Troeltsch repräsentierte liberale Theologie und den Historismus schrieb –, „dass die Geschichte sich totgelaufen hat, dass ihre Sinnlosigkeit offenbar geworden ist“.[28] Des „Geschichtspantheismus“ und der Krise

---

[23] Ebd., 709.

[24] Vgl. ebd., 703–730. Zur generellen methodischen Struktur von Troeltschs Historismus s. die eingehende Studie von Rendtorff, Geschichte.

[25] Troeltsch, Historismus, 772.

[26] Ebd., 712.

[27] Nietzsche, Vom Nutzen und Nachteil, 258.

[28] Rudolf Bultmann, „Die liberale Theologie und jüngste theologische Bewegung“ (1924), in: Ders., *Glauben und Verstehen. Gesammelte Aufsätze, Bd. 1*, Tübingen 1964, 1–25, hier: 7. Zur existenzentialtheologischen Kritik am Historismus s.a. Friedrich Wilhelm Graf, „Geschichte durch Übergeschichte überwinden. Antihistoristisches Denken in der protestantischen Theologie der 1920er Jahre“, in: Wolfgang Küttler/Jörn Rüsen/Ernst Schulin (Hg.), *Geschichtsdiskurs, Bd. 4: Krisenbewußtsein, Katastrophenerfahrungen und Innovationen 1880–1945*, Frankfurt am Main 1997, 217–244 (Kurztitel: Küttler/Rüsen/Schulin (Hg.), Geschichtsdiskurs).

des Historismus suchten sie sich zu entledigen, indem sie sich vom historistischen Prozess- und Kontinuitätsdenken abwandten und den Blick auf das richteten, was sie „Geschichtlichkeit" nannten und darunter das menschliche Dasein in der Zeit verstanden. Anstelle der entwicklungsgeschichtlichen Beschreibung des Gewordenseins, dem Metier der Geschichtswissenschaft, setzten sie die Analyse des existentiellen Geworfenseins des Daseins.

Die existenzialontologische „Geschichtlichkeit" schob hiermit eine Reihe von Problemen beiseite, die die Krise des Historismus scheinbar ausweglos hinterlassen hatte.[29] Dies gilt nicht zuletzt für die problematische Unterscheidung zwischen „geschichtlichen" und „geschichtslosen" Völkern, die hierdurch vermeintlich gegenstandslos wurde. Allerdings haben Heidegger und Bultmann die eigene Historizität ihres Verständnisses von „Geschichtlichkeit" kaum hinreichend reflektiert und diese stattdessen als Existenzial in einem dezisionistischen Akt zum anthropologischen Apriori gesetzt. Hierdurch wird zwar die Vermischung zwischen Geschehen und Geschichte umgangen, jedoch kehrt sie unter der veränderten Terminologie von „Geschichtlichkeit" und „Historie" als Geschichtsschreibung zurück. Vor allem aber hat weder Bultmann noch Heidegger die Geschichte als Geschehen sonderlich interessiert. Sie erschien ihnen „als „existential irrelevant".[30]

Die Historie als Geschichtsschreibung folgt hiernach aus dem Existenzial der Geschichtlichkeit. Dies verbindet Heideggers und Bultmanns Denkansätze mit anderen aus dem weiteren Feld der Phänomenologie und der philosophischen Anthropologie, die sich in kritischer Auseinandersetzung mit Wilhelm Dilthey seit dem frühen 20. Jahrhundert formieren.[31] Deren Diskurse durchzieht das Problem von Geschichte und Geschehen. Allerdings wird hier „Geschichte" durchgängig zum „geschichtlichen" Apriori umgedeutet, das dem menschlichen Geschehen immer schon unterliegt. Das historische Geschehen selbst bleibt analytisch unbeachtet, und das konzeptuelle Verhältnis zwischen Geschichte und Geschehen wird, trotz auffällig häufigen Gebrauchs

---

[29] Zu Heideggers Auseinandersetzung mit dem Historismus s. Jeffrey Andrew Barash, *Heidegger und der Historismus. Sinn der Geschichte und Geschichtlichkeit des Sinns*, Würzburg 1999.

[30] Heinrich Ott, *Geschichte und Heilsgeschichte in der Theologie Rudolf Bultmanns*, Tübingen 1955, 200.

[31] Als Einstieg s. hierzu Gerhard Bauer, *„Geschichtlichkeit". Wege und Irrwege eines Begriffs*, Tübingen 1963; Leonhard von Renthe-Fink, Art. „Geschichtlichkeit", in: Joachim Ritter (Hg.), *Historisches Wörterbuch der Philosophie*, Bd. 3, Basel/Stuttgart 1974, 404–408; Carl F. Gethmann, „Geschichtlichkeit", in: Jürgen Mittelstraß (Hg.), *Enzyklopädie Philosophie und Wissenschaftstheorie*, Bd. 3, 2. Aufl. Stuttgart/Weimar1995, 752. Zur philosophischen Anthropologie unter dem Aspekt einer eigenen Denkströmung im 20. Jahrhundert s. Joachim Fischer, *Philosophische Anthropologie. Eine Denkrichtung im 20. Jahrhundert*, Freiburg 2008.

beider Termini, nicht eigentlich Gegenstand philosophischer oder kulturwissenschaftlicher Reflexion.[32]

Für den Gedanken, dass „Geschichte" eine historisch spezifische Wissensform des Geschehens und – im Sinne Ernst Cassirers – „symbolische Form" der Welterschießung ist,[33] bleibt hier ebenso wenig Platz wie für Johan Huizingas im Jahre 1941 vorgelegte Diagnose von der „Formverwandlung der Geschichte seit der Mitte des 19. Jahrhunderts".[34] Dem kulturkritischen Aspekt dieser These als Form*verlust* wird man heute kaum mehr folgen können. Als Reflexion über die Folgen der politisch-sozialen Veränderung der technisch-industriellen Welt für das Verständnis von Geschichte als Geschehen sowie als spezifisch europäische Wissensform ist die These von der Formverwandlung der Geschichte, die mit den zur gleichen Zeit formulierten medientheoretischen Überlegungen von Siegfried Kracauer und Walter Benjamin korrespondiert, gleichwohl noch immer erhellend.[35]

Nimmt man dies als Ausgangspunkt, so lässt sich eine argumentative Linie über Schwundstufen der „Geschichte" bis hin zu jenen „Utopien der Stagnation" (Karl-Siegbert Rehberg) ziehen, für die stellvertretend Arnold Gehlens These des „Post-histoire" im Zeichen „kultureller Kristallisation" steht.[36] Man kann dies als späte Antwort auf die Krise des Historismus verstehen. Jedenfalls hat „Geschichte" ihre kulturelle Funktion als leitende Orientierungsmacht hier definitiv eingebüßt. Gehlens *post-histoire*, gleichsam ein

[32] Dies ließe sich exemplarisch zeigen an der bedeutenden und einflußreichen Studie von Karl Löwith, *Weltgeschichte und Heilsgeschehen. Die theologischen Voraussetzungen der Geschichtsphilosophie*, Stuttgart 1953.

[33] Siehe hierzu Ernst Cassirer, *Was ist der Mensch? Versuch einer Philosophie der menschlichen Kultur*, Stuttgart 1960, 217–263 (amerik. 1945).

[34] Johan Huizinga, „Über eine Formverwandlung der Geschichte seit der Mitte des XIX. Jahrhunderts", in: Ders., *Im Bann der Geschichte. Betrachtungen und Gestaltungen*, Nijmegen 1942, 107–128.

[35] Huizingas These ist in der Geschichtswissenschaft explizit von Werner Conze als Begründung der „Strukturgeschichte" aufgenommen worden, vgl. Werner Conze, *Die Strukturgeschichte des technisch-industriellen Zeitalters als Aufgabe für Forschung und Unterricht*, Wiesbaden 1957. Unter dem Aspekt des oben angedeuteten Zusammenhangs wäre ein neuer historiographie- und wissenschaftsgeschichtlicher Blick auf die Strukturgeschichtsschreibung lohnenswert, der jedoch über den Rahmen des vorliegenden Aufsatz hinausreicht.

[36] Arnold Gehlen, „Über kulturelle Kristallisation" (1961), in: Ders., *Gesamtausgabe*, hg. von Karl-Siegbert Rehberg, Bd. 6, Frankfurt am Main 2004, 298–314; Ders., „Ende der Geschichte?" (1975), ebd., 336–351; Ders., „Post-histoire" (1962/1994), ebd., 352–361 (Kurztitel: Gehlen, Post-histoire). Siehe hierzu auch Karl-Siegbert Rehberg, „Utopien der Stagnation. ‚Postmoderne' und ‚post-histoire' als kulturkritische Zeitdiagnosen", in: *Die Modernisierung moderner Gesellschaften. Verhandlungen des 25. Deutschen Soziologentages in Frankfurt a. M. 1990*, hg. im Auftrag der Deutschen Gesellschaft für Soziologie von Wolfgang Zapf, Frankfurt am Main/New York 1990, 212–227.

hochtouriger Lehrlauf[37], ist nach-geschichtliches Geschehen, das sich in der entpolitisierten Verwaltung der technisch-zivilisierten Welt bewegt.

Blickt man auf diesen Schwundstufendiskurs der „Geschichte“, der das 20. Jahrhundert durchzieht und dessen genuine Problemstellung in jüngerer Zeit durch die kurzsichtige, politisch motivierte und intellektuell dürftige These Francis Fukuyamas vom „Ende der Geschichte“ verstellt wird, fällt vor allem sein Verharren im Eurozentrismus auf, dessen Horizont kaum ansatzweise überschritten wird.

II. Postkolonialismus als Herausforderung der „Geschichte“

Es ist darum kein Zufall, dass die anregendsten Impulse für eine weiterführende Diskussion über „Geschichte“ und „Geschehen“ von jenen Orten an den Rändern der Moderne ausgingen, die bislang im Schatten der „Geschichte“ standen. Dabei bewegte sich der Diskurs über „geschichtliche“ und „geschichtslose“ Völker zunächst noch im Rahmen einer politisch-normativen Unterscheidung, die vor allem aus Sicht der „geschichtslosen Völker“ als kulturelle Diskriminierung wahrgenommen und der mit Versuchen begegnet wurde, eigene Geschichte nachzuweisen. Das Verharren im Selbstbeschreibungsmodus der „Geschichte“ trifft auch noch auf den innovativsten dieser Ansätze zu, durch sozial- und kulturanthropologische Fragestellungen die disziplinäre Trennung zwischen Ethnologie und Geschichtswissenschaft zu überwinden und damit „das Konzept der Geschichte zum Explodieren zu bringen“.[38] Am Beispiel des kulturellen Missverstehens, das zum Tod des Kapitäns Cook auf Hawaii geführt hat, weist Marshall Sahlins eindrucksvoll und mit Recht nachdrücklich auf das Problem der Übertragung westlicher Kategorien für das Verständnis fremder Kulturen hin.[39] Allerdings bleibt sein eigener Versuch zur Überwindung der epistemologischen Trennung zwischen Geschichte und Ethnologie, also der Unterscheidung zwischen „geschichtlichen“ und „geschichtslosen“ Völkern, und der Verknüpfung der Geschehenszusammenhänge beider problematisch, weil er das Konzept der Geschichte

---

[37] Vgl. Gehlen, Post-histoire, 359: „Ein Leerlauf kann auch hochtourig sein“.

[38] Marshall Sahlins, „Other Times, Other Customs. The Anthropology of History“, in: *American Anthropologist* 85 (1983), 517–544 (Kurztitel: Sahlins, Other Times), insbes. 534. S. a. den programmatischen Aufsatz von Hans Medick, „‚Missionare im Ruderboot‘. Ethnologische Erkenntnisweisen als Herausforderung an die Sozialgeschichte“, in: Alf Lüdtke (Hg.), *Alltagsgeschichte. Zur Rekonstruktion historischer Erfahrungen und Lebensweisen*, Frankfurt am Main 1989, 48–84 (Kurztitel: Medick, Missionare im Ruderboot), zu Sahlins 53 (zuerst 1984).

[39] Siehe Marshall Sahlins, *Der Tod des Kapitän Cook. Geschichte als Metapher und Mythos als Wirklichkeit in der Frühgeschichte des Königreiches Hawaii*, Berlin 1986; Ders., *Inseln der Geschichte*, Hamburg 1992, 13 f., 105–131.

gerade nicht zum „Explodieren“ bringt, sondern es trivialisiert: „history“, so Sahlins, „is always and everywhere the life of communities“.[40] Eine Reflexion über die Historizität der „Geschichte“ als Wissensform findet hier nicht statt.

Die Trivialisierung des Geschichtsbegriffs und seine semantische Einebnung zum allgemeinen historischen Geschehensbegriff liegen auch der Auffassung zugrunde, die „Vorstellung von der ‚Geschichtslosigkeit‘ außereuropäischer Gesellschaften“ habe sich mit deren Aufstieg, insbesondere Asiens, seit Ausgang des 19. Jahrhunderts „mit der Zeit von selbst erledigt“.[41] Tatsächlich hat die kritische Debatte über eine nicht normativ gemeinte Unterscheidung zwischen „geschichtlichen“ und „geschichtslosen Völkern“ noch kaum begonnen. Die wichtigsten Anstöße hierfür sind vom Postkolonialismus ausgegangen. Als argumentativer Ausgangspunkt bietet sich die eindringliche Kritik des karibischen Schriftstellers Edouard Glissant an dem eurozentrisch-substantialistischen Konzept von *Geschichte* an, das die jahrhundertealten „zersplitterten“ Erfahrungen der in der Karibik lebenden Menschen nicht darzustellen vermag.[42] Ähnlich haben Steven Feierman u.a. nachdrücklich betont, dass etliche der mit dem europäischen Geschichtsbegriff konnotierten und lange Zeit akzeptierten „categories of historical understanding“ für das Verständnis außereuropäischer Kulturen irrelevant sind.[43] Dies gilt vor allem für den homogenen, linearen Begriff von Zeit, der dem eurozentrischen Geschichtsverständnis zugrunde liegt. Gegen dessen „holistische Sicht der Geschichte“ hat Homi Bhabha auf die „disjunktive“ Zeitlichkeit in der Erfahrung der kolonialisierten Völker aufmerksam gemacht[44], und hieran anschließend hat Stuart Hall die epistemologischen Voraussetzungen für alternative Narrative globaler Geschehensabläufe jenseits der binären Unterscheidungen zwischen Kolonisatoren und Kolonialisierten umrissen.[45]

---

[40] Sahlins, Other Times, 519.

[41] Jürgen Osterhammel, „Vorbemerkung: Westliches Wissen und die Geschichte nichteuropäischer Zivilisationen“, in: Küttler/Rüsen/Schulin (Hg.), Geschichtsdiskurs, 307–313, hier 310. Siehe ausführlich hierzu Reinhard Blänkner, „Historische Kulturwissenschaften im Zeichen der Globalisierung“, in: *Historische Anthropologie* 16 (2008), 341–372 (Kurztitel: Blänkner, Historische Kulturwissenschaften), insbes. 360–366.

[42] Edouard Glissant, *Zersplitterte Welten. Der Diskurs der Antillen*, Heidelberg 1986, 87–115 (franz. 1981).

[43] Steven Feierman, „African Histories and the Dissolution of World History“, in: Robert H. Bates (Hg.), *Africa and the disciplines*, Chicago 1993, 167–212, hier 178–180.

[44] Siehe Homi K. Bhaba, „DissemiNation: Zeit, narrative Geschichte und die Ränder der modernen Nation“ (1994), in: Ders., *Die Verortung der Kultur*, Tübingen 2000, 207–253 (Kurztitel: Bhaba, Verortung); Ders., „Das Postkoloniale und das Postmoderne“ (1992), in: ebd., 255–294; Ders., „Wie das Neue in die Welt kommt. Postmoderner Raum, postkoloniale Zeit und die Prozesse kultureller Übersetzung“ (1992), in: ebd., 317–352.

[45] Stuart Hall, „Wann war ‚der Postkolonialismus‘? Denken an der Grenze“ (1996), in: Elisabeth Bronfen/Benjamin Marius/Theres Steffen (Hg.), *Hybride Kulturen. Beiträge zur*

Anders als im vorangegangenen normativen Diskurs über Geschichte wird hier die „Geschichtslosigkeit" außereuropäischer Kulturen nicht als diskriminierendes Manko, sondern als Aufforderung verstanden, an den Orten der „Nicht-Geschichte" (Edouard Glissant) über andere „geistige Formen"[46] und Wissensordnungen der eigenen Selbstbeschreibung nachzudenken. Der charakteristische symbolische Modus der „geschichtslosen Völker", die gebrochenen Geschehenszusammenhänge der kolonialen Beziehungen narrativ darzustellen und sich so in das globale Gedächtnis einzuschreiben, war darum nicht die „Geschichte", sondern die Literatur.[47] Aus postkolonialer Sicht auf die Geschichtswissenschaft hat schließlich Dipesh Chakrabarty die „Provinzialisierung Europas" gefordert, die nicht als später politischer Einwurf nach dem Ende der „Weltgeschichte Europas" (Hans Freyer), sondern als methodologische und erkenntnistheoretische Auseinandersetzung mit der Tradition des eurozentristischen Historismus gemeint ist und das Programm einer zukünftigen Geschichte bezeichnet, die auf der Verknüpfung „zwischen den herrschenden metropolitanen Geschichten und den subalternen Vergangenheiten der Peripherie"[48] beruht.

Aufs Ganze der derzeitigen Debatten über „Geschichte" als Wissensform des historischen Geschehens gesehen, gehen heute von der postkolonialen Kritik die wichtigsten Anstöße zu einer Neuprofilierung der Geschichtswissenschaft als einer historischen Kulturwissenschaft im Zeichen der Globalisierung aus. Dabei hat sich das holistische Konzept von Geschichte nicht nur als inadäquat für das Verständnis außereuropäischer Kulturen erwiesen; auch für das Verständnis der europäisch-westlichen Welt selbst ist es wegen ihres

---

anglo-amerikanischen Multikulturalismusdebatte, Tübingen 1997, 219–246 (Kurztitel: Hall, Postkolonialismus).

[46] Vgl. Johan Huizinga, „Über eine Definition des Begriffs Geschichte" (1929/1935), in: Ders., *Geschichte und Kultur. Gesammelte Aufsätze*, hg. und eingeleitet von Kurt Köster, Stuttgart 1954, 1–15, insbes. 13.

[47] Siehe hierzu Blänkner, Historische Kulturwissenschaften, 362–366. Zur neuen Weltliteratur bzw. den „neueren Literaturen der Welt" s. Doris Bachmann-Medick, „Multikultur oder kulturelle Differenzen? Neue Konzepte von Weltliteratur und Übersetzung in postkolonialer Perspektive" (1994/1996), in: Dies. (Hg.), *Kultur als Text. Die anthropologische Wende in der Literaturwissenschaft*. 2., aktualisierte Aufl. Tübingen/Basel 2004, 262–296, sowie das Nachwort zur zweiten Auflage von Doris Bachmann-Medick: „Textualität in den Kultur- und Literaturwissenschaften: Grenzen und Herausforderungen", in: ebd., 298–338, insbes. 321 f. und 325–326; Dies., *Cultural Turns. Neuorientierungen in den Kulturwissenschaften*, 5. Aufl. (mit neuem Nachwort), Reinbek bei Hamburg 2014, 308–311 und 398.

[48] Dipesh Chakrabarty, „Europa provinzialisieren: Postkolonialität und die Kritik der Geschichte" (2001), in: Ders., *Europa als Provinz. Perspektiven postkolonialer Geschichtsschreibung*, Frankfurt am Main 2010, 41–65, hier 61.

Zentrismus[49] und infolge der Formverwandlung der Geschichte im 20. Jahrhundert längst fragwürdig geworden. Erst mit diesem generellen Plausibilitätsverlust der Geschichte als Wissensform hat sich auch die figurative Unterscheidung zwischen „geschichtlichen“ und „geschichtslosen“ Völkern erledigt und zugleich der Horizont für alternative Wissensformen des historischen Geschehens jenseits des Historismus geöffnet.

Vor diesem Hintergrund wird auch die Antwort auf die eingangs zitierte Frage „Wieviel Geschichte braucht der Mensch?“ anders als das laue „nicht zu viel, und nicht zu wenig“ ausfallen. Als Gattungswesen braucht der Mensch keine „Geschichte“. Als „Kulturwesen“, als *animal symbolicum* (Ernst Cassirer) und Orientierungswaise, braucht er ein „kollektives Gedächtnis“ (Maurice Halbwachs), das aber ist nicht identisch mit „Geschichte“. „Geschichte“ ist eine spezifische Wissensform und Kulturtheorie, die der „europäische Mensch“ als Antwort auf die Komplexitätssteigerungen der frühneuzeitlichen Globalisierung zur stabilisierenden Orientierung formuliert und die als „Historismus“ für mehr als ein Jahrhundert Plausibilität besessen hat. Diese ist heute verzehrt, zunehmend erweist sich „Geschichte“ als Hindernis für das Verständnis vergangenen Geschehens und darüber hinaus als Hypothek für handlungsleitende Orientierung.[50]

Der Überzeugungsschwund der Geschichte als Wissensform bedeutet jedoch nicht das Ende kulturellen Geschehens und der Notwendigkeit, über die Kategorien für das historische Verständnis „institutioneller Mechanismen“[51] politisch-sozialer Ordnungen und für die Darstellung von Geschehenszusammenhängen nachzudenken. Neuerliche soziale Komplexitätssteigerungs- und Globalisierungsschübe sowie die postkoloniale Kritik an eurozentristischen Modellen der Welterschließung werden vielmehr als Herausforderung für das Nachdenken über eine „neue Geschichtlichkeit“[52], über eine erneuerte Historie nach der „Geschichte“ aufgegriffen. Hiermit öffnet sich ein neues Feld, das abschließend kurz skizziert und thesenhaft mit Blick auf drei Aspekte angedeutet werden soll.

---

[49] Siehe hierzu bereits Medick, Missionare im Ruderboot; Ders., „Quo vadis Historische Anthropologie. Geschichtsforschung zwischen Historischer Kulturwissenschaft und Mikro-Historie“, in: *Historische Anthropologie* 9 (2001), 78–92.

[50] Siehe hierzu Nipperdey, Sich an der Geschichte orientieren?

[51] Siehe hierzu sozialtheoretisch weiterführend Karl-Siegbert Rehberg, „Institutionen als symbolische Ordnungen. Leitfragen und Grundkategorien zur Theorie und Analyse institutioneller Mechanismen“, in: Ders., *Symbolische Ordnungen. Beiträge zu einer soziologischen Theorie der Institutionen*, hg. von Hans Vorländer, Baden-Baden 2014, 43–83 (zuerst 1994).

[52] Homi K. Bhabha, „‚Rasse‘, Zeit und die Revision der Moderne“, in: Ders., Verortung, 353–384, hier 357.

III. Historie nach der „Geschichte“

1. Der historistische Geschichtsbegriff definiert sich vornehmlich über das lineare Verständnis von Zeit, das auf der Temporalisierung von Perspektivität beruht. Es ist insofern nicht verwunderlich, dass Überlegungen zu einer nachhistoristischen Historie von hier ihren kritischen Ausgangspunkt nehmen. So hat jüngst Achim Landwehr auf die unaufhebbaren Aporien der bis heute einflussreichen Denkfigur der „Gleichzeitigkeit des Ungleichzeitigen“ aufmerksam gemacht, die sich keineswegs nur auf der vermeintlich sachlichen Ebene der Zeitvorstellungen bewegen, sondern vor allem ein „normatives Modell“ impliziert, welches den verschiedenen Varianten der Modernisierungstheorien zugrunde liegt und „eines der letzten Reservate des Eurozentrismus“ markiert.[53] Ohne dass Landwehr auf den Postkolonialismus ausdrücklich Bezug nimmt, sind die Anknüpfungspunkte mit dessen Konzept der „disjunktiven Zeit“ bzw. der Kritik an der „eurozentristischen Zeit“[54] unübersehbar. Anstelle des Blicks auf die „Gleichzeitigkeit des Ungleichzeitigkeiten“ plädiert Landwehr für die Thematisierung von „Gleichzeitigkeiten“ bzw. der „Kotemporalität als eine[r] Gemeinsamkeit unterschiedlicher Verzeitungen“.[55]

Von einem „Narrativ der Simultaneität“[56], das die Komplexität der Wirklichkeit angemessener zu erfassen vermag als die linearperspektivische Form historischer Darstellung, hat Karl Schlögel gesprochen. Gegen die einseitige Privilegierung der Zeit geht es ihm dabei vor allem darum, „Gleichzeitigkeit“ und „Gleichörtlichkeit“ zusammenzudenken.[57] Kaum jemand hat wie Schlögel das konzeptuelle Nachdenken über eine nachhistoristische Historie mit der Erprobung neuer Formen der historischen Darstellung verbunden.[58] Anregungen hierfür hat er der Literatur und Literaturwissenschaft entnommen, ohne dabei den grundsätzlichen Unterschied zwischen literarisch-fiktionaler Erzählform und Geschichtsschreibung zu übersehen, die „Stoffen, Prozessen,

[53] Achim Landwehr, „Von der ‚Gleichzeitigkeit des Ungleichzeitigen‘“, in: *Historischen Zeitschrift* 295 (2012), 1–34 (Kurztitel: Landwehr, Gleichzeitig des Ungleichzeitigen), insbes. 9, 20 und 23. Siehe auch Elke Uhl, „Gebrochene Zeit? Ungleichzeitigkeit als geschichtsphilosophisches Problem“, in: Johannes Robeck/Herta Nagl-Docekal (Hg.), *Geschichtsphilosophie und Kulturkritik. Historische und systematische Studien*, Darmstadt 2003, 50–74 (Kurztitel: Robeck/Nagl-Docekal (Hg.), Geschichtsphilosophie).

[54] Hall, Postkolonialismus, 235.

[55] Landwehr, Gleichzeitigkeit des Ungleichzeitigen, 32.

[56] Karl Schlögel, *Im Raume lesen wir die Zeit. Über Zivilisationsgeschichte und Geopolitik*, München 2003, 305.

[57] Ders., „Narrative der Gleichzeitigkeit oder Die Grenzen der Erzählbarkeit von Geschichte“, in: *Merkur. Deutsche Zeitschrift für europäisches Denken* 65 (2011), 583–595 (Kurztitel: Schlögel, Narrative), hier 585 ff., München 2008, sowie in diesem Band.

[58] Siehe vor allem Karl Schlögel, *Terror und Traum. Moskau 1937*, München 2008.

Ereignissen verpflichtet [ist].“ Dass aber die „narratologische Form“ der Geschichtsschreibung „zuerst eine epistemologische Frage und nicht eine literarische ist“, hebt Schlögel nachdrücklich gegen die entpersonalisierte Strukturgeschichtsschreibung hervor, und mehr als lediglich rhetorisch gemeint ist die Frage, ob „die Art und Weise, wie wir über das 20. Jahrhundert sprechen, hoffnungslos zurückgeblieben ist gegenüber dem, was sich ereignet hat“ und „wir noch immer an Formen des Gesellschaftsromans uns orientieren, wo wir längst in die Abgründe des 20. Jahrhunderts katapultiert sind?“[59]

Tatsächlich haben die Diskussionen über Simultaneität und Multiperspektivität bereits um 1900 Eingang in die Ästhetik, die Literatur- und Kunstwissenschaften sowie in die Wissenssoziologie gefunden. In der Geschichtswissenschaft blieben sie dagegen ohne nachhaltige Resonanz und werden erst heute mit hundertjähriger Verspätung im Kontext der Diskussion über nachgeschichtliches Denken und einer sich formierenden nachhistoristischen Historie aufgenommen. Mit Blick auf „die Stimmung der Jahre nach 1945“ hat Hans Ulrich Gumbrecht von einer „hinausgezögerten Transformation des historistischen Chronotops“[60] gesprochen, die sich allerdings in den allgemeinen Schwundstufendiskurs der „Geschichte“ im 20. Jahrhundert einfügt. Wiederholt hat Gumbrecht nachdrücklich, wie später Schlögel, Landwehr u.a., auf die „Gleichzeitigkeit“ der Geschehenszusammenhänge und ihrer Wahrnehmungsweisen hingewiesen[61], die sich nicht mehr an dem linearen Zeitmodell des Historismus orientieren.

Der neue Chronotop der Gleichzeitigkeit und der Raum-Zeitlichkeit ist eine reflexive Form der gesteigerten Aufmerksamkeit für die „Formverwandlung der Geschichte“ und ihrer neuen Medialität.[62] Ihn als Epochensignum des ausgehenden 20. und beginnenden 21. Jahrhunderts zu verstehen, wäre jedoch verkürzt. Gerade unter Berücksichtigung der postkolonialen Überlegungen zur disjunktiven Zeit eröffnet er auch neue Blicke auf die vergangenen globalen Geschehenszusammenhänge insbesondere seit der frühen Neuzeit. Wie dabei die historischen Zeit- und Tiefenschichten jenseits entwicklungsgeschichtlicher und linearperspektivischer Erzählmodi konzeptualisiert und dargestellt werden können, ist jedoch eine offene Frage.

2. Stärker als dies bisher nur sporadisch der Fall ist, wären diese Ansätze und Einsichten auch für die aktuelle Welt- und Globalgeschichte nutzbar zu

---

[59] Schlögel, Narrative, 592, 594.

[60] Hans Ulrich Gumbrecht, *Nach 1945. Latenz als Ursprung der Gegenwart*, Frankfurt am Main 2012, 306 f.

[61] Ders., *1926. Ein Jahr am Rand der Zeit*, Frankfurt am Main 2003; Ders., *Unsere breite Gegenwart*, Frankfurt am Main 2010; Ders., *Präsenz*, Frankfurt am Main 2012.

[62] Aus weiteren, unterschiedlichen Perspektiven s.a. Peter Sloterdijk, *Im Weltinnenraum des Kapitals*, Frankfurt am Main 2005 (Kurztitel: Sloterdijk, Weltinnenraum), insbes. 217–222, 246–264; Armin Nassehi, *Die Zeit der Gesellschaft. Auf dem Weg zu einer soziologischen Theorie der Zeit*, Neuauflage mit einem Beitrag „Gegenwarten“, Wiesbaden 2008.

machen. Zwar ist hier der totalisierende Begriff der „Geschichte" zugunsten eines trivialisierten Verständnisses von Geschichte als Geschehen weitgehend ersetzt worden. Theoretische Debatten über die Normativität und Historizität von Kategorien wie „Staat" oder „Nation", die transkulturellen Vergleichen und Verflechtungsgeschichten häufig zugrunde liegen, finden hier bislang jedoch kaum statt[63] und die Frage, ob angesichts der „nachgeschichtliche[n] Modalität heutiger Ereignisströme"[64] die globalen Geschehenszusammenhänge im Wissensmodus der „Geschichte" überhaupt noch hinreichend verstanden und angemessen dargestellt werden können, ist bisher nicht aufgegriffen worden. Ohne kulturtheoretische Reflexion über die „Geschichte" als historisch spezifische Wissensform droht die neue Welt- und Globalgeschichte jedoch in einen erneuten Zustand einzutreten, in dem, wie Nietzsche polemisch bemerkt hatte, „ganze Gelehrten- und Forscher-Cohorten" in einer positivistischen „blinden Sammelwuth" und „eines rastlosen Zusammenscharrens" von Daten ökonomischer Verflechtungen und Interaktionen versinken. Darum wären die derzeit populären „Verflechtungsgeschichten" zum Konzept der „Beziehungsgeschichten der Welt" zu erweitern, in welchem die Relationalität nicht nur mit Blick auf die materiellen Beziehungen untersucht, sondern auch kulturtheoretisch reflektiert wird.[65]

3. Am Anfang des modernen Geschichtsbegriffs stand die frühneuzeitliche Erfahrung globalisierter Komplexitätssteigerung, die mit dem bis dahin gültigen Verständnis von Historie als *ars historica* oder anderen totalisierenden Repräsentationsformen des Geschehens nicht mehr einzuholen war. Die Geschichtsphilosophie war der systematische Ort, an dem diese neue Problemlage erörtert wurde. Wenn heute die Plausibilität der „Geschichte" als Wissensform des historischen Geschehens an ihr Ende gekommen ist, ist auch ein Blick auf die aktuellen geschichtsphilosophischen Debatten zu werfen,[66]

---

[63] Siehe aus der Perspektive einer lateinamerikanisch-postkolonialen Historie aber Walter D. Mignolo, *Local Histories/Global Designs. Coloniality, Subaltern Knowledges, and Border Thinking,* Princeton, New Jersey 1999.

[64] Sloterdijk, Weltinnenraum, 261.

[65] Siehe hierzu Blänkner, Historische Kulturwissenschaften, 363 f. Unter den mittlerweile vorliegenden Gesamtdarstellungen s. Christopher A. Bayly, *Die Geburt der modernen Welt. Eine Gobalgeschichte 1780–1914*, Frankfurt am Main 2006; Jürgen Osterhammel, *Die Verwandlung der Welt. Eine Geschichte des 19. Jahrhunderts*, München 2009, sowie den frühen Problemaufriss von Sebastian Conrad/Shalini Randeria, „Geteilte Geschichten. Europa in einer postkolonialen Welt", in: Dies. (Hg.), *Jenseits des Eurozentrismus. Postkoloniale Perspektiven in den Geschichts- und Kulturwissenschaften*, Frankfurt am Main 2002.

[66] Siehe hierzu Herta Nagl-Docekal (Hg.), *Der Sinn des Historischen. Geschichtsphilosophische Debatten*, Frankfurt am Main 1996; Rebeck/Nagl-Docekal (Hg.), Geschichtsphilosophie.

zumal in jüngerer Zeit die „Rehabilitierung der Geschichtsphilosophie“[67] gefordert wird und die – von Heinz Dieter Kittsteiner hinterlassene – Frage nach dem Profil einer „Geschichtsphilosophie nach der Geschichtsphilosophie“[68], d.h. nach dem Ende ihrer spekulativen Behandlungsart, einer Beantwortung harrt.

Ob von einer materialen Geschichtsphilosophie, die „Geschichte“ im metahistorischen Sinn als – kontingenten oder planbaren – Geschehensprozess und nicht als historisch spezifische Wissensform versteht, weiterführende Antworten auf das hier aufgeworfene Problem einer systematischen Unterscheidung zwischen „Geschichte“ und „Geschehen“ zu erwarten sind, ist wenig wahrscheinlich.[69] Nicht zu übersehen ist zudem, dass diese Neuansätze die postkolonialen Kritiken des westlichen Geschichtsdenkens kaum wahrgenommen haben und so im Horizont des eurozentrischen Geschichtsdiskurses und seiner Schwundstufen im 20. Jahrhundert verharren. Ergiebiger erscheint stattdessen die Vergegenwärtigung der grundsätzlichen Problemstellung der spekulativen Geschichtsphilosophie ausgangs des 18. Jahrhunderts, die Einsicht nämlich in die Unverfügbarkeit des historischen Geschehens und die Herausforderung, hierauf eine Antwort zu finden. Nach dem Scheitern kompensatorischer Geschichtsteleologien ist diese Problemstellung heute aktueller denn je. Es ist der Moment für die Diskussion über eine erneuerte „Historie“ nach der „Geschichte“.

---

[67] Johannes Rohbeck, „Rehabilitierung der Geschichtsphilosophie“, in: *Deutsche Zeitschrift für Philosophie* 48 (2000), 79–95; Ders., *Technik – Kultur – Geschichte. Eine Rehabilitierung der Geschichtsphilosophie,* Frankfurt am Main 2000.

[68] Kittsteiner, „Geschichtsphilosophie nach der Geschichtsphilosophie“ (2000), in: Ders., Out of Control, 33–48.

[69] Siehe hierzu zuletzt und trotz des grundsätzlichen Einwands anregend: Peggy H. Breitenstein, *Die Befreiung der Geschichte. Geschichtsphilosophie als Gesellschaftskritik nach Adorno und Foucault*, Frankfurt am Main 2013; Christian Schmidt (Hg.), *Können wir der Geschichte entkommen? Geschichtsphilosophie am Beginn des 21. Jahrhunderts*, Frankfurt am Main 2013.

Moderne denken

Zeittheorien bei Bauman, Braudel und Koselleck

Barbara Picht

Beschleunigung ist ein Merkmal der Moderne. Was mit Dampfschiffen, Eisenbahnen und Flugzeugen Fahrt aufnahm, ist nicht mehr zu bremsen. Im Gegenteil, die Dynamik der Beschleunigung scheint unaufhaltsam zu sein. Längst geht es nicht mehr nur um Transport und Verkehr. In Nano- und Millisekunden wickeln die Computer an den Börsen Käufe und Verkäufe ab. Dieses Tempo der Finanzmärkte strahlt aus auf die Unternehmen und die Produktionsentwicklung. Die Zeit zwischen einer wissenschaftlichen oder technischen Erfindung und ihrer Markteinführung verkürzt sich immer mehr. Immer weniger lang sind Produkte dann auf dem Markt. Diese Beschleunigungsdynamik hat Auswirkungen auch auf die Politik, auf Gesetzgebungsverfahren und selbst auf Methoden der Rechtsprechung.[1] Kaum ein soziales Teilsystem, kaum eine Branche, kaum ein Lebensbereich bleibt von dem Phänomen der Beschleunigung unberührt. Nicht mehr die Zeitung von heute ist aktuell, sondern der Livestream. Die letzten Exemplare des gedruckten Brockhaus sind verkauft, eine 22. Auflage wird es nicht geben. Auch das Wissen sucht sich längst neue, schnellere Wege.

Eine der erfolgreichsten Formeln für die „Beschleunigung der Beschleunigung" hat Zygmunt Bauman geprägt, dessen Rede von der *Liquid Modernity* mittlerweile als ein Synonym für Moderne verwendet und auch in den Geschichtswissenschaften zu einem Begriff geworden ist.[2] Bauman selbst gibt keine Jahreszahlen an, sondern unterscheidet die Hardwarewelt von der Softwarewelt, eine schwere von einer leichten Moderne, vergleicht Max Webers „instrumentelle Rationalität" mit seiner eigenen Schilderung einer „fließenden Welt" und mit Richard Sennetts Diagnose einer *Corrosion of Character*.[3] Je nachdem, wo die

---

[1] Siehe Hartmut Rosa, *Beschleunigung. Die Veränderung der Zeitstrukturen in der Moderne*, 9. Aufl. Frankfurt am Main 2012, 405 ff.

[2] Siehe als aktuelles Beispiel Roger Griffin: „Fixing Solutions: Fascist Temporalities as Remedies for Liquid Modernity", in: *Journal of Modern European History* 13/1 (2015), 5–23.

[3] Siehe Zygmunt Bauman, *Flüchtige Moderne*. Frankfurt am Main 2011 (Kurztitel: Bauman, Moderne), 141, 136, 135, 189 (mit *Flüchtige Moderne* wurde *Liquid Modernity* übersetzt, wie der Titel der englischen Originalausgabe lautet); s. Richard Sennett, *The Corrosion of Character. The Personal Consequences of Work in the New Capitalism*, 2.

Veränderungswegmarken des 20. Jahrhunderts gesehen werden, sind die Jahrzehnte seit den 1950er oder erst seit den 1980er Jahren auch von Historikern als „flüchtige Moderne" charakterisiert worden.[4] Baumans Formel wurde in der Geschichtswissenschaft außerdem aufgenommen, um die vier Typen historischen Erzählens nach Jörn Rüsen um einen fünften Typus zu ergänzen, der der „flüchtigen Moderne" gerecht werden soll: das „Situative Erzählen".[5] Baumans Formel klingt auch in der Aufforderung an, die „Verflüssigung" der politisch-sozialen Semantiken im 20. Jahrhundert zu untersuchen. Gedacht ist bei diesem Projekt an ein den *Geschichtlichen Grundbegriffen* analoges Unternehmen, das aber die zunehmende Vieldeutigkeit und Gebrauchsvielfalt der Begriffe in der „flüchtigen Moderne" berücksichtigen soll.[6] Schließlich wird, um ein letztes Beispiel zu nennen, auch die Gegenwart und Zukunft europäischer Identitätsbildung von geschichtswissenschaftlicher Seite unter Bezug auf Bauman als ein Prozess der Vernetzung, Verflüssigung und Übersetzung beschrieben.[7]

Moderne ist nach Bauman „das Zeitalter, in dem die Zeit eine Geschichte hat."[8] Er sagt nicht, wie Koselleck, Moderne ist das Zeitalter einer spezifisch geschichtlichen Zeiterfahrung.[9] Bauman kommt es darauf an, eine Veränderung innerhalb der Moderne zu beschreiben, die mit der Zeit zu tun haben soll. Die jüngste Moderne ist nach Bauman gekennzeichnet von einer Beschleunigung, deren Ausmaß eine „Annulierung der Zeit" zur Folge habe.[10] Im Softwarezeitalter habe sich die Geschwindigkeit, in der sich Dinge vollziehen, so sehr gesteigert, dass die Zeit auf dem Weg zu ihrer Selbstauslöschung sei.[11]

Aufl. New York u.a. 1999 (die deutsche Übersetzung von *Corrosion of Character* als *Der flexible Mensch* gibt den Sinn des Originaltitels nur unzureichend wieder).

[4] Siehe Anselm Doering-Manteuffel, „Konturen von ‚Ordnung' in den Zeitschichten des 20. Jahrhunderts", in: Thomas Etzemüller (Hg.), *Die Ordnung der Moderne. Social Engineering im 20. Jahrhundert* (Histoire, 9), Bielefeld 2009, 41–64, 43 ff.; Martin Sabrow, *Die Zeit der Zeitgeschichte*, Göttingen 2012, 8.

[5] Jakob Krameritsch, „Die fünf Typen des historischen Erzählens – im Zeitalter digitaler Medien", in: *Zeithistorische Forschungen/Studies in Contemporary History*, Online-Ausgabe 6 (2009), http://www.zeithistorische-forschungen.de/3-2009/id=4566 (3.2.2015).

[6] Christian Geulen, „Plädoyer für eine Geschichte der Grundbegriffe des 20. Jahrhunderts", in: *Zeithistorische Forschungen/Studies in Contemporary History, Online-Ausgabe* 7 (2010), http://www.zeithistorische-forschungen.de/16126041-Geulen-1-2010 (3.2.2015).

[7] Wolfgang Schmale, *Geschichte und Zukunft der europäischen Identität*, Stuttgart 2008, 179.

[8] Bauman, Moderne, 132.

[9] Siehe Reinhart Koselleck, „Moderne Sozialgeschichte und historische Zeiten", in: Ders., *Zeitschichten. Studien zur Historik*, Frankfurt am Main 2000, 317–335 (Kurztitel: Koselleck, Sozialgeschichte), hier 325.

[10] Bauman, Moderne, 140.

[11] Ebd., 142.

Wenn Moderne das Zeitalter sein soll, in dem die Zeit in diesem Sinn eine Geschichte hat, gehört es dann zu den *Aufgaben des Historikers*[12], nach Kriterien zu suchen, die diese „Beschleunigung der Zeit" analytisch fassen können? Ist also die Theorie der geschichtlichen Zeit fortzuschreiben von einer Theorie der „langen Dauer" hin zu einer Theorie vom lichtgeschwindigkeitsrasch vergehenden „Moment"?[13] Ist analog zum „situativen Erzählen", zu den „verflüssigten Begriffen" und der „verflüssigten Identität" eine Theorie der „flüchtigen Zeit" zu entwickeln, um der „leichten Moderne", die eben vor allem eine immer schnellere Moderne sein soll, historiographisch gerecht werden zu können?

„Wissenschaftsgeschichte ist keine Fortschrittsgeschichte"[14] und darum wird hier der umgekehrte Weg gewählt. Braudels „lange Dauer" soll nicht zu einem Baumanschen „Moment" verkürzt und gesteigert werden. Vielmehr wird zunächst Baumans Diagnose der „flüchtigen Moderne" in Bezug zur geschichtlichen Zeit gesetzt, von der Braudel im Singular, Koselleck im Plural spricht, womit die Verwirrung beginnt.

Braudel betonte bekanntlich die Bedeutung von Phänomenen „langer Dauer" nicht, um einer wie immer definierten „schnellen Moderne" etwas entgegensetzen zu können, das ihre Tendenz zur Beschleunigung aufhalten könnte. Für das Phänomen der Beschleunigung hat Braudel sich nicht sonderlich interessiert. Ihm kam es darauf an, die Bedeutung des Geographischen, Sozialen, Wirtschaftlichen und Kulturellen in der Geschichte und für die Gegenwart hervorzuheben angesichts einer seiner Meinung nach überbewertenden Aufmerksamkeit für Politik- und Ereignisgeschichte mit ihren „kurzen Dauern".[15] Auf den ersten Blick trennen die unterschiedlichen Rhythmen, die Braudel der *géohistoire*, der *histoire sociale* und der *histoire événementielle* zuordnet, diese drei Geschichtsebenen voneinander. Allerdings kommt es ihm nicht nur auf die Unterscheidung der kaum vergehenden, beinahe unbewegten Zeit geographischer Gegebenheiten von den langsamen Zeiten der Strukturen und der ruhe- und atemlosen Zeit der Ereignisse an. Braudel betont zugleich, und darin liegt die Pointe seines Modells, dass es sich bei ihnen allen um Dauern, also um Phänomene in der Zeit handelt. Für jede dieser Geschehensebenen hat sich folglich die Geschichtswissenschaft zu interessieren. Sie ist zuständig sowohl für die gleichsam unbewegte Geschichte

---

[12] Siehe Gangolf Hübinger, *Über die Aufgaben des Historikers* (Reihe Pamphletliteratur, 3), Berlin 2012.

[13] Siehe Bauman, Moderne, 140, 142.

[14] Gangolf Hübinger, „Kulturelle Vergesellschaftung. Die Orientierung des Historikers zwischen Kultur- und Sozialforschung", in: Heinz D. Kittsteiner, (Hg.): *Was sind Kulturwissenschaften? 13 Antworten*, München 2007, 135–152, hier 140.

[15] Nicht näher eingegangen wird hier auf die oft dargestellten Verbindungen der Braudelschen Auffassung von Geschichtswissenschaft mit den *Annales* und dort vor allem mit Lucien Febvre; s. dazu am ausführlichsten Lutz Raphael, *Die Erben von Bloch und Febvre. Annales-Geschichtsschreibung und nouvelle histoire in Frankreich 1945–1980*, Stuttgart 1994.

von Landschaften, Äckern und Blumen wie für die langsame Geschichte von Ökonomien, Staaten und Gesellschaften. Allein Ereignisgeschichte zu schreiben, kann nach Braudel nicht genügen. Wer es dabei belässt, unterschätzt seiner Überzeugung nach die tiefer liegenden, zwar langsameren, doch dafür in der Dauer umso wirksameren Kräfte. Darum fordert er sein Fach dazu auf, sich nicht mit der Erforschung der eingefriedeten Gärten von Politik- und Ereignisgeschichte zufrieden zu geben und sich von den anderen Humanwissenschaften nicht darauf begrenzen zu lassen.[16] Braudel vertreibt die Geographen, Anthropologen, Soziologen nicht aus ihren Revieren. Aber er begehrt Einlass. Und er begehrt ihn mit dem Hinweis auf die Zeit. Gemeint ist nun die Zeit im Singular, die Braudel auch als historische Dauer, als Zeit der Geschichte oder als gleichförmige Zeit der Historiker bezeichnet.[17]

Was ist sie, diese gleichförmige Zeit, und wodurch unterscheidet sie sich von den langen, mittleren und kurzen Dauern in Braudels Modell? Bei diesen Dauern handelt es sich nach Braudel um „die verschiedenen, widersprüchlichen Zeiten des menschlichen Lebens, die nicht nur die Substanz der Vergangenheit ausmachen, sondern auch den Stoff des heutigen sozialen Lebens darstellen".[18] Diese unterschiedlich langen Dauern versteht Braudel als die „Zeit der Soziologen". Von ihr spricht er im Singular, der aber eine Vielzahl unterschiedlicher Zeitlichkeiten sozialer Phänomene umfasst. Bei diesen Phänomenen kann es sich um Feuersbrünste, Wirtschaftskonjunkturen oder Weltbilder und ihre jeweilige Dauer handeln.[19] Die Rede von den sozialen Zeiten ist nach Braudelscher Logik darum im Plural ebenso sinnvoll möglich wie im Singular. Mit dem Singular „soziale Zeit" ist aber, genau besehen, immer eine Vielzahl von Zeiten gemeint.

Den Begriff der historischen Zeit dagegen gebraucht Braudel nur im Singular. Diese Zeit sei nicht menschengemacht wie die sozialen Zeiten, ihr entkomme der Mensch und also auch der Historiker nicht. Synonym zur historischen Zeit spricht Braudel auch von der Zeit der Welt, der Zeit der Geschichte und fasst sie zugleich als Einheit der Zeit auf.[20] Er definiert diesen Zeitbegriff nicht näher, verwendet aber alle seine Bezeichnungen in dem Sinn, dass sich alles, was geschieht, in der

---

[16] Fernand Braudel, *Das Mittelmeer und die mediterrane Welt in der Epoche Philipps II.*, 2. Aufl., 3 Bde., 1. Bd., Frankfurt am Main 1992, 20 f.

[17] Siehe Fernand Braudel, „Geschichte und Sozialwissenschaften. Die lange Dauer", in: Ders., *Schriften zur Geschichte*, Bd. 1: *Gesellschaften und Zeitstrukturen*, Stuttgart 1992, 49–87 (Kurztitel: Braudel, Geschichte), hier 67, 81 f.

[18] Ebd., 51.

[19] Siehe ebd., 53, 56, 59.

[20] Siehe ebd, 61, 80 f., 84; s.a. Barbara Kronsteiner, *Zeit, Raum, Struktur. Fernand Braudel und die Geschichtsschreibung in Frankreich* (Veröffentlichungen des Ludwig-Boltzmann-Institutes für Geschichte der Gesellschaftswissenschaften, 18), Wien 1989, 130 f.

Zeit vollzieht.[21] Alles, was geschieht, hat eine bestimmte Dauer. Diese historische Dauer gibt es bei Braudel ebenfalls nur im Singular.[22]

> „Nicht die Dauer ist das Werk unseres Geistes, sondern die Zerstückelung dieser Dauer. [...] Der Philosoph freilich, der sein Augenmerk auf den subjektiven, inneren Aspekt des Zeitbegriffs lenkt, bekommt das Gewicht der historischen Zeit, einer konkreten, universalen Zeit, nicht zu spüren [...]. Für den Historiker dagegen beginnt und endet alles mit der Zeit, einer mathematischen, demiurgischen Zeit, über die man leicht lächeln kann, einer den Menschen äußerlichen, ‚exogenen' Zeit, wie die Ökonomen sagen würden, die uns antreibt, zwingt und unsere privaten, unterschiedlich gearteten Zeiten in ihrem Strom mit fortreißt – mit einem Wort, der die ganze Welt beherrschenden Zeit."[23]

In Bezug zu dieser „einen Zeit" will Braudel die Zeiten der Soziologen setzen. „Die Zeit der Soziologen kann die unsere nicht sein".[24] Alle Geschehnisse mit ihren unterschiedlichen Dauern und Rhythmen sollen laut Braudel

> „im Verlauf der Zeit verfolgt, das heißt in ihrem Ablauf, aber vor allem auch in bezug auf die Entwicklung der anderen Strukturen dieser Zeit genau fixiert werden. Gerade die Verquickung dieser Bewegungen, ihre Wechselwirkung und ihre Bruchstellen interessieren den Historiker leidenschaftlich. All diese Dinge aber lassen sich nur in bezug auf die gleichförmige Zeit der Historiker, in bezug auf das allgemeine Maß aller dieser Phänomene, und nicht auf die vielförmige soziale Zeit, das jedem dieser Phänomene eigene Maß, bestimmen."[25]

Implizit ist damit zugleich gesagt: Zu einer Einheit kann nur die Geschichtswissenschaft die unterschiedlichen Rhythmen des Lebens in der Zeit „zusammenfügen", denn sie allein betrachtet diese Vielfalt unter dem alle ihre einzelnen Bestandteile verbindenden Aspekt der historischen Zeit.

Auch Koselleck bestimmt Zeitlichkeit als diejenige Größe, durch die der genuine Forschungsbereich des Historikers definiert sei.[26] Mit Braudel stimmt Koselleck darin überein, dass sich Geschichte nur erforschen lasse, „wenn man die verschiedenen temporalen Dimensionen auseinanderhält".[27] Damit allein ist aber noch nicht viel gewonnen, wenn wir wissen wollen, ob und wie man Baumans „flüchtige Moderne" geschichtswissenschaftlich zu fassen bekommen kann.

Anders als Braudel interessiert sich Koselleck für das Phänomen der Beschleunigung. Durch eine Ergänzung zu Braudel, die zunächst mit Beschleunigung nicht viel zu tun zu haben scheint, fügt er die Kategorie der Beschleunigung

---

[21] Auf die Koppelung von Zeit und Raum weist er ebenfalls hin, s. Braudel, *Geschichte*, 86 f.

[22] Siehe Braudel, Geschichte, 81, 84.

[23] Siehe ebd., 81.

[24] Fernand Braudel, „Geschichte und Soziologie", in: Ders., *Schriften zur Geschichte*, Bd. 1: *Gesellschaften und Zeitstrukturen*, Stuttgart 1992, 99–121, hier 119.

[25] Braudel, Geschichte, 82.

[26] Reinhart Koselleck, „Geschichte, Geschichten und formale Zeitstrukturen", in: Ders., *Vergangene Zukunft. Zur Semantik geschichtlicher Zeiten*, Frankfurt am Main 1989, 130–143, hier 131 f.

[27] Koselleck, Sozialgeschichte, 330.

in Braudels Modell der langen, kurzen und situativen Dauern ein. Koselleck legt Wert darauf, die Dauer, wie sie entsteht durch außermenschliche Vorgaben wie beispielsweise geographische und biologische Lebensbedingungen, von der Dauer, welche der Mensch selbst erzeugt, zu unterscheiden. Wie erzeugen Menschen Dauer? Laut Koselleck durch gewollte und gezielte Wiederholung.[28] „Wiederholungsstrukturen, die der Mensch bewußt aufnimmt, ritualisiert, kulturell anreichert und auf jene Stetigkeit einspielt, die seine jeweilige Gesellschaft stabilisieren hilft“[29], durchdringen nach Koselleck die menschliche Lebenswirklichkeit in den unterschiedlichsten Bereichen. Er zählt diese Bereiche auf:

> „Riten oder Dogmen sind auf ihre Wiederholbarkeit angewiesen, um ihre Stetigkeit zu verbürgen. Sitten, Rechtsregeln und Gesetze fußen auf ihrer wiederholten Anwendbarkeit, ohne die Ordnung und Gerechtigkeit – wie gefährdet auch immer – nicht zu haben sind. Jede Verfassung, Institution und Organisation im politischen, sozialen oder ökonomischen Bereich zehrt von einem Minimum an Wiederholung, ohne die sie weder anpassungs- noch erneuerungsfähig wären. Auch die Künste, so originell sie auch sein wollen, leben von der Wiederaufnahme vorgegebener Möglichkeiten. Jede Rezeption enthält oder entbirgt Wiederholungen.“[30]

Braudel hätte dem nicht prinzipiell widersprochen. Er selbst beschreibt Phänomene des zyklischen Geschehens[31], doch lässt er diese Beobachtung theoretisch ungenutzt. Koselleck aber geht von einem vorauszusetzenden Minimum an Wiederholbarkeit aus, ohne das die Menschheit von Tag zu Tag in ein bodenloses Nichts stürzen würde[32], und verbindet diese Annahme mit der Frage nach Verzögerung und Beschleunigung.

> „Da sich die Wiederholungsstrukturen nie in gleichförmiger Weise reproduzieren, stellt sich theoretisch zwingend die Frage nach den unterschiedlichen Veränderungsgeschwindigkeiten, also nach Verzögerung oder Beschleunigung. Diese Frage läßt sich nur beantworten, wenn die subjektiven Erwartungshaltungen und ihre enttäuschten oder erfüllten Zielsetzungen strikt unterschieden werden von jenen Faktoren, die innerhalb der technischen Industriegesellschaft wissenschaftlich meßbare Akzelerationen den Menschen in den Leib diktieren.“[33]

Anders gesagt: Gehen wir, bewusst oder unbewusst, davon aus, dass etwas geschehen wird (Koselleck spricht vom Prognosepotential, welches nur dank der Wiederholungsstrukturen gegeben ist[34]) und erfüllt sich diese Annahme nicht innerhalb der von uns prognostizierten Zeit, dann wird dieser Unterschied zwischen unserer Erwartungshaltung und dem Moment, in dem das Erwartete eintritt, als Verzögerung oder Beschleunigung wahrgenommen. Zugleich betont

---

[28] Siehe Reinhart Koselleck, „Einleitung“, in: Ders., *Zeitschichten. Studien zur Historik*, Frankfurt am Main 2000, 9–16 (Kurztitel: Koselleck, Einleitung), hier 13.

[29] Ebd., 12 f.

[30] Ebd., 14.

[31] Siehe Braudel, Geschichte, 55 f.

[32] Koselleck, Einleitung, 15.

[33] Ebd., 15.

[34] Siehe ebd., 15.

Koselleck den Unterschied zwischen einer Beschleunigung, wie sie durch technische Entwicklung möglich wird, und unserer Wahrnehmung von Beschleunigung. Im ersten Fall vollzieht sich etwas messbar schneller als zuvor, im zweiten Fall geschieht es früher als von uns gedacht.

Wie lassen sich diese theoretischen Zeit- und Beschleunigungsdefinitionen in Zusammenhang bringen mit Baumans „flüchtiger Moderne“? Baumans Schilderungen und Begrifflichkeiten können in das Braudel-Koselleckschen Modell „übersetzt“ werden. Bauman beschreibt die „Epoche der immer größeren und unhandlicheren Maschinen, der immer größer werdenden Fabriken, mit immer größeren Mengen an Arbeitskräften, der wuchtigen Eisenbahnen und gigantischen Ozeandampfer“. In dieser Ära der „schweren Moderne“ sei es vor allem darauf angekommen, zu wachsen und sich räumlich auszudehnen. Die räumliche Ausdehnung sei dank der Eisenbahnen und Dampfschiffe immer rascher gelungen, wodurch die Zeit gezähmt worden sei, weil der eigene Zeitrhythmus in entfernte Länder und Gegenden getragen werden konnte.[35] Mit all dem beschreibt Bauman nach Braudelscher Terminologie sozialen und ökonomischen Wandel. Dieser Wandel kann einhergehen mit veränderten zeitlichen Rhythmen (Raum wird nun schneller durchmessen als es zu Fuß, zu Pferd oder mit dem Segelschiff möglich war). Es sind Rhythmen, die allesamt zu dem gehören, was Braudel die Zeit der Soziologen nennt. Es handelt sich also um die unterschiedlichen Zeitlichkeiten sozialer Phänomene, die durch technische Entwicklung noch vielfältiger, um weitere Zeitlichkeiten ergänzt worden sind. Die von Bauman beschriebene Übertragung eigener Zeitrhythmen in ferne Gebiete kann keinesfalls als „Zähmung der Zeit“ bezeichnet werden, wenn dabei mit Zeit die eine, historische Zeit gemeint ist, von welcher Braudel nur im Singular spricht. Allenfalls werden Zeitlichkeiten sozialer Ordnungen verändert und beeinflusst und dehnen sich eigene Rhythmen in andere Weltgegenden aus, indem andere Gesellschaften dazu gebracht werden, ihnen zu folgen.

Schildert Bauman die von ihm so genannte „schwere Moderne“ so ausführlich, dient ihm das vor allem dazu, die „leichte Moderne“ von ihr unterscheiden zu können. Die Zeitspannen, die in der „schweren Moderne“ dank technischer Entwicklungen verkürzt worden seien, schrumpften nun immer weiter zusammen, bis sie fast ganz verschwunden seien. Als „unmittelbare Zeit der Softwarewelt“ bezeichnet Bauman dieses Phänomen. Auf der Höhe seiner Zeit sei nun derjenige, der dem Ziel der Unmittelbarkeit am nächsten komme. War Macht in der „schweren Moderne“ noch geknüpft an Herrschaft über Raum, hängt sie nun nach Bauman ab von der Herrschaft über die Zeit.

> „Herrschaft besteht in der eigenen Fähigkeit [...], über die Geschwindigkeit zu entscheiden, mit der all das passiert – während man zur gleichen Zeit den Menschen auf der anderen, der beherrschten Seite die Möglichkeit nimmt, ihre Bewegungen anzuhalten oder zu verlangsamen.

---

[35] Bauman, Moderne, 136, 138.

Der heutige Kampf um die Herrschaft wird ausgetragen zwischen den Armeen der Beschleunigung und der Verzögerung."[36]

„Übersetzt" man diese Schilderung in Kosellecks Definition von Beschleunigung, dann vollzieht sich in der „leichten Moderne" einerseits eine Beschleunigung, die durch technische Neuentwicklungen beispielsweise auf dem Gebiet der Datenübertragung möglich wird. Als Beschleunigung werden die damit verbundenen Geschwindigkeiten andererseits deshalb empfunden, weil unsere auf Erfahrung gründenden Erwartungen an die Dauer eines (Übertragungs-)Vorgangs von ihnen übertroffen werden und weil möglicherweise auch unsere Annahme, dies sei nun der neueste Stand der Technik und die mit ihr verbundene höchst mögliche Geschwindigkeit, rascher widerlegt wird als von uns gedacht. Dass „die Zeit", was immer Bauman unter ihr eigentlich genau verstanden wissen will, durch diesen Vorgang „auf dem Weg ihrer Selbstauslöschung" sei, kann dabei allerdings höchstens als ein anschauliches Bild für die rasende Geschwindigkeit der Datenübertragungen verstanden werden. Weder die Vielzahl der sozialen Zeitlichkeiten wird durch diese technische Neuerung auf allein diese eine, so hohe Geschwindigkeit reduziert, noch „verschwindet" die historische Zeit, also mit Braudel die Tatsache, dass sich alles Dasein in der Zeit vollzieht, dass also Dauer zu den Eigenschaften alles Existierenden zählt.

Baumans so pointierte wie angreifbare Aussagen über Zeit und Beschleunigung werden verständlicher, wenn man berücksichtigt, dass es ihm vor allem auf einen ganz bestimmten Unterschied zwischen „schwerer" und „leichter" Moderne ankommt. Ihn interessiert die Verbindung von Arbeit, Kapital und Macht. Er will zeigen, wie sich das Verhältnis zwischen ihnen in der „leichten Moderne" verändert hat. Arbeit und Kapital hätten in der „schweren Moderne" noch in unmittelbarem Zusammenhang gestanden. Arbeit sei „verkörperte" Arbeit gewesen:

„Sie ließ sich nicht bewegen, ohne zugleich die Arbeiter in Bewegung zu setzen. Arbeitskraft konnte nur angeheuert werden, wenn man den körperlichen Rest mit dazunahm, und dessen Trägheit setzte den Käufern der Arbeitskraft Grenzen. Wollte man die Arbeit überwachen oder nach Plan kanalisieren, so mußte man die Arbeiter überwachen und führen; die Kontrolle der Arbeitsprozesse erforderte die Kontrolle der Arbeiter. Dieses Erfordernis brachte Arbeit und Kapital in einer Beziehung von Angesicht zu Angesicht zueinander [...]. Revolution und Wohlfahrtsstaat sind die unerwarteten, aber letztlich unvermeidbaren Resultate dieser erzwungenen Gemeinsamkeit. Wir sind heute Zeugen einer weiteren ‚Great Transformation' [...]: Die menschliche Arbeit, deren sich der heutige Kapitalismus bedient, ist ‚körperlos'. [...] Die körperlose Arbeit des Softwarezeitalters bindet das Kapital nicht mehr: Es ist jetzt exterritorial, flüchtig und wandelbar. Mit der körperlosen Arbeit bricht das Zeitalter des schwerelosen Kapitals an. Die gegenseitige Abhängigkeit ist einseitig aufgekündigt worden; während die Arbeitskraft für sich immer noch unvollständig und auf das Kapital angewiesen ist, gilt dies im umgekehrten Fall nicht mehr. Das Kapital ist unterwegs und guter Dinge, auf der Suche nach kurzen Abenteuern und voller Gewißheit, daß es immer wieder Abenteuer geben wird und Partner, mit denen man sie teilen kann. Das Kapital ist mit leichtem Marschgepäck unterwegs, und diese

[36] Bauman, Moderne, 143.

Leichtigkeit ist die Ursache zunehmender Unsicherheit für alle anderen Beteiligten. Hier liegt die Basis des Herrschaftsregimes der Gegenwart und die Ursache aller sozialen Spaltungen."[37]

Ob diese Beschreibung der im Computerzeitalter veränderten Finanz- und Arbeitsmärkte zutreffend ist, kann hier nicht diskutiert werden. Fraglich erscheint, ob das Kapital wirklich von Arbeitskraft unabhängig geworden ist, was wir uns unter körperloser Arbeit genau vorzustellen haben und ob sie die körperliche Arbeit tatsächlich abgelöst hat oder das jemals vollständig wird tun können. Bemerkenswert für die hier diskutierte Frage nach der Übertragbarkeit der Baumanschen Formel von der „flüchtigen Moderne" auf die Geschichtswissenschaft ist in jedem Fall, dass bei ihm nun, ein wenig unter der Hand, aus der „leichten Moderne" das „leichte Kapital" geworden ist. Auch Baumans Diagnose, die Zeit sei auf dem Weg ihrer Selbstauslöschung und eine „Annulierung der Zeit" beinahe erreicht, bezieht sich, liest man genau, vornehmlich auf die Bedeutung des Faktors Zeit für den Finanzhandel.

„Übersetzen" wir diese Aussage wieder in die Sprache Braudels und Kosellecks, dann geht Bauman von der technisch ermöglichten Beschleunigung der Datenübertragung aus, um auf die als Beschleunigung wahrgenommenen Folgen dieser technischen Neuerung für den Finanzmarkt, den Arbeitsmarkt und für die damit verbundenen Machtkonstellationen aufmerksam zu machen. Es sind nach Braudelscher Begrifflichkeit soziale Zeiten, auf deren Veränderung – oder, präziser, Ergänzung durch weitere soziale Zeiten – Bauman das Augenmerk legt. Die historische Zeit bleibt davon aber unberührt, Baumans Singular ist nicht Braudels Singular. Ob tatsächlich die sozialen Zeiten der „schweren Moderne" durch die „schnelleren" sozialen Zeiten der „leichten Moderne" so vollständig abgelöst worden sind, wie Baumans Schilderung nahelegt, darf bezweifelt werden. Auch seine These, die „immaterielle, unmittelbare Zeit der Softwarewelt" sei „eine Zeit ohne Folgen", denn sie sei gekennzeichnet von Unmittelbarkeit, und Unmittelbarkeit bedeute in der Softwarewelt „unmittelbare Erfüllung auf der Stelle – bedeutet aber auch unmittelbares Nachlassen und Verschwinden des Interesses"[38], hat sich als irrig erwiesen. Das Softwarezeitalter kennt mittlerweile längst Machtkonzentrationen von Internetkonzernen, die die Machtmöglichkeiten traditioneller Konzerne der „schweren Moderne" bei weitem übersteigen. Von Nachlassen oder gar Verschwinden des Interesses, von einem Siegeszug des Moments ist hier wenig zu bemerken. Es werden vielmehr Imperien von langer Dauer und Beharrungskraft aufgebaut.

Doch unabhängig davon, ob man Baumans Text kritisch genau oder als eine lebendige Schilderung eines für die Gegenwart signifikanten Phänomens liest, das er weniger begrifflich-präzise fassen als anschaulich machen will – es bleibt die Frage, ob die Rede von der „flüchtigen" oder „flüssigen Moderne" sinnvoll auf die Geschichtswissenschaft zu übertragen ist. Denn diese Übertragung erfolgt

---

[37] Bauman, Moderne, 144 f.

[38] Ebd., 141.

ja nicht, um für ein lebendiges historiographisches Bild eine Farbe aus der Baumanschen Palette zu verwenden. Sondern in der Hoffnung, mit dem Terminus „flüchtige" oder „flüssige Moderne" einen jener idealtypischen Begriffe aus der Soziologie zu entlehnen, deren Eindeutigkeit es nach Max Weber der Geschichtswissenschaft ermöglicht, die niemals idealtypisch verfasste konkrete Realität des Historischen zu analysieren.[39] Denkt man „Verflüssigung" oder „Verflüchtigung" als solche idealtypischen Begriffe, kommt man nicht weit. Die damit zu beschreibenden Phänomene und Prozesse verflüchtigen sich dann eher selbst, als dass sie klarer würden. Zur Präzisierung dessen, was Bauman sagen will, kann in diesem Fall die Geschichtswissenschaft der Soziologie, können Braudels und Kosellecks Theorien der geschichtlichen Zeit und der sozialen Zeiten dienen. Bauman arbeitet nicht, wie es sein Titel suggeriert, mit einem umfassenden Modernebegriff, sondern beschreibt ein bestimmtes Beschleunigungsphänomen, das die Finanzmärkte verändert hat und von dort in andere Bereiche ausstrahlt. Fraglich ist, ob eben diese Beschleunigung gemeint ist, wenn der Terminus der Verflüssigung auf beispielsweise europäische Identitäten angewandt oder von der „Verflüssigung" von geschichtlichen Grundbegriffen gesprochen wird. Und spätestens, wenn ganze Jahrzehnte von Historikern als „flüchtige Moderne" charakterisiert werden, können Braudels und Kosellecks Modelle daran erinnern, dass die Vielzahl der historischen Phänomene mit einer Vielförmigkeit sozialer Zeiten einhergeht, die sich – so schnell die Börsianer auch handeln mögen – nicht auf eine gemeinsame Geschwindigkeit bringen lassen.

Es muss der Geschichtswissenschaft also darum gehen, Baumans phantasieanregende, begrifflich aber höchst ungenaue Rede von der „flüchtigen Moderne" zu präzisieren, die scheinbar flüchtigen Phänomene und Prozesse auszumachen, die sich so viel schneller vollziehen als von uns gedacht, sie zu denjenigen in Bezug zu setzen, deren Rhythmen uns genau richtig oder auch als zu langsam erscheinen, und uns zu fragen, welche „langen Dauern" auch durch atemberaubende Geschwindigkeiten wie die der Finanzmärkte geschaffen werden können – und welche „Langsamkeiten" selbst sie nicht zu beeinflussen vermögen. Denn auch für das sogenannte Softwarezeitalter gilt: Geschichte lässt sich „nur erforschen, wenn man die verschiedenen temporalen Dimensionen auseinanderhält".[40] Von dieser Aufgabe ist der Historiker auch durch Zygmunt Bauman nicht entbunden, er kann im Gegenteil Baumans Beobachtung des „Flüchtigen" in der Moderne nur dann geschichtswissenschaftlich nutzen, wenn er sich über die Ungenauigkeit dieser Formulierung nicht täuscht und ein differenzierteres Bild der wachsenden Vielzahl der sozialen Zeiten in der modernen Welt zeichnet als dieser. Nur dann kann die Geschichtswissenschaft, geht es um die Zeit, Moderne denken.

---

[39] Siehe dazu ausführlich den Beitrag von Edith Hanke in diesem Band.
[40] Koselleck, Sozialgeschichte, 330.

Literaturgeschichte denken

Walter Erhart

Im großen Erinnerungsjahr 2014 waren die Historikerinnen und Historiker wieder gefragt: Wie es denn vor hundert Jahren gewesen sei beim Ausbruch des Ersten Weltkriegs, was die Geschichtsschreibung mittlerweile zu sagen habe über das Ursachengeflecht dieser (Ur-)Katastrophe des 20. Jahrhunderts, welche Hinweise sie vielleicht sogar geben könne darüber, ob die damalige Weltlage mit der Situation zu Beginn des 21. Jahrhunderts vergleichbar sei. Punktgenau erschienen große geschichtswissenschaftliche Studien über das Jahr 1914 und den Ersten Weltkrieg[1], darunter auch manche Darstellungen und Anthologien über die Schriftsteller und den Ersten Weltkrieg: wie sich die Dichter zu diesem Krieg verhalten haben, viele bekanntlich euphorisch, kriegstreibend, nationalistisch, nur wenige kritisch, und wie sie den Krieg beschrieben haben, in Prosa und in Gedichten, in der Kriegslyrik deutscher Expressionisten, von denen nicht wenige dem Krieg zum Opfer gefallen sind.[2] Es gab und gibt viel zu lesen über den Ersten Weltkrieg, über seine Ursachen und seine Vorgeschichte, Geschichtsschreibung solcher und Geschichtsschreibung anderer Art:

> „Wo sind wir? Was ist das? Wohin verschlug uns der Traum? Dämmerung, Regen und Schmutz, Brandröte des trüben Himmels, der unaufhörlich von schwerem Donner brüllt, die nassen Lüfte erfüllt, zerrissen von scharfem Singen, wütend höllen-hundhaft daherfahrendem Heulen, das seine Bahn mit Splittern, Spritzen, Krachen und Lohen beendet, von Stöhnen und Schreien, von Zinkgeschmetter, das bersten will, und Trommeltakt, der schleuniger, schleuniger treibt […]. Dort ist ein Wald, aus dem sich farblose Schwärme ergießen, die laufen, fallen und springen. Dort zieht eine Hügelzeile sich vor dem fernen Brand hin, dessen Glut sich manchmal zu wehenden Flammen sammelt."[3]

---

[1] Prominente Beispiele sind Christopher Clark, *Die Schlafwandler. Wie Europa in den Ersten Weltkrieg zog*, München 2013; Herfried Münkler, *Der große Krieg. Die Welt 1914–1918*, Berlin 2013; Jörn Leonhard, *Die Büchse der Pandora. Geschichte des ersten Weltkriegs*, München 2014.

[2] Geert Buelens, *Europas Dichter und der Erste Weltkrieg*, Berlin 2014; Thomas Anz/Joseph Vogl (Hg.), *Die Dichter und der Krieg. Deutsche Lyrik 1914–1918*, Stuttgart 2014. Horst Lauinger (Hg.), *Über den Feldern. Der Erste Weltkrieg in großen Erzählungen der Weltliteratur*, Zürich 2014.

[3] Thomas Mann, *Der Zauberberg*, Frankfurt am Main 1980, 754.

Der Erzähler in Thomas Manns *Der Zauberberg* (1925) führt den Leser direkt in den Schauplatz des Geschehens hinein, am Ende eines Romans, der zuvor eine gänzlich andere Vorgeschichte dieses Krieges erzählt hat: das Leben in einem Schweizer Sanatorium, die Geschichte des Kaufmannssohnes Hans Castorp. Der Erste Weltkrieg tritt hier einigermaßen abrupt auf, als bloße Schlachtbeschreibung:

„Hier ist ein Wegweiser, – unnütz ihn zu befragen; Halbdunkel würde uns seine Schrift verhüllen, auch wenn das Schild nicht von einem Durchschlage zackig zerrissen wäre. Ost oder West? Es ist das Flachland, es ist der Krieg. [...] Man hat sie herangeholt, die Kameraden, um dem Gefechte letzten Nachdruck zu geben, das schon den ganzen Tag gedauert hat und das dem Wiedergewinn jener Hügelstellung und der dahinterliegenden Dörfer gilt, die vor zwei Tagen an den Feind verlorengingen. Es ist ein Regiment Freiwilliger, junges Blut, Studenten meist, nicht lange im Feld."[4]

Erst nach der literarischen Beschreibung des Krieges kommt der Erzähler wieder auf seinen Helden Hans Castorp zu sprechen. Als auktorialer, ‚allwissender' Erzähler kann er ihn im Getümmel entdecken, kann ihn wie der Beobachter eines Sandkastens ausmachen und wie ein Regisseur postieren, verhält sich aber auch wie ein Geschichtsschreiber, der das Geschehen von oben herab und von weither, in ordnender Perspektive und im Überblick arrangiert:

„Da ist unser Bekannter, da ist Hans Castorp! Schon ganz von weitem haben wir ihn erkannt an seinem Bärtchen, das er sich am Schlechten Russentisch hat stehen lassen. Er glüht durchnäßt, wie alle. Er läuft mit ackerschweren Füßen, das Spießgewehr in hängender Faust. Seht, er tritt einem ausgefallenen Kameraden auf die Hand, – tritt diese Hand mit seinem Nagelstiefel tief in den schlammigen, mit Splitterzweigen bedeckten Grund hinein. Er ist es trotzdem."[5]

Als ein Geschichtsschreiber und als ein Erzähler legt der Schriftsteller hier sein Verfahren offen, und er entdeckt, erkennt und sieht ganz anders als ein Historiker: Er lässt den Leser unmittelbar teilhaben („Seht") und wählt statt der Ordnung der (Welt-)Geschichte einen Charakter, dessen Schicksale in den Jahren vor 1914 – ausgebreitet auf knapp 800 Seiten – viel interessanter und mitteilenswerter scheinen als jede historiographische Ursachenforschung über den lediglich auf den letzten vier Seiten sprachgewaltig inszenierten Krieg. Zugleich hat die Literatur eine ganz eigene Ursachenforschung über diesen Krieg entwickelt: Ähnlich wie Thomas Mann, ähnlich auch wie Hermann Broch in seiner die Jahre von 1888 bis 1918 umfassenden Romantrilogie *Die Schlafwandler* (1931/32), rekonstruiert Robert Musil eine monumentale Romanhandlung über das Jahr 1913, um die Vorgeschichte des Weltkriegs zu erzählen.[6] Als literarische Geschichtsschreibung versucht *Der Mann ohne*

[4] Ebd.

[5] Ebd., 756.

[6] Zur Konkurrenz literarischer und historiographischer Geschichtsschreibung, bezogen auf das Jahr 1913 und die gegenwärtige geschichtstheoretische Diskussion vgl. Gangolf

Eigenschaften (1930–1943) zugleich die professionelle Historiographie – ihre Ordnung, ihr Kalkül, ihre Verfahren, ihre Funktion – grundsätzlich in Frage zu stellen, und statt im Jahr 1913 den Ursachen für die Ereignisse von 1914 nachzuspüren, machen es sich Robert Musil und sein Held Ulrich, dieser ‚Mann ohne Eigenschaften', zur Aufgabe, die Möglichkeit einer solchen Geschichtsschreibung in Zweifel zu ziehen:

„War eigentlich Balkankrieg oder nicht? Irgendeine Intervention fand wohl statt; aber ob das Krieg war, er wußte es nicht genau. Es bewegten so viele Dinge die Menschheit [...]. Mit einem Wort, es geschah viel, es war eine bewegte Zeit, die um Ende 1913 und Anfang 1914. Aber auch die Zeit zwei oder fünf Jahre vorher war eine bewegte Zeit gewesen, jeder Tag hatte seine Erregungen gehabt, und trotzdem ließ sich nur noch schwach oder gar nicht erinnern, was damals eigentlich los gewesen war."[7]

Die (Welt-)Geschichte lässt sich auf diese Weise nicht rekonstruieren, sie beginnt sich bei genauerem Hinsehen sogar aufzulösen – dies lässt Musil seinen Helden im Jahr 1913 sinnieren, zugleich auch darüber, dass der von den Geschichtsschreibern stets unterstellte Realitätsstatus des Geschehens keineswegs aktenkundig ist:

„Welche sonderbare Angelegenheit ist doch Geschichte! Es ließ sich mit Sicherheit von dem und jenem Geschehnis behaupten, daß es seinen Platz in ihr inzwischen schon gefunden hatte oder bestimmt noch finden werde; aber ob dieses Geschehen überhaupt stattgefunden hatte, das war nicht sicher".[8]

Einzelne „Geschehnisse" lassen sich nicht in ein übergreifendes „Geschehen" integrieren; Geschichten mag es geben, aber keine daraus fabrizierte Geschichte. Sämtliche von den Historikern festgestellten Vergleichbarkeiten, Regelmäßigkeiten, Zusammenhänge und Strukturen entstehen also allein im Blick des Betrachters – soweit ist Musils satirische Replik auf die Zunft der Historiker ein bereits vertrauter geschichtstheoretischer Gedanke: Bereits in Wilhelm von Humboldts Essay *Über die Aufgabe des Geschichtsschreibers* (1821) sind die von der Geschichtsschreibung entwickelten „Ideen" die Grundlage jeder historiographischen Arbeit.[9] Die Skepsis des Schriftstellers

Hübinger, „Das Jahr 1913 in Geschichte und Gegenwart. Zur Einführung in den Themenschwerpunkt", in: *Internationales Archiv für Sozialgeschichte der deutschen Literatur* (*IASL*) 38.1 (2013), 172–190.

[7] Robert Musil, *Der Mann ohne Eigenschaften*, Reinbek 1981, 359.

[8] Ebd., 359 f. Zur Geschichtsschreibung in Musils *Der Mann ohne Eigenschaften* vgl. den Dialog zwischen der Literaturwissenschaftlerin Inka Mülder-Bach und Gangolf Hübinger im *Internationalen Archiv für Sozialgeschichte der deutschen Literatur*: Inka Mülder-Bach: „Der ‚Weg der Geschichte' oder Finden und Erfinden. Geschichtserzählung in Robert Musils *Der Mann ohne Eigenschaften*", in: *IASL* 36.1 (2011), 187–205; Gangolf Hübinger: „Robert Musils ‚Geschichtssinn'. Ein Kommentar, in: ebd., 207–212.

[9] Wilhelm von Humboldt, „Ueber die Aufgabe des Geschichtsschreibers", in: Ders., *Werke*, hg. von Albert Leitzmann, Bd. IV, Berlin 1905, 35–56.

und literarischen Geschichtsschreibers geht freilich tiefer, sie sieht die (Welt-)Geschichtsschreibung selbst als einen großen Roman, an dem allerdings gerade die Historiker aus Mangel an Reflexion und Phantasie in der Regel nicht weiter interessiert sind: „Weil Weltgeschichte zweifellos ebenso entsteht wie alle anderen Geschichten. Es fällt den Autoren nichts Neues ein, und sie schreiben einer vom anderen ab. Das ist der Grund, warum alle Politiker Geschichte studieren, statt Biologie oder dergleichen.“[10]

Die Weltgeschichte ist ein Roman, in dem viele Geschichten ihren Platz haben. In welcher Form aber sollen diese Geschichten angeordnet werden? Auch Geschichte und Geschichtsschreibung – so Musils Konsequenz – entgehen nicht der Entwicklungslogik des modernen Romans, der Erkenntnis also, wie illusionär der Glaube an die bloß herauszufindenden zentralen Linien aller Geschichten, das Festhalten an der vermeintlichen Realität von ‚Erzählfäden‘ und die Übertragung eines Ursache-Wirkung-Schemas auf die Menschenwelt, wie trügerisch also die Gläubigkeit und die Verfahren naiver Historiker sind: „Sie sieht unsicher und verfilzt aus, unsere Geschichte, wenn man sie aus der Nähe betrachtet“, so noch einmal Ulrich in Musils *Der Mann ohne Eigenschaften*, „wie ein nur halb festgetretener Morast, und schließlich läuft dann sonderbarerweise doch ein Weg über sie hin, eben jener ‚Weg der Geschichte‘, von dem niemand weiß, woher er gekommen ist.“[11]

Es gibt in dieser ‚verfilzten‘ Geschichte demnach zwar eine Ordnung, sie ist aber wenig aussagekräftig und kommt eher momenthaft und zufällig zum Vorschein, als eine im Morast erkennbare Andeutung eines Profils, das sich in diesem Morast aber auch schnell wieder verliert: ein Weg, von dem niemand weiß, woher er kommt, eine Geschichte, deren Vorgeschichte sich entzieht, eine Bankrotterklärung für die gerade an dieser Vorgeschichte interessierten Historiker. Als Essayist hat Robert Musil – in dem 1922 publizierten Beitrag „Das hilflose Europa oder die Reise vom Hundertsten ins Tausendste“ – die Idee einer „Weltgeschichte“ auf ähnliche Weise demontiert und gerade der Zeit des Ersten Weltkriegs ihre geschichtlichen Konturen abgesprochen:

> „Zweifellos machen wir seit zehn Jahren Weltgeschichte im grellsten Stil und können es doch eigentlich nicht wahrnehmen. [...] Das Leben geht doch genau so dahin wie früher, bloß etwas geschwächter und mit etwas mehr Krankenvorsicht; der Krieg wirkte mehr karnevalistisch als dionysisch, und die Revolution hat sich parlamentarisiert. Wir waren also vielerlei und haben uns nicht geändert, wir haben viel gesehen und nichts wahrgenommen. [...] So sieht also Weltgeschichte in der Nähe aus; man sieht nichts.“[12]

Aus der Ferne und von oben herab lässt sich Geschichte nicht beschreiben, aus der Nähe betrachtet verliert sie ihre Kontur. Gegen die so formulierte

[10] Robert Musil, *Der Mann ohne Eigenschaften*, Reinbek 1981, 360.

[11] Ebd., 360.

[12] Robert Musil, *Essays und Reden. Kritik*, Reinbek 1978, 1075 f.

(und ironisierte) Erkenntnis- und Wahrnehmungsschwäche der Geschichtsschreibung richtet Musil das Panoptikum seines Romans *Der Mann ohne Eigenschaften*, genauso entgegengesetzt ist ihr die Aufforderung von Thomas Manns Erzähler, ein anderes, ein fiktives Geschehen des Weltkriegs zu betrachten: „Seht, er tritt einem ausgefallenen Kameraden auf die Hand [...]." Wenn die (Welt-)Historiker aus der Ferne nur einen nebulösen Weg, aus der Nähe gar nichts erkennen, können die Erzähler ihre Helden im Getümmel und eine Epoche sowohl aus der Ferne als auch aus der Nähe beschreiben; sie haben ihre Figuren schließlich genau zu dem Zweck erfunden, um sie ihren Leserinnen und Lesern deutlich vor Augen zu stellen. Dieses literarische ‚Sehen' hat im Falle des Ersten Weltkriegs mittlerweile eine ganze Reihe literarischer Geschichtsschreibungen hervorgebracht: von Thomas Manns *Der Zauberberg* und den zahlreichen, höchst unterschiedlichen (Welt-) Kriegsromanen der Weimarer Republik[13] bis hin zur vielbeachteten Weltkriegstrilogie der englischen Autorin Pat Barker, die von den Schützengräben, aber auch von den neurasthenischen Kriegsheimkehrern in den Sanatorien erzählt: *Regeneration* (1991), *The Eye in the Door* (1993) und *The Ghost Road* (1995).

An solchen literarischen Texten wäre zu zeigen, wie unterschiedlich und wie vielschichtig Literatur auf Geschichte reagiert, wie sie – als literarische Geschichtsschreibung – gerade keinen „Weg" der Geschichte, keinen Zusammenhang und kein historisches ‚Wissen' über die Geschichte des Ersten Weltkriegs produziert, sondern die Leserin und den Leser in die Geschichte selbst hineinzuführen versucht, dabei zugleich aber ein Wissen ganz anderer Art erzeugt: exemplarisches Wissen, bestehend aus Beispielen und Einzelfällen, eine Geschichte im Potentialis, die – bereits nach der grundlegenden *Poetik* des Aristoteles – nicht das beschreibt, was war, sondern das, was hätte geschehen können. Aristoteles hat betont und versichert (und damit die Dichtung gegen den Angriff des Philosophen Platon verteidigt), dass es sich hierbei um keine schwächere, vielmehr um eine stärkere Form der Geschichtsschreibung handelt. Dichtung sei „etwas Philosophischeres und Ernsthafteres als Geschichtsschreibung", weil sie statt des ‚Besonderen' und ‚Zufälligen' das ‚Allgemeine' thematisiere: „denn die Dichtung teilt mehr das Allgemeine, die Geschichtsschreibung hingegen das Besondere mit". [14] Das „Allgemeine" fällt in die Zuständigkeit der Philosophie, ein Wissen, das ‚allgemein' wird dadurch, dass es Einsichten bietet in die menschliche Natur, mithin ein Teilgebiet der Ethik umfasst: „Das Allgemeine besteht darin, daß ein Mensch von bestimmter Beschaffenheit nach der Wahrscheinlichkeit oder Notwendigkeit

[13] Vgl. hierzu: Mathias Schöning, *Versprengte Gemeinschaft. Kriegsroman und intellektuelle Mobilmachung in Deutschland 1914–33*, Göttingen 2009.

[14] *Poetik* 1451b (hier zitiert nach Aristoteles, *Poetik*. Griechisch/Deutsch, hg. von Manfred Fuhrmann, Stuttgart 1982, 29 f.).

bestimmte Dinge sagt oder tut [...]. Das Besondere besteht in Fragen wie: was hat Alcibiades getan oder was ist ihm zugestoßen."[15]

Dichtung also schildert nicht wie die Geschichtsschreibung das zufällig Vorgefallene und das schlicht Gegebene, sie präsentiert stattdessen charakteristische menschliche Modellsituationen, die uns Aufschluss geben über das, was den Menschen im Wesentlichen ausmacht, was ihn motiviert und antreibt, seine Entscheidungen steuert und seine Reaktionen beeinflusst, die zugleich auch vorführen, welche größtenteils unbeabsichtigten, unvorhergesehenen Wirkungen das Handeln der Menschen hervorbringt. Dichtung – so Aristoteles – gibt uns dadurch zugleich das Wissen darüber an die Hand, wie wir selbst uns im eigenen Handeln orientieren können.[16]

Als Geschichtsschreibung bringt Literatur, die geschichtliche Ereignisse und Epochen thematisiert, deshalb ein grundlegend anderes Wissen hervor als die Schriften der Historiker: Sie zielt auf das Typische und Exemplarische in der Geschichte, auf das, was über die historische Zeit hinausreicht, die Geschichte neu zusammensetzt und die Leserinnen und Leser der Gegenwart unmittelbar berührt. Gegenwärtig lässt sich dies an der literarischen Geschichtsschreibung über die DDR zu beobachten: Die Geschichte des anderen deutschen Staates wird in Erzählhandlungen verlegt, die das Lesepublikum direkt in eine fiktive und doch exemplarische und repräsentative Geschichte der DDR führen. In Uwe Tellkamps *Der Turm* (2008) und in Manfred Seilers *Kruso* (2014) – um zwei der prominentesten Beispiele anzuführen – gerät auf diese Weise eine sanfte, dem ‚alten' Bürgertum treu bleibende ‚Gegengesellschaft' in den Blick, ein Geschichtsbild, das die Kontinuität einer gesamtdeutschen Geschichte mit der Erinnerung an Widerstand und innere Emigration verbindet. Hier wird Geschichte tatsächlich als ein Roman erzählt, der sich an die Stelle der vielgestaltigen Wirklichkeit setzt, der ihr einen ‚Weg' eröffnet und Modellsituationen vorgibt, die vom ‚Besonderen' abstrahieren. Das ‚Allgemeine' solcher erzählerischen und künstlerischen Darstellungen kann freilich auch dazu führen, dass es wirkungsmächtiger wird als jede Geschichtsschreibung und dadurch auch die Erinnerung an die Vergangenheit allmählich zu überformen beginnt. Deutlich wird die prägende Kraft der Fiktionen jedenfalls immer dann, wenn diese imstande sind, das kollektive Gedächtnis neu zu gestalten. Mit dem Film *Das Leben der Anderen* (2006) zum Beispiel hat sich mittlerweile ein Werk über die DDR-Gesellschaft vor allem im Zuge der empfohlenen didaktischen Vermittlung im Schulunterricht als

[15] Ebd.

[16] Vgl. dazu Arbogast Schmitt: „Was macht Dichtung zur Dichtung? Zur Interpretation des neunten Kapitels der Aristotelischen *Poetik* (1451 a36–b11)", in: Jörg Schönert/Ulrike Zeuch (Hg.): *Mimesis – Repräsentation – Imagination. Literaturtheoretische Positionen von Aristoteles bis zum Ende des 18. Jahrhunderts*, Berlin/New York 2004, 65–95.

kanonisch etabliert.[17] Der Widerstand gegen das Unrechtsregime wird dort im Bündnis zwischen einem Künstler und einem an seinem Tun zweifelnden Stasi-Offizier vorgeführt – eine Geschichte, die das ‚Leben' der DDR in fast unheimlich authentischer Nähe vorführt, gerade deshalb aber die hier vorgeführten fiktiven ‚Geschichten' als eine ‚allgemeine' und repräsentative Geschichte der DDR ausgibt. Die ‚allgemeinen' Modellsituationen dieses Films sind an den Plot-Strukturen des Hollywood-Films und des bürgerlichen Trauerspiels orientiert, sie formen bestimmte Strukturen und Typisierungen, die sehr viel klarer und einfacher sind als die mühsam erarbeiteten Ergebnisse der Geschichtsschreibung. Die Historikerinnen und Historiker der DDR-Geschichte nehmen die Wirklichkeit der DDR heute eher anders wahr: als ähnlich „unsicher und verfilzt", wie der Romanheld Ulrich in *Der Mann ohne Eigenschaften* die Geschichte generell beschreibt. Die Literatur kann die Komplexität des historischen Geschehens steigern, sie kann diese Komplexität durch ihr eigenes ‚Geschehen' aber auch reduzieren. Manchmal entdeckt der historiographische Blick dann aus der Nähe eine sehr viel kompliziertere Realität als die auf Erzählstrukturen hin geordnete Fiktion.

Ungeordnet ist die literarische Geschichtsschreibung also nicht im Hinblick auf die ihr eigenen (Erzähl-)Strukturen, sondern in einem ganz anderen Sinn: Im Gegensatz zur Geschichtsschreibung lässt sich Literatur als Geschichte nicht disziplinieren und keiner methodischen Kontrolle unterwerfen; sie bildet ein fortlaufendes, aber ungeordnetes historisches Gedächtnis, indem sie immer wieder neu über historische Ereignisse berichtet und sie in ihre eigene (Literatur-)Geschichte aufnimmt. Im gesamten 20. und 21. Jahrhundert schreiben die Schriftsteller über die beiden Weltkriege, und zur literarischen Geschichtsschreibung des Ersten Weltkriegs gehören die zwischen 1914 und 1918 geschriebenen Gedichte, Dramen und Erzählungen genauso wie die historischen Romane einer Pat Barker in den 1990er Jahren. Als historische Quellen sind literarische Texte deshalb nur bedingt zu gebrauchen: Während die belletristische Weltkriegsliteratur keine Analyse, sondern eine Darstellung, eine Art Wiederauflage oder (Wieder-)Inszenierung des historischen Geschehens intendiert, sind die Historikerinnen und Historiker ausschließlich am Geschehen selbst interessiert und etablieren eine Kontinuität der Forschung in der Auseinandersetzung mit den historischen Quellen und der darüber erfolgten Rekonstruktion der Geschichte. Für die Geschichtsschreibung sind literarische Texte manchmal eigene Quellen, manchmal zusätzliche Kommentare und Perspektiven auf die historisch zurückliegenden Ereignisse. Der Quellenstatus der in einer geschichtlichen Epoche – sagen wir: zwischen 1914 und 1918 – verfassten literarischen Texte bleibt jedoch

---

[17] Vgl. dazu: Walter Erhart, „Das Leben der einen, das Leben der anderen. Eine fragwürdige Kanonisierung der DDR-Geschichte", in: *Der Deutschunterricht* 66 (2014), 69–77.

höchst unsicher: zum einen, weil es sich um literarische Texte, nicht um historische Dokumente handelt, zum anderen, weil die zu einer bestimmten historischen Zeit verfasste Literatur die eigene (Zeit-)Geschichte nur partiell im Blick hat; es gehört geradezu zum Kennzeichen literarischer und ästhetischer Temporalität, dass sie mehrere, sich überlagernde Epochen und Zeiten thematisiert.[18] Literarische Texte lassen sich deshalb kaum in die vom Geschichtsschreiber angestrebte Ordnung und die zu erkennenden Zusammenhänge der Geschichte integrieren. Während der Philologe – nach einem berühmten Diktum von August Boeckh – danach strebt, das Erkannte zu erkennen[19], also immer auf ein bereits Erkanntes und Gestaltetes, dieses neu lesend und neu interpretierend, zurückgreift, versuchen der Historiker und die Historikerin mittels Begriffen und Modellen stets direkt auf die Realität zuzugreifen. Die Differenz zwischen Geschichte und Literatur beruht demnach auf der Tatsache, dass die Historiker ihre Augen auf die Realität, die Philologen ihren Blick ausschließlich auf Texte richten – und dies markiert den entscheidenden Unterschied in der Erkenntnisform und den Erkenntniszielen.[20]

Der historiographische und der literarische Blick auf die Geschichte sind deshalb höchst unterschiedlich, bestenfalls komplementär. Während der Geschichtsschreiber Ordnung und Struktur in die Geschichte bringt, vervielfältigt Literatur die dabei möglichen Interpretationen, Kontextualisierungen und Geschichtsbilder, bleibt in ihrem Anspruch aber der Geschichte selbst immer auch ein Stück weit entzogen.[21] Der Philologe und Literaturwissenschaftler beugt sich statt über die Geschichte über den einzelnen Text, um an dessen Strukturen und ästhetischen Eigenarten stets auch das der Geschichte Resistente, das ‚Allgemeine' zu entdecken. Gleichwohl gilt es die einzelnen literarischen Gegenstände als historisch zu denken – in genau dieser Spannung

[18] Vgl. hierzu Walter Erhart, „Literatur 1913 – Zeit ohne Geschichte? Perspektiven synchronoptischer Geschichtsschreibung", in: *IASL* 39.2 (2014), 123–136.

[19] August Boeckhs Formulierung in der *Encyklopädie und Methodologie der Philologischen Wissenschaften* (1818) lautet: „Hiernach scheint die eigentliche Aufgabe der Philologie *das Erkennen* des vom menschlichen Geist *Producirten*, d.h. des *Erkannten* zu sein. Es wird überall von der Philologie ein gegebenes Wissen vorausgesetzt, welches sie wiederzuerkennen hat." August Boeckh, *Encyklopädie und Methodologie der Philologischen Wissenschaften* [1818], hg. von Ernst Bratuscheck. Zweite Aufl. bes. von Rudolf Klussmann, Leipzig 1886, 10.

[20] Prägnant dazu: Reinhart Koselleck, „Historik und Hermeneutik", in: Ders., *Zeitschichten. Studien zur Historik*, Frankfurt am Main 2000, 97–118.

[21] Vgl. hierzu die Bestandsaufnahmen bei Harmut Eggert/Ulrich Profitlich/Klaus R. Scherpe (Hg.), *Geschichte als Literatur. Formen und Grenzen der Repräsentation von Vergangenheit*, Stuttgart 1990. Daniel Fulda/Silvia Serena Tschopp (Hg.), *Literatur und Geschichte. Ein Kompendium zu ihrem Verhältnis von der Aufklärung bis zur Gegenwart*, Berlin 2002. Erhard Schütz/Wolfgang Hardtwig (Hg.), *Keiner kommt davon. Zeitgeschichte in der Literatur nach 1945*, Göttingen 2008.

konstituiert sich die Philologie als eine doppelte, als eine geschichtswissenschaftliche und als eine philologische Disziplin.[22]

Eine historische Ordnung in die Fülle der literarischen Texte zu bringen, dies wiederum ist die Aufgabe des Literaturhistorikers, der sich in einem Feld bewegt, das sich am ehesten mit der Profession des Geschichtswissenschaftlers berührt. Geschichtswissenschaftlich im engeren Sinn wird die Philologie immer dann, wenn sie selbst versucht, eine Geschichte ihrer historischen Gegenstände zu erzählen. Wenn die Literatur jedoch per se höchst ungeordnet ihre Gegenstände bearbeitet, wenn sie aus einzelnen, unvergleichlichen, gerade nicht historisch und historiographisch gebundenen Texten besteht: Lässt sich die Geschichte solcher literarischen Texte in einer Ordnung oder in Zusammenhängen überhaupt abbilden? Gibt es eine solche Geschichte der Literatur? Ist eine Geschichte der Literatur möglich?

Die Fragen sind keineswegs trivial, denn genau dort stellen sich die Aufgabe und das Problem des Geschichtsschreibers aufs Neue und auf verschärfte Weise.[23] Robert Musil und viele andere haben die Geschichtsschreibung gerade dahingehend kritisiert, dass sie eigentlich wie ein literarischer Text funktioniert: konstruiert, erfunden, erzählt – und dass nur die Naivität der professionellen Geschichtsschreiber diese Nähe der Historiographie zum Roman übersehen ließ.[24] Wie soll nun aus dem Universum der literarischen Texte eine Geschichte, ein „Weg der Geschichte" konstruiert werden? Sind literarische Texte nicht in noch viel stärkerem Maße aus genau diesen Gründen einer solchen Geschichtsschreibung entzogen? Viele Philologen haben deshalb eine große Skepsis gegenüber der bloßen Möglichkeit einer Literaturgeschichte entwickelt.[25] Die Literaturgeschichte – so die Skeptiker – führt entweder zu einer Geschichte ohne Literatur, einer chronologischen Reihe von Autoren und Werken, die den geschichtlichen Hintergrund all dieser literarischen Ereignisse mitliefert, auf das Literarische selbst jedoch kaum eingeht. Oder sie führt zu einer Literaturbetrachtung ohne Geschichte, da jeder ästhetische Gegenstand sich immer als autonom und einzigartig behauptet und vom historischen Kontext emanzipiert: Literatur entfaltet ihre Wirkung und ihre Macht über alle Zeiten hinweg und greift dabei – als literari-

---

[22] Vgl. Wilfried Barner: *Literaturwissenschaft – eine Geschichtswissenschaft?*, München 1990.

[23] Vgl. hierzu David Perkin, *Is Literary History Possible?* Baltimore/London 1992. Stephen Greenblatt, *Was ist Literaturgeschichte?*, Frankfurt am Main 2000.

[24] Daniel Fulda hat diese Nähe in der gemeinsamen Geburtsstunde des modernen Romans und der modernen Geschichtsschreibung historisch rekonstruiert: *Wissenschaft aus Kunst. Die Entstehung der modernen deutschen Geschichtsschreibung 1760–1860*, Berlin/New York 1996.

[25] Vgl. stellvertretend: René Welleck, „The Fall of Literary History", in: Reinhart Koselleck/Wolf-Dieter Stempel (Hg.): *Geschichte – Ereignis und Erzählung* (Poetik und Hermeneutik V), München 1973, 427–440.

sche Geschichtsschreibung – allenfalls auf höchst ungeregelte Weise auf den beliebig abrufbaren Stoff der Geschichte zurück.

Die vermeintliche Unmöglichkeit einer Geschichte der Literatur provoziert jedoch im Gegenzug gerade deswegen ein intensives Nachdenken über die Möglichkeit, Geschichte überhaupt schreiben zu können. Literaturgeschichte potenziert die Notwendigkeit, sich zur Geschichte als einer sich entziehenden, stets neu zu lesenden Vergangenheit zu verhalten, sie stets neu zu schreiben und der Gegenwart zu präsentieren.[26] Der Literaturhistoriker erinnert deshalb den Historiographen daran, dass beider Gegenstände immer zuerst von der Gegenwart aus bestimmt sein müssen, bevor sie überhaupt erkennbar werden. So wie in jeder literarischen Bearbeitung historischer Stoffe immer zugleich die jeweilige Gegenwart ins Spiel kommt, verbindet jede wissenschaftliche Bearbeitung historischer Gegenstände die Dimensionen des Historischen und des Gegenwärtigen. Hier wie in Fragen der Literaturgeschichtsschreibung gewinnt die Frage nach dem ‚Sehepunkt' besonderes Gewicht, jene zuerst von Johann Martin Chladenius entwickelte Theorie einer Perspektive, von der aus jeder Geschichtsschreiber seine Gegenstände betrachtet, erkennt, interpretiert und auf seine Gegenwart bezieht.

Was ist der ‚Sehepunkt' des Literaturhistorikers, wenn er die Geschichte literarischer Texte vor sich ausbreitet? Es scheint zunächst ein eher verschwiegener und ein eher verheimlichter Standpunkt zu sein, die bescheidene Geste eines Chronisten, der lediglich die historische Reihenfolge beachtet und die Ereignisse aufzählt: die Abfolge der Werke, die Reihe der kanonischen Autoren, die aufeinanderfolgenden Epochen. Wie bei Robert Musil hat diese Form der Literaturgeschichtsschreibung zugleich ein schlechtes Gewissen erzeugt und mit sich geführt: Eine solche Geschichtsschreibung hält sich an die Fakten, kann jedoch über ihr eigenes (Auswahl-)Verfahren keine Auskunft geben, sie sieht die literarischen Texte kaum aus der Nähe und überblickt aus der Ferne nur die Ordnung einer Chronologie, bei der jener von Musil sarkastisch kommentierte Prozess wohl umso deutlicher einsetzt: „Es fällt den Autoren nichts Neues ein, und sie schreiben einer vom anderen ab."

Die fortgeschrittene Reaktion des Philologen auf diese Probleme ist – nicht erst seit heute – der Verzicht auf jegliche Form von Geschichte und Geschichtsschreibung: die Konzentration auf den überlieferten und überlieferungswürdigen Einzeltext, den nichts mit seiner Geschichte verbindet, der singulär und insulär aus dem Meer dieser ohnehin ‚kontingenten' Geschichte auftaucht. Versuche, eine auf Teleologie und historischen Zusammenhang verzichtende Literaturgeschichte zu schreiben, hat es in letzter Zeit einige gegeben[27]; was hier jedoch als Literaturgeschichte bezeichnet wird, zerfällt in

[26] Gangolf Hübinger, *Über die Aufgaben des Historikers*, Berlin 2012.

[27] David E. Wellbery, *A new history of German literature*, Cambridge, Mass. u.a. 2004. Beispiele aus anderen Nationalphilologien: Emory Elliott (Hg.): *The Columbia Literary*

eine Reihe von aneinandergereihten Einzelinterpretationen, die sich dennoch an den basalen Grundlagen einer bereits vormodernen Historiographie orientieren: der Chronik oder der Enzyklopädie.

Kein „Weg“ also scheint durch die Geschichte der Literatur zu führen, der Literaturhistoriker sieht entweder nur aus extremer Nähe das einzelne Werk, oder er orientiert sich aus der Ferne am dürren Gerippe eines chronologischen Zeitverlaufs, ohne aus der daraus entstehenden Verlaufsform einen Erkenntnisgewinn zu ziehen. Moderne Literaturgeschichten haben sich – in einer auch polemischen Wendung gegen die traditionelle chronologische Literaturgeschichte – die Skepsis gegenüber einer Geschichte der Literatur zu eigen gemacht, das Problem der (Literatur-)Geschichte gerade dadurch jedoch noch einmal auf die Tagesordnung gesetzt.[28]

Als *distant reading* ist vor kurzer Zeit eine andere, alternative Methode der Literaturgeschichte zu einiger Prominenz gelangt, die den Blick aus der Ferne wiederum ganz anders definiert und die Lektüre des Einzelwerks durch elektronische Datenbanken ersetzt: Ähnlichkeiten, Zusammenhänge, vielleicht sogar literaturgeschichtliche Entwicklungen können hierbei durch die computergesteuerte vergleichende und messende Analyse von Motiven und Erzählstrukturen bestimmt werden.[29] Auch hier freilich – wie in vergleichbaren Entwicklungen der Geschichtswissenschaft[30] – bleiben die Fragestellungen und die Perspektiven, die jeweils umkämpften ‚Sehepunkte‘ der miteinander konkurrierenden Geschichtsschreibers ausschlaggebend, vielleicht wichtiger als je zuvor. Die fraglichen ‚Ideen‘ zur Ordnung des Materials können nicht suspendiert werden, und in jeder Konstruktion einer Literaturgeschichte verschärft sich das methodisch-theoretische Problem der ‚Aufgaben‘ eines Geschichtsschreibers; noch mehr als jede Historikerin und jeder Historiker bewegt sich der Geschichtsschreiber der Literatur in einem Spannungsfeld, in dem sich Vergangenheit und Gegenwart ständig berühren: Der gegenwärtig eingenommene ‚Sehepunkt‘ lässt die literarischen Texte als bedeutsame his-

---

History of the United States, New York 1988. Dennis Hollier (Hg.): *A new history of French literature*, Cambridge u.a. 1989.

[28] Vgl. Cornelia Blasberg, „Literaturgeschichte am Ende – kein Grund zu trauern?“, in: Walter Erhart (Hg.), *Grenzen der Germanistik. Rephilologisierung oder Erweiterung? DFG-Symposion 2003*, Stuttgart 2004, 467–481.

[29] Vgl. Franco Moretti, *Kurven, Karten, Stammbäume. Abstrakte Modelle für die Literaturgeschichte*, Frankfurt am Main 2009. Franco Moretti/Nicole Kofman, „Recasting the humanities through distant reading“ (http://www.stanforddaily.com/2011/11/28/recasting-the-humanities-through-distant-reading). Gerhard Lauer, „Literatur rechnen. Über Lektüre im Computerzeitalter“ (http://www.faz.net/aktuell/feuilleton/geisteswissenschaften/literatur-rechnen-lektuere-im-computerzeitalter-1840973.html).“

[30] Angelika Epple, „Vernetzt, verlinkt, verführt – verloren? Innovative Kraft und Gefahren der Online-Historiographie“, in: *Vom Nutzen und Nachteil des Internet für die historische Erkenntnis, Version 1.0* (Geschichte und Informatik – Histoire et informatique 15 (2004), hg. von Angelika Epple/Peter Haber), Zürich 2005, 15–32.

torische Gegenstände überhaupt erst in Erscheinung treten; nur was als überlieferungswürdig ausgezeichnet wird, bleibt erhalten und wird philologisch und literaturhistorisch rekonstruiert. Eine Literaturgeschichte zu denken, bedeutet deshalb immer schon, sich über die Auswahlkriterien und die Anordnung einer solchen Geschichte zu verständigen. Umgekehrt zeigt die bewusste Auszeichnung eines solchen ‚Sehepunkts', zeigt jede Literaturgeschichte, wie die Geschichte unserer Kultur zu einem bestimmten Zeitpunkt gedacht worden ist: als Reflexion über die gegenwärtige Form eines literarisch-kulturellen Gedächtnisses, als Kanon, der die Überlieferung zunächst ‚heiliger', sodann zumindest wertvoller und identitätsstiftender Texte gewährleisten soll. Auch und gerade die Geschichtsschreibung der Literatur ist eine Erzählung, deren vorrangige Aufgabe es ist, die literarischen Werke nicht in eine chronologische Reihe zu bringen, sondern deren Erkenntnis immer auch auf die Gegenwart zu beziehen.[31] Der Blick aus der Ferne, den jede historische Wahrnehmung voraussetzt, die Auswahl des Bedeutungsvollen, die Erkenntnis des Allgemeinen – der spezifische Gegenstand von Kunst und Literatur erzwingt eine Perspektive, in der die Gegenwärtigkeit jeder Geschichte überhaupt erst ins Zentrum der Aufmerksamkeit rückt, und das bereits von Aristoteles betonte ‚Philosophische' der Literatur verweist auf die Notwendigkeit, die Geschichte der Literatur als stets wechselndes Arrangement von Geschichtlichkeit und Gegenwärtigkeit zu deuten. Die in der Literaturwissenschaft notorisch gewordenen Schwierigkeiten der Literaturgeschichtsschreibung zeigen deshalb nur, dass jedwede Form von Geschichte ohne Standortgebundenheit ihre Funktion zu verlieren droht. Umgekehrt kann die Geschichte der Literaturgeschichtsschreibung vorführen, wie sehr jede Literaturgeschichte nicht nur die Vergangenheit präsentiert, sondern auf diesem Weg auch eine Verständigung der Gegenwart mit sich selbst herbeizuführen versucht. Jede Literaturgeschichte ist anders, so wie sich auch die Geschichtsschreibung über den Ersten Weltkrieg – ungeachtet aller Jubiläen – fortlaufend verändert. Die Geschichte der Literaturgeschichten und der Geschichtsschreibung bildet demzufolge das Archiv einer fortlaufenden Selbstreflexion darüber, ob und wie sich Gesellschaften als historisch verstehen. Dies könnte die vornehmste Aufgabe des Historikers sein: darüber nachzudenken, warum jede Gegenwart ihre eigene Geschichte braucht.

---

[31] Matthias Buschmeier: „Pragmatische Literaturgeschichte. Ein Plädoyer", in: Ders./ Walter Erhart/Kai Kauffmann (Hg), *Literaturgeschichte. Theorien – Modelle – Praktiken*, Berlin/Boston 2014, 11–29.

„Gescheiterte Krisen“[1]

Geschichtswissenschaftliche Krisensemantiken in Zeiten postmoderner Risikoerwartung und Fortschrittsskepsis

Lutz Raphael

Für den Neuzeit- und Zeithistoriker sind Krisen ständige Begleiter seiner empirischen Untersuchungen, gern bietet er ihnen seine professionelle Gastfreundschaft an, scheinen sie ihm doch Insiderwissen über Veränderungsprozesse, Umbrüche und andere Erscheinungen sozialen, kulturellen oder politischen Wandels zu liefern, für die er sich zuständig hält. Da die Geschichtswissenschaft Wandel und Veränderung als ihren Hauptgegenstand betrachtet, ist in ihr „Krise“ ein vielgebrauchter, wenn nicht gar überstrapazierter Begriff. Der Krisenbegriff befindet sich nach Herkunft und Ansehen auf einer Höhe mit Begriffen wie „Revolution“ oder heute schon antiquiert „Reform“ und „Restauration“. Ihm wurde und wird zugetraut, komplexe Umbruchsituationen nicht nur zu bezeichnen, sondern auch als Schlüssel für die analytische Durchdringung zu dienen. Typischerweise nutzte und nutzt die Geschichtswissenschaft damit ein auch alltagssprachlich gebräuchliches Wort, um eigene wissenschaftliche Unternehmungen besser durchführen zu können. Ein solches Vorgehen gerät notgedrungen in die Gefahr mangelnder Theoriefähigkeit, mitunter sogar naiv-vorkritischer Herangehensweise. Es gibt also gute Gründe, über die Bedingungen und Folgen nachzudenken, die mit dem Gebrauch des Krisenbegriffs verbunden sind und dabei auch zu prüfen, ob andere Begriffe an seine Stelle treten können.[2] Denn Ausgangsthese der fol-

---

[1] Jakob Burckhardt, *Weltgeschichtliche Betrachtungen. Über das geschichtliche Studium*, (GW, Bd. 4), Basel/Stuttgart 1970, 122; zitiert in Reinhart Koselleck, „Krise“, in: Otto Brunner/Werner Conze/Reinhart Koselleck (Hg.), Geschichtliche Grundbegriffe, Bd. 3, 617–650, hier 640 (Kurztitel: Koselleck, Krise).

[2] Das Vorhaben kann aufbauen auf einer inzwischen breiter gewordenen Reflexion zu Krisensemantik und Krisenanalysen: Carla Meyer/Katja Patzel-Mattern/Gerrit Jasper Schenk (Hg.), *Krisengeschichte(n). „Krise“ als Leitbegriff und Erzählmuster in kulturwissenschaftlicher Perspektive*, Stuttgart 2013 (Kurztitel: Meyer u.a. (Hg.), Krisengeschichte(n)), dort insbesondere: Jan Marco Sawilla, „Zwischen Normabweichung und Revolution – „Krise“ in der Geschichtswissenschaft, in: ebd., 145–172 (Kurztitel: Sawilla, Leitbegriff); Henning Grunwald/Manfred Pfister (Hg.), *Krisis! Krisenszenarien, Diagnosen, Diskursstrategien*, München 2007; Thomas Mergel (Hg.), *Krisen verstehen*, Frankfurt am Main/New York 2012 (Kurztitel: Mergel (Hg.), Krisen).

genden Überlegungen ist, dass die Erkenntnispotentiale, die mit dem Krisenbegriff verbunden sind, inzwischen verschüttet worden sind und dass dies sowohl mit der Geschichte seiner Gebrauchsweisen in der Geschichtswissenschaft wie auch mit den Krisensemantiken unserer Gegenwart zu tun hat. Im Folgenden wird deshalb der Weg der begriffsgeschichtlichen Reflexion beschritten und nach den Beziehungen zwischen zeitgenössischer Selbstbeschreibung und geschichtswissenschaftlicher Vergangenheitskonstruktion via Krise gefragt. Dazu ist es zunächst nötig, zurückzukehren ins 19. Jahrhundert, als der Krisenbegriff in seiner heutigen Gestalt sich herausbildete.

I. Krisensemantiken und Krisenlehren im 19. Jahrhundert

Das 19. Jahrhundert ist und bleibt die Formierungsphase der Geschichtswissenschaft in ihrer westlich-europäischen Gestalt, die heute das internationale Idiom professioneller Geschichtsschreibung geworden ist. Die neuen professionellen Historiker übernahmen das Wort „Krise“ ihrerseits von ihren Zeitgenossen. Genauer gesagt erbten sie Wort bzw. Begriff aus den Händen der Aufklärungsphilosophen, voran Rousseau, der bereits 1762 in seinem *Emile* die politische und gesellschaftliche Ordnung des Ancien régime auf einen „état de crise“ und ein „siècle des révolutions“ zusteuern sah.[3] Im Zeitalter der französischen und amerikanischen Revolutionen weitete sich der Wortgebrauch dann auch im englischen und deutschen Sprachraum aus, und „Krise“ wurde zu einem Schlüsselbegriff unterschiedlichster gesellschafts- und geschichtsphilosophischer Entwürfe.[4] Angesichts der zentralen Stellung des Krisenbegriffs im Geschichtsdenken des 19. Jahrhunderts ist es plausibel, dass „Krise“ Eingang gefunden hat in die *Geschichtlichen Grundbegriffe*, jenes begriffsgeschichtliche Lexikon, das den Versuch unternimmt, die Knotenpunkte der deutschsprachigen Diskurse über die politisch-soziale Welt der Moderne zu erfassen und zu beschreiben. Reinhart Koselleck selbst hat den Artikel übernommen. Seine Beobachtungen sollen uns hier als Startpunkte der weiteren Überlegungen dienen: Koselleck zeigt, dass der Begriff „Krise“ seit 1800 unterschiedliche Betrachtungsweisen an der Bruchstelle zwischen historischer Erfahrung und Zukunftserwartungen bündelt. Zum einen artikuliert der Begriff die Bereitschaft der Zeitgenossen, „sich auf Wechsel und planbare Veränderung einzustimmen“.[5] Dabei übernimmt der moderne Krisenbegriff aber ältere Deutungsbestände heilsgeschichtlicher und medizini-

---

[3] Jean-Jacques Rousseau, *Emile ou de l'éducation* (œuvres completes, 4. Bd.), Paris 1969, 468, zitiert in: Koselleck, Krise, 628.

[4] Vgl. die Nachweise in: Koselleck, Krise, 628–632.

[5] Reinhart Koselleck, „Sprachwandel und Ereignisgeschichte“ in: Ders., *Begriffsgeschichten*, Frankfurt am Main 2006, 32–55, hier 45.

scher Tradition. In dem Begriff entfalten sich drei unterschiedliche Modelle historischer Zeit: Erstens dramatisiert der Begriff Geschichte zur Dauerprüfung, als sozusagen alltägliche Entscheidung über die Zukunft, Krise fungiert hier als ein Prozessbegriff, der den Geschichtsverlauf politisiert und dramatisiert. Zweitens spezifiziert er den Vorgang der Beschleunigung und der Verdichtung konfliktgeladener Veränderung zu einem Zeitpunkt oder in einem Zeitraum. Es entsteht die Vorstellung wiederkehrender „Krisenphasen mit entsprechenden Verläufen bzw. Prozessen" und damit „Krise" als ein Begriff historiographischer Periodisierung. Schließlich bleibt auch die ursprünglich heilsgeschichtliche Deutung in transformierter Form erhalten und in diesem Sinne bezeichnet „Krise" das nunmehr immanente Weltgericht, das Ende der Geschichte, wie wir sie bisher kannten, die große Revolution oder die Realisierung der großen Utopie. Koselleck weist mit Recht darauf hin, dass von Anfang an unklar war, ob Krise oder Fortschritt der Oberbegriff moderner Zeitwahrnehmung sei, entsprechend breit blieben die politischen Gebrauchsweisen des Begriffs.

Zwei Krisenlehren haben dabei tiefe Spuren hinterlassen. Auf sie sei an dieser Stelle näher eingegangen, weil sie immer noch für die Klärung unserer aktuellen Krisenreden von Nutzen sind. Erstens hat natürlich die Krisenlehre von Marx und Engels nachhaltige Wirkungen im Geschichtsdenken und in den Sozialtheorien der Moderne hinterlassen. Engels' Jubel angesichts der Weltwirtschaftskrise 1857 „Die Krisis wird mir körperlich ebenso wohltun wie ein Seebad"[6] bringt die revolutionären Hoffnungen auf den Punkt, die Marx und Engels an den zyklischen Verlauf der kapitalistischen Wirtschaft knüpften. Die von den ökonomischen Theoretikern ihrer Zeit gerade identifizierten Teilkrisen des Wirtschaftsgeschehens verdichteten sie zu einer Krisentheorie, welche als notwendiges immanentes Bewegungsgesetz des kapitalistischen Produktionsprozesses verstanden wird. Gleichzeitig enthält die „Krise" für Marx und Engels potentiell systemsprengende Kraft, weil die Widersprüche und Antagonismen dieses Produktionsverhältnisses sich in diesen Momenten zuspitzen. Die prognostische Präzision dieses Modells nahmen Marx und Engels nicht zuletzt angesichts der eigenen Enttäuschungserfahrungen seit 1857 erheblich zurück, hielten aber bekanntlich daran fest, dass die Krisen „den Sprung der Menschheit aus dem Reiche der Notwendigkeit in das Reich der Freiheit"[7] möglich machen. Die marxistische Tradition hat die drei Grundelemente des modernen Krisenbegriffs dann bis heute in den vielfältigsten Spielarten kombiniert und die Ambivalenzen der Krisenlehre von Marx und Engels bis zur Gegenwart immer wieder aktuali-

---

[6] Friedrich Engels an Karl Marx 15.11.1857, in: *MEW*, Bd. 29, Berlin 1963, 211 f., zitiert in: Koselleck, Krise, 645.

[7] Friedrich Engels, „Herrn Eugen Dührings Umwälzung", in: *MEW*, Bd. 20, Berlin 1982, 264, in: Koselleck, Krise, 647.

siert. Gerade nach der großen Finanzkrise 2008 ist die Denkfigur der Zuspitzung mit der Alternative Zerstörung oder Befreiung wiederbelebt worden und hat die damit verbundenen gegenläufigen Narrative mechanischer Verkettung aller Teilkrisen und konfliktorischer Überwindung durch emanzipatorische Bewegungen in den sozialwissenschaftlichen Krisensemantiken befeuert.

Jacob Burckhardt hat die konservative Gegendeutung zu den fortschrittsgrundierten Krisenbegriffen seiner liberalen und sozialistischen Zeitgenossen entworfen.[8] Er hat sich in konservativer Skepsis gegenüber der „gegenwärtigen Krise", vor allem gegenüber Demokratie und Massenherrschaft, darauf konzentriert, Krisenverläufe zu typologisieren, quasi eine Pathologie solcher Prozesse wie Revolutionen, Bürgerkriege oder soziale Unruhen zu entwerfen. Bei aller Distanz zu optimistischen Fortschrittsdeutungen hielt Burckhardt aber Krisen als „Entwicklungsknoten"[9] für die Dynamik der Geschichte und als einheitsstiftende Momente (ganz ähnlich wie Marx) für unentbehrlich:

> „Die Krisen und selbst ihre Fanatismen sind [...] als echtes Zeichen des Lebens zu betrachten, die Krisis selbst als eine Aushilfe der Natur, gleich einem Fieber, die Fanatismen als Zeichen, dass man noch Dinge kennt, die man höher als Habe und Leben schätzt."[10]

Anders als Marx und Engels traute er jedoch nicht den ökonomischen Basisprozessen diese Maulwurfsarbeit zu, sondern sah vor allem in dem Zusammenstoß von drei elementaren Kräften – seinen „Potenzen" – die Schubkraft, die immer wieder zu „Krisen" als Beschleunigungsphasen der Geschichte führen. Allen voran sprach Burckhardt den Weltreligionen das Potential zu, jene kollektiven Leidenschaften und Zukunftserwartungen zu entfesseln, welche die Kräfte der Beharrung herauszufordern imstande waren. Die beiden anderen Potenzen, die Burckhardt am Werke sah, waren der Staat und die Kultur; letztere verstanden als Ensemble aller spontanen, individuellen Gestaltungskräfte in Gesellschaft und Kultur. Der Ranke-Schüler Burckhardt entfaltete auf dieser theoretischen Basis eine typologische Zusammenschau von Ablaufmustern und Konstellationen, vor allem entwarf er eine Art Emotionslehre sozialer Krisenreaktionen über Epochen und Kulturgrenzen hinweg. Dazu entwickelte er eine reiche, aber unsystematische Beschreibungssprache für die unterschiedlichen Verläufe solcher Krisen, die er in einer zweidimensionalen Matrix anordnete, einmal hinsichtlich ihrer sachlichen, räumlichen und zeitlichen Ausdehnung, andererseits mit Blick auf ihre Ergebnisse in historischer Rückschau. Besondere Aufmerksamkeit galt den Krisensemantiken, er ging dabei soweit, den Akteuren die Fähigkeit zuzusprechen, Krisen herbeizureden, so dass sie gewissermaßen „zerschwatzt"[11]

---

[8] Jacob Burckhardt, „Die geschichtlichen Krisen", in: Ders., *Weltgeschichtliche Betrachtungen*, Stuttgart 1978, 157–205 (Kurztitel: Burckhardt, Betrachtungen).

[9] Ebd., 188.

[10] Ebd.

[11] Ebd., 191.

werden können, zweifellos eine hilfreiche Anregung für aktuelle Krisenanalysen. Seine konservative Skepsis verband sich mit professioneller Vorsicht, wenn es darum ging, Gesetzmäßigkeiten zu formulieren. Auch Burckhardts Krisenlehre hat weitergewirkt: die Einordnung seiner eigenen Zeit als eine „Dauerkrise" hat viele Nachahmer im konservativen Lager gefunden. Seine Aufmerksamkeit für Krisenkommunikation antizipiert das aktuelle kulturwissenschaftliche Interesse an „Krisennarrativen".

Gerade Mehrdeutigkeit und Anschlussfähigkeit an unterschiedliche politische Deutungen haben den Krisenbegriff also zu einem Grundbegriff gemacht, dessen schlagwortartige Verwendung in ganz enger Beziehungen zu den historischen Erfahrungen der Moderne steht und insbesondere ausgesprochen sensibel als Seismograph von Beschleunigung und Verlust von Regelvertrauen reagiert hat.

II. Der Krisenbegriff in der Geschichtswissenschaft zwischen 1880 und 1970[12]

Der Krisenbegriff der Geschichtswissenschaft blieb und bleibt immer rückgebunden an die epochenspezifischen bzw. milieuspezifischen zeitgenössischen Ausprägungen des Krisenbegriffs, es etablierte sich kein facheigener terminus technicus in wachsamer Distanz oder in schroffer Abkehr von der zeitgenössischen Krisensemantik, und auch die geschichtstheoretische Reflexion hielt an dem engen Nexus zwischen historischem Erfahrungsbegriff und geschichtswissenschaftlichem Analysebegriff fest. Darin unterscheidet sich die Entwicklung in der Geschichtswissenschaft deutlich von der in den Nachbardisziplinen Soziologie oder Ökonomie, in denen der Krisenbegriff von anderen Grundbegriffen verdrängt oder gar explizit aus der Fachsprache ausgeschlossen wurde, wie dies etwa Schumpeter für die Ökonomie tat, um damit jede Kontaminierung der sich neu etablierenden Konjunkturforschung und Zyklentheorie (*business cycles*) durch die zeitgenössisch florierenden geschichtsphilosophischen Krisendeutungen bzw. den marxistischen Krisenbegriff zu vermeiden.[13] Auf soziologischer Seite rückten Begriffe wie „Anomie" oder „Pathologie" in den Vordergrund, vor allem jedoch standen Begriffe wie System, Struktur, Funktion viel höher im Kurs. „Krise" wurde damit gewissermaßen zu einem Hilfsbegriff zweiter Ordnung, so wenn man von

[12] Vgl. detailliert: Sawilla, Leitbegriff.

[13] Alexander Nützenadel, „Der Krisenbegriff in der modernen Ökonomie", in: Mergel (Hg.), Krisen, 47–58.

Funktionskrisen sprach als dem Nicht-Erreichen von Zielen einer Organisation oder einer Institution.[14]

Demgegenüber blieb die Geschichtswissenschaft offen für die sich um 1900 ausbreitende Mode umfangreicher zeitdiagnostischer Krisendiskurse. Es ist hier nicht der Ort, diese Krisendiskurse nachzuzeichnen,[15] für die weitere Argumentation ist nur festzuhalten, dass es in diesen Debatten um zwei Dinge ging, die uns auch heute wieder intensiv beschäftigen: zum einen um die Folgen der Beschleunigung des sozialen Lebens, der Geschäfte und Unternehmungen in Wirtschaft und Politik und deren sinnhafte Einordnung in die Kontinuität von Vergangenheit, Gegenwart und Zukunft, also um das bekannte Koselleckscher Grundproblem von Erfahrungswandel und Zukunftserwartung. Für die deutschsprachige Geisteswissenschaft wurden die kulturkritischen Weiterungen und Generalisierungen kritischer Gegenwartsdiagnosen zu einem Dauerthema, an dem sich zwei Generationen von Gelehrten abgearbeitet haben, immer wieder zwischen Verdrängung und Dramatisierung schwankend. Gleichzeitig wurde die „geistige Krise“ der eigenen Zeit zu einer bequemen Negativfolie für die trotzige Aufrechterhaltung konservativer Ordnungsmuster in der sozialen Welt und der eigenen akademischen Privilegien in Fragen sozialer Sinnstiftung und materieller Lage bzw. sozialer Stellung. „Krise“ wurde damit zu einem übergreifenden Terminus, der verdichtend eine Stimmung ausdrückte, in der sich Verlusterfahrungen alter sozialer, vor allem jedoch kultureller und politisch-religiöser Sicherheiten mit der gesteigerten Wahrnehmung von Gegenwartsschrumpfung und wachsenden Zukunftsängsten bzw. Pessimismus untrennbar vermischten. Daraus ergab sich nach 1914 ein auch politisch gefährliches Gemisch von Kulturkritik und Geistesaristokratismus.

Dies sei an zwei Beispielen aufgezeigt: In den ersten drei Jahrzehnten des 20. Jahrhunderts entwickelte sich vor allem in der deutschsprachigen Mediävistik eine einflussreiche Deutung des Spätmittelalters als einer „Krisenepoche“.[16] Die Liste der scharf gezeichneten Teilkrisen wurde immer länger, entscheidend blieb aber deren Zusammenfassung zu einer großen Krise. Schaut man näher hin, und dies tut inzwischen die neuere Mittelalterforschung, so projizierten die Historiker unbemerkt ihre pessimistischen Zukunftsbilder und Verlusterfahrungen der Gegenwart (vom Ende des Kaiserreichs und der Niederlage im Ersten Weltkrieg bis hin zur Auflösung akademischer Privilegien) in die Konstruktion ihrer Untersuchungsgegenstände aus

[14] Raimund Hasse, „Bausteine eines soziologischen Krisenverständnisses“, in: Mergel (Hg.), Krisen, 29–45.

[15] Vgl. Rüdiger vom Bruch/Friedrich Wilhelm Graf/Gangolf Hübinger (Hg.), *Kultur und Kulturwissenschaften um 1900,* Bd. 1, Stuttgart 1989; Sawilla, Leitbegriff, 159–166.

[16] Peter Schuster, „Die Krise des Spätmittelalters. Zur Evidenz eines sozial- und wirtschaftsgeschichtlichen Paradigmas in der Geschichtsschreibung des 20. Jahrhunderts“, in: *Historische Zeitschrift* 269 (1999), 19–55.

der Zeit zwischen 1250 und 1500. In den zeitgeschichtlichen Forschungen wiederum gewannen jene Interpretamente an Gewicht, welche die Zuspitzung ungelöster Konflikte betonten und einer dezisionistischen Krisendeutung als Entscheidungszwang in naher Zukunft zuarbeiteten. Dies geschah vor allem aus völkisch-nationalistischer Sicht, fand aber sein Pendant in der disziplinär ausgegrenzten marxistisch-revolutionären Historiographie. Sie deutete die vielfältigen Krisenphänomene seit dem Ersten Weltkrieg als Indikatoren für die Aktualität der letzten „Krise“ und der sozialen Revolution.

Ganz im Sinne Burckhardts könnte man bereits hier von „gescheiterten Krisen“ sprechen: einerseits erwies sich bei näherer Untersuchung die Epochenbezeichnung Krise des Spätmittelalters als viel zu grobschlächtig und letztlich zu linear gedacht, der „Krisen“begriff entfaltete in diesem Fall nicht jene aufschließende analytische Kraft, die ihm als Grundbegriff für die Zeitstrukturen der Moderne prinzipiell durchaus zukommt; gleichzeitig erfuhren die beteiligten Akteure, dass ihre eigene Krisenerfahrung bzw. -erwartungen enttäuscht wurden, die Krisis der Zwischenkriegszeit weder zur proletarischen Revolution noch zum Tausendjährigen Reich führte.

Entsprechend vorsichtiger, gewissermaßen ernüchtert, wurde der Krisenbegriff in den ersten beiden Jahrzehnten nach dem Ende des Zweiten Weltkriegs verwendet. Er veränderte sich nicht zuletzt durch eine ebenso breite wie diffuse Rezeption strukturfunktionalistischer bzw. im französischen Fall strukturalistischer Vorbilder aus den Sozialwissenschaften. Die Abkehr vom „Schaum der Tage“[17], den vielen Tages- oder Wochenkrisen der politisch-diplomatischen Ereignisgeschichte, verband sich bei der international so erfolgreichen *Annales*-Strömung unter der intellektuellen Führerschaft Fernand Braudels mit einer dezidierten Hinwendung zu den Denkergebnissen der marxistischen Geschichtswissenschaft, wenn es um „Krisen“ ging.[18] Ernest Labrousses Phasenmodell für die Genese der französischen Revolution aus dem Zusammenfallen eines langfristigen Wachstumszyklus mit einer kurzfristigeren Handels- und Gewerbedepression und einer klassischen Hungerkrise der agrarischen Welt ist das bekannteste Ergebnis dieses strukturalen Krisenmodells.[19] In den meisten Fällen ergaben die Krisenanalysen der Historiker weniger eindeutige Synchronisierungseffekte, aber die Debatten um die „Krise des Feudalismus“, die „Krise des 17. Jahrhunderts“ wurden typischerweise von Wirtschafts- und Sozialhistorikern geführt, welche sich einerseits dem Marxschen Krisenmodell, andererseits aber auch einer strukturalis-

[17] In Übernahme des zeitgenössischen Titels von Boris Vian, *L'écume des jours*, Paris 1947.

[18] Lutz Raphael, *Die Erben von Bloch und Febvre. Annales-Geschichtsschreibung und nouvelle histoire in Frankreich 1945–1980*, Stuttgart 1994, 106–146

[19] Ernest Labrousse, *La crise de l'économie française à la fin de l'Ancien Régime et au début de la Révolution*, 2. Aufl. Paris 1990.

tischen Lesart verbunden fühlten.[20] Typischerweise verbindet alle historischen Krisenmodelle dieser Jahrzehnte ein strenger Stallgeruch objektivistischer Gewißheit, der den neuen Forschungsmethoden serieller Quellenanalyse bzw. ökonometrischer, demographischer oder ökologischer Datenreihen entsprang.

III. Inflation der Krisensemantiken seit den 1970er Jahren

Seit den 1970er Jahren sah sich die Geschichtswissenschaft dann erneut mit einer ausufernden, omnipräsenten zeitgenössischen Krisensemantik konfrontiert, deren Konturen immer unschärfer und deren Anwendungsfelder immer vielfältiger wurden. Krisen hatten Konjunktur und neben den bewährten „Großkrisen", wie etwa der Krise des Spätkapitalismus oder der seltener beklagten „geistigen Krise" der eigenen Epoche, nahmen vor allem die Partikularkrisen zu: Krisen der Stadtentwicklung, des Wohnungsbaus, des Sozialstaats, der Bildungspolitik. Damit eng verbunden war der Aufstieg teils selbst berufener, teils eifrig nachgefragter „Krisen-Manager" und -Experten. Verstärkt dann seit Beginn der 1980er Jahre wurden auch die biographischen Krisen wie die midlife crisis oder die Lebenskrise medial thematisiert. All dies kulminierte in Buchtiteln wie „Krisen als Chance". Insgesamt erweiterte sich das Feld der Krisensemantik erheblich, immer mehr Phänomene wurden mit Hilfe des Krisenbegriffs problematisiert bzw. medial thematisiert. Auffällig ist bei einer ersten Sichtung dieses vielfältigen Materials anhand der Titel der deutschen Nationalbibliothek während und nach der Rezession 1973/74 sowie 1980–82, dass von den von Koselleck identifizierten drei Deutungsmustern des neuzeitlichen Krisenbegriffs vor allem die 1. und 2., also die dramatisierende Gegenwartserfahrung und der iterative Prozessbegriff hervortraten und dass schließlich eine vierte Komponente in den Krisenbegriff Einzug hielt, nämlich die psychotherapeutische Deutung. Sie knüpfte an die ältere medizinische Bedeutungsschicht des Wortes an, gibt ihm neben den psychologischen Konnotationen eine Wende hin zum Spirituell-Religiösen und zum Ethischen: Krise wird ein Begriff auch der persönlichen Lebensführung und der Lebensbewältigung. „Sich der Krise stellen"[21], wie ein anderer, trendsetzender zeitgenössischer Buchtitel lautete, war jetzt das Motto, Studi-

[20] Zur Debatte um die *General Crisis of the Seventeenth Century* siehe Sawilla, Leitbegriff, 153–159.

[21] Horst-Eberhard Richter, *Sich der Krise stellen: Reden, Aufsätze, Interviews*, Reinbek bei Hamburg 1981.

en wie die „Krise des Tüchtigen“ und „Lebensführung in Krisen“[22] zeigten den therapeutisch-religiös begründeten Weg in ungewisse Zukünfte. Für einige sozialwissenschaftliche Zeitdiagnostiker überraschend löste sich der Krisenbegriff zugleich aber auch von allen holistischen Konnotationen als Aufsummierung und Steigerung verschiedener Partikularkrisen zu einer „großen Krise“ und sei es auch nur als „Legitimationskrise“. Der Diffusion des Begriffes entsprach auch eine semantische Entladung.

Diese bis zur Gegenwart anhaltenden Verschiebungen im Wortgebrauch haben den Historiker und seinen Krisenbegriff nicht unbeeinflusst gelassen. Zum einen löste sich die noch in den 70er Jahren befeuerte Verbindung strukturalistischer bzw. strukturgeschichtlicher Analytik und Krisensemantik auf: Typischerweise verlor die Frühneuzeitforschung sehr rasch jedes Interesse an der vor allem westeuropäischen (d.h. britischen, italienischen und französischen) Debatte über die „Krise“ des 17. Jahrhunderts. Auch für die Krisen der deutschen Nationalgeschichte lässt sich ähnliches beobachten. Die im Krisenbegriff angelegte Verklammerung systemischer und erfahrungsgeschichtlicher Perspektiven löste sich zusehends auf – ganz ähnlich wie in der zeitgenössischen Krisendiagnostik. Die rasche Folge der verschiedenen *turns* im Fach verstärkte die Abtrennung externer, quasi objektivistischer Verwendungsweisen des Begriffs von einer dezidiert diskursanalytischen bzw. erfahrungsgeschichtlichen Betrachtungsweise. „Krise“ wurde zum Gegenstand der Begriffsgeschichte und Krisensemantiken Untersuchungsobjekte einer sozialkonstruktivistisch informierten Geschichtsforschung. Diese Tendenzen kulminieren in der Etablierung einer „Krisengeschichte“, nun verstanden als eigenständiges Forschungsfeld innerhalb der Kulturwissenschaften, die sich zum Ziel gesetzt hat, die vielfältigen Krisensemantiken der Neuzeit zu untersuchen. „Krise“ etablierte sich in dieser neuen, aktuellen Lesart in der Geschichtswissenschaft als übergreifendes Objekt interdisziplinärer kulturwissenschaftlicher Forschung.[23] Diese setzt sich das Ziel, eine der *master narratives* neuzeitlicher Kontingenzbewältigung zu decodieren. Die neuen Gewissheiten lassen sich bündig in dem Diktum zusammenfassen: Krisen seien Erzählmuster, die kollektive Wahrnehmung und Bewertung steuern, Formen gesellschaftlicher Selbstbeschreibung seit der Sattelzeit. Krisen begegnen dem Historiker nun als „Wahrnehmungsphänomene“.[24] Aus einer solchen Beobachtung zweiter Ordnung rücken die älteren Ansätze unter diskursanalytischen Dekonstruktionsdruck, werden ihre „objektivistischen“ Vorannahmen

---

[22] Rolf Kaufmann, *Die Krise des Tüchtigen: Paulus und wir im Verständnis der Tiefenpsychologie*, Olten/Freiburg 1983; Hans und Thea Schulze, *Zwischen Technik und Gott: Lebensführung in den Krisen der Gegenwart*, Stuttgart 1983.

[23] Meyer u.a. (Hg.), Krisengeschichte(n).

[24] Thomas Mergel, „Krisen als Wahrnehmungsphänomene“, in: Mergel (Hg.), Krisen, 9–22.

offengelegt. Eine Ausdehnung des legitimen Anwendungsbereichs über den engen Zeithorizont der europäisch-westlichen Moderne hinaus ergibt sich nur dann, wenn man eine historisch-anthropologische Grundlegung dieser Erzählstrukturen annimmt und kultur- und epochenübergreifend Beschreibungskulturen für Kontingenzerfahrungen analysieren will. Dann kann man nach den Semantiken solcher Erfahrungen in früheren Zeitregimen älterer Epochen und deren Verbindungen zu den dominanten Weltbildern bzw. dem Geschichtsdenken fragen. Für das Mittelalter lässt sich fragen, wie die Zeitgenossen mit den irritierenden Gewalterfahrungen des 10. und 11. Jahrhunderts angesichts des Zerfalls königlicher Ordnungsmacht umgingen oder unerwartete Ereignisse wie den Mongolensturm oder den Fall Konstantinopels in ihre Zukunftsbilder integrierten.

Im Ergebnis kommen wir zu einer Situation, in der sich die Geschichtswissenschaft zum einen kulturwissenschaftlich darauf eingestellt hat, Krisensemantiken der Vergangenheit in allen ihren Verästelungen und Spielarten aufzuspüren – sie ist damit nicht zuletzt inspiriert durch unsere zeitgenössische Kriseninflation. Gleichzeitig entledigt sie sich der Brücken, die der Krisenbegriff des 19. Jahrhunderts zur Geschichtsphilosophie, aber auch zur Soziologie baute. Struktur und sozialer Wandel als Referenzgrößen eines geschichtswissenschaftlichen Krisenbegriffs rückten in weite Ferne. Kontingenz wird das Schlüsselwort. Die aktuelle „Krisengeschichte“ liefert bestenfalls noch Beschreibungsmodelle für Krisensemantiken, aber kein Modell mehr für Krisenanalytik.

Die Verwirrungen, welche die aktuellen Krisendiskurse verbreiten, haben auch in der Soziologie ihre Spuren hinterlassen. Weder ist klar, was eigentlich jene „Normalität“ sei, von der man erst gegenwärtige Zustände als enttäuschende oder bedrohliche Abweichungen identifizieren könnte, noch besteht Klarheit über die Kausalitäten, die zu jenen beklagten Krisen führten und drittens noch viel weniger Klarheit oder Konsens darüber, welche Zukunftsprognosen und Handlungsanweisungen sich denn aus diesen Krisenszenarien ergäben. In dem Maße wie der Fortschrittsbegriff als optimistischer Begleiter des Krisenbegriffs sich rar macht, löst sich der Zusammenhang von Kritik und Krise, tritt also der produktive, innovative Ausgang aus „Krisenzuständen“ durch politische Gestaltung gar Planung in den Hintergrund, wenn er nicht ganz ausgeblendet wird. Die soziologische Reflexion hat hinter derartigen Verschiebungen in den Zeitsemantiken einen Effekt der vielfältigen Beschleunigungen gesehen, denen wir in den verschiedensten Kontexten begegnen. Hartmut Rosa unterstreicht die Auswirkungen der Beschleunigung von Prozessen im Lebensalltag und in den systemischen Abläufen unserer Gegenwartsgesellschaften für Zukunftsbilder. Gerade die Weitersteigerung von Beschleunigung bis hinein in die Schrumpfung des generationellen Erfahrungsraums führt, so die These, zum Verlust politischer Gestaltbarkeit und zu einer „Entzeitlichung der Geschichte“ mit der Folge, dass allgegenwärtige

Krisensemantiken eine solche Gegenwartsschrumpfung und Desynchronisierung laufender Veränderungen routinisieren.[25]

Als ein Zwischenfazit dieser Beobachtungen zu den verschiedenen Verwendungskontexten von Krisensemantiken ist festzuhalten:

1. In mehrfacher Hinsicht kann man von einem „Scheitern" des Krisenbegriffs sprechen. Die Inflation der Krisensemantik hat die Bezüge des Wortes zu dem in den *Geschichtlichen Grundbegriffen* noch als Grundmuster erfassten Bezug auf eine gestaltbare Zukunft und den dabei mitlaufenden Gedanken struktureller Koppelungen zwischen Krisen bzw. der Existenz fester Verlaufsmuster und der Zwangsläufigkeit von Krisenprozessen abgeschwächt, im Extremfall ausgelöscht. Es ließe sich ein dreifaches Defizit festhalten: wachsendes prognostisches Unvermögen, ein Übergeneralisierungs- und ein Trivialisierungseffekt.[26]

2. Parallel dazu hat sich der Krisenbegriff in der Geschichtswissenschaft ebenfalls von älteren strukturgeschichtlichen bzw. modernisierungstheoretischen Bezugsmodellen abgelöst. Aber auch seine Verbindungen mit politisch-normativen Modernediskursen sind brüchig geworden. Die neue Krisengeschichte hat darauf reagiert, indem sie nur noch eine Phänomenologie von Krisendiskursen bzw. Krisenbildern im Kontext von Ordnungsmodellen anstrebt, also Krisen streng als Selbstbeschreibungsformate von Gesellschaft versteht.

3. Die aus dem 19. Jahrhundert stammenden Verknüpfungen mit geschichtsphilosophischen Deutungsmustern haben ebenfalls an Relevanz verloren, auch wenn nach der jüngsten Finanzkrise natürlich wieder das Gespenst der letzten Krise umging und die Aktualität des Marxschen Krisenmodells als eines iterativen Prozessmodells systemimmanenter *crashs* wiederentdeckt wird. Darauf ist am Schluss nochmals zurückzukommen.

4. Die Soziologie hat auf diese semantischen und intellektuellen Verschiebungen früher reagiert als die Geschichtswissenschaft: Sie hat um die Begriffe Risiko, Katastrophe und Sicherheit eigenständige Teildisziplinen entstehen lassen, die nunmehr präziser eingegrenzte Sonderfälle von Krisenkonstellationen unserer Gegenwartsgesellschaften bearbeitet. Damit hat sie seismographisch Verschiebungen in den politischen Semantiken unserer Zeit aufgenommen. Als deren Gemeinsamkeit lassen sich zwei Trends benennen: zum einen weg von der Idee einer einheitsstiftenden Dynamik von „Krisen" im Sinne des Aufschaukelns, der Koppelung von „Teilkrisen", zum andern hin

---

[25] Hartmut Rosa, *Beschleunigung. Die Veränderung der Zeitstrukturen in der Moderne*, Frankfurt am Main 2005, 402–427.

[26] Aus soziologischer Perspektive: Gerhard Schulze, *Krisen. Das Alarmdilemma*, Frankfurt am Main 2011.

zu einer Zukunftserwartung, die mit allem rechnet, also das Unerwartete gleichzeitig akzeptiert und technisch-praktisch einhegen möchte: „Wenn man ständig mit der Krise rechnet, ist es keine mehr.“[27]

IV. Neuansätze und Perspektiven

Welche Auswege bieten sich angesichts dieser begriffsgeschichtlichen Lage für die Geschichtswissenschaft? Der schlichte Verzicht auf den eingangs genannten gern gesehenen Gast fällt der Geschichtswissenschaft nicht leicht, verlöre sie damit doch ein wichtiges Bauelement für viele ihrer narrativ strukturierten Modelle zur kausalen Erklärung bzw. zum sinnhaften Verstehen der Vergangenheit. So plädiert Marco Sawilla am Ende seiner Studie zum Krisenbegriff in der Geschichtswissenschaft denn auch dafür, die Mehrdeutigkeit des Begriffs, seine mangelnde analytische Schärfe in ironischer Selbstreflexion zu akzeptieren, da seine Vorteile für die Erzählbarkeit von Geschichte(n) diese Schwäche kompensieren. Der Rückzug auf die Beobachtung zweiter Ordnung, also die kulturwissenschaftliche Option, bietet zugleich methodisch sicheren Grund, jedoch um den hohen Preis sinkender Relevanz für die Klärung weiterreichenderer Fragen nach möglichen „Kausalitäten“. Hat man weitergehende Ambitionen, betritt man begrifflich und konzeptionell ein noch offenes Feld interdisziplinärer Neuansätze bzw. Reflexionen über die Möglichkeiten, Transformationen, Umbrüche und Erwartungsenttäuschungen zu denken.

Vier Ansatzpunkte für einen produktiven Umgang mit dem Scheitern von Krisendiskursen in Wissenschaft und Gesellschaft seien abschließend zur Diskussion gestellt.

Erstens wäre für die Analyse historischer Konstellationen das Element der Überraschung, des Eintritts von Unerwartetem ernster zu nehmen und schärfer als aktuell üblich zwischen Störungen und Erwartungsenttäuschungen im Rahmen des üblichen Variationsspektrums von Handlungsroutinen und ihrer Ergebnisse einerseits und solchen Unterbrechungen andererseits zu unterscheiden, die derartige Schwellen überschreiten. Ein genauerer Blick auf die auslösenden Momente wird dann erforderlich. Betont man diesen Aspekt der Unterbrechung und des Unerwarteten im Kontext von Krisen, so tritt zugleich auch der Ereignisbegriff notwendigerweise stärker hervor. Mit „Ereignis“ ist in der geschichtswissenschaftlichen Reflexion mehr gemeint als die schlichte Benennung, das etwas „geschieht“ bzw. der „Fall“ war.[28] Ein „Ereignis“ stellt

[27] Jan Rüdiger, „Wenn man das Ende schon kennt: Das Mittelalter – krisenfeste Geschichte?“ in: Mergel (Hg.), Krisen, 151–164, hier 162.

[28] Andreas Suter/Manfred Hettling, Struktur und Ereignis. Wege zu einer Sozialgeschichte des Ereignisses“, in: Dies. (Hg.), *Struktur und Ereignis*, Göttingen 2001, 7–32.

ein historisches Faktum dar, das Routinen unterbricht. Wie diese Unterbrechung der Routinen, die Unterbrechung der Funktionalitäten und Reproduktionsmechanismen von den Zeitzeugen, Akteuren wahrgenommen, eingeschätzt und dann bearbeitet wird, hängt zunächst einmal davon ab, welche Beschreibungsmodelle der historisch-sozialen Welt ihnen zur Verfügung stehen. In modernen Zeiten wurden und werden solche Ereignisse typischerweise als „Bedrohung", „Gefahr", „Katastrophen" oder aber auch als „Befreiung", gar „Revolution" wahrgenommen. Dies ist aber keineswegs der „Normalfall", andere, vor allem ältere Gesellschaften bzw. Kulturen haben auf solche ereignishaften Irritationen ihrer Zukunftsbilder semantisch durch Rekurs auf ihre Traditionsbestände reagiert. Hier bietet es sich an, unabhängig von den zeitgenössischen Beschreibungsfiguren von „disruptiven Ereignissen" zu sprechen, um Ausgangspunkte krisenhafter Prozesse zu bezeichnen. Dieser Begriff ist vor allem in sozialökologischen Resilienztheorien beheimatet, wo er als Bezugspunkt für die Analyse von Resilienz bzw. der Vulnerabilität der davon betroffenen sozialen Einheiten dient. Inzwischen liegen aber auch weiterführende Überlegungen vor, wie die Perspektive des Resilienz-Ansatzes für die soziologische Theoriebildung genutzt werden kann.[29] Martin Endreß und Benjamin Rampp plädieren dafür, sozialen Wandel im Anschluss an disruptive Ereignisse unter der Leitperspektive des „diskontinuierlichen Wandels" zu konzipieren und zu einer Theorie „transformativer Autogenese"[30] weiterzuentwickeln. Dem Historiker sind solche abstrakten Theorieentwürfe zunächst fremd, interessant werden sie jedoch als Hintergrundannahmen bzw. Leitbegriffe für empirisch gesättigte, auf konkrete historische Situationen anwendbare Typologien von Umbruchphasen.

Eine kritische Einführung des Resilienzansatzes in die Geschichtswissenschaft kann anknüpfen an zahlreiche Debatten um die Wirkmächtigkeit, den Zäsurcharakter einzelner Ereignisse. Burckhardts Anregung, Krisen als „Knotenpunkte" zu identifizieren, könnte hier als Impuls dienen. Forschungspraktisch bedeutet dies, im weiten Feld der Krisenphänomene ein engeres Terrain abzustecken, in dem sich die Handlungsdynamiken im Anschluss an solche Einschnitte präziser beobachten lassen, Strategien unterschiedlicher Akteursgruppen identifiziert, Handlungsmuster und Konflikttypen vergleichend untersucht werden können. Für die klassischen „Krisen"baustellen der Geschichtswissenschaft ist dies ein Plädoyer für die Kombination von Mikro- und Makroperspektiven und eine begriffliche Differenzierung, welche sich von den Routinen der innerfachlichen „Krisensemantiken" verabschiedet.

Zweitens sind in der Geschichtsforschung Krisen typischerweise als Gemengelagen von Kontinuitäten und Bruch, dramatisch als Gegeneinander von

[29] Martin Endreß/Benjamin Rampp, „Resilienz als Prozess transformativer Autogenese. Schritte zu einer soziologischen Theorie", in: *Behemoth* 7 (2014), 73–102.

[30] Ebd., 81, 90.

Altem und Neuem beschrieben worden. Gerade mit der Diffusion der Krisensemantiken im späten 20. Jahrhundert hat sich aber der Rückbezug des Begriffs auf Innovationen und Lernprozesse abgeschwächt bzw. ist weitgehend verloren gegangen. Stattdessen stehen die Aspekte von Leistungsdefiziten (in funktionalistischer Hinsicht) oder von Erwartungsenttäuschungen (in normativ-sinnhafter Perspektive) bei den meisten Krisenreden im Mittelpunkt. Auch für die historischen „Krisen“analysen zu Spätmittelalter oder frühem 20. Jahrhundert konnten wir solche Engführungen beobachten. Darin unterscheiden sie sich vom Krisenbegriff des 19. Jahrhunderts. Burckhardt konnte nur deshalb von „echten“ oder „wahren Krisen“[31] sprechen, weil er eine Vorstellung davon hatte, was in einer historischen Situation möglich war, welches Innovationspotential eigentlich in der Konfrontation der historischen Akteure angesichts der sich in ihnen und durch sie hindurch artikulierenden Potenzen des Geschichtsprozesses enthalten war. Eine erneute Verschiebung der Aufmerksamkeit auf Innovationen könnte den Blick für Alternativen oder weniger dramatisch für Varianten historischer Entwicklung öffnen. In einer solchen Perspektive gilt der situativen Genese neuer Handlungsmuster bzw. Institutionen, der Erfindung bzw. Reaktivierung von Traditionen und der Übernahme und Anverwandlung ferner und fremder Vorlagen bzw. Modelle besondere Aufmerksamkeit. Für den Historiker birgt die ihnen geläufige Suche nach Innovationen Entdeckungspotential, wenn man sie als Frage für kultur- und epochenübergreifende Vergleichsstudien und Transferforschung nutzt. Die zweite Richtungsänderung unseres Kriseninteresses zielt insgesamt darauf, Bewältigungs- und Innovationspotentiale sozialer Akteure in „Krisensituationen“ genauer zu analysieren und erklären zu können.

Als drittes Element einer begrifflichen Überwindung aktueller Krisenroutinen ist die Aufmerksamkeit auf Nebenfolgen zu nennen. Krisendiskursen haftet in der Regel eine fatale Vorliebe für lineare Ablaufprozesse an, das funktional Defizitäre, das politisch Delegitimierte unterliegt einem Prozess beschleunigter Auszehrung angesichts sich steigernder Konflikte, an deren Ende dann die „Reparatur“, d.h. die mehr oder weniger notdürftige Erneuerung, oder die Abschaffung von Organisationen oder Institutionen stehen. Der Historiker hat es aber in der Regel mit „Krisen“ zu tun, deren Verlaufsformen verzweigter, deren Ergebnisse uneindeutiger sind. Lineare Ablaufmuster von Druck und Gegendruck, von *challenge and response* sind deshalb nur von begrenzter Erklärungskraft. Nebenfolgen wären der Sammelbegriff für all jene Entwicklungen, die sich als unbeabsichtigte Handlungsketten aus den sich überkreuzenden Bewältigungsstrategien der „Krisenakteure“ ergeben. Sie können ihrerseits ganz erhebliche Bedeutung für den „Ausgang“ der Krise gewinnen, so dass er am Ende weder den Absichten der Beharrungskräfte noch den Wünschen/Hoffnungen der Veränderungskräfte entspricht.

---

[31] Burckhardt, Betrachtungen, 166, 167.

Viertens wäre zu diskutieren, ob man auf die vielfältigen Erfahrungen des „Scheiterns“ von Krisen – sowohl in der Dimension einer adäquaten wissenschaftlichen Beschreibung als auch in der Dimension ihres Verlaufs – durch eine Korrektur der üblichen Trennung von Sozialwissenschaft und Geschichtswissenschaft reagieren kann. Angeregt, ja geradezu aufgefordert fühle ich mich jedenfalls als Zeithistoriker durch selbstkritische Einsichten von Sozialwissenschaftlern wie Wolfgang Streeck, dass auch gegenwärtige „Krisen“ nur als „Momente eines historischen Prozesses gesamtgesellschaftlicher Entwicklung“[32] zu verstehen, also letztlich nur in ihren präzisen zeitlichen und räumlichen Koordinaten, also nur als historisch datierte und sozial verortete Phänomene zu erfassen seien und dass zweitens mit Prozessen langer oder zumindest längerer Dauer zu rechnen sei, ohne dass diese komplexe mehrdimensionale Zeitstruktur Anlass gäbe, den beobachteten sozialen Ordnungen besondere Stabilität zuzuschreiben. Solche bescheidenden Sätze eines Soziologen liest der Historiker gern, doch sollte man sie auch als Einsicht in die Notwendigkeit engerer Kooperation ernst nehmen. Ob diese auf der Basis einer neuen Spielart einer Marx-inspirierten Krisentheorie des demokratischen Kapitalismus, einer kritischen Theorie der Beschleunigung bzw. der Zeitregime aktueller Gesellschaften erfolgt oder anderer Ansätze, wie etwa einer soziologisch reflektierten Theorie der Resilienz, ist dabei aus meiner Sicht nebensächlich, solange beide Disziplinen die bisherigen Erfahrungen mit ihren Krisenbegriffen ernst nehmen und so aus den Enttäuschungen und Irrwegen ihrer eigenen Wissenschaftsgeschichte und zugleich auch unserer modernen Gesellschaften lernen können.

---

[32] Wolfgang Streeck, *Gekaufte Zeit. Die vertagte Krise des demokratischen Kapitalismus*, Frankfurt am Main 2013, 9.

Laien-Historiographie mit hohem Anspruch

Naturwissenschaftler erklären Geschichte: Emil du Bois-Reymond und Justus von Liebig

Dieter Langewiesche

I. Universale „Kulturgeschichte“ im „naturwissenschaftlichen Zeitalter“: zum Methodenimperialismus naturwissenschaftlicher Laien-Historiker

Als Rudolf Virchow 1893 in seiner Berliner Rektoratsrede den *Uebergang aus dem philosophischen in das naturwissenschaftliche Zeitalter* verkündete, reihte er sich in eine Kette prominenter Naturwissenschaftler ein, die den „Siegeszug“ ihrer Fächer mit gesellschaftlicher Aufklärung verbunden sahen – ein unvollendeter Kampf, so Virchow, siegreich zwar gegen den „Bann der philosophischen Systeme“, die er in die Nähe wissenschaftswidriger „Zauberformeln“ rückte, doch solche „mystischen Regungen“ seien keineswegs gänzlich überwunden. Zu ihnen rechnete er in seiner Zeit den „Hypnotismus“ und das „Räthsel des Antisemitismus“. Das Überlegenheitsbewusstsein des Naturwissenschaftlers bekundete sich nicht nur in seinem Verdikt gegen die „verwirrende Phraseologie“ der Naturphilosophie, sondern richtete sich auch gegen Hegel und die „Invasion“ des Hegelianismus in andere Fächer nach dem Tode des Meisters. Der Philosophie, sofern sie sich auf „nüchterne Beobachtung“ mit „gesundem Menschenverstand“ besinne, wies Virchow einen achtbaren, wenngleich strikt begrenzten Ort in den Wissenschaften und in der Universität zu. „Aus den Studirzimmern der Philosophen war kein Aufschluss über wirkliche Naturvorgänge hervorgegangen.“ Sie empirisch zu erforschen, ist Aufgabe der Naturwissenschaften.

Weiter ging Virchow in seiner programmatischen Rektoratsrede nicht. Er tadelte, was er als spekulativen Übergriff der Philosophie in die Naturwissenschaften bewertete und forderte nach deren Vorbild von allen Fächern Methodenstrenge. Wer den Prinzipien empirischer Forschung genügen wolle, daran ließ er keinen Zweifel zu, müsse sich methodisch an den Naturwissenschaften schulen. Im Nutzen, der von ihnen für „Staat und Gesellschaft“ ausgehe, sah er seine Forderung beglaubigt. Erst im „naturwissenschaftlichen Zeitalter“ sei das „alte Wort Baco‘s von Verulam […] eine Wahrheit geworden: Scientia est potentia“.[1]

Virchows Rede, vorgetragen an einem Ort, an dem er sich großer Resonanz im akademischen Milieu und unter den wissenschaftspolitisch Einflussreichen sicher sein konnte[2], gehört zu der intensiven Debatte, die damals um die eigenständigen Erkenntnisinteressen und Methoden in den Geistes- und Naturwissenschaften geführt wurde, maßgeblich geprägt von Philosophen wie Wilhelm Windelband, Heinrich Rickert oder Wilhelm Dilthey und von Max Webers Studien zur Wissenschaftslehre. Historiker spielten in dieser Diskussion nur eine Nebenrolle, wenngleich man auch in diesem Fach um konkurrierende Zugänge zur Geschichte stritt.[3]

Aus dieser breiten Debatte wird hier nur ein einzelner Aspekt betrachtet: die Intervention von Naturwissenschaftlern in die Erforschung der Geschichte. Sie beanspruchten, mit ihren Methoden der Geschichtsschreibung eine exakte empirische Grundlage zu geben, von der aus sie den einzig angemessenen Blick in die Geschichte versprachen: weg von der „politischen Geschichte“, aus der man nur „lerne, daß man aus ihr nichts lernt“[4], hin zu einer

---

[1] *Die Gründung der Berliner Universität und der Uebergang aus dem philosophischen in das naturwissenschaftliche Zeitalter. Rede am 3. August 1893 in der Aula der Königlichen Friedrich-Wilhelms-Universität zu Berlin gehalten von dem zeitigen Rector Rudolf Virchow*, Berlin 1893, alle Zitate 18 f., 24 f., 27 f. Virchow sprach über die Entwicklung an der Berliner Universität, nicht generell über die Wissenschaftsentwicklung. Zu seiner vorsichtigen Haltung im Materialismusstreit: Ferdinando Vidoni, *Ignorabimus! Emil du Bois-Reymond und die Debatte über die Grenzen wissenschaftlicher Erkenntnis im 19. Jahrhundert*, Frankfurt am Main 1991, 77–84; zu seiner Rolle als Gelehrtenpolitiker: Constantin Goschler, *Rudolf Virchow. Mediziner, Anthropologe, Politiker*, Köln 2009, insbes. Kap. II und III.

[2] Zur alljährlichen Rektoratsrede versammelte sich ein Auditorium, dem die Kollegen und Entscheidungsmächtige aus Staat und Gesellschaft angehörten. Vgl. Dieter Langewiesche, „Rektoratsreden. Schlüsselquelle der Universitäts- und Bildungsgeschichte“, in: *Akademie Aktuell. Zeitschrift der Bayerischen Akademie der Wissenschaften* 2/2008, 68–72.

[3] Vgl. dazu nun v.a. Johannes Heinßen, *Historismus und Kulturkritik. Studien zur deutschen Geschichtskultur im späten 19. Jahrhundert*, Göttingen 2003. Knapp, aber in weiter Perspektive: Alexander Demandt, „Natur- und Geschichtswissenschaft im 19. Jahrhundert“, in: *Berichte zur Wissenschaftsgeschichte* 6 (1983) 59–78. Ulrich Muhlack (Hg.), *Historisierung und gesellschaftlicher Wandel in Deutschland im 19. Jahrhundert,* Berlin 2003 (Beiträge von Hans Schleier, Frank Linhard, Christian Mehr, Thomas Mergel).

[4] Emil du Bois-Reymond, *Über Geschichte der Wissenschaft. In der Leibniz-Sitzung der Königlichen Akademie der Wissenschaften zu Berlin am 4. Juli 1872 gehaltene Rede*, Berlin 1874, zitiert nach: *Reden von Emil du Bois-Reymond in zwei Bänden*, hg. von Estelle du Bois-Reymond, Leipzig 1912 (Kurztitel: Reden von du Bois-Reymond I und II), hier Band I, 431–440, 437 (Kurztitel: Du Bois-Reymond, Über Geschichte der Wissenschaft). Alle erwähnten Schriften du Bois-Reymonds sind beim Berliner MPI für Wissenschaftsgeschichte online frei zugänglich.

naturwissenschaftlich fundierten Geschichte, um zu erkennen, was die Entwicklung der Menschheit im Kern bestimmt habe und künftig bestimmen werde. In einer Zeit, in der die Universalgeschichte innerhalb der Geschichtswissenschaft zur „Methodisierungsverliererin"[5] geworden war, unternahmen prominente Naturwissenschaftler den Versuch, sie methodisch gesichert neu zu erschaffen. Ihre Form von universaler „Kulturgeschichte" auf naturwissenschaftlicher Grundlage war auf „Fortschritt" gestimmt und versprach Zukunftsorientierung in der Gegenwart.

„Kulturgeschichte" verstanden sie als Opposition zur politischen Geschichte in zweifacher Hinsicht: thematisch und methodisch. Letzteres war zentral für ihren Überlegenheitsanspruch. Denn die geschichtsschreibenden Naturwissenschaftler verhießen eine Kulturgeschichte der Menschheit, die auf Methoden beruht, die sich in der Erforschung der Natur bewährt hatten. Ihr Methodenimperialismus richtete sich vorrangig gegen die Philosophie als der bisherigen Leitwissenschaft in den Humanwissenschaften, doch was Emil du Bois-Reymond 1872 in einer Berliner Akademie-Rede über sie äußerte, war ebenso auf die Geschichtswissenschaft gemünzt: Sie könne „Vorteil aus der naturwissenschaftlichen Methode ziehen [...], nicht aber umgekehrt die Naturforschung aus der Methode der Philosophie".[6]

Welche historischen Entwicklungslinien die naturwissenschaftlichen Universalhistoriker als bedeutsam auswählten, wie sie ihre Auswahl, ihre Bedeutungszuschreibungen und ihre Untersuchungsmethode begründeten, soll nun an zwei Personen erörtert werden, die international zu den Großen in ihren Fächern gehörten und weit über die Fachkreise hinaus Gehör fanden, weil sie sich immer wieder zu Fragen jenseits ihrer Fachgebiete äußerten: der Chemiker Justus von Liebig und der experimentelle Physiologe Emil du Bois-Reymond. Sie gehörten zum kleinen Kreis akademischer Meinungsführer, die – beglaubigt durch ihren Forschungserfolg und durch ihre Ämter im deutschen Wissenschaftssystem – naturwissenschaftliche Weltdeutung auf Foren präsentieren konnten, die in der Bildungsöffentlichkeit höchstes Ansehen genossen.[7] Zu diesen Foren gehörten die Reden, die Repräsentanten der Uni-

[5] Jürgen Osterhammel, *Geschichtswissenschaft jenseits des Nationalstaats. Studien zur Beziehungsgeschichte und Zivilisationsvergleich*, Göttingen 2001, 173.

[6] Du Bois-Reymond, Über Geschichte der Wissenschaft, 438.

[7] Andreas Daum, *Wissenschaftspopularisierung im 19. Jahrhundert. Bürgerliche Kultur, naturwissenschaftliche Bildung und die deutsche Öffentlichkeit 1848–1914*, München 1998 (436–449 zu Liebig und du Bois-Reymond) unterscheidet überzeugend verschiedene Formen von Wissenschaftspopularisierung. Zu du Bois-Reymond und Liebig vgl. Gunter Mann (Hg.), *Naturwissen und Erkenntnis im 19. Jahrhundert: Emil du Bois-Reymond*, Hildesheim 1981 (Kurztitel: Mann (Hg.), Naturwissen und Erkenntnis); Timothy Lenoir, *Politik im Tempel der Wissenschaft. Forschung und Machtausübung im deutschen Kaiserreich*, Frankfurt am Main 1992 (Kurztitel: Lenoir, Politik im Tempel der Wissenschaft); Christoph Gradmann, „Naturwissenschaft, Kulturgeschichte und Bildungsbegriff bei Emil

versitäten und Akademien auf deren Festveranstaltungen und auf Tagungen angesehener wissenschaftlicher Vereinigungen hielten. Sie dozierten dort im Gestus des wissenschaftlichen Experten, auch wenn sie sich zu Themen äußerten, die weit außerhalb ihres Fachs lagen, sie besetzten „Schleusenfunktionen“ auf dem Wissenschaftsmarkt, indem sie sich zu „Solidaritätsgruppen“ innerhalb des Wissenschaftssystems zusammenschlossen[8], und sie waren Virtuosen der Selbstinszenierung.

II. Liebig: das naturwissenschaftliche Erfolgsmodell als Vorbild für alle Wissenschaften vom Menschen

Als Liebig 1859 vom bayerischen König zum Vorstand der Akademie der Wissenschaften zu München ernannt wurde, begann für die Akademie eine Zeit offensiver Selbstdarstellung.[9] Schon in seiner ersten öffentlichen Rede entwarf Liebig, um die Akademie als eine Einrichtung der Grundlagenforschung zu legitimieren, Grundzüge einer universalen Kulturgeschichte, in der die Kulturstufe von Gesellschaften durch deren Fähigkeit zur Wissenschaft als der mächtigsten Fortschrittskraft determiniert wird.[10] „Der ungleiche Zustand zweier Völker steht in einem bestimmten Verhältnisse zu der Vollkommenheit oder Unvollkommenheit ihrer Werkzeuge.“ (4) Besseres Wissen ermöglicht bessere Technik, die zu „Kraftüberschuß“ führe, dessen Höhe die „Macht eines Volkes“ festlege (6). Der „letzte entscheidende Schritt, auf

du Bois-Reymond. Anmerkungen zu einer Sozialgeschichte der Ideen des deutschen Bildungsbürgertums in der Reichsgründungszeit“, in: *Tractrix* 5 (1993), 1–16; Ders., „Geschichte als Naturwissenschaft: Ernst Hallier und Emil du Bois-Reymond als Kulturhistoriker“, in: *Medizinhistorisches Journal* 35 (2000), 31–54; Irmline Veit-Brause, „Scientists and the cultural politics of academic disciplines in late 19th-century Germany: Emil du Bois-Reymond and the controversy over the role of the cultural sciences“, in: *History of the Human Sciences* 14,4 (2001), 31–56; Peter W. Ruff, *Emil du Bois-Reymond*, Leipzig 1981; Sven Dierig, *Wissenschaft in der Maschinenstadt. Emil du Bois-Reymond und seine Laboratorien in Berlin*, Göttingen 2006. – William H. Brock, *Justus von Liebig. Eine Biographie des großen Wissenschaftlers und Europäers*, Wiesbaden 1999 (engl. 1997); *Justus Liebig (1803–1873). Ausstellungskatalog, Bd. 2: Der streitbare Gelehrte*, Gießen 2003.

[8] Lenoir, Politik im Tempel der Wissenschaft, Zitate 23, 31.

[9] Mit Details dazu Dieter Langewiesche, „‚Die Aufgabe der Akademie ist die Erforschung des Grundes der Dinge‘. Zum Selbstbild der Bayerischen Akademie der Wissenschaften in den Reden ihrer Präsidenten“, in: *Akademie Aktuell. Zeitschrift der Bayerischen Akademie der Wissenschaften* 2/2009, 87–90.

[10] *Rede in der öffentlichen Sitzung der k. Akademie der Wissenschaften am 28. März 1860 zur Feier ihres einhundert und ersten Stiftungstages gehalten von Justus Freiherr von Liebig, d.Z. Vorstand der Akademie,* München 1860. Zitate aus Reden werden im Text mit der Seitenzahl belegt.

welchen Alles ankam", gelang, als die Arbeitsteilung „die intellectuelle Klasse" entstehen ließ, denn sie hat die Wissenschaften, „die eigentliche Grundlage unserer Civilisation", hervorgebracht (10).

Diesem europäischen Fortschrittsweg, der in die gegenwärtige globale Überlegenheit geführt habe, stellte Liebig einen chinesischen Irrweg gegenüber, der die Wissenschaft blockiert und damit die Versteinerung der einst so hoch entwickelten chinesischen Kultur verursacht habe. Wissenschaft sei Fortschritt ohne „Stillstand" (14). Die Ausrichtung der Intelligenz Chinas auf den Staat und den Erhalt des Bestehenden habe hingegen ein Nützlichkeitsdenken prämiert, unter dessen Diktat sich keine Wissenschaft entwickeln konnte. „Der Grundsatz der Nützlichkeit, der nach Zwecken fragt, ist der offene Feind der Wissenschaft, die nach Gründen sucht" (14). Liebig, dessen öffentliches Ansehen nicht zuletzt im Nutzen seiner chemischen Forschung begründet war, rechtfertigte Forschung, die nicht nach Anwendung fragt, indem er das Auditorium in seinen „Spiegel der Geschichte" blicken ließ. Erst der Blick zurück enthülle, dass jede wissenschaftliche Erkenntnis ihre „nützlichen materiellen Früchte" trage. Eine für die Menschen bedeutsame Geschichtsschreibung müsse deshalb eine Geschichte der Wissenschaften und ihrer kulturellen Wirkungen sein. Einzig aus ihr könne „die vollkommenste Klarheit über die Bedingungen der fortschreitenden Entwickelung des Menschengeschlechts" gewonnen werden (14).

In seiner ersten öffentlichen Akademie-Rede ging Liebig noch von einer grundsätzlichen Gleichrangigkeit aller Wissenschaften aus, *sofern* sie dem methodischen Grundprinzip der modernen Wissenschaft folgen: Alle Erscheinungen müssen in ihre Teile zerlegt werden, um sie exakt bestimmen und ergründen zu können, wie sie zusammenhängen. Nur so sei es möglich, Regeln zu erkennen, in Begriffe zu fassen und der Wirklichkeit angemessene Ideen zu entwickeln. Nur wer die „geistigen [...] wie die materiellen Erscheinungen" in ihren Teilen erforscht, kann sie auf den Begriff bringen. „Die Wissenschaft entstand, als man anfing die Begriffe zu messen, d.h. ihren Inhalt und Grenze festzusetzen" (14).

Der experimentelle Naturwissenschaftler habe es in diesem Forschungsprozess einfacher, doch auch wer das Handeln von Menschen wissenschaftlich untersucht, müsse nach kausalen Wirkungsketten fragen. „Eine politische That, ein Gesetz in der Rechtspflege, der Verwaltung und Regierung eines Staates entspringt aus einer Idee, welche die Folge vorangegangener Ideen oder Ereignisse ist" (16). Wer diese Wirkungsketten erforsche – Liebig sah sie als Gesetze in Analogie zu denen, die Naturwissenschaftler auffinden –, werde menschliches Verhalten ebenso sicher prognostizieren wie in der Astronomie „die Bewegung der Himmelskörper" (16). Die Wissenschaften vom Menschen geben „dem Menschen das göttliche Vermögen, Ereignisse vorherzusagen und ihren Verlauf zu bestimmen" (17) – vorausgesetzt, auch sie suchen in der gleichen Weise wie die Naturwissenschaften nach Gesetzen. Die

Nationalökonomie sah er bereits an dem „Punkt angelangt, von wo aus die Entdeckung dieser Gesetze beginnt“ (17). Der Weg dorthin „ist in allen Wissenschaften derselbe“: man müsse von ihrer Existenz überzeugt sein, um sie entdecken zu können (17). Ohne die vorgängige Idee lasse sich die Suchrichtung nicht bestimmen, ohne die exakte Analyse aller Teile des zu Erforschenden bleibe die Idee spekulativ.

Diese Verbindung von „Einbildungskraft“ mit induktiver Forschung entschlüsseln Liebig und auch du Bois-Reymond in ihren Rückblicken in die Geschichte immer wieder als das naturwissenschaftliche Erfolgsmodell, das alle anderen Universitätsfächer übernehmen müssten, um in ihrer Leistungsfähigkeit für den Fortschritt der Menschheit zu den Naturwissenschaften aufzuschließen.[11] Gleichwohl, im „Zuwachs von menschlichem Glück“, der Hauptaufgabe aller Wissenschaften, sahen sie unter diesen eine klare Hierarchie. Die Sprachwissenschaft, so Liebig 1860, erforsche das „waltende geistige Gesetz“, die Geschichtswissenschaft zeige im „Spiegel der Vergangenheit die Thaten der Menschen und die Zustände der Gesellschaft in ihrer Aufeinanderfolge als Ursache und Wirkungen“, die Fortbildung des Rechts befreie Völker und Individuen von hemmenden Satzungen aus der Zeit der „Unwissenheit“, doch allein die „Naturwissenschaften im Verein mit der Mathematik erzeugen täglich Neues, Niedagewesenes“ und „verjüngen das Menschengeschlecht“ durch ihre „täglichen Fortschritte“.[12]

III. Emil du Bois-Reymonds naturwissenschaftlich fundierte Weltgeschichte in Theorie und Praxis

Emil du Bois-Reymond begründete den Vorrang der Naturwissenschaften vor allen anderen Wissenschaften offensiver und auch systematischer als Liebig. In seinen Reden wurde er zum Inbegriff des naturwissenschaftlichen Weltdeutungsimperialisten. Von der Philosophie, der Hauptgegnerin im Kampf um den Vorrang unter den Wissenschaften und auf dem Wissenschaftsmarkt, wollte er „eigentlich“ nur von der „sogenannten Philosophie“ sprechen, denn eine Philosophie, die auf der Höhe des Erkenntnisstandes argumentieren will, müsse die überlegene „Erziehung des menschlichen Geistes durch die expe-

---

[11] Vgl. insbes. *Induction und Deduction. Rede in der öffentlichen Sitzung der königl. Akademie der Wissenschaften am 28. März 1865 zur Feier ihres einhundert und sechsten Stiftungstages gehalten von Justus Freiherrn von Liebig, d.Z. Vorstand der Akademie,* München 1865, Zitat 6 (Kurztitel: Liebig, Induction und Deduction).

[12] *Einleitende Worte zur Feier des Allerhöchsten Geburtsfestes Sr. Majestät des Königs Maximilian II.; gesprochen in der öffentlichen Sitzung der k. Akademie der Wissenschaften am 28. November 1860 von Justus Freiherrn von Liebig, Vorstande der Akademie*, München 1860, alle Zitate 5 f.

rimentelle Beschäftigung mit der Natur“ anerkennen und von ihr aus denken. Er erläuterte dies an Leibniz: als Philosoph zeitgebunden irrend, doch als „mathematischer Physiker“ habe er die „Lehre von der Erhaltung der Kraft“ gefunden.[13] Sie durchdrang „seine Weltanschauung, wie heute die unsrige, als das oberste die Körperwelt beherrschende Prinzip“.[14] Erst „die Weltbesiegerin unserer Tage, die Naturwissenschaft“[15], habe dieses Grundprinzip wiederentdeckt – ein Beleg dafür, dass nur derjenige, der an der Entwicklung der Naturwissenschaften selber beteiligt oder zumindest fähig ist, sie nachzuvollziehen, sich auf der Höhe der Zeit kompetent philosophischen Fragen zuwenden könne. Diese Überzeugung bekundete Emil du Bois-Reymond in seinen Reden und Schriften immer wieder. Deshalb fühlte er sich als Experte der experimentellen „Wissenschaft von den näheren Bedingungen des Bewusstseins in der Welt“, so definierte er Physiologie[16], fähig und verpflichtet, die Frage nach den Grenzen menschlicher Erkenntnismöglichkeit grundsätzlich zu beantworten.

Damit löste er bekanntlich den Ignorabimus-Streit aus[17], der dazu beitrug, dass Philosophen und Theoretiker aus anderen Disziplinen, die sich „‚ressort-patriotischer‘ Wertmaßstäbe“[18] aus den Naturwissenschaften ausgesetzt sahen, die Erkenntnisinteressen der Natur- und Geisteswissenschaften in neuer Weise definierten. Du Bois-Reymonds Anspruch hingegen, der bisherigen Geschichtsschreibung, die er die bürgerliche nannte, als Naturwissenschaftler eine neue Form von Weltgeschichte entgegenzustellen, löste in der Geschichtswissenschaft nichts aus, das sich im entferntesten mit dieser Grundsatzdebatte in den theoretisch ambitionierten Disziplinen vergleichen ließe.

Seine naturwissenschaftlich angeleitete Geschichtstheorie entwickelte du Bois-Reymond 1877 systematisch in seinem Vortrag *Kulturgeschichte und Naturwissenschaft*.[19] Eine konkrete historische Fallstudie legte er ein Jahr

---

[13] Emil du Bois-Reymond, „Leibnizsche Gedanken in der neueren Naturwissenschaft. Rede gehalten in der Leibniz-Sitzung der Akademie der Wissenschaften am 7. Juli 1870“, in: Reden von du Bois-Reymond I, 14–36, alle Zitate 14, 16, 21 (Kurztitel: Du Bois-Reymond, Leibnizsche Gedanken).

[14] Du Bois-Reymond, Über Geschichte der Wissenschaft, 438.

[15] Emil du Bois-Reymond, *Über die Grenzen des Naturerkennens. In der zweiten allgemeinen Sitzung der 45. Versammlung Deutscher Naturforscher und Ärzte zu Leipzig am 14. August 1872 gehaltener Vortrag* (Leipzig 1872, dann zahlreiche Auflagen), erneut in: Reden von du Bois-Reymond I, 441–473, 441.

[16] Du Bois-Reymond, Leibnizsche Gedanken, 33.

[17] Kurt Bayertz/Myriam Gerhard/Walter Jaeschke (Hg.), *Weltanschauung, Philosophie und Naturwissenschaft im 19. Jahrhundert*, Bd. 3: Der Ignorabimus-Streit, Hamburg 2007.

[18] Max Weber, „‚Energetische‘ Kulturtheorien“ (1909), in: Ders., *Gesammelte Aufsätze zur Wissenschaftslehre*, hg. von Johannes Winckelmann, 7. Aufl. Tübingen 1988, 400–426, 401 (Kurztitel: Weber, „Energetische“ Kulturtheorien).

[19] Emil du Bois-Reymond, „Kulturgeschichte und Naturwissenschaft. Im Verein für wissenschaftliche Vorlesungen zu Köln am 24. März 1877 gehaltener Vortrag (Deutsche

danach in seiner Akademie-Rede *Über das Nationalgefühl* vor. In ihr erprobte er, wie mit seiner Theorie ein historisch bedeutsames Thema analysiert werden könne.[20] Ob seine Geschichtstheorie ihn befähigte, ein politisch aufwühlendes Ereignis der eigenen Gegenwart historisch besser zu verstehen und einzuordnen – die naturwissenschaftliche Geschichte sollte anders als die „bürgerliche" lehrhaft sein –, läßt sich anhand seiner Rektoratsrede *Der deutsche Krieg* (1870) einschätzen.[21] Diese drei Texte sollen nun betrachtet werden.

Seine Grundlagen-Rede *Kulturgeschichte und Naturwissenschaft* unterzog den Hauptstrang der bisherigen akademischen Geschichtsschreibung einer Fundamentalkritik, die auf Vernichtung angelegt war. Sie trage nichts zur Erkenntnis bei, worauf der Fortschritt in der Menschheitsgeschichte beruhe. Die in der Geschichte „selber waltenden" Fortschrittskräfte (594) könne sie nicht erkennen, weil sie nur den „Kampf Aller gegen Alle" zeige: eine Geschichte von „Steigen und Fallen der Könige und Reiche, von Verträgen und Erbstreitigkeiten, von Kriegen und Eroberungen, von Schlachten und Belagerungen, von Aufständen und Parteikämpfen, von Städteverwüstungen und Völkerhetzen, von Morden und Hinrichtungen, von Palastverschwörungen und Priesterränken" (593). Kurz, das unterstreicht diese Liste menschlicher Verfehlungen sprachlich suggestiv – eine Geschichte, die nicht bildet, eine Geschichte für „die Menge" (594).

Einen stärkeren Vorwurf konnte man damals einer akademischen Disziplin nicht machen. Denn der Typus *deutsche Universität*, den die Rektoren aller Hochschulen im deutschen Sprachraum Jahr für Jahr in ihren Rektoratsreden entwarfen und vom französischen, aber auch vom englischen abgrenzten, war darauf angelegt, ihn als eine Bildungsinstitution auszuweisen. Forschung bildet. Deshalb ist die deutsche Universität dank ihrer Verbindung von Lehre und Forschung eine Bildungsstätte. Diese Überzeugung stand im Zentrum des

---

Rundschau XIII, 1877)", in: Reden von du Bois-Reymond I, 567–629 (Kurztitel: du Bois-Reymond, Kulturgeschichte und Naturwissenschaft). Diese Schrift erschien 1877–78 in drei Auflagen, 1878 wurde sie ins Französische und Englische übersetzt. In Deutschland, so der Autor (623 f.), wurde die Schrift vorrangig wegen ihres Schlussteils diskutiert, in dem er eine Reform des Gymnasialunterrichts forderte.

[20] Emil du Bois-Reymond, „Über das Nationalgefühl. In der Sitzung der Akademie der Wissenschaften zur Geburtstagsfeier des Kaisers und Königs am 28. März gehaltene Rede (1878)", in: Reden von du Bois-Reymond I, 654–677.

[21] Emil du Bois-Reymond, „Der deutsche Krieg. In der Aula der Berliner Universität am 3. August 1870 gehaltene Rektoratsrede" (Berlin 1870, 4 Auflagen), in: Reden von du Bois-Reymond I, 393–420.

Selbstbildes, das die Rektoren einhellig ohne jede Ausnahme immer wieder öffentlich präsentierten.[22]

Jedes Universitätsfach bildet, sofern seine Lehre auf Forschung beruht. Diesen Bildungswert sprach du Bois-Reymond der akademischen Geschichtswissenschaft in Deutschland ab. Das sagte er nicht ausdrücklich, aber alle seine Hörer und Leser werden es verstanden haben, wenn er der politischen Geschichtsschreibung vorwarf, das geschichtsimmanente Fortschrittsgesetz zu verkennen und statt dessen Geschichte als ein „Schicksalsspiel" zu inszenieren, das die „Menge" anziehe (594). Universitäre Bildung durch Teilhabe an Forschung dient der Elitenbildung, verkündeten die Rektoren Jahr für Jahr unentwegt. Die akademische Geschichtsschreibung hingegen, versunken im „Gewühl der Leidenschaften" (594), denen sie nichts abgewinne, was den Fortschritt erklärt, erfreue die Ungebildeten, deren unentwickelter Denkfähigkeit sie angemessen sei. Dieses Verdammungsurteil durchzieht du Bois-Reymonds Theorie einer alternativen Geschichtswissenschaft auf naturwissenschaftlicher Grundlage.

> „In Staatenbildung und Kriegführung, deren unersprießlich einförmigen Wellenschlag die bürgerliche Geschichte spiegelt, hat die Menschheit noch Vorbilder in der wirbellosen Tierwelt; eine Kulturgeschichte weist nur sie auf. Pferd und Eisen nennt Hegel die ‚absoluten Organe, wodurch eine gegründete Macht herbeizuführen ist'. Wir sagen, Naturwissenschaft ist das absolute Organ der Kultur, und die Geschichte der Naturwissenschaft die eigentliche Geschichte der Menschheit." (596).

Der gängigen Geschichtsschreibung, „zur einen Hälfte Kriegsgeschichte, zur anderen Geschichte der Wahnvorstellungen einiger Kulturvölker" (595), billigte du Bois-Reymond nur den Rang einer „sogenannten Weltgeschichte" (596) zu. Denn sie werde sich stets nur den individuellen Geschichten einzelner Völker zuwenden können, deren Summe keinen Blick eröffne, der das Chaos des historischen Geschehens in der Welt sinnvoll zu ordnen vermöge. Du Bois-Reymond verglich das Bild, das die Geschichtsschreibung bislang zeichne, mit dem „im unendlichen Raum verteilt[en] Nebel chaotischer Materie, Sternhaufen, Sonnensysteme" (594). Der „anthropozentrische" Blick sei grundsätzlich nicht in der Lage, in diesem vermeintlichen Chaos Gesetze zu erkennen und aus ihnen Entwicklungen abzuleiten. Dazu bedürfe es einer „archimedische[n] Perspektive", mit der man „geistig einen Standpunkt außerhalb der Erde" wählt. (595) Genau dies ermögliche die Naturwissenschaft, und nur sie, denn nur sie erforsche Gesetze, die unabhängig vom Menschen existieren und dennoch überall dessen Lebensgestaltung determinieren. Wie „der anthropozentrischen, hat die Naturwissenschaft der eurozentrischen Anschauung ein Ende gemacht". Sie habe die „Fesseln des schwarzen Men-

---

[22] Dieter Langewiesche, „Bildung in der Universität als Einüben einer Lebensform. Konzepte und Wirkungshoffnungen im 19. und 20. Jahrhundert", in: Edwin Keiner u.a. (Hg.), *Metamorphosen der Bildung*. Bad Heilbrunn 2011, 181–190.

schen“ gesprengt und das Ghetto geöffnet. „Ist die Literatur das wahre intranationale, so ist die Naturwissenschaft das wahre internationale Band.“ (598).

Du Bois-Reymond erwartete von der universalen naturwissenschaftlichen Geschichtswissenschaft also das Ende der eurozentristischen Geschichtsschreibung. Die in der Naturwissenschaft verankerte Fortschrittsgeschichte beginne zwar in Europa, doch inzwischen habe sie die „neue Welt“, Amerika, einbezogen, und sie werde alle Völker und Weltregionen erfassen, welche die Kulturhöhe erreichen, auf der „die naturwissenschaftliche Denkart“ (598) entstehe. Nicht politische Macht oder Kunst sei der Maßstab für den „Fortschritt der Menschheit“ und des Anteils einzelner Völker daran, sondern allein „der erreichte Grad von Herrschaft über die Natur“ (600).

In seiner Grundsatz-Rede verfolgte du Bois-Reymond aus seiner naturwissenschaftlich-archimedischen Perspektive die Menschheitsentwicklung und unterteilte sie in fünf Zeitalter. In der „Urzeit“ trennte sich der Mensch durch den Gebrauch der Sprache und des Feuers vom Tier; im „anthropomorphen Zeitalter“ entwickelte er ein religiöses Weltverständnis; in der Antike, dem „spekulativ-ästhetischen Zeitalter“, entstand eine hochentwickelte Kultur, jedoch noch ohne Naturwissenschaft und deshalb musste sie vergänglich sein. Dann folgte das „scholastisch-asketische Zeitalter“, in dem sich die „Nacht des Mittelalters“ (584) über Europa gesenkt habe. Ein solcher Rückschritt sei nur möglich gewesen, weil sich das naturwissenschaftliche Denken als perpetuum mobile des Fortschritts noch nicht herausgebildet hatte. Den Beginn der Moderne verortete er mit dem „Ursprung der neueren Naturwissenschaft“ (588) im Humanismus, einer Übergangszeit, aus der schließlich das „technisch-induktive Zeitalter“ hervorging. An der „Schwelle des Wahrheitstempels“ (592) der naturwissenschaftlichen Moderne standen Galilei und Kepler, unwiderruflich überschritten haben sie Newton und Leibniz. Die Zukunft der Menschheitsentwicklung musste in dieser Geschichtserzählung in eine unaufhaltsame Fortschrittsgeschichte führen, da das naturwissenschaftliche Denken allenfalls auf seinem Weg behindert, nicht aber blockiert werden könne.

Eine Erzählung, die auf 60 Seiten von der Vor- und Frühgeschichte bis in die Gegenwart führt, um die Erklärungskraft der naturwissenschaftlichen Geschichtstheorie zu erläutern, sollte man nicht mit der Erwartung überbürden, dass ihr Autor die Methode der Induktion, mit der in der Naturwissenschaft die Spekulation besiegt worden sei, als Königsweg auch für die Geschichtswissenschaft an historischen Fällen konkretisiere. Diese Aufgabe hatte sich du Bois-Reymond in seiner Akademie-Rede *Über das Nationalgefühl* gestellt. Doch auch hier misslang ihm der Praxistest gänzlich.

Wie in seinem Grundsatzartikel ließ er sich auch in seiner Akademie-Rede nicht darauf ein, an konkreten Situationen zu zeigen, was die naturwissenschaftlich erprobte Methode für die Analyse historischer Prozesse zu leisten vermag – in diesem Fall also, was Nationalgefühl bedeuten kann, wer es für welche Zwecke einsetzt, wie das geschieht und wie es wirkt. Auch hier bot er eine zeitlich umfassende Evolutionsgeschichte, aus der er das Nationalgefühl von Menschen ableitete. Die Ursprünge fand er in der Tierwelt. In ihr zeige sich „etwas dem Stammgefühl Ähnliches", wenn etwa Ameisen, die zu einem Nest gehören, nach innen zusammenhalten und nach außen aggressiv auftreten (656). Von einer solchen Beobachtung, durch naturwissenschaftliche Forschung zum Verhalten von Ameisen präzise belegt[23], ging er unmittelbar über zu der Geschichte von Menschen. Die Brücke bildete der Verweis auf Charles Darwin (656), du Bois-Reymonds Heros der Wissenschaft in der Gegenwart. Darwins Deszendenztheorie, so erläuterte er 1882 an anderer Stelle, habe das gesamte „Gebiet des Lebens" zu „Einem Bilde zusammengefaßt", so dass nun eine Entwicklungsgeschichte zur Verfügung stehe, die Astronomie, Paläontologie und Geologie mit Anthropologie und Ethnographie verbinde, die ihrerseits „den Übergang vermitteln zur Linguistik, der Erkenntnistheorie und den historischen Wissenschaften" (146).[24]

In diese Weltbildkonstruktion, die er als naturwissenschaftlich, mithin induktiv erzeugt verstand, fügte er das Nationalgefühl als eine „der mächtigsten Triebfedern" in der Geschichte des Menschen ein (656). Es entbehre jedoch „einer bestimmt angebbaren, tatsächlichen Grundlage" (669). In dieser Kapitulation vor der empirischen Unerforschbarkeit seines Untersuchungsobjekts stimmt der Naturwissenschaftler mit der heutigen sozial- und geschichtswissenschaftlichen Nationalismusforschung überein, die wie du Bois-Reymond das Nationalgefühl als eine *blackbox* behandelt, in der sich etwas vollzieht, was man nicht direkt beobachten, sondern nur an den Wirkungen erfassen könne.[25] Doch eine Wirkungsanalyse, die seiner Forderung nach Übernahme der naturwissenschaftlich-induktiven Methode in die Geschichtswissenschaft auch nur im entferntesten genügen könnte, fehlt bei du Bois-Reymond gänzlich. Er entfaltete statt dessen eine bunte Geschichtsrevue, die lediglich gängiges Geschichtswissen der Zeit durchsetzt mit Werturteilen aufreihte, einschließlich des nationalpolitischen Stereotyps, das den Chauvinismus, auch den wissenschaftlichen, stets dem Anderen zuschreibt. „Lassen wir uns durch die gegenwärtige Wallung des Nationalgefühls in Europa in unseren geistigen

---

[23] Vgl. Gerhard Neuweiler, „Kriege im Tierreich?", in: Dietrich Beyrau/Michael Hochgeschwender/Dieter Langewiesche (Hg.), *Formen des Krieges*, Paderborn 2007, 503–520 (zu Ameisen und Primaten).

[24] Emil du Bois-Reymond, „Über die wissenschaftlichen Zustände der Gegenwart. In der Sitzung der Akademie der Wissenschaften zur Geburtstagsfeier des Kaisers und Königs am 23. März 1882 gehaltene Rede" (1882 an drei Orten publiziert), in: Reden von du Bois-Reymond II, 141–156, 146 (Kurztitel: Du Bois-Reymond, Über die wissenschaftlichen Zustände).

[25] Vgl. Dieter Langewiesche, „Gefühlsraum Nation. Eine Emotionsgeschichte der Nation, die Grenzen zwischen öffentlichem und privatem Gefühlsraum nicht einebnet", in: *Zeitschrift für Erziehungsforschung* 15.1 (2012) 195–215.

Gewohnheiten nicht irren." (675) Eine solche Zeit, in der sich das ereignete, was die „bürgerliche" Geschichte, unfähig den gesetzmäßigen Fortschritt zu erkennen, eintönig nachzeichne, nämlich eine Kriegsgeschichte vom „Steigen und Fallen der Könige und Reiche" – eine solche Zeit erfordere von „wissenschaftlichen Männern mehr als von politisch erregten Massen sittliche Haltung" (675). Wie es damit bei dem Theoretiker einer naturwissenschaftlichen Kulturgeschichte des unaufhaltsamen Fortschritts bestellt war, soll nun ein kurzer Blick auf seine Berliner Rektoratsrede *Der deutsche Krieg* vom 3. August 1870 zeigen.

Eine ähnlich intellektuell undisziplinierte Rektoratsrede, die Geschichte und Gegenwart suggestiv aufeinander bezieht und mit Werturteilen vermengt, findet man in diesen Monaten nationalpolitischer Erregung an deutschen Universitäten nicht. Vielerorts entwarf der Rektor eine Geschichtsteleologie, die auf das zulief, was nun auf der Tagesordnung der Geschichte stand: der deutsche Nationalstaat unter preußischer Führung. Und überall feierten sich die Universitäten als Hauptpfeiler der deutschen Nation und als Garanten der deutschen Bildungsüberlegenheit, die für den Kriegserfolg nicht weniger bedeutsam sei als die militärische Stärke.[26] Dass du Bois-Reymond 1870 die nationalmythologische Dauererzählung aller Berliner Rektoren von der Gründung ihrer Universität – geistiges Fundament Preußens und der deutschen Nation in der Zeit tiefster Demütigung – sprachlich weiter überhöhte, indem er sie zum „geistigen Leibregiment des Hauses Hohenzollern" (418) erhob, wird man der nationalen Euphorie zuschreiben dürfen. Doch diese Rede, die ihn politisch berühmt machte und ihm wohl auch das teuerste naturwissenschaftliche Institut eintrug, das bis dahin in Deutschland je gebaut worden war[27], hob sich von anderen durch eine ungewöhnlich radikale Form der Verurteilung des Kriegsgegners ab.

Die Franzosen, so du Bois-Reymond, sind „kein zivilisiertes Volk", sie passen nicht in die „einmütige, verträgliche Völkerfamilie" der Gegenwart, deren Zivilisation des Friedens er wie in seinen geschichtstheoretischen Ab-

---

[26] Vgl. etwa *Rede beim Antritt des Prorectorats der Königlich Bayerischen Friedrich-Alexanders-Universität Erlangen am 4. November 1870 gehalten von Dr. C. Hegel, ordentlicher Professor der Geschichte, d.Z. Prorector*. Erlangen 1870; die Leipziger Rektoratsrede (in: *Leipziger Rektoratsreden 1871–1933*, Bd. 1, Berlin 2009, 37–48) oder die Münchner: Wilhelm von Giesebrecht, „Der Einfluß der deutschen Hochschulen auf die nationale Entwicklung. Rede gehalten am 10. December 1870 beim Antritt des Rektorats in der Aula der Münchner Universität", in: Ders., *Deutsche Reden,* Leipzig 1871, 119–150.

[27] Lenoir, Politik im Tempel der Wissenschaft, 47 f. Zur enormen Resonanz der Rede im In- und Ausland Gabriel Finkelstein, *Emil du Bois-Reymond. Neuroscience, Self, and Society in 19th Century Germany*, Cambridge Mass. 2013, 212 ff. Zur Berliner Universitätsmythologie: Dieter Langewiesche, „Humboldt als Leitbild? Die deutsche Universität in den Berliner Rektoratsreden seit dem 19. Jahrhundert", in: *Jahrbuch für Universitätsgeschichte* 14 (2011) 15–37 (Kurztitel: Langewiesche, Humboldt als Leitbild?).

handlungen dem „durch die Wissenschaft eröffneten Wege bewußter Naturbeherrschung" zuschrieb (414). Als Physiologe Experte für die „Bedingungen des Bewusstseins in der Welt"[28], diagnostizierte er den französischen Chauvinismus als „Beispiel einer pandemischen Form von Geisteskrankheit, deren Kontagium der korsische Würger den neueren Franzosen eingeimpft hat". (413) Nach diesem Krankheitsbefund, durch medizinische Fachbegriffe wissenschaftlich vermeintlich beglaubigt, fühlte er sich zur Empfehlung einer radikal-invasiven Therapie berechtigt, die ahnen läßt, zu welchen Vernichtungsimaginationen auch die moderne „naturwissenschaftliche Denkweise" fähig ist:

„Erweisen die Franzosen sich unheilbar, nun wohlan! Dann wird früher oder später mit gebieterischem Ernste die Frage an sie treten, welche jenseits des Weltmeeres die angelsächsische Rasse den Rothäuten stellt [...]. Ausrotten kann Europa die Franzosen nicht, wie nötigenfalls Amerika die Rothäute. Aber es könnte kommen, daß sie fürchterlich geknebelt würden; es könnte kommen, daß wie aus gesitteter Gesellschaft gestoßene unverbesserliche Verbrecher und Raufbolde sie in Verzweiflung die Waffen gegeneinander kehrten, und daß in fortgesetztem blutigem Hader, durch Priester geknechtet, der gallo-römische Zweig der lateinischen Rasse dem römisch-iberischen in jahrhundertelange Erniedrigung folgte." (416)

Als du Bois-Reymond diese Rede erneut publizierte, relativierte er in einer vorangestellten Anmerkung die „rücksichtslose Heftigkeit" seiner Sprache als Zeichen, „welchen Eindruck jener wahnsinnige Angriff damals auf Männer machte, die von der Zinne der Kultur und des Menschentums, völker- und zeitenumfassenden Blicks, die Welt betrachten." (420) In dieser Selbstcharakterisierung klingt bereits der Monopolanspruch des Naturwissenschaftlers an, den er wenige Jahre danach in seinen geschichtstheoretischen Abhandlungen näher ausführte. Was ihn 1870 als Zeitgenosse erregt und seinen Blick von hoher Kultur-Zinne verdunkelt hatte, war allerdings ein politisches Ereignis jener Art, das er als naturwissenschaftlicher Geschichtstheoretiker der „bürgerlichen" Geschichtsschreibung überlassen wollte: „Staatenbildung und Kriegführung", also nichts, das in seiner Fortschrittsgeschichte als bedeutsam galt.

IV. Was heißt naturwissenschaftliche Methode und Denkart in du Bois-Reymonds und Liebigs Geschichtstheorie, warum blieb sie folgenlos, welchen Zwecken diente sie?

Als der Wiener Historiker Ottokar Lorenz 1878 auf du Bois-Reymonds Programm einer alternativen Geschichtswissenschaft antwortete, beschrieb er die

---

[28] Siehe oben, Anm. 16.

Arbeitsweise seines Fachs als induktiv, ohne sie so zu benennen. Was der Naturwissenschaftler als Inszenierung eines endlosen „Schicksalsspiels" politischer Ereignisse beiseite schieben möchte, erschaffe der Historiker vielmehr immer wieder in einer „lange[n] Reihe von mühseligen und bis ins einzelnste des sozialen Lebens gehenden Untersuchungen".[29] Auf diesen Einwand des Historikers, auch sein Fach verfahre induktiv, ist du Bois-Reymond nie eingegangen. Die induktive Methode schrieb er ausschließlich den Naturwissenschaften zu. Erst deren „Siege", dank dieser Methode, hätten einsichtige Forscher in anderen Disziplinen „begierig" gemacht, „sich derselben Vorteile zu bemeistern".[30] So etwa der Sprach- und Religionswissenschaftler Friedrich Max Müller und auch Henry Thomas Buckle, der damals als Herausforderer der etablierten akademischen Geschichtswissenschaft viel diskutiert wurde. Zwischen deren Forschung und der des Naturwissenschaftlers bestehe „im Grunde kein so großer Unterschied", denn „Induktion ist in der Praxis nur scharfsinnig angewendeter gesunder Menschenverstand".[31]

Liebig argumentierte differenzierter und anspruchsvoller.[32] Er sprach von den „sogenannten induktiven Wissenschaften" (7), weil er ihre Ursprünge nicht in den modernen Naturwissenschaften, sondern bei den vor-modernen „Experimentierkünstlern" (7, 18) verortete, die Tatsachen intuitiv aufsuchten oder erfanden, während der Wissenschaftler sie erkläre. Beides sei auch in der Zeit der modernen Naturwissenschaft notwendig. Der induktive „Experimentierkünstler" verfahre „intuitiv und schöpferisch", das „Endziel" aller „deductiven Forschung in der Naturwissenschaft" bestehe hingegen im Erarbeiten eines „unveränderlichen Zahlenausdruck[s] für die Eigenschaften der Dinge, für die Vorgänge und Erscheinungen" (19). „Fortschritt" in den Naturwissenschaften bestehe darin, den Anteil der „Induktion unter der Leitung der Phantasie" durch wissenschaftliche Deduktion zu verringern (18f.). So werde das naturwissenschaftliche Wissen abstrakter und zugleich in „lehrbare und erlernbare Regeln" gefaßt (19). Erst dies mache sie technisch anwendungsfähig. Hier sprach der Chemiker, der die Landwirtschaft auf wissenschaftlicher Grundlage reformieren wollte und deshalb darauf angewiesen

---

[29] Ottokar Lorenz, „Die ‚bürgerliche' und die naturwissenschaftliche Geschichte", in: *Historische Zeitschrift* 39 (1878), 449–485, 478. Diesen Aufsatz hat er mit einer die Kritik verschärfenden Einleitung (136–142) aufgenommen in: Ders., *Die Geschichtswissenschaft in Hauptrichtungen und Aufgaben kritisch erörtert*, T. 1, Berlin 1886 (Kurztitel: Lorenz, Geschichtswissenschaft).

[30] Du Bois-Reymond, Über die wissenschaftlichen Zustände, 147.

[31] Ebd. 1872 hatte er in Du Bois-Reymond, Über Geschichte der Wissenschaft, genauer dargelegt, was Induktion sei, indem er erläuterte, wie ein guter Vortrag vor Studenten aufgebaut sein sollte: 1. Hypothesen aufstellen, 2. sie durch „Beobachtung und Versuch" prüfen und „nach gehöriger Experimentalkritik" für die richtige entscheiden; 3. „zur Theorie sich erheben" und diese überprüfen (433).

[32] Liebig, Induction und Deduction.

war, dass auch „der Unbegabte" (19) die Regeln begreift, nach denen dies geschieht.

Von Liebigs methodologischen Erörterungen ließen sich Verbindungslinien zu den bald einsetzenden wissenschaftstheoretischen Debatten über nomothetische und idiographische Wissenschaften (Wilhelm Windelband), Kultur- bzw. Geistes- und Naturwissenschaft (Heinrich Rickert, Wilhelm Dilthey) ziehen. Du Bois-Reymonds Definition von Induktion als „scharfsinnig angewendeter gesunder Menschenverstand" bot dazu keinerlei Anreiz. Sich mit ihm auf dieser begrifflichen Grundlage in eine Methodendiskussion einzulassen, lohnte sich für keine Wissenschaftsdisziplin, nicht einmal für die Geschichtswissenschaft. Johann Gustav Droysen, der theoretisch ambitionierteste deutsche Historiker seiner Zeit, setzte sich mit Buckle auseinander, um die „naturwissenschaftliche Betrachtungsweise" von der historischen abzugrenzen, nicht mit du Bois-Reymond.[33]

Auch Max Weber, der den naturwissenschaftlichen Fehdehandschuh aufnahm, den die Historiker liegen ließen[34], beachtete in seinen Studien zur Logik der Kulturwissenschaften du Bois-Reymond nicht. Was Weber an dem Chemiker-Philosophen Wilhelm Ostwald als „Naturalismus" verwarf, traf jedoch auch auf du Bois-Reymond zu. Es ging um den „Versuch, Werturteile aus naturwissenschaftlichen Tatbeständen abzuleiten". Weber kritisierte dies mit Sarkasmus „angesichts des maßlosen Hochmuts, mit welchem Vertreter der Naturwissenschaften auf die Arbeit anderer (namentlich historischer) Disziplinen, die anderen methodischen Zielen entsprechend andere Wege gehen müssen, zu blicken pflegen".[35]

Du Bois-Reymonds Beitrag in der Methodendebatte wird man vor allem im Positionskampf von Naturwissenschaftlern auf dem Wissenschaftsmarkt

---

[33] Johann Gustav Droysen, *Historik,* hg. von Rudolf Hübner, 7. unveränderte Auflage Darmstadt 1972; darin die Buckle-Rezension: „Erhebung der Geschichte zum Rang einer Wissenschaft" (1863), 386–405, 403.

[34] Eine immer noch lesenswerte Kritik an den Inkonsequenzen des damaligen Darwinismus bietet die wenig beachtete, posthum publizierte Schrift des Mediävisten und Universalhistorikers Fritz Kern, *Geschichte und Entwicklung (Evolution)*, Bern 1952 (Kurztitel: Kern, Geschichte und Entwicklung). Sein Verdikt „Fortschritt" als „Religionsersatz" bei den frühen Darwinisten (17) und „evolutionistische Amateure der Kulturgeschichte" (38) gilt auch für du Bois-Reymond, auf den Kern nicht eingeht. Er setzte sich mit dem Anthropologen Arthur Keith und dem Biologen Thomas Huxley auseinander. Keith habe die „wahrscheinlich bestausgewogene darwinistische Geschichtsphilosophie" vorgelegt (21).

[35] Weber, „Energetische" Kulturtheorien, 424 f. Zu Ostwald siehe nun vor allem: Pirmin Stekeler-Weithofer/Heiner Kaden/Nikolaos Psarros (Hg.), *An den Grenzen der Wissenschaft. Die „Annalen der Naturphilosophie" und das natur- und kulturphilosophische Programm ihrer Herausgeber Wilhelm Ostwald und Rudolf Goldscheid*, Stuttgart/Leipzig 2011 (zu Webers Kritik bietet der Band sehr wenig).

und in der Dramatisierung von unerwünschten Grenzüberschreitungen aus ihren Reihen sehen dürfen.

Im Kampf auf dem Wissenschaftsmarkt zielte du Bois-Reymond ebenso wie Liebig in erster Linie gegen die Philosophie, insbesondere gegen die Naturphilosophie. Letztere hatte Liebig schon 1840 in seiner Schrift über den *Zustand der Chemie in Preußen*[36] als „Spiritus rector der Unwissenheit" (28), der „hohlen Seifenblasen" (8) nachjage, verhöhnt. Er sprach vom „Ekel an der eigentlichen Naturforschung" bei den „meisten unserer Staatsmänner" (10) und sah den „geistige[n] Hauch einer wahren Philosophie" nur noch in den modernen Naturwissenschaften seiner Zeit, der Physik und Chemie, denn nur sie erforschten die Natur mit dem Ziel, „Ursachen und Gesetze" zu finden (14). Er forderte deshalb, die Schule zu reformieren, damit „der überwuchernde Humanismus" nicht weiter „den Fortschritten der Naturwissenschaften und der Medicin überall entgegen tritt" (43). In ähnlicher Weise verlangte du Bois-Reymond fast vier Jahrzehnte später im schulpolitischen Teil seiner Programmschrift *Kulturgeschichte und Naturwissenschaft* mehr Mathematik an den Gymnasien zu Lasten der alten Sprachen und der Geschichte. Als Meister der Inszenierung brachte er es auf die Formel „Kegelschnitte! Kein griechisches Skriptum mehr!"[37]

Nachdem die Philosophie als Leitwissenschaft im „naturwissenschaftlichen Zeitalter" erfolgreich entthront schien, richtete du Bois-Reymond seinen Kampf vor allem gegen das, was er als Wiederkehr naturphilosophischer Spekulation im eigenen Haus verdammte. Gegen sie beschwor er erneut die induktive Methode als das „Heiligtum", das gegen „die falschen Götter verworrener Spekulation" verteidigt werden müsse. Deren „Baalsdiener" aus dem „Tempel zu werfen", sah er als die Aufgabe der Akademie an, ein „Gelehrtenring", der darüber befinde, wer und was dazu gehört.[38] Die Akademie als *gatekeeper*.

Die induktive Methode war für du Bois-Reymond das erste von zwei Definitionselementen für die Naturwissenschaft. Als zweites nannte er die „bewußte Anwendung der Naturerkenntnis", „also die planmäßige Bewältigung und Ausnutzung der Natur durch den Menschen zur Vermehrung seiner

[36] Justus Liebig, *Über das Studium der Naturwissenschaften und über den Zustand der Chemie in Preußen*, Braunschweig 1840.

[37] Du Bois-Reymond, Kulturgeschichte und Naturgeschichte, 620. Dies brachte ihm von Theodor Mommsen den Vorwurf des „Banausen" ein. Zu du Bois-Reymonds Übergriffen in die Alte Geschichte scheint er sich nicht geäußert zu haben. Ich danke Stefan Rebenich für Auskünfte.

[38] Du Bois-Reymond, Über die wissenschaftlichen Zustände, 151, 144. Wen er meinte, sagte er u.a. in: Du Bois-Reymond, „Die sieben Welträtsel. In der Leibniz-Sitzung der Akademie der Wissenschaften am 8. Juli 1880 gehaltenen Rede" (ab 1880 mehrfach aufgelegt; 1882 eine englische Übersetzung), in: Reden von du Bois-Reymond II, 65–98, 72 f.: Haeckel, Naegeli.

Macht, seines Wohlbefindens und seiner Genüsse."[39] Diese Definition verknappte er weiter zu: „Induktion und Technik". Auf diesem naturwissenschaftlichen Fundament ruhe die Kultur sicher und ungefährdet.[40] Der Geschichte wies er in diesem Ideengebäude die Rolle zu, dessen Entstehung zu erzählen, um diejenigen, die dazu befähigt sind, anzuregen, sich am weiteren Ausbau zu beteiligen. „Wer die Wissenschaft als ein Werdendes überliefert erhielt, fühlt sich gleichsam aufgefordert, selber an deren Ausbau sich zu beteiligen."[41]

Für seine akademischen Zeitgenossen hatte eine solche Aussage eine klare Botschaft: zu erkennen, was forschen heißt, bedeutet, gebildet zu sein. Denn zum innersten Kern des Selbstbildes des deutschen Universitätsmodells gehörte die Überzeugung, Forschung, auch der Nachvollzug von Forschung in der Lehre bildet. Alle Rektoren an allen Universitäten im deutschen Sprachraum stellten dies ihrem Auditorium Jahr für Jahr immer aufs neue vor Augen. Du Bois-Reymond begnügte sich jedoch nicht damit, sich hier einzureihen. Er hierarchisierte dieses Konzept von Bildung durch Forschung, das in der universitären Meistererzählung ein egalitäres war: Jedes Fach, das Lehre mit Forschung verbindet, bildet.[42] Du Bois-Reymond hierarchisierte und monopolisierte dieses Bildungscredo im deutschen Universitätsmodell, denn Forschung auf der Höhe der Zeit hieß für ihn, naturwissenschaftlich-induktiv zu verfahren. Die Geschichtswissenschaft erfüllte diese Norm nicht und wollte es nicht. Im Bild, das die Rektoren einhellig von der Universität zeichneten, blieb die Geschichte ein Bildungsfach neben anderen. Eine Orientierungswissenschaft konnte sie nicht mehr sein, wenngleich sie es im Selbstverständnis des Fach immer noch war. Gangolf Hübinger nennt deshalb die Krise des Historismus am Jahrhundertende eine „Krise seines Bildungsanspruchs".[43]

Auf Hierarchisierung lief auch hinaus, wie du Bois-Reymond die Wissenschaft seiner Zeit als Einheit konstruierte. Auch hier ging er anders vor, als es die Rektoren immer wieder taten. Für sie lag die Einheit der Wissenschaft in dem Bildungsauftrag, den jedes Fach in der Konzeption des deutschen Universitätsmodells zu erfüllen hatte. Die Forschung lief auseinander, doch in Lehre übersetzt bildet sie. Die spezialisierte Forschung wächst in der Lehre zur gesellschaftlich relevanten Bildungseinheit zusammen. Denn Teilhabe an Forschung forme den Habitus des Gebildeten, unverlierbar, so meinte man, für das gesamte Leben, ganz gleich in welchen Beruf es führe.

---

[39] Du Bois-Reymond, Kulturgeschichte und Naturwissenschaft, 574.

[40] Ebd. 601.

[41] Du Bois-Reymond, Über Geschichte als Wissenschaft, 436.

[42] Vgl. dazu Langewiesche, Humboldt als Leitbild?

[43] Gangolf Hübinger, „Geschichte als leitende Orientierungswissenschaft im 19. Jahrhundert", in: *Berichte zur Wissenschaftsgeschichte* 11 (1988) 149–158, 156.

Du Bois-Reymond hingegen suchte die Einheit der Wissenschaft in der Theorie und Methode – also auf dem Boden der Naturwissenschaft. Der gängige Vorwurf, „die heutige Wissenschaft zersplittere sich in Einzelheiten", sei falsch.[44] In den großen Theorien der Physik und Chemie[45] werde die Spezialforschung zusammengeführt, und Darwins Deszendenztheorie habe dies für das „Gebiet des Lebens" geleistet.[46] Hier fand in seiner Vorstellung auch die Geschichtswissenschaft ihren Platz. Allerdings nur, wenn sie auf naturwissenschaftliche Grundlage gestellt würde, also als Evolutionsgeschichte. Dies dürfte der Grund sein, warum er seine Geschichtsstudien durchweg als Evolutionsgeschichte konzipiert hat. Dazu gehört auch, dass er die Naturwissenschaft als Grundlage der Moderne im „Kausalitätstrieb" angelegt sah. Er sei dem Menschen nicht von Beginn an eigen gewesen bzw. habe sich „bei den Alten nur in bestimmten Regungen halb spielend" geäußert. Erst die moderne Naturwissenschaft – bei du Bois-Reymond eine Einheitsformel und zugleich ein Kampfbegriff im Singular – brachte den „Kausalitätstrieb" zur Entfaltung, ein evolutionärer Sprung in der Geschichte der Menschheit, verursacht durch das Christentum, das „auch in der Wissenschaft den menschlichen Geist an die Vorstellung [gewöhnte], daß überall der Grund der Dinge nur einer sei".[47] Der bekennende Darwinist bezog also das Christentum (nicht die Kirchen) in seine naturwissenschaftliche Evolutionsgeschichte ein. Mit seinem Satz vom Grund, als dessen Ausdruck er den „Kausalitätstrieb" verstand, erwies sich Emil du Bois-Reymond zudem als das, „was er wohl am wenigsten sein wollte – als Metaphysiker".[48]

Die Zeitgenossen fanden in der Philosophie und dem Geschichtsdenken des Naturwissenschaftlers Emil du Bois-Reymond eine Melange, die vieles zusammenführte, was in der Gesellschaft kontrovers bewertet wurde. Naturwissenschaftler verlangten den Spitzenplatz in der kulturellen Hierarchie und in der staatlichen Finanzierung, doch du Bois-Reymond als einer ihrer resonanzstärksten Sprecher unterfütterte seinen Slogan ‚Kegelschnitte statt Griechisch' mit dem Appell, der „Hellenismus halte den Amerikanismus von unseren geistigen Grenzen fern".[49] Der Darwinismus schien endgültig ‚Gott

---

[44] Du Bois-Reymond, Über die wissenschaftlichen Zustände, 145.

[45] „Quantivalenz der Atome", „Erhaltung der Energie", ebd., 146.

[46] Ebd., 146.

[47] Du Bois-Reymond, Kulturgeschichte und Naturwissenschaft, Zitate 589, 591.

[48] Rudolf Malter, „Kausalitätstrieb" und Erkenntnisschranke. Zur philosophischen Grundposition Emil du Bois-Reymonds, in: Mann (Hg.), Naturwissen und Erkenntnis, 45–77, 65. Als verharmlosender Erbe des Idealismus erscheint er bei Jochen Zwick, „Akademische Erinnerungskultur, Wissenschaftsgeschichte und Rhetorik im 19. Jahrhundert. Über Emil du Bois-Reymond als Festredner", in: *Scientia politica* 1 (1997) 120–139, 139. Kern, Geschichte und Entwicklung, nannte den Fortschrittsglauben dieser Art „rauschhafte Metaphysik" (17).

[49] Du Bois-Reymond, Kulturgeschichte und Naturwissenschaft, 608.

ist tot' zu beweisen, doch du Bois-Reymond, der ihn zur Grundlage aller Wissenschaften vom Leben erklärte, ließ den naturwissenschaftlichen Kausalitätstrieb des Menschen als festen Grund der Moderne aus dem Wahrheitsanspruch des Christentums hervortreiben.[50] Er verwies wie auch Liebig den Staat und dessen Militär in die Peripherie, wo er die zur Aufklärung unfähige „bürgerliche" Geschichte ansiedelte, was den Historiker, der sich du Bois-Reymond entgegenzustellen suchte, vom „Nihilismus [...] unter der siegreichen Fahne der Naturwissenschaft" sprechen ließ, die von der „Staatsgeschichte Besitze ergreifen" wolle.[51] Doch du Bois-Reymond appellierte zugleich an den Staat, die Naturwissenschaften zu stärken und feierte „Kaiser Wilhelm den sieghaften Helden, den Wiederhersteller des Reiches deutscher Nation, den Schiedsrichter des Weltteils, den mächtigen Kriegsherrn und wahren Friedensfürsten", dessen Ruhmeskranz durch seine Fürsorge für die Berliner Akademie der Wissenschaften mit einem weiteren „Lorbeerblatt" geschmückt werde.[52]

Wenn man die naturwissenschaftliche Weltdeutung des 19. Jahrhunderts, für die Emil du Bois-Reymond und Justus von Liebig hier als Exempel vorgestellt wurden, der wissenschaftstheoretischen Debatte um die Trennung zwischen nomothetischen und idiographischen Wissenschaften zuordnet, so waren sie der Frage auf der Spur, welche Bedeutung in der Entwicklung der Naturwissenschaften den historisch-genetischen Zusammenhängen zukommt.[53] Die „beste Art eine Wissenschaft mitzuteilen" sei die „Erzählung ihrer Geschichte", hatte du Bois-Reymond erkannt[54], und so verhielten sich auch die Naturwissenschaftler, wenn sie als Rektoren die Geschichte ihres Fachs erzählten, um es als einen vollwertigen Teil der Bildungsinstitution Universität auszuweisen. Sie leiteten daraus in der Regel – es gab auch seltene Ausnahmen wie die eingangs zitierte Rektoratsrede Virchows – keinen naturwissenschaftlichen Überlegenheitsanspruch im Wissenschaftssystem und in den wissenschaftlichen Erkenntnismöglichkeiten ab. Genau dies war jedoch das Ziel von Wissenschaftsimperialisten wie Justus von Liebig und Emil du Bois-Reymond.

---

[50] Auf solche Widersprüche gehen nicht ein Herbert Hörz, Siegfried Wollgast, „Wissenschaftsgeschichtliche Einordnung in die naturwissenschaftlichen und philosophischen Bewegungen ihrer Zeit", in: *Dokumente einer Freundschaft. Briefwechsel zwischen Hermann Helmholtz und Emil du Bois-Reymond 1846–1894*. Bearb. von einem Herausgeberkollektiv unter Leitung von Christa Kristern, Berlin 1986, 11–64, 34 zu seinem Atheismus.

[51] Lorenz, Geschichtswissenschaft, 137 f.

[52] Du Bois-Reymond, Über die wissenschaftlichen Zustände, 155.

[53] Dazu erhellend Rainer Thumber, „Ist die Unterscheidung von nomothetischen und idiographischen Wissenschaften noch zeitgemäß? Eine Auseinandersetzung mit der Einheitswissenschaftsthese", in: *Analyse & Kritik* 6 (1984) 190–211.

[54] Du Bois-Reymond, Über Geschichte der Wissenschaft, 432.

II. Geschichtsdenker und Geschichtsintellektuelle

Die „Geschichte des Revolutionszeitalters“. Ein neues Hauptwerk von Jacob Burckhardt

Wolfgang Hardtwig

I.

Seit 2009 liegt in der neuen Kritischen Gesamtausgabe der Jacob Burckhardt-Werke die Edition seiner berühmtesten Vorlesung vor. Es handelt sich um ein Werk, das in der ganzen 111jährigen Editionsgeschichte seit der Herausgabe der *Griechischen Kulturgeschichte*, Band I, 1898 durch Jacob Oeri einmalig ist. Zutage gefördert wurde ein bisher nicht zugängliches Hauptwerk des Basler Historikers.[1] Die Existenz dieses bedeutenden Konvoluts von Vorlesungsmanuskripten war zwar bekannt aus Berichten von Hörern, aus der Publikation einiger Seiten im Rahmen der von Emil Dürr herausgegebenen sogenannten *Historischen Fragmente*, aus den von Ernst Ziegler edierten Vorlesungsmitschriften einiger Hörer und aus der paraphrasierenden Wiedergabe des Inhalts durch Werner Kaegi im 5. Band seiner monumentalen Burckhardt-Biographie.[2] Die jetzt vorliegende Ausgabe macht aber erstmals das Gesamtkonvolut der Burckhardtschen Vorlesungsmanuskripte zum Revolutionszeitalter zugänglich.

Anders als bei den Vorlesungen *Über das Studium der Geschichte* (bekannter unter dem vom Herausgeber Jacob Oeri gewählten Titel *Weltgeschichtliche Betrachtungen*), anders auch als bei der *Griechischen Culturgeschichte*, die beide kurz nach dem Tod Burckhardts von seinem Neffen

---

[1] Jacob Burckhardt, *Geschichte des Revolutionszeitalters*. Aus dem Nachlaß herausgegeben von Wolfgang Hardtwig, Simon Kießling, Bernd Klesmann, Philipp Müller und Ernst Ziegler, (Jacob Burckhardt Werke, Kritische Gesamtausgabe, Bd. 28, hg. von der Jacob-Burckhardt-Stiftung), München/Basel 2009 (Kurztitel: RevZA). Zur Beschreibung der Überlieferung und der editorischen Behandlung des aus 958 Blättern bestehenden Manuskripts vgl. Editorisches Nachwort, ebd., 1555–1597.

[2] Jacob Burckhardt, *Weltgeschichtliche Betrachtungen: historische Fragmente aus dem Nachlass*, (Jacob Burckhardt Gesamtausgabe, Bd. VII, hg. von Emil Dürr), Stuttgart 1929; Ernst Ziegler, *Jacob Burckhardts Vorlesung über die Geschichte des Revolutionszeitalters in den Nachschriften seiner Zuhörer, Rekonstruktion des gesprochenen Wortlautes*, Basel/Stuttgart 1974; Werner Kaegi, *Jacob Burckhardt, Eine Biographie*, Bd. V, Basel 1973, 245 ff.

Jacob Oeri publiziert wurden, lag für das *Revolutionszeitalter* kein von Burckhardt selbst noch druckfähig gemachtes Manuskript vor. Die Mappe mit Burckhardts Notizen zum Revolutionszeitalter galt bis zur Konzeption der Jacob Burckhardt-Werke in den 1990er Jahren als unedierbar. Die Aufgabe der Editoren bestand also darin, auf der Basis von Burckhardts handschriftlichen Notizen in ihrer Gesamtanlage ein Manuskript zu gewinnen, das sowohl den Anforderungen einer kritischen Edition als auch der Lesbarkeit genügt.

Die Erstfassung des Manuskripts zur Geschichte des Revolutionszeitalters ist entstanden in der Vorbereitung auf Burckhardts Vorlesung über die Epoche der Französischen Revolution. Burckhardt las über dieses Thema erstmals im Winter 1859/60, noch unter dem Titel *Neuere Geschichte seit 1763*. Schon im Frühjahr 1860 sprach er jedoch von der *Geschichte des Revolutionszeitalters*. Diese profiliertere Bezeichnung sollte die Epoche offensichtlich aus dem allgemeinen Gang der abendländischen Geschichte seit ihren Anfängen in der Antike herausheben. Bis 1882 hielt Burckhardt die Vorlesung insgesamt zwölfmal, zunächst vier-, dann fünfstündig. Zusammen mit seinen Vorlesungen über Alte Geschichte, über „Neuere Geschichte seit 1450" und über die „Geschichte des 17. und 18. Jahrhunderts" bildete sie seit 1868 einen Zyklus, in dem Burckhardt jeweils in zweijährigem Abstand zur Revolutionsgeschichte kam. Das Kolleg umspannte die europäische Geschichte vom Ende des Siebenjährigen Krieges 1763 bis zum Ende der Herrschaft Napoleons. Das 19. Jahrhundert nach 1815 hat Burckhardt in seinen Vorlesungen nicht mehr behandelt. Mit der Darstellung des *Revolutionszeitalters* schloß er sich einem Usus an, der sich vor allem in Berlin, wo Burckhardt prägende Studienjahre verbracht hatte (1841–1843), seit dem Vormärz herausbildete: einer starken Gewichtung dessen, was man heute „Zeitgeschichte" nennen würde. An der Friedrich-Wilhelms-Universität ergab sie sich zum einen aus der Weiterführung und Transformation der älteren, staatswissenschaftlich konzipierten „Politik"-Vorlesungen, zum anderen aus der gesteigerten Aufmerksamkeit, die sich seit dem Ende der eigentlichen Revolutionsära auf diese Epoche richtete.[3]

Diese Aufmerksamkeit entsprang dem allmählich sich durchsetzenden Eindruck, dass mit der Französischen Revolution ein fundamentaler Traditionsbruch eingetreten sei, der eine grundsätzliche Reflexion auf das Vorher und Nachher und auf die Formen des Übergangs dazwischen notwendig mache. Dieser neuartige Erfahrungshorizont schlug sich in der begrifflichen Neubildung und Epochenbezeichnung „Geschichte des Revolutionszeitalters" nieder, die sich zwischen Barthold Georg Niebuhrs Bonner Vorlesung *Geschichte des Zeitalters der Revolution* von 1829 und Jacob Burckhardts *Ge-*

[3] Vgl. dazu Wolfgang Hardtwig, Berliner Geschichtswissenschaft 1810–1918. Etablierung als Wissenschaft, in: Ders., *Deutsche Geschichtskultur im 19. und 20. Jahrhundert*, München 2013, 59–90, hier 80 f.

schichte des Revolutionszeitalters durchsetzte.[4] Burckhardt hatte von Ranke selbst noch wesentliche Anregungen zur Beschäftigung mit und zur Deutung der ‚Zeitgeschichte‘ erhalten, wovon sein Vorlesungskonvolut immer wieder Zeugnis ablegt. Die zeitliche Erstreckung dieser ‚Zeitgeschichte‘ wird man hier sinnvollerweise nicht auf die „Geschichte der Lebenden“ im Sinne der Definition von Hans Rothfels beschränken, sondern den Zeitraum wählen, von dem an der grundstürzende Wandel einsetzte, den die Historiker als Gegenwartsdiagnostiker in ihrer eigenen Lebenszeit wirken und diese bestimmen sahen.

Der Umfang von Burckhardts Manuskript reicht über den in der Vorlesung behandelten Stoff hinaus. In Randnotizen markierte Burckhardt mehrfach, welchen Stand er in der Vorlesung zu einem bestimmten Datum bzw. am Semesterende jeweils erreicht hatte. Aus solchen Datierungen geht hervor, dass er mit dem Stoff nie ganz hingekommen ist. Die Vorlesung war in der Regel sehr gut besucht und galt als eine von Burckhardts glanzvollsten. Der ehemalige Student Otto Markwart meinte in der Rückschau, die *Geschichte des Revolutionszeitalters* sei „von den Vorlesungen Burckhardts die weitaus gefeiertste“ gewesen.[5] Burckhardt fasste seinen Stoff mit Hilfe von Übersichtsblättern zu Hause zusammen, memorierte ihn und trug ihn dann in freier Rede vor. Daher steht das Manuskript in einem nur mittelbaren Zusammenhang mit dem gesprochenen Wortlaut. Burckhardt nutzte es einerseits als Arbeitsunterlage zur Vorbereitung auf die jeweilige Vorlesungsstunde, zum anderen aber auch als den Ort, an dem er seinen Wissensstand zum Revolutionszeitalter immer wieder erneuerte und seine eigenen Einschätzungen und Ansichten zum historischen Geschehen formulierte.

Aus Burckhardts langjähriger Arbeit am Manuskript ist eine Folge von Exzerpten, Reflexionen und Kommentaren entstanden, die nie als bündiger Fließtext gedacht waren. Die Basis des ganzen Textkonvoluts bilden die Exzerpte aus der reichhaltigen Literatur zu den Herrschern und Staaten Europas in der zweiten Hälfte des 18. Jahrhunderts, zur Französischen Revolution im engeren Sinne (1789–1795) und zur europäischen Geschichte in der Ära der napoleonischen Kriege. Rein mengenmäßig dominieren umfangreiche Auszüge aus den großen und bekannten Darstellungen zum französischen Ancien Régime und zur Französischen Revolution wie etwa Louis Blanc, Edgar Quinet, Alexis de Tocqueville, Jules Michelet, Hippolyte Taine, Johannes

[4] Vgl. dazu Wolfgang Hardtwig, *Geschichtsschreibung zwischen Alteuropa und moderner Welt. Jacob Burckhardt in seiner Zeit*, Göttingen 1974, 25–50; mit dem Schwerpunkt auf der Frage, welche Rückwirkung Burckhardts Auseinandersetzung mit dem Revolutionszeitalter auf die Werkentwicklung und die Erzählformen Burckhardts auswirken: Philipp Müller, *Erkenntnis und Erzählung. Ästhetische Geschichtsdeutung in der Historiographie von Ranke, Burckhardt und Taine*, Weimar/Wien 2008, 145–244.

[5] Otto Markwart, *Jacob Burckhardt. Persönlichkeit und Jugendjahre*, Basel 1920, 50.

von Müller, Ludwig Häusser, Heinrich Sybel, usw.[6] Zu einzelnen Schwerpunktthemen zog Burckhardt speziellere Literatur heran wie etwa Mallet du Pan, Louis-Mortimer Ternaux oder Johann Jakob Hottinger.[7] An den Beginn eines Kapitels oder Abschnitts setzte er gelegentlich eine knappe oder ausführlichere Bibliographie. So fügt er zum Beispiel in einen Abschnitt über England unter Georg III. stichwortartig Literaturangaben ein.[8] Diese Werke hat Burckhardt – um einen Ausdruck seiner eigenen Sprache zu verwenden – „ausgeschrieben". Er notierte seine Exzerpte auf Einzelblätter, die sich dann thematisch zuordnen ließen. Dabei ergab sich als Grundlage für die Gliederung die chronologische Ordnung, dann aber eine Untergliederung nach Themenschwerpunkten mit Überschriften.

II.

Im Folgenden möchte ich ein paar Hinweise zu Strukturelementen des Burckhardtschen Geschichtsdenkens geben, wie sie sich in der Vorlesung zum Revolutionszeitalter niederschlagen. Sie betreffen das Verhältnis von Ereignis und Struktur, die Gewichtung der Faktoren Person und/oder Kollektiv in den Handlungsabläufen – wobei speziell die Träger des Revolutionsgeschehens mit ihren Motiven, Zielen, dem Anteil willentlicher Entscheidungen oder eines mehr oder weniger passiven Hineingezogenseins in das Geschehen im Vordergrund stehen. Sie betreffen weiterhin die Verteilung der Anteile

---

[6] Louis Blanc, Histoire de la Révolution française, 12 vol., Paris 1847–1862; Edgar Quinet, La Révolution, 2 vol., Paris 1865; Alexis de Tocqueville, L'Ancien Régime et la Révolution, 2. éd. Paris 1856; Ders., Mélanges. Fragments historiques notes sur l'Ancien Régime, la Révolution et l'Empire. Voyages – Pensées, Paris 1865; Jules Michelet, Histoire de la Révolution française, 4 vol., Paris 1869; Hippolyte Taine, Les Origines de la France Contemporaine, 6 vol., Paris 1876–1893; Ludwig Häusser, Geschichte der französischen Revolution 1789–1799, hg. von Wilhelm Oncken, Berlin 1867; Heinrich Sybel, Geschichte der Revolutionszeit von 1789–1795, 2. Aufl., 3 Bde., Düsseldorf 1859–1860. Hier angeführt werden jeweils die von Burckhardt benutzten Ausgaben.

[7] Jacques Mallet du Pan, Considérations sur la nature de la révolution de France, London 1793; Histoire de la Terreur 1792–1794, hg. von Louis-Mortimer Ternaux, 8 vol., Paris 1862–1881; Johann Jakob Hottinger, Vorlesungen über die Geschichte des Untergangs der Schweizerischen Eidgenossenschaft ..., Zürich 1846.

[8] Wie etwa „Adolphus, History of George III. (Bancroft, History of the united States) kommt erst im siebten Band an die eigentliche Revolution. Edelink – Kuhfahl – Ramsay, Geschichte der americanischen Revolution. – Dann Alles über Washington – Sparks: Leben Franklins, Leben und Briefwechsel Washingtons. Tocqueville (De la democratie en Amerique) – Andrée: America, Volume I. Guizot: Vie de Washington, lettres et écrits de Washington etc.", RevZA, 143. Vgl. auch die ganzseitige Literaturliste zu „Entstehung und Entwicklung der französischen Revolution", ebd., 198, sowie die Literaturangaben zu Napoleon, ebd., 893–902.

ideeller und/oder materieller Faktoren bei der Mobilisierung der Akteure, Fragen der Bewußtseinsstrukturen bei Akteuren und Leidtragenden des Geschehens, und sie betreffen natürlich auch die politischen Werturteile, die Burckhardts Konzeption und Darstellung zugrundeliegen und ihnen den unverwechselbaren Stil und Ton aufprägen. Die Erzählung des Geschehens wird – trotz des Exzerptcharakters des Manuskripts – vielfach nach Ausführlichkeit, Tempo, Buntheit des Lebens variiert.

Burckhardts Vorlesung über die Geschichte des Revolutionszeitalters ist zu Recht immer der politischen Geschichtsschreibung, nicht der Kulturgeschichte zugeordnet worden. Sie handelt vom gesellschaftlich-kulturell-politischen Gesamtgeschehen in Europa zwischen 1763 und 1815, wobei die im engeren Sinne politischen Entscheidungen und Prozesse im Vordergrund stehen, und von Themenaspekten, die gleichsam unterhalb der Ebene der reinen Ereignisgeschichte liegen. Bei alledem legt Burckhardt großen Wert auf die Erfassung von „Strukturen“; nur sind es bei ihm eben hauptsächlich einzelne Personen, welche die Strukturen verändern.

In der Vorgeschichte des eigentlichen Revolutionsgeschehens erscheinen die Monarchen vielfach als wichtige Akteure bei der Transformation von Strukturen. Sie treiben im Aufgeklärten Absolutismus jene staatliche Zentralisierung voran, die nach dem Traditionsbruch der Französischen Revolution unterhalb der turbulenten, aber kurzfristigen Ereignisse langfristig weitergeht und eine in Burckhardts Sicht fatale Signatur der Modernen Welt bildet. Die Monarchen entwerten damit von sich aus das Herkommen, womit sie ihrerseits zur Erosion ihrer eigenen langfristigen, traditionalen Rechtsgrundlagen beitragen. Strukturverändernd greifen sie auch in das Funktionieren des europäischen Mächtesystems ein und zerstören schon vor 1792 mit den Polnischen Teilungen und willkürlichen Ländertauschprojekten die Stabilität der europäischen Staatenwelt. Auch spielt für Burckhardt die Finanz- und Steuerpolitik bei Monarchen wie Friedrich dem Großen, Joseph II. und Katharina der Großen im Kontext rationalistisch-aufklärerischer Staatsreformen eine große Rolle. Für Frankreich wird das Thema der Staatsfinanzen mehrfach aufgegriffen, ohne jedoch so hervorgehoben zu werden, dass ihm ein eigener Abschnitt gewidmet würde.

Symptomatisch für den Stellenwert, den Burckhardt dem Thema zuweist, ist der Abschnitt über Frankreich in den letzten Zeiten Ludwigs XV. Hier spricht Burckhardt zunächst von der Verrottetheit des Hofes, vom Streit mit den Parlamenten und dann vom „Ruin der Finanzen“. Auf einem weiteren Blatt exzerpiert er Michelet, und hält prägnant fest: „Unmöglichkeit der allein wahren Hülfsmittel: Vertheilung der Steuern auf Alle und Einschränkung der Pensionen“. Eine Seite später notiert er dann wiederum aus Michelet: „Größte Finanznoth um 1769 – der Siebenjährige Krieg hatte Frankreich 1800 Millionen (?) gekostet – Choiseul schiebt es auf Terray und dieser auf Choiseul.

Dazu (laut Michelet) schlechte Erfolge in der auswärtigen Politik".[9] In ganz ähnlicher Weise bilanziert Burckhardt den „Zustand Frankreichs am Ende der Regierung Ludwigs XVI." Nach Notizen über den Zustand der öffentlichen Meinung und des Hofes gibt er auf einer Viertelseite eine Menge Zahlen, aus denen vor allem hervorgeht, dass sich – in absoluten Zahlen gerechnet – die Verschwendung Marie Antoinettes durchaus im Rahmen des Üblichen hielt, aber im Kontext der öffentlichen Debatte zu einem Hauptproblem hochgespielt wurde.[10] Burckhardt registriert demnach die finanziellen Nöte des französischen Staates und – eher beiläufig – die Verschwendung des Hofes als einen unter mehreren Gründen für die tiefe Staatskrise Frankreichs vor dem Ausbruch der revolutionären Unruhen, behandelt das Thema dabei aber als eines unter vielen. Stärkere Akzente setzt er erst dort, wo er davon spricht, dass der Übergang von Kirchen- und Staatsbesitz an zahlreiche Bürger eine neue Klasse von Eigentümern geschaffen habe, die den wesentlichen politischen Errungenschaften der Revolution positiv gegenübergestanden hätten, für die aber jetzt die Sicherung ihres Besitzes und damit Ruhe und Ordnung vorrangig gewesen seien. Der „Besitzwechsel" in der Französischen Revolution verleiht den Ergebnissen des Umsturzes Dauer. Burckhardt gewichtet solche ökonomischen Faktoren stark, auch wenn er sie nicht ausführlich darstellt.

Eine wesentliche Voraussetzung dafür, dass die Revolution ihre zerstörerische Kraft entfalten konnte, sieht Burckhardt in der Tatsache, dass Kirche und Staat kaum mehr die Möglichkeit hatten oder jedenfalls – wenn sie wirklich vorhanden gewesen wäre – sie nicht nützten, der Ausbreitung der politischen Theorie der Moderne entgegenzutreten. Im Kapitel über den inneren Zustand Frankreichs im Ancien Régime weist er zudem auf die Konzentration der Staatsmacht als struktureller Voraussetzung für die Verbreitung der revolutionären Ideologie hin – nicht nur, weil sie die Kommunikation erleichterte, sondern auch, weil Zentralisierung und Einheitsstaatlichkeit substanzielle Inhalte der revolutionären Theorien gewesen seien: „der große Machtinbegriff ‚Staat' kann ja schon Alles; weßhalb ihm denn die Fortschrittsleute auch schon Alles zumuthen und ihn für Alles verantwortlich machen. [...] Er ist die Providenz, die Alle anrufen".[11] Zur allgemeinen Gleichmacherei gehört laut Burckhardt, der hier vor allem Tocqueville und Taine folgt, die Einebnung der provinzialen Unterschiede und die Konzentration aller Träger von Macht und Geist in der Hauptstadt. In Burckhardts Sicht, die, auf dem damaligen Forschungsstand, die Bedeutung u.a. von Freimaurergesellschaften, Akademien und sonstigen Sozietäten in der Provinz deutlich unterschätzt, „absorbirt Paris alle Intelligenz und Geist. Kein Wunder daß die Revolution

[9] RevZA, 74–76 passim.
[10] RevZA, 202, 203.
[11] RevZA, 50.

die Provinzen so leicht aufhob. Paris wird erst recht die Hauptstadt der Industrie; hier allein entging man dem Zunftwesen fast ganz".[12]

Später, wiederum in einem Strukturkapitel über den Zustand Frankreichs in der Regierungszeit Ludwigs XVI., notiert Burckhardt kurz und bündig aus Tocqueville:

„Während bereits ganz Europa schwankte, Polen stark geschwächt, America abgefallen, Oestreich voll Gährung, bereitete sich in Frankreich der Sieg der völligen Negation vor. Factisch bereits centralisirte Bureaucratie, pulverisirend, mit drückendem und dabei politisch-ohnmächtigem Adel, isolirt, Stellenkauf, mißhandelten Städten, einer Hauptstadt wie Paris, und der Staatspolizei als einziger Garantie des Daseins".[13]

Eine besondere Pointe solcher Art konservativen Denkens kann man darin sehen, wie die revolutionäre Idee der Gleichheit der Person aus der Egalisierungstendenz des absolutistischen Staates abgeleitet oder zumindest mitbegründet wird. Jede Theorie habe im Kontext der späten Aufklärung nivellistisch gewirkt, so dass alles „Besondere", die ganze Buntheit und Vielgestaltigkeit des Überlieferten nur noch Ärgernis erregt habe. Die schon im vorrevolutionären Frankreich vorhandene Gedanken- und Äußerungsfreiheit arbeitete speziell auf die Gleichheitsparole hin, Freiheits- und Gleichheitsparole zusammen bereiteten dann den „Sieg der völligen Negation vor".[14]

Die Gleichrangigkeit der Parolen Freiheit und Gleichheit sieht Burckhardt alsbald zerfallen. Gelegenheiten zur Ideologiekritik des Gleichheitsgedankens läßt er sich mit Tocqueville nicht entgehen:

„Zur Gleichheit genügt schon der ordinäre Knechtsneid und die Schadenfreude daß es der Ausgezeichnetere doch nicht besser hat. Freiheit *hatte* man schon in hohem Grade. Die Literaten um so lebhafter, je weniger sie vom Detail verstanden; und ebenso räsonnirte der Mittelstand, bei jedem Druck, gegen alle Ungleichheit. Und die höheren Stände schrien zum Zeitvertreib mit".[15]

Letzten Endes habe sich das Bedürfnis nach materieller Gleichheit immer als stärker erwiesen als die Liebe zur Freiheit – in der Französischen Revolution wie in der Dynamik des seitherigen Revolutionszeitalters insgesamt.

Zwanglos schließen sich solchen strukturgeschichtlichen Überlegungen Themen einer modernen, primär sozialgeschichtlich verstandenen „Geschichte von unten" an. Manche Passagen bei Burckhardt führen in die Nähe einer ‚Geschichte der Straße', wenngleich die Perspektive durch die Sicht von oben bestimmt bleibt. Natürlich kennt Burckhardt in allgemeiner Form den Zusammenhang von Brotpreis und Radikalisierung. Allerdings erscheint der Hunger bei ihm eher als Folge einer bewußten Radikalisierungspolitik der

[12] RevZA, 50.
[13] RevZA, 201.
[14] RevZA, 201.
[15] RevZA, 202.

Revolutionsbetreiber.[16] Die Sansculotten als der revolutionstragende Teil des Volkes von Paris gewinnen sozialgeschichtlich keine klare Kontur – allerdings sind sie auch nicht unschärfer gezeichnet, als es der zeitgenössische Forschungsstand hergab. Von einer differenzierten klassenspezifischen Zuordnung nach Berufen, Konjunkturlagen, Arbeitszeiten, ständischen Traditionen oder von den Lebensformen und Handlungsweisen der Miseri et Mali wußte die Revolutionshistoriographie zu dieser Zeit noch nichts Genaues. Deshalb – aber nicht nur deshalb – beschrieb sie das „Volk" bei den Festen, während der Journéen, an der Guillotine eher summarisch, so wie es eben in den zeitgenössischen Mémoires dargestellt worden war.[17]

Burckhardt ist neben seiner in den publizierten Werken ausgelebten kulturhistorischen Neigung immer auch ein originär politischer Historiker geblieben. Ihn interessierte die Physik der Macht: wo sie sich, gerade auch unabhängig von einzelnen Personen, konzentriert, wie sie sich zwischen Institutionen, etwa der Nationalversammlung und der Commune, verschiebt; wie sich ein auftretendes Machtvakuum auswirkt. Institutionen brauchen Traditionen, denn erst Tradition und ein starkes Bewußtsein von ihr verleihen den Institutionen jenes Legitimitätsbewußtsein, das die Ausübung von Macht rechtfertigt und ihr das nötige gute Gewissen gibt.

Höchst bedeutsam erschien ihm zum Beispiel, dass nach der Verhaftung des Königs die Pariser Commune zur „mächtigsten Potenz" aufstieg, die „frech alle pouvoirs bei sich concentrirt" habe: „Die Commune, in ihrer Darstellung durch gewisse Schriftsteller, hat können zu einem Ideal bis heute werden. Sie behandelt die Assemblée nur noch als eine chambre d'enregistrement"; und „mit der ‚Gefahr des Vaterlandes' macht die Commune die eigentlichen Geschäfte".[18] Burckhardt sah in der Commune vor allem den Niedergang der altetablierten institutionellen Traditionen verkörpert, denen er so viel Gewicht beimaß, weil ihr Verschwinden den Verlust verantwortungsbewusster Selbstbindung von Inhabern oder Repräsentanten der Macht bedeutet habe.

In dieser Sicht war es schon ein wesentlicher Schritt zum Machtverlust der Monarchie, dass der Königshof unter Ludwig XVI. nicht mehr so imposant auftrat wie unter Ludwig XIV. Mit seinem Glanz gab der postludovizianische Hof in Burckhardts Sicht ein für den absolutistischen Staat zentrales Herrschaftsmittel auf. Hinzu kam, dass Marie Antoinette der aufklärerischen Kritik allzu viele Anhaltspunkte bot und dass die Unordnung der Finanzen die Monarchie zu Zugeständnissen zwang, die in eine Spirale des Machtverlustes führen mussten.[19]

---

[16] RevZA, 264, 267, 485.

[17] RevZA, 241 f., 471–481, 501–506 u.ö.

[18] RevZA, 493.

[19] RevZA, 202 f.

Für Burckhardt, der hier vor allem Tocqueville und Taine folgt, steigerte die Monarchie selbst die „auflösenden Tendenzen“ in der spätaufklärerischen Gesellschaft, indem sie nolens volens dazu beitrug, ihre eigene Stellung zu delegitimieren.

„Die Könige selbst zeigten, daß man nicht Altes zu respectiren brauche; Ludwig XV. durch seine Aufhebung der Parlamente, Ludwig XVI. durch gut gemeinte Gewaltacte anderer Art [...]. Der Nichtrespect gegen den Willen der Todten ist die beste Schule für die Verletzung der droits individuels der Lebenden. Dann das rechtlose Dreinfahren bei Tumulten; Alles eine justice prévotale. – explicit Tocqueville“.[20]

Auch die Entlassung Turgots mußte aus Burckhardts Sicht das Königtum schwächen, weil er offenkundig einer Koalition aller Privilegierten geopfert wurde, während der König mit der Person Neckers allzu durchsichtig eine Art „Bankdirektor“ berief, der nur dazu da gewesen sei, für den Krieg in Amerika Anleihen zu beschaffen. Mit solch schwächlichem Verhalten büßte die Monarchie endgültig „allen Einfluß auf den Geist von Paris“ ein.[21] Am wichtigsten erschien Burckhardt jedoch, dass die Monarchie und die Regierenden keinerlei Gespür aufbrachten für die Gefühlslagen der Bevölkerung, insbesondere für ihre umstürzlerischen Aufwallungen, die „Wirkungen des Enthusiasmus“.[22] Die „alten Mächte“ gaben sich selbst auf, und die Monarchie selbst trug dazu bei, ihre magische Kraft zu zerstören.

Auch auf Machtbalancen und ihren Zerfall richtet Burckhardt den Blick, auf fehlende oder verschwindende Gegenspieler des Revolutionsbetriebes, die aus dem Geschehen hinausgemahlen wurden. Im Kontext eines Exzerpts aus Quinet formuliert er dann zusammenfassend und stark abstrahierend einen der wesentlichen Gründe für die Hilflosigkeit der Herrschenden gegenüber den Kräften der Revolution, wobei Burckhardt den Regierenden allerdings kein intellektuelles oder moralisches Verschulden zumisst, sondern auf die Neuartigkeit der Bedrohung abhebt und damit deutlich macht, dass die Dimension der revolutionären Dynamik für die alten Mächte nicht absehbar gewesen sei:

„Die Macht kannte ihre künftigen Gegner noch nicht, schon weil diese sich selbst und vollends sich unter einander noch nicht kannten. Man trieb einem Niagarafall zu. Niemand aber konnte es wissen; die Nation hatte die Könige an Widerstandslosigkeit gewöhnt. [...]. Die Krone verstand, nach dem seculären Gehorsam, gar die Mittel nicht mehr, die Nation zu täuschen und zu blenden. – An die Masse dachte gar Niemand; ihre Erscheinung, als sie dann wirklich auftrat, verblüffte Alle. Bis tief in die Bewegung hinein hatte man geglaubt nur mit der öconomischen Ziffernfrage zu thun zu haben. (Quinet kommt nicht aus seinem

[20] RevZA, 209.
[21] RevZA, 203.
[22] RevZA, 202.

Erstaunen heraus, weil er den Optimismus in thesi als allgemeines Weltgesetz festhält und doch in specie dessen Unhaltbarkeit zugeben muß).“[23]

Dass das Geschehen den Vorstellungshorizont der Beteiligten überstieg, hebt Burckhardt mehrfach hervor: „Von derjenigen wahren großen Revolution die im Anzug war hatte Niemand eine Ahnung“.[24]

III.

Trotz der großen Bedeutung von Faktoren langer Dauer (wie der Macht von Institutionen) und materieller Strukturen (wie der Besitzverteilung in einer Gesellschaft) kommt einzelnen Personen als treibenden Kräften des Revolutionsgeschehens eine herausragende Rolle zu. Deren Auftreten und Wirkung interpretiert Burckhardt in einer primär ideengeschichtlichen Perspektive. In seiner Sicht war die Revolution „vorbereitet durch eine enorme literarische Bewegung, die Alles (vertrauensvoll gegen die Zukunft) in Frage stellte“.[25] „Der Geist ist ein Wühler“ heißt es bekanntlich in der Vorlesung *Über das Studium der Geschichte*, und Burckhardt zeigt ihn in der *Geschichte des Revolutionszeitalters* konkret bei der Arbeit. Der Wühler „Geist“ wirkt in einzelnen Personen, diese aber sind Teil einer Bewegung, welche die herkömmlichen Autoritäten kritisiert, stürzt und an ihre Stelle schließlich eine neue Struktur setzt.

Das zeigt sich unter anderem an der Bedeutung, die Autoren wie Voltaire und vor allem Jean-Jacques Rousseau zugewiesen wird. Im Kapitel über die „Zeiten der Reform von oben“ listet Burckhardt eine Reihe derjenigen „epochemachenden Bücher“ auf, welche in seiner Sicht „die höhern Classen auf das Ungewisse vorbereiteten und wehrlos machten“.[26] Dazu zählen u.a. Montesquieus *L'esprit des lois*, sämtliche Werke von Rousseau, Buffons *Histoire naturel*, Diderots *Enzyclopädie*. Rousseau hält den Ehrenplatz mit sechseinhalb vollen (Editions-)Seiten, auf denen Burckhardt teils Exzerpte, teils seine eigenen Kommentare notiert. Ganz aus dem Burckhardtschen Geiste geformt und wie in Stein gemeißelt, geben die folgenden Sätze die Grundorientierung in der politischen Bewertung der Revolution vor:

„Die Essenz seines Wesens ist ein gut verhehlter universaler *Neid*, beruhend schon auf früher Verbitterung im Kindesalter. Der starke persönliche timbre all seiner Worte. Als er sich dann einmal auf den ‚Freimuth‘ als auf sein Genre verlegt hatte, konnte er gar nicht mehr zurück und seine inzwischen voll entwickelte enorme literarische Begabung hielt ihn dabei von selbst über dem Wasser. Es war ein ganz neues Genre! […] Er ist eine tief re-

[23] RevZA, 201.
[24] RevZA, 202, vgl. auch 69.
[25] RevZA, 350.
[26] RevZA, 71.

bellische Natur. In diesem Allem ist er das wahre Prototyp aller und jeglicher Revolution. Er weist auf primitive Urzustände und ist der Vater eines ganz unergründlichen Radicalismus. Auf das Bequemste verbindet er die Ansichten von der Bosheit der Einzelnen mit der ursprünglichen Güte Aller, die nur durch ungünstige Verhältnisse habe zu Worte kommen können. Sein weinerlich-rebellischer Ton hatte für jene Zeit etwas unwiderstehliches. Man hatte sentiments und war doch Raisonneur. Zwischen aller Wehmuth und Tugend drängte sich eine Gesinnung ein, welche in der Verdammung des Vorhandenen weder Boden noch Grenzen mehr fand.“[27]

Aus der sich radikalisierenden Aufklärung gehen jene Literaten hervor, welche die Schreckensherrschaft herbeiführen und dann auch exekutieren: Marat, Robespierre, Collot d'Herbois, Desmoulins, Saint-Just und viele andere. Ihrer Geschichtsmächtigkeit gegenüber bleibt für Burckhardt die Rolle etwa der äußeren Bedrohung und des Krieges mit der *levée en masse* sekundär. Es sind die Jakobiner in den Sektionen, die mit ihren „communistischen Forderungen“ (Höchstpreise, Mindestlöhne, kleinbürgerliche Egalisierung) die durch das aufklärerische Denken vorbereitete Revolution bis zur Errichtung der Terreur vorantreiben. Selbstverständlich spielen dabei die politischen Ideen – ihre Konzeption und ihre Verbreitung durch einzelne Denker und Autoren aller Art – eine maßgebliche Rolle.

Die Ideen schweben nicht im luftleeren Raum, sondern entfalten ihre Wirkung erst, indem sie innerhalb eines bestimmten kulturellen und dann auch sozialen Milieus auf Macht- und Besitzbedürfnisse intellektueller und materieller Art stoßen, und diesen zu einer mehr oder weniger klaren Artikulation verhelfen. Dazu gehören als Voraussetzungen ein literarischer Markt, aber auch eine gewisse Flexibilisierung der Eigentumsstrukturen in einer zwar noch traditionell verfaßten, aber flexibler gewordenen gesellschaftlichen Struktur. Burckhardt umspielt diesen Wirkungsmechanismus in verschiedenen Variationen. Zu Rousseau bemerkt er, dass seine Ideen nicht nur, aber vorrangig Anklang gefunden hätten bei Personen, „welche durch den Umsturz von positiven und geschichtlichen Rechten zu gewinnen hofften“ und dass sich seine Ausstrahlung von den „Gebildeten“ auf die „Halbgebildeten“ ausgedehnt habe.[28] Zu den maßgeblichen Wirkungsbedingungen gehörte eine „geistige Erregbarkeit der Gebildeten aller Länder“, die durch die aufklärerischen Ideen, die Einwirkung der amerikanischen Revolution und die Unzufriedenheit mit den aktuellen Zuständen im eigenen Land hervorgerufen worden sei. Aus Tocqueville übernimmt Burckhardt den Gedanken, dass sich die allgemeine Begeisterungs- und Erregungsfähigkeit aus der Frische der intellektuellen Wahrnehmung erkläre; die Gebildeten seien noch nicht abgestumpft gewesen gegenüber dem Neuen in Literatur und Kunst und „gegen das Neue überhaupt“. Befeuert wurde diese allgemeine Reiz- und Erregbar-

[27] RevZA, 64.
[28] RevZA, 203.

keit dadurch, dass die neue Literatur die Welt des Politischen emotionalisiert habe. Wiederum sieht Burckhardt in Rousseau die Hauptfigur dieser Umformung der politischen Kultur in der Vorgeschichte der Revolution. Die Reizsteigerung reproduziert sich dabei selbst: „Mit der Gewöhnung an Emotionen stellte sich dann von selbst das Emotions*bedürfniß* ein".[29]

Die Wirksamkeit von Personen und die Formbarkeit von Strukturen entsprechen sich demnach. In der Wirkungsdimension erscheint in Burckhardts Sicht Napoleon, der die Revolution beendet, vergleichbar mit Rousseau, der sie vorbereitet. Die intellektuelle Leistung Napoleons, die sich in seinem Anteil an einer Vielzahl gesellschaftsmodernisierender Gesetze nicht nur in Frankreich, sondern im ganzen für längere Zeit durch die napoleonischen Feldzüge besetzten Raum niederschlug, unterschätzt Burckhardt durchweg. Überhaupt bleibt Napoleon für Burckhardt eine wesentlich französische Größe, während Rousseau menschheitlich gewirkt habe. Einen gewissen widerwilligen Respekt kann Burckhardt Napoleon nicht vorenthalten, aber ähnlich wie bei Rousseau billigt er ihm letzten Endes hauptsächlich zerstörerische Potenzen zu, nicht den Aufbau einer tragfähigen, langfristigen Ordnung.

Strukturgeschichtlich bedeutsam ist aber vor allem, dass eine historische Persönlichkeit von solcher Macht und Ausstrahlung imstande ist, die Gesinnung einer ganzen Nation umzuformen und gemäß ihrem eigenen politischen Temperament zu gestalten – bei Napoleon, insofern wieder vergleichbar mit Rousseau, bedauerlicherweise zum Negativen, bedingt durch den fragwürdigen Charakter und das ebenso fragwürdige Verhältnis zur Macht: „Personification grandioser Selbstsucht; der Zweck ist ihm Alles; seine Mittel Gewalt und außerdem List, Tyrannei, kleinliche Chicane". Daraus ergibt sich dann das Verdikt:

> „Napoleon Despot, macht zugleich die Franzosen despotisch, theilhaft seines Ruhmes, seiner Missethaten und seiner Niederlage. Sie waren nach der Revolution halbgenesen; mit sorgsamer Erziehung wäre ihnen auch der Respect vor Verfassung und wahrer Freiheit beizubringen gewesen […]. Er machte sie rastlos und respectlos gegen jedes eigene und fremde Recht; (hm? das waren sie schon durch die Revolution!) das schon erloschene propagandistische Fieber der Revolution wacht neu und heftiger metamorphosirt auf […]."[30]

Die Revolution demonstriert für Burckhardt die Möglichkeit, den Charakter und den Habitus ganzer Bevölkerungen umzuformen.

Manchmal diskutiert Burckhardt auch explizit die Handlungsspielräume der Akteure oder stellt in wenigen Zeilen ein kontrafaktisches Gedankenexperiment an. Etwa zu einem Schlüsselmoment der Revolution, der Verhaftung des Königs:

---

[29] RevZA, 69, 70.
[30] RevZA, 893.

„Zum 10. August: Es hing noch sehr viel am persönlichen Verhalten des Königs. Hätte er den gewöhnlichen sanguinischen Muth gehabt und das Beispiel der Todesverachtung gegeben, so hätte er viel mehr Vertheidiger gefunden oder die welche er fand, hätten ihm eher helfen können. [...] Wäre auch nur etwas von Henri IV (abgesehen von der Bonhommie) in ihm gewesen, wäre er zu Pferde gestiegen, so hätte er den *gegen* ihn geplanten Streich für sich eincassiren können."[31]

Im Kontext einer gründlichen Erörterung über die Stellung des Katholizismus in der Revolution wirft Burckhardt auch die Frage auf, was passiert wäre, wenn die Jakobiner den Katholizismus ganz abgeschafft hätten. Gewagt hätten sie es schon – so Burckhardt – wenn sie es für zweckmäßig gehalten hätten, „aber da fehlte es". Hier wirft Burckhardt zumindest tentativ den Jakobinern mangelnde Radikalität vor, denn bei einer Beseitigung des Katholizismus hätte es möglicherweise zu einer „wirklich großen Neubildung des modernen Geistes" kommen können.[32] Allerdings bricht Burckhardt dieses Gedankenexperiment sogleich ab.[33] Immerhin hätte in seiner Sicht eine konsistente Alternative zum Katholizismus – die freilich nicht in liberté, égalité, fraternité hätte bestehen dürfen – den Jakobinern größere Legitimität und Anerkennung sowohl bei Zeitgenossen wie bei den späteren Beurteilern verschafft. Die Terreur hätte „leichter Verzeihung und Beifall gefunden", während sie tatsächlich „das viele Blut nur um persönlicher Positionen willen" vergossen habe.[34] Zu den „Was-wäre-wenn-Überlegungen" gehört schließlich auch die Erwägung, ob es möglich gewesen wäre, die Revolution durch eine dauerhaftere Zusammenarbeit Danton-Robespierre noch vor dem Höhepunkt der Terreur zu beenden.

Nicht nur Personen, auch Ereignisse können solche Transformationen herbeiführen. Die Kürze des Ereignisses ist kein Argument gegen die Langfristigkeit der Wirkung, vorausgesetzt, das Ereignis greift an die Grundlagen der Ordnung. Für die Gefangennahme des Königs und ihre Folgen findet Burckhardt ebenso starke wie prägnante Worte.

„Magische, unermeßliche Wirkung der Gefangenführung des Königthums [...]. Jetzt Frankreich zwar nicht republicanisch, aber ohne Monarchie; [...] mit dem Wegfall des Königs glaubten die Einen Alles verloren, die Andern alles gewonnen; Furcht und Hoffnung hatten keine Grenzen mehr; Jedermann war jeté hors de lui-même".[35]

Man kann solche Überlegungen als Beiträge zu einer Mentalitätsgeschichte verstehen – mit der Pointe, dass Burckhardt gerade nicht die ‚Trägheit' und damit die lange Dauer von Bewußtseinsstrukturen betont, sondern auf die Schnelligkeit des mentalen Wandels abhebt. Das gilt natürlich vor allem für

[31] RevZA, 346 f.
[32] RevZA, 457.
[33] RevZA, 457.
[34] RevZA, 457.
[35] RevZA, 348.

den Auraverlust der Monarchie durch die „Gefangenführung des Königthums" und entsprechend für den Königsmord. Auch Journéen und revolutionäre Feste erscheinen als Agenten der Einflußnahme auf das Bewußtsein der ‚Massen'. Für Burckhardt geht das ganze französische Volk aus dem Revolutionsgeschehen zutieftst verändert hervor. Vergleichsweise kurzfristige, aber hochemotionale, aufwühlende und im Ergebnis katastrophale Ereignisse zeitigen langfristige Wirkungen und führen zu veränderten Bewußtseinslagen und mentalen Einstellungen. Sie können aber auch, strukturell ähnlich, den Rückfall in alte Einstellungen herbeiführen, die durch den Einfluß der Aufklärungsliteratur und die partizipatorischen Akte der ersten Revolutionsjahre überwunden schienen: „der Schrecken hatte die alte Servilität und die Herzenshärte" wieder hergestellt. Und es hat gerade eine mentalitätsgeschichtliche Pointe, dass Burckhardt den „Septembermorden" von 1792 so viel Aufmerksamkeit zuwandte. In seiner Sicht prägten sie einer großen Gruppe von Franzosen förmlich ein „Mordtemperament" ein.

Burckhardt räsonniert im Verlauf der Vorlesung immer wieder über den radikalen Bruch mit der Vergangenheit. Zwar hatte er von Tocqueville dessen Grundthese übernommen, dass sich vorrevolutionäre Prozesse der Zentralisierung, Egalisierung und Entrechtung ungeachtet der Turbulenzen des Revolutionsgeschehens langfristig durchgehalten hätten. Gleichwohl – oder gerade vor diesem Hintergrund – tritt bei ihm die These stark hervor, dass einzelne revolutionäre Prozesse in ungeheurer Geschwindigkeit radikale Neuschöpfungen hervorgebracht hätten. Das gilt etwa für die Feste der Revolution und die neuen Kulte, und es gilt für den neuen Typus des demagogischen, ruhelos machtbesessenen und moralisch bedenkenlosen Jakobiners.

Über die Veränderungsdynamik, die mit dem universellen Prinzip der aufklärerischen Kritik in Gang gesetzt wurde, habe sich – so Burckhardt weiter – niemand rechtzeitig Rechenschaft gegeben. Mit der Theoriefixiertheit verband sich in Burckhardts Sicht eine absolute Blindheit gegenüber der Zukunft: „von der wahren großen Revolution [...] hatte Niemand eine Ahnung".[36] So konnte es passieren, dass die Franzosen vertraut wurden „mit dem Gedanken an einen Sprung ins Ungewisse hinein"[37], der sich dann, befeuert von den Emotionen der städtischen Massen, schrittweise vollzog. Burckhardt zufolge hatte „die ganze geistreiche Welt an einer Utopie" gebaut und mit ihr eine „glühende Irreligiosität" verbunden, weil die Kirche eine Sache der Tradition und der Geschichte gewesen sei und außerdem in Frankreich ein „hochprivilegirter Stand". „Der *politisch-religiöse* Sturz mußte, als er kam, unbedingt den Menschen ganz aus der Fassung bringen. Die Revolution hatte selber die Eigenschaften einer Religion".[38]

[36] RevZA, 202.
[37] RevZA, 206.
[38] RevZA, 204.

IV.

In der Terrorherrschaft verdichtete sich eine Vielzahl von Intentionen, Einstellungen, Handlungsmustern, deren Verknüpfung eine äußerste Komplexität der Ereignisfolge bewirkte. Eben diese Komplexität nötigt Burckhardt zu einer ihrerseits höchst komplexen Reflexion, deren Lektüre einen ungewöhnlich klaren Einblick in Burckhardts geschichtstheoretische Grundüberzeugungen ermöglicht. Burckhardt leitet sein Exzerpt unter der Überschrift *Quinet II: théorie de la Terreur* mit dem kritischen Hinweis ein:

> „Er vergißt, das Allgemein Tonangebende, nämlich die *Septembertage*, wieder zu erwähnen“ und fährt dann fort: „Die sog. *grande Terreur* ergiebt sich dann allerdings von selbst durch die Bedrohung von außen. Sie wurde das Werkzeug der Existenz, das bleibende Temperament der Revolution. Abschaffung von Mitleid und Reue. Dazu die Absicht: eine in der Knechtschaft aufgewachsene Nation zu ändern (freilich durch eine neue Tyrannei, welche die Franzosen zwingen sollte, frei zu sein). Endlich die Verachtung des Individuums, höchst verderblich für die Revolution selbst, welche auf einer zählbaren Anzahl von Individuen beruhte (nicht ein sich selbst bewegender Begriff war!) und mit deren Untergang ebenfalls unterging.“[39]

Der Abschnitt schließt mit der sarkastischen kontrafaktischen Frage: „Was wäre aus der Reformation geworden, wenn die Reformatoren sich unter sich geköpft hätten?“ Dieses Zitat veranschaulicht Grundsätzliches bei Burckhardt: die gerade schon diskutierte Annahme, Charakter und Habitus ganzer Nationen ließen sich durch Schlüsselereignisse und das Wirken einzelner bedeutender Individuen langfristig umformen; die Annahme, die Revolution sei das Werk einer überschaubaren Zahl von Akteuren; und die Überzeugung, Verantwortlichkeiten aller Art und Gewichtigkeit könnten und müßten sich einzelnen Personen präzise zurechnen lassen.

Burckhardt legt also größten Wert darauf, die Revolution nicht einfach als Folge genereller materieller oder intellektueller Verhältnisse zu deuten, obgleich, wie schon angedeutet, bestimmte intellektuelle, mentale und materielle Bedürfnislagen allen individuellen Denk- und Handlungsanstößen zugrunde liegen müssen, um ihnen zu konkreter Wirksamkeit zu verhelfen. Daher finden Zahlenangaben zu der Beteiligung an revolutionären Geschehnissen aller Art immer Burckhardts größte Aufmerksamkeit. Das betrifft etwa die Menge der Faubourg-Bewohner beim Bastille-Sturm, die Zahlen von Beteiligten an den Journéen und an den revolutionären Festen, an Exzessen wie etwa den Septembermorden des Jahres 1792 und die Zahlen der Opfer der Guillotine.[40] Sorgfältig exzerpierte Burckhardt aus Taine die von diesem vermutete eher kleine Zahl der Jakobiner, „selten auch nur ein Zehntel der Wähler, ja kaum ein Zwanzigstel; – in Paris (auf 700,000 Seelen) nur 5000,

---

[39] RevZA, 452.
[40] RevZA, 265–269 passim.

höchstens momentan das Doppelte. In ganz Frankreich keine 300,000 – Aber ils sont une bande dans une foule. – Sie functionirten unendlich sicherer als die schwerfällige democratische Regierungsmaschine".[41] Die Schilderung der Septembermorde 1792 beendet Burckhardt mit Angaben zu den Opferzahlen in Paris und in der Provinz, wobei er auch Abweichungen der Zahlen bei verschiedenen Autoren festhält. Für Paris „über 1200" (bzw. 1368).[42] Die quantitative Betrachtung schlägt hier wie fast immer sogleich in eine politisch-moralische Überlegung oder Sentenz um: „Alle Zeitungen dieser Tage schweigen vom Mord; erst 6. September sagte der Moniteur etwas. [...] 800,000 Menschen verstopften sich die Ohren um nichts zu hören".[43] Eine typische Stelle lautet: „In Paris mittlere Zahl der Guillotinirten: 1793: täglich: October: 39, November: 54, December: 72; Diese Zahlen irrig. (Die Hauptzunahme dann erst 1794 von Danton's Sturz an)."[44]

Je kleiner die Zahl der Akteure, desto präziser lassen sich Verantwortlichkeiten zuordnen. Gerade hier reibt sich Burckhardt notorisch an der jakobinischen Geschichtsschreibung. Er lehnt es schlichtweg ab, das in der Revolutionshistoriographie gern pathetisch als kollektiver, politisch-moralisch intakter Akteur überhöhte „Volk" als Ganzes zu entlasten. Vielmehr spürt man seinen Formulierungen eine gewisse Befriedigung an, wenn er Revolutionsheroen gleichsam persönlich haftbar machen kann für eine Untat oder für eine Weichenstellung in der Revolutionsgeschichte. In einem Exzerpt aus Quinet zum Kampf zwischen Gironde und Montagne polemisiert Burckhardt explizit dagegen, massenhafte Ausschreitungen nur durch allgemeine Gefühle zu erklären: „Wer bearbeitete aber diese foule? mit der bloßen ivresse oder Saillie de tempérament kommt man da nicht durch".[45] Bei den Septembermorden in der Provinz kann Burckhardt zwar keine Täternamen nennen, aber seine Informationen reichen aus, die Pariser Kommissare und „Pariser Freiwillige" in die Verantwortung zu nehmen. Zuletzt steigert er die Vielzahl seiner Befunde zu der allgemeinen Aussage: „die eigentlichen Gräuel mußten überall künstlich angefacht werden, unter entsetztem Zuschauen der Einwohner. Es ist ein allgemeiner Schrecken ins Blaue hinein".[46] Das zerstörerische „Temperament" verkörpert sich für Burckhardt primär in benennbaren einflußreichen Personen, bevor es auf eine größere Menschenmenge übergreift oder diese dazu bringt, den zerstörerischen Impulsen, die die meisten Menschen neben anderen in sich tragen, Raum zu geben. So implantiert in Burckhardts Sicht der Journalist Marat diese Mentalität in die revolutionär

[41] RevZA, 310.
[42] RevZA, 384, 386 f.
[43] RevZA, 384.
[44] RevZA, 491.
[45] RevZA, 431.
[46] RevZA, 387.

erregte Pariser Bevölkerung. In einem vergleichbaren Kontext schließt Burckhardt eine aus Quinet entnommene und wohlmeinende Darstellung des Zustands der französischen Revolutionsarmeen mit der Bemerkung ab: „Die Armeen waren eben frei von der absoluten ‚Wuth an sich‘, womit Marat die Pariser Revolution fast von Anfang an vergiftet hatte“.[47] Noch zugespitzter heißt es schließlich: „Aber, lieber Quinet! Die dieser französischen Revolution eigene Wuth, vielleicht wesentlich Folge einer kranken Leber Marats, ist ja längst mit Händen zu greifen“.[48]

Die Übergänge von der reinen Personengeschichte zu einer durchaus vielschichtigen Strukturgeschichte sind demnach gleitend. Mit der Darstellung einzelner Personen verknüpft Burckhardt vielfach Reflexionen über ihre Handlungsbedingungen und -muster sowie über die Relevanz ihres Agierens für den Geschichtsverlauf. Gelegentlich skizziert er zum Beispiel die Kollektivbiographie einer zu ungeahnter Geschichtsrelevanz kommenden Personengruppe wie der Jakobiner. Er folgt hier Taines Kapitel „La conquete Jacobine“, wobei er mehrfach nur Hinweise gibt auf Aspekte, die Taine genauer behandelt. Bemerkenswert modern klingt dabei die Formulierung: „Entstehung und Construction des Jacobiners“. Wenn Burckhardt dann von den „Classen“ spricht, aus denen sich die Personengruppe der Jakobiner zusammensetzt, so bleibt diese Kategorie ganz unbestimmt. Aus heutiger Sicht liegt das Defizit einer exakteren sozialgeschichtlichen Analyse der Mitglieder von Jakobinerklubs auf der Hand. Der Leser darf hier allerdings nicht zu viel erwarten. Es dauerte immerhin bis tief in die erste Hälfte des 20. Jahrhunderts, bis die entsprechenden Fragestellungen und Methoden für solche Analysen hinreichend verfeinert waren. Sie meint hier nicht mehr, als dass sich bei ihnen die „scheußlichsten Theile der Bevölkerung“ zusammengefunden hätten; „einmal oben“ – so Burckhardt weiter – „behaupten sie sich durch Terreur und Hinrichtungen“.[49] Für ihn ist es der arbeitsscheue und ruhelose Teil der Bevölkerung, der sich in den Klubs zusammenfindet und in dieser Gemeinschaft einen Aktionsraum für zunehmend blutige Machtspiele findet, die keinerlei Rücksichtnahme auf gültige Normen und Usancen oder auch nur auf selbstverständliche menschliche Anständigkeit kennen. Burckhardt folgt Taine auch in Wertungen, die sich in Bezeichnungen wie „fanatiques et intrigants“, „Factionsmenschen“, „Denunciren und Verläumden“, „wahre Inquisition“, „völlige Scrupellosigkeit“ niederschlagen.[50] Der Terminus „Construktion“ – heute würde man modisch vermutlich „Erfindung“ sagen – verweist auf den Prozeß einer willentlichen Formung von Menschen bis hinein in ihre persönlichsten Denk- und Verhaltensweisen, der Burckhardt mög-

[47] RevZA, 418.
[48] RevZA, 431.
[49] RevZA, 310.
[50] RevZA, 310 f.

licherweise von allen in seiner Sicht höchst abstoßenden Erscheinungsweisen des revolutionären Geistes am meisten beunruhigt hat.

Dass Burckhardt es ablehnt, methonymisch von dem „Volk" als hochgesinntem Träger der Revolution zu sprechen, bedeutet nicht, dass die soziale Kategorie „Volk" bei ihm nicht vorkäme. Burckhardt verwendet den Terminus öfter, sucht aber nach Maßgabe der damaligen sozialhistorischen Möglichkeiten das „Volk" weiter sozial und kulturell zu differenzieren. Nicht klar voneinander trennen lassen sich in seinem Sprachgebrauch die Termini „Volk" und „Masse". „Masse" ist zunächst eine bloße Mengenbezeichnung, die sich allerdings unter der Hand ohne explizite begriffliche Reflexionen mit pejorativen Attributen aufladen kann. Im umfangreichen Kapitel über den „Zustand Frankreichs während der Regierung Ludwigs XVI." spricht Burckhardt zum Beispiel zunächst ganz neutral von den Bauern als „Masse", geht dann aber gleitend über zu den Miseri et Mali, die zusammenfassend als die „die enorm angeschwollene Masse von Out laws aller Art" bezeichnet werden.[51]

„Die Contrebandiers: 1200 lieues de douanes intérieures sont gardées par 50,000 hommes, dont 23,000 soldats sans uniforme [...]. Die fauxsaulniers, mit Hülfe von Kindern und Hunden. Das Volk wie in Calabrien *für* die Räuber, *gegen* die Gensdarmen [...]. Dazu die Masse von gewöhnlichen Räubern und Mördern – zu Mercier's Zeit (1782) 10,000 – die Maréchaussée keine 4000."[52]

Diese Personenkreise bilden den Kern jener Bevölkerungsgruppen, die in der Zeit der grande peur in Paris und auf dem Land aktiv wurden und auch späterhin immer bereit standen, wo es Unruhe, Aufruhr und Gewalttaten gab. Wo sich dann eine größere Menschenmenge zu einer der Journéen zusammenfand, kann Burckhardt etwa von dem „ausrückenden Haufen", den „eigentlichen Pétitionnaires" sprechen, die sich etwa bei der Journée am 20. Juni 1792 auf eine Menge von „100,000 Köpfen" summieren – zusammen mit Faubourgiens, Nationalgarde, Troß und Neugierigen.[53]

„Volk" dieser Art tritt dann auch bei der Verurteilung und Hinrichtung Dantons in charakteristischer Weise auf die Bühne. Burckhardt stützt sich für die Schilderung dieser Vorgänge vor allem auf Dantons Rede vor seinen Anklägern selbst auf Georges Avenel, auf Vilate und Clarétie. Nachdem er zuvor schon Szenen an der Guillotine geschildert hatte, faßt er sich hier relativ kurz und hält nur einige charakteristische Szenen fest, nicht ohne sich dabei wieder mit der Literatur auseinanderzusetzen:

„Bei der Hinrichtung enthielt sich das Volk wenigstens jeder Beleidigung nein! zeigte aber ni pitié ni tristesse. Fabre, Chabot, Bazire mithingerichtet. Es geschah wieder place de la révolution [...]. Auf zwei Karren fuhren sie [die 15 Verurteilten, W.H.] aus dem Palais de

---

[51] RevZA, 207.
[52] RevZA, 207.
[53] RevZA, 332.

Justice. Danton, beim Anblick der Menge: ces f... bêtes, ils vont crier ‚vive la république' [...]. Die Menge zog lärmend mit; viele sangen die Marseillaise. Die Verurtheilten wurden gar nicht mit Schweigen begleitet wie Quinet meint, sondern verhöhnt".[54]

Um die letzten Tagen der Schreckensherrschaft zu veranschaulichen, schildert Burckhardt u.a. den Platzmangel auf den Karren zur Guillotine und wie viele Guillotinen es in ganz Paris gab. Wichtig erscheint ihm das Verhalten der Opfer – ausdrücklich notiert er aus Maxime Du Camp deren „Mode der Gefasstheit" sowie die Ausnahmen davon – und auch, was der Zuschauerpöbel den Opfern zuruft.[55]

In der Bewertung des Geschehens spürt der Leser immer sehr deutlich Burckhardts Erfahrungshintergrund als Journalist in den Schweizerischen Sonderbundkriegen 1846, als er – wie es in einem berühmten Brief heißt – dem „Volk ins wüste versoffene Auge" geblickt hatte. Als wichtigste „Struktur" schimmert in den pessimistischen Wertungen das bekannte Diktum aus der Vorlesung „Über das Studium" durch, das Thema geschichtlicher Betrachtung sei „der Mensch, wie er immer war und sein wird" – sein Charakter und vor allem seine Miserabilität. Eine gewisse „Angstlust" Burckhardts am Grauenhaften, aber auch die Lust an der schauerlich belehrenden Rede ist unübersehbar und erinnert daran, wie Jacob Burckhardt ein knappes Jahrzehnt vor seiner Arbeit an der Revolutionsvorlesung in seinem Klassiker über die *Cultur der Renaissance* die Gräueltaten der Tyrannen geschildert hatte. Das Entzücken der Hörer Burckhardts beruhte nicht zuletzt auf dem Grauen des Dozenten und seiner Fähigkeit, dieses im Hörsaal auch zum Ausdruck zu bringen.

V.

Burckhardt verstand sich selbst als professionellen und jenseits aller politischen Tagesinteressen urteilenden Historiker. Nach seiner eigenen, berühmt gewordenen Bekundung ging es ihm nicht darum, Klugheit „für ein andermal", sondern Weisheit „für immer" zu vermitteln. Gleichwohl stellt die Vorlesung über die Geschichte des Revolutionszeitalters geradezu das Musterbeispiel einer Geschichtsschreibung *cum ira et studio* dar. Der provozierende Charme von weiten Passagen dieses unglaublichen Textes liegt zum einen in seinem fragmentarischen Charakter. Die Offenheit und Unabgeschlossenheit des Textes, der sich aus der Blättersammlung Burckhardts ergibt, erscheint geradezu als diejenige literarische Form, die zum einen der Vielschichtigkeit und vielfach auch der Widersprüchlichkeit des Revolutionsgeschehens in besonderer Weise adäquat ist und die zugleich die Offen-

[54] RevZA, 503 f.
[55] RevZA, 491 f.

heit und die Leidenschaft widerspiegelt, mit der sich Burckhardt mit diesem Geschehen und seiner Bearbeitung durch die Revolutionshistoriographen auseinandersetzt. Zum andern ermöglicht die Form die oft provozierend zugespitzten, rückhaltlos vorgetragenen Wertungen und den Ausdruck der intellektuellen Leidenschaft, wie sie sich in den starken, oft verdammenden Adjektiven, Verben und Substantiven niederschlägt – in Wendungen, wie sie ein professioneller Historiker nicht drucken lassen würde. So etwa, wenn Burckhardt über Saint-Just schreibt, er habe die Verurteilung des Königs zum Tode „in niederträchtiger Causalverbindung mit der Nahrungsfrage" gefordert. Manchmal spricht Burckhardt gar von „wahren Gründen", die „so traurig für das Menschengeschlecht" sind, „daß man sie auf dem Catheder besser verschweigt." Solche sparsam aber meist sehr eindeutig gesetzte Kommentierungen, die Burckhardt als Moralisten par excellence ausweisen, durchziehen schon die Exzerpte und nicht erst das gesprochene Wort.

Die Textur der Geschichte des Revolutionszeitalters ist immer mehrschichtig, sie bietet das Faktische, reproduziert Geist und Intention des exzerpierten Textes, distanziert und hinterfragt diesen gleichzeitig und läßt die eigenen Bewertungen mehr oder weniger deutlich durchschimmern. Sie enthält die Sicht eines konservativen Skeptikers, der allen Glücksversprechungen mißtraut, ihren Ideengrundlagen, praktischen Konsequenzen und Perversionen aber gleichwohl bis ins kleinste Detail nachspürt, der von der grundsätzlichen Kontingenz des Geschehens überzeugt ist und trotzdem die „condition humaine" unter den spezifischen Bedingungen des Revolutionszeitalters mit mehr oder weniger rational gebändigter Anteilnahme erzählt.

Schon in seinen Vorträgen über die *Zeit Friedrichs des Großen* 1852, als 35-Jähriger, hatte Burckhardt die Wendung zum Konservativen vollzogen – Folge der revolutionären Jahre 1846–1849 – und den Kerngedanken von der „Revolution der Geister als Basis der neuern Zeit" formuliert. Die nachrevolutionäre europäische Geschichte wiederholte in Burckhardts Augen den in Frankreich um die Wende zum 19. Jahrhundert kondensierten Ablauf der Ereignisse. Dieser permanente Gegenwartsbezug äußert sich bei Burckhardt in der mehrfachen Bedeutung seiner meist stichwortartigen, aber auch polemisch-sarkastischen, vereinzelt polemisch-zustimmenden Kommentierung der von ihm verarbeiteten Revolutionsliteratur. Die ausdrückliche Zustimmung zu Tocqueville in der knappen Bemerkung: „Tocqueville's furchtbar bittre Parallele mit der Gegenwart" hat infolgedessen eine zweifache Stoßrichtung: einerseits die Zustimmung zu Tocquevilles Darstellung der Erregung der Bevölkerung im Moment einer erwarteten umfassenden Neuordnung von Gesellschaft und Staat durch die Generalstände; andererseits – im Blick insbesondere auf die Revolution 1848/49 und die cäsaristische, auf Plebiszite und mithin die punktuelle Mobilisierbarkeit der ‚Massen' zurückgreifende Regierungspraxis Napoleons III. – der Hinweis auf die Möglichkeit für begabte politische Akteure der eigenen Gegenwart, jederzeit mit einer „allgemeinen Erhöhung der Stimmung“ zu spielen und die Massen zu mobilisieren.[56] Gelegentlich dramatisiert Burckhardt seinen Blick auf das Revolutionszeitalter, indem er explizit vergleichende Bezüge herstellt. Meist deuten sie darauf hin, dass sich die Zustände seit 1789 nicht verbessert, sondern eher noch einmal verschlechtert haben. So vergleicht Burckhardt die arbeitende Bevölkerung des Jahres 1790 in Paris mit der Arbeiterschaft des Jahres 1848: „Die Ouvriers damals Handwerksgesellen und kleine Meister, leicht in Brand zu setzen, aber lose verbunden und leichter zu zerstreuen. (Jetzt, seit dem Maschinenwesen, große homogene Massen, schwerer zu entflammen, aber tiefer und gewaltiger wirkend [...])“.[57] Ausdrücklich stellt Burckhardt den Gegenwartsbezug seiner Revolutionsvorlesung besonders in den Zwischenbilanzen, die er im Januar 1868, 1870, 1876 vortrug, her: „Bei der jetzigen ungeheuren Steigerung des Militarismus und der Crisis ist ein nochmaliger Rückblick auf die Ursprünge der Revolution am Platze“.[58] So können in den Notizen gelegentlich auch der Gambetta des Jahres 1881 und der Bismarck der 70er und 80er Jahre vorkommen – der eine als jüngster Kristallisationspunkt eines spezifischen Merkmals aller Geschichte Frankreichs: der „*Willkür*“; der andere als Vergleichsperson zu Napoleon und einem Strukturmerkmal des „Parvenus“ als charakteristischem Typus des Revolutionszeitalters. Anders als der „Erbherrscher“ habe der „unsterbliche Parvenu“ à la Napoleon oder Bismarck das Bedürfnis, alle Früchte seiner Taten selbst zu ernten. Der Erbherrscher hingegen agiert im Bewußtsein der Kontinuität zumindest seiner Dynastie. Für solche illegitimen Herrscher, zu denen Burckhardt offenkundig auch den ganz regulär zur Macht gekommenen, aber als Gewaltmensch und Rechtsbrecher großen Stils agierenden Bismarck zählt, ist es nötig, Aufregung und Leidenschaft zu mobilisieren. Napoleon erhielt die Aufregung „durch die in Größenwahnsinn wurzelnde Eroberungslust. B...k findet sie in der stets leidenschaftlicher werdenden Behandlung innerer Fragen ... (der Culturkampf ist sein Continentalsystem)“.[59]

Die Geschichte Europas seit dem Ende der Napoleonischen Herrschaft schien Burckhardt durch ein instabiles Wechselverhältnis zwischen unbedingtem Machtstaat und revolutionärem Neuerungsstreben geprägt. Burckhardt erklärte den scheinbaren Widerspruch zwischen Volksherrschaft und Militärdespotie, also die Alleinherrschaft Bonapartes, aus einem doppelten Ursprung: erst mit Hilfe allgegenwärtiger Machtmittel schien es den Revolutionären möglich, ihr Glanzbild der Zukunft zu realisieren; die Ausbildung und rücksichtslose Anwendung der staatlichen Macht aber verkehrte die Utopie der Revolutionäre in ihr Gegenteil. Der napoleonische Cäsarismus

[56] RevZA, 227.
[57] RevZA, 266 f.
[58] RevZA, 350.
[59] RevZA, 895.

erscheint so schon im Sturz des Ancien Régime selbst angelegt. Das solchermaßen begründete Wechselverhältnis von Revolution und Diktatur wirkte in Burckhardts Augen in die spätere Geschichte Europas hinein und begründete den krisenhaften Charakter alles seitherigen Geschehens.

„Alle Staaten seitdem mehr oder weniger napoleonisirt, centralisirt, mit falscher Allmacht ausgerüstet und [...] mit einer Concentration der Kräfte welche weit über das Bedürfniß der Nationen hinausgeht und doch gegen Revolutionen keinen Schutz gewährt [...]. Die Revolution kann sich selber des centralisirten Staates bemächtigen, *weil* sie selber dessen Quelle und Ursprung ist."[60]

Schließlich leitete Burckhardt aus diesem Gesamturteil über die Revolutionszeit seine Einschätzung der Zukunft der europäischen Staatenwelt ab. Sie konnte für ihn nur in einer Wiederkehr der Dialektik zwischen allgemeinem Glücksstreben in der Demokratie und anschließender Militärdespotie bestehen. Innerhalb dieser Dialektik kommt der Mobilisierung durch eine bewußt herbeigeführte Erregung und Stimmungssteigerung eine zentrale Rolle zu. Es gehört nur ein kleiner gedanklicher Schritt dazu, diese Akzentuierung von Erregung und Stimmungssteigerung mit zwei Deutungskonzepten in Verbindung zu bringen, die für die Interpretation totalitärer Herrschaft im 20. Jahrhundert paradigmatisch geworden sind: mit der Polarität von Normalität und Außeralltäglichkeit, wie sie Max Weber seinem Konzept der charismatischen Herrschaft zugrundegelegt hat und mit der Polarität von „Normenstaat" und „Maßnahmenstaat", die Ernst Fraenkel für die Analyse der NS-Herrschaft entwickelte.

Gerade dieser Befund machte es für Burckhardt so wichtig, die Ursprünge seiner eigenen Zeit historisch so genau wie möglich zu erfassen. Das Revolutionszeitalter versprach Aufschlüsse, die in der Gegenwart Orientierung leisten konnten: „Wir wollen wissen, auf welcher Woge des großen Sturms wir treiben." Mit dem Gewicht, das Burckhardt der Französischen Revolution beimaß, führte sie in seinem Denken aus dem Rahmen bloßer Zeitgeschichte heraus und verlangte den vergleichenden Blick auf andere Epochen. Analogien zum Revolutionszeitalter hielt Burckhardt bereits in der *Cultur der Renaissance* (1860) fest. Noch deutlicher arbeitete er sie dann in den Vorlesungen *Über das Studium der Geschichte* und zur *Griechischen Culturgeschichte* heraus. In seiner Sicht brachte die Revolution wie kein anderer historischer Vorgang einen Grundzug der Menschennatur zum Vorschein, nämlich den Zwang, die jeweilige Kultur auf der Suche nach einer anderen Zukunft zu transformieren und dabei bestehende Zustände zu zerstören: „Am Ende aber liegt ein Drang zu periodischer großer Veränderung *in* dem Menschen und welchen Grad von durchschnittlicher Glückseligkeit man ihm auch gäbe, er würde eines Tages mit Lamartine ausrufen: La France s'ennuye!"[61]

---

[60] RevZA, 892.
[61] RevZA, 1558.

Max Weber und die historische Empirie

Edith Hanke

Max Weber war kein Fachhistoriker. Damit wäre alles gesagt, wenn man enge Fachzuschreibungen zum alleinigen Maßstab erhebt. Als Soziologe ist Weber weltweit bekannt und auch vermarktet worden, daneben stehen andere Bilder, Zugangsweisen und Wertschätzungen, gerade auch im Bereich der Geschichtswissenschaft. Für einige ist Weber der letzte große Universalhistoriker deutscher Sprache[1], für eine bundesdeutsche Historikergeneration galt er als Vordenker der Sozialgeschichte und einer theoriegeleiteten Geschichtswissenschaft[2], interdisziplinär arbeitende Geisteswissenschaftler beriefen sich auf ihn als Gründervater einer historischen Kulturwissenschaft[3], für eine an französischen Debatten orientierte Historikergruppe eröffnete er durch einen problemgeschichtlichen Schlüssel neue Forschungsperspektiven.[4] Max Weber breitet in seinem Werk, das in der historisch-kritischen Gesamtausgabe in 47 Bänden präsentiert wird[5], ein unglaubliches historisches Wissen aus. Er schreitet souverän durch verschiedene Epochen und Kulturen, von der Musik der Weddah in Ceylon über altägyptische Immunitätsprivilegien zu

---

[1] Zu Max Webers universalgeschichtlichem Ansatz vgl. insbes. Wolfgang J. Mommsen, „Max Webers Begriff der Universalgeschichte“, in: Jürgen Kocka (Hg.), *Max Weber, der Historiker*, Göttingen 1986, 51–72.

[2] Zur sog. Bielefelder Schule und der Studiengruppe „Theorie in der Geschichte“ vgl. Thomas Kroll, „Die Max-Weber-Rezeption in der westdeutschen Historiographie“, in: Christoph Cornelißen (Hg.), *Geschichtswissenschaft im Geist der Demokratie. Wolfgang J. Mommsen und seine Generation*, Berlin 2010, 189–205.

[3] Vgl. dazu vor allem den Band: Rüdiger vom Bruch/Friedrich Wilhelm Graf/Gangolf Hübinger (Hg.), *Kultur und Kulturwissenschaften um 1900. Krise der Moderne und Glaube an die Wissenschaft*, Stuttgart 1989, speziell aber: Gangolf Hübinger, „Max Weber und die historischen Kulturwissenschaften“, in: Notker Hammerstein (Hg.), *Deutsche Geschichtswissenschaft um 1900*, Stuttgart 1988, 269–281 (Kurztitel: Hübinger, Historische Kulturwissenschaften).

[4] Zu dem Projekt des ehemaligen Göttinger Max Planck-Instituts für Geschichte: Otto Gerhard Oexle (Hg.), *Das Problem der Problemgeschichte*, Göttingen 2011 (Kurztitel: Oexle (Hg.), Problemgeschichte).

[5] *Max Weber-Gesamtausgabe*, hg. von Horst Baier/Gangolf Hübinger/M. Rainer Lepsius/Wolfgang J. Mommsen/Wolfgang Schluchter/Johannes Winckelmann, Tübingen 1984 ff. (Kurztitel: MWG). Die Ausgabe präsentiert das Werk in drei Abteilungen: Schriften und Reden (I), Briefe (II), Vorlesungen und Vorlesungsnachschriften (III).

den Traktaten des Quäkers Robert Barclay. Das hat ihm von Fachgelehrten und Fachhistorikern den Vorwurf des Dilettantismus eingebracht, auch schon zu seiner Zeit. Die Vorwürfe sind also nicht neu, der Streit um Fachzuschreibungen und -hierarchisierungen – ob denn ein Soziologe im Revier der Historiker wildern darf oder umgekehrt die Geschichtswissenschaften von der Soziologie in die Rolle einer Dienstmagd gedrängt werden dürfen – ist ebenso alt wie ermüdend.

Die Geschichte liefert Max Weber das empirische Material, mit dem er arbeitet. Neben Erhebungen zu aktuellen Fragen – im damaligen Sprachgebrauch „Enqueten" –, die Weber selber entwirft und auswertet, bildet die Geschichte ein geradezu unerschöpfliches Reservoir von Einzeltatsachen, von einer nahezu unendlichen Vielfalt des menschlichen Handelns in sozialen, ökonomischen, politischen, religiösen und kulturellen Bezügen, d.h. von menschlichen Aktivitäten, die, in welcher Form und Qualität auch immer, realisiert worden sind.[6] Das historische Wissen war zur Zeit Max Webers in archäologischen Funden, Quellensammlungen und Bibliotheken abrufbar. Der Zugang war örtlich und zeitlich gebunden. Heute hat sich durch die globale elektronische Vernetzung die Verfügbarkeit von Datenmaterial für den wissenschaftlichen Zugriff nochmals gesteigert. Unendliche Datenmassen stehen rund um die Uhr und an fast allen Orten der Welt zur Verfügung.

Max Weber zeigt durch sein Werk und die kritische Reflexion, wie eine empirische Wissenschaft vom Menschen mit dem Datenmaterial umgeht, was sie daran interessiert und wie sie es für die wissenschaftliche Fragestellung nutzbar machen kann.[7] Im Folgenden möchte ich I. Webers methodische Überlegungen im Umgang mit der „historischen Empirie" darlegen und II. am Beispiel der *Herrschaftssoziologie* – einem Kernstück von *Wirtschaft und Gesellschaft* – erläutern, wie Weber mit Geschichte umgeht, um dann III. die Adaptionschancen seines Ansatzes für die heutige Geschichtswissenschaft auszuloten.

---

[6] Zu komplexeren (und historischen) Definitionen vgl. insbes. Reinhart Koselleck, Einleitung zum Artikel „Geschichte, Historie", in: Otto Brunner/Werner Conze/Reinhart Koselleck (Hg.), *Geschichtliche Grundbegriffe. Historisches Lexikon zur politisch-sozialen Sprache in Deutschland*, Band 2, Stuttgart 1979, 593–595; dort „Geschichte" als Bewegungs-, Aktions-, und Legitimationsbegriff.

[7] Wie der Beitrag auch zeigen wird, unterscheidet sich Webers Verständnis einer empirischen Wissenschaft vollständig von dem, was heute als „empirische Sozialforschung" bezeichnet wird.

I. Die Radikalität des Ansatzes – Zur „Objektivität" historischer Erkenntnis[8]

Nach seiner Erkrankung betrieb Weber seine Entlassung aus dem badischen Staatsdienst und – fast gegenläufig dazu – positionierte er sich intellektuell in einer Debatte um die Ausrichtung seines eigenen Fachs, das er als juristischer Quereinsteiger in Freiburg und Heidelberg gelehrt hatte: der Nationalökonomie. Ein Festschriftbeitrag für den großen Lehrer der Historischen Schule, Gustav Schmoller, und die Übernahme des sog. *Braunschen Archivs*, das Weber zusammen mit Werner Sombart und Edgar Jaffé als *Archiv für Sozialwissenschaft und Sozialpolitik* ab 1904 herausgab, boten den äußeren Anlass für Webers Stellungnahmen. Diese gehören folglich in den speziellen Kontext einer Wissenschaftsdebatte, die um 1900 geführt wurde und in der die Dominanz des Historismus in allen geistes- bzw. kulturwissenschaftlichen Fächern in Frage gestellt wurde. Weber verortet seine eigenen Beiträge als Ausdruck einer Wissenschaftskrise, der er mit einer kritischen Reflexion der methodischen Grundlagen des Fachs Geschichte begegnen will. In dem Spannungsfeld von Theorie und Geschichte bezieht er – wie Gangolf Hübinger systematisch ausgeführt hat – eine Gegenposition zu geschichtsphilosophischen Konstruktionen, wie den Marxismus und Evolutionismus, und ebenso zum Positivismus und Naturalismus seiner Zeit.[9]

Im sogenannten *Objektivitäts*-Aufsatz von 1904, der die Programmatik für das neue *Archiv für Sozialwissenschaft und Sozialpolitik* liefern soll, entwickelt Weber sein Wissenschaftsverständnis, das die Grundlagen einer „empirisch sozialen Kulturwissenschaft" skizziert.[10] Mit Radikalität und Klarheit formuliert er dort sein eigenes Programm, das – mit Modifikationen – bis hin zu seinem letzten Werk gültig bleibt.[11] Der Fokus liegt auf der Nationalöko-

---

[8] Stellvertretend für die intensive Beschäftigung von Historikern mit diesem Thema sei hier nur genannt: Jürgen Kocka, „Zwischen Elfenbeinturm und Praxisbezug. Max Weber und die ‚Objektivität' der Kulturwissenschaften", in: Christiane Gneuss/Jürgen Kocka (Hg.), *Max Weber. Ein Symposium*, München 1988, 184–194.

[9] Hübinger, Historische Kulturwissenschaften, 270 f.; vgl. dazu auch Zoltán Hidas, *Entzauberte Geschichte. Max Weber und die Krise des Historismus*, Frankfurt am Main 2004, bes. 22.

[10] Max Weber, „Die ‚Objektivität' sozialwissenschaftlicher und sozialpolitischer Erkenntnis", in: *Archiv für Sozialwissenschaft und Sozialpolitik* 19,1 (1904), 22–87 (Kurztitel: Weber, Objektivität), hier 86.

[11] Rückbezüge in Weber, „Soziologische Grundbegriffe", in: Ders., *Wirtschaft und Gesellschaft. Soziologie. Unvollendet 1919–1920*, hg. von Knut Borchardt/Edith Hanke/ Wolfgang Schluchter (*MWG I/23*), Tübingen 2013 (Kurztitel: MWG I/23), hier 156 mit Hg.-Anm. 21 und 172 mit Hg.-Anm. 49, aber auch schon in Weber, „Der Sinn der ‚Wertfreiheit' der soziologischen und ökonomischen Wissenschaften", in: *Logos. Zeitschrift für Philosophie der Kultur* 7 (1917), 40–88 (Kurztitel: Weber, Wertfreiheit), hier 50, Fn. 4.

nomie und knüpft an Webers Methodenproblem vor der Erkrankung an. Bereits in der Vorlesung *Allgemeine („theoretische") Nationalökonomie* wollte er den wirtschaftlich handelnden „empirischen Menschen" mit seinem historisch und individuell wandelbaren Bedürfnisstand in den Mittelpunkt seiner wissenschaftlichen Erkenntnis rücken.[12] Die Frage war, wie dies methodisch möglich ist. Es geht ihm um historische Erkenntnis und Erkenntnis des Individuellen. In seinem „Seufzer"-Aufsatz und dann nochmals deutlicher in der Auseinandersetzung mit dem Althistoriker Eduard Meyer räumt Weber mit dem naiven Vorurteil auf, dass Geschichte als „Wirklichkeitswissenschaft" eine „‚bloße' Beschreibung vorgefundener Wirklichkeiten, oder einfache Wiedergabe von ‚Tatsachen'" sei.[13] Ziel historischer Betrachtung ist – positiv gewendet und wie von Weber im *Objektivitäts*-Aufsatz beschrieben – die „Erkenntnis der unter individuellen Gesichtspunkten bedeutsamen Zusammenhänge".[14] Was so einfach klingt, beschreibt Otto Gerhard Oexle als die „kopernikanische Wende", die Weber für die Geschichtswissenschaft vollzieht.[15] Im Anschluss an Kants Erkenntnistheorie lautet Webers Begründung, dass historische Erkenntnis überhaupt möglich ist:

> „Wir erstreben eben die Erkenntnis einer *historischen*, d.h. einer in ihrer *Eigenart bedeutungsvollen*, Erscheinung. Und das [E]ntscheidende dabei ist: *nur* durch die Voraussetzung, daß ein *endlicher* Teil der unendlichen Fülle der Erscheinungen allein *bedeutungsvoll* sei, wird der Gedanke einer Erkenntnis *individueller* Erscheinungen überhaupt logisch sinnvoll."[16]

[12] Weber, *Allgemeine („theoretische") Nationalökonomie. Vorlesungen 1894–1898*, hg. von Wolfgang J. Mommsen in Zusammenarbeit mit Cristof Judenau/Heino H. Nau/Klaus Scharfen/Marcus Tiefel (*MWG III/1*), Tübingen 2009, hier 123, ebenso 205 f. Wolfgang J. Mommsen hat in einem postum veröffentlichten Aufsatz, der den Ertrag der editionsbedingten Erkenntnisse zusammenfasst, eine methodische Brücke von der Vorlesung zum *Objektivitäts*-Aufsatz von 1904 geschlagen, vgl. Wolfgang J. Mommsen, „Max Weber als Nationalökonom. Von der Theoretischen Nationalökonomie zur Kulturwissenschaft", in: *Sociologia Internationalis. Internationale Zeitschrift für Soziologie, Kommunikations- und Kulturforschung* 42 (2004), 3–35.

[13] Zur Erwähnung der Geschichte als „Wirklichkeitswissenschaft" vgl. den „Seufzer"-Aufsatz: Weber, „Roscher und Knies und die logischen Probleme der historischen Nationalökonomie. (Dritter Artikel.). II. Knies und das Irrationalitätsproblem (Fortsetzung.)", in: *Jahrbuch für Gesetzgebung, Verwaltung und Volkswirtschaft im Deutschen Reich* (hg. von Gustav Schmoller) 30.1 (1906) 81–120, hier 89; und seine Auseinandersetzung mit Eduard Meyers Schrift *Zur Theorie und Methodik der Geschichte* (Halle 1902) in: Weber, „Kritische Studien auf dem Gebiet der kulturwissenschaftlichen Logik", in: *Archiv für Sozialwissenschaft und Sozialpolitik* 22.1 (1906), 143–207, hier 162 mit Fn. 18.

[14] Weber, Objektivität, 82.

[15] Otto Gerhard Oexle, „Max Weber – Geschichte als Problemgeschichte", in: Ders., Problemgeschichte, 9–37, bes. 18 f.

[16] Weber, Objektivität, 52.

„Objektive Erkenntnis" der historischen (empirischen) Wirklichkeit ist folglich an die – im Sinne Kants – transzendentale Voraussetzung geknüpft, dass es ein erkennendes Subjekt gibt mit der Fähigkeit, zu der es umgebenden Welt Stellung zu nehmen. „Objektivität" wird hier an radikal subjektive Voraussetzungen geknüpft – das bedeuten Webers Anführungszeichen. Im Gegensatz zu Kant wird bei Weber nicht die Vernunftbegabung des erkennenden Subjekts zur unerlässlichen Voraussetzung gemacht, sondern die Tatsache, „daß wir Kultur*menschen sind,* begabt mit der Fähigkeit und dem Willen, bewußt zur Welt *Stellung* zu nehmen und ihr einen *Sinn* zu verleihen".[17] Das ist – wie Gangolf Hübinger eindringlich nachgewiesen hat – die Geburtsstunde der historischen Kulturwissenschaften.[18] Für Weber ist die Existenz von „Kultur" als Ort der voluntaristischen Sinnzuweisung eine außerhalb der Wissenschaft liegende, aber sie überhaupt erst ermöglichende Rahmenbedingung historischer und sozialwissenschaftlicher Erkenntnis.

Und Weber geht noch einen Schritt weiter, indem er daraus die radikale Perspektivität – die „Erkenntnis unter spezifisch *besonderten Gesichtspunkten*" – ableitet und zur „elementaren Voraussetzung" empirischer Kulturwissenschaften macht.[19] Der Historiker und Sozialforscher muss bei der Stoffauswahl über Urteilskraft verfügen. Er muss in der Lage sein, zwischen ‚wichtig' und ‚unwichtig' unterscheiden zu können, um aus der Unendlichkeit des empirischen Materials den Bruchteil auszuwählen, auf den es ihm bei seiner Betrachtung ankommt. Das kann er nur in Bezug auf die ihn und seine Zeit bestimmenden Wertideen. Wie Weber auch noch später betont, verdankt er seinem Philosophen-Freund Heinrich Rickert diesen Gedanken der Wertbeziehung.[20] Weber entwirft im *Objektivitäts*-Aufsatz das Bild eines Forschers, der sich seiner eigenen Denk- und Wertvoraussetzungen sehr bewusst sein muss, um diese dann bei der reinen Tatsachenuntersuchung zurücknehmen zu können. Der reflektierte Umgang mit sich selbst, dem Forschungsgegenstand und den kulturellen Rahmenbedingungen bilden den Kern von Webers hohem intellektuellem Anspruch, den er mit jeder geisteswissenschaftlichen Arbeit verbindet. In seinen späteren Texten fließt dieser Anspruch in die

---

[17] Weber, Objektivität, 55.

[18] Hübinger, Historische Kulturwissenschaften, aber auch Gangolf Hübinger, „Die ‚Rückkehr' der Kulturgeschichte", in: Christoph Cornelißen (Hg.), *Geschichtswissenschaften. Eine Einführung*, Frankfurt am Main 2000, 162–177.

[19] Weber, Objektivität, 56. – Für Hübinger ist Weber „ein radikaler Perspektivist", vgl. Gangolf Hübinger, *Über die Aufgaben des Historikers*, (Reihe Pamphletliteratur, Band 3), Berlin 2012 (Kurztitel: Hübinger, Aufgaben), hier 42.

[20] Weber, Wertfreiheit, 61, und Weber, „Soziologische Grundbegriffe", in: MWG I/23, 167 mit Hg.-Anm. 40.

gängige Formel der „intellektuellen Rechtschaffenheit“[21] ein und wirkt bis heute als Faszination einer intellektuellen Geschichtsschreibung fort.

Aus all diesen Voraussetzungen ergibt sich das praktische Vorgehen. Als Darstellungs- und heuristische Mittel bildet der Forscher entsprechend seiner Gesichtspunkte Begriffe und insbesondere „Idealtypen“. Das sind Gedankenkonstrukte, die „bestimmte Beziehungen und Vorgänge des historischen Lebens zu einem in sich widerspruchslosen Kosmos *gedachter* Zusammenhänge“ verbinden.[22] Sie sind keine Hypothesen, sondern allenfalls ein Schritt zur Hypothesenbildung. Durch Zurechnungsurteile können mittels dieser Hilfskonstruktion „bestimmte bedeutsame Bestandteile“ der historischen Wirklichkeit in ihrem empirischen Gehalt gemessen[23] oder historische Entwicklungen in ihren „wirklichen Ursachen“ erklärt werden.[24] Wie komplex so ein idealtypisches Konstrukt sein kann, illustriert Weber an der zeitlich parallel verfassten *Protestantischen Ethik*, insbesondere am Konstrukt „‚Geist‘ des Kapitalismus“.[25] Im Zusammenhang mit der Verteidigung seines

---

[21] Weber, Wertfreiheit, 41; Weber, „Zwischenbetrachtung: Theorie und Stufen religiöser Weltablehnung“, in: Ders., *Die Wirtschaftsethik der Weltreligionen. Konfuzianismus und Taoismus. Schriften und Reden 1915–1920*, hg. von Helwig Schmidt-Glintzer in Zusammenarbeit mit Petra Kolonko (*MWG I/19*), Tübingen 1989 (Kurztitel: MWG I/19), 479–522, hier 517; Weber, „Wissenschaft als Beruf“, in: Ders., *Wissenschaft als Beruf 1917/1919 – Politik als Beruf 1919*, hg. von Wolfgang J. Mommsen und Wolfgang Schluchter in Zusammenarbeit mit Birgitt Morgenbrod (*MWG I/17*), Tübingen 1992, 49–111, hier 97.

[22] Weber, Objektivität, 64.

[23] Ebd., 68. – Zur Bedeutung der Zurechnung vgl. M. Rainer Lepsius, „Interessen und Ideen. Die Zurechnungsproblematik bei Max Weber“, in: Ders., *Interessen, Ideen und Institutionen*, Opladen 1990, 31–43, und Lepsius, „Eigenart und Potenzial des Weber-Paradigmas“, in: Gert Albert/Agathe Bienfait/Steffen Sigmund/Claus Wendt (Hg.), *Das Weber-Paradigma. Studien zur Weiterentwicklung von Webers Forschungsprogramm*, Tübingen 2003 (Kurztitel: Weber-Paradigma), 32–41, bes. 38.

[24] Weber, Objektivität, 77.

[25] Auf die Parallelität verweist Wolfgang Schluchter in der Einleitung zur Edition der „Protestantischen Ethik“, in: Weber, *Asketischer Protestantismus und Kapitalismus. Schriften und Reden 1904–1911*, hg. von Wolfgang Schluchter in Zusammenarbeit mit Ursula Bube (*MWG I/9*), Tübingen 2014 (Kurztitel: MWG I/9), hier 12–22: „2. Logisch-methodische Selbstvergewisserung: Die ‚Objektivität‘ sozialwissenschaftlicher und sozialpolitischer Erkenntnis“; vgl. Weber, „Die protestantische Ethik und der ‚Geist‘ des Kapitalismus“, in: MWG I/9, 141 f., 214 und 246 f., sowie in den beiden Rachfahl-Antikritiken, jeweils mit explizitem Rückbezug auf den *Objektivitäts*-Aufsatz: Weber, „Antikritisches zum ‚Geist‘ des Kapitalismus“, in: MWG I/9, 515–619, hier 613 mit Fn. 31 und Hg.-Anm. 14, sowie Weber, „Antikritisches Schlußwort zum ‚Geist des Kapitalismus‘“, ebd., 620–740, hier 709 f. mit Hg.-Anm. 76.

„culturgeschichtlichen Aufsatz[es]“[26] fällt dann auch der Ausdruck „historische Empirie“.[27]

Und weil die Begriffs- bzw. Idealtypenbildung selber, wenn sie nicht zu einem dogmatischen System erstarren will, der „diskursive[n] Natur unseres Erkennens“ unterliegt, d.h. dem Umstand, „daß wir die Wirklichkeit nur durch eine Kette von Vorstellungsveränderungen erfassen“[28], bescheinigt Weber den historischen Disziplinen „ewige Jugendlichkeit“.[29] Das bedeutet eine ungeheure Dynamik, die nicht zuletzt vom Wandel der Kultur abhängig ist und sich dann neue Instrumente des Erkennens schaffen muss.[30]

Der *Objektivitäts*-Aufsatz kann zusammenfassend als Webers Gründungsdokument einer Erfahrungs- oder Wirklichkeitswissenschaft gelesen werden, das die Nationalökonomie im Sinn einer empirischen Sozialwissenschaft und historischen Kulturwissenschaft neu definiert. Darauf hat insbesondere Friedrich Tenbruck – und jetzt auch wieder Uta Gerhardt – hingewiesen.[31] Historische und sozialwissenschaftliche Erkenntnis werden unter dem Dach der Wirklichkeitswissenschaft eng zusammengerückt und gegen die Gesetzeswissenschaften und die dogmatischen Wissenschaften abgesetzt.

II. Die Praktikabilität des Ansatzes – Die *Herrschaftssoziologie* als Testfall

Max Webers *Herrschaftssoziologie* ist ein langwieriges Projekt, das sich über die Jahre 1909 bis 1920 erstreckt, gearbeitet hat er daran mit Unterbrechun-

---

[26] So Weber in einem Brief an Heinrich Rickert vom 2.4.1905, in: Weber, *Briefe 1903–1905*, hg. von Gangolf Hübinger/M. Rainer Lepsius in Zusammenarbeit mit Thomas Gerhards und Sybille Oßwald-Bargende (*MWG II/4*), Tübingen 2015 (Kurztitel: MWG II/4), 445–448, hier 448, mit dem schönen Zusatz, dass der Aufsatz „eine Art ‚spiritualistischer‘ Construktion der modernen Wirtschaft“ sei. Vgl. dazu Wolfgang Schluchter, „‚Wie Ideen in der Geschichte wirken‘: Exemplarisches in der Studie über den asketischen Protestantismus“, in: Friedrich Wilhelm Graf/Wolfgang Schluchter (Hg.), *Asketischer Protestantismus und der ‚Geist‘ des modernen Kapitalismus. Max Weber und Ernst Troeltsch*, Tübingen 2005, 49–73.

[27] Die Nennung erfolgt ziemlich versteckt in einer Fußnote, als Gegenteil der sog. Lebensbetrachtung von Benjamin Franklin, vgl. Weber, „Kritische Bemerkungen zu den vorstehenden ‚Kritischen Beiträgen‘“, in: MWG I/9, 463–490, hier 489, Fn. 12.

[28] Weber, Objektivität, 68 f.

[29] Ebd., 79.

[30] Vgl. ebd., 81.

[31] Friedrich Tenbruck, „Das Werk Max Webers: Methodologie und Sozialwissenschaften“, in: Ders., *Das Werk Max Webers. Gesammelte Aufsätze zu Max Weber*, hg. von Harald Homann, Tübingen 1999, 157–175; Uta Gerhardt, *Wirklichkeit(en). Soziologie und Geschichte*, Baden-Baden 2014, bes. 9–19.

gen bis zu seinem Tod. Sie gehört zu den Texten Webers, in denen auf begrenztem Raum am stärksten mit historischen Daten, Vergleichen und Beispielen gearbeitet wird und zwar in einer souveränen Überschreitung von Epochen- und Kulturgrenzen – ein großartiges universalhistorisches Lehrstück. Die Faszination dieser empirisch-historischen Vielfalt und Kenntnisse hat Béatrice Hibou vor kurzem in einer Besprechung der französischen Übersetzung der *Herrschaftssoziologie* enthusiastisch beschrieben.[32] Sie bezieht sich dabei auf die ältere Fassung, die zwischen 1909 und 1914 entstanden ist. Im Folgenden möchte ich versuchen, Webers Umgang mit der Geschichte – vor allem in der konzeptionellen Struktur – in beiden Fassungen der *Herrschaftssoziologie*, d.h. auch der jüngeren von 1919/20, zu verfolgen. Guenther Roth hat bereits in den 1980er Jahren darauf hingewiesen, dass sich in dem Beitrag mehrere Konzeptionen überlagern, was auch für viel Verwirrung gesorgt hat.[33] Während die ältere Fassung konzeptionell durch den *Kategorien*-Aufsatz von 1913, aber auch in weiten Teilen noch durch den *Objektivitäts*-Aufsatz von 1904 geprägt ist, schaltet Weber der jüngeren Fassung die *Soziologischen Grundbegriffe* voran. Es geht also immer auch um das Verhältnis von Geschichte und Soziologie.[34]

1. Leitende Gesichtspunkte

Die *Herrschaftssoziologie* ist eingebettet in den Werkzusammenhang von *Wirtschaft und Gesellschaft*, wobei die Programmatik sich deutlicher in dem spezifischeren Titel *Die Wirtschaft und die gesellschaftlichen Ordnungen und Mächte* ausdrückt. Ganz im Sinne des *Objektivitäts*-Aufsatzes will Weber die „uns umgebende Wirklichkeit in ihrer Eigenart“ verstehen und zwar unter dem speziellen Gesichtspunkt des Ökonomischen. Dieses „spezifische Element der Kulturerscheinungen“ will er in dessen „Kulturbedeutung durch die verschiedensten Kulturzusammenhänge“ verfolgen und damit einen Beitrag zum Verständnis unserer Kultur in ihrer Eigenart und ihrem „So-und-nicht-anders-Gewordensein“ liefern.[35] Das anspruchsvolle Programm geht er an, indem er die Kulturerscheinungen in Anlehnung an Jacob Burckhardts Poten-

---

[32] Béatrice Hibou, „De l'intérêt de lire La Domination de Max Weber aujourd'hui“, in: *Lectures. Les notes critiques* (2014), 2–21.

[33] Günther Roth, „Max Webers Entwicklungsgeschichte und historische Soziologie“, in: Ders., *Politische Herrschaft und persönliche Freiheit. Heidelberger Max Weber-Vorlesungen 1983*, Frankfurt am Main 1987, 283–305, bes. 291–299.

[34] Zur konzeptionellen Struktur von *Wirtschaft und Gesellschaft* mit besonderem Fokus auf die Herrschaftssoziologie im Wechselspiel von Soziologie und Geschichte vgl. die immer noch sehr lesbare und kluge Rezension von Otto Hintze zur 2. Auflage von 1925: „Max Webers Soziologie“, in: *Schmollers Jahrbuch* 50 (1926) 83–95.

[35] Weber, Objektivität, 39 und 46.

zen unterteilt[36] – und auch erweitert. So entsteht die Einteilung in eine Gemeinschafts-, Religions-, Rechts- und Herrschaftssoziologie, die Weber als je eigene Sphären mit einer ihnen gegebenen Eigengesetzlichkeit darstellt. Die Referenz auf die Wirtschaft ist dabei nicht immer präsent. Im Fall der *Herrschaftssoziologie* thematisiert Weber das Verhältnis von Ökonomie und Herrschaftsstruktur jedoch deutlich als wechselseitiges Bedingungs- und Wirkungsverhältnis.[37] In dem multikausalen Erklärungsmodell sowie in der Doppel- und Wechselseitigkeit von ideellen und materiellen Faktoren steckt zugleich Webers Gegenentwurf zur materialistischen Geschichtsauffassung. Versteht man *Wirtschaft und Gesellschaft* als Teilstück einer Kulturgeschichtsschreibung, so wird diese spätestens ab 1911 auf das Rationalitätstheorem ausgerichtet.[38] Zum Spezifikum der okzidentalen Geschichte wird damit die Entwicklung des Rationalismus – und zwar in allen Kultursphären.[39] In der älteren Fassung von *Wirtschaft und Gesellschaft* ist dies am klarsten in der *Rechtssoziologie* durchgeführt. In der *Herrschaftssoziologie* ist dies weit gebrochener, aber deutlich an der Konstruktion des „Bürokratismus" als rationalster Herrschaftsform ablesbar.

2. Die Aufhebung der Entwicklungsgeschichte

Ganz konventionell kommen manche Aussagen und Passagen der *Herrschaftssoziologie* daher. Da ist Geschichte Kampf, Aufstiegs- und Verfallsgeschichte, es walten historische Schicksale, das Kriegsfürstentum wird z.B. als eine entwicklungsgeschichtlich älteste Form der politischen Herrschaft behandelt.[40] Schon die Erstherausgeber hatten Schwierigkeiten mit der Anord-

---

[36] Dazu Hübinger, Kulturgeschichte, 166. Zum Verhältnis Jacob Burckhardt-Max Weber vgl. insbes. Wolfgang Hardtwig, „Jacob Burckhardt und Max Weber. Zur Genese und Pathologie der modernen Welt", in: Hans R. Guggisberg (Hg.), *Umgang mit Jacob Burckhardt. Zwölf Studien*, Basel, München 1994, 159–190 (hier vor allem eine Interpretation der *Protestantischen Ethik*).

[37] Weber, „Herrschaft", in: Ders., *Wirtschaft und Gesellschaft. Die Wirtschaft und die gesellschaftlichen Ordnungen und Mächte. Nachlaß. Teilband 4: Herrschaft*, hg. von Edith Hanke in Zusammenarbeit mit Thomas Kroll (*MWG I/22-4*), Tübingen 2005 (Kurztitel: MWG I/22-4), hier 127 f.

[38] Vgl. dazu das Vorwort zum *Grundriß der Sozialökonomik* vom 2. Juni 1914, dort heißt es: „Es wurde von der Anschauung ausgegangen, daß die Entfaltung der Wirtschaft vor allem als eine besondere Teilerscheinung der allgemeinen Rationalisierung des Lebens begriffen werden müsse", in: Weber, *Wirtschaft und Gesellschaft. Entstehungsgeschichte und Dokumente*. Dargestellt und hg. von Wolfgang Schluchter (*MWG I/24*), Tübingen 2009 (Kurztitel: MWG I/24), 163–167, hier 164.

[39] Idealtypisch entwickelt und dargestellt in der „Zwischenbetrachtung", in: MWG I/19, 479–522.

[40] Vgl. Weber, „Patrimonialismus", in: MWG I/22-4, 312 (Geschichte als Kampf), Weber, „Staat und Hierokratie", ebd., 616 f., 647, 664 (historische Schicksale); Weber,

nung der nachgelassenen Texte zur *Herrschaftssoziologie* und tendierten zunächst zu einer entwicklungshistorischen Anordnung, so dass das „Bürokratie"-Kapitel am Ende, nach Patrimonialismus, den Charisma-Kapiteln, Feudalismus, „Staat und Hierokratie", zum Abdruck gelangt wäre.[41] Aber Weber selber setzt – das machen seine kurzen Bemerkungen an den Schaltstellen deutlich – den „Bürokratismus" an den Anfang und erhebt ihn damit zu einem konstruierten Idealtypus, an dem die anderen Strukturformen der Herrschaft, die „einen, in diesem speziellen Sinn, rationalen Charakter nicht hatten", gemessen werden.[42] Explizit weist er simplifizierende entwicklungshistorische Unterstellungen an anderer Stelle zurück: „Wie diese Beispiele zeigen, gibt es charismatische Herrschaft keineswegs lediglich auf primitiven Entwicklungsstufen, wie denn überhaupt die drei Grundtypen der Herrschaftsstruktur nicht einfach hintereinander in eine Entwicklungslinie eingestellt werden können, sondern miteinander in der mannigfachsten Art kombiniert auftreten".[43] Webers Kritik an einer linearen Abfolge von Entwicklungs- und Wirtschaftsstufen findet sich bereits im *Roscher-Knies*-Aufsatz[44], und er betont im Sommer 1913 explizit gegenüber dem Ökonomen Johann Plenge, dass er mit seinem Beitrag *Wirtschaft und Gesellschaft* „ganz *andre* Dinge als ‚Wirtschaftsstufen'" bieten wolle.[45] Damit fällt diese Aussage in die Überarbeitungsphase des *Kategorien*-Aufsatzes, in dem Weber sein Konzept einer

„Charismatismus", ebd., 470 und Weber, „Umbildung des Charisma", ebd., 516 (Kriegsfürstentum als Vorläufer des Königtums).

[41] Vgl. Edith Hanke, „Zur Edition dieses Bandes", in: MWG I/22-4, 92–114, hier 100.

[42] Weber, „Bürokratismus", in: MWG I/22-4, 234.

[43] Weber, „Umbildung des Charisma", in: MWG I/22-4, 513.

[44] Dort insbesondere mit einem Seitenhieb gegen Karl Lamprecht, der „‚typische', ‚reguläre' Entwickelungsstufen" als eine „nach bestimmten Gesetzen verlaufende Entwickelung" verstehe. Vgl. Weber, „Roscher und Knies und die logischen Probleme der historischen Nationalökonomie", in: *Jahrbuch für Gesetzgebung, Verwaltung und Volkswirtschaft im Deutschen Reich* 27.4 (1903) 1–41, hier 24, Fn. 5. Zu Lamprechts verfehlter „Culturstufen-Theorie" auch wunderbare Äußerungen in den Briefen an Willy Hellpach vom 5. und vom 9.4.1905, in: MWG II/4, 451 f. und 454. Eine Kritik an Roschers Wirtschaftsstufen findet sich in: Weber, „Agrarverhältnisse im Altertum", in: Ders., *Zur Sozial- und Wirtschaftsgeschichte des Altertums. Schriften und Reden 1893–1909*, hg. von Jürgen Deininger (*MWG I/6*), Tübingen 2006, 300–747, hier 332 (Roschers Oikenwirtschaft stehe nicht am Anfang, sondern am Ende der antiken Entwicklung).

[45] Brief an Johann Plenge vom 11.8.1913, in: Weber, *Briefe 1913–1914*, hg. von M. Rainer Lepsius/Wolfgang J. Mommsen in Zusammenarbeit mit Birgit Rudhard und Manfred Schön (*MWG II/8*), Tübingen 2003 (Kurztitel: MWG II/8), 303–310, hier 305. Hinnerk Bruhns weist in seinem Beitrag in diesem Band darauf hin, dass Weber die Stufentheorie nicht als solche ablehnt, ihr aber im Gegensatz zur Verwendung als einem vereinfachten historischen Verlaufsmodell eine höhere analytische Erklärungskraft zuschreiben möchte.

„verstehenden Soziologie“ erläutert.[46] Inwieweit und an welchen Stellen dieses Konzept sich in der älteren Fassung von *Wirtschaft und Gesellschaft* und somit auch in der *Herrschaftssoziologie* niedergeschlagen hat, ist ein Streitpunkt unter Weber-Forschern.[47] Deutlich ist auf jeden Fall, dass sich durch die Hinwendung zur Soziologie der Umgang mit der Geschichte verändert.

3. Strukturformen und Typenbegriffe

Weber muss eine Darstellungsform für sein komplexes Arbeitsprojekt finden. Gegenüber der Pianistin Mina Tobler hat er einmal geäußert, dass er am liebsten eine Schreibtechnik anwenden würde, mit der er – wie bei den Partituren – „vieles getrennt nebeneinander und doch gleichzeitig sagen“ könnte.[48] Gerade bei der *Herrschaftssoziologie* war die Gefahr groß, in vertraute Formen der politischen Geschichtsdarstellung mit mächtigen Staaten und großen Persönlichkeiten zu verfallen. Aber Weber schreibt seine Herrschaftsgeschichte ohne die großen Akteure und legt stattdessen den Fokus auf die Strukturen, genauer die Strukturformen. Er entwickelt übergeordnete Begriffe, die bestimmte Strukturformen der Herrschaft – nicht des Staates! – umschreiben: Bürokratismus, Patrimonialismus, Feudalismus und Charismatismus. Alleine schon in dieser Reihung steckt eine enorme begriffsbildende Leistung, denn Weber konnte zwar auf Ansätze zurückgreifen, aber die spezielle Begriffszuspitzung und -belegung stammt von ihm. Dabei geht er – wie schon angedeutet – vom Bürokratismus als idealtypisch zugespitzter, rationalster Herrschaftsform aus und arbeitet die Charakteristika der anderen Herrschaftsformen durch Vergleich heraus.[49] Dies ist auf einer abstrakten

---

[46] Weber, „Über einige Kategorien der verstehenden Soziologie“, in: *Logos. Zeitschrift für Philosophie der Kultur* 4.3 (1913), 253–294, hier die Abschnitte I-III, 253–265.

[47] Von der Datierung des *Kategorien*-Aufsatzes ist eben auch die Konstituierung von *Wirtschaft und Gesellschaft* abhängig. Vgl. Siegfried Hermes, „Vom Aufbau der sozialen Welt. Zur Genese, Genealogie und Kategorienlehre von Max Webers Soziologie des Rechts“, in: *Rechtstheorie. Zeitschrift für Logik und Juristische Methodenlehre, Rechtsinformatik, Kommunikationsforschung, Normen- und Handlungstheorie, Soziologie und Philosophie des Rechts* 38 (2007) 419–449, dazu bes. Wolfgang Schluchter, „Entstehungsgeschichte“, in: MWG I/24, 1–131, hier vor allem 85 ff., sowie die Übersicht über kategorienarme und -reiche Passagen in der älteren Fassung von *Wirtschaft und Gesellschaft*, ebd., 129.

[48] Überliefert ist diese Äußerung durch Eduard Baumgarten, *Max Weber. Werk und Person*, Tübingen 1964, 482 f., Anm. Sie steht wohl im Zusammenhang mit der ersten gemeinsamen Konzertreise nach Bayreuth und München im Sommer 1912. – Die für Historiker wichtige Frage des Narrativs war für Weber m.E. nachrangig.

[49] Dazu schreibt Weber an Georg von Below am 21.6.1914, dass er in seinem Beitrag *Wirtschaft und Gesellschaft* „die Form der politischen Verbände *vergleichend* und systematisch“ behandelt habe, vgl. MWG II/8, 724.

Ebene genau das Verfahren, das Weber im *Objektivitäts*-Aufsatz beschrieben hat. Strukturformen ermöglichen zudem den Vergleich mit anderen Strukturformen, d.h. – wie Weber auch ausführt[50] – kann er bürokratische Strukturformen mit kapitalistischen Strukturformen vergleichen oder feudale Strukturformen mit Formen der Erwerbswirtschaft usw. Zugleich kann er kapitalistische Betriebsformen auch in der Antike und nicht nur in der Moderne auffinden. Von den Strukturformen geht Weber zur Typenbildung über, an deren Ende die berühmten drei reinen Typen der legitimen Herrschaft stehen. Beides ermöglicht es, empirisch-historische Erscheinungen, egal welcher Epoche oder Kultur, miteinander zu vergleichen und sie z.B. auf ihren bürokratischen oder patrimonialen Kern hin zu untersuchen. Zum Verhältnis von Herrschaftstypen und historischer Empirie schreibt Weber, dass sich aus der „Kombination, Mischung, Angleichung und Umbildung" der „‚reinen' Grundtypen der Herrschaftsstruktur" „die in der historischen Wirklichkeit zu findenden Formen ergeben".[51]

4. Die historische Vielfalt

Die ältere Fassung der *Herrschaftssoziologie* liest sich trotz des strukturellen Ansatzes noch in weiten Strecken wie eine Ereignisgeschichte – gleichwohl auf hohem universalhistorischem Niveau. Erzählende Passagen wechseln mit systematischen, stichwortartigen Ausführungen, dazwischen immer wieder eingefügte Ausflüge durch die gesamte Weltgeschichte, oft auch in kurzer, staccatoartiger Reihung. Weber breitet sein unglaubliches historisches Wissen aus und setzt es gezielt ein. Aber er erschließt sich auch – parallel zur Abfassung der *Wirtschaftsethik der Weltreligionen* – völlig neue, ihm fremde Bereiche, vor allem der asiatischen Welt. So befasst er sich zur Erläuterung von nicht-geldwirtschaftlicher Bedarfsdeckung z.B. mit ägyptischer Magazinverwaltung, islamischen Kriegerlehen, chinesischen Abgabesystemen oder japanischen Reisrentenpfründen. Weber war sich selber sehr wohl bewusst, dem „Anathem" des Dilettanismus zu verfallen, wie er im Juni 1914 an den Historiker Georg von Below schrieb.[52] Die Vorwürfe halten bis heute an, er habe zu wenige Fachkenntnisse der chinesischen, islamischen usw. Geschichte gehabt. Durch die editorische Aufarbeitung seines Werks und dessen Kontextualisierung in der Max Weber-Gesamtausgabe wird Mehreres deutlich: 1) Weber kann auf den ungeheuren Wissensfundus (gesättigt durch Quellenkenntnisse und Sekundärliteratur), den er vor seiner Krankheit aufbaut und wie er jetzt durch die Edition der frühen Vorlesungen erkennbar wird, zurückgreifen; 2) Weber rekurriert auf die ihm sprachlich und rein praktisch zur

---

[50] Vgl. insbes. den Abschnitt „Patrimoniale und feudale Strukturformen der Herrschaft in ihrem Verhältnis zur Wirtschaft", in: MWG I/22-4, 418–453.

[51] Weber, „Herrschaft", in: MWG I/22-4, 148.

[52] Brief an Georg von Below vom 21.6.1914, in: MWG II/8, 724.

Verfügung stehenden Quellen und Forschungsarbeiten – im Fall der chinesischen Geschichte benutzt er beispielsweise die von Missionaren verfassten Werke und die *Peking Gazette*, eine englischsprachige Ausgabe der internen Regierungsanweisungen, die in Deutschland nur in Berliner Bibliotheken einsehbar war[53]; 3) Weber geht – wie auch die überlieferten Handexemplare beweisen – sehr selektiv vor, daher ist die Frage: was konnte er wissen? nachrangiger gegenüber der Frage: was *wollte* er wissen?

Webers Umgang mit der Geschichte lässt sich am besten an einer Passage aus der älteren Fassung der *Herrschaftssoziologie* illustrieren. Dort geht es um die „historischen Beispiele eines einigermaßen deutlich entwickelten Bürokratismus“:

„a) Ägypten in der Zeit des neuen Reichs, jedoch mit stark patrimonialem Einschlag; – b) der spätere römische Prinzipat, insbesondre aber die diokletianische Monarchie und das aus ihr entwickelte byzantinische Staatswesen, jedoch mit starken feudalen und patrimonialen Einschlägen; – c) die römisch-katholische Kirche, zunehmend seit dem Ende des 13. Jahrhunderts; – d) China von den Zeiten Shi-hoang-ti's bis in die Gegenwart, aber mit stark patrimonialem und präbendalem Einschlag; – e) in immer reinerer Form der moderne europäische Staat und zunehmend alle öffentlichen Körperschaften seit der Entwicklung des fürstlichen Absolutismus; – f) der moderne kapitalistische Großbetrieb, je größer und komplizierter er ist, desto mehr.“[54]

Diese atemraubende Auflistung zeigt, wie Weber versucht, die Eigenart bürokratischer Verwaltung systematisch und zugleich in ihren historischen Abschattierungen zu erfassen. Die Geschichte liefert ihm dazu das Material. Außerdem zeigt sich hieran, dass die okzidentalen Ausprägungen sich am stärksten dem rational konzipierten Idealtypus annähern. Webers ursprünglich empirisch-historisches Interesse verschiebt sich – parallel zur Konzeptualisierung der Soziologie – hin zu einem typenbezogenen empirischen Interesse. Im Dezember 1913 schreibt er an Hermann Kantorowicz: „Es ist der Versuch, [...] die ‚soziologische Staatslehre‘ als Lehre vom rein empirischen *typischen* menschlichen Handeln aufzufassen“.[55] Noch einen Schritt weiter geht Weber bei der Neufassung der Herrschaftssoziologie 1919/20. Nach wie vor rekurriert er auch hier auf historische Beispiele, aber auch rein drucktechnisch gesehen, rücken sie gegenüber den Kategorien ins Kleingedruckte hinein. Weber gibt der Begriffssystematik eindeutig den Vorrang. Dennoch bleibt ihm die Rückbindung an die historische Empirie wichtig. Sie entfällt nicht.

---

[53] Vgl. Edith Hanke, „Einleitung“, in: MWG I/22-4, 1–91, hier 59 f. Die *Peking Gazette*, auch heute nur in der Berliner Staatsbibliothek ausleihbar, zog Max Weber in seiner *Konfuzianismus*-Studie mehrfach zur Darstellung der Kaiserzeit im letzten Drittel des 19. Jahrhunderts heran, vgl. Weber, „Konfuzianismus und Taoismus“, in: MWG I/19, 132, Fn., 173 ff. u.ö.

[54] Weber, „Bürokratismus“, in: MWG I/22-4, 169 f.

[55] Brief Max Webers an Hermann Kantorowicz vom 29.12.1913, in: MWG II/8, 440 f.; Hervorhebung im Zitat durch die Autorin, E.H.

Und es spricht für seine historische Sensibilität, dass er befürchtet, „die unendliche Mannigfaltigkeit des Historischen“ durch die Begrifflichkeit „schematisch [zu] vergewaltigen“.[56]

5. Begriff und Begriffenes

Mit der Ersten Lieferung von *Wirtschaft und Gesellschaft* legt Weber die begrifflichen Grundlagen seiner Soziologie. Die Herrschaftssoziologie tritt als strenge Herrschaftstypologie auf. Man hat den Eindruck, dass Weber ein enges Begriffsnetz auswirft und nun selber in die Falle einer generalisierenden Wissenschaft hineintritt, in der die Wirklichkeit aus einem geschlossenen Begriffssystem deduzierbar wird. Das meint Weber aber nicht, denn er setzt seine Art der Begrifflichkeit nach wie vor von derjenigen der abstrakten Theorie ab, indem er betont, dass das „reale Handeln“ nur „in seltenen Fällen [...] und auch dann nur annäherungsweise so, wie im Idealtypus konstruiert“, verläuft.[57] In Bezug auf die Herrschaftstypen betont er ebenfalls ausdrücklich, dass „keiner der drei [...] Idealtypen historisch wirklich ‚rein‘ vorzukommen pflegt“.[58] Was Weber nun aber – in klarer Selbstreflexion seines Standpunktes – präzise voneinander trennt, ist die Differenz von historischer und soziologischer Forschung: „Die Soziologie bildet [...] *Typen*-Begriffe und sucht *generelle* Regeln des Geschehens. Im Gegensatz zur Geschichte, welche die kausale Analyse und Zurechnung *individueller*, *kultur*wichtiger, Handlungen, Gebilde, Persönlichkeiten erstrebt.“ Und er fährt fort: „Wie bei jeder generalisierenden Wissenschaft bedingt die Eigenart ihrer Abstraktionen es, daß ihre Begriffe gegenüber der konkreten Realität des Historischen relativ inhalts*leer* sein müssen. Was sie dafür zu bieten hat, ist gesteigerte *Eindeutigkeit* der Begriffe.“[59] In Bezug auf die Analyse der Herrschaft kann die Soziologie der historischen Arbeit einen Dienst erweisen, indem sie „im Einzelfall an einer Herrschaftsform angeben kann: *was* ‚charismatisch‘, [...]

---

[56] Weber, „Einleitung“, in: MWG I/19, 126. Das Zitat findet sich in einer Kurzfassung der Herrschaftstypen (ebd., 119–126) mit sehr guten Bemerkungen zum Verhältnis von (Herrschafts-)Begriff und Wirklichkeit.

[57] Weber, „Soziologische Grundbegriffe“, in: MWG I/23, 156 – mit Referenz auf den *Objektivitäts*-Aufsatz.

[58] Weber, „Die Typen der Herrschaft“, in: MWG I/23, 455.

[59] Weber, „Soziologische Grundbegriffe“, in: MWG I/23, 169 f. – Vgl. u.a. zu dieser Stelle: Wolfgang Schluchter, „Handlung, Ordnung und Kultur. Grundzüge eines weberianischen Forschungsprogramms“, in: Weber-Paradigma, 42–74 (Kurztitel: Schluchter, Handlung), hier 53; sowie der konstruktive Vermittlungsversuch von M. Rainer Lepsius, „Zum Verhältnis von Geschichtswissenschaft und Soziologie“, in: *Seminar: Geschichte und Theorie. Umrisse einer Historik*, hg. von Hans Michael Baumgartner/Jörn Rüsen, 2. Aufl. Frankfurt am Main 1982, 118–138.

‚patriarchal', ‚bureaukratisch', ‚ständisch' usw. ist oder sich diesem Typus *nähert*".[60] Und das sei doch immerhin von großem Vorteil.

Die Qualität der Begriffsbildung misst sich bei Weber immer auch daran, inwieweit sie der Erkenntnis des Gegebenen dient. Trotz der strengen Begriffssystematik der jüngeren Fassung von *Wirtschaft und Gesellschaft*, einschließlich der *Herrschaftssoziologie*, nimmt Weber Modifikationen vor, die den radikalen Veränderungen der deutschen Gesellschaft durch den Ersten Weltkrieg und die Revolution geschuldet sind. Weber nimmt die Dynamik auf und versucht, ihr mit neuen Begriffsangeboten analytisch zu begegnen. Dies zeigt sich in der Erweiterung der *Herrschaftssoziologie* um die Begriffe „traditionalistische Revolutionen" und „charismatische Führerrevolutionen"[61] oder in der terminologischen Auffächerung des Parteien- und Kollegialitätsbegriffs sowie der verschiedenen Repräsentationsformen, so dass man dahinter Ansätze einer Demokratietheorie entdecken kann.[62] – Weber hatte übrigens 1917 mit dem Gedanken gespielt, die drei Herrschaftstypen um einen vierten demokratischen Typus zu erweitern.[63] – Weber grenzt sich aber in seiner Begriffswahl auch zunehmend von der Alltagssprache ab, um den besonderten Zugriff der Wissenschaften zu betonen. Gerade im Wirtschaftskapitel führt er im Anschluss an Georg Friedrich Knapp für die Geldtheorie eine ziemlich überdrehte Kunstsprache ein.[64] Es ist zugleich ein Schachzug, dass er ideologisch aufgefüllte Kampfbegriffe seiner Gegenwart zu meiden versucht und daher z.B. nicht von „Kapitalismus" und „Sozialismus", sondern

[60] Weber, „Die Typen der Herrschaft", in: MWG I/23, 455.

[61] Weber, „Die Typen der Herrschaft", in: MWG I/23, 469 f. und 508. – Zum Hintergrund vgl. Edith Hanke, „Rivoluzione e carisma. Concetti del cambiamento nel pensiero di Max Weber", in: *Politica & Società. Periodico di filosofia politica e studie sociali* 2.1 (2013), 11–32.

[62] Gangolf Hübinger spricht von Max Webers „historische[r] Demokratietheorie" bzw. von seiner „historische[n] Theorie der Politik", vgl. Hübinger, „Max Webers Geschichtsdenken", in: *Jahrbuch für Universitätsgeschichte* 12 (2011) 75–86 (Kurztitel: Hübinger, Webers Geschichtsdenken), hier 84 f., sowie Hübinger, „Die ‚Staatssoziologie' Max Webers", in: Franz-Joseph Peine/Heinrich Amadeus Wolff (Hg.), *Nachdenken über Eigentum. Festschrift für Alexander v. Brünneck zur Vollendung seines siebzigsten Lebensjahres*, Baden-Baden 2011, 443–452 (Kurzitel: Hübinger, Staatssoziologie), hier 451. Max Webers letzte Vorlesung in München über „Allgemeine Staatslehre und Politik (Staatssoziologie)" im Sommersemester 1920 ist ein Parallelstück zum Kapitel „Die Typen der Herrschaft" in der Neufassung von *Wirtschaft und Gesellschaft* 1919/20, allerdings auch mit einigen signifikanten Abweichungen, auf die Hübinger in seiner „Einleitung", in: Weber, *Allgemeine Staatslehre und Politik (Staatssoziologie). Unvollendet. Mit- und Nachschriften 1920*, hg. von Gangolf Hübinger in Zusammenarbeit mit Andreas Terwey (*MWG III/7*), Tübingen 2009, 33–39, hinweist.

[63] Weber, „Probleme der Staatssoziologie. Vortrag am 25. Oktober 1917 in Wien", in: MWG I/22-4, 745–756, hier 755.

[64] Darauf hat insbesondere Knut Borchardt mündlich während der Editionsarbeiten zu MWG I/23 hingewiesen.

von „Verkehrs-“ und „Planwirtschaft“ spricht.[65] Das schafft analytische Distanz und eine Versachlichung der Debatte. Vielfach unbemerkt geblieben sind Webers begriffliche Neuschöpfungen bzw. Neubesetzungen, wie z.B. von „Appropriation“ und „Verfügungsgewalt“, deren analytisches Potential noch zu erproben ist.[66]

III. Die Aktualisierbarkeit des Ansatzes – Ein „turn“ zurück

Wie kann die Geschichtswissenschaft heute mit Weber umgehen? Von ihm profitieren? Gangolf Hübinger plädiert für eine Rückbesinnung auf Max Webers Geschichtsdenken gegenüber den „Verästelungen des Geschichtsdenkens durch immer kleinteiligere ‚turns‘ in immer rascheren Wechseln“.[67] Dabei hebt er auf Webers Erkenntnisperspektive und die besonderten Gesichtspunkte ab: „Nicht die ‚sachlichen‘ Zusammenhänge der ‚Dinge‘“ liegen der wissenschaftlichen Arbeit zugrunde, sondern – wie Weber im *Objektivitäts*-Aufsatz schreibt – „die gedanklichen Zusammenhänge der Probleme“.[68] Diese Art von Geschichtswissenschaft setzt den hochgradig reflektierten Wissenschaftler voraus, der sich seiner Perspektivität sehr bewusst ist. Gerade in den historischen Kulturwissenschaften, die auf Webers Schultern stehen und damit an die Voraussetzungen der klassischen Moderne geknüpft sind, ist es notwendig, die heutigen Kulturbedingungen kritisch zu hinterfragen und die Gesichtspunkte zu spezifizieren.[69] Wo liegen die Probleme heute? Wie haben sich die kulturellen Rahmenbedingungen durch die Globalisierung und die neuen Medien verschoben? Mit welchem Begriffsvorrat kann heute noch gearbeitet werden? Wo sind neue Begriffe und Analyseraster notwendig,

---

[65] Weber, „Soziologische Grundkategorien des Wirtschaftens“, in: MWG I/23, hier bes. „§ 14. Verkehrswirtschaft und Planwirtschaft“, 288–295.

[66] Vgl. die Registereinträge zu MWG I/23, sowie Hübinger zur „Appropriation“ als „Kategorie zur Typisierung sozialer Ordnungen und zur Erklärung sozialen Wandels in unterschiedlichen Zivilisationen und Epochen“ in Webers „Rechts-, Wirtschafts-, Religions- und Herrschaftssoziologie“, vgl. Hübinger, Staatssoziologie, 445.

[67] Hübinger, Webers Geschichtsdenken, 79, sowie: Hübinger, Aufgaben, 53 ff.

[68] Weber, Objektivität, 41.

[69] Hübinger, Geschichtsdenken, 86. Hübinger sieht – in Anlehnung an Webers „Vorbemerkung“ zu den *Gesammelten Aufsätzen zur Religionssoziologie* (S. 1) – das auch heute attraktive Forschungsprogramm in den „universalgeschichtlichen Problemen“. Vgl. Hübinger, „Kapitalismus, Religion und Herrschaft. Max Webers ‚universalgeschichtliche Probleme‘“, in: Ders., *Gelehrte, Politik und Öffentlichkeit. Eine Intellektuellengeschichte*, Göttingen 2006, 132–160, sowie schon früher: Hübinger, „Universalgeschichtliche Probleme im Anschluß an Max Weber“ (Eine Entgegnung auf Ernst Nolte, Die Frage nach der ‚historischen Existenz‘ – Zwischen Universalgeschichte und Geschichtsphilosophie?), in: *Erwägen. Wissen. Ethik* 13 (2002), 97–99.

gerade in Bezug auf die neue empirische Basis in den „digitalen Geisteswissenschaften“?[70]

Webers Soziologie bewegt sich – wie M. Rainer Lepsius geschrieben hat – im „dreipoligen Raum von Handlungsabläufen, Strukturbildungen und Sinnprojektionen“.[71] Sie zielt folglich auch auf ein Geschichtsverständnis ab, das an der Sinnbezogenheit von menschlichem Handeln orientiert ist. Hierauf richtet sich die Kritik der Systemtheoretiker, auch unter den Historikern.[72] Weiterhin ist eine an Weber ausgerichtete Geschichtswissenschaft theorie- und begriffsgeleitet. Die Webersche Begriffsbildung ist – um nochmals Lepsius zu zitieren – „keine Taxonomie von Sachverhalten, sondern eine Bestimmung von Analysedimensionen“.[73] Lepsius selber hat durch seine Aufsätze zum sozialmoralischen Milieu und Hitlers Charisma demonstriert[74], welches Analysepotential in einer Geschichtsbetrachtung im Sinne Max Webers liegen kann. Soziologen suchen unter dem Stichwort „Weber-Paradigma“ nach Anschluss- und Anwendungsmöglichkeiten. Dabei steht das Weber-Paradigma für einen besonderen, eigenständigen Theorietypus.[75] Historiker könnten daraus lernen, ohne aber ihre fachliche Eigenart und ihr intellektuelles Potential zu verleugnen, denn ihre Aufgabe liegt, wie Weber klar formulierte, in der „kausalen Zurechnung *individueller*, *kultur*wichtiger, Handlungen, Gebilde, Persönlichkeiten“.[76]

---

[70] Tobias Haberkorn, Es gibt einfach viel zu viel Texte (Bericht über einen Workshop am Berliner Wissenschaftskolleg), in: *FAZ*, Nr. 263 vom 12.11.2014, N3.

[71] Lepsius, in: Weber-Paradigma, 33.

[72] Vgl. Rudolf Schlögl, „Historiker, Max Weber und Niklas Luhmann. Zum schwierigen (aber möglicherweise produktiven) Verhältnis von Geschichtswissenschaft und Systemtheorie“, in: *Soziale Systeme. Zeitschrift für Soziologische Theorie* 7 (2001) 23–45, bes. 26.

[73] Lepsius, in: Weber-Paradigma, 35.

[74] M. Rainer Lepsius, „2. Parteiensystem und Sozialstruktur. Zum Problem der Demokratisierung der deutschen Gesellschaft“, in: Ders., *Demokratie in Deutschland. Soziologisch-historische Konstellationsanalysen. Ausgewählte Analysen*, Göttingen 1993 (Kurztitel: Lepsius, Demokratie in Deutschland), 25–50 (dazu: Hübinger, „‚Sozialmoralisches Milieu‘. Ein Grundbegriff der deutschen Geschichte“, in: Steffen Sigmund/Gert Albert/Agathe Bienfait/Mateusz Stachura (Hg.), *Soziale Konstellationen und historische Perspektive. Festschrift für M. Rainer Lepsius*, Wiesbaden 2008, 207–227, und in diesem Band der kritisch-reflektierte Beitrag von Christian Hörnlein); sowie Lepsius, „Das Modell der charismatischen Herrschaft und seine Anwendbarkeit auf den ‚Führerstaat‘ Adolf Hitlers“, in: Ders., Demokratie in Deutschland, 95–118.

[75] Vgl. Lepsius, in: Weber-Paradigma, 32, dagegen bevorzugt Wolfgang Schluchter, von einem „*weberianischen* Forschungsprogramm“ zu sprechen, vgl. Schluchter, Handlung, 45.

[76] Weber, „Soziologische Grundbegriffe“, in: MWG I/23, 169.

Archivrecherchen im Umfeld von Max Weber*

Guenther Roth

Die seit 1984 erscheinende Max Weber-Gesamtausgabe (MWG) erläutert und kommentiert Werk und Briefe in Einleitungen, Editorischen Berichten und einem riesigen Fußnotenapparat. Sie behandelt den jeweiligen historischen Kontext und die Werkgeschichte, aber ohne auf den weiteren historischen Rahmen des 19. Jahrhunderts, eines Zeitalters rapider Globalisierung und wachsenden Nationalismus, eingehen zu können. Auch die breitere Familiengeschichte blieb ausgespart. Werk und Person Max Webers sind jedoch eingebettet in eine Geschichte der jahrzehntelang bedeutenden kosmopolitischen Bourgeoisie, die zunehmend von der nationalbewussten verdrängt wurde. Ihren komplexen Überschneidungen wandte ich mich zu. Dies erforderte den Einstieg in die Niederungen der Archivarbeit, die im optimalen Fall gezieltes Suchen mit unerwarteten Funden verbindet. Über öffentliche Archive hinaus hatte ich das große Glück, im Laufe der Zeit bislang unbekannte oder unbenutzte Familiensammlungen zu entdecken, die in vielfältiger Weise den sozialen und ökonomischen Kontext von Webers Œuvre erhellen. Damit wurde mir eine Welt sichtbar, in der Kosmopolitismus und Nationalismus, Weltwirtschaft und Volkswirtschaft, deutsch-jüdische Assimilation und Antisemitismus, friedliche und militärische nationale Vereinigung vielfältig verschlungen waren.

Seit einigen Jahren sind die Globalisierung des 19. Jahrhunderts, besonders in der neueren Konzeption der „atlantischen Weltwirtschaft", aber auch die lange durch die Strukturgeschichte verpönte Familiengeschichte in ihren globalen Vernetzungen schnell wachsende Forschungsgebiete. In diesem Rahmen ergaben sich Anlässe zu meinen eigenen Nachforschungen, zum Teil aus kleinen Anfragen von Herausgebern und Mitarbeitern der Edition veranlasst, die zu unvermutet großen Weiterungen führten. Ich werde sie hier autobiographisch und anekdotisch behandeln. Meine jahrzehntelange Beschäftigung mit Webers Œuvre schloss den Fortgang der MWG ein, die ich in einem Dutzend Rezensionen, besonders für anglophone Leser, begleitete.[1] Meine

---

* Dieser Aufsatz erschien vorab auf Englisch: Guenther Roth, „Deliberate Search and Unexpected Discoveries. Archival Research on Max Weber's Milieu", in: *Max Weber Studies* 14.2 (2014), 233–244.

mit Claus Wittich unternommene Edition der amerikanischen Gesamtausgabe von *Wirtschaft und Gesellschaft* (zuerst 1968) führte schon früh zu einer intensiven Zusammenarbeit mit Johannes Winckelmann (1900–1985), dem deutschen Herausgeber.[2]

Im Laufe der Zeit bewegten sich meine eigenen Interessen von der soziologischen Theorie fort, besonders den Modernisierungs- und Entwicklungstheorien, nach dem Jahr 2000 auch von Max Webers historischen Verallgemeinerungen und Typologien, in Richtung auf die Familiengeschichte und sozialen Milieus. Dabei spielte die persönliche Erfahrung eine Rolle, dass man nach Jahrzehnten der Beschäftigung mit derselben akademischen Materie die nötige Innovationsfähigkeit, Flexibilität und Intensität zu verlieren droht. Schon Ende der achtziger Jahre begann ich, mich mit biographischen Aspekten zu befassen, als ich von Irving Louis Horowitz (1929–2012) ersucht wurde, eine Einleitung zu seiner englischen Neuauflage von Marianne Webers *Lebensbild* zu verfassen. In einem Freijahr am Getty Center in Santa

---

[1] Guenther Roth, „The Complete Edition of Max Weber's Works" (Zur Politik im Weltkrieg, MWG, I/15, 1984), in: *Contemporary Sociology* 14.3 (1985), 323 f.; „Die Lage der Landarbeiter im ostelbischen Deutschland 1892" (MWG, I/3, 1984), in: *American Journal of Sociology* 92.3 (1986), 756 f.; „Weber's Political Failure" (Zur Neuordnung Deutschlands, MWG, I/16, 1988), in: *Telos* 78 (1988–89), 136–149; „Zur russischen Revolution von 1905" (MWG, I/10, 1989), in: *Social Forces* 68.4 (1990), 1324 f.; „Sachlichkeit and Self-Revelation: Max Weber's Letters" (Briefe 1906–1908, MWG, II/5, 1990), in: *Telos* 88 (1991), 196–204; „Between Cosmopolitanism and Ethnocentrism: Max Weber in the Nineties" (Landarbeiterfrage, MWG, I/4, 1993), in: *Telos* 96 (1993), 148–162; „Zwischen Weltmarkt und Ostmark: Max Weber vor hundert Jahren" (MWG, I/4, 1993), in: *Soziologische Revue* 17 (1994), 123–130; „Max Weber, Briefe 1909–1910" (MWG, II/6, 1994), in: *Soziologische Revue* 19 (1996), 207 f.; „The Complete Edition of Max Weber's Works: An Update" (Zur Psychophysik der industriellen Arbeit, MWG, I/11, 1995), in: *Contemporary Sociology* 25.4 (1996), 464–467; „Max Weber at Home and in Japan: On the Troubled Genesis and Successful Reception of His Work" (Briefe 1911–1912, MWG, II/7, 1998 und Wolfgang Schwentker, Max Weber in Japan, 1998), in: *International Journal of Politics, Culture and Society* 12.3 (1999), 515–525; „Max Weber: Family History, Economic Policy, Exchange Reform" (Börsenwesen, MWG, I/5, 1999) in: *International Journal of Politics, Culture and Society* 15.3 (2002), 509–520.

[2] Max Weber, *Economy and Society*, (Hg.) Guenther Roth/Claus Wittich, Totowa 1968; Berkeley 1978, und mit neuem Vorwort 2013, XXIX–XXXVII. In den siebziger Jahren nahm ich an den ersten Vorbereitungen der Max Weber-Gesamtausgabe in der Werner-Reimers-Stiftung in Bad Homburg teil und später als Mitorganisator an den dortigen Tagungen zur *Wirtschaftsethik der Weltreligionen*. Vgl. Edith Hanke/Gangolf Hübinger/Wolfgang Schwentker, „Die Entstehung der Max Weber-Gesamtausgabe und der Beitrag von Wolfgang J. Mommsen", in: Christoph Cornelißen (Hg.), *Geschichtswissenschaft im Geist der Demokratie. Wolfgang J. Mommsen und seine Generation,* Berlin 2010, 207–238. Siehe auch die von Wolfgang Schluchter edierten sechs Tagungsbände über Webers Wirtschaftsethik der Weltreligionen, Frankfurt am Main 1981–1988.

Monica entstand „Marianne Weber and Her Circle".[3] Georg Siebeck schickte meinen Essay an den Weber-Neffen Max Weber-Schäfer (1908–1998). Als sich die Möglichkeit ergab, das *Lebensbild* als Taschenbuch beim Piper-Verlag mit einer Einführung neu zu veröffentlichen, schlug Siebeck dafür eine deutsche Version meines Essays vor. Max Weber-Schäfer war sehr an einer Marianne Weber-Biographie interessiert und begrüßte den Vorschlag.[4] Daraus entwickelte sich ein enger, jahrelanger Kontakt.[5] Weber-Schäfer hatte schon einen großen Teil des Marianne Weber-Nachlasses an die Bayerische Staatsbibliothek (BSB) zur Verwendung durch die MWG deponiert (als Teil des Weber-Nachlasses unter der Signatur Ana 446). Aber wie viele Besitzer war er sich nicht über die weitere Bedeutung seiner Bestände im Klaren. Er behielt Hunderte von Briefen der Fallenstein-Geschwister Laura, Ida, Henriette, Helene, Emilie und ihrer Männer Carl Gustav Bunge, Hermann Baumgarten, Adolf Hausrath, Max Weber sen. und Ernst Wilhelm Benecke, weil er sie für die spezifischen Zwecke der Gesamtausgabe für nicht relevant hielt.[6] Ich überzeugte ihn von ihrer Bedeutung für eine Familiengeschichte, die in ihren nationalen und kosmopolitischen Dimensionen weitgehend unbekannt war.

Von meiner Studie über Marianne Weber und ihren Kreis, zumeist Frauenrechtlerinnen, konnte ich nun zu den vorhergehenden Generationen zurückgehen und ihre Lebens- und Vermögensverhältnisse erhellen. Besonders letztere wurden in der akademischen Welt meist sehr diskret behandelt, wenn

[3] Marianne Weber, *Max Weber. A Biography,* New Brunswick 1988, zuerst New York 1975, übersetzt von Harry Zohn, mit meiner Einleitung, xv–lxi.

[4] Marianne Weber, *Max Weber. Ein Lebensbild. Mit einem Essay von Guenther Roth*, München 1989, IX–LXXI.

[5] Zur Synagogeneinweihung in Darmstadt am 9. November 1988 begleitete ich Kurt Wolff (1912–2003), der mich 1953 zur Fertigstellung unserer Frankfurter Denazifizierungsstudie an die Ohio State University in Columbus eingeladen hatte, und traf seine Kusine Lotte Weber-Schäfer (1906–1992), Marianne Webers Schwiegertochter. Anschließend machte ich einen ersten Besuch bei ihrem Schwager Max Weber-Schäfer in Konstanz. Danach jährliche Besuche bis 1993, bei denen ich insgesamt 850 Briefe abgeholt habe. Das Konvolut wurde in Heidelberg kopiert und für die MWG ausgewertet. Deshalb erfolgte die Übergabe der letzten Briefe an die Bayerische Staatsbibliothek erst am 7. Juli 1995.

[6] Andere Briefe aus demselben Umfeld wurden mir einige Jahre später von Eduard Baumgartens Schwiegersohn Wilhelm Schoeppe (1930–2009), der mit dessen Tochter Brigitte verheiratet war, zugänglich gemacht. Zur Genealogie der erwähnten Personen siehe die Tabellen in Roth, *Max Webers deutsch-englische Familiengeschichte 1800–1950*, Tübingen 2001, 631–642 (Kurztitel: Roth, Familiengeschichte). Der nationalpolitische Publizist Hermann Baumgarten wurde 1872 Professor der Geschichte an der neuen Straßburger Universität, zusammen mit seinem Schwager, dem Geologen Ernst Wilhelm Benecke. Der Heidelberger Theologe Adolf Hausrath wurde als George Taylor, Verfasser von historischen Romanen, international bekannt.

nicht ganz verschwiegen. Im *Lebensbild* hatte Marianne ihre Schwiegermutter Helene Weber, geborene Fallenstein, herausgehoben, aber jetzt befasste ich mich mit Helenes Geschwistern und Schwägern und entdeckte das weitgespannte, in der Max Weber-Biographie nur beiläufig erwähnte Familiennetz der Familien Souchay, Schunck, Benecke und Bunge. In der Mitte des 19. Jahrhunderts stiegen ihre Familienunternehmen, weltweit im Baumwoll- und Getreidehandel und im Bankgeschäft (merchant banking) agierend und in London und Manchester zentriert, zu den reichsten deutsch-englischen Firmen auf.[7] Die Männer und Söhne der Fallenstein-Geschwister, die akademische und politische Karrieren verfolgten, zogen vielfältigen Nutzen aus dem Reichtum dieser Unternehmen.[8] Auch Helenes Kinder wurden so alimentiert, was besonders für den leidenden Max jun. wichtig war, bevor Marianne Webers Erbschaft im Jahre 1907 zu Hilfe kam.

Es war im 19. Jahrhundert üblich, dass Familienmitglieder auswanderten oder jahrelang als sogenannte *sojourners* im Ausland lebten. Max Webers Großmutter Emilie Fallenstein weilte längere Zeit in England bei ihren Souchay-Brüdern Carl und Jean. Sogar Max Weber sen. nahm früh an, dass er mehrere Jahre in England verbringen würde, um geschäftliche Erfahrungen zu sammeln, lernte aber das Land erst als Berliner Stadtrat 1872 auf einer Reise mit seiner Frau Helene kennen. Ida und Hermann Baumgarten, ihr Sohn Otto, Professor für praktische Theologie, aber auch Max Weber jun. und seine Eltern waren sehr mit dem Schicksal der nach Australien, Süd- und Nordamerika verschlagenen Familienzweige der Fallensteins befasst, Hermann Baumgarten auch mit seinem lange in Südamerika lebenden Bruder. Der junge Berliner Handelsrechtler Max Weber, der in den neunziger Jahren Seerecht sowie Börsen- und Bankenrecht lehrte, stand in der Tradition seiner Handel und Handelsrecht betreibenden Vorfahren; er schrieb seinem Onkel Hermann Baumgarten am 3. Januar 1891: „Ich bin aber noch immer der Ansicht, dass es für mich von großem Wert gewesen wäre, einige Jahre gründ-

---

[7] Laura Fallensteins Mann Carl Gustav Bunge und ihre Söhne Eduard und Ernst, Max Webers Cousins, etablierten von Antwerpen und Buenos Aires aus ihr riesiges Getreideimperium, noch heute eine der größten Firmen der Welt im Handel mit Grundnahrungsmitteln. Erste Resultate meiner Nachforschung erschienen unter dem etwas provokatorischen Titel „Weber the Would-Be Englishman: Anglophilia and Family History" in: Hartmut Lehmann/Guenther Roth (Hg.), *Weber's Protestant Ethic. Origins, Evidence, Contexts,* Cambridge 1993, 83–122, und als „Heidelberg-London-Manchester. Zu Max Webers deutsch-englischer Familiengeschichte" in: Hubert Treiber/Karol Sauerland (Hg.), *Heidelberg im Schnittpunkt intellektueller Kreise,* Opladen 1995, 184–209.

[8] Hermann Baumgarten und Ernst Wilhelm Benecke errichteten repräsentative Villen in Straßburg – letztere gehört der Straßburger Universität –, Adolf Hausrath erbte die aus Souchay-Vermögen erbaute Fallensteinvilla in Heidelberg (jetzt Max-Weber-Haus), und Max Weber sen. vergrößerte die Charlottenburger Villa. Sie folgten dem Vorbild der vorhergehenden Generation der Familien Weber und Souchay, die in Hamburg-Altona und Dresden-Loschwitz noch heute stehende, große Villen bauten.

lich in die Praxis des Großhandels zu kommen. [...] Ich habe eine ganz außerordentliche Sehnsucht nach einer praktischen Tätigkeit."[9]

Im Souchay-Depot des Frankfurter Stadtarchivs (heute Institut für Stadtgeschichte) fand ich Photographien aus dem Familienbesitz, einschließlich einer Aufnahme des Gemäldes von Max Webers Urgroßmutter Helene Schunck Souchay. Das Gemälde stammt vom bayerischen Hofmaler Joseph Stieler, der sie 1809 die schönste Frau in Deutschland genannt haben soll (wie wohl auch andere seiner Malobjekte). Als ich im Münchener Telefonbuch einen Dr. med. Cornelius Souchay fand – Cornelius ging als Familienvorname ins 18. Jahrhundert zurück – und bei einem Anruf sagte, dass ich ein Photo des Stieler-Bildes gesehen hätte, erwiderte er, das Bild hänge in seiner Wohnung, und er hätte auf seinem Bauernhof in Beuerbach viele Kisten mit Familienpapieren, Briefen und Dokumenten. Cornelius Souchay und seine Geschwister Marietta und Sebastian hatten nur noch wenige persönliche Kenntnisse über die Familiengeschichte – die vorhergehende Generation, die noch viel vom 19. Jahrhundert wusste, war bereits vor einiger Zeit verstorben –, aber sie öffneten bereitwillig ihre Kisten, in denen ich neben Hunderten von Briefen die handgeschriebene, verschollen geglaubte Autobiographie des Frankfurter Senators und Bürgermeisters Eduard Souchay fand und dazu die unbekannten Memoiren des mit ihm verwandten Fritz Schlemmer, dem Tutor der Londoner Rothschild-Söhne. Meine Nachforschungen weiteten sich schließlich 1992 nach England aus, in das Londoner Somerset House, wo die aufschlussreichen Testamente liegen, in die dortige Dr. Williams Library (Nachlass des mit der Souchay-Familie befreundeten berühmten Tagebuchautors Henry Crabb Robinson), und nach Nottingham in die Brandt Collection (Geschäftszirkulare der Souchay-Firmen) der University Library.

Schon in meiner *Familiengeschichte* hatte ich einen Bericht des hessischen Weltreisenden Graf von Görtz über seinen Besuch um 1845 auf der kubanischen Kaffeeplantage Angerona angehängt, die seinerzeit von André Souchay geleitet wurde, aber bereits in den zwanziger Jahren des 19. Jahrhunderts von seinem Onkel, dem Hanauer Cornelius Souchay, gegründet worden war. Der Bericht reflektierte den typischen Rassismus der Zeit und den deutschen Hochmut des aus Deutschland nachgekommenen „Don André". Unbekannt war mir seinerzeit, dass „Don Cornelio" in enger Zusammenarbeit mit der freien haitischen Mulattin Ursula Lambert eine der größten Plantagen gegründet hatte, auf der sie vierhundert Sklaven humaner behandelten als auf allen anderen Plantagen üblich, weil sie rational kalkulierten, um ihre Produktivität maximieren zu können. Ich kam auf diese Spur durch den zufälli-

[9] Max Weber, *Jugendbriefe,* Tübingen 1936, 326. Wilhelm Benecke schrieb das fünfbändige, international einflussreiche *System des Assekuranz- und Bodmereiwesens, aus den Gesetzen und Gebräuchen Hamburgs und der vorzüglichsten handelnden Nationen*, Hamburg 1806–1821.

gen Hinweis von Sam Whimster, Herausgeber der *Max Weber Studies*, auf den im Jahre 2003 in London gezeigten Film *Roble de olor* des durch seine Dokumentarfilme bekannten kubanischen Regisseurs Rigoberto Lopez Pego, der die persönliche Beziehung von Cornelio und Ursula romantisierte und politisch signifikant machte. Seine freie Interpretation beruhte auf einer Kurzgeschichte des auch in Deutschland durch seine Kriminalromane bekannten Leonardo Padura, der Anfang der neunziger Jahre *El Romance de Angerona* veröffentlicht hatte. Seit 1989 war die Ruine von Angerona, von dem diskreten Cornelio nach der Göttin des Schweigens genannt, zum Nationalmonument erklärt worden und eine Touristenattraktion geworden. Die „politisch korrekte“ Romantisierung machte das Paar in der Jugendkultur populär und für akademische Feministinnen zum Studienobjekt. Aber die Ermittlung der historischen Fakten blieb äußerst schwierig, obwohl Angerona schon zu Cornelios Lebzeiten von berühmten kubanischen Literaten und prominenten Besuchern aus den USA mehrfach beschrieben und gepriesen worden war. Meine Nachforschung wurde durch die politisch bedingte Kommunikationssperre mit Kuba stark behindert, aber ich konnte kurze Zeit mit Rigoberto Lopez und Leonardo Padura korrespondieren. Der katastrophale Zustand der Archive in Havanna war bekannt, aber ich zog ältere archivalische Publikationen, einschließlich der Landkaufverträge, Testamente und Prozessakten, heran, nachdem ich einige Monate lang genügend Spanisch gelernt hatte. Trotzdem blieben viele Fragen offen.[10]

Im *Lebensbild* hatte Marianne Weber ihren Schwiegervater hinter Max Webers Mutter Helene zurückgedrängt. Eine Aufhellung seines Lebenswegs und seiner politischen Bedeutung war längst überfällig. Da es keinen Nachlass gab, rekonstruierte ich Mitte der neunziger Jahre seine parlamentarische Karriere aus Zeitungsberichten in Coburg, Magdeburg, Halberstadt, Braunschweig, den Verhandlungen des Reichstags und des preußischen Landtags (Columbia University New York) und aus Dokumenten seiner Tätigkeit als Erfurter und Berliner Stadtrat (Geheimes Staatsarchiv Berlin und Landesar-

[10] „Angerona: Facts and Fictions about Cornelio Souchay and Ursula Lambert's Cuban Coffee Plantation“ (engl. Manuskript 2005); portugiesische Fassung: „Angerona: Fatos e ficcoes sobre a fazenda de café de Cornelio Souchay e Ursula Lambert em Cuba“, in: *sociologia & antropologia*, 2.4 (2012), 211–239; spanische Fassung: „Angerona: mitos y realidades del cafetal cubano de Cornelio Souchay y Ursula Lambert“, in: *Istor. Revista de historia internacional* 15.57 (2014), 159–192. – Max Weber stellte seine Studien über die ostelbischen Landarbeiter in einen Rahmen, der von der antiken Sklaverei bis zu den völlig ungebundenen, „halbnomadischen Arbeiterscharen“ in Argentinien reichte. Er befasste sich nicht direkt mit der karibischen und südamerikanischen Sklaverei, aber desto mehr mit der Erbschaft der Sklaverei in den USA (Roth, Familiengeschichte, 90–100, 486 ff.).

chiv Ost, Berlin).[11] Von seinen Erfurter Jahren an kooperierte und konkurrierte Weber mit dem freikonservativen Erfurter Landtags- und Reichstagsabgeordneten Lucius von Ballhausen, der mit Juliet Souchay aus Manchester, einer Kusine Helene Webers, verheiratet war und 1888 von Kaiser Friedrich in den Freiherrnstand erhoben wurde. In den neunundneunzig Tagen des Kaisers versorgte Juliet die Familie Weber mit sorgenvollen Nachrichten.

Neben der Aufklärung unklarer und unbekannter Aspekte der Bielefelder Herkunftsfamilie konnte ich im Jahre 2000 während eines Hamburger Aufenthalts (im Warburg Haus) auch den noch heute weltwirtschaftlich aktiven Hamburger Zweig der Weber-Familie (Weber & Schär) zurückverfolgen. Details über die fast völlig unbekannte, von Marianne Weber übergangene Amerikareise von Max Webers Vater 1883 zur Eröffnung von Henry Villards Northern Pacific Railroad fand ich in der Baker Library der Harvard Universität. Von seiner Erfurter Stadtratszeit, als Max Weber sen. um den Anschluss der Stadt ans Eisenbahnnetz bemüht war und sich später zur Verstaatlichung der preußischen Eisenbahnen ambivalent verhielt, blieb er am Eisenbahnwesen auch finanziell interessiert, besonders am amerikanischen.

In meiner *Familiengeschichte* spielte schon Friedrich Kapp eine Rolle. Seit den frühen 1870er Jahren waren er und Max Weber sen. eng befreundete nationalliberale Parlamentarier. Dies schloss die Frauen ein und den ganz jungen Max, für den Kapp ein wichtiger Mentor wurde und von dem er seine ersten Kenntnisse über die Vereinigten Staaten erhielt. Das Zentenarium des Besuchs von Marianne und Max Weber in Amerika und des Essays *Die Protestantische Ethik und der ‚Geist' des Kapitalismus* im Jahre 1904 bewog mich zu einer genaueren Untersuchung des New Yorker Aufenthaltes über die Darstellung im *Lebensbild* hinaus. Ich stellte dies in den Kontext von Friedrich Kapps New Yorker Exiljahren von 1855 bis 1870 und seiner bedeutenden politischen Rolle unter den deutschen Republikanern der Stadt. Kapps Töchter wurden Teil eines transatlantischen Familiennetzes, von dem sich jedoch der ebenfalls in New York geborene Sohn Wolfgang ausschloss, der zunehmend nationalistisch und konservativ wurde – bis zum Kapp-Putsch 1920. Helene Weber hatte Max gebeten, doch die Töchter Clara und Hannah zu besuchen, die nach New York zurückgekehrt und mit den Lichtenstein-Brüdern Alfred und Paul, beide Bankiers jüdischer Herkunft, verheiratet waren.[12]

---

[11] In der Coburger Zeitung fand ich z.B. Webers erste Reichstagswahlrede vom 1. Dezember 1872 eingeklebt, die bislang Stadtarchivaren und Weberforschern unbekannt geblieben war.

[12] Ich erwähnte die Töchter schon in meiner *Familiengeschichte*, aber ohne die Lichtenstein-Spur zu verfolgen. Luise Kapp, die sich lange nach Amerika zurücksehnte, war mit Alfred von der Leyen verheiratet; sie waren eng mit den Webers befreundet. Von der Leyen war der ranghöchste Beamte und Experte über die deutschen und amerikanischen Eisenbahnen im preußischen Eisenbahnministerium. Er reiste mit Vater Weber nach Ame-

Max Weber führte sich bei Paul Lichtenstein in einem seltenen, englisch geschriebenen Brief vom 7. November 1904 ein. Auf eine editorische Anfrage hin kommentierte ich den Brief, der 1998 in Hamburg ersteigert worden war, vier Jahre später für die Münchener Arbeitsstelle. Dies war der Anfang meiner Suche nach den Nachkommen von Friedrich Kapp. Ich suchte nicht nur im Archiv der Deutschen Gesellschaft von New York, der Historical Society of New York und der *New York Times* und verglich die Namen und Daten im großen Familiengrab im Greenwood Cemetery in Brooklyn, sondern entdeckte auch ein reiches Familienarchiv, das vier Generationen, beginnend mit den 1848ern, umfasste.

In einer Dissertation von Wolfgang Hinners über Kapp vom Jahre 1987 hatte ich einen kurzen Hinweis auf Fritz Victor Lenels Familienchronik gesehen.[13] Im Juli 2003 rief ich das Archiv des Rensselaer Polytechnic Institute in Troy an, wo der nach 1933 vertriebene Kapp-Enkel Lenel ein prominenter Physikprofessor gewesen war, und fand heraus, dass ich zu spät gekommen schien – er war im März 2002 im Alter von fast 96 Jahren gestorben. Doch war seine Witwe in einem Altersheim erreichbar. Am Telefon sagte sie mir, ihre kleine Wohnung stünde voll von Kisten und Kästen mit Familiengeschichte. Ich besuchte die hochbetagte Margaret Lenel, wobei ich auch ihre Tochter Julia Lenel traf, mit der ich dann einige Jahre lang die Überführung des Familienarchivs ans New Yorker Leo Baeck Institute (LBI) arrangierte.[14] Unter den Entdeckungen war eine Kopie der bislang unbekannten handschriftlichen Erinnerungen der zum Protestantismus konvertierten Bertha Lenel, der Tochter des Freiburger Juraprofessors Otto Lenel, aus dem berüchtigten Konzentrationslager Gurs und ihrer Rettung durch die französisch-reformierte Resistance im Jahre 1942.

Die Nachkommen von Friedrich und Louise Kapp waren über drei Generationen mit Familien jüdischer Abstammung und meist protestantischer Kon-

---

rika. Margarethe, die zweimal in die USA zurückkehrte, heiratete den auf allen Meeren erfahrenen Kreuzerkapitän und Admiral Ludwig Borckenhagen. Ihnen stand besonders Otto Baumgarten nahe. Ihre Tochter Luise heiratete den konvertierten und von Albert Schweitzer getauften Straßburger Mediävisten Walter Lenel.

[13] Wolfgang Hinners, *Exil und Rückkehr: Friedrich Kapp in Amerika und Deutschland,* Stuttgart 1987. Kapps Enkelin Edith Lenel konnte gerade noch 1935 ihre Dissertation bei Hans Rothfels fertigstellen, bevor sie emigrieren musste (wie später Rothfels selbst). Edith Lenel, *Friedrich Kapp 1824–1884. Ein Lebensbild aus den deutschen und den nordamerikanischen Einheitskämpfen,* Leipzig 1935.

[14] Zwei Veröffentlichungen resultierten aus dieser Untersuchung: Guenther Roth, „Transatlantic Connections: A Cosmopolitan Context for Max and Marianne Weber's New York Visit 1904", in: *Max Weber Studies* 5.1 (2005), 81–112, und mit anderem Akzent, Roth, „Europäisierung, Amerikanisierung und Yankeetum. Zum New Yorker Besuch von Max und Marianne Weber 1904", in: Wolfgang Schluchter/Friedrich Wilhelm Graf (Hg.), *Asketischer Protestantismus und der ‚Geist' des modernen Kapitalismus,* Tübingen 2005, 9–31.

version verheiratet, Beispiele fortschreitender Assimilation oder Akkommodierung bis zur Katastrophe der Nazizeit. Nach 1933 hielten Else Jaffé, Luise Lenel und Marianne Weber in Heidelberg engeren Kontakt und tauschten sich über das Schicksal ihrer Kinder und älteren Freunde aus. Die Katastrophe der deutsch-jüdischen Integration wurde auch wichtig für meine letzte große Entdeckung eines Familienbestandes, die auf eine kleine Anfrage aus der Heidelberger Arbeitsstelle der MWG für die Briefedition zurückging: Was waren die Todesdaten der beiden emigrierten Söhne von Edgar Jaffé und Else von Richthofen? Eine von Bettina Henrich, einer Enkelin Else Jaffés, in München aufbewahrte Telefonnummer ermöglichte mir im Jahre 2008 einen Anruf in Baltimore bei Christopher Jeffrey, einem anderen Else-Enkel. Seine Frau Julie Roy, renommierte Historikerin der Lebensverhältnisse amerikanischer Frauen im 19. Jahrhundert (was mir damals unbekannt war), verwies mich an ihren Mann im Sommersitz in Maine. Dieser konnte sich nicht an den Todestag seines Vaters Friedrich (Friedel) Jaffé, der sich seit 1940 Jeffrey nannte, erinnern, versprach aber zurückzurufen. Als er mir das Datum (3. August 1995) nannte, erwähnte er beiläufig, dass Hunderte – schließlich waren es mehr als eineinhalb Tausend – Briefe in seiner Dachstube in Baltimore lagerten und seine Frau immer wieder darauf dränge, diesen Schatz an eine Institution zu geben, bevor das Haus einmal abbrenne. Daraus resultierte eine vierjährige Zusammenarbeit. Ich inventarisierte alle 1.500 Briefe, kommentierte, transkribierte und übersetzte viele davon. Edgar Jaffé war in der Literatur fast nur als Käufer (1903) und Mitherausgeber des *Archivs für Sozialwissenschaft und Sozialpolitik* und 1918/19 als vielfach angefeindeter Finanzminister in Kurt Eisners bayerischem Revolutionskabinett bekannt. Jetzt gewann er schärferes Profil, von den Briefen an die Mutter aus Paris und Spanien in den 1880er Jahren angefangen, über Reminiszenzen an die Jahre in Manchester, bis zu seinen Aktivitäten nach 1914 in der deutschen Militärverwaltung in Belgien und vielen Propagandaauftritten hinter der westlichen Front. Völlig unbekannt war die Korrespondenz mit Else von Richthofen aus der Brautzeit 1902, die dem Paar zum ersten Mal ihre eigene Stimme bei der vielumrätselten Verlobung verlieh. Else überlebte um mehr als fünfzig Jahre den Tod von Edgar Jaffé (1921) und Max Weber (1920), mit dem sie am Ende eine intensive Liebesbeziehung hatte.[15] Aber mit seinem Bruder Alfred, mit dem sie seit 1910 liiert war, erlebte sie gemeinsam die Nazijahre und Nachkriegszeit, reflektiert in Hunderten von Briefen mit den Söhnen Friedel und Hans, von denen ersterer ein erfolgreicher Industrieller, letzterer ein erfindungsreicher Physiker wurde. An der Korrespondenz beteiligt waren auch die Tochter Marianne und ihr Mann Hans von Eckardt, welche über ihre

[15] Siehe Max Webers Briefe an Else Jaffé, in: Max Weber, *Briefe 1918–1920*, hg. von Gerd Krumeich/M. Rainer Lepsius in Zusammenarbeit mit Uta Hinz/Sybille Oßwald-Bargende/Manfred Schön (MWG II/10), Tübingen 2012.

Verfolgung und Entbehrungen berichteten. Im Jahre 1939 begleitete Marianne zwei Kindertransporte nach London, aber ihre Emigrationshoffnungen zerschlugen sich.

Die Briefe liegen nun in der Christopher Jeffrey Collection des Leo Baeck Institute, zusammen mit meiner „online" Studie von 2012, *Edgar Jaffé, Else von Richthofen and Their Children. From German-Jewish assimilation through antisemitic persecution to American integration. 1880–1980.*[16] Ein „Nebenprodukt" meiner Erforschung der Jeffrey-Bestände war die Entdeckung der völlig unbekannten Brautbriefe von Kurt Riezler an Max Liebermanns Tochter Käthe, welche die in den 1970er Jahren so kontrovers diskutierten Tagebücher des Vertrauten von Bethmann Hollweg über die Monate vor und nach Kriegsausbruch authentisch ergänzen.[17]

Die Digitalisierung von Archiven und Büchern und Suchmaschinen wie Wikipedia haben seit einigen Jahren Nachforschungen erheblich erleichtert und beschleunigt. Diese neuen Verfahren standen mir erst am Ende zur Verfügung. Aber die Suche nach noch unbekannten handschriftlichen Quellen, Briefen und Dokumenten bleibt unentbehrlich, wenigstens für frühere Jahrzehnte und Jahrhunderte. Ihrer Auffindung folgt die mühsame Arbeit der Entzifferung und die aufwendige Identifizierung von Namen. Auch nach der Digitalisierung ist öfter der Rückgriff auf die Originaltexte nötig, besonders wenn sie brüchig und vergilbt sind. Nichts kann die Mühe und das Vergnügen der Handarbeit an alten Briefen und Dokumenten ersetzen.[18]

Meine gezielte Suche und meine unerwarteten Funde sind in der Zwischenzeit auch von einigem Nutzen für die großen Weber-Biographien von Joachim Radkau, Jürgen Kaube und Dirk Kaesler geworden, auch für Bärbel Meurers Marianne Weber-Biographie und Eberhard Demms Biographie von Else von Richthofen und Edgar Jaffé.[19] Aber die Resultate bleiben eigenstän-

---

[16] http://www.lbi.org/digibaeck/results/?qtype=pid&term=1505570 (1.2.2015).

[17] Guenther Roth, „‚Die Schönheit der wilden Bewegung' Kurt Riezlers Briefe 1914 an Käthe Liebermann", in: *Zeitschrift für Ideengeschichte* VI.6 (2012), 105–115. Der katholische Kurt Riezler, 1933 als Kurator der Universität Frankfurt entlassen, emigrierte 1938 zur Rettung seiner Frau Käthe und seiner Tochter Maria in die USA; er war ein Onkel von Marianne Riezler, der Tochter des von den Nazis entlassenen Stettiner Museumsdirektor und Musikologen Walter Riezler. Sie heiratete 1933 Friedel Jaffé und drängte auf schnelle Emigration.

[18] Siehe die brillante Schilderung in: Arlette Farge, *Le goût de l'archive*, Paris 1989; Englisch *The Allure of the Archives*, New Haven 2013, mit einem Vorwort von Natalie Zemon Davis.

[19] Joachim Radkau, *Max Weber. Die Leidenschaft des* Denkens, München 2005; München 2014 (rev.); Jürgen Kaube, *Max Weber. Ein Leben zwischen den Epochen*, Berlin 2014; Dirk Kaesler, *Max Weber. Eine Biographie*, München 2014; Bärbel Meurer, *Marianne Weber. Leben und Werk*, Tübingen 2010; Eberhard Demm, *Else Jaffe-von Richthofen. Erfülltes Leben zwischen Max und Alfred Weber* (Schriften des Bundesarchivs, Bd. 74), Düsseldorf 2014.

dige Beiträge zur Sozial-, Wirtschafts- und Familiengeschichte des 19. und 20. Jahrhunderts.

Eine frühe Form der historischen Soziologie: Stefan Czarnowski

Max Spohn

I. Einleitung

In einem Sammelband aus dem Jahr 2006 über die *Klassische polnische Soziologie und ihre zeitgenössische Rezeption* wurde gefragt: „Wer ist ein polnischer Klassiker?“.[1] Von den Kriterien zur Bestimmung von Klassikern einmal abgesehen verweist die Frage doch auf einen Prozess der akademischen Selbstverortung, der im deutschen oder französischen Kontext unüblich gewesen wäre. Die kanonischen Denker der Soziologie waren hier etabliert, die Frage bedurfte keiner Vergewisserung. Anders im Fall von Stefan Zygmunt Czarnowski (1879–1937). Er galt als einer der wichtigsten Vertreter der polnischen Sozial- und Kulturwissenschaften, den man bisher aber unterschätzt bzw. nicht ausreichend gewürdigt hatte.[2] Ein Grund dafür lag darin, dass Czarnowski weder ein umfangreiches Werk hinterlassen hatte – neben einer einzigen wissenschaftlichen Monographie besteht es aus Essays, Studien und unvollendeten Skizzen – noch hatte sich eine mit seinem Namen assoziierte Schule herausgebildet. Schon der Zeitgenosse Florian Znaniecki, ebenfalls „Gründer-Vater“ der humanistischen Soziologie, beschrieb das Werk von Czarnowski als zugleich unvollendet und heterogen:

> „Sein wissenschaftliches Werk war nur ein partieller Ausdruck einer reichen und schöpferischen Persönlichkeit. Jede seiner nicht sehr zahlreichen Arbeiten war hervorragend auf ihre Weise, als geschlossenes Ganzes. Aber das, was er in ihnen erklärte, war nur eine fragmentarische Kristallisation eines größeren wissenschaftlichen Gedankens […]. Um

---

[1] Włodzimierz Wincławski, „Kto jest klasykiem polskim?“, in: Janusz Mucha/Włodzimierz Wincławski (red.), *Klasyczna socjologia polska i jej współczesna recepcja*, Toruń 2006, 329–336 (Kurztitel: Mucha/Wincławski, Klasyczna socjologia polska).

[2] Tomasz Nałęcz, „Jeden z pokolenia niepokornych“, in: Marek Jabłonowski (red.), *Stefan Czarnowski z perspektywy siedemdziesięciolecia*, Warszawa 2008, 48 (Kurztitel: Jabłonowski (red.), Stefan Czarnowski); Elżbieta Tarkowska, „Niedocenione dzieło Stefana Czarnowskiego“, in: Mucha/Wincławski, Klasyczna socjologia polska, 114; Jerzy Szacki, „Wstęp: krótka historia socjologii polskiej“, in: Ders., *Sto lat socjologii polskiej: od Supińskiego do Szczepańskiego*, Warszawa 1995, 95.

dieses wissenschaftliche Werk vollständig zu charakterisieren und zu bewerten, müsste man jede einzelne Arbeit analysieren in Bezug auf moderne wissenschaftliche Strömungen und die in ihnen enthaltenen originellen Elemente genau hervorheben."[3]

Czarnowski wird hier nicht für ein herausragendes Werk und nicht als Urheber einer geschlossenen Theorie gewürdigt, sondern für eine Reihe innovativer Arbeiten, in denen er sehr unterschiedliche Phänomene untersuchte. Bis heute hat sich daran wenig geändert. Czarnowski wird wahlweise als Kulturphilosoph, Religionssoziologe und Ethnograph geschätzt.[4] In jüngeren Veröffentlichungen wird sein Beitrag zur Erinnerungsforschung sowie zur Theorie von Nation und Nationalismus betont.[5] Darüber hinaus gilt er als engagierter Intellektueller, der für die Unabhängigkeit Polens kämpfte und dem Land „die Ehre gerettet hat", als er sich für die Rechte jüdischer Studenten an der Warschauer Universität in den 1930er Jahren einsetzte.[6]

1879 in Kroczewo bei Warschau geboren, gehörte Stefan Czarnowski einer Generation von Studenten an, die im Exil oder unter Besatzung lebte. Lemberg und Krakau hatten sich in der zweiten Hälfte des 19. Jahrhunderts unter der Habsburger Krone zu autonomen Zentren der polnischen Wissenschaftskultur entwickelt, im russischen und preußischen Teilungsgebiet waren die Möglichkeiten kultureller und beruflicher Entwicklung für Polen jedoch

---

[3] Florian Znaniecki, „Twórczość naukowa Stefana Czarnowskiego", in: Stefan Czarnowski, *Społeczeństwo. Kultura. Prace z socjologii i historii kultury*, (Seria Biblioteka Socjologiczna Polskiego Instytutu Socjologicznego), Warszawa/Poznań 1939 (Kurztitel: Czarnowski, Społeczeństwo. Kultura). Übersetzungen sind, so weit nicht anders gekennzeichnet, die des Autors M.S. Die Übersetzungen sind Teil meines Disseratationsprojekts, das durch ein Begabtenstipendium der Hanns-Seidel-Stiftung aus Mitteln des Bundesministeriums für Bildung und Forschung (BMBF) gefördert wurde.

[4] Agata Wesołowska, „Stefan Czarnowski, społeczne oblicza religii", in: Paweł Łuczeczko (red.), *Historie nieoczywiste. Skice z dziejów socjologii polskiej*, Gdańsk 2010, 151–168; Jabłonowski (red.), Stefan Czarnowski.

[5] Elżbieta Tarkowska, „Collective Memory, Social Time and Culture: The Polish Tradition in Memory Studies", in: *Polish sociological review: quarterly of the Polish Sociological Association*, 183 (2013), 281–296; Kornelia Kończal/Joanna Wawrzyniak, „Traditionen, Konzepte, (Dis-)Kontinuitäten. Erinnerungsforschung in Polen", in: *Osteuropa* 62.5 (2012), 19–46; Robert Traba, „Aktualność teorii Stefana Czarnowskiego dla współczesnej reflelksji historycznej, skic do portretu socjologa", in: Ders.: *Przeszłość w teraźniejszości. Polskie spory o historię na początku XXI wieku*, Poznań 2009, 187 (Kurztitel: Traba, Aktualność teorii Stefana Czarnowskiego).

[6] In den 1930er Jahren wurde die Universität Warschau von einer Welle des Antisemitismus des nationalradikalen Lagers erfasst. Der Soziologe Jerzy Szacki erinnerte 1972 an die Verdienste von Stefan Czarnowski, der sich öffentlich gegen diese Vorgänge ausgesprochen hatte. Der Kontext war nun das Jahr 1968, als die Polnische Vereinigte Arbeiterpartei (PZPR) eine anti-intellektuelle und antisemitische Hexenjagd lostrat, in deren Folge viele Gelehrte, etwa Leszek Kołakowski und Zygmunt Bauman, aus Polen emigrierten. Siehe Jerzy Szacki, „Stefan Czarnowski. Socjolog, polihistor", in: *Kultura* vom 26.3.1972, 3.

weitaus eingeschränkter. Die Universität Warschau wurde nach dem Januaraufstand von 1863/64 eine dem russischen Zaren unterstellte Institution. Es folgte ein Verbot der polnischen Sprache, Presse und Buch wurden zensiert. Im preußischen Teilungsgebiet wurde der „Nationalitätenkampf" immer intensiver mit den Mitteln des Kulturkampfes und durch Germanisierungskampagnen geführt. Aber auch ein bei polnischen Eliten vorherrschender Konservatismus erschien der jüngeren Generation als loyal gegenüber den Teilungsmächten. Diese Umstände hatten eine Migration von polnischen Studenten in die akademischen Zentren Europas zur Folge.[7]

Czarnowski ging als Sohn von „Rittergutsbesitzern" 1898 an die Universität Leipzig. Dort hörte er bei Wilhelm Wundt, Karl Lamprecht und beim Alt-Philologen Ernst Windisch.[8] Nach dem Abschluss der für ausländische Studenten üblichen „kleinen Matrikel" von vier Semestern Kameralistik ging er 1901 an die Friedrich-Wilhelms-Universität zu Berlin, wo er bei Georg Simmel, Kurt Breysig und Gustav Schmoller hörte.[9] Hier lehrte auch der erste in Deutschland berufene Professor für keltische Philologie Heinrich Zimmer. Ob Czarnowski bei Zimmer hörte, ist nicht belegt. Der Name Zimmer ist jedoch in späteren Arbeiten eine wiederholt zitierte Quelle.

Aufgrund der Tätigkeit in verbotenen polnischen Vereinen wurde Czarnowski 1902 aus Preußen verbannt. Er folgte einem weit verzweigten Wegenetz polnischer Studenten im Exil nach Paris. Dort hörte er Vorlesungen vom soeben an die Sorbonne berufenen Émile Durkheim und wurde Student an der *École Pratique des Hautes Études*. Als erster polnischer *élève diplômé* verfasste er 1911 unter den Auspizien von Henri Hubert und Marcel Mauss eine Abschlussarbeit über den irischen Nationalhelden St. Patrick. Darin vertiefte er das von Durkheim in *Die elementaren Formen des religiösen Lebens* behandelte Phänomen der National- bzw. Zivilisationshelden.[10] Mit der 1919

[7] Ruth Leiserowitz, „‚Das unsichtbare Gepäck'. Warschauer Studenten und Wissenschaftler des 19. Jahrhunderts als Akteure des Wissenschaftstransfers", in: Dies. (Hg.), *Lesestunde/Lekcja czytania*, Warszawa 2013; Janusz Kostecki, *Trudny proces przenikania. Carska censura zagraniczna wobec importu publikacji w języku polskim w latach 1865–1904*, Warszawa 2011; Magdalena Micińska, *Dzieje inteligencji polskiej do roku 1918*, Warszawa 2008, 80–101, 156–167; Victor Karady, „Student mobility and Western Universities: Patterns of unequal exchange in the European Academic Market", in: Christophe Charle u.a. (Hg.), *Transnational Intellectual Networks. Forms of academic knowledge and the search for cultural identities*, Frankfurt am Main 2004, 375.

[8] „Verzeichnis der als gehört bescheinigten Vorlesungen", *Universitätsarchiv Leipzig*, Rep. I/XVI/VII/ C62 Bd. 1.

[9] Jabłonowski (red.), Stefan Czarnowski, Aneks Nr. 5, 237.

[10] Emile Durkheim, *Die elementaren Formen des religiösen Lebens*, Frankfurt am Main 1981, 383.

bei Felix Alcan veröffentlichten Monographie gelang ihm ein viel beachteter Beitrag zur Keltologie und zur Theorie des Helden.[11]

Im Ersten Weltkrieg trat Czarnowski den Polnischen Legionen bei und lehrte Militärgeographie an der *Wyższa Skoła Wojenna* (Militärhochschule). Nach dem Polnisch-Sowjetischen Krieg von 1920–21 nutzte er die Verbindungen nach Frankreich für die Institutionalisierung der Soziologie in Polen. Die *Wolna Wszechnica Polska* (Freie Hochschule Polens), eine private Hochschule der „progressiven" Intelligenz, wollte er nach dem Muster der *École Pratique* ausbauen.[12] Er wurde Mitherausgeber der zweiten Serie der Zeitschrift *Année sociologique* und Mitglied des *Institut Français de Sociologie* (IFS). 1928 lehrte er als Gastprofessor am *Institut d'Études Slaves*. Im Zusammenhang mit internationalen Kongressen in Paris 1923, Brüssel 1935 und Riga 1937 gewann er Renommee mit einer soziologischen Raumtheorie.[13]

Die Beziehungen von Czarnowski nach Frankreich wurden jedoch durch das wirtschaftlich instabile Umfeld der II. Republik erschwert. Französische Texte waren in Polen aufgrund von Währungsschwankungen schwer zu beschaffen. Umgekehrt konnten die auf Polnisch verfassten Arbeiten nicht von Kollegen in Frankreich gelesen werden. Auch konnte Czarnowski lange Zeit keine ordentliche Professur bekleiden. Der Anschluss an die Universität Warschau gelang erst mit Verzögerung, weil es an der theologischen Fakultät starke Vorbehalte gegen die neue Art von Religionswissenschaft gab, wie sie in Frankreich praktiziert wurde.[14] Erst 1930 wurde er zum außerordentlichen

---

[11] Stefan Czarnowski, *Le culte des héros et ses conditions sociales. St Patrick, héros national de l'Irlande*, Paris 1919 (Kurztitel: Czarnowski, Le culte des héros). Das Werk stellt darüber hinaus eine Auseinandersetzung mit den Mechanismen des kollektiven Gedächtnisses dar. So wurde auch Maurice Halbwachs darauf aufmerksam in: „Compte rendue Stephan Czarnowski, Le culte des héros et ses conditions sociales. St Patrick, héros national de l'Irlande", in: *Revue d'histoire et de littérature religieuse* 7 (1921), 134 f. (für diesen Hinweis bin ich Herrn Walter Gierl sehr dankbar); Joseph Vendryes, „Sommaire S. Czarnowski. Le culte des héros et ses conditions sociales. St Patrick, héros national de l'Irlande", in: *Revue Celtique* 1920–1921, 323–373.

[12] Kornelia Kończal/Joanna Wawrzyniak, *Stefan Czarnowski. Listy do Henri Huberta i Marcela Maussa (1905–1937)*, (Biblioteka Myśli Socjologicznej), Warszawa 2015 (Kurztitel: Kończal/Wawrzyniak, Listy), Brief an Henri Hubert vom 24.4.1922, ebd., 246.

[13] Stefan Czarnowski, „Le morcellement de l'étendue et sa limitation dans la religion et la magie", in: *Actes du congrès international d'histoire des religions,* Paris 1925, 339–358 (Kurztitel: Czarnowski, Le morcellement); „Le haut et le bas dans le système des orients sacres", Vortrag gehalten auf dem VI. Internationalen Kongress der Religionsgeschichte in Brüssel 1935, Zusammenfassung in: Stefan Czarnowski, *Dzieła*, Tom III, Warszawa 1956 (Kurztitel: Czarnowski, Dzieła); „Les Argonautes dans la Baltique. Convention et réalité dans la formation des idées géographiques grecques", Studie, die im Zusammenhang mit dem Kongress baltischer Historiker in Riga 1937 verfasst wurde, poln. Übersetzung erschienen als „Konwencja a rzeczywistość w kształtowaniu się greckich pojęć geograficznych", in: *Przegląd Socjologiczny* 5 (1938), 530–550.

[14] Kończal/Wawrzyniak, Listy, Brief an Henri Hubert vom 22.3.1923, ebd., 255.

Professor für Kulturgeschichte berufen. Der Lehrstuhl, der 1934 in eine ordentliche Professur umgewandelt wurde, trug auf sein Betreiben den Zusatz „Soziologie".

Bedingt durch eine asymmetrische Beziehung zu seinen *Maîtres*, eine Stellung am Rande des akademischen Establishments in Polen, durch seinen relativ frühen Tod 1937 und letztlich durch den Zweiten Weltkrieg konnte das Erbe von Czarnowski nicht „kanonisiert" werden. Er verstarb im Alter von 58 Jahren. Mehrere Projekte blieben deshalb unvollendet.[15] Die Vielfalt seiner Arbeiten, die sich wissenschaftlichen Großkategorien zu entziehen scheint, wurde in Publikationen der Volksrepublik – mit Ausnahme der gesammelten Werke – nicht erfasst. Vorherrschend war ein textimmanenter Ansatz, der Czarnowski als „Vorläufer" dieser oder jener Ideen darstellte und zum Teil marxistisch-leninistisch umdeutete. In beiden Fällen wurde er retrospektiv in eine stabilisierte Disziplin Soziologie eingeschrieben. Weder der interdisziplinäre Charakter noch der historische Kontext seiner Arbeiten wurde ausführlich dargestellt. Während Czarnowski in Polen also eine eher hintergründige Präsenz als Inspiration zahlreicher Gelehrter und Intellektueller beschieden war, blieb er außerhalb der polnischen Sprache weitestgehend unbekannt. Zwar ist er im Orchideenfach Keltologie eine Referenz, und einige seiner Thesen über den polnischen Adel in Polen während der Gegenreformation im 16. und 17. Jahrhundert wurden rezipiert.[16] Nicht unerwähnt sollte auch sein Einfluss auf den Roman *Finnegans Wake* von James Joyce bleiben.[17] Sonst aber wird er mitunter als „fesselnde, geheimnisvolle und insgesamt unbekannte Figur aus den frühen Tagen der Durkheimianischen Schule" erwähnt.[18] Erst in den letzten Jahren hat man sich intensiver mit dem Leben und Werk von Stefan Czarnowski auseinandergesetzt. Wesentliche Fortschritte sind durch die Entdeckung der Korrespondenz zwischen Czarnowski, Marcel Mauss und Henri Hubert erzielt worden. Diese Dokumente zeigen, wie Czarnowski als „kultureller Grenzgänger" im Spannungs-

---

[15] Das Gesamtwerk von Czarnowski wurde 1956 von der Czarnowski-Schülerin Nina Assorodobraj und dem Soziologen Stanisław Ossowski herausgegeben in: Czarnowski, Dzieła, Tom I-V; Marcin Kula, „Czarnowski czytany ponownie", in: *Przegląd Humanistyczny* 3 (1996), 14–27; Krystyna Hoffmann, *Soziologie in Polen. Institutionelle Entwicklung des Faches „Soziologie" von 1945 bis 1955*, Berlin 1996.

[16] Gottfried Schramm, *Der polnische Adel und die Reformation. 1548–1607*, Stuttgart 1965 (Kurztitel: Schramm, Der polnische Adel); Immanuel Wallerstein, *The Modern World-System I: Capitalist Agriculture and the Origins of the European World-Economy in the Sixteenth Century*, Berkeley 2011.

[17] Riana O'Dwyer, „Czarnowski and 'Finnegans Wake': A Study of the Cult of the Hero", in: *James Joyce Quarterly* 17 (1980), 281–291.

[18] Alexander Riley/Sarah Daynes/Cyril Isnart, „Editors' Introduction", in: Dies. (Hg.), *Saints, Heros, Myths and Rites. Classical Durkheimian Studies of Religion and Society. Marcel Mauss, Henri Hubert and Robert Hertz*. Boulder 2009, 4.

feld von polnischer, französischer und deutscher Wissenschaftskonkurrenz bzw. -kooperation agierte.[19]

Kennzeichnend für Czarnowski war ein historisch-vergleichender Ansatz. Kein soziales Phänomen, erklärte er 1931 seiner Fakultät an der Universität Warschau, könne ohne seine historische Genese, und umgekehrt keine historische Entwicklung ohne eine umfangreiche Analyse sozialer Tatsachen verstanden werden.[20] Damit verfolgte er ein Programm der historisch-soziologischen Synthese, das in Henri Berrs Projekt der *Revue de synthèses* wurzelte und bei Émile Durkheim in Fragen nach „struktureller Taxonomie" mündete, so in den Arbeiten zur Geschichte des französischen Bildungswesens, in denen Durkheim einen multikausalen, historisch-soziologischen Erklärungsansatz entworfen hatte.[21] Auf dieser Grundlage untersuchte Czarnowski als Vertreter einer zweiten Generation von historischen Soziologen der Zwischenkriegszeit unterschiedliche Phänomene der Religionsgeschichte und -soziologie, des Faschismus der 30er Jahre, und lieferte Beiträge zur allgemeinen Erkenntnis- und Zivilisationstheorie. Darüber hinaus beschäftigte sich Czarnowski mit altertümlicher und frühmittelalterlicher Geschichte. In Arbeiten über keltische, gallo-römische und auch hellenische Geschichte entwickelte Czarnowski ein Modell der Nation, das im Sinne einer „zukunftsgerichteten Rekonstruktivität" (Jörn Rüsen) zur Revision des polnischen Geschichtsbildes und als Reservoir für Argumente in den Debatten um die zukünftige Gestaltung des polnischen Nationalstaates diente. Für polnische Gelehrte waren die Wissenschaften am Ausgang des 19. Jahrhunderts ganz allgemein mit der Erwartung eines wieder zu gründenden polnischen Staates verbunden, in dessen Dienst sie sich stellen wollten.[22] Insbesondere mit den Begriffen Gesellschaft und Geschichte wurden solche Erwartungen artikuliert und zugleich konkurrierende Rezepte formuliert, mit denen die politische Ordnung eines zukünftigen Nationalstaates legitimiert wurde. Das Werk von Stefan Czarnowski zeigt, auf welche Weise die Keltologie eine Revitalisie-

---

[19] Kończal/Wawrzyniak, Listy; Gangolf Hübinger, „Kulturgeschichte und internationale Kulturbeziehungen", in: Michaela Marek et al. (Hg.), *Kultur als Vehikel und als Opponent politischer Absichten. Kulturkontakte zwischen Deutschen, Tschechen und Slowaken von der Mitte des 19. Jahrhunderts bis in die 1980er Jahre Kulturgeschichte und Internationale Kulturbeziehungen*, (Veröffentlichungen der Deutsch-Tschechischen und Deutsch-Slowakischen Historikerkommission), Essen 2010, 15–30, hier 28 f.

[20] *Zakład Socjologii i Historii Kultury*, *Sprawozdanie z działalności Wydziału Humanistycznego Uniwersytetu Warszawskiego za rok 1931–32*, Warszawa 1932, zitiert durch Nina Kraśko, *Instytucjonalizacja socjologii w Polsce: 1920–1970*, Warszawa 1996.

[21] Mustafa Emirbayer, „Durkheim's Contribution to the Sociological Analysis of History", in: *Sociological Forum* 2 (1996), 265–266, hier 274.

[22] Katrin Steffen, „Migration, Transfer, Nation. Die Wissensräume polnischer Naturwissenschaftler im 20. Jahrhundert", in: Gangolf Hübinger (Hg.), *Europäische Wissenschaftskulturen und politische Ordnungen in der Moderne (1890–1970),* (Schriften des Historischen Kollegs; Kolloquien, Bd. 87), München 2014, 187–205.

rung des polnischen Nationalismus bewirkte. Darüber hinaus gibt es Aufschluss über die Rezeption vom Denkstil Émile Durkheims in Polen sowie über die Zirkulation von Ideen und Problemsichten in den Geschichtswissenschaften, der Soziologie, Anthropologie und Archäologie vor dem Ersten Weltkrieg und in der Zwischenkriegszeit.[23]

II. Keltologie „um 1900"

Im 19. Jahrhundert hatten vor allem französische und deutsche Gelehrte die Kelten erforscht, um die Ursprünge der europäischen Zivilisation und die eigene proto-nationale Vergangenheit zu entdecken.[24] Diese Aktivitäten beeinflussten nicht nur irische Keltologen und die irische Nationalbewegung, sondern auch polnische Gelehrte. Im Irlandkonflikt und der Frage nach *Irish home rule* entdeckten Polen eine Parallele zum eigenen Kampf um Autonomie im deutschen Kaiserreich und den Teilungsgebieten. Das Thema wurde in der polnischen Diplomatie und Publizistik intensiv debattiert.[25] Um 1900 entstanden dann Kontakte zwischen der polnischen und irischen Nationalbewegung, z.B. durch Unterschriften-Kampagnen des Juristen und „walisischen Barden" Alfons Parczewski bezüglich der Sprachenfrage.[26] Aufgrund der Annahme, die Iren seien direkte Nachfahren der Kelten, wuchs das Interesse für keltische Geschichte, so auch bei Czarnowski. Das von ihm benutzte Pseudonym *Niger* war ein Verweis auf den Autor einer Beschwerde gegen die Politik des Britischen Schatzkanzlers Lord John Russel, in dessen Amtszeit (1846–1852) eine Verschärfung der Hungersnot in Irland fiel.[27] Die Studienwahl Keltologie war somit Ausdruck eines im Zeitalter der „Nationalisierung

---

[23] Gangolf Hübinger, „Wissenschaften, Zeitdiagnosen und politisches Ordnungsdenken", in: ebd., 1–28; bezogen auf den biographischen Ansatz siehe Jan Eckel, „Historiography, Biography and Experience, The Case of Hans Rothfels", in: Volker R. Berghahn/Simone Lässig (Hg.), *Biography between Structure and Agency, Central European Lives in International Historiography*, New York 2008, 85–102.

[24] John Hutchinson, „Cultural Nationalism", in: John Breuilly (Hg.), *The Oxford Handbook of the History of Nationalism*, Oxford 2013, 75–94; John Hutchinson, *The Dynamics of Cultural Nationalism: The Gaelic Revival and the Creation of the Irish Nation State*, London 1987, 78.

[25] Krzysztof Marchlewicz, „‚Polska Zachodu' i ‚Irlandia Wschodu'. Porównanie kwestii polskiej i irlandzkiej jako element międzynarodowej gry politycznej w latach 1830–1848", in: Antoni Czubiński, *Problemy narodowościowe Europy Środko-Wschodniej w XIX i XX wieku: księga pamiątkowa dla Profesora Przemysława Hausera*, Poznań 2002, 63–74.

[26] Katarzyna Gmerek, *Polacy i materia celtycka w XIX wieku*, Poznań 2010.

[27] Niger, *Short statement of facts, in reply to the attacks on the policy of the present government towards the colonies, in a letter to Lord John Russell*, London 1848. Dieser Text ist im Katalog der Universitätsbibliothek der Sorbonne mit dem Namen Stefan Czarnowski verknüpft.

des Wissens“ (Peter Burke) allgegenwärtigen Kulturnationalismus und ging über eine Leidenschaft für altertümliche Sprachen hinaus.

Als Czarnowski 1898 an die Universität Leipzig kam, galt diese als bedeutendes Zentrum der indoeuropäischen Sprach- und Religionswissenschaft. Hier wirkte der Alt-Philologe Ernst Windisch, einer der prominenten Keltologen in Deutschland, u.a. als Übersetzer der alt-irischen Heldensage *Táin bó Cúalnge* und als einer der herausragenden Keltologen in Deutschland profilieren.[28] Ab dem Sommerhalbjahr 1901 studierte Czarnowski an der Friedrich-Wilhelms-Universität zu Berlin. Hier lehrte der Professor für keltische Philologie Heinrich Zimmer, der den deutschlandweit ersten Lehrstuhl dieser Art innehatte. Die Keltologie hatte im 19. Jahrhundert einen Wandel vollzogen von einer aus der literarischen Romantik geborenen, laienhaften „Keltomanie“ hin zu einer Disziplin, die im Rahmen universitärer Strukturen und auf der Grundlage positivistischer Wissenschaftsphilosophie betrieben wurde. Die größten institutionellen Ressourcen entwickelten sich dabei in Frankreich und Deutschland. Schon 1804 wurde von den *celtisants* Jacques Cambry und Jacques le Brigant mit Förderung von Napoleon die *Académie Celtique* gegründet. Es folgten 1862 die Gründung des *Musée des antiquités celtiques et gallo-romaines,* später *Musée des Antiquités Nationales* (MAN) genannt und 1870 die Gründung des Hauptorgans der internationalen Keltologie, die *Revue Celtique*, durch Henri Gaidoz. In deutscher Sprache war der Autor der *Grammatica Celtica*, Johann Kaspar Zeuß maßgeblich an der Etablierung der Keltologie beteiligt.[29] 1896 wurde von Kuno Meyer mit der *Zeitschrift für Celtische Philologie* das Hauptorgan der Disziplin in Deutschland gegründet. Über den Status eines Orchideenfaches kam das Fach indes hier nie hinaus und entwickelte sich als Teilbereich der vergleichenden Sprachwissenschaft, Indogermanistik, Indologie und Religionswissenschaft.

Die führenden Keltologen in Deutschland, darunter Kuno Meyer, Julius Pokorny, später auch Heinrich Zimmer, vertraten eine „Selbstdefinition der Wissenschaft mit kulturpolitisch-völkischem Auftrag“.[30] Sie sahen die irische Nationalbewegung vor allem als Vehikel gegen das vermeintliche angloamerikanische „Kulturmonopol“. Die im Grunde genommen ähnliche Stellung der Polen im Deutschen Reich empfanden sie hingegen als Bedrohung für ihre imperialen Ambitionen.[31] Auch Theodor Schiemann, Professor für

---

[28] Ernst Windisch, *Die altirische Heldensage Táin bó Cúalnge, nach dem Buch von Leinster in Text und Uebersetzung mit einer Einleitung herausgegeben von Ernst Windisch*, Leipzig 1905.

[29] Hans Hablitzel, *Johann Kaspar Zeuß im kultur- und sprachwissenschaftlichen Kontext (19. bis 21. Jahrhundert)*, Wien 2007.

[30] Joachim Lerchenmüller, *„Keltischer Sprengstoff“. Eine wissenschaftsgeschichtliche Studie über die deutsche Keltologie von 1900–1945*, Tübingen 1997, 20.

[31] Heinrich Zimmer, *Randglossen eines Keltisten zum Schulstreik in Posen-Westpreußen und zur Ostmarkenfrage,* Berlin 1907.

Osteuropäische Geschichte in Berlin, Teil des Netzwerks von Keltologen, trat in diesem Zusammenhang mit einer notorisch anti-polnischen Haltung auf. Schiemann befürchtete ein Zusammenbrechen der europäischen Ordnung durch die Subversion der nach Unabhängigkeit strebenden Nationen in Ostmitteleuropa, denen er ein niederes Kulturniveau attestierte. Überzeugt von einer weltweiten Verschwörung gegen das Deutsche Reich warf er Polen vor, dem langen Arm fremder Mächte unterworfen zu sein und so eine verabredete Vernichtung Deutschlands anzuführen. In diesem, für die preußische Kulturkampfära typischen Sinne erteilte er jeglichem Anspruch auf Legitimität polnisch-nationaler bzw. staatlicher Ambitionen eine Absage. Als Schiemann eine Vorlesungsreihe über die „polnische Frage im 19. Jahrhundert" abhielt, kam es zum sogenannten „Schiemann-Skandal", bei dem Tumulte zwischen polnischen und deutschen Studenten im Hörsaal ausbrachen. Die Presse berichtete ausführlich, die Universitätsleitung reagierte mit einer Disziplinarkommission und Entlassungen, die Polizei fahndete intensiv nach konspirativen „Polenumtrieben".[32] Die Verstrickung der Keltologie in den Kultur- und Nationalitätenkampf sowie der Antagonismus zwischen preußischer Hegemonialpolitik und den polnischen Studentenmilieus machten einen Verbleib an der Berliner Universität für Czarnowski unmöglich. Als Beteiligter an den Ereignissen um Schiemanns Vorlesungen und aufgrund seiner Mitgliedschaft im verbotenen Verein *Techne* wurde Czarnowski im Zuge einer Sammelaktion ohne Anhörung des Landes verwiesen. Hier erleichterte die russische Staatsbürgerschaft, unter der Czarnowski geführt wurde, das Vorgehen der Behörden. Eine Möglichkeit zur gerichtlichen Anhörung wurde ihm nicht gewährt.[33]

III. Das Problem des nationalen Bewusstseins: St. Patrick als archetypischer Nationalheld

Über den Umweg der Warschauer Zitadelle[34] zog Stefan Czarnowski im Herbst 1902 nach Paris. Er verbrachte ein Jahr an der Sorbonne, wo er Vorlesungen von Émile Durkheim besuchte. 1903 ging Czarnowski an die *École Pratique*, wo er auf Henri Hubert und Marcel Mauss traf. Hubert, Religionswissenschaftler, Archäologe und Keltologe, war tätig am MAN und ab 1898

---

[32] Ryszard Ergetowski, „Schiemann-Skandal: karta z dziejów studenckiej Polonii w Berlinie (1901 r.)", in: *Rozprawy z Dziejów Oświaty* 24 (1981), 111–141.

[33] Polizeipräsidium Berlin am 14.2.1902, *Landesarchiv Berlin*, A Pr. Br. Rep. 030, Bl. 217.

[34] Czarnowski wurde als verdächtige Person zunächst von der russischen Polizei inhaftiert, dann „aus Mangel an Beweisen" entlassen, vgl. Marek Jabłonowski, „Lata w mundurze", in: Jabłonowski (red.), Stefan Czarnowski, 25.

zuständig für die Einrichtung eines Ateliers, in dem Artefakte in vergleichender Perspektive ausgestellt wurden. In diesem *salle de comparaison* sollte nicht weniger als die ethnographische Geschichte Europas und der Menschheit ausgestellt werden. Der Leitgedanke war eng an den Ideen der Soziologie Durkheims orientiert: In den Artefakten der sogenannten primitiven Kulturen entdeckte man archetypische Elemente, deren Genealogie sich bis in die Gegenwart verfolgen ließ. Über den methodischen Vergleich dieser Elemente konnte man einerseits Aussagen über Kulturen tätigen, ohne über alle Artefakte einer gegebenen Kultur zu verfügen. Man konnte darüber hinaus auch immaterielle Fakten in den sozialen Beziehungen definieren, die mehreren Kulturen gemein waren.[35]

Die Verzahnung von Archäologie mit Soziologie und Anthropologie bot Czarnowski neue Perspektiven auf die Geschichte der Kelten. 1911 verfasste er im Rahmen eines Seminars von Hubert die Arbeit über den irischen Nationalhelden St. Patrick. Im *Avant-propos* verweist Czarnowski auf die Kollaboration bei der Entstehung des Werkes:

> „M. Henri Hubert, dessen Schüler ich an der *École Pratique des Hautes Études* war, hat alle Phasen der Vorbereitung und Ausarbeitung des Werkes beaufsichtigt und sich um die Details der Zusammenstellung, des Stils und sogar des Drucks gekümmert. M. Marcel Mauss, ebenso mein Lehrer, hat mich als erster dazu gedrängt, die Ergebnisse meiner Arbeit zu veröffentlichen und hat weder mit Kritik, noch Ratschlägen gespart“.[36]

St. Patrick als nationales Symbolphänomen erschien Czarnowski vor allem deshalb von Belang, weil er ihm eine wichtige Rolle bei der Verbreitung des Christentums in Europa beimaß.[37] Die Entstehung und Verbreitung der Legende durch Feste und Kulte, also die Institutionalisierung seines Mythos, fand demnach durch die Allianz mit einer bestimmten sozialen Gruppe, der Intellektuellen-Klasse der *filid*, statt. Diese schlossen sich mit St. Patrick zusammen gegen die *druid*, eine Kriegerkaste, die durch Feindschaft seiner Klans gespalten war. Im Moment der Konversion zum Christentum wurde aus den *filid* ein nationaler Klerus, der als Eckstein der nationalen Einheit diente.

Die Untersuchung der historischen Genese von St. Patrick wird eingerahmt von einer allgemeinen Theorie des Helden. Der Held wird als Verkörperung kollektiver Ideale vorgestellt: als der für eine Gesellschaft charakteristische Menschentypus, der die latenten Energien einer Nation weckt, sich im Kampf

---

[35] Christine Lorre, „Henri Hubert et l'aménagement de la salle de comparaison du Musée des Antiquités Nationales. Un atelier de sociologie durkheimienne“, in: *Antiquités Nationales* 41 (2010), 191–204.

[36] Czarnowski, Le culte des héros, II.

[37] François Isambert, „At the frontier of folklore and sociology: Hubert, Hertz and Czarnowski, founders of sociology of folk religion“, in: Philippe Besnard, *The Sociological Domain. The Durkheimians and the Founding of French Sociology,* Cambridge 2009, 163 (Kurztitel: Besnard, The Sociological Domain).

für die Anliegen der Gruppe opfert und deshalb auch im Scheitern noch Anerkennung erfährt. Er (an anderer Stelle heißt es „Le héros est un homme") ist ein „öffentlicher Kult" und damit ein „Kult des Staates".[38] Czarnowski definiert drei Kategorien von Helden: die *héros territoriaux et locaux*, die *héros des États* und die *héros nationaux*. Zu den lokalen Helden gehören die Hüter bestimmter Städte oder Gebirgszüge. Sie sind antike Figuren und einem kleinen geographischen Gebiet zuzuordnen. Die Helden des Staates gehören der Vorstufe von Nationalhelden an. Sie sind oftmals verehrte Könige, die mit der Personifizierung der Staatsidee zwar eine politische Verbindung zur Gesellschaft haben, aber einen vormodernen Charakter aufweisen.[39] St. Patrick stellt einen Sonderfall der als konstitutiv für moderne Gesellschaften definierten Gruppe der Nationalhelden dar:

„En général, c'est seulement aux temps modernes que commence la glorification des héros qui sont de purs héros nationaux, comme ceux d'Italie, des guerres pour l'indépendence allemande, des patriotes américains, polonais ou hongrois, tels que Körner, Bismarck, Garibaldi, Lincoln ou Kosciuszko. C'est que la formation des nations dans le sens actuel du mot est un phénomène récent. *C'est seulement aux temps modernes, que surgit dans les masses la notion d'un lien, qui les unit et qui est qualitativement différent de l'État, des liens dynastiques, même des liens territoriaux ou linguistiques.* Le lien qui unit les membres d'une nation peut trouver son expression dans la communauté de langue, comme c'est le cas pour les nationalités slaves actuelles, de territoire, comme en Suisse, ou bien de religion, comme chez les Juifs. Il ne s'y identifie pas en dernière analyse. Ce ne sont que des facteurs du développement national – encore faut-il qu'ils agissent longue temps pour transformer en nation un ensemble de groupes territoriaux ou familiaux. Le processus qui devait y aboutir ne commence dans la plupart des pays d'Europe que vers la fin du Moyen-âge et n'atteint son plein développement qu'à partir de la Révolution Française. *L'Irlande a devancé sous ce rapport de plusieurs siècles le reste de l'Europe.*"[40]

Mit dieser Beschreibung von der Entstehung nationaler Bindungen und kollektiver Bewusstseinsbildung, in der der Held eine dem *Erinnerungsort* Pierre Noras vergleichbare Funktion ausübt[41], betrat Czarnowski ein Begriffsfeld, mit dem seine Kollegen theoretische Schwierigkeiten hatten.[42] Hubert konzentrierte sich in einem umfangreichen Vorwort zumeist auf Fragen nach der Natur des Helden als halb-göttlicher, halb-sterblicher Figur. Der Verweis auf die Fortschrittlichkeit Irlands verdeutlicht hingegen den Zusammenhang zwischen dem Studienobjekt der Kelten und der patriotischen Orientierung des Autors. Für Czarnowski stellten die Iren den Archetyp einer nationalen Ge-

[38] Czarnowski, Le culte des héros, 11.

[39] Ebd., 326 f.

[40] Ebd., 325 f., Hervorhebung des Verfassers, M.S.

[41] Traba, Aktualność teorii Stefana Czarnowskiego, 187.

[42] 1920 veröffentlichte Marcel Mauss einen Beitrag zum Thema der Nation als Teil eines größeren, letztlich nie vollendeten Projekts. Marcel Fournier, „Présentation: La nation, Les ‚phénomènes morphologiques' de Marcel Mauss", in : *Socio-anthropologie* 4 (1998), 242.

meinschaft in Europa dar. Die Symbolfigur des Helden in der spätmittelalterlichen keltischen Mythologie identifizierte er als Archetyp moderner Helden, dessen Erzählung durch christliche Missionare auf dem europäischen Kontinent verbreitet wurde, insbesondere auch in den Gebieten des späteren polnischen Staates.[43] Die Epoche der Kelten wurde als Achsenzeit der modernen europäischen Zivilisation dargestellt und diente als Konstruktion von Kontinuität bei der historischen Verortung Polens in der westeuropäischen Sphäre.

IV. Historische Soziologie im Kontext internationaler Wissenschaft der Zwischenkriegszeit

In sozialwissenschaftlichen und politischen Debatten stützte sich Czarnowski auf die Verbindung des Denkstils Durkheims mit dem Ordnungsmodell der III. Französischen Republik: „[...] wir sind ein demokratischer und republikanischer Staat des westlichen Typs".[44] Dieses Modell wollte er auf den künftigen polnischen Staat übertragen. Ab 1912 gab er mit dem ihm aus Berliner Tagen bekannten Verleger Gustaw Simon die politisch-kulturelle Zeitschrift *Tygodnik Polski* heraus. Dem Sprachrohr der Sezession von der *Narodowa Demokracja* (Nationaldemokratie/ND) war nur eine kurzweilige Existenz beschieden. Das Blatt gibt jedoch Aufschluss über die wesentlichen Debatten in der polnischen Einigungsbewegung. Hier sind Bezüge zum französischen Modell des säkularen Republikanismus und zur französischen Geschichte seit der Revolution von 1789 omnipräsent.[45] Czarnowski führte so die „säkulare Theologie der III. Republik" (Robert N. Bellah) Durkheims gegen die Theoretiker der ND Zygmunt Balicki und Roman Dmowski ins Feld, die mit dem Schlagwort des „nationalen Egoismus" die Kategorie der Moral aus der Politik verbannen wollten. Die Konkurrenz zwischen Staaten und Nationen verstanden sie darwinistisch, ihr Nationalismus war folglich der integralen Art.[46]

Nachdem er sich der Einberufung durch die russische Armee entzogen hatte, trat Czarnowski den Polnischen Legionen unter Józef Piłsudski bei. Stand die Abhandlung über St. Patrick noch im Zusammenhang mit der Frage nach einem zu erweckenden nationalen Bewusstsein, stellten sich im Zuge des Ersten Weltkriegs praktische Fragen des staatlichen Aufbaus. Czarnowski

[43] Czarnowski bezieht sich in dieser Einschätzung auf Alfons Parczewski in *Dawna literatura irlandzka*, in: Czarnowski, Dzieła, Tom III, 11, 14.

[44] Stefan Czarnowski, „Nie igrajcie z ogniem", in: Jabłonowski (red.), Stefan Czarnowski, Aneks Nr. 18, 281.

[45] Siehe Stefan Czarnowski, „Nacjonalizm", (1912), in: Ders., Dzieła, Tom V, 14–17, und Ders., „Francja nowoczesna" (1912), in: ebd., 20–28.

[46] Zygmunt Balicki, *Egoizm narodowy wobec etyki*, Lwów 1902.

brachte seine Expertise ein, indem er Analysen zur ethnischen Zusammensetzung der polnischen Armee und zum zukünftigen Grenzverlauf des polnischen Staates verfasste.[47] Diese Arbeiten waren von unmittelbarer Relevanz für die Probleme, mit denen die II. Polnische Republik konfrontiert wurde: eine umkämpfte Grenze in Ost und West, sowie ethnische und religiöse Spaltung.

Nach dem Ende des Polnisch-Sowjetischen Krieges von 1919–1921 beschäftigte sich Czarnowski wieder auf theoretischer Ebene mit der Frage, wie sich Gemeinschaften in einem definierten Territorium bilden und wie ethnisch heterogene Gruppen zu einer durch Solidarität und Identität geprägten Gemeinschaft werden. Für den 1923 in Paris von der *Societé Ernest Renan* veranstalteten Internationalen Kongress der Religionsgeschichte nahm er die Studien von Mauss und Hubert wieder auf. Hatten Mauss und Hubert vor allem die Temporalstrukturen religiöser Erzählungen untersucht, erforschte Czarnowski nun die (kognitive) Konstruktion von räumlichen Einheiten im religiösen und magischen Kult als eine anthropologische Konstante der Gemeinschaftsbildung.[48]

Parallel waren keltische, gallo-römische und altertümliche Geschichte im Werk von Czarnowski auch in der Zwischenkriegszeit präsent. In den gallo-römischen Gemeinschaften des frühen Mittelalters entdeckte er den Vorläufer eines Verfassungsideals und ein Modell nationaler Entwicklung, dass sich in der Französischen Republik verwirklicht hatte. Frankreich verkörperte universelle Werte, als Land, in dem die „Rechte des Menschen untrennbar mit

---

[47] Stefan Czarnowski, „Mniejszości narodowe w armii polskiej“ (1922) und „Granice Królestwa Polskiego z punktu widzenia strategicznego“ (1918), in: Jabłonowski (red.), Stefan Czarnowski, Aneks Nr. 19, 284–286; Aneks Nr. 14, 248–269.

[48] Mauss verweist in einem „intellektuellen Selbst-Portrait“ aus dem Jahr 1930 auf die Beiträge, die Czarnowski für die internationalen Kongresse und für französische Zeitschriften verfasst: „Hubert sollte die zeitlichen Aspekte des Heiligen untersuchen, was er auch tat. Ich sollte die räumlichen Aspekte des Heiligen untersuchen, was ich partiell getan habe und unser Student Czarnowski bringt unsere Studien nun zum Abschluss“, in: Marcel Mauss, „An intellectual self-potrait”, in: Besnard, The Sociological Domain, 151; auf dem IV. Internationalen Kongress der Religionsgeschichte erläutert Czarnowski: „Il s'agit de comprendre comment il se fait que les actes religieux et les événements mythiques, étant accomplis ou localisés dans des portions limitées et rigoureusement closes de l'étendue, les mêmes actes et événements affectent la totalité de l'étendue, le monde en son ensemble? Ainsi posée, la question ne concerne qu'une partie du problème de l'espace, qui a été formulé jadis dans toute son ampleur (ainsi que celui du temps dans les mêmes domaines) par MM. Hubert et Mauss dans le tome V de l'*Année Sociologique*. Je crois que ce problème mûr, surtout après l'étude que le premier de ces savants a consacrée a la représentation du temps“. Stefan Czarnowski, „Le morcellement de l'étendue et sa limitation dans la religion et la magie“, in: *Actes du congrès international d'histoire des religions,* Paris 1923, 339.

der nationalen Idee Frankreichs verbunden“ waren.[49] Auf dem Polnischen Historikerkongress in Posen äußerte sich Czarnowski 1925 in einem Vortragskommentar über die Romanisierung Galliens im III. Jahrhundert nach Christus. Darin beschrieb er das Phänomen des Verschmelzens verschiedener Kulturen. Postumus, der Usurpator des Imperium Galliarum im III. Jahrhundert nach Christus, sei kein gewöhnlicher Herrscher gewesen, sondern regierte aus dem Willen der Gesellschaft heraus im Bewusstsein für deren eigenständige Interessen. Mit der politischen Romanisierung habe dann ein Wandel im Charakter der gallischen Aufstände eingesetzt. Erst durch die Entstehung eines städtischen Standes hätte die romanisierte *Civitas* den Charakter eines Stammes verloren. Sie wurde in der Folge zu einem territorialem Verbund und moralisch geeint. Aus Galliern wurden Gallo-römer, die ein Gefühl der eigenständigen territorialen Interessen entwickelten, unabhängig von ihrer ethnischen Zusammensetzung.[50]

Vermehrt kam Czarnowski auf das Thema der ethnischen Vielfalt antiker und frühmittelalterlicher Gesellschaften zu sprechen. Dabei übernahm er das in der französischen Keltologie charakteristische Bild von Frankreich als einzigartigem Schmelztiegel aus keltischer und römischer Kultur, als „Bronze“ unter den Nationen.[51] Aber auch in Bezug auf andere historische Kontexte betonte er, dass ethnische Vielfalt eine Voraussetzung für die Geburt von „großen“ Kulturen sei. Das „Wunder Griechenlands“ sei aus der besonderen Lage der die Region bewohnenden Völker und der damit verbundenen Notwendigkeit, kulturelle Elemente voneinander zu übernehmen, geboren.[52] Mit diesem Subtext gewann Czarnowski eine Perspektive auf polnische und europäische Geschichte, die er gegen national-genealogische Erklärungsmuster stellte, vor allem als Antwort auf die in Polen wie in Deutschland dominante Spielart der Archäologie. In der von Gustaf Kossina entwickelten „siedlungsarchäologischen Methode“ wurde bestimmten Ethnien eine territoriale Kontinuität zugeschrieben, aus der sich aktuelle Ansprüche ableiten ließen. Ein Schüler Kossinas, Józef Kostrzewski, lehrte in der Zwischenkriegszeit als einer der führenden polnischen Archäologen in Poznań. Dort widersprach er seinem einstigen Lehrer in der Frage der slawischen bzw. germanischen Siedlungsgeschichte, behielt dessen Methode und genealogisch-nationale Deutungsmuster aber bei.[53] Im Umfeld des MAN betonte man hingegen die ge-

---

[49] Stefan Czarnowski, „Francja nowoczesna“, (1912) in: Ders., Dzieła, Tom V, 27.

[50] Casimir Tyszkowski, *Protokoły. Powszechny Zjazd Historyków Polskich*, Lwów 1927, 24 f.

[51] Stefan Czarnowski, „Czy i w jakim stopniu Francja jest dalszym ciągiem Galii starożytnej“, in: Ders., Dzieła, Tom I, 171–180, hier 180.

[52] Stefan Czarnowski, „Narodziny wielkiej kultury“, in: Ders., Dzieła, Tom I, 24–41.

[53] Sławomir Kadrow, „The German influence on Polish Archaeology“, in: Alexander Gramsch/Ulrike Sommer (eds.), *A history of Central European Archaeology. Theory, Methods and Politics*, Budapest 2011, 125–141, hier 127–131.

meinsamen Elemente unterschiedlicher Kulturen sowie Zonen des Kulturkontakts, die nicht unbedingt deckungsgleich waren mit nationalen Grenzen.

Vor diesem Hintergrund wird deutlich, warum Czarnowski sich in den dreißiger Jahren von der Kategorie der Nation zu einem Zeitpunkt verabschiedete, als die Mehrzahl der Historiker noch nach der besten nationalen Synthese suchte. Hinzu kam ab 1929 die Weltwirtschaftskrise als Wendepunkt, der mit einem veränderten Erkenntnisinteresse einherging. Diese Neuausrichtung stellte aber keine Suche nach neuen politischen Ordnungsmodellen dar. Als das politische Spektrum der II. Republik sich zunehmend polarisierte, vertrat er weiterhin einen Standpunkt, den Durkheim schon in Vorlesungen über Sozialismus und Kommunismus entworfen hatte.[54] Czarnowski widmete sich nun vermehrt der Einbindung Polens in übergeordnete Prozesse und transnationalen bzw. universellen sozialen Phänomenen. Der VII. Internationale Historikerkongress in Warschau, der vom 21. bis 28. August 1933 stattfand, gibt darüber Aufschluss. Mit einer hohen Zahl an Delegierten und zahlreichen Veröffentlichungen, oft in französischer Sprache, stellte der Kongress einen Höhepunkt im intellektuellen Leben der II. Republik dar. Für polnische Historiker war es eine Bühne, um das hohe Niveau der Geisteswissenschaften in Polen zu demonstrieren, aber auch ein Vehikel, um ihre Debatten im internationalen Diskurs zu verankern. Brisant waren die Diskussionen in den Arbeitsgruppen zur historischen Methode und Geschichtstheorie, in denen sich Anhänger von sehr unterschiedlich gefassten historischen Synthesen und Anhänger des historischen Materialismus gegenüberstanden. Insbesondere die kompromisslos auftretenden sowjetischen Historiker hatten sich auf die Fahnen geschrieben, geschlossen ihren Standpunkt als einzig gültige Methode einer dem Untergang geweihten „bürgerlichen" Geschichtsschreibung entgegenzustellen.[55]

Zu dieser Lage verfasste Czarnowski einen Bericht, in dem er die verschiedenen Positionen der Teilnehmer erläuterte.[56] Darin bezeichnete er sowohl die „gemäßigten" und „orthodoxen" Marxisten, als auch die unter dem Einfluss der französischen Soziologischen Schule stehenden Historiker als Anhänger der „deterministischen Synthese". Eine dritte Gruppe von Historikern seien „vor allem italienische, teilweise polnische und jüdische – die Geschichte als organischen Prozess begreife, dessen Grundlage und gleichzeitiger Rahmen die ethnische Gruppe ist. Diese erscheint veränderlich, abhängig von der Zeit, ist aber fortwährend und in ihrem Wesen immer iden-

---

[54] Émile Durkheim, *Le Socialisme. Sa définition, ses débuts, la doctrine saint-simonienne*, Paris 1928.

[55] Karl Dietrich Erdmann, *Die Ökumene der Historiker. Geschichte der internationalen Historikerkongresse und des Comité International des Sciences Historiques*, Göttingen 1987 (Kurztitel: Erdmann, Die Ökumene).

[56] Stefan Czarnowski, „VII zjazd międzynarodowy nauk historycznych w Warszawie", in: Ders., Dzieła, Tom V, 71 f.

tisch".[57] Eine vierte Richtung erkannte Czarnowski in nationalistischen Synthesen, in denen die ethnische Gruppe, im deutschen Fall „Rasse", dann als „unveränderlich" und „autonom" gegenüber einem „großen Drama" der Geschichte stünde.[58] Czarnowski lehnte nationalistische Synthesen ebenso ab wie die aus den Vereinigten Staaten rezipierten Ansätze des Pragmatismus, die „eine mehr oder weniger große Anzahl unterschiedlicher Faktoren nennen, die sich in der Geschichte manifestieren". Wer nicht nur „Chaos" in dieser Art Geschichtsschreibung sehen wolle, der brauche Synthese.[59]

Sein auf dem Historikerkongress gehaltener Vortrag mit dem Titel *La réaction catholique en Pologne à la fin du XVI-e et au début XVII-e siècle* verdeutlicht die Umsetzung des von Czarnowski entworfenen Programms.[60] Darin untersuchte Czarnowski am Beispiel der Gegenreformation in Polen am Ende des 16. Jahrhunderts und am Anfang des 17. Jahrhunderts die Rolle der Katholischen Kirche und ihre Verflechtung mit den besitzenden Eliten.[61] Die Gründe für den Erfolg der Gegenreformation suchte Czarnowski nicht nur auf

---

[57] Ebd., 71 f.

[58] Ebd., 72: „[…] vor allem diejenigen, die wir uns erlauben hier deterministisch oder historisch-soziologisch zu nennen, sind in einige Strömungen unterteilt. Auf der einen Seite stehen Marxisten, angefangen bei den Orthodoxen – auf dem Kongress vor allem durch sowjetische Gelehrte repräsentiert – und endend bei den Gemäßigten, von denen es ziemlich viele unter den Wirtschafts- und Sozialhistorikern des Westens gibt. Auf der anderen Seite finden sich insbesondere unter französischen Historikern Schüler, die dem Einfluss der französischen soziologischen Schule unterliegen. Es unterscheidet sich ihr Ansatz des historischen Verstehens von einem materiellen dialektischen Prozess, und hat eine andere Eigenlogik. Daneben erwähnen wir eine dritte, dem Anschein nach ‚soziologisierende' Gruppe. Im Grunde genommen sind diese Differenzierungen auf unterschiedliche philosophische und sogar metaphysische Positionen zurückzuführen: zum einen haben wir es mit der ‚umkehrenden' Tradition des Marx'schen Hegelianismus zu tun, zum anderen mit einem Denken, das über Comte zu Descartes reicht, und zum dritten mit einem Standpunkt der von Fichte und seinen Anhängern herrührt […]. In den beiden erst genannten Fällen haben wir es mit dem eindeutigen Versuch zu tun, den historischen Wandel durch die Gesetzmäßigkeiten sozialer Phänomene mit nicht weniger Strenge zu erklären, wie die Naturgesetze durch Phänomene der Natur erklärt werden. Der Historiker dieser Richtung ist ‚Humanist' nur insofern er sich mit Menschen beschäftigt. Er ist dies nicht im traditionellen Sinne, auch nicht in dem Sinne, wie bei zeitgenössischen deutschen idealistischen Philosophen gebräuchlich, noch im Sinne von z.B. Stanisław Brzozowski. Er versucht nicht, die Geschichte zu durchleben, noch sie wieder herzustellen, er versucht sie zu erklären. Er ist ein Naturwissenschaftler, ebenso gut wie der Geologe oder Genetiker, der ebenfalls Veränderungen studiert, die in der Zeit vorkommen."

[59] Ebd., 72.

[60] Stefan Czarnowski, „La réaction catholique en Pologne à la fin du XVI-e et au début XVII-e siècle", in: *La Pologne au VII-e congrès international des sciences historiques, Volume II. Societé polonaise d'histoire*, Varsovie 1933, 287–310 (Kurztitel: Czarnowski, La réaction catholique).

[61] Ebd., 287.

der Ebene religiöser Dogmen, sondern in den ökonomischen Rahmenbedingungen, Interessensgegensätzen und Bestrebungen der *Szlachta*. Czarnowski wandte sich gegen die, seiner Meinung nach, „Irrtümer" der polnischen Historiographie, insbesondere aber gegen eine verbreitete Lesart des christlichen Humanismus, zu dessen Hauptvertretern Wacław Sobieski und Oskar Halecki zählten. Beide stellten den Katholizismus aufgrund der Bedrohung durch die Ottomanen als den natürlichen Verbündeten des polnischen Adels dar. Einem Bedürfnis nach moralischer Einheit hätte ein universeller Katholizismus am meisten entsprochen.[62] Ein weiterer „schwerwiegender Irrtum" der polnischen Historiographie sei das Bild des polnischen Adels als „Gemeinschaft der Gleichen". Czarnowski entgegnete, dass die Affinität der Großfürsten zur Reformation in „materiellen, moralischen und auch politischen Interessen" gründete, die den Übertritt zum Calvinismus vorteilhaft machten und wiederum nicht in religiösen Überzeugungen.[63] Czarnowski führte auch globale Marktkräfte an, die Inflation des Silberpreises und eine Aufwertung agrarischer Güter, durch die der Landadel im Weichseltal zur reichsten Klasse in Polen aufstieg. Auch die Rolle der Jesuiten, ein bevorzugter Gegenstand laizistischer Kritik, als Träger der Gegenreformation wurde von Czarnowski untersucht. Hier sei die intime Beziehung zwischen „Katholizismus und Polonismus" entstanden, durch die Polen sich von anderen katholisch geprägten Ländern Europas unterscheide. Dieser Charakter, schließt Czarnowski, sei außerordentlich schwach. Es hätte keinen herausragenden polnischen Theologen in dieser Zeit gegeben und mehr noch: „Der polnische Katholizismus ist gänzlich oberflächlich. Er besteht hauptsächlich darin, die Vorschriften des äußerlichen christlichen Lebens zu befolgen. Zwischendurch ist man trinkfest, fröhnt dem Luxus und unterdrückt seine Bauern ohne Gnade".[64] Unabhängig von der antiklerikalen Stoßrichtung, die zeitgenössische Kommentatoren irritierte, wurden diese Ausführungen später als empirisch fragwürdig eingestuft.[65] Dennoch wurde die Geschichte Polens hier erstmals multikausal, im Kontext transnationaler Strukturen und historisch vergleichend betrachtet.

Eine universelle Synthese entwickelte Czarnowski in der Zusammenstellung von Artikeln, die von 1932 bis 1937 in der Zeitschrift *Wiedza i Zycie* unter dem Titel *Kultura* erschienen. Dieses Unternehmen verband er mit dem „letztendlichen Ziel, ein vollständiges Wissen mittels einer wissenschaftli-

---

[62] Ebd., 292.

[63] Ebd., 299 f.: „Il s'agit bien ici d'une idéologie de classe, non d'entraînement religieux pur et simple. La Réforme est sous son aspect calviniste une religion foncièrement aristocratique. Or, c'est précisement le calvinisme qui a du succès chez les seigneurs polonais, non le luthéranisme qui favorise l'absolutisme princier associé à la bourgeoisie".

[64] Ebd., 309: „Le catholicisme polonais est tout en façade. Il tient tout entier dans l'observation des prescriptions de vie chrétienne extérieure. Dans l'intervalle il boit ferme, il ne se fait pas faute de pratiquer la luxure, il opprime ses paysans sans merci."

[65] Schramm, Der polnische Adel, 18–20.

chen Untersuchung aller Phänomene“ zu erlangen.[66] Obwohl unter der Überschrift Kultur, verwandte Czarnowski hier den Begriff Zivilisation. Czarnowski hatte diesen als synonym mit Kultur definiert: „Wir verstehen darunter [Zivilisation; M.S.] einzig einen bestimmten Grad an höchster Kultur, der sich in der allgemeinen Entwicklung der Menschheit über niedrige Stufen Bahn bricht – Wildheit und Barbarei.“[67] *Kultura* eröffnet mit einem theoretischen Exposé und behandelt im weiteren Verlauf heterogene Fragestellungen, u.a. zur „Wanderung von Werkzeugen“, zur hellenischen Geschichte oder zur „Übernahme fremder Kulturen“ während der Romanisierung Galliens. Auch ein Modell der Aneignung von Geschichte wird in „Vergangenheit und Gegenwart der Kultur“ entworfen.[68] Die letzte „synthetische Klammer“ konnte er, tödlich erkrankt, nicht mehr schließen.[69] In *Kultura* formulierte Czarnowski auch eine erkenntnistheoretische Kritik: Kultur bedinge „in einem gegebenen Zustand in einer gegebenen Kollektivität den Gang der Zusammensetzung neuer Entdeckungen“.[70] Jede Erfindung sei durch eine ihr vorangegangene Erfindung bedingt. So, wie Leonardo da Vinci der Ausgangspunkt für das vierhundert Jahre später entwickelte Flugzeug war, verhalte es sich mit wissenschaftlichen Entdeckungen im Allgemeinen.[71] Czarnowski bezeichnet Kultur als „gruppenübergreifendes Phänomen […], da nicht alle Völker sich in Nationen konstituiert haben – die Nation ist eine Entwicklungsform der späten Organisation – und alle haben Teil an der Kultur“.[72] So gelangt er zu einem nicht mehr reduzierbaren Prinzip:

---

[66] Stefan Czarnowski, *Społeczeństwo. Kultura,* Warszawa 1938. Abgedruckt in: Czarnowski, Dzieła, Tom I, 12.

[67] Ebd., 18.

[68] Czarnowski, Dzieła, Tom I, 108–121.

[69] Ludwik Krzywicki, „Przedmowa do kultury Stefana Czarnowskiego“ (1938), in: Czarnowski, Dzieła, Tom V, 174.

[70] Czarnowski, Dzieła, Tom I, 13.

[71] Ebd., Tom I, 15: „Die Fortschritte in der Chemie haben im letzten Jahrzehnt des 19. Jahrhunderts den Punkt erreicht, an dem man von Thermochemie sprechen kann, die, obwohl noch nicht bekannt, vorausgesehen wurde – sie ‚lag in der Luft‘. Als ihr Erschaffer galt richtigerweise Berthelot, da er als erster dazu kam, ihre Grundsätze zu formulieren. Aber zur gleichen Zeit war Bunsen in seinem Heidelberger Laboratorium dabei, die Thermochemie zu entdecken. Er verspätete sich um einige Monate und wäre Berthelot nicht gewesen, wäre er diesem zuvorgekommen […]. Und jeder dieser Gelehrten – der Franzose und der Deutsche – arbeitete unabhängig voneinander und hat die Forschungsrichtung seines Rivalen nicht gesehen. In der Kultur liegt etwas Zwingendes, das verursacht, dass jedweder Zustand die Bedingung des ihm Folgenden ist. Das Schaffen der Individuen, sogar der genialsten, bewahrt oder verändert nur das, was vor ihnen war, und die Richtung ist ihnen vorgeschrieben durch alles, was als geistige und materielle ‚Kultur‘ den Individuen zur Entwicklung ihres Schaffens erlaubt ist.“

[72] Ebd., 19 f.

„(Kultur) ist die Gesamtheit der objektivierten Elemente gesellschaftlicher Güter, die einer Anzahl von Gruppen gemeinsam ist und aufgrund ihrer Objektivität festgesetzt und fähig ist, sich räumlich zu verbreiten.“[73]

Mit dieser Definition stand Czarnowski ganz in der Tradition des *principe social total* der französischen Anthropologie der Zwischenkriegszeit, wie auch der direkte Bezug auf den Strukturalismus von Lucien Lévy-Bruhl zeigt.[74] *Kultura* stellt auch eine Synthese von Materie und Geist dar, wie sie der Historiker Henri Pirenne auf dem VII. Internationalen Historikerkongress als Ausweg aus der Materialismus-Idealismus-Diskussion gefordert hatte.[75] Mit einem synchronen und diachronen Modell der Fortschritts ging er aber darüber hinaus: „die menschliche Gesellschaft setzt sich aus einer Handvoll Lebender und einer unermesslichen Masse an Toten zusammen“, ist ein für den literarisch anmutenden Stil von Czarnowski charakteristischer Satz. *Kultura* war im Kontext der dreißiger Jahre in Polen, das unter dem Regime der „Obristen“ Józef Piłsudkis zunehmend nach italienischem Vorbild regiert wurde, auch Ausdruck einer wachsenden Beschäftigung von Soziologen und Historikern mit dem Phänomen des Totalitarismus in Deutschland und der Sowjetunion, dem man durch eine Überwindung der widerstreitenden philosophischen Positionen begegnen wollte.

Stefan Czarnowski war ein geistiger Erbe von Émile Durkheim, dessen Denkstil er in der Zwischenkriegszeit fortentwickeln und als selbst erklärter Modernisierungsagent in die polnische Wissenschaft einführen wollte. Dabei verfolgte er den Ansatz einer multikausalen und transnationalen Perspektive auf polnische und europäische Geschichte als Grundlage für eine historisch-soziologische Synthese der Kultur. Die Diagnose des aktuellen politischen Geschehens überließ er nicht den Neuzeithistorikern, sondern suchte in der Beschäftigung mit keltischer und gallo-römischer Geschichte nach Mechanismen, die sich auf die Bedingungen moderner Gesellschaften übertragen ließen. Für Polen bedeutete dies die Aussicht auf eine Überwindung ethnischer Spaltung, wenn es gelingen würde, eine der französischen Nation ähnliche Entwicklung durchzumachen. Den „Vorort Europas“[76] empfand er als provinzielles Umfeld. Dennoch gelang es ihm, aus dieser peripheren Lage innovative Perspektiven zu generieren. Die Vielfalt seiner Arbeiten, die sich wissenschaftlichen Großkategorien zu entziehen scheint, ging zum Teil über das modernistische Denken seiner Zeitgenossen hinaus. Ohne diese Perspektive lässt sich keine Wissensgeschichte der Zwischenkriegszeit schreiben.

---

[73] Ebd., 20.

[74] Ebd., 16.

[75] Erdmann, Die Ökumene, 124.

[76] Jerzy Jedlicki, *A suburb of Europe: nineteenth-century Polish approaches to Western civilization*, Budapest 1999.

Eric Hobsbawm und Victor Kiernan über Revolution und Expansion

Benedikt Stuchtey

Von den Alternativen, die sich dem Historiker stellen – „Bildungsprediger“ und „Staatsmann“, „Kärrner“ und „Künstler“, „Quellenkritiker“ und „Virtuose“, um nur eine kleine Auswahl zu nennen[1] – hätte Eric Hobsbawm sich möglicherweise für die letztgenannte Option entschieden. Wer in seinen Schriften liest, wird den politischen Denker und Handelnden gleichermaßen schätzen wie den Sprachvirtuosen, für den die breite Lesbarkeit seiner Bücher ebenso wichtig war wie ihre akademische Tiefe. Auch wenn er sich häufig selbst als einen Außenseiter seiner Zunft bezeichnete, weil er als jüdischer Schüler, dessen Vater Brite war, dem Nationalsozialismus entfliehend den Kontinent verlassen hatte und weil ihm als Kommunisten sämtliche politischen Steine in den Weg gelegt wurden, bildete er darin erstens keine Ausnahme, da viele seiner Zeitgenossen wie Lewis Namier, A. J. P. Taylor und E. P. Thompson noch nicht einmal feste Universitätsstellen inne hatten – generell ist das 20. Jahrhundert reich an britischen Historikern, die außerhalb der etablierten Institutionen arbeiteten. Und zweitens verlief Hobsbawms akademische Karriere deutlich weniger dramatisch, als es dieses Eigenporträt suggeriert, denn er verbrachte einen Großteil seines beruflichen Lebens an der Universität, war Mitglied im Athenaeum und Fellow an der British Academy und zudem einer der ersten bedeutenden britischen Historiker, die ihre Laufbahn mit einer Promotion begannen (Hobsbawm promovierte über die 1884 gegründete sozialistische Gesellschaft der Fabier, statt, wie ursprünglich geplant, über nordafrikanische Agrarreformen). In dieser Hinsicht wäre er gut mit seinem Freund Isaiah Berlin vergleichbar[2]: beides Intellektuelle, die vom europäischen Kontinent herkommend einen gewissen Exotismus hervorriefen, einen eleganten englischen Schreibstil annahmen und eine selbstbewusste Gelehrsamkeit pflegten. Nirgendwo wurde ein derartiger Typus von „Virtuosen“ besser empfangen als in Großbritannien. Einzuräumen

[1] Gangolf Hübinger, *Über die Aufgaben des Historikers*, Berlin 2012, 34.

[2] Benedikt Stuchtey, „Liberalismus und Russlandbild bei Isaiah Berlin“, in: Gangolf Hübinger (Hg.), *Europäische Wissenschaftskulturen und politische Ordnungen in der Moderne (1890–1970),* München 2014, 229–248.

wäre nur, dass Hobsbawm als Kommunist nach der Berlinblockade 1948 wohl keine Einstellung als Universitätsdozent mehr erhalten hätte.

Nun ist viel über Hobsbawm und seine Zeitgenossen, die legendäre Historikergruppe der Kommunistischen Partei, geschrieben worden.[3] Sie gründete sich in Großbritannien unmittelbar nach dem Zweiten Weltkrieg, zu ihr gehörten der Frühneuzeitler Christopher Hill und der Imperialismusforscher Victor Kiernan. Den Glauben an den Wert der marxistischen Geschichtsdeutung verlor sie auch 1956 nicht, als die sowjetischen Panzer in Budapest einrollten, und obwohl diese weltpolitische Krise die Partei nachhaltig schwächte, stärkte sie die Überzeugung ihrer akademischen Mitglieder von der weltgeschichtlichen Bedeutung der Revolution. Keiner hat diese Überzeugung so produktiv gemacht wie Eric Hobsbawm, an der Seite von Rodney Hilton und Edward Thompson sicherlich der führende Motor der britischen Arbeitergeschichtsschreibung sowie der 1952 in Anlehnung an die *Annales* gegründeten Zeitschrift *Past & Present*. Was sie einte, war die Überzeugung, das „Zeitalter der Extreme" habe sein Ende noch nicht erreicht. Im Alter machte Hobsbawm dazu die paradoxe Beobachtung, dass mit der gleichen Geschwindigkeit, mit der sich die sozialen und wirtschaftlichen Ungleichheiten weltweit vergrößerten, die Ideen des Marxismus und die Werte, die er verkörperte, an Strahlkraft verlören. Die große Bewegung der Desillusionierung, so Hobsbawms melancholische Note, die im Laufe des vergangenen Jahrhunderts die Utopien zerstörte, gehe immer noch weiter, doch dürfe der Historiker diese Entzauberung der modernen Welt nicht als Schicksal hinnehmen, sollten ihre Ideale ihm nicht unverständlich werden. So bleibe die Hoffnung, dass die Globalisierung die Rückbesinnung auf Marx unvermeidlich mache, weil schon Marx die Vergangenheit in ihrer weltgeschichtlichen Dimension nachhaltig erfasst habe.[4] Eindeutig formulierte Hobsbawm diese Gedanken als aufgeklärter Marxist, oder, wie er sich selbst bezeichnet hätte, als „writer", doch sicherlich nicht als ein von der Literaturtheorie und von der Psychologie Beeinflusster. Es waren die Politik und die politische Sozialgeschichte der Jahre 1844–1848 mit Marx als dem Philosophen der Menschlichkeit (nicht Marx, dem Ökonomen), die den intellektuellen Raum für die emotional aufgeladene kommunistische (Religions-)Gemeinschaft bildeten und ihr den Moment kollektiver Ekstase bescherten. In diesem Zusammenhang sprach Hobsbawm häufig von Marx' *Lehre*, als erfüllten philosophische

[3] Vgl. Lucy Riall (Hg.), „Forum. On Eric Hobsbawm (1917–2012)", in: *Journal of Modern European History* 11 (2013), 407–409; Harvey J. Kaye, „Fanning the Spark of Hope in the Past: the British Marxist Historians", in: *Rethinking History* 4.3 (2000), 281–294; Neil Redfern, „British Communists, the British Empire and the Second World War", in: *International Labor and Working-Class History* 65 (2004), 117–135.

[4] Eric Hobsbawm, *How to Change the World. Tales of Marx and Marxism,* London 2011, hier bes. Kap. 13.

Ideen eine religiöse Funktion und seien gleichsam zeitungebunden, geschichtslos.[5] Die Kritik, die Marxisten verhielten sich blind gegenüber dem Bedeutungsverlust ihres Gegenstands, ist wiederholt auch an Hobsbawm geübt worden; man warf ihm beispielsweise vor, nicht ausreichend über den historischen Wandel zu reflektieren, den die Krise des Kapitalismus auch für den Marxismus auslöste. Entgegenhalten könnte man dieser Kritik wiederum, dass hinter Hobsbawms Treue zum Marxismus seine Loyalität zu seinen Freundschaften stand, die er in seiner Jugend schloss.

Der britischen Linken konnte man überdies gelegentlich den Vorwurf machen, ihre Verteidigung der Tradition der Arbeiterbewegung sei nationalromantische Legendenpflege. Hobsbawms Programm einer Revolutionierung der Historiographie durch die globale Perspektive konnte allerdings als Antwort auf diesen Tadel verstanden werden. An diesem Punkt setzt das Nachdenken über Eric Hobsbawm und Victor Kiernan und ihren Revolutions- bzw. Imperialismusbegriff ein: Denn undenkbar müsste es für Menschen guten Willens sein, so Hobsbawm, dass der dialektische Umschlag der Wissenschaftsgeschichte in eine neue Renaissance des Marxismus ausbleibe; ansonsten drohe nämlich nicht weniger als die Barbarei. Man konnte diese auch als „Finsternis" bezeichnen: „The darkness is living, getting used to living, in ways which are inhuman. [...] We are living through slow motion catastrophes, so that people get used to normality in situations which should not be regarded as normal."[6] Der Sozialismus bilde dazu die einzige, so bereits von Rosa Luxemburg aufgezeigte Alternative.

Dieser Gedanke durchzieht viele der Schriften Hobsbawms und steht im Koordinatensystem dreier Kräfte: der Geschichte Großbritanniens, Europas und des Imperialismus.[7] Europa, genauer der europäische Kontinent, und das Empire sind in diesem Koordinatensystem zwei mitunter konkurrierende Kräftefelder, in denen die britische Geschichte mal integriert, mal abgegrenzt positioniert wurde und die der Definition ihrer Außenbeziehungen dienten. Sieht die „new imperial history" die Stärken einer Integration von Nation und Empire, folgen eher konservative Modelle der Geschichte der „Transformation der europäischen Politik" (Paul W. Schroeder) unter eindeutigem Einbezug der Briten.[8] Hobsbawm sah hingegen keine unüberwindbare Dichotomie und keine Konkurrenzen, allemal nicht mit Blick auf das „lange 19. Jahrhun-

[5] Eric Hobsbawm, „What Do Historians Owe to Karl Marx?", in: Ders., *On History*, London 1998, 186–206.

[6] Anon., „Interview with Eric Hobsbawm: A Historian Living Through History", in: Willie Thompson (Hg.), *Historiography and the British Marxist Historians*, London 1995, 54–60, hier 60.

[7] Jan Rüger, „Britain, Empire, Europe: Re-reading Eric Hobsbawm", in: *Journal of Modern European History* 11 (2013), 417–423.

[8] Vgl. Benedikt Stuchtey, „Nation und Expansion: Das britische Empire in der neuesten Forschung", in: *Historische Zeitschrift* 274 (2002), 87–118.

dert“. Es bietet sich darum an, Hobsbawms Kompromissvorschlag einer Verwurzelung der britischen Geschichte sowohl in der europäischen wie auch in der Geschichte des britischen Empires zwar in bester marxistischer Tradition als eurozentristisch zu problematisieren, doch zu gleicher Zeit als Vorteil dieser Deutung anzuerkennen, dass Hobsbawm, ob mit Absicht oder nicht, die Geschichte der kolonialen Expansion und mit ihr die der Revolution zutiefst in das Narrativ der europäischen Geschichte zwischen 1789 und 1914 einschrieb. Von diesem Narrativ zehrte noch die Empire-Begeisterung, die sich im Zusammenhang des Falklandkrieges 1982 äußerte. Der Niedergang des Empires war zwar nicht aufzuhalten, aber „Rule Britannia“ wurde in den Straßen Londons nochmal gesungen.[9] Es ist bemerkenswert, dass sich Hobsbawm hierin genuine Imperialismushistoriker wie Victor Kiernan anschlossen und eine integrative, europäische wie imperiale Sichtweise, etwa auf die Geschichte der Industrialisierung, entwarfen.

Für Hobsbawm, der zwei Monate nach der US-amerikanischen Kriegserklärung im Jahr 1917 geboren worden war, bildete der Erste Weltkrieg die Wendezeit zwischen dem „langen 19. Jahrhundert“ und dem „Zeitalter der Extreme“. Der ungebrochene historisch-dialektische Materialismus von Kapitalismus einerseits, Marxismus andererseits machte Hobsbawm zufolge erst den Weg frei für die Entfaltung der weltgeschichtlichen Mächte und einer ihrer Urkräfte, der Revolution, in diesem Fall der Oktoberrevolution. Natürlich war es historisch gedacht zu begrenzt, sich auf diese binäre Unterteilung einzuschränken. Und natürlich war es mehr als nur verharmlosend, wenngleich nicht indifferent gegenüber Gewalt, Repression und Kollektivierung, die Bolschewisierung des Ostens Europas kurzerhand als „kommunistische Revolutionen“ zu erfassen und den stalinistischen Terror lediglich unter der Rubrik „Kosten“ einzuordnen. Wie er in seiner Autobiographie festhielt, war Hobsbawm zutiefst davon überzeugt, dass ohne die Revolution Russlands Europa heute vornehmlich von autoritären Regimen und nicht von parlamentarischen Demokratien regiert würde und dass in diesem Revolutionsjahr die Vereinigten Staaten jenen Schritt aus der politischen Isolation taten, der ihnen schließlich den Weg zur Weltherrschaft ebnete: „I still belong to the tail-end of the first generation of communists, the ones for whom the October Revolution was the central point of reference in the political universe“.[10]

Wie als ein Gegengewicht zur Kontinuitätsthese wandte sich Hobsbawm, in diesem Punkt Christopher Hill sehr vergleichbar, aber ohne dessen puritanische Ethik, dem Leitgedanken zu, die Revolutionen des 17. Jahrhunderts seien ebenso wie die Französische von 1789 und die Oktoberrevolution 1917 in erster Linie Klassenkämpfe zwischen Mittelstand und feudaler Herrscher-

---

[9] Eric Hobsbawm, „Falklands Fallout“, in: *Marxism Today* (Jan. 1983), 13–19.

[10] Eric Hobsbawm, *Interesting Times. A Twentieth-Century Life*, London 2002, 217 (Kurztitel: Hobsbawm, Interesting Times).

schicht gewesen. Er wollte sie als Brüche in der Geschichte verstehen, als Zäsuren, die eine ähnlich einschneidende Wirkung auf eine Gesellschaft ausübten wie imperiale (Fremd-)Herrschaft. Die Verfassungskonflikte, der Bürgerkrieg, die Revolutionen: Diese Instanzen bildeten eine Art Gesamtsinn der Geschichte, ein Panorama des großen Ganzen. Die Bewegung der Geschichte wurde über die gesellschaftlichen Klassen – hier wohlweislich im Plural und in Abgrenzung zum orthodoxen Marxismus und seiner Vorstellung von *einer* einheitlichen Arbeiterklasse – und ihren Antagonismus vorangetrieben. Sie war nicht das Ergebnis objektiver Wünsche, sondern musste in zäher Auseinandersetzung erkämpft werden, so wie schlussendlich nicht Worte die Geschichte gestalteten, sondern Interessen; zumindest bis in das frühe 20. Jahrhundert, *vor* dem „Zeitalter der Extreme", sollte diese Beobachtung gültig sein.

Für den Historiker war dies gelehrte Empirie, für den puritanischen Moralisten (Hill) zudem Logik, an der sich kritischer Geist und Aufbruchswille entzündeten. Mithin signalisierte sie dem Historiker der Emanzipation den Wert der Tat, der sich weltgeschichtlich als Weltrettung äußerte: Revolution und Expansion folgten gleichermaßen einem Sendungsbewusstsein, in gleichsam bürokratischer Überzeugung, weil beide historisch von Organisation und Routine geprägt worden seien – wie schnell spielte sich der administrative Alltag trotz politischer Radikalisierung hier und den unberechenbaren Expansionskräften dort ein! Dass eine derartige Beobachtung beide Phänomene von Aspekten wie Nostalgie und Romantizismus freispricht, steht auf einem anderen, in der Handschrift des Rationalismus des 18. Jahrhunderts beschriebenen Blatt und findet sich in Hobsbawms Selbstbeschreibung übrigens so nicht wieder. Zeitlebens behielt er einen eher befremdlich romantischen, leidenschaftlichen Blick auf den Kommunismus und kommunistische Massenveranstaltungen bei, der sich aus seiner Erfahrung, an der letzten legalen Demonstration der KPD in Berlin im Januar 1933 teilgenommen zu haben, erklärt.[11] Lebensweltlich war im Großbritannien der 1930er Jahre unter Gewerkschaftlern und Führern der Arbeiterbewegung allerdings keineswegs das Bedürfnis nach einer romantisierenden Vorstellung vom Proletariat vorzufinden – was auch auf die Polarisierungen und Radikalisierungen des 20. Jahrhunderts hindeutet.[12] Die Berliner Erfahrungen erklären, warum Hobsbawm Thompsons *The Making of the English Working Class* (1963) fremd blieb und dessen Interpretation zu dogmatisch erstarrt fand, als habe sich im viktorianischen Zeitalter eine geeinte Arbeiterbewegung herausgebildet.[13] Dass dies nicht der Fall war und sich eine Vielfalt von Werten und Interessen lokal,

---

[11] Vgl. Silvio Pons, „History as Autobiography: Communism in EJH's ‚Short Century'", in: *Journal of Modern European History* 11 (2013), 410–416.

[12] David Cannadine, *Class in Britain*, New Haven 1998, 126 ff.

[13] Hobsbawm, Interesting Times, 214–216.

regional und national herausbildete, machte schließlich den Niedergang der Arbeiterschichten in den 1950er Jahren um so außerordentlicher und gab Hobsbawm gegenüber Thompson historisch recht.

Es ist somit auch aus dem bürokratischen Verständnis von Revolution und Expansion erklärbar, warum sich in Großbritannien lange Zeit an vorderster Stelle nicht die Historiker, sondern neben den Geographen, Ökonomen, Anthropologen und Linguisten in erster Linie ehemalige Kolonialverwalter mit der Geschichte des Britischen Empires befassten: eben weil sie die nicht-europäischen Erfahrungen aktiv erworben hatten. Das hinderte die Administratoren – frei assoziierend an die Traditionsbestände von Lord Cromers zweibändiger Schrift *Modern Egypt* (1908) anknüpfend – freilich nicht daran, einer überwiegend metropolenzentrierten und politischen Perspektive anzuhängen und die Geschichte der Expansion als die Geschichte des nationalen Erfolgs, zivilisatorischen Fortschritts, Prestigedankens und Überlegenheitsgefühls zu schreiben.[14] In der konservativen Denkschule der „großen Mächte" war das Weltsystem ein System der politökonomischen Konkurrenzmodelle – methodisch und theoretisch reduziert vor allem auf wirtschaftsgeschichtliche Fragestellungen, die sich auch in den frühen Studien über die Geschichte der Sklaverei und den Sklavenhandel niederschlugen. Daran beteiligte sich Hobsbawm, der ansonsten doch so dezidiert sozialgeschichtlich arbeitete, aber ebenso wenig wie die Marxisten kulturhistorische Perspektiven im Gefüge der europäisch/nicht-europäischen Beziehungen einbezogen, die sich nur allmählich und etwas mühsam durchsetzen konnten.[15] Mit gleicher Argumentation ließe sich im Übrigen nachvollziehen, warum sich in Cambridge, wo auch Hobsbawm studiert hatte, in den 1930er Jahren, zeitgleich mit dem Spanischen Bürgerkrieg, neben dem elitären Club der „Apostles" der Kreis der sich selbst so bezeichnenden „colonial group" unter der Ägide der Kommunistischen Partei gründete. Ihm traten Victor Kiernan, der junge John Gallagher und der Japanologe und spätere Diplomat Egerton Herbert Norman bei.[16] Die glänzendste Karriere sollte Gallagher, ein Ire aus Liverpool machen, der in Folge die Lehrstühle für „Commonwealth History" sowohl in Oxford als auch in Cambridge besetzte. Prägend für ihre Zugangsweise war die zentral hervorgehobene ökonomische Bedeutung der kolonialen Expansion und daran angelehnt die Herausbildung des Kapitalismus. Dies galt ebenfalls für die Interpretation der imperialen „Erfahrung", die Entstehung des

---

[14] Vgl. generell Lutz Raphael, *Geschichtswissenschaft im Zeitalter der Extreme. Theorien, Methoden, Tendenzen von 1900 bis zur Gegenwart,* München 2003, 148–152.

[15] Dennis Dworkin, *Cultural Marxism in Postwar Britain. History, the New Left, and the Origins of Cultural Studies*, Durham/London 1997, 10–44.

[16] Nach wie vor wichtig: E. H. Norman, *Japan's Emergence as a Modern State: Political and Economic Problems of the Meiji Period*, 1940; vgl. Eric Hobsbawm, „A Life in History", in: *Past & Present* 177 (2002), 3–16, hier 11.

Rassismus, eurozentrischer Einstellungen gegenüber den kolonisierten Völkern, vor allem Indien, und die Eigenwahrnehmung als „Westen". Zu Recht haben die britischen marxistischen Historiker eine gewisse Deutungshoheit in Fragen der Sozial- und Arbeitergeschichte für sich reklamieren können. Dass sie auch zu den Definitionen des Nations- wie Expansionsbegriffs entscheidend beitrugen, was sich in den Werken Hobsbawms und Kiernans zeigt, die auch als Weiterdenken der Ansätze des Ökonomen Michael Barratt Brown und des Anthropologen und Soziologen Peter Worsley gelesen werden können, ist noch nicht ausreichend gewürdigt worden.[17] Die politische Botschaft lag jeweils gleichsam auf der Hand: Die durch imperiale Herrschaft hervorgerufenen ökonomischen Ungleichheiten seien auch in der kapitalistischen, post-kolonialen Welt nicht ausgeräumt worden.[18]

Für die in der Kommunistischen Partei organisierten Historiker gaben die „colonial students" wichtige Impulse, zugleich lagen ihre Arbeitsschwerpunkte naturgemäß vorerst auf der *englischen,* häufig sogar lokalen und regionalen Geschichte, der Geschichte der Arbeiter und Arbeiterbewegung, der Chartisten u.v.m., bevor sie sich geographisch öffnen konnten.[19] Einflussreich wurden ihre Werke erst nach ihrer intellektuellen Befreiung von der kommunistischen Orthodoxie, d.h. nach dem ungarischen Aufstand von 1956, ein Jahr, das, wie sich John Saville erinnerte, in fast allen Biographien der britischen Linken eine formative Rolle spielte. Ihr Angriff auf die vorherrschenden konservativen Geschichtsmodelle, die von Herbert Butterfield so bezeichnete „Whig-Interpretation" der Geschichte, hallte noch viele Jahre später in der Wirksamkeit der Arbeiten von David Blackbourn und anderen nach.[20] Der entscheidende Schritt der Emanzipation aber war ein anderer, nicht allein ein wissenschaftspolitischer oder parteipolitischer und nicht allein einer der Modernisierung der akademischen Institutionen, sondern derjenige der Öffnung der britischen Historiographie für nicht-europäische Themen. Hier ist insofern ein besonders interessanter Prozess zu beobachten, als die nicht-europäische Geschichte in Form der Geschichte der kolonialen Expansion entweder aus post-bürokratischer oder aus marxistischer, anti-imperialer Perspektive betrieben wurde, bevor sie sich viele Jahrzehnte später an den Universitäten gegen die etablierte Politikgeschichte durchsetzen konnte. Für

---

[17] Vgl. Catherine Hall und Keith McClelland, „Introduction", in: Dies. (Hg.), *Race, nation and empire. Making histories, 1750 to the present,* Manchester/New York 2010, 1–11, hier 5 f.

[18] Michael Barratt Brown, *After Imperialism*, London 1963; Peter Worsley, *The Third World,* London 1964.

[19] Eric Hobsbawm, „The Historians' Group of the Communist Party", in: Maurice Cornforth (Hg.), *Rebels and Their Causes*, London 1978, 21–47; John Saville, *Memoirs from the Left*, London 2003, 88.

[20] Richard Evans, *Cosmopolitan Islanders. British Historians and the European Continent*, Cambridge 2009, 31 f.

die Internationalisierung der britischen Geschichtswissenschaft war dies ein zentraler Prozess, der zugleich dazu beitrug, der marxistischen Historiographie weltweit mehr Gewicht zu verleihen: ein Desiderat der Forschung, wie Hobsbawm in einem Vorwort zu dem Buch über britische marxistische Historiker, in dem ihm selbst ein Kapitel gewidmet wird, angemerkt hat.[21] Ihr Wert bestand zusammengenommen darin, die Rivalitäten der Großmächte lediglich als sekundäre Faktoren zu begreifen, primär jedoch das Augenmerk auf die Kontinuitäten imperialer, sehr ähnlich sozialisierter (Verwaltungs-)Eliten zu lenken, die das Sicherheitsbedürfnis des Empires verteidigten und zugleich Risse in seinem Gebäude entdeckten – Risse, die ihrerseits die Beständigkeit imperialer Herrschaft hinterfragen ließen. In diesem Punkt trafen sich der Blick des Kolonialverwalters und der des nationalen Anti-Kolonialisten.

Für Hobsbawm und seine Zeitgenossen entwickelte sich die Geschichte der Revolution wie diejenige der Expansion aus dem Geist des Klassenbegriffs. Beide seien, *bevor* der Antagonismus zweier Weltreiche an ihre Stelle getreten sei, die treibenden Kräfte der Weltgeschichte. 1917 habe dann ein Staat in Gestalt der Sowjetunion den Sozialismus zu seinem Programm gemacht und den Kapitalismus herausgefordert, damit dieser schließlich den Wohlfahrtsstaat hervorbringe. So waren der liberale Kapitalismus und das sozialistische Projekt aufs engste aufeinander angewiesen. Man konnte also Hobsbawm zufolge am Beispiel von Lenins Revolution sowohl die Verwirklichung einer politischen Utopie als auch ebenso gut die Probleme des kapitalistischen Systems studieren. Als die Sowjetunion 1991 zerfiel, wurde sie stellvertretend für einen weltweit beobachtbaren, imperialgeschichtlich mit dem Untergang des weströmischen Reiches vergleichbaren Verfall des staatlichen Gewaltmonopols. Den Verlust staatlicher Autorität zu verstehen, hatte zur Konsequenz, historisch und politisch jenseits des Nationalstaats zu denken, seit dessen Konsolidierung in den 1960er Jahren nun einzubrechen begonnen habe. Man konnte, so Hobsbawm, diesen Prozess ebenfalls in weiten Teilen Afrikas, Asiens und in den östlichen Regionen Russlands beobachten.[22]

Den Staatenzerfall im Zeichen eines weltweiten Erdrutsches begleiteten internationale Depressionen, Bevölkerungsexplosionen, Massenverelendung, Umweltkrisen und die Gefahr der Atomkraft, kurzum: Katastrophen, die sich als Folgen der Epochen von 1914–1945 und 1945–1973 entwickelt hatten und in der dritten Epoche zwischen Ölschock und Auflösung des Ostblocks zum

[21] Eric Hobsbawm, „Foreword", in: Harvey J. Kaye, *The British Marxist Historians. An Introductory Analysis*, Basingstoke 1995, ix–xi, hier x; s.a. Harvey J. Kaye, „Eric Hobsbawm on Workers, Peasants, and World History", in: ebd., 131–166; Wade Matthews, *The New Left, National Identity, and the Break-up of Britain*, Leiden 2013, 1–25.

[22] So in einem Gespräch mit Antonio Polito: Eric Hobsbawm, *Das Gesicht des 21. Jahrhunderts,* München 2000.

Tragen kamen. Dialektisch betrachtet, löste sich auch die Prosperitätsphase der europäisch-nordamerikanischen Welt nach dem Zweiten Weltkrieg in den unlösbar erscheinenden Problemen am Ende des 20. Jahrhunderts auf. Das Entwicklungspotential der Menschheit war so an seine Grenzen gekommen, so wie diese die Grenzen des Lebens ausgetestet hatte. Hobsbawms Pessimismus ist an dieser Stelle kaum zu übertreffen, jedoch auch kaum zu entkräften.[23] Das war wie eine Kontrastfolie zu Edward Carrs monumentaler, 14-bändiger *History of Soviet Russia* (1950–1978), in der ihr von der gegenwärtigen Geschichtswissenschaft gänzlich unterschätzter Autor argumentierte, die geopolitischen Interessen Russlands müssten respektiert und Russlands Revolution als ein in der Logik des Fortschritts, d.h. in der Tradition der Französischen Revolution stehendes Ereignis gewertet werden; nicht die Zäsur war Carrs Rezept, sondern die lineare historische Kontinuität, die Stefan Collini dazu veranlasste, ihn als den „historian of the future" zu bezeichnen.[24] Hobsbawm argumentierte demgegenüber, die praktischen Konsequenzen von 1917 seien ungleich größer gewesen als diejenigen von 1789, weil die kommunistische Bewegung eine globale Ausbreitung erfahren und nachdrücklich zur Modernisierung der Gesellschaft beigetragen habe.[25]

Demzufolge war auch die Revolution als eine *Weltrevolution* zu verstehen. Sie verschrieb sich Zielen, die über die Erklärungsmuster für die Verbrechen des Stalinismus und über die Rechtsfertigungsstrategien für den Einmarsch sowjetischer Truppen in Ungarn oder in die Tschechoslowakei hinausragten. Auf den Nenner gebracht, war sie der Standort, von dem aus die Welt, auch die des Kapitals, sich erst erschließen ließ. Auch Hobsbawms persönlicher Standort hat hier seine Entsprechung, weshalb er ungeachtet der militärischen Gewalt seinen Mitgliedsausweis der Kommunistischen Partei nicht zurückgab.[26] Sein Argument lautete stets, der Kommunismus erfülle immer noch die Aufgabe, dass die Reichen überhaupt Notiz von den Armen nähmen. Gleichwohl konnte ihm leicht entgegnet werden, dass sich in Europa zeitgeschichtlich dort der Revolutionsgedanke am wenigsten, der Wohlfahrtsstaat dagegen am nachhaltigsten durchsetzte, wo wie beispielsweise in Schweden und in Großbritannien der politische Druck des Kommunismus am schwächsten

---

[23] Vgl. Hans-Ulrich Wehler, *Politik in der Geschichte. Essays,* München 1998, 44–55.

[24] E. H. Carr, *The Russian Revolution: From Lenin to Stalin (1917–1929)*, London 1979; hierzu Jonathan Haslam, *The Vices of Integrity: E. H. Carr, 1892–1982*, New York 1999; Stefan Collini, „E. H. Carr: the intellectual as realist", in: *Times Literary Supplement*, 7. März 2008, 13–15; vgl. Ders., *Common Reading. Critics, Historians, Publics,* Cambridge 2008, 156–174.

[25] Eric Hobsbawm, *Age of Extremes. The short twentieth century 1914–1991,* London 1994, 55.

[26] Perry Anderson, „The Vanquished Left: Eric Hobsbawm", in: Ders., *Spectrum. From Right to Left in the World of Ideas,* London 2007, 277–320, hier 285 ff.

ausgeprägt war.[27] E. P. Thompson, der im Unterschied zu Hobsbawm während des Zweiten Weltkriegs in einer kämpfenden Einheit in Nordafrika und in Italien eingesetzt gewesen war, soll sich aus Enttäuschung über den Verrat an seinen politischen Idealen ab den späten 1950er Jahren viel eindeutiger von der Kommunistischen Partei abgesetzt haben. An seiner Solidarität mit dem Kampf für Freiheit und gegen politische Unterdrückung änderte das nichts.[28] Auf der anderen Seite spielte die Partei in Großbritannien politisch eine derartig marginale Rolle, dass es verhältnismäßig leicht fallen konnte, sich mit ihr zu assoziieren. Anders gewendet: Ohne ihr „offizieller" Historiker werden zu müssen, blieb Hobsbawm das Privileg, als ihr international repräsentativster Intellektueller zu fungieren. Dies bescherte ihm erstens lange Zeit ein Einreiseverbot in die USA, insbesondere während der McCarthy-Ära, und entfremdete ihn zweitens von den französischen kommunistischen Intellektuellen, die sich ihrerseits von ihrer zweifelsohne einflussreichen Partei zunehmend distanzierten.

Bezeichnenderweise sind die beiden Antipoden des Kalten Krieges, die Vereinigten Staaten und die Sowjetunion, aus Revolutionen hervorgegangen, und beide machten sich die ideologische, sendungsbewusste Expansion zu eigen. Ohne handfeste, unmittelbare Interessen funktionierte das freilich nicht. Victor Kiernan, der seit 1938 in Indien arbeitete und ein Jahr vor der Teilung des Subkontinents nach Großbritannien zurückkehrte[29], wusste genau davon zu berichten, wenn er sich verstärkt in den späten 1960er und frühen 1970er Jahren dem Spannungsfeld von Marxismus und Imperialismus zuwandte, um daraus außerdem Fragen nach Arbeiterschaft, Nation und Kapital abzuleiten.[30] In den USA sah er die Traditionen des britischen Siedlungskolonialismus verwurzelt, hier am intensivsten ausgeprägt und seit den frühen Anfängen dazu tendierend, kapitalistische Strukturen für den Erwerb hegemonialer Herrschaft nutzbar zu machen. Dass die Vereinigten Staaten sich einerseits auf ihre Revolution und ihren Freiheitsbegriff beriefen, andererseits Formen eines „neuen Imperialismus" vertraten, war für Kiernan kein Widerspruch, hatte man doch spätestens seit John Hobsons Buch *Imperialism:*

---

[27] Richard Vinen, „Dynamically evasive", in: *Times Literary Supplement* 4.10.2002, 10 f. (Besprechung von Eric Hobsbawm, Interesting Times).

[28] Thomas William Heyck, „E. P. Thompson: Moralist as Marxist Historian", in: Walter L. Arnstein (Hg.), *Recent Historians of Great Britain. Essays on the Post–1945 Generation,* Ames (Iowa) 1990, 121–145.

[29] Victor Kiernan, „The Separation of India and Pakistan", in: Robin Cohen (Hg.), *The Cambridge Survey of World Migration,* Cambridge 1994, 356–359.

[30] Victor Kiernan, *British Diplomacy in China, 1880–1885*, Cambridge 1939; Ders., *The Lords of Human Kind. European attitudes to other cultures in the imperial age*, London 1969 (Kurztitel: Kiernan, Lords); Ders., *Marxism and Imperialism. Studies*, London 1974 (Kurztitel: Kiernan, Marxism); Ders., *European empires from conquest to collapse, 1815–1960*, London 1982.

A Study (1902) die Mechanismen des britischen Freihandelsimperialismus für den Erfolg des „Finanzkapitals" verantwortlich gemacht.[31] Hobsons Schriften in einer Tradition radikalen Denkens zwischen Richard Cobden, Marx und Lenin hatten einen engen Zusammenhang zwischen imperialer Expansion und den auf Gewinnmaximierung ausgerichteten Kräften des freien Marktes herausgearbeitet, wonach der Finanzkapitalismus eine unabdingbare Voraussetzung für den Imperialismus darstellte. Dieser „Gentleman-Kapitalismus" der metropolitanen Elite der Londoner City ließ sich nicht mit peripherieorientierten Imperialismustheorien zusammenbringen. Ihn nicht wie Cain und Hopkins kritisch in eine neue Theorie zu überführen[32], sondern unreflektiert zu übernehmen, konnte Kiernan deshalb leicht vorgeworfen werden als außergewöhnlich traditionell, als blind gegenüber den „subalternen Kräften", als mangelnde Kenntnis von seinerzeit erstellten Modellen des „official mind" und der „men on the spot". Er hatte selbst einmal die Dichotomie des Alten und Neuen aufgemacht und nun die unzeitgemäße Position eines „Old Left" bezogen, für den neue Imperialismustheorien jenseits der marxistischen bzw. bei Hobson sozialistischen Theorien anscheinend nicht viel Wert hatten.[33]

Der Widerspruch aber lag für Kiernan, für den wie für viele marxistische Historiker Hobsons Werk eine wichtige Referenz darstellte, woanders: Er sah ihn in dem einerseits selbst gesetzten Anspruch des Freihandelsimperialismus, seit der Frühen Neuzeit politische, soziale und kulturelle Freiheit zu verteidigen und sie in die Welt zu bringen, doch sie, andererseits, in den bürokratischen Realitäten des Alltags, ob *at home* oder *abroad*, stets zu ersticken. Herrschen und Verwalten – nicht nur bei den Marxisten, sondern auch bei Hannah Arendt und in ihrem zeitgleich erschienenen Totalitarismusbuch[34] – waren die beiden Seiten der gleichen Münze. Der Widerspruch, so Kiernan, löste sich auch nicht mit der Auflösung des Empires auf, denn diese habe die besonders hässlichen Seiten der Expansion, sei es Rassismus oder Ausbeutung, erst in den engeren Wirkungszusammenhang von Nation und Empire gebracht.[35] Mit anderen Worten: Wie mit der militärischen Gewalt, mit der sich die Nationalstaaten in Europa bildeten, gründeten sie ihre Kolonialreiche auch auf ökonomischer oder kultureller Gewalt. Kiernan zufolge sei zudem

---

[31] Victor Kiernan, *America, the new imperialism: from white settlement to world hegemony,* London 1978.

[32] Hier insbes. der zweite Band: Peter J. Cain und Antony G. Hopkins, *British Imperialism: crisis and deconstruction 1914–1990*, London/New York 1993.

[33] Victor Kiernan, „Britons Old and New", in: Colin Holmes (Hg.), *Immigrants and Minorities in British Society,* London 1978, 23–59.

[34] Benedikt Stuchtey, „Herrschen und Verwalten. Hannah Arendt über den Imperialismus", in: *Saeculum. Jahrbuch für Universalgeschichte* 54.2 (2003), 301–328.

[35] Victor Kiernan, *Imperialism and its contradictions*, New York/London 1995, 97–119 (Kurztitel: Kiernan, Imperialism).

das Personal beider Prozesse sozialgeschichtlich das gleiche gewesen. Hier identifizierte er bürgerliche „Sozialrevolutionäre", die im Interesse ihres Profits und Status die Feudalherrschaft in London und Paris sowie in Kalkutta und Saigon angriffen.

In *The Lords of Human Kind* (1969) nahm er sie unter die genaue psychologische Lupe: Darunter waren Kaufleute und Diplomaten, Personal des Militärs und Missionare. Sie entwickelten nach Kiernan ein dezidiert rassistisches Vokabular und nahmen die „outside world" ethnozentrisch und unter den sozio-kulturellen Bedingungen ihrer (Oberschicht-)Herkunft wahr. Nostalgische Gefühle für Europas koloniale Vergangenheit sollten bei seinen Lesern sicherlich nicht aufkommen. Im Gegenteil: Im Großbritannien der 1960er und 1970er Jahre wünschte sich Kiernan von seinen Zeitgenossen mehr Sensibilität für eine multiethnische Gesellschaft und ein besseres Verständnis davon, wie ein ehemaliges Empire in den Zustand der Dekolonisation überging. In dieser Lesart war die Geschichte eine Lehrmeisterin der Gegenwart. Die Errichtung von Imperien, ob Imperium Romanum, Spanisches Kolonialreich oder Britisches Empire, folgte demnach einer stets gleichen „doppelten" Mission: zunächst zerstörten die *Empire builders* in der „Metropole" wie in der „Peripherie" die vorhandenen Gesellschaften und ihre Strukturen, um daraufhin auf den Ruinen neue zu errichten. Dies ging selbstverständlich nicht ohne Klassenkampf, der sich nach dieser Vorstellung im Indien der Mogulherrschaft, des britischen Raj sowie nach 1947 genauso abspielte wie in Großbritannien im Bürgerkrieg des 17. Jahrhunderts, mit den Chartisten und schließlich der Arbeiterbewegung.

Worauf es indessen ankam, war, eine enge Verbindung zwischen Revolution und Expansion zu ziehen.[36] War Kiernan kein Anhänger einer „Geschichte von unten", wenn er die Triebkräfte der historischen Bewegungen nicht in den Massen, sondern in einzelnen politischen oder ökonomischen Motoren entdeckte? Wie Hobsbawm zollte er seine Sympathien den europäischen und nicht-europäischen Opfern, die aus den inner- und außerstaatlichen Konflikten hervorgingen, und wie Marx schenkte er besonders viel Aufmerksamkeit dem indischen Problem, ohne sich allerdings mit den anderen Kolonien des Empires, etwa den Siedlungs- oder den Stützpunktkolonien, näher auseinanderzusetzen. Daraus wie manche der Kritiker Kiernans (auch Hobsbawms und der marxistischen Historiographie) zu schlussfolgern, das Interesse habe vornehmlich Indien gegolten, weil diese Geschichte für die entsprechende Imperialismustheorie mit einer „parasitären" Herrscherelite gut passte, wäre allerdings zu kurz gegriffen und erklärt sich im Falle Kiernans nicht zuletzt auch aus seiner eigenen beruflichen Laufbahn. Einen ähnlichen Vorwurf hätte man ansonsten auch John Stuart Mill in der Mitte des 19. Jahrhunderts machen müssen, nachdem Mill, ehemals in der East

[36] Victor Kiernan, „Imperialism and Revolution", in: Ders., Imperialism, 121–143.

India Company tätig, seinen philosophisch radikalen Freiheitsbegriff nachdrücklich aus seinen Indienerfahrungen herleitete. Mit Kiernan lässt sich vielmehr festhalten, dass für die Geschichte des britischen Empires die Amerikanische Revolution keine geringere, aber auch keine größere Bedeutung gehabt hat als der Indische Aufstand (mutiny) von 1857.[37] Dass sich Marx für diesen Aufstand ausdrücklich interessiert hatte, war für Kiernan ein Zeichen, welches über Indien hinausdeutete. Der Subkontinent, die Geschichte von Revolution und Aufstand auf dem amerikanischen und dem asiatischen Kontinent, schließlich die Geschichte des britischen Imperialismus in ihrer Gesamtheit – sie alle führten die Dringlichkeit globalgeschichtlicher Fragen vor Augen und somit die Notwendigkeit, in der Gegenwart Antworten auf sie zu suchen:

„Marxists in Europe are growing more aware than they used to be of their need to know something about history outside Europe; Marxists in Asia have at least an equal need to know more than they have usually done about history in Europe. It may therefore be worth while to look at Marx's comments on the Mutiny in the context of what he was saying about events elsewhere, chiefly in Europe, in that decade. For Marx himself India was not an isolated problem, but part of a complicated world-pattern."[38]

Das komplizierte globale Muster, von dem hier die Rede ist, war Kiernan zufolge das revolutionäre, aufständische, mit Parallelen im Europa der Revolutionen, insbesondere jener in Spanien 1854.[39] Marx beobachtete die Ähnlichkeiten zwischen Spanien und Indien, wo es sich jeweils um Revolten aus dem Umfeld des Militärs handelte. Das nächste Ereignis, dem er seine Aufmerksamkeit schenkte, war die spanische Invasion in Marokko 1859/60. Aber Kiernan bemerkte erste Uneinheitlichkeiten im Denken von Marx, weil dieser durchaus Sympathien für die Idee einer westlichen Zivilisierungsmission gehabt habe, während er doch andererseits koloniale Eroberungen als Bestätigungen der Klassengegensätze im europäischen wie nicht-europäischen Raum grundsätzlich abgelehnt habe.[40] Für die britischen Marxisten entstand so das Dilemma, imperiale Aktionen beim Namen nennen zu müssen: Sollte Japans Übergriff auf China 1894 gerechtfertigt gewesen sein, während die britische Expansion nach Malaya in den späten 1870er Jahren oder die Besetzung Ägyptens 1882 Bestürzung hervorrief?

Es war in Anlehnung an Marx für Hobsbawm und Kiernan eine Frage der Beziehung zwischen Revolution und Expansion, die aus dieser intellektuellen Sackgasse einen Ausweg weisen konnte. Hobsbawm hatte in seinem Buch

---

[37] Victor Kiernan, „After the Mutiny", in: Prakash Karat (Hg.), *Across Time and Continents. A Tribute to Victor G. Kiernan,* New Delhi 2003, 146–164.

[38] Victor Kiernan, „Marx, Engels, and the Indian Mutiny", in: Ders., Marxism, 203–237, hier 213.

[39] Victor Kiernan, *The Revolution of 1854 in Spanish History,* Oxford 1966.

[40] Victor Kiernan, „Marx, Engels, and the Indian Mutiny", in: Ders., Marxism, 234.

von 1987 das „Age of Empire" (1875–1914) auf das „Zeitalter der Revolution" (1789–1848) und das „Zeitalter des Kapitals" (1848–1875) folgen und dem „Zeitalter der Extreme" (1914–1991) vorangehen lassen. Schon das erste Kapitel in seiner Schilderung des Zeitalters des Hochimperialismus setzte mit den Einhundertjahrfeiern der Amerikanischen und der Französischen Revolutionen ein.[41] Hobsbawm befasste sich mit der Frage, wie revolutionärer und evolutionärer Fortschritt messbar und produktiv umsetzbar sei und wie die nachgerade klassische Frage nach dem Übergang vom Feudalismus in das bürgerliche Zeitalter beantwortet werden könne. Die kapitalistische Gesellschaft, deren Werden am Beispiel des Aufstiegs Großbritanniens zur konkurrenzlosen Weltmacht des 19. Jahrhunderts studiert werden kann, war auf den Erfolg des Freihandelsimperialismus angewiesen, so Hobsbawm, und deshalb untrennbar an die Mechanismen kolonialer Herrschaft inklusive der Sklaverei gebunden. Angedeutet hatte Hobsbawm dieses Thema bereits in seinem ersten Buch, *Labour's Turning Point* (1948), aber in die Bibliothek der wichtigsten historischen Schriften des 20. Jahrhunderts gestellt hat er es mit seinem Klassiker *Industry and Empire*, der im gleichen Jahr (1969) erschienen ist wie Kiernans sensible Studie *The Lords of Human Kind.*[42]

Die bürgerlichen Schichten, die von der kolonialen Expansion am stärksten profitierten, in deren Sinn der Imperialismus zur Entwicklung des Kapitalismus also notwendig war, hatten indessen nicht die Revolution hervorgerufen, sondern waren deren Resultat. Während Marx gemeint hatte – und Kiernan ihm hierin folgte –, dass die Revolution ein weltgeschichtliches Phänomen sei, war Hobsbawm der Auffassung, die entwickelten Industrieländer des Westens seien für sie ungeeignet. Im Unterschied zu Marx' Analyse konnte demnach die Revolution nur in rückständigen Ländern wie Russland oder Mexiko erwartet werden, weil hier nicht alle Schichten in das politische System integriert gewesen seien. Demgegenüber sei in den Industrieländern die Radikalisierung des Klassenkampfes unmöglich, weil auch die Massenparteien zum Bestandteil des staatlichen Systems geworden waren. Wenn Hobsbawm in dieser Sichtweise sich von Marx (und Kiernan) unterschied, so hieß das nicht, dass seiner Gedankenwelt nicht insbesondere mexikanische Postgraduierte folgten.[43] Wo er gänzlich Marx verhaftet blieb, war die Akzeptanz der Durchsetzung von Bürgertum und Kapitalismus im 19. Jahrhundert und die Selbstbeschränkung auf die Vorherrschaft Europas in der Welt-

[41] Eric Hobsbawm, *The Age of Empire 1875–1914*, London 1987, 13–33 (Kurztitel: Hobsbawn, Age of Empire).

[42] Eric Hobsbawm, *Industry and Empire. An Economic History of Britain since 1750*, London 1969, v.a. Kap. 6; Victor Kiernan, Lords, 23–32; vgl. Wolfgang J. Mommsen, *Imperialismustheorien, Ein Überblick über die neueren Imperialismusinterpretationen*, Göttingen 1987, 70.

[43] Nachruf auf Eric Hobsbawm, in: *The Times*, 2.10.2012, 47–48, hier 48.

geschichte.[44] *Global*geschichte im eigentlichen Sinne war seine Sache mithin noch nicht. Das eingangs entwickelte Argument aufgreifend, lässt sich hieraus ein reizvoller Blickpunkt entwickeln: Dass es nämlich gelingen konnte und kann, das viktorianische Zeitalter – und das 19. Jahrhundert ist sicherlich besonders stark von der britischen Geschichte geprägt – sowohl mit der europäischen als auch der imperialen Geschichte zu verknüpfen. Statt Trennung hieße der Vorschlag Integration.

Diese Möglichkeit kann in einem spezifischen Moment des Utopischen begründet sein, der Revolution und Expansion gleichermaßen innewohnt und den sich marxistische Positionen, so Hobsbawm, angelegen machten. Nach eigenem Bekunden der erste Rezensent von Ernst Blochs Buch *Das Prinzip Hoffnung* (1959) in der englischsprachigen Presse, sah er diesen Moment in den Vereinigten Staaten besonders ausgeprägt, wo seit dem frühen 19. Jahrhundert Kolonien und Kommunen zum Vokabular der politischen und sozialen Utopie gehörten.[45] Für eine Beschäftigung mit Hobsbawm, Kiernan und ihren Zeitgenossen ist dieser Bezug aufschlussreich, weil er auf Spuren ihres Denkens Licht wirft, die sich den Lesern ihrer Texte nicht ohne weiteres erschließen. Den Glauben an die Möglichkeiten völliger Erneuerung zu teilen, hieß, sich dem Utopismus der Verbesserung und einer grenzenlosen Weltveränderung zu verschreiben. Die Architekten utopischer Sozialentwürfe glaubten an einen Sieg der guten Sache, doch die Erfahrung der Geschichte lehrte, dass es auch böse Utopien und böse Hoffnungen gibt – Hobsbawm folgte an dieser Stelle Blochs (undogmatischem) Geist der Apokalyptik insofern, als er davor warnte, nach dem Zerfall guter Utopien den bösen Spielraum zu geben. Ohne das „Prinzip Hoffnung" stehe es schlecht um die Menschheit, ein wiederholt wiederkehrendes Motiv der bereits eingangs erwähnten „Finsternis". Auf Hobsbawms Amerikabild gemünzt, signalisiert dies sein Unbehagen und seine Entfremdung von den Vereinigten Staaten, die seiner Meinung nach das revolutionär-utopische Ideal ihrer Anfänge nicht einzulösen vermochten – ein Unbehagen und eine Enttäuschung, die Kiernan unter dem Eindruck des Vietnam-Krieges in seiner Studie *America: The New Imperialism* (1978) wiederum teilte:

„America's early settlers left an England astir with progressive impulses, and might have seemed to be building in the wilderness the better society that the Levellers tried in vain to build in England. But there was always in this new land a duality, a division of the soul as deep as the racial cleavage between black and white. Aspirations towards a new life was never to succumb entirely to what our ancestors called ‚the world, the flesh and the devil'. Yet these latter temptations remained potent, and imperialist hankerings – running all

[44] Hobsbawm, Age of Empire, 56–83.

[45] Eric Hobsbawm, „Rede anlässlich der Entgegennahme des Ernst-Bloch-Preises der Stadt Ludwigshafen", abgedruckt in: *Frankfurter Allgemeine Zeitung*, 8.11.2000.

through America's history and at last becoming its most obtrusive feature – have been one consequence."[46]

Hobsbawm widmete den USA auffallend wenig Platz in seiner Trilogie des „langen 19. Jahrhunderts", und auch in *Age of Extremes* reduzierte er ihr Bild mit einigen dünnen Pinselstrichen auf die historisch wichtigsten Ereignisse, wie z.B. die Weltwirtschaftskrise von 1929. Wohl auch aus diesem Grund ist diese Weltgeschichte des 20. Jahrhunderts ein „Nachruf auf die bolschewistische Revolution" genannt worden, ein Zeugnis der verlorenen Hoffnung, die der Marxismus auf die Verwirklichung der Ideale der Aufklärung gesetzt hatte, zumal Amerika diesen Idealen nicht gerecht worden sei. Die amerikanische Hegemonie der *Pax Americana* war in Hobsbawms Augen nicht in der Lage, in die Fußstapfen der *Pax Britannica* des Empires zu treten. Neben einer Reihe struktureller Unterschiede präsentierten sich die USA als „Kind der Revolution" (Hannah Arendt) als eine Nation, für die die freie, antielitäre Gesellschaft die Grundlage legte. In England und Schottland, so Hobsbawm, habe die Revolution Kräfte für die Expansion freigelegt, aber diese führten zur Etablierung einer hierarchischen Gesellschaft, mithin dem Gegenteil des amerikanischen „messianic belief".[47] Letztlich aber habe Amerika seine Versprechen nicht erfüllt.

Im direkten Vergleich dazu wandte Kiernan sich der Frage zu, welche Auswirkungen die revolutionären Bewegungen des „Westens" insbesondere in den Niederlanden, England, Amerika und Frankreich auf ihren kolonialen Expansionsdrang hatten. Ausdrücklich ergänzte er diese politischen Ereignisse um die Industrielle Revolution, in der er einen ebenbürtig starken Motor für welthistorische Prozesse erblickte. Und ebenso ausdrücklich grenzte er die portugiesische und spanische Expansion der Frühneuzeit davon ab, seien diese doch von Handels- und Missionsinteressen motivierte Kolonialismen gewesen. In eine neue Phase sei die Geschichte der europäischen Expansion gegen Ende des 18. Jahrhunderts getreten, denn hier ballten sich zum einen die Revolutionen, und zum anderen habe Europa sich endgültig vom atlantischen Raum ab- und dem asiatischen Raum zugewandt: „Modern colonialism entered a new phase".[48] In dem utopischen Moment des Revolutionären, den Kiernan identifizierte, sah er den Keim angelegt, den die europäische Fremdherrschaft vor allem nach Asien transportiert habe: Habe Napoleon Europa emanzipiert, so hätten die kolonialen Ambitionen der Europäer beispielsweise die feudalen Strukturen Chinas „aufgebrochen": „It was here that Western intervention was to have its most revolutionizing effect".[49] Immerhin gestand

[46] Victor Kiernan, *America: The New Imperialism*, London 1978, 1; vgl. Ders., „Imperialism, American and European: some historical contrasts", in: Ders., Marxism, 95–131.

[47] Eric Hobsbawm, *Globalisation, Democracy and Terrorism*, London 2007, 61.

[48] Victor Kiernan, „Imperialism and Revolution", in: Ders., Imperialism, 124.

[49] Ebd., 125.

er der europäischen Expansion eine „fortschrittliche", wenn auch tragische Qualität zu; tragisch war sie, weil sie Kolonisatoren wie Kolonisierte gleichermaßen „deformierte".[50]

Revolution und Expansion ergänzten sich, der revolutionäre Effekt sei nicht auf das Land seiner Entstehung beschränkt, sondern habe sich in Form des „public spirit" weltweit verbreitet und auf diese Weise die europäische mit der nicht-europäischen Geschichte in direkte Wirkungszusammenhänge des hegemonialen Denkens gestellt. Exemplarisch konnte man diese Zusammenhänge auch an der Revolution auf Haiti sowie am Indischen Aufstand (mutiny) verfolgen – der Geist der Freiheit, so Kiernan, habe sich von Frankreich auf eine seiner Kolonien übertragen, und im britischen Fall hatte John Stuart Mills Schrift *On Liberty* (1859) auch nach dem Aufstand ihre Wirkung nicht verfehlt.[51] Gleichwohl ließen sich Probleme nicht verkennen, die darin bestünden, dass nach wie vor konservative, aristokratische Elemente im öffentlichen Leben der europäischen Kolonialmächte die reaktionären Kräfte in ihren Kolonien unterstützten. Wie Hobsbawm äußerte deshalb auch Kiernan die pessimistische Ansicht, wonach die utopischen Potentiale eingelöst werden müssten, ansonsten obsiegten die (imperialen) Energien, die er als „more parasitic than constructive and likelier to cripple old forms of production than to generate new ones" beschrieb.[52] Die Kluft zwischen Europa und der nicht-europäischen Welt vergrößerte sich, was Kiernan damit begründete, dass der revolutionäre Geist in Europa in der zweiten Hälfte des 20. Jahrhunderts ausgestorben sei, während ihn etwa Frantz Fanon in seinem Plädoyer für die Notwendigkeit der anti-kolonialen, revolutionären Gewalt als Mittel zur seelischen Selbstbefreiung explizit forderte. Wollten, so Fanon in *Les damnés de la terre* (1961), die kolonisierten Völker von ihrem Minderwertigkeitskomplex freikommen, so bleibe ihnen keine andere Wahl als der gewaltsame Widerstand.[53] Expansive bzw. anti-expansive, nationale Dynamiken unterschieden sich dahingehend nicht.

Nicht ohne Sympathie für diese Ansicht, doch mit Skepsis ob ihrer langfristigen Durchsetzungsfähigkeit in Asien und Afrika ließen sich die revolutionären und die nationalen Kräfte dennoch auf einen Nenner bringen. Christopher Hill hatte dies am Beispiel der Englischen Revolutionen des 17. Jahrhunderts einschlägig dokumentiert (*The Century of Revolution, 1603–1714*, 1961), Kiernan diese Deutung dagegen insofern einer scharfen Kritik unterzogen, als er die Transformation der Geschichte nicht in Brüchen wie Hill (und Hobsbawm), vielmehr in graduellen Schritten bzw. in „Mustern" oder

---

[50] Ebd., 137.

[51] Vgl. generell Richard Reeves, *John Stuart Mill. Victorian Firebrand*, London 2008, 262–306.

[52] Victor Kiernan, „Imperialism and Revolution", in: Ders., Imperialism, 131.

[53] Hierzu Alice Cherki, *Frantz Fanon. A Portrait*, Ithaca 2006.

Modellen untersuchte.[54] Auch die Revolution schritt weltgeschichtlich in Stadien voran, ähnlich wie die Expansion, auch sie löste sich entsprechend wieder von den Kontinuitätslinien. Freiheit, darin waren sich Hobsbawm, Kiernan und Hill jedoch einig, war mehr als eine utopische oder philosophische Idee. Sie war eine Selbstverpflichtung im Kampf gegen die eigenen Schwächen und die ständigen Versuchungen, revolutionäre Errungenschaften und die Vorteile der Expansion lediglich für sich selbst nutzbar zu machen. Hierin hatte es keine Kluft zwischen europäischem Kontinent und der nichteuropäischen Welt gegeben, hierin waren sich beide, meinte Kiernan, der intime Kenner Indiens, verblüffend gleich.[55]

Am Ende ist die viel beschworene Note Hobsbawms doch nicht so pessimistisch, wie in *Age of Extremes* in ihrer Alternativlosigkeit in Worte gefasst, sondern vielmehr grundstimmig ambivalent. Weder gibt es ein „Ende der Geschichte" (Francis Fukuyama) noch sind die Dinge entschieden; man muss sie nur ändern wollen. Dafür das politische Bewusstsein zu wecken, war das Anliegen der hier vorgestellten Schriften. Die Kritik, metropolen- und europazentrierte Geschichtsschreibung betrieben zu haben und der Insularität der „Englishness" verhaftet geblieben zu sein, konnten Hobsbawm und Kiernan nur schwer abwehren, ebenso wie den Vorwurf, sich allzu stark auf wirtschaftsgeschichtliche Aspekte der Expansion konzentriert und (mit seltenen Ausnahmen[56]) zu wenige kulturhistorische Fragen gestellt und überhaupt Theorien entwickelt zu haben.[57] Sie stellten das 20. Jahrhundert weit weniger triumphal dar als das neunzehnte, das für sie noch die Möglichkeiten des revolutionären Wechsels in sich trug. Aber vielleicht macht sie das, ungeachtet ihres „unmodernen" Zugangs, weiterhin für eine breite Leserschaft gut lesbar – als „Virtuosen" oder als „Gelehrten-Intellektuelle im Strukturwandel der Öffentlichkeit"[58], weil sie die Schnittstellen zwischen nationaler, imperialer und globaler Geschichte nicht voneinander trennten, sondern aufeinander zuführten.

---

[54] Victor Kiernan, „Patterns of Protest in English History", in: *Poets, Politics and the People,* hg. und mit einer Einleitung versehen von Harvey J. Kaye, London 1989, 18–39.

[55] Victor Kiernan, „After Empire", in: *The New Edinburgh Review* 37 (1977), 23–35.

[56] So z.B. Victor Kiernan, „Culture and Society", in: *The New Reasoner Summer* 9 (1959), 74–83.

[57] Maya John, „Remembering Eric Hobsbawm and His Age: A Journey from Popular Front to ‚New Labour'", in: *Social Scientist* 40 (2012), 89–100.

[58] Gangolf Hübinger, „Gelehrten-Intellektuelle im Strukturwandel der Öffentlichkeit", in: Ders., *Gelehrte, Politik und Öffentlichkeit. Eine Intellektuellengeschichte*, Göttingen 2006, 227–247.

Geschichts-Intellektuelle in der Krise

Das Unbehagen in der heutigen brasilianischen Geschichtswissenschaft*

Sérgio da Mata

Reality is that which,
when you stop believing in it, doesn't go away.
Philip K. Dick

I.

Eine der bekanntesten Maximen unserer Wissenschaft ist, dass Historiker zu weitgehende Definitionen vermeiden sollten. Ob wir dies schaffen bzw. schaffen können, bleibt aber strittig. Persönlich glaube ich, dass niemand in der Lage ist, solch einen hohen Grad an methodischer Wachsamkeit ständig zu bewahren. Definitionen können einerseits aus kognitiver Sicht gefährlich sein, aber ebenso richtig ist auf der anderen Seite, dass sie für den Forscher als Reflexionsobjekt und Untersuchungsthema Interesse wecken – gerade weil die Menschen immer wieder die Tendenz zeigen, komplexe und vielfältige Wirklichkeiten durch Konstrukte zu ersetzen. So schlage ich vor, diesen Text mit einer invertierten Strategie zu beginnen: Ich werde die idiographische Sorge der historischen Methode bei Seite lassen, um als Ausgangspunkt eine dieser großen Verallgemeinerungen zu nehmen, mit der sich eine Gesellschaft fast immer auf eine andere bezieht.

Ich verwende hier die – zweifellos polemische – Definition der Brasilianer, die der tschechische jüdische Philosoph Vilém Flusser gegeben hat. Nach der Flucht 1938 aus Prag nach London und von dort nach São Paulo erlernte Flusser schnell Portugiesisch, und schon in kurzer Zeit schrieb er Artikel für die Zeitung *O Estado de São Paulo*. Flusser machte Karriere als Philosophieprofessor des wichtigsten militärischen Forschungszentrums Brasiliens, dem Technischen Institut der Luftwaffe (ITA). Der Autor wichtiger Studien über Sprachphilosophie und die Philosophie der Technik schrieb außerdem eine

* Besonders danken möchte ich meinem Kollegen/innen Arthur Alfaix Assis, Edith Hanke und Sérgio Barreira Krieger, der auch diesen Text ins Deutsche übersetzt hat.

Fenomenologia do Brasileiro (in Deutschland nicht als „Phänomenologie des Brasilianers“, sondern unter dem Titel *Brasilien oder die Suche nach dem neuen Menschen* veröffentlicht), ein originelles und meines Erachtens von den brasilianischen Intellektuellen unterbewertetes Werk. In diesem Buch behauptet Flusser kategorisch: „Der Brasilianer denkt ahistorisch, sogar und besonders wenn er sich für Geschichte interessiert“.[1]

Dass die Vertreter des modernen europäischen Geschichtsbewusstseins die übrigen Kulturen als ahistorisch diagnostizieren, war ein wiederkehrendes Phänomen, das in den Werken von Hegel, Marx und sogar Max Weber angetroffen werden kann. „Il y règne un printemps perpétuel“, so beschrieb Voltaire das koloniale Brasilien in seinem *Essai sur les moeurs*. Befand sich Flusser zwei Jahrhunderte später einer Gesellschaft gegenüber, über die er denken konnte, sie sei von jener „chinesischen Erstarrung“ gekennzeichnet, von der Weber manchmal spricht?[2] Natürlich nicht. Als er Brasilien betrat, durchlebte das Land einen Moment großer und tiefgehender Transformationen. Der Industriepark wurde erweitert, der Verwaltungsapparat rationalisiert, die städtischen Zentren wuchsen, es wurden die ersten Arbeitsgesetze geschaffen etc. Als Flusser 1972 nach Europa zurückkehrte, erlebte das von Militärs regierte Brasilien seine zweite autoritäre Modernisierungswelle. Die erste dieser Wellen – die, unter der Führung des Diktators Getúlio Vargas, zwischen 1935 und 1945 anrollte – war Flusser auch nicht fremd.[3]

Als er von der Ahistorizität der Brasilianer sprach, die sich für Geschichte interessieren, bezog sich Flusser nicht auf die Historiker, sondern auf die ihm wohl bekannten philosophischen Kreise São Paulos. Unter einem gewissen Aspekt lässt sich seine Analyse auch auf einige der wichtigsten Versuche der historischen Interpretation unserer Gesellschaft anwenden. In den Werken mancher Klassiker unseres historischen Denkens nimmt die Analyse von Phänomenen wie z.B. dem politischen Personalismus, der fehlenden sozialen Solidarität, dem Patrimonialismus und den Staatsdysfunktionen oft metaphysische Züge an. Tatsache ist, dass einige dieser Dilemmata, die dem gestrigen Brasilien angehörten, noch heute aktuell sind. Ich würde ihnen ein weiteres hinzufügen: die Ablehnung der liberalen politischen Tradition seitens der brasilianischen Intellektuellen. Für sie ist der Liberalismus eine nicht-authentische Tradition, ein rein künstlicher Begriff der wirtschaftlichen Eli-

---

[1] Vilém Flusser, *Fenomenologia do brasileiro*, Rio de Janeiro 1998, 77. Deutsche Ausgabe: Vilém Flusser, *Brasilien oder die Suche nach dem neuen Menschen*, Mannheim 1994.

[2] Max Weber, *Gesammelte Aufsätze zur Wissenschaftslehre*, Tübingen 1988, 184.

[3] Vgl. dazu Karl Loewenstein, *Brazil under Vargas*, New York 1942. Nicht gering ist die Schuld der brasilianischen Wissenschaften in Bezug auf den Militärstand. Der Nationale Rat für die Wissenschaftliche und Technologische Entwicklung (*Conselho Nacional de Desenvolvimento Científico e Tecnológico*, CNPq) wurde 1951 gegründet. Die Initiative ging vom Präsidenten Eurico Gaspar Dutra aus, einem Militär. Sein erster Direktor war ein anderer Militär, der Sprengstoffspezialist Álvaro Alberto da Mota e Silva.

ten, die immer wieder bereit sind, den liberalen „Abstraktionen" zu entsagen, wenn es um den Erhalt ihrer jahrhundertealten Privilegien geht. Der gängige Vorwurf lautet: die Seele des Liberalismus vermische sich mit dem Geist des Kapitalismus. Der größte liberale brasilianische Historiker des 19. Jahrhunderts, Joaquim Nabuco, Autor von bemerkenswerten Werken wie *O abolicionismo* (Der Abolitionismus, 1883) und *Um estadista do Império* (Ein Staatsmann im Kaiserreich, 1899), hatte keinen Nachfolger.

Auch wenn die große Mehrheit der Historiker weiter nach den alten Standards arbeitet, die unsere Disziplin leiten, wird das historische Denken in Brasilien seit den letzten Jahrzehnten des 19. Jahrhunderts von einer gewissen Faszination für Extrempositionen gekennzeichnet, sei es vom epistemologischen Standpunkt aus, sei es vom politischen. Der liberale Intellektuelle mit seiner leidenschaftlichen Verteidigung des Pluralismus, der individuellen Freiheiten und der repräsentativen Demokratie ist im brasilianischen historischen Denken des vergangenen Jahrhunderts eine praktisch fehlende Figur. Zwar wurden Autoren wie Ortega y Gasset, Karl Popper, Raymond Aron, John Rawls, Isaiah Berlin und Norberto Bobbio ins Portugiesische übersetzt, fanden aber kein Lesepublikum unter unseren Historikern. Wir hatten zwar unseren Gervinus mit Joaquim Nabuco, aber keinen eigenen Meinecke.

Im Gegenteil: Jene, die als die drei einflussreichsten brasilianischen Historiker der ersten Hälfte des 20. Jahrhunderts gelten, waren überzeugte Antiliberale: Sérgio Buarque de Holanda, Gilberto Freyre und Caio Prado Júnior. In den 1930er Jahren führte Holanda einen engen Dialog mit dem Denken der sogenannten „Konservativen Revolution" der Weimarer Republik (besonders mit Carl Schmitt und Oswald Spengler) und schrieb: „die These, dass tyrannische Lösungen nichts Dauerhaftes schaffen, ist nur eine der betrügerischen Erfindungen der liberalen Mythologie".[4] Freyre unterstützte das brasilianische Militärregime und wurde zum Ideologen des portugiesischen Kolonialismus in der Zeit des Diktators Antônio de Oliveira Salazar.[5] Prado Júnior, der den Marxismus in unsere Geschichtsschreibung eingeführt hat, veröffentlichte 1962 ein Stück stalinistischer Propaganda, in dem er behauptet, dass die wahre Freiheit nicht im Westen, sondern in der Sowjetunion und in China existiere. So habe die Kritik am totalitären und Polizeicharakter der sozialistischen Regierungen „nicht die geringste Grundlage oder Anschein der Wahrheit".[6] Gestern wie heute ist der typische lateinamerikanische Intellektuelle bereit, die Freiheit im Namen der Gleichheit geopfert zu sehen.

---

[4] Sérgio Buarque de Holanda, *Raízes do Brasil*, Rio de Janeiro 1936, 156 f. (dt. *Die Wurzeln Brasiliens*, Frankfurt am Main 2013).

[5] João Medina, „Gilberto Freyre contestado: o lusotropicalismo criticado nas colônias portuguesas como álibi colonial do salazarismo", in: *Revista USP* 45 (2000), 48–61.

[6] Caio Prado Júnior, *O que é liberdade?*, São Paulo 1980, 37 f.

In gewissem Maße ist die Ablehnung der liberalen Tradition dem komplexen und manchmal widersprüchlichen Lauf des Liberalismus selbst geschuldet. In einem sehr bekannt gewordenen Aufsatz klagte der Literaturkritiker Roberto Schwarz den „betrügerischen" Charakter des brasilianischen Liberalismus im 19. Jahrhundert an. In einer Gesellschaft, die die Sklaverei erst 1888 abschaffte, sei die liberale Doktrin nichts anderes als eine Schimäre, eine „deplatzierte Idee". Die Historiographie bekräftigte diesen Standpunkt, indem sie den „abstrakten" Charakter des ‚tropischen' Liberalismus unterstrich, dessen Prämissen von den archaischen sozialen Strukturen des Kaiserreichs und dem konservativen Handeln der liberalen Politiker verleugnet würden.[7] So blieb die Rolle unerwähnt, die die Liberalen und Freimaurer in der Bewegung zur Sklavenbefreiung in den 1880er Jahren gespielt hatten. Tatsächlich wissen wir, dass anders als in den Vereinigten Staaten die Ideen eine winzige Rolle am Ende der Sklaverei in Brasilien spielten. Aber das Wenige an Einfluss, den sie hatten, war weniger der Sozialethik des Katholizismus (der die Institution der Sklaverei nie infrage stellte) als der liberalen laizistischen Ethik geschuldet.[8]

Aus heutiger Sicht offenbart die Kritik am Liberalismus der 1970er und 1980er Jahre ihren ganzen in sich widersprüchlichen Charakter. Schließlich lebte das Land seit 1964 in einer Militärdiktatur. Es sollten nicht weniger als 15 Jahre notwendig sein, damit die aufgeklärteren Flügel der Streitkräfte zu der Überzeugung gelangten, dass sich ihre Zeit an der Macht dem Ende näherte. Den Positionen eines Teils der europäischen Linken folgend waren unsere Historiker nicht an den „abstrakten" Freiheiten des Liberalismus interessiert, sondern an der *Befreiung,* am Kommen einer „wirklich freien", d.h. sozialistischen, Gesellschaft. Es widerstrebte den fortschrittlichen Intellektuellen, zuzugeben, wie Bobbio es getan hatte, dass „der liberale Staat nicht nur die historische, sondern auch die rechtliche Voraussetzung des demokratischen Staats ist".[9] Wenn diese antiliberale Delegitimierung des Kampfs für die Rückkehr zum Rechtsstaat Gefahr lief, die Position der sogenannten Hardliner-Militärs zu stärken und so der Diktatur zusätzlichen Atem zu verschaffen, so scheint dies kein Gewissensproblem für die Linke gewesen zu

---

[7] Roberto Schwarz, „As ideias fora do lugar", in: *Estudos Cebrap* 3 (1973), 150–161; Emília Viotti da Costa, *The Brazilian Empire: Myths and Histories*, Chicago 1986, 53–77. Ein neueres Beispiel für die gleiche Kritik kann gefunden werden bei Carlos Estevam Martins, „Liberalismo: o direito e o avesso", in: *Dados* 4 (2003), 619–660. In Brasilien, wie in Frankreich während der 1950er Jahre, kann man „this obcession with ‚unmasking' the ‚falsé morality of liberalism" immer wieder feststellen. Vgl. dazu Tony Judt, *Past Imperfect. French Intellectuals, 1944–1956*, Berkeley/Los Angeles/Oxford 1992, 242.

[8] Jürgen Osterhammel, *Die Verwandlung der Welt. Eine Geschichte des 19. Jahrhunderts*, München 2011, 1188–1204.

[9] Norberto Bobbio, *The Future of Democracy. A Defense of the Rules of the Game*, Minneapolis 1987, 25.

sein. Solche Widersprüche verbargen noch die internen Auseinandersetzungen innerhalb des intellektuellen Diskurses. Es ist so, dass einige renommierte Liberale, wie der wichtige Essayist und Ideenhistoriker José Guilherme Merquior, zunehmend Raum in den Medien eroberten und dafür hart von der herrschenden antiliberalen *Intelligentsia* kritisiert wurden. Beide Seiten warfen sich gegenseitig vor, der Sache der Freiheit nur im Diskurs, nicht aber in der Praxis zu dienen.

Ich möchte hier die Tatsache hervorheben, dass mindestens seit dem *Movimento Modernista* von 1922, die die Revolutionierung der Literatur und Künste in Brasilien beabsichtigte, sich ein ausdauernder Zug in unserer intellektuellen Geschichte zeigt, der sich immer wieder von neuem zeigt. Die aus dem europäischen und nordamerikanischen Ideenmarkt kommenden Neuigkeiten werden schnell einverleibt, insofern sie das bestärken, was in unserem Denkstil maßgeblich ist: ihre Verlockung durch antiliberale politische Lösungen und durch die Tendenz zur Gegenaufklärung. So war es mit der starken Rezeption von Hermann Keyserling und Oswald Spengler Ende der 1920er Jahre, so war es mit Jean-Paul Sartre und Martin Heidegger in der Nachkriegszeit und dann mit Herbert Marcuse und Michel Foucault in den 1970er und 1980er Jahren. So ist es heute immer noch mit Autoren wie Slavoj Žižek, Giorgio Agamben oder Hans Ulrich Gumbrecht.

Jahrzehntelang haben die ständigen Attacken von rechts und links den sozialen Raum der liberalen politischen Kräfte sowie derjenigen, die der aufklärerischen Tradition treu blieben, auf ein Minimum reduziert. Die pessimistische Spirale des okzidentalen Denkens traf in Brasilien auf fruchtbaren Boden, obwohl unsere kulturelle Lage ganz anders als die europäische war. Die Tendenz zur Entsinnlichung, zum Erfahrungsverlust und zur Verbegrifflichung – um hier die Terminologie Arnold Gehlens zu verwenden[10] – war in unseren Humanwissenschaften ständig präsent, und die Tatsache, dass diese Geisteshaltung (besser gesagt: die theoretische Begründung dieser Geisteshaltung) nicht in der inneren Dynamik unseres eigenen sozialen Körpers ihren Ursprung hatte, scheint die Züge verstärkt und den Inhalt radikalisiert zu haben. Wir hatten wie Deutschland nach 1949 keine Philosophie der Bürgerlichkeit.[11]

Was sind von einem erkenntnistheoretischen Standpunkt aus die Konsequenzen für die Geschichtswissenschaft? Welche politischen und ethischen Folgen erwuchsen aus dem Prestige, das die Gegenaufklärung im Laufe der letzten neunzig Jahre unter den brasilianischen Intellektuellen genossen hat?

---

[10] Vgl. dazu unten mit Anm. 14.

[11] Vgl. dazu Jens Hacke, *Philosophie der Bürgerlichkeit. Die liberalkonservative Begründung der Bundesrepublik*, Göttingen 2008.

II.

Es scheint zum Wesen der Geschichtswissenschaft selbst zu gehören, dass sie nicht fähig ist, zwei Grundelementen zu entsagen: der narrativen Organisation der Erkenntnis und der Geneigtheit zur Erfahrung. Sie ist gleichzeitig narrative und Erfahrungswissenschaft. Die Gegenaufklärung hatte aber – im Gegensatz zu dem oben Gesagten – in Bezug auf die Geschichtswissenschaft in Brasilien keinen allzu dominanten Einfluss. Der Großteil der Historiker unterlag nicht dem Einfluss der verschiedenen gnostischen und nominalistischen Strömungen, die regelmäßig im Lauf der langen Geschichte des okzidentalen Denkens auftauchen.[12] Hier entsteht eine kuriose Paradoxie: Gerade weil die Geschichtswissenschaft eine Art Hochburg des Realismus in den Geisteswissenschaften geblieben ist, wird ihr gelegentlich vorgeworfen, sie sei eine besonders theoriebedürftige Disziplin. Dazu bemerkt Gehlen: „wo eine Wissenschaft, wie die Geschichtsschreibung, diesen Schritt [Entsinnlichung, Erfahrungsverlust und Verbegrifflichung; S.M.] nicht tun kann, erscheint sie gerade wegen der intakt gebliebenen Anschaulichkeit leicht als unrealistisch und flächenhaft".[13]

Tatsächlich scheint von den wichtigsten zwischen 1920 und 1940 geborenen brasilianischen Historikern sich niemand mit der Gegenaufklärung identifiziert zu haben, die in der Philosophie, der Soziologie und den Literaturwissenschaften Raum gewann. Der historische Realismus wurde nicht erschüttert. Das Vertrauen auf die Methoden und Prämissen der Geschichtswissenschaft war derart, dass die theoretischen und epistemologischen Diskussionen als unnötig erschienen. Ein Indiz hierfür ist das Schweigen, mit dem der große geschichtstheoretische Essay von José Honório Rodrigues *Teoria da história do Brasil* aufgenommen wurde.[14] Strenggenommen blieb diese Situation praktisch bis in die 1970er Jahre unverändert. Dann geschah es, dass aufgrund des wachsenden Einflusses des Marxismus eine der zentralen Prämissen der Geschichtswissenschaft in Verdacht kam: das Postulat der Unparteilichkeit. Während des Militärregimes (1964–1986) wurden Unparteilichkeit und Wertfreiheit als eine indirekte Anpassung an das Regime gesehen. Die Objektivität sei ein reines Synonym für Konservatismus, und ein Autor wie Max Weber wurde oft „der Marx des Bürgertums" genannt. Im Kontext der intensivierten ideologischen Polarisierung der 1960er und 1970er Jahre wurde ein Essay wie *Die „Objektivität" sozialwissenschaftlicher und sozialpolitischer Erkenntnis* von der großen Mehrheit der brasilianischen Historiker

---

[12] Vgl. dazu Hans Blumenberg, *The Legitimacy of the Modern Age*, Cambridge 1985 (dt. *Die Legitimität der Neuzeit*, Frankfurt am Main 1966).

[13] Arnold Gehlen, *Die Seele im technischen Zeitalter*, Hamburg 1957, 25.

[14] José Honório Rodrigues, *Teoria da história do Brasil: introdução metodológica*, São Paulo 1949.

ignoriert. Diese starke Tendenz des marxistischen historischen Denkens, die Wertfreiheit unter Verdacht zu stellen – auch wenn fast die Gesamtheit der Autoren weiter einer realistischen Erkenntnistheorie treu bleiben wollten –, sollte sich später verstärken, als das poststrukturalistische französische Denken, vor allem von Michel Foucault, nach Brasilien kam.

Der Erfolg Foucaults in Brasilien kann vielleicht nur mit dem von Oswald Spengler in der Weimarer Republik verglichen werden. Nachdem er das Land fünf Mal zwischen 1965 und 1976 besucht hatte, wurden die Werke des französischen Philosophen schnell übersetzt, und die Lektüre wurde ein Muss in den Philosophischen und Geisteswissenschaftlichen Fakultäten. Mit seiner Analyse der Macht stellte er die Institutionen auf radikalere Weise in Frage als der Marxismus und, da seine Kritik des Historismus auf neue Formen des Erforschens bzw. der Mobilisierung der Vergangenheit hinzuweisen schien, sah mancher linksstehende Historiker in Foucault einen natürlichen Alliierten, ohne jedoch alle Konsequenzen der Foucaultschen Botschaft zu bemessen. Dass es tatsächlich eine tiefere Affinität zwischen der brasilianischen marxistischen Tradition und der Gegenaufklärung gegeben zu haben schien, zeigt die Tatsache, dass unsere Linke sich niemals kritisch mit Foucault auseinandergesetzt hat (wie es Jürgen Habermas in Deutschland oder Marshall Sahlins in den Vereinigten Staaten getan haben). Wer sich dieser Aufgabe annahm, war ein Liberaler, nämlich José Guilherme Merquior. Unter Bezug auf das historische Denken Foucaults behauptete Merquior: „historiography as a rational discipline can hardly be expected to live on such a diet“.[15] Aber da im universitären Umfeld ein ideologisches Veto gegen Merquiors Schriften herrschte, zeigte seine Warnung keine Wirkung. Die historistische Tradition wurde jetzt als zu beseitigender Schutt gesehen und der philosophische Wahrheitsbegriff wurde fast vollständig durch den des „Diskurses“ ersetzt. In diesem Sinn ging Foucault über die marxistische Tradition hinaus, als er die Vernetzung der Kulturkritik der Linken mit dem philosophischen Antirealismus erlaubte.

Es ist unbestreitbar, dass der Poststrukturalismus den Historikern einen Horizont neuer Thematiken eröffnete, wie die Untersuchung psychiatrischer Einrichtungen, des Fabrikalltags oder der Sexualität. Das Werk Foucaults hatte die Wirkung, eine analoge Erneuerungsbewegung zu stärken, die der neuen Kulturgeschichte. Aber die Paradoxe vervielfachten sich, ohne dass die *Intelligentsia* sich dessen bewusst wurde: Während in den großen Städten die Mobilisierung der Zivilgesellschaft gegen die Diktatur und die Folter der politischen Häftlinge zunahm, schienen die brasilianischen Intellektuellen die starke antihumanistische Komponente in Foucaults Kritik an der Moderne

[15] José Guilherme Merquior, *From Prague to Paris: A Critique of Structuralist and Post-Structuralist Thought*, London 1986, 208. Über das politische Denken Merquiors vgl. Milton Tosto, *The Meaning of Liberalism in Brazil*, Lanham 2005.

nicht wahrzunehmen („à tous ceux qui veulent encore parler de l'homme, de son règne ou de sa libération ... on ne peut qu'opposer un rire philosophique").[16] Noch mehr: genau zu der Zeit, als wir die französische Richtung der Gegenaufklärung am stärksten inkorporierten, machten der wissenschaftliche Apparat, die Forschungsförderung und die Professionalisierung der Geschichtswissenschaft in Brasilien Fortschritte. Die Wissenschaft institutionalisierte sich mit unbestreitbarem Nutzen für die Geisteswissenschaften, während der Diskurs der Geisteswissenschaften immer expliziter antiinstitutionell und antihumanistisch geführt wurde. Diese doppelte Bewegung, bei der die Entwicklung der Strukturen in die eine Richtung weist und die der Ideen in die Gegenrichtung, ist in unserem Land nicht ungewöhnlich.

Im Lauf der 1980er Jahre führte dieser Zustand zu einer wachsenden Entpolitisierung der brasilianischen Historie, in ähnlichem Maße wie es von Hans-Ulrich Wehler in seiner Analyse der Geschichtsschreibung des 20. Jahrhunderts beschrieben wurde.[17] Nicht dass es einen vollkommenen Verlust des Interesses der Historiker am Politischen gegeben hätte: Fast alle definierten sich als fortschrittliche Intellektuelle, aber das Nachlassen ihrer Mitwirkung in den weiterführenden politischen Debatten war unbestreitbar. Wenn für die Generation der Pioniere wie Freyre, Prado Júnior und Buarque de Holanda eine intensive politische und Verlagsarbeit in den 1930er Jahren normal war, kann man von den folgenden Generationen nicht dasselbe sagen.

In gewissem Maß hängt die ausdrucksarme Präsenz der neuen Historikergeneration in der öffentlichen Sphäre teilweise mit der wachsenden Rationalisierung und Qualitätssteigerung der wissenschaftlichen Arbeit in den brasilianischen Universitäten zusammen. Selbst ausländische Beobachter geben zu, dass „since the 1980s, Brazilian historical writing has reached a stage of maturity, vibrancy, and quality that is impressive".[18] Eine minutiöse Untersuchung über die brasilianische Geschichtsschreibung der 1980er Jahre bescheinigt die Konsolidierung der Postgraduiertenstudiengänge, das Anwachsen der Zahl wissenschaftlicher Zeitschriften und die Ausweitung des öffentlichen Interesses an der Geschichte. Diese institutionelle Konsolidierung wurde auf der Ideenebene von einer Erneuerung der historiographischen Ansätze begleitet. Beeinflusst von der *Annales*-Schule und von der neuen britischen marxistischen Historiographie begannen sich unsere Historiker neuen Themen zu widmen, wie Volksreligiosität, Mentalitäten und dem Alltag der Arbeiterklasse. Dieser ganze Aufschwung versteckte trotz bedeutender Na-

---

[16] Michel Foucault, *Les mots et les choses*, Paris 1996, 353 f.

[17] Hans-Ulrich Wehler, *Historisches Denken am Ende des 20. Jahrhunderts 1945–2000*, Göttingen 2001.

[18] Marshall C. Eakin, „Brazilian historical writing", in: Axel Schneider/Daniel Woolf (Hg.), *The Oxford History of Historical Writing. Historical Writing Since 1945*, Oxford 2011, 451.

men wie Estevão de Rezende Martins und Manoel Salgado Guimarães eine „relative theoretische Armut“.[19] Aber es ist nicht jene Theoriebedürftigkeit, die hier am meisten Aufmerksamkeit erregt. Anders als Soziologen, wie Florestan Fernandes, Francisco de Oliveira und Fernando Henrique Cardoso, nahmen die brasilianischen Historiker im Lauf des Redemokratisierungsprozesses keinen bedeutenden Platz in der öffentlichen Sphäre ein. Hinter den Mauern der Universität und ohne Interesse an einer Aufarbeitung der Geschichte der Militärdiktatur zeigte sich die akademische Historiographie nicht fähig, die gleiche Orientierungsrolle zu spielen wie die Sozialwissenschaften und besonders der Journalismus. Der Erfolg von Büchern wie *1964: A conquista do Estado* des Politikwissenschaftlers René Armand Dreyfuss, *O que é isso companheiro?* von Fernando Gabeira und *1968: o ano que não acabou* von Zuenir Ventura zeigt, dass auf das kollektive Interesse an einer Historisierung des Militärregimes nicht von professionellen Historikern reagiert wurde.[20] Die Rolle der Journalisten war besonders wichtig, auch weil sie an der eigenen Person die Last der Repression spürten: der Fall von Vladimir Herzog, Direktor für Journalismus der TV Cultura in São Paulo, der Ende 1975 unter Folter ermordet wurde, fand großen Widerhall.[21] Unter den Historikern sah man nichts Ähnliches. Tatsächlich wurde die Geschichtswissenschaft vom Militärregime gefördert, wenn auch in geringerem Maße als die sogenannten *hard sciences*. Bis zum heutigen Tag nährt die brasilianische Universität den Mythos ihres Widerstands gegen das Regime, auch wenn neuere Forschungen zeigen, dass ein weitgehender Anpassungsprozess zwischen der akademischen Elite und der militärischen politischen Elite überwogen hat.[22]

III.

Mit dem Fall der Mauer und dem Ende des „real existierenden Sozialismus“ verstärkt sich das Phänomen, das wir hier verkürzt als Wirklichkeitsverweigerung der Historikerzunft in Brasilien beschreiben. Ich glaube nicht zu übertreiben, wenn ich sage, dass die Revolutionen in Osteuropa und der Kollaps der Sowjetunion in den intellektuellen Kreisen Brasiliens nicht Begeisterung, sondern Beklemmung und Verlegenheit hervorgerufen haben. Da ich in jener

---

[19] Carlos Fico/Ronald Polito, *A história no Brasil (1980–1989). Elementos para uma avaliação historiográfica*, Ouro Preto 1992, 160.

[20] Das Buch von Heloísa Starling, *Os senhores das Gerais*, Petrópolis 1986, könnte als eine Ausnahme erachtet werden, aber es handelt sich ursprünglich um die Magisterarbeit der Autorin in Politikwissenschaften.

[21] Wertvolle Anmerkungen über die Rolle des Journalismus als Kritik der Macht im 20. Jahrhundert findet man in Tony Judt, *Thinking the Twentieth Century*, New York 2012.

[22] Rodrigo Sá Motta, *As universidades e o regime militar*, Rio de Janeiro 2014.

Zeit mein Studium abgeschlossen habe, kann ich bestätigen, dass es nicht das überwiegende Gefühl unter den Geschichts-Intellektuellen war, das Erringen der Freiheit zu begrüßen, sondern den „Sieg des Kapitalismus" zu bedauern. Ich zitiere nur ein Beispiel: Nach einem Besuch in der DDR im Februar 1990 veröffentlichte ein bekannter Vertreter der Befreiungstheologie einen langen Artikel in der Zeitschrift der Arbeiterpartei (PT), in dem er schrieb, dass die *Wende* eine „ungewöhnliche Situation" sei, denn „gegen die Gesetze des historischen Determinismus ist die DDR heute ein sozialistisches Land in vorkapitalistischer Phase". Und weiter:

„Auch wenn der Sozialismus der Bevölkerung reale soziale Errungenschaften verschafft, die Klassenunterschiede drastisch reduziert und allen den Zugang zu essentiellen Gütern und Dienstleistungen ermöglicht hat, erklären zwei Faktoren die herrschende Unzufriedenheit in jenen Ländern: die Verstaatlichung der Wirtschaft [...] und das Monopol der Einheitspartei. [...] Die DDR war ein sozialistisches Land, aber ihre Bevölkerung hatte nichts Revolutionäres. [...] Wegen des Fehlens von Mechanismen politischer Partizipation, von revolutionären Motivationen, schließlich vom Recht zu träumen, ließ sich die Jugend von den verlockenden Bildern berauschen, die über das Fernsehen Westdeutschlands kamen."[23]

Dies war eine gängige Sicht unter den brasilianischen Intellektuellen, und ich denke, dass der Großteil der Historiker ihr zustimmte. Diese analytische Blindheit wurde durch den Umstand erschwert, dass es in Brasilien praktisch keine Spezialisten für europäische Zeitgeschichte gibt. Ein Zeichen für dieses Desinteresse ist die Tatsache, dass keines der nationalen Treffen des Verbands der brasilianischen Historiker (ANPUH) in der ersten Hälfte der 1990er Jahre sich der Diskussion der Ereignisse in Osteuropa und Russland gewidmet hat. Unter uns war jener Moment angesichts einer „vergangenen Zukunft" von einem eigenartigen Gefühl der Nostalgie geprägt, sodass die Notwendigkeit der Utopien zu einem wahren Topos im politischen Diskurs der Linken wurde.[24] Hier sieht man, wie die Wirklichkeitsverweigerung sich mit der antiliberalen Tradition vernetzte, von der wir oben sprachen: die einfache Tatsache, den Fall totalitärer Regime zu feiern, konnte als ein Zeichen der Sympathie für das kapitalistische System gesehen werden. Es gab wenige, die wie der Philosoph und Ideenhistoriker Leandro Konder auf die Notwendigkeit einer Annäherung des Denkens der Linken an die liberale politische Tradition beharrten. Wir reden von einem Land, das wenige Jahre zuvor die volle politische Freiheit zurückerobert hatte!

Und in diesem Kontext tiefer politisch-ideologischer Desorientierung erscheint (1992) die brasilianische Übersetzung der *Metahistory* von Hayden

---

[23] Carlos Libânio Christo, „Socialismo real: o fim do que foi o princípio", in: *Teoria & Debate* 10 (1990), in: http://www.teoriaedebate.org.br/materias/internacional/debate-socialismo-real-o-fim-do-que-foi-o-principio (6.1.2015).

[24] „Geschichte und Utopien" war das zentrale Thema des Symposiums der ANPUH 1993.

White. Dieses Werk kennzeichnet die Ankunft des sogenannten *linguistic turn* in der brasilianischen Historiographie. Die zentrale These Whites, dass es keinen bedeutenden Unterschied zwischen der historischen und der literarischen Erzählung gibt, wurde von den renommiertesten brasilianischen Historikern nicht akzeptiert.[25] Ihr Einfluss war jedoch unter den Jüngeren groß und besonders in dem Zusammenschluss von Spezialisten der Geschichtstheorie und der Geschichte der Geschichtswissenschaft – eine Gemeinschaft, deren Bedeutung im selben Maße wuchs wie die Unsicherheiten, die unsere Disziplin kennzeichnen.

Eines der Paradoxe der aktuellen brasilianischen Geschichtsschreibung liegt meiner Meinung nach in der Tatsache, dass einige von denen, die am meisten dazu beigetragen haben, die Phase der Theoriebedürftigkeit zu überwinden, auch dazu beigetragen haben, dass ein bedeutender Teil der neuen Historiker vom relativistischen Gezeitenstrom mitgerissen wurde. Von der Erfahrung und der Erforschung des Realen wendet er sich ab; es sind nur noch die vom Historiker geschaffenen Narrative als ein ästhetisches Experiment, die zählen. Das theoretische Arsenal der Philosophie und der Literaturwissenschaft wurde mobilisiert, nicht um die Forschungsarbeit besser zu begründen, sondern um die Wirklichkeitsverweigerung zu legitimieren. Es wäre übertrieben zu sagen, dass dieses Bild die Situation unserer Disziplin als Ganzes beschreibt, da der Großteil der Historiker seine Arbeit einfach weiterführte, ohne sich von der Gegenaufklärung anstecken zu lassen. Aber die Auswirkungen waren doch spürbar. Die Anhänger des kritischen Rationalismus sind heute im Bereich der in Brasilien produzierten Geschichtstheorie in der Minderheit.

Was sind die praktischen Effekte dieses gesamten Prozesses? Gespalten zwischen der exzessiven Spezialisierung auf der einen Seite und der postmodernen Verbegrifflichung auf der anderen haben die Historiker Zuständigkeiten an die Journalisten verloren, die zu Autoren der in Brasilien erfolgreichsten Geschichtsbücher wurden.[26] Aber der Zuständigkeitsverlust der akademischen Geschichtsschreibung auf dem Verlagsmarkt ist nur eine Seite des Problems. Gravierender ist die Verkapselung der Historikerzunft in sich selbst und dies zu einem Zeitpunkt, an dem sie aufgerufen war, konkrete politische Verantwortung zu übernehmen.

Seit der Redemokratisierung 1986 nahmen die Historiker zu keinem Zeitpunkt eine bedeutende Rolle bei der Erschaffung einer Vergangenheitspolitik

---

[25] Vgl. dazu José Geraldo de Moraes/José Marcio Rego (Hg.), *Conversas com historiadores brasileiros*, Rio de Janeiro 2002, 91, 122, 202.

[26] Vgl. dazu Jurandir Malerba, „Acadêmicos na berlinda ou como cada um escreve a história: uma reflexão sobre o embate entre historiadores acadêmicos e não acadêmicos no Brasil à luz dos debates sobre public history", in: *História da Historiografia* 15 (2014), 27–50.

ein, die diesen Namen verdient. Tatsächlich war das Hauptanliegen des brasilianischen Historikerverbandes (ANPUH) in den letzten zwei Jahrzehnten die legale Anerkennung des Berufs des Historikers. Die Situation wurde 2011 noch ungewöhnlicher, als die brasilianische Regierung sich endlich bereit erklärte, eine Nationale Wahrheitskommission einzurichten, um die Verbrechen gegen die Menschenrechte während der Militärdiktatur zu untersuchen. Es ist ein offenes Geheimnis, dass wenigstens fünf brasilianische Historiker für die Kommission konsultiert wurden und dass alle die Einladung abgelehnt haben. Als die ANPUH versuchte, die Situation umzukehren und auf die Mitwirkung mindestens einer Historikerin oder eines Historikers insistierte, hatte die Regierung schon von ihren Plänen Abstand genommen. Die im Mai 2012 offiziell eingerichtete Kommission bestand aus fünf Juristen, einem Politikwissenschaftler und einer Psychoanalystin. Einer der größten Fachleute der Geschichte des Militärregimes erklärte damals:

> „Die Präsenz eines Historikers in der Wahrheitskommission ist ein Problem. Der Historikerverband findet, dass wir teilnehmen sollen, aber ich stimme dem nicht zu. Es steht dem Historiker nicht zu, einzutreten. Dies wegen der theoretischen Definition dessen, was Wahrheit für den Historiker ist.“[27]

Was bei den oben zitierten Worten hervorgehoben werden muss, ist, dass unter verschiedenen möglichen Rechtfertigungen auf ein theoretisches Argument zurückgegriffen wurde (der „relative“ und provisorische Charakter der historischen Wahrheit), um die Gründe für die Nichtbeteiligung der Geschichts-Intellektuellen an einem entscheidenden Forum für die Erarbeitung einer Vergangenheitspolitik in Brasilien zu erklären – die übrigens erst mit einer Verzögerung von praktisch dreißig Jahren im Verhältnis zu den ersten Wahrheitskommissionen in anderen Staaten Lateinamerikas erfolgte.[28]

Wir haben unsere Reflexionen mit dem scheinbar absurden Urteil von Vilém Flusser begonnen: „Der Brasilianer denkt ahistorisch, sogar und besonders wenn er sich für Geschichte interessiert“. Tatsächlich war in den 1930er Jahren, als die ersten Klassiker der historischen Interpretation der brasilianischen Gesellschaft erschienen – wie sich ein erfahrener Historiker ausdrückte – Brasilien noch „ein Land ohne sein historisches Bewusstsein“.[29] Dieses Urteil ist nicht so willkürlich, wie es zu scheinen mag. Es ist bedeutsam, dass Jahrzehnte später Leandro Konder in einer der brillantesten jemals durchgeführten Arbeiten über die Rezeption des Marxismus in Brasilien zum Schluss gekommen ist, dass einer der Gründe für die sukzessiven politischen Niederlagen unserer Linken darin liege, dass sie stets Schwierigkeiten gehabt

---

[27] Carlos Fico in der Tageszeitung *O Globo* vom 5.3.2012.

[28] Anika Oettler, „Mehrdimensionale Aufarbeitung: Wahrheitskomissionen in Lateinamerika“, in: *Lateinamerika Analysen* 2 (2006), 113–139.

[29] Pedro Calmon, „História do Brasil, programa de cultura, consciência e patriotismo“, in: *Anais do I Simpósio de professores de história do nível superior*, São Paulo 1962, 39.

habe, dialektisch zu denken, also „die Wirklichkeit in ihrem unaufhörlichen Wandel, in ihrem ständigen Transformationsprozess zu erfassen".[30] In den Tropen scheint das marxistische Denken Opfer einer Art theoretischen Wasserentzugs geworden zu sein, das es dazu brachte, auf die Dialektik zu verzichten und an ihre Stelle eine szientizistische Geschichtsphilosophie zu setzen. Konder kommt zu dem Schluss, dass die Auswirkungen dieser *Niederlage der Dialektik* „sich in gewisser Weise bis in die heutigen Tage erstrecken und in größerem oder geringerem Maße die spätere Geschichte des Marxismus bedingen".[31] Überträgt man seine Schlüsse in eine direktere Sprache, kann man sagen, dass der Marxismus in Brasilien angekommen ist, nicht aber der historische Materialismus. Denn in unserer marxistischen Tradition fehlte genau jene dialektische Perspektive, jenes *historische Denken,* das Droysen wie auch Marx von Hegels Philosophie geerbt hatten.[32]

So werden wir zu einer ungereimten Diagnose kommen: Ist die Existenz einer historischen Kultur möglich, in deren Brust keinerlei Herz schlägt? Wir haben nicht die Absicht, so weit zu gehen; es handelt sich nur darum festzustellen, dass sich die Dynamik der sozialen und wirtschaftlichen Strukturen nicht immer im Geschichtsbewusstsein einer Gesellschaft widerspiegelt. Das Geschichtsbewusstsein kann sich sogar im Lauf der Zeit als eine Form „falschen Bewusstseins" entwickeln, wenn ihm der Grad an notwendiger Reflexivität fehlt oder es sich nicht in einer Weltsicht artikulieren kann, die mit der Dynamik der Transformationen der umgebenden Welt im Einklang steht. Die Tatsache, dass im Lauf der 1990er Jahre zahllose brasilianische Historiker kein Problem hatten, einen Sprung vom Marxismus zur postmodernen Gegenaufklärung zu vollführen, ist ein Indiz dafür, dass sich hinter diesem scheinbaren Bruch eine Kontinuität verstecken könnte. Und diese Kontinuität wäre: *ein an Geschichtlichkeit defizitäres historisches Denken.*

Falls Hermann Lübbe Recht hat, wenn er die Postmoderne als „die Kultur des überforderten historischen Bewusstseins"[33] charakterisiert, ist daraus leicht zu folgern, dass hinter der Faszination, die Thesen wie die, dass wir heute in einer Zeit des „présentisme" (F. Hartog) oder einer „breiten Gegenwart" (H. U. Gumbrecht) leben, unter den jungen brasilianischen Historikern hervorgerufen haben, diese ausdauernde und paradoxe Tendenz einer Geschichtskultur steht, die darauf beharrt, sich selbst zu verneinen.

Gangolf Hübinger hat gezeigt, dass die Transformationen im öffentlichen Kommunikationsraum in der zweiten Hälfte des 20. Jahrhunderts die europäi-

---

[30] Leandro Konder, *A derrota da dialética. A recepção das ideias de Marx no Brasil, até o começo dos anos trinta*, Rio de Janeiro 1988, 195.

[31] Ebd., 206.

[32] Vgl. dazu Arthur Alfaix Assis, *What is History for? Johann Gustav Droysen and the Functions of Historiography*, New York 2014, 63–102.

[33] Hermann Lübbe, *Der Lebenssinn der Industriegesellschaft*, Berlin 1994, 122.

schen Intellektuellen in die Lage einfacher Vertreter einer Subkultur versetzt haben, ihrem Einfluss und der Orientierungsmacht entkleidet, die sie zwischen 1880 und 1930 genossen hatten.[34] Auch wenn dieser Prozess in Brasilien beobachtet werden kann, so scheint hier die Einengung der Möglichkeiten der Intellektuellen eher dem besonderen Denkstil dieser „Spezialisten für Ideenkämpfe" geschuldet. Der Gegenaufklärung und einem intensiven Antiliberalismus zugeneigt, geprägt von einem historischen Denken im ständigen Widerspruch zu sich selbst, waren unsere Geschichts-Intellektuellen niemals besonders geeignet, die Rolle von *public moralists* zu übernehmen.

Es hieße meine Absichten missverstehen, wenn man diesen Aufsatz als eine Art Plädoyer für eine deontologische Moral des Historikers interpretiert. Daher sei hier eine interessante Überlegung Hans Blumenbergs kurz angeführt. Bei seiner Analyse der Korporalität des moralischen Subjekts kommt Blumenberg zu dem Schluss, dass der Körper dem absoluten moralischen Gewissen eine Art Selbstbeschränkung auferlegt. Das beste Gegengift gegen eine Gesinnungsethik sei die Erinnerung an die Beschränkungen, die unsere physische Existenz für uns darstellt: „Das Urteil jener, die aus Fleisch und Knochen bestehen, ist kein absolutes Urteil". Dagegen sind wir, sagt er, immer „geschützt" durch die Lebensumstände. Blumenberg folgert, dass „die durch den Körper bezeichnete faktische Verantwortung mit der historischen identisch ist. Die Geschichte ist die Summe aller faktischen Verantwortlichkeiten".[35] Vielleicht hat aber der Philosoph vergessen hinzuzufügen, dass die menschliche Geschichte auch die Summe der faktischen Unverantwortlichkeiten der Menschen – Historiker eingeschlossen – ist.

---

[34] Gangolf Hübinger, *Gelehrte, Politik und Öffentlichkeit. Eine Intellektuellengeschichte*, Göttingen 2006; Ders., „Geschichts-Intellektuelle. Zum Verhältnis von Intellektuellengeschichte und Geschichtswissenschaft", in: Rainer Nicolaysen/Axel Schildt (Hg.), *100 Jahre Geschichtswissenschaft in Hamburg*, Berlin 2011.

[35] Hans Blumenberg, *Descripción del ser humano*, México 2011, 597 (dt. *Beschreibung des Menschen*, Frankfurt am Main 2006).

III. Geschichtsdenken interdisziplinär

Was ist ein Streitbegriff?

Über den „Prozeß der Zivilisation" bei Norbert Elias

Wolf Feuerhahn

Die Titel wissenschaftlicher Veröffentlichungen sind oft Manifestationen, mit denen die Autoren in die akademischen Debatten eingreifen wollen. Diese Hypothese soll hier für das berühmteste Werk von Norbert Elias, *Über den Prozeß der Zivilisation*, überprüft werden. Obwohl die Sekundärliteratur zu Norbert Elias ungeheuer umfangreich geworden ist, hat – meiner Meinung nach – keiner den Titel dieses so oft zitierten Buches zum Gegenstand einer historischen Studie gemacht. Das aber erscheint mir umso wichtiger, als der Status des „Prozesses der Zivilisation" im Werk komplex ist.

Denn schon zu Beginn seines Buches unterscheidet Norbert Elias zweierlei Arten von Begriffen: „Mathematische Begriffe mögen von dem sprechenden Kollektiv loslösbar sein. Dreiecke mögen erklärbar sein, ohne Rücksicht auf geschichtliche Situationen. Begriffe wie ‚Zivilisation' und ‚Kultur' sind es nicht."[1] Zwar bestreitet Elias nicht, dass „Zivilisation" oder „Kultur" als Begriffe zu behandeln seien, aber er unterstreicht die Untrennbarkeit dieser Begriffe von ihren Verwendungskontexten. Die Universalisierbarkeit dieser Begriffe wird damit also ernstlich in Frage gestellt. Wie aber kann er dann zugleich den „Prozeß der Zivilisation" als hauptanalytische Kategorie verwenden?

Elias beschreibt den Gegensatz zwischen der Benutzung des englischen Wortes „civilization" und des deutschen Wortes „Kultur" und betont nicht nur, wie tief historisch geprägt diese Begriffe sind, sondern auch, dass sie „dem Ausdrucksbedürfnis […] eines Kollektivs" entsprochen hätten.[2] Folgerichtig spricht er von dem „französische[n] und de[m] englische[n] Begriff ‚Zivilisation'" oder von dem „deutsche[n] Begriff ‚Kultur'".[3]

---

[1] Norbert Elias, *Über den Prozeß der Zivilisation. Erster Band. (Gesammelte Schriften, Bd. 3.1)*, Frankfurt am Main 1997, 94 (Kurztitel: Elias, GS 3.1).

[2] Ebd. Siehe auch: Elias, GS 3.1, 89, wo Elias seine Soziogenese der Begriffe ‚Zivilisation' und ‚Kultur' rechtfertigt, indem er behauptet, dass der Begriff ‚Zivilisation' das „Nationalbewußtsein" zum Ausdruck bringt.

[3] Elias, GS 3.1, 90.

Wie ist es zu verstehen, dass Elias diesen situierten Zivilisationsbegriff benutzte, um seinen „Entwurf zu einer Theorie der Zivilisation“[4] zu verteidigen? Wie konnte der Begriff „Zivilisation“, der im ersten Kapitel seiner Studie der Untersuchungsgegenstand ist, zur zentralen analytischen Kategorie des Buches werden? Diese Frage erscheint mir umso wichtiger zu sein, als Elias diese Entscheidung nicht nur nirgendwo im Buch rechtfertigt, sondern außerdem keine einzige Anspielung auf die Prägung des Begriffs vom „Prozeß der Zivilisation“ bei Alfred Weber, seinem ehemaligen Habilitations-„Vater“ macht. Eine historische Untersuchung kann dabei helfen, diese Frage zu beantworten.

I. Der „Prozeß der Zivilisation“: Vom Untersuchungsgegenstand zur Kategorie

Das erste Kapitel[5] von *Über den Prozeß der Zivilisation* ist durch seine Analyse des Gegensatzes zwischen dem deutschen Gegensatz „Kultur“ *versus* „Zivilisation“ einerseits und dem englischen und französischen Gebrauch des Wortes „civilization/civilisation“ andererseits bekannt geworden:

„‚Zivilisation‘ bedeutet verschiedenen Nationen des Abendlandes nicht das gleiche. Vor allem zwischen dem englischen und französischen Gebrauch dieses Wortes auf der einen, dem deutschen Gebrauch auf der anderen Seite besteht ein großer Unterschied: Dort faßt der Begriff den Stolz auf die Bedeutung der eigenen Nation, auf den Fortschritt des Abendlandes und der Menschheit in einem Ausdruck zusammen. Hier, im deutschen Sprachgebrauch, bedeutet ‚Zivilisation‘ wohl etwas ganz Nützliches, aber doch nur einen Wert zweiten Ranges, nämlich etwas, das nur die Außenseite des Menschen, nur die Oberfläche des menschlichen Daseins umfasst. Und das Wort, durch das man im Deutschen sich selbst interpretiert, durch das man den Stolz auf die eigene Leistung und das eigene Wesen in erster Linie zum Ausdruck bringt, heißt ‚Kultur‘.“[6]

Tatsächlich aber kontrastiert Elias im ersten Teil dieses ersten Kapitels weniger die beiden deutschen Begriffe „Kultur“ und „Zivilisation“ miteinander, sondern einen „westlichen Zivilisationsbegriff“ mit einem „deutschen Kulturbegriff“.[7] Und bei der Lektüre fällt zudem auf, dass Elias keine strenge Grenze zwischen dem Diskurs der Akteure, den er analysiert, und seinen eigenen analytischen Kategorien zieht. Im Verlauf des Textes wird zunächst

---

[4] Norbert Elias, *Über den Prozeß der Zivilisation. Zweiter Band (Gesammelte Schriften, Bd. 3.2)*, Frankfurt am Main 1997 (Kurztitel: Elias, GS 3.2), 323–465.

[5] „Zur Soziogenese der Begriffe ‚Zivilisation‘ und ‚Kultur‘“.

[6] Elias, GS 3.1, 90.

[7] Ebd., 91.

der westliche Zivilisationsbegriff zum Modell des Zivilisationsbegriffes überhaupt.[8] Dabei präzisiert Elias:

„‚Zivilisation' bezeichnet einen Prozeß oder mindestens das Resultat eines Prozesses. Es bezieht sich auf etwas, das ständig in Bewegung ist, das ständig ‚vorwärts' geht. Der deutsche Begriff ‚Kultur', wie er gegenwärtig gebraucht wird, hat eine andere Bewegungsrichtung: er bezieht sich auf Produkte des Menschen, die da sind, wie ‚Blüten auf den Feldern', auf Kunstwerke, Bücher, religiöse oder philosophische Systeme, in denen die Eigenart eines Volkes zum Ausdruck kommt. Der Begriff ‚Kultur' grenzt ab."[9]

Ohne es eigens zu rechtfertigen, erhebt Elias diesen Begriff des Prozesses der Zivilisation dann zur hauptanalytischen Kategorie seines Buches. Man sieht diesen Übergang sehr deutlich an der Stelle, an der er die „Soziogenese des Begriffs ‚civilisation' in Frankreich" thematisiert:

„In der Revolution selbst spielt der Begriff ‚civilisation', der ja im wesentlichen auf einen allmählichen Prozeß, auf eine Evolution hinweist und seinen ursprünglichen Sinn als Reform-Parole noch nicht verleugnet, keine sehr beträchtliche Rolle unter den revolutionären Parolen. Als die Revolution sich mäßigt, kurz vor der Jahrhundertwende, beginnt er seinen Weg als Schlagwort durch die Welt zu nehmen. Schon um diese Zeit hat er seinen Sinn als Rechtfertigungsbegriff der nationalen Ausbreitungs- und Kolonisationsbestrebungen Frankreichs. Schon als Napoleon sich 1798 auf den Weg nach Ägypten macht, ruft er seiner Truppe zu: ‚Soldaten, Ihr unternehmt eine Eroberung, deren Folgen für die Zivilisation unberechenbar sind.' Anders als im Moment der Genese des Begriffs erscheint von nun ab den Völkern der *Prozeß* der Zivilisation im Innern der eigenen Gesellschaft als vollendet".[10]

Ohne Zweifel geht es Elias hier darum, den Standpunkt der Akteure zu rekonstruieren. Dass dieser Standpunkt sich unter Napoleon verändert – Zivilisation wird nicht mehr als ein die eigene Gesellschaft betreffender Prozess verstanden, sondern als ein Prozess, den man exportieren möchte – ändert an diesem Analyseinteresse zunächst nichts. Wenige Zeilen später kommentiert Elias diese Veränderung aber auf folgende Weise:

„In der Tat ist eine wesentliche Phase des *Prozesses* der Zivilisation in eben jener Zeit abgeschlossen, in der das *Bewußtsein* der Zivilisation, das Bewußtsein von der Überlegenheit des eigenen Verhaltens und seiner Substantialisierungen in Wissenschaft, Technik oder Kunst sich über ganze Nationen des Abendlandes hin auszubreiten beginnt."[11]

Der Prozess der Zivilisation, um den es sich nun handelt, wird nicht mehr als eine zu deutende Vorstellung von Akteuren, sondern als eine historische Tatsache aufgefasst. Der Leser steht zudem vor einem argumentativen Kreis: Die als spezifisch französisch und englisch dargestellten Begriffe „civilisation/civilization" bilden die Quelle für Elias' These vom „Prozeß der Zivili-

---

[8] Ebd., 91.
[9] Ebd., 91.
[10] Ebd., 152.
[11] Ebd., 153.

sation", der musterhaft durch britische und französische Fälle illustriert wird.[12] Elias betreibt eine Art Komparatistik, die die nationalen Unterschiede unterstreicht. In diesem Rahmen wird Deutschland als Gegenbeispiel beschrieben:

„Deutschland, das im Zusammenhang mit der fehlenden Zentralisierung und deren Folge, dem Dreißigjährigen Krieg, weit länger als seine westlichen Nachbarn ein relativ armes Land mit niedrigerem Lebensstandard blieb, das eine außerordentlich lange Phase des Absolutismus mit vielen kleineren, nicht eben reich ausgestatteten Höfen durchlebte, das ebenfalls wegen der fehlenden Zentralisierung erst verhältnismäßig spät und unvollkommen zur Expansion nach außen, zur kolonialen Expansion kam, und in dem aus allen diesen Gründen die inneren Spannungen, der Abschluß des Adels gegen das Bürgertum stark und nachhaltig, der Zugang bürgerlicher Schichten zu den Zentralmonopolen schwer war. [...] und da in dieser ganzen Zeit auch die Schlüsselstellungen des Steuermonopols ebenso, wie der Polizei- und Heeresverwaltung mehr oder weniger ausgesprochen Monopole des Adels waren, so prägte sich dem Bürgertum die Gewöhnung an eine starke, äußere Staatsautorität tief ein. [...] Dieser Aufbau des Gewaltmonopols aber nötigte die einzelnen Menschen nicht in der gleichen Art zu einer Kontrolle durch sich selbst, wie etwa der englische; er zwang die Individuen nicht zur selbständigen und halb automatischen Eingliederung in ein lebenslängliches ‚team-work', sondern er gewöhnte die Einzelnen von klein auf in höherem Maße an eine Unterordnung unter andre, an den Befehl von außen. Nach der Seite des staatlichen Zusammenlebens hin, blieb auf Grund dieser Struktur der Gewaltinstrumente die Verwandlung von Fremdzwängen in Selbstzwänge geringer."[13]

Die Opposition zwischen dem „westlichen Modell" und dem deutschen Fall nutzt Elias, um eine „Gesellschaftsmechanik" zu konstruieren[14]:

„Gesellschaften ohne stabiles Gewaltmonopol sind *immer* zugleich Gesellschaften, in denen die Funktionsteilung relativ gering und die Handlungsketten, die den Einzelnen binden, verhältnismäßig kurz sind. Umgekehrt: Gesellschaften mit stabileren Gewaltmonopolen, verkörpert zunächst stets durch einen größeren Fürsten- oder Königshof, sind Gesellschaften, in denen die Funktionsteilung mehr oder weniger weit gediehen ist, in denen die Handlungsketten, die den Einzelnen binden, länger und die funktionellen Abhängigkeiten des einen Menschen von anderen größer sind".[15]

Diese zwei ‚Wege' haben aber nicht den gleichen Wert. Der eigentliche „Zivilisationsprozeß" ist der westliche Weg, und er wird von Elias sehr hoch geschätzt. Elias benutzt zwar nicht den Begriff „Sonderweg", aber gehört ohne Zweifel zu den deutschen Sozialwissenschaftlern und Historikern, die

[12] Ebd., 349.

[13] Ebd., 441–443.

[14] Elias, GS 3.2. Zur „mechanischen" Metaphorik bei Elias und ihrer polemischen, gegen Heidelberger Kritik gerichteten Dimension s. Wolf Feuerhahn, „Une sociologie des habitus nationaux. Norbert Elias et l'héritage de Heidelberg", in: *Collection Individu et Nation*, 3: „Norbert Elias, ‚un marginal établi'?", 24 février 2009, http://revuesshs.u-bourgogne.fr/individu&nation/document.php?id=343 ISSN 1961–9731.

[15] Elias, GS 3.2, 332.

zur Umwertung der Theorie des „deutschen Sonderweges“ beigetragen haben: vom Stolz zum Makel.

Wie Elias den „Zivilisationsprozeß“ gebraucht und weshalb er ihn so wertschätzt, kann nicht ohne Kontextualisierung verstanden werden. Der Begriff „Zivilisationsprozeß“ ist in der Tat keine Eliassche Erfindung. Er wurde schon vor dem Ersten Weltkrieg von Alfred Weber geprägt, der später Elias’ erster Habilitations-„Vater“ war.[16] Erstaunlicherweise wird Alfred Weber in den beiden Bänden von *Über den Prozeß der Zivilisation* nirgendwo zitiert. Dies ist umso verblüffender, als die Webersche Triade „Gesellschaftsprozeß, Zivilisationsprozeß, Kulturbewegung“ im Streit um die Wissenssoziologie in den zwanziger Jahren mitnichten ignoriert, vielmehr heftig von Georg Lukács, Max Scheler und Karl Mannheim diskutiert wurde.

II. Alfred Webers Kampf gegen den „Zivilisationsprozeß“

Warum benutzt Elias den Begriff „Prozeß der Zivilisation“ ohne irgendeine Anspielung auf Alfred Weber? Bisher habe ich keinen Brief zwischen Norbert Elias und Alfred Weber, Karl Mannheim oder anderen Akteuren aus dieser Zeit gefunden, der eine eindeutige Antwort auf diese Frage geben würde.[17] Deswegen muss der Historiker einen Umweg machen und den Entstehungskontext und die Geschichte des Begriffs „Zivilisationsprozeß“ rekonstruieren, um Deutungshypothesen aufstellen zu können.

1912/13 taucht der Begriff „Zivilisationsprozeß“ zum ersten Mal in veröffentlichten Texten auf, und zwar in Texten aus der Feder Alfred Webers.[18] Er benutzt ihn zur Erörterung des Gegensatzes zwischen „Zivilisation“ und „Kultur“, so am Anfang seines Beitrags zu dem 1912 erschienenen Sammelband *Judentaufen*:

---

[16] Nachdem Elias Mannheim nach Frankfurt gefolgt war (s.u. Abschnitt III), wurde dieser sein Habilitations-„Vater“.

[17] Aus der Zeit vor dem Zweiten Weltkrieg sind sehr wenige Briefwechsel oder Archivalien erhalten. Vielfach wird deswegen auf die autobiografischen Schriften und Interviews aus den Nachkriegsjahren zurückgegriffen. Diese Texte geben aber, auch wenn Elias dort über die frühen Jahre spricht, oft mehr Hinweise auf seine Stellung in der europäischen und akademischen Welt der 1970er und 1980er Jahre, weshalb sie hier nicht herangezogen werden.

[18] Es handelt sich um *Judentaufen* (München 1912). In den Jahren davor hatte er diesen Begriff im Rahmen seiner Vorlesungen zu den „Kulturproblemen im Zeitalter des Kapitalismus“ (1910/12) theorisiert; vgl. Alfred Weber, *Gesamtausgabe, Bd. 8: Schriften zur Kultur- und Geschichtssoziologie*, hg. von Richard Bräu, Marburg 2000, 263–314, hier 263 (Kurztitel: AWG 8). In seiner sehr wichtigen Biographie Alfred Webers unterstreicht Demm den Erfolg dieser Vorlesungen: Eberhard Demm, *Ein Liberaler im Kaiserreich und Republik. Der politische Weg Alfred Webers bis 1920*, Boppard 1990, 138 (Kurztitel: Demm, Ein Liberaler).

„Zivilisation bedeutet im wesentlichen Intellektualisierung des Daseins, während Kultur aus der emotionalen Sphäre herauswächst. Je länger ein Volk im Zivilisationsprozeß steht um so stärker ist es intellektualisiert“.[19]

Diese Behauptung hängt mit Alfred Webers Diagnose der damaligen Lage und den in seinen Augen gefährlichen Effekten der Intellektualisierung zusammen. Im Oktober desselben Jahres fand in Berlin der Zweite Deutsche Soziologentag statt. Am Begrüßungsabend hielt Alfred Weber den Vortrag über den „soziologischen Kulturbegriff“. In diesem kritisierte er alle „bisherigen Theorien“[20] zur Kultur, die „die ganze Weltgeschichte in all ihren Teilen zu umfassen [versuchen] als evolutive Entfaltung irgend eines Prinzips, als seine stufenweise Verwirklichung im Weltgeschehen“.[21] Bei Augustin, Hegel, Saint-Simon und den Positivisten, bei Lamprecht und auch den Geschichtsmaterialisten geschieht seiner Meinung nach immer „ein und dasselbe“: „immer wird die Geschichte dabei und demnach der ganze Werdeprozeß des menschlichen Lebens in ungeheuerer einfacher Weise als eine Einheit begriffen“.[22] Sie verneinten die Unabhängigkeit des „Kulturprozesses“ gegenüber dem „Zivilisationsprozeß“, der seinerseits als „eine Fortsetzung der *biologischen Entwicklungsreihe*“ betrachtet werde.[23] Gegen jede „naturwissenschaftliche Art“[24] verteidigte Alfred Weber die „Konkretheit“ und nicht die „Allgemein(heit)“ der Kultur[25], den Vorrang des „Gefühls“ gegenüber dem „Intellekt“. Seine Kritik ähnelte der vieler Philosophen oder Kultur- und Geisteswissenschaftler, die zu dieser Zeit in Deutschland die wachsende Herrschaft der Naturwissenschaften in der akademischen Welt, den Rückgang der humanistischen Studien und des klassischen Gymnasiums, beklagten. In einer Zeit, in der in manchen dieser Kreise „Kulturkritik“ immer lauter geübt wurde, diagnostizierte Alfred Weber „die Tragik des Kulturprozesses“, die darin bestünde, „daß wir, indem wir uns in kultureller Formung auszuwirken suchen, dadurch ins Leben Objektivationen setzen, die uns schließlich selbst zerbrechen, weil sie ein eigengesetzliches Dasein gewinnen, dem wir uns unterwerfen müssen, *statt* es zu gestalten“.[26] Diese Diagnose erinnert an die Nähe Webers zu George-Jüngern in Heidelberg.[27]

---

[19] AWG 8, 127.

[20] Alfred Weber, „Der soziologische Kulturbegriff“, in: *Verhandlungen des Zweiten Deutschen Soziologentages vom 20. bis 22. Oktober 1912 in Berlin*, Tübingen 1913, 8 (Kurztitel: A. Weber, Soziologischer Kulturbegriff).

[21] Ebd., 1.

[22] Ebd., 2.

[23] Ebd., 9.

[24] Ebd., 10.

[25] Ebd., 15.

[26] Ebd., 17.

[27] Demm, Ein Liberaler, 57–60; und genereller zur Kultursoziologie ebd., 136–151.

Wichtig ist, zu bemerken, dass es vor 1909 überhaupt keinen Konsens über den Gebrauch des Terminus „Soziologie“ in den deutschsprachigen Ländern gab.[28] Davon zeugte die von 26 Wissenschaftlern unterzeichnete *Einladung zur Gründung einer Deutschen Gesellschaft für Soziologie* (1908):

„Was aber in Deutschland gerade vielen der gediegensten Gelehrten den Gedanken einer solchen Organisation fernrückt, ist die Vielseitigkeit des Begriffes der Soziologie und der unleugbare Dilettantismus, der sich vielfach mit ihrer Flagge deckt.“[29]

Die Nähe zum Denken von Auguste Comte, die damit zusammenhängende Vorstellung, dass die Soziologie eine Naturwissenschaft sei, die Gesetze suchen muss, und die Wortnähe zum Sozialismus trugen dazu bei, Misstrauen zu erregen. Max Weber benutzte den Terminus sehr lange nur mit Anführungsstrichen und sein Bruder Alfred wird sich ab 1913 als „Kultursoziologe“ profilieren. Die Assoziation von „Kultur“ und „Soziologie“ ermöglichte ihm meiner Meinung nach, die ungewollten Konnotationen des Soziologieterminus zu vermeiden. Nicht nur durch ihren Gegenstand, sondern auch dank ihrer Methode unterscheidet sich die „Kultursoziologie“ wesentlich von den Kulturtheorien, die Alfred Weber kritisiert:

„Die Aufgabe der soziologischen Kulturbetrachtung ist nun das Herauswachsen dieser Konkretheiten, die wir als Kultur bezeichnen, und deren Wesen und begriffliche Stellung zu den übrigen Lebenstatsachen bisher umschrieben ist, ihr *dynamisches* Herauswachsen aus dem Leben zu erklären.“[30]

An Stelle der „rationalen, für das äußere Leben nötigen Allgemeinvorstellungen und Begriffe […] mit konkreten Allgemeinbedeutungen“ wünscht sich Weber „eine neue innere Begriffsbildung“, „Gefühlssymbole“[31], als die einzige Art, die Kultur in ihrer Besonderheit nicht nur zu studieren, sondern auch zu verteidigen.

Am Ende des Vortrags fasst Alfred Weber die Geschichte in drei „Entwicklungsperioden“ zusammen: die „vorcartesianische“, in der „die kulturell gestaltende Begriffsbildung noch durchaus konkret, rational noch unzersetzt, das innere Leben voll Gestalten war“.[32] Im Vergleich dazu wird die „cartesianische Zeit“ ausschließlich negativ dargestellt: durch „Rationalisierung“ und „Verallgemeinerung“ wurde „alles abgeblaßt“, „jede äußere Gestalt“ wurde „Allgemeinform“, kurz, „ein System von toten Formeln“.[33] Alfred

[28] Wolf Feuerhahn, „La sociologie avec ou sans guillemets. L’ombre portée de Comte sur les sciences sociales germanophones (1875–1908)“, in: *Cahiers philosophiques de Strasbourg* 35 (2014), 157–196.

[29] Georg Simmel, *Gesamtausgabe, Bd. 22: Briefe 1880–1911*, Klaus Christian Köhnke (Hg.), Frankfurt am Main, 2008, 672 f.

[30] A. Weber, Soziologischer Kulturbegriff, 15.

[31] Ebd., 19.

[32] Ebd., 18.

[33] Ebd., 19.

Weber fordert dann eine dritte Periode, eine „nachrationalistische Zeit und Kulturperiode", in der „man diese Formeln und auch Mechanismen wohl noch weiter kennen und benutzen wird, in der man aber über ihnen eine Welt von blutgefüllten, durch sie sicherlich von außen mitgeschaffenen, innen aber von ganz andern Prinzipien, aufgebauten Wirklichkeiten setzen wird".[34]

Um dieses Programm zu verwirklichen, wendet er sich an einen der in Deutschland wichtigsten Kritiker der Industrialisierung und der modernen Technik und gleichzeitig Verteidiger der „deutschen Kultur" in edlen Gebrauchsbüchern: den Verleger Eugen Diederichs.[35] Weber fragt Diederichs, ob dieser einverstanden sei, eine von Weber herausgegebene Sammlung von Abhandlungen „unter dem Titel *Kultur-soziologische Studien*" zu verlegen.[36] Alfred Weber unterstreicht, dass es sich nicht um eine „Unterbringung von ‚Doktorarbeiten'" handele, sondern um ein viel feineres Unternehmen: „den Versuch, die Kultursoziologie empirisch zu untermauern und das gleichzeitig in literarischer Form zu tun".[37]

Diederichs sagte zu und veröffentlichte in seiner Zeitschrift *Die Tat* das „Programm einer Sammlung ‚Schriften zur Soziologie der Kultur'". Damit meinte Alfred Weber keine Bindestrich-Soziologie. Die Soziologie der Kultur sollte sich nicht nur um einen besonderen Bereich der Gesellschaft kümmern, sondern, viel wichtiger für ihn, die „geistigen Strömungen mit den realen Lebensvorgängen, die sie mitbedingen"[38] verbinden. Es handelte sich für Weber darum, zu entdecken, wie „soziale Formen und Kultur, Daseinsgestaltung und Kulturgestaltung, vitaler Inhalt und Kulturtendenz"[39] zusammenhängen. Die organische Lebensmetapher durchzieht den ganzen Text.[40] Sie

---

[34] Ebd., 19 f.

[35] Gangolf Hübinger, „Kulturkritik und Kulturpolitik des Eugen-Diederichs-Verlags im Wilhelminismus. Auswege aus der Krise der Moderne?", in: *Troeltsch-Studien* 4 (1987), 92–114; Ders. (Hg.), *Versammlungsort moderner Geister: Der Eugen Diederichs Verlag – Aufbruch ins Jahrhundert der Extreme*, München 1996. Der erste Verlagskatalog erschien 1908 unter dem Titel *Wege zur deutschen Kultur*.

[36] A. Weber an E. Diederichs, 24.1.1912, in: *Alfred Weber-Gesamtausgabe, Bd. 10, Zweiter Halbband*, hg. von Eberhard Demm/Hartmut Soell, Marburg 2003, 673 (Kurztitel: AWG 10.2).

[37] AWG 10.2, 673 f.

[38] AWG 8, 379.

[39] AWG 8, 379.

[40] Vier Bücher wurden in der Reihe veröffentlicht. Im Herbst 1913: Hans Staudinger, *Individuum und Gemeinschaft in der Kulturorganisation des Vereins*; P. A. Clasens, *Der Salutismus. Eine sozialwissenschaftliche Monographie über General Booth und seine Heilsarmee*. 1914: Emilie Altenloh, *Zur Soziologie des Kino. Die Kino-Unternehmung und die sozialen Schichten ihrer Besucher*. Ein letztes im Jahre 1919: E. Biram *Die Industriestadt als Boden neuer Kunstentwicklung*. Wie Heidler berichtet, blieb der Absatz immer unter 100 Exemplaren pro Jahr (Irmgard Heidler, *Der Verleger Eugen Diederichs und seine Welt (1896–1930)*, Wiesbaden, 390).

rief heftige Reaktionen hervor, wie die von Georg Lukács, der sie als „subjektiv willkürlich individualisierte Grundlage für die Soziologie der Kultur" kritisierte.[41]

Nach dem Kriege stilisierte sich Alfred Weber immer mehr als Kultursoziologe (und nicht mehr als „Nationalökonom", wie der Titel seines Heidelberger Lehrstuhls lautete). Während der zwanziger und dreißiger Jahre veröffentlichte er verschiedene Texte, die die Kultursoziologie zu legitimieren versuchten: im *Archiv für Sozialwissenschaft und Sozialpolitik* (1920/21) erschien zuerst ein großer Artikel, der „Prinzipielles zur Kultursoziologie" verkündete, es folgten dann ein Buch (*Ideen zur Staats- und Kultursoziologie* (1927)) und ein Artikel zur „Kultursoziologie" im *Handwörterbuch der Soziologie* (1931).[42] Schließlich erschien 1935 sein Hauptwerk *Kulturgeschichte als Kultursoziologie*.

Der Artikel von 1920, der im Dialog mit Oswald Spenglers schroffe Gegenüberstellung von Kultur und Zivilisation geschrieben wurde[43], zielt darauf, den Standpunkt der Kultursoziologie zu rechtfertigen. Dabei unterscheidet Alfred Weber dreierlei Prozesse: Zuerst definiert er den „Gesellschaftsprozess", der in jedem „Geschichtskreis" die „Tatsachen der äußeren Formation des geschichtlichen Lebens"[44] gruppiere. Aber „neben dieser körperhaften" gibt es für Alfred Weber „eine geistig-kulturelle Sphäre in jedem der Geschichtskörper".[45] Weber lehnt jede materialistische Auffassung von der

---

[41] Georg Lukács, „Zum Wesen und zur Methode der Kultursoziologie", in: *Archiv für Sozialwissenschaft und Sozialpolitik* 39 (1915), 218, zitiert nach Klaus Lichtblau, *Kulturkrise und Soziologie um die Jahrhundertwende: zur Genealogie der Kultursoziologie in Deutschland*, Frankfurt am Main 1996, 478.

[42] Alfred Vierkandt (Hg.), *Handwörterbuch der Soziologie*, Stuttgart 1931.

[43] Alfred Weber, „Prinzipielles zur Kultursoziologie (Gesellschaftsprozeß, Zivilisationsprozeß und Kulturbewegung)", in: *Archiv für Sozialwissenschaft und Sozialpolitik* 47 (1920/21), 1 (Kurztitel: A. Weber, Prinzipielles). Ebd., 45, betont Weber, dass „es keinem Zweifel unterliegen (kann), daß unsre Art des *Kultur*begriffs Verwandtschaft mit der morphologischen Stellungnahme hat." In einem Brief vom 31.8.1919 an Else Jaffé lobt er Spenglers Buch (Eberhard Demm, *Von der Weimarer Republik zur Bundesrepublik. Der politische Weg Alfred Webers 1920–1958*, Düsseldorf 1999, 271; Kurztitel: Demm, Von der Weimarer Republik). Ihm hätte er seine Dreiteilung des geschichtlichen Prozesses entlehnt. Zur Rolle Spenglers in der Vertiefung der Begriffspolarität zwischen Kultur und Zivilisation in Deutschland s. Michael Pflaum, „Die Kultur-Zivilisations-Antithese im Deutschen", in: *Europäische Schlüsselwörter. Wortvergleichende und wortgeschichtliche Studien*, hg. von Sprachwissenschaftliches Colloquium Bonn, *Bd. 3: Kultur und Zivilisation*, München 1967, 338–359 (Kurztitel: Pflaum, Kultur-Zivilisations-Antithese), und Georg Bollenbeck, „Art. Zivilisation", in: Historisches Wörterbuch der Philosophie, hg. von Joachim Ritter/Karlfried Gründer/Gottfried Gabriel, Bd. 12, Basel 2005, Sp. 1374 (Kurztitel: Bollenbeck, Art. Zivilisation). Zur Periode vor 1914 s. Barbara Beßlich, *Wege in den „Kulturkrieg". Zivilisationskritik in Deutschland 1890–1914*, Darmstadt 2000.

[44] A. Weber, Prinzipielles, 6, 5.

[45] Ebd., 8.

Beziehungen zwischen beiden ab.[46] Er unterstreicht die Distanz zwischen seiner Auffassung von Kultursoziologie und dem Marxismus nachdrücklich. Mit demselben Ziel definiert er zwischen den „eigentlich kulturellen Teile[n] dieser Sphäre", die er „Kulturbewegung"[47] nennt, und dem „Gesellschaftsprozess" „ein geistiges Zwischenreich"[48]: den „Zivilisationsprozeß".[49] Zwischen der „Kulturbewegung" und dem „Zivilisationsprozeß" verlaufe eine scharfe Trennlinie, eine Linie, die sein Bruder Max übersehen hätte.[50] Die „Kulturbewegung" stellt Alfred Webers Meinung nach „genau den entgegengesetzten Charakter" zum „Zivilisationsprozeß" dar:

> „Diese Sphäre schafft keinen Kosmos allgemeingültiger und notwendiger Dinge, vielmehr ist und bleibt hier alles was entsteht, zunächst seinem *Wesen* nach eingeschlossen in den Geschichtskörper, in dem es entsteht, mit ihm innerlich verbunden. Es entsteht kein objektiver Kosmos, sondern ein seelisch bedingtes Nebeneinanderstehen von Symbolen, die ihre eigene Runenschrift und ihren eigenen im Letzten unübertragbaren Gehalt hat, ist die chinesische Kultur, die indische, die ägyptische, die babylonische, die antike, die arabische, die abendländische Kultur und sind alle anderen Kulturwelten – alles was in ihnen wirklich *kulturell* ist."[51]

Es handelt sich also nicht allein um eine Trennung, sondern um eine Hierarchie, die den allgemeingültigen Zivilisationsprozess jeder einmaligen Kulturbewegung unterordnet.[52]

III. Norbert Elias im Streit zwischen Alfred Weber und Karl Mannheim

Man versteht nun, dass Norbert Elias diese Wertordnung völlig umkehrt, wenn er 1938 sein Werk unter das Motto „Zivilisationsprozeß" stellt, den

---

[46] Ebd., 8, Fn. 6.

[47] Ebd., 12.

[48] Ebd., 9.

[49] Ebd., 12.

[50] Ebd., 11, Fn. 7. Zu Alfred und Max Weber s. Eberhard Demm, „Max und Alfred Weber im Verein für Sozialpolitik", in: Wolfgang J. Mommsen/Wolfgang Schwentker (Hg.), *Max Weber und seine Zeitgenossen*, Göttingen/Zürich 1988, 119-136; Wolfgang Schluchter, „Zwei Wege von der Nationalökonomie zur Kultursoziologie. Max Weber und Alfred Weber", in: Ders., *Unversöhnte Moderne*, Frankfurt am Main 1996, 144-165.

[51] A. Weber, Prinzipielles, 22.

[52] Ebd., 28: „Ist der Gesellschaftsprozeß das ‚*Körperhafte*' der Entwicklung der verschiedenen Geschichtskörper, so bietet ihm der Zivilisationsprozeß die *technischen* Mittel, um diese oder jene zweckmäßige oder nützliche Daseinsform aufzubauen. Für die Kulturbewegung aber ist das alles nur die *Substanz*, der Stoff, den sie seelisch zu verarbeiten, zum Ausdruck der in den verschiedenen Geschichtskörpern lebenden ‚Seele' umzubilden, als deren Wesensgestaltung in Form zu bringen hat."

Begriff „Kulturbewegung“ gar nicht zitiert und Frankreich sowie Großbritannien als Musterbeispiele der Zivilisation darstellt. Erstaunlicherweise wurde diese Tatsache in der Sekundärliteratur bislang nicht berücksichtigt, obwohl Elias’ Nähe zu Alfred Weber während der zwanziger Jahre thematisiert wurde[53]. In der Tat, Norbert Elias, der ab 1918 Philosophie und Medizin in Breslau studierte und im Sommersemester 1919 die Seminare von Karl Jaspers, Friedrich Gundolf, Ernst Robert Curtius und Heinrich Rickert in Heidelberg besucht hatte[54], war nach seiner philosophischen Doktorarbeit in Breslau (1924) in die Universitätsstadt am Neckar zurückgekehrt (1925) und hatte sich eingeschrieben, um eine Habilitation zur „Bedeutung der Florentiner Gesellschaft und Kultur für die Entstehung der Wissenschaft“ unter der Betreuung von Alfred Weber zu schreiben (1928).[55] Rückblickend stellt Elias das Heidelberg der Zwischenkriegszeit als „Mekka der Soziologen“ dar.[56] Nach dem Ersten Weltkrieg hatte der preußische Staatssekretär Carl Heinrich Becker die Soziologie an den deutschen Universitäten einführen wollen, um die Demokratie in Deutschland zu festigen.[57] Wenn man aber die deutsche akademische Landschaft der zwanziger Jahre betrachtet, bemerkt man, dass „Soziologie“ als Lehrstuhlbezeichnung in Heidelberg relativ spät auftaucht. Erst im Sommersemester 1927 wurde die venia legendi von Alfred Webers Lehrstuhl für Nationalökonomie auf „Soziologie“ ausgedehnt und der Titel entsprechend ergänzt.[58]

---

[53] Reinhard Blomert, *Intellektuelle im Aufbruch. Karl Mannheim, Alfred Weber, Norbert Elias und die Heidelberger Sozialwissenschaften der Zwischenkriegszeit*, München 1999 (Kurztitel: Blomert, Intellektuelle im Aufbruch).

[54] Elias hielt ein Referat zu „Thomas Mann und die Zivilisationsliteraten“ im Rahmen des Seminars von Karl Jaspers „Psychologie der geistigen Arbeit und des akademischen Studiums“, wo er über Thomas Manns Gegensatz zwischen Kultur und Zivilisation in *Betrachtungen eines Unpolitischen* referierte. Am Ende seines Lebens (in seinen „Notizen zum Lebenslauf“ (1990), in: Norbert Elias, GS 17, Frankfurt am Main 2005, 11, 25, 36; Kurztitel: Elias, 2005) ist Elias auf dieses Referat zurückgekommen. Siehe: http://www.kuwi.uni-linz.ac.at/hyperelias/z-elias/HyperElias-1914-1929.htm

[55] Blomert, Intellektuelle im Aufbruch, 249–275. Interessanterweise ist seine Habilitationsdisposition, meiner Meinung nach, der einzige Text, wo sich Elias auf die „Kultursoziologie“ beruft (Elias, GS 1, 97).

[56] „Heidelberg war in jenen Jahren eine Art Mekka der Soziologen. Der große Max Weber war zwar tot, aber seine Witwe war noch da und sein Bruder Alfred, auch er Professor der Soziologie.“ (Elias, 2005, 227). Zum "Mythos Heidelberg", siehe: Hubert Treiber & Karol Sauerland (Hg.), *Heidelberg im Schnittpunkt intellektueller Kreise: zur Topographie der 'geistigen Geselligkeit' eines 'Weltdorfes' 1850-1950*, Opladen, 1995.

[57] Dirk Käsler, *Die frühe deutsche Soziologie 1909 bis 1934 und ihre Entstehungs-Milieus: eine wissenschaftssoziologische Untersuchung*, Opladen 1984, 503 (Kurztitel: Käsler, Frühe deutsche Soziologie).

[58] Richard Bräu, „Einleitung“, in: AWG 8, 13.

1925 war Karl Mannheim Assistent von Alfred Weber. Der gebürtige Ungar hatte 1922 in der Fortsetzung von Alfred Webers Artikel zur Kultursoziologie im *Archiv für Sozialwissenschaft und Sozialpolitik* ein Manuskript *Über die Eigenart kultursoziologischer Erkenntnis* verfasst[59] und 1925 eine unter Webers Leitung geschriebene Habilitation vorgelegt (*Altkonservatismus: Ein Beitrag zur Soziologie des Wissens*[60]), in der er bereits gegen Max Scheler um die Definition der neuen Etikettierung „Soziologie des Wissens" kämpfte.[61] 1926 wurde Mannheim Privatdozent an derselben Universität, aber schon 1928 entfachte er einen Streit mit Alfred Weber. Im Rahmen des sechsten Deutschen Soziologentages in Zürich wurde Mannheims Vortrag über „die Konkurrenz im Gebiet des Geistigen", mit dem er das „ökonomische" Wort der „Konkurrenz" in Wissenssachen einführte, von seinem Habilitationsvater als eine Kritik an seiner Kultursoziologie aufgefasst. Als Replik stellte Alfred Weber in der nachfolgenden Diskussion die von Mannheim unterstrichene Unterscheidung zwischen seiner Vorstellung von der Soziologie des Wissens und der materialistischen Geschichtsauffassung in Frage und meinte:

> „Was ich in Ihren Ausführungen vermisse, ist die Anerkennung des geistig Schöpferischen als Unterlage des Handelns, auch der Klassen z.B. Was ich ablehne: die Reduzierung aller dieser Dinge letzten Endes auf intellektuelle Kategorien mit Hinzunahme einiger – entschuldigen Sie – der alten materialistischen Geschichtsbetrachtung zugehörigen Kategorien [...] Was ist das anderes als eine mit außerordentlicher Feinheit glänzend wieder vorgetragene materialistische Geschichtsauffassung? Nichts anderes ist es im Grunde".[62]

Im damaligen deutschen akademischen Kontext konnte die Kritik nicht härter sein. Norbert Elias, der anwesend war, wurde also quasi gezwungen, zwischen seinem Habilitationsvater und dem Privatdozenten, mit dem er tagtäglich arbeitete, zu wählen. Er meldete sich in der Diskussion zu Wort und stellte die Debatte als einen Zweikampf zwischen Karl Mannheim und Alfred Weber dar. Seiner Meinung nach „ist es einzig die Rede Alfred Webers, die, grade weil sie irgendwie feindlich gewesen ist, an Intensität dem entsprochen

---

[59] Er wurde erst 1980 unter dem Titel *Strukturen des Denkens* veröffentlicht (David Kettler/Volker Meja/Nico Stehr (Hg.), *Strukturen des Denkens*, Frankfurt am Main 1980).

[60] Siehe Karl Mannheim, *Konservatismus: Ein Beitrag zur Soziologie des Wissens*, hg. von David Kettler/Volker Meja/Nico Stehr, Frankfurt am Main 1984. Zum Kampf Webers, das Habilitationsverfahren Mannheims innerhalb der Heidelberger philosophischen Fakultät zu ermöglichen: Demm, Von der Weimarer Republik, 31–35.

[61] Der von Max Scheler herausgegebene Sammelband war 1924 erschienen: Max Scheler (Hg.), *Versuche zu einer Soziologie des Wissens*, München/Leipzig 1924. Karl Mannheim antwortete schon 1925: „Das Problem einer Soziologie des Wissens", in: *Archiv für Sozialwissenschaft und Sozialpolitik* 53 (1925), 577–652.

[62] Volker Meja/Nico Stehr (Hg.), *Der Streit um die Wissenssoziologie. Erster Band*, Frankfurt am Main 1982, 376 (Kurztitel: Meja/Stehr (Hg.), Der Streit).

hat, was Dr. Mannheim vor uns entwickelt hat".[63] Elias stellt sich ausdrücklich dann mehr auf die Seite von Mannheim, indem er dessen Referat als „revolutionär" charakterisiert und, um nicht missverstanden zu werden, präzisiert: „nicht im Sinne einer sozialistischen oder sozialen, sondern im Sinne einer geistigen Revolution".[64] Alfred Webers „Hinweis auf den schöpferischen Menschen" betrachtet Elias als charakteristisch für die „alte Bewußtseinsform", die darin bestünde, „nicht an dem Alltäglichen und Einfachen, sondern an dem Ungewöhnlichen, dem ‚großen Erlebnis', und dem Geheimnis des Außergewöhnlichen" den schöpferischen Wert zu messen. Demgegenüber „stehen die, welche glauben, daß das Geheimnis des ‚schöpferischen Menschen' nicht größer ist, als das Geheimnis des Menschen überhaupt."[65] Derjenige, der „ins Zentrum seiner Betrachtung den ‚schöpferischen Menschen' rückt, der hat im Grunde noch das Gefühl, für sich allein da zu sein [...] wer ins Zentrum die historischen Bewegungen der menschlichen Gesellschaft rückt, der muß auch wissen, daß er selbst weder Anfang noch Ende ist, sondern, wenn man es einmal so ausdrücken darf, ein Glied in der Kette".[66]

Diese Stellungnahme führte dazu, dass, als zwei Jahre später Mannheim auf einen Lehrstuhl für Soziologie[67] an der Universität Frankfurt am Main berufen wurde, Elias ihm folgte und sein Assistent wurde.

IV. Der Zivilisationsprozess auf dem Frankfurter „Schlachtfeld"

Während Mannheim und Elias von Alfred Weber, dem wichtigsten akademischen Repräsentanten der Soziologie in Heidelberg, als Verteidiger einer linksextremen Linie kritisiert wurden, änderte sich ihre Etikettierung in Frankfurt am Main völlig. Gegenüber dem Institut für Sozialforschung konnten sie nicht mehr als Repräsentanten der materialistischen Geschichtsauffassung erscheinen.

---

[63] Ebd., 388.

[64] Ebd., 388.

[65] Ebd., 389.

[66] Ebd., 389. Zu den Beziehungen Mannheims und Webers nach 1928, siehe die sehr präzise Rekonstruktion in: Demm, Von der Weimarer Republik, 35–44. Blomert zitierend, unterstreicht Demm, dass Mannheim Webers Trennung zwischen Kulturbewegung und Zivilisationsprozess nicht akzeptiert (Demm, ebd., 41). An der Heidelberger Universität kämpfte Weber aber gleichzeitig gegen „reaktionäre Cliquen", wie er sie nannte, und besonders gegen Heinrich Rickert (ebd., 69).

[67] Franz Oppenheimers Lehrstuhl war einer für „theoretische Nationalökonomie und Soziologie". Erst mit Mannheims Antritt wurde er umbenannt in „o. ö. Professur für Soziologie" (Käsler, Frühe deutsche Soziologie, 627; Paul Kluke, *Die Stiftungsuniversität Frankfurt am Main, 1914–1932*, Frankfurt am Main, 545; Kurztitel: Kluke, Stiftungsuniversität).

Diese Tatsache wurde umso augenfälliger, als das Seminar für Soziologie im unteren Stockwerk des Gebäudes des Institutes für Sozialforschung (Victoria-Allee 17) untergebracht war.[68] Der am 27. Januar 1930 nicht reibungslos ernannte Professor für Soziologie Karl Mannheim[69] und sein Assistent, Norbert Elias, trafen tagtäglich den am 29. Juli desselben Jahres ernannten Max Horkheimer, zu dem die Beziehungen gleich zu Anfang schlecht waren. Mannheim hatte die Errichtung eines eigenen Soziologischen Seminars innerhalb der Wirtschafts- und Sozialfakultät als Bedingung für die Annahme des Lehrstuhls gefordert und war damit in Konkurrenz zum Institut für Sozialforschung getreten.[70] Schon bevor Horkheimer berufen wurde, hatte er Mannheims *Ideologie und Utopie* (1929) in einem Artikel scharf angegriffen.[71] Horkheimer denunzierte „die unklaren idealistischen Vorstellungen dieser Wissenssoziologie", deren „marxistische Denkmittel" ihren Idealismus nicht verschleiern könne.[72] Wie Amalia Barboza gezeigt hat, wurde Mannheims Wissenssoziologie von diesem Zeitpunkt an und bis in die 1970er Jahre stets von Horkheimer als Antipode zur kritischen Theorie dargestellt.[73]

1932 reichte Norbert Elias seine Habilitationsschrift (*Die höfische Gesellschaft. Untersuchungen zur Soziologie des Adels, des Königtums und des Hofes, vor allem im Frankreich des XVII. Jahrhunderts*) an der Universität Frankfurt ein, aber das Verfahren wurde durch Hitlers Machtergreifung unterbrochen. Die Schließung des Soziologischen Seminars am 13. März 1933 durch die Nationalsozialisten verhinderte die Probevorlesung.[74]

Höchstwahrscheinlich haben verschiedene Faktoren Norbert Elias dazu veranlasst, den „Prozeß der Zivilisation" zur Hauptkategorie seines Buches zu machen. Diese Wahl richtet sich, wie gesehen, einerseits gegen Alfred Webers Lob der Kultursoziologie. Andererseits muss man auch daran erinnern, dass Elias sein Buch zwischen 1934 und 1937 schrieb, also in einer

---

[68] Dem Neubau, 1924 eröffnet, wurde zwar das Grundstück der Familie Weil von der Stadt überlassen, aber dafür sollte das Erdgeschoss der Wirtschafts- und Sozialfakultät unbedingt und unentgeltlich überlassen werden (Kluke, Stiftungsuniversität, 494). Rolf Wiggershaus, *Die Frankfurter Schule: Geschichte, Theoretische Entwicklung, Politische Bedeutung*, 3. Aufl. München 1991, 129.

[69] Zur Ernennung Mannheims als Nachfolger Oppenheimers s. Notker Hammerstein, *Die Johann Wolfgang Goethe – Universität Frankfurt am Main, Bd. 1: Von der Stiftungsuniversität zur staatlichen Hochschule (1914–1950)*, Göttingen 2012, 128–130.

[70] Ebd., 130.

[71] Max Horkheimer, „Ein neuer Ideologiebegriff?", in: *Archiv für die Geschichte des Sozialismus und der Arbeiterbewegung* 15 (1930), 33–56.

[72] Meja/Stehr (Hg.), Der Streit, 494 f.

[73] Amalia Barboza, „Die verpassten Chancen einer Kooperation zwischen der ‚Frankfurter Schule' und Karl Mannheims Soziologischem Seminar", in: Richard Faber/Eva-Maria Ziege (Hg.), *Das Feld der Frankfurter Kultur- und Sozialwissenschaften vor 1945*, Würzburg 2007, 63–87.

[74] Siehe: http://www.kuwi.uni-linz.ac.at/hyperelias/z-elias/HyperElias-1930-1949.htm.

Zeit, in der die Nationalsozialisten „Kultur“ als nationales Gut priesen und „Zivilisation“ als „widervölkisch“ verdammten.[75] Deutschland wurde noch weit mehr als zuvor von der Propaganda als ein Land der Kultur gepriesen, während gleichzeitig Frankreich und Großbritannien als Repräsentanten der Zivilisation angeprangert wurden. Nachdem er als Jude aus Deutschland fliehen musste, verstand Norbert Elias sein Buch, das er wahrscheinlich in Paris begann und in London abschloss[76], auch als eine Waffe gegen solche Propaganda. Frankreich und Großbritannien wurden die beiden Länder, in denen er Exil suchte. Nach Frankreich floh er zunächst im Jahre 1933, weil er die Sprache gut beherrschte und hoffte, mit Hilfe von Raymond Aron und Célestin Bouglé, dem Leiter des Centre de documentation sociale an der cole Normale Supérieure, eine akademische Stelle bekommen zu können.[77] Das scheiterte, und Elias ließ sich schließlich in Großbritannien nieder. Das Lob des französischen und britischen „civilisation/civilization“-Begriffs kann man also als ein Lob auf seine Zufluchtsorte ansehen.

Ein Briefwechsel zwischen Norbert Elias und Walter Benjamin aus dem Frühjahr 1938 gibt weitere Hinweise auf Elias’ Gründe, dem Zivilisationsprozess einen solchen Rang einzuräumen. Wie Horkheimer stand auch Walter Benjamin Mannheim feindselig gegenüber. In einem Brief an Horkheimer vom 3. November 1937 schreibt er über Gisèle Freunds Dissertation, die unter der Leitung Mannheims und mit der steten Unterstützung Elias’ geschrieben wurde: „Das Buch von Gisela Freund ist bei Adrienne Monnier erschienen. Es ist eine gute Arbeit, obwohl es im Frankfurter Seminar von Mannheim seinen Ursprung genommen hat.“[78] Elias bemühte sich um Rezensionen seines gerade erschienenen Buches *Über den Prozeß der Zivilisation* und hoffte auf eine Besprechung in der *Zeitschrift für Sozialforschung* des Instituts. Die Reaktionen Benjamins können dazu dienen, den Sinn der Hervorhebung des Zivilisationsprozesses bei Elias besser zu verstehen. In seiner ersten Antwort (13. Mai 1938) auf Elias Bitte um eine Rezension stellte Benjamin sich als nicht kompetent dar und meinte, es gäbe „weit bessere Kenner der Kulturgeschichte des 16-ten/18-ten Jahrhunderts als“ ihn.[79] Elias deutete diese Bemerkung als Kritik und antwortete:

„Es ist ein Mißverständnis, wenn Sie glauben, es handele sich um eine kulturhistorische Arbeit und Kultur-historiker seien besonders befähigt, sie zu verstehen. An der Unterscheidung von ‚Zivilisation‘ und ‚Kultur‘ ist schon etwas dran. Und ich habe Beispiele dafür, dass Kulturhistoriker, gewohnt das ‚Wesentliche‘ der Geschichte in der Sphäre des

---

[75] Pflaum, Kultur-Zivilisations-Antithese, 372 f.

[76] Marc Joly, *Devenir Norbert Elias*, Paris 2012, 98–110.

[77] Marc Joly/Quentin Deluermoz, „Un échange de lettres entre Raymond Aron et Norbert Elias (juillet 1939)”, in: *Vingtième siècle* 106 (2010), 97.

[78] Detlev Schöttker, „Norbert Elias und Walter Benjamin. Ein unbekannter Briefwechsel und sein Zusammenhang“, in: *Merkur* 42 (2009), (473), 586.

[79] Ebd., 593 (13.5.1938).

Geistes und der Ideen zu sehen, mit einem sehr geringen Verständnis auf diesen Versuch zu einer geschichtlichen Psychologie blicken, in dem von so simplen Dingen wie Essen, Schnäuzen und von den elementarsten menschlichen Trieben die Rede ist. Vor allem aber kam es mir nicht – wie sooft dem Kulturhistoriker – auf die einfache Sammlung geschichtlicher Data an, sondern auf die Demonstration sozialpsychologischer Strukturen, von denen sich unzweideutiger, als es bisher möglich war, die Brücke zu den gesellschaftlichen Strukturen schlagen läßt."[80]

Kulturgeschichte ist also für Elias beinahe ein Schimpfwort und er distanziert sich scharf von jedem Ansatz, der von einer Dualität zwischen Kultur und Zivilisation ausgeht und als das Wesentliche in der Geschichte den Geist betrachtet. Hinter dieser heftigen Reaktion, so meine These, steht Elias' Distanz zu Alfred Webers Kultursoziologie.

Der Briefwechsel mit Benjamin gibt auch Hinweise auf die Akteure, die für Elias in Frankfurt wichtig waren. In seinem ersten Brief hatte Elias die Haltung verworfen, die „von marxistischer Seite die Psycho-analyse oder irgendeine andre ungeschichtliche Form der Psychologie wegen dieser oder jener Einzelheit kritisiert oder bekämpft" und die „positivere Aufgabe" befürwortet, „die Ordnung der geschichtlichen Veränderung des Psychischen unserem Verständnis zugänglich"[81] zu machen, was seiner Meinung nach das Ziel des ersten Bandes von *Über den Prozeß der Zivilisation* war. Im zweiten Band würde untersucht, „welche Gesellschafts-prozesse die Motoren dieser psychischen Veränderung" seien.[82] Am 13. Mai 1938 antwortete Benjamin, dass der Autor vor einer „Alternative zwischen der idealistischen Geschichtsauffassung und der des dialektischen Materialismus" stehe.[83] Elias fühlte sich besonders beleidigt dadurch, dass man glauben konnte, sein erster Band sei „ein Beispiel ‚idealistischer' Geschichtsauffassung", und er vermutete, Benjamin habe ihn mit „Voreingenommenheit" gelesen.[84] Deshalb fasste Elias noch einmal sein Ziel zusammen:

„Was immer man unter ‚Dialektik' verstehen mag, dieses Wort geht darauf aus, die Ordnung, die Struktur, die Gesetzmäßigkeit der gesellschaftlichen Veränderungen wiederzugeben. Zu zeigen, daß der Aufbau des Psychischen der gleichen Ordnung unterliegt, ist die Aufgabe dieses ersten Bandes. Diese Aufgabe ist heute erst von ganz wenigen Menschen gesehen – darunter zum Beispiel von Erich Fromm –, geschweige denn in Angriff genommen worden. Das ist der Grund, aus dem ich mich an Sie mit der Bitte um eine Besprechung gewandt habe".[85]

Erstens zeigt Elias durch diesen Hinweis auf eine Nähe zwischen Erich Fromm und Walter Benjamin, dass er über die neuesten Entwicklungen am

[80] Ebd., 594 (Brief Elias' an Benjamin vom 17.4.1938).
[81] Ebd., 592 (Brief Elias' an Benjamin vom 17.4.1938).
[82] Ebd., 592 (Brief Elias' an Benjamin vom 17.4.1938).
[83] Ebd., 593 (Brief Benjamins an Elias vom 17.4.1938).
[84] Ebd., 594.
[85] Ebd., 594.

Institut für Sozialforschung nicht informiert war. Tatsächlich hatten Max Horkheimer, sein Analyst Karl Landauer und Erich Fromm 1929 dabei geholfen, dass ein Frankfurter Psychoanalytisches Institut gegründet wurde.[86] Es wurde auch im Gebäude des Instituts für Sozialforschung angesiedelt. Aber mittlerweile herrschte seit zwei Jahren ein Konflikt mit Erich Fromm, der auf seiner Kritik an Freuds Libidotheorie gründete und 1938 zu Fromms Ausscheiden aus dem Institut für Sozialforschung führte.[87]

Aber der Hinweis auf Erich Fromm bezeugt auch, dass, wenn Elias auch (wie Mannheim) keinen Kontakt zu Horkheimer hatte, er sich doch regelmäßig mit Vertretern des Psychoanalytischen Institutes austauschte. Das Frankfurter Psychoanalytische Institut wurde als eine Art Gegenentwurf zu anderen psychoanalytischen Instituten gegründet. Im Gegensatz zum Berliner Psychoanalytischen Institut handelte es sich bei dem Frankfurter weder um eine Ausbildungsanstalt für künftige Psychoanalytiker, noch um eine Behandlungsklinik für Patienten, sondern hauptsächlich um einen Vermittlungsort, der das „durch die psychoanalytische Technik Erworbene" den „Ärzten, Psychologen, Soziologen, Pädagogen, Juristen" anbot „zur Verwendung für ihr Fachgebiet"[88], also besonders Vertretern nicht therapeutischer Wissensfächer. Erich Fromm wünschte sich schon anlässlich der Eröffnungsfeier des Institutes im Jahr 1929 die Nutzung der Psychoanalyse auf dem Gebiet der Soziologie, und er wurde als Leiter der Sozialpsychologischen Abteilung des Instituts für Sozialforschung zu einem der wichtigsten Mittler zwischen beiden Instituten.[89]

Zu persönlichen Kontakten zwischen Erich Fromm und Norbert Elias finden sich bisher keine Belege in den Quellen.[90] Aber mit Siegmund H. Fuchs, dem Leiter des Therapeutikums des Instituts, der im Sommersemester 1932 ein Seminar mit Karl Landauer und Heinrich Meng zu Freuds „Massenpsychologie und Ich-Analyse" veranstaltete, pflegte Elias regen Austausch. Dieser wurde im England der 1940er Jahre, wo Fuchs (der sich dann in Foulkes umbenannte) Zuflucht fand, wieder aufgenommen und führte dazu, dass Elias

---

[86] Michael Laier, „‚Sie wissen, dass alles von unserem alten Institut vernichtet wurde.' Das Frankfurter Psychoanalytische Institut (1929–1933)", in: Thomas Plänkers/Michael Laier/Hans-Heinrich Otto/Hans-Joachim Rothe/Helmut Siefert (Hg.), *Psychoanalyse in Frankfurt am Main*, Tübingen 1996, 41–86 (Kurztitel: Laier, Frankfurter Psychoanalytisches Institut).

[87] Rainer Funk, „Einleitung des Herausgebers", in: Erich Fromm, *Gesamtausgabe, Bd. I: Analytische Sozialpsychologie*, München 1989, S. XXI.

[88] Heinrich Meng am Eröffnungstag des Institutes, zitiert nach Laier, Frankfurter Psychoanalytisches Institut, 49.

[89] Ebd., 55 f.

[90] Das bestätigt Daniel Nakhla, „Die Psychologie in der Soziologie (Elias) und die Soziologie in der Psychologie (Fromm)", in: *Fromm Forum* 5 (2001), 67–69.

an der Gründung der *Group analytic therapy* teilhatte.[91] Für unsere Erkundung wichtiger noch ist aber die Tatsache, dass Foulkes ursprünglich den psychoanalytischen Teil von *Über den Prozeß der Zivilisation* schreiben sollte.[92]

Foulkes rezensierte Elias' Werk in der wichtigsten psychoanalytischen Zeitschrift der Zeit, in der er „seine besondere Bedeutung zum historischen Verständnis der Ich- und Überich-Bildung" unterstrich.[93] Foulkes nutzte *Über den Prozeß der Zivilisation* offensichtlich auch, um in London, der neuen Hauptstadt der Psychoanalyse seit Freuds Exil, die Spezifizität der Frankfurter Psychoanalyse geltend zu machen:

> „Die Psychoanalyse hat bisher versucht, die für menschliches Wesen so überaus wichtige Überich-Bildung in ihrer Entstehung aus zwei Quellgebieten zu erforschen: Erstens aus der Phylogenese, also als Niederschlag der Urgeschichte (Oedipus-Komplex); zweitens aus der Psychogenese, als Resultat der individuellen Vorgeschichte (ganz besonders in England). Neben diesen zwei Forschungsrichtungen scheint sich langsam der Weg zu einer dritten zu eröffnen, die gewiß nicht weniger wichtig ist, nämlich zu einer soziogenetischen, also historischen."[94]

In seiner Rezension des zweiten Bandes bemerkte Foulkes, Elias spreche „von der Zivilisation, als ob es nur eine solche gäbe. Er ist offenbar der Ansicht, dass jede Zivilisation, trotz verschiedener Färbung, charakteristische wesensgleiche Grundzüge aufzeige".[95]

Aus Foulkes Mund war das keine Kritik. Elias soziologischer Maßstab erlaube „von einem Begriff der Zivilisation, der dem Begriff etwa der Domestikation naherückt" zu sprechen.[96] Mit dem „Prozeß der Zivilisation" habe sich Elias also von der Kultur-Zivilisation-Dichotomie losgelöst, um die aufklärerische Tradition des Gegensatzes zwischen Zivilisation gleich Kultur versus Natur vorzuziehen. Damit teile er völlig Freuds Verständnis des Kulturbegriffs[97], über den Elias in *Über den Prozeß der Zivilisation* schreibt: „Es braucht dabei kaum gesagt zu werden, aber es mag hier einmal ausdrücklich hervorgehoben sein, wieviel diese Untersuchung den vorausgehenden Forschungen Freuds und der psycho-analytischen Schule verdankt."[98] Sigmund

---

[91] Siehe dazu: *The Journal of Group Analytic Psychotherapy* 30.4 (1997).

[92] Reinhard Blomert, „Foulkes und Elias. Biographische Notizen über ihre Beziehung", in: *Gruppenanalyse. Zeitschrift für gruppenanalytische Psychotherapie, Beratung und Supervision* 2 (1992), 1–26.

[93] S. H. Foulkes, „Rez. von Elias *Über den Prozeß der Zivilisation, erster Band*", in: *Internationale Zeitschrift für Psychoanalyse* 24 (1939), 180.

[94] Ebd, 180.

[95] S. H. Foulkes, „Rez. Von Elias *Über den Prozeß der Zivilisation, zweiter Band*", in: *Internationale Zeitschrift für Psychoanalyse* 26 (1941), 317.

[96] Ebd., 317.

[97] Bollenbeck, Art. Zivilisation, 1376.

[98] Elias, GS. 3.1, 416, Fn. 77.

Freud war auch eine der ersten Personen, an die Elias den ersten Band seiner Schrift sandte.[99]

V. Begriffe im Streit und Streitbegriffe

Wie ich bereits in früheren Arbeiten gezeigt habe, werden Wort- und Begriffsprägungen in wissenschaftlichen Debatten häufig wie Waffen im Kampf um die Deutungshoheit geführt. In diesem Sinne heißt „kontextualisieren“, den polemischen Charakter dieser Streitbegriffe sichtbar zu machen. Denn mit der Zeit verblasst er, und es ist die Rolle des Historikers, ihn zu rekonstruieren. Wozu aber der Terminus „Streitbegriff“? Handelt es sich hier nicht um einen Pleonasmus? Sind nicht alle Begriffe „Streitbegriffe“? Damit möchte ich selbstverständlich keinen absoluten Unterschied zwischen „normalen“ Begriffen und Streitbegriffen inszenieren. Sondern idealtypisch unterstreichen, dass der „Prozeß der Zivilisation“ insofern als paradigmatisch für Streitbegriffe gelten kann, als seine Geschichte zeigt, dass es kennzeichnend für Streitbegriffe ist, dass sich der Wert, der mit ihnen gesetzt wird, verändern kann, ohne dass die strittige Dimension verloren geht. Dieser Fall erscheint theoretisch umso interessanter, als den Begriffskontext sich stark verändert hat. Bei Alfred Weber war er von der Trichotomie (Gesellschaftsprozess, Zivilisationsprozess und Kulturbewegung, wobei der letzte am Gipfel der Werteskala stand) untrennbar. Bei Norbert Elias steht der „Prozeß der Zivilisation“ singulär da.

An die polemische Entstehung des Streitbegriffs „Prozeß der Zivilisation“ in Abgrenzung zur „Kultursoziologie“ Alfred Webers und an die negative Rezeption durch Walter Benjamin ist umso mehr zu erinnern, als eine neue „Kultursoziologie“-Etikettierung in den 1970er Jahren sich in polemischer Absicht gegen die damalige Soziologie (inbegriffen die Frankfurter Schule) richtete. Ihr Hauptvertreter, Friedrich Tenbruck, denunzierte die Lage der damaligen Soziologie als einen „generalisierte(n) Marxismus“, kehrte Elias' Werteskala um und behauptete die vorherige Hochschätzung der „Kultur“ wieder. Er berief sich ausdrücklich auf Alfred Webers Kultursoziologie und lobte Herder als denjenigen, der als erster mit der „universalistische(n) Fortschrittsidee der Aufklärung“ gebrochen hätte, im Gegensatz zu Frankreich, einem Land, in dem sich der Zivilisationsbegriff durchgesetzt habe.[100]

---

[99] Das Exemplar befindent sich heute in der Library of Congress (Sabine Delzescaux, *Norbert Elias. Une sociologie des processus*, Paris 2001, 179).

[100] Friedrich Tenbruck, „Die Aufgaben der Kultursoziologie“, in: *Kölner Zeitschrift für Soziologie und Sozialpsychologie* 31 (1979), 399–421 (Zitate: 408, 411).

„Karisuma“ in Japan?

Übersetzung, Deutung und Anwendung einer fremdkulturellen Kategorie[1]

Wolfgang Schwentker

I. Die Definition des Begriffs

Seit Erscheinen der ersten Auflage 1955 hat sich das japanische Wörterbuch *Kôjien* zum autoritativen einbändigen Nachschlagewerk der japanischen Sprache entwickelt. Es ist heute in nahezu jedem japanischen Haushalt vorhanden. In diesem Wörterbuch für den Alltagsgebrauch finden wir seit Veröffentlichung der 2. Auflage im Jahre 1969 an nur einer Stelle auch den Namen Max Webers erwähnt, und zwar in einem Eintrag zum Begriff „Charisma“ (jap. カリスマ karisuma).[2] In wenigen Zeilen wird dort auf die griechischen Ursprünge des Begriffs verwiesen und Charisma als Gabe beschrieben, welche ihrem Träger die Voraussage von Wundern im Rahmen eines religiösen Rituals erlaube. Darüber hinaus nennt der Eintrag mit Bezug auf Max Weber die „charismatische Herrschaft“ als einen Typus von Herrschaft, welche auf den besonderen Qualitäten eines Führers und dem Glauben an diese auf Seiten derer beruhe, die ihm folgen. In der 6., aktuellsten Auflage des Wörterbuchs aus dem Jahre 2008 werden drei Bedeutungsfelder des Charisma-Begriffs voneinander unterschieden.[3] Erstens geht es dort um die Religion, d.h. um die besondere Kraft, die auserwählten Menschen von Seiten eines Gottes oder heiligen Geistes als Gnadengabe zugestanden wird. Als

---

[1] Erste Überlegungen zum Thema wurden im Rahmen einer Tagung zum 150. Geburtstag Max Webers vorgetragen. Die Tagung war dem Thema „Max Weber übersetzen und edieren: Erfahrungen, Einsichten, Irritationen“ gewidmet und fand vom 2. bis 4. Juli 2014 im Max Weber-Kolleg an der Universität Erfurt statt. Den Teilnehmern dieser Veranstaltung und Herrn Prof. Dr. Takenaka Tôru (Universität Ôsaka) danke ich für kritische und weiterführende Hinweise. – Die japanischen Namen werden hier dem ostasiatischen Brauch entsprechend wiedergegeben, d.h. der Familienname wird dem Vornamen vorangestellt, mit Ausnahme der japanischen Namen in bibliographischen Angaben von Literatur in westlichen Sprachen. Die Umschrift japanischer Namen und Begriffe folgt dem modifizierten Hepburn-System.

[2] Eintrag „Karisuma“, in: *Kôjien*, Tôkyô 1969, 470.

[3] Eintrag „Karisuma“, in: *Kôjien*, 6. Aufl. Tôkyô 2008, 608.

potentielle Träger außeralltäglicher Begabungen werden Propheten und Kriegshelden genannt. Auf einer weiteren Ebene, der von Gesellschaft und Politik, kommt die Herrschaftssoziologie Max Webers ins Spiel. Hier wird gegenüber der Erwähnung in der ersten Auflage nun in differenzierterer Form die charismatische Herrschaft als eine spezifische Form der legitimen Herrschaft der traditionalen bzw. bürokratischen gegenübergestellt. Wörtlich heißt es an der betreffenden Stelle über den Begriff „Charisma": „Übermenschliche und außeralltägliche Qualitäten (im Sinn einer göttlichen Gabe). Zu beobachten bei Helden, Propheten und anderen. Dort, wo die charismatischen Fähigkeiten [einer Person] mit dem Glauben an diese zusammenfallen, spricht Max Weber von charismatischer Herrschaft. Mit Bezug auf den Führer handelt es sich um einen [spezifischen] Herrschaftstypus [unter anderen]."[4] Der dritte Bereich zielt auf die Popularisierung des Charisma-Begriffs in der japanischen Gegenwartsgesellschaft ab und beschreibt das Charisma bei Schauspielern und Künstlern, von denen aufgrund ihrer außergewöhnlichen Fähigkeiten eine besondere Faszination auf die Massen ausgehe. Die Rede ist von Persönlichkeiten, die eine „Fangemeinde" um sich scharen können, ein Phänomen, das wir vielleicht als „artifizielles Charisma" fassen dürfen.

Man sieht: Der Begriff „Charisma" ist seit den 1960er Jahren in Japan geläufig. Er wird mit Bezug auf Max Weber erklärt, doch trägt die Ausweitung des Bedeutungsgehalts dieses Begriffs auf die mediale Populärkultur und auf das Marketing ganz unterschiedlicher Produkte jüngeren Entwicklungen seit den 1990er Jahren Rechnung, die mit dem von Weber beschriebenen Herrschaftstypus kaum noch etwas gemein haben. Auf der Grundlage der im Kôjien vorgenommenen Differenzierung sollen im Folgenden Übersetzungsvarianten und Deutungswege sowie Anwendungsmöglichkeiten des Charisma-Begriffs in Japan rekonstruiert werden. Dabei wende ich mich zunächst der Einführung und Interpretation des Charisma-Begriffs im Rahmen der japanischen Weber-Forschung im engeren Sinne zu.[5] Im Zentrum dieses Beitrags steht allerdings nicht die Rezeptionsgeschichte des Begriffs, sondern die Adaptionsproblematik, also die Frage, auf welche Weise der Begriff Charisma bis heute in Japan in den Bereichen Religion, Politik und Kultur Anwendung findet.

---

[4] Ebd.

[5] Dieses Thema spielte in der japanischen Forschung vor dem Jahr 2000 kaum eine Rolle. Ich habe es deshalb im Rahmen meiner älteren Untersuchung zur Max Weber-Rezeption in Japan nicht behandelt. Siehe dazu Wolfgang Schwentker, *Max Weber in Japan. Eine Untersuchung zur Wirkungsgeschichte, 1905–1995*, Tübingen 1998 (in gegenüber dem deutschen Original verbesserter japanischer Übersetzung jetzt als: *Makkusu Wêbâ no Nihon – Juyôshi no kenkyû, 1995–1995*, 2. Aufl. Tôkyô 2013).

II. Probleme der Übersetzung und Deutung

Zu Beginn der Rede über *Politik als Beruf* behandelt Max Weber die drei Legitimitätsgründe der Herrschaft und nennt als zweiten Punkt: „die Autorität der außeralltäglichen persönlichen *Gnadengabe* (Charisma), die ganz persönliche Hingabe und das persönliche Vertrauen zu Offenbarungen, Heldentum oder anderen Führereigenschaften eines einzelnen: ‚charismatische' Herrschaft, wie sie der Prophet oder – auf dem Gebiet des Politischen – der gekorene Kriegsfürst oder der plebiszitäre Herrscher, der große Demagoge und politische Parteiführer ausüben".[6] Zu einer ersten Übersetzung von *Politik als Beruf* durch den später namhaften Soziologen Shimizu Ikutarô (清水幾太郎 1907–1988) kam es bereits im Jahre 1939.[7] Shimizu war dafür bestens präpariert, nachdem er ein deutschsprachiges Gymnasium in Tôkyô absolviert und ab 1925 an der Kaiserlichen Universität von Tôkyô Soziologie studiert hatte. Wie viele seiner Zeitgenossen war er zunächst vom Marxismus begeistert, löste sich aber von ihm in den 1930er Jahren und wirkte bis 1945 in mehreren regierungsnahen Forschungseinrichtungen mit, darunter in der rechtskonservativen, dem Regime als Think Tank dienenden „Shôwa kenkyûkai" (昭和研究会 Shôwa-Forschungsgemeinschaft). Zu dieser Zeit übersetzte er Max Webers *Politik als Beruf* und brachte den Text zusammen mit Carl Schmitts Studie über den *Begriff des Politischen* in einem Band heraus.[8]

Wie sieht nun die Übersetzung der oben zitierten Passage über die charismatische Herrschaft aus? Entscheidend ist: Der Begriff „Charisma" wird hier noch nicht in der Lautschrift Katakana als „Karisuma" wiedergegeben, sondern mit Kanji-Zeichen als „shinchi" (神智) im Sinne von „göttlicher Weisheit" übersetzt (und interpretiert). Wörtlich lautet die Passage in der Rückübersetzung wie folgt: „Herrschaft kraft göttlicher Weisheit übt aus, wer über die Macht außergewöhnlicher, individueller Kräfte verfügt oder wer zu indi-

---

[6] Max Weber, *Wissenschaft als Beruf (1917/1919) – Politik als Beruf (1919)*, hg. von Wolfgang J. Mommsen und Wolfgang Schluchter in Zusammenarbeit mit Birgitt Morgenbrod (*MWG I/17*), Tübingen 1992, 160.

[7] Vermutungen japanischer Weber-Forscher, wonach der Begriff über die Rezeption der Staatsrechtslehre Hans Kelsens Eingang in die japanische Diskussion gefunden hat, lassen sich nicht verifizieren. In Kelsens Buch *Der soziologische und der juristische Staatsbegriff* aus dem Jahre 1922, das schon zwei Jahre später in japanischer Übersetzung erschien, wird Max Webers Auffassung vom „Staat" eingehend dargelegt, doch kommt dieses Kapitel – wie auch andere Teile des Buchs – ganz ohne den Charisma-Begriff aus. Dass das Werk Hans Kelsens für die Weber-Forschung in Japan eine größere Bedeutung hatte als bislang vermutet, ist nicht von der Hand zu weisen. Schließlich wurden alle Bücher Hans Kelsens bis in die späten 1930er Jahre umgehend übersetzt und intensiv diskutiert.

[8] Shimizu Ikutarô (Hg. und Übers.), Wêbâ/Shumitto, *Seiji no honshitsu* (Weber/Schmitt, Das Wesen der Politik), Tôkyô 1939.

vidueller Offenbarung in der Lage ist oder zu heldenhaftem Handeln; hinzu tritt die individuelle Hingabe oder das individuelle Vertrauen in die besonderen Fähigkeiten eines Führers, eines Propheten oder – im Bereich der Politik – des Herrschers kraft seiner Wahl durch das Volk oder des auserwählten Kriegerfürsten, des großen Demagogen oder Führers einer politischen Partei“.[9] Die religiöse Dimension der außerordentlichen Qualitäten eines Führers wird durch die Verwendung des Begriffs „shinchi“ hier überbetont. In der der Übersetzung vorausgehenden kurzen Interpretation des Übersetzers wird auf den Begriff „Charisma“ verzichtet und lediglich auf die außergewöhnlichen, individuellen Qualitäten eines Führers verwiesen.

Dennoch war zu diesem Zeitpunkt der „Charisma“-Begriff in Japan in der heute üblichen Form bereits bekannt, wie ein Blick in die Studie Mori Tôgôs (森東吾 1909–2001) aus dem Jahr 1937 zeigt. Der 30jährige Religionssoziologe, der sich in den 1960er Jahren einen Namen mit Übersetzungen Robert K. Mertons machen sollte, veröffentlichte im *Jahrbuch für Soziologie* eine Studie unter dem Titel „Der Typus der charismatischen Herrschaft – Ein Problem der Religionssoziologie“.[10] In diesem Beitrag taucht der „Charisma“-Begriff zum ersten Mal in der heute üblichen Schreibweise als „Karisuma“ in der Silbenschrift Katakana auf, also als カリスマ. Mori stellt im Anschluss an Weber dessen drei Typen legitimer Herrschaft vor und versucht dann, den chrismatischen Typus genau zu bestimmen. Er betont den „heiligen bzw. sakralen“ Charakter des Charisma als einer von Gott (oder den Göttern) verliehenen Gabe und verweist darüber hinaus noch auf die „Würde“ (恩寵onchô, auch „Gunst“), die eine mit Charisma ausgestattete Persönlichkeit ausstrahle. Als Träger von Charisma kommt für ihn eine ganze Reihe von Personen in Frage, neben den Propheten die Schöpfer von neuen rechtlichen Ordnungssystemen oder Jäger und Medizinmänner in den frühgeschichtlichen Siedlungsgemeinschaften; häufig seien diesen Personen magische Kräfte zugeschrieben worden.[11] Inhaltlich geht es in dieser Untersuchung darüber hinaus um die Frage, ob religiöse Führer – im Gegensatz zu politischen Führern – notwendigerweise immer über Charisma verfügen müssen. Mori bejaht diese Frage und behandelt in diesem Zusammenhang vor allem die Propheten im alten Israel, aber auch Mohammed.

Zu einer ersten japanischen Übersetzung von Teilen der Herrschaftssoziologie aus *Wirtschaft und Gesellschaft* kam es erst 1954.[12] Eine weitere Über-

---

[9] Ebd., 43.

[10] Mori Tôgo, „Karisumateki shihaisha no ruikei – Shûkyô shakaigaku no ichi mondai“ (Der Typus der charismatischen Herrschaft – Zu einem Problem der Religionssoziologie), in: *Shakaigaku* 5 (1937), 78–91.

[11] Ebd., 80.

[12] Makkusu Wêbâ, *Kenryoku to shihai* (Macht und Herrschaft), übersetzt und hg. von Hamashima Akira, Tôkyô 1954.

tragung durch Sera Terushirô (世良晃士郎 1917–1989) folgte 1970.[13] Angesichts der Bedeutung, welche Übersetzungen in der Regel für die Interpretation eines Werks haben, ist mit Blick auf die Herrschaftssoziologie bemerkenswert, dass die Typen der traditionalen und bürokratischen Herrschaft aufgegriffen und mit Blick auf das moderne Japan weiterverfolgt wurden, das Thema „Charisma“ aber viele Jahre lang unbeachtet blieb. Erst im Jahre 2002 widmete die Kulturzeitschrift „Daikôkai“ (大航海) dem Thema „Charisma“ ein Sonderheft.[14] Anlass dazu gaben die Terroranschläge vom 11. September 2001 in New York, denn das Heft enthält mehrere Beiträge zur Rolle der Führer im religiösen Fundamentalismus, insbesondere mit Blick auf den Islam. Das Sonderheft pries „Charisma“ als Schlüsselbegriff für das Verständnis der Gegenwartsgesellschaft. Diesen Faden nahm Kan San-Jun (姜尚中, Jg. 1950), heute einer der wichtigsten *public intellectuals* in Japan, in einem Beitrag für das Sonderheft über Max Weber der Zeitschrift *Gendai shisô* (現代思想) auf und rief angesichts der Krise der demokratischen Systeme, die durch den Terrorismus ausgelöst wurde, dazu auf, die Problematik des Charisma, so wie sie bei Weber als Forschungsprogramm angedeutet sei, weiter zu verfolgen.[15] Vor dem Jahr 2000, so ist festzuhalten, spielte die systematische Erschließung der Charisma-Problematik in der japanischen Soziologie und Weber-Forschung, von den wenigen oben genannten Fällen abgesehen, keine Rolle. Welchen Grund könnte diese „Nicht-Beachtung“ in den japanischen Sozial- und Kulturwissenschaften haben? Was ist aus dem Begriff geworden? Wie hat er sich im Zeitalter der Massenmedien verändert?

III. Varianten der Adaption

In einem berühmten Buch mit dem Titel *Die Struktur der japanischen Gesellschaft* hat die japanische Soziologin Nakane Chie (中根千枝, Jg. 1926) die These vertreten, dass der spezifische Charakter der japanischen Gesellschaft charismatische Herrschaft, so wie man sie aus den westlichen Kulturen kenne, unmöglich mache: „Gleichgültig wie reich und mächtig, wie glänzend begabt oder welche Art Persönlichkeit jemand ist, wenn er nicht fähig ist, seine Anhänger emotional zu gewinnen und sie in vertikalen Beziehungen an sich zu binden, so kann er kein Führer werden. Die Folge mag sein, daß Japan keinen charismatischen Führer hervorzubringen vermag oder, anders gesagt, daß ein Führer sein Charisma nur über unmittelbare persönliche Beziehungen

[13] Makkusu Wêbâ, *Shihai no sho ruikei* (Typen der Herrschaft), übersetzt und hg. von Sera Terushirô, Tôkyô 1970.

[14] *Daikôkai* 41 (2002).

[15] Kan Sanjun, „Wêbâ no kanôsei“ (Die Möglichkeiten, die in Weber liegen), in: *Gendai shisô* 11 (2007), 14–19.

wirken lassen kann."[16] Worin, so muss man fragen, liegt der strukturell spezifische Charakter der japanischen Gesellschaft?

Die Unmittelbarkeit der persönlichen Beziehungen und die durch eine vertikale Ordnung vorgegebenen Bindungen in den sozialen Gruppen bzw. Gemeinschaften sind in Japan die maßgebliche Quelle der Herrschaftsbeziehungen. Sie geben denjenigen, die außerhalb stehen, wenig Chancen, ihre Anliegen durchzusetzen. In religiösen Gemeinschaften, in Dörfern oder Firmen, in politischen Parteien oder an den Universitäten, – überall steht die Sekte, Gruppe, Fraktion oder Arbeitsgemeinschaft innerhalb einer sozialen Ordnung über den Interessen, die die verschiedenen Mitglieder mit anderen in ähnlichem Rang oder mit gleichem Status haben, welche anderen Institutionen angehören. Die Stärke der firmeneigenen Gewerkschaften auf der einen Seite und die Schwäche der Arbeiterbewegung auf der anderen sind dafür ein signifikantes Beispiel. Dieses vertikale Strukturprinzip der japanischen Gesellschaft hat Folgen auch für die Beziehung, die sich zwischen Führern und Gefolgsleuten einstellen kann. Unbedingte Gefolgschaft kann ein Führer nur dann erwarten, wenn er die einzelnen Mitglieder seiner Gruppe vorher emotional an sich gebunden hat. Fehlt diese persönliche Bindung, kann auch kein Glaube an die außeralltäglichen Fähigkeiten eines Führers entstehen. Nicht umsonst fällt es Japanern schwer, aus dem Kreis ihrer politischen Führungspersönlichkeiten in den vergangenen 200 Jahren jemanden zu benennen, der Herrschaft kraft seiner charismatischen Fähigkeiten erlangt hat. Der nun wirklich kraftvolle japanische Militär-Imperialismus der Jahre zwischen 1930 und 1945 bleibt an der Spitze merkwürdig gesichtslos, etwa im Vergleich zu den autoritären Regimen, wie wir sie für den gleichen Zeitraum aus Europa oder später aus Lateinamerika kennen. Der große Demagoge, der die Massen an sich bindet und diese bewegt, kommt in Japan als Typus nicht vor.

Die Idealgestalt eines Führers in Japan ist deshalb auch kein moderner Politiker, sondern Ôishi Kuranosuke (大石内蔵助, 1659–1703), der legendäre Anführer der 47 Samurai.[17] Ihm sind nach einer wahren Begebenheit die Krieger bis zur Selbstaufgabe gefolgt, um ihren Herrn, den Territorialfürsten Asano Naganori (浅野長矩, 1667–1701) von Akô (赤穂), zu rächen. Dieser war im Jahre 1701, nachdem er in der Residenz des Shôgun vom Zeremonienmeister Kira Kôzukenosuke (吉良上野助, 1641–1703) beleidigt worden war, mit einem Messer auf diesen losgegangen und hatte sich damit eines schweren Vergehens schuldig gemacht. Er musste noch am gleichen Tage rituellen Selbstmord begehen. Seine Lehen wurden eingezogen, seine Vasallen verloren ihr Auskommen und galten fortan als *rônin* (浪人 „Wellenmenschen"), als vagabundierende Vasallen ohne Führer. Um die Ehre ihres Herrn

---

[16] Nakane Chie, *Die Struktur der japanischen Gesellschaft*, Frankfurt am Main 1985, 101.

[17] Siehe dazu Wolfgang Schwentker, *Die Samurai*, 3. Aufl. München 2008, 9 f., 92 ff.

wieder herzustellen, sannen sie unter der Leitung ihres Anführers Ôishi fast zwei Jahre lang auf Rache, wohlwissend, dass sie damit dem Tod geweiht waren. Schließlich töteten sie den Zeremonienmeister Kira, brachten seinen Kopf ans Grab ihres Herrn und begaben sich dann in die Gewalt des Shôgun. Im März 1703 vollzogen sie in einem feierlichen Akt nacheinander Selbstmord und gelten seitdem in Japan als Helden schlechthin. Ihr Heldentum bestand nach japanischer Auffassung in der unbedingten Gefolgschaft bis hin zur Selbstaufgabe, und zwar, das ist in diesem Zusammenhang hier allein interessant, in der Treue ihrem Herrn, nicht dem Shôgun gegenüber.

Nach Nakane Chie dürfte es Charisma in Japan entweder gar nicht geben oder eben nur dort, wo es sich über persönliche Bindungen zwischen Führer und Gefolgschaft einstellen kann. Für gesamtgesellschaftliche Ordnungsanalysen fällt dieser Herrschaftstypus mit Blick auf Japan aus; er existiert allenfalls in einer modifizierten, für Japan spezifischen Form. Nun hat allerdings Max Weber selbst in der Herrschaftssoziologie an jenen Stellen, an denen spezifische Formen des Charisma mit historischen Beispielen unterlegt werden, mehrmals auf Japan bzw. die japanische Geschichte zurückgegriffen, beispielsweise im Text über die „Umbildung des Charisma".[18] Dort erwähnt Weber unter anderem die buddhistischen „Mönchskrieger" (僧兵 *sôhei*) der Heian-Zeit (784–1192), und zwar als Beispiel für den Lager- und Beutekommunismus in den charismatischen Kriegsorganisationen des alten Japan.[19] Seit dem 10. Jahrhundert fanden sich bewaffnete Mönche in einer Art Ordensgemeinschaft zusammen, die unter der Leitung eines Haupttempels stand, welcher mit zahlreichen kleineren Tempeln und Klöstern in verschiedenen Landesteilen verbunden war. Von den Kriegsgewinnen der militärischen Verbände dieser Tempel profitierten nicht nur die Mönchskrieger, sondern der Orden insgesamt.[20] Wesentlich ausführlicher geht Max Weber dann

[18] Max Weber, „[Umbildung des Charisma]", in: Ders., *Wirtschaft und Gesellschaft. Die Wirtschaft und die gesellschaftlichen Ordnungen und Mächte. Nachlaß, Teilbd. 4: Herrschaft*, hg. von Edith Hanke in Zusammenarbeit mit Thomas Kroll (*MWG I/22-4*), Tübingen 2005, 486–535 (Kurztitel: MWG I/22-4). Zum Charisma-Begriff bei Max Weber und seinen Zeitgenossen vgl. Thomas Kroll, „Max Webers Idealtypus der charismatischen Herrschaft und die zeitgenösssische Charisma-Debatte", in: Edith Hanke/Wolfgang J. Mommsen (Hg.), *Max Webers Herrschaftssoziologie. Studien zu Entstehung und Wirkung*, Tübingen 2001, 47–72.

[19] MWG I/22-4, S. 486 f.

[20] Vgl. Kinugawa Satoshi, *Sôhei: Inori to bôryoku no chikara* (Mönchskrieger: Gebete und die Kraft der Gewalt), Tôkyô 2010; Mikael S. Adolphson, *The Gates of Power: Monks, Courtiers, and Warriors in Premodern Japan*, Honolulu 2000, 62 f. Adolphson weist darauf hin, dass der Begriff der „Mönchskrieger" eine Schöpfung des frühen 18. Jahrhunderts ist. Die Zeitgenossen der späten Heian-Zeit sprachen eher von „Teufelsmönchen" (悪僧 *akusô*). Es ist überhaupt umstritten, inwieweit es sich um eine Sondergruppe handelt und nicht vielmehr um normale buddhistische Kleriker niederer Ränge, die, falls nötig, in besonderen Situationen auch zur Waffe griffen, um ihre Ziele durchzusetzen. Den Mythos

im Abschnitt über die „Umbildung des Charisma" auf das japanische Kaiserhaus in der Nachfolge des mythischen, angeblich mit Charisma begabten Jinmu Tennô (神武天皇) ein, in dessen Gefolge sich im Zuge der frühstaatlichen Institutionenbildung und sozialen Differenzierung ein „charismatischer Adel" herausgebildet habe. Japan gilt Weber als Fallbeispiel für den „reinen Geschlechterstaat". Bei diesem wird nicht Treue durch Verleihung von Lehen vergolten; der „Legitimitäts-Grund" ist nach Weber „das den einzelnen Häusern selbständig eigene besondere Charisma".[21] Es verdanke sich, wie im Fall der kaiserlichen Familie in Japan, „einer genuin charismatischen Herrschaft eines lebendigen Gottes oder Göttersohnes", wie es im Eingang zum Kapitel über „Staat und Hierokratie" heißt.[22] Eine Absetzung des Tennô bzw. eine Unterbrechung seiner Herrschaftslinie würde in Japan, so Webers Vermutung, die Legitimität aller Herrschaftsgewalten in Frage stellen und werde deshalb von allen Interessenten der bestehenden Ordnung zu vermeiden gesucht. Dieser Umstand habe, wie Weber dann in seinem Aufsatz über „Die drei reinen Typen der legitimen Herrschaft" ausführt, über das Primogeniturerbrecht an der Krone die Stabilität der Herrschaft in Japan (und im mittelalterlichen Europa) – und nur dort – langfristig erhöht.[23] Man sieht, „Japan" und seine Geschichte spielen in Max Webers Texten zur Herrschaftssoziologie eine wichtige Rolle. An keiner anderen Stelle des Werks, mit Ausnahme des Kapitels über die japanische Gesellschaft in der religionssoziologischen Studie über *Hinduismus und Buddhismus*, dort im Teil über die asiatische Sekten- und Heilandsreligiosität, finden sich derartig viele Verweise auf Japan wie in den Abschnitten zur charismatischen Herrschaft.[24]

Die Positionen der Soziologin Nakane Chie und Max Webers weisen bei oberflächlicher Betrachtung in der Frage nach der Möglichkeit von charismatisch begründeten Herrschaftsbeziehungen in Japan augenscheinlich in unterschiedliche Richtungen. Aber sind sie wirklich nicht miteinander vereinbar? Wer nach den Realisierungschancen charismatischer Herrschaft in Japan sucht, tut gut daran, genauer auf jene gesellschaftlichen Konstellationen bzw. historischen Zyklen zu schauen, die – jenseits der Mythologie – charismatische Herrschaftsbeziehungen haben entstehen lassen. Ich nehme zu diesem Zweck die oben skizzierte Unterscheidung des japanischen Wörterbuchs auf und gehe in drei Schritten den Spuren von Charisma in Religion, in Ge-

---

um die „Mönchskrieger" dekonstruiert derselbe Autor nun in: *The Teeth and Claws of the Buddha. Monastic Warriors and Sôhei in Japanese History*, Honolulu 2007.

[21] MWG I/22-4, 520.

[22] Ebd., 597.

[23] Ebd., 741.

[24] Max Weber, *Die Wirtschaftsethik der Weltreligionen. Hinduismus und Buddhismus, 1916–1920*, hg. von Helwig Schmidt-Glintzer in Zusammenarbeit mit Karl-Heinz Golzio (*MWG I/20*), Tübingen 1996, 432–449 (Kurztitel: MWG I/20).

schichte bzw. Politik sowie in der traditionellen Kunst bzw. in der Populärkultur anhand einiger Beispiele nach.

a) Religion

Zur Charakterisierung der Beziehung von Individuum, Gesellschaft und Religion wird häufig der für Ausländer merkwürdige Tatbestand angeführt, dass Japaner in der Regel zwei Religionsgemeinschaften angehören. Anders ist die Tatsache nicht zu erklären, dass nach den jährlichen Erhebungen des Kulturministeriums die Zahl der Gläubigen (2010: 199.6 Millionen) die Bevölkerungszahl (2010: 128 Millionen) deutlich, d.h. bis zum 1.7fachen übersteigt. Von den Befragten gaben für das Jahr 2010 84.7 Millionen an, dem Buddhismus anzugehören, 102 Millionen fühlen sich dem Shintô verbunden, nur 2.7 Millionen einer christlichen Kirche und etwa 10 Millionen anderen religiösen Organisationen.[25] Diese zuletzt genannte Gruppe soll hier etwas genauer betrachtet werden, denn sie betrifft die Angehörigen der sogenannten „Neuen Religionen" oder „Neuen religiösen Bewegungen".[26] Vereinfacht gesagt handelt es sich um sektenartige Abspaltungen vom Buddhismus oder vom Shintôismus. Der Giftgas-Anschlag der Aum-Sekte (オウム真理教) in der U-Bahn von Tôkyô 1995 brachte eine dieser Gruppen in die Schlagzeilen der internationalen Presse, doch ist zu betonen, dass die meisten dieser „Neuen Religionen" nicht gewaltbereit sind. Zu einer ersten Gründungswelle „Neuer Religionen" kam es kurz vor und nach der Meiji-Restauration, als sich, meist unter der Führung von Frauen mit charismatischer Ausstrahlungskraft, Sekten wie die Tenrikyô (天理教 „Lehre von der himmlischen Vernunft", 1838) oder die Ômotokyô (大本教 „Lehre vom Großen Ursprung", 1898) herausbildeten. Eine zweite Welle von Gründungen neuer Religionsgemeinschaften lässt sich in den Jahren nach dem Zweiten Weltkrieg beobachten. Allein in den 1950er Jahren entstanden landesweit ca. 600 dieser neuen Religionsgemeinschaften. Manche lösten sich nach wenigen Jahren wieder auf, andere konnten das Erbe der Gründer konservieren und sich selbst eine feste institutionelle Ordnung geben, wie etwa die einflussreiche, mit der Kômeitô (公明党 „Partei für saubere Politik") verbundene buddhistische Laienorganisation Sôka Gakkai (創価学会 „Studiengesellschaft zur Schöpfung von Werten").[27] Umstritten ist in der Forschung, wie die Entstehung dieser „Neuen Religionen" zu bewerten ist: als Reaktion auf die Ausdifferenzierung der Lebenssphären oder als Gegenreaktion auf die mit der Modernisierung einhergehende vermeintliche Rationalisierung aller Lebensbereiche

[25] Statistics Bureau Ministry of Internal Affairs and Communication Japan (Hg.), *Japan Statistical Yearbook 2014*, www.stat.go.jp (7.11.2014).

[26] Vgl. Birgit Staemmler/Ulrich Dehn (Hg.), *Establishing the Revolutionary: An Introduction to New Religions in Japan*, Münster 2011.

[27] Siehe dazu Sybille Höhe, *Religion, Staat und Politik in Japan. Geschichte und zeitgeschichtliche Bedeutung der Sôka Gakkai, Kômeitô und Neuer Kômeitô*, München 2011.

einschließlich der traditionellen Religionen. Symptomatisch für nahezu alle „Neuen Religionen“ ist, dass man ihren Gründerinnen bzw. Gründern außeralltägliche Fähigkeiten zuschreibt. Diese Fähigkeiten betreffen vor allem Voraussagen über die Zukunft, für die eine Welt ohne Leid in Aussicht gestellt wird. Worin aber gründet sich das Charisma dieser Religionsgründer?

Diese Frage lässt sich vielleicht an einem Beispiel aus der neueren japanischen Religionsgeschichte beantworten. Ich wähle dazu die sog. „Tanzende Religion“ (踊る宗教 Odoru shûkyô) und die Lebensgeschichte ihrer Gründerin, Kitamura Sayo (北村サヨ, 1900–1967).[28] Diese wurde im Jahre 1900 in eine bäuerliche Familie hineingeboren und musste von früher Kindheit an hart arbeiten, ein für alle Religionsgründerinnen typisches soziales Profil. Ihre persönliche Lage verschlechterte sich nochmals, nachdem sie geheiratet hatte, unter die Knute ihrer Schwiegermutter geriet und 1942 für ein Feuer verantwortlich gemacht wurde, das einen Teil des Familienbesitzes zerstörte. Unter Anleitung eines Schamanen unterzog sie sich einem Prozess der Selbstprüfung und inneren Reinigung, unter anderem durch nächtliche Kaltwaschungen. Zwei Jahre später hörte sie angeblich Stimmen in ihrem Inneren und erlebte 1945, wenige Monate vor dem Kriegsende, eine Art Erweckung, bei der sich angeblich der Geist der Sonnengöttin Amaterasu mit ihrem Körper vereinte. Sie fühlte sich seitdem berufen, für eine bessere Welt und die Vervollkommnung des Menschen (真人間になれ *maningen ni nare*) zu wirken. In ihrem Hause trug sie Predigten vor, in denen sie zur Entsagung von Reichtum und zum Ungehorsam gegenüber autoritären Institutionen aufrief. Ihre Anhänger, heute ca. eine halbe Million Menschen, praktizieren in der Öffentlichkeit einen „Tanz des Nicht-Selbst“ (無我の舞 *muga no mai*) zur Demonstration von Selbstlosigkeit. Die rasch wachsende Zahl der Anhänger insbesondere in den 1950er Jahren verdankte sich nach Untersuchungen japanischer Religionswissenschaftler der besonderen, außeralltäglichen Ausstrahlung der Religionsgründerin Kitamura Sayo. Von zentraler Bedeutung ist in diesem Zusammenhang das ältere Konzept des „lebenden Gottes“ bzw. der „lebenden Göttin“ (生き神 *ikigami*), das diese für sich in Anspruch nahm. Dieser Status verlieh ihr in den Augen ihrer Anhänger eine besondere Aura. Ihre Nachfolge sollte ihre 1950 geborene Tochter übernehmen, doch diese hat nach eigenem Bekunden bis heute noch keinen „göttlichen Ruf“ erhalten, so dass die Anhänger bei ihren Zusammenkünften nach wie vor auf Tonbänder mit den Predigten der 1967 verstorbenen Religionsgründerin zurückgreifen müssen.

---

[28] Ich stütze mich hier auf die Untersuchung von Klaus-Peter Köpping, „Charisma, Nativismus und Millenium in Japans Neuen Religionen. Das Beispiel der ‚lebenden Göttin‘ bei der ‚Tanzenden Religion‘ Odoru Shûkyô“, in: Wolfgang Sommer (Hg.), *Zeitenwende – Zeitenende. Beiträge zur Apokalyptik und Eschatologie*, Stuttgart 1997, 243–271.

Diese Art der auf eine charismatische Person ausgerichteten Kultgemeinschaft ist für die „Neuen Religionen“ in Japan typisch, aber an sich nichts Neues. Auch der ältere Buddhismus des japanischen Mittelalters kennt Beispiele der Sektenbildung durch Persönlichkeiten, denen ihre Gefolgsleute die Fähigkeit zur Heilung und Seligwerdung in einem jenseitigen Paradies in Aussicht stellten. Ein gutes Beispiel ist dafür der Wandermönch Ippen (一遍, 1239–1289), der in den letzten 16 Jahren seines Lebens zunächst allein, dann zusammen mit einer eingeschworenen Gruppe von Gefolgsleuten durch weite Teile Japans zog, im Tanz den Namen des Amida Buddha ausrief und kostenlos Papierstreifen und Amulette an die Umherstehenden verteilte, die ihnen die Erlösung im Paradies versprachen.[29] Seine Ausstrahlung auf die breiten Schichten der Bevölkerung, vor allem auf Kyûshû und Shikoku, aber auch in Kamakura, war beträchtlich. Seine Glaubenslehre – die Jishû (時宗 „Schule der lebenslangen, ununterbrochenen Anrufung Amida-Buddhas“) – hatte Anhänger sowohl unter Laien als auch unter den Mitgliedern des buddhistischen Klerus. Ippen selbst wurde aufgrund seiner asketischen Lebensweise, die alles Weltliche von sich wies, bewundert. Die Forderung, die Anrufung Amidas im Tanz zu praktizieren, und die Notwendigkeit für die Mitglieder der Jishû, sich ein Leben lang auf Wanderschaft zu begeben, sind die wichtigsten Kennzeichen dieser Spielart des Amida-Buddhismus. Auf ihrem Weg sollten die Angehörigen der Sekte nur 12 Utensilien (Kleidungsstücke, Behälter mit Essstäbchen, Gebetsschalen und anderes) mit sich führen und allen anderen Besitztümern entsagen. Im Unterschied zum Beispiel der „Neuen Religionen“, die häufig mit dem Ableben ihrer Gründer schnell Anhänger verlieren und sich auflösen, gelang es einem Schüler Ippens, Ta'amidabutsu Shinkyô (他阿弥陀仏信教, 1237–1319), die verbliebenen Gefolgsleute in einem Orden zusammenzufassen, der sich später der Förderung durch die Shôgune und den Hof sicher sein konnte. Ippen selbst wollte gar keine religiöse Schule begründen; seine Lehre gelte nur für die Dauer seines Lebens, hatte er den Gefolgsleuten aufgetragen. Die Geschichte der Yugyô-ha (遊行派 „Schule des Umherziehens“) hingegen, die als Orden ca. 400 Jahre bestand und weit bis in die bäuerlichen Schichten hineinwirkte, gilt heute in der Forschung als bestes Beispiel für die gelungene Veralltäglichung des Charismas ihres Gründers.[30] Möglich war dieser Prozess der monastischen Institutionenbildung nur deshalb, weil die Schüler und Nachfolger Ippens dessen auf Weltablehnung abzielende Doktrin umdeuteten und ihrem Glauben

[29] Vgl. dazu Sôda Keiko, *Ippen – Sono shisô to shôgai* (Ippen – Sein Leben und Denken), Tôkyô 2013, 75 ff.; Christoph Kleine, *Der Buddhismus in Japan. Geschichte, Lehre, Praxis*, Tübingen 2011, 307 ff.; Franziska Ehmke (Hg.), *Die Wanderungen des Mönchs Ippen. Bilder aus dem mittelalterlichen Japan*, Köln 1992.

[30] Vgl. S. A. Thornton, *Charisma and Community Formation in Medieval Japan: The Case of the Yûgyô-ha (1300–1700)*, Ithaca, NY 1999.

eine weltzugewandte, d.h. auch ökonomische Orientierung gaben. Neben der Aussicht auf die Vereinigung mit Buddha und der Erlösung in einem „Reinen Land“ versprachen die Nachfolger Ippens den Gläubigen auch Schutz vor den Widrigkeiten dieser Welt. Derartige Weissagungen wurden von den Gläubigen pekuniär honoriert. Der Leiter dieser buddhistischen Sekte war fortan kein bettelnder Wandermönch mehr, sondern residierte in einem eigenen Tempelkomplex und sandte Mönche von dort aus, welche die Lehren Ippens auf diese Weise am Leben hielten. So entging die Sekte dem Schicksal all jener weltabgewandten Asketen, die Max Weber aufgrund ihrer Ablehnung ökonomischer Rationalität als nicht überlebensfähig eingestuft hat.

b) Staat und Politik

Am Ende der Studie über *Hinduismus und Buddhismus* blickt Max Weber nach seinem „Rundgang durch die asiatische Kulturwelt“ auf die wichtigsten Ergebnisse seiner Untersuchungen zurück und führt zum Problem des Charisma in Asien Folgendes an: „Neben der Ungebrochenheit der Magie überhaupt und der Gewalt der Sippe war diese Ungebrochenheit des Charisma in seiner ältesten Auffassung: als einer rein magischen Gewalt, der typische Zug der asiatischen sozialen Ordnung.“[31] Das gilt für Japan insbesondere in der Phase der noch vorstaatlichen Gemeinschaftsbildung, also für die Zeit vor ca. 600. Das „Weizhi“, eine chinesische Chronik aus dem 3. Jahrhundert und zugleich die verlässlichste Quelle für die japanische Frühgeschichte, erwähnt im Land der Wa mehrere kleinere Herrschaftseinheiten, die man am besten als Stammes- oder Clanherrschaften klassifiziert.[32] Die Führer dieser Clans (氏 *uji*) reklamierten ihre Sonderstellung, indem sie sich auf besondere magische Fahigkeiten beriefen. Sie stellten an den Grenzen der Siedlungen den Kontakt zu den Göttern her, die sich als zum Teil bedrohliche Naturerscheinungen präsentierten. Ein illustratives Beispiel für solche Kontakte zwischen Menschen und Göttern an Siedlungsgrenzen ist uns aus der „Beschreibung des Landes Hitachi“ („Hitachi no kuni fudoki 常陸国風土記, um 720) überliefert, in dem die Erschließung und Anlage neuer Reisfelder beschrieben wird. Gegen die Landnahme durch Matachi (麻多智) aus der Sippe der Yahazu (箭括) versuchten sich die Götter angeblich in Form von Schlangen zur Wehr zu

[31] MWG I/20, 533. Später sei, so Weber, die „oft absolute schrankenlose Gewalt dieser, meist erblichen, Charismaträger“ in Japan durch die „Schwächung des Prestiges aller klerikalen und magischen Mächte überhaupt“ gebrochen worden. Im Anschluss an Max Weber hat Stefan Breuer darauf hingewiesen, „dass das Charisma in den Anfängen aller Herrschaftsbildungen eine besondere, weil konkurrenzlose Rolle spielt“. Siehe Stefan Breuer, *Der archaische Staat. Zur Soziologie charismatischer Herrschaft*, Berlin 1990, 13.

[32] Siehe *Sources of Japanese Tradition*, Vol. 1: From Earliest Times to 1600, hg. von Theodore de Bary/Donald Keene/George Tanabe/Paul Varley, 2. Aufl. New York 2001, 6–8.

setzen, worauf jener diese mit Gewalt vertrieb, den Göttern in Schlangengestalt aber folgendes Angebot machte: „Das Land hinter diesem Stab sei Euch überlassen, das Land diesseits des Stabs aber wird zu Reisfeldern für die Leute umgebaut. Ich werde zum Priester werden und Euch Ehre erweisen und Euch anbeten bis in alle Ewigkeit. Doch wenn Ihr uns Böses antun wollt, so werden wir Euch grollen".[33] Diese hier nur mit einer kurzen Sequenz zitierte Quelle ist aus mehreren Gründen aufschlussreich. Sie stellt die Götter als die wahren Besitzer des Landes dar, denen dieses durch Gewalt oder Verhandlungen abgetrotzt werden muss. Zu ihrer Besänftigung werden Gebete und Fürbitten in Aussicht gestellt, denn die Götter gelten zumindest in dieser Erzählung als gefährlich. Der Clanführer, in diesem Fall Matachi, tritt als Mittler zwischen Göttern und Menschen auf. Er richtet dafür einen heiligen Ort, hier eine Art Unterstand, als Ort für den „Götterdienst" ein. Seine Rolle als Mediator sichert ihm in der Gemeinschaft eine leitende Rolle. „Götterdienst" und Herrschaft kraft eines auf magischen Qualitäten beruhenden Charisma gehen Hand in Hand, und daraus ergibt sich der Anspruch, von den Menschen, die an diesem Ort leben und arbeiten, auch Steuern verlangen zu können. In anderen Fällen leitete sich der Herrschaftsanspruch eines Clans direkt aus der Verwandtschaft mit einem oder mit mehreren Göttern ab. Im Begriff *ujikami* (氏神 Clangottheit) ist diese Verbindung am augenfälligsten. Gleichwohl bleibt sie ambivalent: Sie stärkt zum einen die Machtposition einer Sippe; zum anderen aber begrenzt sie deren Macht auch auf die genealogische Anbindung an eine Lokal-Gottheit.

Ein weiterer Themenkomplex, in dem der Charisma-Begriff im Sinne Max Webers Anwendung findet, behandelt die Herrschaft des japanischen Kaiserhauses. Kein Historiker, der ernst genommen werden will, hält heute den mythischen Reichsgründer Jinmu, der angeblich um 600 v. Chr. Japan geeint und unter seine Herrschaft gezwungen haben soll, für eine historische Figur. (Der mythische Reichsgründungstag wird dennoch seit 1967 wieder am 11. Februar als Nationalfeiertag begangen.) Die historische Forschung konzentriert sich mit Blick auf die Staatenbildung heute eher auf das 7. Jahrhundert n. Chr. Zur Entwicklung des Königtums auf der Basis eines kriegerisch-politischen Charisma heißt es bei Weber an einer Stelle im Text über „Charismatismus": „Einen historisch besonders wichtigen Fall der charismatischen Legitimierung von Institutionen stellt nun diejenige des politischen Charisma dar: die Entwicklung des Königtums. – Der König ist überall primär ein Kriegsfürst. Das Königtum wächst aus charismatischem Heldentum

[33] Akimoto Kichirō (Hg.), *Fudoki*, Tōkyō 1958, 54 f. (= Nihon koten bungaku taikei, Bd. 2). Siehe auch John Breen/Mark Teeuwen, *A New History of Shintô*, Chichester 2010, 25. Vgl. auch Mark C. Funke, „Hitachi no Kuni Fudoki", in: *Monumenta Nipponica* 49.1 (1994), 1–29, hier 16 f.

heraus.“[34] Die historische Japanforschung innerhalb und außerhalb Japans weist heute mit Blick auf diesen von Weber beschriebenen Legitimationsprozess vor allem auf den Jinshin-Krieg (壬申の乱) des Jahres 672 hin, eine kriegerische Auseinandersetzung in Zentraljapan, die zwischen dem Bruder und Sohn des ehemaligen Großkönigs Tenji (天智, 626–672) ausgetragen wurde. Dabei gelang es seinem Bruder Ôama (大海人皇子, 631–686) aufgrund der besonderen persönlichen Ausstrahlung und seiner außergewöhnlichen strategischen Fähigkeiten, eine starke Gefolgschaft von Reiterkriegern hinter sich zu versammeln. Mit ihrer Hilfe konnte er seinen Widersacher, den Sohn Tenjis, und dessen Truppen ausschalten. Im darauf folgenden Jahr 673 wurde Ôama zum Großkönig gekürt. Als Tenmu Tennô (天武天皇) ging er in die Geschichtsbücher ein. Seinen Erfolg verdankt er, so die Japanhistorikerin Joan Piggott in ihrem großen Buch über das Königtum der Asuka- und Nara-Zeit, seinem „charisma acquired on the battlefield“.[35]

Dass er aber nicht nur ein geschickter Militärführer war, sondern sich auch auf die zivilen Techniken der Herrschaft verstand, zeigten die Jahre seiner Regierung bis 686. Der Neubau einer repräsentativen Residenz in Asuka, der Auftrag zur Abfassung der ersten Reichschronik (zum Zweck der Legitimation der Herrscherfamilie und des Nachweises ihrer Abstammung von den Göttern), die Initiative zur Abfassung eines Straf- und Verwaltungsrechts sowie die Neuregelungen der Nachfolge, welche auf die Stammfamilie zugeschnitten wurde, – all diese Maßnahmen markieren eine neue Qualität des japanischen Königtums. In diesen Zusammenhang gehört, dass sich mit Tenmu auch die Nomenklatur des Herrscherhauses änderte. Den Herrscher nannte man nun nicht mehr „Großkönig“ (大王 *ôkimi*); er wurde zum „Himmlischen Herrscher“ (天皇 *tennô*).[36] Für seine männlichen und weiblichen Nachfolger wurde diese Bezeichnung beibehalten. Nach dem Ableben Tenmus 668 übernahm, nach einer längeren Vakanz, die Witwe den Thron. Sie wird in den Annalen als Jitô Tennô (持統天皇, 645–703) geführt. Dass sie ihre Herrschaft in Verlautbarungen auf ihre göttliche Abstammung zurückführte, ist ein Grund dafür, nicht nur Tenmu, sondern auch Jitô einen exponierten Platz in der politischen Geschichte der Asuka-Zeit zuzubilligen. Das „Mandat des Himmels“, das die Legitimation der Macht in China war, wurde nun auch auf Japan übertragen, hingegen mit einem wichtigen Unterschied: Während es in der chinesischen Geschichte immer wieder zu einem Wechsel der Dynastien kam, betonten die japanischen Herrscher, die wir fortan Tennô nennen dürfen, ihre göttliche Abstammung und die ununterbrochene Herrschaftspraxis der Stammfamilie. Dies war die Voraussetzung dafür, dass sich

---

[34] MWG I/22-4, 469 f.

[35] Joan R. Piggott, *The Emergence of Japanese Kingship*, Stanford, Cal. 1997, 217.

[36] Vgl. Herman Ooms, *Imperial Politics and Symbolics in Ancient Japan: The Tenmu Dynasty, 650–800*, Honolulu 2009, 133.

das kriegerische Charisma der Staatsgründer als Erbe auf die Nachfolger übertragen ließ. Der Übergang vom Großkönigtum, das sich, so wie bei Weber angedeutet, kriegerischem Charisma verdankt, hin zur göttlichen Kaiserherrschaft war damit vollzogen. (Zu diesem Prozess der politisch-religiösen Legitimierung gehört, dass sich zur gleichen Zeit, also etwa um 700, der Name „Japan“ [日本 „Nihon“ oder „Nippon“] zur Bezeichnung des Landes durchzusetzen begann.[37])

Die Institution des Tennô-Systems, dessen Träger sich aus den Mitgliedern nur einer Familie rekrutieren – bis zur frühen Neuzeit gelegentlich auch Witwen oder Töchter, ab 1868 nur noch Söhne –, hat sich über die Jahrhunderte hinweg als vergleichsweise stabil erwiesen, auch in jenen Zeiten, in denen die eigentliche Macht in den Händen der Shôgune lag. So mächtig diese auch waren, sie haben die „Eigen-Legitimität“ des Tennô nie grundsätzlich in Frage gestellt. Japan ist in diesem Sinne – und wird auch bei Weber so gedeutet – ein Paradebeispiel für einen „reinen Geschlechterstaat“. Dass der Throninhaber gleichsam als „Erbgut“ behandelt wird, hat in Japan zu einer „Versachlichung des Charisma“ beigetragen. Dieses gründet nicht auf dem Amt, sondern allein auf dem Blut, wobei zum Glauben an dessen charismatische Bedeutung „der weitere Glaube an das spezifische Charisma der Erstgeburt“ getreten ist, wie es bei Weber heißt. Der Prozess der Herausbildung einer spezifischen Erbordnung, die den Fortbestand des Tennô-Hauses garantiert, setzt in eben jenem Jahrhundert nach der Herrschaft Tenmu Tennôs ein.

Obwohl Max Weber in zahlreichen Textabschnitten der *Herrschaftssoziologie* auf den frühzeitlichen Geschlechterstaat in Japan rekurriert, ist bemerkenswert, dass in Geschichtswissenschaft und Geschichtsdenken in Japan – im Gegensatz zur japanischen Soziologie und Religionswissenschaft – die „Charisma“-Problematik nur selten aufgenommen wurde. Ein Grund dafür mag darin liegen, dass alle Protestbewegungen im modernen Japan, die das herrschende Regime herausgefordert haben – man denke etwa an die Reisunruhen von 1918 oder die Bewegung gegen die Verlängerung des japanisch-amerikanischen Sicherheitsvertrags um 1960 – eigentlich keine politischen Führer hervorgebracht haben. Die Protagonisten blieben Teil der Masse, aber führten diese nicht in einem organisatorischen Sinne; sie waren allenfalls „Wort-Führer“. Anders sieht es in den Bereichen aus, in denen das Militär eine Rolle gespielt hat, beispielsweise während des Bürgerkriegs kurz nach der Meiji-Restauration, in der der Militärführer Saigô Takamori (西郷隆盛, 1828–1877) als „letzter Samurai“ den Prozess der gesellschaftlichen Reform und die Abschaffung seiner Klasse aufzuhalten versuchte. Ein seltenes Beispiel dafür, wie man die Herrschaftssoziologie Max Webers und dabei insbesondere den Charisma-Begriff in der historischen Forschung verwendet, fin-

[37] Siehe Amino Yoshihiko, *Zoku – Nihon no rekishi o yominaosu* (Fortsetzung – Die japanische Geschichte neu gelesen), Tôkyô 1996, 78 ff.

det sich bezeichnenderweise im Bereich der Militärgeschichte. Dabei spielt vor allem das Konzept des „militärischen Charisma" eine wichtige Rolle, herauszulesen beispielsweise aus Kirino Sakujins (桐野作人, Jg. 1954) Biographie über Oda Nobunaga (織田信長, 1534–1582), einen der großen Militärführer des 16. Jahrhunderts.[38] Weber selbst hatte zu diesem Themenkomplex bemerkt: „Der Kriegsfürst mit seinem je nach Bewährung oder aber auch je nach Bedarf im Bestande labilen Charisma wird zur ständigen Erscheinung, wenn der Kriegszustand chronisch wird."[39] In genau einer solchen Konstellation – nämlich am Ende des über 100 Jahre lang andauernden Kriegs zwischen verschiedenen *warlords* – betrat Oda Nobunaga die politische Bühne. Kirino diskutiert sorgfältig die systematischen Implikationen des Charisma-Begriffs bei Weber und zeigt, dass sich das Charisma Nobunagas eben nicht nur aus dessen Persönlichkeit ergab, sondern das Ergebnis des Glaubens seiner ca. 700 Krieger an dessen strategische Fähigkeiten war. Mit ihrer Hilfe gelang es Nobunaga, große Teile Zentraljapans unter seine Herrschaft zu bringen und damit die „Zeit der kämpfenden Länder" (戦国時代 *sengoku jidai,* 1477–1573) zu beenden.

c) Klassische Künste und Populärkultur

Der dritte Themenbereich, in dem es zur Anwendung des Charisma-Begriffs in Japan kommt, betrifft die traditionellen Künste und die neuere Populärkultur. Zunächst zu den traditionellen Künsten. Der Soziologe Kawashima Takeyoshi (川島武宜, 1909–1992), der nach dem Zweiten Weltkrieg zu den entschiedenen Verfechtern einer zweiten Modernisierung in Japan gehörte, hat in einer mittlerweile klassischen Untersuchung über das japanische Familiensystem als Ideologie auch die sozialen Beziehungen in den japanischen Künsten wie Nô (能 Nô-Theater), Ikebana (生け花 Kunst des Blumensteckens), Chadô (茶道 Teezeremonie) und anderen untersucht und in diesem Zusammenhang die *iemoto*-Struktur (家元) dieser Kunstgattungen beschrieben.[40] Als *iemoto* wird der Großmeister einer Schule innerhalb der Künste bezeichnet, welche sich über seine Schüler personell aufspaltet und dabei hierarchisch strukturiert bleibt. Der *iemoto* wacht über die Kontrolle der Inhalte bzw. Rituale dieser Künste, er bildet Schüler aus und erteilt Lizenzen, und er überwacht die Schule einer Kunst in wirtschaftlicher Hinsicht. Was die Kunst und deren Ausübung anbelangt, ist er die erste und letzte Autorität. Diesen Status verdankt er der Tatsache, dass er – Frauen spielen hier eine nur

---

[38] Kirino Sakujin, *Oda Nobunaga. Sengoku saikyô no gunji karisuma* (Oda Nobunaga. Das stärkste militärische Charisma in der „Periode der kämpfenden Länder"), Tôkyô 2011.

[39] Max Weber, „Charismatismus", in: MWG I/22-4, 471.

[40] Takeyoshi Kawashima, *Die japanische Gesellschaft. Familismus als Organisationsprinzip*, München 1985. Siehe insbesondere das Kap. 8: Das Iemoto-System als ein Typ der Herrschaft, ebd., 185 ff.

untergeordnete Rolle – sich blutsverwandtschaftlich auf den Begründer einer Schule berufen kann. Im Fall der Teezeremonie haben sich ausgehend vom Teemeister Sen no Rikyû (千利休 1522–91), einem Zeitgenossen des Kriegsherrn und Reichseinigers Hideyoshi (秀吉, 1537–1598), drei große Schulen herausgebildet: Mushakôjisenke (武者小路千家), Omotesenke (表千家) und Urasenke (裏千家). Die Urasenke wird heute in 16. Generation vom 16. Sôshitsu (Zabôsai Sôshitsu 坐忘斎宗室, geb. 1956) geführt. Die Autorität dieser Großmeister richtet sich in erster Linie auf den Kern ihrer Kunst, im Fall der Teezeremonie auf den „Weg" (道) im Sinne der Einübung geistiger Disziplin, auf das Lernen (学) und auf die Praxis (実).

Was hat dies alles mit Charisma zu tun? Nach Kawashima kommt es zur Etablierung einer schulbildenden Kunst in Japan nur, wenn ein begnadeter Virtuose seine außergewöhnlichen Fähigkeiten darbieten kann und die Zuschauer oder Teilnehmer seine Autorität im Fach akzeptieren. Nur der Schöpfer einer Kunst verfügt über dieses Charisma kraft seiner künstlerischen Energie und seiner Fähigkeit, Gefolgsleute – Weber spricht im Fall des George-Kreises von einem Meister- und Jünger-Verhältnis – für sich zu gewinnen, welche seine Kunst weitertragen. Alle Nachfolger, die den verschiedenen Schulen einer Kunst als *iemoto* vorstehen, leihen sich die „charismatische Autorität" des Kunstbegründers nur aus. Sie legitimieren sich durch Abstammung, weswegen Kawashima auch von einem erbcharismatischen Verhältnis spricht, das über einen Zeitraum von mehreren Jahrhunderten in quasi familiale oder patrimoniale Sozialstrukturen einmündet, – ein Beispiel für charismatische Residuen im Rahmen traditionaler Herrschaftsbeziehungen. Jenseits der Künste, auf einer gesamtgesellschaftlichen Ebene, hat das *iemoto*-System einen strukturbildenden Vorbildcharakter entwickelt, der durch die Verschärfung des Gegensatzes von „außen" (外 soto) und „innen" (内 uchi) die Wirkungsmächtigkeit charismatischer Persönlichkeiten bis heute begrenzt.[41]

Ein ganz anderes Feld betritt man, wenn man sich der neueren Populärkultur zuwendet, die den Charisma-Begriff geradezu hemmungslos adaptiert. Es geht dabei um die Inszenierung von Charisma mit den Mitteln der modernen Mediengesellschaft.[42] Richard Sennett hat in diesem Zusammenhang schon 1977 das „säkulare Charisma innerhalb der modernen Gesellschaft als eine trivialisierende Kraft" bestimmt.[43] Dazu mit Blick auf Japan zwei Bei-

---

[41] Siehe zu diesem Themenkomplex aus der Sicht der Ideengeschichte jetzt Karube Tadashi et al. (Hg.), *Iwanami kôza Nihon no shisô*, Bd. 3: *Soto to uchi. Taigaikan to jikôzô no keisei* (Iwanami Serie: Denken in Japan: Außen und innen. Die Herausbildung von Außenwahrnehmung und Selbstbildnissen), Tôkyô 2014.

[42] Vgl. dazu Stefan Breuer, „Bürokratie und Charisma heute", in: Ders., *Bürokratie und Charisma. Zur politischen Soziologie Max Webers*, Darmstadt 1994, 195 f.

[43] Siehe Richard Sennett, *Verfall und Ende des öffentlichen Lebens. Die Tyrannei der Intimität*, Frankfurt am Main 1983, 323.

spiele: Das erste betrifft eine Manga-Serie mit dem Titel „Karisuma" aus den späten 1990er Jahren.[44] Sie ist ein Reflex auf die Anschläge der fundamentalistischen AUM-Sekte von 1995. Der „Held" dieses Comics ist der Leiter einer religiösen Vereinigung, der seinen Jüngern die Erfüllung aller Wünsche verspricht und während seiner Arbeit als Hauslehrer immer mehr Mitglieder zu rekrutieren versteht, bis ihm eine besorgte Mutter dabei auf die Schliche kommt. Immerhin stellt der Titel der Serie noch die Verbindung zur Religon her und stellt auch das Führer-Gefolgschafts-Prinzip in den Mittelpunkt, doch erweist sich das Charisma des Protagonisten am Ende als vergleichsweise schwach und labil. Anders sieht es bei einem anderen Beispiel aus: dem Takurazuka-Revuetheater (宝塚劇場), in dem alle Rollen von jungen Frauen gespielt werden, – gleichsam das Gegenmodell zum klassischen Kabuki. Dieses Theater ist in Japan eine „Kultstätte" und zieht jährlich Tausende von meist weiblichen Besuchern an. Im Jahr 2014 beging das Theater das Jubiläum seines 100jährigen Bestehens mit einer Ausstellung zum Thema „Das Charisma der Schönheit" (美のカリスマ),. Dieser Titel soll hier nur zur Illustration der These dienen, dass sich der Begriff des Charisma heute derartig verbreitet hat, dass er all die begriffliche Schärfe, die er bei Weber und auch bei seinen frühen japanischen Exegeten noch hatte, weitgehend verloren hat. Wer die japanischen Versionen der einschlägigen Suchmaschinen im Internet für sich arbeiten lässt, dem werden für „Karisuma" zur Zeit (November 2014) über fünf Millionen Einträge angeboten. Ob der Charisma-Begriff angesichts einer derartig inflationären Verwendung für die wissenschaftliche Forschung in Japan in Zukunft überhaupt noch brauchbar ist, darf bezweifelt werden.

IV. Schluss

Welche Folgerungen ergeben sich aus den vorhergehenden Überlegungen und Beobachtungen? Der Begriff des „Charisma" dringt in den 1930er Jahren über die Rezeption der Religionssoziologie Max Webers in Japan ein. Er bleibt für etwa zwei Jahrzehnte ein Terminus für Fachleute. Alltagssprachlich setzt er sich erst seit den 1960er Jahren durch. Die Deutungen konzentrieren sich in Anlehnung an Weber auf die Bereiche von Religion, Politik und Kultur, wobei der religiöse Aspekt besonders betont wird. Auf die japanische Geschichte bezogen ist „Charisma" ein Begriff mit beschränkter Geltung. Der Typus des politischen Demagogen in Zeiten der Massengesellschaft tritt in Japan so gut wie nie auf. Stattdessen entwickeln charismatische Persönlichkeiten ihre Ausstrahlung in Gemeinschaften, die zahlenmäßig so überschau-

---

[44] *Shindô Fuyuki* (Text)/*Nishizaki Yasumasa* (Zeichnung), *Karisuma* (Charisma), 4 Bde., Tôkyô 2013.

bar sind, dass sie den Trägern von Charisma erlauben, persönliche bzw. quasi-persönliche Beziehungen zu ihren Gefolgsleuten aufzubauen. Beispiele bieten die japanische Militär- und Religionsgeschichte in reicher Zahl. Ohne eine direkte emotionale Verbindung zwischen dem Inhaber charismatischer Qualitäten und seinen „Soldaten" oder „Jüngern" scheint es „charismatische Herrschaft" als eigenständige Organisations- und Legitimationsform in Japan nicht zu geben. Man könnte allenfalls, im Anschluss an Nakane Chie, von einem vertikal strukturierten „Kleingruppen-Charisma" als einer spezifischen japanischen Variante sprechen. Der japanische Ministerpräsident Koizumi Jun'ichirô (小泉純一郎, Jg. 1942), der heute von vielen Japanern genannt wird, wenn von den charismatischen Qualitäten eines politischen Führers die Rede ist, stellt die Ausnahme dar, welche die Regel zu bestätigen scheint. Ihm gelang für wenige Jahre (2001–2006), sich gegen den Apparat der eigenen Partei und gegen das „eiserne Dreieck" von Politik, Bürokratie und Wirtschaft zu stellen, indem er sich zum richtigen Zeitpunkt direkt an die Massen der Wähler wandte, welche ihm zutrauten, Japan mit einer Politik der Privatisierung staatseigener Unternehmen aus der wirtschaftlichen Talsohle herauszuführen. Einen „schöpferischen Zerstörer" hat ihn die *Neue Zürcher Zeitung* bei seinem Abschied anerkennend genannt.[45] Nach dem Ende von Koizumis regulärer Amtszeit verblasste aber auch seine Aura schnell, da ihm die Bühne für deren Entfaltung genommen war. Mit seiner Vision einer atomfreien Gesellschaft nach „Fukushima" fand er in Partei und Gesellschaft kein Gehör mehr.

[45] *Neue Zürcher Zeitung* vom 16.9.2006.

Abgrenzungen und politische Konversionen

Anmerkungen zum Konzept sozialmoralischer Milieus bei M. Rainer Lepsius

Christian Hörnlein

Wenige Soziologen der Nachkriegszeit haben die Geschichtswissenschaft in Deutschland so nachhaltig beeinflusst wie der 2014 verstorbene M. Rainer Lepsius. Das gilt nicht zuletzt für sein Konzept „sozialmoralischer Milieus", das er entwickelte, um eine Erklärung für „eine ungewöhnlich langdauernde Verspätung der Demokratisierung gegenüber der Industrialisierung" in Deutschland zu finden.[1] Diese als ungleichgewichtig gewertete Entwicklung war Kern der These vom deutschen Sonderweg, der ein hochindustrialisiertes Land nicht – wie Großbritannien oder die USA – in die Demokratie, sondern in eine Diktatur führte. Lepsius' Version der Sonderwegsthese ordnet die politischen Parteien zwischen 1871 und 1928 vier (vor-)politischen Milieus zu, auf die sie fixiert geblieben seien. Anstatt die Integration dieser Milieus in eine demokratisierte Gesellschaft zu befördern, hätten die Parteien vor allem jeweils die Aufrechterhaltung „ihrer" Milieus gegeneinander betrieben und so den Status quo perpetuiert. Als die Milieus in ihrer Größe nicht mehr nur stagnierten, sondern in den Weimarer Jahren teilweise schrumpften oder sich, wie das liberale Milieu, sogar in Auflösung befanden, hätten die Parteien als „Aktionsausschüsse" der Milieus den neu aufstrebenden Parteien, insbesondere der NSDAP, nicht mehr viel entgegenzusetzen gehabt.

Die Fruchtbarkeit von Lepsius' Konzept zeigt sich auch daran, dass es die in ihrer ursprünglichen Form seit langem in Frage gestellte oder relativierte Sonderwegsthese, auf die es bezogen war, überlebte. 2008 hat Gangolf Hübinger Bilanz gezogen zu Lepsius' „Grundbegriff der deutschen Geschichte" und dabei betont, dass das Konzept als „soziologisches Modell" und „Angebot" an die Geschichtswissenschaft zu verstehen ist.[2] Auch wo die Sonder-

---

[1] M. Rainer Lepsius, „Parteiensystem und Sozialstruktur. Zum Problem der Demokratisierung der deutschen Gesellschaft", in: Ders., *Demokratie in Deutschland. Soziologisch-historische Konstellationsanalysen. Ausgewählte Aufsätze* (Kritische Studien zur Geschichtswissenschaft 100), Göttingen 1993 (zuerst 1966), 25–50, Zitat 25. Zitate aus diesem Aufsatz werden im Fließtext angegeben als: (Lepsius, *Seitenzahl*).

[2] Gangolf Hübinger, „‚Sozialmoralisches Milieu'. Ein Grundbegriff der deutschen Geschichte", in: Steffen Sigmund u.a. (Hg.), *Soziale Konstellation und historische Perspektive.*

wegsthese zurückgewiesen wird, lässt sich mit dem Ansatz sozialmoralischer Milieus arbeiten. In diesem Sinne möchte ich hier nicht eine weitere Bilanz folgen lassen, sondern einige vertiefende Überlegungen darüber anstellen, wie sich das Konzept in einer bisher wenig beachteten Weise ergänzen lässt. Dabei bleibe ich der Ausgangsfrage von Lepsius durchaus verbunden, möchte sie aber offener formulieren; Antworten darauf können dann mit Lepsius' Sonderwegsthese konfrontiert werden. Mein Interesse richtet sich darauf, wie durchlässig oder geschlossen die politisch-gesellschaftlichen Grenzen in Deutschland waren. Wie das Konzept sozialmoralischer Milieus methodisch erweitert für diese Fragestellung nutzbar zu machen ist, sollen die folgenden Überlegungen erhellen. In einem ersten Schritt analysiere ich dazu das Konzept sozialmoralischer Milieus von Lepsius unter dem Gesichtspunkt, welches Verständnis von Grenzen ihm zugrunde gelegt werden kann. In einem zweiten Schritt erweitere ich das Konzept durch soziologische Ansätze der Konversionsforschung. Schließlich möchte ich ansatzweise demonstrieren, wie das erweiterte Konzept angewendet werden kann.[3]

I. Sozialmoralische Milieus und Grenzen

Methodisch ist Lepsius' Modell eng mit der historischen Wahlforschung verknüpft. Wachstum, Stagnation oder Schrumpfung der Milieus und damit ihre Grenzen sowie Grenzverschiebungen zwischen ihnen werden anhand von Wahlergebnissen bestimmt, die mit statistischen Angaben korreliert werden. Ewald Frie hat angesichts dieser methodischen Anlage und den daraus gezogenen Schlüssen geschrieben, es rieche nach Zirkelschluss, „wenn die Konstanz der Reichstagswahlergebnisse auf die Starrheit milieugebundener Parteien zurückgeführt, deren Existenz aber dann mit den Reichstagswahlergebnissen belegt wurde".[4] Um einen derartigen Zirkelschluss zu vermeiden, sind nachfolgende Forschungen zweierlei Wege gegangen: Zum einen wurde die wahlstatistische Grundlage um Länder und Regionen bzw. Kommunen erweitert. Zum anderen wurden in regional- oder milieuspezifischen Studien auch qualitative Ansätze verfolgt, um Lepsius' Annahmen zu überprüfen und zu relativieren.[5] Doch auch im Aufsatz von Lepsius selbst finden sich qualitative

Festschrift für M. Rainer Lepsius, Wiesbaden 2008, 207–227, hier 211 (Kurztitel: Hübinger, Milieu).

[3] Der Aufsatz entspringt dem Themenkreis meiner Dissertation *Politische Grenzgänger. Zu politischen Wandlungen im Wilhelminischen Kaiserreich.*

[4] Ewald Frie, *Das deutsche Kaiserreich*, 2. Aufl. Darmstadt 2013, 97 (Kurztitel: Frie, Kaiserreich).

[5] Vgl. Hübinger, Milieu.

Bestimmungsmöglichkeiten zumindest angedeutet, bei denen ich mit meiner Analyse ansetzen möchte.

Ich beginne beim Ausdruck selbst: Lepsius bezeichnet die sozialmoralischen Milieus alternativ auch als „sozio-kulturelle Milieus". Ein Ausdruck, der anzeigt, dass Lepsius zwei Dimensionen zusammendenkt, die etwa Max Weber in seinen Analysen noch als „soziale Klasse" und „ständische Lage" voneinander unterschieden hatte.[6] Wie Frie schreibt, liegt „[d]er Charme des Milieubegriffs [...] gerade darin, dass er ‚harte' sozialökonomische Faktoren (‚wirtschaftliche Lage', ‚schichtspezifische Zusammensetzung') mit ‚weichen' kulturellen Faktoren (‚Religion', ‚regionale Tradition', ‚kulturelle Orientierung') verband und beides auf Politik bezog".[7] Während Lepsius damit „einer Sozial- und Kulturgeschichte der (Partei-)Politik vorarbeitete", aus deren etablierter Perspektive das Konzept rückschauend sehr vertraut erscheint, ist die Formulierung von den „sozialmoralischen Milieus" sperriger. Der vordere Teil in beiden Adjektivkomposita, „sozial", ist der gleiche; „moralisch" hingegen ist im Verhältnis zu „kulturell" spezieller. Im deskriptiven Gebrauch referiert „Moral" auf ein kulturelles Phänomen, dass nämlich bestimmte Handlungen innerhalb gesellschaftlicher Einheiten gefordert, andere verpönt sind. Diese Normierung ist dabei unabhängig von einer rechtlichen Reglementierung und steuert, in unterschiedlichem Ausmaß, Beurteilungen und Verhalten. Bei Lepsius ist mit „Milieu" eine solche Einheit bezeichnet, deren Gemeinsamkeit nicht nur auf der Übereinstimmung bestimmter sozialer Voraussetzungen, sondern auch der von moralischen Vorstellungen beruht. Entsprechend ist von „politisch mobilisierte[n] Gesinnungsgemeinschaften" (Lepsius, 32) bzw. „politisch-soziale[r] ‚Gesinnungsgemeinschaft'" (Lepsius, 35) die Rede; innerhalb einer solchen Gesinnungsgemeinschaft gilt eine „Binnenmoral" (Lepsius, 47), so dass zwischen zwei Gesinnungsgemeinschaften eine „Moralgrenze" (Lepsius, *passim*) besteht.

Mit „Grenze" als heuristischem Begriff können unterschiedlich weitgehende konzeptionelle Annahmen verknüpft sein. Ganz einfach kann „Moralgrenze" bedeuten, eine Grenze zwischen zwei „Binnenmoralen" zu ziehen. Damit werden Eigenschaftsträger in zwei Eigenschaftsklassen sortiert. Eine solche Grenzziehung muss beobachtend vorgenommen werden, insofern erfolgt sie aktiv. Sie ist damit aber nicht beliebig, sondern methodisch und empirisch überprüfbar und kritisierbar. In diesem Fall besteht der Unterschied darin, dass zwei Gruppen zwei verschiedene moralische Vorstellungen zugeschrieben werden. Das ist die erste, einfachste Bedeutung von „Grenze".

---

[6] Hans-Peter Müller, *Max Weber. Eine Einführung in sein Werk*, Köln/Weimar/Wien 2007, 230–235. Zum Verhältnis der Konzeptionen von Lepsius und Weber vgl. Hübinger, Milieu, 211–215.

[7] Frie, Kaiserreich, 96. Folgendes Zitat ebd.

Eine zweite, erweiterte Bestimmung von „Grenze" bezieht die eigenen Grenzziehungen der von Lepsius klassifizierten Menschen selbst mit ein. Diese haben eigene, auch selbstreflexive Beobachtungen gemacht, Differenzen erfahren und Klassifizierungen zwischen sich und anderen vorgenommenen. Diese historischen Grenzbeobachtungen sind wiederum Gegenstand für Beobachter zweiter Ordnung, wie Lepsius einer war und wir es sind. Damit ergibt sich eine Vergleichsebene, nämlich in welchem Verhältnis die klassifizierenden Unterscheidungen und Grenzziehungen der Beobachter zweiter Ordnung zu den (Selbst-)Klassifizierungen erster Ordnung stehen. Für das Konzept sozialmoralischer Milieus lässt sich so danach fragen, ob die Unterscheidung in vier Milieus – vereinfacht gesagt: liberaler und konservativer Protestantismus, Katholizismus und Sozialdemokratie – mit den (Selbst-)Verortungen der Menschen in Deutschland zwischen Reichsgründung und Niedergang der Weimarer Republik korrespondieren. Es muss dabei nicht um eine Verifizierung von Klassifikationen gehen, schließlich können diese auch unter gänzlich verlagerten Gesichtspunkten erfolgt sein. Solche Vergleiche erlauben vielmehr eine erweiterte Analyse, die die eigenen Grenzziehungen selbst zum Reflexionsgegenstand werden lassen.

Gerade für Lepsius' These spielt das Verhältnis zwischen den Grenzerfahrungen der klassifizierten Menschen und seiner eigenen Klassifikation eine wichtige Rolle. Denn seine These besagt, dass die gesellschaftliche Fragmentierung in vier Milieus der Grund dafür war, dass eine gesamtgesellschaftliche Integration und Demokratisierung nicht vorankam und letztlich scheiterte. Entspräche die Beschreibung der Fragmentierung nicht annähernd den Erfahrungen der Zeit, so wäre entweder nicht zu erklären, wieso die Integration scheiterte (obwohl die Menschen einander nicht als „anders" wahrnahmen), oder aber, warum Integration überhaupt notwendig war (denn die Menschen hätten ihre Andersartigkeit als unproblematisch angesehen). Insofern ist hier eine Überprüfung durchaus angebracht.

Lepsius' Begriff der Grenze geht allerdings noch über diese beiden Aspekte hinaus und erfasst eine weitere Dimension. Er geht davon aus, dass die Milieugrenzen nicht nur existierten, sondern dass sie auch markiert und moralisch überhöht wurden. So spricht er von „emotional überhöhte[r] Moralgrenze" (Lepsius, 40) und „symbolisch dramatisierte[r] Moralgrenze" (Lepsius, 37/49). Das heißt, die Grenzen unterschieden nicht nur die Zeitgenossen hinsichtlich ihrer moralischen Einstellungen und wurden als solche wahrgenommen, sondern sie waren auch bewusste Ein- und Abgrenzungen, deren Überschreiten moralisiert wurde. Typischerweise erfolgen solche Grenzziehungen über eine Kanonisierung.[8] Gesellschaftliche Wissensbestände werden nach ihrer Bedeutung für eine noch nicht scharf umrissene Gruppierung hin

[8] Vgl. Jan Assmann, *Das kulturelle Gedächtnis. Schrift, Erinnerung und politische Identität in frühen Hochkulturen*, 6. Aufl. München 2007, 103–129.

geordnet. Wichtiges Wissensgut wird von weniger wichtigem geschieden, nützlich erscheinendes von gefährlich erscheinendem getrennt. Von dieser Unterscheidung her können nun auch die Grenzen der eigenen Gruppe schärfer bestimmt werden. Je differenzierter und kleinteiliger die Wissensbestände klassifiziert werden, desto schärfer lässt sich bestimmen, was oder wer noch dazu gehört und was oder wer nicht. Räumlich ausgedrückt erscheint vom Zentrum der eigenen Gemeinschaft aus das wichtige, nützliche Wissen als das nächste, weniger wichtiges als peripher und alternatives Wissen als jenseitig. Moralisiert ist das Nahe dann das Gute, das Ferne das Böse. Die Grenzen zwischen dem Eigenen und dem Anderen werden so moralisch klar markiert: Bis hierhin und nicht weiter. Und wer die falschen Überzeugungen nicht aufgibt, der ist nun in dieser Wissensordnung ein anderer, ein Fremder und Ausgegrenzter. Für den Umgang mit den Anderen und Fremden kann dann eine eigene Moral entwickelt werden. Innerhalb einer jeweiligen Binnenmoral werden dabei die Moralgrenzen insofern selbst wieder moralisiert, als gegenüber dem moralisch Anderen auch wiederum ein bestimmtes Verhalten gefordert ist.

Lepsius führt in seinem Aufsatz einige Beispiele für überhöhte Moralgrenzen an. So seien sowohl dem katholischen Zentrum als auch der Sozialdemokratie vor allem deren nationale Zuverlässigkeit und Loyalität bestritten worden, ein Vorwurf, der das Zentrum in der Formulierung des „Ultramontanismus“ (Lepsius, 40), die Sozialdemokratie in der des „Internationalismus“ (Lepsius, 44) traf. Ein solcher Vorwurf enthält die moralische Forderung, der eigenen Nation ein Vorrecht einzuräumen. Sie drückt sich etwa in Hoffmann von Fallerslebens „Lied der Deutschen“ mit der Zeile „Deutschland, Deutschland über alles“ mit der Einschränkung „in der Welt“ aus. Das ist moralphilosophisch insofern eine interessante Forderung, als sie sich auf die Metaebene bezieht, wo es um die Gewichtung verschiedener Werte geht. Die Geltung anderer Werte wird nicht bestritten, sondern, eingeschränkt auf weltliche Werte, nur in der Präferenz dem Wert „Vaterland“ nachgeordnet. Darin zeigt sich also eine Kanonisierung, die, wo sie nicht geteilt wird, zur Abgrenzung führt. Der Vorwurf an die Sozialdemokraten, „vaterlandslose Gesellen“ zu sein, bemängelt entsprechend, dass das Vaterland für sie gar keinen Wert darstelle. Damit ist auch die Grenzscheide benannt: Selbst räumte man dem Vaterland einen angemessen hohen Wert ein, während die anderen, Katholiken und Sozialdemokraten, dies nicht ausreichend täten, was sie aber sollten.

Wenn Lepsius von einer Emotionalisierung und Dramatisierung von Moralgrenzen spricht, geht es ihm offenbar darum, wie diese bereits gezogenen Grenzen merk- und spürbar gemacht wurden. So habe sich ein anderer „emotionale[r] antikatholische[r] Affekt“ „auf die Irrationalität und Rückschrittlichkeit“ des Katholizismus, vor allem auf das Mariendogma gerichtet (Lepsius, 40). Lepsius schreibt es an dieser Stelle nicht explizit, aber gedacht scheint zu sein, dass das Mariendogma von der unbefleckten Empfängnis als besonderes Symbol der Rückständigkeit diente, dem innerhalb des eigenen Milieus die Funktion zukam, die aufgrund einer anderen Wertorientierung bestehenden Affekte zu verstärken und bei Bedarf wie auf ein Zeichen abzurufen. Damit hätte das Dogma quasi als Erinnerungsort der Verschiedenheit und der Abgrenzung gegenüber dem Katholizismus fungiert und damit eine „symbolisch dramatisierte Moralgrenze“ gebildet (Lepsius, 49).

Die Kehrseite der Stigmatisierung und Ausgrenzung von Katholizismus und Sozialdemokratie als „reichsfeindlich“ hat nach Lepsius „zu einer Intensivierung der Minderheitenlage und zur Entwicklung entsprechender Deutungsformeln für die Diskriminierung“ (Lepsius, 44) geführt. Während die Deutung sich beim Katholizismus „aus religiösen Wertvorstellungen“ gespeist habe, habe die Sozialdemokratie „zur marxistischen Deutungsformel“ gegriffen (Lepsius, 45). Wie unterschiedlich diese Deutungsformen auch waren, letztlich entwickelten sich innerhalb beider Milieus ähnliche Loyalitätsvorstellungen: „Was dem Zentrum die ‚Geschlossenheit‘, das war der Arbeiterbewegung die ‚Solidarität‘, nämlich moralisch überhöhte Handlungsmaxime für alle politischen Entscheidungen“ (Lepsius, 45). Immer wieder ist diese Loyalität innerhalb der beiden Milieus betont und eingefordert worden, als Treue zu Partei und Gesinnungsgenossen.

Mit den umstrittenen Themen Stellung zur Nation und Stellung gegenüber Fortschritt/Moderne hat Lepsius ohne Zweifel zwei wesentliche Orientierungs- und Streitpunkte der Zeit angesprochen, die das Gefüge der gesellschaftlichen Kräfte geteilt und geordnet haben. Als fortschrittlich wollten Liberale wie Sozialdemokraten gelten und wurden so, allerdings mit negativem Vorzeichen versehen, von den politischen Gegnern auch empfunden, nämlich als modernistisch, dem Zeitgeist hinterherlaufend. Katholiken und Konservative hatten dagegen die Skepsis dem Fortschritt bzw. der Moderne gegenüber gemeinsam, sie orientierten sich an der Vergangenheit und verstanden sich positiv als traditionell, treu und beharrlich, was wiederum von der Gegenseite als rückschrittlich, reaktionär und borniert gewertet wurde. Jede Seite gewichtete und benannte die gleiche Unterscheidung also zu eigenen Gunsten. Auch für den zweiten Grenzverlauf, der durch unterschiedliche Einstellungen zur Nation geprägt war, gilt das: Von der nationsunkritischen Seite wurde die Unterscheidung pathetisch als „vaterlandstreu“ vs. „vaterlandsverräterisch“ gefasst. Von Seiten der Sozialdemokraten und Katholiken aus erschien der andere Standpunkt dagegen als Übersteigerung, als „Nationalismus“ bzw. „Chauvinismus“ und im Gegensatz dazu der eigene Standpunkt als christlich-human bei den Katholiken, als sozialistisch-human bei den Sozialdemokraten. Stellt man sich diese Grenzen nun als Linien in ihrem gegenseitigen Bezug vor, so schneiden sich die beiden Linien. Es ergibt sich idealisiert eine doppelte Gegenüberstellung in einem zweidimensionalen Koordinatensystem, wobei die y-Achse die Grenzlinie fortschrittlich/fortschrittskritisch, die x-Achse nationskritisch/nationsunkritisch abbilden soll.

Im I. Quadranten befindet sich dann das konservative Milieu, entgegen dem Uhrzeigersinn im II. das liberale, im III. das sozialdemokratische, im IV. das katholische. Die Anordnung folgt dann nur noch teilweise dem klassischen Links-Rechts-Schema: Oben stehen die Konservativen rechts von den Liberalen, unten die Katholiken rechts von den Sozialdemokraten.

Aus diesem Modell ergeben sich zwei Zuordnungsprobleme: Der Linksliberalismus müsste eigentlich, sofern er fortschrittlich und nationskritisch war, dem gleichen Quadranten wie die Sozialdemokratie zugeordnet werden. Und die Nationalliberalen sperren sich einer klaren Zuordnung sowohl zum liberalen als auch zum konservativen Milieu. Nicht zuletzt aufgrund solcher Schwierigkeiten hat Karl Rohe in seinem Modell eine dreigliedrige Zuordnung vorgeschlagen, die Liberale und Konservative zu einem nationalen Lager zusammenfasst.[9] Dieses alternative System löst indes nicht das Problem der Zuordnung des Linksliberalismus und bringt umgekehrt die Schwierigkeit mit sich, deutliche Unterschiede zwischen Konservativen und Liberalen nicht modellkompatibel erklären zu können.

II. Politische Konversionen

Eine naheliegende Methode, die moralische Überhöhung von Grenzen zu überprüfen, ist, erstaunlicherweise, bisher kaum angewandt worden und soll nachfolgend kurz erläutert werden. Die Rede ist hierbei von der soziologischen Konversionsforschung, die sich hauptsächlich, aber nicht nur mit religiösen Konversionen beschäftigt. Heinz-Gerhard Haupt hat einen instruktiven Versuch unternommen, das Konzept politischer Konversionen in die Geschichtswissenschaft einzuführen.[10] Er hat dabei auf soziologische und religionssoziologische Ansätze, wie den von Peter Berger und Thomas Luckmann zurückgegriffen.[11] Der Blick wird damit auf Grenzgänger zwischen den Parteien gelenkt, wobei die klassischen Annahmen von den Milieus mit ihren Abgrenzungen als Hypothese dienen kann: Auf Parteiübertritte innerhalb der

---

[9] Karl Rohe, *Wahlen und Wählertraditionen in Deutschland. Kulturelle Grundlagen deutscher Parteien und Parteisysteme im 19. und 20. Jahrhundert*, Frankfurt am Main 1992 (Kurztitel: Rohe, Wahlen).

[10] Heinz-Gerhard Haupt, „Politische Konversion in historischer Perspektive. Methodische und empirische Überlegungen", in: Uta Gerhardt (Hg.), *Zeitperspektiven. Studien zu Kultur und Gesellschaft. Beiträge aus der Geschichte, Soziologie, Philosophie und Literaturwissenschaft*, Stuttgart 2003, 267–304 (Kurztitel: Haupt, Konversion).

[11] Peter Berger/Thomas Luckmann, *Die gesellschaftliche Konstruktion der Wirklichkeit*, 24. Aufl. Frankfurt am Main 2012 (Kurztitel: Berger/Luckmann, Konstruktion; zuerst USA 1966); Thomas Luckmann, „Kanon und Konversion", in: Aleida und Jan Assmann (Hg.), *Kanon und Zensur. Archäologie der literarischen Kommunikation II*, München 1987, 38–46 (Kurztitel: Luckmann, Kanon).

Milieugrenzen sollte anders, weniger heftig reagiert worden sein als auf Parteiübertritte, die zugleich ein Überschreiten der moralisierten Milieugrenzen darstellten.[12] Warum dann auch eine qualitative Analyse einzelner Grenzüberschreitungen mehr als nur Aussagen über Einzelfälle ermöglicht, verdeutlicht der theoretische Ansatz zu politischen Konversionen.

Konversionen sind als kulturell überformte Veränderungen des eigenen Standpunktes zu verstehen und darin einem *rite de passage* ähnlich.[13] Der Unterschied besteht darin, dass ein Übergangsritus fest für jedes Mitglied innerhalb einer Gemeinschaft vorgesehen ist, sobald es bestimmte Kriterien, etwa ein gewisses Alter, erfüllt. Eine Konversion eröffnet hingegen eine Möglichkeit, durch einen ritualisierten Vorgang überhaupt erst Mitglied einer Gemeinschaft zu werden. Das setzt voraus, dass der Übergang zu einer Gemeinschaft kontrolliert und reglementiert ist, was ein einfaches „Mitmachen" durch stillschweigende Anpassung ausschließt. Eine Standpunktveränderung oder, anders ausgedrückt, Wandlung im Einzelfall ist nur dann eine Konversion, wenn sie bestimmten Kriterien genügt, die einem gesellschaftlich geformten Typus „Konversion" entsprechen, der kulturell wie historisch variieren kann. Insofern sind „Wandlung" und, als spezieller Fall davon, „Konversion" voneinander zu unterscheiden. Konversionen wird man also nur dort finden, wo bewusste Abgrenzungen wertend bereits vorgenommen sind. Wie Thomas Luckmann schreibt: „Ohne Kanon keine Konversion."[14] Konversionen bilden sozusagen eine Passage durch die künstlich überhöhten Moralgrenzen, die sonst schwer zu überwinden sind. Dabei wird das Durchschreiten der Moralgrenzen selbst wiederum moralisiert: Wer konvertiert, der tut das Rechte bzw. dem passiert das Rechte. Wer hingegen die Grenze in umgekehrter Richtung durchquert, wer die Gemeinschaft verlässt, der tut unrecht, er ist seiner Gemeinschaft untreu geworden und verrät sie, wofür entsprechend negativ konnotierte Begriffe geprägt wurden. So wurde im Katholizismus der *conversio* die *perversio*, also der Abfall vom Glauben, entgegengesetzt. Der Blick auf die Grenzüberschreitung ist also immer perspektivisch und erfährt von der spezifischen Perspektive seine Wertung und Bezeichnung.

---

[12] So für seine Konzeption der „Lager" Rohe, Wahlen, 22. Statistische Auswertungen über Parteiwechsler scheitern an der schlechten Quellenlage.

[13] Ich stütze mich für „Konversionen" neben Haupt, Konversion, und Berger/Luckmann, Konstruktion, vor allem auf: Karl. F. Morrison, *Understanding Conversion*, Charlottesville/ London 1992; Hubert Mohr, „Konversion/Apostasie", in: Hubert Cancik/Burkhard Gladigow/ Karl-Heinz Kohl (Hg.), *Handbuch religionswissenschaftlicher Grundbegriffe*, Bd. III, Stuttgart/Berlin/Köln 1993, 436–445; Detlev Pollack, „Überlegungen zum Begriff und Phänomen der Konversion aus religionssoziologischer Perspektive", in: Ute Lotz-Heumann/Jan-Friedrich Missfelder/Matthias Pohlig (Hg.), *Konversion und Konfession in der Frühen Neuzeit*, (Schriften des Vereins für Reformationsgeschichte 205), Gütersloh 2007, 33–55.

[14] Luckmann, Kanon, 39.

Die Perspektivität und konträre Bewertung, die mit Blick auf Grenzüberschreitungen vorherrscht, bildet einen Anhaltspunkt für deren quellenmäßige Erfassung.[15] Wo Wandlungen unproblematisch waren, werden sie kaum thematisiert worden sein. Wurden sie aber moralisch bewertet und dies perspektivisch different, so sollten sich entsprechende Darstellungen und Gegendarstellungen als Deutungskämpfe eher niedergeschlagen haben: Der Konversion wird die Apostasie entgegengestellt. Selbstverständlich können auch Standpunktveränderungen, die keine Konversionen sind, Aufsehen erregen. Wo aber das Aufsehen in erster Linie gruppeneinheitlich, zwischen Gruppen aber unter gegensätzlichen moralischen Gesichtspunkten erfolgt, zeigt sich das Aufeinandertreffen moralischer und moralisierter Grenzen.

Neben ihrer Umstrittenheit treten Konversionen noch durch etwas anderes deutlich hervor: Sie bedürfen als soziale Prozesse der Kommunikation, der Mitwirkung anderer und der Legitimation durch andere. Eine Konversion liegt daher anders als eine Wandlung nicht im Verfügungsbereich eines Einzelnen. Die erkenntnisleitende Frage lautet daher: Was musste wer auf welche Weise tun, damit eine Person als Grenzüberschreiter und Neumitglied in einer Gemeinschaft anerkannt wurde? Die Mitwirkung und Bestätigung durch andere ist dabei orientiert an dem, was sich als Typus oder Form der Konversion bezeichnen lässt. Zu einer Konversion gehört also a) eine Formalisierung für eine Zuwendung zu einer (Sub-)Kultur im Wissensvorrat dieser Gemeinschaft, die von reiner Tradition bis hin zu detaillierten Vorschriften darüber reichen kann, wie eine Grenzüberschreitung zu erfolgen hat; b) eine Kommunikation zwischen dem Grenzüberschreiter und Vertretern der anvisierten Gruppe, zu der symbolische Handlungen auf beiden Seiten gehören, ohne die der Übergang nicht vollzogen werden kann. Dabei ist der einzelne Vorgang b) an der grundlegenden Form a) orientiert. Das Zusammenwirken geschieht durch Handlungen innerhalb eines Symbolsystems, die mit einem Kombinationsschloss-Mechanismus verglichen werden können: Erst wenn die Handlungen in der richtigen Reihenfolge und Weise aufeinander bezogen werden, öffnet sich am Ende die Tür.

Sprache spielt dabei auf zwei Weisen eine entscheidende Rolle. Zum einen sind typischerweise Sprechakte im Sinne John Searles von Bedeutung, also sprachliche Äußerungen, die als Handlung zu verstehen sind.[16] Sie bilden den Kern des Konversionsvorganges, verstanden als soziales Handlungsgefüge. Klassisch kann dies am antiken Christentum illustriert werden: Mit der Bekehrung verbunden waren das öffentliche Bekenntnis der Sünden und das Sprechen des christlichen Glaubensbekenntnisses – beides kann als Sprechakt verstanden werden – dem abschließend ein weiterer Sprechakt mitsamt symbolischer Handlung folgte, die Taufe durch den Bischof, so dass abschließend

[15] Vgl. Haupt, Konversion, 280.

[16] John R. Searle, *Speech Acts: An Essay in the Philosophy of Language*, London 1969.

eine institutionelle Tatsache geschaffen war. Eine Konversion ist daher nicht nur ein normierter und formalisierter Vorgang, sie besitzt auch einen performativen Charakter: Die Bekehrung muss öffentlich gemacht werden, sie wird in Ritualen bestätigt und zugleich fortgeführt, indem mit ihr der Konvertit in einen neuen gemeinschaftlichen Status überführt wird.

Zum andern sind auch symbolische und speziell sprachliche Repräsentationen des Konversionsvorgangs wichtig. Seit Augustinus ist der Konversionsbericht eine klassische Form der Literatur und gilt als Vorläufer der modernen Autobiographie. Konversionen werden in ein Narrativ eingebettet, das sie als plausibel erscheinen lässt. Die Plausibilität von Konversionserzählungen ergibt sich dabei aus den kanonisch festgelegten Überzeugungen, die reproduziert und auf den eigenen Fall bezogen werden. Tatsächlich sind die Rechtfertigungen also voraussetzungsvoll und können den „Sprung" gerade nicht erklären. Ihre Funktion liegt vielmehr darin, sich selbst in ein neues Sinn- und Symbolsystem einzuordnen, ein Bekenntnis abzulegen und zu zeigen, dass man gelernt hat, sich im neuen Symbolsystem auszudrücken. Auch die Form der Erzählung ist typisiert und weist bestimmte Merkmale auf, wie beispielsweise eine hohe Emotionalisierung. Das verweist auch auf eine zweite Funktion der Erzählung. Sie erfüllt eine wichtige missionarische Funktion, indem sie der Hörer- oder Leserschaft ein Identifikationsangebot macht, das, wenn diese sich darauf einlässt, im Nachvollzug der Konversion enden kann. Ein Konversionsbericht kann allerdings auch selbst Teil eines Sprechaktsprachspieles werden, wie im Pietismus, wo der Bericht über ein Konversionserlebnis eine hohe funktionale Bedeutung besaß. Wer keine Bekehrungsgeschichte zu erzählen wusste, dem wurde seine Bekehrung auch nicht abgenommen. Insofern transportierten die kursierenden Bekehrungsgeschichten zugleich auch das Muster, nach dem die Hörer ihre eigene Biographie als Konversionsgeschichte typisieren und umschreiben konnten.

Konversionen hinterlassen als soziale und kulturalisierte Vorgänge also Spuren, während Wandlungen als individuelle Vorgänge unsichtbar bleiben können. Lassen sich also entsprechende Spuren bei Parteiübertritten finden, so spräche dies für Lepsius' These der moralisch überhöhten Grenzen. Zu suchen wäre nach Debatten und konträren Deutungen bzw. Bewertungen von Wandlungen, nach normierten und formalisierten Übergängen, deren Ritualisierungen und Repräsentationen. Wie das aussehen kann, will ich abschließend an einem Beispiel ausführen, das uns zurück zu Lepsius führt.

III. „Sankt Bebel" und die Sünder. Grenzüberschreitungen in der SPD

Zur Kritik an Lepsius' Konzept gehört auch sein Verständnis der Parteien als Aktionsausschüssen der Milieus. Zu einseitig sei diese Sichtweise, die das Verhältnis von Milieu und Partei als Einbahnstraße fasst. Insbesondere Rohe hat das Verhältnis dagegen als bilateralen Prozess gegenseitiger Abhängigkeit gekennzeichnet.[17] Allerdings ist Lepsius' Verhältnisbestimmung weniger eindimensional als es der Begriff „Aktionsausschuss" ausdrückt. Tatsächlich ist auch bei ihm die Rede von „Vermittlungsmechanismen" zwischen Sozialmilieu und politischem Ausschuss, wobei „spezifische kulturelle Deutungsmuster" eine Rolle spielen (Lepsius, 46). Die „Deutungskultur", von der Rohe als elitärer und hochgradig institutionalisierter Einheit innerhalb der „Lager" spricht, ist in Lepsius' Milieukonzept also bereits angelegt.[18]

Hinsichtlich der vier Milieus unterscheiden sich die Ausprägungen der Vermittlungsmechanismen, sowohl was deren Organisation als auch natürlich was die Inhalte anbelangt. So seien es für das katholische Milieu vor allem kirchliche Institutionen gewesen, die die Verbindung zwischen dem Milieu und der Zentrumspartei hergestellt hätten; und für das liberale Milieu wird gerade das Fehlen einer festeren Verbindung für die parteiliche Zersplitterung verantwortlich gemacht (Lepsius, 46). Allerdings lassen sich sowohl für das liberale als auch für das konservative Milieu eine Verknüpfung durch staatlich kontrollierte Institutionen vorstellen, etwa durch Schule, Universität, Militär, und lokale Behörden, so dass eine eigenständige Organisation weniger notwendig war als für die „Reichsfeinde" Zentrum und Sozialdemokratie. Für das sozialdemokratische Milieu geht Lepsius von einer besonders engen Verbindung durch die gut ausgebauten Partei- und Gewerkschaftsorganisationen mitsamt der dazugehörigen Vereine und Kultureinrichtungen aus (Lepsius, 46). Allein mit diesem Milieu beschäftigt sich dieser letzte Teil.

1903 gewann die SPD bei der Reichstagswahl gegenüber 1898 fast 1 Mio. Stimmen hinzu. Zugleich erlebte der Revisionismusstreit seinen ersten Höhepunkt. Für Lepsius blieb dieser Streit weitgehend abgehoben vom Milieu eine Auseinandersetzung zwischen Parteiführern:

> „Gegenüber der diffusen vorpolitischen Strukturierung des Milieus bleiben die intellektuellen Auseinandersetzungen zwischen den Parteiführern relativ bedeutungslos. Auch der heftige Revisionismusstreit in der deutschen Sozialdemokratie betrifft weniger die politische Grundorientierung der Wählerschaft als die intellektuelle Definition ihrer Situation. Der radikale Kautskyanismus verhilft den intermediären Führungsgruppen der Subkultur zu einer stabilisierenden Orientierung." (Lepsius, 47)

[17] Rohe, Wahlen, 25–29.
[18] Ebd., 16 f.

Für Lepsius blieben die Diskussionen innerhalb der sozialdemokratischen Partei also weitgehend auf Deutungsfragen beschränkt, die im Ergebnis zwar Orientierung zu vermitteln wussten, nämlich mittels einer (verbal-)radikalen Ideologisierung. Damit behinderten sie aber letztlich die Politisierung und Integration des „vorpolitisch" strukturierten Milieus. Anhand des angesprochenen Revisionismusstreits lässt sich zeigen, dass diese Analyse zwar nicht falsch, aber zu undifferenziert ist. Dazu werde ich dem vorgestellten theoretischen Instrumentarium der Analyse von Wandlungen folgen, um zu fragen, wie stark die moralischen Grenzbefestigungen waren und wie sehr ein sozialdemokratisches Milieu damit isoliert war. Konzentrieren werde ich mich dabei auf den Dresdener Parteitag der SPD im Jahr 1903, der den ersten Höhenpunkt des Revisionismusstreits bildet.[19]

Im Vorfeld der eigentlichen Debatte über den Revisionismus fand eine Diskussion der Frage statt, ob und unter welchen Bedingungen Sozialdemokraten in der bürgerlichen Presse schreiben dürften. Dieses Thema wurde über drei Tage unter dem Stichpunkt: „Mitarbeit an der bürgerlichen Presse" verhandelt.[20] Interessant ist diese hitzig und persönlich geführte Debatte, weil in ihr auch die Grenzgängerfrage verhandelt wurde, die aus der sozialistischen Perspektive nur eine einzige relevante Grenze kannte, nämlich die zwischen „Bourgeoisie" und „Proletariat". Karl Kautsky, der Chefideologe der Partei, bildete mit seiner auf Marx aufbauenden Position den einen Pol. Prägnant formuliert findet sie sich in einem Artikel von 1901, in dem er bürgerlichen Akademikern eine notwendige Funktion für die Erreichung des Sozialismus zuweist:

> „Einen lebenskräftigen Sozialismus kann daher das Proletariat nicht aus sich selbst heraus schaffen, er muß ihm gebracht werden von Denkern, die, mit allen Hilfsmitteln der bürgerlichen Wissenschaft bewaffnet, sich auf den proletarischen Standpunkt stellen und von ihm aus eine neue, proletarische Gesellschaftsauffassung entwickeln."[21]

Kautsky legitimiert damit nicht zuletzt seine eigene Position, die er als Akademiker innehatte; er delegitimiert weiterhin andere Akademiker, die sich nicht auf diese Rolle des Theoretikers beschränken: „[D]agegen bedarf es [das Proletariat; C.H.] ihrer nicht zur Führung seiner Klassenbewegung."

---

[19] Johannes Mikuteit, *Georg Bernhard (1875–1944): Ein deutscher Journalist in Presse und Politik vor dem Ersten Weltkrieg*, Diss., Frankfurt (Oder) 1998, 179–220; Timm Genett, *Der Fremde im Kriege. Zur politischen Theorie und Biographie von Robert Michels* 1876–1936, Berlin 2008, 201–243 (Kurztitel: Genett, Michels).

[20] *Protokoll über die Verhandlungen des Parteitages der Sozialdemokratischen Partei Deutschlands. Abgehalten zu Dresden vom 13. bis 20. September*, Berlin 1903 (Kurztitel: Protokoll).

[21] K[arl] K[autsky], „Akademiker und Proletarier", in: *Die Neue Zeit* 19 (1901), 89–91, 89f. Folgendes Zitat ebd., 90.

Zur ambivalenten theoretischen Rollenzuweisung kam eine tief verwurzelte Skepsis gegenüber bürgerlichen Akademikern in der Partei, die August Bebel in die praktische Maxime fasste: „seht Euch jeden Parteigenossen an, aber wenn es sich um einen Akademiker oder Intellektuellen handelt, dann seht ihn Euch doppelt und dreifach an".[22] So wurde mehrfach eine „Karenzzeit" für Akademiker in der Partei gefordert.[23] Als ein Kriterium für die soziale Kontrolle diente das Verhältnis von Neugenossen zur „Bourgeoisie", entsprechend der Forderung Kautskys, die einem Artikel aus der publizistischen Debatte im Vorfeld des Parteitages entstammt: „Die Sozialdemokratie ist eine *proletarische* Partei. [...] Sie begrüßt freudig jeden, der aus der Bourgeoisie zu ihr kommt; aber nur dann, wenn er sich ganz und gar auf proletarischen Boden stellt und alle Brücken mit der bürgerlichen Politik abbricht."[24] Damit war etwas gefordert, was auch Konvertiten abverlangt wird: der Bruch mit ihrem früheren sozialen Umfeld. Es lässt sich darin eine Formalisierung für Übertritte erkennen, die damit einen Typus sozialdemokratische Konversion generieren half. Und als damit unvereinbar erschien das Abfassen von sozialdemokratischen Artikeln in der bürgerlichen Presse, dem zudem keine Wirksamkeit zuerkannt wurde, da ein Zugang zur sozialistischen Gedankenwelt nur durch eine umfassende Schriftlektüre möglich wäre.[25]

Den Gegenpol zu Kautsky und Bebel bildete eine Gruppe revisionistischer Akademiker um Heinrich Braun und Wolfgang Heine, die auf der Wirksamkeit solcher Artikel beharrte und diese verteidigte. Anstelle einer sachlichen Argumentation ging Braun dabei zum Gegenangriff über, indem er den auf Seiten Kautskys stehenden Parteihistoriker Franz Mehring als „Chamäleon" darzustellen suchte. Der nämlich sei gar kein „reuiger Sünder", sondern ein „gar nicht bußfertiger Sünder", womit Braun Mehring die Konvertitenrolle absprach. Stattdessen gehörte für ihn die Täuschung zu Mehrings Wesen wie das Farbewechseln zum Chamäleon, dieser lebe „allein von der Lüge".[26] Damit bestritt er dem Akademiker bürgerlicher Herkunft und einstigen Liberalen, ein aufrichtiger Konvertit zu sein und ließ zugleich die Forderungen Kautskys und Mehrings als Heuchelei erscheinen. Denn Mehrings Biographie erschien dann selbst als der geforderten entschiedenen Einseitigkeit grundlegend widersprechend, da auch Mehring als Genosse noch für bürgerliche

[22] Protokoll, 225; vgl. (Zubeil) 201, (Hoffmann) 172.

[23] Protokoll, (Kautsky) 174, (Ad. Hoffmann) 183.

[24] [Karl Kautsky], „Nachwort der Redaktion" im Anschluss an G[eorg] Bernhard: „Parteimoral", in: *Die Neue Zeit* 21 (1903), 602–606, 606 (Hervorhebung im Original). Radikalisiert hat diese Forderung der Delegierte Hoffmann aus Hamburg: „Wir verlangen aber, daß die Leute, die zu uns kommen, die Brücken zur bürgerlichen Gesellschaft hinter sich abbrechen, damit sie mit uns und für uns wirken." Protokoll, 172.

[25] Protokoll, (Kautsky) 175 f., (Zubeil) 201.

[26] Zitate Brauns: Protokoll, 167.

Zeitungen gearbeitet und sogar Anfeindungen gegen die Sozialdemokratie verfasst hätte.

Mehring, der sich während der Debatte selbst kaum äußerte, sondern in der Folge eine entgegnende Broschüre unter dem Titel „Meine Rechtfertigung" herausbrachte[27], wurde von seinen Verteidigern dagegen als aufrichtiger Konvertit dargestellt: Clara Zetkin bestritt Brauns Auffassung, dass Mehrings „Bekehrung nicht ernst gewesen sei".[28] Und entsprechend wurde die Forderung an die Genossen erhoben: „[A]ls Sozialdemokraten, die wir doch die Menschen erziehen wollen, dürfen wir nicht einem Sünder, der Buße getan hat, den Weg versperren."[29] Das christliche Bekehrungsvokabular wurde schließlich von Bebel ganz bewusst benutzt, wenn der offenbar bibelfeste Sozialist Jesu Wort von dem einen Sünder zitiert, über dessen Buße mehr Freude im Himmel herrsche als über 99 Gerechte, und dies Wort auf Mehring bezieht.[30]

Es ist kein Wunder, dass solche Rhetorik bereits auf dem Parteitag als pathetisch gekennzeichnet wurde.[31] Sie ist Ausdruck einer hochgradigen Moralisierung, die, je nach Standpunkt, Inklusion oder Exklusion begründen sollte. Das hat auch der Publizist Maximilian Harden in einer seiner bitterbösen Repliken auf den Parteitag zum Ausdruck gebracht: „Sankt Bebel kann selig sprechen und verdammen."[32] Harden war der Herausgeber der sich als überparteilich verstehenden *Zukunft*, in der einige der angegriffenen Sozialdemokraten publiziert hatten. Aus sozialdemokratischer Sicht handelte es sich dabei um ein „bürgerliches" Blatt, dessen überparteilicher Anspruch es für die Revisionismuskritiker zu einer besonders gefährlichen und verachtenswerten Publikation machte.[33] Harden war also selbst von den Angriffen in Dresden betroffen. Dennoch trifft seine Zuspitzung im Kern zu, in der Tat spielte Bebel bei einer „Bekehrung" auf dem Parteitag eine wichtige Rolle, denn Bebel ließ in Dresden den vom Bürgertum übergetretenen Genossen Georg Bernhard, einen Mitarbeiter der *Zukunft*, öffentlich abschwören:

> „[E]s genügt nicht, daß Sie sagen, ich schreibe einen solchen Artikel nicht mehr, ich frage, wollen Sie noch für die ‚Zukunft' Artikel schreiben? (Bernhard: Nein!) Es freut mich, das von Ihnen zu hören, ich sage auch hier: Ueber einen Sünder, der Buße tut, ist bei mir mehr Freude, als über neunundneunzig Gerechte. (Lebhafter Beifall und Heiterkeit.)"[34]

---

[27] Franz Mehring, *Meine Rechtfertigung. Ein nachträgliches Wort zum Dresdner Parteitage*, 2. Aufl. Leipzig 1903.

[28] Protokoll, 179.

[29] Protokoll, (Ad. Hoffmann) 181.

[30] Protokoll, 219. Bebel zitiert Luk 15,7.

[31] Protokoll, (Heine) 232.

[32] Maximilian Harden, „Bebel und Genossen I", in: *Die Zukunft* 44 (1903), 495–515, 501.

[33] Protokoll, (Kautsky) 175, (Zetkin) 180 f.

[34] Protokoll, 226.

Auch wenn Bebel seiner Aussage mit dem wiederholten Bibelzitat einen scherzhaften Anstrich gibt, ist sie als Sprechakt ernst zu nehmen, ebenso wie Bernhards Antwort: Dem öffentlichen Abschwören folgt die Absolution. Bernhard hat in der Konsequenz damit immerhin seine Stelle gekündigt, auch wenn er diese ohnehin wohl verloren hätte. Er hat, wie gefordert, tatsächlich die Brücken zur bürgerlichen Gesellschaft abgebrochen. Und nun wollte Bebel auf die Anregung eines Parteiausschlussverfahrens gegen Bernhard verzichten.[35]

Wie wichtig die Demonstration der Abtrennung von der bürgerlichen Welt für den Status als Sozialdemokrat war, zeigt sich auch am Beitrag eines weiteren bürgerlichen Übergängers, der in der Debatte angegriffen wurde, dem des einstigen Pastoren und Mitkämpfers Friedrich Naumanns im Nationalsozialen Verein, Paul Göhre. Göhre betonte die Opfer, die sein Übertritt zur Sozialdemokratie bedeutet habe: den Verlust seines Amtes, seiner gesellschaftlichen Stellung und eines Teils der Familie, der sich offenbar von ihm abgewandt hatte.[36] Seinen Übertritt hatte er in einer Rede begründet, die sowohl in Hardens *Zukunft* abgedruckt als auch später als Parteibroschüre massenhaft verbreitet worden war.[37] Robert Michels, selbst Delegierter in Dresden und „Konvertit", führt Göhre als ein Beispiel dafür an, dass „in den Massen das Verständnis für die Schwere der Opfer", die der Intellektuelle für den Parteieintritt bringen müsse, „äußerst gering" sei.[38] Diese Opfer wurden als das Mindeste in einer Partei angesehen, deren führende Mitglieder zu einem guten Teil für ihre Überzeugungen noch im Gefängnis gesessen hatten. Die Zugehörigkeit „klassenfeindlicher" Elemente zur Sozialdemokratie war maßgeblich über die erbrachten Opfer zu legitimieren.

Auch wenn Göhre sich in der Debatte über die erbrachten Opfer als aufrichtiger Sozialdemokrat darzustellen suchte, kann seine zuvor publizierte Übertrittserklärung nur bedingt als Konversionsbericht gelten. Göhre streicht gerade Kontinuitäten heraus und argumentiert für die Vereinbarkeit von Christentum und nationaler Einstellung mit der Sozialdemokratie. Daraus ergibt sich keine totale Abgrenzung zu bürgerlichen Werten, sondern, im Gegenteil, der Versuch, eine Brücke zwischen liberalem Bürgertum und Sozialdemokratie zu bauen. Den performativen Erklärungscharakter und die Werbung hat seine „Rede" allerdings wiederum mit Konversionsberichten gemein. Für sein Selbstverständnis als Sozialdemokrat ist Göhre in Dresden

---

[35] Protokoll, 228.

[36] Protokoll, 236.

[37] Paul Göhre, „Mein Uebertritt zur Sozialdemokratie", in: *Die Zukunft* 8 (1900), 326–338; Ders., *Wie ein Pfarrer Sozialdemokrat wurde. Eine Rede*, Berlin 1900.

[38] Robert Michels, *Zur Soziologie des Parteiwesens in der modernen Demokratie. Untersuchungen über die oligarchischen Tendenzen des Gruppenlebens*, 4. Aufl. Stuttgart 1989 (zuerst 1911), 308.

scharf angegriffen worden und hat sich in der Verteidigung stärker in die Rolle des Bekehrten drängen lassen.

Die Debatte in Dresden war damit maßgeblich eine Verhandlung über die Zugangsweisen zur Sozialdemokratie, sozialdemokratische Authentizität und die Abgrenzung gegenüber der „Bourgeoisie".[39] Zetkin hat die hinter der Debatte stehenden Alternativen angesprochen:

> „Das Ganze läuft im Grunde genommen auf die Frage hinaus: Können wir uns mit der bürgerlichen Welt vertragen, können wir sie durch Ueberredung und gute Manieren zu uns herüberziehen oder müssen wir die bürgerliche Welt überwinden?"[40]

Göhre und andere Revisionisten wollten eine durchlässigere Grenze gegenüber dem Bürgertum, sie plädierten für eine flexiblere Zusammenarbeit mit Liberalen und wollten die Sozialdemokratie für diese öffnen. Hier zeigt sich eine alternative zeitgenössische Grenzziehung, der eine moralisch aufgeladene „Bekehrung", wie sie von den Revisionismuskritikern als Zugangshürde gefordert wurde, entgegenstand. Insofern schoss Braun mit seinem Angriff gegen Mehring ein Eigentor, da er sich dabei einen pathetischen Bekehrungsbegriff zu eigen machen musste, nur um Mehring dann absprechen zu können, unter diesen zu fallen. Im Ergebnis gab es schließlich nicht nur eine überwältigende Mehrheit für die Resolution des Parteivorstandes, die die Mitarbeit an der bürgerlichen Presse einschränkte, sondern auch entsprechende Abstinenzerklärungen der angegriffenen Mitarbeiter. Von außerhalb wurde das so bewertet, dass die Sozialdemokratie zur Sekte geworden sei.[41]

Einerseits stützt dieses Ergebnis Lepsius' These der Milieuabschottung, und zwar insofern, als durch Ansätze zur Etablierung eines sozialdemokratischen Konversionstypus', der allein „bürgerlichen" Übergängern Authentizität verschaffen konnte, die moralischen Grenzen zur Sozialdemokratie aus ihr selbst heraus künstlich überhöht wurden. Diese „weiche" Kontrolle trat neben die „härtere" organisatorische: Die lange eher als Bekenntnisfrage behandelte Parteizugehörigkeit wurde stärker bürokratisiert und Parteiausschlussverfahren institutionalisiert und auch angewendet.[42] Andererseits spricht dieses Ergebnis aber auch gegen Lepsius' These, denn wo ein Zugang kontrolliert

---

[39] Vgl. Genett, Michels, 228.

[40] Protokoll, 181.

[41] Von liberaler Seite: „Die Moral der Sozialdemokratie", in: *Berliner Tageblatt*, 17.9.1903, Morgenausgabe.

[42] Nachvollziehbar an den Parteistatuten, abgedruckt bei Dieter Fricke, *Handbuch zur Geschichte der deutschen Arbeiterbewegung 1869 bis 1917*, 2 Bde., Berlin (Ost) 1987. Die Anzahl der Parteiausschlussverfahren blieb gemessen am Anwachsen der Partei eher gering, vgl. ebd., Bd. 1, 292. Zu einzelnen Verfahren: Max Bloch, „Die Sozialistischen Monatshefte und die Akademikerdebatte in der deutschen Sozialdemokratie vor 1914: Die ‚Fälle' Göhre, Schippel, Calwer und Hildebrand", in: *Mitteilungsblatt des Instituts für soziale Bewegungen* 40 (2008), 7–22 (Kurztitel: Bloch, Monatshefte).

und beschränkt wird, wird offenbar angenommen, dass es ihn auch wirklich gibt.

Tatsächlich machte die Parteiführung, und zwar sowohl von revisionistischer Seite als auch von deren Gegnern aus, eine Wählerwanderung (links-) liberaler Bürgerlicher zur SPD aus. So wurde flügelübergreifend der Wahlerfolg der SPD von 1903 bei gleichzeitigen Verlusten der linksliberalen Parteien gedeutet. Von revisionistischer Seite aus wurde diese Entwicklung begrüßt und die SPD auf dem Weg zur „Volkspartei" gesehen.[43] Der Rest der Partei sah darin zumindest *auch* die Gefahr der Verbürgerlichung. Bebel kategorisierte die Wechselwähler als „Mitläufer", in denen er zukünftige „Parteigenossen" sah.[44] Hier wurde eine Abstufung vorgenommen, die bis dahin nicht als notwendig erachtet worden war, da sozialdemokratische Stimmabgabe und sozialdemokratische Identität bislang weitgehend gleichgesetzt worden war. Jetzt wurde postuliert: Ein SPD-Wähler muss noch kein Genosse sein. Der Widerspruch, der sich daraus in Bezug zu Lepsius' Ansatz ergibt, ist augenfällig, denn dieser bestimmt das Milieu über die Wähler, rechnet diese also dem Milieu zu.

Auflösen lässt sich dieser Widerspruch zugunsten Lepsius' unter der Annahme, dass sich die Parteileitung über den Zugang von Bürgerlichen täuschte. Und in der Tat nimmt Lepsius mit seiner Interpretation des Revisionismus als einem von der Basis abgehobenen Streit etwas Derartiges an. Bebel und die Revisionismusgegner hätten dann in Dresden nur auf das Gespenst der „Verbürgerlichung" reagiert. Diese Annahme müsste indes eine plausible Erklärung für die Entstehung dieser Täuschung liefern, etwa, warum der basisferne Revisionismus so bedrohlich erscheinen konnte. Ohne solche Erklärungen erscheint es plausibler, in den Zugangskontrollmechanismen eine Reaktion auf einen tatsächlichen Zug Bürgerlicher zur SPD zu sehen. In der neueren historischen Wahlforschung gelangt Jonathan Sperber zu genau diesem Ergebnis, dass es ab 1900 tatsächlich zu einer Wählerwanderung von den linksliberalen Parteien zur SPD gekommen ist.[45] Er steht damit zwar dem Mainstream der Forschung entgegen, schließt aber an zeitgenössische Wahrnehmungen und Analysen wieder an, etwa an die von Robert Blank und Robert Michels.[46]

---

[43] Wolfgang Heine, „Der 16. Juni", in: *Sozialistische Monatshefte* 9 (1903), 475–478, 477.

[44] August Bebel, „Das Fazit des Wahlkampfes", in: *Die Neue Zeit* 21, Bd. 2 (1903), 420–425, 422 f.

[45] Jonathan Sperber, „The Social Democratic Electorate in Imperial Germany", in: David E. Barclay/Eric D. Weitz (Hg.), *Between Reform and Revolution: German Socialism and Communism from 1840 to 1990*, New York/Oxford 1998, 167–194 (Kurztitel: Sperber, Electorate).

[46] Ebd., 184 f. Michels stimmte, wie auch Bebel, Blanks Analyse bezüglich der Wählerschaft, nicht der Mitgliedschaft, grundsätzlich zu, s. Robert Michels, „Die deutsche Sozial-

Der Dresdener Parteitag macht also Tendenzen der Milieuüberschreitung sichtbar, gerade indem er diese zu blockieren, jedenfalls zu beschränken und kontrollieren suchte. Für die Bewertung seiner Folgen hinsichtlich der Selbstabschottungsthese ist allerdings zu berücksichtigen, dass reformerische Tendenzen in der SPD auch nach 1903 stark blieben und sich das Parteizentrum in seiner Distanzierung von linksradikalen Teilen wieder stärker an diese Teile annäherte. Und stellt Bloch die Abschottungstendenzen in der SPD in, auch personelle, Kontinuität zur KPD, dann ist dies zwar grundsätzlich richtig.[47] Es ist dabei nur zu betonen, dass, anders als in der Weimarer Zeit, diese Tendenzen umstritten und kritisierbar blieben: In seiner Gegenrede auf Bebel konnte der bayerische, dem Revisionismus zugerechnete SPD-Führer Georg von Vollmar gegen die Gefahr der Meinungsbeschränkung wettern, Kautsky mit dem Papst und Bebels Sprache mit der eines „Diktators" vergleichen.[48] Das Protokoll vermerkt hier neben „Widerspruch" auch lebhafte Zustimmung und Beifall. Die Abschottungsversuche waren also nur teilweise erfolgreich, ab 1900 wurde und blieb die Milieugrenze umstritten. Es ergibt sich so ausgehend von Lepsius ein differenzierteres Bild der zeitgenössischen Grenzziehungen, in dem deren Dynamik zwischen alternativen Vorstellungen besser eingefangen ist und das deshalb Schwächen von Lepsius zu statischem Milieukonzept korrigiert, ohne dieses grundsätzlich in Frage zu stellen.

demokratie. I. Parteimitgliedschaft und soziale Zusammensetzung", in: *Archiv für Sozialwissenschaft und Sozialpolitik* 23 (1906), 471–556, 475 f., 555.

[47] Bloch, Monatshefte, 22.

[48] Protokoll, 335, 341.

Geschichte als Wortgeschichte denken. Eine linguistische Perspektive auf *Kult*

Beate Henn-Memmesheimer

1. Thema und Methode

Eine pragmatische Bedeutungstheorie Wittgensteinscher Provenienz voraussetzend soll eine Wortgeschichte skizziert werden, die mit lebensstilistischen Differenzierungen einher geht und an mediale Entwicklungen gebunden ist. Zentral sind die Neukontextualisierungen des Wortes *Kult*, der Übergang von sakralen in säkulare Kontexte, von *Kultus* und *Kult* zu *kultig*, bei der die junge Soziologie Anfang des 20. Jahrhunderts eine gewichtige Rolle spielt. Die Perspektive ist eine sprachwissenschaftliche.

Semantiken von Wörtern werden innerhalb von Diskursen[1] differenzierend fortgeschrieben. Diskursanalytische Methoden[2] gehen aus von Texten, die thematisch oder formal miteinander verbunden sind, d.h. von Sprechern mit unterschiedlichen Mitteln aufeinander bezogen werden oder von Rezipienten als aufeinander bezogen wahrgenommen werden. Um diskursive Zusammenhänge über Jahrzehnte hinweg zu rekonstruieren, bedarf es des Zugriffs auf große Textkorpora. Diese stehen derzeit in unterschiedlichen Zuschnitten und

[1] Zum hier verwendeten Diskursbegriff: Eine der frühen und fundiertesten Darstellungen des Foucaultschen Diskursbegriffs ist Manfred Frank, „Was ist ein Diskurs", in: Ders., *Das Sagbare und das Unsagbare. Studien zur neuesten französischen Hermeneutik und Texttheorie*, Frankfurt am Main 1990, 408–426. Zur Verbindung von Diskursanalysen und sozialwissenschaftlichen Wissensanalysen vgl. Reiner Keller, *Wissenssoziologische Diskursanalyse. Grundlegung eines Forschungsprogramms*, Wiesbaden 2011, zu Wissenssoziologie und kritischer Diskursanalyse vgl. z.B. Hermann Kocyba, „Die Disziplinierung Foucaults. Diskursanalyse als Wissenssoziologie", in: Dirk Tänzler/Hubert Knoblauch/Hans-Georg Soeffner (Hg.), *Neue Perspektiven der Wissenssoziologie,* (Erfahrung, Wissen, Imagination 8), Konstanz 2006, 137–156. Der spezifische Diskursbegriff von Jürgen Habermas, wo *Diskurs* eine Bezeichnung für Geltungsansprüche thematisierende Rede ist (vgl. Jürgen Habermas, „Aspekte der Handlungsrationalität (1977)", in: Ders., *Vorstudien und Ergänzungen zur Theorie des kommunikativen Handelns*, Frankfurt am Main 1995, 441–472, bes. 443 und 468 f.), wird hier nicht weiter verfolgt.

[2] Zur Auseinandersetzung um begriffsgeschichtliche und diskursorientierte semantische Beschreibungen vgl. Hans Joas und Peter Vogt, „Einleitung", in: Dies. (Hg.), *Begriffene Geschichte. Beiträge zum Werk Reinhart Kosellecks*, Berlin 2011, 9–57, 27.

zeitlich geordnet zur Verfügung. Mit quantitativen Analysen lassen sich Spuren von Diskursen ausmachen, anhand derer man saliente Texte finden kann, bei denen dichte semantische Beschreibungen ansetzen können. Im Gegensatz zu den an kanonischen, institutionell legitimierten und kontrollierten Texten orientierten Bedeutungsbeschreibungen, z.B. in wissenschaftsinternen Diskussionen, in etymologischen und begriffsgeschichtlichen Wörterbüchern, können hier unterschiedliche Textsorten aus unterschiedlichen Handlungszusammenhängen relevant gesetzt werden.

2. Kodifizierte Bedeutungsbeschreibung – gedruckt

Gedruckte einsprachig deutsche Wörterbücher liefern Kodifikationen, die buchwissenschaftlich kontrolliert sind, und deshalb präskriptiv gelesen werden. Das Lemma *Kult* wird meist sehr kurz abgehandelt, auch wenn auseinander liegende Bedeutungen gesehen werden wie in *Duden-Universal-Wörterbuch* von 2001:

„*Kult, der*: […] 1. an feste Formen, Riten, Orte, Zeiten gebundene religiöse Verehrung einer Gottheit durch eine Gemeinschaft: *ein heidnischer, der christliche K*; *der K. des Dionysos*; *jmdn. in einen K. einweihen*. 2. a) übertriebene Verehrung, die jmdm., einer Sache zuteil [sic!] wird: *der Kult mit dem Star ist geradezu lächerlich* […]. b) besondere, übertrieben sorgfältige Form des Umgangs mit einer Sache: *ein K. der Schönheit*; *der K. mit Krawatten, Hemden; aus etw. einen K. machen.*“[3]

Zu *Kultus* findet sich lediglich der Verweis auf das Lemma *Kult* und die Kennzeichnungen „bildungssprachlich“ bzw. „amtssprachlich“.[4] Im *Etymologischen Wörterbuch des Deutschen* spielt der Bezug auf lat. *colere* eine Rolle:

„*Kult* m. ‘nach festen Riten geregelte Verehrung einer Gottheit, übertriebene Verehrung einer Person bzw. übertriebene Pflege einer Sache‘, Entlehnung (17. Jh.) aus lat. *cultus* ‘Anbau und Pflege von Pflanzen, Pflege von Kunst und Unterricht, Verehrung, Anbetung‘, einer Bildung zu lat. *colere* (*cultum*) ‚bebauen, (be)wohnen, pflegen, (religiös) verehren‘. Vgl. *Kultusministerium*, auch *Kultministerium* ‘Staatsbehörde für Wissenschaft, Kunst und Bildung‘ (19. Jh.).“[5]

---

[3] Duden, *Deutsches Universalwörterbuch*, 4., neu bearbeitete und erw. Aufl., Mannheim 2001, s.v. *Kult*; Kursivsetzungen im Zitat geändert.

[4] Ebd., s.v. *Kultus*.

[5] Wolfgang Pfeifer u.a., *Etymologisches Wörterbuch des Deutschen*, 2. Aufl. Berlin 1993, s.v. *Kult*. Übernommen wurde dieser Text in: *Das Digitale Wörterbuch der Deutschen Sprache*, hg. von der Berlin-Brandenburgischen Akademie der Wissenschaften (2001 ff.), Etymologie von Wolfgang Pfeifer: http://www.dwds.de/?view=1&qu=Kult (Version: 1.0.115), zur Struktur der etymologischen Artikel: http://www.dwds.de/hilfe/panel/etymwb/ (21.3.2015). Online verfügbar unter http://www.dwds.de/ (4.4.2015) (Kurztitel: DWDS), mit Suchwort *Kult*: http://www.dwds.de/?qu=Kult (5.4.2015).

Die fachwissenschaftliche Kodifikation in *Die Religion in Geschichte und Gegenwart*[6] enthält nur die sakrale Bedeutung und eine Ausdifferenzierung des lateinischen *colere*:

„1. K. kann definiert werden als die sichtbaren, gesellschaftlich festgesetzten und geordneten, wirkungskräftigen Formen, durch die das religiöse Erleben der Gemeinschaft zwischen Gottheit und ‚Gemeinde' verwirklicht wird und ihre Wirkungen ausübt. K. ist somit kein Sondergebiet der Religion, sondern ein Hauptaspekt derselben, in Relation zu dem alle ihre Phänomene betrachtet werden können.
2. Sowohl lat. colere, cultus als auch hebr. 'abad, 'aboda drücken das praktische Verhältnis zu den hl. Mächten aus, von denen der Mensch sich existentiell abhängig weiß. Beide Wörter schließen die Bedeutung ‚dienen' und ‚warten, pflegen' ein und können z.B. den Ackerboden u. dgl. als Objekt haben. [...]."[7]

3. Quantitative Spuren von Wortverwendungen in Printmedien

Um differenziert Wortentwicklungen über größere Zeiträume zu beschreiben, kann man, soweit große Korpora vorliegen, mit quantitativen Recherchen beginnen.[8] Google bietet mit Google-books-Ngram-Viewer ein Werkzeug an, das Vorkommenshäufigkeiten von Wörtern und Wortkombinationen (N-Grammen) über alle deutschsprachigen für Google gescannten Bücher liefert.[9]

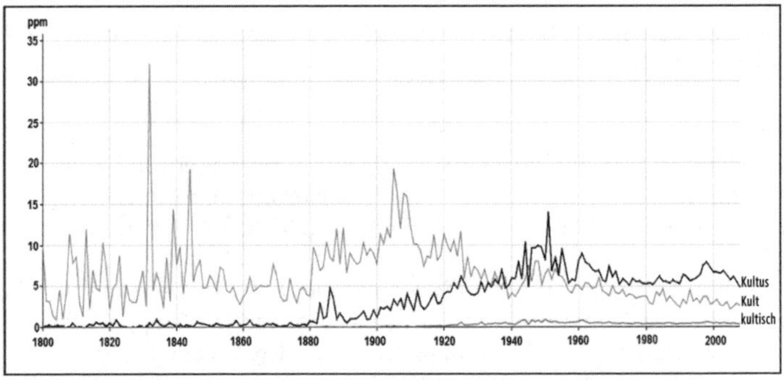

Abb. 1: Anteile von *Kultus*, *Kult*, *kultisch* nach Google-books-Ngram-Viewer.

[6] *Die Religion in Geschichte und Gegenwart. Handwörterbuch für Theologie und Religionswissenschaft*, 3. Aufl., 7 Bde., Tübingen 1957–1965.

[7] Ebd., Bd. 4, 120.

[8] Vgl. die Anwendung quantitativer Verfahren zur Diskursanalyse in: Beate Henn-Memmesheimer, Ernst Eggers, Barbara Hoch, Kuanyong Qiu, „Wahrnehmung und Leugnung von Historizität in Diskursen über *romantisch* im Kontext von *Liebe*", in: Heidrun Kämper/Daniel Schmidt-Brücken/Ingo H. Warnke (Hg.), *Textuelle Historizität. Interdisziplinäre Perspektiven auf das diskursive Apriori*, (Diskursmuster – Discourse Patterns, 8), Berlin/Boston 2015, 11–44.

[9] https://books.google.com/ngrams (5.2.2015). Zur Beschreibung des Korpus vgl. http://storage.googleapis.com/books/ngrams/books/datasetsv2.html.

Rekonstruktionen von sprachlichen und soziokulturellen Entwicklungen – darauf weisen Pechenick et al.[10] hin – sind mit Einschränkung möglich: der Schwerpunkt des Korpus liegt auf „professional books". Das ist für die vorliegende Studie allerdings kein Nachteil. Bedenklicher ist, dass auffällige Häufigkeiten auch dort entstehen, wo lediglich ein und derselbe Text in mehreren Varianten aufgenommen ist, oder wo lebende Kolumnen, die den Suchbegriff enthalten, mitgezählt werden. Fehler ergeben sich auch daraus, dass die meisten Texterkennungsprogramme nicht mit Fraktur-Schriften umgehen können. Der Vorteil von Google-Books: Es ist ein sehr großes Korpus und ausgehend von der N-Gramm-Graphik kann man von jeder Stelle leicht auf die Titel und auf Volltexte zugreifen.

Deutlich wird die Vorgängigkeit der Wortform *Kultus* mit der lateinischen Endung (Abb. 1). Bei Einsicht in die Titel bestätigt sich außerdem die ausschließlich sakrale Verwendung vor 1900. Der Peak 1831/1832 für *Kultus* in (Abb. 1) verdankt sich der Edition von Hegels *Vorlesungen über die Philosophie der Religion* (1832)[11] mit mehreren Exemplaren, von denen offenbar jedes gezählt wird.[12]

Inhaltliche Verschiebungen werden nahe gelegt durch das veränderte Interesse wissenschaftlicher Fächer[13] an Kult und Kulten (Abb. 2-4). Basis der fachbezogenen Recherche ist das Korpus „Zeitschriften/Jahrbücher", das der Verlag De Gruyter in einer „erweiterten Suche"[14] bei IBZ-Online (Internationale Bibliographie der geistes- und sozialwissenschaftlichen Zeitschriftenliteratur) anbietet.[15]

---

[10] Eitan Adam Pechenick, Christopher M. Danforth, Peter Sheridan Dodds, „Characterizing the Google Books corpus: Strong limits to inferences of socio-cultural and linguistic evolution", arXiv:1501.00960 [physics.soc-ph] (5.1.2015), http://arxiv.org/pdf/1501.00960 (16.3.2015).

[11] Georg Wilhelm Friedrich Hegel, *Vorlesungen über die Philosophie der Religion nebst einer Schrift über die Beweise vom Dasein Gottes*, hg. von D. Philipp Marheineke, (Georg Friedrich Hegel's Werke, XVI), Berlin 1832 (Kurztitel: Hegel, Vorlesungen).

[12] https://books.google.de/books?id=_lYU6-VUL_sC&printsec=frontcover&dq=%22 kultus%22&hl=de&sa=X&ei=UPzhVKT4DMv9UPu_gaAI&ved=0CCUQuwUwAA#v=onepag e&q=Kultus&f=false (15.2.2015). Hier zeigen sich weitere Probleme der Google-books-Analysen: Zu einem der Exemplare wird angegeben, im Text werde 15mal das Wort *Kultus* genannt, bei einem zweiten Aufruf, werden 10 Vorkommen genannt. Die Zahl der Vorkommen ist erheblich höher: Zumindest werden Vorkommen in Inhaltsverzeichnis, Register, Überschriften und lebenden Kolumnen (ein Abschnitt des ersten Teiles (136–181) hat den Titel und durchgängig die rechte Kopfzeile: „Der Kultus"), nur teilweise aufgezählt.

[13] Die Fächerbenennungen folgen De Gruyter: IBZ.online und „erweiterte Suche", http://www.degruyter.com/dg/advancedsearch (5.2.2015).

[14] http://www.degruyter.com/dg/advancedsearch (5.2.2015).

[15] http://www.degruyter.com/view/db/ibz (5.2.2015). Nach Auskunft der Webseite zur Produktinformation sind „derzeit über 3.2 Millionen Zeitschriftenaufsätze aus 11.500 Zeitschriften der Jahre 1983ff." aufgenommen, wobei jährlich „über 120.000 Eintragungen" hin-

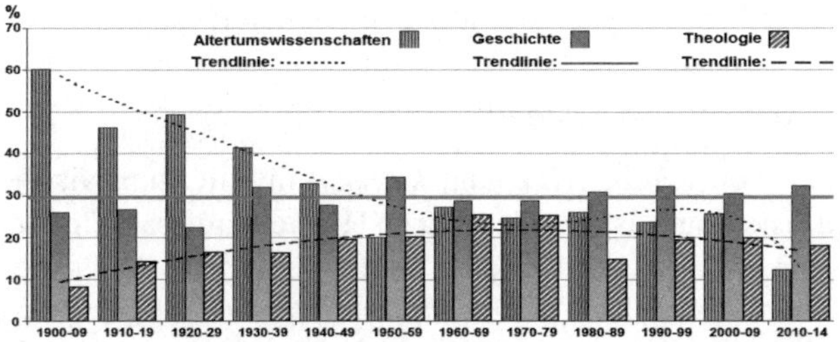

Abb. 2: Anteil der den Fächern Altertumswissenschaften, Geschichte und Theologie zugeordneten Artikel, in denen *Kult* vorkommt (in Dekaden). Zuordnungen eines Artikels zu mehreren Fächern kommen vor. Eingezeichnet sind Trendkurven. (Korpus: De Gruyter „Zeitschriften/Jahrbüchern").

Deutlich geringere Anteile haben die Fächer Linguistik/Semiotik, Literaturwissenschaften und Philosophie:

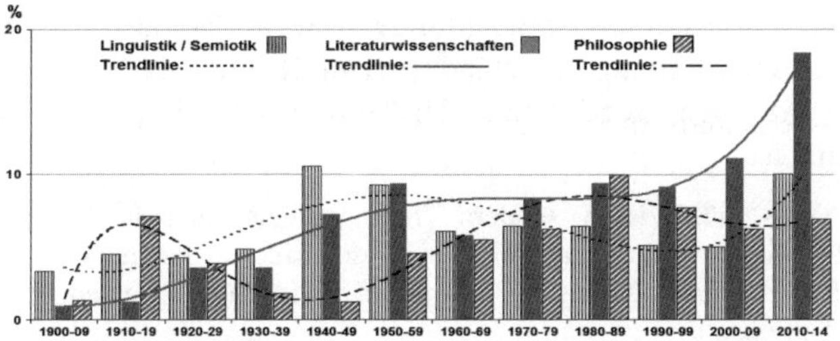

Abb. 3: Anteil der den Fächern Linguistik/Semiotik, Literaturwissenschaften und Philosophie zugeordneten Artikel, in denen *Kult* vorkommt (in Dekaden). (Korpus: De Gruyter „Zeitschriften/Jahrbücher").

Die Entwicklung im Fach Soziologie:

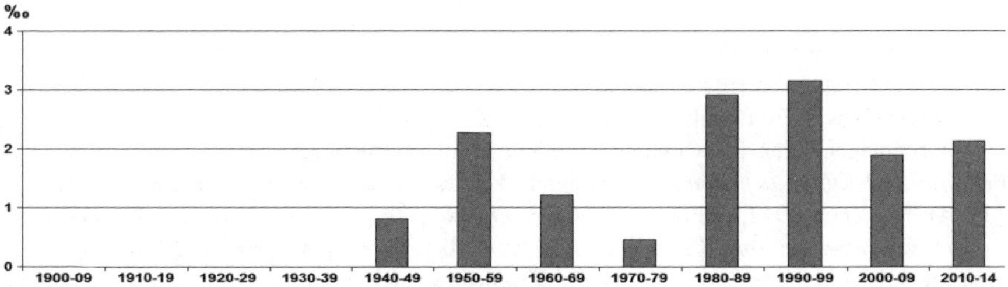

Abb. 4: Anteil der dem Fach Soziologie zugeordneten Artikel, in denen *Kult* vorkommt (in Dekaden). (Korpus: De Gruyter „Zeitschriften/Jahrbücher").

zukommen: www.degruyter.com/databasecontent?dbid=ibz&dbsource=%2Fdb%2Fibz (5. 2. 2015), am 26.3.2015 wird bereits die Zahl von 3.7 Millionen Titel angegeben. Recherche und Modellierung: Ernst Eggers.

4. *Kultus*, *Kult* und *kultisch*

4.1. Sakrale Kontexte und Semantik

Die Häufigkeit von *Kultus*, *Kult* und *kultisch* in Altertumswissenschaft, Geschichte und Theologie ist ein deutlicher Hinweis auf sakrale Kontexte. Das wird durch den Blick in ein weiteres Korpus bestätigt: Auch die Belege aus dem „Deutschen Textarchiv" in *Das digitale Wörterbuch der deutschen Sprache* (*DWDS*)[16] in der Textsorte „Wissenschaft" zeigen ausschließlich sakrale Verwendung. Inhaltlich wird das Thema mit wechselnden Interessen in den Fächern angegangen.[17] Zwischen 1910 und 1925 ist *Kultus* vor allem deshalb häufig, weil in Google-books viele Abhandlungen und Verordnungen zu Unterricht und Unterrichtsfächern aufgenommen sind (Abb. 1). Der Peak von *Kult* 1950 und 1951 verdankt sich ausschließlich der Verwendung in religionswissenschaftlichen und ethnologischen Studien und didaktischen Zeitschriften.

Für die hier dargestellten Entwicklungen relevant ist das in der Hegelschen Systematik (1832) betonte Verständnis von Kultus als einer „praktischen Beziehung" „auf den Gegenstand, der Gott ist"[18], ebenso der persönliche Bezug: Kultus ist

> „nicht bloß Verhältniß, Wissen, sondern Thun, Handeln, sich die Vergewisserung zu geben, dass der Mensch von Gott aufgenommen, zu Gnaden angenommen ist. Die einfache Form des Kultus, der innere Kultus ist die Andacht, dieses Mystische, unio mystica."[19]

Synkretismus von Kulten, vergleichbar mit heutigen Formen von Bricolage, zeigt Hugo Hebding für Zeiten „des Niedergangs der antiken Religionen und des Vordringens des Christentums".[20]

---

[16] DWDS; online verfügbar unter http://www.dwds.de/ (4.4.2015), mit Suchwort *Kult*: http://www.dwds.de/?qu=Kult (5.4.2015).

[17] Grundlegend zur Entwicklung von Kulten in sakralen Kontexten: Georg Wissowa, *Religion und Kultus der Römer*, (Handbuch der klassischen Altertumswissenschaft, Bd. 5, Abt. 4), München 1912; Wilhelm Wundt, *Völkerpsychologie. Eine Untersuchung der Entwicklungsgesetze von Sprache, Mythos und Sitte*, 10 Bde., Leipzig 1900–1920. In der Theologie geht es um Lehre und Kultus im Rahmen der Kirchenverfassung. Mit sehr vielen Vorkommen schlagen in Google-Books z.B. Ernst Troeltschs vielbändige Schriften zu Buche. Vor 1900: Ludwig Hüffell, *Ueber das Wesen und den Beruf des evangelisch-christlichen Geistlichen: Ein Handbuch der praktischen Theologie in ihrem ganzen Umfange,* 3. vermehrte und verbesserte Aufl., Giessen 1835.

[18] Hegel, Vorlesungen, 142.

[19] Ebd., 37.

[20] Hugo Hepding, *Attis – seine Mythen und sein Kult*, Gieszen 1903.

4.2 Frühe säkulare Verwendung von Kult: Metapher

Verwendungen des Wortes *Kult*, bezogen auf Verhaltensweisen in säkularen Situationen, sind literarisch (in der Textsortenklassifikation des *DWDS*: „belletristisch"), bereits 1899 mit zwei Fontane-Stellen belegt:

„Die Treue, die der Verstorbene noch in seinen letzten Augenblicken ihr nachgerühmt hatte, steigerte sich mehr und mehr zum Kult. Die Vormittagsstunden jedes Tages gehörten dem hohen Palisanderschrank an, drin die Jubiläumsgeschenke wohlgeordnet standen."[21]

Im selben Text ist ebenfalls säkular vom „Kult vor dem goldenen Kalbe" die Rede, es handelt sich um ein geflügeltes Wort, eine Kategorisierung unter Anspielung auf die biblische Erzählung.

Marianne Weber verwendet *Ich-Kult*: „Wir können sehr weite Strecken mit Georges Jüngern gehen: mit ihrer Sehnsucht nach Einordnung des Einzelnen in ein Ganzes, nach Erlösung vom Ich-Kult".[22] Der Kontext stellt mit „Erlösung", „Vergottung" und „Religionsstiftung" eine Anbindung an sakrale Szenarien her:

„Vergottung irdischer Menschen und die Religionsstiftung auf George – und das ist, wie Gundolf einfließen ließ, jetzt schon die Absicht des Kreises – erscheint uns als Selbsttäuschung von Menschen, die dem Gegenwartsleben nicht ganz gewachsen sind."[23]

Ich-Kult hat säkularen Bezug, ist literarisches Thema[24] mindestens seit den 1880er Jahren. Die Verwendung von *Kult* wird aus Kontexten heraus entwickelt, in denen permanent religiöse Kulte in ihrer Funktion mitreflektiert werden. [25]

Max Webers Verwendungen von *Kult* als Kategorie in wissenschaftlichen Texten, bezogen auf säkulare Praxis, können vor dem Hintergrund von Webers Analysen sakraler Kulte unter soziologischer Perspektive gesehen werden. In „Wissenschaft als Beruf" wird *Kult* pointiert eingesetzt.

„Nun: ob jemand wissenschaftliche Eingebungen hat, das hängt ab von uns verborgenen Schicksalen, außerdem aber von ‚Gabe'. Nicht zuletzt auf Grund jener zweifellosen Wahrheit hat nun eine ganz begreiflicherweise gerade bei der Jugend sehr populäre Einstellung sich in den Dienst einiger Götzen gestellt, deren *Kult* wir heute an allen Straßenecken und in allen Zeitschriften sich breit machen finden. Jene *Götzen* sind: die *‚Persönlichkeit'* und

---

[21] Theodor Fontane, *Der Stechlin*, Berlin 1899 (ohne Seitenzahl in der DWDS-Konkordanz).

[22] Marianne Weber, *Max Weber. Ein Lebensbild*, 3. Aufl. Tübingen 1984, 470.

[23] Ebd., 470.

[24] Vgl. Maurice Barrès, *Le Culte du moi. Examen des trois idéologies* (Roman-Trilogie), Paris 1888–1893.

[25] Voraus gehen offenbar weitere Attribuierungen des George-Kreises mit sakralen Bezügen. Weber befasst sich im religionssoziologischen Kapitel von *Wirtschaft und Gesellschaft* mit der Analyse von Kulten. Seine Kategorien ermöglichen es, den George-Kreis bereits 1910 als „Sekte" zu bezeichnen, nach einer Mitteilung von Edith Hanke.

das ‚*Erleben*'. Beide sind eng verbunden: die Vorstellung herrscht, das letztere mache die erstere aus und gehöre zu ihr. Man quält sich ab, zu „erleben", – denn das gehört ja zur standesgemäßen Lebensführung einer Persönlichkeit, – und gelingt es nicht, dann muß man wenigstens so tun, als habe man diese Gnadengabe. Früher nannte man dies ‚Erlebnis' auf deutsch: ‚Sensation'. Und von dem, was ‚Persönlichkeit' sei und bedeute, hatte man eine – ich glaube – zutreffendere Vorstellung.
Verehrte Anwesende! ‚Persönlichkeit' auf wissenschaftlichem Gebiet hat nur der, der rein der Sache dient. Und nicht nur auf wissenschaftlichem Gebiet ist es so. Wir kennen keinen großen Künstler, der je etwas anderes getan hätte, als seiner Sache und nur ihr zu dienen."[26]

Diese Verwendung von *Kult* zeigt Charakteristika metaphorischer Wortverwendung:[27] Ausgehend von Erfahrungen[28] – und das sind hier Erfahrungen mit der Analyse sakraler Kulte – rekonstruiert Weber säkulare Verhaltensweisen als Kulte.

Die Metapher ist erweiterbar: Der Kult erfordert „unvermeidlich" „das ‚Opfer des Intellektes' zu bringen, so oder so".[29]

Der säkulare wie der sakrale Kult evoziert „Erlebnisse", konstituiert die „Persönlichkeit". Dies wird, kritisch gewendet,[30] in unterschiedlichen Texten eingesetzt. In „Der Sinn der ‚Wertfreiheit' der soziologischen und ökonomischen Wissenschaften" ist *Erlebnis* ein „Modewert", damit verbunden sind subjektives Wichtignehmen „eigene[r] Lebensäußerungen" und zunehmende Differenzierung von „Gefühlsnuancen".[31]

---

[26] Max Weber, „Wissenschaft als Beruf", in: Ders., *Wissenschaft als Beruf 1917/1919 – Politik als Beruf 1919*, hg. von Wolfgang J. Mommsen und Wolfgang Schluchter in Zusammenarbeit mit Birgitt Morgenbrod (*MWG I/17*), Tübingen 1992 (Kurztitel: MWG I/17), 71–111 (Kurztitel: Weber, Wissenschaft als Beruf), zitiert: 84. (Hervorhebungen der Autorin, H.-M.; ohne die Hervorhebungen im Original). – In einem ersten Schritt wurde das Vorkommen von *Kult* in den Schriften von Max Weber mit der digitalen Weber-Ausgabe recherchiert: Max Weber, Gesammelte Werke. Mit der Biographie „Max Weber. Ein Lebensbild" von Marianne Weber, (Digitale Bibliothek 58), Berlin 2001. Zur Vereinheitlichung der Zitation in diesem Band wurde auf die Max Weber-Gesamtausgabe umgestellt.

[27] Zum Metapherbegriff: Beate Henn-Memmesheimer, „Metapher", in: *Der Deutschunterricht* 43.5 (1991), 21–39. Karl Bühler, *Sprachtheorie. Die Darstellungsfunktion der Sprache*, (Ungekürzter Neudr. der Ausgabe Jena 1934), 3. Aufl. Stuttgart 1999; Umberto Eco, *Semiotik und Philosophie der Sprache*, (Supplemente 4), München 1985; Hans Blumenberg, *Paradigmen zu einer Metaphorologie*, 3. Aufl. Frankfurt am Main 2005.

[28] Vgl. ebd., 77.

[29] Weber, Wissenschaft als Beruf, MWG I/17, 110.

[30] Bernhard Lang, „Prophet, Priester, Virtuose", in: Hans G. Kippenberg/Martin Riesebrodt (Hg.): *Max Webers „Religionssystematik"*, Tübingen 2001 (Kurztitel: Kippenberg/Riesebrodt (Hg.), Webers Religionssystematik), hier 167–192.

[31] Max Weber, „Der Sinn der ‚Wertfreiheit' der soziologischen und ökonomischen Wissenschaften", in: Ders., *Gesammelte Aufsätze zur Wissenschaftslehre*, 7. Aufl., hg. von Johannes Winckelmann, Tübingen 1988, 489–540 (Kurztitel: Weber, Wertfreiheit), hier 518 f.

„Die alten vielen Götter, entzaubert und daher in Gestalt unpersönlicher Mächte, entsteigen ihren Gräbern, streben nach Gewalt über unser Leben und beginnen untereinander wieder ihren ewigen Kampf. Das aber, was gerade dem modernen Menschen so schwer wird, und der jungen Generation am schwersten, ist: einem solchen Alltag gewachsen zu sein. Alles *Jagen nach dem ‚Erlebnis‘* stammt aus dieser Schwäche. Denn Schwäche ist es: dem Schicksal der Zeit nicht in sein ernstes Antlitz blicken zu können.“[32]

„Auf dem Gebiet der Wissenschaft aber ist derjenige ganz gewiß keine ‚*Persönlichkeit*‘, der als Impresario der Sache, der er sich hingeben sollte, mit auf die Bühne tritt, sich durch ‚Erleben‘ legitimieren möchte.“[33]

„Es ist stilwidrig, in sachliche Facherörterungen persönliche Angelegenheiten zu mischen. Und es heißt, den ‚Beruf‘ seines einzigen heute wirklich noch bedeutsam gebliebenen Sinnes entkleiden, wenn man diejenige spezifische Art von Selbstbegrenzung, die er verlangt, nicht vollzieht. Ob aber der modische *Persönlichkeitskult* auf dem Thron, in der Amtsstube oder auf dem Katheder sich auszuleben trachtet, – er wirkt äußerlich fast immer effektvoll, im innerlichsten Sinn aber überall gleich kleinlich, und er schädigt überall die Sache. Nun hoffe ich, nicht besonders sagen zu müssen: daß mit dieser Art von *Kultus des Persönlichen*, nur weil es ‚persönlich‘ ist, gerade die Gegner, mit denen sich diese Darlegungen befassen, ganz gewiß am allerwenigsten zu schaffen haben. Sie sehen teils die Kathederaufgabe in anderem Lichte, teils haben sie andere Erziehungsideale, die ich achte, aber nicht teile. Indessen nicht nur, was sie wollen, sondern wie das, was sie mit ihrer Autorität legitimieren, auf eine Generation mit einer ohnehin unvermeidlich stark entwickelten Prädisposition zum Sichwichtignehmen wirken muß, ist zu erwägen.“[34]

„Der bloße ‚Machtpolitiker‘, wie ihn ein auch bei uns eifrig betriebener *Kult* zu verklären sucht, mag stark wirken, aber er wirkt in der Tat ins Leere und Sinnlose. Darin haben die Kritiker der ‚Machtpolitik‘ vollkommen recht.“[35]

Kult ist negativ. Wo hochgewertete Erlebnisse genannt werden, wird selbstverständlich kein Kult diagnostiziert. Positiv, aber exklusiv ist z.B. das, „was man das ‚Erlebnis‘ der Wissenschaft nennen kann […]$_{[,]}$ diesen seltsamen, von jedem Draußenstehenden belächelten Rausch, diese Leidenschaft“.[36] Projiziert wird dies auf die „Schüler des Sokrates“:

„Die leidenschaftliche Begeisterung Platons in der Politeía erklärt sich letztlich daraus, daß damals zuerst der Sinn eines der großen Mittel allen wissenschaftlichen Erkennens bewußt gefunden war: des Begriffs. Von Sokrates ist er in seiner Tragweite entdeckt. […] Hier zum erstenmal schien ein Mittel zur Hand, womit man jemanden in den logischen Schraubstock setzen konnte, so daß er nicht herauskam, ohne zuzugeben: entweder daß er nichts wisse; oder daß dies und nichts anderes die Wahrheit sei, die ewige Wahrheit, die nie

[32] Weber, Wissenschaft als Beruf, MWG I/17, 101 (Hervorhebungen von H.-M.).
[33] Ebd., 84 (Hervorhebung von H.-M.).
[34] Weber, Wertfreiheit, 494 (Hervorhebungen von H.-M.).
[35] Max Weber, „Politik als Beruf“, in: MWG I/17, 157–252, hier 229 (Hervorhebung von H.-M.).
[36] Weber, Wissenschaft als Beruf, MWG I/17, 81.

vergehen würde, wie das Tun und Treiben der blinden Menschen. Das war das ungeheure Erlebnis, das den Schülern des Sokrates aufging."[37]

An anderen Stellen der Schriften herausgearbeitete positive Funktionen von sakralen Kulten werden im Rahmen der metaphorischen Verwendung ausgeklammert. Dazu gehören die gemeinschaftsstiftende Funktion, die von Weber in *Wirtschaft und Gesellschaft* in dem Kapitel „Ethnische Gemeinschaften"[38] abgehandelt wird, und die Rationalität von Kulten, die in Webers Religionssystematik gezeigt werden kann. So weist Edith Hanke darauf hin, dass Etablierung von Kulten als „Betrieb" mit einem Priestertum als „Berufsstand" bereits eine Rationalisierung von Religion gegenüber Zauber und Magie darstellt.[39] Dass die *Kult*-Metapher verwendet wird, um gerade als irrational attribuierte Einstellungen und Verhaltensweisen distanziert zu beschreiben, ist eine wesentliche Bedeutungsveränderung im Übergang von der sakralen zur säkularen Verwendung.

4.3 Anschließbarkeit der Diskurse und Metaphorik

Im Diskurs der Weber-Exegese finden sich dichte Anschlüsse an diese gezeigten Wortverwendungen. So setzt Wolfgang Mommsen *Kult des Irrationalismus und des bloßen Erlebens* nicht zitierend in Anführungszeichen, sondern gebraucht den Ausdruck terminologisch[40]:

„Max Weber hatte die säkularen Gefahren des Prozesses der Rationalisierung und Bürokratisierung [...] mit großer Schärfe diagnostiziert. Die geistige Situation der Gegenwart sah er bestimmt durch die fortschreitende ‚Entzauberung' aller traditionellen religiösen Werthaltungen und Weltbilder. Jedoch hielt Weber es nicht für möglich, hinter diesen Stand der Dinge zurückzukehren und sich neuen Mythen, wenn auch säkularisierter Art, oder politischen Religionen anheimzugeben. [...] Vielmehr machte Weber gegen den Kult des Irrationalismus und des bloßen Erlebens, wie er ihn in intellektuellen Kreisen seit 1916 immer mehr vordringen sah, mit ungewöhnlicher Entschiedenheit Front. [...] Im Frühjahr 1917 führte der Verleger Eugen Diederichs eine große Tagung durch [...]. Bei dieser Gelegenheit polemisiert Max Weber mit äußerster Schärfe gegen den neuen nationalistischen Mythos [...]."[41]

---

[37] Ebd., 89.

[38] Max Weber, „Ethnische Gemeinschaften", in: Ders., *Wirtschaft und Gesellschaft. Die Wirtschaft und die gesellschaftlichen Ordnungen und Mächte. Nachlaß, Teilband 1: Gemeinschaften*, hg. von Wolfgang J. Mommsen in Zusammenarbeit mit Michael Meyer (*MWG I/22-1*), Tübingen 2001, 168–190 (Kurztitel: Weber, Ethnische Gemeinschaften).

[39] Edith Hanke, „Erlösungsreligionen", in: Kippenberg/Riesebrodt (Hg.), Webers Religionssystematik, 209–226.

[40] Wolfgang J. Mommsen, „Max Weber. Ein politischer Intellektueller im Deutschen Kaiserreich", in: Gangolf Hübinger/Wolfgang J. Mommsen (Hg.): *Intellektuelle im Deutschen Kaiserreich,* Frankfurt am Main 1993 (Kurztitel: Hübinger/Mommsen (Hg.), Intellektuelle), 33–61, hier 54.

[41] Ebd., 54 mit Bezug auf MWG I/15, 701 ff. – korrekt wäre: 702 ff.

Diese Bedeutung von *Kult* führt Mommsen weiter mit „Kultivierung“: „Das ‚Jagen nach dem Erlebnis‘ bzw. die Kultivierung ästhetischer Lebensideale“.[42] Im selben Text wird Webers mythologisierende Götter-Metaphorik zitiert.[43]

In gleicher Weise kritisch und spezifisch mit Bezug auf das Programm des Eugen-Diederichs-Verlags verwendet Gangolf Hübinger *Kult*: „Ebenso fest zum Programm gehört schon das Religiös-Völkische mit dem Kult um Paul de Lagarde, auf das sich die Verlagspolitik nach 1920 verengen wird“.[44] Kult kontrastiert das von Max Weber verfochtene „Pathos der Sachlichkeit“ und die „Rationalitätsstandards sachlicher Gegenwartskritik“.[45]

Joachim Radkau verwendet in seiner 2005 und verändert 2013 erschienenen Max-Weber-Biographie[46] *Kult* mindestens 27mal in ähnlichen Zusammenhängen wie Weber selber.

Einstellungen werden in kritischer Absicht als Kulte bezeichnet. Ein „Kultbuch der Decadence“ wird in den Kontext von *Stirnrunzeln* und *Humbug* (309) gestellt, „Heimatkult“ zusammen mit „wohligem Gemeinschaftsgefühl“ ist ein „Anachronismus“ (352), der „klimatische Kult des Nordischen“ ist „nicht nach[zu]vollziehen“ (356), „der Kult der individuellen Autonomie und des Erlebnisses ist das Einfallstor der Erotik in die bildungsbürgerliche Welt“ (590).[47]

Personenkulte, z.B. *Nietzschekult* (187), werden kritisch in den Kontext von *Hypnose*, *Besessenheit* und *Neurasthenie* gestellt, der „neuerliche Otto-Gross-Kult“ will dessen „extreme Egozentrik und Kommunikationsunfähigkeit nicht wahrhaben“ (485), „Guru-Allüren“ werden ihm zugeschrieben (485), Weber-Kulte im Zusammenhang mit Weberkritik dargestellt. „[Theodor] Mommsens ‚Es sprudelt, aber es fließt nicht‘ wurde unter Insidern, denen der Weber-Kult dubios war, zum geflügelten Wort“ (187). In diesem Kontext zitiert Radkau weitere Metaphern der Weber-Kritiker, die ebenfalls einen Mangel an formaler und inhaltlicher Konsistenz illustrieren: *Urgermanische Barbarei*, *Trümmerfeld*, *Lavabrocken*, *Vulkanausbruch*, *toben*, *alle Hüllen sprengend*, *Strohhäckselstil* (187).

---

[42] Ebd., 55, in spitzen Klammern Zitate aus MWG I/17, 99 und 106.

[43] Ebd., 55, mit Verweis auf MWG I/17, 99 – korrekt wäre: MWG I/17, 101.

[44] Gangolf Hübinger, „‚Journalist‘ und ‚Literat‘. Vom Bildungsbürger zum Intellektuellen“, in: Hübinger/Mommsen (Hg.), Intellektuelle, 95–110, hier 105.

[45] Ebd., 108.

[46] Joachim Radkau, *Max Weber. Die Leidenschaft des Denkens,* München 2005, und überarb., aktualisierte, leicht gekürzte Ausgabe München 2013 (Kurztitel: Radkau, Weber 2013). Zitiert wird die Ausgabe 2005 (mit Angabe der Seitenzahlen im Text), soweit nichts anderes angegeben.

[47] Zur *Negativwertung* von *Erlebnis* bei Weber vgl. auch Gangolf Hübinger, „Intellektuelle, Intellektualismus“, in: Kippenberg/Riesebrodt (Hg.), Webers Religionssystematik, 297–313, hier 309.

Säkular, der Zeit und der seit den 90er Jahren virulenten Theater-Metaphorik angepasst, ist dagegen: „Marcuse trug dazu bei, dass der 1964 mit einer großen Ouvertüre inszenierte Weber-Kult durch die 68er Revolte jahrelang unterbrochen wurde und seinen Höhepunkt erst in den 70er Jahren erreichte“ (838), ein Dictum, das in den neueren Ausgaben fehlt.

Positiv gezeichnet sind nur sakrale Kulte wie der Sonnenkult des Echnaton (356). Positiv gesehen und in die Nähe religiöser Kulte bringt Radkau in der Ausgabe von 2005 Karl Jaspers Weber-Verehrung: „Für Jaspers wurde jener Weber, der mit seinem Geist sein Leiden überwand, gerade in finsteren Zeiten zu einem Bild, zu dem er sich aufrichtete. Sein Weber-Kult bekam Züge einer Jenseitsreligion“ (854 f.). Dieser Passus fehlt – soweit ich sehe – in der Ausgabe von 2013. Zur dramatischen Darstellung der Auseinandersetzung mit der Person Max Weber, die Jaspers brieflich bis 1967 fortsetzte, und mit der Radkau die Weber-Biographie abschließt[48], passt keine Kult-Metaphorik.

Die Bezeichnung *Kult* für Inszenierungen von Verehrung, von denen man sich als heutiger Autor distanziert, hat sich offensichtlich für historische Abhandlungen durchgesetzt, z.B. nennt Hubertus Büschel 2006, was zeitgenössisch als „Untertanenliebe“ bezeichnet wird, „Kult um deutsche Monarchen“[49], Dominik Petzold zeigt „monarchischen Kult“ im Kino[50] – eine Liste, die sich fortsetzen ließe. In historisch-soziologischen Diskursen ist sie zur unverzichtbaren Metapher geworden.

Noch stärker distanzierend ist der Neologismus *Polit-Kult*. „Die Vorstellung, man könne zwischen genuin ‚Christlichem‘ oder ‚Religiösem‘ und nationalsozialistischem Polit-Kult prägnant unterscheiden, wird den komplexen religiösen Verhältnissen im ‚Dritten Reich‘ nicht gerecht“. *Nationalsozialistischer Polit-Kult* von Graf und Grosse Kracht[51] ist ein Beispiel für pointierende Mischung von Diskursen und gleichzeitig ein Weiterführen der Metaphorik.

---

[48] Radkau, Weber 2013, 791–795.

[49] Hubertus Büschel, *Untertanenliebe. Der Kult um deutsche Monarchen 1770–1830*, Göttingen 2006, 14 und im Titel.

[50] Dominik Petzold, „Monarchischer Kult in der Moderne. Zur Herrschaftsinszenierung Kaiser Wilhelms II. im Kino“, in: Thomas Biskup/Martin Kohlrausch (Hg.), *Das Erbe der Monarchie*, Frankfurt am Main 2008, 117–137.

[51] Friedrich Wilhelm Graf/Klaus Grosse Kracht (Hg.), *Religion und Gesellschaft: Europa im 20. Jahrhundert*, Wien/Köln/Weimar 2007, 35.

5. Loslösung aus dem religiösen Bezug: „Kult ist, was kultig ist“[52]

5.1 Neue Wortformen, Distributionen und Kontexte

Indikator für die Institutionalisierung von Wortverwendungen sind Ausbau und Verfestigung von Kollokationen und Wortbildungen.

Eine sprachliche Formel für Personenkulte ist die Kollokation *Kult um* (Abb. 5). Sie wird – soweit dies mit den zur Verfügung stehenden Verfahren eruierbar und stichprobenartig prüfbar ist – selten in sakralen Kontexten verwendet und wenn, dann nur zur Konstruktion einer Außenperspektive. Bezeichnenderweise kommt sie auch in Fontanes Personenkultdarstellung 1899 nicht vor (s. oben 4.2).

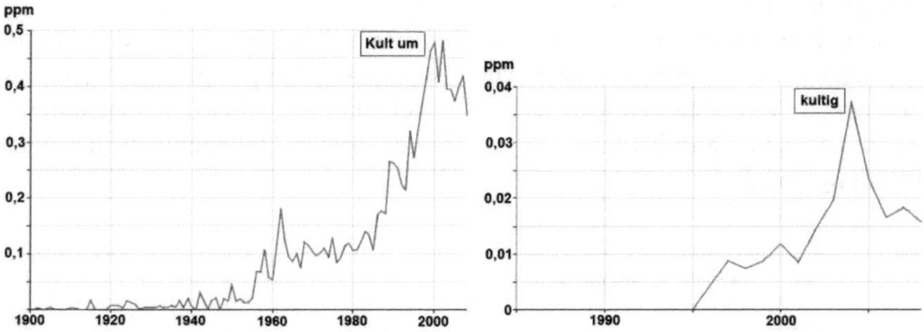

Abb. 5: *Kult um* recherchiert mit Google-books-Ngram-Viewer. Die Belege bis 1932 sind alle syntaktisch anders strukturiert (*Kult, um zu ...; Kult, um den ..., Kult um 400*), spätestens ab den 1980er Jahren findet sich fast zu 100% *Kult um* mit um als Präposition und anschließender Nennung des Kultobjektes. *Kultig* ebenfalls recherchiert mit Google-books-Ngram-Viewer, nicht geglättet.

Eine weitere neue Kollokation ist *Kult sein.* Sie ist im Neologismenwörterbuch des Instituts für Deutsche Sprache und des Europäischen Zentrums für Sprachwissenschaften[53] für die 90er Jahre gut belegt. Als „Bedeutungsangabe“ steht die Paraphrase ‘in bestimmten Kreisen Kultstatus haben, sehr beliebt sein‘, als „typische Verwendungen“ werden: *die Lindenstraße ist Kult, Harald Schmidt ist Kult*[54] angegeben.

---

[52] *Fachdienst Germanistik* 25 (2007), 5.

[53] http://www.ezs-online.de/linguistik-im-kontext-des-ezs/forschung-am-ids/106-neologismen-woerterbuch (4.4.2015).

[54] Belege für *kult sein*: http://www.owid.de/artikel/401168/Kultstatus%20haben?module=neo (4.4.2015)

[55] Diese Zeitungen sind unterschiedlich lange im Korpus, auf dem die Untersuchung basierte.

Nach unseren eigenen Untersuchungen gehört – basierend auf einem Korpus aus den Zeitungen TAZ (1993–2014), WELT (1999–2014) und ZEIT (2007–2014)[55] – die Kollokation *ist Kult* zu den 10 häufigsten Bi-Grammen mit *Kult* als Kernwort; die Bi-Gramme: *sind Kult, war Kult, längst Kult* und *schon Kult* gehören zu den 20 häufigsten.

Komposita belegen die Verbreitung in neuen Feldern z.B.: *Personenkult* mit 55 Vorkommen in verschiedenen Rubriken, im Feuilleton *Kultserie* mit der Schreibvariante *Kult-Serie* (mit zusammen 73 Vorkommen), *Kultautor*/*Kult-Autor* (zusammen 44 Vorkommen).

Kultig ist die jüngste hier behandelte Entwicklung. Dies lässt sich bei allen Vorbehalten gegen Google-books-Ngram-Viewer aus Abb. 5 klar ablesen. Im Neologismenwörterbuch findet sich ein Diagramm mit relationalen Frequenzangaben auf der Basis eines Korpus[56], das das Auftauchen des Wortes im Jahr 1993, höchste Frequenz im Jahr 2006 und weitere hohe Frequenzen in den Jahren 2012 und 2013 zeigt.[57]

Kollokation wie *Kult sein* bzw. *ist Kult* und weitere Formen sind in Google-books nicht zu recherchieren. Die Auswertung[58] eines auf der Basis des *Spiegel-Archivs* erstellten *Kult*-Korpus ergab einen – im Vergleich zu anderen Zeitungen und Zeitschriften – ungewöhnlich frühen Höhepunkt in der Verwendung von *Kult*:

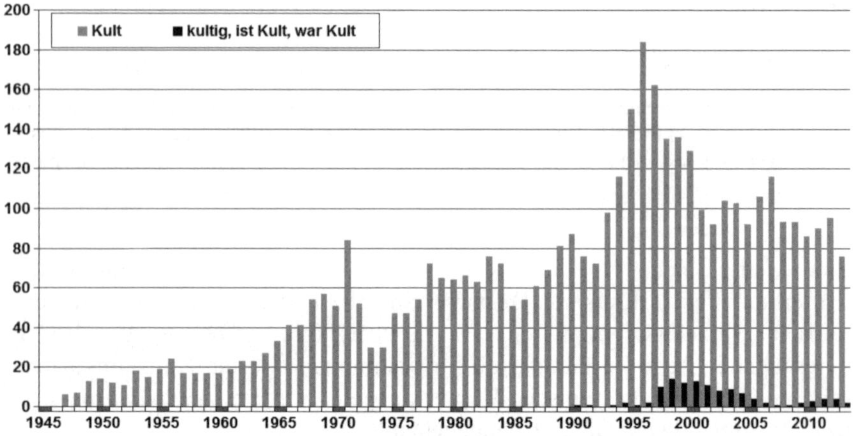

Abb. 6: Verwendungen von *Kult*, Kollokationen und Derivation in Der Spiegel.

[56] http://www1.ids-mannheim.de/kl/projekte/methoden/mdca/zvgs (26.2.2015) zur Korpus- und Projektbeschreibung des Instituts für Deutsche Sprache.

[57] http://www.owid.de/nav/gehezu/kultig?module=neo (4.4.2015) und http://www.idsmannheim.de/kl/neoplots/owid/134066.html (4.4.2015).

[58] Benutzt wurde AntConc, ein Werkzeug für Korpusanalysen: http://www. Laurenceanthony.net/software/antconc/ (30.11.2014).

Der Spiegel hat nicht nur diese sprachliche Neuerung früher als andere Zeitungen und Magazine.

Das *Digitale Wörterbuch der Deutschen Sprache* (*DWDS*)[59] belegt deutlich, dass es sich bei *kultig* um ein Phänomen der Medien (hier beschränkt auf Printmedien) handelt:

Korpus	Treffersätze	Treffersätze pro Mio. lfd. Wörter	Korpusgröße (in Mio. lfd. Wörter)
ddc2 Berliner Zeitung	131	0.646	202.692
ddc2 Bild	293	3.005	97.501
ddc2 DIE ZEIT NEU	79	0.227	348.661
ddc2 Kernkorpus 20	2	0.019	103.432
ddc2 Kernkorpus 21	0	0.000	1.547
ddc2 Potsdamer NN	19	1.422	13.364
ddc2 Süddeutsche Zeitung	209	0.541	386.315
ddc2 Tagesspiegel	122	0.879	138.863
ddc2 Welt	185	0.907	204.019

Tabelle 1: Belegzahlen in DWDS.

Im „Kernkorpus" des 20. und 21. Jahrhunderts, das nur zu etwa 27% aus Zeitungstexten besteht und sonst „Belletristik (ca. 26%)", „wissenschaftliche Texte (ca. 22%)", „Gebrauchsliteratur (ca. 20%)" und „(transkribierte) Texte gesprochener Sprache (ca. 5%)" [60] enthält, finden sich praktisch keine Belege.

In diesem Wörterbuch werden zwei „Synonymgruppen" für *Kult* genannt.[61]

1. Synonymgruppe: (*der*) *letzte Heuler* (ironisch) (umgangssprachlich), (*der*) *letzte Schrei* (umgangssprachlich), *Konjunktur haben*(*d*) (mediensprachlich), *Kult* (umgangssprachlich), *aktuell*, *angesagt* (umgangssprachlich), *en vogue*, *gefragt*, *hip* (umgangssprachlich), *hoch im Kurs stehen* (umgangssprachlich), *im Trend*, *in* (betont, Emphase) (umgangssprachlich), *kultig* (umgangssprachlich), *trendig* (umgangssprachlich), *trendy* (umgangssprachlich), *voll im Trend* (umgangssprachlich)
2. Synonymgruppe: *Kult*, *Kultus*
Unterbegriffe: *Ahnenkult*, *Ahnenverehrung*, *Manismus*.[62]

---

[59] DWDS. Die Korpora, auf denen dieses mit der Retrodigitalisierung großer Lexika des Deutschen – unter anderem des Grimmschen Wörterbuches – begonnene Wörterbuch basiert, werden seit 2001 ständig ergänzt. Vgl. http://www.dwds.de/ressourcen/korpora/ (4.4.2015).

[60] http://www.dwds.de/ressourcen/kernkorpus/ (4.4.2015). In der Selbstbeschreibung ist „das *Kernkorpus des 20. Jahrhunderts* […] ein zeitlich und nach Textsorten (Belletristik, Gebrauchsliteratur, Wissenschaft, Journalistische Prosa) ausgewogenes Korpus des gesamten 20. Jahrhunderts". Das Kernkorpus des 21. Jahrhunderts wird entsprechend aufgebaut. http://www.dwds.de/ressourcen/korpora/#part_1 (4.4.2015).

[61] https://www.openthesaurus.de/ (21.3.2015) Die Verwendung des Terminus „Synonymgruppen" sei dahingestellt.

[62] http://www.dwds.de/?view=1&qu=Kult (21.3.2015), Version: 2014-07-07, Quelle: OpenThesaurus, vgl. https://www.openthesaurus.de/synonyme/kult (21.3.2015).

Zu *kultig* werden ebenfalls die „Synonyme" der ersten Gruppe angegeben.[63] Die zweite Gruppe spielt offenbar unter den Benutzern der Seite kaum eine Rolle. Quelle ist OpenThesaurus, „ein freies deutsches Wörterbuch für Synonyme, bei dem jeder mitmachen kann". Die „Synonyme", die die Benutzer vorgeschlagen haben, werden von den Moderatoren der Seite offensichtlich als stilistisch ähnlich, aber recht undifferenziert als „umgangssprachlich" eingestuft.

5.2. Kult, kultig: Kulte in Statu nascendi

Dass sich Kulte zur sozialen Distinktion eignen, lässt sich an der Verwendung des salienten Wortes *kultig* mit wenigen Beispielen skizzieren.

Von Eva Neuland wird *kultig* als Wertungsausdruck wie *geil* und *cool* genannt, deren Verwendungen „aufschlußreiche Unterschiede zwischen […] Jugendlichen vermuten" lassen.[64] Ihre Studie, der eine Umfrage aus den frühen 90er Jahren zugrunde liegt, belegt eine damals regionale Differenzierung: in Leipzig und Rostock wird *kultig* zu 100% gekannt, in Stuttgart und Wuppertal gar nicht.[65] Derartige Sprachgrenzen sind inzwischen obsolet. Die Adressaten für Kultiges sind überregional verbreitet: verspielte Kinder wie erziehungsbeflissene Eltern. „Die Hitliste der Edutainmenttitel für Kinder" wird unter der Überschrift „Kultig und virtuell"[66] verbreitet, Autoren in Printmedien setzen das Wort allerdings häufig spitzfingrig in Anführungszeichen.

Die Omnipräsenz des Kultigen nötigt zu „Folgerungen für Gesang und Musik in der Liturgie (nicht nur) der Tagzeiten". Es werden „Positionierungen skizziert […], wie Musik für die christliche Liturgie geartet sein soll, nämlich: […] festlich, nicht ‚kultig'; denn wo postmoderner Event- und Erlebniskult beinahe lückenlos den Alltag prägen, also alles ‚kultig' zu sein hat, besteht das Ausseralltägliche der christlichen Botschaft gerade in der Lauterkeit der Normalität: Im Leben".[67] Die Tragfähigkeit von Kategorien wie *Lauterkeit*, *Normalität* und *Leben* sei dahingestellt.

Der Soziologe Dieter Prokop kontrastiert *kultig* mit *kritisch*, wenn er seinem Fach in dessen Umgang mit „Action und Gewalt" in den Medien vorwirft: „Wir glauben, das müsse so sein. Wir denken, das sei der ‚Massenge-

---

[63] https://www.openthesaurus.de/synonyme/kultig (21.3.2015).

[64] Eva Neuland, „Vergleichende Beobachtungen zum Sprachgebrauch von Jugendlichen verschiedener regionaler Herkunft", in: Jannis K. Androutsopoulos/Arno Scholz (Hg.), *Jugendsprache. Langue des jeunes. Youth language. Linguistische und soziolinguistische Perspektiven,* (VarioLingua 7), Frankfurt am Main 1998, 71–90, 78 f.

[65] Ebd., 79.

[66] [o. Autor], „Kultig und virtuell", in: *GamesMarkt* 6 (2006), Nr. 9–16, 68.

[67] Martin Hobi, *Im Klangraum der Kirche. Aspekte – Positionen – Positionierungen in Kirchenmusik und Liturgie*, Zürich 2007, 126.

schmack' oder der ‚Zeitgeist' oder das ‚Kollektivbewusstsein'. Auch die Sozialwissenschaft denkt also ‚kultig', wenn sie das ‚Institutionalisierte' als solches hinnimmt oder, noch schlimmer, wenn sie sich mit mystischen Erklärungen [wie] ‚Massengeschmack'" abfindet.[68]

Jo Reichertz stellt dem Kultigen das visuell und habituell Überdimensionierte, das in einer traditionellen Ethik Verankerte gegenüber und legitimiert seine Interpretation mit einem Bezug zur Buchwissenschaft, einer Adorno-Umkehrung:

„Marlboro erzählt von der Bedeutung des Einzelnen – dem Mann in der freien Natur des amerikanischen Westens. Er ist ungebunden und frei, wenn auch in der (Männer)Gruppe geborgen. Er ist stark, auf sich gestellt und stets wachsam. Er ist bereit, gegen Sturm und Unruhe anzutreten. Er ist hilfreich, aber immer stark. Er ist der Kämpfer am Rande der Kultur – allein, aber nicht einsam – einfühlsam, aber nicht ‚sensibel' – naturverbunden, aber nicht ökologisch: der Held der zivilisierten Großstädter. Marlboro verzichtet darauf, einzelne Modelle ‚kultig' aufzuladen. Stattdessen erzählen überlebensgroße Darstellungen des Marlboro-Mannes an den Eingängen von Großstädten, dass es auch ein ‚richtiges Leben im Falschen' gibt."[69]

In den genannten Beispielen werden legitimierte Praktiken, seien es sakrale oder säkulare, dem Kultigen, d.h. dem Kult in Statu nascendi entgegengesetzt.[70]

6. Kult und Kommerz: Erlebnis alter und neuer Mythen

Das bereits bei Weber explizit mit säkularen Kulten verbundene „Erlebnis" und das Zelebrieren von „Persönlichkeit" wird heute mit beliebig ausdifferenzierbaren Konsumangeboten[71] und Marketingstrategien ausgebaut. Im renommierten Gabler Wirtschaftslexikon ist dies so formuliert:

„Emotionale Werbung ist Teil erlebnisbezogener Marketingmaßnahmen (Erlebnismarketing) und übernimmt die Aufgabe, das Angebot in der emotionalen Erfahrungs- und Erlebniswelt der Konsumenten zu verankern. […] Ziel erlebnisbetonter Werbung: Vermittlung präferenzprägender Erlebnisse zum Aufbau eines erlebnisbezogenen Marken- bzw. Unternehmensimages."[72]

---

[68] Dieter Prokop, *Gegen Medien-Lügen: das neue Lexikon der Kulturindustrie*, Hamburg 2004.

[69] Jo Reichertz, *Die Macht der Worte und der Medien*, Wiesbaden 2010, 200.

[70] *Kult* und *kultig* können auch Produkte werden, die „eher marginal bleiben". Frank Illing, *Kitsch, Kommerz und Kult. Soziologie des schlechten Geschmacks*, Konstanz 2006 (Kurztitel: Illing, Kitsch, Kommerz, Kult), 214.

[71] Systematisch dazu: Gerhard Schulze, *Die Erlebnisgesellschaft. Kultursoziologie der Gegenwart*, Frankfurt am Main 1993 (Kurztitel: Schulze, Erlebnisgesellschaft).

[72] Franz-Rudolf Esch, „Emotionale Werbung", in: *Gabler Wirtschaftslexikon*, http://wirtschaftslexikon.gabler.de/Archiv/82283/emotionale–werbung–v6.html (16.3.2015).

Mit dem Suchwortwort *Erlebnis* erreicht man das Lemma *Erlebnismarketing*. Erlebnismarketing ist:

„Marketing unter Einsatz von erlebnisvermittelnden Maßnahmen, wie z.B. Schaffung von Einkaufsatmosphäre. Dabei wird der potenzielle Käufer auf emotionaler Ebene angesprochen. Im Handel von zunehmender Bedeutung (sog. Erlebnishandel).“[73]

Die Funktion der Kultmarke wird davon insofern unterschieden, als es hierbei nicht um kurzfristiges Erleben, sondern um die Entwicklung von Persönlichkeitsmerkmalen der Konsumenten geht:

„[Die Kultmarke ist] ein Markenprodukt mit starkem symbolischem Zusatznutzen durch die Marke, dessen Status weniger aus physischen als aus psychischen Produkteigenschaften entsteht. Im Gegensatz zum kurzzeitigen und erlebnisorientierten Konsum kommt dem Konsum bei Kultmarken eine höhere und längerwährende Wertigkeit zu. Kultmarken bieten Orientierungs- und Identifikationsmöglichkeiten (bis hin zur Verehrung und Ikonisierung) für den Käufer aufgrund ihres Bezugs zu Lebensstilen (Lifestyle-Marketing) und/oder Werten. Der Kunde ist eher bereit weitere Produkte derselben Marke oder Zubehör und Erweiterungen zu kaufen. MINI, Apple oder Red Bull können als Beispiele für Kultmarken genannt werden.“[74]

Sakrale wie säkulare Kulte bieten Orientierung und Identifizierung. Geliefert wird der kulttragenden Gemeinschaft[75] ein Zeichensystem.[76] Während es sich bei klassischen Kulten um sozial streng kontrollierte, verbindliche Zeichensätze handelt[77], hebt Max Weber im Kapitel „Ethnische Gemeinschaften“ auf „einerseits […] ästhetisch auffällige Unterschiede des nach außen hervortretenden Habitus, andererseits […] in die Augen fallende Unterschiede in der *Lebensführung des Alltags*“[78] ab und darauf, dass Kleidung, Wohn- und Ernährungsweisen und Arbeitsteilung[79] typisierend gedeutet werden ebenso wie „ökonomische und politische Existenzbedingungen“.[80] Demgegenüber werden heute in den Strategien des Kultmarketings wohlfeile, aber dennoch differenzielle Zeichen angeboten, die trotz ihrer raschen Fluktuation so mit einer sozialen Semantik aufgeladen werden, dass sie geeignet sind, Lebensstile zu zeigen, d.h. anderen zu vermitteln, was man – mit diesen anderen – genießt, wovon man sich – gemeinsam mit den einen und gegen andere – distinguiert

---

[73] Manfred Kirchgeorg, „Erlebnismarketing“, in: *Gabler Wirtschaftslexikon*, http://wirtschaftslexikon.gabler.de/Archiv/7565/erlebnismarketing-v7.html (16.3.2015).

[74] Daniel Markgraf, „Kultmarke“, in: *Gabler Wirtschaftslexikon,* http://wirtschaftslexikon.gabler.de/Archiv/135586/kultmarke-v5.html (25.2.2015).

[75] Zur Gemeinsamkeit des Kult-Erlebens, vgl. Illing, Kitsch, Kommerz, Kult, 228.

[76] Vgl. Weber, Ethnische Gemeinschaften, MWG I/22-1, 185f (über die Bedeutung von „Sprachgemeinschaften“).

[77] Dirk Steuernagel, *Kult und Alltag in römischen Hafenstädten: soziale Prozesse in archäologischer Perspektive*, Stuttgart 2004, 15.

[78] Weber, Ethnische Gemeinschaften, MWG I/22-1, 177.

[79] Ebd., 178 f.

[80] Ebd., 180.

und welche Lebensphilosophien man teilt[81] und wie situativ flexibel man zwischen Stilen wechseln kann, z.B. wenn es um die Verwendung sprachlicher Zeichen, Kleidung, Essen, Musik geht.[82] Das Kultige kann durchaus etwas situativ Geschätztes, in anderer Situation Vernachlässigtes sein, es kann das bereits Obsolete[83] oder etwas Neues sein.

Während sich Personen Stile beliebig kleinteilig zusammenbasteln können, müssen die Erzählungen in einem Kultangebot aus kommerziellen Gründen möglichst breit anschlussfähig sein: Mythen, beispielsweise im Sinne alter Erzählungen und Betrachtungsweisen der Welt, sind rudimentär bekannt, Mythen im Sinne von Roland Barthes greifen vorhandene sprachliche, bildliche, oder gegenständliche Elemente auf und schaffen daraus „Aussagen".[84] In Werbekommunikaten sind Mythen mit antiken Motiven verbreitet: „OkCupid"[85] ist eine Website, die eine Kontaktbörse anbietet, „Anthaeus" ein Parfum von Chanel, das Gedicht „Ithaka" von Konstantinos Kavafis ist in die Seat-Werbung[86] einbezogen. Die in der katechetischen Tradition der katholischen Kirche definierten 7 Todsünden sind in der sakralen Lesart Sünden gegen Gott. Aus säkularer Sicht bringen sie „eine Glücks- und Menschenfeindschaft auf den Begriff, die alles verflucht, was zum Projekt des schönen Lebens gehört".[87] Opulent werden im „Magnum"-Werbespot (Abb. 7) Attribute eben dieses schönen Lebens inszeniert. Die glücksfeindlichen, tödlichen Gefühle Habgier und Neid werden gebändigt in kultivierten Gesten, bezogen auf ein in dieser Lesart nicht mehr triviales, sondern Kult gewordenes Objekt.

[81] Vgl. Schulze, Erlebnisgesellschaft, bes. Kap. 2 „Hermeneutik der Stile" und Kap. 3.10 „Der Bedeutungswandel des Schönen", mit der Tabelle „Alltagsästhetische Schemata im Überblick", 163 und Kap. 9.6 „Rationalität der Erlebnisnachfrage".

[82] Bernard Lahire, *L'homme pluriel. Les ressorts de l'action*, Paris 1998.

[83] Vgl. die Angebote: Drafi Deutscher/Vicky Leandros/Wolfgang Petry, *Echt kultig: die besten deutschen Schlager der 60'er und 70'er*, (Kult 1), BMG Ariola-Miller (1-2), 1997; Dschinghis Khan/Chris Roberts, *Echt kultig: die besten deutschen Schlager der 60'er und 70'er*, (Kult 3), BMG Ariola-Miller (2-3).

[84] Roland Barthes, *Mythen des Alltags*, Frankfurt am Main.1964, bes. 85–87 und 93–96.

[85] https://www.okcupid.com/ (20.3.2014)

[86] Text: https://www.youtube.com/watch?v=BurKPVPa9Ag; https://www.youtube.com/watch?v=VWbqdfPnlzE (20.3.2014).

[87] Gerhard Schulze, *Die Sünde. Das schöne Leben und seine Feinde*, Frankfurt am Main 2008, 11.

Abb. 7: Videostills aus Werbespots zu „Magnum 7 Sünden".

Die Anerkennung der limitierten Eiskrem-Edition „Magnum 7 Sünden" als „Kulteis" ist nachlesbar in Internetkommunikationen, in Postings und auf YouTube hochgeladenen Spots. Kult-Eis wurden in der Folge weitere Sorten, insbesondere ältere derselben Firma. Zum vorerst letzten Mal findet sich die Bezeichnung 2014 in Spiegelonline.[88]

7. Dynamik der Kulte und Flüchtigkeit der Wörter

Die Neukontextualisierung des Wortes *Kult* passiert in alltäglichen Zusammenhängen. Hier wird – wie Boris Groys es nennt – ein „innovativer Tausch" vollzogen.[89] Ohne die ökonomisch basierte Terminologie von Groys weiter zu bemühen: die Innovation besteht darin, dass ein in sakralen Kontexten definierter und den alltäglichen Handlungsbezügen weitgehend entrückter Terminus aus dem sakralen Diskursuniversum losgelöst in alltägliche Zusammenhänge eingebracht wird. Die Loslösung ist eine vollständige.

In der Verwendung in wissenschaftlichen Kontexten, insbesondere in geschichtswissenschaftlichen, ist offenbar der Bezug zum sakralen Kult präsent. Auch in Beschreibungen säkularer Sachverhalte mit Neologismen bleibt der terminologische Zusammenhang bestehen. Die Verwendung des Terminus ist eine metaphorische. Dies bringt – wie alle Metaphern – neue Perspektiven, erhält jedoch die reflexive Anbindung an Geschichtswissen, an theologisches Wissen, generell an Wissen über kulturelle Entwicklungen.

Relevante Aspekte des säkularen Kultes und des Kultigen sind: Verehrung und Praxisbezug, das oben zitierte Hegelsche „nicht bloß Verhältniß, Wissen, sondern Thun, Handeln, sich Vergewisserung zu geben", Orientierung und Vergemeinschaftungen. In ihrer neuen Offenheit erfordern Kulte permanent

[88] http://www.spiegel.de/wirtschaft/service/magnum-eiserfinder-heinz-leopold-im-interview-a-964830.html (9.3.2015), Spiegel online, Wirtschaft, 9.4.2014. Zur Marke: http://www.langnese.de/home, zu den Videostills: Horizont: Magnum Sieben Sünden Limited Edition (2003 und 2004). http://www.horizont.net/kreation/tv/pages/ protected/Magnum-Sieben-Suenden-Limited-Edition_39595.html (2.4.2014).

[89] Boris Groys, *Über das Neue. Versuch einer Kulturökonomie*, München 2007 (Kurztitel: Groys, Das Neue).

neue Definitionen des „Erlebnisses" und der „Persönlichkeit" und neue Anlässe der Vergemeinschaftung (Netzwerke, Lebensstilgruppen). Märkte und Medien machen entsprechend Angebote. Dieses Szenarium, die Angewiesenheit auf die Angebote, „flüchtiges" Umgehen damit und die Flexibilität von Netzwerken beschreibt Zygmunt Bauman[90], Wolfgang Hardtwig[91] analysiert das geforderte „Histotainment" und Gangolf Hübinger entwickelt angesichts des Bruchs des Kontinuitätsgefühls, der „Geschichtsvergessenheit"[92], der Unterhaltungserwartungen und der Moralisierungsbereitschaft „die Aufgaben des Historikers".

In dieser kulturellen Situation ist „das Neue unausweichlich, unvermeidlich, unverzichtbar"[93], und dies trifft selbst die Verwendungen von *Kult/kultig*. Der flexibel verwendbare Terminus, der sich durchaus bis 2000 etablieren konnte, verliert seinen Reiz in den um Erlebnisstiftung und Persönlichkeitskonstitution bemühten Thematiken der Medien. Seine Frequenz nimmt ab (Abb. 8).

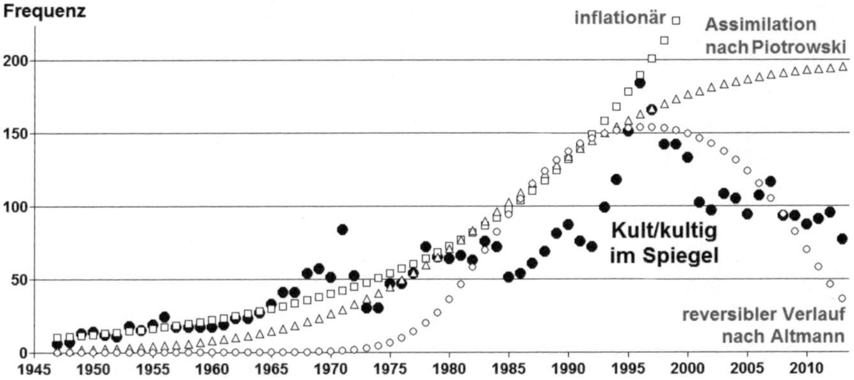

Abb. 8: Entwicklung von *Kult/kultig* in Der Spiegel im Vergleich zu Modellen inflationären Wachstums, etablierender Entwicklung (Gesetz des Sprachwandels, Piotrowski-Gesetz) und Moden (Gesetz des reversiblen Sprachwandels).[94]

---

[90] Zygmunt Bauman, *Flüchtige Moderne,* Frankfurt am Main 2003, darin: „Individualität als Fetisch", 109–144, und „Schneller leben: Lernen und vergessen in der Flüchtigen Moderne", 145–208.

[91] Wolfgang Hardtwig, *Verlust der Geschichte oder wie unterhaltsam ist die Vergangenheit?*, (Pamphletliteratur 1), Berlin 2010.

[92] Gangolf Hübinger, *Über die Aufgaben des Historikers*, (Pamphletliteratur 3), Berlin 2012, 20

[93] Groys, Das Neue, 12.

[94] Edda Leopold, „Das Piotrowski-Gesetz", in: Reinhard Köhler/Gabriel Altmann/Raïmond Genrikhovich Piotrovskij (Hg.), *Quantitative Linguistik. Ein internationales Handbuch*, (Handbücher zur Sprach- und Kommunikationswissenschaft 27), Berlin/New York 2005, 627–633.

Wenn Wörter Werkzeuge im Sinne Richard Rortys sind, anhand derer Praxis konstituiert wird, und wenn Wörter in der gezeigten Weise ihre Anwendungsfelder verändern, dann lässt sich über die Beobachtung der Dynamik semantischer Entwicklungen kulturelle Dynamik beobachten. In der Entwicklung der Semantik von *Kult* haben wir es, solange Kult ein wissenschaftlicher Terminus ist, mit einer buchwissenschaftlich kontrollierten Kategorie zu tun. In der jüngeren alltagssprachlichen Entwicklung sehen wir die Dynamik einer modisch multimedial fluktuierenden Benennung. Und dies sollte mit dieser Wortgeschichte gezeigt werden.

Vergessen aus Mangel an Beweisen?

Die *Solidarność*-Frauen im toten Winkel von Denkgewohnheit und Methodentradition der polnischen historischen Forschung

Bożena Chołuj

Wir schreiben das Jahr 2008. Eine feministische Nichtregierungsorganisation (NRO), das Warschauer PSF-Frauenzentrum in der Mokotowska-Strasse,[1] wird nach mehreren Jahren intensiver und öffentlichkeitswirksamer Arbeit wegen fehlender Weiterfinanzierung aufgelöst.[2] Ihre große feministische Bibliothek wird an andere Organisationen und Leserinnen weitergegeben bzw. verkauft. Alles, was nicht in Buchform vorliegt, wie Plakate, Aufrufe, Dokumentationen, kurz: Schriftzeugnisse, die von der Existenz dieses Zentrums zeugen, landet auf dem Müll. Eine Doktorandin, die durch Zufall Augenzeugin dieser Auflösung ist, kann dieser radikalen Entsorgung nicht tatenlos zusehen, bestellt kurzerhand ein Auto und rettet einen Teil der Dokumente, indem sie diese in einem privaten Keller unterbringt. Dort liegen sie bis heute, denn in Polen gibt es keine Institutionen oder Archive, wo man solche Zeugnisse zeitgenössischer zivilgesellschaftlicher politischer Arbeit abgeben könnte. Universitätsbibliotheken haben keinen Platz für Sammlungen dieser Art und die aktiven Nichtregierungsorganisationen verfügen nie über derart großzügige Räumlichkeiten, um archivalisches Material anderer Organisationen aufnehmen zu können. Auf ähnliche Weise verschwand in der Frauen-NRO-Szene kurz darauf eine zweite wichtige meinungsbildende feministische Organisation, das OŚKa (Warschauer Fraueninformationszentrum). Im privaten Besitz hier und da gibt es noch Ausgaben des *Biuletin OŚKi* und des Kalendariums der Frauenorganisationen in Polen. Beides waren Publikationsor-

---

[1] Diese Organisation ist aus dem *Polskie Stowarzyszenie Feministyczne* (PSF) (Polnischer Feministischer Verein, der 1989 offiziell registriert wurde) hervorgegangen.

[2] In Polen gibt es keine staatliche Finanzierung für Nichtregierungsorganisationen. Nach der Wende von 1989 etablierte sich ein Netz etwa 300 solcher Organisationen. Zuerst standen sie in einer eindeutigen Opposition zur Regierung, erst als sie sich etabliert hatten, entschieden sie sich, zwischen der Regierung und der Gesellschaft zu vermitteln und somit Einfluss auf die staatliche Geschlechterpolitik zu nehmen. Trotz dieses Wandels gibt es keine Mitfinanzierung durch den Staat. Gesetzlich ist es zugelassen, dass die Steuerzahler mit einem Prozent ihrer Steuer ausgewählte NRO unterstützen können, ein System, das für die NRO allerdings stetige Planungsunsicherheit bedeutet.

gane dieser NRO. Für die heutige Forschung sind sie kaum zugänglich, geschweige denn für die künftige.

Obwohl die genannten Organisationen Teil der Avantgarde der zweiten Frauenbewegung Polens waren, verschwinden sie langsam aus dem kollektiven Gedächtnis. Ihre schriftlichen Spuren werden nicht aufbewahrt. Es gibt zwar noch Aktivistinnen der ersten Stunde, die als Erinnerungsträgerinnen gelten können, aber keine von ihnen hat ein Tagebuch oder Memoiren geschrieben, geschweige denn veröffentlicht. Ihre NRO-Aktivitäten werden von ihnen nur selten weiter erzählt, weil sie von der Bedeutung ihres Engagements nicht überzeugt genug sind. Diese Frauen wollen nicht zu Heldinnen stilisiert werden. Einige wenige ließen sich zwar überreden, Zeugnis von den ersten Jahren der zweiten Frauenbewegung abzulegen, indem sie sich an zwei Publikationsprojekten – *Same o sobie* (Selbst über sich)[3] und *Feministki własnym głosem o sobie* (Feministinnen erzählen mit der eigenen Stimme über sich)[4] – beteiligten. Viele andere tun das aber nicht. Im kollektiven Gedächtnis entstehen daher Lücken, die die Geschichtsforschung wohl nicht mehr schließen kann, weil sie dafür keine schriftlichen Belege mehr finden wird.

I.

Die Geschichte der zweiten polnischen Frauenbewegung, die als ein wichtiger Teil der polnischen sozialen Bewegungen nach der politischen Wende von 1989 anzusehen ist, entgeht somit der historischen Forschung. Aber ist diese Vergangenheit tatsächlich dazu verurteilt, dem kollektiven Vergessen anheim zu fallen? Müsste die Forschung nicht vielmehr nach neuen Instrumenten suchen, um das zu erfassen, wofür schriftliche Spuren fehlen, nach Instrumenten nämlich, mit denen man Prozesse erfassen kann und nicht nur Fakten auf Grund von schriftlichen Dokumenten zu belegen sucht? Eine durchaus noch dramatischere Dokumentationslage als beim Thema der politischen Frauenaktivitäten nach 1989 ist für den Zeitraum vor 1989 zu konstatieren, der allseits hochgeschätzten *Solidarność*-Zeit. Denn hier wurden schriftliche Belege ihres Handelns von den Frauen nicht nur nicht archiviert, sondern aus Sicherheitsgründen bei der Arbeit im Untergrund erst gar nicht angefertigt. Doch wenn man diese Vergangenheit in Bezug auf die beteiligten

---

[3] Społeczny Komitet Organisacji Pozarządowych-Pekin 1995 (Hg.), *Same o sobie. Rozmowy z 13 członkiniami Społecznego Komitetu Organizacji Pozarządowych-Pekin 1995* (Selbst über sich. Gespräche mit den Mitgliedern des NRO-Bürgerkomitees Beijing 1995), Warschau 1997.

[4] http://virtualo.pl/feministki_wlasnym_glosem_sobie/ksiazka_epub/efka/f4p313i121168/?q=eFka (8.12.2013).

Frauen historisch nicht erfasst, wird man nicht verstehen können, wie es möglich war, dass diese oppositionelle Gewerkschaft im Untergrund überhaupt fortbestehen konnte, als sie nach der Verhängung des sogenannten Kriegsrechts 1981 verboten wurde und ihre leitenden – zumeist männlichen – Mitglieder inhaftiert bzw. interniert wurden. Unter den Internierten und Inhaftierten gab es zwar auch Frauen, aber viele, die im Hintergrund der Bewegung aktiv waren, konnten weiter agieren. Etliche oppositionelle Frauen erlitten übrigens außer allgemein bekannten Schikanen keinen Freiheitsentzug und gerade sie revitalisierten die *Solidarność* im Untergrund und leiteten sie weiter.

Über die Vernetzungen und Strukturen, die sie geheim aufgebaut haben, gibt es immer noch keine systematische Studie, die noch dazu als eine geschichtswissenschaftliche bezeichnet werden könnte. Hier und da werden diese Frauen erwähnt, aber ihre Tätigkeiten wurden nie eingehend untersucht. Einzig die amerikanische Journalistin Shana Penn verfasste eine Monographie mit dem Titel *Podziemie kobiet*[5] (Der Untergrund der Frauen). Ewa Kondratowicz schrieb erst vor kurzem das eher populärwissenschaftliche Buch *Być jak narodowy sztandar. Kobiety i Solidarność* (Sein wie eine nationale Standarte. Frauen und Solidarność).[6] Beide Publikationen gelten nicht als historiographische Studien. Sie stützen sich auf mündliche Überlieferungen der Aktivistinnen der 80er Jahre. Ewa Kondratowicz konnte für ihre Monographie eine Reihe von Interviews nutzen, die sie im Auftrag von OŚKa in dem Band *Szminka na sztandarze* (Lippenstift auf der Standarte) 2001 veröffentlichte.[7] Diese Bücher werden in der Geschichtsforschung wenig geachtet, weil in ihnen die Handlungsstrategien und Alltagssorgen der politisch aktiven Frauen die Hauptrolle spielen. Kondratowicz befragte u.a. Anna Walentynowicz, Barbara Labuda und viele andere Aktivistinnen der *Solidarność* konsequent danach, wie sie ihre Ängste um Kinder, Kranke und ältere Familienmitglieder in den bewegten Zeiten bewältigten, wie sie ihre Arbeit im Untergrund mit der Lebensmittelversorgung, die nur über Lebensmittelkarten funktionierte, vereinbaren konnten. Wollten Historiker und Historikerinnen diese Fragen behandeln, müssten sie wahrscheinlich fürchten, dass ihnen ihr Forschungsgegenstand „politische Geschichte" abhandenkommen würde.

Die Akteurinnen selber tun so, als wären ihre politischen Aktivitäten im Untergrund nichts Politisches, sie bezeichnen diese manchmal sogar ironisch

---

[5] Shana Penn, *Podziemie kobiet* (Der Untergrund der Frauen), Warschau 2003.

[6] Ewa Kondratowicz, *Być jak narodowy sztandar. Kobiety i Solidarność.* (Sein wie eine nationale Standarte. Frauen und Solidarność), Warschau 2013.

[7] Ewa Kondratowicz, *Szminka na sztandarze* (Lippenstift auf der Standarte), Warschau 2001.

als bloße „Politik am Küchentisch". Genauso wie die oben erwähnten Feministinnen wollen sie nicht zu Heldinnen stilisiert werden, was sie als bewusste Abgrenzung von der als peinlich empfundenen Selbstbeweihräucherung ihrer männlichen Kollegen betonen.

Die ersten, die sich für die Frauen im Untergrund in der *Solidarność*-Zeit zu interessieren begannen, waren die oben bereits erwähnten Aktivistinnen der zweiten Frauenbewegung. Vor dem Hintergrund einer heftigen Kritik seitens der Kirche gegenüber dem Feminismus suchten sie nach Vorbildern und oppositionellen Traditionen im Frauenmilieu, die den politischen Aktionismus mit dem Alltag zu verbinden wussten. Der Bezug auf die *Solidarność*-Frauen aus dem Untergrund lag nahe, im Gegensatz zu den Aktivistinnen der ersten polnischen Frauenbewegung, die nach dem Zweiten Weltkrieg in Vergessenheit geraten sind, weil im Realsozialismus keine Bürgerinitiativen erlaubt und auch das Gedenken daran nicht erwünscht waren.[8] So wurden die *Solidarność*-Frauen zu Vorbildern für die neuen Feministinnen, die sich an die jüngste Geschichte Polens sehr gut erinnern konnten und wussten, dass die Untergrundfrauen im Kampf gegen ein politisches Regime viel mehr riskierten als die Feministinnen, die es nach 1989 „nur" mit kirchlichen und medialen Feindseligkeiten zu tun hatten.

Durch diese Suche nach Vorbildern verschränkt sich die Geschichte der politischen Aktivistinnen vor 1989 mit der der Feministinnen nach 1989. Um diese Zusammenhänge historisch zu erfassen, meint die Geschichtsforschung schriftliche Belege vorlegen zu müssen, die – wie oben angedeutet – entweder nicht existieren oder schwer zugänglich sind. Sie liegen lediglich in Form der drei genannten Bücher vor, die in den Augen der klassischen Historiographen nicht den Rang einer quellengestützten Darstellung haben.

Diesen Rang hätten schon eher Video- oder Tonaufnahmen der Zusammenkünfte im genannten Frauen-Informationszentrum (OŚKa), diese gibt es aber auch nicht, weil dieses Zentrum damals noch nicht über eine entsprechende technische Ausstattung verfügte.

---

[8] Feministische Schriften der ersten Frauenbewegung publizierte Aneta Górnicka-Boratyńska in ihrer Auswahl: *Chcemy całego życia. Antologia polskich tekstów feministycznych z lat 1870–1939* (Wir wollen das ganze Leben. Anthologie polnischer feministischer Texte), Warschau 1999. Über die ersten feministischen Emanzipationsprojekte verfasste sie die Monographie: *Stańmy się sobą. Cztery projekty emancypacji (1863–1939)* (Werden wir wir selbst. Vier Emanzipationsprojekte), Izabelin 2001. In beiden Publikationen gilt das Jahr des Kriegsausbruchs 1939 als Zäsur.

II.

Zu einer solchen Zusammenkunft wurde die genannte Shana Penn eingeladen, weil die Feministinnen die Hoffnung hegten, dass sie als eine amerikanische Journalistin von den *Solidarność*-Aktivistinnen das erfahren und beschreiben wird, was diese bei der Autorisierung der Interviews von Ewa Kondratowicz wieder zurückgenommen und gestrichen hatten. Dabei ging es vor allem um solche Stellen, die von der Enttäuschung dieser Frauen über ihre männlichen Kollegen zeugten. Als es nach der Wende in Polen um die Verteilung von Posten und Funktionen in den neuen politischen Strukturen ging, wurden die einstigen *Solidarność*-Aktivistinnen recht konsequent ausgegrenzt. Das nahmen die *Solidarność*-Frauen jedoch hin, weil sie fürchteten, auf diese Weise vom Feminismus, den sie für eine neue Ideologie hielten, vereinnahmt zu werden. Auf diesen Umstand wurde Shana Penn vor Beginn ihrer Arbeit mit den Frauen aufmerksam gemacht, was sie aber nur kurz im Vorwort erwähnt. Denn auch ihr lag daran, die Frauen nicht als Opfer des Transformationsprozesses zu schildern, in welchem vor allem Männer den Ton angaben. So konzentrierte sie sich vor allem auf die Untergrundarbeit der Frauen, von deren Umfang und Methoden Penn stark beeindruckt war. *Podziemie kobiet* (Der Untergrund der Frauen) erschien zuerst auf Polnisch und Jahre danach auch in englischer Sprache.[9]

Sogar die wichtigste Frau für die Geschichte der *Solidarność,* heutzutage oft Mutter dieser Bewegung genannt, Anna Walentynowicz, wurde vor allem im Ausland gewürdigt. Ihr Erinnerungsbuch *Cień przeszłości* (Schatten der Vergangenheit)[10] (1993) und dessen zweite Auflage von 2005 wurden in Polen kaum rezipiert. Auch für das feministische Milieu spielte sie keine Rolle, weil sie ihr politisches Engagement vor allem in religiösen Kategorien erklärte. Hingegen entstand 2002 ein Dokumentarfilm von Sylke Meyer *Wer ist Anna Walentynowicz?* und 2007 ein Spielfilm über sie von Volker Schlöndorff *Strajk – Die Heldin von Danzig*. Erst kurz nach ihrem Tod erschien die umfangreiche Biographie des polnischen Historikers Sławomir Cenckiewicz *Anna Solidarność. Życie i działalność Anny Walentynowicz na tle epoki (1929–2010)* (Anna Solidarność. Leben und Wirken von Anna Walentynowicz vor dem Hintergrund der Epoche).[11]

---

[9] Shana Penn, *Solidarity's Secret: The Women Who Defeated Communism in Poland*, Ann Arbor 2005.

[10] Anna Walentynowicz/Anna Baszanowska, *Cień przeszłości* (Schatten der Vergangenheit), Gdańsk 1993, 2. Aufl. Krakau 2005.

[11] Sławomir Cenckiewicz, *Anna Solidarność. Życie i działalność Anny Walentynowicz na tle epoki (1929–2010)* (Anna Solidarność. Leben und Wirken von Anna Walentynowicz vor dem Hintergrund der Epoche), Poznań 2010.

Um dem allgemeinen Erinnerungsschwund, von dem die politischen Aktivitäten der *Solidarność*-Frauen betroffen sind, entgegenzuwirken, organisierte die stellvertretende Parlamentspräsidentin Wanda Nowicka[12] 2013 im polnischen Senat (der zweiten polnischen Parlamentskammer) ein Podiumsgespräch mit jenen Aktivistinnen der 80er Jahre unter dem Titel *Kobiety Solidarności* (Die Frauen der Solidarność). Die Videoaufnahme der Podiumsdiskussion und der Stimmen aus dem Publikum ist jetzt auf der Homepage des Sejms (des polnischen Parlaments) zugänglich.[13] Wichtig ist dabei auch, dass die *Solidarność*-Geschichte der Frauen durch den Ort der Veranstaltung eine Legitimation erfuhr. Das Zustandekommen dieses Ereignisses und seiner Dokumentation auf Initiative von Wanda Nowicka zeugt außerdem davon, wie wichtig in diesem Zusammenhang die Präsenz von Frauen in hohen politischen Funktionen sein kann.

Erst dieses Material zeigt die bittere Erkenntnis der Untergrundaktivistinnen, dass ihre Arbeit der achtziger Jahre durch Historiker und Historikerinnen nicht gewürdigt wird. Nur wenige dieser Frauen wurden in der Transformationszeit in politischen Funktionen tätig und haben das teilweise auch nicht angestrebt, manchmal sogar Vorschläge, ein Regierungsamt zu übernehmen, abgelehnt. Eine der wenigen, die nach 1989 in politische Ämter kam, die Abgeordnete Barbara Labuda, brachte ihre Verwunderung, ja sogar Empörung darüber zum Ausdruck, wie lückenhaft gestandene Historiker über die *Solidarność*-Bewegung arbeiten. Sie fragte einen von ihnen, den Warschauer Zeithistoriker Andrzej Friszke, direkt, warum er den Anteil der Frauen an der *Solidarność*-Geschichte nicht berücksichtige. Als Antwort bekam sie die Erläuterung zu hören, dass es an Dokumenten fehle, denn der Untergrund der Frauen hätte nichts hinterlassen, nicht einmal die kleinsten Kassiber. Labuda erklärte, dass jene Spuren, welche Historiker heute zu Gesicht bekommen, nicht von Frauen stammen, weil diese so umsichtig gehandelt hätten, dass nichts in die Hände der Staatssicherheit geraten sei. Sie hätten bewusst keine Kassiber produziert und keine Decknamen verwendet, um in den Augen der breiten Öffentlichkeit glaubwürdig zu bleiben. Dies war besonders wichtig, weil die Gründung der unabhängigen Zeitschrift *Tygodnik Mazowsze* (Wochenblatt von Masovien), welches sie in der Auflage von mehreren zehntausend Exemplaren herausgaben, diese Öffentlichkeit über Repressalien, Verhaftungen, aber auch über die gelaufenen und geplanten Widerstandsaktionen

---

[12] Sie ist eine der führenden Feministinnen der zweiten Frauenbewegung, die jahrelang die NRO *Föderation für Frauenangelegenheiten und Familie* in Warschau geleitet hat, mit der sie für eine Liberalisierung des restriktiven Abtreibungsgesetzes gekämpft hat. Diese Organisation existiert bis heute, http://www.federa.org.pl/english (2.1.2015). Nowicka war auch Mitglied des Beirats von OŚKa und kannte die Entstehungsgeschichte der Interviews von Kondratowicz und der Publikation von Penn.

[13] http://sis.sejm.gov.pl/sejm7.nsf/transmisje.xsp?unid=180CD047D4184D3AC1257BD400258843 (8.12.2014).

informierte. Dieses Blatt ist die eigentliche schriftliche Spur der Leistung der Frauen im Untergrund. Die Revitalisierung von *Solidarność* nach den Internierungen und dem Aufbau der Untergrundstrukturen für überregionale Kontakte verliefen spurlos. Permanent mussten Wohnungen gewechselt werden, um von der Staatssicherheit nicht entdeckt zu werden. In Wrocław beispielsweise seien es 100 Wohnungen gewesen, in denen sich Labuda aufhielt, um nicht in die Hände des Sicherheitsdienstes zu geraten. Keine Frau erzählte damals den anderen alles, um niemanden in die Lage zu bringen, im Falle von Verhaftung oder Erpressung alles verraten zu können. Erpressbar waren alle, weil sie entweder kleine Kinder oder manchmal kranke Eltern in ihrer Obhut hatten. Barbara Labuda betonte, dass Al Kaida ihre Organisationsstrukturen an diese Form der Untergrundorganisation anlehne, und das erzählte sie nicht als eine rühmliche Anekdote, sondern als Hinweis auf die Arbeitsmethode der Frauen. Ihr Untergrundhandeln erfolgte noch aus dem Grundsatz, dass nach Ausführung einer Aktion jede Spur vernichtet werden musste, um weder die Bewegung noch einzelne Personen oder Familien zu gefährden. Aber was macht nun die Historiographie mit dieser Situation? Weder Mikro- noch Makrogeschichte kann sie mit ihrem Instrumentarium erfassen.

Erst 2014 entstand der Dokumentarfilm von Marta Dzido und Piotr Śliwowski *Solidarność według kobiet* (Solidarność nach Frauenart), in dem die politische Bedeutung der Frauen in den 80er Jahren im Vordergrund steht. Karol Sauerland schreibt über den Film:

„Das entscheidende Ereignis für den Film stellte jedoch das Faktum dar, daß Polen drei oder vier Frauen die Entstehung von Solidarność im Grunde genommen zu verdanken hat. Sie hatten gegen Wałęsas Erklärung vom 16. August 1980 protestiert, daß der Streik beendet sei. Neben ihm stand die junge, schöne Ewa Osowska auf dem Podium und rief ‚Verrat, Verrrat!‘ Was soll aus den Streiks der kleineren Betriebe werden? Man wird sie abwürgen wie nichts. Wir können sie nicht alleine lassen. Anna Walentynowicz lief zum Werfttor eins, um die Arbeiter, die das Gelände verließen, zurückzuhalten, die Krankenschwester Alina Barbara Pieńkowska zum Tor zwei und Ewa Osowska zum Tor drei. Anna Walentynowicz war allen bekannt, schließlich hatte ihretwegen der Streik begonnen. Alina Pieńkowska ebenfalls. Sie hatte als Krankenschwester auf dem Werftgelände so gut wie jedem dortigen Arbeiter die Wunden abgetupft und verbunden. Ewa Osowska soll dagegen durch ihre Schönheit die Männer in Ehrfurcht versetzt haben. Doch wo ist sie geblieben? Die Regisseurin fragt nach ihr. Niemand weiß eine rechte Antwort. Ihr Bild mit Wałęsa auf dem Podium war verschwunden. An dessen Stelle ist die Fotografie getreten, wie Wałęsa mit erhobener Hand und zum V-Zeichen gestreckten Fingern von Arbeitern auf den Händen getragen wird. Nach langem Suchen fand Marta Dzido die Heldin vom Tor drei. Man hat den Eindruck, daß sie alle Ewa Osowskas auf der Welt angerufen hatte. Erst hieß es, sie befinde sich in der Schweiz. Man sieht ein Flugzeug, das auf einem Flughafen landet, der wie Zürich aussieht, aber es war Neapel, wo Osowska Arbeit für ihre Familie gefunden hatte. Der Film endet mit einem gemeinsamen Besuch der Werft: Sie und Dzido wollen sich zum Tor drei begeben. Aber wo ist es? Osowska kann es nicht finden. Es gibt es nicht mehr. Immerhin steht das Gebäude noch, welches sich hinter dem Tor befand. Osowska sieht dort die im Großformat an einer Mauer angebrachte Fotografie des siegenden Wałęsa, von Arbeitern auf den Händen getragen. Sie kann es nicht glauben, sie ist sprachlos, aber dann sagt sie, eines Tages werde hier ein anderes Bild erscheinen. Sie meint wohl das, auf dem sie mit ihm auf dem Podium steht. Es ist der optimistische Akzent des Films: die Geschichte der Solidarność wird einst als eine Heldengeschichte von Frauen erzählt werden."[14]

Sauerland betont:

„[...] daß die beiden, Marta Dzido und Piotr Śliwowski, vor allem Frauen zu Wort kommen lassen, die heute von der offiziellen Politik nicht so gern gesehen werden, selbstredend zeigen sie Anna Walentynowicz, aber auch Joanna Beata Duda-Gwiazda, die zusammen mit ihrem Mann Andrzej vor einem Regal mit allen bekannten Büchern zur Solidarność-Bewegung gezeigt wird. Beide Frauen erzählten, wie schwer es bei Einführung des Kriegsrechts war, die Männer dazu zu bringen, im Widerstand, in der Illegalität zu arbeiten. Als Beispiel führen sie an, daß schon alles organisiert war, um das Informationsblatt Mazowsze zu drucken, aber die Männer trauten sich nicht, die Druckmaschine in Bewegung zu versetzen. Sie, die Frauen, mußten sie dazu ermutigen."[15]

Am Ende seiner Notiz zu dem Film konstatiert Sauerland noch, dass alle scharfsinnigen Beobachtungen die Frauen nicht zu dem Schluss verleiten,

„[...] daß es die Umgebung war, die die Frauen nicht in führenden Stellungen sehen wollte; nein, sie taten so, als sei es allein der Entschluß der Frauen gewesen, nicht Führerinnen zu werden. Hier hätte Jankowska einhaken müssen, aber auch sie scheint nie durch eine Genderschule gegangen zu sein. Die beiden Frauen redeten viel über die allein gelassenen kleinen Kinder, aber so, als gäbe es keine Väter, als könne man ihnen Kinder nicht zur Obhut überlassen. [...] Man sah ihrer Haltung an, daß sie bewußt gegen jeglichen Heroismus opponiert, diese Opposition ist ihr wichtiger als die Reflexion darüber, warum die Frauen im Hintergrund verblieben."[16]

Die letzten Worte Sauerlands gehören in den Bereich psychologischer Interpretation. In einer historischen Arbeit würde man für sie wohl keinen Platz finden. Wenn man diese Bemerkungen historisch erweitern würde, würden sie in der historischen Forschung wohl als ein Beitrag zur Mentalitätsgeschichte der Frauen gelten, nicht aber zur Geschichte der polnischen *Solidarność*-Bewegung.

Das, was in der polnischen Geschichtsforschung bisher nicht gemacht wurde, tut Karol Sauerland in seinem deutschsprachigen Artikel „Die Rolle der Frauen in der Solidarność-Bewegung und der Sieg der Männer nach der sogenannten Wende" als Zeitzeuge und Autor der eben zitierten, noch nicht publizierten Tagebücher. Er geht in die Anfangszeit der Bewegung zurück und stellt jene These auf, die in dem oben erwähnten Dokumentarfilm eine Bestätigung findet:

---

[14] Die Zitate stammen aus einem noch nicht publizierten Tagebuch von Karol Sauerland, hier mit freundlicher Genehmigung des Autors verwendet.
[15] Ebd.
[16] Ebd.

„Das zentrale Ereignis, die Anerkennung der Solidarność als einer autonomen Bewegung, haben wir im Grunde genommen einigen wenigen Frauen zu verdanken, unter ihnen der legendären Kranführerin Anna Walentynowicz, der Krankenschwester Alina Pieńkowska und Maryla Płońska. Sie hielten am 16. August 1981 die Streikenden auf, als Lech Wałęsa bereits das Ende des Streiks verkündet hatte. Durch die Tatbereitschaft der Frauen verwandelte sich der Streik auf der Danziger Werft in einen politischen. Walentynowicz hätte auch an der Spitze des Streikkomitees stehen können, wenn sie nicht der Meinung gewesen wäre, dass eine Frau in einem Betrieb, in dem vorwiegend Männer arbeiten, auf Dauer als Streikführerin nicht anerkannt werden würde. Wałęsa tat in der Folge alles, um Walentynowicz aus der Solidarność-Führung zu drängen, was ihm auch relativ schnell gelang.“[17]

Sauerland schrieb seinen Artikel auf Deutsch, bevor er den Film gesehen hat. Als polnischer Literaturwissenschaftler und Philosoph gehört er nicht zu den Historikern, die als *Solidarność*-Forscher[18] gelten. Dass er im Vergleich mit ihnen eine andere Position vertritt, erkennt man daran, wie er in seinem Text verfährt. Er schöpft viele Informationen aus Kondratowiczs Interviews und geht auf einige Einzelschicksale genauer ein, wie im Falle von Anna Walentynowicz. Diese ergänzt er um weitere Informationen und bindet sie in die Geschichte der *Solidarność* vor und nach 1989 ein. Auch Shana Penns Publikation nimmt er ernst, indem er gegen sie polemisiert, weil sie die weiteren politischen Konstellationen der Frauen, ihre Lebenskontexte nicht be-

[17] Karol Sauerland, „Die Rolle der Frauen in der Solidarność-Bewegung und der Sieg der Männer nach der sogenannten Wende“, in: August H. Leugers-Scherzberg/Lucia Scherzberg (Hg.), *Genderaspekte in der Aufarbeitung der Vergangenheit*. Online-Ausgabe, Saarbrücken 2014, 264–286 (Kurztitel: Sauerland, Rolle der Frauen), hier 264. http://universaar.uni-saarland.de/journals/public/journals/3/Komplettausgabe_tgBeiheft8.pdf (10.1.2015)

[18] Zu ihnen gehören vor allem Andrzej Friszke, der in seinem Buch *Opozycja polityczna w PRL 1945–1980* (Politische Opposition in der VR Polen), London 1994, wichtige Frauennamen nur kurz erwähnt, und Andrzej Paczkowski, der in *Droga do ‚mniejszego zła'. Strategia i taktyka obozu władzy lipiec 1980-styczeń 1982* (Der Weg zum ‚kleineren Übel'. Strategie und Taktik des Regierungslagers Juni 1980–Januar 1982), Krakau 2002, ebenfalls kaum Frauen berücksichtigt. In seiner umfangreichen Studie *Pół wieku dziejów Polski 1939–1989* (Ein halbes Jahrhundert der Geschichte Polens 1939–1989), Warschau 1998, erwähnt er von den wichtigen Frauen nur einmal Helena Łuczywo. Andrzej Friszke und andere Autoren (unter 11 Autoren gibt es nur eine Autorin, die Historikerin Ewa Zając) nutzen erst in dem Sammelband *Solidarność podziemna 1981–1989* von 2006 intensiv mündliche Berichte von Oppositionellen, auch von Barbara Labuda (ebd., 19), Ewa Kulik-Bielinska (ebd., 30) u.a. Über die Strukturen, die die Frauen im Untergrund geschaffen haben, wird hier zwar immer noch nicht viel geschrieben, aber immerhin einiges über die Anfänge dieser Aktivitäten (ebd., 410–411, 417, 438, 440–442). Wenn Friszke in der Einleitung auf die Wochenzeitschrift *Tygodnik Mazowsze* verweist, nennt er dabei nur deren Redaktion als Gremium. In seinem eigentlichen Beitrag über das Regionale Exekutivkomitee Mazowsze (ebd., 443–458) beschreibt er dann aber detailliert die Gründung dieses Wochenblatts, die Arbeitsweise und nennt Autorinnen.

rücksichtigt. An den Memoiren von Elżbieta Anna Szczepańska[19], einer Psychologin, die an der Sporthochschule in Katowice eine *Solidarność*-Gruppe gegründet hat und während des Kriegszustandes in Gefängnissen einen Leidensweg durchmachen musste, zeigt er, dass man der *Solidarność*-Frauen nicht nur zu gedenken hat, sondern an ihren Schicksalen auch die qualvolle Geschichte der polnischen Bevölkerung im Kriegszustand zeigen kann, weil diese politisch aktiven Frauen mit ihrer Geschäftigkeit dem Alltag viel näher standen als Männer. Er konstatiert auch, dass die meisten oppositionellen Frauen der achtziger Jahre aus Familien mit langen Widerstandstraditionen stammten und fürchten, „zu Heldinnen stilisiert zu werden, wo sie doch den Heldenkult in Polen zu bekämpfen suchen. Er bringe dem Land nichts Gutes, meinten sie".[20] In dem Podiumsgespräch im Sejm sagte Anna Dodziuk, eine der Untergrundfrauen, tatsächlich: „Männer mögen es, die Helden zu spielen, aber das steht im Widerspruch zur Sicherheit."[21] Sie sind mit einem Wort schneller durch die Staatssicherheit aufgreifbar.

Die Frauen, die als Augenzeuginnen und Aktivistinnen ihre Arbeitsmethoden im Untergrund erklären könnten, werden nicht interviewt, zum Teil aus methodologischen Gründen: die Geschichtswissenschaften arbeiten im Gegensatz zu den Sozialwissenschaften nur ungern mit Interviews, und schon gar nicht mit solchen, aus denen sich keine sogenannten Fakten konstruieren lassen, sondern die „Küchentischgespräche" wiedergeben.[22]

Die angeführten Beispiele sollen hier nicht vom bösen Willen der männlichen Forschung, die Frauengeschichte vermeidet, zeugen. Sie stellen nur einen Hinweis auf die wissenschaftliche Vernachlässigung der Rolle von Frauen in der polnischen Geschichte der letzten Jahre der Volksrepublik Polen dar. An diesem Thema lässt sich nämlich exemplarisch erkennen, wie problematisch und lückenhaft das Geschichtsbild bleiben muss, wenn sich die historische Forschung vor allem auf die sogenannten „belegbaren" Fakten stützt.[23] „Belegte" Fakten sind, wie oben angedeutet, meistens leicht zugäng-

[19] Elżbieta Anna Szczepańska, *Zanim wybaczę. Pamiętnik walki i zdrady* (Bevor ich vergebe. Memoiren des Kampfes und des Verrats), Zakrzewo 2009. Es ist interessant zu sehen, dass diese Bücher nicht in renommierten Verlagen, sondern in Kleinverlagen und in kleinen Ortschaften, meistens im Auftrag der Autorinnen gedruckt wurden, weil große Verlage an ihnen kein Interesse hatten.

[20] Sauerland, Rolle der Frauen, 286.

[21] http://sis.sejm.gov.pl/sejm7.nsf/transmisje.xsp?unid=180CD047D4184D3AC1257BD400258843 (8.12.2014).

[22] Es stimmt nur zum Teil, weil in der gemeinsamen Publikation *Niepokorni. Rozmowy o Komitecie Obrony Robotnikow* (Die Trotzigen. Gespräche über das Verteidigungskomitee der Arbeiter), Kraków 2008, veröffentlichen Paczkowski und Friszke als Historiker nur Gespräche mit männlichen Aktivisten der *Solidarność*.

[23] Hans Jürgen Puhle stellte sich 1981 die Frage, warum es so wenige Historikerinnen gibt, was das Desinteresse an den Frauen im Fach Geschichte auch zum Teil erklären könnte.

liche Materialien, die nach jeweiligem politischem Trend gepflegt werden, etwa in Museen, Archiven, Ausstellungen. Die nicht „belegten" liegen unsortiert in Kisten, auf den Dachböden oder befinden sich im Privatbesitz, wo sie nur schwer zu erreichen sind, oder es gibt sie gar nicht, weil sie mit den Zeitzeugen sterben.

Solche Mängel ergeben sich auch aus der Wissenschaftstradition der Geschichtsforschung, wie Andrea Griesebner in ihrer *Feministischen Geschichtswissenschaft. Eine Einführung* von 2012 zeigt. Sie hat aber für die Schließung solcher Forschungslücken, die in dem vorliegenden Beitrag diskutiert werden, keine andere methodologische Lösung als die feministische, gender-orientierte Geschichtsforschung, die aufs Engste mit der Institutionalisierung der Gender Studies und der Etablierung von Frauen als Professorinnen für Geschlechterforschung verbunden ist.[24] Griesebner skizziert in ihrer Einführung eine historische Entwicklungslinie der Historiographie als einer wissenschaftlichen Disziplin angefangen mit Johann Martin Chladenius über Ranke, Droysen bis zu Gabriella Hauch, der Nachfolgerin von Edith Sauer, mit der Denomination „Neuere Geschichte" und dem Zusatz „Frauen und Geschlechtergeschichte". Es sieht aus, als wollte sie auf die feministische Geschichtswissenschaft zusteuern, die sich von der traditionellen Geschichtswissenschaft radikal unterscheiden würde, andererseits aber geht es ihr darum, dass zusammen mit der Institutionalisierung der feministischen Forschung an Universitäten die Demokratisierung der Geschichtsforschung erfolgen könnte, was dazu führen würde, dass diese die „Nicht-Einheit" der Vergangenheit ernst nähme.[25] Das würde bedeuten, dass Historiker und Historikerinnen in ihrer professionellen Forschung nicht mehr „eine Einschränkung der untersuchenswerten Gegenstandsbereiche auf Staat und Nation" anstrebten.[26] Der institutionellen Demokratisierung, die zur Berufung der Frauen auf Professuren führte, würde eine inhaltliche Pluralisierung der historischen Forschung an den Universitäten folgen. Diese erfordert wiederum auch eine Erweiterung der Forschungsmethoden.

III.

Auf solche methodologischen Schwierigkeiten – könnte man denken – müsste die Literaturwissenschaft nicht stoßen, weil ihre Forschungsobjekte in ge-

---

[24] Andrea Griesebner, *Feministische Geschichtswissenschaft. Eine Einführung*, Wien 2005.

[25] Griesebner übernimmt diesen Begriff der „Nicht-Einheit" von Karin Hausen. Ebd., 197.

[26] Ebd., 2.

druckter Form vorliegen. Das ist aber auch nicht immer der Fall. Marion Brandt hat in ihrem Buch „Für eure und unsere Freiheit? Der Polnische Oktober und die *Solidarność*-Revolution in der Wahrnehmung von Schriftstellern aus der DDR“[27] von 2002 mit vielen unveröffentlichten Texten gearbeitet und damit eine Lücke in der Forschung zur DDR-Geschichte geschlossen, die sich bei der Frage auftat, wie politische Ereignisse in Polen von DDR-Bürgern wahrgenommen wurden. In literarischen Texten, die Brandt mit großem Zeitaufwand nach der Wende von 1989 in Privatsammlungen ausfindig machte, konnte sie sogar eine gewisse Polenbegeisterung entdecken und belegen. Diese Studie zeigt, dass die wissenschaftliche Beschäftigung mit bestimmten Themen weniger vom Stand der Quellen abhängt, als vielmehr von der Fragestellung. Die Suche nach unbekannten Texten ist in der Literaturgeschichtsschreibung genauso wie in der Geschichtsforschung bekannt. Brandt ist aber über ihre Disziplin hinausgegangen, indem sie sich nicht nur mit literarischen Texten beschäftigt, sondern vor allem mit der Geschichte der Opposition sowie mit ihrer Verflechtung, die in Texten und Reaktionen auf die Maßnahmen des politischen Regimes in der DDR und in Polen zu erkennen ist. Marion Brandts Monographie konnte auf der Basis dieser Texte entstehen, weil ihre Recherche ergiebig war. Sie fand viele Texte, die belegen, dass es vor allem in intellektuellen Kreisen der DDR Interesse an der polnischen *Solidarność*-Bewegung gab. So gelang es ihr, eine historiographische Lücke zu füllen, auch wenn sie ihre Studie als Qualifikationsschrift in der Disziplin Literaturwissenschaft und nicht der Geschichtswissenschaft verfasst hat.

Da Geschichtsschreibung vor allem eine narrative Wissenschaft ist, nimmt es nicht Wunder, dass Hayden White als Historiker und Literaturwissenschaftler ein Konzept entwickelte, das die Abhängigkeit von der Faktengläubigkeit in der Geschichtsschreibung etwas auflockern sollte. Ohne die Diskussion, die sein Versuch in historischen Kreisen hervorgerufen hat, an dieser Stelle aufrollen zu wollen, könnte man in Anlehnung an ihn annehmen, dass die geschichtswissenschaftliche Erklärung der Ereignisse eine Verwandlung des Unbekannten ins Bekannte, des Unbedeutenden ins Gedeutete in textueller Form beinhaltet. An der Studie von Marion Brandt könnte man z.B. sehen, dass die Tradition der Widerstandsforschung eine Basis für solch eine Verwandlung bzw. Um-Kodierung des Unbekannten, der politischen Ereignisse und literarischen Texte in die geschichtliche Narration darstellt. Die Frauenforschung verfügt dagegen nach wie vor noch nicht über solch einen Bekanntheitsgrad in der Historiographie, als dass eine solche Verwandlung des Unbekannten ins Bekannte, ins Gedeutete stattfinden könnte. Es gibt eben noch keine lange Forschungstradition im Sinne einer Geschichte, in der Frau-

---

[27] Marion Brandt, *Für eure und unsere Freiheit? Der Polnische Oktober und die Solidarność-Revolution in der Wahrnehmung von Schriftstellern aus der DDR*, Berlin 2002.

en als Subjekte handelten. Die ersten feministischen Versuche gingen in die Richtung der Herstory/Frauengeschichte, die als ein separater Teil der Geschichte wahrgenommen werden konnte, und die weiteren Versuche gehen in die Richtung der Erfahrungsgeschichte, beides unterscheidet sich stark von der traditionellen Geschichtsforschung und hat dadurch bislang keinen wirklich nennenswerten Einfluss auf ihre Forschungsmethoden.

Whites These der *Übersetzung* der unbekannten Ereignisse in bekannte Deutungen trifft sogar auf die Belletristik zu. Um in den Literaturbetrieb aufgenommen zu werden, müssen Texte bestimmte Kriterien erfüllen, d.h. anschlussfähig für den literaturwissenschaftlichen Diskurs sein. Sie werden danach untersucht, ob sie innovativ und originell sind. Ihre öffentliche Anerkennung hängt mit den geltenden Normen zusammen, gemessen am bisherigen literarischen Kanon. Wenn neue Texte zu innovativ sind, werden sie entweder nicht rezipiert oder bestenfalls mit großer zeitlicher Verzögerung untersucht als solche, denen eine Vorreiterfunktion verliehen wird, die in der Vergangenheit „ungerechterweise" verkannt blieb, wie es etwa im Falle von Jean Paul war, in dessen Werk heutzutage postmoderne Züge entdeckt werden.

In diesem Zusammenhang sei nur noch an einem Beispiel aus der Frauenliteratur gezeigt, wie auch in der Literatur an gängigen Narrationen festgehalten wird, ähnlich wie in historiographischen Texten. Es geht hier um den Roman *Das Verbrechen der Liebe in der Mitte Europas* von Marieluise Janssen-Jurreit von 2000.[28] Es ist die Geschichte einer verheirateten Frau, Nori Laezius, einer Historikerin, die in den achtziger Jahren eine Polenreise unternimmt, zu der sie von ihrer Mutter überredet wurde, die sich allerdings im letzten Moment entscheidet, doch nicht mitzufahren. Sie bittet jedoch ihre Tochter, einen Koffer mit Medikamenten für ihre alten Freunde in Polen mitzunehmen. Es erweist sich später, dass keine Medikamente in dem Koffer waren, sondern ein Set, aus dem ein Sender gebastelt werden konnte für den polnischen *Solidarność*-Untergrund. Die Protagonistin erfährt das erst bei der Übergabe des Koffers unter der Adresse, die ihr die Mutter gegeben hat. Sie regt sich darüber auf, dass ihre eigene Mutter sie diesem Risiko an der Grenze ausgesetzt hatte, an der sie bei der Kontrolle ohne weiteres hätte verhaftet werden können. Nori lernt im *Solidarność*-Untergrund den polnischen Oppositionellen Adam kennen. Er entspricht allen Klischees eines polnischen Nationalhelden, eines romantischen Revolutionärs und „Kämpfers für Eure und unsere Freiheit": Er hat feurige Augen und strahlt eine fiebrige Unruhe aus. Die Protagonistin verliebt sich in ihn, und damit fängt ihre innere Reise zu sich selbst an. Die Einzelheiten der Handlung sind in dem Kontext des hier vorliegenden Beitrags nicht wichtig, entscheidend ist dagegen, dass dieser

[28] Marieluise Janssen-Jurreit, *Das Verbrechen der Liebe in der Mitte Europas*, Berlin 2000.

Roman eine Frau darstellt, die durch eine im polnischen Sinne romantische, d.h. eine unglückliche Liebe zu einem polnischen Intellektuellen eine Initiation, einen Durchbruch zur Selbstfindung erlebt. Und an dem Text wäre nichts Verwunderliches, wenn die Autorin nicht Marieluise Janssen-Jurreit wäre, eine bekannte Journalistin und Schriftstellerin, die mit ihrem Buch „Sexismus: über die Abtreibung der Frauenfrage“[29] von 1976 den Begriff *Sexismus* in die deutsche öffentliche Debatte eingeführt hatte. Dort schildert sie die Benachteiligung von Frauen in unterschiedlichen Kulturen. Resümierend schreibt sie dort:

> „Sexismus war immer mehr als das, was in der nichtsagenden Geschmeidigkeit politischer Rhetorik ‚die Benachteiligung der Frau‘ heißt oder was Soziologen verharmlosend mit ‚traditioneller Rollenverteilung‘ bezeichnen. Sexismus war immer Ausbeutung, Verstümmelung, Vernichtung, Beherrschung, Verfolgung von Frauen. Sexismus ist gleichzeitig subtil und tödlich und bedeutet die Verneinung des weiblichen Körpers, die Gewalt gegenüber dem Ich der Frau, Achtlosigkeit gegenüber ihrer Existenz, die Enteignung ihrer Gedanken, die Kolonisierung und Nutznießung ihres Körpers, den Entzug der eigenen Sprache bis zur Kontrolle ihres Gewissens, die Einschränkung ihrer Bewegungsfreiheit, die Unterschlagung ihres Beitrags zur Geschichte der menschlichen Gattung.“[30]

Als Janssen-Jurreit ihr *Sexismus*-Buch vorlegte, wurde gerade der literarische Bestseller „Häutungen“ von Verena Stefan intensiv gelesen.[31] Diese beiden Bücher gelten bis heute als Grundwerke der zweiten Frauenbewegung in Deutschland. Zwischen den *Häutungen* und dem *Verbrechen der Liebe in der Mitte Europas* liegt ein Vierteljahrhundert der Etablierung des feministischen akademischen Diskurses in der deutschen öffentlichen Wahrnehmung. Jedoch scheint sich immer noch keine so starke Tradition herausgebildet zu haben, dass sie die Autorin Janssen-Jurreit vor traditionellen Deutungsmustern geschützt hätte. Die Konvention des Liebesromans, einer Romanze gewinnt hier die Oberhand, und die Selbstfindung einer weiblichen Protagonistin erfolgt nun wieder dank einer männlichen Figur. Der literarische Text vermittelt im Falle dieses Romans also ein Wissen, das jahrhundertelang gewachsen ist, sich verfestigt hat, das historisch relevante Wissen über die heterosexuelle Geschlechterordnung und nicht über *Solidarność*. Diese stellt nur eine Kulisse dar, die unter historiographischen Gesichtspunkten an die realen politischen Ereignisse anknüpft. Was ist dann in diesem Roman historisch wichtig: die *Solidarność*-Geschichte oder die Erfahrung der Protagonistin, einer literarischen Figur also? Vielleicht beides?

---

[29] Marieluise Janssen-Jurreit, *Sexismus: über die Abtreibung der Frauenfrage*, München 1976.

[30] Ebd., 702.

[31] Verena Stefan, *Häutungen. Autobiographische Aufzeichnungen, Gedichte, Träume, Analysen*, München 1975. Das Schweizerische Literaturarchiv der Schweizer Nationalbibliothek hat 2007 das Archiv von Verena Stefan übernommen.

Literarischer Text als Teil des vorherrschenden Diskurses der Gegenwart kann ein Zeugnis für die Geschichtsforschung sein, aber nicht immer im Sinne eines Verweises auf Ereignisse, die in der Historiographie als solche fungieren. Literarische Texte ähneln eher den historischen Ereignissen selbst, sobald man sie in bekannte Zusammenhänge/Bedeutungen literaturwissenschaftlich „übersetzt". Ihre Zugänglichkeit hängt von ihrem Status in der jeweiligen politischen Situation ab. Wenn sie zum Kanon gehören, dessen Funktion es ist, Normen und Werte der jeweiligen Kultur zu wahren, sind sie leichter rezipierbar, als wenn sie auf diese subversiv einzuwirken drohen. In beiden Fällen enthalten sie als gedruckt auffindbares Wort ein Erkenntnispotential für die Geschichtsforschung. Schöne Literatur über die *Solidarność*-Zeit und über Frauen verzeichnet man in Polen bis heute nicht. Romane und Erzählungen, in denen Frauen sich mit der Vergangenheit auseinandersetzen, betreffen die Geschichte der Volksrepublik Polen vor 1980,[32] die Zeit danach wird thematisch bestenfalls gestreift.[33] Geht es um das Thema *Solidarność*-Frauen ist die Literaturgeschichte also in einer ähnlichen Lage wie die Historiographie.

Wenn die Belletristik in der Funktion eines Zeitzeugnisses betrachtet werden soll, dann nicht unbedingt in Form von historischen Romanen[34] wie denen eines Lion Feuchtwanger (Josephus-Trilogie) oder eines Horst Bienek (Oberschlesien-Tetralogie), auch die politischen Dramen bzw. Zeitstücke oder das dokumentarische Theater eines Peter Weiss („Die Ermittlung") sind nicht gemeint. Diese Gattungen gelten seit Ende der 1980er Jahre als strittig.[35] Ihre Faktizität, verstanden als der sogenannte historische Wahrheitsgehalt, wird – so die kritischen Stimmen – durch Fiktionalität relativiert, wodurch sie den Charakter einer möglichen Informationsquelle verlieren.[36] Diese Bedenken können aber nur dann entstehen, wenn man die schöne Literatur vor allem auf ihren bloßen Informationsgehalt hin befragt, was jedoch bei Artefakten heute nicht mehr legitim ist. Der literarische Text ist keine Quelle im Sinne eines Behälters für Informationen, sondern ein komplexer Bedeutungsträger und als solcher kann er mitsamt seiner ästhetischen Form die

---

[32] Zu solchen Texten gehört u.a. die Prosa von Krystyna Kofta, Izabela Filipiak, Inga Iwasiów, Joanna Bator und Sylwia Chutnik.

[33] Eine Ausnahme stellen umfangreiche Tagebücher von Krystyna Kofta dar: *Monografia grzechów. 1978–1989* (Monographie der Sünden), Warschau 2006.

[34] Benedicte Naubert (1752–1819) gilt als Begründerin dieser Gattung. Walter Scott hat den historischen Roman zum Schlüsselroman entwickelt. In beiden geht es vor allem um Literarisierung des historiographischen Stoffes.

[35] Vgl. Linda Hutcheon. *A Poetics of Postmodernism*, London 1988. Die Autorin hat den Begriff der historiographischen Metafiktion für den postmodernen Roman eingeführt, in dem der Übergang zwischen Fiktion und Fakten kaum erkennbar ist.

[36] Vgl. Ansgar Nünning, *Von historischer Fiktion zu historiographischer Metafiktion*, Trier 1995.

Rolle des Zeitzeugnisses im geschichtswissenschaftlichen Sinne erfüllen. Im Gegensatz zu Dokumenten lassen sich Bedeutungen, die ein literarischer Text hervorbringt, im Rahmen dieses Textes erklären. Dokumente und Ereignisse werden in den historiographischen Texten mit Deutungen versehen und so erst zu historischen Fakten gemacht. Man könnte sagen, dass literarische Texte also nicht das *Was* einer Epoche zeigen, sondern vielmehr ihr *Wie*, oder genauer: an ihnen ist zu erkennen, wie in einer bestimmten Zeit Bedeutungen und Sinnformen produziert, Normen de/stabilisiert, Konflikte gelöst, Gefühle behandelt werden, u.a.m. Darin besteht der Mehrwert der sogenannten schönen bzw. fiktionalen Literatur für die Re/Konstruktion eines historischen Sachverhaltes. In dieser Funktion wurden beispielsweise der Roman von Seweryna Szmaglewska *Dymy nad Birkenau* (Rauch über Birkenau) und der Erzählband von Zofia Nałkowska *Medaillen* in die Akten der Nürnberger Prozesse aufgenommen. Man suchte in ihnen nicht nach historischen Namen und Daten derer, die am Völkermord im Zweiten Weltkrieg beteiligt waren, sondern nach dem *Wie*, um Mechanismen und Bedingungen verstehen zu können, unter denen dieser Massenmord vonstattengehen konnte.

Da literarische Texte performative Sprechakte im Sinne von Jonathan Culler sind, provozieren sie „spezifische Formen der Aufmerksamkeit“,[37] weil man ihnen nicht entnehmen kann, ob sie wahr oder falsch sind. Sie sind geglückt oder missglückt, denn sie beziehen sich genau wie performative Äußerungen nicht auf gegebene Situationen, sondern erschaffen diese erst für die innerliterarische Wirklichkeit. Die Art, wie sie es tun und welche Zusammenhänge sie textuell herstellen, ist dann für den außerliterarischen Diskurs entscheidend. Man kann daher vom Wissen der Literatur sprechen:

> „Vom ‚Wissen der Literatur‘ lässt sich in dem spezifischen Sinne sprechen, *dass sie unterschiedliche Wissensformen speichert, bearbeitet, kommuniziert und zirkulieren lässt*. Das betrifft die Funktion von Literatur bei der Ausbildung von Tradition, von Geschichts- und Überlieferungswissen, bei der Formierung von Autorschaftskonzepten und Werkidolen, aber auch bei der Durchsetzung von bestimmten Verhaltenscodes, Individualisierungspraktiken und Autoritätsvorstellungen.“[38]

Sigrid Weigel schreibt zu diesem Sachverhalt in *Literatur als Voraussetzung der Kulturgeschichte. Schauplätze von Shakespeare bis Benjamin*:

> „Indem die Literatur die in spezifizierte wissenschaftliche Diskurse geteilten Erkenntnisse über die Gesetze der Natur und Kultur auf einem Schauplatz versammelt und in den Hand-

---

[37] Jonathan Culler, *Literaturtheorie. Eine kurze Einführung*, übers. von Andreas Mahler, Stuttgart 1997, 42.

[38] http://www2.hu-berlin.de/wissen-literatur/program.php?PHPSESSID=fc59750978fe22705a3dcd5d0f8c3a71 (26.9.2010).

lungen, Worten und Gesten ihres erdachten Personals zum Sprechen bringt, vermag sie das Wissen ihrer Zeit zu verkörpern."[39]

Diese Auffassung könnte im Kontext der hier diskutierten Fragen als Verweis auf die Brauchbarkeit literarischer Texte für die Historiographie verstanden werden. Das *Solidarność*-Thema zeigt jedoch – wie oben ausgeführt –, dass der Rückgriff auf Literatur zwar postuliert werden kann, dies aber wenig bringt, wenn solche Texte fehlen. Und schlimmer noch: Würde man literarische Texte aus der *Solidarność*-Zeit unter die Lupe nehmen, käme man zu dem Ergebnis, dass in ihnen weibliche Figuren kaum als Subjekte in politischen Kontexten erscheinen. In dieser Hinsicht unterscheidet sich die Literatur thematisch nicht viel vom wissenschaftlichen Diskurs, sie erscheint geradezu als dessen Teil.

[39] Sigrid Weigel, *Literatur als Voraussetzung der Kulturgeschichte. Schauplätze von Shakespeare bis Benjamin*, München 2004, 11.

Peter Simon Pallas' wissenschaftliches Werk und die Entfaltung der Wissenschaften an der Wende vom 18. zum 19. Jahrhundert*

Dittmar Dahlmann

Peter Simon Pallas, geboren am 22. September 1741 in Berlin, starb in seiner Heimatstadt am 8. September 1811. Dazwischen lagen zahlreiche Auslandsreisen, vor allem aber sein fast 43-jähriger Aufenthalt im Russischen Reich als Mitglied der St. Petersburger Akademie der Wissenschaften als Professor für Naturgeschichte. Sein Vater, Simon Pallas, Chirurg am Berliner Collegium Medico-Chirurgicum und Dirigirender Wundarzt an der Charité, stammte aus einer ostpreußischen Familie, seine Mutter Susanna Leonard oder Lienard gehörte bereits zur zweiten Generation der Berliner Hugenotten. Nach einer Erziehung durch Hauslehrer bezog Peter Simon im Alter von 13 Jahren das Collegium, das er 1758 verließ. Danach studierte er an den Universitäten Halle, Göttingen und Leiden Medizin und wurde in Leiden 1760 promoviert. In seiner Dissertation kritisierte der gerade 19-jährige bereits das neue Linnésche Klassifikationssystem der Naturreiche, das der schwedische Gelehrte 1735 mit seinem bahnbrechenden Werk Sy*stema naturae* vorgelegt hatte und orientierte sich stärker an Ähnlichkeit und Verwandtschaft der Species.[1] Wie damals üblich befasste sich Pallas während seines Medizinstudi-

---

* Eine erweiterte Fassung dieses Beitrags wurde unter dem Titel „Peter Simon Pallas und sein wissenschaftliches Werk" am 6.11.2012 im Wissenschaftshistorischen Seminar der Leopoldina. Nationale Akademie der Wissenschaften in Halle/S., sowie in leicht gekürzter Form am 26.11.2012 im Stipendiatencolloquium der Herzog August Bibliothek in Wolfenbüttel und am 4.12.2013 am Dies Academicus der Rheinischen Friedrich-Wilhelms-Universität Bonn als Vortrag gehalten. Frau Dr. Sybille Gerstengarbe, damals verantwortlich für das Wissenschaftshistorische Seminar an der Leopoldina in Halle/S., danke ich für die freundliche Einladung. Herrn Prof. Dr. Helwig Schmidt-Glintzer, Direktor der Herzog August Bibliothek in Wolfenbüttel, danke ich für die Einladung zu einem dreimonatigen Forschungsstipendium an die HAB, in der ich einen Großteil des hier verwendeten Materials bearbeiten konnte. Zudem danke ich allen Teilnehmern/innen an den Diskussionen in Halle/S. und in Wolfenbüttel. Die Vortragsform wurde weitgehend beibehalten. In den Anmerkungen finden sich die wichtigsten Nachweise.

[1] Grundlegend zu Leben und Werk: Folkwart Wendland, *Peter Simon Pallas (1741–1811). Materialien einer Biographie*, 2 Tle., Berlin 1992, 25–31 (Kurztitel: Wendland, Pallas I, II). Vgl. auch Karl Asmund Rudolphi, *Peter Simon Pallas. Ein biographischer*

ums auch mit Chemie, Mathematik, Physik, Botanik, Logik, Metaphysik, Philosophie, Geschichte der Medizin und den für das Medizinstudium wichtigen Fächern wie Physiologie, Pathologie und Pharmazie. Nach Abschluss seines Studiums folgte Pallas nicht dem Drängen seines Vaters, Arzt zu werden, sondern trieb in den folgenden fünf Jahren zoologische und botanische Studien in Großbritannien sowie in den Niederlanden und hoffte auf die Teilnahme an einer großen Expedition. Seit 1764 erfolgten die ersten Publikationen zu Zoologie und Botanik, die ihm noch im gleichen Jahr die Mitgliedschaften in der Royal Society und in der Leopoldina einbrachten.[2]

Trotz seiner hervorragenden Voraussetzungen und seines guten wissenschaftlichen Rufes gelang es Pallas nicht, eine Anstellung an einer Universität oder Akademie zu finden. Ende Dezember 1766 erhielt er schließlich einen Ruf an die St. Petersburger Akademie der Wissenschaften, den er nach einigem Zögern annahm.[3] Im Frühjahr 1767 machte er sich mit seiner Frau auf den Weg dorthin. Zunächst bekleidete er die Stelle eines Adjunkten, wurde aber bald zum Professor für Naturgeschichte ernannt. 1768 übertrug ihm die Akademie die Leitung einer von fünf Abteilungen einer großen Forschungsreise, die – wie ihre Vorläufer seit den 1720er Jahren – Sibirien, die Kaukasusregion und Zentralasien erforschen sollte. Das insgesamt sechs Jahre dauernde Unternehmen ist als Akademie-Expedition in die Geschichte eingegangen.[4] Es kann hier nicht der Ort sein, um dieses von Katharina II. initiierte wissenschaftliche Großunternehmen näher zu betrachten. In jedem Falle fehlt bis heute eine neueren Ansprüchen genügende Gesamtdarstellung, vor allem eine Verortung im Kontext der europäischen Wissenschaftsgeschichte. Die Mehrzahl der überwiegend jungen Wissenschaftler, Pallas war 27 Jahre alt, stammte aus dem deutschsprachigen Raum. Erforscht wurde, auf der Grundlage von Instruktionen der Akademie, alles, was in den Bereich der „drei Naturreiche", also Mineralien, Flora und Fauna, fiel und ansonsten für den Staat und die Wissenschaft nutzbar zu machen war. Ein weiterer wichtiger Aspekt war der 1769 erfolgende Venusdurchgang, den auch die Erste

Versuch vorgelesen in der öffentlichen Sitzung der Königl. Akademie der Wissenschaften den 30sten Januar 1812, Berlin 1812 (Kurztitel: Rudolphi, Peter Simon Pallas); Rainer W. Gärtner, „Peter Simon Pallas", in: *Neue Deutsche Biographie*, Bd. 20, Berlin 2001, 14–16; auch online verfügbar; Dietmar Henze, *Enzyklopädie der Entdecker und Erforscher der Erde*, 6 Bde., Darmstadt 2011 (Neuausgabe der Ausgabe Graz 1978–2004), hier Bd. 3, 693–708, im Nachtragsband 6 eine umfassende Rezension der o.g. Studie von Folkwart Wendland, 37 f.

[2] Ebd., 53.

[3] Ebd., 62–73.

[4] Ebd., 80–147; vgl. auch David Moon, „The Russian Academy of Sciences Expeditions to the Steppe in the late Eighteenth Century", in: *Slavonic and East European Review* 88 (2010), Nr. 1/2, 204–236, hier 209 ff.

Expedition unter James Cook beobachten sollte.[5] Von 1768 bis 1774 bereiste Pallas, teilweise in Begleitung seiner Frau, mit Studenten, militärischer Bedeckung, Zeichnern und Geodäten die Wolga- und Uralregion sowie Teile Sibiriens.

Katharina II. sowie die Akademie der Wissenschaften legten nunmehr – im Unterschied zur ersten und zweiten Bering- oder Kamčatka-Expedition, deren Ergebnisse geheim gehalten wurden – Wert auf eine gute Öffentlichkeitsarbeit, um sich als aufgeklärte, europäische Macht zu präsentieren. So waren die Wissenschaftler gehalten, ihre Rapporte, aber darüber hinaus auch ihre Ergebnisse möglichst druckreif und zügig an die Akademieleitung zu übermitteln, so dass sie noch während der Reise veröffentlicht werden konnten.[6] Von Pallas' Reisebeschreibung *Reise durch verschiedene Provinzen des Russischen Reiches* wurden daher die ersten beiden Bände noch während der Reise publiziert. Darüber zeigte er sich später wenig erfreut, weil er ganz offensichtlich die Bände nicht hatte redigieren können. Der dritte Band erschien dann erst zwei Jahre nach seiner Rückkehr.[7] Diese dreibändige „Reisebeschreibung" erschien später auch in einer russischen, französischen und italienischen Übersetzung sowie in einem von Johann Heinrich Merck publizierten „Auszug" und begründete endgültig Pallas' Ruhm als einer der bedeutendsten Naturforscher der zweiten Hälfte des 18. Jahrhunderts.[8]

Auf die Akademie-Expedition hatte Pallas sich ausführlich an Hand der im Akademie-Archiv überlieferten Manuskripte, Berichte und Sammlungen vorbereitet und auch eine Korrespondenz mit dem Historiker Gerhard Friedrich Müller, einem Teilnehmer der Zweiten Kamčatka-Expedition, der nun in Moskau lebte, begonnen, die bis zu Müllers Tod 1783 fortgesetzt wurde. Hier korrespondierten zwei Generationen von Wissenschaftlern miteinander, der 1768 gerade 27-jährige Pallas und der 63-jährige Müller, den, wie es Gudrun Bucher und Han Vermeulen jüngst gezeigt haben, Begründer der wissen-

---

[5] Gudrun Bucher, *Die Spur des Abendsterns. Die abenteuerliche Erforschung des Venustransits*, Darmstadt 2011, 116–151. Bereits 1761 war der Venusdurchgang in Sibirien von dem französischen Gelehrten Jean-Baptiste Chappe d'Auteroche beobachtet worden. Ebd., 85 ff.

[6] Wendland, Pallas I, 438–454.

[7] Peter Simon Pallas, *Reise durch verschiedene Provinzen des Rußischen Reichs*, 3 Bde., St. Petersburg 1771–1776 (Kurztitel: Pallas, Reise I–III). Vgl. dazu Wendland, Pallas I, 442–444.

[8] Peter Simon Pallas, *Putešestvija po raznym provincijjam Rossijskoj imperii*, 3 Tle., St. Petersburg 1773–1786; *Voyage en différentes provinces de l'empire de la Russie et dans l'Asie septentrionale*, 5 Bde., Paris 1788–1795; 1792 erschien in Paris eine Neuedition in acht Bänden; *Viaggi in diverse province dell' Imperio Russo sino ai confinie della China*, 5 Bde., Mailand 1816; *Reise durch verschiedene Provinzen des Rußischen Reiches in einem ausführlichen Auszuge*, 3 Tle., Frankfurt/Leipzig 1776–1778. Darüber hinaus erschienen zahlreiche kürzere Fassungen auf Deutsch und in anderen Sprachen. Vgl. dazu Wendland, Pallas II, 937–944.

schaftlichen Ethnologie.[9] 1776 veröffentliche Pallas den ersten Band der *Sammlungen historischer Nachrichten über die Mongolischen Völkerschaften*, der zweite Band der *Sammlungen* erschien aus verschiedenen Gründen erst ein Vierteljahrhundert später.[10]

In der Einleitung schrieb Pallas, es sei im historischen Abschnitt nicht sein Ziel gewesen, eine vollständige Geschichte dieser Völker zu liefern; er habe nur genauere „Eintheilungen und Benennungen" der Stämme, „von deren Richtigkeit ich hinlänglich versichert bin, die Genealogien der verschiednen Fürstenlinien unter ihnen und das wesentlichste aus ihren eigenthümlichen Jahrbüchern, besonders solche Umstände, die ich sonst nirgend aufgezeichnet fand", mittheilen wollen. „In den übrigen Abschnitten habe ich so umständlich und genau, als mir möglich war, zu seyn getrachtet und bin dadurch vielleicht in den bey solchen Materien schwer zu vermeydenden Fehler der Weitläuftigkeit verfallen, worüber ich denn die Nachsicht meiner Leser erbitten muß."[11]

Auf dieses Werk über die Mongolen werde ich noch zurückkommen. Reiseberichte und darauf fußende Werke wie die *Sammlungen historischer Nachrichten*, also die vor allem wissenschaftlich fundierten Beschreibungen ferner und fremder Welten, waren, da waren sich die Kontrahenten in anthropologischen Problemen Immanuel Kant, Johann Gottfried Herder und Georg Forster einig, die Grundvoraussetzung für die Ausarbeitung einer Anthropologie bzw. für eine Geschichte der Menschheit, wie sie Georg Forster schreiben wollte, der zudem meinte, dass nur der, der reise oder gereist sei, eine Anthropologie schreiben könne.[12] Dem hätte Kant bedenkenlos zugestimmt,

---

[9] Gudrun Bucher, *„Von Beschreibung der Sitten und Gebräuche der Völker". Die Instruktionen Gerhard Friedrich Müllers und ihre Bedeutung für die Geschichte der Ethnologie und der Geschichtswissenschaft*, Stuttgart 2002; Han F. Vermeulen, *Early History of Ethnography and Ethnology in the German Enlightenment. Anthropological Discourse in Europe and Asia*, 1710–1808, Leiden 2008; vgl. auch Marcus Köhler, *Russische Ethnographie und imperiale Politik im 18. Jahrhundert*, Göttingen 2012 (Kurztitel: Köhler, Russische Ethnographie). Zu Müller vgl. Peter Hoffmann, *Gerhard Friedrich Müller (1705–1783). Historiker, Geograph, Archivar im Dienste Rußlands*, Frankfurt am Main u.a. 2005.

[10] Peter Simon Pallas, *Sammlungen historischer Nachrichten über die Mongolischen Völkerschaften*, 2 Tle., St. Petersburg 1776 und 1801 (Kurztitel: Pallas, Sammlungen historischer Nachrichten I, II); dazu zahlreiche Übersetzungen und nicht autorisierte „Auszüge". Vgl. auch Dittmar Schorkowitz, „Peter Simon Pallas (1741–1811) und die Ethnographie Russisch-Asiens im 18. Jahrhundert", in: Ders. (Hg.), *Ethnohistorische Wege und Lehrjahre eines Philosophen. Festschrift für Lawrence Krader zum 75. Geburtstag*, Frankfurt am Main u.a. 1995, 331–349.

[11] Pallas, Sammlungen historischer Nachrichten I, VII f.

[12] Wolf Lepenies, „Georg Forster als Anthropologe und Schriftsteller", in: Ders., *Autoren und Wissenschaftler im 18. Jahrhundert. Linné – Buffon – Winckelmann – Georg*

denn darauf verwies er auch in der Einleitung zu seiner *Anthropologie in pragmatischer Hinsicht* und nutzte sie weidlich für seine Vorlesung über physische Geographie. Als „pragmatisch" bezeichnete Kant seine Anthropologie, weil sie sich auf den Menschen „als freihandelndes Wesen" bezog, darauf, was er „aus sich selber macht, oder machen kann oder soll".[13]

Pallas führte, während er an seiner Studie über die „Mongolischen Völkerschaften" arbeitete, zugleich seine 1767 begonnene Publikation der *Spicilegia Zoologica* fort. Die insgesamt 14 Lieferungen, in denen er bisher unbekannte oder nicht zureichend beschriebene Tiere ausführlich beschrieb und abbildete, wurden bald auch zumindest teilweise ins Niederländische und Deutsche übersetzt.[14] Er leistete dies alles, obwohl er nach der Rückkehr von der großen Reise ziemlich erschöpft gewesen war, wie er am Ende des dritten Bandes schrieb.[15] Zudem fühlte er sich offensichtlich in Russland nicht allzu wohl. An Thomas Pennant schrieb er im Oktober 1777: „I have been longing for [my return to Germany] from one year to the other, circumstances of fortune not permitting my leaving the Russian Service".[16] Solche Sentenzen tauchen in seiner Korrespondenz immer wieder auf. Sie lassen vermuten, dass ihm einiges am Betrieb der St. Petersburger Akademie und am Leben in Russland nicht behagte, doch boten sich ihm offensichtlich keine chancenreichen Alternativen.

Zudem war Pallas damit befasst, die Manuskripte säumiger Teilnehmer der Expedition zu überarbeiten oder zu übersetzen und die unvollendeten Arbeiten der während oder kurz nach der Expedition verstorbenen Teilnehmer, darunter sein Freund Samuel Gottlieb Gmelin und Anton Güldenstädt, für den Druck vorzubereiten.[17] 1777 legte er in einem öffentlichen Akademievortrag in Anwesenheit des auf Staatsbesuch weilenden schwedischen Königs seine Theorien über die Faltung der Gebirge vor.[18] Von 1781 bis 1796 gab er – mit

---

Forster – Erasmus Darwin, München 1988, 123–153, hier 124 (Kurztitel: Lepenies, Autoren und Wissenschaftler).

[13] Immanuel Kant, *Anthropologie in pragmatischer Hinsicht*, hg. von Wolfgang Becker, mit einem Nachwort von Hans Ebeling, Stuttgart 2008, 29 f. Diese Ausgabe folgt der Akademie-Ausgabe, *Kants gesammelte Schriften*, Bd. 7, Berlin 1907; die Originalpaginierung findet sich jeweils unten auf der Seite in eckigen Klammern, hier 119 f.

[14] Peter Simon Pallas, *Spicilegia Zoologica* […], 14 Fasz., Berlin 1767–1780; Ders., *Dierkundig Mengelwerk* […], 6 Fasz., Utrecht 1767–1770; eine weitere niederländische Fassung *Natuurlyke Historie* […], 6 Fasz., Amsterdam 1779; *Naturgeschichte merkwürdiger Thiere* […], 11. Sammlungen, Berlin/Stralsund 1769–1779, teils von Pallas selbst ins Niederländische und Deutsche übersetzt.

[15] Pallas, Reise III, 690.

[16] Carol Urness (Hg.), *A Naturalist in Russia: Letters from Peter Simon Pallas to Thomas Pennant*, Minneapolis 1967, 14 (Kurztitel: Urness (Hg.), Naturalist in Russia).

[17] Wendland, Pallas I, 507–511.

[18] Ebd., 455–462, 591–599; zu den zahlreichen Ausgaben dieser Schrift vgl. ebd., 947–950. Folkwart Wendland selbst besorgte im Jahr 1986 eine kommentierte Neuausgabe:

einer längeren Unterbrechung – die Zeitschrift *Neue Nordische Beyträge zur physikalischen Erd- und Völkerbeschreibung, Naturgeschichte und Ökonomie* heraus, in denen er ältere und neuere Arbeiten publizierte. Darunter sind auch zahlreiche, bis dahin nicht veröffentlichte Berichte und Materialien der Teilnehmer der Zweiten Kamčatka-Expedition zu finden.[19]

Intensiv arbeitete er an der *Flora Rossica* und an zoologischen Studien, insbesondere an seiner *Zoographia Rosso-Asiatica*, die er allerdings beide nicht vollenden konnte. Wie es seinem Fachverständnis als Naturforscher entsprach, sammelte er Mineralien, Pflanzen, Samen, ausgestopfte Tiere und weitere Materialien für seine Studien. Ein großer Teil der mit Thomas Pennant geführten Korrespondenz bezieht sich auf die gegenseitigen Wünsche nach ausführlichen Beschreibungen der Tier- und Pflanzenwelt bzw. Mustern. Der Briefwechsel zeigt zudem deutlich, dass Pallas beinahe alle Neuerscheinungen sofort zur Kenntnis nahm und kommentierte, Pennant aber auch um neu erschienene Reisebeschreibungen bat; so 1779 um Thomas S. Forrests Bericht über dessen Reise nach Neuguinea und den Molukken.[20]

Immer wieder war Pallas mit bestimmten Auftragsarbeiten Katharinas II. beschäftigt, die eher in den praktischen Bereich fielen, was Pallas nicht immer schätzte. Dazu gehörte 1787 auch die *Linguarum Totius Orbis Vocabularia Comparativa*, eine vergleichende Sprachuntersuchung, eigentlich war es eine Wortvergleichung, ein Gebiet, das zu den Steckenpferden Katharinas II. gehörte.[21] In diesem Wortvergleich von 200 Sprachen, der in Russisch und nach dem russischen Alphabet erfolgte, sollte die Verwandtschaft der auf der Erde gesprochenen Sprachen untersucht oder dokumentiert werden. Pallas übernahm auf Wunsch oder wohl eher auf Drängen der Kaiserin, diese Aufgabe, die ihm doch weitgehend fremd war. Für dieses Werk, dessen erster Teil die europäischen und asiatischen Sprachen umfasste, ein

---

Peter Simon Pallas, *Über die Beschaffenheit der Gebirge und die Veränderungen der Erdkugel*, hg. von Folkwart Wendland, Leipzig 1986 (Kurztitel: Pallas, Beschaffenheit). Der schwedische König nahm als „Graf von Gothland" an der Sitzung teil.

[19] Wendland, Pallas I, 515–520. Zuvor hatte er in den Jahren von 1767 bis 1776 das *Stralsundische Magazin* herausgegeben. Ebd., 512–515.

[20] Urness (Hg.), Naturalist in Russia, 57.

[21] Peter Simon Pallas (Hg.), *Linguarum totius orbis vocabularia comparativa; augustissimae cura collectea. Sectionis primae, Linguas Europae et Asiae complexae*, 2 Tle., St. Petersburg 1786–1789; Nachdruck hg. und mit einem Vorwort von Harald Haarmann, Hamburg 1977; Harald Haarmann, „Das Wörterbuchprojekt Katharinas der Großen: Ein Paradebeispiel aufklärerischer Kulturpolitik in Rußland", in: *European Journal for Semiotic Studies* 11 (1999), 207–258; vgl. auch Dittmar Dahlmann, „‚Les langues en general estant les plus anciens monument des peuples.' Einige Bemerkungen zur Sprachforschung während der Sibirienexpeditionen des 18. Jahrhunderts", in: Irina Podtergera (Hg.), *Schnittpunkt Slavistik. Ost und West im wissenschaftlichen Dialog. Festgabe für Helmut Keipert zum 70. Geburtstag. Teil 1: Slavistik im Dialog – einst und jetzt*, Göttingen 2012, 43–59.

zweiter Teil, der die übrige Welt erfassen sollte und nur noch in geringer Auflage erschien, wurde Pallas von einigen Sprachforschern heftig kritisiert, obwohl er versuchte, das Bestmögliche aus den Vorgaben seiner Herrscherin zu machen. Immerhin führten die Fehler in diesem vergleichenden Wörterbuch vor allem süd- und westslavische Wissenschaftler dazu, sich noch intensiver mit ihren eigenen Sprachen und ihrer Sprachgeschichte zu befassen.[22]

Seit Beginn der 1780er Jahre wurden von Katharina II., dem Admiralitätskollegium, dem Pallas als Historiograph angehörte, und der Akademie der Wissenschaften neue große Forschungsreisen geplant.[23] Eigene Reiseprojekte von Pallas waren zuvor gescheitert. Auf der Tagesordnung standen die weitere und intensivere Erforschung des nordostpazifischen Raumes sowie eine erste russische Weltumsegelung. Während die erste Forschungsreise stattfand und allgemein unter der Bezeichnung Billings-Saryčev-Expedition bekannt wurde, musste die Weltumsegelung, deren Kommando Grigorij Mulovskij, der uneheliche Sohn des Grafen Ivan G. Černyšev, Vizepräsident des Admiralitätskollegiums, übernehmen sollte, aufgrund der Kriege gegen das Osmanische Reich und Schweden am Ende der 1780er und zu Beginn der 1790er Jahre abgesagt werden, obwohl bereits Gespräche mit Georg Forster stattgefunden hatten, der die Reise als Naturforscher begleiten sollte.[24] In beide Unternehmungen war Pallas als wissenschaftlicher Leiter involviert. Er hatte allerdings für die Mulovskij-Reise nicht Forster, sondern zwei Petersburger Ärzte als wissenschaftliche Begleiter vorgeschlagen.[25] Pallas war in all diese Projekte und Unternehmungen in vielfältiger Weise involviert und unterhielt intensive briefliche und persönliche Kontakte zu vielen europäischen Gelehrten, darunter auch zu Sir Joseph Banks, Begleiter von James Cook auf dessen erster Weltumsegelung 1768–1771 und später langjähriger Präsident der Royal Society, sowie zu William Coxe und William Tooke. Beide rühmten in ihren Werken Pallas' Verdienste für die Entfaltung der wissenschaftlichen Forschungen in Russland und im asiatischen Raum.[26]

---

[22] Dazu ausführlich: Helmut Keipert, „Die Pallas-Redaktion der Petersburger Vocabularia Comparativa und ihre Bedeutung für die Entwicklung der Slavischen Sprachwissenschaft“, in: *Historische Linguistica* 40 (2013), H. 1/2, 121–149.

[23] Diana Ordubadi, *Die Billings-Saryčev-Expedition 1786–1897 im Kontext der wissenschaftlichen Erforschung Sibiriens und des Fernen Ostens*, Phil. Diss., Universität Bonn 2014, Kap. 3.

[24] Ebd., 106 ff.

[25] Prigotovlenie Krugosvetnoj Ėkspedicii 1787 goda, pod načal'stvom Mulovskogo, in: *Zapiski Gidrografičeskogo Departamenta Morskogo Ministerstva*, 1848, Teil 6, 142–191, hier 156. Den Hinweis auf diese Schrift verdanke ich meiner Mitarbeiterin Diana Ordubadi, M.A.

[26] Deutsche Fassung: William Coxe, *Reise durch Polen, Rußland, Schweden, und Dänemark. Mit historischen Nachrichten und politischen Bemerkungen begleitet. Von William Coxe, Mitglied des königl. Kollegiums zu Kambridge, und Kaplan des Herzogs von Marlboroug(h)*, 2 Bde., Zürich 1785 und 1786, Bd. 2, 89–93; englisches Original: *Travels*

Nach weiteren Jahren intensiver Arbeit und Forschung dachte Pallas Anfang der 1790er Jahre immer noch daran, das Russische Reich zu verlassen. Stattdessen beurlaubte Katharina II. Pallas für ein Jahr zu einer Reise auf die Krim, die am 1. Februar 1793 begann und am 13. September 1794 endete und auf der ihn seine Frau und seine Tochter begleiteten. Auch darüber legte Pallas 1799 und 1801 eine zweibändige Reisebeschreibung und weitere Schriften vor.[27] 1795 kehrte er noch einmal für kurze Zeit nach St. Petersburg zurück, dann gestattete ihm die Kaiserin die dauernde Übersiedlung auf die Krim, die erst kurz zuvor von Russland annektiert worden war, bei Weiterzahlung des Gehaltes und der Schenkung dortiger Ländereien. Pallas betätigte sich dort als Landwirt und bemühte sich zudem, seine unvollendeten wissenschaftlichen Werke abzuschließen, was jedoch nicht gelang.[28] So fasste er den Entschluss, in die Heimat zurückzukehren und erhielt von der Akademie auf sein Ansuchen hin einen unbefristeten Urlaub. Am 26. April 1810 verließ er die Krim und reiste mit seiner verwitweten Tochter und deren Sohn über Brody und Breslau nach Berlin. Dort konnte er noch den ersten Band der *Zoographia Rosso-Asiatica* beenden, bevor er zwei Wochen vor seinem 70. Geburtstag am 8. September 1811 verstarb.[29]

Um das Werk von Pallas im Kontext der europäischen Wissenschaftsgeschichte zu verorten, möchte ich zunächst einige Bemerkungen über das von Pallas an der St. Petersburger Akademie vertretene Fach, die Naturgeschichte, machen; danach, weitgehend gestützt auf die Arbeiten von Folkwart Wendland, kurz die geologischen Arbeiten ansprechen und schließlich etwas ausführlicher auf die ethnologischen und geographischen Studien eingehen und sie in den Kontext seines Faches stellen, auch um deutlich zu machen, welchen wissenschaftlichen Stellenwert diese Arbeiten an der Wende vom

in Poland, Russia, Sweden, and Denmark, 5. Aufl. London 1802; Erstaufl. 2 Bde., London 1785; Ders., *Account of the Russian Discoveries between Asia and America, to which are added, The Conquest of Siberia, and The History of the Transactions and Commerce between Russia and China, By William Coxe, A.M. Fellow of King's College, Cambridge, and Chaplain to his Grace the Duke of Marlborough*, London 1780; die vierte Auflage erschien 1803/04 in London; eine deutsche Übersetzung Frankfurt am Main/Leipzig 1783 bei Fleischer; eine französische Übersetzung Paris 1781; William Tooke, *View of the Russian Empire during the reign of Catherine II and to the close of this century*, 3 Bde., London 1799, hier Bd. 1, XIX–XXIII und 303–306.

[27] Wendland, Pallas I, 269–275. Als erstes erschien in französischer und russischer Fassung: Peter Simon Pallas, *Tableau physique et topographique de la Tauride, tiré du journal d'un voyage fait en 1794*, St. Petersburg 1795, dt. Fassung: *Physikalisch-topographisches Gemählde von Taurien*, St. Petersburg 1796; Ders., *Bemerkungen auf einer Reise in die südlichen Statthalterschaften des Russischen Reiches in den Jahren 1793–1794*, 2 Bde., Leipzig 1799 und 1801. Zu weiteren Ausgaben siehe die umfassenden Angaben bei Wendland, Pallas I, 955–960.

[28] Ebd., 279–326.

[29] Ebd., 326–342.

18. zum 19. Jahrhundert gerade auch für die Entfaltung der Geschichtswissenschaft hatten.

Schon im entsprechenden Band von *Zedlers Universal-Lexikon* von 1740 war zu lesen, dass man

„von dem 15. und 16. Jahrhundert an [...] den Nutzen der natürlichen Historie angefangen recht einzusehen: von welcher Zeit an sodann alles geleistet worden, was wir gegenwärtig wissen und besitzen. Insonderheit verdienet angemercket zu werden, dass in denen, seit dem 17. Jahrhunderte, in England, Franckreich, Italien und Deutschland aufgerichteten Societäten der Naturae Curiosorum, die natürliche Historie samt ihren Theilen einen grossen Zuwachs erhalten, da man angefangen, Kunst- und Naturalien-kammern aufzurichten und zu beschreiben.“[30]

Neuere Forschungen haben grundlegend bestätigt, dass eine neue Naturgeschichte im Zeitalter von Renaissance und Humanismus entstand. Sie war, wie es Brian Ogilvie genannt hat „a science of describing“[31]; ein „Verzeichniß und die Beschreibung der zu dem Naturreiche gehörigen Körper“[32], denn die Natur hatte im damaligen Verständnis keine Geschichte im Sinne einer Entwicklung. Die Beschreibung und die Darstellung erfolgten allerdings anfangs nicht nach der Natur, sondern nach den alten Texten, selbst die Abbildungen orientierten sich häufig an überlieferten Vorbildern oder fußten auf Beschreibungen. Dies wandelte sich zwar sehr bald, doch sei darauf verwiesen, dass weder Buffon noch sein Zeichner je einen lebenden Elefanten gesehen hatten; sie orientierten sich an der Erzählung eines Wissenschaftlers, der einen Elefanten seziert hatte und an überlieferten Bildern.[33]

Den Gegenstandsbereich der Naturgeschichte bildeten die drei Naturreiche: Mineralien, Pflanzen und Tiere. Sie hatten einen Raum, aber keine Zeit. So stellte Immanuel Kant 1775 in seiner Schrift *Von den verschiedenen Racen der Menschen* fest:

„Wir nehmen die Benennungen Naturbeschreibung und Naturgeschichte in einerlei Sinne. Allein es ist klar, dass die Kenntniß der Naturdinge, wie sie jetzt sind, immer noch die Erkenntniß von demjenigen wünschen lasse, was sie ehedem gewesen sind, und durch welche Reihe von Veränderungen sie durchgegangen, um an jedem Orte in ihren gegenwärtigen Zustand zu gelangen. Die Naturgeschichte, woran es uns noch fast gänzlich fehlt, würde uns die Veränderungen der Erdgestalt, ingleichen die der Erdgeschöpfe (Pflanzen und Thiere), die sie durch natürliche Wandrungen erlitten haben, und ihre daraus entsprun-

[30] *Grosses vollständiges Universal-Lexicon Aller Wissenschafften und Künste* [...], Bd. 23, Leipzig/Halle: Verlegts Johann Heinrich Zedler 1740, 1063–1086, hier 1066.

[31] Brian W. Ogilvie, *The Science of Describing. Natural History in Renaissance Europe*, Chicago/London 2008, 6 ff.

[32] Wolf Lepenies, *Das Ende der Naturgeschichte. Wandel kultureller Selbstverständlichkeiten in den Wissenschaften des 18. und 19. Jahrhunderts*, München 1976, 2. Aufl. Frankfurt am Main 1978, 30 mit Bezug auf Johann Christoph Adelungs Grammatisch-kritisches Wörterbuch der hochdeutschen Mundart von 1796 (Kurztitel: Lepenies, Ende).

[33] Ebd.

gene Abartungen von dem Urbilde der Stammgattung lehren. Sie würde vermuthlich eine große Menge scheinbar verschiedene Arten zu Racen eben derselben Gattung zurückführen und das jetzt so weitläuftige Schulsystem der Naturbeschreibung in ein physisches System für den Verstand verwandeln."[34]

Übereinstimmend haben Peter Hanns Reill und Lorraine Daston jüngst festgestellt und damit ältere Ansichten über die Aufklärung revidiert: „Nature was the principle that unified all narratives: the history of human society, as much as the history of the earth and stars, was a narrative about nature."[35]

Der erforschte und noch zu erforschende Raum nahm gerade im Laufe des 18. Jahrhunderts immer schneller zu, was zu einem wachsenden Erfahrungsdruck und einem damit verbundenen Empirisierungszwang führte.[36] Die Zahl der bekannten Tiere und Pflanzen verdoppelte sich binnen weniger Jahre, die Verwendung von Instrumenten und neuen Methoden erhöhte die Probleme eher, als sie zu lösen.[37] Diese fortschreitende Erforschung der Welt in jeder Hinsicht im Laufe des 18. Jahrhunderts, dem Jahrhundert der Aufklärung, führte in den Naturwissenschaften, oder bleiben wir beim Begriff der Naturgeschichte, schließlich zu den Klassifizierungen Carl von Linnés in seinem in zahlreichen Auflagen und Übersetzungen erschienenen klassischen Werk *Systema Naturae* einerseits und zu den Beobachtungen und Beschreibungen Georges-Louis Leclercs Comte de Buffon andererseits in seinem Monumentalwerk *Histoire Naturelle Générale et Particulière*, von dem zu seinen Lebzeiten 36 der ursprünglich 50 geplanten Bände erschienen, acht weitere folgten noch nach seinem Tod.[38] Während Linné der christlichen Schöpfungsleh-

---

[34] Immanuel Kant, *Von den verschiedenen Racen der Menschen zur Ankündigung der Vorlesungen der physischen Geographie im Sommerhalbjahre 1775*; so der Titel der 1. Aufl. Königsberg 1775, jetzt in: Kant, *Werke* (Akademie-Ausgabe), Bd. 2, Berlin 1912, 429–443 (Kurztitel: Kant, Von den verschiedenen Racen), hier 434 in einer Anmerkung.

[35] Lorraine Daston, „Afterword: The Ethos of Enlightenment", in: William Clark u.a. (Hg.), *The Sciences in Enlightened Europe*, Chicago 1999, 503; Peter Hanns Reill, *Vitalizing Nature in the Enlightenment*, Berkeley u.a. 2005; James Larson, *Interpreting Nature: The Science of Living Form from Linnaeus to Kant*, Baltimore 1994.

[36] Lepenies, Ende, 16–20.

[37] Ebd., 17 f.

[38] Carl von Linné, *Systema Naturae sive Regna Tria Naturae Systematice Proposita per Classes, Ordines, Genera & Species, Leiden 1735; bis 1768 zwölf Auflagen mit wechselnden Verlagsorten*, und einer Titeländerung: *Systema Naturae per Regna Tria Naturae, secundum Classes, Ordines, Genera, Species cum Characteribus, Differentiies, Synonymis, Locis*, 12. Aufl., 3 Bde., Stockholm 1766/67, 12 und 28–33; (Kurztitel: Linné, Systema Naturae); eine deutsche Übersetzung erschien ab 1776; Georges-Louis Leclerc Comte de Buffon, *Histoire Naturelle Générale et Particulière*, 44 Bde., Paris 1749–1804, zudem erschienen noch 7 Supplementbände, Paris 1774–1789; eine neue Ausgabe erscheint seit 2007 in Paris; deutsche Ausgaben erschienen seit 1750: eine siebenbändige Ausgabe *Herrn von Buffons allgemeine Naturgeschichte. Eine freye mit einigen Zusätzen vermehrte Übersetzung nach der neuesten französischen Ausgabe von 1769*, von F. H. W.

re verhaftet blieb, also die Menschheit mit Adam beginnen ließ und auch der alten Zeitrechnung mit einem Alter der Erde von rund 7.000 Jahren folgte, ging Buffon, was ihm einigen Ärger mit der Kirche einbrachte, von einem Weltalter von etwa 140.000 Jahren aus, privatim soll von einer halben Million Jahre gesprochen worden sein. Für das klassifikatorische System seines Antipoden hatte er nur Hohn und Spott übrig und betrachtete es als künstlich und bloß nominal. Beide Werke waren große Verkaufserfolge und machten ihre Verfasser europaweit bekannt.

In der ersten Auflage der *Systema Naturae* klassifizierte Linné den Menschen in der Kategorie der Tiere als „Vierfüßler" (quadrupeda) und „Antropomorpha" ein, gemeinsam mit den Affen und den Faultieren, wovon sich der Mensch durch seine Selbsterkenntnis unterschied. Bei den Menschen gab es vier Varietäten nach geographischer Herkunft und Hautfarbe: den Europäer, den Amerikaner, den Afrikaner und den Asiaten. Trotz massiver Kritik blieb er bei dieser Einordnung, die er erst in der zehnten Auflage mit der Einführung des Begriffs „homo sapiens" vorsichtig revidierte. Schließlich führte er in der zwölften Auflage von 1766/67 die Unterscheidung zwischen Tag- und Nachtmenschen ein, hielt an der geographischen Herkunft und der Hautfarbe als Unterscheidungskriterien fest und führte zusätzlich Temperament und Körperhaltung als Merkmale ein.[39]

Pallas war weder mit den Linnéschen Klassifizierungen, die er schon in seiner Leidener Dissertation kritisiert hatte, noch mit den ausufernden Beschreibungen Buffons einverstanden, sondern neigte eher – mit aller Vorsicht gesagt – zu einem evolutionären Verständnis. Dies zeigt sich etwa daran, dass er in *Elenchus Zoophytorum* einen Stammbaum der Tier- und Pflanzenwelt entwickelte, der sich gegen die Vorstellung von einer Stufenleiter der Entwicklung wandte.[40] In diesen Kontext gehören auch diverse Äußerungen über das Alter der Welt, in denen er zwar vage, aber doch deutlich von größeren Zeiträumen sprach, die den christlichen Vorstellungen des Alters der Erde deutlich widersprachen.[41] Auch neigte er, wie sich etwa seinen Ausführungen über die in Sibirien gefundenen Elefanten- bzw. Mammutknochen (Elfenbein) entnehmen lässt, zu der Ansicht, dass aufgrund von klimatischen Veränderungen alte Arten absterben und neue entstehen können.[42] Die Pallasschen Hypothesen über die „Herkunft" der Knochen der Elefanten oder Mammuts, die er mehrfach revidierte, zeugen davon, dass er ein genau beobachtender Empiriker war, der immer wieder betonte, dass für bestimmte Phänomene nur

Martini, Berlin 1771–1774. Diese Ausgabe liegt als moderner Nachdruck vor: *Allgemeine Naturgeschichte*, Frankfurt am Main 2008 (Kurztitel: Buffon, Naturgeschichte). Zu Linné und Buffon siehe Lepenies, Ende; Ders., Autoren und Wissenschaftler, 11–59 und 63–89.

[39] Linné, Systema Naturae, 12 und 28–33.

[40] Rudolphi, Peter Simon Pallas, 15 ff.

[41] Pallas, Beschaffenheit, 44 ff. und 50 ff.

[42] Wendland, Pallas I, 454 f. und 581.

vorläufige Hypothesen aufgestellt werden könnten. Dies zeigt sich sehr klar, an seinen Ausführungen über die Entstehung der Gebirge. Pallas suchte die widerstreitenden Theorien von Neptunismus, zu der er stärker tendierte, und Vulkanismus miteinander zu verbinden und gründete seine Hypothesen auf seine gesammelten Daten und Beobachtungen. Darüber hinaus aber stellte er auch fest, dass es eine Geschichte, also eine Entwicklung der Gebirge gegeben haben musste. Er spricht davon, dass die Gebirge die „ältesten Chroniken unserer Erde" und die „Archive der Natur" seien, „die schon vor Erfindung der Buchstaben und eher als die ältesten Sagen vorhanden waren."[43] Der Begriff der Naturgeschichte gewann damit eine neue Dimension, die schon angesprochen wurde, den Aspekt der Veränderung und damit den der Verzeitlichung, den Pallas bereits in der Tier- und Pflanzenwelt, wenn auch nur in vorsichtiger Form, konstatiert hatte. Zugleich ließ sich für ihn die *Beschaffenheit der Gebürge* nicht ohne Rückgriff auf die Tierwelt, wozu auch der Mensch gehörte, erklären. Dabei bezog er mit Blick auf den Menschen auch die Besiedlung und die damit verbundenen Aktivitäten mit ein und ging zudem auf die die Rassen- und Sprachbildung ein.[44] Die Umwelt war für ihn ein wesentlicher Faktor. Dies zeigt sich auch immer wieder in seinen beiden großen Reisebeschreibungen, in denen er die drei Naturreiche aufeinander bezog.

Werfen wir in diesem Zusammenhang einen Blick auf die Entwicklung der Wissenschaften im Kontext der Zeit, auf die großen Themen des Zeitalters der Aufklärung. In diesem Zusammenhang ist deutlich zu betonen, dass sich Pallas, wie aus mehreren Äußerungen hervorgeht, als ein selbstbewusster Vertreter der Aufklärung verstand. In deren Mittelpunkt stand, allgemein bekannt, der Mensch, standen jene Fragen, die im Kontext der Rezeption der Aufklärung auch die neologischen Theologen stellten: Was ist der Mensch? Woher kommt er? Wozu ist er bestimmt? Und welches sind die Mittel, die ihn zu seiner Bestimmung bringen können? Grundlegend stellte Johann Joachim Spalding in seiner Schrift *Betrachtung über die Bestimmung des Menschen* aus dem Jahre 1748, bis 1794 mehrfach aufgelegt, fest: „Es sei doch einmal der Mühe wert zu wissen, warum ich da bin und was ich vernünftigerweise sein soll", also über die Bestimmung des Menschen Klarheit zu gewinnen, was dem 18. Jahrhundert als eigentlicher Sinn aller Bildung erschien.[45]

Schon die Herkunft des Menschen warf eine Reihe von Problemen auf, die durch die Kenntnis immer neuer „Varietäten des Menschengeschlechts", wie

---

[43] Pallas, Beschaffenheit, 40.

[44] Ebd., 59–62.

[45] Johann Joachim Spalding, *Die Bestimmung des Menschen*. Die Erstausgabe von 1748 und die letzte Auflage von 1794, hg. von Wolfgang Erich Müller, Waltrop 1997, 3.

es Johann Friedrich Blumenbach formulierte,[46] eher zu- als abnahmen. Woraus erklärten sich diese Varietäten und wie ließen sie sich einordnen in eine Kategorisierung, wie sie Linné festgelegt hatte? Buffon stellte drei Kennzeichen für die Unterscheidungen der Menschen fest: erstens die Farbe, zweitens Gestalt und Größe und drittens die natürlichen Eigenschaften der verschiedenen Völker (differens peuples).[47] Wer, wie Pallas, das Fach Naturgeschichte vertrat, musste sich diesen Fragen stellen; Pallas tat dies bisweilen explizit, zumeist aber eher, da er die großen Auseinandersetzungen scheute, implizit. In diesem Sinne sind alle seine Ausführungen über die „Völker", Ethnien sagen wir heute, Sibiriens und des europäisch-asiatischen Grenzraums, vor allem aber seine „Sammlungen historischer Nachrichten über die Mongolischen Völkerschaften" zu verstehen. Darüber hinaus auch deshalb, weil sich Buffon in seiner *Histoire naturelle* in längeren Ausführungen über die „Tartaren" und all die anderen Völker im asiatischen Raum geäußert hatte, wobei er zwar zahlreiche Ethnien aufzählte, aber kaum je differenzierte. Im Wesentlichen waren sie für Buffon alle „Tartaren" oder stammten von diesen ab und sie waren alle häßlich, insbesondere stellte er eine „natürliche Häßlichkeit" der Frauen fest. Als weitere Charakterisierungen der dortigen Völker kamen hinzu: wild, dumm, unförmig und viehisch. Buffons Quellen stammten entweder aus dem 17., höchstens aber aus dem ersten Viertel des 18. Jahrhunderts.[48] Pallas, davon ist grundsätzlich auszugehen, kannte diesen Text Buffons, der nicht auf empirischer Beobachtung und eigenem Augenschein beruhte, sondern gänzlich unkritisch die erwähnten Reiseberichte aneinander reihte.

In seinen „Sammlungen historischer Nachrichten" und in seinen Reiseberichten zeigte sich Pallas[49] keineswegs immer als objektiver Beobachter oder als Rousseau-Anhänger, der „schöne und edle Wilde" sah. Im Gegenteil, fast alle diese Völker waren schmutzig, manche auch hässlich und die fremden Religionen verunsicherten ihn, weil er fast nirgendwo „Vernunft" fand. Aber

---

[46] Johann Friedrich Blumenbach, *De Generis humani varietate nativa*, Göttingen 1775; dt. Fassung *Über die natürlichen Verschiedenheiten im Menschengeschlechte*, Leipzig 1798, übersetzt nach der dritten lateinischen Ausgabe; vgl. auch Blumenbachs Schriften: *Beyträge zur Naturgeschichte*, 1. Theil, 2. Ausgabe, Göttingen 1806; *Handbuch der Naturgeschichte*, 12. Ausgabe, Göttingen 1830, die Erstauflage erschien Göttingen 1779. Vgl. dazu auch Thomas Nutz, *‚Varietäten des Menschengeschlechts'. Die Wissenschaft vom Menschen in der Zeit der Aufklärung*, Köln 2009; Simone de Angelis, *Anthropologien. Genese und Konfiguration einer ‚Wissenschaft vom Menschen' in der Frühen Neuzeit*, Berlin 2010.

[47] Buffon, Naturgeschichte, 831.

[48] Ebd., 835–842.

[49] Dittmar Dahlmann, „Von Kalmücken, Tataren und Itelmenen: Forschungsreisen in Sibirien im 18. Jahrhundert", in: Eva-Maria Auch/Stig Förster (Hg.), *‚Barbaren' und ‚Weiße Teufel'. Kulturkonflikte und Imperialismus in Asien vom 18. bis zum 20. Jahrhundert*, Paderborn u.a. 1997, 19–44.

er war dennoch ein äußerst scharf beobachtender Empiriker, der aufmerksam verglich: Sprache, Religion, Aussehen, Sitten und Gebräuche, Ernährung und Kleidung usw. Der Vergleich ermöglichte die Differenzierung, auch weil Pallas zumindest rudimentär des Tatarischen mächtig war und einen mongolisch sprechenden Dolmetscher hatte. Weder waren die sibirischen Ethnien vom Aussehen her alle gleich, noch hatten sie eine einheitliche Religion oder Sprache. Er stellte fest, dass Mongolen und Tataren keineswegs eine Ethnie waren und auch die Tataren in sich durchaus Unterschiede aufwiesen. Er verwahrte sich grundsätzlich gegen klimatheoretische Konzepte, wie sie auch Immanuel Kant vertrat, und stellte fest, dass der Nachweis, dass die schwarze Hautfarbe der „Neger" durch die klimatischen Verhältnisse in Afrika hervorgerufen würde, bisher empirisch nicht gesichert sei.[50] Als Ursprungsort der Menschen und damit auch der Sprachen Asiens und Europas nahm er Teile von Indien an:

„Je mehr wir Hindostan kennen lernen, desto mehr finden wir Ursach zu glauben, dass die Indianische Nation, wenigstens ihrem Hauptstam, den Bramanen nach, die älteste und ursprünglichste, nicht nur von Asien, sondern vielleicht auf dem ganzen Erdboden, und früher als alle andre zu politischer und moralischer Cultur, Künsten, Wissenschaften und feyerlichen Religionsgebräuchen gekommen sey."[51]

Wenn auch nicht wortgleich, aber doch sehr ähnlich schrieb Kant in *Von den verschiedenen Racen der Menschen zur Ankündigung der Vorlesungen der physischen Geographie im Sommerhalbjahre 1775*:

„Der Eingeborne von Hindistan kann als aus einer der ältesten menschlichen Racen entsprossen angesehen werden. Sein Land, welches nordwärts an ein hohes Gebürge gestützt und von Norden nach Süden bis zur Spitze seiner Halbinsel von einer langen Bergreihe durchzogen ist (wozu ich nordwärts nach Tibet, vielleicht den allgemeinen Zufluchtsort des menschlichen Geschlechts während und dessen Pflanzschule nach der letzten großen Revolution unsrer Erde, mitrechne), hat in einem glücklichen Himmelsstriche die vollkommenste Scheitelung der Wasser (Ablauf nach zwei Meeren), die sonst kein im glücklichen Himmelsstriche liegender Theil des festen Landes von Asien hat. Es konnte also in den ältesten Zeiten trocken und bewohnbar sein, da sowohl die östliche Halbinsel Indiens,

[50] Pallas, Beschaffenheit, 59. Vgl. zu den Gründen der ethnologischen Forschungen von Pallas jetzt auch Han F. Vermeulen, „Peter Simon Pallas und die Ethnografie Sibiriens im 18. Jahrhundert", in: Erich Kasten (Hg.), *Reisen an den Rand des Russischen Reiches. Die wissenschaftliche Erschließung der nordpazifischen Küstengebiete im 18. und 19. Jahrhundert*, Norderstedt 2013, 47–75. Gegen Vermeulen ist daran festzuhalten, dass die Fauna ein unabdingbarer Bestandteil der drei Naturreiche war und Pallas eine Professur für Naturgeschichte innehatte. In eines der drei Naturreiche, die Fauna, gehörte eben auch der Mensch, der allerdings anders beschrieben werden musste als die übrige Fauna, eben ethnologisch und anthropologisch. Vgl. dazu auch Köhler, Russische Ethnographie, 157–187 und Kapitel fünf mit einer systemtheoretisch überzogenen Interpretation mit Bezug auf die zur Zeit modische Imperialgeschichte.

[51] Pallas, Sammlungen historischer Nachrichten II, 4; ähnlich: Ders., Beschaffenheit, 32.

als China (weil in ihnen die Flüsse, an statt sich zu scheiteln, parallel laufen) in jenen Zeiten der Überschwemmungen noch unbewohnt sein mußten."[52]

Als Dritter im Bunde äußerte Georg Forster diese Ansicht in seiner Vorlesung in Wilna im Frühjahr 1785, da dort ein freundliches Klima und eine fruchtbare Umwelt die noch schwachen und wehrlosen Lebewesen geschützt habe, bevor sich deren Geisteskräfte stärker entwickelt hätten.[53] Es sei an dieser Stelle darauf verwiesen, dass sowohl Kant als auch Forster eine ganze Reihe der Werke von Pallas gelesen und sie auch rezipiert hatten. Kant bat sogar einen St. Petersburger Bekannten darum, ihm doch endlich die *Flora Rossica* zu besorgen, und Forster rezensierte Pallas' Werke bisweilen durchaus zustimmend.[54]

Pallas übrigens verwahrte sich mit Entschiedenheit gegen voreilige Analogieschlüsse über Ähnlichkeiten der Religionen und der Sprachen. So mokierte er sich in seiner Studie über die Mongolen über katholische Missionare und Geistliche, die solche Vermutungen geäußert und daraus bestimmte Schlussfolgerungen gezogen hatten.

„Ihre Vermuthung gründet sich am meisten auf die Ähnlichkeit einiger geistlicher Gebräuche und Ceremonien und dann auf die übelverstandene Lebensgeschichte des Götzen Schigemuni, in welcher sonderlich die Römischkatholische Mißionarien, welche fast in allen Winkeln des Heydenthums Spuren der Christlichen Religion haben entdecken wollen, eine entfernte Übereinstimmung mit der Menschwerdung und dem Lebenswandel des Heilandes zu finden vermeinen; worüber denn manche Thorheiten von ihnen ausgegangen sind, die andre rechtschaffne Gelehrte zu verleiten im Stande waren."[55]

Er bezieht sich hier insbesondere auf das *Alphabetum Tibetanum* des Augustinerpaters Anton Georgi, erschienen Rom 1762, der diese Hypothese in seinem gesamten Werk vertreten „und sein Gebäude aus allerley Schutt, der nur irgend paßlich war, sehr mühsam und in dem rechten polemischen Geist und Styl mit „vielen gezwungenen Etymologien und Vergleichungen zusammengestoppelt" habe.[56] Allerdings legt eine aufmerksame Lektüre des Textes bisweilen den Analogieschluss nahe, dass Pallas an einigen Stellen eine mehr oder minder deutliche Kritik an bestimmten religiösen Praktiken übte. Durchgängig spricht er von „Pfaffen" und „Päpsten", wenn er über die Geist-

[52] Kant, Von den verschiedenen Racen, 438.

[53] Ludwig Uhlig, „Hominis historia naturalis – Georg Forsters Vorlesung von 1786/87 im Zusammenhang seiner Anthropologie", in: *Studien zur Wissenschafts- und Religionsgeschichte*, hg. von der Akademie der Wissenschaften zu Göttingen, Redaktion Werner Lehfeldt, Berlin 2011, 159–221, hier 181.

[54] Immanuel Kant, *Briefe*. Akademie-Ausgabe, Bd. 11, *Briefwechsel*, 2. Bd., 1789–1794, Berlin 1900, 449 f.: Brief von Joachim Christian Grot, aus St. Petersburg vom 8./19.11.1793; vgl. z.B. Georg Forster, *Reise um die Welt. Illustriert von eigener Hand*, Frankfurt am Main 2007, 95.

[55] Pallas, Sammlungen historischer Nachrichten II, 7.

[56] Ebd.

lichkeit des Lamaismus schreibt. Sie beute das Volk aus und halte es auf einem intellektuell niedrigen Niveau.

Pallas stand mit diesen Ausführungen aus den 1770er Jahre auf dem neuesten Stand der wissenschaftlichen Debatten. Kant hatte, wie schon angemerkt, 1775, ein Jahr nach Pallas' Rückkehr von seiner großen Sibirienreise, seinen ersten Text über die Menschenrassen publiziert. Es war, wie aus dem in der Sekundärliteratur fast nie zitierten zweiten Teil des Titels hervorgeht, der Ankündigungstext zu seiner Vorlesung über „Physische Geographie"; eine Vorlesung, die Kant von seiner Zeit als Privatdozent 1755 bis zu seinem letzten aktiven Semester 1796 46mal gehalten hat und zwar 30 Jahre lang im Wechsel mit einer Vorlesung über Anthropologie.[57] Die Anthropologie war ihm immerhin so wichtig, dass er sie noch im hohen Alter publizierte, während für die Physische Geographie nur kurze Ankündigungstexte, Vorlesungsmitschriften und seine Aufzeichnungen existieren. Daraus geht allerdings deutlich hervor, in welchem Maße Kant die Reiseliteratur der Zeit rezipiert hatte, darunter auch die Pallasschen Werke.[58]

Rasse war in der philosophischen und wissenschaftlichen Welt jener Zeit ebenso wenig eingebürgert wie der Gedanke der Gleichheit aller Menschen zu jener Zeit politisch kontrovers diskutiert wurde. Buffon und viele andere erklärten die Unterschiede der Menschen durch Klima, Nahrung und Sitten, wobei das Klima maßgeblich war. Dazu gehörte auch der Königsberger Philosoph, der sich über den Begriff der Rassen und wie diese entstanden seien, mit Georg Forster und Johann Gottfried Herder eine heftige Polemik lieferte, auf die hier nicht ausführlich eingegangen werden kann; verwiesen sei auf den vor einiger Zeit erschienenen Artikel von Mario Marino *Noch etwas über die Menschenrassen*.[59]

Im gleichen Jahr 1775 veröffentlichte Johann Friedrich Blumenbach seine Dissertation *De generis humani varietate nativa*, die er mehrfach veränderte. Er zog es vor, von Varietäten zu sprechen, statt von Rassen, wobei Varietäten

---

[57] Kant, Von den verschiedenen Racen. In einer Anmerkung zur *Anthropologie in pragmatischer Hinsicht* heißt es: „In meinem anfänglich frei übernommenen, späterhin mir als Lehramt aufgetragenen Geschäfte der reinen Philosophie habe ich einige dreißig Jahre hindurch zwei auf Weltkenntniß abzweckende Vorlesungen, nämlich im (Winter-)Anthropologie und (im Sommerhalbjahre) physische Geographie gehalten, welchen als populären Vorträgen beizuwohnen, auch andere Stände gerathen fanden; von denen ersterer dies das gegenwärtige Handbuch ist, von der zweiten aber ein solches aus meiner zum Text gebrauchten, wohl keinem Anderen als mir leserlichen Handschrift zu liefern mir jetzt für mein Alter kaum noch möglich sein dürfte." Kant, *Werke*, Bd. 7, 122.

[58] Kant, *Werke*, Bd. 9, 232; Bd. 14, 539; Bd. 15,2, 885.

[59] Mario Marino, „Noch etwas über die Menschenrassen. Eine Lektüre der Kant-Herder-Forster-Kontroverse", in: Simone de Angelis/Florian Gelzer/Lucas Marco Gisi (Hg.), *‚Natur', Naturrecht und Geschichte. Aspekte eines fundamentalen Begründungsdiskurses der Neuzeit (1600–1900)*, Heidelberg 2010, 393–413.

ein Begriff aus der in der Entstehung begriffenen Botanik war.[60] Während Pallas sich als strikter Empiriker weigerte, von unterschiedlichen Rassen zu reden, unterschied Blumenbach zunächst vier, dann fünf Rassen oder Varietäten und kam im Unterschied zu Pallas zu der Auffassung, dass die Wiege der Menschheit wohl im Kaukasus zu finden sei, weil, ein wenig verkürzt gesagt, dort die schönsten Menschen zu finden waren; eine Meinung, der sich auch Buffon und später Christoph Meiners anschlossen.[61]

Mit der Erwähnung von Blumenbach sind wir in Göttingen angelangt, damals einem der zentralen Orte für die Entwicklung der Wissenschaften. Dort wurden Pallas' Forschungen in vielfältiger Weise rezipiert. Blumenbach hatte ihn ebenso ausführlich gelesen wie der Historiker und Geograph Johann Christoph Gatterer, der am Anfang der 1760er Jahre mit der Idee einer Weltgeschichte an die Öffentlichkeit getreten war.[62] Von britischer Seite wurde seit 1736 eine *Universal History* herausgegeben, die in mehrere Sprachen, darunter auch ins Deutsche, übersetzt wurde, ebenso wie die universalgeschichtliche Darstellung Edward Gibbons *The History of the Decline and the Fall of the Roman Empire*, die er seit 1776 publizierte, allerdings „schon" mit dem Fall Konstantinopels beendete[63]; aber auch Gatterer führte seine Weltgeschichte nur bis ins Jahr 1492.

Gatterer und seine Göttinger Kollegen, darunter auch August Ludwig Schlözer, die sich gleichfalls mit „Weltgeschichte" befassten, unterschieden begrifflich kaum zwischen Welt- und Universalgeschichte. Sie wollten, die „ganze Welt empirisch" in den Blick nehmen und dies galt auch für diejenigen, die eine Geschichte der Menschheit schreiben wollten, wie Georg Forster oder Eberhard August Wilhelm Zimmermann oder, wie Immanuel Kant, eine *Anthropologie in pragmatischer Hinsicht* publizierten. Gatterer schrieb 1792:

---

[60] Blumenbach, *De Generis humani varietate nativa*. Vgl. oben, Anm. 47.

[61] Buffon, Naturgeschichte, 863; Dittmar Dahlmann, „‚Grobe Sinnlichkeit' und ‚eiserne Körper'. Der Göttinger Philosoph, Kulturhistoriker und Völkerkundler Christoph Meiners über Rußland am Ende des 18. Jahrhunderts", in: Ders. (Hg.), *Die Kenntnis Rußlands im deutschsprachigen Raum im 18. Jahrhundert. Wissenschaft und Publizistik über das Russische Reich*, Göttingen 2006 (Kurztitel: Dahlmann (Hg.), Kenntnis), 229–245 (Kurztitel: Dahlmann, „Grobe Sinnlichkeit"), hier 233.

[62] Johann Christoph Gatterer, *Handbuch der Universalhistorie nach ihrem gesamten Umfange von Erschaffung der Welt bis zum Ursprunge der meisten heutigen Reiche und Staaten*, Teil 1, Göttingen 1761, Teil 2, 2 Bde., Göttingen 1764; vgl. auch Martin Gierl, *Geschichte als präzisierte Wissenschaft. Johann Christoph Gatterer und die Historiographie des 18. Jahrhunderts im ganzen Umfang*, Stuttgart-Bad Cannstatt 2012.

[63] Vgl. dazu Michael Schippan, „Rußland in der Hallenser Ausgabe der englischen ‚Universalgeschichte' von 1765", in: Dahlmann (Hg.), Kenntnis, 43–67. Edward Gibbon, *The History of the Decline and the Fall of the Roman Empire*, 6 Bde., London 1776–1788; kommentierte Neuausgabe, 3 Bde., New York 1994; dt. Ausgabe Leipzig 1805; Neuausgabe in neuer Übersetzung und Kommentierung, 6 Bde., München 2003.

„Eine Zeitlang, oft sogar einige Jahrhunderte, begnügen sich die Völker nur mit ihrer eigenen Landesgeschichte, bis endlich die Neugier erwacht, auch auswärtiger Völker Zustand und Schicksal kennen zu lernen. Geht diese Neugierte, unter günstigen Umständen, immer weiter fort, so entsteht wol gar zuletzt unter manchem Volk eine Art von Weltgeschichte, welche jedoch erst in unsern Tagen einen Umfang erhalten hat, der sie dieses Namens nicht unwürdig macht."[64]

Eine solche Welt- oder Universalgeschichte war ohne die zahlreichen Reisebeschreibungen nicht zu leisten, ebenso musste dabei die ganze Menschheit in den Blick genommen werden, denn es ging um diachrone und synchrone Entwicklungen, um Zusammenhänge und Unterschiede. Dies war nicht möglich, wenn man nicht die Anthropologie oder die Völkerkunde bzw. Ethnologie mit einbezog. Zugleich aber musste damit, um nochmals daran zu erinnern, die Natur insgesamt mit einbezogen werden. So spielten in dieser Phase der Entwicklung der Geschichtswissenschaft, der Anthropologie und der Ethnologie eben auch Linné und Buffon eine entsprechende Rolle. Man hatte die Klassiker mit oder ohne Zustimmung gelesen. Dies macht deutlich, dass sich die Trennung von Natur- und Geistesgeschichte noch in einem höchst embryonalen Zustand befand und die Ausdifferenzierung nach Fächern in den Geisteswissenschaften gerade erst begonnen hatte.

Die Erforschung und Vermessung der Welt hatte eben auch zu einer veränderten Sicht und Betrachtung der Historiker im Besonderen und der Geisteswissenschaftler im Allgemeinen geführt. Ganz allgemein ließ sich die Frage stellen, was die Bestimmung des Menschen sei; konkreter aber eben auch, wie denn angesichts der zahlreichen neuen Erkenntnisse über die Menschheit, deren Geschichte geschrieben werden könne. Dabei entwickelte sich die Geschichtswissenschaft seit dem letzten Viertel des 18. Jahrhunderts nicht nur, aber in ganz besonderem Maße im deutschsprachigen Raum zu einer Leitwissenschaft, die die anderen Wissensgebiete, etwa die Erdkunde, die Sprachwissenschaft und die Völkerkunde oder Ethnologie als „Hülfswissenschaften" betrachtete, die aber wichtiges Material für eine neue Form der Geschichtswissenschaft bereitstellten, für jene Universalgeschichte oder Weltgeschichte, die sich nicht mehr in einer reinen Chronologie erschöpfte.[65]

Da André de Melo Araújo vor kurzem in seiner Studie über *Weltgeschichte in Göttingen* vor allem Gatterer, Schlözer und Meiners behandelt hat[66], möchte ich als einen weiteren Vertreter dieser Form der Geschichtsschreibung den heute fast vergessenen Historiker Arnold Herrmann Ludwig Heeren und sein

---

[64] Johann Christoph Gatterer, *Versuch einer allgemeinen Weltgeschichte bis zur Entdeckung Amerikens*, Göttingen 1792, S. VI.

[65] Vgl. dazu André de Melo Araújo, *Weltgeschichte in Göttingen. Eine Studie über das spätaufklärerische universalhistorische Denken*, 1775–1815, Bielefeld 2012, Kap. 2 (Kurztitel: Araújo, Weltgeschichte).

[66] Ebd.; Dahlmann, „Grobe Sinnlichkeit".

Werk *Ideen über die Politik, den Verkehr und den Handel der vornehmsten Völker der alten Welt*, deren erste Auflage zweibändig 1793 und 1796 erschien, vorstellen und daran zeigen, in welchem Maße und in welchem Kontext die Forschungen von Pallas, Georgi und Müller in Deutschland rezipiert wurden.[67] Insgesamt erweiterte Heeren seine Untersuchung bis zur vierten Auflage in den 1820er Jahren auf sechs Bände. Er gilt nicht nur mit diesem Werk als einer der Begründer einer wissenschaftlich fundierten Wirtschaftsgeschichte. Schon in seiner Vorrede des ersten Bandes, der sich mit den „Carthagern, Aethiopern und Aegyptern" befaßte, machte er sein Anliegen deutlich.

„Es gab noch nie einen Zeitraum, wo die Erde und ihre Bewohner so allgemein der Gegenstand der Forschungen gewesen wären; und noch nie ein Volk, dessen Wißbegierde mit einem so gleichen Interesse alles umfaßt hätte, was darauf Beziehung hat, als unser Zeitalter und unsere Nation. Unsere Länderkunde hat in den beyden letzten Decennien grössere Fortschritte gemacht, als sonst in manchem Jahrhundert; unsre Antiquarische Gelehrsamkeit hat mit ihr gleichen Schritt gehalten; sie ist nicht bloße Sprachkenntniß geblieben, sondern Sachkenntniß geworden; unsre Begriffe von dem, was einst die Menschheit war, und von dem, was sie gegenwärtig ist, haben sich fast in gleichem Maasse erweitert; und die Vergleichung von beyden hat wiederum eine Fackel für das philosophische Studium der Geschichte angezündet, die ihren wohlthätigen Schein über die verschiedensten Felder des menschlichen Wissens verbreitet hat."[68]

Zu Heerens Quellen zählten, außer den antiken Schriftstellern, auch die neueren Reiseberichte und „Charten", die er fast alle „auf der Göttinger Bibliothek" fand, die damals noch sein Schwiegervater Christian Gottlob Heyne leitete, der übrigens auch der Schwiegervater Georg Forsters war.[69] Während Heeren in seiner Einleitung zum ersten Band diese Gedanken nicht weiter ausführte und sich auf die Erläuterung seiner Thematik, die Bedeutung von Handel und Verkehr für die Geschichte der antiken Staaten, beschränkte, stellte er dem drei Jahre später erschienenen zweiten Band, der sich mit Asien befasste, eine einhundert Seiten umfassende „Allgemeine Vorerinnerung" voran. Heerens Ziel war es, eine Geschichte der Entwicklung der Menschheit seit der Antike zu schreiben, in der er, so wird bald deutlich, als Ziel der Geschichte die Entwicklung einer bürgerlichen Verfassung ansah.[70] Diese

---

[67] Arnold Herrmann Ludwig Heeren, *Ideen über die Politik, den Verkehr und den Handel der vornehmsten Völker der alten Welt*, 4. Aufl. Göttingen 1824; Erstauflage 1793 (Kurztitel: Heeren, Ideen über die Politik). Zu Heeren vgl. Christoph Becker-Schaum, *Arnold Herrmann Ludwig Heeren: ein Beitrag zur Geschichte der Geschichtswissenschaft zwischen Aufklärung und Historismus*, Frankfurt am Main u.a. 1983; Araújo, Weltgeschichte, 195–214.

[68] Heeren, Ideen über die die Politik, 1. Teil, Erstauflage 1793, IV.

[69] Heeren, Ideen über die Politik, 1. Teil, 4. Aufl. 1824, 4–7.

[70] Heeren, Ideen über die Politik, 2. Teil, Göttingen 1796, 1–1000, hier 16, 27 u. passim.

bürgerliche Gesellschaft mit einer entsprechenden Verfassung konnte sich nur in Europa entfalten, denn in weiten Teilen Asien herrschte eine „asiatische Despotie". Um dies in aller Deutlichkeit aufzuzeigen, griff Heeren für die Neuzeit immer wieder auf Beispiele aus Pallas' *Sammlungen Mongolischer Nachrichten* zurück, bisweilen auch auf Müllers *Sammlung Rußischer Geschichte* oder auf Georgis Werk *Beschreibung der Völker des Russischen Reiches*. Mit Bezug auf Pallas hob er den „große[n] Einfluß der herumstreifenden Horden auf die Schicksale des menschlichen Geschlechts" hervor.[71] Deshalb wäre es unverzeihlich, wenn man sie mit Stillschweigen überginge. Ebenso schloss er sich der Meinung von Pallas und Kant zur Herkunft der Menschheit an.

„Von den frühesten Zeiten an nimmt man ein fast periodisches Vorrücken dieser Nationen, also der Steppenvölker, von Osten nach Westen wahr; ihre weiten Länder waren gleichsam die Magazine unsers Geschlechts; je tiefer man in die Geschichte der Urzeit zurückgeht, um desto wahrscheinlicher wird es, dass selbst das westliche Europa von dorther seine Bewohner erhielt; und wer kennt die großen Revolutionen nicht, die auch in spätern Zeiten von dort aus ihren Ursprung nahmen?"[72]

Die bisherige Forschung hat die immense Bedeutung der wissenschaftlichen Arbeiten von Pallas für die Entwicklung von Geologie, Botanik und Zoologie herausgearbeitet; sein Anteil an der Entwicklung der Geisteswissenschaften ist, so hoffe ich, ebenfalls deutlich geworden. Mit Pallas erreichte die Naturgeschichte an der Wende vom 18. zum 19. Jahrhundert ihren Höhepunkt. Danach zerfiel das Fach binnen kurzem in Einzelfächer. Die auch von Pallas bereitgestellte Stofffülle war in einem einzigen Fach nicht mehr zu verarbeiten. In den 1830er und 1840er Jahren stellten die gängigen Nachschlagewerke daher durchgängig fest, dass „die Naturgeschichte zuvörderst in folgende vier Hauptwissenschaften zerfällt: Geologie, Botanik, Zoologie und Anthropologie."[73]

Sehen wir von bestimmten Ausnahmefällen ab, so hatte die Welt- oder Universalgeschichte in empirischer Form nur eine kurze Blüte. Schon 1831 schrieb Leopold von Ranke in seiner *Idee der Universalgeschichte*: „Man sieht, wie unendlich schwer es mit der Universalhistorie wird. Welche unendliche Masse!"[74] Am Ende der 1860er Jahre hielt er fest: „Eine allgemeine

---

[71] Ebd., 745.

[72] Ebd., 747.

[73] *Wigand's Conversationslexikon für alle Stände*. Von einer Gesellschaft deutscher Gelehrter bearbeitet, 9. Bd., Leipzig 1849, 409.

[74] Leopold von Ranke, „Idee der Universalhistorie", in: Ders., *Vorlesungseinleitungen*, hg. von Volker Dotterweich/Walther Peter Fuchs, München/Wien 1975, 83 (Kurztitel: Dotterweich/Fuchs (Hg.), Vorlesungseinleitungen). Vgl. dazu auch die Beiträge von Fulvio Tessitore, Ernst Schulin, Werner Berthold und Helen Liebel-Weckowicz zur Universal- bzw. Weltgeschichte, in: Wolfgang J. Mommsen (Hg.), *Leopold von Ranke und die moderne Geschichtswissenschaft*, Stuttgart 1988.

Weltgeschichte ist notwendig, aber unmöglich; bei dem Stande der Forschung, wie sie heute betrieben wird."[75] Im heutigen Zeitalter der Globalisierung steht eine Globalgeschichte auf der Tagesordnung; aber einer ihrer wichtigsten Vertreter, Jürgen Osterhammel, betonte bei der Verleihung des Gerda Henkel Preises 2012, dass doch wohl eher Globalgeschichten möglich seien.[76]

Sein wissenschaftliches Credo hielt Pallas in der Einleitung zu seinem nicht mehr vollendeten Alterswerk *Zoographia Rosso-Asiatica* fest:

> „Wenn im Universum unseres Erdballes ein höherer Sinn enthalten ist, dann hat das Studium der Natur darin zu bestehen, die Beziehungen, Ähnlichkeiten, Unterschiede der Körper und deren Eigenschaften zu ergründen, nicht nur in Hinsicht auf das, was gewinnbringend ist oder nützlich oder essbar ist, oder mit Einschränkung auf irgendein Teilwissen; sondern der ganze Zusammenhang der Natur muss nach und nach so enthüllt werden, dass die Ordnung der Dinge und die allgemeinen Gesetze der Schöpfung zum Vorschein kommen."

Dort äußerte er sich auch über den Nutzen bzw. die Würde der Wissenschaft:

> „Wenn zur Würde irgendeiner Wissenschaft nur das gerechnet wird, was der Menschheit zum unmittelbaren und merklichen Nutzen dient, unter Hintansetzung alles dessen, was ergänzt, verfeinert, vollendet, erfreut – welch winziges Wissen bleibt dann noch übrig! Führen denn nicht die dem gierigen Geschmack angepassten Wissenschaften allmählich zur alten Barbarei zurück?"[77]

---

[75] Leopold von Ranke, [Geschichte des 19. Jahrhunderts] 1869 [Einleitung], in: Dotterweich/Fuchs (Hg.), Vorlesungseinleitungen, 463.

[76] Jürgen Osterhammel, *Weltgeschichte und Gegenwartsdiagnose*. Gerda Henkel Vorlesung zur Verleihung des Gerda Henkel Preises 2012, Münster 2013, 42.

[77] Peter Simon Pallas, *Zoographia Rosso-Asiatica, Sistens Omnium Animalium in Extenso Imperio Rossico et Adjacentibus Maribus Observatorum Recensionem, Domicilia, Mores et Descriptiones, Anatomen atque Icones Plurimorum*, St. Petersburg 1831, XVII f. und XVI. Die hier wiedergegebene deutsche Übersetzung, die ich leicht modifiziert habe, findet sich bei Erwin Stresemann, „Leben und Werk von Peter Simon Pallas", in: Eduard Winter u.a. (Hg.), *Lomonosov – Schlözer – Pallas. Deutsch-russische Wissenschaftsbeziehungen im 18. Jahrhundert*, Berlin 1962, 256 f.

Von der Plantage zum „working prison“

Ein kurzer Überblick zur Historiographie der Sklaverei*

Klaus Weber

Wie auf anderen Forschungsfeldern auch lassen sich an den Arbeiten zum Phänomen Sklaverei methodische und theoretische Konjunkturen der Geschichtswissenschaft und ihrer Nachbardisziplinen ablesen. Diese Wandlungen werden hier anhand einiger der wichtigsten Publikationen zum Thema verfolgt.

Aus moderner Perspektive kann Sklaverei als ein eindeutig definiertes Verhältnis zwischen dem Sklaven und seinem Besitzer erscheinen. Dies liegt vor allem an dem Kontrast zwischen Sklaverei und den auf einem freien Arbeitsmarkt vereinbarten Beschäftigungsverhältnissen, auf die sich zwei idealerweise gleichberechtigte Parteien einlassen. Diese Dichotomie zwischen Sklaverei und freier Lohnarbeit wird noch verstärkt durch die starke Präsenz, die zwei bestimmte Formen von Sklaverei in der westlichen Vorstellungswelt haben: die Plantagensklaverei in der „Neuen Welt“ und die Sklaverei in der römischen Antike. Diese beiden Varianten der Unterwerfung und Ausbeutung waren in hohem Maß durch das römische Recht geprägt.[1] Es zog die Trennlinie zwischen Freien und Sklaven schärfer als etwa das islamische Recht[2] oder die Rechtssysteme vieler nicht-islamischer Gesellschaften außerhalb Europas[3], in denen Sklaverei ebenfalls weit verbreitet war. Im Unterschied zu vielen dieser Kulturen wurde der Sklavenstatus in Rom unweigerlich von der Mutter auf die Kinder übertragen – auch wenn der Vater kein Sklave war.[4]

---

* Den Kollegen Dr. Karsten Voss und Prof. Ulrich Mücke danke ich für wichtige Hinweise.

[1] Alan Watson, *Slave Law in the Americas*, Athens 1989 (Kurztitel: Watson, Slave Law).

[2] John O. Hunwick, „Islamic Law“, in: Seymour Drescher/Stanley L. Engerman (Hg.), *A Historical Guide to World Slavery*, Oxford/New York 1998, 248–252 (Kurztitel Hunwick, Islamic Law).

[3] Paul E. Lovejoy, *Transformations in Slavery. A History of Slavery in Africa*, Cambridge 1983 (Kurztitel: Lovejoy, Transformations).

[4] Jane F. Gardner, „Slavery and Roman Law“, in: Keith Bradley/Paul Cartledge (Hg.), *The Cambridge World History of Slavery, Bd. 1: The Ancient Mediterranean World*, Cambridge 2011, 414–437 (Kurztitel: Gardner, Roman Law; Kurztitel: Bradley/Cartledge (Hg.), World History 1).

Seymour Drescher zufolge ist Sklaverei konstituiert durch das „Recht bestimmter Menschen, andere Menschen zu besitzen, zu kaufen und zu verkaufen, zu disziplinieren, zu transportieren, freizulassen, oder anderweitig über ihre Körper und ihr Verhalten zu bestimmen".[5] Diese Umschreibung ist als Arbeitsgrundlage ganz und gar legitim, sie gilt so aber vor allem für die römisch-westliche Tradition der Sklaverei und in ganz spezifischer Weise für die Plantagensklaverei in der „Neuen Welt". In vielen außereuropäischen Kulturen (so in vielen muslimischen Regionen) wurden Sklaven zumindest in der zweiten oder dritten Generation zu Mitgliedern der weiteren Familie. In manchen dieser Gesellschaften war ihr Verkauf verboten, selbst wenn wirtschaftliche Not es nahelegte. Umgekehrt war es in China bis ins 20. Jahrhundert hinein verbreitet, Konkubinen oder gar eigene Kinder zu verkaufen, wenn die Familie in Armut geriet – wobei Käufer wie Verkäufer großen Wert darauf legten, dass sie dabei nicht in die entehrende Versklavung absanken.[6]

Die im Westen seit je ausgeprägte Kommodifizierung von Sklaven führte Orlando Patterson zu der Annahme, dass die Römer der späten Republik ihr einzigartiges Konzept von Eigentum („dominium") spezifisch dazu entwickelten, um Sklaven – als immer wichtiger werdende Ressource ihrer Ökonomie – eindeutig als Sache („res") zu klassifizieren und so von der übrigen Bevölkerung zu trennen: „dominium was absolute power".[7] Schon die Althistoriker Moses Finley, Max Pohlenz und Kurt Raaflaub bemerkten diesen besonderen Kontrast zwischen Freien und Unfreien und vermuteten, dass die westliche Vorstellung von individueller Freiheit nur vor diesem Hintergrund entstehen konnte. Dies konnte Patterson dann in seinem Buch *Freedom in the Making of Western Culture* (1991) überzeugend untermauern.[8]

Die von Europa ausgehende Sklaverei und die Sklaverei im westlichen Afrika – der „human resource" des Plantagensystems – sollen hier im Fokus stehen. Am Schluss des Beitrags werden die Forschungen dazu in Zusammenhang gestellt mit Arbeiten zu weiteren Formen von erzwungener Arbeit vor allem im 20. und 21. Jahrhundert.

I. Frühe Debatten um das Phänomen Sklaverei

Noch während die Sklaverei in den europäischen Kolonialreichen als rechtlich abgesicherte und wirtschaftlich wichtige Institution blühte, setzten sich

---

[5] Seymour Drescher, *Abolition. A History of Slavery and Antislavery*, Cambridge 2009, 5 (übers. von K.W.) (Kurztitel: Drescher, Abolition).

[6] Orlando Patterson, *Slavery and Social Death. A Comparative Study*, Cambridge MA/London 1982, 23 f. (Kurztitel: Patterson, Social Death).

[7] Ebd., 30.

[8] Ders., *Freedom in the Making of Western Culture*, New York 1991, XIV.

Gelehrte aus ökonomischer, philosophischer, juristischer und theologischer Perspektive damit auseinander. Dies gilt besonders für das 18. und frühe 19. Jahrhundert, als dieses Arbeitsregime unter dem Einfluss der Aufklärung immer stärker in die Kritik geriet. Schon der damalige Diskurs kreiste vor allem um die Plantagensklaverei in den Kolonien der „Neuen Welt“, die für die Wirtschaft der Seemächte Europas eine enorme Bedeutung hatten. In seinem Buch *The Problem of Slavery in Western Culture* (1966) hat David Brion Davis einen auch heute noch lesenswerten Überblick zu den wichtigsten Positionen geboten.[9] Es ist bezeichnend, dass Davis neben Diderot oder Montesquieu auch Guillaume-Thomas Raynal als typischen Sklavereigegner des 18. Jahrhunderts anführt, einen katholischen Geistlichen, der ganz im Geiste der Aufklärung naturrechtlich argumentierte, während Davis unter den Protagonisten des 19. Jahrhunderts den französischen Republikaner Henri Wallon nennt, der die Sklaverei als unchristlich verurteilte.[10] Wallons Argumentation war ähnlich religiös geprägt wie die der meisten Abolitionisten seiner Zeit. Nicht von ungefähr wurden die prominentesten britischen Sklavereigegner – William Wilberforce und die um ihn gescharten Henry Thornton, Thomas Clarkson, William Buxton Fowell etc. – im Parlament als „Clapham Saints“ bezeichnet (nach der Kirchengemeinde Clapham). Clarkson befuhr selbst die afrikanische Küste, um die mörderischen Verhältnisse auf den Sklavenschiffen zu dokumentieren, nicht nur mit Blick auf die Sklaven, sondern auch auf die Seeleute, die ebenfalls einem Gewaltregime unterworfen waren.[11] Der Abolitionsdiskurs drehte sich immer auch um die Lebensbedingungen der „weißen“ Arbeiter, von denen im 18. Jahrhundert nur wenige als freie Beschäftigte im heutigen Sinne gelten können. In Großbritannien fand dieser Diskurs breitere Resonanz als auf dem Kontinent, teils wegen der Stärke der evangelikalen Erweckungsbewegung, die sich für rechtliche und spirituelle Befreiung einsetzte, teils weil es auf der Insel kaum mehr Zensur gab. Zudem wogte dort schon gegen 1800 eine breite Debatte um die Organisation von Arbeit im früh industrialisierten England. Der Abolitions-

[9] David Brion Davis, *The Problem of Slavery in Western Culture*, Ithaca/London 1966 (Kurztitel: Davis, Slavery). Dabei geht Davis auch auf die schon im 16. und 17. Jahrhundert geübte Kritik an der Versklavung von Afrikanern und der Sklaverei im spanischen und portugiesischen Herrschaftsbereich ein – so von Bartolomé de las Casas (1485–1566), Domingo de Soto (1494–1560), Tomás de Mercado (1523–1575), Jean-Baptiste du Tertre (1610–1687) und anderen; hier 181–196.

[10] Ebd., 13–19, unter Bezug auf Guillaume-Thomas Raynal, *Histoire philosophique et politique des établissements et du commerce des Européens dans les deux Indes*, Genf 1781, sowie auf Henri Wallon, *Histoire de l'esclavage dans l'antiquité*, 2 Bde., Paris 1847, insbes. Bd. 1, 356–359, 371–405.

[11] Thomas Clarkson, *An Essay on the Slavery and Commerce of the Human Species, Particularly the African*, Philadelphia 1805.

diskurs speiste sich auch aus diesen öffentlichen Disputen um die Durchsetzung von freier Lohnarbeit auf der Insel.[12]

Dem Verbot des transatlantischen Sklavenhandels, das zunächst 1808/09 in Großbritannien und in den USA erlassen wurde und dem seit dem Wiener Kongress immer mehr europäische Staaten folgten, schloss sich die Abschaffung der Sklaverei in der westlichen Hemisphäre an, zuletzt auf dem spanischen Kuba (1886) und in Brasilien (1888). Die Geschichtswissenschaft, als solche ja erst in der zweiten Hälfte des 19. Jahrhunderts etabliert, zeigte zunächst kaum Interesse an diesem Gegenstand, obwohl die Auseinandersetzung um die Abolition in breiter Öffentlichkeit ausgetragen worden war (besonders im britischen Fall) und in den USA in den Bürgerkrieg mündete. Die Versklavung von Millionen Afrikanern durch Europäer passte immer weniger in das fortschrittsorientierte Selbstbild Europas – insbesondere da Europäer nun die Kolonisierung Afrikas damit rechtfertigten, dass nur ihre zivilisatorische Intervention der dort weiterhin praktizierten Sklaverei ein Ende setzen könne. Zu den Ausnahmen gehören die historisch-soziologischen Arbeiten des Amerikaners William E. B. du Bois, der in Harvard mit einer Arbeit zur Abschaffung des US-Sklavenhandels promoviert wurde, dem eine Universitätskarriere aber auf Grund seiner Hautfarbe verwehrt blieb.[13]

Erst in der Zwischenkriegszeit wurde dieser soziologische Ansatz in verschiedenen Ländern systematischer vertieft. Dem US-Historiker Ulrich Bonnell Phillips, dem Brasilianer Gilberto Freyre und dem Kubaner Fernando Ortiz Fernández wurde zwar eine Beschönigung des Verhältnisses der Herren zu ihren Sklaven vorgeworfen[14], aber besonders die Studien von Phillips und Ortiz bieten bis heute nutzbares Material, auch zu den ganz unterschiedlichen Lebensumständen der Sklaven – auf dem Land oder in Städten, als Frauen oder Männer, in Haushalten oder auf dem Feld. In diesem Zusammenhang ist auch die Amerikanerin Elizabeth Donnan zu nennen, die in den 1920er Jahren Quellen zu Sklavenhandel und Sklaverei in der „Neuen Welt“ aus der Zeit

---

[12] Seymour Drescher, „The Antislavery Debate. Capitalism and Abolitionism as a Problem of Historical Interpretation“, in: Verene Sheperd/Hilary McD Beckles (Hg.), *Caribbean Slavery in the Atlantic World. A Student Reader*, Kingston 2000, 1042–1054 (Kurztitel: Drescher, Antislavery Debate).

[13] William E. B. Du Bois, *The Suppression of the African Slave Trade to the United States of America 1638–1870*, New York 1896. Ders., *The Philadelphia Negro*, Philadelphia 1899. Ders., *Black Reconstruction in America 1860–1880*, New York/London 1935.

[14] Ulrich B. Phillips, *American Negro Slavery. A Survey of the Supply, Employment, and Control of Negro Labor, as Determined by the Plantation Regime*, New York/London 1918. Ders., *Life and Labor in the Old South*, Boston 1929. Fernando Ortiz Fernández, *Hampa afro-cubana. Los negros esclavos,* Havana 1916. Ders., *El engaño de las razas*, La Habana 1945. Gilberto Freyre, *Casa-Grande e Senzala*, Rio de Janeiro 1933.

vom 15. bis zum 18. Jahrhundert edierte.[15] In den 1930er Jahren initiierte die „Works Progress Administration“ im Kontext des „New Deal“ eine breite Dokumentation der Erinnerung an die Sklaverei. Dabei wurden auch einige der wenigen noch lebenden ehemaligen Sklaven interviewt.[16]

II. Ökonomische und quantitative Studien

Der Franzose Gaston Martin publizierte 1931 die erste größere quantitativ angelegte Arbeit über den wichtigsten französischen Sklavenhandelshafen Nantes. Seine Statistiken zu von dort auslaufenden Schiffen und auf ihnen transportierten Sklaven sowie die daraus erkannten Konjunkturen waren bereits erstaunlich zutreffend.[17] Martin war einer der ersten Forscher, der alle in den Dreieckshandel involvierten Kontinente in angemessener Breite berücksichtigte und so dem globalen Charakter der atlantischen Ökonomie gerecht wurde. Entsprechend mahnte schon Martin eine internationale Organisation der Forschung zu diesem Thema an. Bedeutsam ist seine Arbeit auch hinsichtlich des Nexus zwischen kolonialer Expansion, Plantagenökonomie und Kapitalismus. Seine Fallstudie zu Nantes zeigt, dass im 18. Jahrhundert eine vor allem auf den kapitalintensiven Sklavenhandel gestützte, neue Gruppe von selbstbewussten und strategisch versierten Großkaufleuten und Financiers entstand, die nach dem Niedergang der Monopolkompanien des 17. Jahrhunderts auch eine neue Form des Kapitalismus entwickelten.[18]

Paradigmatisch noch bedeutsamer wurde die Arbeit des aus Trinidad stammenden Eric Williams. Seine auf die britische Karibik konzentrierte Dissertation zu *Capitalism & Slavery* (1944) stellte die Frage, ob es einen direkten Zusammenhang gab zwischen den auf Sklaverei basierten Plantagenökonomien und der Industrialisierung und Ausbildung des modernen Kapitalismus.[19] Überlegungen zu einem kausalen Zusammenhang wurden auch dadurch angestoßen, dass die internationale Kampagne gegen den atlantischen Sklavenhandel in England ihren Anfang nahm, und zwar in einer Zeit,

---

[15] Elizabeth Donnan, *Documents Illustrative of the History of the Slave Trade to America*, 4 Bde., Washington 1930.

[16] Das Material ist teils zugänglich auf www.pbs.org/wnet/slavery/resources /print.html; es wird bis heute ausgewertet und bildet (neben Donnans Bänden) eine Grundlage fortlaufender Veröffentlichungen zu verschiedensten Aspekten der Sklaverei in Nordamerika.

[17] Gaston Martin, *L'ère des Négriers (1714–1774). Nantes au XVIIIe siècle, d'après des documents inédits*, Paris 1931; Paris 1993 (Kurztitel: Martin, Négriers). Siehe auch ders., *Négriers et bois d'ébène*, Grenoble 1934. Ders., *Historie de l'esclavage dans les colonies françaises*, Paris 1948.

[18] Charles Becker, „Introduction à la nouvelle édition“, in: Martin, Négriers, 1–15.

[19] Eric Williams, *Capitalism and Slavery*, Chapel Hill 1944 (Kurztitel: Williams, Capitalism and Slavery).

als dieser Handel auf seinem Höhepunkt war und – ebenfalls in England – die Industrielle Revolution tiefgreifende Veränderungen in Wirtschaft, Gesellschaft und Politik einleitete. Williams formulierte dazu vier Thesen: Erstens sei Rassismus nicht Ursache für die Wahl von Afrikanern als Sklavenarbeiter gewesen, sondern Folge dieser nur von ökonomischen Faktoren geleiteten Wahl. Zweitens habe die auf Sklaverei gebaute Plantagenökonomie die Industrielle Revolution in England entscheidend begünstigt. Seit der Unabhängigkeit der USA seien dann – drittens – die britischen Plantagen in einem unaufhaltsamen Niedergang begriffen gewesen, weshalb schließlich – viertens – die Abschaffung von Sklavenhandel und Sklaverei in den Amerikas viel weniger den überwiegend religiös-moralisch motivierten Abolitionisten zu verdanken sei als den nun zunehmend wirtschaftsliberal orientierten Vertretern der britischen Industrien. Williams zufolge sahen letztere in der ursprünglich ihnen förderlichen Sklaverei nun einen Hemmschuh für weiteres Wachstum und setzten sich gegen die von Privilegien und Handelsbarrieren begünstigte Pflanzeraristokratie durch.[20]

Auch wenn einige seiner wichtigsten Ergebnisse seit längerem überholt sind, hat Eric Williams mit seinen Fragen ein Forschungsfeld abgesteckt, auf dem bis heute immer wieder neue Debatten entbrannt sind. Seine Auffassung, dass der ökonomisch zu erklärende Einsatz von Afrikanern als Sklaven zu Rassismus führte und nicht umgekehrt, geriet zwar in den 1960er und 70er Jahren in die Kritik. Sie wurde aber durch neuere Studien bestätigt, etwa durch Edmund Morgans Arbeit zur Politik der Pflanzer in Britisch-Nordamerika, die Rassismus systematisch beförderten, um Allianzen zwischen unfreien schwarzen und (meist nicht besser behandelten) freien weißen Arbeitern zu erschweren.[21] Interdisziplinäre Forschung, in die epidemiologische und medizingeschichtliche Expertise einfloss, konnte zudem einen biologischen Grund für den seit dem 17. Jahrhundert rapide wachsenden Import afrikanischer Sklaven ausmachen. Auch dieser, namentlich von Kenneth Kiple herausgearbeitete Grund spricht nicht für rassistische, sondern für wirtschaftliche Kausalität: Bewohner des subsaharischen Afrika weisen weit bessere Resistenzen gegen die in den Plantagenregionen der „Neuen Welt" grassierenden Tropenkrankheiten auf als die indigene Bevölkerung und als die Europäer – und waren deshalb gefragt.[22] Widerlegt wurde dagegen Williams These vom direkten Fluss der Gewinne aus Sklavenhandel und Sklave-

[20] Ein sehr guter Überblick zur Kritik an Williams bei Barbara L. Solow/Stanley L. Engerman (Hg.), *British Capitalism and Caribbean Slavery. The Legacy of Eric Williams*, Cambridge 1987.

[21] Edmund S. Morgan, *American Slavery – American Freedom. The Ordeal of Colonial Virginia*, New York 1995.

[22] Kenneth E. Kiple, *The Caribbean Slave. A Biological History*, Cambridge 1984. Siehe auch Jared Diamond, *Guns, Germs, and Steel. The Fate of Human Societies*, New York 1997.

rei in die Entwicklung und den Aufbau industrieller Fabriktechnik in England. Die eigentlichen Industriepioniere konnten die nötigen Kapitalien ganz überwiegend in ihrem engeren persönlichen Umfeld mobilisieren; nur wenige hatten Verbindungen zum Plantagenkomplex. Allerdings hatte der Zusammenhang von Sklavenhandel, Plantagensklaverei und einem Konsumwandel in Europa eine indirekte, aber umso mächtigere Wirkung auf die Wirtschaftsentwicklung in Großbritannien. David Richardson zeigte, dass sowohl Afrika als auch die Kolonien zu schnell wachsenden Absatzmärkten für zunehmend industriell gefertigte Waren wurden.[23] Williams hatte den Blick also intuitiv richtig auf Zusammenhänge zwischen atlantischer Ökonomie und Industrialisierung gelenkt. Er irrte jedoch mit seiner Erklärung der Motive für die Abolition. Er konzentrierte sich vor allem auf die Karibik, wo die Zuckerplantagen in der Tat schon vor 1800 an Profitabilität eingebüßt hatten, übersah aber Britisch-Guayana, wo ab 1815 große gewinnbringende Pflanzungen neu angelegt wurden. J. R. Ward konnte zeigen, dass selbst die Gewinne vieler Plantagen auf den West Indies bis in die 1820er Jahren stabil blieben, trotz des 1807/08 verhängten Verbots des transatlantischen Sklavenhandels.[24] Die Abolitionsbewegung war also nicht deshalb erfolgreich, weil das auf Sklaverei gebaute Plantagensystem sich ohnehin überlebt hatte, sondern weil die evangelikal geprägte Bewegung mit ihren Petitionen genügend Parlamentarier auf ihre Seite ziehen konnte. Die Sklaverei selbst wurde in britischen Kolonien 1834 abgeschafft. Wegen der deutlich negativen Wirkung dieser Maßnahme auf die bislang so rentablen Zuckerrohrkolonien hat Seymour Drescher von einem „Econocide“ gesprochen – mit negativen Effekten auch auf Löhne und Lebenshaltungskosten der britischen Arbeiterklasse.[25] Drescher konnte so einerseits die Leistung der Abolitionisten umso deutlicher würdigen und andererseits die Vorteile aufzeigen, die das System nicht nur Europas Kolonialeliten geboten hatte.

All die genannten, innerhalb des von Williams geschaffenen Paradigmas arbeitenden Autoren haben sich – wie Williams selbst – ganz auf den britischen Fall konzentriert. Paul Bairoch und Patrick O’Brien dagegen haben Kosten und Nutzen der kolonialen Expansion für die europäischen See- und Kolonialmächte in größerer Breite bewertet. Nach Bairoch lag der Anteil des gesamten – weitenteils auf Sklaverei gebauten – Überseehandels am Bruttosozialprodukt Westeuropas um 1800 bei nur 4 %, und auch O’Brien maß den in den Kolonien gemachten Gewinnen eine allenfalls „periphere“ Bedeutung

---

[23] David Richardson, „The Slave Trade, Sugar, and British Economic Growth, 1748–1776“, in: *Journal of Interdisciplinary History* 17 (1987) 4, 736–769.

[24] J. R. Ward, *British West Indian Slavery, 1750–1834. The Process of Amelioration*, Oxford 1988, 48–50.

[25] Seymour Drescher, *Econocide. British Slavery in the Era of Abolition*, Pittsburgh 1997. Ders., Abolition.

zu.[26] Ohne Plantagenkolonien und Sklaven hätte Europa kaum Wachstumseinbußen hinnehmen müssen – Kapital und Arbeit wäre dann eben binnenwirtschaftlich investiert worden, zu allenfalls etwas niedrigeren Renditen. Genau dies hatte Williams bestritten: Erst das in den Kolonien fast grenzenlos verfügbare Land und das elastische Angebot an afrikanischer Arbeit habe dem in England verfügbaren Kapital auch profitable Anlagen geboten. Williams' Auffassung dürfte mittlerweile aus einer ganz anderen Richtung bestätigt sein. Kenneth Pomeranz hat in seinem Vergleich von chinesischer und europäischer Wirtschaft hervorgehoben, dass keine andere Zivilisation im selben Maße entfernte Regionen kolonisiert und durch Unterwerfung so ausgebeutet habe, wie dies von Europäern praktiziert wurde. Seine Ausgangsfrage war, wie es Europa im Laufe des 18. und 19. Jahrhunderts gelingen konnte, die seit dem Altertum kulturell und technologisch immer überlegen gewesenen Subkontinente Indien und China zu überholen. Eine seiner Antworten lautete eben: durch die Kolonisation. Er griff auf die Recheneinheit der „Ghost acres" zurück, die ausdrückt, welche Agrarfläche in Europa erforderlich gewesen wäre, um darauf eine bestimmte Menge an Plantagenprodukten aus den Kolonien zu substituieren. Allein um in Großbritannien auf Weizenfeldern die Menge an Kalorien zu gewinnen, die das Land im frühen 19. Jahrhundert in Form von Rohrzucker aus seinen Kolonien bezog, wären gut 4.900 km^2 besten britischen Ackerlandes erforderlich gewesen – fast die Fläche der Grafschaft Norfolk (5.370 km^2). Die Substitution der britischen Baumwolleinfuhren des Jahres 1815 durch Schafwolle hätte gute Weiden auf einer siebenfachen Fläche von Norfolk erfordert.[27] Die von Sklaven produzierten und in Europa verbrauchten Genussmittel und Industrierohstoffe hätte man also niemals in dem Umfang hier erzeugen können.

Erst die EDV-Technik ermöglichte es, den schon von Gaston Martin beschriebenen globalen Dimensionen des Phänomens gerecht zu werden. Der transnationale Charakter des Forschungsfeldes wird besonders gut durch die „Transatlantic Slave Trade Database" belegt, für die Quellen aus dem gesamten atlantischen Raum ausgewertet wurden, und die mittlerweile rund 35.000 Fahrten von Sklavenschiffen der beteiligten Nationen erfasst. Auf dieser Basis wurde eine Mindestzahl der von 1514 bis 1867 insgesamt über den Atlantik transportierten Afrikaner ermittelt: Wenigstens 12,5 Millionen wurden auf die Sklavenschiffe gezwungen; 10,7 Millionen überlebten die Über-

---

[26] Paul Bairoch, *Commerce extérieur et développement économique de l'Europe aux XIXème siècle*, Paris 1976, 59. Ders., „Commerce internationale de la révolution industrielle anglaise", in: *Annales E.S.C.* (mars–avril 1971), 451–571. Patrick O'Brien, „European Economic Development. The Contribution of the Periphery", in: *Economic History Review* 35 (1982) 1, 1–18.

[27] Kenneth Pomeranz, *The Great Divergence. China, Europe, and the Making of the Modern World*, Princeton/Oxford 2000, 313–315.

fahrt.[28] Die bemerkenswerte Vorarbeit Philip Curtins, der 1969 auf eine vorläufige Zahl von 9,7 Millionen in den Amerikas angekommenen Afrikanern kam[29], wurde im Prinzip bestätigt; die bis dato vielfach kursierende Zahl von 15 Millionen Verschleppten nach unten korrigiert. Manche Schätzungen hatten bislang bei 50 Millionen oder gar darüber gelegen.[30] Die aus der Datenbank ermittelbare Verteilung des Sklavenhandels auf die verschiedenen Herkunfts- und Zielregionen, die Altersstruktur, die Geschlechterproportion, die Bedingungen an Bord, die Häufigkeit von Rebellionen auf den Schiffen usw. haben neue Fragestellungen und Rückschlüsse zu dieser Zwangsmigration zugelassen.

III. Soziokulturelle Studien

Parallel zu der sich ausweitenden ökonomischen Forschung setzte in den 1970er und 80er Jahren eine soziologisch und anthropologisch orientierte Untersuchung des Phänomens Sklaverei ein, angestoßen namentlich von Claude Meillassoux und Orlando Patterson. Die „kulturalistische Wende“ kündigte sich damit auch auf diesem Forschungsfeld an. Meillassoux beschäftigte sich mit der Sklaverei im westlichen Subsahara-Raum der vorkolonialen Zeit, und wie Patterson war er besonders interessiert an der sozialen Stellung und der Rolle von Sklaven in dem jeweiligen sozialen System – jenseits der ansonsten meist im Vordergrund stehenden wirtschaftlichen Ausbeutung (wie bei Karl Marx oder Eric Williams). In vielen der von Patterson und Meillassoux untersuchten Gesellschaften hatte die Sklaverei keine in erster Linie wirtschaftliche Bedeutung.

Meillassoux arbeitete heraus, dass die Vorstellung von Freiheit in vormodernen Gesellschaften keinesfalls mit der Auflösung von sozialen Banden und somit gesteigerten Möglichkeiten des Individuums einherging (wie in modernen Massengesellschaften), sondern dass sie vielmehr notwendig verknüpft war mit dem Vorhandensein von Bindungen: in einer großen Familie, unter Altersgenossen, in der Dorfgemeinschaft etc. Keine Bande zu haben, bedeutete in der Regel Knechtschaft oder Sklaverei. Dieses Los drohte vor allem den nicht in einen sozialen Verband Assimilierbaren: Kriegsgefangenen oder gewaltsam Entführten; aus dem eigenen Verband Ausgestoßenen; Fremden, die sich wegen Verelendung oder Überschuldung ausliefern mussten

---

[28] Siehe www.slavevoyages.org. David Eltis/David Richardson, „A New Assessment of the Transatlantic Slave Trade“, in: Dies. (Hg.), *Extending the Frontiers. Essays on the New Transatlantic Slave Trade Database,* New Haven 2008, 1–61.

[29] Philip D. Curtin, *The Atlantic Slave Trade. A Census*, Madison 1969.

[30] Paul Lovejoy, „The Volume of the Atlantic Slave Trade. A Synthesis“, in: *Journal of African History* 23 (1982), 473–501, hier 495–497.

etc.[31] Michel Izard zeigte, dass diese Menschen in afrikanischen Gesellschaften wegen des Verlusts aller Familienbande als Nicht-Geborene („non-né") galten. Meillassoux formte daraus den Begriff vom „sozialen Tod" der Unterworfenen, die in der sie aufnehmenden Gruppe immer in einer untergeordneten Stellung blieben.[32] Auch nach römischem Recht galt ein Sklave als ein Mensch ohne Verwandtschaft.[33]

Orlando Patterson hat dieses Konzept weiter entwickelt. Für seine Studie *Slavery and Social Death* (1982) nutzte er eine Vielzahl von anthropologischen, soziologischen, historischen und rechtsphilosophischen Arbeiten zu Sklaverei sowie anderen Formen von unfreier Arbeit in unterschiedlichsten Epochen und Weltregionen. Aus ihnen destillierte er diese grundlegenden Merkmale von Sklaverei: Sie sei „[...] die dauerhafte und gewaltsame Beherrschung von Menschen, die ihrer Herkunft entfremdet und allgemein entehrt sind".[34] Patterson betonte, dass einzig die Beziehung des Sklaven zu seinem Besitzer seine früheren, durch die Versklavung gekappten Beziehungen ersetzen kann. Er unterstreicht damit dessen umfassende Abhängigkeit. Die Entfremdung von Herkunft und Geburt war selten in der Geschichte der Sklaverei so ausgeprägt wie in dem hier im Fokus stehenden Fall: der Versklavung von Afrikanern für die agroindustriellen Plantagen der Amerikas.

Gerade vor diesem Hintergrund wurde Pattersons Betonung des „sozialen Todes" als eine „theoretische Abstraktion" kritisiert, die den Blick auf die Leistungen der Sklaven verstelle[35]: ihre unter Mühen und zumindest in Teilen bewahrte kulturelle Autonomie, der gegen alle Widrigkeiten gelungene Aufbau von eigenen Familien und komplexen Sozialstrukturen und schließlich ihre Fähigkeit zu Widerstand, Flucht oder Rebellion.[36] Diese Aspekte hatte Patterson keinesfalls negiert, seine vor allem auf Sekundärliteratur bauenden Untersuchungen konnten aber nicht in aller Breite darauf eingehen. Seit den 1970er Jahren geschah das in vielen mikrohistorischen und quellenorientierten Studien. Michael Cratons Arbeit zu Sklavenaufständen kann so auch als

---

[31] Claude Meillassoux, *Anthropologie de l'esclavage. Le ventre de fer et d'argent*, Paris 1986, 23–40.

[32] Claude Meillassoux (Hg.), *L'esclavage en Afrique précoloniale*, Paris 1975, 22 (Kurztitel: Meillassoux, L'esclavage). Siehe auch Michel Izard, „Les capifs royaux dans l'ancien Yatenga", in: Meillassoux, L'esclavage, 281–299, insbes. 289–296.

[33] Gardner, Roman Law, 424.

[34] Patterson, Social Death, 13 (übers. von K.W.).

[35] Vincent Brown, „Social Death and Political Life in the Study of Slavery", in: *American Historical Review* 114 (2009) 5, 1231–1249. Siehe auch Michael Craton, „Review of Slavery and Social Death", in: *Journal of American History* 70 (1984) 4, 862 f.

[36] Ein guter Überblick zu diesen verschiedenen Aspekten bei Sheila S. Walker (Hg.), *African Roots/American Cultures. Africa in the Creation of the Americas*, Lanham/Oxford 2001.

eine Kritik an Patterson gelesen werden.[37] Stuart B. Schwartz hat Alltagsleben, „agency“ und Widerstand brasilianischer Sklaven untersucht.[38] Besondere Erwähnung gebührt den Publikationen von Eugene D. Genovese zu Widerstand wie Alltagsleben der Sklaven[39] und von Elizabeth Fox-Genovese. Sie nahm mehr noch als ihr Ehemann die Geschlechterrollen in den Blick, die im US-amerikanischen Süden beiderseits der „colour-line“ ganz spezifisch (de)formiert waren.[40] Die Analysen der beiden sind gerade deshalb so vielschichtig, weil sie auch die Sklavenbesitzer und ihre Ideologie einbeziehen und das wechselseitige Abhängigkeitsverhältnis zwischen Sklaven und ihren „masters“ und „mistresses“.[41]

Neuere Arbeiten kreisen um den Widerstand der Sklaven und die Gemeinschaften geflüchteter Sklaven in unzugänglichen Hinterländern der Plantagenregionen („quilombos“, „maroon societies“).[42] David Geggus hat die spektakulärste Sklavenrevolte untersucht, die trotz ihrer Bedeutung von der Forschung lange ignoriert wurde: die 1792 auf dem französischen Saint-Domingue einsetzenden Erhebungen, die schließlich in die Haitianische Revolution und 1804 in die Gründung der Republik Haiti mündeten. Sie war 20 Jahre nach den USA der zweite unabhängige Staat in der „Neuen Welt“ – aber von vormaligen Sklaven geschaffen.[43]

Wie fruchtbar die Kombination ökonomischer und anthropologischer Fragestellungen sein kann, zeigte Sydney Mintz mit seinem Buch *Sweetness and Power* (1985). Er untersuchte erstmals den Konsum desjenigen Produkts, das

---

[37] Michael Craton, *Testing the Chains. Resistance to Slavery in the British West Indies*, Ithaca 1982.

[38] Stuart B. Schwartz, *Slaves, Peasants, and Rebels. Reconsidering Brazilian Slavery*, Urbana 1992.

[39] Eugene D. Genovese, *From Rebellion to Revolution. Afro-American Slave Revolts in the Making of the Modern World*, Baton Rouge 1979. Ders., *Roll, Jordan, Roll: The World the Slaves Made*, New York 1974 (Kurztitel: Genovese, Jordan Roll).

[40] Elizabeth Fox-Genovese, *Within the Plantation Household. Black and White Women of the Old South*, Chapel Hill 1988. Dies./Eugene D. Genovese, *Slavery in White and Black. Class and Race in the Southern Slaveholders' New World Order*, Cambridge 2008.

[41] Eugene D. Genovese, *In Red and Black. Marxian Explorations in Southern and Afro-American History*, New York 1971, 275 f.

[42] Wim Hoogbergen (Hg.), *Born out of Resistance. On Caribbean Cultural Creativity*, Utrecht 1995. Junius Rodriguez (Hg.), *Encyclopedia of Slave Resistance and Rebellion*, 2 Bde., Westport CT 2007. Manolo Florentino/Márcia Amantino, „Runaways and Quilombolas in the Americas“, in: David Eltis/Stanley L. Engerman (Hg.), *The Cambridge World History of Slavery*, Bd. 3, Cambridge 2011, 708–740 (Kurztitel: Eltis/Engerman (Hg.), World History 3).

[43] David P. Geggus, *Slavery, War and Revolution. The British Occupation of Saint Domingue 1793–1798*, Oxford 1982. Ders. (Hg.), *The Impact of the Haitian Revolution in the Atlantic World*, Columbia SC 2001. David Patrick Geggus/Norman Fiering (Hg.), *The World of the Haitian Revolution*, Bloomington 2009.

als wichtigster Motor für den Aufbau der Plantagenökonomien gelten darf: des Zuckers.[44] Er leitete damit eine kulturwissenschaftlich informierte Konsumforschung ein, die Ausbeutung auch von der Nachfrageseite her in den Blick nimmt.

Ein neuerer Forschungszweig beleuchtet, wie Sklaven mit ihrem eigenen Wissen zur Verwandlung der Wildnis in profitables Agrarland beigetragen haben. Nutzpflanzen wie Baumwolle, Reis oder Indigo bauten Afrikaner schon im Mittelalter an. Judith Carneys Beispiel des Reisanbaus im Süden der USA belegt, dass ganze Sektoren der Plantagenwirtschaft nur mit afrikanischer Erfahrung und afrikanischen Saaten aufgebaut werden konnten.[45] Zuvor hatten schon Philip Morgan und Eugene Genovese gezeigt, dass Sklaverei nicht nur auf Zwang, sondern auch auf Fähigkeiten der Sklaven aufgebaut war, die diese nur bei eigener Motivation einbringen konnten – und die wiederum von den „masters" geweckt werden musste.[46] Diese Ambivalenz hatten Robert W. Fogel und Stanley L. Engerman 1974 in ihrem kontrovers beurteilten Buch *Time on the Cross* betont.[47] Dem zufolge war der durchschnittliche US-Sklave nach bestimmten Parametern (z.B. Ernährung und Kleidung) besser versorgt als der durchschnittliche freie US-Bürger.

IV. Inklusion Afrikas in die Forschung

Schon Eric Williams und Gaston Martin hatten auf die Bedeutung Afrikas für die gesamte mit Sklavenhandel und Plantagenwirtschaft zusammenhängende Ökonomie hingewiesen – nicht nur als Herkunftsregion der meisten Sklaven, sondern auch als Markt für europäische Gewerbeprodukte, die dort als Tauschwaren gegen Sklaven gefragt waren.[48] Seit den 1960er Jahren wurden diese Hinweise aufgegriffen. Walter Rodney zufolge bewirkten die immer größeren Mengen von Importwaren aus Europa den Niedergang afrikanischer Gewerbe, vor allem im Textilsektor.[49] Eine genuin afrikanische, mildere Sklaverei sei durch die transatlantische Nachfrage von einer weiten Ausbreitung des Sklavenhandels und verschärften Formen der Sklaverei überlagert

---

[44] Sidney Mintz, *Sweetness and Power. The Place of Sugar in Modern History*, New York 1985.

[45] Judith A. Carney, *Black Rice. The African Origins of Rice Cultivation in the Americas*, Cambridge MA 2001.

[46] Philip D. Morgan, *Slave Counterpoint. Black Culture in the Eighteenth-Century Chesapeake & Low Country*, Chapel Hill 1998, 212–244. Genovese, Jordan Roll, 388–398.

[47] Robert W. Fogel/Stanley L. Engerman, *Time on the Cross. The Economics of American Negro Slavery*, Boston/Toronto 1974.

[48] Williams, Capitalism and Slavery, 55.

[49] Walter Rodney, *How Europe Underdeveloped Africa*, London 1972. Ders., *A History of the Upper Guinea Coast 1545–1800*, Oxford 1970, 182 f.

worden.[50] Rodney produzierte damit ein teils beschönigendes Bild. In den Minen an der Goldküste oder im Salzabbau in der Sahara war die Ausbeutung nicht weniger hart als auf den Plantagen der „Neuen Welt“[51], und der von Arabern und Tuareg betriebene trans-saharische Handel mit Sklaven nach Nordafrika und bis in den Mittleren Osten war ebenso kaltblütig gewinnorientiert wie der transatlantische Sklavenhandel.

Ralph Austen schätzt die Gesamtzahl dieser vom Mittelalter bis ins 20. Jahrhundert durch die Sahara verschleppten Menschen auf neun Millionen. Wegen der schlechten Quellenlage ist nicht bezifferbar, wie viele Menschen auf den Märschen zu Tode gekommenen sind.[52] Tidiane N'Diaye hat besonders grausame Praktiken unter „arabo-muslimischer“ Herrschaft hervorgehoben, wie etwa die weit verbreitete Kastration der Männer. Seiner Darstellung fehlen aber zuverlässige Belege.[53] Egon Flaig beschreibt die „islamische Sklaverei“ als das größte und brutalste Zwangssystem der Geschichte, das erst durch die europäischen Kolonialmächte gebrochen worden sei. Allerdings kommt er nur unter Verharmlosung der Sklaverei in der „Neuen Welt“, der vollständigen Negierung verschiedener Formen unfreier Arbeit unter kolonialer Herrschaft und Ausblendung der Zwangsarbeit unter totalitären Regimen zu diesem Schluss.[54] Sowohl bei N'Diaye als auch bei Flaig ist zudem unklar, wieso sie von arabo-muslimischer bzw. islamischer Sklaverei sprechen, aber nicht von europäisch-christlicher Sklaverei. Religiöse Kategorien, die sicher nicht negiert werden dürfen, stehen hier im Vordergrund, während ökonomische Motive schwächer ausgeleuchtet werden.

Ob unter muslimischem Einfluss oder nicht: In vielen agrarischen Gesellschaften Afrikas waren die Unterschiede zwischen den Herren und ihren Sklaven tatsächlich nicht so ausgeprägt wie in der westlichen Plantagensklaverei. Sklaven der zweiten oder dritten Generation wurden dort tendenziell in die Familien integriert. Zudem sind Generalisierungen für den ethnisch, religiös und geographisch sehr heterogenen Raum des westlichen Afrika nicht

---

[50] Walter Rodney, „African Slavery and other Forms of Social Oppression on the Upper Guinea Coast in the Context of the Atlantic Slave Trade“, in: *Journal of African History* 7 (1966) 3, 431–443.

[51] Paul E. Lovejoy, *Salt of the Desert Sun. A History of Salt Production and Trade in the Central Sudan*, Cambridge 1986.

[52] Ralph A. Austen, „The Mediterranean Islamic Slave Trade Out of Africa. A Tentative Census“, in: Elizabeth Savage (Hg.), *The Human Commodity. Perspectives on the trans-Saharan Slave Trade*, London 1992, 214–248.

[53] Tidiane N'Diaye, *Der verschleierte Völkermord. Die Geschichte des muslimischen Sklavenhandels in Afrika*, Berlin 2010.

[54] Egon Flaig, *Weltgeschichte der Sklaverei*, München 2009 (Kurztitel: Flaig, Sklaverei).

möglich. Vor allem Paul E. Lovejoy und Toyin Falola sind dem mit differenzierteren Betrachtungen gerecht geworden.[55]

So wie Eric Williams ein paradigmatisches Feld absteckte für die Zusammenhänge zwischen Plantagenökonomien und europäischer Industrialisierung, tat Walter Rodney dies für Zusammenhänge zwischen Sklavenhandel und afrikanischer Wirtschaftsentwicklung. Die demographischen Effekte des Handels auf Afrika werden bis heute kontrovers diskutiert. Sie sind aufgrund fehlender Quellen zur vorkolonialen Zeit allenfalls näherungsweise durch eine Rückrechnung aus Zensusdaten des 20. Jahrhunderts zu ermitteln. Patrick Manning ermittelte so für das Afrika südlich der Sahara eine Zahl von 50 Millionen Bewohnern im Jahr 1850. Dann integrierte er Verluste, die von 1700 bis 1850 von der Zwangsmigration über den Atlantik (neun Millionen), die durch die Sahara (drei Millionen) und über den Indischen Ozean (zwei Millionen) ausgingen. Er kam zu dem Schluss, dass die Bevölkerung ohne Sklavenexporte um 1850 bei 70 bis 100 Millionen gelegen hätte, anstelle der 50 Millionen – mit eindeutig negativen Effekten auf die Wirtschaft.[56] Joseph Miller und John Fage dagegen glaubten, dass Afrika schon seit etwa 1400 an seiner malthusianischen Grenze lebte. Fage schloss daraus, dass die erzwungene Migration – unbesehen der Grausamkeit und Tragik für die einzelnen Menschen – für den Kontinent als Ganzes positiv gewesen sei. Schließlich sei auch die millionenfache Auswanderung des 19. Jahrhunderts für Europa eine Entlastung gewesen.[57]

John Thornton wiederum betonte bislang gar nicht beachtete positive Wirkungen des Sklavenhandels auf die afrikanische Wirtschaft: verbesserte Infrastruktur, Modernisierung von Handelstechniken, aus Europa und den Amerikas übernommene neue Nutzpflanzen (Mais, Maniok, Tabak …) und Haustiere. Er behauptete auch, dass die zunehmende Gewalt in Westafrika weniger durch den Sklavenhandel ausgelöst wurde; vielmehr hätten innere Konflikte zu Kriegen geführt, die ihrerseits erst Gefangene produzierten und damit die Sklaven für den Export.[58]

Andreas Eckert zufolge hat es den von Manning postulierten Rückgang wohl nicht gegeben, aber nahezu eine Stagnation. Dies habe gerade angesichts des im 18. Jahrhundert einsetzenden demographischen Wachstums in

---

[55] Paul E. Lovejoy/Toyin Falola (Hg.), *Pawnship in Africa. Debt Bondage in Historical Perspective*, Boulder/San Francisco/Oxford 1988.

[56] Patrick Manning, *Slavery and African Life. Occidental, Oriental and African Slave Trades*, Cambridge 1991, 81–85 (Kurztitel: Manning, African Life).

[57] Joseph C. Miller, „Political and Historical Effects of the Atlantic Slave Trade", in: Paul Finkelman/Joseph C. Miller (Hg.), *Macmillan Encyclopedia of World Slavery*, Bd. 1, New York/London 1998, 37–40. John D. Fage, „Slavery and the Slave Trade in the Context of West African History", in: *Journal of African History* 10 (1969), 393–404.

[58] John K. Thornton, *Africa and Africans in the Making of the Atlantic World. 1400–1800*, Cambridge 1999.

Europa und in den Amerikas einen relativen Rückgang für Afrika bedeutet.[59] Immerhin stellte Afrika um 1900 nur noch rund 10 % der gesamten Bevölkerung um das atlantische Becken; nach Patrick Manning sollen es um 1600 noch 30 % gewesen sein. Angesichts der schon immer schwachen Bevölkerungsdichte in Afrika und der über Jahrhunderte enormen Einfuhr von Gewerbeerzeugnissen muss die retardierende Wirkung der Sklavenexporte auf die Wirtschaftsentwicklung beträchtlich gewesen sein.[60] Urbane Verdichtungen, wie sie in mittelalterlichen und frühneuzeitlichen Wirtschaftszentren Europas und zeitgleich in Indien und China auffallen, konnten in Afrika erst im 20. Jahrhundert entstehen. Joseph Inikori sieht in der Diskrepanz zwischen Stimulation europäischer und Dämpfung afrikanischer Exportgewerbe eine der Ursachen für eine bis heute fortwährende Schwäche afrikanischer Ökonomien.[61] Hinzu kommen negative Effekte der Geschlechterverteilung unter den Millionen über den Atlantik Deportierten: Zu rund zwei Dritteln waren es Männer; und es wurden vor allem junge und leistungsfähige Menschen verschleppt.[62]

In der Debatte um Wechselwirkungen zwischen Sklavenexporten und Sklaverei in Afrika differenzierte Paul Lovejoy stärker als Rodney, kam aber auch zu dem Schluss, dass erst die „atlantische" Nachfrage zu massiver Verbreitung der Sklaverei geführt hatte, vor allem in westafrikanischen Küstenregionen.[63] Es entstand eine diese Nachfrage bedienende, teils luso- und angloafrikanische Elite, die bis über die Kolonialzeit hinaus mächtig blieb, wie Robin Laws Fallstudie zum Küstenort Ouidah zeigt.[64] Diese afrikanischen Protagonisten des transatlantischen Handels setzten schon im 18. Jahrhundert Sklaven auf eigenen Ländereien ein. So war nicht nur die Subsistenz der Sklaven gesichert, bis Schiffe für ihre Deportation eintrafen; die Händler konnten zudem Gewinne aus diesen Plantagen erwirtschaften. Als das Verbot des atlantischen Sklavenhandels ab der Mitte des 19. Jahrhunderts effizient durchgesetzt wurde, brachen die Preise für Sklaven in Afrika mangels überseeischer Nachfrage ein. Die nun so billig gewordene unfreie Arbeit nutzen die etablierten Eliten für den Ausbau der eigenen Plantagenwirtschaft, die immer größere Mengen von Ausfuhrgütern für Europa produzierte: Palmöl,

---

[59] Andreas Eckert, „The Impact of the Atlantic Slave Trade on Africa. Historiographical Controversies", in: *Veröffentlichungen der Joachim Jungius-Gesellschaft der Wissenschaften Hamburg* 94 (2002), 337–348, hier 345.

[60] Egon Flaigs Behauptung, dass „zwischen Demographie und ökonomischer Entwicklung kein Zusammenhang besteht", entbehrt jeder Grundlage. Flaig, Sklaverei, 192.

[61] Joseph Inikori, *Africans and the Industrial Revolution in England. A Study in International Trade and Economic Development*, Cambridge 2002, siehe v.a. Kap. 8 und 9.

[62] Manning, African Life, 142.

[63] Lovejoy, Transformations. Siehe auch Manning, African Life, 140–142.

[64] Robin Law, *Quidah. The Social History of a West African Slaving 'Port', 1727–1892*, Athens 2004.

Erdnüsse, Kakao, Sisal etc. In Ostafrika wuchsen die ebenfalls von immer mehr Sklaven bewirtschafteten Gewürzplantagen (Nelken, Zimt).[65] In diesen ursprünglich auf den Sklavenexport zurückgehenden Plantagenökonomien arbeiteten in der zweiten Hälfte des 19. Jahrhunderts mehr Sklaven als jemals in der „Neuen Welt“ – unter anderem infolge der Abschaffung des transatlantischen Sklavenhandels.

Eine weitere Ironie besteht darin, dass eben diese „afrikanische“ Sklaverei den europäischen Mächten den Vorwand zur Kolonisation Afrikas bot: Nur die Europäer könnten dieser Barbarei ein Ende setzen. Zwar gingen die Kolonialverwaltungen vielerorts gegen die Sklaverei vor, teils mit Unterstützung der örtlichen Machthaber (wie in Benin), teils gegen sie (wie in Dahomey und im Königreich der Asante).[66] Martin Klein hat gezeigt, wie man aber andernorts über die existierenden Systeme von unfreier Arbeit hinwegsah oder eigene Systeme etablierte.[67] Auch in deutschen Kolonien wurden mehr oder weniger verdeckte Formen unfreier Arbeit eingeführt.[68]

V. Globale Kontextualisierung

Kein Feld der historischen Forschung hat so früh und in solcher Breite auf globale Zusammenhänge verwiesen wie die zunächst auf den atlantischen Raum begrenzte Forschung zu Sklaverei und Sklavenhandel: erzwungene Migration und Arbeit, Fernhandel mit Agrar- und Gewerbeprodukten, Zirkulation von Wissen, Krankheiten, und ideologischen Konstrukten.[69] Das spiegelt sich auch in der Herkunft der Forscher. Drei Schöpfer dieses weitgehend „atlantischen“ Paradigmas kamen aus der „kolonialen Peripherie“ des Westens: Eric Williams aus Trinidad, Orlando Patterson und Walter Rodney aus Jamaika.

---

[65] Abdul Sheriff, *Slaves, Spices & Ivory in Zanzibar. Integration of an East African Commercial Empire into the World Economy, 1770–1873*, London 1987.

[66] Manning, African Life, 146–148.

[67] Martin Klein, „Introduction: Modern European Expansion and Traditional Servitude in Africa and Asia“, in: Ders. (Hg.), *Breaking the Chains. Slavery, Bondage, and Emancipation in Modern Africa and Asia*, Madison 1993, 3–36. Mahmood Mamdani, *Citizen and Subject. Contemporary Africa and the Legacy of Late Colonialism*, Princeton 1996, 148–165.

[68] Jürgen Zimmerer, „Der Wahn der Planbarkeit. Unfreie Arbeit, Vertreibung und Völkermord als Elemente der Bevölkerungsökonomie in Deutsch-Südwestafrika“, in: *Comparativ* 13 (2003) 4, 96–113, hier 103–106, 110–112.

[69] Patrick Manning, *Navigating World History. Historians Create a Global Past*, New York 2003, 5–7.

Aus der wachsenden Zahl von Forschungsarbeiten mit teils sehr spezifischen Fragestellungen sind wieder Überblickdarstellungen erwachsen.[70] Sehr gut gelungen sind die seit den 1990er Jahren erarbeiteten Handbücher und Enzyklopädien zu Sklaverei bzw. unfreier Arbeit.[71] Sie ermöglichen synchrone und diachrone Vergleiche zwischen verschiedenen Räumen und Kulturen. Darunter rangieren Vergleiche von Sklaverei und Leibeigenschaft[72], von Sklaverei im Raum des Indik und des Atlantik[73], im Zuge des „imperial turn“ auch von Zwangsarbeit unter NS-Herrschaft und kolonialer Sklaverei.[74] Ein von Tom Brass und Marcel van der Linden edierter Sammelband vergleicht „freie“ und „unfreie“ Arbeit und stellt die Dichotomie zwischen diesen beiden in Frage.[75]

Der komparatistische Ansatz macht grundlegende epistemologische und taxonomische Probleme sichtbar, insbesondere wenn er über die Grenzen der europäischen Imperien hinausgeht. So hat Kenneth Pomeranz bei seinem Vergleich von europäischer und chinesischer Zivilisation behauptet, dass Arbeitszwang in China nicht annähernd so verbreitet gewesen sei wie in Europa und seinen Kolonien. Pamela Crossley dagegen schreibt, dass China im Verlauf des 17. Jahrhunderts verschiedene Formen von unfreier Arbeit auch aus Zentral- und Nordostasien adaptierte, und dass gerade Staats- und Mili-

---

[70] Der letzte von einem Autoren geschaffene Überblick zum Atlantik von Herbert S. Klein, *The Atlantic Slave Trade*, Cambridge 1999. Danach weiter ausgreifend Michael Zeuske, *Handbuch Geschichte der Sklaverei. Eine Globalgeschichte von den Anfängen bis heute*, New York/Berlin 2013. Die knappere „Weltgeschichte der Sklaverei“ des Althistorikers Egon Flaig ist stark in den Kapiteln zur Antike.

[71] Robert L. Paquette/Mark M. Smith, *The Oxford Handbook of Slavery in the Americas*, Oxford 2010. Seymour Drescher/Stanley L. Engerman (Hg.), *A Historical Guide to World Slavery*, Oxford/New York 1998. Paul Finkelman/Joseph C. Miller (Hg.), *MacMillan Encyclopedia of World Slavery*, 2 Bde., New York/London 1998. Rodriguez, *Encyclopedia*. Bradley/Cartledge (Hg.), World History 1. Eltis/Engerman (Hg.), World History 3.

[72] Peter Kolchin, *Unfree Labor. American Slavery and Russian Serfdom*, Cambridge MA 1987. Michael L. Bush (Hg.), *Serfdom and Slavery. Studies in Legal Bondage*, London/New York 1996.

[73] Michael Mann, *Sahibs, Sklaven und Soldaten. Geschichte des Menschenhandels rund um den Indischen Ozean*, Mainz 2012. Andrea Major, *Slavery, Abolitionism and Empire in India, 1772–1843*, Liverpool 2012.

[74] Robert Gerwarth/Stephan Malinowski, „Der Holocaust als ‚kolonialer Genozid‘? Europäische Kolonialgewalt und nationalsozialistischer Vernichtungskrieg“, in: *Geschichte und Gesellschaft* 33 (2007), 439–466. Birthe Kundrus, „Kontinuitäten, Parallelen, Rezeptionen. Überlegungen zu ‚Kolonialisierung‘ des Nationalsozialismus“, in: *WerkstattGeschichte* 43 (2006), 45–62.

[75] Tom Brass/Marcel van der Linden (Hg.), *Free and Unfree Labour. The Debate Continues*, Bern/Frankfurt am Main 1997 (Kurztitel: Brass/van der Linden (Hg.), Free and Unfree Labour).

tärsklaverei auf allen Hierarchieebenen präsent waren.[76] Dass Pomeranz Sklaverei und ähnliche Formen der Unterwerfung in China übersah, dürfte unter anderem daran liegen, dass die westlichen Termini von Ding („res"), Eigentum und Besitz dort unbekannt waren. Insofern konnten Unfreie in China keine Sklaven im europäischen Sinne sein – auch wenn viele in ähnlichen Verhältnissen lebten.[77] Eine andere begriffliche Unschärfe weist die *Cambridge History of World Slavery* auf: Umstandslos subsumieren die beiden Bände verschiedenste Formen unfreier Arbeit unter dem Buchtitel *Slavery*, ohne dies zumindest einleitend zu erläutern.[78] Auch die Aktivisten Siddartha Kara und Kevin Bales – bekannt durch ihre Bücher zu Arbeitsausbeutung heute – benutzen Sklaverei als Oberbegriff. Darunter fassen sie explizit auch Schuldknechtschaft und Leibeigenschaft[79] – ganz im Gegensatz zur Definition des International Labour Office (ILO), wonach diese drei Phänomene als unterschiedliche Formen „unfreier Arbeit" nebeneinander stehen.[80]

Es liegt auf der Hand, dass Unschärfe der Taxonomie analytische Probleme birgt. Dazu quer liegende Kategorien können die vergleichende Betrachtung verschiedener Formen unfreier Arbeit erleichtern. Dazu gehören die „root causes", d.h. strukturelle Faktoren, die das Aufkommen extremer Ausbeutung begünstigen. Darunter fällt zunächst die Bevölkerungsdichte. Wo große Flächen Landes verfügbar sind, aber kaum Arbeitskräfte, tendieren Machthaber dazu, sich freies Land mit unfreier Arbeit nutzbar zu machen. Das trifft auf die Plantagengebiete der „Neuen Welt" ebenso zu wie auf Afrika[81], das ostelbische Europa vom 16. bis ins 19. Jahrhundert oder die nordafrikanischen Latifundien, die das antike Rom mit Weizen versorgten.

Auch schwach entwickelte Staatlichkeit wirkt als „root cause". Sie erleichtert Einzelnen den Zugriff auf jene, die ein stärkerer Staat selbst kontrollieren würde – z.B. als Tribut- oder Steuerzahler. Auch dies trifft auf viele Regionen der Amerikas, Afrikas und Ostelbiens zu. Am anderen Ende des Machtspektrums steht der übermächtige Staat, von dem eine noch größere Bedrohung ausgeht, wie Zwangsarbeit und millionenfacher Tod unter stalinistischer, nationalsozialistischer oder maoistischer Herrschaft belegen.[82] Die NS-

---

[76] Pomeranz, Great Divergence, 80–82, 86–87, 158.

[77] Pamela Kyle Crossley, „Slavery in Early Modern China", in: Eltis/Engerman (Hg.), World History 3, 186–213, hier 186–188.

[78] Der erste Beitrag in Band 3, zu verschiedenen Formen von erzwungener Arbeit, wird dem kaum gerecht: David Eltis/Stanley L. Engerman, „Dependence, Servility, and Coerced Labor in Time and Space", in: Eltis/Engerman (Hg.), World History 3, 1–21.

[79] Siddartha Kara, *Bonded Labor. Tackling the System of Slavery in South Asia*, New York 2012, 3, 32 f. Kevin Bales, *Understanding Global Slavery. A Reader*, Berkeley 2005.

[80] ILO, *ILO Global Estimate of Forced Labour, Results and Methodology*, Genf 2012.

[81] Lovejoy, Transformations, 66–87.

[82] Marc Buggeln, *Slave Labour in Nazi Concentration Camps*, Oxford 2014.

Kriegswirtschaft zeigte, dass Systeme mit totalitären Machtmitteln die erste „root cause“ in ihr Gegenteil kehren können. Dem Arbeitskräftemangel begegnete das Regime mit massenhafter Ausbeutung von Kriegsgefangenen und Menschen, die als minderwertig galten. Namentlich Marc Buggeln hat sich mit der Frage beschäftigt, ob diese Zwangsarbeiter als Sklaven eingestuft werden können – und dies nicht nur deshalb, weil sie sich häufig selbst so sahen. Wegen der nicht behebbaren Arbeitskräfteknappheit in den Plantagenregionen oder im vormodernen Russland blieb ein Sklave bzw. ein Leibeigener dort von hohem ökonomischem Wert. Angesichts des nahezu unerschöpflichen Arbeitskräftereservoirs, welches das „Dritte Reich“ im Eroberungskrieg rücksichtslos ausbeuten konnte, sank dagegen der ökonomische Wert eines Zwangsarbeiters gegen Null.[83] „Vernichtung durch Arbeit“ war also nicht nur einem rassistisch-ideologischen Primat, sondern auch einer ökonomischen Komponente geschuldet.

In diesem Zusammenhang steht eine weitere „root cause“, die kaum ohne einen mächtigen Staat denkbar ist: groß angelegte Modernisierungsprojekte. In einem Aufsatz zu Arbeitsregimen unter NS-Herrschaft stellte Karl Heinz Roth verallgemeinernd fest, dass „rapide Wirtschaftsentwicklung und die Überwindung [...] von Engpässen nur unter breitem Einsatz unfreier Arbeit möglich sind“.[84] Er bezog sich dabei auf den entwickelten Kapitalismus, aber die Überlegung ist im Prinzip auch auf Projekte vor- und frühmoderner Gesellschaften anwendbar, wie Kanalbauten im China des 6. bis 7. Jahrhunderts oder der Bau der Großen Mauer vom 14. bis ins 17. Jahrhundert. Ein Musterbeispiel ist auch der Aufbau von Zuckerrohrplantagen in der Karibik, der in großem Stil im 17. Jahrhundert auf Jamaika und ab etwa 1700 auf Saint-Domingue in Angriff genommen wurde.[85] Erst diese „sugar revolution“ führte zu massenhaftem Einsatz von afrikanischen Sklaven und verschärfter Ausbeutung. Ein jüngstes Modernisierungsprojekt ist der Bau der Sportanlagen für die FIFA-Weltmeisterschaft 2022 in Katar. Mehr als eine Million Arbeiter sind dort unter Bedingungen beschäftigt, die denen der europäischen Schuldknechte bzw. „servants“ gleichen, die bis zur „sugar revolution“ in der Karibik arbeiteten. In den kommenden Jahren wird eine weitere Million hinzukommen. Einem ILO-Bericht zufolge werden dort bis 2022 mehr als 4.000

---

[83] Dirk Hoerder, *Cultures in Contact. World Migrations in the Second Millennium*, Durham/London 2002, 462.

[84] Karl Heinz Roth, „Unfree Labour in the Area under German Hegemony, 1930–1945. Some Historical and Methodological Questions“, in: Brass/van der Linden (Hg.), Free and Unfree Labour, 127–143, hier 129 (übers. von K.W.).

[85] Karsten Voss, *Das Entwicklungsprojekt Saint-Domingue unter den Sklavenhandelsmonopolen von 1697 bis 1715. Sklaven als Ware und Kapital*, München 2015, im Druck.

Arbeiter ums Leben kommen, wenn die Arbeitsbedingungen nicht deutlich verbessert werden.[86]

Die Gegenwart bietet weitere Beispiele. In den USA wurde die Sklaverei 1865 durch den 13. Zusatzartikel der Verfassung verboten, allerdings mit einer Ausnahme: Sie ist weiterhin zulässig als Strafe für Verbrechen. Heute weist das Land mit fast 750 Gefangenen pro 100.000 Einwohner die höchste Inhaftierungsquote weltweit auf, vor Ruanda (595) und Russland (568). In China liegt sie bei 120, in Deutschland bei 85 Strafgefangenen.[87] Von den 1920ern bis in die siebziger Jahre war die amerikanische Quote stabil auf niedrigerem Niveau und hat sich erst in der Zeit von 1977 bis 2005 vervierfacht – obwohl die Kriminalitätsrate bei Gewalt- und Eigentumsdelikten seit den frühen 1990ern zurückgegangen ist. Die Ausgaben für Gefängnisse sind ebenfalls gestiegen, aber proportional schwächer.[88] Das liegt auch daran, dass Bau und Unterhalt von Strafanstalten zunehmend privaten Unternehmen (teils aus der Hotelbranche) überlassen wird. Diese verkaufen die Arbeitskraft der Häftlinge an Industrie- und Dienstleistungsunternehmen verschiedenster Art. Entgegen den Bestimmungen der ILO müssen Gefangene in den USA einer Beschäftigung nicht zustimmen; auf Arbeitsverweigerung folgt Haftverschärfung.[89] Die Häftlinge selbst erhalten nur einen kleinen Anteil des gezahlten Lohns; der Großteil wird für den Unterhalt der Einrichtung und für ihre Betreiber abgezweigt. Mit ihren niedrigen Löhnen zieht diese „prison industry" bereits arbeitsintensive Produktionszweige aus der nordmexikanischen Maquiladora-Industrie an. Ländliche Gemeinden stehen im Wettbewerb um die Ansiedlung neuer Gefängnisse, die nun in strukturschwachen Regionen als positiver Wirtschaftsfaktor angesehen werden.[90] England, Schottland und Wales weisen mit etwa 150 Inhaftierten auf 100.000 Einwohner die höchste Quote in Westeuropa auf. Die Insel ist zugleich ein Vorreiter bei der Etablierung von „working prisons" diesseits des Atlantiks.[91]

---

[86] Asian-Pacific Forced Labour Network, *Absence of labor laws lead to human rights violations in Qatar*, www. apflnet.ilo.org/news, (26.11.2014).

[87] Roy Walmsley, *World Prison Population List,* 9th edition, London 2011 (Kurztitel: Walmsley, Prison Population List).

[88] John F. Pfaff, „The Empirics of Prison Growth. A Critical Review and Path Forward", in: *The Journal of Criminal Law and Criminology* 98-2 (2008), 547–619, hier 547–553.

[89] Patrick Belser/Michaelle de Cock/Farhad Mehran, *ILO Minimum Estimate of Forced Labour in the World*, Working Paper 4-1-2005,11, www.digitalcommons.ilr.cornell.edu/nondiscrim/7, (8.10.2014).

[90] Nile Bowie, „Profit Driven Prison Industrial Complex. The Economics of Incarceration in the USA", in: *Global Research* 6 (2012), www.globalresearch.ca/profit-driven-prison-industrial-complex-the-economics-of-incarceration-in-the-usa/29109, (5.5.2014).

[91] Walmsley, *Prison Population List*. Zu den „working prisons" informiert die britische Strafvollzugsverwaltung: www.justice.gov.uk/about/noms/working-prisons, (27.12.2014).

Unter den „root causes“ wäre es vor allem der schwache Staat, der diese Form von unfreier Arbeit begünstigt, indem er wesentliche Teile der exekutiven Gewalt nicht-staatlichen Akteuren überträgt. Gefängnisunternehmen und große Konzerne betreiben politische Lobbyarbeit, um über die Gesetzgebung höhere Haftstrafen und eine weitere Kriminalisierung bislang minderer Vergehen zu erreichen. Hier geht es beim schwachen Staat auch um den schwachen Sozialstaat. Der Sozialforscher Martin Seeleib-Kaiser resümierte, dass die „soziodemografischen Merkmale der Gefängnisinsassen in den USA [...] denen der Langzeitarbeitslosen in Europa“ ähneln.[92] Zwar sind „Afroamericans“ und „Hispanics“ unter den Insassen deutlich überrepräsentiert, aber formal wurden ethnische Merkmale zur Legitimierung des Arbeitszwanges durch soziale Merkmale ersetzt. „Prison labor“ erinnert damit an ein älteres Zwangsregime: das Arbeits- und Zuchthaus bzw. das „work house“, in dem bis ins 19. Jahrhundert (in der englischsprachigen Welt bis ins frühe 20. Jahrhundert) nicht nur Straftäter, sondern auch Arme, Alte, Obdachlose, Behinderte und Waisen zur Arbeit gezwungen wurden. Unfreie Arbeitsregime können also sehr wohl auch mit den jeweiligen Wohlfahrtsregimen kontextualisiert werden.

Die hier (notwendig in verkürzter Weise) vorgestellten Beispiele zeigen, dass die seit Jahrzehnten immer weiter verdichtete Forschung einige Begrifflichkeiten und Parameter hervorgebracht hat, die auch für die Analyse gegenwärtiger Prozesse hilfreich sein können. Insgesamt hat sich gezeigt, dass unfreie Arbeit unter globaler Perspektive die Regel war, während freie Arbeitsbeziehungen, wie sie sich insbesondere in der westlichen Welt nach dem Zweiten Weltkrieg entwickelt haben, eine große Ausnahme sind. Auch die in manchen Ländern wieder einsetzende „Kriminalisierung des ‚Lumpenproletariats‘“[93] wäre ein Beleg dafür. Von der Plantagensklaverei bis zur heutigen „prison labor“ zeigen verschiedene Formen erzwungener Arbeit, dass der fortgeschrittene Kapitalismus solche Ausbeutung nicht verdrängt, wie Karl Marx annahm. Unfreie Arbeit dürfte vielmehr eine seiner Grundlagen sein – wie für andere ökonomische und kulturelle Systeme auch.[94]

---

[92] Martin Seeleib-Kaiser, „Wohlfahrtssysteme in Europa: Annäherung des konservativen deutschen Modells an das amerikanische?“, in: *WSI Mitteilungen* 4/2014, 267–276, hier 274.

[93] Ebd., 267.

[94] Tom Brass, „Unfree Labour as Primitive Accumulation?“, in: *Capital & Class* 35 (2011) 1, 23–28.

Über die Ökonomie der Historiker und die Historie der Ökonomen

Streiflichter vom Beginn des 20. Jahrhunderts

Hinnerk Bruhns

„Denn nur *ökonomische* Tatbestände liefern das Fleisch und Blut für eine wirkliche Erklärung des *Ganges* auch der soziologisch relevanten Entwicklung." (Max Weber)[1]

Prolog

Um die Wende vom 19. zum 20. Jahrhundert befand sich die deutsche akademische Welt in der glücklichen Lage, dass Historiker und Ökonomen sich gelegentlich in heftigem Streit um die gleichen Gegenstände befanden: um die Zuständigkeit für die Geschichte der Wirtschaft, für die historische Analyse ökonomischer Fakten und die Theorie der wirtschaftlichen Entwicklung. Aus der Rückschau ist dabei oft gar nicht mehr recht klar, wer von den handelnden Personen eigentlich Ökonom oder Historiker oder gar Soziologe war. Als Hans-Ulrich Wehler zwischen 1971 und 1982 seine acht Bände *Deutsche Historiker* herausgab, griff er bewusst über die engen Fachgrenzen hinaus und zählte Gustav Schmoller, Max Weber, Werner Sombart, Joseph A. Schumpeter, Lujo Brentano, Eberhard Gothein und Rudolf Hilferding zu den „wichtigen deutschen Historikern", obgleich alle hier Genannten Inhaber ökonomischer Lehrstühle gewesen waren. Das galt von der Sache her auch noch für Max Webers Lehrstuhl in München, 1919/1920, als Nachfolger des Nationalökonomen Lujo Brentano. Gemäß Webers eigenem Vorschlag wurde der ihm übertragene Lehrauftrag folgendermaßen definiert: „*Gesellschaftswissenschaft*, Wirtschaftsgeschichte, Nationalökonomie".[2] Für Weber, der

[1] Max Weber, „Soziologische Grundkategorien des Wirtschaftens", in: Ders., *Wirtschaft und Gesellschaft. Soziologie. Unvollendet 1919–1920*, hg. von Knut Borchardt, Edith Hanke und Wolfgang Schluchter (*MWG I/23*), Tübingen 2013 (Kurztitel: MWG I/23), 216–448, hier 299.

[2] Brief Max Webers vom 19. Februar 1919 an Ministerialdirektor Franz Matt im bayerischen Staatsministerium für Unterricht und Kultus, in: Max Weber, *Briefe 1918–1920*, hg. von Gerd Krumeich und M. Rainer Lepsius in Zusammenarbeit mit Uta Hinz, Sybille

seine Vorlesungen mit seinen gleichzeitigen Arbeiten an *Wirtschaft und Gesellschaft* in Einklang bringen wollte, lag die Betonung auf Gesellschaftswissenschaft, für das Ministerium auf Nationalökonomie. Anderthalb Jahre später, in seinem Nachruf in *Der österreichische Volkswirt*, schrieb Joseph Schumpeter damals schon, Weber sei doch eigentlich Soziologe gewesen.[3] Er hätte sich dabei auch auf die selbstironische Bemerkung Webers aus dem März 1920 berufen können, er sei „nun einmal Soziologe geworden [...] (laut meiner Anstellungsurkunde!)".[4] Schumpeter werden wir gleich noch einmal begegnen, denn er ist ein gutes Beispiel dafür, wie unterschiedlich man in dieser Frage vor und nach dem Ersten Weltkrieg urteilte.

Der Konkurrenzkampf um die Geschichte der Wirtschaft war ein Nebenkriegsschauplatz, verglichen mit den drei großen Auseinandersetzungen, die in den Jahren um 1900 die deutschsprachige akademische Welt beschäftigten: der Lamprechtstreit, der Methodenstreit zwischen der deutschen historischen Schule der Nationalökonomie und der österreichischen Grenznutzenschule, und der sogenannte Bücher-Meyer-Streit über die Natur der antiken Wirtschaft. Diese allseits bekannten und hinlänglich erforschten Konflikte gehören zum Hintergrund, vor dem, weit weniger beachtet, ein „politischer Historiker"[5] eine wilde Attacke gegen das ehrwürdige Haupt der deutschen historischen Schule der Nationalökonomie ritt. Dieses erste Bild und auch die beiden folgenden sind hier nur als Streiflichter in Szene gesetzt, in der Absicht, ganz unsystematisch, eher impressionistisch die Konstellation von Ökonomie, Geschichte und Soziologie in den ersten Jahren des 20. Jahrhunderts zu beleuchten.

I. Georg von Below schießt auf Gustav Schmoller

Hauptdarsteller des ersten Aktes ist Georg von Below, Spezialist für Wirtschafts- und Verwaltungsgeschichte des Mittelalters, zur Zeit der Handlung Professor in Tübingen, seit 1901, und ab 1905 in Freiburg i. Br. Die Liste der Opfer seiner „rastlosen Agressivität"[6] ist lang. Hier interessiert nur die doppelte Salve, die er 1904 und 1907 auf Gustav Schmollers *Grundriß der all-*

Oßwald-Bargende und Manfred Schön (*MWG II/10*), Tübingen 2012, 466 (Kurztitel: MWG II/10). Zur Bezeichnung des Lehrstuhls cf. auch die Einleitung in MWG I/23, 24.

[3] Joseph A. Schumpeter, „Max Webers Werk", in: Ders.., *Dogmengeschichtliche und biographische Aufsätze*, Tübingen 1954, 108–117. Erstveröffentlichung in: *Der österreichische Volkswirt* 12 (1920), 831–834.

[4] Brief vom 9. März 1920 an Robert Liefmann, in: MWG II/10, 946–954, hier 946.

[5] Otto Gerhard Oexle, „Ein politischer Historiker: Georg von Below (1858–1927)", in: Notker Hammerstein (Hg.), *Deutsche Geschichtswissenschaft um 1900*, Stuttgart/ Wiesbaden 1988, 283–312.

[6] Ebd., 288.

gemeinen Volkswirtschaftslehre abfeuerte, der in zwei Teilen in den Jahren 1900 und 1904 erschienen war. Belows langer, in acht Folgen in der Zeitschrift für Sozialwissenschaft publizierter Aufsatz *Zur Würdigung der historischen Schule der Nationalökonomie* (1904) war im Wesentlichen ein Verriss des Ersten Teils von Schmollers *Grundriß*, sowie nebenbei auch einiger anderer seiner Arbeiten; dem Zweiten Teil widmete Below dann 1907 in der von ihm selbst mit herausgegebenen *Vierteljahrschrift für Sozial- und Wirtschaftsgeschichte* eine sehr kritische Betrachtung von mehr als 40 Seiten unter dem bezeichnenden Titel *Wirtschaftsgeschichte innerhalb der Nationalökonomie.*[7]

Interessanterweise führte Below seinen Angriff auf Schmoller und einige seiner nationalökonomischen Kollegen weder unter dem Banner einer Opposition zwischen Geschichte und Ökonomie, noch im Namen einer Wirtschaftsgeschichte, die in die alleinige Zuständigkeit der zünftigen Historiker falle. Tadel und Lob, die Below verteilte, lassen die fließenden Umrisse eines akademischen Feldes erkennen, dessen Grenzen nicht klar abgesteckt sind. Der Angriff auf Schmoller hatte zum Ziel, zu zeigen, dass dieser, allem zum Trotz, was man hören oder lesen könne, nicht „der Begründer der neueren Wirtschaftsgeschichte" (1904: 145) sei. Im Gegenteil, er habe hier nur einen schädlichen Einfluss ausgeübt, vor allem durch unprofessionelle Behandlung der Quellen (1907: 524, und passim). Schmoller habe es mit der „historischen" Nationalökonomie nicht ernst genug genommen, und es sei ein Armutszeugnis, wenn man diese so wie Schmoller praktiziere (1904: 148, 158). In seiner liebenswürdigen und bescheidenen Art fügte Below hinzu: „Es ist immer, vor allem aber in der Wissenschaft, bedenklich, wenn der Einfluß, den jemand besitzt, größer ist als sein geistiges Vermögen." Das unverdient große Prestige Schmollers beruhe darauf, dass die Historiker in ihm den Ökonomen, die Ökonomen jedoch in ihm den Historiker glaubten respektieren zu müssen (1904: 659). Es wirke aber befreiend, wenn man sich klar mache, „dass er eine spezifisch wissenschaftliche Kraft überhaupt nicht ist" (1907: 523). Noch viele Jahre später wirft er Schmoller vor, er führe dem Publikum die willkürlichsten Geschichtskonstruktionen vor und lehne „Be-

---

[7] Georg von Below, „Zur Würdigung der historischen Schule der Nationalökonomie", in: *Zeitschrift für Sozialwissenschaft* 7 (1904) [Einleitung (145–148), I. Schmollers *Grundriß der allgemeinen Volkswirtschaftslehre I.* (148–185), II. Schmoller in seinem Verhältnis zu B. Hildebrand (221–237), III. Schmollers Arbeiten zur Straßburger Verfassungs- und Wirtschaftsgeschichte (304–329), IV. Schmollers Stufentheorie (367–391), V. Einige Bemerkungen über „methodische Einzelforschung" und „realistische Detailarbeit" (451–466), VI. Ein Wort zur Verteidigung Roschers (654–659), VII. Schmollers „Schule" (710–716 und 787–804)] (Kurztitel im Text: 1904). – Ders., „Wirtschaftsgeschichte innerhalb der Nationalökonomie", in: *Vierteljahrschrift für Sozial- und Wirtschaftsgeschichte* 5 (1907), 481–524 [Rez. zu G. Schmoller, *Grundriß der allgemeinen Volkswirtschaftslehre.* Zweiter Teil, Leipzig 1904] (Kurztitel: Below 1907; im Text: 1907).

denken der Historiker und Juristen im Gefühl der höheren „staatswissenschaftlichen" oder gar „soziologischen" Erkenntnis von oben her ab."[8] Der Sonderdruck seines Aufsatzes von 1904, den Below an Max Weber schickt, bringt ihm eine unmissverständliche Zurechtweisung ein: „So wie *Sie* könnte ich ihn [Schmoller], obwohl Sie in allem Einzelnen recht haben, nicht behandeln." In einem weiteren Brief fügt Weber hinzu: „Es ist und bleibt ein Skandal, daß hier (wie bei Sombart) eine wirklich sachliche Kritik aus unserem Fach heraus nicht erfolgt und alles Ihnen überlassen bleibt, der Sie doch natürlicher- und berechtigter Weise, zunächst wenigstens, die Interessen der Historiker dabei vertreten. Erst hinterher trauen sich dann die Nationalökonomen hervor; bei Lamprecht war es ja ähnlich."[9]

Belows eigentliche Absicht war, zu zeigen, dass Schmoller mit seinem Ziel, eine historische Nationalökonomie zu gründen, gescheitert sei (1904: 148). Er warf ihm vor, sich in die Arme von „Soziologen und naturalistischen Metaphysikern" wie Morgan, Comte und Spencer geworfen zu haben (1904: 157 und 457). Auch befinde er sich in totaler Konfusion im Hinblick auf den Unterschied zwischen psychologischer Erklärung auf der einen, historischen, sozialen oder wirtschaftlichen Gesetzen auf der anderen Seite (1904: 148). Der Positivismus habe ihn mit Blindheit geschlagen, dergestalt, dass er die *Staatswissenschaft* als eine exakte Wissenschaft betrachte (1904: 327 f.). Ihm fehlten begriffliche Klarheit, die Quellen benutze er tendenziös und politisch (1904: 185), gegen Liberalismus und Demokratie, im Interesse eines starken Staates (1904: 314 f.), insgesamt eine „plump tendenziöse Geschichtsklitterung" (1904: 320). Damit ist die Anklageschrift zwar noch lange nicht erschöpft[10], wir können das hier jedoch nicht im Einzelnen verfolgen. Nur ein von der heutigen Wirtschaftswissenschaft ganz anders gewichtetes Argument sei noch angeführt. Below übernimmt es von Friedrich Meinecke und fügt ein negatives Vorzeichen hinzu. Es geht, wie Meinecke schreibt, um das, im Schmollerschen Sinn „große Ergebnis des absolutistischen Regimes", die „‚Einschulung' größerer sozialer Gruppen zu höherer Kulturarbeit in Dienste des Ganzen": Adel, Beamte, Fabrikanten, Handwerker. „Die ganze Weltgeschichte verwandelt sich so am Ende in einen riesigen Einschulungspro-

---

[8] Georg von Below, *Der deutsche Staat des Mittelalters. Ein Grundriß der deutschen Verfassungsgeschichte*, Leipzig 1914, 62.

[9] Briefe Max Webers an Georg von Below vom 17. und 19. Juli 1904, in: Max Weber, *Briefe 1903-1905*, hg. von Gangolf Hübinger und M. Rainer Lepsius in Zusammenarbeit mit Thomas Gerhards und Sybille Oßwald-Bargende (*MWG II/4*), Tübingen 2015, Zitate: 236 und 243.

[10] Zum weiteren Kontext cf. auch Wolfgang Neugebauer, „Zum schwierigen Verhältnis von Geschichts-, Staats- und Wirtschaftswissenschaften am Beispiel der Acta Borussica", in: Jürgen Kocka (Hg.), *Die Königlich Preußische Akademie der Wissenschaften zu Berlin im Kaiserreich*, Berlin 1998, 235–275, insbes. 271 f.

zeß".[11] Ohne Bezug auf Meinecke oder Below hat Birger Priddat die Idee des Einschulungsprozesses knapp ein Jahrhundert später in seiner Analyse des institutionellen Wandlungsprozesses in Schmollers Ökonomie wieder aufgenommen und insbesondere die sozialpolitischen Pläne Schmollers als Schulungsprozesse für die Arbeiterklasse im kapitalistischen Markt interpretiert.[12]

Wie unterscheidet Below nun gute und schlechte Historiker-Ökonomen innerhalb der Historischen Schule der Nationalökonomie? Auf den ersten Blick scheint das entscheidende, wenn nicht einzige Kriterium das des Verhältnisses zu Gustav Schmoller, bzw. Schmollers Verhältnis zu den verschiedenen Richtungen in der historischen Schule zu sein. Kritisiert Schmoller die *Ältere historische Schule*, dann gilt es, die übliche Unterscheidung zwischen den verschiedenen Generationen in Frage zu stellen und Roscher und Hildebrand gegen Schmoller zu verteidigen. Vor Schmoller war dann natürlich alles besser. Auch gilt es, sich auf die Seite von Bücher und Weber zu stellen, da beide sich gelegentlich von Schmoller distanziert haben. Im Gegenzug ist es dann aber nötig, Sombart zu kritisieren, der sich einmal zum Verteidiger Schmollers aufgeschwungen hatte.

Bei näherem Hinsehen zeigt sich, dass die Dinge doch nicht so einfach liegen. Gewiss, Below lobt den Nationalökonomen Bruno Hildebrand vom hohen Ross des zünftigen Historikers herab, da dieser „seine Gesichtspunkte als echter Historiker den Tatsachen selbst" abgewinne (1904: 234 f.). Andererseits aber ist Below überzeugt, dass „eine wirtschaftsgeschichtliche Arbeit eines Ökonomen, die kein theoretisches Ergebnis für die Nationalökonomie bringt, [...] *keine* gute historische Arbeit sein" könne (1904: 385).

Wenn aus der Perspektive des Historikers die Qualität einer wirtschaftshistorischen Arbeit eines Ökonomen am theoretischen Mehrwert für die Wirtschaftswissenschaft zu messen ist, dann kann das Verhältnis zwischen Ökonomie und Geschichte nicht anhand eines simplen Gegensatzes zwischen Theorie und Geschichte oder Empirie definiert werden. Für unsere Frage ist es unerheblich, ob Below aus guten oder schlechten Gründen den Arbeiten von Schmoller, Adolph Wagner und anderen diese Qualität des theoretischen Mehrwerts abspricht. Fragen wir lieber, bei welchen Ökonomen aus der historischen Schule er diese Qualität zu finden glaubt. Unter seinen Zeitgenos-

[11] Friedrich Meinecke, „Rez. zu G. Schmoller, *Umrisse und Untersuchungen zur Verfassungs-, Verwaltungs- und Wirtschaftsgeschichte besonders des Preußischen Staates im 17. und 18. Jahrhundert* (Leipzig 1898)", in: *Historische Zeitschrift* 83 (1899), hier 461 (Below 1907, 517 f.).

[12] Birger P. Priddat, *Die andere Ökonomie. Eine neue Einschätzung von Gustav Schmollers Versuch einer „ethisch-historischen" Nationalökonomie im 19. Jahrhundert*, Marburg 1995; ders., „Gustav Schmoller: L'économie comme moralité institutionnalisée", in: Hinnerk Bruhns (Hg.), *Histoire et économie politique en Allemagne de Gustav Schmoller à Max Weber. Nouvelles perspectives sur l'école historique de l'économie*, Paris 2004, 53–73.

sen sind dies vor allem Karl Bücher und Max Weber, die er daher konsequent gegen Schmoller ausspielt.[13] Bücher, der ansonsten natürlich auch von ihm kritisiert wird, habe, so Below, „mit einem Erfolg wie nicht viele andere Nationalökonomen einmal Wirtschaftsgeschichte insofern doziert, als er die Unterschiede der Zeiten aufwies" (1904: 370, cf. 374). Below lobt Büchers gründliches Quellenstudium und weist „zur Würdigung der Bedeutung der ‚Idealtypen' und auch speziell zur Würdigung der Bücherschen Konstruktion der Stadtwirtschaft" auf „die jetzt tief eindringenden Erörterungen von Max Weber" hin.[14] Das ist ein erstaunliches Urteil, wenn man an die gleichzeitige Verdammung Büchers durch so einflussreiche Historiker wie Eduard Meyer und Julius Beloch denkt. Beide, und viele andere, protestierten vehement gegen Büchers Schema der volkswirtschaftlichen Entwicklungsstufen, da dieses zur Konsequenz habe, dass die Wirtschaft der Antike als eine unterentwickelte, primitive Wirtschaft zu betrachten sei. Für Eduard Meyer und seine Mitstreiter, und später auch für Mikhail Rostovtzeff war der Unterschied zwischen antiker und moderner Wirtschaft dagegen nur quantitativer, nicht aber qualitativer Natur.

Es gab keine einheitliche Frontstellung der Historiker gegen die historische Schule der Nationalökonomie. Below preist Bücher für seine Verdienste um die Methode: Begriffsbildung auf der Grundlage einer gründlichen Kenntnis der Quellen und Bildung von Idealtypen. 1904 verteidigt er Bücher mit den gleichen Argumenten gegen die Historiker, wie Weber dies im gleichen Jahr und dann vor allem noch 1907/08 tut, als er die Frage der antiken Wirtschaft nun auch aus der Sicht der Entwicklung der modernen Wirtschaft wieder aufnimmt. Below bezieht sich *expressis verbis* auf Max Weber – er zitiert ihn ständig –, der in seiner ersten Darlegung der idealtypischen Methode (1904) diese am Begriff der Stadtwirtschaft exemplifiziert, die Bücher in das Schema seiner volkswirtschaftlichen Entwicklungsstufen aufgenommen hatte. Dabei handelt es sich jedoch keineswegs um ein Gelegenheitsbündnis zwischen Geschichtswissenschaft und Soziologie gegen die Ökonomie. Im Jahr 1904 ist für Below Gustav Schmoller der Soziologe, nicht aber

[13] Sombart wird in einen Sack mit Schmoller gesteckt, was auch mit persönlichen Antipathien zu tun haben mochte. Für Alexander Rüstow hat allein Sombart das Arbeitsziel der historischen Schule verwirklicht: „Sombarts ‚Kapitalismus' und das Arbeitsziel der Historischen Schule", in: Bernhard vom Brocke (Hg.), *Sombarts „Moderner Kapitalismus". Materialien zur Kritik und Rezeption*, München 1987, 378–393, hier 390. [Aus: *Revue de la Faculté de Sciences Economiques de l'Université d'Istanbul* 3 (1941/42), 78–92].

[14] Below verweist auf Max Weber, „Die ‚Objektivität' sozialwissenschaftlicher und sozialpolitischer Erkenntnis", in: *Archiv für Sozialwissenschaft und Sozialpolitik (AfSSp)* 19 (1904), 22–87. Below bezieht sich hier auf die Seiten 70 ff. [= Max Weber, *Gesammelte Aufsätze zur Wissenschaftslehre* [1922], hg. von Johannes Winckelmann, 7. Aufl. Tübingen 1988 (Kurztitel: Weber, Aufsätze zur Wissenschaftslehre), hier 196 ff.].

der Ökonom Max Weber. In dessen programmatischem Aufsatz, im ersten Band der neuen Folge des *Archivs für Sozialwissenschaft und Sozialpolitik*, „Die ‚Objektivität' sozialwissenschaftlicher und sozialpolitischer Erkenntnis", sieht er eine Kritik der Soziologie (1904: 461). Wie Weber darüber dachte, werden wir weiter unten sehen.

Indem Georg von Below Bücher und Weber gegen Schmoller auszuspielen versuchte, wies er auf eine reelle Kluft innerhalb der historischen Schule hin. Er sah jedoch nicht, oder wollte nicht sehen, dass Sombart, den er in die Schmoller-Ecke geschoben hatte, in Vielem eher auf Webers Seite stand und dass seine Rolle für die Ausformulierung theoretischer Positionen innerhalb der ‚jüngsten' historischen Schule weit bedeutender war als die von Karl Bücher, der im dritten Bild die Negativfolie abgeben wird.

II. Joseph A. Schumpeter, der besorgte Beobachter, oder: Was ist Theorie?

Die Historiker unter den Nationalökonomen lagen nicht nur unter Beschuss durch professionelle Historiker wie Below. Die eigentliche Frontlinie trennte sie natürlich von den modernen Ökonomen aus dem Umkreis der österreichischen Grenznutzenschule. Ein kluger, vor dem Weltkrieg noch unparteiischer Beobachter dieser Spannungen war Joseph Schumpeter. Max Weber hatte ihn gebeten, am ersten Band (Abteilung I: *Wirtschaft und Wirtschaftswissenschaften*) des *Grundriss für Sozialökonomik* mitzuarbeiten, der noch 1914 veröffentlicht wurde. Schumpeter widmete in seinem Beitrag über *Epochen der Dogmen- und Methodengeschichte* der Historischen Schule und der Grenznutzenschule ein gemeinsames Kapitel. Darin charakterisierte er die allgemeine Entwicklungstendenz der Wirtschaftswissenschaft mit folgenden Worten:

> „Eine neue Generation – auch von Anhängern der historischen Schule – wollte nicht mehr bei bloßer Tatsachensammlung verweilen und die ökonomische Theorie hatte unterdessen neues Leben gewonnen. Von einer Überwindung der letzteren konnte keine Rede mehr sein. Damit verlor die Methodendiskussion ihre polemische Spitze und es vollzog sich ein Wechsel des Themas: Man ging an die Untersuchung der Erkenntnistheorie der Geschichte, man fing an, in den Gedanken, mit denen der Historiker arbeitet, soziologische Probleme zu sehen."[15]

[15] Joseph Schumpeter, „Epochen der Dogmen- und Methodengeschichte", in: *Grundriss der Sozialökonomik* (*GdS*), Abt. I, Tübingen 1914 (Kurztitel: GdS I), 19–124, hier 108 f. Die nachfolgenden beiden Zitate, ebd. 109.

Eine zukunftsreiche Bewegung, wie Schumpeter urteilte, und er bezog sich dabei explizit auf eine Reihe von Aufsätzen Max Webers.[16] Doch die beginnende Übereinstimmung in der Methodenfrage werde jetzt in Frage gestellt durch eine Reaktion gegen die historische Schule, deren wichtigste wissenschaftliche Ursache „der Zug unserer Zeit nach der Theorie hin" sei. Der Aufschwung der historischen Schule sei – und hier zitiert er Gustav Schmoller – ein Element des allgemeinen Bemühens einer „einheitliche[n] Fundierung aller Geisteswissenschaften auf die geschichtlich-gesellschaftlichen Tatsächlichkeiten" gewesen; jetzt aber stehe man in einer entgegengesetzten Strömung, und man habe alle Aussicht, „das wenig erfreuliche Schauspiel zu erleben, daß die historische Schule die gleichen Ungerechtigkeiten erfährt, die sie seinerzeit der Theorie zugefügt hat."

Kaum mehr als drei Jahre später, unmittelbar nach dem Tode des 79-jährigen Gustav Schmoller, im Juni 1917, war es so weit. Unter dem Titel „Das theoretische System der kapitalistischen Wirtschaftsordnung" veröffentlichte Edgar Jaffé 1917 im *Archiv für Sozialwissenschaft und Sozialpolitik* eine Besprechung der im gleichen Jahr erschienenen *Grundsätze der Volkswirtschaftslehre* von Robert Liefmann. Jaffé, seit 1904 gemeinsam mit Weber und Sombart Herausgeber des *Archivs*, eröffnete seine Rezension mit der Feststellung, daß der Tod Schmollers das Ende „einer großen wissenschaftlichen Epoche und damit zugleich den Beginn einer neuen" bezeichne, in der das Pendel endlich immer stärker „zum Gebiet der theoretischen Analyse des wirtschaftlichen Geschehens" zurückschwinge. Und das sei gut so, denn die historische Richtung,

> „der fast alle führenden Lehrer der Wissenschaft im Deutschen Reiche bis heute angehören, bedeutet ja letzten Endes nichts weniger als den Verzicht auf eine auf eigenen Füßen stehende, d.h. nach eigener Methode arbeitende Wissenschaft überhaupt."

Charakteristisch für den Verzicht der Nationalökonomie auf eine eigene Methode sei

> „die Stellungnahme von Männern wie Max Weber und Werner Sombart, von denen ersterer [...] die national-ökonomische Theorie vollkommen vernachlässigt hat und auch gelegentlich seine Erwartungen bezüglich möglicher Resultate der reinen theoretischen Forschung auf ein Minimum beschränkt."[17]

---

[16] Schumpeter, ebd., 108 f., verweist auf Max Webers Aufsatz über „Roscher und Knies und die logischen Probleme der historischen Nationalökonomie", auf den Objektivitäts-Aufsatz sowie auf seine Abhandlung „Kritische Studien auf dem Gebiet der kulturwissenschaftlichen Logik", d.h. auf seine Kritik an Eduard Meyer; vgl. Weber, Aufsätze zur Wissenschaftslehre, 1–145, 146–214 und 215–290.

[17] Edgar Jaffé, „Das theoretische System der kapitalistischen Wirtschaftsordnung", in: *AfSSp* 44 (1917), 1–18, Zitate ebd., 1 f.

Sombart dagegen habe zwar die Notwendigkeit der theoretischen Unterbauung historischer Arbeiten stark betont, aber er verstehe unter Theorie doch eigentlich nur die historische Typenbildung und lehne Erörterungen über Wert, Preis usw. als überflüssig ab.[18]
Gegen diesen Querschuss aus dem eigenen Lager verwahrten Sombart und Weber sich noch im gleichen Band der gemeinsamen Zeitschrift. Sie betonten darin mit allem Nachdruck, daß sie „beide der sog. ‚Theorie', im Rahmen der Nationalökonomie, d.h. in unserem Sinne der rationalen Begriffs-, Typen- und Systembildung, worunter natürlich insbesondere die vermißten ‚Erörterungen über Wert, Preis usw.' fallen, die denkbar größte Bedeutung beimessen". Sie seien nur beide „Gegner *schlechter* Theorien und falscher Auffassungen ihres methodologischen *Sinnes*". Ihr Ziel sei gerade nicht der Verzicht auf eine eigene Methode, sondern im Gegenteil, „die nationalökonomische Forschung auf sichere Grundlagen zu stellen". Ihre Arbeiten hätten doch den Nachweis erbracht, dass es an der Zeit sei, die allzu lange die Diskussion beherrschende Alternative: ‚historisch' oder ‚theoretisch' durch eine andere, vertiefte Kennzeichnung der verschiedenen ‚Richtungen' in unserer Wissenschaft zu ersetzen.[19]

Der Vorwurf, die Theorie vernachlässigt zu haben, empörte Weber noch Jahre später. Ein kleiner Auszug aus einem Brief Webers an Robert Liefmann illustriert die Problematik besser als eine lange Abhandlung über die müßige Frage, wo Weber denn zwischen Ökonomie, Geschichte und Soziologie zu verorten sei. Weber reagiert hier auf Liefmanns Kritik, in seinen *Grundsätze(n) der Volkswirtschaftslehre* (1917), er habe in seinem Objektivitäts-Aufsatz von 1904 den „Erkenntniswert der ökonomischen Theorie" für gering veranschlagt. Das beruhe, so Liefmann, einerseits darauf, dass er die fundamentalen Fehler der bisherigen materialistischen Theorien nicht erkannt habe und dass er andererseits, „im Banne des theoretischen Skeptizismus, der die historische Richtung beseelte, an der Möglichkeit, aus dem heutigen theoretischen Marasmus herauszukommen, verzweifelte". Krasser konnte der Kontrast zu Schumpeters Urteil von 1914 über Webers Beitrag zur Theorie nicht ausfallen. Weber wehrt sich gegen Liefmann – und es ist evident, dass es sich hierbei um eine Auseinandersetzung *innerhalb* der Nationalökonomie handelt:

„Ich soll behaupten, der Erkenntniswert der Theorie sei ‚gering'. *Wo* wäre das geschehen? Die Theorie schafft Idealtypen und diese Leistung ist gerade bei mir die unentbehrlichste. Daß Soziologie und Wirtschaftsgeschichte Theorie *nie* ersetzen, ist eine meiner Grundüberzeugungen. – Mich interessieren [...] mehr die ‚speziellen' Zusammenhänge? *Ja*, wenn man die Frage: *Warum nur* im Okzident rationaler (Rentabilitäts-)Kapitalismus entstanden

[18] Vgl. ebd., 2.
[19] Werner Sombart und Max Weber, „Erklärung", in: *AfSSp*, 44 (1917), 348.

ist, einen ‚speziellen' Zusammenhang nennt! Es muß doch auch Leute geben, die dieser Frage nachgehen."[20]

Lag hier der von Below eingeforderte theoretische Mehrwert wirtschaftshistorischer Analysen für die Ökonomie?

III. Karl Büchers Minderleistung und Max Webers vorbildlose Soziologie

Webers Erwiderung auf Liefmann, aus der man noch sehr viel mehr zitieren könnte, entspricht nun gar nicht einer im Grunde längst überholten soziologischen Vulgata, zu deren Propagandisten sich kürzlich noch Jürgen Kaube in seiner Weberbiographie gemacht hat. Hier liest man nämlich:

„Doch die Jahre von 1890 bis 1904, in denen sowohl das Ende der feudalen Herrschaft wie die moderne Wirtschaftsmoral die treibenden Motive seines [Max Webers] Denkens sind, bilden eine abgeschlossene Periode. Was für eine Ironie: Ausgerechnet nach seiner Amerikareise beginnt Weber, sich vom Kapitalismus als seinem Lebensthema abzuwenden und sein Interesse daran in einen größeren, universalgeschichtlichen Zusammenhang zu stellen – den einer politischen Herrschaftsgeschichte."[21]

Es ist ein altes und müßiges Spiel, dieses oder jenes Thema zu Webers *eigentlichem* Thema zu machen. Aber wenn man schon einmal die Frage so stellt wie Kaube, dann ließe sich wohl mit sehr viel besseren Argumenten das umgekehrte Verhältnis feststellen, nämlich dass Weber die politische Herrschaftsgeschichte in den größeren Zusammenhang der ökonomischen Entwicklung stellt. Das Argument wäre nicht nur, dass Weber dies selbst so ausdrückt und dass er die ‚Soziologie' der Herrschaft in den *Grundriss der Sozialökonomik* einbezieht. Weber hatte sich eine ganze Reihe von zumeist ökonomischen Beiträgen für die geplanten Bände des *Grundriss* reserviert. Ob er alle geschrieben hätte, wenn der Krieg und sein früher Tod dies nicht verhindert hätten, sei dahingestellt. Nimmt man alles zusammen – also: *Wirtschaft und Gesellschaft* und die nicht geschriebenen Texte –, dann wird aus diesem Themenbündel deutlich, in welche Richtung in den Jahren unmittelbar vor Kriegsausbruch Webers wirtschaftswissenschaftliche Interessen gingen.[22] Für die vielbeschworene ‚soziologische' Wendung von Webers wissenschaftlichem Interesse ist nun eine Episode aus dem Jahr 1913 aufschluss-

[20] Brief Max Webers an Robert Liefmann vom 9. März 1920, in: MWG II/10, 946–954. Zitate aus Liefmann (S. 15 und 199) nach MWG II/10, 949, Anm. 11. Vgl. auch das Zitat in Anm. 12, in dem Liefmann (S. 17) in völliger Verkennung von Webers Methode das Bedürfnis nach klaren Begriffen dem Interesse an der Erkenntnis spezieller wirtschaftlicher Erscheinungen und ihrer historischen Entwicklung gegenüberstellt.

[21] Jürgen Kaube, *Max Weber. Ein Leben zwischen den Epochen*, Berlin 2014, 208.

[22] Dazu Hinnerk Bruhns, „Lectures économiques de Max Weber", in: *La Pensée* 314 (1998), 39–55.

reich, die unter dem Stichwort „Bücher's Minderleistung" heute gern zitiert, aber kaum wirklich erklärt wird.[23]

„Bücher's Minderleistung", so und auch anders drückte Weber seinen Ärger und seine Enttäuschung über Büchers Beitrag „Volkswirtschaftliche Entwicklungsstufen" zum ersten Band des *Grundriss* aus. Dieses Eingangskapitel sollte den Auftakt bilden zu dem ganzen Unternehmen, das den neuesten Stand der deutschsprachigen ökonomischen Forschung darstellen sollte. In Webers Augen war es völlig missraten. Nun konnte aber der 50jährige Privatgelehrte dem hochangesehenen und mit allen akademischen Würden ausgestatteten 67jährigen Ordinarius für Nationalökonomie an der Universität Leipzig schlecht seinen Beitrag zur Überarbeitung zurückschicken oder ihn gar ablehnen. Dass er in Briefen an Kollegen und an seinen Verleger wie ein Rohrspatz über Bücher schimpfte, das ist nicht weiter verwunderlich. Dass er jedoch im gleichen Atemzug, und nicht nur einmal, als Ersatz für Büchers missratene Darstellung der Entwicklungsstufen etwas völlig Neues und Vorbildloses ankündigt, nämlich „eine geschlossene soziologische Theorie und Darstellung [...], welche alle großen Gemeinschaftsformen zur Wirtschaft in Beziehung setzt", das ist erstaunlich. Hatte er Derartiges von Bücher erwartet? Oder war ihm bei der Lektüre von Büchers Kapitel aufgegangen, wie man die Frage der Entwicklungsstufen eigentlich angehen müsse, genauer noch: wie man zu einer Stufen*theorie* kommen könne?

Es mag lohnen, nicht nur den immer wieder angeführten Brief Webers an Paul Siebeck vom 30. Dezember 1913 zu zitieren, sondern eine längere Reihe seiner brieflichen Äußerungen[24] in diesem Zusammenhang:

8. Februar 1913 an Paul Siebeck:

„Ich bin eifrig an der Arbeit [am Handbuch]. Ich hoffe, der große Artikel: ‚Wirtschaft, Gesellschaft, Recht und Staat' wird das *systematisch* Beste, was ich bisher geschrieben habe, grade *weil* ich ihn jetzt *Bücher*'s wegen umarbeiten mußte und noch bis Anfang Mai damit zu thun habe (länger nicht). *Bücher*'s ‚Leistung' schickte ich an v. Wieser zur Kenntnisnahme, damit nichts kollidiert."

11. August 1913 an Johann Plenge:

„*Meine* persönlichen Ansichten über diesen Punkt [„*Stufentheorie*"] sind z. Zt. in starkem Wandel begriffen und – nachdem Bücher mich im Stich gelassen hat, denn was er lieferte, taugt nichts – werde ich frühestens bei einer etwaigen *Neu*auflage des ‚Handbuchs' in der Lage sein, zu *meinem* Teil etwas zu *diesem* Problem beizutragen, würde es aber lieber sehen, wenn Sie es thäten. Diesmal bildet mein Artikel ‚Wirtschaft und Gesellschaft' ganz *andre* Dinge als ‚Wirtschaftsstufen'. Die Arbeitskraft langt z. Z. nicht".

---

[23] So zuletzt auch Christoph Morlok, *Rentabilität und Versorgung. Wirtschaftstheorie und Wirtschaftssoziologie bei Max Weber und Friedrich Wieser*, Wiesbaden 2013, 179 f.

[24] Die nachfolgenden Briefzitate alle in: Max Weber, *Briefe 1913–1914*, hg. von M. Rainer Lepsius und Wolfgang J. Mommsen in Zusammenarbeit mit Birgit Rudhard und Manfred Schön (*MWG II/8*), Tübingen 2003, 87, 305, 344, 346 und 449 f.

3. November 1913 an Paul Siebeck:

„Ich *selbst* habe meinen Beitrag zu einer *Soziologie* ausgearbeitet, um Ersatz für *Bücher*'s Minderleistung zu bieten, habe daran noch zu thun."

4. November 1913 an Johann Plenge:

„Machen Sie doch jetzt, was Ihnen ‚Spaß' macht. Setzen Sie Sich, sobald Sie Luft haben, hin und schreiben in 1 Bogen Ihre Stufentheorie nieder, ganz populär, unsoigniert und rein didaktisch. Büchers Mscr. ist *so* miserabel und so wenig ‚Stufentheorie', daß ich dann diese Sache von Ihnen *sofort* drucke."

30. Dezember 1913 an Paul Siebeck:

„Da *Bücher* ja – ‚Entwicklungsstufen' – *ganz* unzulänglich ist, habe ich eine geschlossene soziologische Theorie und Darstellung ausgearbeitet, welche alle großen Gemeinschaftsformen zur Wirtschaft in Beziehung setzt: von der Familie und Hausgemeinschaft zum ‚Betrieb', zur Sippe, zur ethnischen Gemeinschaft, zur Religion (*alle* großen Religionen der Erde umfassend: Soziologie der Erlösungslehren und religiösen Ethiken, – was Tröltsch gemacht hat, jetzt für *alle* Religionen, nur wesentlich knapper), endlich eine umfassende soziologische Staats- und Herrschafts-Lehre. Ich darf behaupten, daß es noch *nichts* dergleichen giebt, auch kein ‚Vorbild'."

Was hat das alles mit Büchers Entwicklungsstufen zu tun, genauer: mit dem, was Weber von Bücher erwartet hatte? Es gibt zumindest einige Indizien: In der von Weber 1913 angekündigten, aber erst nach dem Krieg redigierten *Soziologie* – bislang generell als Teil I von *Wirtschaft und Gesellschaft* bezeichnet –, im Kapitel über die „Soziologische[n] Grundkategorien des Wirtschaftens" sind Büchers Arbeiten ein ganz wesentlicher Bezugspunkt[25]; auch ist Bücher der einzige Ökonom, den Weber in seiner Vorbemerkung zu diesem Kapitel nennt und auf den er sich bezieht. Er hatte also mit den Entwicklungsstufen nicht den ganzen Bücher über Bord geworfen.

Aber was hatte Weber von ihm für den *Grundriss* erwartet? Das ergibt sich zumindest teilweise aus seiner früheren Einschätzung des so heftig umstrittenen Buches von Bücher über *Die Entstehung der Volkswirtschaft*, das 1893 in erster, 1913 schon in neunter Auflage erschienen war.[26] Im Anschluss an die Kontroversen über die *Protestantische Ethik* hatte Weber in den Jahren 1907/08 seine Untersuchungen über die Entstehungsbedingungen des modernen Kapitalismus zunächst auf die Antike ausgeweitet. Um die Natur der antiken Wirtschaft drehte sich in diesen Jahren der sog. Meyer-Bücher-Streit

---

[25] Cf. Peter Spahn, „Max Weber et la typologie des modes d'activités industrielles de Karl Bücher", traduit de l'allemand par Pierre Monnet, in: Hinnerk Bruhns/Jean Andreau (Hg.), Sociologie économique et économie de l'Antiquité: à propos de Max Weber, in: *Cahiers du Centre de recherches historiques* 34 (2004), 115–132 [http://ccrh.revues.org/223].

[26] Zu Bücher cf. vor allem Beate Wagner-Hasel, *Die Arbeit des Gelehrten. Der Nationalökonom Karl Bücher (1847–1930)*, Frankfurt am Main/New York 2011.

zwischen den ökonomisch interessierten Historikern und den historisch arbeitenden Ökonomen. Webers Position in diesem Streit ist oft als vermittelnd bezeichnet worden. Das ist, vom wissenschaftlichen Standpunkt aus gesehen, nicht nur eine falsche, sondern eine nichtssagende Aussage. In seinen Ausführungen *Zur ökonomischen Theorie der antiken Staatenwelt*[27] stellt Weber sich hinter Bücher, indem er die wirtschaftlichen Entwicklungsstufen als Idealtypen interpretiert, und nicht als Darstellungen der historischen Entwicklung der Wirtschaft. Weber geht noch einen Schritt weiter: anstatt nach einer Beziehung zwischen Formen der Wirtschaft und Größe oder Ausdehnung der politischen Strukturen (Oikos, Stadt, Staat) zu suchen, interessiert er sich für die Natur der Wirtschaftssysteme und deren Entwicklungspotential. Er fragt vor allem nach dem Verhältnis und den Wechselwirkungen zwischen der ökonomischen Eigenart der Antike und der politischen Eigenart der antiken Gemeinwesen. Zentral wird daraus dann die Frage der Wirtschaftspolitik der Verbände, die Frage nach der Stadtwirtschaftspolitik im Mittelalter und in China. Weber muss überzeugt gewesen sein, dass Bücher die Entwicklungsstufen im gleichen Sinn aufgefasst hatte: als idealtypische Begriffe, als begriffliche Instrumente für die Analyse der Wirklichkeit.

Nichts oder fast nichts davon findet sich in dem Kapitel, das Bücher zu Anfang des Jahres 1913 für den *Grundriss der Sozialökonomik* liefert. Bücher war zurückgefallen in ein Dreistufenschema der Wirtschaftsentwicklung, das sich ausschließlich am Umlauf von Gütern und Waren orientierte: geschlossene Hauswirtschaft (Eigenproduktion, tauschlose Wirtschaft), Stadtwirtschaft (Kundenproduktion, Stufe des direkten Austausches), Volkswirtschaft (Warenproduktion, Stufe des Güterumlaufs). Natürlich betonte er, dass die Bildung von „*Stufen* der Entwicklung“ dem Ziel diene, die Komplexität und Vielfalt der volkswirtschaftlichen Erscheinungen begrifflich zu fassen, dass sie Abstraktionen seien, die sowohl die Übergänge zwischen den Stufen ausscheiden, wie die Überbleibsel aus früheren Zuständen, dass dieses Schema die Unterschiede stärker hervortreten lasse als in der Wirklichkeit, und dass es keine universelle Gültigkeit in Anspruch nehmen könne. Insofern war Bücher, wie schon in seinen früheren Arbeiten, nicht weit entfernt von Webers Idealtypen. Weber seinerseits aber war schon sehr viel weiter als Bücher mit seiner bescheidenen Definition von 1913:

„Unsere Entwicklungsstufen werden also nur die Bedeutung für sich in Anspruch nehmen können, daß sie die Zustände in ihrem inneren Zusammenhang kennzeichnen, welche die

[27] Das Einleitungskapitel zum Artikel „Agrarverhältnisse im Altertum“, in der 3. Auflage des *Handwörterbuch(s) der Staatswissenschaften* (1909), jetzt in: Max Weber, *Zur Sozial- und Wirtschaftsgeschichte des Altertums. Schriften und Reden 1893–1908*, hg. von Jürgen Deininger (*MWG I/6*), Tübingen 2006 (Kurztitel: MWG I/6), 320–373.

verschiedenen Völker vom Anfange ihrer ökonomischen Entwicklung nacheinander durchlaufen haben."[28]

Das war nun für Weber „*so* miserabel und so wenig ‚Stufentheorie'", dass er selbst daran gehen musste, „eine geschlossene soziologische Theorie und Darstellung [auszuarbeiten], welche alle großen Gemeinschaftsformen zur Wirtschaft in Beziehung setzt". Wesentliches dazu hatte er damals ja schon konzipiert: im Eingangskapitel zu den „Agrarverhältnissen im Altertum" („Zur ökonomischen Theorie der antiken Staatenwelt", redigiert 1907/08, publiziert 1909), in *Die Stadt* (ca. 1911–1913/14, publiziert posthum 1921) und in „Die Wirtschaft und die Ordnungen" (1913/1914).[29]

Miserabel, gewiss, und furchtbar langweilig würde ein heutiger Leser hinzufügen. Aber was bedeutet das „so wenig" in Bezug auf die Stufentheorie? Liegt die Lösung des Rätsels in Webers Zusatz, einen Beitrag von Büchers Schüler Johann Plenge über die Stufentheorie würde er „*sofort*" drucken? Ob Weber daran wirklich seine Freude gehabt hätte, kann man mit Recht und Fug bezweifeln, wenn man Plenges lange Abhandlung über *Grundlegung der vergleichenden Wirtschaftstheorie* aus dem Jahr 1917 liest.[30]

Interessant ist hier zunächst die Bedeutung, die der Stufentheorie in diesen Jahren noch zugemessen wird. Die Aufstellung der natürlichen Wirtschaftsstufen sei eine der wichtigsten und fruchtbarsten wissenschaftlichen Entdeckungen gewesen, die man getrost der vergleichenden Staatstheorie des Aristoteles gleichstellen könne. Dieses Niveau sei mit der Einfügung der Stadtwirtschaft durch Schönberg in das Schema erreicht worden. Nur habe dieser seine Jugendtheorie leider vergessen, und als Bücher sie nach 25 Jahren erneuerte, habe er starr an Schönberg festgehalten, „ohne irgendwie den großen

---

[28] Karl Bücher, „Volkswirtschaftliche Entwicklungsstufen", in: GdS I (1914), 1–18, hier 6.

[29] Zum Handwörterbeitrag „Agrarverhältnisse im Altertum" s. die Einleitung und den Editorischen Bericht von Jürgen Deininger in: MWG I/6, 34 ff. und 300–317, zu *Die Stadt* die Einleitung von Wilfried Nippel in: Max Weber, *Wirtschaft und Gesellschaft. Die Wirtschaft und die gesellschaftlichen Ordnungen und Mächte, Teilband: Die Stadt*, hg. von Wilfried Nippel (*MWG I/22-5*), Tübingen 1999. Zur Datierung von „Die Wirtschaft und die Ordnungen" s. den Editorischen Bericht von Werner Gephart und Siegfried Hermes in: Weber, *Wirtschaft und Gesellschaft. Die Wirtschaft und die gesellschaftlichen Ordnungen und Mächte*, Teilband: Recht (*MWG I/22-3*), Tübingen 2010, 175–190.

[30] Johann Plenge, „Grundlegung der vergleichenden Wirtschaftstheorie", in: *Annalen für Soziale Politik und Gesetzgebung* V (1917), 39–100. Die folgenden Zitate: ebd., 97, 99 und 47. In einem vorhergehenden Aufsatz über „Wirtschaftsstufen, Wirtschaftsentwicklung" (in: *Annalen für Soziale Politik und Gesetzgebung* IV (1916), 495–529) hatte Plenge nachweisen wollen, dass Gustav von Schönberg mit seiner Untersuchung „Zur wirtschaftlichen Bedeutung des deutschen Zunftswesens" (in: *Jahrbücher für Nationalökonomie und Statistik*, 1867) der eigentliche Urheber der fälschlicherweise Karl Bücher zugeschriebenen Stufentheorie (bei Schönberg: Wirtschaftszustände) und des zentralen Begriffs der Stadtwirtschaft gewesen sei.

inneren Forderungen gewachsen zu sein, die in der Stufentheorie enthalten lagen." Damit meinte er vor allem eine weltgeschichtliche Ausweitung der Theorie. So sei Bücher eben nicht der Aristoteles der vergleichenden Wirtschaftstheorie geworden, sondern nur ein Scholastiker, der sie „mit peinlicher Sorgfalt auf ihre Lehrbarkeit hin durchdachte und im Kleinen bereicherte". Plenge fühlte sich selbst zum Aristoteles berufen und stempelte daher Sombart und Oppenheimer zu Büchers Epigonen, die die Kernfragen nicht durchdrungen hätten. Max Weber dagegen, „der aus seiner Generation berufenste", sei leider durch seinen berechtigten Widerspruch gegen Büchers Neuzeichnung der Oikentheorie von Rodbertus „in einen Gegensatz zur Stufentheorie getreten, der ihn später von einem festen methodischen Zusammenschluß seiner Ergebnisse abhielt".

Nun konnte Plenge zu dieser Zeit zwar noch nicht wissen, dass Weber die aristotelische Theorie der Herrschaftsformen um eine ganz andere, neuartige ergänzen und auch die Theorie der wirtschaftlichen Entwicklungsstufen völlig neu ordnen würde; ob er das aber richtig begriffen und als einen Schritt zur Neukonzeption der Stufentheorie begriffen hätte, ist fraglich. In der Nachkriegsfassung von *Wirtschaft und Gesellschaft*, in seiner „Soziologie", griff Weber das Problem der ökonomischen Entwicklungsstufen wieder auf, um darauf hinzuweisen, dass man neuerdings genauer zwischen Arten der *Wirtschaft* und Arten der Wirtschafts*politik* unterscheide:

„Die von Schönberg präludierten *Schmoller*schen und seitdem abgewandelten Stufen: Hauswirtschaft, Dorfwirtschaft – dazu als weitere ‚Stufe': grundherrliche und patrimonialfürstliche Haushalts-Wirtschaft –, Stadtwirtschaft, Territorialwirtschaft, Volkswirtschaft waren in *seiner* Terminologie bestimmt durch die Art des wirtschaftsregulierenden *Verbandes*. Aber es ist nicht gesagt, daß auch nur die Art dieser Wirtschafts*regulierung* bei Verbänden verschiedenen Umfangs verschieden wäre".[31]

Die deutsche Territorialwirtschaftspolitik sei in weitem Umfang nur eine Übernahme der stadtwirtschaftlichen Regulierungen gewesen, und ihre neuen Maßnahmen seien nicht spezifisch verschieden gewesen von der merkantilistischen Politik relativ rationaler Staatsverbände. Auch sei vor allem nicht gesagt, daß die „innere Struktur der Wirtschaft" (d.h. die Art der Leistungsspezifikation, der Verteilung der Leistungen, die Art der Appropriation von Arbeitsverwertung, Beschaffungsmittel und Erwerbschancen)

„mit demjenigen Umfang des Verbandes parallel ging, der (möglicher!) Träger einer Wirtschafts*politik* war und vollends: daß sie mit dem Umfang dieses immer gleich*sinnig* wechsle. Die Vergleichung des Okzidents mit Asien und des modernen mit dem antiken Okzident würde das Irrige dieser Annahme zeigen".[32]

---

[31] Weber, „Soziologische Grundkategorien des Wirtschaftens", in: MWG I/23, 302.
[32] Ebd., 303.

Zurück in die Jahre 1913 und 1914, zu Webers Zorn und Enttäuschung über „Bücher's Minderleistung", der wir paradoxerweise Webers vorbildlose Soziologie verdanken. Wenige Wochen vor dem Ausbruch des Ersten Weltkriegs schreibt Weber an Georg von Below, er werde wohl im Winter daran gehen, „einen ziemlich umfangreichen Beitrag zum ‚Grundriß der Sozialwissenschaften' [gemeint ist der *Grundriss der Sozialökonomik*] drucken zu lassen, der die Form der politischen Verbände *vergleichend* und systematisch behandelt [...]". Er führt dann ein konkretes Beispiel an, den Vergleich zwischen dem, „was der mittelalterlichen Stadt *spezifisch* ist" und dem, „was *andern* Städten (antiken, chinesischen, islamischen) *fehlte*". Das ist nicht, wie man vielleicht vermuten könnte, eine *captatio benevolentiae* gegenüber dem Mediävisten Below, dessen Buch *Der deutsche Staat des Mittelalters. Ein Grundriß der deutschen Verfassungsgeschichte* (1914) Weber gerade erhalten hat. Denn darin spielt die Stadt nur eine sehr untergeordnete Rolle, und der Vergleich mit anderen Epochen liegt außerhalb des Gesichtskreises von Below. Es geht, so Weber, um die prinzipielle Feststellung, „was die *Geschichte* gerade uns darbieten *soll*", und darin sei er sich mit Below absolut einig. Er fährt fort: „*Dann* ist es Sache der *Geschichte*, uns dies *Spezifische* kausal zu *erklären*. [...] Jene, *sehr* bescheidene, *Vor*arbeit kann uns ja die Soziologie, wie ich sie verstehe, liefern."[33] Selbst sein „*sehr* eilig geschriebener Aufsatz" über antike Agrargeschichte (i.e.: *Agrarverhältnisse im Altertum*) habe in dieser Hinsicht doch Nutzen gestiftet.

Soziologie? Theoretischer Mehrwert wirtschaftshistorischer Analysen für die Ökonomie? Natürlich, und so unrecht hatte Marianne Weber nicht, als sie nach dem Tod ihres Mannes das unter seinen nachgelassenen Papieren aufgefundene „Konvolut Formen der Stadt" unter dem Titel *Die Stadt. Eine soziologische Untersuchung* im *Archiv für Sozialwissenschaft und Sozialpolitik* veröffentlichte. Als Weber im Juni 1914 den gerade erwähnten Brief an Below schrieb, da lag das Manuskript *Die Stadt* schon so auf seinem Schreibtisch, wie es dann 1921 publiziert wurde.

[33] Brief an Georg von Below vom 21. Juni 1914, in: MWG II/8, 723 f. Die vorausgehende Korrespondenz ist leider nicht erhalten. Weber hatte Below vor allem auch mit dem Argument gewinnen wollen, dass er die Deutsche Gesellschaft für Soziologie (DGS) als Plattform für Untersuchungen ansehe, die „zum Teil nur kollektiv gemacht werden können". Zu Webers Plänen (und deren Scheitern) für die DGS, vor allem auch in Bezug auf den Verein für Sozialpolitik, cf. Hinnerk Bruhns, „Ville et campagne: quel lien avec le projet sociologique de Max Weber?", in: *Sociétés Contemporaines* 49–50 (2003), 13–42. Es wird generell übersehen, dass Weber 1918 und 1919, Heinrich Herkners Vorschlag annahm, sich zu einem der beiden stellvertretenden Vorsitzenden des Vereins für Sozialpolitik wählen zu lassen.

Epilog

„Was tut der Name ‚*Soziologie*'?", hatte der Nationalökonom Max Weber im Sommer 1909 an Georg von Below geschrieben, als er den Wirtschaftshistoriker noch einmal, allerdings vergeblich, dazu bewegen wollte, sich doch für eine Mitarbeit in der Deutschen Gesellschaft für Soziologie zu entscheiden, deren Gründung gerade bevorstand.[34] Auf die Ökonomie des Historikers mochte der Soziologe so wenig verzichten wie auf die Historie des Ökonomen.

[34] Brief Max Webers an Georg von Below vom 28. Juni 1909, in: Max Weber, *Briefe 1909–1910*, hg. von M. Rainer Lepsius und Wolfgang J. Mommsen in Zusammenarbeit mit Birgit Rudhard und Manfred Schön (*MWG II/6*), Tübingen 1994, 154.

Von der „Alchemie der Zukunft“ zum Glauben der Väter

Hermann Bahrs Erlösungshoffnung und Geschichtsdenken zwischen Nationalökonomie und Katholizismus

Barbara Beßlich

In seiner Rede *Wissenschaft als Beruf* ärgert sich Max Weber über religiös gestimmte Zeitgenossen, die geschmäcklerisch in einer gottlosen Mystik der Moderne schwelgen und sich eklektisch eine stimmungsvolle private Pseudo-Religion basteln. Religion, sagt Weber, entsteht nicht dadurch,

> „daß manche moderne Intellektuelle das Bedürfnis haben, sich in ihrer Seele sozusagen mit garantiert echten, alten Sachen auszumöblieren, und sich dabei dann noch daran erinnern, daß dazu auch die Religion gehört hat, die sie nun einmal nicht haben, für die sie aber eine Art von spielerisch mit Heiligenbildchen aus aller Herren Länder möblierter Hauskapelle als Ersatz sich aufputzen oder ein Surrogat schaffen in allerhand Arten des Erlebens, denen sie die Würde mystischen Heiligkeitsbesitzes zuschreiben und mit dem sie – auf dem Büchermarkt hausieren gehen. Das ist einfach: Schwindel oder Selbstbetrug.“[1]

Den orientierungslosen Zeitgenossen empfiehlt Weber statt den frei vagierenden religiösen Suchbewegungen eine Rückkehr zu traditionellen Glaubensformen: „Wer das Schicksal der Zeit nicht männlich ertragen kann, dem muß man sagen: Er kehre lieber, schweigend, ohne die übliche öffentliche Renegatenreklame, sondern schlicht und einfach, in die weit und erbarmend geöffneten Arme der alten Kirchen zurück.“[2] Die konfessionelle Reversion, die Weber als Lösungsvorschlag für intellektuelle Erlösungshoffnungen unterbreitet, hatten manche Zeitgenossen in ihrem persönlichen Lebensweg zum Zeitpunkt von Webers Rede bereits hinter sich gebracht. So auch Hermann Bahr (1863–1934), der österreichische Schriftsteller, der von Maximilian Harden als

---

[1] Max Weber, „Wissenschaft als Beruf“, in: Max Weber, *Wissenschaft als Beruf 1917/1919 – Politik als Beruf 1919*, hg. von Wolfgang J. Mommsen und Wolfgang Schluchter in Zusammenarbeit mit Birgitt Morgenbrod (*MWG I/17*), Tübingen 1992, 71–111 (Kurztitel: Weber, Wissenschaft als Beruf), hier 108 f. Zu Webers Kritik an solchen Ersatzreligionen und seiner Vorstellung von einem spezifisch intellektuellen Erlösungsbedürfnis in der Moderne vgl. Gangolf Hübinger, „Intellektuelle, Intellektualismus“, in: Hans G. Kippenberg/Martin Riesebrodt (Hg.), *Max Webers „Religionssystematik“*, Tübingen 2001, 297–314.

[2] Weber, Wissenschaft als Beruf, 110.

„Mann von übermorgen" um die Jahrhundertwende gefeiert worden war und sich selbst in seiner Autobiographie als „Mann von vorgestern" ironisierte.[3] Bahr hatte 1913 mit 50 Jahren zum Katholizismus zurückgefunden, allerdings nicht „schweigend", „schlicht und einfach", sondern mit allerlei literarischen Begleiterscheinungen.

Im Folgenden soll Bahrs Weg von seinen wissenschaftsenthusiastischen Anfängen als Student der Nationalökonomie über seine Wissenschaftsskepsis hin zu seiner katholischen Konversion nachgezeichnet werden mit dem Augenmerk auf den literarischen Zeugnissen, in denen Bahr diese Entwicklung reflektiert und damit „auf dem Büchermarkt hausieren" geht. Damit soll Bahr einerseits als ein Beispiel für die von Weber kritisch beobachtete religiöse Gefühligkeit im frühen 20. Jahrhundert sichtbar gemacht werden. Andererseits soll auch deutlich werden, dass Bahr als Student und Doktorand der Nationalökonomie in den 1880er Jahren in Berlin in ähnlichen Diskussions- und Problemzusammenhängen wie Weber wurzelt, aber für sich eine grundsätzlich andere Option wählt. Der Österreicher Bahr hat immer wieder auf seine reichsdeutschen nationalökonomischen Lehrjahre zurückgegriffen. Sie sind Grundlage für sein publizistisches Engagement im Ersten Weltkrieg, seinen katholisch-danubischen Entwurf der „Ideen von 1914", die er gegen Johann Plenges Münsteraner Variante verteidigte.[4] Bahr selbst hatte den Eindruck, „daß diese drei Berliner Jahre, von 1884–1887, alles was ich bin, aus mir hervorgeholt haben" und ihm signalisierten, „was mir vom Schicksal zugewiesen ist: von meinem Platz aus, soviel ich kann, mitzuhelfen an der Form der neuen Menschheit".[5]

Die folgende Darstellung knüpft dankbar an die Forschungen Gangolf Hübingers zur Intellektuellengeschichte an und versucht, sie für eine kulturhistorisch orientierte Literaturgeschichte fruchtbar zu machen: Während Hübinger sich vor allem den kulturprotestantisch geprägten reichsdeutschen „Gelehrten-Intellektuellen" zuwendet und methodisch Intellektuellengeschichte und Wissenschaftsgeschichte aufeinander bezieht,[6] soll hier ein österreichischer katholischer Schriftsteller-Intellektueller im Mittelpunkt stehen, der in der deutschen Wissenschaft hospitiert, um sich dann der Literatur und der Religion zuzuwenden. Damit versucht diese Studie, methodisch

---

[3] Hermann Bahr, *Selbstbildnis*, Berlin 1923, 2 (Kurztitel: Bahr, Selbstbildnis).

[4] Hermann Bahr, „Die Ideen von 1914", in: *Hochland* 14.1 (1916/17), 431–448. Die briefliche Auseinandersetzung über die Ideen von 1914 zwischen Johann Plenge und Hermann Bahr ist dokumentiert in Johann Plenge, *Zur Vertiefung des Sozialismus*, Leipzig 1919, 38–89.

[5] *Das Hermann-Bahr-Buch. Zum 19. Juli 1913*, hg. vom S. Fischer Verlag. Berlin 1913, 16 f.

[6] Gangolf Hübinger, „Intellektuellengeschichte und Wissenschaftsgeschichte", in: Ders., *Gelehrte, Politik und Öffentlichkeit. Eine Intellektuellengeschichte*, Göttingen 2006, 9–28.

Hübingers Zusammenschluss von Intellektuellen- und Wissenschaftsgeschichte um die literaturhistorische Perspektive zu ergänzen und darüber hinaus auf einige Forschungsdesiderate aufmerksam zu machen: Zum einen gehört Hermann Bahr zu den vielen Dichtern der klassischen Moderne, die auch einmal Nationalökonomie studiert haben. Es ist bisher nicht hinreichend untersucht worden, inwiefern dieses Studium auch für das literarische Werk der Autoren prägend war. Zum anderen täte es einer kulturhistorisch ausgerichteten Germanistik wohl, in einer interdisziplinären Öffnung ihre Forschungsobjekte nicht nur gattungsästhetisch als Dramatiker, Romanciers oder Lyriker zu begreifen, sondern Gestalten wie Hermann Bahr, die nicht nur fiktional, sondern vor allem auch essayistisch und weltanschauungsliterarisch die kulturellen und politischen Belange ihrer Zeit kommentieren, als Intellektuelle zu verstehen.[7]

Hermann Bahr kam 1884 mit 21 Jahren nach Berlin und hatte bereits zuvor an der Universität Wien, neben seinem eigentlichen Studium der Philologie und Philosophie, die Nationalökonomie, in Wien vertreten durch Lorenz von Stein, als neue Wissenschaft kennengelernt. Nach Berlin zog es den Bismarck-Schwärmer eigens wegen der Nationalökonomie und deren politischen Einflussmöglichkeiten, hatte Bahr doch davon gehört, dass Adolph Wagner als „Berater [von Bismarcks Sozialreform], ja gar ihr Inspirant galt".[8] Bahr bekannte sich als „leidenschaftlicher Adolf [sic] Wagnerianer", und dazu gehörte auch „von vorneherein ein Mißtrauen gegen Schmoller", dessen Seminar „ich unerträglich langweilig" fand.[9] An die Nationalökonomie stellte Bahr Erwartungen, die weit über das hinausgingen, was man von einem regulären Universitätsstudium üblicherweise gewärtigte. Bahr erhob die noch junge Wissenschaft zur neuen Leitdisziplin, die nicht nur die Philosophie als Königin der Wissenschaften ablöste, sondern sich auch im Kampf mit den erfolgreichen Naturwissenschaften zu behaupten wusste:

> „Ich war nach Berlin gegangen, um Nationalökonomie zu studieren, eine Wissenschaft, von der ich zwei Jahre früher noch kaum den Namen kannte; sie war eben erst Mode geworden. Alle Fragen, die wir jungen Leute vergebens an die ratlose Philosophie wiederkäuender Epigonen (die Schriften Nietzsches wußte der Klüngel ja damals noch sorgfältig

[7] Zu einer solchen kulturhistorisch erweiterten Betrachtung Bahrs (wenn auch unter Aussparung einer spezifisch intellektuellengeschichtlichen Perspektive) riet erstmals Gotthart Wunberg, „Hermann Bahr – ein Fall für die Kulturwissenschaften", in: Johann Lachinger (Hg.), *Hermann Bahr. Mittler der europäischen Moderne*, Linz 2001, 197–203.

[8] Bahr, Selbstbildnis, 173. Zu Bahrs Studium der Nationalökonomie vgl. Barbara Beßlich, *Wege in den ‚Kulturkrieg'. Zivilisationskritik in Deutschland 1890–1914*, Darmstadt 2000, 196–207. Gottfried Schnödl, „Vom ‚Zusammenhang im All' – Hermann Bahr als Student der Nationalökonomie", in: Martin Anton Müller/Claus Pias/Gottfried Schnödl (Hg.), *Hermann Bahr. Österreichischer Kritiker europäischer Avantgarden*, Bern 2014, 15–37.

[9] Bahr, Selbstbildnis, 204.

zu sekretieren)[,] an die in ihrem ewigen tristen Ignorabimus erstarrende Naturwissenschaft stellten, schien diese neue Wissenschaft noch am ehesten Antwort zu verheißen; und sie gab sich für eine Lehre vom Leben der Nation aus, wie mußte das die Jugend eines Volkes locken, das eben versuchte, zur Nation zu werden!"[10]

Die Nationalökonomie als Orientierungsweiser und Sinnstifter wird von Bahr aber nicht nur nationalpolitisch interpretiert, sondern darüber hinaus religiös gefärbt und mit regelrechten Heilsqualitäten versehen. Die Erlösungshoffnung, die auf die Nationalökonomie appliziert wurde, formuliert Bahr utopisch überformt so: Die Nationalökonomie

„war uns fast, was den Neugierigen heute der Okkultismus ist: Einsicht in die geheimsten, Völkerschicksal bestimmenden Kräfte versprachen wir uns ja von ihr, auch wir wollten zaubern lernen, eine glücklichere würdigere Zukunft der Menschheit herbeizaubern. Ihr galt ja nicht bloß Erkenntnis, sie verlangte nach Tat, sie half die Zukunft meistern, die Gestalt einer neuen Welt entwerfen, uralte Träume der Sehnsucht verwirklichen. Und sie war nicht bloß Wissenschaft, sie war auch noch Kunst: sie war die Wissenschaft von der geheimen Kunst, aus Arbeit Gold zu machen; wirklich als Alchemie der Zukunft empfanden wir sie."[11]

Eine solche Vorstellung von einer „Alchemie der Zukunft" versammelte ein gerüttelt Maß an überweltlicher Sehnsucht auf das Studium der Nationalökonomie, das Hermann Bahr bei Adolph Wagner neben illustren Kommilitonen anging, die später wegweisend für die Wirtschafts- und Sozialwissenschaften wie auch für die europäische Politik werden sollen: Gemeinsam mit Hermann Bahr pilgerten zum Seminar in Wagners Haus in Charlottenburg die späteren Professoren für Nationalökonomie und Staatswissenschaften Heinrich Dietzel und Werner Sombart, Karel Kramár (Führer der tschechischen Nationalbewegung während des Ersten Weltkriegs und erster Ministerpräsident der tschechoslowakischen Republik), Wolfgang Heine (Führer des nationalistisch-antisemitischen „Vereins deutscher Studenten", Herausgeber von dessen Verbandsorgan *Kyffhäuser*, später Sozialdemokrat und Reichstagsabgeordneter) und Michael Hainisch (österreichischer Bundespräsident von 1920–28).

Seit dem Sommer 1885 arbeitete Bahr an einer Dissertation über „Die Entwicklung vom Individualismus zum Socialismus", die mit der Aufklärung anheben, mit Rodbertus, Marx und Engels enden und dabei, so ambitiös wie halsbrecherisch, Ökonomie, Philosophie, Politik, Literatur, bildende Kunst sowie erkenntnis- und wissenschaftstheoretische Überlegungen verbinden sollte.[12] Im April 1886 lag Wagner das Ergebnis von Bahrs Bemühungen vor, das er allerdings alsbald an den Doktoranden zur Überarbeitung zurückgab,

[10] Ebd., 171 f.

[11] Ebd., 172.

[12] Vgl. die Briefe von Bahr an seinen Vater vom 26. Juli 1885 und vom 19. April 1886, in: Hermann Bahr, *Briefwechsel mit seinem Vater*, ausgewählt von Adalbert Schmidt. Mit einem Nachwort und Register, Wien 1971, 100 f. und 117.

denn was er las, war für Wagner viel zu breit angelegt und wissenschaftlich zu wenig abgesichert. Bahr hat die Dissertation nie fertiggestellt oder neu eingereicht, aber Teile seiner Arbeit hat er zu Aufsätzen umgearbeitet, die er erst 1886/87 in Pernerstorfers Zeitschrift *Deutsche Worte* veröffentlichte und dann in seine Essaysammlung *Zur Kritik der Moderne* 1890 aufnahm. Im germanistischen Kontext blieb bisher vernachlässigt, dass weite Teile (genauer: ein Fünftel) von Hermann Bahrs literarisch Epoche machender Proklamation *Kritik der Moderne* aus dem nationalökonomischen Diskussionszusammenhang transferiert wurden. Diese Programmschrift der Wiener Moderne speist sich aus Berliner Studien und zeigt eindrücklich, wie wichtig es ist, Berliner und Wiener Moderne nicht als Gegenmodelle zu fassen, sondern in einer Kontaktgeschichte aufeinander zu beziehen;[13] und diese von der Germanistik als ästhetisches Manifest verstandene Essaysammlung illustriert auch, dass diese literarische Programmatik eine wissenschaftliche Vorgeschichte und Komponente hat, die es in einer Intellektuellengeschichte, die Wissenschafts- und Literaturgeschichte integriert, zu würdigen gilt.

In ihren ersten Abschnitten widmet sich Bahrs *Kritik der Moderne* keineswegs der Literatur, sondern dem Kapitalismus, dem Liberalismus, der Rationalität, der Intellektualität sowie dem Subjektivismus, und es erfolgt ein Aufruf zur Überwindung des Individualismus. Im Individualismus sieht Bahr die Weltanschauung des sich gegen den Feudalismus auflehnenden Bürgertums, eine Weltanschauung, die sich aber im 19. Jahrhundert zum Selbstzweck jenseits des Aufstandsmediums entwickelt habe. Die Vernunft sei dabei maßlos überschätzt worden und zum „kalten Räsonnement" verkommen.[14] Diese Warnung vor einer sich selbst überhebenden Vernunft verbindet sich mit einer Gelehrsamkeitskritik der Aufklärung, die die Intellektualität zu Lasten ursprünglichen Empfindens gefeiert habe: eine „Aera der Studierstube, des Nurzerebralmenschenthums".[15] Der Abwertung der Vernunft folgt die Aufwertung der Nerven, die als neues Perzeptionsmedium entdeckt werden und schließlich im Wiener Kontext zur Nervenkunst weiter entwickelt werden. Ihren Ursprung hat diese literarische Innovation auch hier wieder im nationalökonomischen Dissertationsprojekt, wenn Bahr formulierte: Das „höchste

---

[13] Zu einer solchen Kontaktgeschichte vgl. Peter Sprengel, Gregor Streim, *Berliner und Wiener Moderne. Vermittlungen und Abgrenzungen in Literatur, Theater, Publizistik*. Mit einem Beitrag von Barbara Noth, Wien/Köln/Weimar 1998.

[14] Hermann Bahr, „Die Weltanschauung des Individualismus", in: *Deutsche Worte* 7 (1887), 59–70, hier 65, wieder abgedruckt in: Ders., *Zur Kritik der Moderne. Gesammelte Aufsätze. Erste Reihe,* Zürich 1890 (Kurztitel: Bahr, Zur Kritik der Moderne), 35–49 (Kurztitel: Bahr, Die Weltanschauung des Individualismus).

[15] Bahr, Die Weltanschauung des Individualismus, 67.

Gebot an jeden Einzelnen kann nicht anders lauten als dahin: bis in die Fingerspitzen nervös zu sein.“[16]

Während Bahr in seinen Berliner Studienjahren die im deutschen Kaiserreich vorherrschende kulturprotestantisch timbrierte Hochschätzung der Wissenschaft in seiner Vorstellung von der Nationalökonomie als Heilslehre und „Alchemie der Zukunft“ radikalisierte,[17] verschoben sich zu Beginn des 20. Jahrhunderts die Akzente. Er stand der Wissenschaft zunehmend skeptisch gegenüber und zeigte sich beeindruckt von der „ungeheuren religiösen Sehnsucht unserer Zeit“.[18] In seiner Essaysammlung *Inventur* beobachtet er 1912:

> „Ganz England und Deutschland ist jetzt neuer Propheten voll, und allen diesen seltsam nach Zukunft verlangenden Menschen wie Campbell, Jatho, Traub, Artur Bonus, dem sozialistischen Zürcher Pfarrer Hermann Kutter, dem Wanderprediger Johannes Müller, dem Schwarmgeist Josua Klein, treibt die Sehnsucht Scharen zu.“[19]

Die religiöse Erneuerung wird von Bahr deutlich als ein länderübergreifendes Phänomen gekennzeichnet, und während er hier den deutsch-englischen Brückenschlag betont, streicht er in anderem Zusammenhang die deutsch-französische Gemeinsamkeit in den religiösen Suchbewegungen heraus.[20] Und im Blick auf Frankreich ist dann nicht mehr so sehr die „frei vagierende Religiosität“ (Nipperdey) jenseits der Kirchen zentral, sondern die katholische Erneuerungsbewegung, die vor allem im frühen 20. Jahrhundert eine Angelegenheit von Literaten wurde. Der *Renouveau catholique* ist für Bahr bedeutsam, da er hier Konversionen beobachten kann bei Schriftstellern, die er einst um ihrer dekadenten und ästhetizistischen Qualitäten willen im Jungen Wien beworben hatte.[21] Paul Bourget, Joris-Karl Huysmans oder Maurice Barrès führten Bahr modellartig vor, dass es einen Weg von den schwarzen

---

[16] Bahr, „Das transzendentale Korrelat der Weltanschauungen“, in: *Deutsche Worte* 6 (1886), 322–331, hier 331, wieder abgedruckt unter dem geänderten Titel „Die Herkunft der Weltanschauungen“ in: Ders., Zur Kritik der Moderne, 5–17.

[17] Zu dieser Bildungsreligion im Kulturprotestantismus vgl. Gangolf Hübinger, *Kulturprotestantismus und Politik. Zum Verhältnis von Liberalismus und Protestantismus im wilhelminischen Deutschland*, Tübingen 1994, 170–190.

[18] So ein Tagebucheintrag Bahrs vom 20. August 1911, abgedruckt bei Erich Widder, *Hermann Bahr. Sein Weg zum Glauben*, Linz 1963, 89–113, hier 109.

[19] Bahr, „Als ob“, in: Ders., *Inventur*, Berlin 1912, 60 (Kurztitel; Bahr, Inventur).

[20] Bahr beobachtet eine religiöse Zeitenwende, als „Eucken in Deutschland, Bergson in Frankreich erschienen und weckten das Gefühl für die Geheimnisse wieder auf, für das unbekannte Hinterland im Menschen und im Leben, das unserer Vernunft nicht erreichbar und doch von uns als Heimat unserer Handlungen empfunden wird.“ (Bahr, „Religion“, in: Ders., Inventur, 63).

[21] Die nachträglichen Stilisierungen dieses französischen Einflusses in Bahrs *Selbstbildnis* untersucht Stefanie Arend, „Hermann Bahrs Auseinandersetzung mit Maurice Barrès im Kontext seiner ‚Konversion‘“, in: Wilhelm Kühlmann/Roman Luckscheiter (Hg.), *Moderne und Antimoderne. Der Renouveau catholique und die deutsche Literatur*, Freiburg 2008, 187–204.

Messen der dekadenten Religiosität zur katholischen Religiosität als Ausweg aus der Décadence gab.[22]

Als Bahr zum Katholizismus zurückfindet, wird dies zunächst, einigermaßen abgelegen, in Johannes Müllers *Grünen Blättern zur Pflege des persönlichen und gemeinschaftlichen Lebens,* öffentlich. Bahr bekannte im Austausch mit Müller:

> „Nur im Gottesdienst der katholischen Kirche, am schönsten freilich in kleinen Dorfkirchen beim Amt am Sonntag erlebe ich dieses höchste Geheimnis, daß an den Teilnehmern der Leidenszug der eigenen Existenz plötzlich verlischt [...]. Sonst bin ich das nur noch zuweilen in durch Musik erregten Versammlungen oder bei starken Ausbrüchen gemeinsamer Not gewahr geworden, bei der neunten Sinfonie und beim Bayreuther ‚Parsifal' oder bei Aufzügen streikender Arbeiter."[23]

Diese Confessio Bahrs sorgte sogleich für Aufmerksamkeit, Häme und genüssliches Fremdschämen; Egon Friedell erklärte *Bahrs Katholizismus* zum aktuellen intellektuellen Klatsch-Thema schlechthin.[24] Arthur Schnitzler debattierte mit Bekannten „über Bahrs neuesten Katholizismus" und notierte im Tagebuch, gleichsam mit hochgezogener Augenbraue: „er bedarf der Sacramente".[25] Man zweifelte an der Aufrichtigkeit von Bahrs Bekenntnis. Stefan Großmann sah hier jenen „Schwindel" und „Selbstbetrug" einer pseudo-religiösen Modeerscheinung gegeben, den Max Weber einige Jahre später in *Wissenschaft als Beruf* (wie eingangs zitiert) als „allerhand Arten des Erlebens" beschrieb, denen der nach Erlösung suchende Intellektuelle „die Würde

---

[22] Vgl. hierzu Jens Malte Fischer, *Fin de siècle. Kommentar zu einer Epoche*, München 1978, 91. Diese Entwicklung von der Décadence zum Katholizismus ist für die englische Literatur untersucht (vgl. etwa Hildegard Feinendegen, *Dekadenz und Katholizismus. Konversion in der englischen Literatur des Fin de siècle,* Paderborn, München 2002), bedarf aber für die deutschsprachige Literatur noch einer gründlichen Aufarbeitung.

[23] Johannes Müller, „Eine Unterhaltung mit Hermann Bahr über die Kirche", in: *Grüne Blätter zur Pflege persönlichen und gemeinschaftlichen Lebens* 16 (1913), 178–192, hier 192.

[24] „Vor einigen Wochen kam in einer Gesellschaft ein Mensch auf mich zu und sagte: ‚Nun, was ist denn Ihre Ansicht über –'. ‚Pardon, mein Herr', erwiderte ich verbindlich, ‚ich habe Kellermanns ‚Tunnel' nicht gelesen, werde ihn auch nicht lesen und ersuche Sie dringend, mich nicht mit derartigen Fragen zu belästigen.' Der Mensch sagte jedoch ganz erstaunt: ‚Aber wer spricht denn heute noch vom ‚Tunnel'? Ich meine selbstverständlich: was ist Ihre Ansicht über Hermann Bahrs Katholizismus?' Da mußte ich denn erkennen, daß ich mich blamiert hatte, und daß die Frage, die jetzt jedermann an jedermann stellt, eine andre geworden war." (Egon Friedell, „Bahrs Katholizismus", in: *Die Schaubühne* 10, 18 [1914], 489–493, hier 489).

[25] Arthur Schnitzler, *Tagebuch 1913–1916*, unter Mitwirkung von Peter Michael Braunwarth, Richard Miklin, Susanne Pertlik, Walter Ruprechter und Reinhard Urbach hg. von der Kommission für literarische Gebrauchsformen der Österreichischen Akademie der Wissenschaften, Wien 1983, Tagebucheintrag vom 22. März 1914, 105 (Kurztitel: Schnitzler, Tagebuch 1913–1916).

mystischen Heiligkeitsbesitzes" zuschreibt.[26] Großmann sezierte Bahrs einfühlende Beobachtung der Gläubigen in der Dorfkirche als geistiges Schmarotzertum und religiösen Voyeurismus:

„Das ist ein absoluter Beweis der Unechtheit des Bekenntnisses. Bahr hat bei dem berühmten kleinen ‚Dorfkirchlein' gestanden und hat die Frömmigkeit der anderen wahrgenommen. Er war ein Zuschauer fremder Religiosität! Ward je in solcher Laun' ein Gott erkämpft? [...] Nur kann man sich das Erwachen Gottes in einem Herzen nicht beim Zugucken zur Frömmigkeit der andern vorstellen. Der Katholizismus ist doch keine ansteckende Krankheit?"[27]

Es ist erstaunlich, dass Bahr auf diesen Vorwurf noch geraume Zeit später in seinem *Selbstbildnis* indirekt reagierte, wenn er einräumte: „Ich muß zu meiner Beschämung gestehen [...], daß [...] ich zunächst nur auf Probe, sozusagen versuchsweise Katholik wurde", und es ihm zu Beginn vor allem auf den „Gewinn psychologischer Erfahrung" ankam.[28] Aber es blieb nicht bei diesem katholischen „Anschmecken", sondern das konfessionelle Bekenntnis rückte in den folgenden Jahren ins Zentrum von Bahrs literarischem Schaffen. Ernst Troeltsch beobachtete Bahrs religiöse Wende interessiert und wertete sie nicht nur als binnenreligiöses Phänomen, sondern sprach ihr auch eine wissenschaftliche Rückwirkung und eine Kulturbedeutung für *Die Revolution in der Wissenschaft* zu.[29] Hermann Bahrs Weg zum Glauben war nämlich für ihn auch ein Weg weg von der Wissenschaft. 1917 erschien seine Abhandlung *Vernunft und Wissenschaft*, in der er mit Brunetière den „Bankerott der Wissenschaft" erklärt, seinen Katholizismus verteidigt gegen den Verdacht der modischen Attitüde und beteuert:

„Nicht der Vorwurf, mich andächtelnd zu betäuben, meine Verzweiflung einzuschläfern, in wogenden Entzückungen zu schwelgen, [...] trieb mich heim. Das Getue monistischer

[26] Weber, Wissenschaft als Beruf, 109.

[27] Stefan Großmann, „Bahrs Dorfkirchlein", in: *Die Schaubühne* 10 (1914), 265–267, hier 266 f.

[28] Bahr, Selbstbildnis, 297.

[29] Ernst Troeltsch verweist in *Die Revolution in der Wissenschaft* auf Hermann Bahrs Band zum *Expressionismus* (Berlin 1916): „Übrigens ist hier daran zu erinnern, daß schon 1916 Hermann Bahr, dieser untrügliche Seismograph des Geistes, in seinem Buche ‚Expressionismus' auf diese Zusammenhänge hingewiesen hat und seinerseits den Vorangang der Franzosen mit Bergson an der Spitze scharf beleuchtet hat". (Ernst Troeltsch, „Die Revolution in der Wissenschaft", in: Ders., *Rezensionen und Kritiken [1915–1923]*, hg. von Friedrich Wilhelm Graf in Zusammenarbeit mit Diana Feßl, Harald Haury und Alexander Seelos (Kritische Gesamtausgabe, Band 13), Berlin/New York 2010, 519–563, hier 545). Allerdings scheint mir hier für Troeltsch neben Bahrs *Expressionismus* auch Bahrs Kriegserklärung an die herkömmliche Wissenschaft in *Vernunft und Wissenschaft* ein weiterer zentraler Referenztext zu sein. Und der Verweis auf Bergson findet sich bereits 1912 bei Bahr, Inventur, 63.

Trunkenheit in auflösenden Allgefühlen war mir immer zum Ekel. Nicht aus Hysterie bin ich fromm".[30]

Das liest sich wie eine Abwehr gegen Webers Spott über die „öffentliche Renegatenreklame" der Neureligiösen im Umfeld von Eugen Diederichs und seinem Verlag in *Wissenschaft als Beruf*,[31] und es schiene mir gewinnbringend, Bahrs *Vernunft und Wissenschaft* als zeitgenössisches Dokument in die Diskussion über die posthistoristische Krise der Wissenschaft im frühen 20. Jahrhundert miteinzubeziehen.[32]

Bahr wurde es sehr ernst mit seinem Katholizismus, und er hat davon nicht nur in *Vernunft und Wissenschaft* faktual Zeugnis gegeben,[33] sondern sich auch fiktional mit dem Weg von der Wissenschaft zum Katholizismus auseinandergesetzt in seinem Roman *Himmelfahrt*, der 1916 erstmals erschien und 1919 bereits in 16. Auflage greifbar war. *Himmelfahrt* (für Schnitzler ein

---

[30] Bahr, *Vernunft und Wissenschaft*, Innsbruck 1917, 41 (Kurztitel: Bahr, Vernunft und Wissenschaft).

[31] Vgl. hierzu Friedrich Wilhelm Graf, „Das Laboratorium der religiösen Moderne. Zur ‚Verlagsreligion' des Eugen Diederichs Verlag", in: Gangolf Hübinger (Hg.), *Versammlungsort moderner Geister. Der Eugen Diederichs Verlag – Aufbruch ins Jahrhundert der Extreme*, München 1996, 243–298.

[32] Bei Richard Pohle, *Max Weber und die Krise der Wissenschaft. Eine Debatte in Weimar,* Göttingen 2009, etwa fehlt Bahr.

[33] Da *Vernunft und Wissenschaft* die herkömmliche Wissenschaft verabschiedet („sie hatte nur noch dem Nutzen, dem Geschäft, dem Erwerb zu dienen. […] Wir verloren das Vertrauen zum Denken; auch die Logik wurde degradiert. Wir verloren die Sprache; Mauthner hat uns auch diesen letzten Aberglauben zerstört"; Bahr, Vernunft und Wissenschaft, 40), war es nur konsequent, dass Bahr beim Wiederabdruck der Abhandlung einen neuen Titel wählte: „Vernunft und Glaube", in: Ders., *Summula*, Leipzig 1921, 53–112. Vgl. auch die Entgegnung von Fritz Mauthner, „Vernunft und Wissenschaft. Ein offener Brief an Hermann Bahr", in: *Berliner Tageblatt* vom 2.9.1917. Ein solcher Abschied von der Wissenschaft als Lebensform meint aber nicht, dass Bahr nicht weiterhin die (nationalökonomischen) Schriften seiner ehemaligen Kommilitonen interessiert registriert. So rezensiert er die neue Auflage von Sombarts *Der Geist des Kapitalismus* enthusiastisch (Bahr, *1917*, Innsbruck, München, Wien 1918, 15–20), begeistert sich für Max Webers *Politik als Beruf* (Bahr, *1919*, Leipzig, Wien, Zürich 1920, 286 f. und 300–304) und stellt für sich ein nationalökonomisches Pandämonium zusammen, zu dem neben Sombart „seit Wagner und Schmoller abgetreten sind [...] Karl Bücher, Heinrich Dietzel, Josef Redlich, Max Weber, Franz Oppenheimer, Plenge und Schumpeter allenfalls noch – Simmel" gehören (Bahr, *1917* [s.o.], 18). Eugen Diederichs macht Bahr brieflich auf Max Webers Auftritt bei den Lauensteiner Tagungen aufmerksam. Bahr fasst diese Lauensteiner Tagungen als eine „Art Verschwörung der heimlich noch an den deutschen Geist zu glauben Gewillten, wo ‚besonders Max Weber das unausbleibliche Schicksal, noch mehr bureaukratisiert zu werden, in schwarzen Farben malte'." (Bahr, *Tagebücher 2*, Innsbruck/Wien/München 1919, 60 f.).

„katholisirender Roman; ein unleidliches Geschwätz“[34]) erzählt die Rückkehr des österreichischen Grafen Flayn zum Glauben der Väter. Dieser Graf Flayn erscheint in vielerlei Hinsicht als aristokratisches *alter ego* seines Autors. Gemeinsam mit Bahr hat er vor allem auch eine wissenschaftliche Vergangenheit. In seiner Sehnsucht nach Sinn und Orientierung in einer irrationalen Welt hatte Graf Flayn in einem neufaustischen Rundumschlag zuerst „die Wissenschaften abgesucht, erst Botaniker bei Wiesner, dann Chemiker bei Ostwald, in Schmollers Seminar, auf Richets Klinik, bei Freud in Wien, gleich darauf bei den Theosophen in London“.[35] Diese wissenschaftliche Odyssee war angetrieben von der Hoffnung auf „Erkenntnis nicht um der Erkenntnis willen, sondern weil er eine Sicherheit, richtig zu handeln“ (24) wollte. Enttäuscht muss Graf Flayn feststellen, dass danach „die Wissenschaft nicht [fragt], darauf antwortet sie nicht“ (25). Die Erlösungssehnsucht hatte Graf Flayn zuletzt gar zum Spiritismus getrieben, und er war in London einem betrügerischen „Medium“ zum Opfer gefallen. Enttäuscht zieht er sich auf das Familienanwesen in der österreichischen Provinz zurück und beobachtet die gutsherrlich-landwirtschaftliche Tätigkeit seines älteren Bruders als sehr viel sinnvollere Arbeit als die eigene wissenschaftliche Umtriebigkeit. Wenn Graf Flayn den ökonomischen Alltag auf dem Land „mit der leeren Geschäftigkeit, dem unfruchtbaren Hochmut, der lärmenden Nichtigkeit der ‚Geistigen‘, der ‚Intellektuellen‘ verglich, war ihm um jede Stunde leid, die er in dieses bodenlose Faß geworfen hatte“ (53). Im Gespräch mit einem befreundeten Künstler lässt Graf Flayn die religiösen Suchbewegungen seiner Zeit Revue passieren. Der an Gustav Klimt gemahnende Maler Höfelind erläutert Graf Flayn:

> „Nein, sicherlich ist es mit dem Spiritismus auch nichts. So wenig als mit den anderen Propheten. Lauter betrogene Betrüger. Es spukt ja jetzt überall, ein neuer Glaube geht um, oder doch Sehnsucht nach ihm, wir haben einen starken religiösen ‚Betrieb‘, ich fürchte, daß das Angebot schon größer als die Nachfrage ist, auch wird so schnell produziert, daß dabei ja nur Posel herauskommen kann, die neuen Religionen werden bald im Ausverkauf zu haben sein, wegen Räumung des Geschäfts!“ (119)

Was Bahr 1912 in seinem Band *Inventur* essayistisch debattierte, die religiöse Sehnsucht seiner Zeit und die Inflation von semi-prophetischen Gestalten jenseits der Kirche, lässt er hier im Roman in einem Gespräch seines Protagonisten noch einmal aufscheinen. Der Maler Höfelind ist durch diverse religiöse Experimente hindurch gegangen und bilanziert die Erfahrung wütend,

---

[34] Schnitzler, Tagebuch 1913–1916, Tagebucheintrag vom 17. April 1916, 280. Vgl. auch Hermann Kienzl, „Die Himmelfahrt des Hermann Bahr“, in: *Gegenwart. Zeitschrift für Literatur, Wirtschaftsleben und Kunst* 45 (1916), 401–402.

[35] Bahr, *Himmelfahrt*, 13.–16. Aufl. Berlin 1919, 13. Im Folgenden wird aus dem Roman im Fließtext nach dieser Ausgabe mit eingeklammerten Seitenzahlen zitiert.

„er schrie: ‚zwei Jahre meines Lebens habe ich mit dem neuen Sport vertan!'" (119)

Graf Flayn zieht es schließlich zurück zum Katholizismus, allerdings beginnt er erst einmal (wie sein Autor 1913 beim Besuch der alten Dorfkirche) mit dem „höchst seltsame[n] Gefühl von Staunen, Rührung und auch Neid beim Anblick von Betenden" (145), und er lässt sich von spätnachmittäglichen Dämmerstunden in der Kirche „ästhetisch" (145) affizieren.[36] Dieses kulinarische Antesten auf Probe kommt ihm aber nicht gut zu statten. Die katholische Kirche präsentiert sich dem nach Erlösung suchenden Graf Flayn zunächst keineswegs mit den „weit und erbarmend geöffneten Arme[n]" der Proselytenmacher.[37] Ein charismatischer Domherr weist ihm seine Näherungsversuche als persönliche Eitelkeit und intellektuelle Erlebnishascherei aus. Er kritisiert Graf Flayns Individualismus und kennzeichnet dessen religiöse Sinnsuche sozialhistorisch als Décadence-Erscheinung eines Adels, der sich selbst in seiner Legitimität bezweifelt.[38] Es ist ein narrativ geschickter (fast ein wenig jesuitisch schimmernder) Schachzug von Bahr, die Kritik an Flayns intellektuellem katholischen Testlauf einen Vertreter der katholischen Kirche selbst aussprechen zu lassen. Und so mutet es einigermaßen kurios und konfessionell irritierend an, wenn in *Himmelfahrt* weberianisch tönende Kritik an der intellektuellen Erlebnissuche ausgerechnet aus dem Mund eines katholischen Domherrn kommt, der Graf Flayn tadelt, dass der gleichermaßen als Tourist in die Kirche kommt, „wie man ins Seebad geht" (178), und ihn zurechtweist:

---

[36] Die Darstellung von Graf Flayns anfänglich eher ästhetisch motivierter Näherung an den Katholizismus ähnelt ein wenig der Charakteristik der katholischen Mode zu Beginn des 20. Jahrhunderts in der von Franz Blei herausgegebenen Zeitschrift *Der lose Vogel*: „Fast alle Leute sind heute katholikoman. […] Aber es ist schon an sich ein oberflächliches Phänomen. […] Man möchte nicht liberal sein, nicht evident, theoretisch nicht, nicht subjektiv, am wenigsten zu verstehen und am wenigsten mithin verpflichtet sein. Jedermann erzählt Ihnen, er will katholisch werden, alle Fräulein aus Norddeutschland, alle Dichter, alle bedeutenderen Politiker, die nicht jeden Tag erklären, wie protestantisch sie sind, also alle Juden, alle Christen, mit Ausnahme der Katholiken, die selten sagen, sie sind es gerne. Wenn man wissen will, was diese Prätendenten mit ihrem Übertreten wollen, […] so wird man nichts Genaues hören. Musik, so und so beleuchtete Kirchen. ‚Haben sie schon einmal eine Hochmesse in der Markuskirche gesehen?' usw. Keiner denkt z. B. an das Gebet. Eher Freitags Fisch. Und warum sie nicht übertreten? Alles sehr herrlich, aber ‚man kann nichts glauben'." (Anonymus: „Verschiedene Hintergründe für eine ‚einfache Sache'", in: *Der lose Vogel* 6 [1912], 202–206, hier 202 f.).

[37] Weber, Wissenschaft als Beruf, 110.

[38] „‚Es ist eine merkwürdige Zeit,' sagte der Priester, ‚in der ein Graf Flayn so fragt. Daran geht ihr zugrunde! Dein Vater hätte nicht so gefragt. Der wußte noch, daß ihr da seid, um da zu sein. Du schaust mich verwundert an? Weit ist es mit euch gekommen! Und spürt ihr denn nicht, daß ihr damit abdankt?" (179).

„Aber wenn Du jetzt einmal Lust hat, ein Semester lang Katholizismus zu belegen, um zu sehen, ob dir nicht die Kirche vielleicht noch irgendeine Sensation zu bieten hat, staunst du, daß wir nicht gleich alle Glocken läuten und dich unter den Gnaden und Wundern nur aussuchen lassen, was dir am besten konveniert! Wissenschaft und Kunst haben dich enttäuscht, aber ich will dir sagen, warum: weil du dich ihrer bloß bedienen willst, statt ihnen zu dienen. Du suchst überall nur dich, darum findest du auch nichts als dich, und das kann selbst der größten Genügsamkeit nicht genügen. Jetzt soll's der Zauber der Kirche! Das ist aber wieder ein Irrtum. Sie zaubert nicht. [...] Wer es heute so weit bringt, seiner selbst überdrüssig zu werden und aus sich selbst weg zu verlangen, hält dies dann immer gleich für Religion. Es ist jedenfalls nicht die unsere. [...] Ihr denkt ja, man könne Religion treiben wie Malerei, Schach oder irgendeinen Sport, und was ihr die neureligiöse Bewegung nennt, ist wirklich nur, damit ihr ein bißchen Bewegung macht, weil ihr spürt, daß euer Geist fett und faul geworden ist" (172, 386 und 394).

Graf Flayn nimmt sich diese Philippika sehr zu Herzen, geht in sich, streift schließlich den Individualismus von sich ab und findet in der Praxis des Gebets und der Beichte zum katholischen Glauben zurück. Damit legt Bahr in seinem Roman indirekt auch Rechenschaft gegenüber seinen Kritikern ab, die sein katholisches Bekenntnis als unecht bezeichnet hatten. Sein Roman *Himmelfahrt* und seine Autobiographie *Selbstbildnis* erläutern sich wechselseitig als fiktionale Transformationen einer katholischen Heimkehr.

Bahrs Hinwendung zum Katholizismus verändert auch sein Geschichtsdenken, denn mit seinem persönlichen *renouveau catholique* verabschiedet er auch den „Aberglauben an den Fortschritt".[39] Es scheint ihm absurd, „daß, weil morgen erst kommt, damit allein schon bewiesen sein soll, daß morgen besser sein muß als heute".[40] Der Fortschrittsglaube der Aufklärung wird von Bahr verantwortlich gemacht für eine prinzipielle Gegenwartsverdrossenheit des 19. Jahrhunderts. Eine Zeit, die nur auf Optimierung in der Zukunft hoffe, degradiert sich selbst zu einer permanenten Vorgeschichte eines zu kommenden Besseren. Das begreift Bahr als eine unstatthafte Verunmöglichung von Zufriedenheit und „Flucht von sich selbst weg". Und er sieht sich in dieser Überzeugung sowohl bestätigt von der eigenen literarischen Vergangenheit als auch von aktuellen weltanschauungsliterarischen Großdeutungen, „alle Schlagworte meiner Generation widerrufen" den Fortschrittsglauben, „von der ‚Decadence' der achtziger, der ‚Fin de siècle' der neunziger Jahre bis zum ‚Untergang des Abendlands'". Aber auch das Abstiegsnarrativ mag er nicht als letztgültiges Deutungsmuster gelten lassen. Für den Katholiken Bahr hat es lediglich ein „einziges weltgeschichtliches Ereignis gegeben: den Kreuzestod Gottes". Jenseits dieses Ereignisses ist für ihn die Menschheit „weder entschieden ‚fortgeschritten' noch entschieden ‚herabgekommen'". Gleichwohl bedrückt Bahr seine rationalisierte Gegenwart, die er nicht wie Weber im Bild des „ehernen Gehäuses", sondern für sich mit der Metapher des „Be-

---

[39] Bahr, Selbstbildnis, 297.

[40] Dieses und die folgenden Zitate Bahr, Selbstbildnis, 298.

triebs" zu beschreiben sucht. Am Ende seiner Autobiographie steht nicht die Prognose weiterer Bürokratisierung und der Appell, dies männlich zu ertragen, sondern die Hoffnung auf eine epochale Zäsur:

„Uns aber, die wir den letzten Grad von Bedrückung und Erniedrigung der menschlichen Natur durch den Betrieb erlebt haben, ward dafür gegeben, auch das Ende zu sehen, das Ende der Epoche, die vor Valmy begann. Das Ende des Betriebs ist's, der Aufgang des alten Abendlandes, die Wiederkehr der alten Wahrheit."[41]

[41] Bahr, Selbstbildnis, 300.

IV. Europa als Schauplatz und Problem der Historiographie

Transnationale Geschichte als Herausforderung an die Europa-Historiographie

Christoph Cornelißen

Unter den Leitbegriffen der modernen Geschichtswissenschaft nimmt das Konzept der „transnationalen Geschichte" einen Spitzenrang ein. Unzählige neuere Monographien und Aufsätze greifen bereits im Titel darauf zurück, und auch aktuelle Tagungsberichte sowie der Aufbau des Fachforums *geschichte.transnational* oder die Publikation von Handbüchern und Einführungen dokumentieren das wachsende Interesse an einem Forschungsfeld, das inzwischen deutliche Anzeichen einer (inter-)disziplinären Verstetigung aufweist.[1] Denn der Appell, transnationale Institutionen, Organisationen und Bewegungen, aber auch grenzüberschreitende politische oder soziale Prozesse zu untersuchen, wurde zunächst in der Literaturwissenschaft, den Sozial- und Politikwissenschaften, der Anthropologie sowie in verschiedenen *area studies* formuliert, bevor er dann auch in die Geschichtswissenschaft Eingang fand.[2]

Im Grunde reicht der von den USA ausgehende Siegeslauf des neuen Leitbegriffs bis an den Anfang der 1990er Jahre zurück, als nach dem Kalten Krieg einerseits eine Neuzeichnung politischer Grenzen (vor allem in Europa) in Gang kam und zugleich deren größere Durchlässigkeit bewirkte, und andererseits die wirtschaftliche Globalisierung einen erheblichen Schub erfuhr; mit weitreichenden Folgen für das Studium grenzübergreifender Migrationen sehr unterschiedlichen Typs – denen von Menschen oder Waren, aber auch von Ordnungssystemen, Nachrichten oder Ideen. Insgesamt beförderte dies bei vielen Zeitgenossen das Gefühl, Zeuge einer wachsenden internationalen

[1] Das Forum *geschichte.transnational* ist ein Teil von *Clio-Online* und findet sich unter: http://www.geschichte-transnational.clio-online.net. Siehe außerdem Margrit Pernau, *Transnationale Geschichte*, Göttingen 2012, sowie Akira Iriye/Pierre-Yves Saunier (Hg.), *The Palgrave Dictionary of Transnational History. From the mid-19th century to the present day*, Basingstoke 2009 (Kurztitel: *Palgrave Dictionary*); Peggy Levitt/Sanjeev Kahgram (Hg.), *The Transnationalism Studies Reader. Intersections and Innovations,* London 2007.

[2] Vgl. dazu Philipp Gassert, „Transnationale Geschichte, Version: 2.0", in: *Docupedia-Zeitgeschichte*, 29.10.2012, http://docupedia.de/zg/Transnationale_Geschichte_Version_2.0_Philipp_Gassert?oldid=97444 (30.12.2014).

Verflechtung oder sogar globalen Abhängigkeit geworden zu sein.[3] Vor diesem Hintergrund stieg das wissenschaftliche Interesse an einer Durchdringung grenzübergreifender Entwicklungen sowie an der Untersuchung von organisierten und nicht-organisierten Transfers, Verbindungen und Verflechtungen über Grenzen hinweg ersichtlich an. Transnationale Geschichte zu treiben ist seitdem immer selbstverständlicher geworden, und gelegentlich wird sie sogar als eine generationelle Mission begriffen.

In einem denkbar weit gefassten Begriffsverständnis geht es der neuen Richtung darum, die „links and flows", die „people, ideas, products, processes and patterns that operate over, across, through, beyond, above, under, or in-between politics and societies" zu untersuchen.[4] Diese eher vage Definition von Akira Iriye und Pierre-Yves Saunier, den Herausgebern des *Palgrave Dictionary of Transnational History*, aus dem Jahr 2009 vermag freilich kaum das anhaltende Missverhältnis zwischen dem häufigen, oftmals nur formelhaft wirkenden Rekurs auf „transnationale Geschichte" durch eine systematische Reflexion über ihre wissenschaftshistorischen und auch theoretischen Grundlagen zu ersetzen. Bis heute besteht kein Einverständnis darüber, ob der transnationalen Geschichte spezifische chronologische Grenzen zu eigen sind (kann diese sinnvoll auch die Geschichte vor der Gründung moderner Nationalstaaten untersuchen?) oder ob die von ihr adressierten Problemstellungen distinkte, von anderen Ansätzen deutlich unterscheidbare Untersuchungsfelder markieren. Ähnlich vage fallen die Antworten darauf aus, ob der eklektische Bezug auf Methoden des historischen Vergleichs, der Verflechtung oder auch des Transfers ein hinreichendes Kriterium dafür abgeben, ein eigenständiges Forschungsfeld zu markieren.

Diese Schieflage ist nicht zuletzt auch für die neuere Europa-Historiographie von Bedeutung, was aber bislang von ihrer Seite kaum zu einer eingehenden Reflexion transnationaler Geschichte geführt hat.[5] Daher sollen hiernach zunächst einige definitorische Überlegungen zu diesem Forschungsfeld und seiner noch jungen Geschichte angestellt werden, um im Anschluss ausgewählte Herausforderungen an eine transnational ausgerichtete Geschichtsschreibung über Europa im 20. Jahrhundert zu umreißen. Abschlie-

---

[3] 2006 sprach Konrad H. Jarausch von einem „growing sense of interconnectedness". Konrad Jarausch, *Reflections on Transnational History*, in: H-German, 20. Januar 2006, online unter: http://h-net.msu.edu/cgi-bin/logbrowse.pl? (30.12.2014).

[4] Pierre-Yves Saunier, „Transnational", in: *Palgrave Dictionary*, 1047–1055, sowie Akira Iriye/Pierre-Yves Saunier, „The Professor and the Madman", in: Ebd., XVII–XX, hier XVIII.

[5] Siehe aber Johannes Paulmann, „Internationaler Vergleich und interkultureller Transfer. Zwei Forschungsansätze zur europäischen Geschichte des 18. bis 20. Jahrhunderts, in: *Historische Zeitschrift* 267 (1998), 649–685, sowie Gunilla Budde/Sebastian Conrad/Oliver Janz (Hg.), *Transnationale Geschichte. Themen, Tendenzen und Theorien*, Göttingen 2006.

ßend geht es darum, „Europäisierung“ als einen Prozessbegriff zu beleuchten, der einerseits auf das Aufkommen gemeineuropäischer, damit transnationaler Bewusstseinslagen hinweist, andererseits aber durch den Bezug auf transnationale Phänomene die anhaltende Wirkungsmacht nationaler Identitäten zu verdeutlichen vermag.

I. Was heißt „transnationale Geschichte“?

Obwohl der Ruf nach „transnationaler Geschichte“ heute wegen der fortlaufenden Globalisierungsprozesse sowie der innerhalb Europas nachlassenden Bedeutung nationaler Grenzen für viele geradezu selbstverständlich geworden ist, besteht tatsächlich weiterhin eine große Unklarheit darüber, was damit konkret gemeint ist. Überdies ist kaum zu übersehen, dass auch schon der ältere geschichtswissenschaftliche Diskurs dem „Transnationalen“ wiederholt sein Augenmerk geschenkt hat. Vor allem die Kolonialismus- und Imperialismusforschung sowie die *Postcolonial Studies* erbrachten in dieser Hinsicht wesentliche Schrittmacherdienste, und auch die moderne Migrationsgeschichte sowie all die Studien, die in den letzten Jahren unter dem Banner einer *Histoire croisée* oder auch Verflechtungsgeschichte firmierten, können Ähnliches für sich beanspruchen.[6] Überdies bildet es alles andere als einen Zufall, dass gleichfalls von der vielfach gescholtenen Diplomatiegeschichte wichtige Anstöße zur Erforschung transnationaler Bewegungen und Organisationen ausgegangen sind, nachdem sich auf diesem Gebiet eine stärker kulturgeschichtliche Perspektivierung durchgesetzt hatte.[7]

Die Debatte über transnationale Geschichte war also bereits eröffnet worden, bevor der Begriff in der akademischen Welt häufiger auftauchte. Die wesentlichen Anstöße dazu stammten zunächst aus dem US-amerikanischen Raum, um danach mit einiger Verzögerung ebenfalls die europäischen Fachdebatten zu erfassen. Eine der ersten grundlegenden Definitionen stammt von dem amerikanischen Historiker David Thelen, derzufolge transnationale Geschichte untersucht, „wie Menschen, Ideen, Institutionen und Kulturen sich sowohl über, unter, durch, um, als auch innerhalb des Nationalstaates bewegten“. Außerdem analysiere sie, „wie gut nationale Grenzen Menschen zusammen-

---

[6] Vgl. Pernau, *Transnationale Geschichte*, 36–84; Michael Werner/Bénédicte Zimmermann, „Vergleich, Transfer, Verflechtung. Der Ansatz der histoire croisée und die Herausforderung des Transnationalen“, in: *Geschichte und Gesellschaft* 28 (2002), 607–636.

[7] Johannes Paulmann, „Grenzüberschreitungen und Grenzräume. Überlegungen zur Geschichte transnationaler Beziehungen von der Mitte des 19. Jahrhunderts bis in die Zeitgeschichte“, in: Eckart Conze u.a. (Hg.), *Geschichte der internationalen Beziehungen*, Köln 2004, 169–196.

halten und wie diese ihre Geschichte erlebten".[8] Dass eine solch breit angelegte Definition ebenso wie die nachfolgenden Versuche keine grundlegende theoretische und auch auf die Methoden der transnationalen Geschichte bezogene Selbstreflexion in Gang brachten, dürfte auf mehrere Faktoren zurückzuführen sein.

Erstens waren die Schlüsselbegriffe und Methoden der transnationalen Geschichte bereits zuvor von anderen Forschungsansätzen ausgebildet und auch erprobt worden. Dazu gehörte ebenfalls eine theoriegeleitete Debatte, wie sie beispielsweise von Vertretern der *Postcolonial Studies* geführt wurde, was insgesamt die Sensibilität für Fragen des historischen Vergleichs und des Transfers erhöhte. Ähnliches gilt für moderne Netzwerkanalysen, die unter Rückgriff auf die Arbeiten des spanischen Stadtsoziologen Manuel Castells das Augenmerk der historischen Forschung vor allem auf infrastrukturelle Vernetzungen sowie die Ausbreitung neuer Kommunikationstechnologien lenkten, darüber hinaus aber auch jenseits der Fragen von Infrastruktur und technologischen Entwicklungen der zunehmenden Verflechtung der Welt in Gestalt unterschiedlicher Netzwerke auf den Grund gingen.[9] Kaum ein anderes Konzept dürfte in der neueren, transnational ausgerichteten historischen Forschung eine derart prominente Rolle eingenommen haben.

Zweitens erklärt sich das Ausbleiben einer eingehenden Theorie- und Methodendiskussion durch die Konkurrenz und zugleich die unauflösbare Verschränkung der transnationalen Geschichte mit anderen Forschungsrichtungen, unter denen die neuere Globalhistorie einen prominenten Platz einnimmt.[10] Denn der von dieser Seite vertretene Anspruch, die Zirkulation und den Austausch zwischen Dingen, Menschen, Ideen und Institutionen zu untersuchen, um darüber die Verflechtung der Welt aufzuzeigen beziehungsweise globale Zusammenhänge zu rekonstruieren, weist breite Schnittflächen mit Ansätzen der transnationalen Geschichte auf. Eine Globalgeschichte, die sich als „eine Interaktionsgeschichte weltumspannender Systeme" (Jürgen Osterhammel) begreift, ist somit unweigerlich immer auch transnationale Geschichte.[11] Um dieses Beziehungsgeflecht zu entwirren, hat der Berliner Historiker Sebastian Conrad vorgeschlagen, transnationale Geschichte in einem

---

[8] David Thelen, „The Nation and Beyond: Transnational Perspectives on United States History", in: *Journal of American History* 86 (1999), 965–975, hier 967, sowie Patricia Clavin, „Defining Transnationalism", in: *Contemporary European History* 14 (2005), 421–439.

[9] Manuel Castells, *The Information Age. Economy, Society and Culture*, 3 Bde., Oxford 1996–1998.

[10] Vgl. Sebastian Conrad, *Globalgeschichte. Eine Einführung*, München 2013, 9 f. (Kurztitel: Conrad, *Globalgeschichte*).

[11] Vgl. Jürgen Osterhammel, „Transkulturell vergleichende Geschichtswissenschaft", in: Ders., *Geschichtswissenschaft jenseits des Nationalstaats. Studien zu Beziehungsgeschichte und Zivilisationsvergleich*, Göttingen 2001, 11–45.

eingeschränkten Sinn nur als einen heuristischen Zugriff und nicht als eine Methode zu begreifen, denn sie ziele auf Phänomene ab, die räumlich beschränkter als die der Globalgeschichte seien. Obwohl sich in der Praxis zahlreiche Überschneidungen einstellten, konzentriere sich die transnationale Geschichte in bilateraler Stoßrichtung meistens auf den Austausch zwischen zwei Gesellschaften und könne daher die darüber hinausreichenden globalen Zusammenhänge kaum sinnvoll beleuchten.[12]

Einer solchen Kategorisierung steht allerdings der verschiedentlich vorgetragene Anspruch von Vertretern der transnationalen Geschichte entgegen, über transregional und auch translokal angelegte Studien die Begründung und den Ausbau von grenzübergreifenden Verflechtungen mit unterschiedlichen Reichweiten zu untersuchen – und dies sowohl für die Epoche der Vormoderne als auch für die nachfolgenden Jahrhunderte.[13] Ganz offensichtlich gibt es also eher Überschneidendes als Trennendes, geht es doch beiden Forschungsrichtungen zunächst einmal im Wesentlichen darum, die überkommene Fixierung traditioneller historischer Untersuchungen auf den nationalstaatlichen Untersuchungsrahmen zu durchbrechen. Eine klare Abgrenzung zwischen ihnen oder auch zu anderen Richtungen erscheint dagegen nicht möglich und wird von verschiedenen Beobachtern auch als gar nicht notwendig empfunden.

Tatsächlich ist eine solche Unentschiedenheit jedoch unbefriedigend. Um in dieser Hinsicht, *drittens*, eine größere Klarheit zu erzielen, bietet es sich an, den seit den 1990er Jahren in den Geistes- und Sozialwissenschaften aufgekommenen *spatial turn* mit der Entwicklung der transnationalen Geschichte in eine enge Beziehung zu setzen.[14] Immerhin stellt es alles andere als einen Zufall dar, dass die Hinwendung oder genaugenommen die Rückwendung zur Kategorie *Raum* eine entscheidende Voraussetzung für das danach rasch steigende geschichtswissenschaftliche Interesse an transnationalen Fragestellungen war.[15] Diese Wende wurde weiterhin unter dem Eindruck der politischen Umbrüche seit 1989/90 vorangetrieben, erhielt Anstöße aber auch von anderen Prozessen. Dazu gehörten der sich seit den 1980er Jahren weltweit und immer ungehemmter durchsetzende Finanzkapitalismus sowie die Intensivierung von globalen Handels- und Migrationsströmen. Darüber hin-

---

[12] Conrad, *Globalgeschichte*, 16 f.

[13] Ulrike Freitag/Achim von Oppen (Hg.), *Translocality – The Study of Globalising Phenomena from a Southern Perspective*, Leiden 2010.

[14] Vgl. dazu Jörg Döring/Tristan Thielmann (Hg.), *Spatial Turn. Das Raumparadigma in den Kultur- und Sozialwissenschaften*, Bielefeld 2008.

[15] Immerhin bleibt bemerkenswert, dass die Schwerpunktsetzung des Trierer Historikertags aus dem Jahr 1986 auf „Räume der Geschichte – Geschichte des Raumes" lange Zeit nahezu folgenlos blieb. Selbst Reinhart Kosellecks Schlussvortrag „Raum und Geschichte" erschien erst mit vierzehnjähriger Verspätung im Druck. Reinhart Koselleck, *Zeitschichten. Studien zur Historik*, Frankfurt am Main 2000, 78–96.

aus förderte die Ausbreitung der neuen Kommunikationstechnologien in den Geistes- und Sozialwissenschaften ein offeneres Raumverständnis, das sich nunmehr immer stärker vom Nationalstaat als der vorherrschenden Analyseeinheit abkehrte. Für die Europa-Historiographie war all dies geradezu essenziell, denn es lenkte die schon ältere Debatte mit ihrem Fokus auf die Außengrenzen Europas auf eine kritische Auseinandersetzung mit dem hemisphärischen Denken über die Binnengrenzen Europas in den überkommenen Ost-West- beziehungsweise Nord-Süd-Kategorien sowie den damit einhergehenden *mental maps*.[16]

In diesem Zusammenhang lohnt zugleich der Blick auf eine weitere Debatte, die bereits seit den 1970er Jahren in Gang gekommen war. Im Kern ging es dabei um die Bedeutung der regionalen Geschichte für die Begründung kollektiver Identitäten, wobei zunächst der Fokus auf sozioökonomische und kulturelle Binnenkräfte fixiert war, bevor ebenfalls die Verflechtung der Regionen in internationale oder globale Zusammenhänge zu einem Thema aufstieg, unter anderem abzulesen an der Konjunktur des Begriffs der „Glokalisierung".[17] Für unsere Zwecke ist hierbei entscheidend, dass im Laufe der 1990er Jahre das Konzept des „Transnationalen", wesentlich befördert durch den *spatial turn,* sowie das gestiegene Interesse an der Region als Analyseeinheit auf die Agenda unterschiedlicher Wissenschaftsdisziplinen rückte. In der Geschichtswissenschaft war damit aber nicht – in den Worten des Maastrichter Historikers Kiran Klaus Patel – ein neuer Raum zwischen oder ergänzend zur lokalen, regionalen, nationalen oder gar globalen Geschichte gemeint, sondern eine Logik quer zu diesen Einheiten.[18] Maßgeblich gefördert von der modernen Regionalforschung richteten transnationale Studien nunmehr den Akzent darauf, lokale sowie regionale Phänomene und Entwicklungen mit dem Übernationalen oder auch Transkontinentalen zu verbinden.

In diesem Sinne sollte deutlich geworden sein, dass es sich bei transnationaler Geschichte weder um eine spezifische Methode noch um ein eigenstän-

---

[16] Vgl. dazu Benjamin Schenk, „Mental maps. Die Konstruktion von geographischen Räumen in Europa seit der Aufklärung", in: *Geschichte und Gesellschaft* 28 (2002), 493–514, sowie zuletzt Jens Wietschorke, „Norden – Süden – Westen – Osten. Hemisphärisches Denken in der modernen europäischen Geschichte", in: *Geschichte in Wissenschaft und Unterricht* 66 (2015), 96–108.

[17] Einen umfassenden Überblick zur Regionalismusforschung bietet Thomas Küster, „‚Regionale Identität' als Forschungsproblem. Konzepte und Methoden im Kontext der modernen Regionalgeschichte", in: *Westfälische Forschungen* 52 (2002), 1–44. Siehe auch Wolfgang Bonß, „Globalisierung, Regionalisierung, Glokalisierung", in: *Jahrbuch für Regionalgeschichte* 2007, 15–28.

[18] Kiran Klaus Patel, „Transnationale Geschichte", in: *Europäische Geschichte Online (EGO)*, hg. vom Institut für Europäische Geschichte (IEG), Mainz/*European History Online (EGO)*, published by the Institute of European History (IEG), Mainz 2010-12-03. http://www.ieg-ego.eu/patelk-2010-de (30.12.2014).

diges Teilfach der Geschichtswissenschaft handelt, sondern letztlich um eine besondere Sichtweise auf die allgemeine Geschichte, mit der alle geschichtlichen Wirklichkeitsbereiche in ihren raumübergreifenden Beziehungsgeflechten betrachtet werden können. Zu diesem Zweck untersucht die transnationale Geschichte beispielsweise politische Prozesse oder Bewegungen, welche die Grenzen von Nationalstaaten überschreiten. Darüber hinaus richtet sich ihr Interesse auf die von den Historikern lange unterschätzten internationalen Organisationen, wobei es keineswegs einen Zufall darstellt, dass hierbei Nicht-Regierungsorganisationen zunächst eine herausgehobene Stellung einnahmen. Gleichzeitig beschäftigt sie sich vor allem dann mit sozioökonomischem und kulturellem Wandel, wenn er sich als das Resultat grenzübergreifender Verflechtungen und Transfers darstellt. Das bedeutet zugleich, dass sich transnationale Geschichte keineswegs vollständig vom nationalen Untersuchungsrahmen abkehren muss, denn ihre Fragestellungen zielen auch darauf, herauszuarbeiten, wie sehr bei der Formierung moderner Nationen und Nationalstaaten „Fremdes" inkorporiert oder auch abgewehrt oder sogar ausgeschieden wurde. Transnationale Geschichte ist somit tatsächlich eine Forschungsperspektive, die unterschiedlichen wissenschaftlichen Ansätzen zu- oder sogar übergeordnet werden kann, wovon auch die neuere Europa-Historiographie zu profitieren vermag.

II. Transnationale Geschichte und Europa-Historiographie

Obwohl transnationale Geschichte letztlich keinen Zugriff auf die Vergangenheit darstellt, der spezifisch für die Geschichte Europas entwickelt wurde, hat sie vor allem in Deutschland, aber auch in verschiedenen anderen europäischen Ländern in den letzten Jahren eine starke Beachtung gefunden.[19] Hierbei spielten zweifelsohne aktuelle politische Erfahrungen (der Zusammenbruch der kommunistischen Regime in Osteuropa, die stufenweise Erweiterung der Europäischen Union, die Einführung des EURO u.a.m.) eine wichtige Rolle. Darüber hinaus rief die Öffnung der Blockgrenzen sowie die danach zunehmende Mobilität innerhalb Europas eine neue kulturelle Diversität in einem Ausmaß hervor, wie sie seit der Zwischenkriegszeit nicht mehr bestanden hat. Schon zuvor waren in vielen Ländern regionale Eigentümlichkeiten wieder entdeckt oder neu belebt worden, was dann einerseits politische Forderungen nach einer stärkeren Dezentralisation und regionaler Autonomie heraufbeschwor, andererseits neue Formen einer postnationalen, dualen oder auch zusammengesetzten Identität begünstigte, womit insgesamt einem kos-

[19] Ebd.

mopolitischen Lokalismus beziehungsweise Regionalismus Vorschub geleistet wurde.[20]

Die Europa-Historiographie vermochte von diesem veränderten gesellschaftspolitischen Klima wesentlich zu profitieren, weil die neuen Rahmenbedingungen und auch das sich wandelnde kulturelle Umfeld eine steigende Sensibilität für Fragen nach historisch gewachsenen Verflechtungen über Grenzen hinweg erzeugten. Zwar hatte bereits die ältere Forschung viele dieser Phänomene, darunter nicht zuletzt die Industrialisierung seit dem ausgehenden 18. Jahrhundert, als europaweite Erscheinungen in den Blick genommen, und doch sind erst in den letzten Jahren das Europäische und damit die Transnationalität vieler grundlegender historischer Entwicklungen und Umbrüche viel deutlicher als in den vorangegangenen Jahren in das Bewusstsein gerückt worden. Darüber ist unter anderem ersichtlich geworden, wie sehr die Geschichte des modernen Verfassungsstaats und die Ausbildung des Parlamentarismus oder die Entstehung und der Ausbau des modernen Wohlfahrtsstaates erst dann vollständig erfasst werden können, wenn auch die transnationalen Dimensionen des Geschehens hinreichend zur Sprache kommen.[21] Überdies sorgten die Politik der Europäischen Union und die von ihr ausgehenden Anstöße zur Begründung einer stärkeren Identität mit dem Raum Europa dafür, dass das geschichtswissenschaftliche Interesse an transnationalen Verflechtungen, Organisationen und Dynamiken erheblich anstieg. Gleichzeitig ist darüber jedoch umso klarer die Frage in den Mittelpunkt gerückt, welchen Stellenwert der Nationalstaat in derartigen Untersuchungen noch einnehmen kann oder sogar muss.[22] Denn so sehr der Fokus auf Transnationalität einerseits neue Einsichten über den grenzübergreifenden Austausch und über Verflechtungen in den unterschiedlichsten Bereichen ermöglicht, kommt ein solcher Perspektivenwandel letztlich nicht umhin anzuerkennen, dass der Nationalstaat endgültig erst im Laufe des 20. Jahrhunderts in Europa zu dem alles andere überragenden politischen Ordnungsmodell aufgestiegen ist – mit weitreichenden Folgen für sämtliche Lebensbereiche. Immerhin ist außerdem bemerkenswert, dass er entgegen aller akademischen Todesanzeigen über das gesamte 20. Jahrhundert hinweg der unangefochtene

---

[20] Andreas Wirsching, *Der Preis der Freiheit. Geschichte Europas in unserer Zeit*, München 2012, 306.

[21] Christoph Conrad, „Was macht eigentlich der Wohlfahrtsstaat? Internationale Perspektiven auf das 20. und 21. Jahrhundert“, in: *Geschichte und Gesellschaft* 39 (2013), 555–592; Wolfgang Reinhard, *Geschichte der Staatsgewalt. Eine vergleichende Verfassungsgeschichte Europas von den Anfängen bis zur Gegenwart*, München 1999.

[22] Ich folge hier meinen Ausführungen: Christoph Cornelißen, „Vom Schreiben einer Geschichte Europas im 20. Jahrhundert: Perspektiven und Herausforderungen“, *in: Zeit-Räume* 2012/2013 (2013), 65–86.

„Träger der außen- und innenpolitischen Souveränität" geblieben ist.[23] Noch mehr, die äußere und innere Nationsbildung ist im gleichen Jahrhundert wesentlich „von oben" vorangetrieben worden, wobei die Regierungen sich vor allem deswegen der Zustimmung ihrer Bürgerinnen und Bürger sicher sein durften, weil der Nationalstaat in Europa und auch in anderen Weltregionen die entscheidende Grundlage für die Durchsetzung von Partizipation über Rechtsansprüche blieb, so sehr der schleichende Wandel des europäischen Rechtssystems auch auf diesem Gebiet inzwischen eine fundamentale Änderung anzeigt. Gleichwohl, bis in die Gegenwart bildet der Nationalstaat den entscheidenden rechtlichen Rahmen für politische, gesellschaftliche und kulturelle Emanzipationen, und es vermag daher kaum zu verwundern, dass er weiterhin im Fokus fast sämtlicher politischer und gesellschaftlicher Projektionen steht. Auch als Forum der kulturellen Selbstverständigung sind die Grenzen nationalsprachlicher Räume oder noch eher die des Nationalstaats von entscheidender Bedeutung für die Vergesellschaftung via Kommunikation geblieben.[24]

Die transnationale Geschichte Europas im 20. Jahrhundert zu untersuchen birgt also insbesondere angesichts der überkommenen Wirkungsmacht des modernen Nationalstaats eine wesentliche Herausforderung. Denn so sehr die neuen Perspektiven unsere Sicht der Geschichte Europas zu bereichern vermögen, kommen sie nicht umhin, seinem tatsächlich nachweisbaren Gewicht auf den unterschiedlichsten Feldern immer wieder Rechnung zu tragen. Eine weitere grundsätzliche Herausforderung ergibt sich dadurch, dass die Geschichte Europas im 20. Jahrhundert in einem erheblichem Ausmaß von politischer und kriegerischer Gewalt sowie den Erinnerungen daran überformt worden ist. Für transnationale Ansätze in der modernen Geschichtsschreibung konstituiert dies insofern ein grundlegendes Problem, weil die Handlungen, Erfahrungen und Erinnerungen breiter Bevölkerungskreise deswegen langfristig in national beziehungsweise ethnisch aufgeladene und zugleich scharf voneinander getrennte Gegensätze gemündet sind. Die Kriege stehen in diesem Sinne geradezu quer zu einer transnationalen Perspektive. Wie sehr hiervon die Geschichtsschreibung in den Bann geschlagen worden ist, deutet Eric Hobsbawms Geschichte des kurzen 20. Jahrhunderts an, die nicht zufällig den Titel „Das Zeitalter der Extreme" trägt. Mark Mazowers Europageschichte „The Dark Continent" signalisiert ebenfalls bereits im Titel, wohin der Weg

---

[23] Heinz-Gerhard Haupt, „War vor allem das 20. Jahrhundert das Jahrhundert des europäischen Nationalismus?", in: *Jahrbuch für europäische Geschichte* 1 (2000), 31–50. Vgl. Stephen D. Krasner, *Sovereignity. Organized Hypocrisy*, Princeton 1999, sowie John Breuilly (Hg.), *The Oxford Handbook of the History of Nationalism,* Oxford 2013.

[24] Vgl. Ute Daniel/Axel Schildt (Hg.), *Massenmedien im Europa des 20. Jahrhunderts,* Köln 2010, sowie Jürgen Gerhards, „Europäisierung von Ökonomie und Politik und die Trägheit der Entstehung einer europäischen Öffentlichkeit", in: Maurizio Bach (Hg.), *Die Europäisierung nationaler Gesellschaften*, Opladen 2000, 277–305.

führt. Und selbst Tony Judts magistrale Darstellung zur Geschichte Europas nach 1945 lebt in starkem Maße von der Auseinandersetzung mit der Erinnerung an die Gewalt im Zweiten Weltkrieg.[25]

Nun schließen solche Betrachtungsweisen nicht notwendig eine Beachtung transnationaler Perspektiven aus, denen es tatsächlich keineswegs nur um positiv verstandene „links und flows" geht, sondern eben auch um Prozesse der Ausgrenzung, Abschließung oder sogar Ausstoßung. Und doch dürfte es keinen Zufall darstellen, dass transnationale Ansätze bislang größere Schwierigkeiten damit hatten, die Umstände und Rückwirkungen von Kriegen und anderen Formen öffentlicher Gewalt historiographisch in überzeugende Darstellungen zu integrieren. Hier zeichnen sich inzwischen jedoch Änderungen ab, denn neuere Arbeiten zeigen, wie sehr selbst die humanitäre Hilfe internationaler Organisationen für die Opfer von Kriegen, darunter an vorderster Stelle das „Rote Kreuz", erst dann verständlich wird, wenn die Wirkungsmacht nationaler oder auch anders begründeter politischer Interessen dabei berücksichtigt wird.[26] In ähnlicher Weise tritt der Sachverhalt in der Beschäftigung mit der Erinnerungsgeschichte in Europa zum Vorschein. Sowohl für die erste als auch die zweite Nachkriegszeit des 20. Jahrhunderts hat sie wiederholt den ubiquitären Bezug im öffentlichen Gedenken auf die jeweils eigenen, die nationalen Opfer herausgearbeitet.[27]

Für die Europa-Historiographie verbirgt sich hinter dieser Polarität von Transnationalität–Nationalität letztlich *die* entscheidende Herausforderung. Auch auf ganz anderen Feldern der Handlungs-, Erfahrungs- und Erinnerungsgeschichte von Millionen Europäern entfaltet sie ihr eigenes Gewicht, selbst wenn man sie dort nicht sofort vermutet. Denn wo auch immer der Blick des Historikers sich hinwendet, sei es auf die Geschichte der Demographie, die Geschlechter- oder auch die Konsumgeschichte, um hier nur wenige ausgewählte Bereiche anzuführen, lässt sich ein Mischungsverhältnis aus allgemeinen, transnational wirkenden Kräften auf der einen Seite sowie national oder auch regional und ebenso kulturell und sozial bedingten Adaptionen auf der anderen Seite beobachten. Schon die Regionalgeschichte der 1970er Jahre hat sich mit diesem Problem ein um das andere Mal auseinandergesetzt, und es ist daher nur konsequent, dass inzwischen auch die neuere Europa-Historiographie die Bedeutung von Geschichtsregionen für die Konstituie-

---

[25] Siehe dazu u.a. Donald Bloxham/Robert Gerwarth (Hg.), *Political Violence in Twentieth-Century Europe*, Cambridge 2011, sowie James J. Sheehan, *Kontinent der Gewalt. Europas langer Weg zum Frieden,* München 2008.

[26] Vgl. dazu die Beiträge des neuesten Themenheftes von *Geschichte in Wissenschaft und Unterricht* 1/2 (2015) unter dem Titel „Humanitarismus und Menschenrechte".

[27] Christoph Cornelißen, „‚Vergangenheitsbewältigung' – ein deutscher Sonderweg?", in: Katrin Hammerstein, u.a. (Hg.), *Aufarbeitung der Diktatur, Diktat der Aufarbeitung? Normierungsprozesse beim Umgang mit diktatorischer Vergangenheit*, Göttingen 2009, 21–36.

rung von politischem und sozialem Handlungsraum sowie als Fokus für die Ausbildung kollektiver Identitäten erkannt hat.[28] Über einen solchen Ansatz ist es zum einen möglich, die transregionalen und translokalen Verflechtungen innerhalb Europas und auch zwischen ausgewählten Regionen Europas mit außereuropäischen Territorien zu beleuchten sowie zum anderen, die Dichotomien zwischen der europäischen Peripherie und den Kernzonen des nordwestlichen Europa sowie zwischen den urbanen Großräumen und ländlichen Regionen herauszuarbeiten. Gleichzeitig schützt eine solche Betrachtungsweise davor, einem homogenisierenden Europabegriff aufzusitzen. Im Kern geht es also darum, dem Anspruch gerecht zu werden, nationale sowie nationalstaatliche Bestimmungsfaktoren und Entwicklungen sorgfältig und ohne jede Teleologie gegen solche transnationalen Typs abzuwägen.[29] Mit dem Begriff der „Europäisierung“ kann die Europa-Historiographie hierfür auf ein Schlüsselkonzept zurückgreifen, das zunächst in den Politikwissenschaften oder auch der Anthropologie entwickelt wurde, inzwischen aber für stärker historisch ausgerichtete Fragen nach der Bedeutung von Transfers über Grenzen hinweg Verwendung findet.

III. Europäisierung und transnationale Geschichte

Was ist mit Europäisierung gemeint? Während die Politik- und Sozialwissenschaften vor allem nach den Rückwirkungen der EU-Politik auf der Ebene der Nationalstaaten fragen, wird in einem breiteren Begriffsverständnis darunter ein „vielschichtiger, multidirektionaler und offener Prozess der europäischen Verflechtung und des Austauschs“ verstanden.[30] Wegen der Vagheit dieser Formulierung hat Kiran Klaus Patel den Begriff dahingehend präzisiert, unter Europäisierung „all jene politischen, sozialen, ökonomischen und kulturellen Prozesse zu verstehen, die eine nachhaltige Stärkung innereuropäischer Verbindungen und Ähnlichkeit gefördert oder verändert haben; sei es

---

[28] Siehe dazu: Stefan Troebst, „Region und Epoche statt Raum und Zeit – ‚Ostmitteleuropa‘ als prototypische geschichtsregionale Konzeption“, in: *H-Soz-Kult*, 29.05.2006, <http://www.hsozkult.de/article/id/artikel-731> (30.12.2014).

[29] Die im Oxford Handbook of Postwar European History vorangetriebene Kulturalisierung der großen europäischen Problemfragen ergibt tatsächlich keine schlüssige Perspektive; Dan Stone (Hg.), *Oxford Handbook of Postwar European History,* Oxford 2012. Für eine stärker auf Ordnungen absetzende Darstellung vgl. Lutz Raphael, *Imperiale Gewalt und mobilisierte Nation: Europa 1914–1945*, München 2011.

[30] Paolo Garziano/Maarten P. Vink (Hg.), *Europeanization. New Research Agendas*, London 2008; Ulrike von Hirschhausen/Kiran Klaus Patel, „Europäisierung, Version: 1.0“, in: *Docupedia-Zeitgeschichte*, 29.11.2010, http://docupedia.de/zg/Europ.C3.A4isierung ?oldid=84603 (30.12.2014); Martin Conway/Kiran Klaus Patel (Hg.), *Europeanization in the Twentieth Century. Historical Approaches*, Basingstoke 2010.

durch Formen der Anverwandlung, des Austauschs oder der Vernetzung. Damit einher gehen stets Formen der Abgrenzung und des *othering* sowie Fragmentierung und Konflikt". Obwohl die vielen Facetten seines Definitionsversuchs unterschiedlichste Ausdeutungen zulassen, wird in einer stärker empirisch begründeten Perspektive, die auf das sich wandelnde Verhältnis von Raumordnungen und kollektiven Identitäten abhebt, ersichtlich, welches Potenzial in ihnen geborgen ist.[31] Dafür sollen im Folgenden verschiedene Beispiele angeführt werden.

Ein erster Bereich, an dem dies zuletzt eindrucksvoll dargestellt wurde, ist die Erforschung der modernen Infrastrukturen. „Materializing Europe" lautet einer der einschlägigen Titel, der zusammen mit zahlreichen anderen Publikationen verdeutlicht, welch starke Rückwirkungen sich durch den Bau von Verkehrstrassen sowie Öl- beziehungsweise Gas-Pipelines und die Entwicklung europäischer Telekommunikationsnetze oder auch Fernsehprogramme in den vergangenen Jahrzehnten für ein verändertes Raumverständnis von Europa entfaltet haben. Obwohl die Anfänge dieser Infrastrukturobjekte bis in die Zeit vor dem Ersten Weltkrieg zurückreichen, liegt der Schwerpunkt der entsprechenden Untersuchungen auf der zweiten Nachkriegszeit des 20. Jahrhunderts. Es handelt sich um eine Epoche, in der auf diesem Gebiet die grenzübergreifenden Abhängigkeiten sowohl quantitativ als auch qualitativ erheblich zunahmen.[32] Vor allem der Verkehrssektor bietet dafür sehr anschauliches Material, gibt er doch unter anderem zu erkennen, wie über das System der sogenannten E(uropa)-Straßen, das bis Ende des 20. Jahrhunderts auf über 90.000 Kilometer anwuchs, immer mehr Länder an den nordwestlichen Kernraum angeschlossen wurden und damit schließlich auch die europäische Peripherie (Finnland, Griechenland, Irland und Portugal) einbezogen wurde.[33] Darüber hinaus ist die Mobilität in Europa pro Person und Kopf immer stärker gestiegen; lag sie noch im Jahr 1970 bei täglich ungefähr 17 Kilometer, waren es im Jahr 2000 35 Kilometer geworden, wobei allerdings deutliche Unterschiede zwischen verschiedenen Regionen zum Vorschein traten. Europa ist außerdem über den Massenverkehr insgesamt zu einem Raum mit der weltweit höchsten Verdichtung im Tourismus aufgestiegen, bei dem Reisen innerhalb des Kontinents überwiegen.

[31] Patel, *Transnationale Geschichte*, sowie John Bornemann/Nick Fowler, „Europeanization", in: *Annual Review of Anthropology* 26 (1997), 487–514. Vgl. jetzt auch Michael Gehler/Silvio Vietta (Hg.), *Europa – Europäisierung – Europäistik. Neue wissenschaftliche Ansätze, Methoden und Inhalte,* Wien 2010.

[32] Alexander Badenoch/Andreas Fickers (Hg.), *Materializing Europe: Transnational Infrastructures and the Project of Europe*, Basingstoke 2010.

[33] Wolfgang Kaschuba, „Europäischer Verkehrsraum nach 1989", in: Ralf Roth/Karl Schlögl (Hg.), *Neue Wege in ein neues Europa: Geschichte und Verkehr im 20. Jahrhundert*, Frankfurt am Main 2010, 175–194.

In einer breiteren Perspektive können derartige Daten und Entwicklungsreihen aufzeigen, wie sehr die Mobilisierung und Kanalisierung des modernen Verkehrs zur Straße, auf den Gleisen und in der Luft die *mental maps* vieler Europäer neu ordnete. Der nicht zuletzt auch von der Europäischen Gemeinschaft geförderte Ausbau der europäischen Streckennetze im Flug-, Eisenbahn- und Autoverkehr hat die Wahrnehmungen und kognitiven Verarbeitungen des Erlebnisraumes Europa gleichfalls gewandelt. Augenfällig sind hierbei durchaus markante negative Rückwirkungen. Denn zum einen hat sich gezeigt, dass weder der europaweite Flugverkehr noch die europäischen Autobahnen und Eisenbahnlinien einen flächigen Integrationseffekt hervorrufen. Im Gegenteil, viele Regionen vor allem in Ostmitteleuropa und der ehemaligen DDR sanken entlang der Verbindungstrassen zu Transiträumen ab. Noch verstärkt durch die Arbeitsabwanderungen und das Städteschrumpfen vor allem in Ostmitteleuropa führte dies in Europa zu einem Auseinanderdriften von Zentral- und Transitregionen. Gleichzeitig sorgte der Wirkungszusammenhang eines zunehmend über Filme, Videoclips und das Internet vermittelten Metropolendiskurses dafür, dass attraktive Bilder einer Stadtkultur verbreitet und damit ein Metropolentourismus vorangetrieben wurde, der ausgewählte Städte (Barcelona, Edinburgh oder Berlin) besonders für Jugendliche und Studierende attraktiv machte.

Beispiele dieser Art – und um mehr ging es hierbei zunächst nicht – deuten zunächst nur an, welche Richtung Europäisierungsprozesse nehmen, aber auch, welche auseinanderdriftenden Gemengelagen sich daraus ergeben können. In grundsätzlicher Hinsicht stellt sich dabei die Frage, ab wann tatsächlich von einer Europäisierung gesprochen werden kann. Denn offensichtlich reicht es nicht, wie dies vor allem eine auf Konvergenz abhebende Gesellschaftsgeschichte unternommen hat, die Verdichtungsprozesse kultureller, ökonomischer, politischer oder auch sozialer Art nachzuzeichnen, sondern es kommt darauf an, dass die Prozesse, Erlebnisse und Beobachtungen von den Teilnehmern des Geschehens als spezifisch europäisch wahrgenommen und auch so bezeichnet werden.[34] Dies macht im Einzelnen weiterführende Studien notwendig, die nur über eine sorgfältig austarierte Abstufung national und transnational begründeter Untersuchungseinheiten und -methoden zu überzeugenden Ergebnissen gelangen können. Schon heute liegen hierfür wichtige Bausteine etwa zur Geschichte des Alterns, der Familienstrukturen oder der Geschlechter vor, aber sie sind eben noch nicht mehr als Bausteine einer Europäisierungsgeschichte[35], deren konkrete Gestalt in der Praxis viele Facetten nationaler und regionaler Art aufweist und die nicht über eine gesamteu-

---

[34] Die Konvergenzen der europäischen Gesellschaftsentwicklung betonen die Arbeiten von Hartmut Kaelble. Siehe dazu zuletzt Hartmut Kaelble, *Kalter Krieg und Wohlfahrtsstaat. Europa 1945–1989*, München 2011.

[35] Pat Thane (Hg.), *The Long History of Old Age*, London 2005.

ropäische Perspektive nivelliert werden dürfen. So wissen wir bis heute über die rechtlichen Unterschiede und über die juristische Ausdeutung des Anspruchs auf Gleichberechtigung in der Praxis noch viel zu wenig. Und auch der Umgang mit körperlicher Züchtigung, die in vielen Ländern Europas gewohnheitsrechtlich bis in die 1970er Jahre zulässig war, bietet ein drastisches Beispiel dafür, wie schwierig es im Einzelnen fällt, der Europäisierung auf den Grund zu gehen.[36]

Grundsätzlich scheint es daher geboten, sich von vordergründigen Zuschreibungen von alles andere durchdringenden Europäisierungsprozessen fernzuhalten. Die Durchsetzung des Massenkonsums in Europa bietet sich dafür als ein weiteres Beispiel an.[37] Blickt man vom Ende des 20. Jahrhunderts auf diesen Bereich, so zeigt sich eine flächendeckende Ausbreitung internationaler Handelsketten, die inzwischen mit ihren Filialen in vielen Ländern Europas anzutreffen sind und genau dies als einen Teil ihrer Erfolgsstrategie feiern. Europa – so scheint es – ist darüber zu einem einheitlichen Handlungs- und zugleich Rechtsraum mehr oder minder selbstbestimmter Konsumentinnen und Konsumenten geworden, die ihre Produkte potenziell überall da kaufen, wo es ihnen passt. Tatsächlich aber kann man festhalten, dass eine solche Kauf-„Sicherheit" chronologisch noch recht jungen Datums ist. Zwar setzte die internationale Expansion der Schnellrestaurants und Supermarktketten zuweilen schon in den 1960er Jahren ein, und doch zeigt der genauere Blick, dass die Ausbreitung keineswegs unumkehrbar war und auch Rückschläge hinnehmen musste. In diesem Zusammenhang erlaubt der Möbelmarkt weitere interessante Aufschlüsse. Auf ihm entwickelte sich IKEA seit den 1960er Jahren „von einer kleinen Firma in den Wäldern Südschwedens" zu einem globalen Einzelhandelsunternehmen in vierzig Ländern auf der ganzen Welt. Im Jahr 1984 erschien der IKEA-Katalog bereits in neun Sprachen und wurde 45 Millionen Mal gedruckt.[38] Für unsere Belange ist hierbei wichtig, dass der Massenkonsum des Typs IKEA in Europa nicht nur aus Handlungen, also Kaufakten, sondern ebenso aus Erfahrungen und später ebenso aus Erinnerungen besteht, damit also den in Diskursen über Lebensstile und den über Möbel zum Ausdruck gebrachten Werten eine gewisse Bedeutung zugemessen werden darf. Dabei gerät noch Weiteres ins Visier. Soziale, intellektuelle oder auch individuelle Distinktionsgrenzen werden in den

---

[36] Dirk Schumann (Hg.), *Raising Citizens in the "Century of the Child". The United States and German Central Europe in Comparative Perspective*, New York 2010.

[37] Zur Entwicklung des Massenkonsums in Europa vgl. Victoria de Grazia, *Das unwiderstehliche Imperium. Amerikas Siegeszug im Europa des 20. Jahrhunderts*, Stuttgart 2010; Susan Strasser et al., (Hg.), *Getting and Spending. European and American Consumer Societies in the Twentieth Century*, Cambridge 1998.

[38] Petra Eisele, „Do-it-yourself-Design: Die IKEA-Regale IVAR und BILLY", in: *Zeithistorische Forschungen/Studies in Contemporary History, Online-Ausgabe*, 3 (2006) H. 3, http://www.zeithistorische-forschungen.de/16126041-Eisele-3-2006 (30.12.2014).

selbst-produzierten Erfolgsstatistiken des Unternehmens aus naheliegenden Gründen nicht nachgewiesen. Wer jedoch die Wohnzimmer Europas historisierend in den Blick nimmt, der wird schwerlich von einem IKEA-Europa sprechen können: Gelsenkirchener oder auch bretonischer Barock, britische Teppiche und südeuropäischer „Spartanismus", um nur einige Beispiele zu nennen, das passt alles nicht unter ein einziges Firmen-Logo.

Das Phänomen der Europäisierung über Massenkonsum weist somit auch noch im letzten Drittel des 20. Jahrhunderts ein schillerndes Bild auf, das im Kern nationalen und regionalen überformten Geschmackskonventionen verhaftet blieb. Die nationalen Muster waren und sind jedoch nicht allein Folge eines kollektiv guten oder schlechten Geschmacks, sondern vielmehr die Konsequenz sozialer Schichtungen und Einkommenslagen, von Steuerregelungen, d.h. vor allem Mehrwertsteuerregelungen, weiterhin die Konsequenz von Transportkosten sowie der Kommunikation zwischen face-to-face-Kollektiven. In sozialer Hinsicht aber wirkte der Durchbruch des Massenkonsums international vereinheitlichend, denn die wachsende Kaufkraft erlaubte Arbeiterfamilien ab Mitte der 1960er Jahre in den meisten Fällen, ihre Wohnungen mit derselben Grundausrüstung auszustatten wie dies Angehörige der Mittelschichten bevorzugten. Selbst periphere Regionen, die, wie zum Beispiel die Bretagne, lange von der Verbesserung des nationalen Wohnstandards abgeschottet blieben, holten danach rasch auf, ja teilweise überholten sie sogar die nationalen Mittelwerte.

Auch der Bereich Massenkonsum zeigt somit exemplarisch das Spannungsverhältnis nationaler und transnationaler Bestimmungsfaktoren auf. Im Ost-West-Vergleich kommt im Blick auf die Jahrzehnte seit 1945 noch etwas Weiteres hinzu, denn im Kalten Krieg wurde die Expansion der westlichen Konsumkultur nach Osten stark behindert. Dabei handelt es sich keineswegs nur um Handelshemmnisse, sondern das parteiamtlich geförderte Ideal des kommunistischen Konsumenten verfolgte grundsätzlich ein ganz anderes Ziel als die kapitalistische Marktwirtschaft. Die osteuropäischen Regime beanspruchten, den rationalen Konsum zu fördern. Noch mehr, über den rationalen Konsum sollte ein neuer Mensch geformt werden.[39] Im Zuge des wirtschaftlichen Booms rückten jedoch auch in Osteuropa derartige Ideale rasch in den Hintergrund, und große Teile der Bevölkerung partizipierten auch hier, wenngleich im Vergleich zum Westen in einer zeitlich versetzten Entwicklung, an der zuvor so noch nie erlebten Expansion des Konsummarktes. Obwohl die osteuropäischen Länder mit der flächendeckenden Produktion von Waschmaschinen, Herden und Schwarzweiß-Fernsehgeräten spätestens Mitte der 1970er Jahre begannen, wuchs sich das unzureichende Warenangebot im

---

[39] Vgl. Ina Merkel, „Im Widerspruch zum Ideal. Konsumpolitik in der DDR", in: Heinz-Gerhard Haupt/Claudius Torp (Hg.), *Die Konsumgesellschaft in Deutschland 1890–1990. Ein Handbuch,* Frankfurt am Main 2009, 289–304.

gesamten Ostblock zu einer entscheidenden Achillesferse des politischen Systems aus; immer mehr Menschen mussten lernen, mit Restriktionen und Mängeln umzugehen, welche Konsumenten im Westen des Makroraumes Europa gleichzeitig immer fremder wurden. Die transnationale Konsumgeschichte Europas im 20. Jahrhundert öffnet somit den Blick nicht nur auf Verflechtungen, sondern auch auf zahlreiche Fragmentierungen und Gegenläufigkeiten, die im Nord-Süd-, Stadt-Land-, Mann-Frau-Vergleich oder auch in der Gegenüberstellung von Generationen erheblich ausgeweitet werden können. Gleichzeitig wird deutlich, wie sehr erst im Laufe der 1990er Jahre sowie einer rasch vorangetriebenen Expansion des Massenkonsums vom Westen in den Osten Europa zu einem ähnlich strukturierten Handels- und Verkaufsraum transformiert wurde.

Die Untersuchung derartiger Prozesse stärkt womöglich eine Beobachtung, der Edmund Burke schon Ende des 18. Jahrhunderts Ausdruck gegeben hat. „No European can be a complete exile in any part of Europe".[40] Hierbei aber handelte es sich um eine intelligente Prophetie für die Zukunft, während das lange 20. Jahrhundert tatsächlich noch reich an Exilanten sein sollte. Immerhin riefen die beiden Weltkriege und die ebenfalls bitteren Erfahrungen unter der Vorherrschaft der Blockkonfrontation tiefe Risse zwischen den Nationen und Ethnien Europas hervor, die bis heute nachwirken. In der Summe vermag jedoch eine stärker transnational ausgerichtete Betrachtungsweise für die Geschichtsschreibung über Europa im 20. Jahrhundert den gegenläufigen Prozessen besser gerecht zu werden, als dies eine rein auf den Nationalstaat fixierte Historiographie über einen langen Zeitraum konnte. Überdies verleiht sie dem 20. Jahrhundert einen offeneren Anfang und zugleich ein offeneres Ende. Auf diese Weise wirkt es weniger triumphalistisch oder teleologisch als dies beim viel beschworenen kurzen 20. Jahrhundert der Extreme der Fall ist.[41] Aus der Sicht einer theorie- und methodenbewussten Geschichtsschreibung ist dies kein geringes Ergebnis.

---

[40] Hier zit. nach Norman Davies, *Europe. A History*, London 1996, 8.

[41] Vgl. dazu Mary Nolan, *The Transatlantic Century. Europe and America, 1890–2010*, Cambridge 2012, 7.

Die Vielfalt der Moderne. Darmstadt um 1900

Christof Dipper

Wenn man die Moderne nicht als abstraktes Projekt oder als Stilrichtung in Kunst und Architektur ansieht, sondern als eine von Ideen, Eindrücken und Diskursen gesteuerte geschichtliche Epoche, die in den aufgeklärten Zentren Europas um 1750 eingesetzt und sich Schritt um Schritt ausgebreitet hat, dann ist es ein sinnvoller heuristischer Vorgriff, sie in einzelne Phasen einzuteilen und sich die Übergänge genau anzusehen, denn an diesen Kulturschwellen offenbart sich das jeweils Moderne besser als vorher oder nachher. Hier verlieren nämlich die bisher handlungssteuernden Ordnungsmuster an Überzeugungs- und Geltungskraft und werden durch neue ersetzt, hier finden also Leitdebatten statt und werden Kulturkämpfe losgetreten. Das war bisher dreimal der Fall. Die erste dieser Kulturschwellen ist von Reinhart Koselleck spontan, aber offenbar treffend als *Sattelzeit* bezeichnet worden. Sie bündelte eine Vielzahl neuer Wahrnehmungen, Ideen und Gestaltungsabsichten, brachte sie auf den Begriff und führte so bewusstseinsmäßig die Moderne überhaupt erst herauf. Die bisher letzte Schwelle erleben wir gerade selbst, und zwar als eine Zeit ‚neuer Unübersichtlichkeit' (Habermas), weil heftige Kulturkonflikte um neue Leitmuster viele Zeitgenossen annehmen lassen, die Moderne sei überhaupt zu Ende. *Postmoderne* ist deshalb ein ebenso ubiquitärer wie umstrittener Begriff für unseren gegenwärtigen Zeitabschnitt, der fälschlicherweise suggeriert, dass die Moderne überhaupt zu Ende ist. Tatsächlich aber erleben wir den Niedergang der Ideologien, die Rückkehr der Religion in die allgemeine Wahrnehmung und einen massiven Wertewandel, der über Sprachkritik gesteuert wird. Das Sagbare erfährt derzeit neue Grenzen und Entgrenzungen.

Die zweite, mittlere Schwelle umfasste die Jahrzehnte zwischen 1880 und 1930 und kam um 1900 gewissermaßen zu sich selbst, indem die einen den triumphalistischen Neologismus *Moderne* einführten, die anderen resignierend vom *Fin de Siècle* sprachen. Gangolf Hübinger hat diese Umbruchsphase wie kein Zweiter in Deutschland erschlossen und Deutungsvorschläge unterbreitet. Als Mitherausgeber der Werke Ernst Troeltschs und Max Webers hat er es zugleich mit zwei hoch-, ja weltberühmten Repräsentanten dieser gegensätzlichen Zeitstimmungen zu tun, mit dem kulturkritischen Weber, der von „Entzauberung" und „stählernem Gehäuse" sprach, und dem die

Aufklärung kurzerhand zum Beginn der Moderne erklärenden und die hergebrachte quasireligiöse Weltsicht namens Historismus luzide kritisierenden Troeltsch.[1] Auch diese Schwellenzeit empfanden viele als ausgesprochen ‚unübersichtlich', und es ist Gangolf Hübinger zu danken, dass wenigstens wir Nachgeborene vieles klarer sehen. Er spricht von der „kulturellen Doppelrevolution" um 1900[2], geprägt erstens von der radikalen Veränderung aller kulturellen Orientierungen als Folge der erkenntniskritisch fundierten Neuordnung des wissenschaftlichen Wissens und zweitens vom gesellschaftlich-institutionellen Strukturwandel von der bürgerlich-aristokratischen Elitenkultur zur demokratischen Massenkommunikation mit neuen Formen von Öffentlichkeit und dem Experten als jenem neuen Typus, der die beiden Umwälzungen geradezu verkörpert und zu einer seither nicht mehr wegzudenkenden Deutungs- und Steuerungsfigur aufsteigt.

Die „kulturelle Doppelrevolution" um 1900 erfasste europaweit bekanntlich auch, ja vielleicht zuallererst die Kunst, denn das so nur im Deutschen vorfindliche, theoriefähige Substantiv „Moderne" war 1886 von dem längst wieder vergessenen Literaturwissenschaftler aus Frankfurt/Oder, Eugen Wolff, geprägt worden, um das „dilettantische Blaustrumpfwesen" und die „Epigonen-Klassizität" durch einen neuen, nicht zuletzt an Zola orientierten, „die Moderne" einläutenden Stil zu ersetzen.[3] Zumeist spektakulärer als literarische und musikalische Modernen war jedoch die ästhetische, wo der Reiz der Häresie und die bedingungslose Subjektivität leichter zu leben waren und in Gestalt von Manifesten, Sezessionen und anderen Konfliktformen öffentlichkeitswirksam ausgetragen wurden. Malerei und Bildhauerei beschritten deshalb rascher als andere Kunstformen den Weg zum eigenständigen kulturellen Subsystem und suchten sich dadurch vom traditionellen Mäzenatismus und nationalen Identifikationsauftrag zu befreien. Das rief im Kaiserreich härtere Konflikte hervor als anderswo in Europa, weil hier die hergebrachte bürgerliche Kultur mit den politischen Instanzen Stadt, Staat und Herrscherhäusern eine viel engere Verbindung eingegangen war und deshalb wirklich herrschte und nun, herausgefordert von Avantgarden und dem sich etablierenden Kunstmarkt, den Steuerungsverlust als Krise deutete, wenn nicht gleich als *Untergang des Abendlandes*. Der Autor dieses 1914 begonnenen Bestsellers sah jedenfalls nur noch markthörige „betriebsame Macher und

---

[1] Einen Vergleich zwischen Burckhardt und Weber auf der einen und Troeltsch auf der anderen Seite bei Gangolf Hübinger, „Ernst Troeltsch – Die Bedeutung der Kulturgeschichte für die Politik der modernen Gesellschaft", in: *Geschichte und Gesellschaft* 30 (2004), 187–216.

[2] Ders., „Störer, Wühler, Weichensteller. Intellektuelle Mobilmachung im 20. Jahrhundert", in: *Zeitschrift für Ideengeschichte* 3, H. 4 (2009), 47–57, bes. 50 ff.

[3] Eugen Wolff, „Die Moderne. Zur ‚Revolution' und ‚Reform' in der Litteratur", in: *Deutsche academische Zeitschrift* 3, Nr. 33 vom 26.9.1886, 2. Beiblatt (http://www.uni-due.de/lyriktheorie.texte/1886_wolff.html [18.8.2014]).

lärmende Narren" am Werk und schloss daraus, „daß es mit der abendländischen bildenden Kunst unwiderruflich zu Ende ist".[4]

Oswald Spenglers Verdikt galt nicht nur Musik, Malerei und Plastik, sondern auch, eher ungewöhnlich, der Architektur, die „erlogen" sei, weil sie „auf dem Formenschatz vergangener Jahrtausende alle zehn Jahre einen neuen Stil ‚begründet', in dessen Zeichen jeder tut, was er will". Dem seit 1911 in München zurückgezogen lebenden Kulturpessimisten war die dort neuerdings anzutreffende Kunst und Architektur, von der Schwabinger Bohème ganz zu schweigen, offenkundig entschieden zuwider. Dabei war München in dieser Hinsicht möglicherweise schon gar nicht mehr maßstabsetzend. Georg Fuchs, von 1891 bis 1896 freier Schriftsteller in München und anschließend bis 1904 Schriftleiter der in Darmstadt erscheinenden, damals weithin bekannten Zeitschrift *Deutsche Kunst und Dekoration*, schrieb Ende 1901: „In München fängt man an, nervös zu werden". Erst habe Berlin es herausgefordert, nun Darmstadt. „Gewiss ist jedenfalls, dass Münchens ‚Kunst-Leben' seit den aufregenden Tagen des Kampfes um ‚die Moderne', als die Sezession ihr Banner auf den Wällen am Englischen Garten aufzupflanzen sich erkühnte und heldenhaft verteidigte, bedenklich an Lebendigkeit eingebüsst hat."[5]

I. Darmstadt als Ort der ästhetischen Moderne

Darmstadt als ernst zu nehmender Herausforderer einer Stadt wie München, als emblematischer Ort der ästhetischen Moderne – in Darmstadt las (und liest; schließlich soll die Mathildenhöhe in die Liste des Weltkulturerbes aufgenommen werden) man's gerne, aber wie verhält es sich damit genau? Fuchs schrieb seinen Text 1901, im Jahr der Eröffnung der *Ein Dokument Deutscher Kunst* benannten Ausstellung auf der Mathildenhöhe, die die hessische Residenzstadt in der Tat schlagartig weithin berühmt machte. Aber die Mathildenhöhe war eben nach Ansicht von Kennern nicht alles. Der Aachener Architekturprofessor Karl Henrici schrieb nach einem Besuch, in Darmstadt scheine

> „eine neue Epoche anbrechen zu sollen, in der Darmstadt sich zu einem Architektur-Mittelpunkt zu erheben und aus sich selbst heraus weiter zu entwickeln verspricht. Diese

[4] Oswald Spengler, *Der Untergang des Abendlandes. Umrisse einer Morphologie der Weltgeschichte* [1. Aufl. 1918]. Vollständige Ausgabe in einem Band, München 1963, 377. Das nächste Zitat ebd., 378.

[5] Isarius, „Darmstadt – die ‚werdende Kunst-Stadt'"; in: *Deutsche Kunst und Dekoration* 9 (1901/02), 72–88, hier 72, 73. Dass hinter ‚Isarius' der von der Isar an den Woog übergesiedelte Georg Fuchs steckte, ermittelte Sigrid Randa, *Alexander Koch – Publizist und Verleger in Darmstadt. Reformen der Kunst und des Lebens um 1900*, Worms 1990, 169.

Entwicklung geht einstweilen in zwei Richtungen vor sich und knüpft sich einerseits an die Architekturschule der Technischen Hochschule, mit ausgeprägtem Anklingen an die mittelalterlichen rheinisch-hessischen Architekturformen, andererseits an die Künstlercolonie in ultra-secessionistischer Richtung. Wenn auch nicht feindlich, so doch völlig getrennt, stehen und arbeiten diese beiden Lager neben einander, beide genießen in hohem Grade das fördernde Wohlwollen und Interesse des kunstsinnigen Herrschers und seiner Regierung."[6]

Wenn man weiß, dass in der Moderne natürlich auch die Tradition nur modern sein kann – sie muss schließlich erfunden werden –, dann existierten in Darmstadt schon allein im Bereich der Architektur zweierlei Modernen nebeneinander, die beide überregional Aufsehen erregten und deren eines Zentrum oben auf der Mathildenhöhe, das andere unten in der Stadt, in der 1899 zur Technischen Hochschule erhobenen Lehranstalt ihren Sitz hatte. Die Ausstellungen der Künstlerkolonie galten jedoch nicht nur der Architektur, diese war ursprünglich – anders als vielleicht in der gegenwärtigen Wahrnehmung – sogar eher lediglich der Rahmen für das Projekt zur Stärkung des Kunsthandwerks nach dem englischen *Arts and Crafts*-Vorbild und anderen Mustern gegen die einfallslose, maschinell hergestellte Massenware, das als Inneneinrichtung in dazu eigens errichteten Wohnhäusern ausgestellt und mit diesen ein Gesamtkunstwerk bilden sollte.

Hier soll es nicht um die damals geschaffene Kunst – Kunsthandwerk, Gebäude, Parks usw. – gehen, weil dem Verfasser dazu jegliche Kompetenz fehlt und weil dazu schon ausgesprochen viele Untersuchungen vorliegen.[7] Es geht überhaupt nicht um die sog. Moderne erster Ordnung, also um die einerseits von Basisprozessen gewissermaßen trendmäßig hervorgebrachte, noch andererseits um die von kontingenten Vorgängen verursachte Moderne, also um urbanistische, technische, politische, gesellschaftliche, künstlerische und andere Modernen.[8] Im Blickpunkt ist vielmehr ein Phänomen zweiter Ordnung, nämlich der in Darmstadt nachweisbare Moderne-Diskurs *grosso*

---

[6] Karl Henrici, „Die Ausstellung der Künstlercolonie und die neuere Bauthätigkeit in Darmstadt", in: *Centralblatt der Bauverwaltung* 21 (1901), 289 f., 302–304, 341–343, 398, 409–411, hier 304.

[7] An neueren wissenschaftlichen Werken seien ohne Anspruch auf Vollständigkeit genannt: Klaus Wolbert, „Sonderwege in die Moderne", in: Institut Mathildenhöhe (Hg.), *Museum Künstlerkolonie Darmstadt*, Darmstadt 1990, IX f.; Institut Mathildenhöhe (Hg.), *Aufbruch zur Moderne. Die Darmstädter Künstlerkolonie zwischen Tradition und Innovation. Wissenschaftliches Symposium anläßlich der Eröffnung des Museums Künstlerkolonie Darmstadt, 4. Mai 1990*, Darmstadt 1993. Kai Buchholz u.a. (Hg.), *Die Lebensreform. Entwürfe zur Neugestaltung von Leben und Kunst um 1900*, 2. Bde. Darmstadt 2001; Institut Mathildenhöhe Darmstadt (Hg.), *Centenarium. Einhundert Jahre Künstlerkolonie Mathildenhöhe Darmstadt, 1999–2001*, Darmstadt 2003.

[8] Zum theoriegeleiteten Umgang mit der Moderne als historischer Epoche s. Christof Dipper, „Geschichtswissenschaft", in: Friedrich Jaeger/Wolfgang Knöbl/Ute Schneider (Hg.), *Handbuch Moderneforschung*, Stuttgart/Weimar (im Druck).

modo zwischen 1900 und 1914. Er war zwar bescheidenen Umfangs[9], aber innerhalb dieser Grenzen thematisch recht vielfältig; daher der Titel. Zum theoriegeleiteten Blick auf Darmstädter Deutungsversuche liegen bisher, von einer Magisterarbeit abgesehen[10], keinerlei Untersuchungen vor, wie überhaupt Moderne-spezifische Beiträge zu Städten ausgesprochen selten sind, obwohl lokale Studien den Vorteil aufweisen, dass in ihnen die Stellung aller Gruppen und Klassen zu Zeittendenzen und Kulturkonflikten in den Blick kommt[11] oder wenigstens kommen kann. Alle Gruppen und Klassen zu Wort kommen zu lassen, verbietet sich hier freilich, die Untersuchung muss sich auf Schriftsteller, Künstler und Hochschulprofessoren beschränken, erfasst aber mit diesen drei Gruppen sicherlich das Gros der Diskursbeteiligten.

Das nur langsam wachsende Darmstadt zählte 1900 ca. 72.000 Einwohner. Es dominierten, wenn auch nicht zahlenmäßig, so doch sozial und politisch Beamte und Rentiers. Verglichen mit dem nahen Heidelberg war die technische Moderne in Darmstadt erheblich weiter – elektrische Beleuchtung schon seit 1888, dazu Kanalisation, Gasversorgung, Straßenbahnen und ein Knotenpunkt von Eisenbahnen –, aber die (1913/14) 31 Ordinarien der Technischen Hochschule[12] besaßen nicht entfernt das Gewicht der Heidelberger im dortigen Stadtleben, die sich im Übrigen mitnichten als deren Kollegen verstanden.

Städtebaulich entfaltete die Residenzstadt seit der Jahrhundertwende eine enorme Aktivität. Ganze Stadtviertel – Villenkolonien – wurden geplant und

---

[9] Zu bedenken sind die außerordentlichen Kriegsverluste. Über den *Kunstverein für Hessen* von 1837, die 1898 gegründete *Freie Vereinigung Darmstädter Künstler*, den städtischen *Verkehrsverein* und die Aktivitäten des eminent wichtigen Verlegers Alexander Koch gibt es keinerlei Überlieferung mehr. Dasselbe gilt für den Hof. Für die Stadt existieren praktisch nur noch die jährlichen Verwaltungsberichte. In der ebenso bibel- wie regierungsfrommen Pfarrerschaft ist laut Auskunft des Leiters des EKHN-Archivs entsprechendes Material wohl gar nicht erst entstanden; die Pfarrchroniken sind grundsätzlich gesperrt.

[10] Nicole Hesse, *Moderne oder Tradition? Die Darmstädter Gesellschaft auf dem Weg in die kulturelle Moderne*. Magisterarbeit TU Darmstadt 2006. Dieser Arbeit verdanke ich manche Anregung und Einsichten.

[11] So der berechtigte Hinweis von Dieter K. Buse, „Die Kultur des Modernen in Bremen, 1895–1914: Kunst, Gesellschaft und nationale Werte", in: *Archiv für Kulturgeschichte* 96 (2014), 107–138, hier 107.

[12] Hinzu kamen 16 Extraordinarien verschiedener Stellung, 45 Lehrer und Privatdozenten sowie 56 Assistenten. Alle drei Gruppen waren seit der Jahrhundertwende im Unterschied zu den Ordinarien stark angewachsen. Auch die Zahl der Laboratorien und Institute hatte sich seither verdoppelt. Erwin Viefhaus, *Hochschule, Staat und Gesellschaft, 1826–1932*, (Techn. Bildung in Darmstadt. Die Entwicklung der TH 1836 bis 1986, 1), Darmstadt 1995, 190. Von den 1.571 im Sommersemester 1906 als ordentliche Studierende Immatrikulierten waren 34 Prozent Ausländer, mehr als drei Viertel von ihnen, sehr häufig Juden, stammten aus Russland. Brigitte Kuntzsch (Red.), *Vom Kaiserreich zur Republik, 1877–1932*, (Techn. Bildung in Darmstadt. Die Entwicklung der TH 1836 bis 1986, 3), Darmstadt 1995, 46 f.

gebaut und Dutzende öffentlicher Gebäude errichtet. Die Stadtspitze versuchte den Spagat zwischen Erhaltung der bürgerlichen Sozialstruktur und Ansiedlung von Gewerben und arbeitete deshalb eifrig an ihrem öffentlichkeitswirksamen Profil.[13] Im Vorfeld der dritten, von ihr wiederum mitfinanzierten Ausstellung auf der Mathildenhöhe verbreitete Oberbürgermeister Glässing 1913/14 nicht weniger als drei werbende Publikationen, davon zwei in angesehenen und weitverbreiteten Reihen. Es fällt auf, dass in jener Schrift, die in der eigentlich nur für Großstädte reservierten Serie *Monographien deutscher Städte* erschien, der Begriff „Baukultur" sehr häufig vorkommt – absichtsvoll, denn „von einer solchen kann man sehr wohl in Darmstadt reden"[14]; Stadtbaurat August Buxbaum ergänzte nach heftiger Kritik am 19. Jahrhundert, dass von den Neubauten „manches [...] sogar als bahnbrechend bezeichnet werden darf".[15]

Nach Jahrzehnten der Trägheit war die Stadt also in Bewegung gekommen – jüngst sogar demographisch, vor allem aber städtebaulich, verkehrstechnisch und nicht zuletzt auch kulturell. Zeitgenossen drängte sich die Metapher vom wachgeküssten Dornröschen auf;[16] die Stadt war, Heidelberg nicht unähnlich, zum „Paradox [...] eines randständigen Zentrums" herangewachsen.[17] Es war die Kunst- und Architekturmoderne, die das bewirkt hatte und die schon gleich 1901 einen wiewohl alles anderen als unparteiischen Beobachter zu der bereits zitierten triumphierenden Bemerkung veranlasst hatte, „in München fängt man an nervös zu werden".[18] 1908 dann „wenden sich Deutschlands Blicke nach Hessens Hauptstadt, wenn dort die Mathildenhöhe sich anschickt, einer neuen Ausstellung Herberge zu gewähren". Die Stadt sei

---

[13] Dazu Dieter Schott, „Kunststadt – Pensionärsstadt – Industriestadt. Die Konstruktion von Stadtprofilen durch süddeutsche Stadtverwaltungen vor 1914", in: *Die alte Stadt* 4 (1999), 277–299.

[14] Adolf Beyer, „Darmstadt als Pflegestätte moderner Kunst", in: Wilhelm Glässing/Rudolf Mueller/Erwin Stein (Hg.), *Darmstadt*, (Monographien deutscher Städte, 3), Oldenburg 1913, 11–15, hier 11. Glässing sprach im Vorwort von Darmstadt als „Stadt der *Baukultur*". Ebd., VII (im Original hervorgehoben).

[15] A[ugust] Buxbaum, „Städtische Bauten und die Darmstädter Baukunst im allgemeinen", in: ebd., 71–76, hier 76.

[16] Am frühesten wohl der Verleger Koch: Alexander Koch, „Darmstadt und die volkswirtschaftliche Bedeutung des Kunstgewerbes", in: Ders., Victor Zobel, *Darmstadt. Eine Stätte moderner Kunstbestrebungen*, Darmstadt 1905, I–VIII, hier I. Dann Oberhofprediger Ludwig Ehrhardt am Grabe des 1908 überraschend verstorbenen Joseph Maria Olbrich, der auch gleich die Urheber nannte: Olbrich und den Landesherrn. Vier Jahre später nahm ein weiterer Autor dieses auf. Hans R. Fischer, *Ein moderner Regent. Ernst Ludwig, Großherzog von Hessen und bei Rhein*, Gießen 1912, 67 (Kurztitel: Fischer, Ein moderner Regent). Ebd. auch der Beleg Ehrhardts.

[17] So charakterisierte Jürgen Kaube das Heidelberg der Jahrhundertwende. Jürgen Kaube, *Max Weber. Ein Leben zwischen den Epochen*, Berlin 2014, 227.

[18] Wie oben, Anm. 5.

„einer der heilkräftigsten und Schönheit-wirkenden Jungbrunnen des Deutschen Reiches für fortschrittlich-kulturelle angewandte Kunst“.[19]

Der diskursive Umgang mit diesem ‚Jungbrunnen‘ hielt sich in Grenzen. Was Moderne auf dem Gebiet von Kunst und Architektur sei, war in Darmstadt kaum zu erfahren, am allerweinigsten von seinen zahlreichen Architekten. Die von Max Weber damals entdeckte spezifisch okzidentale Rationalität – unter anderem „eine sich rationaler Konstruktionen bedienende Bau- und Bildkunst“, wie Webers Frau später präzisierte[20] – bedurfte ästhetisch der Konkretion und konnte sich kaum auf kategorische Aussagen wie diejenige des Wiener Architekturkritikers Adolf Loos vom Ornament als Verbrechen beschränken.[21] Die Darmstädter Hochschulprofessoren jedoch pflegten vor allem ihre Feindbilder – der „sogenannte Jugendstil“, wie der Anhänger des Heimatstils, Heinrich Walbe, sagte[22], und sein Kollege Wickop ergänzte, dieser sei „ein richtiges Volapük der Kunst“[23], also ein modernes Sammelsurium ästhetischer Bausteine (was ihn nicht hinderte, genauso zu bauen[24]) –, konnten oder wollten jedoch nicht sagen, was architektonische Moderne eigentlich sei, wenn man davon absieht, dass sich alle in der Absage an das 19. Jahrhundert einig waren. Walbe forderte eine „Volksbaukunst“, die sich vor allem an der Denkmalpflege orientierte. Das war eindeutig modern, aber gesagt hat er es natürlich nicht. Wickop machte sich Muthesius‘ Kritik der Nachahmung und Routinen ausdrücklich zu Eigen und sagte, man könne „die Grenze nicht mehr zwischen Tradition und Moderne, sondern zwischen selb-

---

[19] Otto Schulze, „Hessens Landesausstellung für Freie und Angewandte Kunst, Darmstadt 1908; Raumkunst I“, in: *Deutsche Kunst und Dekoration* 22 (1908), 353–380, hier 353.

[20] Marianne Weber, *Max Weber. Ein Lebensbild*, Tübingen 1926, 348.

[21] „Ornament ist vergeudete arbeitskraft und dadurch vergeudete gesundheit. So war es immer. Heute bedeutet es aber auch vergeudetes material, und beides bedeutet vergeudetes kapital“. Adolf Loos, „Ornament und verbrechen [1908]“, in: Ders., *Sämtliche Schriften in 2 Bänden*, hg. von Franz Glück, Bd. 1, Wien 1962, 282 f. (Originalschreibweise beibehalten).

[22] Heinrich Walbe, *Baukunst und Hochschulunterricht* [Rede zur Rektoratsübergabe], Darmstadt 1907, 24 (Kurztitel: Walbe, Baukunst). Der „sog. Jugendstil und was damit zusammenhing“, habe nur „bei halbgebildeten, unreifen Architekten die unglaublichsten Verirrungen zur Folge“ gehabt, während er „an den reiferen Schülern der Hochschulen [...] glücklicherweise spurlos vorübergegangen“ sei.

[23] Georg Wickop, *Die Entwicklung der Großherzoglichen technischen Hochschule und ihre zukünftigen Aufgaben in den Fragen der staatsbürgerlichen, ethischen und künstlerischen Erziehung* [Rede zur Rektoratsübergabe], Darmstadt 1911, 31. Das nächste Zitat ebd.

[24] 1904 entwarf er für die TH eine Maschinenbauhalle, die heutigentags „zu den wenigen reinen Jugendstilbauten in Darmstadt“ zählt. Eva Reinhold-Postina, *Jugendstil, Traditionalismus und Heimatliche Bauweise*, (Darmstädter Architekturgeschichte, 3), Darmstadt 1991, 118 (Kurztitel: Reinhold-Postina, Jugendstil). Seine Erweiterung des Hauptgebäudes von 1908 könnte dagegen auf den ersten Blick auch barocken Ursprungs sein.

ständigem Schaffen und äußerlicher Nachahmung, zwischen wahrer Kunst und Virtuosentum" ziehen. Das war so formal, dass alles darunter subsumiert werden konnte, und in der Tat war Wickop der einzige TH-Professor, der auf der Mathildenhöhe mit Raumausstattungen vertreten war. In der *Deutschen Kunst und Dekoration* erhielt er dafür „warme Anerkennung".[25]

Joseph Maria Olbrich, das vom Großherzog 1899 an sein Projekt Mathildenhöhe aus Wien berufene junge Genie, war nach damaliger wie heutiger Anschauung der mit Abstand modernste Architekt. Zur Moderne hat er sich ebenfalls nicht geäußert, umso mehr aber über seine radikalen Pläne. Diese passen perfekt in die damals anbrechende Epoche der Hochmoderne mit ihren antagonistischen Ordnungsmustern ‚Planung' und ‚Utopie' und dem von ihnen heraufbeschworenen ‚Zeitalter der Extreme', denn was er 1899 in Wien nach der Eröffnung der *1. Secessionsausstellung* bzw. 1900 im Vorfeld der von ihm maßgeblich gestalteten Darmstädter Ausstellung *Ein Dokument Deutscher Kunst* zu Papier brachte, ist eine Kunstutopie, die zur Durchsetzung einer diktatorischen Leitung bedurfte. Das war geradezu eminent modern. Olbrich ging es nicht um bloße Verbesserung des Bestehenden, um Neubauten hier und da, sondern er wünschte eine *tabula rasa* für sein Vorhaben:

„Eine Stadt müssen wir erbauen, eine ganze Stadt! Alles andere ist nichts. [...] Das heißt doch nichts, wenn Einer bloß ein Haus baut. Wie kann das schön sein, wenn daneben ein häßliches ist. [...] Nein – ein Feld; anders ist es nicht zu machen. Ein leeres, weites Feld; und da wollen wir dann zeigen, was wir können; in der ganzen Anlage und bis ins letzte Detail."[26]

Und eben für diese Utopie brauchte er eine Kunstdiktatur. Seinem Freund Hermann Bahr schrieb er, dem Großherzog habe er

„ein Project vorgetragen. Das heißt großherzogliches Institut für schöne Künste, und hat die Aufgabe, alles schöne, gute, edle aufzusuchen, zu erziehen und zur Entfaltung zu bringen. Also: Organisation aller hessischer Schulen – alle hessischen Bauten werden durch diese Instanz befohlen und ausgeführt. [...] Durch diese Institution wird ein Senat geschaffen, der unumschränkt arbeiten kann, ohne Verantwortlichkeit, nur gegen sein eigenes Schönheitsbewußtsein verpflichtet. Was liegt da nicht noch in der Zukunft. Das Geld wird überreichlich zufließen, kein Finanzminister, kein Premierminister wird uns schwer daran

[25] Gönnerhaft heißt es, bei aller Kritik verdienen seine Beiträge „aber trotzdem unsere Anerkennung, weil er, obgleich im großen und ganzen die ältere Richtung in der Architektur noch etwas auf ihm lastet, zu den wenigen Akademikern zählt, die der Zeitforderung nennenswerte Konzessionen machen". Otto Schulze, „Hessens Landesausstellung für Freie und Angewandte Kunst, Darmstadt 1908; Raumkunst II", in: *Deutsche Kunst und Dekoration* 23 (1908), 121–132, hier 121.

[26] Zit. Hermann Bahr, „Ein Document deutscher Kunst", in: Ders., *Bildung*. Essays, hg. von Gottfried Schnödl, (Krit. Schriften, 7), Weimar 2000, 32–38, hier 33.

hängen. Das modernste Kunstministerium wird erstehen, mit allem ausgestattet, nur Großes durchzuführen."[27]

Unnötig zu sagen, dass Olbrich damit seine Kollegen gegen sich aufbrachte (vier der sieben 1898/99 Berufenen verließen Darmstadt 1902/03) und die finanzielle Situation völlig falsch einschätzte (die Ausstellung war mit 250.000 Mk. Verlust finanziell ein Fiasko). Ästhetisch aber gilt die Ausstellung von 1901 Kennern als der einzigartige Durchbruch, die späteren fungierten in gewissem Sinne eher als Testamentsverwalter.[28]

Bleibt zum Abschluss dieses Teils die Frage: Wie modern war eigentlich die Idee der 1899 gegründeten Künstlerkolonie selber? Künstlerkolonien gab es damals durchaus bereits. In Italien (Rom) und Frankreich (Barbizon) sowieso; nach Worpswede waren 1889 die ersten Künstler gezogen, nach Dachau schon viel früher, aber 1897 schlossen sich dort einige Maler zusammen; Ahrenshoop begann ebenfalls um diese Zeit seine Wirkung zu entfalten. Künstlergruppen wie die 1904 in Dresden gegründete „Brücke" lebten vielfach ebenfalls in Gemeinschaft, die „Brücke"-Maler sommers vor allem in Murnau. Tragende Idee aller war, Kunst und Leben wieder als Einheit zu leben, wie es – angeblich – früher die Regel war, nun allerdings in Gemeinschaft. Insofern handelte es sich um einen Fall erfundener Tradition.

Tatsächlich jedoch, und das sahen schon die Zeitgenossen, war die Mathildenhöhe keine ‚echte' Künstlerkolonie. Es handelte sich nicht um eine aus eigener Initiative zustande gekommene Gemeinschaft, sondern ein Mäzen, der Großherzog, hatte die Künstler ausgewählt, berufen und materiell versorgt. Er hatte sich eine Gruppe junger Gleichgesinnter zusammengesucht, mit denen er seine Vision der zeitgemäßen Verbindung des Schönen mit dem Praktischen, von Kunst und Handwerk in die Tat umzusetzen hoffte. In seinen Erinnerungen schrieb er:

„Es war eine ganz herrliche Zeit, denn sie bestand immer aus Kampf, damit unsere Zukunftsideale durchgesetzt würden. Wir stießen ja oft mit den Alten und Rückständigen

[27] Olbrich an Bahr, 1900; zit. Werner Durth, „‚...wir beide fingen sofort Feuer'. Ernst Ludwig von Hessen und bei Rhein und Joseph Maria Olbrich", in: Ralf Beil/Regina Stephan (Hg.), *Joseph Maria Olbrich, 1867–1908. Architekt und Gestalter der Frühen Moderne*, Ostfildern 2010, 139–153, hier 146.

[28] Prinz Ludwig, ein studierter Kunsthistoriker, behauptete: „Die Ausstellung von 1901 war nicht so sehr ein Anfang als eine Vollendung, ein Ende". Ludwig Prinz von Hessen und bei Rhein, *Die Darmstädter Künstlerkolonie und ihr Gründer Großherzog Ernst Ludwig*, Darmstadt 1950, 34. Was danach kam, habe anderen Charakter gehabt, ein zweiter Durchbruch sei aus vielen Gründen nicht mehr zustande gekommen (36 ff.). Friedrich Naumann übrigens sah es genau andersherum. „Ging es am Anfang auch etwas bunt und überschäumend zu, so hat doch im Laufe der Jahre das Arbeitsgebiet der Kolonie eine Bedeutung und Ausdehnung gewonnen, die für bestimmte Zweige deutschen Kunstschaffens maßgebend geworden sind". Friedrich Naumann, „Die Ausstellung der Darmstädter Künstler-Kolonie 1914", in: *Dekorative Kunst* 21 (1913), 563–565, hier 563.

zusammen, auch hatte man gegen kleine Intriguen anzukämpfen. Dafür war ja meine Stellung gut, denn ich konnte den Künstlern helfen, wo sie allein nicht durchgedrungen wären. Man muß sich nur vergegenwärtigen, der Älteste war 32 Jahre alt und der Jüngste knapp 20 und ich mitten darunter. Aber schön war es doch.“[29]

Die Referenzgröße für solches Handeln war weder Worpswede noch Dachau, sondern Weimar. Zeitgenossen war das bewusst. Kurt Breysig etwa schrieb, in Darmstadt habe die Wiederherstellung der Einheit von Kunst und Leben dank „Schutz und Förderung eines Fürsten von Karl Augusts mäzenatischer Art“ große Fortschritte gemacht,[30] und Hans Fischer pflichtete bei: Olbrich nach Darmstadt geholt zu haben, komme Goethe nach Weimar berufen zu haben gleich.[31] Für viele war eben das modern, denn „bisher waren im allgemeinen gerade die Fürsten die eifrigsten Beschützer jener historischen Richtung der Kunst. Ja in den letzten Dezennien des Jahrhunderts wurde der Begriff ‚moderne Kunst‘ in nahe Verbindung gebracht mit den Bestrebungen des ‚Umsturzes‘ und der Klassenkämpfe“.[32]

Wolfgang J. Mommsen hat gegen Thomas Nipperdey die bereits eingangs referierte These vertreten, dass die Ausdifferenzierung der Kunst und die damit einhergehende Emanzipation der Künstler von mäzenatischer Förderung ein ganz wesentliches Merkmal des ‚Weges in die Moderne‘ gewesen sei.[33] Andererseits wird der deutsche Kunstbetrieb – und das gilt wohl überhaupt für Europa – seit jeher in erheblichem Umfang subventioniert. So gesehen hat sich die höfische Tradition auch in der Moderne erhalten. Der wesentliche Unterschied ist allerdings der Verzicht auf inhaltliche Kontrolle. Das musste natürlich erstritten werden. 1908 wurde die deutsche Kunst- und Museumsszene vom sog. Tschudi-Skandal erschüttert: Der Kaiser, der in den Königlichen Museen formal über Ankäufe entschied und dieses Recht auch faktisch ausübte, weil er sich für einen Kunstkenner hielt, geriet mit dem

---

[29] *Erinnertes. Aufzeichnungen des letzten Großherzogs Ernst Ludwig von Hessen und bei Rhein*, hg. von Eckart G. Franz, Darmstadt 1983, 115 f. Der sonst in den Erinnerungen fehlende Wir-Tonfall ist besonders aussagekräftig.

[30] Kurt Breysig, „Über Kunst und Leben“, in: Alexander Koch (Hg.), *Großherzog Ernst Ludwig und die Ausstellung der Darmstädter Künstlerkolonie*, Darmstadt 1901 (Kurztitel: Koch, Großherzog Ernst Ludwig), 329–348, hier 341 (Kurztitel: Breysig, Über Kunst und Leben).

[31] Fischer, *Ein moderner Regent*, 64 f.

[32] Georg Fuchs, „Großherzog Ernst Ludwig und die Entstehung der Darmstädter Künstlerkolonie“, in: Koch (Hg.), Großherzog Ernst Ludwig, 17–22, hier 21. Auch dieser Aufsatz war anonym bereits 1899 in *Deutsche Kunst und Dekoration* erschienen. Kaiser Wilhelm II. erhielt hier dasselbe Prädikat: Seine „modernen Regungen“ gelten der „Förderung deutscher Arbeitskraft und Industrie“; ebd. Ernst Ludwig sah das ganz anders.

[33] Wolfgang J. Mommsen, „Die Kultur der Moderne im Deutschen Kaiserreich“, in: Wolfgang Hardtwig/Harm-Hinrich Brandt (Hg.), *Deutschlands Weg in die Moderne. Politik, Gesellschaft und Kultur im 19. Jahrhundert*, München 1993, 254–274, hier 255. Vgl. Thomas Nipperdey, *Wie das Bürgertum die Moderne fand*, Berlin 1988.

Museumsdirektor Hugo von Tschudi über dessen Ankäufe französischer Impressionisten in Konflikt und entließ diesen unter dem Beifall deutschnationaler Kreise.[34] Nicht nur die Anhänger der ästhetischen Moderne waren entsetzt. Insofern ist es verständlich, wenn in Hessen wenige Jahre später ein Buch mit dem ungewöhnlichen Titel *Ein moderner Regent. Ernst Ludwig, Großherzog von Hessen und bei Rhein* erschien, das die Modernität Ernst Ludwigs vornehmlich seiner Haltung gegenüber der Kunst zuschrieb:

„Wenn ich ihn als den modernsten Regenten rühme, wenn ich sage, was er Unvergängliches angeregt und geschaffen hat, so tue ich es, um zu zeigen, wieviel auch im 20. Jahrhundert ein regierender, konstitutioneller Herr vermag. Ich schildere nicht nur den verdienstvollen Förderer der freien und angewandten Kunst – vor allem der letzteren –, sondern auch den verstehenden Freund des Volkes.“[35]

Darmstadt bedurfte offenbar mäzenatischer Nachhilfe in Sachen ästhetischer Moderne, jedenfalls jener, die heute als Jugendstil bezeichnet[36] und als modern empfunden wird. Zum Selbstläufer wurde diese Stilrichtung in Darmstadt nicht. Hier tobte ein „Glaubenskrieg“[37] zwischen Mathildenhöhe und Stadt, zwischen Künstlerkolonie auf der einen, Technischer Hochschule, Stadtverwaltung, Freien Architekten und bürgerlichen Bauherrn auf der anderen Seite. In der Baupraxis wurde er allerdings vielfach durch ästhetischen Synkretismus abgemildert.

Die Schwäche dieser Moderne, die mit Kriegsausbruch, anders als autonome Gemeinschaften wie Worpswede, ein abruptes Ende fand – institutionell und stilistisch –, hatte wohl zwei Gründe: ihre dauerhafte Abhängigkeit von öffentlichen Subventionen[38] und der schwächliche Diskurs.

---

[34] Einzelheiten bei Peter Paret, „The Tschudi Affair“, in: *Journal of Modern History* 53 (1981), 589–618. Ferner Barbara Paul, *Hugo v. Tschudi und die moderne französische Kunst im Deutschen Kaiserreich,* Mainz 1993, Kap. IV/3.

[35] Fischer, Ein moderner Regent, 3. Das Wort „modern“ kommt im Text so gut wie nicht vor, eine Reflexion darüber sucht man vergebens. Vergleichbare Buchtitel allerdings ebenfalls. Ein Dutzend Jahre früher, wohl als erster, hatte Fuchs davon geschrieben, dass Ernst Ludwig „eine völlig moderne Ausübung des traditionellen Maecenates der Fürsten“ praktiziere. ‚Modern‘ wohl, weil die Förderung der angewandten und dekorativen Künste als Wirtschaftsfaktor und damit zugleich als „unersetzliches Mittel zur Stärkung der werdenden Kraft des Volkes“ galt. Georg Fuchs, „Die Darmstädter Künstlerkolonie“, in: *Deutsche Kunst und Dekoration* 4 (1899), 412–423, hier 412, 421.

[36] Zeitgenössisch war „Jugendstil“ umstritten. Am ehesten wurde das Wort für das Kunstgewerbe benutzt, aber gerade von den Anhängern der ästhetischen Moderne vielfach vermieden. Es setzte sich erst nach 1945, d.h. im Zuge der in Deutschland nachgeholten Moderne durch und wird deshalb hier ebenfalls rückwirkend benützt.

[37] Reinhold-Postina, Jugendstil, 3.

[38] Geld kam nicht nur von Ernst Ludwigs Privatschatulle. Stadt und Landtag unterstützten mindestens die Ausstellungen, von denen sich wohl nur die von 1908 selber trug. 1901 war ein finanzielles Fiasko, 1914 machte der Kriegsausbruch allen Kalkulationen buchstäblich einen Strich durch die Rechnung; zu 1904 sind mir keine Zahlen bekannt.

II. Darmstädter Moderne-Diskurse

Streng genommen gibt es eine Darmstädter Diskursgeschichte der ästhetischen Moderne um 1900 überhaupt nicht. In Darmstadt erschien jedoch von 1897 bis 1932 die weitverbreitete und um die Jahrhundertwende die Kunst und besonders das Kunsthandwerk kommentierende Zeitschrift *Deutsche Kunst und Dekoration* des geschäftlich bis in die späten 1920er Jahre außerordentlich erfolgreichen Verlegers Alexander Koch[39], in Kunstdingen Autodidakt. Kochs Verlag mit seinen Zeitschriften ähnelt in gewisser Weise dem von Gangolf Hübinger erforschten Diederichs-Verlag. Auch Koch verstand sich als ‚Kulturverleger' und mindestens diese Zeitschrift seines umfangreichen Verlagsprogramms war erkennbar ebenfalls ‚Versammlungsort moderner Geister'.[40] Es mag daher legitim sein, ihre bis zum Kriegsausbruch 1914 erschienenen Jahrgänge im Blick auf die diskursgeschichtliche Frage durchzusehen.

Dass Koch mit seiner Zeitschrift *Deutsche Kunst und Dekoration* in erster Linie das Kunstgewerbe aufwerten wollte, kam der Darmstädter Künstlerkolonie natürlich zu pass, denn Ernst Ludwig hatte dasselbe Ziel. Koch verband allerdings mit ihr ausdrücklich keine radikale Wende in der Ästhetik, appellierte er doch im Gründungsaufruf an die „wirkliche[n], grosse[n] Künstler" und verwahrte sich gegen das „Feldgeschrei ‚Fort mit allem Alten!' der radikalen Neuerer". Es ging ihm vor allem um die neuen Erfindungen, Rohmaterialien und Techniken, für die er „eine neuzeitliche, nur ihnen zukommende Gestaltung und Durchbildung aus wahrhafter Künstlerhand" propagieren wollte.[41] Koch und seinen Mitarbeitern lag vor allem die Praxis am Herzen – schon im Vorspann zur ersten Nummer schrieb er nicht weniger als zwölf mit Geldprämien ausgestattete Wettbewerbe für alle Gebiete der angewandten Kunst aus – und die allgemeine Berichterstattung. Großformatige Bilder – Illustrationen und Fotos, damals noch neu und entsprechend selten, – füllten die Hefte zu einem erheblichen Teil. Im Leitaufsatz „Unser Programm" gab sich der Geschäftsmann Koch ausgesprochen irenisch. Er empfinde „die Pflicht, auseinandergehenden Meinungen, soweit sie wohlbegründeter Anschauung entspriessen, stets gleichmäßig Rechnung zu tragen, nirgends eine Unfehlbarkeit zu proklamiren, überall aber dem Ungeschmack, der künstlerischen Phrase mit Offenheit zu begegnen". Einer Partei rechne er sich nicht

---

[39] Oberbürgermeister Glässing schrieb 1914, dass dem Verlag Alexander Koch „einmütige Anerkennungen der in- und ausländischen Presse" zuteil geworden seien. Wilhelm Glässing, *Darmstadts Industrie, Handel und Gewerbe*, Darmstadt 1914, 10 (Kurztitel: Glässing, Darmstadts Industrie).

[40] Siehe Gangolf Hübinger (Hg.), *Versammlungsort moderner Geister. Der Eugen Diederichs Verlag – Aufbruch ins Jahrhundert der Extreme*, München 1996.

[41] Alexander Koch, „An die deutschen Künstler und Kunstfreunde", in: *Deutsche Kunst und Dekoration* 1 (1897/98), unpag.

zu, „jeder komme zu Worte!“[42] Obwohl spätestens seit den Jahrgängen ab 1901 gängiger Begriff, war „Moderne“ nur ganz selten eigenes Thema – kein Wunder, wenn schon zu Beginn von „Neuzeit“ nur im Sinne des Einerseits-Andererseits die Rede war:

„Sprechen wir von ‚Neuzeit‘, so sei darunter nicht jene Neuerungssucht verstanden, die kopflos alle Brücken hinter sich abbricht und nicht zugeben will, dass in der Entwickelungsgeschichte der Menschheit immer eines auf dem anderen fussen müsse. Ander[er]seits wollen wir aber durchaus keine flauen Kompromisse eingehen mit dem, was die deutsche Kunst so lange darnieder hielt, mit jener gewissen Alterthümelei nämlich, die da predigt, ein vergilbtes Blatt sei unter allen Umständen schöner als ein grünes.“[43]

Die *Deutsche Kunst und Dekoration* wollte also kein Kampfblatt sein. Weder die Grundsteinlegung der Künstlerkolonie noch die drei Ausstellungen auf der Mathildenhöhe selber sind bei aller ausführlichen Berichterstattung Anlass, sich mit dem ehrgeizigen Programm und seiner Verortung in der zeitgenössischen Ästhetik kritisch auseinanderzusetzen. Auch nicht für die Mitglieder der Künstlerkolonie, die vor allem in der Gründungsphase häufig zu Wort kommen. Als erster der zum Leiter berufene Olbrich. Er schildert das Vorhaben der Künstlerkolonie ganz im Duktus der Lebensreform, die mit ihren Appellen an Naturromantik und Seelenfreude wohl bewusst unmodern daherkam und so die Radikalität – „in festen, unverrückbaren Formen eine Widerspiegelung moderner Kultur zu geben, und damit einen Merkstein auf dem Wege der Lebenserneuerung zu setzen“[44] – zumindest seiner Kunstvorstellung verbarg. Seinem Kollegen, dem Maler Hans Christiansen, entgleitet das Projekt der Lebensreform zu einem nicht anders als ‚tümelnd‘ zu bezeichnenden Appell an seine Künstlerkollegen „zur Befreiung der Kunst“, damit sie wieder zur „echten grunddeutschen Volkskunst“ werde.[45] Der Bildhauer Ludwig Habich kommt nicht selber zu Wort, ebenso wenig wie der Keramiker Jakob Scharvogel (der allerdings erst 1904 berufen werden sollte). Sein Malerkollege Peter Behrens kritisiert das gegenwärtig von Bayreuth bestimmte bombastische „Dekorations-Wesen“ als „Höhe einer ästhetischen Unkultur“ und plädiert für größere Schlichtheit, um das Theater wieder zur sittlichen Anstalt werden zu lassen.[46]

Bleiben die (wenigen) theoretisch orientierten Autoren, denen gelegentlich in der Zeitschrift Raum geboten wird. Mit Darmstadt setzt sich allerdings kaum einer dieser Beiträge auseinander. Immerhin: Kuno Graf Hardenberg,

---

[42] Ders., „Unser Programm“, ebd.

[43] Ebd.

[44] Joseph Maria Olbrich, „Unsere nächste Arbeit“, ebd., 366–369, hier 366.

[45] Hans Christiansen, „Hie Volkskunst“, ebd., 373–376, hier 376.

[46] Peter Behrens, „Die Dekoration der Bühne“, ebd., 401–405, hier 401. Behrens trat bereits 1903 aus der Künstlerkolonie aus und ging nach Düsseldorf, 1907 nach Berlin, wo er vor allem als Architekt und künstlerischer Berater der AEG wirkte.

Maler, Schriftsteller, Kunsthistoriker – er wird 1917 zum Hofmarschall und 1919 zum Chef des Großherzoglichen Hauses berufen werden – sinniert anlässlich der Gemäldeausstellung von 1904 über das, was in Darmstadt seit 1899 stattfindet:

„Junge, talentvolle Künstler [...], die nicht in der herkömmlichen Imitier- und Verballhornisierungsweise der Kunst vergangener Tage Gewalt antaten“, hatten „Begeisterung genug und den Willen [...], dem modernen Menschen sein modernes Heim zu geben und damit den Stil des XX. Jahrhunderts zu begründen, des XX. Jahrhunderts, das mit seinen Eisenkonstruktionen, seiner Elektrizität, seiner Hygiene, seiner Heiz- und Beleuchtungstechnik viel schreiende Bedürfnisse hat nach neuen Schmuck- und Zierformen.“[47]

Die Darmstädter Moderne nicht als Mittel der Kompensation der technischen Moderne wie im vergangenen Jahrhundert, wo man Fabriken gerne als Tudor-Schlösser gebaut hat, sondern als Kunstform, die dem neuen technischen Zeitalter gewachsen ist. Genau das lehnte die Mehrheit des Darmstädter Bürgertums ab, es ließ seine Häuser und Villen in einem Stil bauen, „wo Holzfachwerk um jeden Preis – meist aber missverstanden – angewandt werden mußte oder wo Schweizerdächer das Vorbild gaben“, wie TH-Professor Walbe später höhnen sollte.[48]

Dass die *Deutsche Kunst und Dekoration* den Historismus bekämpfte, versteht sich von selbst. In dieser Hinsicht war die ‚Ortsbestimmung der Gegenwart‘, die Beschreibung der Moderne einfach. Die einen leiteten aus ihrer Zeitdiagnose einen Aufklärungsauftrag ab. Der Kunstkritiker des *Vorwärts* etwa, Robert Breuer, propagierte den zeitgerechten Geschmack auf drastische Weise: Es habe

„heute, in dieser um einen neuen Stil ringenden Zeit, niemand das Recht, sich ein Zimmer maurisch einzurichten oder eine Villa im römischen Barock zu bauen: jedermann hat seine persönlichen Wünsche dem großen völkischen Gesamtwillen unterzuordnen [...] und mitzuhelfen, daß der neudeutsche Stil Wirklichkeit wird, daß alles Bauwerk und alles Gerät rings umher ihm Wegweiser und Pionier ist.“[49]

Man könnte versucht sein, diese Vorstellung als eine frühe Form von *social engineering* zu bezeichnen, einer für die Hochmoderne typischen Form des Umgangs von Experten mit der Gesellschaft, denn Breuer machte aus dem

---

[47] Kuno Graf von Hardenberg, „Großherzog Ernst Ludwig und seine Bestrebungen zur Hebung der Wohnstätten-Kultur“, in: *Deutsche Kunst und Dekoration* 15 (1904/05), 273–276, hier 274.

[48] Walbe, Baukunst, 26. Im Hörsaal wusste jeder, wer damit gemeint war: die Kollegen Hofmann und Pützer und der Freie Architekt und TH-Absolvent Wilhelm Koban.

[49] Robert Breuer, „Der Einkauf als kulturelle Funktion“, in: *Deutsche Kunst und Dekoration* 21 (1907), 78–82, hier 82. Breuer publizierte später auch in der *Schaubühne*, wurde stellvertretender Pressechef Friedrich Eberts und Abteilungsleiter der Reichszentrale für Heimatdienst. Er starb 1943 im Exil.

Verkäufer einen „Volkserzieher"[50], wie später Architekten und Stadtplaner, in Deutschland allen voran Ernst May, sich ebenfalls verstanden und ihre Häuser bzw. Wohnungen immer auch als Erziehungsmittel für sozial erwünschtes, also ‚modernes' Verhalten betrachteten. Das Gegenteil vertraten jene Autoren, die Moderne umstandslos mit Zeitlosigkeit zu identifizieren suchten, Qualität immer vorausgesetzt – ein ausgesprochen vormoderner Standpunkt. Der Mitarbeiter der Münchner Graphischen Sammlungen, Ernst Wilhelm Bredt, versuchte seinen Lesern anhand der Asamkirche zu erklären, dass dieses außergewöhnliche Kunstwerk dem Umstand zu verdanken sei, dass die Gebrüder Asam auch schon „modern sein" wollten und nicht „eine historische Form" nachzuahmen suchten. So habe sich auch die große Nähe von Künstlern und Handwerkern ergeben. „Alles lebte [damals] einem Geschmack, dem ‚modernen', die Hand des Steinmetzen und des Dekorationsmalers, des Stukkateurs und Ziseleurs lebte nur dieser Moderne, übte sich und vervollkommnete sich nicht in Altertümlichkeiten, sondern ganz im neuen Geschmack der Lebenden."[51] Ähnlich der Maler Walter Georgi, der, für ein Werkbundmitglied vielleicht nicht erstaunlich, behauptete, „gute Kunst" sei immer „modern und klassisch zugleich. [...] Sie ist zeitlos, weil sie Unvergängliches darreicht. Zeitlosigkeit aber schließt auch den Begriff der Modernität in sich ein". „Moderne Kunst" dagegen sei ein gefährlicher Begriff, weil er „zum Schlagwort geworden" sei, „das mit maßloser Überschätzung auf der einen oder mit herabsetzender Verachtung auf der anderen Seite angewendet wird." So sei sie „unter den Händen der Streitenden eine Schwester der Mode geworden".[52] Ob Georgi sich bewusst war, dass er damit die im modernen Kunstdiskurs klassisch gewordene Formel Baudelaires – Modernität ist das Flüchtige, aber deshalb nur die eine Hälfte der Kunst[53] – ins Gegenteil verkehrt hatte?

Unter dem provokanten, aber seit der 1907 erfolgten Gründung des *Deutschen Werkbundes* nicht mehr völlig ungewöhnlichen Titel *Schönheit als*

---

[50] Ebd., S. 81.

[51] Ernst Wilhelm Bredt, „‚Die gute alte Zeit' – und wir?", ebd., 142–152, hier 144, 151. Dass für Bredt Moderne einfach nur Zeitgenossenschaft bedeutet, geht auch aus einem anderen Beitrag hervor, in dem er – mitten in der Tschudi-Krise – vorschlägt, dass künftig nicht mehr staatliche Museen und Galerien moderne Kunst ankaufen sollen, sondern dass wie in guten, alten Zeiten die Bilder erst einmal von ‚Konsumenten', in diesem Falle von Ministerien, Kommunen, Universitäten usw. angekauft und dort aufgehängt werden, bis sie nach geraumer Zeit als qualitätvoll anerkannt und den Museen übergeben werden sollen. Bredt, „Moderne Kunst und der Staat", ebd., 23 (1908), 188–200.

[52] Walter Georgi, „Zeitlose Kunst – Moderne Kunst", ebd., 32 (1913), 126–135, hier 135, 127 f.

[53] Baudelaires bekannte Formulierung lautet: „La modernité, c'est le fugitif, le transitoire, le contingent, la moitié de l'art, dont l'autre moitié est l'éternel et l'immuable". Charles Baudelaire, „Le peintre de la vie moderne [1859]", in: Ders., *Œuvres complètes*, (Éditions de la Pléiade), Paris 1954, 892 f.

Weltanschauung sucht der bereits genannte Kunstkritiker Breuer die tragenden Säulen – er nennt es „Zentren" – der „modernen Welt", die nur ein anderer Begriff für Moderne ist, zu identifizieren. Seine ‚Weltanschauungen' entsprechen ziemlich genau dem, was in der Moderne-Theorie die Ordnungsmuster sind, und ihre Ablösungsprozesse vollziehen sich in derselben Weise. Schönheit setzt er ohne weitere Begründung mit „Sachlichkeit, Zweckmäßigkeit und Geschmack" gleich; die „kommende Weltanschauung" werde „in diesen drei Faktoren wurzeln", weil sie zugleich mit den Stützen der „modernen Welt" korrespondieren: „der Naturwissenschaft, dem Ingenieurwesen und dem Kunstgewerbe". In „der größten Entdeckung der Gegenwart, der Entdeckung des Auges", sieht er die Grundlage für seine These, dass die kommende Weltanschauung „eine Weltanschauung des Auges" sein werde. Das habe es schon einmal gegeben – „damals als Phidias und Praxiteles ihren unermeßlichen Reichtum spendeten" –, sei aber vom Christentum, wie er, immerhin studierter Theologe, kaum verhüllt darlegt, zusammen mit aller Heiterkeit „dem Teufel zugesprochen" worden. Diese verhängnisvolle geschichtliche Phase gehe momentan allerdings zu Ende und deshalb müssten „die Pioniere der neuen Weltanschauung […] vom Morgen bis zum Abend dafür sorgen, daß die Menschen sehend werden." Es gehe vordergründig um neue, schöne Formen der Gebrauchsgegenstände, Wohnungen und Häuser, dahinter erhebe sich jedoch „die Tendenz: den Charakter der Menschheit zu erneuern".[54] Es ist der Versuch, die ästhetische aus der technischen Moderne abzuleiten, indem Sachlichkeit, Zweckmäßigkeit und Geschmack als Leitmotive beider Modernen benannt werden – eine für Darmstadt ausgesprochen reizvolle These, wie sie ja auch schon Graf Hardenberg formuliert hatte. Adressat hätte die Technische Hochschule sein können – wenn denn dort Kunstgeschichte und Philosophie diesen Gedanken aufgenommen hätten. Aber von dem dort bis 1910 lehrenden Rudolf Kautzsch, obwohl als Mittelalterfachmann Mitgründer des *Deutschen Werkbundes*, ist kein Echo überliefert, während sein Nachfolger, der später in München und Berlin zu höchstem Ansehen kommende Wilhelm Pinder, völlig theorieabstinent war, damals jedenfalls.[55] Mit moderner Kunst und Architektur haben sie sich nie befasst.

---

[54] Robert Breuer, „Schönheit als Weltanschauung", in: *Deutsche Kunst und Dekoration* 23 (1908), 153–158, hier 154, 156, 157.

[55] Pinder prägte später die berühmt gewordene Formel von der „Gleichzeitigkeit des Ungleichzeitigen" (Das Problem der Generation in der Kunstgeschichte, 1926), eine Diagnose, in der Martin Geyer eine „implizite Zeit- und Modernitätskritik" sieht. Martin H. Geyer, „‚Die Gleichzeitigkeit des Ungleichzeitigen'. Zeitsemantik und die Suche nach Gegenwart in der Weimarer Republik", in: Wolfgang Hardtwig (Hg.), *Ordnungen in der Krise. Zur politischen Kulturgeschichte Deutschlands 1900 bis 1933*, (Ordnungssysteme, 22), München 2007, 165–187, hier 170.

Den Künstlern der Mathildenhöhe war diese These wohl zu technizistisch. Weithin bestimmend war ja der Gedanke der Lebensreform, die auch Großherzog Ernst Ludwig umtrieb – ihr gab er nicht nur auf der Mathildenhöhe einen Ort, sondern 1910/11 auch auf der Marienhöhe, wo er der von ihm bewunderten Elizabeth Duncan, deren Ausdruckstanz das kulturpolitische Reformprogramm abrunden sollte, für ihre Schule gleichfalls eine Heimstatt schuf – und die alle Hoffnung darauf setzte, dass „eine einheitliche Welt- und Lebensanschauung wieder Macht erlange über die Gemüter", kurz: dass „die Menschen Kraft gewinnen, sich wieder zum Kunstwerk umzuschaffen".[56] Der Großherzog zeigte sich 1908 zufrieden, dass nunmehr die „Schönheit [...] aus Wahrheit und Zweckmäßigkeit hervorwächst"[57] und bediente sich damit einer Formel, die anders als die rationalistische Breuersche auch religiöse Sinnstiftung erlaubte. Die bedingte Anerkennung der Moderne, ihre Bändigung bzw. Heilung durch neue, religionsförmige, aber über- oder nichtkonfessionelle Sinnstiftung war damals außerordentlich populär. So holte der – inzwischen ehemalige – Großherzog 1919 den Lebensphilosophen Hermann Graf Keyserling nach Darmstadt, der dort im folgenden Jahr seine rasch berühmt gewordene *Schule der Weisheit* für Tagungen, Exerzitien und philosophische Lebensberatung eröffnete.

Ernst Ludwigs ästhetische Devise formulierte nahezu wortgleich vier Jahre später Julius Goldstein, wenn er als „wesentliche Merkmale" des neuen, von der modernen Technik beflügelten Baustils „Wahrhaftigkeit und Zweckmäßigkeit" nannte.[58] Goldstein war im Jahre 1902 nach Darmstadt gekommen, um sich dort in Philosophie zu habilitieren,[59] und vertrat von da an als erster dieses Fach an der Technischen Hochschule hauptamtlich.[60] Dabei hatte ihm

---

[56] Breysig, Über Kunst und Leben, 341.

[57] Eröffnungsrede zur Ausstellung von 1908; zit. Glässing, Darmstadts Industrie, 10.

[58] Julius Goldstein, *Die Technik*, (Die Gesellschaft, 40), Frankfurt am Main 1912, 2 (Kurztitel: Goldstein, Technik).

[59] Ders., *Die empiristische Geschichtsauffassung David Humes mit Berücksichtigung moderner methodologischer und erkenntnistheoretischer Probleme*, Leipzig 1902 (Kurztitel: Goldstein, Geschichtsauffassung).

[60] Goldstein, nach 1918 entschiedener Republikaner und Vertrauter der hessischen SPD-Politiker Carlo Mierendorff und Wilhelm Leuschner, leitete von 1920 bis 1922 die regierungsamtliche *Darmstädter Zeitung* und sollte dann das im Zuge der Akademisierung der Lehrerausbildung neu geschaffene Extra-Ordinariat für Philosophie auf Wunsch der Landesregierung übernehmen. Trotz positiver Gutachten von Ernst v. Aster, Max Scheler und Ernst Troeltsch setzte ihn die Berufungskommission nicht auf die Liste. Hausberufungen waren damals an der TH Darmstadt zwar keine Seltenheit, aber nie auf Druck der Regierung. Die selbstbewusste TH hat dagegen stets opponiert, 1925 wie 1934/37 (als der Architekturprivatdozent Lieser mit Hilfe des Gauleiters Professor an der eigenen Hochschule wurde), und immer verloren. Die von der Regierung 1925 durchgesetzte Ernennung erregte deutschlandweit Aufmerksamkeit und führte zu Protesten im Landtag und natürlich an der TH. Goldstein starb 1929. Einzelheiten bei Uwe Zuber (Hg.), *Julius Goldstein. Der*

sicher geholfen, dass er Schüler des damals zunehmend populär werdenden Jenenser Philosophen Rudolf Eucken – er bekam 1908 sogar den Nobelpreis – war, der „für eine Stärkung der Philosophie an den Technischen Hochschulen ein[trat] – den Ingenieuren sollte über den rational-positivistischen Verfahren der Naturwissenschaften der ethische Sinn für das Ganze und die antipositivistische bzw. idealistische Sicht auf die Gegenwart vermittelt werden".[61] Obwohl er sich in Darmstadt dank persönlicher Bekanntschaft mit William James und Henri Bergson ein gutes Stück von der Euckenschen Entgegensetzung von Natur und Geist entfernte[62], suchte er wie dieser die Herausforderungen der Moderne durch Rekurs auf eine neue Metaphysik mit durchaus religiösen Zügen zu bewältigen.[63] Insofern ist ihm die kulturkritische Resignation eines Max Weber fremd.

Goldstein ist durchaus ein Beispiel für die von Gangolf Hübinger mit Nachdruck vertretene These, dass um 1900 die gesellschaftliche Selbstbeobachtung enorme Fortschritte gemacht hat.[64] Wegen ihres neo-idealistischen Grundcharakters ist seine allerdings heute weniger anschlussfähig als die Beiträge von Rationalisten wie Weber, Troeltsch, Simmel und anderer, die

---

jüdische Philosoph in seinen Tagebüchern 1873–1929. Hamburg – Jena – Darmstadt, (Schriften der Kommission für die Geschichte der Juden in Hessen, 22), Wiesbaden 2008.

[61] Friedrich Wilhelm Graf, „Die Positivität des Geistigen. Rudolf Euckens Programm neoidealistischer Universalintegration", in: Gangolf Hübinger/Rüdiger vom Bruch/Friedrich Wilhelm Graf (Hg.), *Idealismus und Positivismus*, (Kultur und Kulturwissenschaften um 1900, 2), Stuttgart 1997, 53–85, hier 83. Der „ideallose Realismus" der Ingenieurausbildung müsse schleunigst überwunden werden, dann steige auch das gesellschaftliche Ansehen der Ingenieure. Goldstein, Technik, 35.

[62] In seinen Tagebüchern berichtet er an vielen Stellen von immer neuen Enttäuschungen über Euckens Verhalten. Trotzdem gründete er in dessen Anwesenheit im März 1914 in Darmstadt den ersten Eucken-Bund, die *Neue Vereinigung zur Pflege idealistischer Weltanschauung*, die wegen des Kriegsausbruchs ihre Tätigkeit nicht aufgenommen hat. Dem 1920 gegründeten *Eucken-Bund* scheint er nicht beigetreten zu sein; Programm und Auftritt in der Öffentlichkeit haben dem von der Philosophie zur Soziologie und Politikwissenschaft sich Bewegenden (jedenfalls in Vorlesungen und publizistischem Wirken) kaum noch gefallen können. Trotzdem hat er als Herausgeber der regierungsamtlichen *Darmstädter Zeitung* das Programm dieses Bundes abgedruckt: Rudolf Eucken, „Unsere Forderung an das Leben", in: *Darmstädter Zeitung*, Wochenbeilage Nr. 24 und 25 vom 12. und 19.6.1920.

[63] Wie bei seinem Lehrer Eucken hatte die Religion keine dogmatischen Merkmale, sondern war „die gewaltige Trägerin des Gedankens einer über die Natur hinausgehenden Geisteswelt". Julius Goldstein, *Wandlungen in der Philosophie der Gegenwart. Mit besonderer Berücksichtigung des Problems von Leben und Wissenschaft*, Leipzig 1911, 158 (Kurztitel: Goldstein, Wandlungen).

[64] Zuletzt Gangolf Hübinger, „Wissenschaften, Zeitdiagnose und politisches Ordnungsdenken. Zur Einführung", in: Ders. (Hg.), *Europäische Wissenschaftskulturen und politische Ordnungen in der Moderne (1890–1970)*, (Schriften des Historischen Kollegs. Kolloquien, 87), München 2014, 1–28, hier 8 ff.

wohl auch deshalb von Goldstein nicht zitiert werden. Aber etwa seine technikphilosophische Fortschrittsdialektik – „Es liegen im Fortschritt der Technik selbst Probleme, welche nicht wieder durch Technik ihre Lösung finden können"[65] – und seine bestens informierte Industriesoziologie[66] nötigen Respekt ab. Kurz: Eine reflektiertere Gegenwartsdiagnose war damals in Darmstadt nicht zu haben. Goldsteins Grunderfahrung ist die von Wissenschaft und Technik verursachte Zeitenwende, die neuartige Antworten erfordere. Mit dieser Wahrnehmung befand er sich vollkommen auf der Höhe des Moderne-Diskurses, auch wenn er den Begriff im Unterschied zu Eucken[67] nicht benutzte. Dass Geschichte und vor allem Gegenwart „als ein Reich der Vernunft" gelten, wie man von Kant und Hegel an geglaubt hat, habe sich als Trugschluss erwiesen[68] und der von Bossuet bis Marx vertretene Gedanke der „Übersichtlichkeit der Geschichte" sei in der zweiten Hälfte des 19. Jahrhunderts verloren gegangen, weil man zu sehen gelernt habe, dass der Kampf zwischen Prinzipien und konkret gegebenen Verhältnissen nicht beendet werden kann.[69] Damit sei natürlich auch der Glaube an den Fortschritt passé[70] und das ungehemmte Vertrauen in die Technik – wir sind im Jahr des Titanic-Untergangs und Goldstein versagt sich nicht den Hinweis darauf – unangebracht. Man stehe „am Ende einer Epoche ungeheurer technischer Erfolge" und müsse lernen, dass gerade dadurch der Irrationalismus enorm gesteigert werde. Diese Erkenntnis „bedeutet den Zusammenbruch des neuzeitlichen Glaubens, es ließe sich bei völliger Abkehr von allem Überweltlichen unser Dasein bis in das Letzte hinein rationalisieren."[71] Eine neue Form von Religion sei im Gegenteil das Gebot der Stunde, die Lebensphilosophie von James und Bergson böten die angemessenen Antworten.

Goldstein vertrat also, anders als Max Weber, die Ansicht, das Leben lasse sich nicht vollständig rationalisieren, entzaubern; jedenfalls gebe es Rettung insofern „das Leben selbst zu einer Metaphysik drängt" und man diesem Drängen mittels der Lebensphilosophie zum Erfolg verhelfen könne.[72] Diese

---

[65] Goldstein, Wandlungen, 49.

[66] In seiner Technikphilosophie zitiert Goldstein hierzu u.a. Ernst Abbé, Heinrich Herkner, John Hobson und Adolf Levenstein.

[67] Eucken lieferte 1920 gar eine – die erste? – Bedeutungsgeschichte „des Modernen". Rudolf Eucken, *Geistige Strömungen der Gegenwart*, 6. Aufl. Leipzig/Berlin 1920, 278 ff. (Anhang: zum Begriff des Modernen).

[68] Goldstein, Geschichtsauffassung, 57.

[69] Ders., Wandlungen, 39, 41.

[70] „Die Realpolitik. Der Nationalitätsgedanke. Der Glaube an den Fortschritt. Wie oberflächlich klug ist das alles! Wie wenig geistiger Ernst und Tiefe in all diesen Dingen. […] Front machen gilt es heute". Tagebucheintrag vom 20.12.1901, in: Zuber (Hg.), Goldstein, 43. Eucken lasse „sich nur sehr oberflächlich mit dieser in das Dornengestrüpp des Alltags sich verwickelnden Aufgabe ein"; ebd.

[71] Goldstein, Technik, 71, 68.

[72] Goldstein, Wandlungen, 158. Das nächste Zitat 157.

Überzeugung veranlasste ihn auch zur ausdrücklichen Kritik der vulgärdarwinistischen Ansicht, dass es zwischen Mensch und Tier nur einen graduellen Unterschied gebe; für den Menschen seien „naturüberlegene Faktoren" maßgeblich. In der die Kulturschwelle um 1900 kennzeichnenden Orientierungskrise wusste Goldstein darum, anders als viele seiner Zeitgenossen, Rat, er zählte nicht zu den von den Moderne-Prozessen kulturell Enteigneten, die zum Kulturkampf aufriefen oder resignierten. Was ihn immer wieder niederwarf, war die ungesicherte berufliche Existenz.

Von der Mathildenhöhe ist in seinen Tagebüchern, soweit sie erhalten sind und soweit das Erhaltene ediert worden ist, niemals die Rede; seine Schriften machen es wenig wahrscheinlich, dass er sich mit diesen Vertretern der ästhetischen Moderne näher befasst hat. Umgekehrt war es genauso. Schon mit den Professoren der Technischen Hochschule unterhielt er keine engeren Beziehungen, nicht einmal mit denen der Allgemeinen Abteilung, bei der er sich habilitiert hatte.[73] So existierten in Darmstadt zwei, wenn nicht drei Moderne-Diskurse nebeneinander – vor Ort unverbunden, aber draußen allesamt wahrgenommen, freilich ebenso unverbunden. Die Mitglieder der Künstlerkolonie trieben die Zeitenwende voran, die Architekten reagierten darauf und Goldstein analysierte sie. Im August 1914 war es damit schlagartig vorbei. Goldstein ging an die Front, die zivilen Zwecken dienende Bautätigkeit und die kunstgewerbliche Produktion liefen aus; ihre Urheber verstummten vollends.

III. Die Ausschnitthaftigkeit der Vielfalt

Will man das Zusammengetragene bilanzieren, so fallen zwei Dinge ins Auge. Soweit sich der Moderne-Diskurs um Zeitdiagnose dreht, teilen alle[74] die Ansicht, dass man sich in einer Umbruchs-, besser Übergangszeit befindet.

---

[73] Am 23.12.1907 schrieb er in seinem Tagebuch: „Der entsetzliche Stumpfsinn hier in Darmstadt. Keinen Menschen, mit dem ich mich auch nur einigermaßen unterhalten könnte über die mich interessierenden Probleme. [...] Gestern mit Karl Wolfskehl mich unterhalten. Wie ganz anders ist es in München". Zuber (Hg.), Goldstein, 83. Otto Harnack, Ordinarius für Geschichte und Literatur, mit dessen Hilfe Goldstein 1901/02 Umzug und Habilitation eingefädelt hatte, war 1905 nach Stuttgart berufen und der Mathematiker Sigmund Gundelfinger (Vater Friedrich Gundolfs) 1907 emeritiert worden; dieser hatte ihn 1902 über die Professoren der Allgemeinen Abteilung aufgeklärt („Es sind eine Reihe von ausgesprochenen Antisemiten im Professorenkollegium"; ebd., 44).

[74] Vor allem natürlich Goldschmidt, aber beispielsweise auch die *Darmstädter Zeitung*. Aus Anlass des 25jährigen Regierungsjubiläums schrieb sie von der „noch so gärenden, mannigfaltige Ansätze zu neuem Leben treibenden Übergangsepoche, wie die heutige". „Der Großherzog und die bildende Kunst", in: *Darmstädter Zeitung* 141, Nr. 61 vom 13.3.1917.

Die Ursachen werden in erster Linie im Aufschwung der Technik und Wandel der Wissenschaft gesehen, von Verlustgefühlen ist nicht die Rede. Deshalb taucht auch nirgends der ansonsten ubiquitäre Krisenbegriff auf. Das hat natürlich auch damit zu tun, dass in der damaligen Darmstädter Gesellschaft die von Verlusten und kultureller Enteignung Betroffenen, die prominenten Angehörigen geistes- und sozialwissenschaftlicher Disziplinen und die Vertreter etablierter politischer und sozialer Interessen so gut wie ganz fehlten, jedenfalls in Darmstadt keine publizistische Bühne besaßen. Das sollte sich nach dem Krieg ändern. Vor 1914 aber befand sich die Stadt nach Ansicht ihrer buchstäblich tonangebenden Bewohner im Aufbruch – „Dornröschen" – und selbst Goldstein, der an ihm kaum partizipierte, verfügte dank seiner Lebensphilosophie über eine Art Erlösungsversprechen und damit über jenes Maß an Zuversicht, das ihn von ‚Krise' nicht sprechen ließ.[75]

Was nun die ästhetische Moderne betrifft, so ist die Ausschnitthaftigkeit des in Darmstadt zu Vernehmenden offensichtlich. Das kam nicht von ungefähr. Olbrich sprach erfreut davon, „in einer Stadt, die so glücklich ist, weder Glaspalast noch Akademie zu besitzen", arbeiten zu können[76], und in der Tat fehlten in Darmstadt Institutionen des etablierten, traditionellen Kunstbetriebs ebenso wie Kunsthallen für moderne Malerei.[77] Malerei blieb überhaupt ganz im Hintergrund, und gerade hier spielten sich damals die schärfsten Konflikte ab, während Architekten wenig Worte zu machen pflegten. Zwar blieb Olbrichs Kunstutopie eine Ausnahme, aber die Mehrheit sah jedenfalls in der Kunst der Moderne eine Chance: zur Wiedergewinnung der verlorenen Einheit von Kunst und Leben, zur Erlösung, zum überfälligen Einklang mit der technischen Moderne. Umbruchszeit, aber kein Grund zur Sorge. Bei dem, was auf der Mathildenhöhe zu sehen war, handelte es sich ja nach internationalem Maßstab auch um eine sehr gemäßigte Moderne.

Das Darmstädter Beispiel zeigt Moderne-Diskurse im lokalen Kontext. Dieser spielte in der Debatte um die Moderne bisher kaum eine Rolle, vermag aber den Blick für die Vielfalt der Moderne schon innerhalb einer Nationalkultur zu öffnen. Wie sich der lokale Ausschnitt zum Ganzen verhält, muss beim gegenwärtigen Stand der Forschung offenbleiben, aber vermutlich ist auch hier die Gesamtheit mehr als die Summe aller Teile. Hermann Bahr

---

[75] Goldstein litt zwar beruflich unter, wie er sagte, Banausentum und Antisemitismus, aber diese Hindernisse führte er nicht in seine philosophische Zeitdiagnose ein.

[76] Joseph Maria Olbrich, „Unsere nächste Arbeit", in: *Deutsche Kunst und Dekoration* 6 (1900), 366–369, hier 366.

[77] Der Direktor der berühmten Hamburger Kunsthalle, Alfred Lichtwark, schloss seinen Bericht über die Ausstellung von 1901 ziemlich von oben herab mit dem Satz ab: „Denn für uns ist nicht viel Neues da, und es fehlt noch an vielem, wonach wir schon Sehnsucht haben". „Alfred Lichtwark über die Darmstädter Ausstellung von 1901", in: Diethard H. Klein/Teresa Müller-Roguski (Hg.), *Darmstadt. Ein Lesebuch*, Husum 1988, 85–87, hier 87.

glaubte wohl selbst nicht, was er im Jahr 1901 dem Großherzog zurief: „Dort oder nirgends wird unser Athen sein!“[78]

[78] Bahr, Bildung, VI [„Zueignung an S. K. H. Ernst Ludwig Großherzog von Hessen und bei Rhein“].

Thomas Mann auf Hamsterfahrt

Selbstisolierung und Deutungsansprüche des Intellektuellen im Krieg 1914–1918

Roger Chickering

Zu den Forschungsgebieten, in denen sich Gangolf Hübinger eines überragenden Ansehens erfreut, gehört die Rolle der Intellektuellen in der deutschen Geschichte. Diesen kann man, wie er bemerkt, idealtypisch die Rolle einer „relativ freischwebenden gesellschaftlichen Gruppierung" zuschreiben, deren „besondere Stellung" es ist, „die je gegenwärtige Wirklichkeit im Lichte allgemeiner Prinzipien, denen gemeinhin Kulturbedeutung beigemessen wird, zu deuten".[1] Diese Definition thematisiert das Spannungsverhältnis zwischen Außenseiterstatus, Absonderung und Isolierung des Intellektuellen einerseits und dem Anspruch andererseits, als kultureller Interpret, als Wegweiser, der den historischen Wandel deutet, eine breite Akzeptanz zu finden.

Kaum eine Persönlichkeit hat diese Problematik spannungsreicher verkörpert als der Schriftsteller Thomas Mann während des Ersten Weltkrieges. Schon seine frühesten Äußerungen zum Weltkrieg im Herbst 1914 ließen das Anliegen klar erkennen, als „Nationaldichter" aufzutreten und dem Publikum Sinnstiftung und Orientierung über die historische Kulturbedeutung des nun tobenden Konflikts anzubieten. Dasselbe Anliegen prägte auch seine weitere Kriegspublizistik bis hin zum Erscheinen der bis heute noch kontrovers diskutierten *Betrachtungen eines Unpolitischen* im Herbst 1918. Auffallend war allerdings der Kontrast zwischen dem Anspruch, für die Allgemeinheit die nun im Kriege wirksamen Kulturprinzipien auszulegen, und den sonderbaren gesellschaftlichen Umständen, in denen Thomas Mann den Krieg alltäglich erlebte, denn diese prägten sowohl seine Kriegserfahrung als auch seine Kriegsdeutung tiefgreifend.

Die große Herausforderung einer Analyse der Kriegserfahrung und Kriegsdeutung Thomas Manns liegt darum in der Kontextualisierung. Auf der einen Seite lassen Eigenartigkeit (oder Einzigartigkeit) und Absonderung des Schriftstellers den biographischen Zugang zu seiner Kriegserfahrung als geeigneten Weg erscheinen und legen damit eine Art Selbstkontextualisierung

[1] Gangolf Hübinger und Wolfgang J. Mommsen, „Einleitung," in: Ders./Wolfgang J. Mommsen (Hg.), *Intellektuelle im Deutschen Kaiserreich*, Frankfurt am Main 1993, 7 f.

derselben nahe. Auf der anderen Seite macht die durch Mann in Anspruch genommene interpretatorische Funktion des Intellektuellen eine historische Fragestellung unumgänglich. Diese richtet sich über den biographischen Ansatz hinaus auf eine breitere Kontextualisierung, die auf die sozialpolitische Resonanz der Mannschen Kriegserfahrung und Kriegsdeutung bezogen ist.

In der Tat haben beide Arten der Kontextualisierung, zumeist getrennt voneinander, den wissenschaftlichen Diskurs um Thomas Mann im Ersten Weltkrieg weitgehend bestimmt. In der einen, in der Regel von Germanisten bevorzugten Sichtweise, erscheint der Krieg als eine Phase in der schöpferischen bzw. politischen Entwicklung des Schriftstellers. Nicht zuletzt in seiner eigenen Darstellung nahm Thomas Manns Kriegserfahrung schließlich gleichsam die Form eines Kapitels eines Bildungsromans an und erschien als ein „Stück notwendiger Entwicklung einer Seele und eines Geistes“ oder, wie Joachim Fest es ausgedrückt hat, „als Stufengeschichte zu höherer Einsicht“.[2] Der Weg zur Einsicht führt von der nationalistischen Begeisterung der ersten Kriegswochen über den Bruch mit dem Bruder zu dem schwierigen, in den *Betrachtungen* kulminierenden Prozess der ästhetischen und politischen „Selbsterforschung“. Der politische bzw. ästhetische Abschluss in dieser Phase erfolgt erst nach dem Krieg mit dem Bekenntnis zur Weimarer Republik im Jahre 1922, und dann, zwei Jahre später, in der Veröffentlichung des nunmehr vollkommen ironisierten und von politischer Ausschweifung und „grüblerischer Beschwerung“ gereinigten *Zauberberg* im Jahr 1924.[3] In der anderen, hauptsächlich von Historikern vorgezogenen Sichtweise rückt die Repräsentativitätsfrage in den Mittelpunkt der Analyse, die sich folglich zunächst auf den Kriegsbeginn konzentriert und nach der Rolle des Schriftstellers während der „geistigen Mobilmachung“ fragt, dann die Spätphase des Krieges betrachtet, in der Thomas Manns Position in den öffentlichen Debatten um Deutschlands innenpolitische Zukunft den Gegenstand des Interesses bildet.[4]

Thema dieses Beitrags ist es, eine weitere Kontextualisierung Thomas Manns im Ersten Weltkrieg systematisch zu erwägen, in der Hoffnung, die beiden bisher geläufigen Sichtweisen miteinander zu verbinden. Es geht darum, Kriegserfahrung und Kriegsdeutung, das Besondere und das Repräsenta-

---

[2] Max Rychner, „Thomas Mann und die Politik“, in: *Welt im Wort. Literarische Aufsätze*, Zürich 1949, 362; Joachim Fest, *Die unwissender Magier. Über Thomas und Heinrich Mann*, Berlin 1985, 19; vgl. Thomas Mann, „On Myself“, in: Thomas Mann, *Über mich selbst. Autobiographische Schriften*, Frankfurt am Main 1983, 83 (Kurztitel: Th. Mann, Über mich selbst); Peter de Mendelssohn, *Der Zauberer. Das Leben des deutschen Schriftstellers Thomas Mann*, 3 Bde., Frankfurt am Main 1996, Bd. 2, 1816 (Kurztitel: Mendelssohn, Zauberer 2).

[3] Ebd., 1683.

[4] Vgl. Kurt Flasch, *Die geistige Mobilmachung. Die deutschen Intellektuellen und der Erste Weltkrieg. Ein Versuch*, Berlin 2000.

tive, sowie die sozial- und geistesgeschichtlichen Ansätze in Beziehung zueinander zu setzen.

I.

Das erste entscheidende Kriegserlebnis Thomas Manns ereignete sich wenige Tage nach dem Kriegsausbruch. Der 40-jährige Schriftsteller, Mitglied des 2. Aufgebots des ungedienten Landsturms, wurde nicht einberufen. Es folgten 1915 und 1916 Nachmusterungen, bis Thomas Mann Ende 1916, aufgrund einer ihm attestierten „Nerven- namentlich Magenschwäche" und dank eines „verständnisvollen" Militärarztes ausgemustert und endgültig vom Militärdienst befreit wurde.[5] Als Folge dieses Vorgangs erlebte der Schriftsteller den Krieg in Oberbayern in der eleganten Familienvilla am Herzogpark in München-Bogenhausen und sommers, bis 1917, im Landhaus der Familie in Bad Tölz.[6] Wie die restliche Heimatbevölkerung, in der er sich nun als männlicher Erwachsener unterhalb des Rentenalters in einer deutlichen Minderheit befand, wurde Mann den zunehmenden, durch Mangel bedingten Strapazen ausgesetzt, die namentlich in der zweiten Kriegshälfte im Gefolge der alliierten Handelsblockade und der deutschen bürokratischen Dysfunktion den heimatlichen Alltag erschwerten. Auch im Mannschen Haushalt ließ sich die herrschende Not, wie die Kinder des Schriftstellers berichtet haben, an den wachsenden Mängeln aller Art am eigenen Leib erfahren: Es fehlte an Brot, Eiern, Milch, Butter, Kartoffeln, Kohlen, Kleidern, Schuhen, Seife.[7] Die Familie musste sparen. Dienstboten wurden entlassen, die älteren Kinder in die Volksschule versetzt.

Dass es aber nicht noch sehr viel schlimmer wurde, war auf mehrere glückliche Umstände zurückzuführen. Die „Versorgungsgemeinschaft"[8], die

---

[5] Thomas Mann an Philipp Witkop, München, 28.11.1916, in: Thomas Sprecher u.a. (Hg.), *Thomas Mann Briefe II. 1914–1923*, Frankfurt am Main 2004, 165 (Kurztitel: Briefe II); Thomas Mann an Paul Amann, Tölz, 1.10.1915, in: ebd., 102 f.; Hermann Kurzke, *Thomas Mann. Epoche – Werke – Wirkung*, München 1985, 131.

[6] Vgl. Jürgen Kolbe, *Heller Zauber. Thomas Mann in München 1894–1933*, Berlin 1987, 232–281.

[7] Klaus Mann, *Kind dieser Zeit*, München 1983, 69–86 (Kurztitel: Klaus Mann, Kind); Klaus Mann, *Der Wendepunkt. Ein Lebensbericht*, Berlin/Frankfurt am Main 1960, 49–63 (Kurztitel: Klaus Mann, Wendepunkt); Golo Mann, *Erinnerungen und Gedanken. Eine Jugend in Deutschland,* Frankfurt am Main 1986, 34–57 (Kurztitel: Golo Mann, Erinnerungen); Monika Mann, *Vergangenes und Gegenwärtiges. Erinnerungen*, München 1956, 21 f. (Kurztitel: Monika Mann, Vergangenes); vgl. Klaus Harpprecht, *Thomas Mann. Eine Biographie*, Berlin 1995, 391–399 (Kurztitel: Harpprecht, Thomas Mann).

[8] Vgl. Roger Chickering, *Freiburg im Ersten Weltkrieg. Totaler Krieg und städtischer Alltag 1914–1918*, Paderborn 2009, 481 f.

die Familie Mann im Krieg bildete, wurde von einer eifrigen, erfinderischen und hingegebenen Managerin geleitet, die nicht nur in allen Fertigkeiten des Überlebens an der „Heimatfront" eine große Gewandtheit bewies, sondern auch die Energien ihrer Kinder zu mobilisieren wusste – etwa beim „Polonaise-Tanzen“, d. h. Schlangestehen, oder beim Taktieren mit Kaufleuten.[9] „Ich bin da wirklich den ganzen Tag mit dem Fahrrad in München herumgefahren,“ erinnerte sich Katia Mann, „um da oder dort etwas aufzutreiben; wir wollten absolut mit dem Schwarzhandel nichts zu tun haben. Aber schließlich ging es gar nicht mehr.“[10] „Auf Hamsterfahrt“ war sie also nicht nur in München, sondern auch im ländlichen Umland wie in der Gegend von Tölz, stets auf der Suche nach knappen Nahrungsmitteln, wobei sie sich ein breites Netz zwielichtiger „Verbindungen“ zum Schwarzmarkt aufbauen konnte. Dass sich die Familie „mit einem erstaunlichen Minimum von Mitteln“ über Wasser halten konnte, war, wie Klaus Mann schrieb, „den großen Lebensleistungen unserer wunderbaren Mutter“ zu verdanken.[11]

Dass die Familie aber überhaupt in der Lage war, sich den Schwarzmarkt in diesem Maße zu Nutze zu machen, dass sie sich nicht, wie die große Mehrzahl der Münchener Familien, allein auf die Bezugskarten und also auf die von den Behörden bereitgestellten und reglementierten Mengen an Nahrungsmitteln und anderen knappen Güter beschränken musste, setzte voraus, dass die Familie sich leisten konnte, was nur durch den Schleichhandel zu ergattern war. Die Manns waren eine wohlhabende Familie. Abgesehen von der finanziellen Unterstützung durch den Schwiegervater Thomas Manns, die dieser, wenn auch in verminderter Höhe, auch während des Krieges leistete, setzten sich die wichtigsten Einnahmequellen der Familie aus den Tantiemen, die der Schriftsteller für die Neuauflagen seiner Bücher erhielt, zusammen. Die *Buddenbrooks* etwa wurden im Laufe des Krieges in 32 000 Exemplaren nachgedruckt, *Königliche Hoheit* in 33 000 Exemplaren und *Der Tod in Venedig* in 14 000 Exemplaren. Der Vorschuss auf die *Betrachtungen eines Unpolitischen* brachte etwa weitere 30 000 Mark ein.[12] Nach den Schätzungen Peter de Mendelssohns summierten sich diese Einnahmen auf ein durchschnittliches Jahreseinkommen von etwa 25 000 Mark. „Das war nicht wenig“, bemerkt der Biograph, auch wenn dieses Einkommen nicht „sehr viel“ war im Vergleich mit demjenigen anderer erfolgreicher Autoren.[13] Für die hier gestellte Frage nach Thomas Manns Kriegserfahrung ist allerdings von Bedeutung, dass das Jahreseinkommen der Familie Mann gleichwohl mindes-

---

[9] Vgl. Inge Jens und Walter Jens, *Frau Thomas Mann. Das Leben der Katharina Pringsheim*, Reinbek 2003, 99–108.

[10] Katia Mann, *Meine ungeschriebene Memoiren*, hg. von Elisabeth Plessen und Michael Mann, 8. Aufl. Frankfurt am Main 2004, 42 f. (Kurztitel: Katia Mann, Memoiren)

[11] Klaus Mann, Kind, 72.

[12] Katia Mann, Memoiren, 44.

[13] Mendelssohn, Zauberer 2, 1806.

tens zehnmal so hoch war wie der Münchener Durchschnitt, übrigens auch zehnmal so hoch wie die obere Grenze von 2 400 Mark, die damals die Kategorie der „Minderbemittelten“, also der versorgungsberechtigten Armen, definierte.

Thomas Mann, dem seine finanzielle Lage trotzdem Sorgen bereitete, war sonst in diesen Belangen weitgehend ahnungslos. Katia Mann hatte auch die Bücher zu führen. Diese Konstellation ist ebenso ein Symbol für die besondere Stellung des Schriftstellers in der eigenen Familie – wie für die Tatsache, dass ihm die Rolle zufiel, sich von den übrigen Familienmitgliedern versorgen zu lassen. Thomas Mann selbst ging weder auf Hamsterfahrt noch stand er Schlange. Stattdessen waren Frau und Kinder mit dieser Tätigkeit betraut, wie auch damit, eine möglichst ungestörte Atmosphäre im Hause zu schaffen, so dass er sich in sein Arbeitszimmer zurückziehen konnte, um über den Krieg nachzudenken. War er im Kriege „einsam wie nie“ oder hatte er, wie er 1917 Paul Amann gegenüber gestand, „zu sehr mit mir selbst zu thun“, war das teilweise auch ein Zeichen dafür, wie erfolgreich seine familiäre Versorgungsgemeinschaft darin war, seine Isolierung zu bewahren.[14] Zum Auftrag gehörte, dass der Familienvater möglichst wenig von den materiellen Entbehrungen des Krieges merken sollte. Als der Kohlenmangel die Stilllegung der Zentralheizung im Hause erfordert hatte, wurden Torf verbrennende Metallöfen in der Villa aufgestellt, von denen nur einer, im Arbeitszimmer des Schriftstellers, in der schwersten Zeit weiter in Betrieb blieb.[15] Allein in diesen Raum gehörte das Nachdenken über den Krieg, sonst sollte man in der Villa „in einer Art kunstvoller Ordnung und fiktiven Wohlstands“ leben.[16] Am Mittagstisch wurde auch die unappetitlichste Ersatzkost „mit silbernen Löffeln, würdigen Angesichts“ gegessen, damit „Form und Sitte daheim“ weiter herrschten, wobei die Rollenteilung erforderte, dass die besten Happen gewöhnlich dem Papa reserviert waren.[17] Auch wenn es galt, Gäste einzuladen, war die Familie bestrebt, diese so gut es noch irgend ging mit Zigarren, die nie im Hause fehlen durften, und feinen Weinen zu verwöhnen.[18]

Auch außerhalb der Familiengemeinschaft suchte der Schriftsteller unter seinesgleichen Ablenkung von den materiellen Sorgen des Krieges. Für die organisierte Geselligkeit, das Vereinsleben, glaubte er jedoch schon vor dem Krieg „absolut nichts“ zu taugen, weil ihm als unpolitischem Menschen, wie er an Kurt Martens schrieb, „Sitzungen, Versammlungen, Konferenzen“

[14] Thomas Mann an Paul Amann, München, 25.3.1917, in: Briefe II, 181; Hermann Kurzke, *Thomas Mann. Ein Porträt für seine Leser*, München 2009, 78.

[15] Manfred Görtemaker, *Thomas Mann und die Politik*, Frankfurt am Main 2005, 37 (Kurztitel: Görtemaker, Politik).

[16] Monika Mann, Vergangenes, 21 f.

[17] Ebd.; Harpprecht, Thomas Mann, 395.

[18] Mendelssohn, Zauberer 2, 1690.

schrecklich waren.[19] Die wenigen Vereine, denen er während des Krieges angehörte, waren hauptsachlich literarisch-künstlerischer Art wie der *Neue Verein* und die *Zwanglose Gesellschaft* in München und der *Schutzverband deutscher Schriftsteller.*[20] Thomas Mann gehörte gleichwohl zu den besten Kreisen Münchens, in denen die künstlerischen, akademischen, bürokratischen und beruflichen Eliten der Stadt verkehrten. Obwohl er in diesem vornehmen Milieu kaum enge Freunde hatte, war er bekannt in den Theatern, Konzertsälen und besten Restaurants der Stadt. Bruno Walter, der Direktor der Münchner Oper, der Privatgelehrte Robert Hallgarten und der Universitätshistoriker Erich Marcks, der später in Thomas Manns Erzählung *Unordnung und frühes Leid* als Professor Cornelius auftauchen wird, waren seine Nachbarn am Herzogpark.

Die materiellen Umstände, unter denen Thomas Mann den Ersten Weltkrieg erlebte, waren somit alles andere als repräsentativ. Es gelang ihm, sich und seiner Familie die schlimmsten Entbehrungen und Sorgen des Krieges zu ersparen. Vom Militärdienst blieb er befreit. Gefallene aus den Familienreihen hatte er nicht zu betrauern. Dank des Familienvermögens und der Verbindungen, über die die Familie verfügte, ergab sich ein Zustand, den man als verhältnismäßig behaglich charakterisieren dürfte. Sicher ist die Aussage Klaus Manns, die Familie habe „niemals ernstlich unter der Katastrophe gelitten" als Unterstatement zu werten.[21] Doch die Umstände ermöglichten es Thomas Mann immerhin in ungewöhnlichem Maße, den Krieg als Alleingänger zu erleben, als selbstisolierte Figur sowohl innerhalb der Familie als auch in seinen breiteren gesellschaftlichen Beziehungen, die sich größtenteils auf Personen des gebildeten Bürgertums beschränkten. Die einzigen Kontakte, die er mit Menschen aus der Unterschicht unterhielt, waren die mit den eigenen Dienstboten; und diese Beziehungen waren in der Regel schwierig.[22] All diese untypischen Kriegserfahrungen trugen wesentlich zu seiner Deutung des Kriegsgeschehens bei.

II.

„Mein Hauptgefühl ist eine ungeheuere Neugier – und, ich gestehe es, die tiefste Sympathie für dieses verhaßte, schicksals- und rätselvolle Deutsch-

---

[19] Thomas Mann an Kurt Martens, München, 27.5.1914, Hans Wyssling (Hg.), „Thomas Mann. Briefe an Kurt Martens II", in: *Thomas Mann Jahrbuch* 4 (1991), 205.

[20] Ebd., 207; Thomas Mann an Ernst Bertram, München, 17.2.1915, in: Briefe II, 59; Thomas Mann an Paul Ehrenberg, München, 20.12.1917, in: ebd., 214 f.

[21] Klaus Mann, Kind, 72.

[22] Thomas Mann, *Tagebücher 1918–1921*, hg. von Peter de Mendelssohn, Frankfurt am Main 1979, 32 (Kurztitel: Mann, Tagebücher).

land."[23] Mit diesen Worten an den Bruder Heinrich Mann signalisierte Thomas Mann am 7. August 1914 den Beginn einer Phase, in der er sich alles andere als isoliert oder abgesondert hervortat. In seiner „tiefsten Sympathie" für Deutschland schloss er sich der großen Mehrheit der deutschen intellektuellen Eliten in ihrem Rausch der nationalen Kriegseuphorie an. Besonders im Falle Thomas Manns, der sich bislang als „Décadent mit gepflegten Manieren" profiliert und aus seiner Abneigung gegen alles Politische kein Geheimnis gemacht hatte, mag die Wendung zum Krieg, in dem er nun „Reinigung, Befreiung [...] eine ungeheure Hoffnung" sah, als ein erklärungsbedürftiger Bruch vorkommen, gar als „die Frage aller Fragen" seiner Biographie.[24] Eine noch schwierigere Frage wäre es wohl aber, wenn Thomas Mann an der nationalen Begeisterung *nicht* teilgenommen hätte. Man kann die Stärke der kollektiven Emotionswelle im Sommer 1914 kaum überschätzen, zumal Thomas Manns Künstlerkollegen, unter ihnen Gerhart Hauptmann, Richard Dehmel, Ludwig Fulda, Bruno Walter, Robert Musil und Hans Thoma, fast ohne Ausnahme mitgerissen wurden.[25] Die Wurzel für die Begeisterung vieler dieser Intellektuellen und Künstler lag in einem tiefen zivilisationskritischen Unbehagen an der „Moderne", mit dem sie bereits seit Jahrzehnten ihren Außenseiterstatus zugleich dokumentiert und untermauert hatten, das jetzt aber, mit dem Ausbruch des Krieges, gleichsam auf fremde Feindbilder übertragen wurde.[26] So wurde der Kriegsausbruch zum Aufbruch in einen Kulturkrieg, dessen siegreiches Ende eine kollektive Versöhnung und die Erlösung von den sozialen und kulturellen Spannungen der Vorkriegszeit verhieß. Im Falle Thomas Manns schien, wie Hermann Kurzke gezeigt hat, der Kriegsausbruch den Ausweg aus einer Schaffenskrise zu bieten, in welcher die seine Schriften prägenden Antinomien zwischen Kunst und Leben, Künstler und Bürgerlichkeit, Kreativität und Gesundheit, Absonderung und Akzeptanz einer Versöhnung harrten.[27] Das Ganze nahm umgehend auch eine äußerst schwierige persönliche Dimension an, als Thomas Mann mit dem eigenen Bruder brach

---

[23] Thomas Mann an Heinrich Mann, Tölz, 7.8.1914, in: Briefe II, 38.

[24] "Hermann Kurzke, *Thomas Mann. Das Leben als Kunstwerk,* München 1999, 237 (Kurztitel: Kurzke, Leben als Kunstwerk). Thomas Mann, „Gedanken im Kriege", in: *Essays II 1914–1926*, hg. von Hermann Kurzke, Frankfurt am Main 2002 (Kurztitel: Essays II), 32 (Kurztitel: Mann, Gedanken).

[25] Mendelssohn, Zauberer 2, 1606–08; Eckart Koester, „‚Kultur' versus ‚Zivilisation'. Thomas Manns Kriegspublizistik als weltanschaulich-ästhetische Standortsuche", in: Wolfgang J. Mommsen und Elisabeth Müller-Luckner (Hg.), *Kultur und Krieg. Die Rolle der Intellektuellen, Künstler und Schriftsteller im Ersten Weltkrieg*, München 1996, 250 (Kurztiel: Koester, Kultur vs. Zivilisation).

[26] Barbara Beßlich, *Wege in den „Kulturkrieg". Zivilisationskritik in Deutschland 1890–1914*, Darmstadt 2000 (Kurztitel: Beßlich, Wege).

[27] Kurzke, Leben als Kunstwerk, 237–8; Beßlich, Wege, 119–191.

in direkter Reaktion auf Heinrich Manns Ablehnung des Krieges und der von ihm geäußerten Kritik an der deutschen Sache.[28]

Thomas Manns Aufsatz *Gedanken im Krieg*, den er Ende August/Anfang September 1914 als seine erste öffentliche Äußerung zum Krieg verfasste und im November veröffentlichte, zeigt nicht nur, wie sein Verfasser die persönliche Krise zu überwinden suchte, sondern greift bereits alle wesentlichen Themen auf, die Manns Kriegskommentar bis zum Ende des Kampfes prägen sollten. Hier wurden sämtliche Antinomien der Vorkriegszeit, auch der persönliche Streit Thomas Manns mit Heinrich Mann, in die grundsätzliche Dichotomie zwischen „Kultur" und „Zivilisation" übertragen und zugunsten der Ersteren aufgelöst. Auf denselben Gegensatz hatte Mann sich schon vor dem Krieg in seinen unveröffentlichten Notizen über „Geist und Kunst" bezogen, doch die Entgegensetzung von „Kultur" und „Zivilisation" hatte in Deutschland schon eine viel längere Tradition, die bis ins späte 18. Jahrhundert und zu seiner Unterscheidung von „deutscher Kultur" und „französischer Zivilisation" zurückreicht.[29] Thomas Manns Beitrag zu dieser Geschichte war, dass er wie kein anderer Publizist diese Dichotomie popularisierte und als einen Topos für die jetzt im Kriege befindlichen Kulturwerte darstellte. Die kreative Absonderung, die er für sich selbst stets beansprucht hatte, wurde aus Thomas Manns Sicht jetzt zu einer kollektiven kulturellen Leistung. Der Krieg wurde als Kampf des andersartigen, vereinsamten und verpönten Deutschland gegen den Westen gedeutet, gegen den es seine kulturelle Eigenart zu verteidigen habe, als ein Kampf also gegen die „zivilisierten" Länder der Aufklärung und des Fortschritts. Die trotzige Haltung dieser *Gedanken im Krieg* war dieselbe, die den berüchtigten deutschen Aufruf *An die Kulturwelt* beseelt hatte. Dieses Dokument hatte Thomas Mann angesichts der „oberlehrerhaften" Plumpheit seiner Sprache nicht mitunterzeichnen wollen, versuchte aber nun, es in eigener Formulierung an Fantasie und Überzeugungskraft zu überbieten.[30] Beide Manifeste wurden als wütende Antwort auf den Vorwurf aus dem Westen konzipiert, die in Belgien und Nordfrankreich vormarschierenden deutschen Truppen hätten sich barbarisch benommen. In Thomas Manns Essay steigerte sich die Replik darauf geradezu ins Euphorische und Apokalyptische, indem er Kunst und Krieg nicht als Antinomien, sondern als ineinander wirkende, „Kultur" prägende Synthese identifizierte, deren dämonische Züge er hervorhob. Der von den Dichtern im Sommer 1914 gepriesene Krieg war aus seiner Sicht „der Krieg an sich selbst, als Heimsu-

---

[28] Vgl. Helmut Koopmann, *Thomas Mann – Heinrich Mann. Die ungleichen Brüder*, München 2005 (Kurztitel: Koopmann, Brüder); Klaus Schröter, *Heinrich und Thomas Mann*, Hamburg 1963 (Kurztitel: Schröter, H. und Th. Mann).

[29] Koester, Kultur vs. Zivilisation, 253 f.

[30] Mendelssohn, Zauberer 2, 1629–30.

chung, als sittliche Not“, als „Utopie des Unglücks“.[31] Damit gab der Schriftsteller auch das Signal, dass sich die Antinomie zwischen Kunst und Bürgerlichkeit aus seiner Sicht im Gegensatz zwischen „Kultur“ und „Zivilisation“ zugunsten der Ersteren aufgelöst hätte, bedeutete doch Kunst nun Ablehnung der Bürgerlichkeit, „Verachtung dessen, was im bürgerlichen Leben ‚Sicherheit‘ heißt“.[32]

In seinem Aufsatz verwendete Thomas Mann wiederholt das Wort „wir“, um die Übereinstimmung seiner Vorstellungen mit denen der deutschen Nation zu unterstreichen.[33] Die breite öffentliche Resonanz, die seine Unterscheidung zwischen „Kultur“ und „Zivilisation“ fand, verlieh diesem Anspruch durchaus Plausibilität. Dasselbe gilt für seine Lobrede auf den deutschen Militarismus. Auf der anderen Seite ließ die Gleichstellung von Kunst und Krieg eine neue Antinomie entstehen – die zwischen Soldat und Zivilist – die ihm selbst nun zum Vorwurf gemacht werden konnte. Die Tatsache, dass man ihm als Zivilisten „Ofenhockerei“ unterstellen konnte, war Thomas Mann eine ständige Quelle der Beschämung. Er griff das Thema erstmals in den *Gedanken zum Krieg* auf und stellte dort Überlegungen zur engen Verwandtschaft zwischen dem „Dienst des Künstlers und dem des Soldaten“ an.[34] Fortan betrachtete er die eigene Existenz in der Heimat als Militärdienst, „als ob ich eingezogen wäre“, wie er 1917 schrieb.[35] „Soldatisch zu leben aber nicht als Soldat“ sei sein Künstlerschicksal, denn auch die „rein intellektuelle Thätigkeit“ gelte nun als „Durchhalten“.[36] Der Versuch, auf diese Weise die allgemeine Kriegsrelevanz der eigenen Erfahrung zu bekräftigen, konnte aber kaum darüber hinwegtäuschen, dass Thomas Mann eine eigenartige Sicht auf den nun tobenden Krieg entwickelte. Wenn er über den Krieg schrieb, ging es nicht etwa um Schlachten, Truppeneinheiten, Munition, Proviant oder Gefallenenlisten. Relevant waren für ihn vielmehr die großen Ideen und Werte, welche nun im Krieg, als „Kultur“ und „Zivilisation“ codiert, im wesentlichsten Sinne die um ihre Selbstbehauptung ringenden Gesellschaften ausmachten. Es gehe um die letzten, höchsten Kulturfragen, weshalb der Krieg selbst als Kunst zu verstehen sei. Dies war eine Art konsequenter Ästhetisierung des Krieges, die sich wohl nur wenige Betrachter in Deutschland auf Dauer leisten konnten.

---

[31] Mann, Gedanken, 29, 32.

[32] Ebd., 29 f.

[33] Vgl. Helmut Fries, *Die große Katharsis. Der Erste Weltkrieg in der Sicht deutscher Dichter und Gelehrter*, 2 Bde., Konstanz 1994, 2, 83 (Kurztitel: Fries, Katharsis).

[34] Thomas Mann an Paul Amann, München, 25.3.1917, in: Briefe II, 178; Mann, Gedanken, 30.

[35] Thomas Mann an Hans von Hülsen, München, 18.3.1917, in: Briefe II, 178.

[36] Thomas Mann an Ernst Bertram, Tölz, 28.8.1916, in: ebd., 150; Mann, „Gute Feldpost“, in: Essays II, 48.

Die ästhetisierte Sichtweise bestimmte Thomas Manns Verständnis des Krieges vom Anfang bis zum Ende, aber die anfängliche Haltung, die sich in der apokalyptischen Tonart seiner ersten Äußerungen zum Krieg widerspiegelte, erwies sich bald als unerträglich. Die Tatsache, dass der Krieg militärisch unentschieden blieb, dass er sich viel länger als erwartet hinzog und seine persönlichen, materiellen wie politischen Folgen auf allen lasteten, ließ sich an der Ernüchterung in der Kriegsdeutung Thomas Manns ablesen. Zentral war in dieser Hinsicht der Bruch mit dem Bruder. Er wirkte sich auch deshalb so enorm aus, weil es in diesem Bruderzwist um entgegengesetzte Auffassungen von der Rolle des Intellektuellen ging. Thomas Manns erster Kriegsaufsatz trug kaum eine Spur von der charakteristischen „Doppeloptik", die den ironisierenden Effekt der Vorkriegsschriften ausgemacht hatte. Weder wägt er dort die zentralen Antinomien kritisch ab, noch lehnt er eine Selbstverpflichtung gegenüber der einen oder anderen Seite ab. Auffallend ist in diesem Aufsatz eher die leidenschaftliche Festlegung auf den Krieg sowie auf die moralisch-politischen Prinzipien, in deren Namen Deutschland in den Krieg eingetreten sei. Mögen die moralisch-politischen Prinzipien der Brüder auch diametral entgegengesetzt erscheinen – hier „Kultur" dort „Zivilisation" –: in der Leidenschaft, dem bedingungslosen Sicheinsetzen waren sie einander gleich, womit sie letztlich beide Heinrich Manns Auffassung von der politischen Verpflichtung des Intellektuellen entsprachen.

Dass Thomas Mann diese Haltung nicht aufrecht erhalten würde, wurde ansatzweise schon in seinem nächsten längeren Kriegsaufsatz über *Friedrich und die große Koalition* erkennbar. In diesem Essay, den er zwischen Oktober und Dezember 1914 verfasste und Anfang 1915 veröffentlichte, ging es um den Vergleich zwischen der Situation Deutschlands im Sommer 1914 und der verzweifelten Lage Preußens im Siebenjährigen Krieg – „eingekreist, heillos und hoffnungslos", sodass dem Königreich nichts übrig zu bleiben schien, „als unter dem Haß und der Verachtung der ganzen Welt zu verschwinden".[37] Mögen im Licht der Kriegspropaganda des Jahres 1914 die Parallelen zum modernen Deutschen Kaiserreich auf der Hand liegen, fielen die vom Schriftsteller hervorgehobenen Ambivalenzen in der Figur und historischen Mission des Preußenkönigs dagegen auf.[38] In diesem Herrscher, den die Welt mit dem „ziemlich begründeten Mißtrauen" betrachtete, verkörperte sich nach Thomas Mann eine „große Antithese, die viele lebendige Gegensätze umschließt": zwischen Recht und Macht, Gedanke und Tat, Freiheit und Schicksal, Vernunft und Dämon, bürgerlicher „Sittigung" und heroischer

[37] Thomas Mann, „Friedrich und die große Koalition. Ein Abriß für den Tag und die Stunde", in: Essays II, 55–122, Zitate 86, 106 (Kurztitel: Th. Mann, Friedrich); vgl. Mendelssohn, Zauberer 2, 1602.

[38] Vgl. Th. Stammen, „Thomas Mann und die politische Welt", in: Helmut Koopmann (Hg.), *Thomas-Mann-Handbuch*, Frankfurt am Main 2005, 23 (Kurztitel: Stammen, Mann).

Pflicht. „Es ergibt Ironie nach beiden Seiten", schrieb der Verfasser, nicht ohne Erleichterung.[39] Bezog sich die Ironie hier in erster Linie auf die historisch-politische Dimension, die „Erdensendung" eines großen Volkes, stellte die ästhetische Dimension dieser Geschichte Teil einer noch größeren Ironie dar. Der große Friedrich war Philosoph, Intellektueller, Künstlernatur im Soldatenrock, wenn nicht gar, wie Erich Heller schreibt, „Tonio Kröger mit königlichen Energien, Soldaten und Schießpulver".[40] Kaum zufällig war weiterhin die Tatsache, dass der erdichtete Gustav von Aschenbach über den Preußenkönig geschrieben hatte, denn die Einsamkeit des Intellektuellen, die gespannte Beziehung von Kunst und Leben, bildeten den Subtext sowohl in der Novelle *Tod in Venedig* als auch in diesem Essay, nur, dass es im Letzteren wieder um Kunst und Krieg ging.[41]

Das „ergibt selbstverständlich kein wohliges, logisches und harmonisches Leben", bemerkte Thomas Mann am Schluss des Essays über die noch ungelösten Gegensätze im Wesen Friedrichs – und in seinem eigenen.[42] Auch dem Schriftsteller war nicht wohl, weil ihm die Gleichsetzung von Kunst und Krieg, Künstler und Soldat, zunehmend unpassend erscheinen musste. Der sich verlängernde Krieg, durch den „das nackte wirtschaftliche Muß" in den Vordergrund getreten war, machte es immer schwieriger, die ästhetische Würde der langwierigen Feuerprobe wahrzunehmen.[43] „Es sieht abscheulich aus", beklagte Thomas Mann sich 1916 gegenüber Paul Amann. „Es giebt heute weder Stolz, noch Würde, noch Haß, es giebt Bewunderung der Feinde und Selbstaufgabe und egoistische Korruption."[44] Der größte Schlag hatte jedoch wieder mit dem Bruder zu tun. Ende 1915 erschien Heinrich Manns Aufsatz *Zola*, sein „J'accuse gegen den imperialistischen Krieg", der gleichzeitig sein „J'accuse" gegen den Bruder vorbrachte.[45] „Ein Schöpfer wird spät Mann", heißt es am Anfang. War hier die Rede von Zolas Zeitgenossen, von Schriftstellern, „die früh vertrocknen sollen" und „schon zu Anfang ihrer zwanzig Jahre bewußt und weltgerecht" hintreten, sah sich der jüngere Bruder, der sich seinerseits auch als schöpfende Kraft hingestellt hatte, mit einer brutalen und kaum verhüllten Verurteilung seiner eigenen Kriegstätigkeit als

[39] Ebd., 55, 120 f.

[40] Erich Heller, *Thomas Mann. The Ironic German*, Cleveland/New York 1961, 124.

[41] Vgl. Hans Mayer, *Thomas Mann*, Frankfurt am Main 1980, 359 (Kurztitel: Mayer, Th. Mann).

[42] Th. Mann, Friedrich, 121.

[43] Thomas Mann, *Notizbücher*, hg. von Hans Wysling und Yvonne Schmidlin, 2 Bde., Frankfurt am Main 1992.

[44] Thomas Mann an Paul Amann, München, 25.11.1916, in: Briefe II, 162.

[45] Vgl. Alfred Kantorowicz, *Heinrich und Thomas Mann. Die persönlichen und weltanschaulichen Beziehungen der Brüder*, Berlin 1956, 17.

Intellektueller konfrontiert.[46] „Man hat gewählt zwischen dem Augenblick und der Geschichte“, heißt es weiter aus Heinrich Manns Feder, „und hat eingestanden, daß man mit allen Gaben doch nur ein unterhaltsamer Schmarotzer war“.[47]

Der Angriff des Bruders verlieh dem neuen Projekt, an dem Thomas Mann schon vor einigen Monaten die Arbeit aufgenommen hatte, eine zusätzliche persönliche Signifikanz. Seinem fortwährenden Versuch, dem Weltkrieg historischen Sinn und ästhetische Bedeutung abzugewinnen, trat die immer dringendere Notwendigkeit einer Selbstrechtfertigung als Intellektueller hinzu. Dieser Herausforderung, die all seine Energien fesselte, widmete sich der Schriftsteller fast bis zum Ende des Krieges. Um die erforderlichen Argumente zu sammeln, ging Thomas Mann gleichsam auf geistige Hamsterfahrt und legte dafür weite Wege zurück: Er durchforstete Geschichte und Philosophie, Musik, die politischen und wissenschaftlichen Debatten des Krieges, die Zeitschriftenliteratur, vor allem die *Münchner Neuesten Nachrichten* und die *Frankfurter Zeitung*, die *Süddeutschen Monatshefte*, den „roten“ *Tag* und zu Beginn auch Maximilian Hardens *Zukunft*.[48] Zu seinen Wegweisern, seinen „Eideshelfern“, wie er sie nannte, zählten vor allem Schopenhauer, Wagner und Nietzsche, obwohl sich der Einfluss vieler anderer Figuren feststellen lässt, u. a. Goethes, Kleists, Treitschkes, Carlyles, Sombarts, Lagardes, Emil Hammachers, auch Eichendorffs.[49] Korrespondenten und Gesprächspartner gab es auch, in erster Linie den Germanisten Ernst Bertram, auch Maximilian Brantl, Kurt Martens, Bruno Frank und Philipp Witkop. Das Problematische an alldem war aber, dass der Schriftsteller einen kritischen Austausch mit diesen Kollegen weder erwartete noch wünschte. Ihm behagte vielmehr die Gesellschaft von Leuten, die sich ohne Einspruch mit dem Lauschen seiner vorgelesenen Manuskripte begnügten. Heinrich Manns Behauptung, Bertram sei ein „belangloser Statist“, war hart, aber Thomas Mann selbst hegte den Verdacht, dass er „nur zu viele Anhänger“ hätte, „deren Anhängerschaft mich degradiert“.[50] Die bedeutendste Ausnahme war der österreichische Offizier und Frankreichkenner Paul Amann, mit dem er in schriftlicher Verbindung stand, weil ihm dieser einen gewissen Ersatz für die fehlende Stimme des Bruders bieten konnte.[51]

---

[46] Heinrich Mann, „Zola (1915)“, in: *Macht und Mensch*, München 1919, 35 (Kurztitel: H. Mann, Zola); vgl. Schröter, H. und Th. Mann, 287.

[47] H. Mann, Zola, 115.

[48] Mendelssohn, Zauberer 2, 1610 f.; vgl. Görtemaker, Politik, 32.

[49] Thomas Mann, *Betrachtungen eines Unpolitischen.* Kommentar von Hermann Kurzke, Frankfurt am Main 2009, 56–82 (Kurztitel: Mann, Betrachtungen; Kurzke, Kommentar); Harpprecht, Mann, 405; Schröter, H. und Th. Mann, 111.

[50] Mann, Tagebücher, 5; Mendelssohn, Zauberer 2, 1862.

[51] Ebd., 1655, 1659.

Mit dem Projekt, das er später als eine „Plage“ bezeichnete und als Kriegspflicht verstand, fühlte sich Thomas Mann nun tatsächlich alleine wie noch nie.[52] Dass die rastlose Arbeit einen sehr hohen emotionellen Preis forderte, wird bereits aus den eigenen Zeugnissen wie aus denjenigen seiner Familie deutlich. Von den Kindern ist das Bild vom bärtigen Kriegsschriftsteller überliefert, der, in einer uniformierten „Dienstjacke“ gekleidet, nach schweren Stunden eines ausweglosen „Sich-durchs-Gestrüpp-Schlagens“ aus dem verschlossenen, geheizten Arbeitszimmer wieder herauskam.[53] In diesen gespannten Tagen in der Villa Mann waren „Schweigen, Strenge, Nervosität oder Zorn“ die Symptome für die „Vereinsamung und trotzige Melancholie“ des bedrängten Autors.[54]

Das Ergebnis dieser enormen Anstrengung war Thomas Manns großes „Bekenntnisbuch“, die *Betrachtungen eines Unpolitischen*, das im Juli 1918 abgeschlossen wurde.[55] Dort nahm er die grundsätzliche Dichotomie zwischen „Kultur“ und „Zivilisation“ wieder auf. Mit erstaunlicher Belesenheit sondierte er nun die Beschaffenheit beider Elemente und betonte dabei die eigene intellektuelle Rolle als Nationaldichter, als Gralshüter oder gar als Verkörperung des deutschen Kulturguts. Nach fast jedem Kriterium sind die *Betrachtungen* jedoch ein schwieriges Werk, ein aufgequollenes persönliches Manifest und eine unerbittliche und manchmal leidenschaftliche, in militärischen Metaphern ausgefochtene Abrechnung mit dem Bruder, der in der Rolle des anonymen „Zivilisationsliteraten“ als Verkörperung der westlichen bzw. französischen Zivilisation auftritt. In diesem Buch liegen die Breite des Wissens und die Komplexität des Arguments im Widerstreit mit der Unfertigkeit der Gedanken wie auch mit der Hastigkeit der Abfassung. Hier verschwindet auch die feine Linie zwischen Ironie und Widersprüchlichkeit. So kann man das Buch auch noch heute in gleichem Maße kritisieren und loben. Den Kritikern gilt es als „ein Dokument bitteren und bösen Ernstes“, „das Weiß- oder Schwarzbuch des Ressentiments“, in dem die „außerordentlichen terminologischen Schwierigkeiten“ „zu einem nahezu undurchdringlichen Dickicht“ wuchern und man „unfassliche, unbewiesene und beweisuntaugliche Behauptungen“ findet, die „eines Stammtisches unwürdig“ sind.[56] Kurt Sontheimer hat die *Betrachtungen* dagegen als „document humain im

---

[52] Thomas Mann, „Lebensabriß,“ in: Th. Mann, Über mich selbst, 130.

[53] Ebd.; Klaus Mann, Wendepunkt, 57; Golo Mann, Erinnerungen, 42.

[54] Ebd., 41; Klaus Mann, Wendepunkt, 58.

[55] Vgl. Hedwig Pringsheim an Maximilian Harden, in: Pringsheim, *Meine Manns. Briefe an Maximilian Harden 1900/1922,* hg. von Helga und Manfred Neymann, Berlin 2006, 217.

[56] Harpprecht, Mann, 429; Mendelssohn, Zauberer 2, 1697; Görtemaker, Mann, 41.

besten Sinne des Wortes“ verteidigt.[57] Hermann Kurzke, wohl der prominenteste Advokat des Werkes, besteht darauf, dass der „Grundgestus des Buches“ liberal sei, ferner, dass im Gegensatz zu den darin ausgesprochenen konservativen Meinungen „das Sein und der Stil“ Thomas Manns schon am Ende des Weltkriegs als „internationalistisch, intellektualistisch, literarisch, demokratisch“, mit anderen Worten als zivilisatorisch anzusehen sind – eine Behauptung, die allerdings auf der Voraussetzung basiert, der Verfasser habe das ganze Werk ironisch verfasst, als „Rollenrede“.[58]

Geht es um die Kontextualisierung des Mannschen Kriegswerks, sollen ein paar kurze Bemerkungen zu den unpolitischen Dimensionen der *Betrachtungen* genügen. Dabei wird auch ein kleiner Schritt in das terminologische Dickicht unvermeidlich. Die These Thomas Manns, die Politik sei der deutschen Kultur wesensfremd, hing mit einem eigenartigen Politikverständnis zusammen, das davon ausging, Politik sei kategorisch mit der Demokratie, dem Fortschrittsoptimismus, dem Intellekt, der kalkulierten Intervention im Namen der Idee gleichzusetzen. Dass aber auch der Widerstand gegen eine so verstandene Politik, und sei es sogar im Namen eines unpolitischen Ästhetizismus, logischerweise ein politisches Unterfangen darstellen müsste, hat Thomas Mann selbst gelegentlich eingeräumt. So wies er zum Beispiel auf den Selbstwiderspruch und die „intellektuelle Unreinlichkeit“ der Deutschen Vaterlandspartei hin, weil diese Gruppe, die in der Tat alles andere als die Demokratie erstrebte, in ihrem öffentlichen Auftreten die demokratische mit der nationalen Idee vermengt habe.[59] Dieses Urteil implizierte ein weites Verständnis des Politischen bzw. ein enges Verständnis des Unpolitischen. Trotzdem stellt sich die Frage, ob nicht viele Überlegungen, die dem Leser der *Betrachtungen* angeboten werden, auch dann noch einen unpolitischen Charakter beibehalten, wenn man eine noch umfassendere Definition des Politischen verwendet: wenn man alles, was sich irgendwie auf die kollektive Verteilung von Macht oder Ressourcen bezieht, als Politik versteht. Ausführliche, so abstrus wie apodiktisch erscheinende Betrachtungen, die das Echtdeutsche in der Philosophie und Ethik auszumachen suchen, in Kunst, Literatur und Musik, in der Tiefe und Tragik der deutschen Innerlichkeit – auch in der Politik –, könnten wohl als unpolitisch aufgefasst werden, zumal sie nicht einmal einen kollektiven Bezug zu haben oder gar auf eine kollektive Leserschaft abzuzielen scheinen. Sie machen eher den Eindruck einer gewundenen Auseinandersetzung des vereinsamten Betrachters mit sich selbst, der, wie Theodor Adorno feststellte, der Praxis „nicht nur als Politik sondern als jegli-

[57] Kurt Sontheimer, *Thomas Mann und die Deutschen*, München 1961, 30 (Kurztitel: Sontheimer, Mann); Ernst Keller, *Der unpolitische Deutsche. Eine Studie zu den „Betrachtungen eines Unpolitischen“ von Thomas Mann*, Bern/München 1965, 130–140.

[58] Kurzke, Kommentar, 13, 15, 26.

[59] Mann, Betrachtungen, 287.

chem Engagement" misstraute.[60] So befand sich Thomas Mann in einer Interaktionssphäre, die nicht einmal als sozial, geschweige denn als politisch zu beschreiben war.[61] An anderen Stellen, die wie Zwiegespräche in erster Linie mit dem Bruder aber auch mit Romain Rolland erscheinen, war diese Sphäre nur marginal größer.

Obwohl manches in den *Betrachtungen* auf die nachhaltige Selbstisolierung des Verfassers hindeutet, gibt es auch viele andere Textstellen, in denen er sich ausdrücklich und emphatisch, wenn auch keineswegs konsequent in dem von ihm selbst definierten Sinne des Wortes dem Politischen zuwendet in dem Versuch, zum ersten Male die eigenen Gedanken über Politik mehr oder weniger systematisch zu formulieren. An einer dieser Stellen beschreibt er das „Quantum ‚Politik', mit dem ich für den Hausgebrauch auskomme."[62] Dieses „Quantum" fällt vor allem durch das auf, was es ausschließt. Mit den politischen oder sozialen Nachwirkungen des Krieges in der Heimat beschäftigt Thomas Mann sich kaum. Das Wort „Hunger" taucht in den *Betrachtungen* nicht ein einziges Mal auf, das Wort „Kälte" auch nicht, geschweige denn „Massensterben". „Der Tod" kommt zwar vor, aber groteskerweise in einem längeren, Hans Pfitzners neu aufgeführter Oper „Palestrina" gewidmeten Passus, in dem Thomas Mann von der „schöpferischen Sympathie mit dem Tod" schwärmt.[63] Insgesamt wird der soziale bzw. materielle Raum weitgehend ausgeklammert, es sei denn, er wird als irrelevant oder gefährlich abgetan: etwa als „ein sittlich sehr fragwürdiges Gebiet; es herrscht Managerieluft darin".[64] Die Gefahr liegt laut Thomas Mann (was wie ein erster Anklang der Dolchstoßlegende wirkt) trotz seines natürlichen Gefühls „für Anstand und Ordnung" im niederen Volk, in dessen Anfälligkeit für die Politik, womöglich für die Revolution.[65]

Die soziale Frage und ihre Gefahren werfen einen langen Schatten über Thomas Manns detaillierte Betrachtungen zur Politik, zum Problem, „wie der Staat zu gestalten sei".[66] Den Intellektuellen beschäftigt vor allem, wie der Staat bzw. die Staatstragenden vor dem politisierten Volk, d. h. sowohl vor dem Sozialen als auch dem Politischen, zu bewahren wären. Das Wunschbild Thomas Manns ist eine staatstragende Elite, die aus Herren wie ihm selbst bestehen sollte, d. h. aus „den gesellschaftlich höheren, um nicht zu sagen: den gebildeten", „auf die es geistig am Ende ankommt".[67] Den Staat wie auch

---

[60] Theodor Adorno, *Noten zur Literatur III*, Frankfurt am Main 1965, 24.
[61] Mayer, Mann, 362 f.; vgl. Mendelssohn, Zauberer 2, 1695.
[62] Mann, Betrachtungen, 296.
[63] Ebd., 461 f.
[64] Ebd., 276.
[65] Ebd., 403 f.
[66] Ebd., 278.
[67] Ebd., 290; vgl. Reinhard Mehring, *Thomas Mann. Künstler und Philosoph*, München 2001, 180.

die nationalen Kulturideale sah er am besten befördert durch eine starke, aber volkstümliche Monarchie und „ein mit Weisheit geregeltes Mehrstimmenrecht, welches nach Verdienst, Alter, Bildungsgrade, geistigem Range fragte“.[68] Dadurch sollte auch der Deutungsanspruch der „nationalen“ Intellektuellen institutionalisiert werden. Nach den Vorstellungen Thomas Manns entsprach schließlich eine solche Rangordnung den Neigungen und Bedürfnissen der unpolitischen deutschen Unterschichten selbst. Dieses „gesetzteste Volk“ sah er in einem loyalen Speicherarbeiter seines Vaters oder einem biederen Trambahnführer verkörpert, der auf einen politischen Agitator mit einem „nüchternen, gesetzten, schweigend-befremdeten, abschätzigen leicht angewiderten Blick“ herunterschaute.[69]

An diesem Wunschbild zeigte sich wie weit sich Thomas Mann mittlerweile von seinen in den frühen Kriegsessays geäußerten Ansichten entfernt hatte.[70] Hatte er damals freudig in die Forderung eingestimmt, die kulturellen Umwälzungen des Krieges sollten nicht einmal vor der Sozialordnung und der als dekadent abgestempelten Bürgerlichkeit Halt machen, definierte er jetzt eben diese Bürgerlichkeit, namentlich die der Gebildeten mit ihrer historischen Affinität zur Kunst, als Inbegriff und Bastion des Deutschen.[71] Das Nationale sei, wie der Verfasser nun feststellte, „eine Kraft und Errungenschaft des unpolitischen Bürgertums“.[72] Die *Betrachtungen* schlugen damit nicht mehr die aufrührerische Tonart der frühen Kriegsäußerungen an. Vorherrschend war nun gegen Ende des Krieges nicht mehr die entzückte Erwartung des Krieges als Kulturrevolution, sondern die Angst vor der politischen und sozialen (und schließlich auch kulturellen) Revolution als einem Auswuchs dieses Krieges.

III.

Die *Betrachtungen* spiegeln die ungewöhnlichen sozialen Umstände, unter denen sie konzipiert und zu Papier gebracht wurden, wider. Der Abkapselung

---

[68] Ebd., 293. Wenn der Verfasser dennoch einige Seiten später für das allgemeine, gleiche Stimmrecht in Preußen als „Postulat der praktischen Vernunft“ eintritt, könnte man vielleicht von einer ironischen Wendung reden, vielleicht von Opportunismus oder einer realistischen Einschätzung der Lage, die jedenfalls schwer mit anderen Aussagen der *Betrachtungen* in Übereinstimmung zu bringen ist: vgl. ebd., 295 f.; Frank Fechner, *Thomas Mann und die Demokratie. Wandel und Kontinuität der demokratierelevanten Äußerungen des Schriftstellers*, Berlin 1990, 64; Stammen, Mann, 26.

[69] Ebd., 123 f., 152.

[70] Beßlich, Wege, 122; Koester, Kultur vs. Zivilisation, 251.

[71] Vgl. Lothar Pikulik, *Thomas Mann. Der Künstler als Abenteurer*, Paderborn 2012, 87–89; Sontheimer, Mann, 34.

[72] Mann, Betrachtungen, 405.

des Intellektuellen von der durch den Krieg ausgelösten materiellen Not, wie sie die große Mehrheit der Deutschen erleben musste, entsprach die Beschränkung seiner Kriegserfahrung auf einen kleinen, aus sozial ähnlich situierten Intellektuellen, Wissenschaftlern und Künstlern zusammengesetzten Bekanntenkreis. In diesen Umständen war Thomas Mann in der Lage, seine Gedanken über den Elitenstatus des Intellektuellen als Vertreter der besonderen nationalen Kulturwerte relativ ungestört auszuarbeiten. Die Ergebnisse dieses Prozesses zeigen sich auch in den Hauptzügen seiner Betrachtungen zur Politik: einer hartnäckigen Abneigung gegen die Demokratie, einer Beschwörung der wesenhaften Beziehung zwischen Kunst, Bildung und Nation, einer entsprechenden Vorliebe für einen auf gestaffeltem Wahlrecht basierenden Obrigkeitsstaat und einer kaum verhüllten Verachtung für die Unterschichten. Wie sich aber bald herausstellte, fand er mit diesen Forderungen eine beträchtliche Resonanz.

Thomas Manns *Betrachtungen* wurden im Oktober 1918, als der Weltkrieg militärisch bereits entschieden war, in einer Auflage von 6.000 Exemplaren veröffentlicht; es folgten im Lauf des nächsten Jahres weitere 8.000 Exemplare. Das waren bescheidene Zahlen im Vergleich zu den großen Schriften der Vorkriegszeit, ironischerweise auch im Vergleich zu Heinrich Manns *Der Untertan*, der kurz nach den *Betrachtungen* erschien und sich bis Jahresende 1918 in 100.000 Exemplaren verkaufte.[73] Trotzdem hatte Thomas Mann offensichtlich das kleine Publikum „von Freunden, mir bekannten und unbekannten" erreicht, über deren „Gewissens-Solidarität" mit ihm er in den *Betrachtungen* geschrieben hatte.[74] Es lässt sich ferner vermuten, dass sich dieses Publikum vorwiegend aus dem Leserkreis der Zeitschriften rekrutierte, in denen die positiven Rezensionen erschienen, z. B. den *Münchner Neuesten Nachrichten*, Paul Cossmanns *Süddeutschen Monatsheften*, den *Preußischen Jahrbüchern*, der *Deutschen Tageszeitung* und der *Rheinisch-Westfälischen Zeitung*.[75] Dass es sich bei den „kompetenten Lesern" der *Betrachtungen* um hochgebildete Personen aus dem gehobenen, nationalen Bürgertum handelte, darf auch vorausgesetzt werden, ebenso wie die Tatsache, dass die meisten dieser Leser politisch im rechten bis radikalrechten Lager zu finden waren.

Die von Thomas Mann in den *Betrachtungen* vertretenen politischen Ansichten kann man verschieden bewerten, etwa als „ahnungslos", „unsinnig", „gefährlich" oder „irrtümlich."[76] Trotz der sonderbaren Umstände ihrer Entstehung: Einzigartig waren sie jedoch nicht. Sie entsprachen durchaus einer

---

[73] Kurzke, Kommentar, 89; Koopmann, Brüder, 298.

[74] Mann, Betrachtungen, 76 f.

[75] Thomas Goll, *Die Deutschen und Thomas Mann. Die Rezeption des Dichters in Abhängigkeit von der politischen Kultur Deutschlands 1898–1955*, Baden-Baden 2000, 126–134.

[76] Z.B. Julius Bab, „Die Politik des Unpolitischen", in: *Die Weltbühne* 15 (1919), 72; Harpprecht, Mann, 406.

der beiden entgegengesetzten Positionen in den großen Debatten über die Verfassungsreform, die in Deutschland während der zweiten Hälfte des Krieges ausgetragen wurden. Ob er es wollte oder nicht: Thomas Mann befand sich fest in der politischen Gesellschaft derjenigen, die mit wachsender Erbitterung im Namen des Obrigkeitsstaates Widerstand leisteten gegen die Anhänger einer innenpolitischen Neuorientierung auf Grundlage der konstitutionellen Monarchie, demokratischer Wahlreformen und ministerieller Verantwortlichkeit.[77] Trotz seines Desinteresses an außenpolitischen Annexionsfragen – er war ja kein Hurrapatriot – und trotz seiner Kritik an der Deutschen Vaterlandspartei, für die er sich aber offenbar zugleich sehr interessierte, vertrat der Schriftsteller innenpolitische Vorstellungen, die in dieser Partei, aber auch im Alldeutschen Verband und anderen Nationalverbänden sowie am rechten Flügel der Nationalliberalen Partei zu Hause waren. Ihnen allen gemeinsam war, neben der Opposition zu demokratischen Institutionen, die soziale Zusammensetzung aus Mitgliedern des gehobenen Bildungs- und Besitzbürgertums, die, wie Thomas Mann selbst, auf eben dieser Grundlage ihrer sozialen Stellung nationale Führungsansprüche erhoben.[78] Die Rolle des Schriftstellers in dieser Debatte war in erster Linie, die politischen Forderungen, Argumente und Ängste dieser Kreise in ein eindrucksvolles ästhetisches Gewand zu kleiden.

Thomas Mann war auch in einer anderen Hinsicht alles andere als isoliert. Die Positionen, die er befürwortete, erfreuten sich der massiven Unterstützung durch den Staat, die Militärbehörden wie auch die Zensur, die schon bis Anfang 1916 jene Zeitschriften verboten hatte, in denen der „Zivilisationsliterat“ Heinrich Mann seine Ansichten verteidigt hatte. Thomas Manns schriftstellerische Tätigkeit imponierte den Behörden dagegen als wertvoller, beförderungswürdiger Beitrag zur Aufrechterhaltung der Moral sowohl in der Truppe als auch in der Heimat. Die Vorteile der hieraus entstehenden „Verbindungen“ waren deutlich zu spüren, vom Augenblick seiner Freistellung vom Militärdienst bis hin zur Bereitstellung des im Jahre 1918 sonst knappen Papiers für die Drucklegung der *Betrachtungen*.[79]

Thomas Manns Selbstisolierung im Ersten Weltkrieg bildet den biographischen Kontext. Sie erlaubte ihm, sich einer langen und strengen Selbstprü-

---

[77] Siehe vor allem die Arbeit Steffen Bruendels, *Volksgemeinschaft oder Volksstaat. Die „Ideen von 1914“ und die Neuordnung Deutschlands im Ersten Weltkrieg*, Berlin 2003; Ders., *Zeitenwende 1914. Künstler, Dichter und Denker im Ersten Weltkrieg*, München 2014, bes. 184–188.

[78] Vgl. Heinz Hagenlücke, *Die Deutsche Vaterlandspartei. Die nationale Rechte am Ende des Kaiserreiches*, Düsseldorf 1997; Roger Chickering, *We Men Who Feel Most German. The Pan-German League, 1886–1914*, Boston/London 1984.

[79] Mendelssohn, Zauberer 2, 1635, 1839; Fries, Katharsis, 88; vgl. Sebastian Hansen, *Betrachtungen eines Politischen. Thomas Mann und die deutsche Politik 1914–1933*, Duisburg 2013, 41–48.

fung zu unterziehen, ohne die Last des „Durchhaltens“ allzu sehr zu spüren. Die Art und Weise, wie er aus seiner persönlichen Kriegserfahrung, die den Bruch mit seinem Bruder einschloss, ästhetische Grundprinzipien abzuleiten suchte, führte ihn jedoch in den Bereich des Politischen, in dem das Schicksal der nationalen Kollektive zur Debatte stand. Die elitären politischen Leitideen, die Thomas Mann im Namen der deutschen Kultur guthieß und öffentlich als Kriegsdeutung anbot, waren weitgehend diejenigen des „nationalen“ Bürgertums. Weil Männer aus diesen Kreisen in der Regel auch den schlimmsten materiellen Problemen des Krieges auszuweichen in der Lage waren, glichen sich ihre Kriegserfahrung und die Kriegserfahrung Thomas Manns, soweit es um gemeinsame Privilegien, Vorteile und Vorurteile ging. So wurde Thomas Manns persönliche Isolierung, wenngleich extrem, gegen Ende des Krieges Teil einer breiteren politischen Erscheinung in Gestalt der wachsenden Isolierung der nationalen Kreise, mit denen er sich *nolens volens* verbündet hatte. Darin sind sowohl der historische Kontext wie die historische Bedeutung des isolierten Intellektuellen im Kriege zu sehen.

Krieg, Nation und Kapitalismus 1914–1918

Werner Sombart, seine Freunde, Kollegen und das *Archiv für Sozialwissenschaft und Sozialpolitik*[1]

Friedrich Lenger

Barbara Beßlich hat in ihrer bemerkenswerten Dissertation argumentiert, die kulturkriegerischen Äußerungen deutscher Intellektueller während des Ersten Weltkriegs seien ohne Rückgriff auf zivilisationskritische Traditionslinien, die ihre nationalistische Aufladung zumeist erst im Kriege erfahren hätten, nicht zu verstehen. Idealtypisch unterscheidet sie zwischen einem neoidealistischen, gegen die als französisch markierte Aufklärung gerichteten Strang, dem es, ausgerichtet an der Welt des 18. und 19. Jahrhunderts, um die Verteidigung individualistischer Innerlichkeit zu tun gewesen sei, und einer bürgerlichen Kritik des als originär englisch verstandenen Kapitalismus, die auf eine straff organisierte staatssozialistische Ordnung abgezielt habe und in deren Ausformungen Beßlich Vorboten der Kälte der Konservativen Revolution der Zwischenkriegszeit erkennt.[2] Auf den ersten Blick scheinen sich die „überaus einflußreichen" (Wolfgang J. Mommsen) *Patriotischen Besinnungen* Werner Sombarts über englische Händler und deutsche Helden problem-

[1] Der auf einen Vortrag auf der von Barbara Beßlich und Olivier Argard organisierten Tagung „Une guerre pour la civilisation? La légitimation culturelle de la guerre en France et en Allemagne (1914–1918)" (9.–11. Oktober 2014) zurückgehende Beitrag knüpft an eine frühere Beschäftigung mit einem Teil des Themas an. Vgl. Friedrich Lenger, „Werner Sombart als Propagandist eines deutschen Krieges", in: Wolfgang J. Mommsen (Hg.), *Kultur und Krieg: Die Rolle der Intellektuellen, Künstler und Schriftsteller im Ersten Weltkrieg*, München 1996 (Kurztitel: Mommsen (Hg.), Kultur), hier 65–76 (Kurztitel: Lenger, Sombart als Propagandist).

[2] Barbara Beßlich, *Wege in den „Kulturkrieg". Zivilisationskritik in Deutschland 1890–1914*, Darmstadt 2000; Schlaglichter auf die kurzfristige Vorgeschichte des hier behandelten Themas wirft Gangolf Hübinger, „Hingabe an die Nation. Die Ideenkämpfe 1911–1914", in: *Zeitschrift für Ideengeschichte* 8:2 (2014), 8–16, sehr viel weiter ausholend und gesamteuropäisch-nordamerikanisch: Jörn Leonhard, *Bellizismus und Nation. Kriegsdeutung und Nationsbestimmung in Europa und den Vereinigten Staaten 1750–1914*, München 2008, Kap. VI.

los dem kapitalismuskritischen Pol zuordnen zu lassen.[3] Und es spricht nicht gegen den Nutzen der angesprochenen, idealtypischen Unterscheidung, dass es ganz so einfach nicht ist. Das möchte ich in den ersten beiden Teilen meines Beitrags deutlich machen, die neben einer knappen Charakterisierung des Sombartschen Kriegspamphlets einen vergleichenden Blick auf Max Scheler und Alfred Weber bieten, die – mit Sombart gut bekannt – 1915 gleichfalls mit Kriegsdeutungen hervorgetreten sind.[4] Abschließend soll dann eine etwas weiter ausgreifende Einordnung versucht werden, die von den verschiedenen Personenkreisen, in denen sich Sombart vor und während des Ersten Weltkrieges bewegte, den Kreis der Herausgeber (und Autoren) der wichtigsten sozialwissenschaftlichen Zeitschrift der Zeit, des *Archivs für Sozialwissenschaft und Sozialpolitik*, näher betrachtet. Das erlaubt zugleich, zumindest für eine kleine Gruppe führender Sozialwissenschaftler die Frage nach der Trennlinie zwischen einem wissenschaftlichen und einem zivilisationskritischen Diskurs zu stellen und so wenigstens ansatzweise die unverändert dominante biographische Herangehensweise an die Thematik zu überwinden.[5]

I. Händler und Helden

Sombarts Kriegspublizistik ist ein guter Beleg für Barbara Beßlichs Beobachtung, dass die im Kulturkrieg vorgenommenen Sinngebungen direkt an weiter zurückreichende Argumentationslinien anknüpften und bereits ausgeformte Dichotomien nationalistisch aufluden. Denn zum einen war der seit 1906 an der Berliner Handelshochschule lehrende Nationalökonom vor Ausbruch des Ersten Weltkriegs kaum als Nationalist hervorgetreten. Zur Beteiligung an der Flottenpropaganda der Jahrhundertwende musste er gedrängt werden, und noch 1907 erschien ihm der zeitgenössische Nationalismus als „ein schaler zweiter Aufguß, der niemanden so recht zu erwärmen vermag".[6] Zum andern

[3] Wolfgang J. Mommsen, „Der Geist von 1914: Das Programm eines politischen ‚Sonderwegs' der Deutschen", in: Ders., *Der autoritäre Nationalstaat. Verfassung, Gesellschaft und Kultur im deutschen Kaiserreich*, Frankfurt am Main 1990, 407–421, hier 415.

[4] Zur Einordnung nützlich sind Peter Hoeres, *Der Krieg der Philosophen. Die deutsche und britische Philosophie im Ersten Weltkrieg*, Paderborn 2004 (Kurztitel: Hoeres, Krieg), der sich scharf von Kurt Flasch, *Die geistige Mobilmachung. Die deutschen Intellektuellen und der Erste Weltkrieg. Ein Versuch*, Berlin 2000 absetzt, und – sehr viel breiter angelegt – Herfried Münkler, *Der Große Krieg. Die Welt 1914 bis 1918*, Berlin 2013, Kap. 3.

[5] Vgl. zuletzt Friedrich Balke, „Politische Paranoia, Zäsur des Stillstands und die Soziologie der ‚totalen Mobilmachung'", in: Niels Werber/Stefan Kaufmann/Lars Koch (Hg.), *Erster Weltkrieg. Kulturwissenschaftliches Handbuch*, Stuttgart 2014 (Kurztitel: Werber/Kaufmann/Koch (Hg.), Erster Weltkrieg), hier 143–163.

[6] Werner Sombart, „Die Elemente des politischen Lebens in Deutschland", in: *Morgen* vom 9.8.1907, 255–259; vgl. zu Sombarts zögerlicher Flottenpropaganda: Friedrich Lenger, *Werner Sombart (1863–1941). Eine Biographie*, München 1994 (3. Aufl., 2012),

konnte der von ihm aufgestellte Gegensatz zwischen Händlern und Helden unmittelbar an seine Vorarbeiten zu einer zweiten Auflage seines wichtigsten Werkes, der *Moderne Kapitalismus*, anknüpfen, in denen er eine händlerische und rechnerische bzw. eine wagende und risikobereite Seite der Unternehmerfunktion im Kapitalismus herausarbeitete. 1911 galten ihm „Berechnen und Verhandeln" als spezifisch jüdische Talente, zwei Jahre später unterschied er explizit zwischen Heldenvölkern und Händlervölkern.[7] Dass zu diesem Zeitpunkt die Engländer noch als Heldenvolk firmierten, bedurfte dann im Krieg keines weiteren Kommentars mehr.[8] Denn nun war die Existenz einer „hohlen, englischen Krämerkultur" nicht nur für Sombart selbstevident.[9] Und die Überzeugungs- oder besser: Suggestionskraft seiner Darstellung hing auch nicht von der Plausibilität seiner Ausführungen zum englischen Geist, zur englischen Wissenschaft, zum englischen Staat oder zur englischen Kultur ab:

> „Kein geistiger Kulturwert kann aus Händlertum erwachsen. Nicht jetzt und nicht in alle Ewigkeit. Aber sie wollen auch keine geistige Kultur. Alle geistigen Werte bedrücken sie. Und deshalb haben sie aus ihrem innersten Wesen zwei Lebensformen geboren, die als Ersatz geistiger Werte dienen können, die aber durch ihre Verallgemeinerung auch dazu verhelfen, den letzten Rest geistigen Lebens aus dem Volk auszumerzen: ich meine den Komfort und den Sport."[10]

Eine derart groteske Übertreibung hatte ohnehin primär den Zweck, durch bloße Umkehrung die Bestimmung deutschen Wesens zu ermöglichen, das es im Krieg gegen das in der Vorkriegszeit auch in Deutschland längst zu beobachtende Vordringen englisch-kommerzialistischer Unkultur zu verteidigen galt. Deren Kern hatte Sombart im letzten Vorkriegsjahr mit den Worten beschrieben: „Die Herde grast friedlich auf der fetten Weide" – für ihn lediglich eine andere Formulierung für seinen Befund der „Sinnlosigkeit unserer gesamten Lebensbewertung".[11] Gegen diese führte er die Wertehierarchie seines fast zehn Jahre jüngeren Freundes und Eucken-Schülers Max Scheler ins Feld, der 1912 den „Vorzug der Nützlichkeitswerte und der Werkzeugs-

---

110 (Kurztitel: Lenger, Werner Sombart); zur Einordnung immer noch nützlich: Rüdiger vom Bruch, „Krieg und Frieden. Zur Frage der Militarisierung deutscher Hochschullehrer und Universitäten im späten Kaiserreich", in: Jost Dülffer/Karl Holl (Hg.), *Bereit zum Krieg*, Göttingen 1986, 74–98.

[7] Werner Sombart, *Die Juden und das Wirtschaftsleben*, Leipzig 1911, 194 u.ö.; vgl. dazu neben Lenger, Werner Sombart, Kap. IX, auch Nicolas Berg (Hg.), *Kapitalismusdebatten um 1900 – Über antisemitisierende Semantiken des Jüdischen*, Leipzig 2011.

[8] Vgl. Werner Sombart, *Der Bourgeois. Zur Geistesgeschichte des modernen Wirtschaftsmenschen*, Berlin 1987 (zuerst 1913), 272 f. (Kurztitel: Sombart, Bourgeois).

[9] Werner Sombart, *Händler und Helden. Patriotische Besinnungen*, München/Leipzig 1915, 101 (Kurztitel: Sombart, Händler).

[10] Ebd., 50.

[11] Sombart, Bourgeois, 424 und 426.

werte über die Lebenswerte und Organwerte" beklagt hatte.[12] Daran ließ sich im Krieg gut anknüpfen, zumal Scheler selbst die antienglische Stoßrichtung in einer eigenen Kriegsdeutung ausbuchstabiert hatte, die nicht zuletzt deutlich machte, warum Frankreich nur ein momentaner Gegner, nicht aber der eigentliche Feind war.[13] „Denn dieser Krieg", so hieß es dort, „ist zuerst und zuletzt ein deutsch-englischer Krieg", der geführt werden müsse „gegen das Mutterland des modernen Hochkapitalismus" und damit „gegen den Kapitalismus und seine Auswüchse überhaupt".[14] Und das Schreckensbild, das Scheler für den Fall einer Niederlage zeichnete, wurde von Sombart ohne Zweifel geteilt: „Dann siegen [...] in Europa lauwarmer englischer Komfort und konventionelle Zivilisation über originale persönliche Kultur, der Bourgeois über den Geist Friedrichs des Großen, Goethes und Kants."[15]

Der antikapitalistische Strang kulturkriegerischer Zivilisationskritik ließ sich also mühelos mit dem neoidealistischen verbinden und musste auch nicht im 20. Jahrhundert verwurzelt sein, sondern konnte ebenso gut ins 18. und frühe 19. Jahrhundert zurückverweisen. Aber schauen wir zunächst, wie sich unser Berliner Nationalökonom die implizit ja auch von seinem Freund Scheler aufgerufene Synthese zwischen Potsdam und Weimar vorstellte. In ihr behielt Potsdam ganz eindeutig die Oberhand. Anders als nicht nur Max Scheler, der den Militarismus der deutschen Zivilgesellschaft für einen in einer Nachkriegsdemokratie zu beseitigenden Überhang des preußischen Beamtenstaats hielt, sah Werner Sombart gar keinen Grund, die von alliierter Seite erhobenen Vorwürfe des Barbarentums und des Militarismus zurückzuweisen.[16] „Militarismus" war für ihn „der zum kriegerischen Geist hinaufgesteigerte heldische Geist", und die von alliierter Seite als Beweis deutschen Militarismus ins Feld geführten Treitschke und Nietzsche nutzte er als Gewährsmänner für seine Heiligsprechung des Krieges.[17] Letzteren zitierte er immer und immer wieder als den „letzte[n] Sänger und Seher [...], der, vom Himmel hoch dahergekommen, uns die Mär verkündet hat, daß aus uns der Gottessohn geboren werden soll, den er in seiner Sprache den Übermenschen

[12] Max Scheler, „Das Ressentiment im Aufbau der Moralen", wieder in: Ders., *Vom Umsturz der Werte. Abhandlungen und Aufsätze* (*Gesammelte Werke, Bd. 3*), 5. Aufl. Bern 1972, 33–147 (Kurztitel: Scheler, Ressentiment), hier 137 (zuerst 1912).

[13] Vgl. zu Schelers Kriegsschriften Hoeres, Krieg, bes. 248–262, 403 ff., 449 ff. und 548 ff.

[14] Max Scheler, „Der Genius des Krieges und der Deutsche Krieg", wieder in: Ders., *Politisch-Pädagogische Schriften* (*Gesammelte Werke, Bd. 4*), Bern 1982 (Kurztitel: Scheler, Politisch-Pädagogische Schriften), hier 53 f. (Kurztitel: Scheler, Genius) (zuerst 1914/15).

[15] Ebd., 190.

[16] Vgl. ebd., 148–151.

[17] Sombart, Händler, 84 f.; vgl. ebd., 91 f.

nannte".[18] Dessen Tugenden aber waren in der von Nietzsches Schwester brieflich belobigten Lesart Sombarts „kriegerische Tugenden, Tugenden, die ihre volle Entfaltung im Kriege und durch den Krieg erleben, wie denn alles Heldentum erst im Krieg und durch den Krieg zu voller Größe emporwächst."[19] Das aber machte den Krieg letztlich zum Selbstzweck, auch wenn oder vielleicht besser: gerade weil Sombart ihn zum „höchsten Zucht- und Bildungsmittel Gottes" stilisierte.[20] Denn in dieser Perspektive hatten die „edlen Antriebe", welche „die sittlichende Kraft in sich tragen, die eine Gesundung und Stärkung über das Volk bringt", gar keinen Inhalt.[21] Die Regeneration von Pflichtbewusstsein und Gehorsam, Tapferkeit und Hingabe, die das Heldische ausmachen sollten, konnte nur durch den Krieg selbst gewährleistet werden.[22]

II. Sombart, Scheler, Alfred Weber: Innen- und außenpolitische Perspektiven im Vergleich

Für Deutschland, das Sombart zufolge „der letzte Damm gegen die Schlammflut des Kommerzialismus" war, hatte er deshalb keine eigentliche Nachkriegsvision. „Denn ohne Gefahr verkümmert und verflacht der Mensch und erfindet das Glück." Deshalb begrüßte er die „Bedrohung des Vaterlandes durch auswärtige Feinde" auch für die Zukunft als „die sicherste Bürgschaft dafür, daß wir auch ein Volk von Helden [...] bleiben werden."[23] Diese Zuspitzung, welche die immer wieder von Sombart beschworene Tiefe seiner Ideale hohl klingen ließ, erübrigte ein konkreteres Bild der Nachkriegsgesellschaft und setzte den Nationalökonomen deutlich von seinen zahlreichen Kollegen ab, die gleichfalls meinten, an der Sinngebung der deutschen Kriegsanstrengung mitwirken zu müssen. Das sollen einige wenige vergleichende Betrachtungen zur Kriegspublizistik Max Schelers und Alfred Webers verdeutlichen. Dabei hoben sich die *Gedanken zur deutschen Sendung* des (im Vergleich zu Sombart) fünf Jahre jüngeren Heidelberger Nationalökonomen schon dadurch von vergleichbaren Publikationen ab, dass sie zumeist auf Briefe zurückgingen, die der kriegsfreiwillige Ordonnanzoffizier Alfred We-

---

[18] Ebd., 53.
[19] Ebd., 65; der Brief von Elisabeth Förster-Nietzsche vom 29.3.1915 ist nachgewiesen bei Lenger, Sombart als Propagandist, 68, Anm. 21.
[20] Sombart, Händler, 95.
[21] Ebd.
[22] Vgl. ebd., 65.
[23] Ebd., 127 f.

ber aus dem umkämpften Elsass an seine Geliebte Else Jaffé-Richthofen gerichtet und in Auszügen in der *Neuen Rundschau* veröffentlicht hatte.[24]

Ungeachtet der Genredifferenz findet sich in Alfred Webers von Max Scheler, Werner Sombart und Thomas Mann bejubelter Broschüre vieles von dem, was wir schon bei Sombart und Scheler kennengelernt haben, so der Vorwurf gegenüber der englischen Seite, sie handele allein aus „Geschäftsinteressen, Machtinstinkten und einer naturalen Rassengemeinschaft", oder die Absetzung von den Ideen von 1789.[25] Ganz anders dagegen der Blick auf die deutschen Frontsoldaten und die Vision einer Nachkriegsordnung. Während für Sombart „dieses viele Volk, da es sich in unabsehbaren dichten Kolonnen zur Grenze wälzt, um das Vaterland gegen übermütige Feinde zu verteidigen", letztlich das Gepräge einer unterschiedslosen Masse behielt, wendete Alfred Weber den Herdenbegriff Nietzsches ins Positive und feierte Einfachheit und Ursprünglichkeit des deutschen Volkes als Voraussetzungen für „die größten Taten".[26] Und während bei Sombart gerade das Fehlen jener Begeisterung über das vaterländische Engagement von Arbeiterschaft und Arbeiterbewegung auffällt, die für seine Mitstreiter in der von ihm mitgegründeten *Gesellschaft für Soziale Reform* so kennzeichnend war, folgten für Weber ganz selbstverständlich gleiche politische Teilhaberechte aus der Kriegsanstrengung.[27] Zwar temperierte er die daraus zu ziehenden Konsequenzen mit der Prognose: „Es ist sehr unwahrscheinlich, daß dies nach dem absoluten Muster westlicher Demokratien geschehen wird".[28] Aber selbst wenn man die darauffolgenden Hinweise auf Führerschaft und Führerrekrutierung als Limitierung der Demokratisierungsabsichten ansehen möchte, hatte Alfred Weber den von ihm befehligten Männern sehr viel mehr zu bieten als Pflicht und Gehorsam in einem von Sombart nach friederizianischem Vorbild gezeichneten Militärstaat. Und dasselbe galt von Scheler, der für die Nachkriegszeit mit einem größeren Gewicht der „südlichen von Hause aus demokratischeren Teile Deutschlands" rechnete.[29]

Noch weit deutlicher tritt die Sonderstellung Sombarts im Vergleich zu Max Scheler und Alfred Weber hervor, wenn man nach den jeweiligen Vorstellungen von den auswärtigen Beziehungen fragt. Ihrer aller Kriegsschriften sind voller nationaler Stereotype; und doch ist es unvorstellbar, dass Werner

---

[24] Vgl. Eberhard Demm, *Ein Liberaler in Kaiserreich und Republik. Der politische Weg Alfred Webers bis 1920*, Boppard a.Rh. 1990, 152–156 (Kurztitel: Demm, Ein Liberaler).

[25] Alfred Weber, *Gedanken zur deutschen Sendung*, Berlin 1915, 59 (Kurztitel: A. Weber, Gedanken); vgl. ebd., 51 sowie zu den Kommentaren Manns, Schelers und Sombarts Demm, Ein Liberaler, 155.

[26] Sombart, Händler, 120 und A. Weber, Gedanken, 87.

[27] Vgl. zur Gesellschaft für Soziale Reform nur die Beiträge ihrer Mitglieder in Friedrich Thimme/Carl Legien (Hg.), *Die Arbeiterschaft im neuen Deutschland*, Leipzig 1915.

[28] A. Weber, Gedanken, 105.

[29] Scheler, Genius, 152.

Sombart sich wie sein Freund Max Scheler vorab für den Fall entschuldigt hätte, „daß die leidenschaftliche Bewegung des Gemütes, in der dieses Buch geboren wurde [...] in Urteilen über Personen und Völker über berechtigte Grenzen hinausgeführt" haben könnte.[30] Unvorstellbar schon deshalb, weil Sombart von Mahnungen wie der seines Herausgeberkollegen Edgar Jaffé, „auch an das zu denken, was nachher kommen soll", nicht erreicht wurde und wohl auch nicht erreicht werden konnte.[31] Schließlich trug der Krieg sein Ziel in sich, und so war es für den Propagandisten deutschen Heldentums kein Schaden, wenn „der Gelehrtenaustausch ein paar Jahrzehnte mal in Wegfall käme".[32] Dementsprechend agierte er in Wissenschaftsorganisationen wie der *Deutschen Gesellschaft für Soziologie* und dementsprechend war er – „erhaben [...] über alles Gevölk, das ihn umgibt, und das er unter sich in grenzenloser Tiefe erblickt" – desinteressiert an anderen Kulturen und etwaigen Gemeinsamkeiten mit diesen.[33] Max Scheler und Alfred Weber dagegen war ein dergestalt entgrenztes Überlegenheitsgefühl fremd. Für Scheler hob der Krieg die europäische Einheit nicht auf, deren Kern „eine bestimmte Geistesstruktur, z.B. eine bestimmte Form des Ethos, eine bestimmte Art des Weltanschauens und der tätigen Weltformung" bildete.[34] Ja gerade wegen dieser europäischen Einheit fiel seine Kritik am selbstsüchtigen England so harsch aus, das um der eigenen Seevorherrschaft willen verkenne, dass es sich im Grunde um eine Abwehrschlacht Europas gegen Asien handele. Das muss hier nicht vertieft werden, doch sei in der Abgrenzung zu Sombart betont, dass bei Scheler die Front gegen alle „Vorkämpfer Rußlands und der gelben Rasse" auch mit Respekt gegenüber der russischen oder japanischen Kultur einherging.[35] Und in durchaus vergleichbarer Weise verband Alfred Weber seine Analyse russisch-imperialer Interessen mit Reflexionen über „ein ganz echtes, tiefes, warmes, brüderliches Christentum", das er etwa in der „panslawistischen Idee" Dostojewskis ausmachte.[36]

Die damit angedeuteten Differenzen zwischen den Tiraden Werner Sombarts und der Kriegspublizistik Max Schelers und Alfred Webers machen aus letzterer noch keine angenehme oder gar anregende Lektüre. Auch Schelers und Webers Texte entbehren nicht der zeittypischen Apologien deutscher Völkerrechtsverletzungen und stecken voller völkerpsychologischer Stereotype. Die Unterschiede zu Sombart gehen indessen über Stilfra-

---

[30] Ebd., 9.

[31] Der Brief ist nachgewiesen bei Lenger, Sombart als Propagandist, 70, Anm. 31; vgl. auch Dieter Krüger, *Nationalökonomen im wilhelminischen Deutschland*, Göttingen 1983 (Kurztitel: Krüger, Nationalökonomen).

[32] Sombart, Händler, 136.

[33] Ebd., 143.

[34] Scheler, Genius, 182.

[35] Ebd., 38; vgl. Lenger, Sombart als Propagandist, 74.

[36] A. Weber, Gedanken, 58.

gen weit hinaus. Denn die Maßlosigkeit des Berliner Nationalökonomen wurzelte gerade in seiner Hochstilisierung des Krieges zum Selbstzweck. Aus ihr folgte nicht allein der Abbruch der internationalen Wissenschaftsbeziehungen, sondern das Konzept eines weitgehend autarken Militärstaats: „Expandieren wollen wir uns ganz und gar nicht. Denn wir haben wichtigeres zu tun. Wir haben unser eigenes, geistiges Wesen zu entfalten, haben die deutsche Seele rein zu erhalten, haben achtzugeben, daß der Feind, der Händlergeist, nirgends in unsere Sinnesart eindringe: nicht von außen und nicht von innen."[37] Das schloss die Besetzung strategischer Schlüsselpositionen nicht aus, aber Weltmachtambitionen spielten in Sombarts Programm einer kulturellen Regeneration im und durch den Krieg keine Rolle. Auch das setzte ihn nicht nur von Max Scheler und Alfred Weber ab. Letzterer prophezeite eine Zeit, „wo wir erreichen werden, daß nicht mehr der englische Typus *allein* das Weltgesicht bestimmen wird, wo auf den großen kontinentalen Wegen von Konstantinopel über Persien gegen Indien, China und über Kairo nach dem Kap hin ein Rückgrat für den deutschen Welteinfluß erstehen wird."[38] Damit knüpfte Weber nahtlos an die weltpolitischen Ambitionen an, wie sie unter liberalen Nationalökonomen seiner Generation seit den 1890er Jahren verbreitet gewesen waren.[39] Das klang bei Scheler etwas defensiver, doch war auch für diesen die Überwindung von „Englands Allseegeltung" zentrales Kriegsziel. Sie müsse aber um eine mitteleuropäische Wirtschaftsgemeinschaft ergänzt werden, da andernfalls die unumgängliche Wirtschaftskonkurrenz mit Nordamerika Deutschland „sofort wieder in die Fangarme des ‚kapitalistischen Geistes' hineinstürzen würde."[40] Es ist nicht überraschend, dass die Mitteleuropavorstellungen des Nationalökonomen Alfred Weber sehr viel konkreter und handfester ausfielen. Sie gingen über die einschlägigen Ideen Friedrich Naumanns noch hinaus.[41]

Hier soll nicht die Kulturkriegsproblematik mit der viel behandelten Kriegszieldiskussion verbunden werden. Festgehalten sei zunächst nur, dass Sombarts – aus der Logik seiner Verabsolutierung des Kriegerischen durchaus schlüssigen – Autarkievorstellungen weder für die konservativen Annexionisten noch für liberale Imperialisten wie Alfred Weber anschlussfähig

---

[37] Sombart, Händler, 144 f.

[38] A. Weber, Gedanken, 76 f. (Hervorhebung im Original).

[39] Vgl. schon Krüger, Nationalökonomen, Kap. 2. Es scheint von daher durchaus problematisch und den hier behandelten kulturkriegerischen Positionen allzu nah, einen ersten, den Ersten Weltkrieg überspannenden Zeitbogen des 20. Jahrhunderts durch den „Gegensatz zwischen den angloatlantischen Mächten und den deutschen Widersachern eines liberalen Reformkurses" zu definieren, wie dies Anselm Doering-Manteuffel, „Die deutsche Geschichte in den Zeitbögen des 20. Jahrhunderts", in: *Vierteljahrshefte für Zeitgeschichte* 3 (2014), 321–348, hier 327, tut.

[40] Scheler, Genius, 194.

[41] Vgl. dazu nur Demm, Ein Liberaler, 156–168.

waren. Ihm näher scheint die von seinem Freund Scheler erhobene Forderung nach „ökonomische[r] Autarkie Westeuropas samt der ihm angegliederten Kolonien", die in vergleichbarer Weise antikapitalistisch fundiert war.[42] Der Vergleich beider Positionen zeigt aber nur einmal mehr, dass der antikapitalistische Strang der deutschen Kulturkriegspublizistik hinsichtlich seines Zeithorizonts offen war. Während der Nationalökonom Sombart nur oberflächlich seinen Frieden mit der modernen (Waffen-)Technik gemacht hatte und sich letztlich nach einem, dem friederizianischen Preußen ähnelnden Staatswesen sehnte, suchte der Philosoph Scheler den wirtschaftlichen Gegebenheiten des 20. Jahrhunderts Rechnung zu tragen. Er unterschied dazu stärker als in seinen Vorkriegsschriften zwischen Kapitalismus und Industrialismus: „Jener ist ein bestimmter Geist […], dieser eine Betriebsform."[43] Und als eine solche Betriebsform war der Industrialismus für ihn nicht länger die Kulmination einer maßlosen Überschätzung der Werkzeugswerte, sondern vielmehr „eine Betriebsform, der gerade der deutsche Geist durch seinen Ordnungssinn, durch seine Pünktlichkeit, seine Präzision und seine einzigartige Organisationskraft – Kräfte, die samt und sonders zuerst an der deutschen Heeresorganisation gebildet und geübt wurden, ganz hervorragend angepaßt ist."[44]

Diese veränderte Bewertung des Industrialismus erlaubte Scheler anders als seinem Freund Sombart den Anschluss an die Diskussion um einen deutschen Kriegssozialismus. Zwar verspottete er in einer Besprechung von Johann Plenges Kriegsschrift *1789 und 1914* „das Heer staatssozialistischer Wunderdoktoren, die heute den Organisationsgedanken geradezu in Mißkredit bringen", aber das richtete sich nicht gegen Plenge selbst, dessen Versuch, aus der deutschen Kriegsorganisation die Leitlinien der Zukunftsgestaltung abzuleiten, er in den höchsten Tönen lobte.[45] Dass er – flexibel wie stets – die Strenge und den Kollektivismus des Organisationsgedankens dadurch milderte, dass er die „*geistigen*, die höheren Gütersphären betreffenden Gebiete" seiner Geltungskraft entzog, zeigt einmal mehr die Vereinbarkeit des neoidealistischen und des antikapitalistisch-staatssozialistischen Strangs kulturkriegerischer Zivilisationskritik.[46] Und es war nicht die damit beabsichtigte Verteidigung geistiger Individualität, die seinen Freund Sombart in der Plenge-Rezension Schelers einen „Spottgesang auf W.S." erblicken sah. Vielmehr spürte der Berliner Nationalökonom, dass der Ausnahmestellung

[42] Scheler, Genius, 194.

[43] Ebd., 54, Anm. 1.

[44] Ebd.; vgl. Scheler, Ressentiment, 142–147, bes. 146.

[45] Max Scheler, „1789 und 1914", wieder in: Ders., *Politisch-Pädagogische Schriften*, 585–599, hier 593 (zuerst 1916).

[46] Ebd., 594 (Hervorhebung im Original).

seines Kriegspamphlets eine gewisse Isolation entsprach.[47] So meinte er auch aus Alfred Webers *Gedanken zur deutschen Sendung* „eine unausgesprochene Gegnerschaft gegen meine ‚Händler und Helden'" herauszuhören, der er entgegenhielt: „Leute unseres Schlages sollten sich jetzt – trotz aller Gegensätzlichkeit im Einzelnen – verbunden fühlen".[48]

III. Werner Sombart, das *Archiv* und der Krieg

Die selbst empfundene Isolation Sombarts hatte durchaus Grenzen. Schließlich gelang während des Krieges seine Berufung an die Berliner Universität; nicht ohne Widerstände, aber eben auch dank der Unterstützung einiger prominenter Kollegen wie Ernst Troeltsch.[49] Von daher liegt es nahe, einige der Zirkel zu betrachten, in denen sich der im Erscheinungsjahr der angesprochenen Kriegsschriften ja noch an der Berliner Handelshochschule lehrende Nationalökonom bewegte. Sie reichten von einem eher privaten Stammtisch, der Sombart mit befreundeten Dichtern und Hochschullehrern wie Oskar A. H. Schmitz und Wilhelm Bölsche oder Julius Schultz, Kurt Breysig und Max Scheler in der Gaststätte *Fasan* (später in *Hellwigs Weinstube*) mittwochs einigermaßen regelmäßig zusammenführte, über die *Deutsche Gesellschaft 1914* bis zur *Deutschen Gesellschaft für Soziologie* oder dem Herausgebergremium des renommierten *Archivs für Sozialwissenschaft und Sozialpolitik.* Wie wichtig Sombart die meist montags zusammentretende *Deutsche Gesellschaft 1914* war, ist schon daran ablesbar, dass viele seiner Briefe aus den Kriegsjahren auf ihrem Briefpapier geschrieben sind und die Mittwochstreffen seines engeren Freundes- und Kollegenkreises zumindest vorübergehend dorthin verlegt wurden.[50] Leider ist die Überlieferung bruchstückhaft, doch

[47] Diese sich abzeichnende Isolation tritt aus der Perspektive der Nachkriegszeit noch sehr viel deutlicher hervor. Vgl. zuletzt Austin Harrington, „Social Science 'Beyond Methodological Nationalism'? A Defence of Concepts of Nationhood in German Liberal Social Thought of the Weimar Years", in: Gangolf Hübinger (Hg.), *Europäische Wissenschaftskulturen und Politische Ordnungen in der Moderne (1890–1970)*, München 2014 (Kurztitel: Hübinger (Hg.), Europäische Wissenschaftskulturen), hier 213–227, dessen „Ehrenrettung" einiger liberaler deutscher Intellektueller es sich allerdings durch die Ausblendung ihrer Kriegs- und Vorkriegsschriften allzu einfach macht.

[48] Werner Sombart an Alfred Weber, 10.9.1915, abgedruckt in: Alfred Weber, *Ausgewählter Briefwechsel*, hg. von Eberhard Demm/Hartmut Soell unter Mitwirkung von Nathalie Chamba/Volker Schober (*Alfred Weber-Gesamtausgabe, Bd. 10*), Marburg 2003 (Kurztitel: A. Weber, Briefwechsel), hier 1. Halbbd., 218.

[49] Vgl. zu Sombarts Berufung: Lenger, Werner Sombart, Kap. 9.

[50] Vgl. Werner Sombart an Max Scheler, 2.12.1917, Bayerische Staatsbibliothek, Ana 315, E, II, 1 (Sombart, Werner); Werner Sombart an Wilhelm Bölsche, 11.3.1917, Universitätsbibliothek Wroclaw, Böl. Nau. 483 und Werner Sombart an Kurt Breysig, undatiert, Staatsbibliothek zu Berlin, Preußischer Kulturbesitz, Nl. Breysig 11, sowie Oskar A. H.

deuten die belegten Treffen mit Alfred Weber und Walther Rathenau sowie die Vorstandsfunktion seines Freundes Gerhart Hauptmann, in dessen *Berliner Kriegs-Roman* er als Professor Bonplants porträtiert ist, dass er hier sowohl Berufskollegen als auch Mitglieder seines Industrielle und Schriftsteller umfassenden schlesischen Freundeskreises traf.[51] Statt dessen sei hier abschließend der Herausgeberkreis des *Archivs für Sozialwissenschaft und Sozialpolitik* etwas eingehender betrachtet, da ein solcher Zugriff den Kreis über die Kulturkrieger, zu denen man auch Gerhart Hauptmann rechnen muss, hinaus öffnet und damit das zivilisationskritische und das wissenschaftliche Feld expliziter in Beziehung zueinander setzt.[52]

Das *Archiv* wurde seit 1903 von Edgar Jaffé, der es seinem Vorbesitzer, dem revisionistischen Sozialdemokraten Heinrich Braun abgekauft hatte, in

---

Schmitz, *Ergo Sum. Jahre des Reifens*, München 1927, der (234) donnerstägliche Stammtischtreffen mit Scheler und Sombart erinnert und gleichfalls (231) der Deutschen Gesellschaft 1914 angehört. Vgl. zu letzterer Bernd Sösemann, „Jenseits von Partei und Parlament. Walther Rathenaus ‚aufbauende Ideenpolitik' in der Deutschen Gesellschaft 1914", in: *Die Extreme berühren sich. Walther Rathenau 1867–1922*, Berlin o.J. [1993], 169–177, und zu Oskar A. H. Schmitz das Nachwort (Ansichten eines nervösen Zeitalters) zu: Wolfgang Martynkewicz (Hg.), *Durch das Land der Dämonen. Tagebücher, Bd. 3, 1912–1918*, Berlin 2007, 183–200, sowie zuletzt und mit weiterer Literatur Barbara Beßlich, „Das Land der Wirklichkeit und Das wirkliche Deutschland. Die kulturkritischen Transfers des Oskar A. H. Schmitz (1873–1931) zwischen Krieg und Frieden", in: Thomas Keller (Hg.), *La première guerre mondiale un siècle plus tard. Culture et violence*, in: *Cahiers d`études germaniques* 66:1 (2014), 39–52, bes. 48 ff.; zu Bölsche wichtig: Philipp Sarasin/Michael Hagner, „Wilhelm Bölsche und der ‚Geist'. Populärer Darwinismus in Deutschland 1887–1934", in: *Nach Feierabend. Zürcher Jahrbuch für Wissensgeschichte* 4 (2008), 47–68.

[51] Vgl. Alfred Weber an Else Jaffé, 24.11.1916, in: A. Weber, Briefwechsel, 2. Halbbd., 481 ff., sowie Peter Sprengel, *Gerhart Hauptmann. Bürgerlichkeit und großer Traum. Eine Biographie*, München 2012, 499 ff. und 492 f., und Lars Koch, „Der Erste Weltkrieg als kulturelle Katharsis und literarisches Ereignis", in: Werber/Kaufmann/Koch (Hg.), *Erster Weltkrieg*, 97–141, hier 105 und 108 f.; speziell zur Beziehung Gerhart Hauptmanns zu Werner Sombart: Hans-Joachim Hahn, „Gegen ‚Händler, Schacher und Profitmachergilde' – Gerhart Hauptmann, Werner Sombart und der ‚deutsche Geist'", in: Klaus Hildebrandt/Krzysztof A. Kuczynski (Hg.), *„Habt herzlichen Dank für Eure Freundschaft...". Menschen um Gerhart Hauptmann*, Wloclawek 2011, 105–116.

[52] Neben Gerhart Hauptmann betätigten sich auch andere Schriftsteller aus Sombarts Umfeld kulturkriegerisch, so etwa Oskar A. H. Schmitz, *Das wirkliche Deutschland. Die Wiedergeburt durch den Krieg*, 4. Aufl. München 1915, eine Schrift, die über weite Strecken (vgl. bes. 118 f. und 124 f.) die schon erwähnten Publikationen seiner Stammtischfreunde Sombart und Scheler referierte, oder auch Artur Landsberger, *Haß. Der Roman eines Deutsch-Engländers aus dem Jahre 1950*, 13. Aufl. München 1915, der für seine Karikatur des englischen Feindes die Romanform wählt. Vgl. zu Landsberger knapp: Till Barth, „Vom Dandy zum Haderer. Artur Landsberger (1876–1933)", in: *Kritische Ausgabe. Zeitschrift für Germanistik und Literatur* 9.1 (2005), 78–81.

Verbindung mit Werner Sombart und Max Weber herausgegeben.[53] Bis in die Vorkriegszeit änderte sich an dieser durchaus spannungsreichen Konstellation nichts. Anfang 1911 trat Emil Lederer als Redaktions-Sekretär (später Schriftleitung) hinzu, zum 1. Juli 1913 wurde Robert Michels Mitherausgeber.[54] Letzteres geschah auf Drängen von Michels selbst, der damit seine Berufungschancen verbessern wollte, und mit Unterstützung Max Webers. Da Sombart wie Weber mit Michels befreundet war, wird man sein Einverständnis voraussetzen dürfen.[55] Schon knapp zwei Jahre später trat der inzwischen in Basel lehrende Michels aus dem Herausgebergremium wieder aus, da seine nach dem italienischen Kriegseintritt gegebene *dichiarazione dell'italianità* und eine Reihe proitalienischer Artikel in Schweizer Zeitungen das Verhältnis zu den anderen Herausgebern zerrüttet hatten.[56] Mit dem 44. Band (1917/18) fungierte schließlich auch Joseph Schumpeter als Herausgeber der angesehenen Zeitschrift. Hatte Michels seine Aufnahme in das Gremium dadurch zu erreichen versucht, dass er Jaffé gegenüber auf Angebote konkurrierender Zeitschriften hingewiesen hatte, erfolgte Schumpeters Kooptation aufgrund der Hoffnung des Verlags und des Herausgebers, so die Gründung einer stärker auf Wirtschaftstheorie fokussierten österreichischen Konkurrenzzeitschrift verhindern zu können.[57] Die „gegen meinen Wunsch erfolgte Aufnahme Schumpeters" gehörte dann 1920 zu den Gründen Sombarts, wenige Tage nach dem Tode Max Webers dem *Archiv* den Rücken zu kehren, das, nachdem auch Edgar Jaffé verstorben war, seit Oktober 1921 gemeinsam von Emil Lederer, Joseph Schumpeter und Alfred Weber herausgegeben wurde.[58]

Schon ein so knapper Blick auf den Herausgeberkreis der seinerzeit wichtigsten sozialwissenschaftlichen Zeitschrift macht deutlich, dass hier nicht nur einige der bis heute bekanntesten Nationalökonomen und Soziologen des

---

[53] Vgl. Lenger, Werner Sombart, 143; vgl. zuletzt Gangolf Hübinger, „Wissenschaften, Zeitdiagnosen und politisches Ordnungsdenken. Zur Einführung", in: Ders. (Hg.), Europäische Wissenschaftskulturen, 1–28, hier 16–20.

[54] Vgl. Hans Speier, „Emil Lederer: Leben und Werk", in: Emil Lederer, *Kapitalismus, Klassenstruktur und Probleme der Demokratie in Deutschland 1910–1949*, hg. von Jürgen Kocka, Göttingen 1979 (Kurztitel: Lederer, Kapitalismus), hier 253–272, hier 263 f. (Kurztitel: Speier, Lederer).

[55] Vgl. Timm Genett, *Der Fremde im Kriege. Zur politischen Theorie und Biographie von Robert Michels 1876–1936*, Berlin 2008, 617 f. (Kurztitel: Genett, Der Fremde); zu Sombarts Verhältnis zu Michels siehe auch Friedrich Lenger, „Sozialismus und soziale Bewegung (auch in Italien): Sombart, Marx und Michels 1892 bis 1908", in: Ders., *Sozialwissenschaft um 1900. Studien zu Werner Sombart und einigen seiner Zeitgenossen*, Frankfurt am Main 2009, 61–77.

[56] Dazu zusammenfassend Genett, Der Fremde, 626–630.

[57] Vgl. dazu Lenger, Werner Sombart, 223 f.

[58] Ebd., 224 ist der zitierte Brief Sombarts nachgewiesen; vgl. auch Speier, Lederer, 264.

frühen 20. Jahrhunderts zusammenfanden, sondern eben auch sehr unterschiedliche Persönlichkeiten. Das kann nur mit Blick auf ihre jeweilige Haltung zum Weltkrieg angedeutet werden. Schon die bei Kriegsausbruch tätigen Herausgeber kamen diesbezüglich nicht zusammen: Max Weber ließ sich an Nationalismus von niemandem überbieten, aber für die Tiraden eines Werner Sombart hatte er wenig Verständnis, auch wenn er ihm schrieb: „*Ihr* nationalistischer Furor kommt mir etwas stark verblüffend, das gestehe ich offen. Aber er ist ihr Recht."[59] Im Grunde aber verachtete er jedes „Dilettieren im Journalismus" und verstand den gleichwohl als „groß und wunderbar" beschriebenen Krieg nicht als „Kampf von Weltanschauungen, sondern [als] die Folge falscher Außenpolitik".[60] Darin war er Jaffé weit näher, ohne deshalb das ausgeprägte Interesse seines Heidelberger Kollegen an Organisation und Kriegssozialismus zu teilen.[61] Lederer und Michels schließlich brachten beide aus der Vorkriegszeit erhebliche Sympathien für den sozialistischen Internationalismus mit, doch während Lederer 1915 ungerührt festhielt, „daß m.E. die über das ‚Wesen des Krieges' verbreiteten Meinungen meistens Ideologien sind", wurde Michels zum Befürworter des italienischen Kriegseintritts.[62] Es hätte also nicht der Aufnahme des anglophilen Österreichers Schumpeter bedurft, der einen österreichischen Separatfrieden befürwortete, um aus dem Herausgebergremium des *Archivs für Sozialwissenschaft und Sozialpolitik* eine Versammlung äußerst dissonanter Stimmen zum Weltkriegsgeschehen zu machen.[63]

Was bedeutete das für den Inhalt der Zeitschrift? Das am 6. August 1914 ausgegebene erste Heft des 39. Bandes zeigte naturgemäß noch keine Spuren des soeben ausgebrochenen Krieges. Eröffnet von einem Beitrag Schumpeters über „Die Wellenbewegungen des Wirtschaftslebens" brachte es aktuelle Analysen der österreichisch-ungarischen Wirtschaftskrise von Ludwig von Mises ebenso wie einen Aufsatz von Georg von Lukács „Zum Wesen und zur Methode der Kultursoziologie". Dann aber reagierten Herausgeber und Ver-

---

[59] Max Weber an Werner Sombart, 30.7.1915, in: Max Weber, *Briefe 1915–1917*, hg. von Gerd Krumeich/M. Rainer Lepsius in Zusammenarbeit mit Birgit Rudhard und Manfred Schön (*MWG II/9*), Tübingen 2008, 79 ff. (Hervorhebung im Original).

[60] Max Weber an Robert Michels, 20.6.1915, ebd., 65 ff.; Max Weber an Paul Siebeck, 28.8.1914, in: Max Weber, *Briefe 1913–1914*, hg. von Gerd Krumeich/M. Rainer Lepsius in Zusammenarbeit mit Birgit Rudhard und Manfred Schön (*MWG II/8*), Tübingen 2003, 783; Jürgen Kaube, *Max Weber. Ein Leben zwischen den Epochen*, Berlin 2014, 369.

[61] Krüger, Nationalökonomen, bes. Kap. VII/VIII, arbeitet die hier nicht weiter verfolgten Ähnlichkeiten und Unterschiede in den Konzeptionen Jaffés und Plenges heraus.

[62] Emil Lederer, „Zur Soziologie des Weltkriegs", wieder in: Ders., Kapitalismus, 119–144, hier 142; vgl. Genett, Der Fremde, 654 f.

[63] Vgl. zu Schumpeter und seiner Haltung nur: Thomas K. McCraw, *Prophet of Innovation. Joseph Schumpeter and Creative Destruction*, Cambridge, Mass. 2007, 89–93, oder auch schon Richard Swedberg, *Joseph A. Schumpeter. Eine Biographie*, Stuttgart 1994, 75–81.

lag sehr rasch auf die veränderte Lage. Schon Ende August 1914 meldete Jaffé dem Verleger Paul Siebeck, dass Emil Lederer eine Reihe prominenter Autoren, darunter Lujo Brentano und Eduard Bernstein, für kürzere Analysen der durch den Krieg veränderten Situation gewonnen habe.[64] Die Zahl der Aufsätze zu „Krieg und Wirtschaft", wie sämtliche Kriegshefte des *Archivs* überschrieben sein sollten, wuchs rasch an, so dass ein kompletter, auch separat erscheinender Band von drei Heften zustande kam und ausgeliefert wurde, bevor Band 39 Ende Mai 1915 fortgesetzt und im August 1915 dann abgeschlossen wurde. „Es braucht nicht besonders betont zu werden, daß alle Beiträge rein wissenschaftlich gemeint sind, und sich auf eine systematische, objektive, und ruhige Beobachtung der Tatsachen gründen", hieß es im Geleitwort zum ersten der auch wirtschaftlich sehr erfolgreichen Kriegsbände.[65] Diesem hohen Anspruch wurde die Zeitschrift in unterschiedlichem, zumeist aber hohem Maße gerecht. Für John Maynard Keynes dokumentierten die Kriegshefte „moderation, sobriety, accuracy, reasonableness, and truth".[66] Als Aufmacher diente eine Abhandlung Jaffés, der im Krieg den entscheidenden Schritt „auf dem Wege zur Gemeinwirtschaft" sah. Dass er diese, wie angedeutet, durchaus verbreitete Gleichsetzung von staatlicher Wirtschaftslenkung und Sozialismus mit der Schlussthese verband, der zufolge „nur dasjenige Volk, das als erstes die kommenden Notwendigkeiten in ihrer ganzen Fülle begreift und in die Tat umsetzt, [...] ein Anrecht auf die Zukunft" habe, gab aber keineswegs den Ton für den ansonsten meist deutlich nüchterneren Band vor.[67] Insbesondere Emil Lederer, der mit gleich drei Beiträgen vertreten war, verzichtete auf jedwedes Pathos, und auch sonst bekamen die Leser äußerst informative Abhandlungen zum Einfluss des Krieges auf die Volkswirtschaften der Alliierten, der Mittelmächte und der Neutralen sowie zu den Kriegsauswirkungen auf einige Bereiche des wirtschaftlichen und sozialen Lebens geboten. Ähnliches gilt von den beiden späteren Kriegsbänden, die 1916/17 als Band 43 und 1918/19 als Band 45 des *Archivs* erschienen: Franz Eulenburg versuchte hier eine bis heute mit Gewinn zu lesende Theorie der Kriegswirtschaft zu entwickeln, deren zweiter Teil ganz der Inflation als unmittelbarer Folge der Kriegsfinanzierung mit der Druckerpresse

---

[64] Vgl. den von Silke Knappenberger-Jans, *Verlagspolitik und Wissenschaft. Der Verlag J.C.B. Mohr (Paul Siebeck) im frühen 20. Jahrhundert*, Wiesbaden 2001, 118 zitierten Brief Jaffés.

[65] Geleitwort der Redaktion, in: *Archiv für Sozialwissenschaft und Sozialpolitik* (*AfSSp*) 40 (1914/15), 1 f.; vgl. zum Erfolg Knappenberger-Jans, Verlagspolitik, 119.

[66] Hier zitiert nach Daniel R. Huebner, „Toward a Sociology of the State and War: Emil Lederer`s Political Sociology", in: *European Journal of Sociology* 49 (2008), 65–90 (Kurztitel: Huebner, Toward a Sociology), hier 68, der Keynes' Einschätzung etwas relativiert.

[67] Edgar Jaffé, „Der treibende Faktor in der kapitalistischen Wirtschaftsordnung", in: *AfSSp* 40 (1914/15), 3–29, hier 28 f.

gewidmet war, Emil Lederer analysierte „Die ökonomische Umschichtung im Kriege“ und dachte schon 1916 über „Die Überleitung der Wirtschaft in den Friedenszustand“ nach, während Edgar Jaffé aktuell drängende Themen wie eine Reichsfinanzreform an die Stelle seines ursprünglichen Enthusiasmus für den Kriegssozialismus treten ließ.

Die drei Kriegsbände des *Archivs* brachten also, anders als konkurrierende Zeitschriften, eine Fülle informativer Beiträge zu drängenden wirtschaftlichen und sozialen Problemen der Weltkriegszeit. Für kulturkriegerische Zivilisationskritik ließ dies keinen Platz. Plenges *1789 und 1914* wurde zwar in einem der regulären Hefte des Archivs (Band 42) von Max Scheler besprochen, aber das blieb eine marginale Miszelle. Bemerkenswert scheint mit Blick auf diese regulären Hefte etwas ganz anderes, nämlich die weitgehend vom Krieg unbeeinflusste Fortsetzung der wissenschaftlichen Arbeit. Den 42. Band etwa eröffnete 1916 Joseph Schumpeter mit einem Beitrag über „Das Grundprinzip der Verteilungstheorie“, ebenso wie er das letzte vor Kriegsausbruch in Druck gegangene Heft eröffnet hatte. Und wie in jenem Heft steuerte auch jetzt sein Kollege Ludwig von Mises einen Aufsatz bei. Insbesondere der umfangreiche Beitrag Schumpeters hatte erhebliche Brisanz, denn seine Diagnose einer in Deutschland vorherrschenden Theorieabstinenz trotz einer „prinzipiellen, wenn auch völlig platonischen Theoriefreundlichkeit“ galt auch den Herausgebern Max Weber und Werner Sombart.[68] Die im nächsten regulären Band von beiden abgegebene Erklärung enthielt zwar ein Bekenntnis zur Theorie, das vor allem an ihren Mitherausgeber Edgar Jaffé adressiert war, doch konnte dieses Bekenntnis nicht darüber hinwegtäuschen, dass für ihre Theorie die mathematischen Gleichgewichtsmodelle eines Léon Walras oder Vilfredo Pareto sehr viel geringere Bedeutung besaßen als für ihren zukünftigen Herausgeberkollegen.[69]

Business as usual bedeutete also nicht unbedingt Langeweile. Hier und da hatte es dennoch fast schon etwas Weltflüchtiges. Das galt weniger für Werner Sombart, der wie eh und je umfangreiche Kapitel aus seinen Büchern, nun also der zweiten Auflage von *Der Moderne Kapitalismus*, vorabdrucken ließ (so in Band 41, 42 und 44). Auch wenn die abgedruckten Kapitel dies nicht deutlich werden ließen, hatte der Krieg zumindest insoweit die wissenschaftliche Arbeit des Nationalökonomen beeinflusst, als er in den Kapiteln zur Wirtschaftstheorie den „Gegensatz zwischen verschiedenen, einander im

---

[68] Joseph Schumpeter, „Das Grundprinzip der Verteilungstheorie“, in: *AfSSp* 42 (1916/17), 1–88, hier 3; zur Einordnung hilfreich: Heinz D. Kurz, „Die deutsche theoretische Nationalökonomie zu Beginn des 20. Jahrhunderts zwischen Klassik und Neoklassik“, in: Bertram Schefold (Hg.), *Studien zur Entwicklung der ökonomischen Theorie VIII*, Berlin 1989, 11–61.

[69] Vgl. Werner Sombart/Max Weber, „Erklärung“, in: *AfSSp* 44 (1917/18), 348, sowie Keith Tribe, *Strategies of Economic Order. German economic discourse, 1750–1950*, Cambridge 1995, 89–94.

innersten Wesen feindlichen Volksseelen" einführte, um die Differenz zwischen deutschem Merkantilismus und englischer Klassik zu markieren.[70] Das wurde im *Archiv* nicht sichtbar, auch wenn er dort auf einer Anmerkung zum Beitrag Eduard Bernsteins im ersten Kriegsband bestand, „daß er in der Auffassung vom Sinn und Wesen des Kriegs, vor allem des jetzigen, eine der Tendenz des obigen Aufsatzes entgegengesetzte Auffassung" vertrete.[71]

Schon die Wahl des Begriffs der Weltflüchtigkeit weist ja darauf hin, dass hier eher an Max Weber als an Werner Sombart gedacht ist. „Stufen und Richtungen der religiösen Weltablehnung" lautete ja der Untertitel der berühmten Zwischenbetrachtung am Ende seiner Konfuzianismusstudien, mit der er zur Behandlung von Hinduismus und Buddhismus überleitete.[72] Nun gibt es keinen Grund, an Webers 1915 den ersten drei Artikeln zur *Wirtschaftsethik der Weltreligionen* vorangestellten Erklärung zu zweifeln: „Die nachstehenden Darlegungen erscheinen unverändert so wie sie vor zwei Jahren niedergeschrieben und Freunden vorgelesen waren." Und auch die dort stolz angeführte „Einziehung zum Dienst" als Grund für Defizite im wissenschaftlichen Apparat ist völlig plausibel, führte Weber doch bis zum 1. Oktober 1915 vierzehn Monate lang in Heidelberg ein strenges Regiment als Lazarettoffizier.[73] Und dennoch ist es nicht nur biographisch bemerkenswert, dass der nach politischem Einfluss strebende Forscher seine religionssoziologischen Studien auch in den folgenden Kriegsjahren mit großer Intensität fortführte. „Ich gehe wieder an meine Chinesen und Inder und mit großem Vergnügen" schrieb er z.B. im August 1916 an Mina Tobler.[74] Joachim Radkau hat weitere Briefzeugnisse für die „Wohlige Weltflucht" des Soziologen zusammengetragen.[75] Dieses tiefe Eintauchen in die wissenschaftliche Analyse außereuropäischer Religionen ist ernst zu nehmen und wird durch gelegentliche Beobachtungen mit Aktualitätsbezug nicht konterkariert:

---

[70] Werner Sombart, *Der moderne Kapitalismus. Historisch-systematische Darstellung des gesamteuropäischen Wirtschaftslebens von seinen Anfängen bis zur Gegenwart*, Bd. II, 2. Halbbd., München 1917 (ND 1987), 922.

[71] Anm. auf der letzten Seite von Eduard Bernstein, „Die Internationale der Arbeiterklasse und der europäische Krieg", in: *AfSSp* 40 (1914/15), 267–322.

[72] Zur Zwischenbetrachtung wichtig: Wolfgang Schluchter, „Weltflüchtiges Erlösungsstreben und organische Sozialethik. Überlegungen zu Max Webers Analysen der indischen Kulturreligionen", in: Ders. (Hg.), *Max Webers Studie über Hinduismus und Buddhismus. Interpretation und Kritik*, Frankfurt am Main 1984, 11–71.

[73] Max Weber, „Die Wirtschaftsethik der Weltreligionen. Religionssoziologische Skizzen. Einleitung. Der Konfuzianismus. I. II.", in: *AfSSp* 41 (1915), 1–87, hier 1, Anm. 1; vgl. Joachim Radkau, *Max Weber. Die Leidenschaft des Denkens*, München 2005, 704 ff. (Kurztitel: Radkau, Max Weber).

[74] Max Weber an Mina Tobler, 7.8.1916, in: MWG II/9, 485 f.

[75] Radkau, Max Weber, 715; vgl. ebd., 714–726, sowie – skeptisch – Hinnerk Bruhns, „Max Weber im Weltkrieg (1914–1920). Mit einem Seitenblick aus Frankreich", in: *Max Weber in der Welt. Rezeption und Wirkung*, Tübingen 2014, 185–205.

„Der *Krieg*", so hieß es etwa in der bereits angesprochenen Zwischenbetrachtung,

„als die realisierte Gewaltandrohung schafft, gerade in modernen politischen Gemeinschaften, ein Pathos und ein Gemeinschaftsgefühl und löst dabei eine Hingabe und bedingungslose Opfergemeinschaft der Kämpfenden und überdies eine Arbeit des Erbarmens und der alle Schranken der naturgegebenen Verbände sprengenden Liebe zum Bedürftigen als Massenerscheinung aus, welcher die Religionen im allgemeinen nur in Heroengemeinschaften der Brüderlichkeitsethik ähnliches zur Seite zu stellen haben. [...]. Die Gemeinschaft des im Felde stehenden Heeres fühlt sich heute, wie in den Zeiten der Gefolgschaft, als eine Gemeinschaft bis zum Tode: die größte ihrer Art."[76]

Das war ohne Zweifel ein einschlägiger Kommentar zum Krieg, aber eben einer, der versteckt war inmitten vergleichender religionssoziologischer Betrachtungen, die allein im 41. Band des *Archivs* verteilt auf die drei Hefte mehr als 300 Druckseiten in Anspruch nahmen. Für das erste Heft des Folgebandes vermochte Weber nicht rechtzeitig zu liefern, doch füllen die beiden abschließenden Artikel über Hinduismus und Buddhismus zusammen fast 250 Druckseiten.[77] Nur unterbrochen von den beiden Kriegsbänden 43 und 45 erschienen auch in jedem der insgesamt sechs Hefte der Bände 44 (1917/18) und 46 (1918/19) unterschiedlich lange Arbeiten Webers, die nun im Rahmen der *Wirtschaftsethik der Weltreligionen* das antike Judentum im Gesamtumfang von knapp 400 Druckseiten behandelten, ohne diese Behandlung zum Abschluss zu bringen.[78] Die führende sozialwissenschaftliche Fachzeitschrift brachte also zwischen 1915 und 1919 neben Vorabdrucken Werner Sombarts zur Geschichte des Frühkapitalismus im Umfang von etwa 100 Druckseiten religionssoziologische Studien ihres bekanntesten Herausgebers im Umfang von etwa 950 Druckseiten. Zusammen machte das vielleicht ein knappes Drittel des Gesamtumfangs der nicht der Kriegsthematik vorbehaltenen Bände aus. Dabei schien für den Redaktionssekretär Emil Lederer von Beginn an festzustehen, dass „die Weberschen Aufsätze von ganz überragender Wichtigkeit für das Archiv sind. Es wird durch sie in viel weiteren Kreisen gelesen (u. gekauft) werden, als bisher."[79] Ob sich diese gegenüber dem Verleger in

---

[76] Max Weber, Die *Wirtschaftsethik der Weltreligionen. Konfuzianismus und Taoismus. Schriften 1915–1920*, hg. von Helwig Schmidt-Glintzer in Zusammenarbeit mit Petra Kolonko (*MWG I/19*), Tübingen 1989, 492 f. (Hervorhebung im Original).

[77] Vgl. neben den Bänden des *Archivs* selbst vor allem die Editorischen Berichte zu MWG I/19 sowie zu Max Weber, *Die Wirtschaftsethik der Weltreligionen. Hinduismus und Buddhismus. 1916–1920*, hg. von Helwig Schmidt-Glintzer in Zusammenarbeit mit Karl-Heinz Golzio (*MWG I/20*), Tübingen 1996.

[78] Vgl. die Einleitung und die Editorischen Berichte zu: Max Weber, *Die Wirtschaftsethik der Weltreligionen. Das antike Judentum. Schriften und Reden 1911–1920*, hg. von Eckart Otto unter Mitwirkung von Julia Offermann (*MWG I/21*), Tübingen 2005.

[79] Emil Lederer an Paul Siebeck, ca. 24.6.1915, zit. im Editorischen Bericht zu MWG I/20, 29.

der letzten Juniwoche des Jahres 1915 gemachte Prognose bewahrheitete, kann dahingestellt bleiben. Klar scheint indessen, dass während des Krieges nicht nur die wissenschaftliche Arbeit an Themen, die den Problemen der unmittelbaren Gegenwart weit entrückt scheinen, fortschritt, sondern dass auf ein erhebliches Publikumsinteresse an diesen Themen gerechnet wurde. Das sollte bei der Gewichtung einer kulturkriegerischen Zivilisationskritik stärker als bisher berücksichtigt werden.

Mit Blick auf die Rezeption des *Archivs* lässt sich kaum sagen, wie verbreitet unter seinen Lesern die Aufspaltung eines Max Webers in einen zunächst durchaus zeittypisch kriegsbegeisterten Nationalisten und einen fast schon kontemplativen wertfreien Wissenschaftler war.[80] Aufklärerisches Potential hinsichtlich des Verständnisses der unmittelbaren Gegenwart besaß eine solche Aufspaltung nicht. Diesbezüglich blieb Emil Lederers im Januar 1915 niedergeschriebene und im Mai desselben Jahres im zweiten Heft von Band 39 erschienene „Soziologie des Weltkriegs“ eine unübertroffene Einzelleistung.[81] Er formulierte als Anspruch, „mitten im Kriege schon einen Standpunkt außerhalb desselben einzunehmen“. Das immunisierte ihn gegen den Sinngebungsehrgeiz seiner Kollegen, denen er schon im sechsten Kriegsmonat vorhielt: „Nicht als Ausdruck sozialer Solidarität, sondern gegenseitiger intensivster Abhängigkeit von einander schlägt die Gesellschaft in die Gemeinschaft um, verblassen alle vorher bestehenden, als fundamental empfundenen sozialen Gruppen vor der unendlichen Einheit des Volkes, das in grandioser Erhebung aufsteht, den heimatlichen Boden zu verteidigen. Wir dürfen nicht so blind sein, dieses einmütige Zusammenstehen auch außerhalb Deutschlands anders zu sehen als innerhalb der deutschen Grenzen.“ Das war für ihn mehr als ein Gebot „kühler Objektivität“, sondern resultierte aus der Diagnose, dass auf dem gegenwärtigen Entwicklungsstand kapitalistischer Gesellschaften ein Krieg nur zu rechtfertigen sei durch „die Einstellung, es handele sich um die Verteidigung der Gesamtheit“. Der angesprochene Entwicklungsstand war auch für ihn die Voraussetzung eines bislang ungekannten Maßes von Organisation und staatlichem Einfluss, doch war er weit davon entfernt, das wie sein Heidelberger Kollege Jaffé als Errungenschaft zu feiern. Vielmehr konstatierte er nüchtern die Kosten und prophezeite schon im Januar 1915: „Der wirkliche Zwang, Frieden zu schließen, kann erst gegeben

---

[80] Vgl. dazu nur die bereits zitierten Biographien von Radkau und Kaube.

[81] Das betont völlig zu Recht schon Hans Joas, „Die Klassiker der Soziologie und der Erste Weltkrieg“, in: Ders./Helmut Steiner (Hg.), *Machtpolitischer Realismus und pazifistische Utopie. Krieg und Frieden in der Geschichte der Sozialwissenschaften*, Frankfurt am Main 1989, 179–210, bes. 195 f.; vgl. auch Hans Joas, „Die Sozialwissenschaften und der Erste Weltkrieg: Eine vergleichende Analyse“, in: Mommsen (Hg.), Kultur, 17–29, bes. 28 f., sowie die bislang letzte Fortschreibung des Aufsatzes in: Hans Joas/Wolfgang Knöbl, *Kriegsverdrängung. Ein Problem in der Geschichte der Sozialtheorie*, Frankfurt am Main 2008, 161–211. Vgl. auch Huebner, Toward a Sociology.

sein, wenn das Menschenreservoir wirklich ausgeschöpft ist, die Menschenmassen verbraucht sind."[82]

Ich breche hier ab und resümiere nur ganz knapp, dass Lederer, so vereinzelt er dasteht, zeigt, dass es durchaus möglich war, im Angesicht verbreiteter Kriegseuphorie einen klaren Kopf zu bewahren und die Mittel der Sozialwissenschaften zum Zwecke der nüchternen Analyse der Gegenwart zu nutzen. Max Weber und der hier nur sehr knapp angesprochene Joseph Schumpeter gehörten der Gruppe derjenigen an, deren politische Ambitionen und nationalistische Parteinahmen zumindest nicht ihre wissenschaftliche Arbeit prägten und die auch nicht letztere zur Legitimation der ersteren missbrauchten.[83] Dagegen ist die Grenze zwischen wissenschaftlichem und politischem Feld bei den Kulturkriegern im Umfeld des *Archivs für Sozialwissenschaft und Sozialpolitik* deutlich poröser, ohne damit die fundamentalen Differenzen zwischen den Hassgesängen eines Werner Sombart, den Mitteleuropaplänen eines Alfred Weber oder den Kriegssozialismusvisionen eines Edgar Jaffé einebnen zu wollen.

---

[82] Emil Lederer, „Zur Soziologie des Weltkriegs", hier zitiert nach dem Wiederabdruck, in: Ders., Kapitalismus, 119–144, hier 119, 121 f., 119, 135 und 123.

[83] Das gilt m.E. auch für Schumpeters in: *AfSSp* 46 (1918/19) erschienene Imperialismusstudie; vgl. den Wiederabdruck Joseph A. Schumpeter, „Zur Soziologie der Imperialismen", in: Ders., Aufsätze *zur Soziologie*, Tübingen 1953, 72–146.

Freideutsche Jugend und Politik

Rudolf Carnaps *Politische Rundbriefe* 1918

Meike G. Werner

„Laßt uns, meine Brüder, mit mutigem, fröhlichem Herzen auch mitten unter der Wolke arbeiten; denn wir arbeiten zu einer großen Zukunft. Und laßt uns unser Ziel so rein, so hell, so schlackenfrei annehmen, als wirs können; denn wir laufen in Irrlicht u. Dämmerung u. Nebel."
Johann Gottfried Herder, *Auch eine Philosophie der Geschichte zur Bildung der Menschheit* (1774)[1]

Im vorliegenden Beitrag werden neun *Politische Rundbriefe* vorgestellt, die der junge Philosoph und Naturwissenschaftler Rudolf Carnap (1891–1970), später bekanntes Mitglied des „Wiener Kreises", im Jahre 1918 zur Diskussion an seine Freunde schickte. Bei den ersten der vier *Rundbriefe* handelt es sich um ausgewählte kriegskritische Ausschnitte aus Zeitungen der Entente-Länder, die Carnap kommentierte; in den folgenden *Rundbriefen* behandelt Carnap allgemeine politische Themen, u.a. zur Erhaltung des Friedens, zur Schiedsgerichtsbarkeit, zum Völkerrecht, meist in Anlehnung an eine Publikation dieser Thematik. Rudolf Carnap, der 1917 von der Front nach Berlin an ein militärisches Unternehmen zur Entwicklung der drahtlosen Telegraphie delegiert worden war, hat in der politisch anregenden Reichshauptstadt und in der geistigen Auseinandersetzung mit den Freunden der Freideutschen Jugend seinen politischen Standort entwickelt, der nur im Zusammenhang mit den politischen, technischen und sozialen Entwicklungen und Auseinandersetzungen der beiden letzten Weltkriegsjahre zu verstehen ist.

1917 gilt als Epochenjahr in der deutschen, der Weltgeschichte überhaupt. Die Überzeugung der deutschen Regierung, England in dem wiederaufgenom-

[1] Rudolf Carnap in einem Brief an Wilhelm Flitner, 15.4.1917 (Staats- und Universitätsbibliothek Hamburg, im folgenden SUB, NL Flitner). Prof. Dr. Andreas Flitner (Tübingen) und Dr. Hugbert Flitner (Hamburg) danke ich für die Genehmigung zum Abdruck der Zitate aus den Korrespondenzen ihrer Eltern Wilhelm und Elisabeth Flitner. Für die kritische Lektüre sei Dr. Ingrid Belke (Stuttgart) und Dr. Christian Damböck (Wien) herzlich gedankt. Dem Special Collections Department der University of Pittsburgh sei ebenfalls gedankt für die Erlaubnis zum Abdruck der Zitate aus den Rudolf Carnap Papers.

menen uneingeschränkten U-Boot-Krieg innerhalb weniger Monate besiegen zu können, erwies sich sehr bald als Illusion. Vielmehr nahmen die Vereinigten Staaten diesen verschärften U-Boot-Krieg zum Anlass, am 6. April 1917 in den Krieg einzutreten und damit das Kräfteverhältnis im Hinblick auf Truppenstärke, Material und Initiative deutlich zugunsten der Entente zu verschieben. Der Aufstieg der USA zu einer Weltmacht nahm hier ihren Anfang. Gleichzeitig ging mit dem Sturz der Romanow-Dynastie in Russland und mit dem Ausbruch der Revolution in Petersburg im Februar 1917 die erste der alten europäischen Monarchien unter. Wilhelm II. und der österreichisch-ungarische Kaiser dankten im November 1918 ab. Bezeichnend für die Zäsur war ferner die Mobilisierung der Massen in Streiks, Revolution und Bürgerkrieg mit weitreichenden sozialen, politischen und ökonomischen Folgen. Die katastrophale Versorgungslage in der Heimat, Hunger und eine allgemeine Kriegsmüdigkeit taten das ihrige, die Burgfriedenspolitik von 1914 nicht nur in der Regierung, sondern auch der Bevölkerung zu untergraben. Während die Befürworter der letztlich gescheiterten Friedensresolution vom Juli 1917 einen Verständigungsfrieden forderten, um den Krieg zu beenden, verfolgte dagegen die 1917 gegründete radikal nationalistische „Deutsche Vaterlandspartei" die Politik eines annexionistischen „Siegfriedens". Auf dem linken Flügel des Parteienspektrums hatte sich schließlich im April 1917 die USPD – anknüpfend an die Friedenspolitik der SPD vor Ausbruch des Kriegs – von der SPD abgespalten.[2] Ohnehin herrschte seit der Entlassung des Reichskanzlers Theobald von Bethmann Hollweg im Juli 1917 praktisch eine Diktatur des Militärs unter der Führung von Erich Ludendorff und Paul von Hindenburg.

Wie bereits zu Kriegsbeginn griffen in Deutschland Intellektuelle, Professoren, Künstler und die von dem mörderischen Krieg besonders betroffene junge Generation in die Debatten ein. Schon im November 1914 hatten engagierte Kriegsgegner – u.a. Eduard Bernstein, Rudolf Breitscheid, Lujo Brentano, Albert Einstein und seine Frau Mileva Einstein-Marić, Hellmut von Gerlach, Magnus Hirschfeld, Helene Stöcker – den überparteilichen pazifistischen „Bund Neues Vaterland" gegründet, aus dem 1919 die „Deutsche Liga für Menschenrechte" hervorging. Die von jungen linken Intellektuellen gegründete Zeitschrift *Die Aktion* (mit gleichnamiger Buchhandlung am Berliner Rankeplatz) veröffentlichte 1917 den Sammelband *Aktionslyrik 1914–1916* als Beitrag zum Kampf gegen den Krieg.

Im gleichen Jahr riefen Helmut und Wieland Herzfelde die kriegskritische Zeitschrift *Neue Jugend* ins Leben und gründeten den berühmten linken Malik-Verlag. Unter den deutschen Professoren war es der protestantische Theologe Ernst Troeltsch, der, unterstützt von dem Historiker Friedrich Meinecke und

---

[2] Schon 1914 hatten sich mehrere Sozialdemokraten der patriotischen Linie der SPD widersetzt. Als erster Abgeordneter des Reichstags lehnte Karl Liebknecht am 2. Dezember 1914 die Bewilligung der Kredite für das zweite Kriegsjahr ab.

dem Sozialdemokraten Gustav Bauer, im Dezember 1917 die Gründung des überparteiischen und überkonfessionellen „Volksbundes für Freiheit und Vaterland" betrieb, um durch ein öffentliches Eintreten für moderate Kriegsziele und innenpolitische Parlamentarisierung ein Gegengewicht zur „Deutschen Vaterlandspartei" zu bilden. Der Dichter Stefan George hatte im Gegensatz zu vielen seiner jungen Anhänger von Anfang an Distanz zur nationalen Hochstimmung gehalten. Im Juli 1917 brach er sein Schweigen und veröffentlichte mit dem auflagenstarken Gedicht *Der Krieg* eine kritische Deutung des Krieges. Die oppositionelle Freideutsche Jugend von 1913 hatte zwar – in dem nicht hinterfragten Glauben an einen Verteidigungskrieg seitens der Deutschen – die Teilnahme am Krieg als selbstverständliche Pflicht akzeptiert. Unter dem Eindruck des Schreckens der realen Fronterfahrung öffnete sich jedoch ihr ethisch motivierter Idealismus spätestens 1917 den sozialistischen Protesten gegen den Krieg. Carnap war einer von diesen jungen Leuten, ein anderer aus der älteren Generation der Jenaer Verleger Eugen Diederichs, wie Carnap im Oktober 1913 Teilnehmer am Ersten Freideutschen Jugendtag auf dem Hohen Meißner und darüber hinaus Verleger der Meißner-Festschrift sowie zahlreicher Schriften aus dem Umkreis der Jugendbewegung. In Diederichs' jugendbewegtem Serakreis, der zusammen mit elf weiteren Jugendbünden zum Meißner-Treffen eingeladen hatte, spielte Carnap eine zentrale Rolle.

Das Scheitern der Lauensteiner Kulturtagungen

Pfingsten 1918 rief der Eugen Diederichs Verlag zur dritten seiner ambitionierten Lauensteiner Kulturtagungen auf. Übergeordnetes Thema der Tagungsserie war die Neuordnung Deutschlands und Europas. Dieses Mal hatte Diederichs die Jungen im Visier. Denn für diese endeten die beiden Tagungen im Vorjahr auf der am Rande des Thüringer Waldes gelegenen Burg Lauenstein in einer einzigen Enttäuschung. Ernst Toller hat diese Erfahrung im Rückblick 1933 in seinen Erinnerungen eindrücklich beschrieben:

> „Tagelang wird geredet, diskutiert, draußen auf den Schlachtfeldern Europas trommelt der Krieg, wir warten, warten, warum sprechen diese Männer nicht das erlösende Wort, sind sie stumm und taub und blind, weil sie nie in den Schützengräben gelegen, nie die verzweifelten Schreie der Sterbenden, nie die Klage zerschossener Wälder gehört [...]. Zeigt uns endlich den Weg, rufe ich, die Tage brennen und die Nächte, wir können nicht länger warten."[3]

Die Diskussionen der 1917 geladenen Gelehrten, Künstler, Schriftsteller und Lebensreformer, darunter so prominente Figuren des öffentlichen Lebens wie die Nationalökonomen und Soziologen Max Weber und Werner Sombart, der politische Publizist Max Maurenbrecher, der Historiker Friedrich Meinecke, die

---

[3] Ernst Toller, *Eine Jugend in Deutschland*, Reinbek bei Hamburg 1996, 58.

Frauenrechtlerin Gertrud Bäumer, der Volksbildner Robert von Erdberg und die Dichter Richard Dehmel, Walter von Molo und Karl Bröger, konnten aus der Sicht der jungen Generation keine Antworten mehr geben. Im Gegenteil, die kontroversen Debatten zwischen dem wortmächtig für eine parlamentarische Demokratie argumentierenden Weber und dem ebenso eloquent auf einen autoritären Staat hinlenkenden Maurenbrecher zeigten mit aller Deutlichkeit, dass die Eliten in Deutschland nicht mehr konsensfähig waren. Gangolf Hübinger hat das in frühen Publikationen präzise aufgezeigt: Die Lauensteiner Tagungen im Wendejahr 1917 markierten das Ende des politischen und des intellektuellen Burgfriedens.[4] Die jungen, durch das Kriegserlebnis tief erschütterten, desillusionierten Teilnehmer sahen sich in der Suche nach Orientierung auf sich zurückgeworfen. Die Resonanz auf Diederichs' Plan einer dritten Tagung zum Thema Jugendbewegung und „Frauenfrage" fiel so matt aus, dass es im Juni 1918 lediglich zu einem eher informellen Treffen einiger Arbeiterdichter und linksengagierter Jugendbewegter kam.[5] Aus Diederichs' eigener Jugendgruppe, dem freideutschen Serakreis, beteiligte sich nur Alexander Schwab. Wie die meisten seiner Serafreunde hatte auch er sich im August 1914 freiwillig zum Dienst an der Waffe gemeldet, wurde aber bald wegen eines Lungenleidens aus dem Heer entlassen und wandelte sich zum überzeugten Pazifisten. Bereits 1917 war er der neu gegründeten USPD beigetreten, also der Partei, die sich aufgrund konträrer Positionen zum Krieg von der SPD abgespalten hatte.[6] Weder im Nachlass von Eugen Diederichs noch in den überlieferten Papieren der Serafreunde gibt es Hinweise darauf, dass Diederichs, was naheliegend gewesen wäre, die Einbeziehung des von ihm ins Leben gerufenen jugendbewegten Serakreises in diese Lauensteiner Tagung auch nur erwog. Immerhin zählten über 100 junge Frauen und Männer, ehemalige Freistudenten, Freischärler, Wandervögel, Künstlerinnen und Künstler zu dem Kreis. Im Frühjahr 1918, als Diederichs die dritte Kulturtagung plante, war jedoch nahezu die Hälfte der männlichen Serafreunde gefallen, auch die im Kreis besonders verehrten Wortführer Karl Brügmann und Hans Kremers. Einige lagen zum Teil schwer verwundet in Lazaretten oder waren wegen schwerer Verletzungen als nicht mehr kriegstauglich ausgemustert worden. Andere, wie Rudolf Carnap und Wilhelm Lohmann, arbeiteten in kriegswichtigen Forschungseinrichtungen

---

[4] Gangolf Hübinger, „Eugen Diederichs' Bemühungen um die Grundlegung einer neuen Geisteskultur", in: Wolfgang J. Mommsen (Hg.), *Kultur und Krieg. Die Intellektuellen, Künstler und Schriftsteller im Ersten Weltkrieg*, München 1996, 259–274. Im Anhang das Protokoll der Lauensteiner Kulturtagung von Pfingsten 1917.

[5] Zu Einzelheiten vgl. Irmgard Heidler, *Der Verleger Eugen Diederichs und seine Welt (1896-1930)*, Wiesbaden 1998, 97 f.

[6] Zur Biographie des späteren Architekturtheoretikers, politischen Pägagogen und Widerstandskämpfers vgl. Diethart Kerbs, *Lebenslinien. Deutsche Biographien aus dem 20. Jahrhundert*, Essen 2007, 9–22.

oder standen, wie Wilhelm Flitner, Hans Freyer und Karl Korsch, nach wie vor an der Front.

Ein Blick in die zahlreich überlieferten Briefe, Diskussionsprotokolle und teilweise veröffentlichten Manifeste bestätigt den von Ernst Toller diagnostizierten Bedeutungsverlust der älteren Generation auch für den jugendbewegten Serakreis. Denn die Initiative zur Debatte über das Kriegsende und die bevorstehende Neuordnung Deutschlands ging nicht von dem „Seravater" Diederichs aus, sondern von Rudolf Carnap, der für den Serafreundeskreis bereits bei der Planung des Ersten Freideutschen Treffens auf dem Hohen Meißner 1913 federführend war. Darüber hinaus – Tollers Bericht bringt dies nur indirekt zur Sprache – bedurfte es weniger efeuumrankter Burgenromantik à la Lauenstein, sondern eines urbanen Milieus oder zumindest einer Universität, um den eigenen Denk- und Handlungshorizont zu erweitern oder neu zu bestimmen. Toller fand eine kongeniale Umgebung und Menschen zunächst in Heidelberg im Kreis um Max Weber und dann in München.

Entscheidend für Carnaps aktive Hinwendung zur Politik wurde seine Verlegung 1917 von der Front nach Berlin: „Ich blieb Offizier im Heer", schrieb er rückblickend, „diente aber als Physiker in einer militärischen Einrichtung, die an der Entwicklung eines neuen, drahtlosen Telegraphen arbeitete und gegen Kriegsende an der eines drahtlosen Telefons".[7] Aus dem neugewonnenen Umfeld wissenschaftlicher und persönlicher Ansprache versuchte Carnap, die Bande zwischen den überlebenden freideutschen Serafreunden wieder enger zu knüpfen. Mit Flitner stand er ohnehin in intensivem brieflichen und persönlichen Kontakt über Fragen der Neuordnung Deutschlands nach dem Kriege.[8] Da jedoch persönliche Gespräche nur sehr eingeschränkt möglich waren, fiel Carnaps Wahl auf das im Freundeskreis ohnehin bewährte Genre des privaten Rundbriefes[9]: demokratisch, flexibel und mit der Aussicht, die Militärzensur ungeöffnet zu passieren. Er hoffte – wie übrigens Diederichs in Lauenstein – angesichts des sich abzeichnenden Zusammenbruchs aller politischen, sozialen und ökonomischen Ordnungen, durch eine briefliche Debatte einigend auf die divergierenden Positionen im Freundeskreis wirken zu können. Dieses Bestreben nach Übereinstimmung verband Carnap mit der freideutschen Bewegung

[7] Rudolf Carnap, *Mein Weg in die Philosophie*, 2. Aufl. Stuttgart 1999, 15 (Kurztitel: Carnap, Mein Weg in die Philosophie).

[8] Vgl. dazu detailliert Meike G. Werner, „Freundschaft | Briefe | Sera-Kreis. Rudolf Carnap und Wilhelm Flitner. Die Geschichte einer Freundschaft in Briefen", in: *Die Jugendbewegung und ihre Wirkungen. Prägungen, Vernetzungen, gesellschaftliche Einflussnahmen*, hg. von Barbara Stambolis, Göttingen 2014, 105–131, hier v.a. 123 f. (Kurztitel: Werner, Carnap und Flitner).

[9] Ob Carnap Kenntnis hatte von den „politischen Briefen" der Gruppe Internationale, gezeichnet „Spartakus", die Anfang 1916 illegal verbreitet wurden, ist ungewiss.

überhaupt.[10] War das freundschaftlich klärende Gespräch als Voraussetzung zu gemeinsamem Handeln im freideutschen Kontext des Serakreises noch weitgehend unreflektierte Praxis, erhob Carnap dieses Verfahren in seiner ersten großen Monographie *Der logische Aufbau der Welt* zum Programm. Im Vorwort zur ersten Auflage von 1928 schreibt er:

> „Die *Grundeinstellung* und die Gedankengänge dieses Buches sind nicht Eigentum und Sache des Verfassers allein, sondern gehören einer bestimmten wissenschaftlichen Atmosphäre an, die ein Einzelner weder erzeugt hat, noch umfassen kann. Die hier niedergeschriebenen Gedanken fühlen sich getragen *von einer Schicht von tätig oder aufnehmend Mitarbeitenden*. Gemeinsam ist dieser Schicht vor allem eine gewisse *wissenschaftliche Grundeinstellung*. Die Abkehr von der traditionellen Philosophie ist nur ein negatives Merkmal."[11]

Mit dieser Aussage formulierte Carnap ein Konzept von Autorschaft, das den individuellen Autor zugunsten gemeinschaftlichen Denkens und Schreibens relativierte. Der Gestus war eben nicht neu, sondern, wie im folgenden an Carnaps *Politischen Rundbriefen* von 1918 paradigmatisch zu zeigen sein wird, vorgebildet durch sein Engagement in den Selbsterziehungsgemeinschaften der Freideutschen Jugend während der Studien- und Kriegsjahre.[12] Weniger akademisch als vielmehr jugendbewegt lebensreformerisch war die Grundeinstellung und somit schon damals kritisch gegenüber traditioneller Wissenschaft und dem Universitätsbetrieb überhaupt.

Erziehung durch Jugendbewegung und Krieg: Serakreis, Freischar und Freideutsche Jugend

An den vielfältigen Unternehmungen des Serakreises beteiligte Carnap sich, seitdem er im Sommersemester 1910 das Studium der Philosophie und Mathematik an der Universität seiner Heimatstadt Jena aufgenommen hatte. Durch die früh verwitwete Mutter, einer Tochter des Pädagogen Friedrich Wilhelm Dörpfeld und Schwester des Archäologen Wilhelm Dörpfeld, wurde Carnap

---

[10] Vgl. Dietmar Schenk, *Die Freideutsche Jugend 1913–1919/20. Eine Jugendbewegung in Krieg, Revolution und Krise*, Münster/Hamburg 1989, v.a. 163–205.

[11] Rudolf Carnap im Vorwort zur ersten Auflage (1928) *Der logische Aufbau der Welt*, Hamburg 1998, XIV.

[12] Zu den *Politischen Rundbriefen* aus dem Umfeld der Carnap-Forschung vgl. besonders: A. W. Carus, „Carnap's Intellectual Development", in: Richard Creath/Michael Friedman (Hg.), *The Cambridge Companion to Carnap*, Cambridge 2007, 19–42; A. W. Carus, *Carnap and Twentieth-Century Thought. Explication as Enlightenment*, Cambridge 2007; Hans-Joachim Dahms, „Carnap's Early Conception of a 'System of all Concepts': The Importance of Wilhelm Ostwald", in: Christian Damböck (Hg.), *Influences on the Aufbau. Vienna Circle Institute Yearbook*, Dordrecht 2015 (im Druck); Thomas Mormann, „Germany's Defeat as a Programme: Carnap's Political and Philosophical Beginnings", http://philpapers.org/rec/MORGYD (19.4.2015).

schon früh mit der Gedankenwelt der bürgerlichen Lebensreformbewegungen vertraut gemacht. Weltoffen, dabei tief religiös, war sie regelmäßig mit ihren zwei Kindern Gast auf Schloss Mainberg (später Elmau), der von dem protestantischen Theologen Johannes Müller gegründeten und unter kirchenfernen Bildungsbürgern besonders beliebten „Freistätte persönlichen Lebens". Noch in den sechziger Jahren kehrte Carnap dorthin zurück. Zur christlichen Glaubenslehre ging er schon während der Schulzeit auf Distanz. Dabei blieb er, wie Thomas Mormann resümierend schreibt, „geprägt von den humanistischen Grundsätzen der Toleranz, Solidarität und dem Streben nach Wahrheit"[13] Ausgedehnte, manchmal geradezu abenteuerliche Reisen nach Griechenland, Marokko, Schweden und Italien zeugen von einer im Vergleich zur Mehrzahl der Serafreunde ungewöhnlichen Weltläufigkeit. Auch sein Interesse für die Kunstsprache Esperanto als Voraussetzung internationaler Verständigung reichte bis in die Schulzeit. Nachdem Karl Brügmann und Hans Kremers Jena verlassen hatten, fiel Carnap im Frühjahr 1913 wie selbstverständlich die Rolle des Anführers zu, nicht zuletzt, weil er den älteren und jüngeren Seraleuten gleichermaßen freundschaftlich verbunden war. Zudem brachte er aus Freiburg, wohin er für drei Semester gewechselt hatte, das jugendbewegte Ideengut der von ihm mitbegründeten *Freischar Freiburg* mit, einem Ableger der Münchner Freischar, und über die Freundin Elisabeth Schöndube, die er 1917 heiratete, enge Verbindungen zu Hermann Lietz' Landerziehungsheimbewegung. Im Zentrum dieser neuen Formen des Gemeinschaftslebens stand in deutlicher Abgrenzung vom traditionellen Universitätsbetrieb das Konzept der Selbsterziehung unter gleichgesinnten jungen Menschen. Verwirklicht wurde dieses Alternativprogramm durch selbstorganisierte Lese-, Vortrags- und Diskussionsabende über moderne Zeitfragen, ausgedehnte gemeinsame Wanderungen und kreative Festveranstaltungen. Unter den Professoren übte Herman Nohl, damals junger Privatdozent der Philosophie, eine besondere Anziehungskraft auf die jungen Studierenden aus. Denn anders als die Mehrheit der Professoren interessierte er sich persönlich für das Leben und die Gedanken seiner Studenten. Er suchte, wie Carnap weiter erinnert, „in seinen Seminaren wie in privaten Gesprächen ein tieferes Verständnis für die großen Philosophen zu vermitteln [...], indem er von ihrer Einstellung zum Leben, ihrem ‚Lebensgefühl', und ihrem kulturellen Milieu ausging".[14] Carnaps resümierende Feststellung, dass er „in der Philosophie mehr durch Lesen und persönliche Gespräche als durch Vorlesungs- und Seminarbesuche gelernt" habe, gilt in Abstufungen für den Freundeskreis überhaupt.

Auf Carnaps Initiative wurde aus der Jenaer Freistudentenschaft und dem Serakreis im November 1912 die *Akademische Vereinigung Jena* und im Jahr

[13] Thomas Mormann, *Rudolf Carnap*, München 2000, 14.
[14] Carnap, Mein Weg in die Philosophie, 7.

darauf die *Freischar zu Jena.*[15] Die Nachricht von der Mobilmachung am 1. August 1914 schreckte die Freischärler auf, die sich aus ganz Deutschland zu den Veranstaltungen der großen Freischartagung in Jena versammelt hatten. Carnap und die Jenaer Freischar befanden sich unter den Teilnehmern.[16] Alle kriegstauglichen Sera- bzw. Freischarfreunde meldeten sich, sofern sie nicht als Gediente schon ausgerückt waren, freiwillig. Carnap und Flitner gelang nach mehreren Zurückweisungen die Aufnahme in die Naumburger Kaserne. Am Ende der viermonatigen Artillerie-Ausbildung wurden die Freunde jedoch gegen ihren ausdrücklichen Wunsch getrennt. Flitner wurde an die Westfront kommandiert und der begeisterte Skiläufer Carnap nach München zum frisch gegründeten bayerischen Schneeschuh-Bataillon, aus dem wenige Monate später das Deutsche Alpenkorps hervorging. Er überlebte den besonders verlustreichen Karpathenfeldzug im Frühjahr 1915, verpasste, so darf man aus seinem Bedauern in einem Bericht an den Freund Wilhelm Flitner schließen, wegen der Offiziersausbildung im schlesischen Hirschberg und dann in Döberitz bei Berlin den Einsatz seiner Einheit in den Dolomiten, kam in die Bukowina und nach Serbien, bevor seine Kompanie im April 1916 in den Schützengräben nahe Verdun in Stellung gebracht wurde. Vor allem das briefliche Gespräch mit Flitner, aber auch mit der Serafreundin Martha Hörmann, die seit Kriegsbeginn das Amt der „Postzentrale" für die Freunde an der Front und in der Heimat übernommen hatte, bezeugt den ungebrochenen Willen der Freunde zum Austausch, sei es über Persönliches, Begegnungen, Landschaften und Lektüren interessanter Bücher, Artikel oder wissenschaftlicher Probleme.[17] Politik wurde eher am Rande gestreift, der Kriegsdienst als selbstverständliche Pflicht hingenommen. Wie die meisten ihrer deutschen Zeitgenossen glaubten die Serafreunde sich in einem Verteidigungskrieg. Erst mit der Zuspitzung der allgemeinen Weltlage infolge der dramatisch sich verschlechternden Nahrungsmittelversorgung, der Russischen Revolution und des Kriegseintritts der Vereinigten Staaten gewannen auch im Freundeskreis die Zukunftsfragen an Schärfe: „Ich wage aber noch nicht mit einem Frieden in diesem Jahre zu rechnen", schrieb Carnap im April 1917 an Flitner. „Was meinst Du? Kann der U-Boot-Krieg alles leisten u. so schnell? Du ‚entdeckst Dich über eine bessere Zukunft spintisierend'. Das beschäftigt mich jetzt auch zuweilen. Was wird die Aufgabe unsres (engeren) Kreises sein, u. was innerhalb dieser meine eigene?"[18] Ideen über jugendbewegte Zellenbildungen mit lebensreformerischen Zielsetzungen, wie sie innerhalb der bürgerlichen Jugendbewegung ab 1916

[15] Mit weiterführenden Hinweisen vgl. Meike G. Werner, *Moderne in der Provinz. Kulturelle Experimente im Fin de Siècle Jena*, Göttingen 2003, 299–307.

[16] Vgl. Martha Hörmanns, von Walter Fränzel abgeschriebenes Tagebuch, *Merry Old Germany. Vorkriegskultur Jena/München 1910 bis 1914*. Typoskript, Glüsingen o. D., 63–67.

[17] Dazu Werner, Carnap und Flitner.

[18] Rudolf Carnap an Wilhelm Flitner, 13.4.1917 (SUB Hamburg, NL Flitner).

diskutiert wurden, zirkulierten auch im Serakreis.[19] Flitners *Thesen zur Gründung eines Protestantenklosters* vom Februar 1917 formulierten emphatisch die Vision einer solchen, der Parteipolitik entschieden fernstehenden Lebens- und Arbeitsgemeinschaft mit gesellschaftsbildendem Erziehungsauftrag, führten aber nach anfänglicher Zustimmung unter den Freunden zu keinen greifbaren Ergebnissen.

Erst im Februar 1918 gab Carnap einen erneuten Anstoß zu politischer Bildung, indem er eine Serie von *Politischen Rundbriefen* unter den Freunden in Umlauf brachte. Bis zu ihrem Verbot durch die Militärzensur im September 1918 waren es insgesamt neun, die er in mehrfacher Ausfertigung zur Kommentierung an die Freunde an der Front und im Land herumschickte. Ihre Bedeutung für Carnap läßt sich vielleicht daran ermessen, dass ein Satz der Rundbriefe nahezu vollständig im Nachlass an der University of Pittsburgh erhalten ist.[20] In der Geschichte der bürgerlichen Jugendbewegung datieren sie vor Karl Bittels *Politischen Rundbriefen*, deren Erscheinen ab Oktober 1918 Walter Laqueur als erste bedeutende Initiative zur politischen Bildung innerhalb der Jugendbewegung wertete.[21] Tatsächlich setzte Carnap nach dem Verbot seiner Rundbriefe die politische Arbeit im Kreis um Bittel fort. „Ich hoffe, Du hast inzwischen die von Bittel – Karlsruhe herausgegebenen polit. Rundbriefe bekommen. Sie sind in meinem Sinne. Drum helfe ich auch an ihnen mit, u. laß meine alten liegen“[22], unterrichtete er Elisabeth Flitner in einem Brief vom 17. November 1918.

Im Herbst 1917 war Carnap überraschend aus der mit Begeisterung begonnenen Fliegerausbildung im belgischen Chimay zur Inspektion der Nachrichtentruppen versetzt und von dort zu einer ihrer Unterabteilungen, der „Technischen Abteilung für Funkgerät“, kurz Tafunk, kommandiert worden. Sein Jenaer Lehrer, der Physiker Max Wien, hatte ihn für die von ihm geleitete wissenschaftliche Abteilung angefordert. Vor allem der Umstand, dass er endlich wieder wie vor Kriegsbeginn in einem „richtige[n] physikal[ischen] Institut, nur in Uniform“[23] arbeitete, erleichterte ihm den Abschied von der Fliegerei.

---

[19] Vgl. Gudrun Fiedler, *Jugend im Krieg. Bürgerliche Jugendbewegung, Erster Weltkrieg und sozialer Wandel 1914–1923*, Köln 1989, 88–116 (Kurztitel: Fiedler, Jugend im Krieg).

[20] Ergänzt durch Dokumente und Briefe aus den Nachlässen von Wilhelm Flitner und Walter Fränzel. Dem Special Collections Department der University of Pittsburgh danke ich für die Erlaubnis zum Abdruck der Zitate aus Carnaps *Politischen Rundbriefen* (RC 081-14 bis 081-22).

[21] Walter Laqueur, *Die deutsche Jugendbewegung. Eine historische Studie*, Köln 1978, 126–129.

[22] Rudolf Carnap an Elisabeth Flitner, Berlin, den 17.11.1918 (SUB Hamburg, NL Flitner).

[23] Rudolf Carnap an Wilhelm Flitner, Berlin, 14.10.1917 (ebd.). In den „Thesen, an Carnap“ bezog Flitner Stellung zur anhaltenden Debatte über politische Parteinahme innerhalb der freideutschen Bewegung. Auslöser der Diskussion war die Veröffentlichung eines

Carnap war also in Berlin, wohnte mit seiner jungen Frau Elisabeth zuerst am Gendarmenmarkt, bevor sie nach Tempelhof und dann ins Berliner Westend umzogen. An den freien Abenden und Wochenenden knüpfte er Kontakte zu freideutschen Kreisen, besuchte Vorträge und Diskussionsabende. An Flitner, der zu dem Zeitpunkt in Flandern stand, berichtete er Ende Dezember 1917 von seinem neuen Leben:

„Ich habe jetzt eine Periode vorwiegend polit. Interesses, das während meiner Frontzeit verhältnismäßig schwach war, viell. aus Mangel an Kenntnissen u. Gesprächsmöglichkeit. Kürzlich las ich nochmal Deine Thesen zu Nelsons Brief, jetzt mit weit mehr Verständnis u. Anteil.
Einige Ereignisse dazu: freideutsche Bespr. mit Göhre; Blüher-Vortrag über Herrenhaus; Gespräche im Kurella-Kreis; Lektüre über Pazifismus, Sozialism. (Landauers ‚Aufruf zum Sozialismus'; Friedr. Adlers ‚Polit. Bekenntnis'; leider beide beschlagnahmt.)"[24]

Wenn Carnap Orientierung im linken Lager der Jugendbewegung suchte – das verbürgen ganz besonders die Namen von Alfred Kurella und Gustav Landauer – entsprach das durchaus den politischen Neigungen der Sera- und Freischarfreunde seit ihren Studienjahren:

„Wir besaßen allgemeine Ideale, zu denen eine gerechte, harmonische und rationale Organisation innerhalb und zwischen den Nationen gehörte. Wir sahen, daß die bestehende politische und wirtschaftliche Organisation mit diesen Idealen nicht in Einklang stand, noch weniger das übliche Verfahren, Konflikte zwischen Nationen durch Kriege zu lösen. So war die

---

Briefes des Göttinger Philosophen Leonard Nelson an Knud Ahlborn vom 16.6.1916, in dem dieser die unpolitische Einstellung der Freischaren kritisierte. Flitner mahnte zu differenziertem Vorgehen vor allem der jüngeren Mitglieder der Jugendbewegung und sprach lediglich die Hoffnung auf ein gemeinsames, auch politisches Handeln der erwachsenen Freischärler aus. Vgl. Wilhelm Flitner, „Thesen, an Carnap", in: *Monatsbericht der Deutschen Akademischen Freischar und 23. Kriegsbericht*, Aug./Sept. 1917, München 1917, 166 f. (Kurztitel: Flitner, Thesen, an Carnap); wiederabgedruckt in: ders., *Gesammelte Schriften*, hg. von Ulrich Herrmann, Bd. 12, Paderborn u.a. 2014, 19–22 (mit ausführlichen Anmerkungen, 878–883). Zum historischen Kontext der Nelson-Debatte vgl. Gudrun Fiedler, Jugend im Krieg, 96–106.

[24] Rudolf Carnap an Wilhelm Flitner, Berlin, 26.12.1917 (SUB Hamburg, NL Flitner). Dem Berliner Kreis um Alfred Kurella, der 1918 der KPD beitrat, gehörten zeitweise auch Hans Blüher und Fritz Klatt an. Blühers kontrovers diskutierte Schriften über die Wandervogelbewegung kannte Carnap. Der Theologe Paul Göhre, der für den Diederichs Verlag Arbeiterautobiographien herausgab, war seit 1910 SPD-Reichstagsabgeordneter. Gustav Landauer bekämpfte den Krieg von Beginn an aus sozialistischer und pazifistischer Perspektive. 1919 wirkte er in zentraler Funktion in der Münchner Räterepublik mit. Zusammen mit seinem Vater Viktor Adler war Friedrich Adler Mitbegründer der Sozialdemokratischen Partei Österreichs. Er hatte 1916 den österreichischen Ministerpräsidenten Karl Stürgkh aus Protest gegen dessen Absolutismus ermordet, war zunächst zum Tode, dann zu achtjähriger Kerkerhaft verurteilt worden. Nach der Beendigung des Ersten Weltkrieges wurde er freigesprochen und 1921 Sekretär der Sozialistischen Internationale.

allgemeine Richtung unseres politischen Denkens pazifistisch, antimilitaristisch, antimonarchistisch, und vielleicht auch sozialistisch."[25]

Zwar erlagen die meisten Serafreunde kurzzeitig der Mobilisierungseuphorie der Augusttage 1914.[26] Mit der Dauer des Krieges, dem Grauen der Fronterfahrung und dem Verlust vieler Freunde wuchs jedoch unter den Freunden das Bedürfnis nach klärender Aussprache. Flitner formulierte dies in seinen *Thesen, an Carnap* vom Juli 1917 so:

„Wir gingen mit sozialem und kommunistischem Werk trächtig, als der August 14 kam, und wir den Entschluss der Kriegsfreiwilligen fassten. Dieser Entschluß konnte bei uns durch drei Jahre Krieg und innere Resolution überwintern; so hat er auch die Struktur in sich, allgemein gültige und verständliche Überzeugung zu stiften. Diese Überzeugung ist die Tat, die vor allem von unsern Bünden erwartet werden muß und die wichtiger und dringender ist als alle Einzelaktionen, in die man sich nicht verzetteln soll."[27]

Aus dieser Haltung zu gemeinschaftlicher Willensbildung heraus begrüßten die Serafreunde Carnaps Anstoß zu einer Aussprache über politische und weltanschauliche Fragen. Was im Mikrokosmos eines Freundeskreises verhandelt wurde, das wird in den *Politischen Rundbriefen* nochmals deutlich, spiegelte darüberhinaus die politische Gesamtlage Deutschlands, in der sich spätestens seit 1917 eine Radikalisierung der politischen Positionen abzeichnete.

Auftakt im Februar 1918 – Der erste Rundbrief: Stimmen der Völker als Vorboten der neuen Zeit

Den ersten Rundbrief versandte Carnap am 20. Februar 1918, zwei Wochen nach der blutigen Niederschlagung der großen Massenstreiks der Arbeiter in den Rüstungs- und Munitionsbetrieben. Erwähnt wurden die Streiks, die er in Berlin aus nächster Nähe miterlebte, mit keinem Wort. Dennoch ist die Dringlichkeit politischer Aufklärung, ja Stellungnahme in Carnaps Einladungsschreiben an die Freunde spürbar. Es herrschte, daran sei nochmals erinnert, strenge Militärzensur. Im Falle von Privatbriefen bestand immerhin die Aussicht, dass diese ungeöffnet an die Adressaten gelangten. Wegen seines programmatischen Charakters wird der Brief hier ausführlich zitiert:

„Berlin. 20.2.1918.
Meine lieben Freunde!
Bei Gesprächen mit Freunden, Bekannten und Kameraden über das, was mich und vielleicht doch uns alle jetzt am meisten innerlich beschäftigt: über das Ende des Krieges, wie es sein

[25] Carnap, Mein Weg in die Philosophie, 15.
[26] Meike G. Werner, „Jugend im Feuer. August 1914 im Serakreis", in: *Zeitschrift für Ideengeschichte* VIII.2 (2014), 19–34.
[27] Flitner, Thesen, an Carnap, 167.

wird oder wie es sein soll, wie wir es erhoffen oder wie wir es fordern (nicht so sehr als das Ende einer Notzeit, vielmehr als Rettung und Aufbau einer erst erschauten Welt) – habe ich häufig bemerkt, wie wenig bekannt diejenigen [E]reignisse der Gegenwart sind, die mir die wichtigsten zu sein scheinen, weil in ihnen sich die Kräfte zeigen, die die Gestalt der Zukunft bestimmen werden: die Anziehungskräfte, die aus dem chaotischen Atomismus der Welt einen Kosmos gestalten werden, die in der Völkersoziologie eine organisch geordnete Gemeinschaft an Stelle der Anarchie setzen werden. In der unbedingten Ueberzeugung, dass diese Kräfte in der Menschheit stärker sind als die divergierenden Gegenkräfte (u. ohne diese Ueberzeugung ist ja kein Glaube an geistige Entwicklung in der Geschichte möglich) sehe ich das Geschehen der Gegenwart an und sehe darin die Geburtswehen einer neuen Zeit, das Eindringen der Menschheit in das Leben einer höheren Stufe auf dem Gebiete des Rechts- und Gemeinschaftslebens.
Diese Ueberzeugung bricht sich jetzt in allen Völkern Bahn. Die Kräfte der Verständigung dringen schon weiter als die der Gewaltpolitik, wenn sie auch von diesen, die die Macht in Händen haben, noch niedergehalten werden. So steht heute die Front: die friedensgewillten Völker aller Länder gegen die Kriegsparteien; eine geistige Front, an der auch schliesslich die geistige Ueberlegenheit den Sieg über die Partei der Gewalt davontragen wird.“[28]

Bereits aus dem Anschreiben spricht Carnaps optimistisch grundiertes Eintreten für einen einigenden Verständigungsfrieden, den Aufbau einer neuen politischen und sozialen Rechtsordnung und die allgemeine Hoffnung auf gesellschaftliche Höherentwicklung durch geistige Werte – gegen die Gewalt- und Siegfriedenspolitik der Herrschenden, gegen Zerstörung und Revolution. Das Kriegsende wird begriffen als Chance zum Aufbau einer neuen Ordnung. Die beigelegten, von Carnap durchgehend kommentierten Zeitungsausschnitte waren den vom Kriegspresseamt herausgegebenen *Nachrichten der Auslandspresse* entnommen. Als ausgebildeter Offizier in einem militärischen Forschungsunternehmen tätig, hatte Carnap Zugang zum Kriegspresseamt, das die ausländischen Zeitungen auswertete und damit auch zu kriegskritischen Texten, die nicht in die Nachrichten der Auslandspresse aufgenommen wurden. Jedenfalls wählte er ganz gezielt Gegenstimmen zu den Kriegsparteien aller Länder, deren Positionen durch die deutsche Presse hinlänglich bekannt waren. Eine Minderheitenposition also. Entsprechend stark vertreten war die internationale linksliberale und sozialistische Presse: das belgische *Le Peuple*, die französische *L'Humanité* und *La Bataille*, der *Daily Chronicle*, die *London Times*, das britische Intellektuellenforum *Nineteenth Century*, der U.S.-amerikanische *Statist*, die Basler *Nationalzeitung*, das irische *Freeman's Journal* und als einzige Gegenposition die nationalistische *La Libre Parole*. Außerdem warb Carnap mit einem Artikel des Lebensreformers und Pazifisten Hermann Popert für den bereits erwähnten *Volksbund für Freiheit und Vaterland*. Der Autor des jugendbewegten Bestsellers Helmut Harringa (1910), Meißner-Redner von 1913 und erklärter Pazifist, war kein Unbekannter unter den Freideutschen. Wenn Carnap gleichzeitig an die Freunde appellierte: „Lasst uns einmal wieder,

[28] Rudolf Carnap an die Freunde, Berlin, 20.2.1918 (RC 081-14-07).

bei manchem nach Jahren der Trennung, durch Wort und Gegenwort die Hand reichen. Uns zur Freude und zur Stärkung der Macht, der zu dienen wir uns einst gelobt haben."[29] wird darüber hinaus erkennbar, dass unausgesprochener Fluchtpunkt von Carnaps Einigungsbemühen die Meißner-Formel vom Oktober 1913 war: „Die Freideutsche Jugend will aus eigener Bestimmung, vor eigener Verantwortung, mit innerer Wahrhaftigkeit ihr Leben gestalten. Für diese innere Freiheit tritt sie unter allen Umständen geschlossen ein."[30] Diese hohe, wenn auch vage idealistische Erwartung an den Einzelnen erklärt vielleicht auch Carnaps Privilegierung ethischer vor politischen Gesichtspunkten.

Aus den datierten Kommentaren der Freunde ist zu schließen, dass die Rundbriefe seit März 1918 unter den Freunden zirkulierten. Vorgesehen waren fünf und für die im Feld stehenden Freunde acht bis zehn Tage Behaltezeit. Mithin waren alle Briefe, oftmals einander überschneidend, mindestens zwei bis drei Monate im Umlauf. Nahezu zwanzig Serafreunde und -freundinnen sowie einige bekannte Freideutsche wie Helmut Tormin, Harald Schultz-Hencke und Walter Fischer[31], zu denen Carnap in Berlin Kontakt aufgenommen hatte, beteiligten sich an der brieflichen Debatte. An der Front standen lediglich Wilhelm Flitner, Walter Fränzel und Walter Ruge, wobei Ruge mit dem ersten Rundbrief ausschied. Denn Ende März 1918 geriet er nach Absturz seines Kampfflugzeuges in britische Gefangenschaft. Erich Gabert, wie Fränzel ein Schüler des Historikers Karl Lamprecht und später bekannter Waldorf-Pädagoge, der promovierte Chemiker Wilhelm Lohmann, der Mathematiker Kurt Frankenberger, mit dem Carnap in Jena Freges Vorlesungen zur Begriffsschrift besucht hatte[32], sowie der Jurist und spätere Bremer Kommunalpolitiker (DDP und FDP) Hermann Wenhold waren nach schweren Verletzungen als nicht mehr diensttauglich aus dem Heeresdienst entlassen worden. Das galt übrigens auch für Fischer und Tormin. Der Ausweis der Kriegsuntauglichkeit hatte Franz Roh, inzwischen Assistent des Kunsthistorikers Heinrich Wölfflin

[29] Ebd.

[30] Winfried Mogge/Jürgen Reulecke, *Hoher Meißner. Der Erste Freideutsche Jugendtag in Dokumenten, Deutungen und Bildern*, Köln 1988, 52.

[31] Walter Fischer (1887–1924) hatte nach einer schweren Verwundung 1916 den Feld-Wandervogel begründet, der Arzt und angehende Psychoanalytiker Harald Schultz-Hencke (1892–1953) war wie Carnap Mitglied der Freischar Freiburg. 1918 gehörte er der Schriftleitung der „Freideutschen Jugend" an. Helmut Tormin (1891–?) hatte sich während seines Studiums der Mathematik und der Jurisprudenz in Heidelberg der Freischar angeschlossen und mit dieser am Hohen Meißner-Treffen teilgenommen. In der Weimarer Republik engagierte er sich u.a. im Umfeld des religiösen Sozialismus in der jugendbewegten Gilde Soziale Arbeit.

[32] Ausführlich Sven Schlotter, „Der dritte Mann. Carnap und seine Begleiter als Hörer Freges", in: *Tabula Rasa. Jenenser Zeitschrift für Kritisches Denken*, 44 (August 2011), 1–11. Mit der *Begriffsschrift* wurde der Philosoph Gottlob Frege (1848–1925) zum eigentlichen Begründer der modernen Logik.

in München, den Deutschlehrer Otto Modick und den Theologen Fritz von Baußnern von Anfang an vor dem Dienst an der Front bewahrt. Von Baußnern lernte allerdings den Krieg als Krankenpfleger von Schwerstverwundeten in Weimar kennen. Von den jungen Frauen meldeten sich die studierte Naturwissenschaftlerin Martha Hörmann, inzwischen Lehrerin in Bremen, zuweilen Elisabeth Flitner, die in Heidelberg an ihrer Dissertation über die Kriegsfürsorge arbeitete, und Margret Arends, die aus dem Naumburger Wandervogel zum Serakreis gestossen war und inzwischen zur Ausbildung als Buchbinderin in Berlin lebte. Zur linksintellektuellen „Clique" um Karl und Hedda Korsch, Hildegard Felisch, Alexander Schwab und Ilse Neubart hatte Carnap keine Verbindungen. Sie hatten Jena bereits verlassen, als er sich dem Serakreis anschloß.

Carnap übertrug die eingegangenen Kommentare in jeweils ein Dokument und lud durch erneutes Versenden zu einer abschließenden Diskussion ein.

Ewiger Friede versus Ewiger Krieg: Zweiter bis Neunter Rundbrief

Auf den ersten folgte am 18. März 1918 der *zweite Rundbrief*, wiederum ausgehend von einem Aufsatz Hermann Poperts zu der mehr als ein Jahr zurückliegenden Rede des Reichskanzlers Theobald von Bethmann Hollweg vor dem Hauptausschuss des Reichstages am 9. November 1916. In dieser Rede hatte der Kanzler für den von dem amerikanischen Präsidenten Woodrow Wilson angeregten Verständigungsfrieden und die Gründung eines Völkerbundes geworben. Carnap lenkte die Diskussion bewusst auf diese frühe Friedensinitiative als Wendepunkt der auswärtigen deutschen Politik und überging damit Wilsons 14-Punkte-Programm, das dieser in seiner Rede vor dem US-amerikanischen Kongress am 8. Januar 1918 dargelegt hatte.

„Berlin, den 18.3.18.
Meine lieben Freunde!
Der 2. Rundbrief soll sich nicht mit heutigen Tagesereignissen beschäftigen, sondern wir wollen zu ruhiger Besinnung in die Geschichte der Vergangenheit hinabsteigen. Und zwar um mehr als ein ganzes Jahr. Welch langer Zeitabschnitt (nach heutigem Maßstabe des Geschehens). Voller Tatsachen und Erlebnisse.
Wir wollen unsern Blick auf den November 1916 zurücklenken, auf den Zeitpunkt, in dem wir den so ungemein überraschenden und aussichtsreichen Anblick einer neuen Epoche der Willensrichtung des Deutschen Reiches in der Welt erlebten. Trotz aller Enttäuschungen, die wir seitdem erfahren haben, sooft es uns schien, dass der Kurs unsrer Staatslenker vom Ziel der Völkergemeinschaft abwiche, ist uns doch der freudige Eindruck jener Zeit lebendig geblieben. So lebendig, dass ich noch immer die Ueberzeugung habe, dass unsere Politik uns zu dem wahren dauerhaften Frieden auf der Grundlage der zwischenstaatlichen Organisation führen wird. (Und es ist doch nicht leicht, diesen Glauben aufrecht zu erhalten, angesichts der östlichen Friedensschlüsse, die den Vorwurf der Abweichung der Praxis von den proklamier-

ten Grundsätzen mindestens ebenso gegen unsere Regierung rechtfertigen, wie man ihn gegen Wilson zu erheben pflegt, und mit Recht gegen Lloyd George erhebt)."[33]

Weiterhin sprach Carnap sich für den entscheidenden Einfluss der „Stimme des Volkes" aus – eine offenkundige Parteinahme für die Forderungen der Januarstreikenden nach „Frieden und Brot". Ihm ging es nicht um die Beurteilung einer „Sachlage", das war nach seinem Dafürhalten Aufgabe der dafür ausgebildeten Politiker, sondern allgemeiner um eine Gewissensentscheidung. „Hier (so ist mein optimistischer Glaube)", formulierte Carnap, „trifft das Volk die richtige Wahl am Scheidewege, und der Politiker, der mit den besten, aufbauenden Kräften des Volkes arbeitet (z.B. Bethmann Hollweg, Prinz Max von Baden.) Wehe aber dem, der sein ausgeklügeltes Programm der zukünftigen Gestaltung Europas über sein Volk hinweg zu verwirklichen trachtet".[34] Der Volkswille, wobei Carnaps Auswahl nahelegt, dass vor allem die Arbeiterschaft gemeint war, wurde also gegen eine offizielle autoritäre Regierungspolitik in Stellung gebracht. Zur Aufhellung der ethischen im Gegensatz zur fachpolititischen Bedeutung dieser Gewissensentscheidung verwies Carnap auf Kants Schrift *Zum ewigen Frieden*, ein Grundlagentext bei der Konstituierung des Völkerbundes 1920.

Nach eigenem Bekunden deckte sich Carnaps Position weitgehend mit Poperts Darlegungen. Ohne auf die Argumente im Einzelnen einzugehen, soll hier lediglich die zentrale Aussage vorgestellt werden:

„Die Opfer dieses Krieges sind nur dann nicht umsonst gebracht, und unsere toten Feldgrauen sind nur dann nicht umsonst gestorben, wenn dieser Krieg zu Zuständen führt, die einen neuen Krieg – mindestens unter Europäern und ihren Abkömmlingen, und mindestens für jede absehbare Zeit – unmöglich machen."[35]

Im Gegensatz zum „monarchischen" Weg zu diesem Frieden, d.h. zur Vorherrschaft eines über alle anderen Völker, votierte Carnap mit Popert für einen gleichsam „republikanischen" Weg, d.h. für den „Weg der internationalen Abmachungen unter den Völkern als Gleichberechtigten".[36]

Ohne die Reaktionen der Freunde abzuwarten, versandte Carnap nur eine Woche später am 24. März 1918 den *dritten Rundbrief*. Drei Tage zuvor hatte die Oberste Heeresleitung den Start der großen Frühjahrsoffensive befohlen. Es war der letzte und, wie sich schnell herausstellte, gescheiterte Versuch an der

---

[33] Rudolf Carnap an die Freunde, Berlin, 18.3.1918 (RC 081-15-05). Die Schriften des wegen seiner kriegskritischen Äußerungen in Wort und Schrift von der Münchner Universität verwiesenen Philosophen und Pädagogen Friedrich Wilhelm Förster wurden seit 1916 unter den Freideutschen diskutiert. 1915 war sein Buch *Die deutsche Jugend und der Weltkrieg. Kriegs- und Friedensaufsätze* erschienen.

[34] Ebd.

[35] Fidelis (= Hermann Popert), *Der Lohn der Opfer*, (Vortrupp-Flugschrift 39, vom 1. Juli 1917), Hamburg 1917, 4 (RC 081-15-12).

[36] Ebd., 6 (RC 081-15-12).

Westfront, den Krieg zugunsten der Mittelmächte zu entscheiden. Das Format, wieder eine Sammlung von Exzerpten aus der internationalen Presse, und der Titel, *Stimmen der Völker als Vorboten der neuen Zeit*, glichen dem ersten Rundbrief. Einleitend kommentierte Carnap sein Vorhaben:

„Berlin, 24.3.18.
Meine lieben Freunde!
Der 3. (u. vielleicht auch der 4.) Rundbrief bringt wieder Ausschnitte ausländischer Zeitungen. Ich werde mich aber immer mehr des Kommentars enthalten. Diesmal versuche ich, durch Fragen die Diskussion einzuleiten. Am Schluss ist wieder Raum für eine allgemeine Diskussion. Ich hoffe, später auch mal den ganzen Fragenkomplex in einer grundsätzlichen Diskussion erörtern zu können, wenigstens soweit er sich hierzu eignet. Besonders glaube ich, werden wir dabei die ethische Seite der Frage ins Auge fassen müssen. Um das übersehen zu können, werde ich aber erst noch eine Reihe von Rundbriefen herumschicken müssen, aus denen wir sehen, welche Fragen sich zur Aussprache eignen und wie überhaupt die Stellungnahme unter uns etwa verteilt ist.
Weitere Fortsetzung der Rundbriefe vorausgesetzt, habe ich die Absicht, nach einander folgendes zu besprechen: die Reden des Prinzen Max von Baden; Kant ‚Zum ewigen Frieden'; Fr. Wilh. Förster ‚Deutschlands Jugend nach dem Weltkrieg' u.a.; vielleicht Tolstoj."[37]

Offen ließ Carnap die Frage, ob im Anschluss an die Aussprache über die ethische Seite die politisch-organisatorische zur Erörterung vorzuschlagen sei, wies in dem Zusammenhang aber bereits auf das Buch des bekannten Pazifisten und Friedensnobelpreisträgers Alfred H. Fried, *Europäische Wiederherstellung*, von 1915 hin. Wie Carnap betätigte Fried sich auch in der Esperantobewegung. Jedenfalls ging es in diesem Rundbrief anhand ausländischer Pressestimmen um spezifische Einschätzungen, zu denen Carnap mit Fragen wie den folgenden zur Stellungnahme aufforderte:

Wurden die friedensorientierten Kundgebungen eines Lloyd George und Woodrow Wilson in Deutschland als Zeichen der Schwäche gewertet? Rechtfertigten die Deutschen das Vertrauen der englischen Friedensfreunde (vor allem in der sozialistischen Independent Labour Party) beim Friedensschluß mit Russland? Der Friedenvertrag von Brest-Litowsk war am 3. März 1918 unterzeichnet worden. Oder versperrten nur die englischen Imperialisten den Weg zum Frieden? War es richtig, der Volksklasse mit den geringsten Rechten eine zentrale Rolle bei der Beendigung des Krieges und der Schaffung eines dauernden Friedens zuzuweisen? Müssten nicht in Deutschland die Friedensfreunde der bürgerlichen Kreise, dem englischen Beispiel folgend, mehr Weitsicht (anstelle von Verachtung) bei der Beurteilung von Sozialistenkonferenzen wie beispielsweise der Stockholmer Friedenskonferenz der Zweiten Internationale vom Juli 1917 zeigen? Hatte die deutsche Regierung wirklich alles getan, Klarheit über die Kriegsziele dahingehend herzustellen, dass der Friedenswille der englischen Arbeiterschaft unterstützt werde? War es wünschenswert, das Zu-

---

[37] Rudolf Carnap an die Freunde, Berlin, 24.3.1918 (RC 081-16-04).

sammenleben verschiedener Nationen in einem und demselben Staat durch eine internationale Übereinkunft zu regeln?

Wiederum ohne Rücksicht auf den Rücklauf der ersten Briefe lieferte Carnap im *vierten Rundbrief* vom 30. März 1918, wie angekündigt, eine weitere Zusammenstellung internationaler Pressestimmen, verzichtete jedoch weitgehend auf Leitfragen und beschränkte seine Kommentare auf für ihn besonders drängende Ereignisse. Zur Debatte stellte er u.a. die Sympathieerklärungen der englischen Arbeiter mit der Russischen Revolution in den Demonstrationen in Glasgow am 27. Januar 1918; einen Bericht über die englischen Kirchen und deren Förderung der Völkerbundpläne; die Handhabung der Frage der Kriegsentschädigungen; Spekulationen über die unentschiedene Friedenspolitik im englischen Unterhaus; über die Standpunkte der Mehrheit und der Minderheit der französischen Sozialisten; eine Auseinandersetzung über das „Friedensprogramm der englischen Arbeiterschaft und die Nationalitätenfrage“.[38]

Im *fünften Rundbrief* präsentierte Carnap den Aufsatz *Vom beständigen Frieden*, den Johannes Müller 1918 im Selbstverlag der *Grünen Blätter* veröffentlicht hatte. Die sorgfältig von Carnap aufbereiteten Argumente des freireligiösen Denkers, dem Carnap seit seiner Kindheit verbunden war, riefen wie bereits die früheren Rundbriefe unter den Freunden sehr unterschiedliche, in der Regel eher skeptische, ja sogar ablehnende Reaktionen hervor. Wenn beispielsweise Carnap, Müller folgend, die Frage nach den seelischen Ursachen des Krieges stellte oder die Völkergemeinschaft als Ziel der Weltgeschichte zur Glaubensfrage erhob, antworteten einige Freunde realistischer und fortschrittlicher mit Hinweisen auf die Mechanismen internationaler Machtpolitik, auf den herrschenden Nationalismus und die Logik des Kapitalismus. Oder empfahlen wie Rugard von Rohden anstelle von moralischen Appellen den „Ausbau der zwischenstaatlichen Organisationen und des Völkerrechts“ zum Schutz der Völker „vor Übereilung und Ausbruch niedriger Leidenschaften“.[39]

Im *sechsten Rundbrief* vom 10. Juni 1918 lud Carnap zu einer Stellungnahme zu Kants Schrift *Zum ewigen Frieden* ein. Unter Hinweis auf die zwei wissenschaftlichen Ausgaben von Karl Kehrbach und Karl Vorländer, stellte er jedoch wieder einen Vortrupp-Aufsatz Poperts zum gleichen Thema ins Zentrum seines Beitrags[40], an dem entlang er folgende Fragen zur Diskussion stellte:

„1. Der Krieg als Übel.
a) die Gegenüberstellung: zwischen den Einzelmenschen gesetzlicher Zustand, zwischen den Völkern gesetzloser Naturzustand.
b) moralische Bewertung des Krieges.

---

[38] 4. Rundbrief (RC 081-17).

[39] 5. Rundbrief (RC 081-18-04).

[40] Fidelis (= Hermann Popert), „Zum ewigen Frieden“, in: *Der Vortrupp* 7.5 (1918), 81–91 (RC 081-19-05).

2. Die Erstrebung eines gesetzlichen Zustandes als Pflicht.
a) Begründung.
b) Gegengründe.
3. Die Richtung der ‚Naturentwicklung'.
4. Konkrete Ausgestaltung."[41]

Während vor allem Wilhelm Lohmann, Kurt Frankenberger, Walter Fränzel und die Brüder Friedrich und Rugard von Rohden detaillierte Standpunkte formulierten, sind von Carnap zu diesem Rundbrief keine Äußerungen überliefert. Gleichzeitig intensivierte sich jedoch zwischen Wilhelm Flitner und Carnap die briefliche Auseinandersetzung. Mit Blick auf die bisherige Diskussion der Rundbriefe hielt Flitner am 20. Mai 1918 fest, „dass die Spaltung in Deutschland auch durch uns mit hindurchgeht. Ich glaube trotzdem an eine Einigung zwischen uns, und halte den Fortgang der Diskussion für sehr wesentlich".[42] Auf Flitners Vorschlag, die Standpunkte in einem Schema zu ordnen, antwortete Carnap mit deren Verfeinerung. Auch er erhoffte sich von einer klaren Differenzierung der Standpunkte eine Einigung unter den Freunden:

„Ist dies geschehen, so würde es vielleicht Aufgabe der Vertreter der einzelnen Standpunkte unter uns sein, diese, die dann in allgemeinen Grundzügen schon in dem gedachten Schema vorliegen würden, genauer zu definieren, den Inhalt ihrer Hauptgedanken anzugeben, ihre Gesichtspunkte und Argumente zu erläutern und durch Bezeichnung von Vertretern des Standpunktes unter bekannten Politikern, Gelehrten und Dichtern, vielleicht auch Zeitschriften, politischen Parteien und Gruppen die Vielgestaltigkeit des Standpunktes aufzuweisen und ihn durch diese Verknüpfung mit bekannten Vorstellungen zu veranschaulichen."[43]

Im Gegenzug zu Carnaps Nuancierungsversuchen drängte Flitner – letztlich aufgrund von praktischen Überlegungen – auf Vereinfachung. Die Positionen waren klar, insofern es im Freundeskreis wie in der Freideutschen Jugend überhaupt zwei grundsätzlich verschiedene Auffassungen gab: auf der einen Seite die Position der sozialdemokratisch gesinnten Pazifisten und Befürworter eines „Ewigen Friedens" (Carnap war einer von ihnen) und auf der anderen Seite die Position der „Realisten", die den „Ewigen Krieg" voraussetzten und die deshalb eine Machtpolitik befürworteten, die durch Verträge und eine neue Staatskunst gemäßigt werde. Zu diesen gehörte Flitner. Gleichzeitig drängte Flitner auf die Erörterung der Prinzipien einer Politik, die in erster Linie ihren „sachlichen" Aufgaben nachgehen sollte, ohne die Möglichkeit zerstörerischer Kriege in Erwägung zu ziehen; dabei sollte sie die Partizipation der jungen Generation ermöglichen:

---

[41] Vgl. RC 081-18-03.

[42] Wilhelm Flitner an die Freunde, 20.5.1918 (RC 081-22-03).

[43] Rudolf Carnap, 6.6.1918 (RC 081-22-04). Die Diskussion der von Flitner und Carnap entwickelten Schemata als Grundlage einer Auseinandersetzung über den Standort der Freunde zu Krieg und Frieden, die den Rahmen dieses Essays sprengen würde, werde ich an anderer Stelle ausführen.

„Wie *wir*, mit unserer Kulturabsicht und Gesinnung, zu den heute schwebenden Fragen praktisch, mitdenkend, Propaganda treibend, Stellung zu nehmen haben. Sehn wir uns doch einer Regierung gegenüber, die unsere Kulturabsicht und Gesinnung noch nicht teilt, weil überhaupt vorige Generationen sie nicht kennen.“[44]

Hier klingt nochmals die von Ernst Toller eingangs erwähnte Enttäuschung der jungen Menschen gegenüber der älteren Generation an.

Im *siebten Rundbrief* vom 17. Juli 1918 stellte Carnap die veröffentlichte Rede *Völkerrechtsgeist* von Hugo Sinzheimer zur Diskussion, die dieser zur Einführung in das Programm der im Dezember 1916 gegründeten pazifistischen Zentralstelle Völkerrecht gehalten hatte. Der prominente Arbeitsrechtler, auch als Vater des Arbeitsrechts bekannt, war bei Kriegsausbruch in die SPD eingetreten und gehörte 1919/20 der verfassungsgebenden Weimarer Nationalversammlung an. Die Broschüre sollte den Freunden als Einführung in die Weiterentwicklung des Völkerrechts dienen. Auf zwei Punkte fokussierte Carnap die Aussprache. Zum einen auf die Frage nach dem „Wesen des Staates“, wobei der Staat, so Carnap, als eine soziale Organisation, d.h. eine Völkergemeinschaft betrachtet wurde, der zwar per definitionem eine Machtorganisation war, jedoch nicht um der Macht, sondern um der Menschen willen existiere. Zum anderen ging es Carnap um die Aufgabe der Freunde in diesem zukünftigen Staat, nämlich um die Förderung des Völkerrechts mit dem Ziel der Verhütung von Kriegen.[45] Die Gründe für den spärlich überlieferten Rücklauf aus dem Freundeskreis sind möglicherweise in dem sich abzeichnenden politischen und moralischen Auflösungsprozeß zu suchen. Die deutsche Frühjahrsoffensive war nach anfänglichen Erfolgen endgültig gescheitert: Die Mittelmächte hatten damit jeden Handlungsspielraum gegenüber der Entente verloren. Die Niederlage Deutschlands war nur noch eine Frage der Zeit.

Der *achte Rundbrief* vom 4. August 1918, der der im Dezember 1916 gehaltenen Rede des Marburger Völkerrechtlers Walther Schücking über den Weltfriedensbund gewidmet war, hatte eine ähnlich geringe Resonanz. In der von Carnap vorstrukturierten Diskussion forderte er die Freunde auf, die rechtlichen Formen der Haager Schiedsgerichtsbarkeit zu erörtern, die vor dem Ausbruch des Krieges entwickelt worden waren; dabei stellte er die juristischen Gesichtspunkte der Organisationsmethode ins Zentrum.[46] Für den auf den 16. Juli 1918 datierten *neunten Rundbrief* gibt es lediglich vorbereitende, wenn auch umfangreiche Notizen für ein Schema zu den unterschiedlichen Einstellungen zur Friedensfrage; als Anlage hatte er einen Fragebogen entwickelt, in dem die Freunde ihre Stellungnahme zum Krieg beantworten sollten. Betrachtet man die neun

[44] Wilhelm Flitner an die Freunde, 20.5.1918 (RC 081-22-03).

[45] 7. Rundbrief (RC 081-20-02).

[46] Zur Vorbereitung hatte Carnap wiederum einen Aufsatz Hermann Poperts über das Haager Schiedsgericht herumgeschickt: „Haag“, in: *Der Vortrupp* 6.20 (1917), 609–622 (RC 081-21-04).

Rundbriefe im Ganzen, dann zeichnen sich gewisse Tendenzen in der Diskussion ab: Sie geht von Fragen der Innenpolitik aus, behandelt dann die deutsche Außenpolitik, die allmähliche Ablösung eines amorphen Volksbegriffs durch friedenssichernde, staatliche Organisationsformen und thematisiert schließlich konkreter werdende Überlegungen, wie eine persönliche politische Beteiligung an der zu erwartenden Neuordnung des Staates nach dem Kriege aussehen könnte.

Spätestens ab August 1918 wurden jedoch die Auseinandersetzungen über eine gemeinsame Standortbestimmung von den sich überstürzenden politischen Ereignissen eingeholt: Dabei spielte eine große Rolle die Furcht vor Hochverrat, da man ja als Angehöriger des deutschen Heeres pazifistische Positionen ergriff. Gleichzeitig wurde das Zurückweichen der deutschen Armee, die aussichtslose militärische Lage mit großer Sorge betrachtet. Einige, wie Carnap, begrüßten die unabwendbare Niederlage und Revolution: „Mir ist der Schmerz über die militär. Niederlage u. ihre Folgen durch die Freude über die Revolution u. das Vertrauen auf ihre Fruchtbarkeit mehr als aufgehoben.“[47] Andere, wie Flitner, sprachen sich entschieden dagegen aus. „Vor allem würde ich einer gewaltsamen Revolution hemmend entgegenarbeiten, eine geistige politisch organisch arbeitende Revolution dagegen mitzubegründen suchen.“[48] Beide Positionen stimmten indes in der positiv grundierten Hoffnung auf einen Neuanfang überein. Am 11. September 1918 wurde Carnap vom Oberbefehlshaber in den Marken, dem er als Leutnant in Berlin unterstellt war, „die weitere Versendung von Rundbriefen jeder Art“[49] verboten.

Auf die letzten Rundbriefe reagierend, hatte einige Tage zuvor Rugard von Rohden Carnap folgende Beobachtung von der Front mitgeteilt:

> „Die Gefühle des Grauens und des Ekels vor dem Kriege habe ich in der letzten Zeit in starkem Maße kennen gelernt und an andern beobachtet, aber sowie die Gewalt des Sinneneindrucks nachläßt, schwindet auch das Gefühl der Verantwortung, alle Mittel versuchen zu müssen, um eine Änderung zu schaffen, vor der Vorstellung der Unabänderlichkeit dieser Greuel und der Ohnmacht des Einzelnen. Diese Vorstellung, und nicht der Wille zur Abhilfe, wird in der Regel bei denen gestärkt, die lange Zeit und schwer unter dem Kriege leiden müssen. Der Wille zur Besserung wird eher bei denen zu suchen sein, die nicht unmittelbar unter der niederdrückenden Wirkung persönlicher Kriegserlebnisse stehen und doch soviel menschliches Empfinden haben, um eine Verantwortung solchem Unglück gegenüber zu fühlen. Die große Masse des Volks aber wird erst dann den Krieg wirklich verabscheuen lernen und tätiges Interesse an der Sicherung des Friedens nehmen, wenn ihm durch Taten der Beweis erbracht ist, daß er keine unentrinnbare Notwendigkeit ist.“[50]

---

[47] Rudolf Carnap an Elisabeth Flitner, Berlin, 17.11.1918 (SUB Hamburg, NL Flitner).
[48] Wilhelm Flitner an Rudolf Carnap u.a., Im Felde, 9.9.1918 (ebd.).
[49] Notiz vom 11.9.1918 (ebd.).
[50] Rugard von Rohden an Rudolf Carnap, 5.9.1918 (RC 081-21-05).

Carnap zog gewissermaßen die Konsequenz, wenn er wie viele der überlebenden Freideutschen dem Aufruf Karl Bittels folgte, aus den vorbereitenden jugendbewegten Erziehungsgemeinschaften – der Serakreis war eine von ihnen – und den eher privaten Freundeskreisen herauszutreten und sich im öffentlichen Leben für die Ideale der Freideutschen Jugend zu engagieren. „Die alten Ideale der Freiheit – einer inneren und äußeren –, der Wahrhaftigkeit und Gerechtigkeit seien neu aufgerichtet", forderte Bittel im ersten von ihm herausgegebenen Politischen Rundbrief.[51] Bittel wurde während der Novemberrevolution Mitglied des Arbeiter- und Soldatenrates in Karlsruhe und trat 1919 der KPD bei. Anstatt seine eigenen, privat zirkulierenden *Politischen Rundbriefe* fortzusetzen, arbeitete Carnap nunmehr an Bittels *Politischen Rundbriefen* mit.[52] Der USPD war er bereits am 1. August 1918 beigetreten und vier Monate später, im Dezember, unterzeichnete er, u.a. mit Knud Ahlborn, Bittel, Eduard Heimann, Schultz-Hencke und Tormin, einen Aufruf an die Freideutsche Jugend, bei den ersten Reichstagswahlen sozialdemokratisch zu wählen.[53] Flitner entschied sich nach seiner Rückkehr von der Front im Dezember 1918 für die Arbeit in der Neuen Erwachsenenbildung. Im April 1919 wurde er Mitglied der SPD im Wahlkreis Weimar. Franz Roh wiederum, um stellvertretend ein weiteres Mitglied aus dem Freundeskreis zu nennen, engagierte sich in der Novemberevolution und dann in der kurzlebigen Münchner Räterepublik.

In ihrem Votum für den Sozialismus am Ende eines brutalen Massensterbens, das der Krieg war, wurde der antibürgerliche Gestus der Vorkriegs-Meißner-Jugend politisch konkret, zumindest für kurze Zeit: „Freideutsche glaubt nicht den Lockungen aus ‚bürgerlichen' Kreisen, die euch weiss machen, dort wolle man Volksgemeinschaft, Freiheit und ein Reich des Geistes", so lautete der von Carnap mitverantwortete Aufruf. „Was jene meinen, ist immer nur die Gemeinschaft der ‚Bürger', die Freiheit des ‚Bürgers' und der beschränkte Geist des ‚Bürgers'. Unter neuen Bannern werben dort die alten Männer des gestrigen, zusammengebrochenen Zeitalters. Freunde und Freundinnen, macht euch klar, dass Sozialismus der folgerichtige Ausfluß eures Freideutschtums ist."[54] Aus dem Engagement für ein neues, klassenüberschreitendes Gesellschaftsmodell, das den Weg aus der als Zwingburg wahrgenommenen kapitalistischen Wirtschaftsform wies, sprach nicht nur die Enttäuschung von der älteren Generation, die den Krieg zu verantworten hatte, sondern es barg auch das

---

[51] Karl Bittel, „An eine freie deutsche Jugend", in: *1. Politischer Rundbrief*, 5.10.1918, 1.

[52] So beispielsweise Kernberger (= Rudolf Carnap), „Völkerbund – Staatenbund", in: *1. und 4. Politischer Rundbrief*, 5. und 20.10.1918, 4 und 3 f. (RC 110-01-01 und 110-01-04). Das unter demselben Pseudonym verfasste Manuskript mit dem Titel „Deutschlands Niederlage – Sinnloses Schicksal oder Schuld?" wurde nicht in Bittels *Politischen Rundbriefen* publiziert.

[53] „Freideutsche Jugend: Bürgertum oder Sozialismus? Jeder Freideutsche wähle sozialdemokratisch", in: *20. Politischer Rundbrief* (RC 110-01-16.)

[54] Ebd.

Versprechen auf eine Zukunft, in der die Ideale der Hohen-Meißner-Jugend Wirklichkeit werden konnten: demokratisch, frei, gerecht, selbstbestimmt, geistig und gemeinschaftlich.

Ernst Troeltschs politische Auslandskontakte nach 1918

Nikolai Wehrs

Wer waren die Gewährsleute, auf deren Insiderwissen sich Ernst Troeltsch bei der Abfassung seiner *Spectator-Briefe* stützte? Troeltschs bekannte politische Kolumne, die von Februar 1919 bis November 1922 in der Zeitschrift *Kunstwart und Kulturwart* erschien (bis August 1920 unter dem Pseudonym „Spectator", seither als Namensbeitrag mit dem Kolumnentitel „Berliner Briefe")[1], zog ihre Lebendigkeit aus einem dichten Geflecht von Anekdoten und Zitaten, gewonnen aus zahlreichen Gesprächen und Korrespondenzen mit Persönlichkeiten aus Politik und Gesellschaft. Leider gehörte es zu den Stilmitteln des Autors, seine Informanten nicht beim Namen zu nennen, sondern sie den Lesern nur in Andeutungen zu umschreiben.[2]

Die Enträtselung von Troeltschs Informanten ist keineswegs nur von spielerischem Interesse für Hobby-Detektive. Sie ermöglicht tiefe Einblicke in die Netzwerkstrukturen jener kleinen Gruppe vernunftrepublikanischer „Gelehrten-Intellektueller" (Gangolf Hübinger)[3], mit der Troeltsch seit Ende 1918 für die Konsolidierung der jungen Weimarer Republik und ihrer liberaldemokratischen Ordnung zu wirken suchte.[4] Wenn Troeltsch etwa im April 1919 in den *Spectator-Briefen* eine „Besprechung in einem Kreise von Patrioten und Politikern" erwähnt, dessen Vorsitzender, „ein glühender Patriot", [...] stets für Beendigung des Krieges und billige Verständigung gewesen war"[5], ist darin unschwer der „Mittwochabend"-Kreis des Historikers Hans Delbrück zu erkennen, in dem sich während des Ersten Weltkriegs liberalkonservative Gelehrten-Intellektuelle trafen, die für einen Verständigungs-

---

[1] Jetzt vollständig ediert in Ernst Troeltsch, *Spectator-Briefe und Berliner Briefe (1919–1922)*, hg. von Gangolf Hübinger in Zusammenarbeit mit Nikolai Wehrs, (Ernst Troeltsch – Kritische Gesamtausgabe, Bd. 14), Berlin/Boston 2015 (Kurztitel: Troeltsch, Spectator-Briefe).

[2] Vgl. die Einleitung von Gangolf Hübinger, in: ebd., 1–20.

[3] Gangolf Hübinger, *Gelehrte, Politik und Öffentlichkeit. Eine Intellektuellengeschichte*, Göttingen 2006.

[4] Vgl. allg. Andreas Wirsching/Jürgen Eder (Hg.), *Vernunftrepublikanismus in der Weimarer Republik. Politik, Literatur, Wissenschaft*, Stuttgart 2008.

[5] Troeltsch, Spectator-Briefe, 90.

frieden und innenpolitische Reformen eintraten.[6] Wenn Troeltsch sich in den *Spectator-Briefen* bei militärpolitischen Fragen auf die „genauesten Mitteilungen hervorragender Generalstäbler" beruft[7], handelt es sich wohl um die Generäle Wilhelm Groener und Hans von Haeften, die Troeltsch regelmäßig beim „Dahlemer Spaziergang" traf, einem inoffiziellen Zirkel der Vernunftrepublikaner in Wissenschaft, Politik und Militär, organisiert von dem mit Troeltsch eng befreundeten Historiker Friedrich Meinecke.[8]

Dies sind Beispiele für die gelehrtenpolitischen Netzwerke, in denen Troeltsch nach 1918 innerhalb Deutschlands agierte. Weitaus weniger ist bisher über die *außerdeutschen* Netzwerke der Gelehrten-Intellektuellen um Troeltsch bekannt. Dabei kommt diesen Auslandskontakten für die politisch-intellektuelle Wirkung jener Gruppe in der frühen Weimarer Republik kaum geringere Bedeutung zu. Für Troeltsch und seine Gesinnungsgefährten war die Wiedereingliederung Deutschlands in die westliche Staaten- und Kulturgemeinschaft eine unerlässliche Vorbedingung für die Stabilisierung der liberalen Demokratie im Innern. Auch außenpolitisch suchten die Gelehrten-Intellektuellen daher zu wirken. Ohne Zögern investierten sie dabei auch ihr wissenschaftliches Renommee in eine politische Debatte um die Revision des Versailler Vertrags. Dass ohne eine solche Revision ein Wiederaufstieg Deutschlands nicht möglich sei, war in den Eliten der Weimarer Republik ein Konsens, in den sich Republikanhänger und antirepublikanische Rechte gleichermaßen fanden – nur dass erstere ihm die Vorstellung eines Wiederaufstiegs im Zeichen der Völkerversöhnung zugrunde legten.

Dass Troeltschs *Spectator-Briefe* der Forschung wichtige Einblicke in die Funktionsweisen der außenpolitischen Netzwerke der deutschen Gelehrten-Intellektuellen nach dem Ersten Weltkrieg bieten können, soll im Folgenden an drei Fallbeispielen demonstriert werden.

I. „Almost extravagant honesty" – E. D. Morel und die Heidelberger Vereinigung

Die vernunftrepublikanischen Gelehrten-Intellektuellen um Troeltsch teilten mit den deutschen Eliten die Auffassung, dass eine Völkerversöhnung in Europa nicht denkbar sei, wenn nicht auf alliierter Seite zuvor die These von Deutschlands Haupt- oder gar Alleinschuld am Ausbruch des Ersten Welt-

---

[6] Vgl. Paul Rühlmann, „Delbrücks ‚Mittwochabend'", in: Ders./Emil Daniels (Hg.), *Am Webstuhl der Zeit. Eine Erinnerungsgabe. Hans Delbrück zum Achtzigsten von Freunden und Schülern dargebracht*, Berlin 1928, 75–81.

[7] Troeltsch, Spectator-Briefe, 401.

[8] Vgl. Friedrich Meinecke, *Autobiographische Schriften* (Werke, Bd. 8), hg. und eingel. von Eberhard Kessel, Stuttgart 1969, 236 f.

kriegs aufgegeben würde. Akademische Profession und patriotischen Auftrag kongenial verbindend, investierten die Gelehrten-Intellektuellen erheblichen Aufwand in die wissenschaftliche Falsifizierung des Artikels 231 des Versailler Vertrags, des „Kriegsschuldartikels".[9] Auch Troeltsch betonte in den *Spectator-Briefen* wieder und wieder, dass das „Schulddogma" der „logische Schlüssel zur ganzen Kriegs- und Friedenspolitik der Entente" sei. Nur durch die „immer neue Bestreitung des wahnsinnigen und heuchlerischen Dogmas" könne der Versailler Friede revidiert werden.[10] Mehr als alles andere erzürnte es Troeltsch daher, wenn auf deutscher Seite auch nur partielle Schuldanerkenntnisse geäußert wurden. „[H]ysterische Selbstbeschuldigungen" seien das, wetterte er im März 1919 gegen Karl Kautsky und Kurt Eisner.[11]

Gerade bei diesen Angriffen auf innenpolitische Gegner war es für Troeltsch und seine Gesinnungsgenossen natürlich äußerst vorteilhaft, auf Kronzeugen aus den Ländern der Alliierten selbst verweisen zu können. Im Dezember 1919 berichtete Troeltsch in den *Spectator-Briefen* Äußerungen von „deutschfreundlichen Engländern":

> „Hier steht im Mittelpunkt immer das Schulddogma, über dessen ungeheure politische und rechtliche Bedeutung ich schon neulich hier gesprochen habe. Das deutsche Flagellantentum der Büßer und Selbstankläger wurde von diesen Leuten aufs tiefste bedauert. „It is my despair" schrieb einer der Führer der englischen Pazifisten. Aber ebenso nötig sei es, dieses Schulddogma furchtbar ernst zu nehmen. Es müsse [...] von den deutschen Ministern [...] immer von neuem die neutrale Untersuchungskommission über die Kriegsschuld [...] gefordert werden. Keine Rede dürfe ohne dieses Ceterum censeo schließen [...]."[12]

Interessant ist besonders der Hinweis auf einen „Führer der englischen Pazifisten". Denn es handelt sich hierbei mit hoher Wahrscheinlichkeit um E. D. Morel, den Gründer und Generalsekretär der *Union of Democratic Control* (UDC).

Edmund Dene Morel (1873–1924) war eine der schillerndsten Persönlichkeiten der britischen Politik im ersten Viertel des 20. Jahrhunderts. Dass er auch charakterlich keine einfache Person war, lässt ein *biographical scetch* erahnen, den sein engster Mitarbeiter, der Labour-Politiker Arthur Ponsonby, hinterlassen hat:

> „Complete honesty [...] is not always recognised and it can only be achieved at the expense of some of the graces and amenities of life. It involves self confident and even arrogant egoism, a disregard for other people susceptibilities, a refusal to compromise and an inability to appreciate other people's points of view. [...] It is doubtful whereas complete honesty

---

[9] Vgl. Ulrich Heinemann, *Die verdrängte Niederlage. Politische Öffentlichkeit und Kriegsschuldfrage in der Weimarer Republik*, Göttingen 1983.

[10] Troeltsch, Spectator-Briefe, 120, 349, 400 ff.

[11] Ebd., 69.

[12] Ebd., 196.

in all possible circumstances exists. […] E. D. Morel suffered largely from his almost extravagant honesty.“[13]

Morel wurde 1873 in Paris als Sohn eines französischen Beamten und einer englischen Quäkerin geboren. Dass nach dem frühen Tod des Vaters dessen Familie die mittellose Mutter und ihr Kind verstieß, haben manche Historiker als psychologische Ursache für Morels spätere antifranzösische Politik angesehen.[14] Bekannt wurde Morel um 1900 zunächst als Aktivist gegen die Versklavung der Kongolesen unter belgischer Kolonialherrschaft. Als Reedereikaufmann in Liverpool war ihm aufgefallen, dass die Schiffe seiner Firma auf der Hinfahrt in den Kongo fast ausschließlich Waffen luden, auf der Rückfahrt aber wertvolles Kautschuk und Elfenbein mitbrachten. Morel gab seinen Job auf und begann als freier Journalist gegen den „Congo Scandal“ zu schreiben. 1904 rief er die *Congo Reform Association* ins Leben. Bald schon unterstützten ihn christliche Missionsvereine, sozialistische Parteien und Bürgerrechtsgruppen in der ganzen Welt. Als Belgien 1908 die Kongo-Kolonie aus der privaten Verfügung König Leopolds II. herauslöste und in der Folge die schlimmsten Gräuel beendete, wurde das Verdienst nicht zuletzt Morels Kampagne zugeschrieben.

Bei Ausbruch des Ersten Weltkriegs 1914 war Morel in Großbritannien bereits eine nationale Figur. Biografisch weder Frankreich noch Belgien sonderlich verbunden, war er entsetzt, dass die britische Regierung nur wegen Geheimabkommen mit diesen Staaten in einen mörderischen Krieg zog. Er gründete die pazifistische UDC, deren proklamiertes Ziel nicht nur die Beendigung des Krieges, sondern die Abschaffung der kriegsverursachenden Geheimdiplomatie überhaupt war. Unterstützt von Teilen der Gewerkschaften und der *Labour Party*, wurde die UDC im Laufe des Krieges zum Mittelpunkt der Anti-Kriegs-Bewegung in Großbritannien. Morel, eben noch ein gefeierter Held, wurde nun zum Angriffsziel der Kriegspresse und zum Objekt staatlicher Repressionsmaßnahmen. Ein Brief an den in der neutralen Schweiz lebenden Pazifisten Romain Rolland diente 1917 als fadenscheiniger Anlass, ihn unter dem *Defence of the Realm Act* ins Gefängnis zu sperren. Als er 1918 wieder freikam, war er in den Augen seiner Anhänger zum Märtyrer geworden. Er selbst sah sich ohnehin in dieser Rolle, und seine Mission war deshalb mit Kriegsende nicht beendet. Seit 1914 hatte er in zahllosen Flugschriften gegen massive Anfeindungen die These verfochten, dass nicht die deutsche Politik allein, sondern die Geheimdiplomatie aller Staaten glei-

---

[13] Arthur Ponsonby, Manuskript (ohne Datum) *E. D. Morel*, in: Bodleian Library (Oxford), Ponsonby Papers, 684 (Kurztitel: Ponsonby, Manuskript Morel).

[14] William Roger Louis/Jean Stengers, *E. D. Morel's History of the Congo Reform Movement*, Oxford 1968, IX; vgl. zum Folgenden: Catherine Ann Cline, *E. D. Morel 1873–1924. Strategies of Protest*, Belfast 1980 (Kurztitel: Cline, Morel).

chermaßen die Katastrophe des Weltkriegs verursacht hatte.[15] Der Versailler Vertrag von 1919 sprach dem Hohn – ein Werk der Geheimdiplomatie, das Deutschland einseitig belastete! Es war eine Frage seiner „almost extravagant honesty", dass Morel fortan seine unbändige Energie in die Bekämpfung der „Kriegsschuldlüge" steckte.

Morel erzielte mit dieser Kampagne in Deutschland eine ausgesprochen positive Resonanz. Seine Schriften erschienen hier mit Titeln wie *Ein gerechter Engländer über die Schuld am Kriege.*[16] Morel suchte seinerseits den Austausch mit deutschen Aktivisten, um an Aktenmaterial zu gelangen, das seine Thesen stützen konnte. Die engste Verbindung ging er dabei mit einer Gruppe ein, die in der UDC-Korrespondenz nicht ganz korrekt übersetzt als „Workers Union for the Policy of Right" oder aber als „Heidelberg Group" firmierte.[17] Die „Arbeitsgemeinschaft für Politik des Rechts (Heidelberger Vereinigung)" entstand Anfang 1919 auf Initiative des ehemaligen Reichskanzlers Prinz Max von Baden und seines Beraters Kurt Hahn. Die Gründungsversammlung fand am 3./4. Februar 1919 in Heidelberg im Haus von Max Weber statt. Unter anderem Lujo Brentano, Johannes Lepsius und Alfred Weber nahmen an dem Treffen teil. Zu den Unterzeichnern des Gründungsmanifests gehörten auch Hans Delbrück, Friedrich Meinecke und Ernst Troeltsch.[18] Die so eindeutig als gelehrtenpolitischer Zusammenschluss profilierte Vereinigung widmete sich vornehmlich der wissenschaftlichen Erforschung der Kriegsschuldfrage. Umtriebigster Propagandist der Heidelberger Vereinigung war indes kein Gelehrter, sondern Max Graf von Montgelas, ein früherer bayerischer General, der während des Ersten Weltkriegs wegen seiner Kritik an der deutschen Kriegsführung zur Disposition gestellt worden war und seither als Stimme des Pazifismus galt. Seit Herbst 1919 bestand zwischen Montgelas und Morel ein ständiger brieflicher Austausch von Informationen und Materialien.[19] Auch mit Max von Baden stand Morel bald in freundschaftlichem Kontakt. Er besuchte den badischen Prinzen mehrmals auf Schloss Salem und schickte schließlich sogar seinen Sohn auf dessen dortige Internatsschule.[20]

---

[15] Vgl. E. D. Morel, *Truth and the War*, London 1916.

[16] *Ein gerechter Engländer über die Schuld am Kriege. Genehmigte Uebersetzung der Schuldkapitel aus E. D. Morel „Truth and the War"*, Berlin 1920; vgl. auch E. D. Morel, *Das Gift, das zerstört. Die Mär von dem deutschen Kriegsanschlag*, Frankfurt am Main [1922].

[17] Siehe die Korrespondenz in: Hull University Archives, DDC/4/30.

[18] Vgl. Max Weber, *Zur Neuordnung Deutschlands. Schriften und Reden 1918–1920*, hg. von Wolfgang J. Mommsen in Zusammenarbeit mit Wolfgang Schwentker, (*MWG I/16*), Tübingen 1988, 196–200 und 518–522.

[19] Siehe die Korrespondenz in: LSE Library Archives, MOREL/F8/112–113.

[20] Cline, Morel, 125.

Zwischen Morel und Troeltsch gab es, soweit bekannt, keinen engeren Kontakt. Troeltsch war zwar Mitglied der Heidelberger Vereinigung, bekannte jedoch im Juli 1920 in einem Brief an Max von Baden, es sei ihm „oft überaus peinlich", dass er für die Vereinigung „so wenig nützlich" sei: „Graf Montgelas und Delbrück arbeiten fortgesetzt in der Schuldfrage. [...] Ich selber habe aber dabei immer das schlechte Gefühl, daß ich in dieser Hinsicht so gut wie gar nichts leiste, und daß ich es auch gar nicht kann."[21] Die im Dezember 1919 in den *Spectator-Briefen* zitierte Äußerung Morels hatte Troeltsch wohl aus zweiter Hand erfahren. Morels Briefe zirkulierten damals vielfach in den politisch-intellektuellen Kreisen in Deutschland. Harry Graf Kessler berichtete in seinem Tagebuch im Februar 1920 von einem Treffen mit dem österreichischen Friedensnobelpreisträger Alfred Hermann Fried, bei dem dieser ihm einen Brief Morels zeigte, in dem Morel ebenfalls klagte, die Selbstbezichtigungen deutscher Pazifisten verunmögliche den englischen Pazifisten ihre Arbeit.[22] Fried, der an die deutsche Alleinschuld am Kriegsausbruch glaubte, hatte Morel im November 1919 brieflich vor Montgelas gewarnt, der nicht repräsentativ für den deutschen Pazifismus sei.[23] Von Morel um Auskunft gebeten, hatte Montgelas daraufhin scharf gegen Fried geschossen: „Dr. Fried is a fanatic, and unfortunately a good many German pacifists are like him."[24]

Zu wenigstens einer persönlichen Begegnung von Morel und Troeltsch kam es jedoch im Juli 1920 in Berlin. Morel war vom 1. bis 3. Juli 1920 auf einer internationalen Konferenz der UDC in Genf gewesen, an der pazifistische Organisationen aus elf Staaten teilgenommen hatten. Deutschland war mit Montgelas und Lujo Brentano von der Heidelberger Vereinigung sowie dem Lebensreformer Richard Woltereck vertreten gewesen.[25] Im Anschluss waren Morel und Arthur Ponsonby nach Deutschland gereist, wo sie sich erst einige Tage bei Max von Baden in Salem aufhielten und dann nach Berlin weiterreisten, wo Montgelas vom 7. bis 10. Juli für sie Gespräche mit Personen des öffentlichen Lebens arrangierte.[26] Ponsonby erinnerte später besonders ein Gespräch mit dem ehemaligen Reichskanzler Theobald von Bethmann Hollweg, der in einem hohen Lehnstuhl sitzend seinen Kampf gegen

---

[21] Brief (Kopie) von Troeltsch an Max von Baden vom 21.7.1920, in: Sammlung der Arbeitsstelle „Ernst Troeltsch – Kritische Gesamtausgabe" an der LMU München.

[22] Harry Graf Kessler, *Das Tagebuch 1880–1937, Bd. 7: 1919–1923*, hg. von Angela Reinthal unter Mitarbeit von Janna Brechmacher und Christoph Hilse, Stuttgart 2007 (Kurztitel: Kessler, Tagebuch, Bd. 7), 289.

[23] Brief Fried an Morel vom 3.11.1919, in: LSE Library Archives, MOREL/F8/112.

[24] Brief Montgelas an Morel vom 22.12.1919, in: ebd.

[25] „The International Conference of the Union of Democratic Control at Geneva", in: *Foreign Affairs* 2.2 (August 1920), Special Supplement, 1–8.

[26] Brief Max von Baden an Ponsonby von Juli 1920, in: Bodleian Library (Oxford), Ponsonby Papers, 668; Kessler, Tagebuch, Bd. 7, 334 f.

die kaiserliche Generalität schilderte, um dann unter Tränen zu erklären, was Deutschland der Entente niemals werde verzeihen können, sei die Fortsetzung der Lebensmittelblockade nach Abschluss des Waffenstillstandes.[27] Während dieser Tage in Berlin fand wohl auch das Treffen von Morel und Troeltsch statt. An Max von Baden schrieb Troeltsch am 21. Juli: „Ich habe neulich lange mit Morel gesprochen, für mich sehr lehrreich. Aber viel Material konnte ich ihm natürlich nicht geben [...].“[28]

Vor ihrer Abreise am 10. Juli gaben Morel und Ponsonby noch dem *Berliner Tageblatt* ein Interview, in dem sie ihre Kritik an den deutschen „Radikalpazifisten“ erneuerten:

„Sie stoßen, sagen sie, in England auf große Schwierigkeiten bei der Verfolgung ihres Zieles, eine Revision des Friedensvertrages herbeizuführen [...], infolge des Umstandes, daß gewisse politische Richtungen in Deutschland jede Gelegenheit ergreifen, um Deutschland als den allein Schuldigen am Kriege hinzustellen. [...] Die Theorie von Deutschlands alleiniger Kriegsschuld könne, abgesehen davon, daß dies historisch ganz unrichtig sei, nur dazu mithelfen, die imperialistischen Pläne der verbündeten Regierungen zu stärken und diese zu ermutigen, noch weiter ein Volk zu demütigen, das sich im Staube der Selbstverurteilung wohl fühle.“[29]

Die deutschen Pazifisten reagierten überwiegend irritiert. Als Sprecher des Bund Neues Vaterland betonte Hellmut von Gerlach in einem Brief an die UDC, von einer „Selbstverurteilung“ des deutschen Volkes könne keine Rede sein. Vielmehr sei die Mehrheit der Deutschen noch immer von jedem Ansatz zur Selbstkritik weit entfernt. Gerlach kritisierte, Morels Schriften seien eine „goldmine for the pangermanists“ geworden, „the mightiest weapon in the hands of the counterrevolution“.[30] Doch das beeindruckte Morel und Ponsonby überhaupt nicht.[31] Max von Montgelas hatte ihnen schließlich wiederholt geraten, „not to attach too much importance to the views of the group ‚Bund Neues Vaterland‘ and those fellows, who hold the nonsensical view that the German Government deliberately worked for war.“[32]

Die ambivalente Rolle Morels in den innerdeutschen Auseinandersetzungen zwischen Nationalisten und Linkspazifisten erreichte einen kritischen Punkt, als der Brite ein Vorhaben umzusetzen begann, mit dem Troeltsch ihn bereits im Dezember 1919 in den *Spectator-Briefen* zitiert hatte: „Auch sei es gut, die Atrozitäten, die [...] heute von unseren Feinden in den besetzten Ge-

[27] Ponsonby, Manuskript Morel.

[28] Brief (Kopie) von Troeltsch an Max von Baden vom 21.7.1920, in: Sammlung der Arbeitsstelle „Ernst Troeltsch – Kritische Gesamtausgabe“ an der LMU München.

[29] „Morel und Ponsonby gegen die deutschen Radikalpazifisten“, in: *Berliner Tageblatt* vom 11.7.1920.

[30] Zit. nach Cline, Morel, 124.

[31] Mitteilung Ponsonby an das EC der UDC vom 7.9.1920, in: Hull University Archives, DDC/4/10.

[32] Brief Montgelas an Morel vom 1.2.1920, in: LSE Library Archives, MOREL/F8/112.

bieten begangen werden, zu sammeln und der Welt vorzuhalten, ähnlich wie man uns die unsrigen vorgehalten hat [...].“[33] Getreu diesem Vorhaben, drehte Morel 1920 ein großes Rad in einer virulent rassistischen Kampagne gegen den Einsatz schwarzafrikanischer Kolonialsoldaten in den alliierten Besatzungsarmeen in Deutschland unter dem Schlagwort „Schwarze Schmach am Rhein“.[34]

Am 10. April 1920 erschien im *Daily Herald* ein Artikel von Morel unter der Überschrift „Black Scourge in Europe“. Darin behauptete Morel, Frankreich sei dabei in den alliierten Besatzungsgebieten im Deutschen Reich eine Terrorherrschaft von „black savages“ zu errichten. Die „barely restrainable bestiality“ der „primitive African barbarians“ würde zu einer Vielzahl brutaler Sexualverbrechen an der deutschen Bevölkerung führen, denn die Schwarzafrikaner seien bekanntlich „the most developed sexually of any [race]“ – „for well-known physiological reasons, the raping of a white woman by a negro is nearly always accompanied by serious injury and not infrequentely has fatal results [...].“ Lüstern fabulierte Morel über Mädchenleichen unter Misthaufen und von eigens für schwarze Soldaten eingerichteten Bordellen mit weißen deutschen Frauen und Knaben.[35]

Schon zeitgenössisch verwunderte es viele Beobachter, dass ausgerechnet Morel, der Held der Kongo-Kampagne, sich nach 1918 derart massiv an einer rassistischen Kampagne gegen Schwarzafrikaner beteiligte. Die Historikerin Catherine Ann Cline hat indes aufgezeigt, dass bereits Morels Schriften aus der Kongo-Kampagne durchdrungen waren von rassistischen Fantasien über die unkontrollierbare Sexualität der Schwarzafrikaner – nur dass Morel dieses Argument damals noch gegen die europäische Kolonialisierung Afrikas angeführt hatte.[36] 1920 nun war es maßgeblich Morel, der die Kampagne um die „Schwarze Schmach am Rhein“ nicht nur über Monate hinweg mit immer neuen Beiträgen anheizte, sondern der die Debatte auch immer hartnäckiger auf die sexuelle Thematik fokussierte.

Morel baute zu diesem Zweck einen engen Austausch mit der Rheinischen Frauenliga auf, die in Deutschland die Kampagne maßgeblich koordinierte. Aber auch seine Freunde von der Heidelberger Vereinigung drängte Morel immer wieder, ihm Beweismaterial zu verschaffen. Dort war man zunächst etwas ratlos, denn mangels tatsächlicher Gräuel war Beweismaterial nicht zur Hand. „As to the black scourge you know yourself the difficulties of getting

---

[33] Troeltsch, Spectator-Briefe, 197.

[34] Vgl. Iris Wigger, *Die „Schwarze Schmach am Rhein“. Rassistische Diskriminierung zwischen Geschlecht, Klasse, Nation und Rasse*, Münster 2007.

[35] Zit. nach Robert C. Reinders, „Racialism on the Left. E. D. Morel and the ‚Black Horror on the Rhine‘“, in: *International Review of Social History* 13 (1968), 1–28, hier 1 f.

[36] Cline, Morel, 126.

unmistakable evidence", schrieb Montgelas hinhaltend an Ponsonby.[37] Intern mahnte aber etwa Kurt Hahn, nicht einen so „starken Bundesgenossen" zu „verärgern" – und das bedeute, dass Morel „sein Material gegen die schwarzen Truppen bekommt, um das er seit Monaten bettelt".[38] Montgelas übersendete schließlich eine knappe Dokumentation zum „black business", in der er folgende „general impression" der Lage in den Besatzungsgebieten gab:

„The establishmet of brothels in some places where there exist none have caused indignation among the inhabitants. The billeting of black soldiers in private houses endangers family life. It ought to be avoided at any rate [...]. Ladies are afraid of walking alone after sunset. Walks in the woods are no longer possible for German girls. Boys are threaten in their way to school. Girls working in the fields need protection by men."[39]

So aber verarbeitete Morel diese Impression in seiner Broschüre *The Horror on the Rhine*:

„Danger lurks every for women and girls in the French area of occupation. (…) In ones and twos, sometimes in parties, big, stalwart men from warmer climes, armed with sword-bayonets or knives, sometimes with revolvers, living unnatural lives of restraint, their fierce passions hot within them, roam the countryside. Woe to the girl returning to her village home, or on the way to town with market produce, or at home alone in the fields. Dark forms come leaping out from the shadows of the trees, appear unexpectedly among the vines and grasses, rise from the corn where they have lain concealed. Then – panic-stricken flight which often availeth not …"[40]

Insgesamt 80 vermeintliche Fälle von Sexualverbrechen suchte Morel in *The Horror on the Rhine* zu dokumentieren. In Deutschland erschien die Broschüre mit dem Titel *Der Schrecken am Rhein*.[41] Selbst Ernst Troeltsch konnte sich der rassistischen Suggestivkraft dieser Kampagne nicht entziehen, wenn er etwa im Dezember 1920 in den *Spectator-Briefen* über „dreiunddreißig Bordelle für die Schwarzen" fabulierte, welche die Franzosen angeblich im Rheinland eingerichtet hätten.[42] Kein Zweifel – in der Allianz mit Morel trugen Troeltsch und seine gelehrtenpolitischen Gefährten weder zur Völkerversöhnung, noch zur Stabilisierung der Demokratie bei. Vielmehr stärkte Morels Kampagne das völkisch-nationalistische Lager in Deutschland und führte die Vernunftrepublikaner vom Regen in die Traufe.

---

[37] Brief Montgelas an Ponsonby vom 25.7.1920, in: Bodleian Library (Oxford), Ponsonby Papers, 668.

[38] Brief Kurt Hahn an Hans Delbrück vom 8.6.1920, in: Staatsbibliothek Berlin, Nl. Hans Delbrück.

[39] Brief Montgelas an Morel vom 13.7.1920 mit Anlage, in: LSE Library Archives, MOREL/F8/112.

[40] E. D. Morel, *The Horror on the Rhine*, 8th ed., London 1921, 13 (Auslassungspunkte i. O.).

[41] E. D. Morel, *Der Schrecken am Rhein*, Berlin 1920.

[42] Troeltsch, Spectator-Briefe, 351 f.

II. „Ein Engländer, bei dem die Sache Bedeutung hat" – Der Romanist Charles Sarolea

So tief die Kluft auch war, die der „Krieg der Philosophen" als intellektuelle Propagandabegleitung des Ersten Weltkriegs gerissen hatte[43] – nicht nur Troeltschs *Spectator-Briefe* vermittelten schon bald nach Kriegsende das Bild einer relativ dichten Kommunikation. Freilich blieb das rege Gespräch stets mit Schwierigkeiten belastet, zu deren stärksten die monothematische Beschwörung der Notlage des deutschen Volkes in den Gesprächsbeiträgen der deutschen Seite gehörte. Auch gutmeinende ausländische Gesprächspartner sahen sich häufig veranlasst, die um sich selbst kreisende Perspektive der Deutschen mit Verweisen auf Deutschlands europäische Nachbarstaaten zu relativieren. So schrieb Troeltsch im Februar 1920 in den *Spectator-Briefen*:

> „Spricht man mit Ausländern, so begegnet man fast überall der Meinung, daß wir uns leichter erholen würden, als Frankreich und Italien. Ein kluger und weltkundiger Engländer, mit dem ich neulich sprach, sagte mir: ‚Ja nicht verzweifeln! Ich bin erstaunt, daß es noch so bei Ihnen steht, und erwarte zunehmende Besserung. Nur dürfen Sie keine innerpolitischen Dummheiten machen und Ihr bißchen Regierung nicht stürzen'. "[44]

Der kluge und weltkundige Engländer dürfte wohl der Romanist Charles Sarolea gewesen sein. Am 7. Januar 1920 hatte Troeltsch per Postkarte den Verlag J. C. B. Mohr (Paul Siebeck) gebeten, ein Freiexemplar seines 1912 erschienenen Buches *Die Soziallehren der christlichen Kirchen und Gruppen* an „Professor Sarolea aus Edinburgh in Berlin Hotel Continental" zu senden. Er hatte hinzugesetzt: „Es ist ein Engländer, bei dem die Sache Bedeutung u[nd] Eile hat."[45]

Weltkundig war Charles Sarolea (1870–1953) fraglos schon insofern, als er der „Engländer", als den Troeltsch ihn rubrizierte, gebürtig nicht war. Sarolea war als Sohn wallonischer Belgier in der flämischen Provinz Limburg aufgewachsen und hatte sein Studium an der Universität Lüttich absolviert. Bereits im Alter von 24 Jahren allerdings war Sarolea 1894 als *lecturer* im Fach Romanistik an die University of Edinburgh in Schottland gegangen, die dann bis zu seinem Lebensende seine akademische Heimstätte blieb. 1918 erhielt er in Edinburgh die erste Professur für französische Literatur. Schon 1912 hatte er die britische Staatsbürgerschaft angenommen, so dass Troeltschs Rubrizierung als „Engländer" nicht grundlegend falsch war. Als

---

[43] Vgl. Peter Hoeres, *Krieg der Philosophen. Die deutsche und die britische Philosophie im Ersten Weltkrieg*, Paderborn 2004.

[44] Troeltsch, Spectator-Briefe, 233.

[45] Karte von Troeltsch an den Verlag J.C.B. Mohr (Paul Siebeck) vom 7.1.1920, in: Staatsbibliothek Berlin, Verlagsarchiv J.C.B. Mohr (Paul Siebeck); vgl. Ernst Troeltsch, *Die Soziallehren der christlichen Kirchen und Gruppen*, (Gesammelte Schriften 1), Tübingen 1912.

belgischer Generalkonsul in Schottland blieb Sarolea aber auch seinem Geburtsland verbunden. Der Romanist hatte schon vor dem Ersten Weltkrieg diverse Bücher in französischer und englischer Sprache zu einem weit gefächerten Themenspektrum aus Philosophie und Politik veröffentlicht. Von 1912 bis 1917 hatte er in London die Literaturzeitschrift *Everyman* herausgegeben. Er behauptete von sich, mindestens 18 Sprachen zu beherrschen, und besaß angeblich mit über 200.000 Bänden die seinerzeit größte Privatbibliothek in Europa. Stolz betrachtete Sarolea sich als *homme du XVIIIème Siècle* und Kosmopolit.[46]

In Deutschland war Saroleas wichtigster Ansprechpartner seit 1906 Hans Delbrück gewesen.[47] Der Herausgeber der *Preußischen Jahrbücher* hatte 1907 einen Essay Saroleas in deutscher Übersetzung abgedruckt, um, wie er in einer Vorbemerkung schrieb, „diesen ausgezeichneten, in Deutschland aber wohl noch fast unbekannten Gelehrten und Schriftsteller bei uns einzuführen".[48] Umgekehrt hatte Sarolea 1912 einen Beitrag von Delbrück „How to improve Anglo-German Relations" im *Everyman* abgedruckt.[49] Während zweier Aufenthalte in Edinburgh hatte Delbrück offenbar sogar bei Sarolea gewohnt.[50] Nach dem Ersten Weltkrieg stand Sarolea dann in regem Briefkontakt mit Walther Rathenau, dem er sich als Übersetzer seiner Schriften ins Englische anbot. Allerdings weigerte sich Sarolea mit dem von Rathenau ausgesuchten Verlag in Großbritannien (George Allen & Unwin Ltd.) zusammenzuarbeiten. Da er seine Ankündigung, selbst einen Verleger ausfindig zu machen, nicht einhalten konnte, schloss Rathenau 1921 schließlich anderweitig ab.[51]

Rasch nach Friedensschluss nahm Sarolea auch seine regelmäßigen Reisen nach Deutschland wieder auf. Schon im Juli und August 1919 war er in Weimar, wo damals noch die Deutsche Nationalversammlung tagte und wo er unter anderem Harry Graf Kessler kennenlernte. Die Bekanntschaft wurde offenbar recht unterschiedlich empfunden: Während Sarolea sich gegenüber

---

[46] Peter France, „Sarolea, Charles Louis-Camille (1870–1953)", in: *Oxford Dictionary of National Biography*, http://www.oxforddnb.com (Kurztitel: France, Sarolea); Kessler, Tagebuch, Bd. 7, 264.

[47] Siehe den Briefwechsel in: Staatsbibliothek Berlin, Nl. Hans Delbrück.

[48] Vgl. Charles Sarolea, „Das britische Reich und die Kolonialfrage. Historisch-ethisch-ökonomisch-politischer Dialog", in: *Preußische Jahrbücher* 127 (1907), 58–79, hier 58 (Vorbemerkung des Herausgebers).

[49] Brief von Sarolea an Delbrück vom 8.11.1912, in: Staatsbibliothek Berlin, Nl. Hans Delbrück.

[50] Brief von Sarolea an Rathenau vom 6.11.1919, in: Edinburgh Univ. Library, Sarolea Coll., 52.

[51] Siehe den Briefwechsel in: ebd.; auszugsweise abgedruckt in: Walther Rathenau, *Briefe, Teilband. 2: 1914–1922*, hg. von Alexander Jaser/Clemens Picht/Ernst Schulin, Düsseldorf 2006.

Rathenau sehr angetan über die Freundlichkeit des „Count Kessler" äußerte, portraitierte dieser ihn in seinem Tagebuch als eitlen Klerikalisten.[52] Schon zu Weihnachten 1919 war Sarolea erneut in Deutschland, diesmal in Köln.[53] Neujahr 1920 reiste er nach Berlin, wo es gegen Ende der ersten Januarwoche auch zu dem erwähnten Treffen mit Troeltsch kam, das diesen veranlasste, dem scheinbar bedeutenden „Engländer" sein Buch zusenden zu lassen. Von Sarolea ist seinerseits keine Reaktion auf das Treffen mit Troeltsch überliefert. Aus seinem Nachlass erhellt sich nur, dass er während des Berlin-Besuchs im Januar 1920 außer Troeltsch, Kessler und Rathenau unter anderem auch Otto Hoetzsch und Paul Rohrbach traf.[54] Vermutlich hat er bei jedem dieser Treffen den Eindruck zu erwecken gesucht, dass es um seine Person in besonderer Weise „Bedeutung und Eile" hatte.

Die nächsten Jahre kam Sarolea noch sehr häufig nach Deutschland. Vor allem bereiste er immer wieder das besetzte Rheinland. Noch im Februar 1923 hatte er eigenen Angaben zufolge eine siebenstündige(!) Unterredung mit Konrad Adenauer, „the Overburgomaster [sic!] of Cologne".[55] Ende April desselben Jahres verbrachte er nach eigenen Angaben einen ganzen Sonntag auf einem Landausflug mit Preußens Ministerpräsidenten Otto Braun.[56] Die Deutschlandreise im Frühjahr 1923 wurde jedoch von zwei dramatischen Zwischenfällen überschattet. Zuerst wurde Sarolea in Berlin in dem Kabarett „Der blaue Vogel" von einer Horde junger Männer (nach seiner Wahrnehmung „an angry mob of nationalist students") attackiert. Kurz darauf wurde er in Düsseldorf von einem Fahrrad umgefahren und musste mit schweren Verletzungen ins Krankenhaus.[57] Danach machte Sarolea bei seinen Reisen für einige Jahre einen Bogen um Deutschland.

Bei allem bekundeten Interesse an deutschen Angelegenheiten, war Sarolea allerdings den deutschen Gelehrten-Intellektuellen in ihrem Kampf gegen den Versailler Vertrag nur sehr bedingt eine Hilfe. Dass er bereits 1912 in der Schrift *The Anglo-German Problem* das preußische Junkertum als tendenziell größte Bedrohung für den Frieden in Europa ausgemacht hatte,[58] wird ihm in den Kreisen um Troeltsch und Delbrück noch am wenigsten

[52] Brief von Sarolea an Rathenau vom 6.11.1919, in: Edinburgh Univ. Library, Sarolea Coll., 52; Kessler, Tagebuch, Bd. 7, 263 f.

[53] Brief von Sarolea an Rathenau vom 23.12.1919, in: Edinburgh Univ. Library, Sarolea Coll., 52.

[54] Siehe Saroleas Korrespondenz von Januar 1920, in: ebd., 83.

[55] Brief von Sarolea an George W. Ochs Oakes (Herausgeber von *Current History*) vom 10.2.1923, in: ebd.

[56] Brief von Sarolea an John Pettigrew Croal (Herausgeber von *The Scotsman*) vom 5.5.1923, in: ebd.

[57] Brief von Sarolea an Alfred Mumm von Schwarzenstein vom 29.6.1923, in: ebd.; Brief von Sarolea an Daniel Stevenson vom 29.6.1923, in: ebd.

[58] Charles Sarolea, *The Anglo-German Problem*, London 1912.

angelastet worden sein. Nach dem deutschen Einmarsch in Belgien 1914 war der Auslandsbelgier jedoch mit einer ganzen Reihe von patriotischen und im Laufe der Kriegsjahre zunehmend eindeutiger auch antideutschen Propagandaschriften an die Öffentlichkeit getreten: *L'heroique Belgique* (1914), *How Belgium saved Europe* (1915), *The Curse of the Hohenzollern* (1915).[59] 1919 kritisierte er dann zwar in der Schrift *Europe and the League of Nations* die Pariser Vorortverträge, sie hätten für Europa keine geeigneten Sicherheitsstrukturen geschaffen. Er mahnte auch die Alliierten: „We may still make peace *with* Germany instead of making peace *against* Germany."[60] Doch schlug er in derselben Schrift auch vor, das Deutsche Reich in circa sechs Einzelstaaten zu zerschlagen, damit statt des preußischen Militarismus die goldenen Tage der Hansezeit wiederkehren könnten.[61] Das war harter Tobak selbst für die kritischen Geister unter den proborussisch und nationalliberal geprägten deutschen Gelehrten, die – wie immer wieder auch Troeltsch in den *Spectator-Briefen* – nach 1918 gerade die Reichseinheit als einzig mögliche Rettung vor Untergang und Chaos betrachteten.

Auch tat Sarolea seinen deutschen Gesprächspartnern nicht den Gefallen, in deren stete Klagen über die deutsche Notlage einzustimmen. Harry Graf Kessler ärgerte sich schon im August 1919 über die Taktlosigkeit Saroleas, ihm beim gemeinsamen Frühstück unablässig „alle Sünden [...] des deutschen Volkes" während des Weltkriegs vorzubeten. Beim Wiedersehen im Januar 1920 rechnete Sarolea ihm am Exempel seines eigenen Gehalts vor, dass sich das Realeinkommen in Großbritannien infolge kriegsbedingter Inflation und Steuererhöhungen auf ein Sechstel des Vorkriegswerts reduziert habe.[62] An Rathenau schrieb er 1921, Frankreich sei „in a very much worse position than Germany".[63] Freundlicher formuliert, wies auch seine von Troeltsch wiedergegebene Äußerung, Deutschland werde sich leichter erholen als Frankreich und Italien (siehe oben), in ebendiese Richtung.

Dass die Kommunikation zwischen den Gelehrten der ehemaligen Kriegsparteien auch bei beidseitig besten Vorsätzen kompliziert blieb, zeigt eindrucksvoll die Korrespondenz von Sarolea und Delbrück, welche die alten Freunde nach Kriegsende mit zunächst großer Freundlichkeit wieder aufgenommen hatten. Obwohl im Unterschied zu Morel kein Spezialist auf diesem Gebiet, interessierte sich Sarolea sehr für Delbrücks Arbeiten zur Kriegsschuldfrage. Bei einem Treffen im Sommer 1922 vereinbarten beide einen

---

[59] Charles Sarolea, *L'heroique Belgique*, Paris 1914; Ders., *How Belgium saved Europe*, London 1915; Ders., *The Curse of the Hohenzollern*, London 1915.

[60] Charles Sarolea, *Europe and the League of Nations*, London 1919, 124 (Hervorhebung i.O.).

[61] Ebd., 119–123.

[62] Kessler, Tagebuch, Bd. 7, 263 f. und 286.

[63] Brief von Sarolea an Rathenau vom 6.6.1921, in: Edinburgh Univ. Library, Sarolea Coll., 52.

öffentlichen Schlagabtausch zur Kriegsschuldfrage in der englischsprachigen Presse.[64] Das Vorbild für die Aktion war unverkennbar die Kontroverse, die Delbrück sich im Jahr 1921 in der britischen *Contemporary Review* mit James W. Headlam-Morley geliefert hatte.[65] Doch war diesmal geplant, die Kontroverse gleich über drei Doppelfolgen zu führen.[66] Tatsächlich schrieben sich Sarolea und Delbrück zu diesem Zweck Anfang 1923 jeweils drei Offene Briefe bzw. Erwiderungen.[67] Inhaltlich trugen die Texte zur Kriegsschulddebatte wenig Neues bei. Interessanter ist ihre Publikationsgeschichte bzw. die Geschichte des Scheiterns ihrer Publikation. Sarolea hatte angekündigt, die Texte sowohl in der britischen Presse in der Tageszeitung *The Scotsman*, wo er regelmäßig publizierte, als auch in den USA in *Current History*, einem Magazin der *New York Times*, unterzubringen. Indes schien er seinen Einfluss einmal mehr überschätzt zu haben. John Pettigrew Croal, der Herausgeber von *The Scotsman*, der (wie Sarolea entschuldigend an Delbrück schrieb) „very strong views about the responsibility of the War" hatte, druckte schon Delbrücks erste Erwiderung auf den eröffnenden Brief Saroleas nur äußerst widerwillig und weigerte sich anschließend, die Kontroverse in seiner Zeitung fortzusetzen.[68] Aber auch George W. Ochs Oakes, der Herausgeber von *Current History*, entschied sich gegen einen Abdruck, nachdem er die Beiträge von Delbrück gelesen hatte.[69] Zu herrisch und selbstgerecht klangen in den Ohren der Briten und US-Amerikaner sogar noch aus der Feder Delbrücks (immerhin eine der selbstkritischen Stimmen des bürgerlichen Lagers im innerdeutschen Diskurs) die Angriffe gegen die Siegermächte von Versailles.

Saroleas Reaktion auf dieses Scheitern war bemerkenswert. Einerseits versuchte er Delbrück zu bewegen, seine Texte rhetorisch abzumildern:

„Personally, I thought your letters were excellent from the German point of view, but it is obvious that if you want to convert an Englishman or an American you will have to try in future to take into account the British and American mentality and even to take into ac-

[64] Briefe von Sarolea an Delbrück vom 17.8.1922 und 24.1.1923, in: Staatsbibliothek Berlin, Nl. Hans Delbrück.

[65] Hans Delbrück, „Did the Kaiser want the War?", in: *The Contemporary Review* 119/663 (1921), 322–332; James W. Headlam-Morley, „A Reply to Professor Delbrück", in: ebd., 333–345.

[66] Brief von Sarolea an Delbrück vom 6.2.1923, in: Staatsbibliothek Berlin, Nl. Hans Delbrück.

[67] Alle Manuskripte in: ebd., 118.

[68] Brief von Sarolea an Delbrück vom 13.2.1923, in: ebd.; vgl. „Germany and France – Question of national psychology – Professor Sarolea's letter to Professor Hans Delbrück", in: *The Scotsman* vom 30.1.1923, p. 6; „Germany and France – War responsibility – Professor Delbruck's reply to Professor Sarolea", in: ebd. vom 9.2.1923, p. 6.

[69] Brief von Sarolea an Delbrück vom 8.5.1923, in: Staatsbibliothek Berlin, Nl. Hans Delbrück.

count their prejudices. Political propaganda, after all, is largely a matter of applied psychology."[70]

Andererseits bot er nach der Absage des *Scotsman* die Texte der hochkonservativen britischen *Morning Post* an und setzte dabei auf ein Argument, das fraglos die Freundschaft der beiden Gelehrten schlagartig beendet hätte, wäre es Delbrück bekannt geworden:

„I am sorry that your distinguished Scotch Colleague has come to the conclusion that the Prussian Professor is so stupid that it is not worth while discussing with him. On the contrary, I believe that the very stupidity of the Prussian Professor is of great documentary value and proves that the Prussian Professors have learned nothing and forgotten nothing."[71]

Delbrück wiederum hatte sich mittlerweile (jetzt erst!) die Mühe gemacht, eine Auswahl von Saroleas neueren Schriften zu lesen, die dieser ihm zugesandt hatte. Was er darin erfahren hatte, konsternierte ihn über alle Maßen: „Soll ich mich mehr wundern über den Hass gegen Deutschland, den Sie darin zeigen, oder, dass Sie trotz dieses Hasses fähig sind, so freundlich mit mir zu verkehren und so ernst nach Gerechtigkeit zu streben?"[72] Sarolea versuchte daraufhin, Delbrück über die liberale angelsächsische Politische Kultur aufzuklären: „If you had lived in England for one month you would have learned that in this country it is not only possibly but usual to entertain the strongest political convictions without those political convictions in the least interfering with one's personal friendship." Im Übrigen bestritt er entschieden, Deutschenhass zu empfinden:

„On the contrary I have always had a temperamental affinity to the German people. And even to-day my feelings to my German Colleagues are quite as friendly as to my British Colleagues. What I have always hated and what I still hate, rightly or wrong, are the political mentality and the political system prevalent in Germany, under Prussian influence, which I still believe have been mainly responsible for the war."[73]

Als Verbündeten im Kampf gegen das „Schulddogma" konnten die deutschen Gelehrten-Intellektuellen Sarolea also abschreiben.

Es ist bittere Ironie, dass Sarolea seinen Standpunkt zu Deutschland später grundlegend neu justierte, als Troeltsch und Delbrück längst gestorben und das Streben der Vernunftrepublikaner nach Reintegration Deutschlands im Zeichen der Völkerversöhnung bereits gescheitert war. Als kämpferischer Antibolschewist und klerikaler Katholik während des Spanischen Bürger-

---

[70] Ebd.

[71] Brief von Sarolea an den Foreign Editor der Morning Post vom 9.2.1923, in: Edinburgh Univ. Library, Sarolea Coll., 83.

[72] Brief von Delbrück an Sarolea vom 19.2.1923, in: ebd.

[73] Brief von Sarolea an Delbrück vom 28.2.1923, in: Staatsbibliothek Berlin, Nl. Hans Delbrück.

kriegs ab 1936 ein publizistischer Fürsprecher der Franco-Diktatur, entwickelte Sarolea in der zweiten Hälfte der 1930er Jahre zunehmend Sympathien für den deutschen Nationalsozialismus.[74] Nun reiste er auch wieder häufiger nach Deutschland, so 1937 anlässlich des Nürnberger Parteitags der NSDAP. Über Joachim von Ribbentrop versuchte er gar (vergeblich) eine Audienz bei Adolf Hitler zu erhalten.[75]

III. „Eine sehr eingehende Analyse der Lage" – Ernst Troeltsch spricht John R. Mott

War Troeltsch an dem gelehrtenpolitischen Diskurs zur Kriegsschuldfrage eher mittelbar über die Heidelberger Vereinigung und andere Netzwerker in seinem politisch-intellektuellen Umfeld beteiligt, verfügte er über etwas exklusivere Kontakte, wo es um die kirchenpolitische Wiedereingliederung Deutschlands in die westliche Staaten- und Kulturgemeinschaft ging. „Neulich besuchte mich John Mott, mit dem ich eine lange Unterhaltung hatte", schrieb Troeltsch im Juli 1920 an Max von Baden. Mit koketter Bescheidenheit fügte er an, er habe freilich „Herrn Mott nur eine allerdings sehr eingehende Analyse der Lage geben" können.[76]

John Raleigh Mott (1865–1955) war eine der großen Figuren der protestantischen Weltmissionsbewegung in der ersten Hälfte des 20. Jahrhunderts. Zu seinen Lebzeiten war er eine solche internationale Berühmtheit, dass es staunen lässt, wie sehr er heute vergessen ist. Aufgewachsen in einer methodistischen Familie im US-Bundesstaat Iowa, hatte Mott nach eigener Schilderung nach einem spirituellen Erweckungserlebnis im Januar 1886 noch während seines Jurastudiums beschlossen, Missionar zu werden und sein weiteres Leben dem „Kingdom of Christ" zu widmen. 1888 wurde er Studentensekretär der nordamerikanischen *Young Men's Christian Association* (YMCA). Von da an war er für den Rest seines Lebens quasi unablässig auf Reisen quer durch die ganze Welt. Angeblich überquerte er mehr als hundertmal den Atlantik und vierzehnmal den Pazifik per Schiff. Als „ambassador for christ" korrespondierte er mit tausenden Menschen aller Herren Länder.[77]

Damit ist bereits deutlich, dass John R. Mott nicht der Typus des romantischen Missionars war, den es in die Dörfer der Heiden in Afrika zog. Im

---

[74] Vgl. France, Sarolea.

[75] Brief von Sarolea an Ribbentrop vom 13.8.1937, in: Edinburgh Univ. Library, Sarolea Coll., 84.

[76] Brief (Kopie) von Troeltsch an Max von Baden vom 21.7.1920, in: Sammlung der Arbeitsstelle „Ernst Troeltsch – Kritische Gesamtausgabe" an der LMU München.

[77] Vgl. im Folgenden: C. Howard Hopkins, *John R. Mott 1865–1955. A Biography*, New York 1979 (Kurztitel: Hopkins, John R. Mott).

Zeitalter der technisch-wissenschaftlichen Moderne war sein Lebensthema vielmehr die Missionierung der westlichen Gesellschaften von innen, gewissermaßen seiner eigenen Welt. Konkret ging es ihm um die Revitalisierung des protestantischen Laienchristentums im Zeichen der Ökumene – ein Vorhaben, das der YMCA-Funktionär vor allem durch die Ansprache der studentischen Jugend und der akademischen Eliten zu erreichen suchte.[78]

Auf seine Initiative wurde 1895 die *World Student Christian Federation* (WSCF) gegründet, die er bis 1928 als Generalsekretär bzw. Vorsitzender leitete. 1915 bis 1937 war er zugleich Generalsekretär bzw. Präsident des *International Committee* (ab 1926 *World Committee*) des YMCA. Damit nicht genug, war Mott Initiator der großen *World Missionary Conference* in Edinburgh 1910, die als Ausgangspunkt der ökumenischen Bewegung im 20. Jahrhundert gelten kann. Dort wurde Mott auch zum Vorsitzenden des Vorbereitungskomitees zur Gründung eines Weltmissionsrats bestimmt, dessen Arbeit (mit kriegsbedingter Verzögerung) 1921 zur Gründung des *International Missionary Council* führte, das Mott bis 1942 ebenfalls leitete. Als 1948 der Weltkirchenrat gegründet wurde, wählte er Mott zu seinem Ehrenvorsitzenden. Schon 1946 wurde sein jahrzehntelanger Einsatz für die Ökumene mit dem Friedensnobelpreis geehrt.

In dieser langen und ehrenträchtigen Laufbahn bildete indes die Europareise, die John R. Mott im Frühjahr und Sommer 1920 unternahm und in deren Verlauf es im Mai 1920 zu dem erwähnten Treffen mit Troeltsch kam, einen besonders kritischen Moment. Nicht nur galt es, die im Ersten Weltkrieg zerrissenen Netzwerke der protestantischen Weltmissionsbewegung zu reparieren, wozu Mott zwischen April und August 1920 zehn europäische Staaten (Großbritannien, Frankreich, Italien, die Niederlande, das Deutsche Reich, die Tschechoslowakei, Polen, die Schweiz, Österreich und Ungarn) bereiste.[79] Für Mott ging es persönlich auf dieser Reise auch darum, seine Führungsrolle in der Weltmission zu verteidigen, die vor allem von deutscher, aber auch von skandinavischer Seite infragegestellt wurde.

Aus der Sicht seiner Kritiker hatte es Mott während des Krieges nicht vermocht, jene politische Neutralität zu wahren, die für das inoffizielle Amt eines Weltmissionsführers angemessen erschien. Der Sündenfall des „ambassador for christ" war im Sommer 1917 eine diplomatische Mission der US-Regierung nach Russland gewesen, an der Mott auf Bitten des US-Präsidenten Woodrow Wilson teilgenommen hatte. Die Mission hatte den

---

[78] Vgl. John R. Mott, *Strategic Points in the World's Conquest. The Universities and Colleges as Related to the Progress of Christianity*, London 1897; Ders., *The Evangelization of the World in this Generation*, New York 1900; Ders., *Confronting Young Men with the Living Christ*, London 1923; Ders., *Liberating the Lay Forces of Christianity*, London 1932.

[79] Hopkins, John R. Mott, 574–594.

Auftrag gehabt, nach der Februarrevolution 1917 die Provisorische Regierung in Russland auf eine Fortsetzung ihrer Kriegsanstrengungen gegen Deutschland einzuschwören. Im Rahmen dieses Auftrags hatte Mott im Juni 1917 in Petrograd eine Rede auf dem Ersten Allrussischen Kosakenkongress gehalten.[80] Nach Kriegsende war Mott peinlich bemüht, diesen Vorfall als allein missionspolitisch motiviert darzustellen. Er habe die Chance nutzen wollen, christliche Soldaten der russischen Armee an die YMCA heranzuführen: „I saw it a very important opportunity to promote the Kingdon of Christ."[81] Dennoch verlangte 1920 etwa die *Deutsche Christliche Studentenvereinigung* (DCSV) unter Vorsitz von Paul Humburg, einem evangelischen Pastor aus Elberfeld und ehemaligen Militärgeistlichen, den Rücktritt von Mott als Generalsekretär des WSCF.[82]

Die sieben Tage, die sich Mott vom 21. bis 27. Mai 1920 in Berlin aufhielt, verbrachte er in einer fast ununterbrochenen Reihe endloser Konferenzen mit Missionsvertretern und christlichen Studentenfunktionären. Wie sich zeigte, ging das Misstrauen der Deutschen weit über Motts Russlandreise 1917 hinaus. Die nationalkonservativen Protestanten um Paul Humburg verdächtigten Mott als Agenten eines US-amerikanischen Wilson-Liberalismus, der analog zur Weltkriegsparole Wilsons nun gewissermaßen auch den Weltprotestantismus „safe for democracy" machen wollte. In einem Brief an seinen Sohn John Livingston Mott zeigte sich Mott hinterher merklich erschüttert von dem Streit mit den deutschen Christen:

> „I will not be able at this time to give any adequate idea of my visit to Germany. [...] It made a greater draft on my physical energy, my patience and self control and the springs of spiritual feeling than any one experience I have ever had. [...] I must admit also that it is impossible for those of us who belong to the victorious nations to imagine the feelings of these defeated and suffering people. [...] Every hour I was reminded of their [...] isolation and loneliness, of their long-suffering, extreme pessimism and despair. There is also an infinite amount of pent-up and at times expressed bitterness. [...] They suffer most under the impression that the rest of the world regards them as moral pariahs. All these intense feelings and conviction were concentrated on me as the representative of the Christian forces of the Allied nations. [...] Never have I passed through such an ordeal but by God's grace I believe I showed myself a Christian."[83]

Angesichts solcher Prüfungen waren die Gespräche, die Mott zwischendurch am 23. Mai mit dem Theologen Adolf Deißmann und am 24. Mai mit Ernst Troeltsch führte, vermutlich die reinste Entspannung. Hier musste er keine Rechtfertigungsreden halten, konnte vor allem zuhören und notierte viel.

---

[80] Ebd., 476–520.

[81] Vermerk von John R. Mott o.D. (1920), in: Yale Divinity School, WSCF Archives, 131–995.

[82] Hopkins, John R. Mott, 576 f.

[83] Brief John R. Mott an John Livingston Mott vom 10.6.1920, in: Yale Divinity School, John R. Mott Papers, 118–1948.

Motts handschriftliche Notate zu diesen Gesprächen sind erhalten.[84] Leider pflegte er seine Notizen in einer recht eigenwilligen Kurzschrift in winzigen Buchstaben auf kleinen, mehrfach gefalteten Papierzetteln festzuhalten, die sich heute nur noch mühsam (und unvollständig) entziffern lassen. Dennoch soll im Folgenden versucht werden, den Inhalt des Gesprächs zwischen John R. Mott und Ernst Troeltsch zu rekonstruieren.

Soweit bekannt, war das Gespräch am 24. Mai 1920 der erste und einzige direkte Kontakt zwischen Mott und Troeltsch. Eine Grundvertrautheit mit dem Wirken des jeweils Anderen kann aber für Beide angenommen werden. Troeltschs theologisches Bemühen, durch Anerkennung der religiösen Individualisierung die Substanz des Christentums mit dem modernen Pluralismus zu versöhnen, kann fast als Blaupause von Motts Aktivität zur Revitalisierung des Laienchristentums gelesen werden. Umgekehrt war Troeltsch hier bekanntlich stark beeinflusst von dem Studium des nordamerikanischen Puritanismus.[85] Religiöse und religionspolitische Fragen bildeten natürlich den Hauptinhalt des Gesprächs – wobei Motts Notat überhaupt nur die Einlassungen von Troeltsch festhält.[86]

Troeltsch begann seine Analyse demnach mit der Prognose eines Wiedererstarkens der religiösen Kräfte in Deutschland: „There will be a g[rea]t relig[ious] move[men]t". Abgeleitet wurde dies von ihm aus der Erwartung einer weiteren Verschlechterung der wirtschaftlichen Lebensbedingungen („My fear is that cond[itio]ns will go f[o]r bad") infolge der deutschen Steuerpolitik und des Versailler Vertrags („taxes + treaty provisions"). Die Reaktion darauf werde in erster Linie religiöser Natur sein: „Our main dev[elopmen]t will be in a deep relig[ious] sense." Allerdings werde der Hauptprofiteur dieser Entwicklung der politische Katholizismus sein. Nur die Zentrumspartei („the Cath[olic] Party") habe die richtige Mischung von demokratischen und konservativen Elementen:

> „They are sure of their adherents. They have a deep fondn[es]s + will [to] preserve their order. [...] [A]nd their leaders have been included in sev[eral] affairs. They have much what the others lack – authority + discipline. [...] Our people have had 5 y[ea]rs of starvation + strain. Our forces are all diminished. [...] Cond[itio]ns are such that a party w[ith] authority, strong inner feelings + discipline has g[rea]t adv[antages]."

---

[84] Notiz von Mott „Conf. with Prof. Dr. Adolf Deissmann, May 23' 20", in: ebd., 121–1984; Notiz von Mott „Conf. with Prof. Dr. Troeltsch, May 24' 20", in: ebd., 121–1987.

[85] Vgl. Ernst Troeltsch, „Die Bedeutung des Protestantismus für die Entstehung der modernen Welt", in: Ders., *Schriften zur Bedeutung des Protestantismus für die moderne Welt (1906–1913)*, hg. von Trutz Rendtorff in Zusammenarbeit mit Stefan Pautler, (Ernst Troeltsch – Kritische Gesamtausgabe, Bd. 8), Berlin/New York 2001, 183–316.

[86] Alle folgenden Zitate, soweit nicht anders angegeben, nach: Notiz von Mott „Conf. with Prof. Dr. Troeltsch, May 24' 20", in: Yale Divinity School, John R. Mott Papers, 121–1987.

Interessanterweise äußerte sich Troeltsch ganz ähnlich in dem *Spectator-Brief* „Die Aufgaben der Regierung: Kulturfragen", den er zum Zeitpunkt des Gesprächs mit Mott wohl gerade in Vorbereitung hatte (er erschien mit der Datumsangabe „5.6.1920"). Dort hieß es über die katholische Kirche:

„Sie ist bis jetzt die einzige Macht, die wirklich und dauernd durch die Revolution gewonnen hat. Rein politisch und sozial genommen ist das kein Schade; denn sie enthält eine jahrtausendalte soziale Erbweisheit und die Fähigkeit der Disziplinierung und Beruhigung; auch ist ihre Kultur und Wissenschaft gegenüber der landläufigen Art von Monismus immer noch der reine Tiefsinn."[87]

Auch dass das Zentrum politisch „wieder Trumpf" sei, hatte Troeltsch seit Sommer 1919 in den *Spectator-Briefen* immer wieder betont, dabei aber seine Skepsis gegenüber der Steuerpolitik des Reichsfinanzministers und Zentrumspolitikers Matthias Erzberger nicht verhehlt.[88]

Nach dem Katholizismus sprach Troeltsch mit Mott über das Judentum. Dabei scheint er sich deutlich weniger tolerant geäußert zu haben, als er es öffentlich in der Regel tat. Motts Notat hält fest:

„Jews: It is always a question of quantity. We can digest a few Jews but we have too many. We have had too many f[o]r l[ong] time. It is their manner[?] to bunch out[?] from Russia + Galicia. The best pass on to Fr[ance], G[rea]t B[ritain] + Am[erica] but the most of th[em] stop in Germany. It is import[ant] to remove the Jews. [...] The journalists, period[ical]s, critics, poets – all is jew[ish]. Much of our phil[osopher]s are Jews. The jewish sp[irit?] adapts O [*i.S.v.:* wholly?] to the sit[uatio]n at anytime – are cosmop[olita]n at time of cosmop[olita]n tendencies. They are not banned by an unique sp[irit?]. Jews are a g[rea]t danger for us – for much part in sp[iritua]l affairs. They are enemies of our relig[io]n [...]."

Zwar distanzierte sich Troeltsch sogleich vom politischen Antisemitismus: „Anti-semitism is the dynamite of Conservatives. Eventho[ugh] they are a danger it is madness [...]." Auch ist natürlich unklar, inwieweit Motts Notat eine adäquate Übersetzung des von Troeltsch benutzten Vokabulars darstellt. Dennoch überrascht es, wie eindeutig hier im Gespräch zwischen liberalen Protestanten die Juden als „danger for us" und „enemies of our religion" dargestellt wurden. Viele von Troeltschs Äußerungen finden sich freilich weniger scharf formuliert auch in anderen seiner Texte. Dass in Deutschland „[d]ie Literatur, vor allem Kritik, Feuilleton- und Zeitschriftenwesen [...] in den Händen der jüdischen Intelligenz" seien, dass das „Judentum [...] zu einem guten Teile die öffentliche Meinung und [...] dasjenige, was man die ästhetische Kultur Deutschlands nennen kann", bestimme – das alles hatte Troeltsch bereits im Januar 1920 im *Spectator-Brief* „Vorherrschaft des Judentums?" behauptet. Ebenso stand dort zu lesen, dass das „deutsche Judentum [...] vor dem der Weststaaten die Eigentümlichkeit [habe], daß es stärker

[87] Troeltsch, Spectator-Briefe, 309.
[88] Ebd., 136 ff. und 252 f.

von den Ostjuden bestimmt ist und immer neuen Zuzug von dort erhält. Die Ostjuden sind in ihrer Heimat Freunde und Träger deutscher Kultur [...]; aber sie drängen auch stark nach Deutschland und gehen nicht selten durch das deutsche Klärbassin hindurch, um in Paris, London und New York in die herrschende Gesellschaft aufzusteigen."[89]

Die längste Zeit sprach Troeltsch aber über Kultuspolitik. Auch hier scheint es, dass er den *Spectator-Brief* „Die Aufgaben der Regierung: Kulturfragen" bereits weitgehend im Kopf hatte. Die dort behandelten kultuspolitischen Themen wurden von ihm im Gespräch mit Mott in fast identischer Reihenfolge durchdekliniert. Er begann bei der Kirchenpolitik und informierte Mott über die Aktivitäten zur Trennung von Kirche und Staat im postrevolutionären Deutschland, wobei er seinen kirchenfreundlichen, liberalen Ansatz strikt von dem kirchenfeindlichen Etatismus der Sozialdemokraten abgrenzte. Er beklagte das Bündnis von Sozialdemokraten und Volksschullehrern, die die Religion aus der Schule verdrängen wollten. Dann verließ Troeltsch das religionspolitische Feld und kam auf die Universitäten und die ernste ökonomische Situation der deutschen Professoren zu sprechen. Er beklagte die Abschneidung der deutschen Wissenschaftler von ausländischen Büchern („The chinese wall of int[ernationa]l hatred must be overcome.") und schilderte auch die wirtschaftliche Not der deutschen Studenten. Allgemein und mit Blick auf die Reichstagswahl am 6. Juni 1920 zeigte er sich noch pessimistischer als schon in den *Spectator-Briefen*:

„It is dif[ficult] to maintain a gov[ernmen]t in G[ermany] b[e]c[ause] of Left + Right. We are in midst of class war + civil war actual or threaten[in]g. Up to this time it was poss[ible] to maintain a gov[ernmen]t – even tho[ugh] bad + weak. [...] The com[in]g elec[tio]n will deter[mine] whether we shall have a real gov[ernmen]t."

Zum Ende des Gesprächs klagte Troeltsch einmal mehr über die politische Verstocktheit der deutschen Professorenschaft:

„My colleagues are limited in most terrible sense. I was isolated b[e]c[ause] I had granted that we must have an int[ernationa]l peace. I am persecuted by the conservative el[emen]ts in the univ[ersitie]s, I insisted that we must give lead[?] to the Socialist move[men]t. The others c[oul]d not unterstand."

Motts eigene Gesprächsbeiträge sind in dem Notat nicht berücksichtigt. Sicher überliefert ist daher nur, was Troeltsch dazu im Juli 1920 an Max von Baden schrieb. Demzufolge hat Mott ihm, wohl mit Bezug auf seine Klagen über den Versailler Vertrag und gewissermaßen als Ratschlag für künftige Gespräche mit westlichen Ausländern, gesagt: „Uns kommt es auf Personen an, nicht auf große Ziffern. Wie steht Prof. Harnack zu der Sache?"[90] Ge-

---

[89] Ebd., 212 und 215.

[90] Brief von Troeltsch an Max von Baden vom 21.7.1920, in: Sammlung der Arbeitsstelle „Ernst Troeltsch – Kritische Gesamtausgabe" an der LMU München.

meint war der Theologe Adolf von Harnack, dessen Arbeiten Mott schon als Student in den 1880er Jahren gelesen hatte und den er zuletzt im Herbst 1914, kurz nach Kriegsausbruch, in Berlin gesprochen hatte. Damals hatte Harnack leidenschaftlich die deutsche Kriegsführung verteidigt.[91]

Offen ist, ob Mott auch jener „Wilsons Pariser Umgebung nah befreundeter Amerikaner“ war, den Troeltsch im November 1920 in den *Spectator-Briefen* mit den Worten zitierte: „Wir mögen in Amerika unsern Idealismus bald nicht mehr anrühren“ – dies bezogen auf das gescheiterte 14-Punkte-Programm Wilsons von Januar 1918.[92] Für eine Identifizierung dieses Gewährsmannes mit John R. Mott spricht dessen Nähe zur Wilson-Administration und zu Woodrow Wilson persönlich.[93] Dagegen spricht, dass von Mott sonst keine distanzierende Äußerung zum idealistischen Ansatz von Wilsons Außenpolitik bekannt ist. Aber es wäre dies nicht das einzige Mal, dass Troeltsch sich ein Zitat für die *Spectator-Briefe* etwas zurechtgebogen hätte.

Es sind hier drei höchst unterschiedliche Fallbeispiele skizziert worden. Und doch verweisen alle drei Fälle auf ein und dasselbe Grundproblem: Die Bemühungen der deutschen Gelehrten-Intellektuellen um eine Wiederanbahnung ihrer politisch-intellektuellen Auslandskontakte nach dem Ersten Weltkrieg gestalteten sich in aller Regel schwierig und zäh.

Dieser Befund ist an sich weder neu, noch kann er nach vier vorangegangenen Jahren eines bis dato ungekannt mörderischen Krieges überraschen. Was indes in den skizzierten Fallbeispielen zutage tritt – und was in dieser Deutlichkeit dann eben doch überrascht –, ist die Erkenntnis, wie sehr sich die deutschen Gelehrten-Intellektuellen die Wiederanbahnung des Gesprächsfadens mit ihren westlichen Kollegen selbst erschwerten durch ihr monothematisches Beharren auf einer deutschen Opferrolle. Es waren tatsächlich nicht so sehr die Nachwirkungen des Kultur- und Propagandakrieges der Intellektuellen aller Kriegsparteien seit 1914, die nach 1918 die Kommunikation so schwierig machten, als vielmehr die fortgesetzte Klage der Deutschen über die Ungerechtigkeit der Nachkriegsordnung. Mit ihrer dogmatischen Fixierung auf die Kriegsschuldfrage handelten die deutschen Professoren sich entweder so fragwürdige Bundesgenossen ein wie den rassistischen Franzosenhasser E. D. Morel, oder sie verstrickten sich in unfruchtbare Diskussionen mit auch nicht gerade hilfreichen Kollegen wie Charles Sarolea. Mit einem aufgeschlossenen und schon aus missionspolitischem Eigeninteresse

[91] Hopkins, John R. Mott, 441.

[92] Troeltsch, Spectator-Briefe, 348.

[93] Mott hatte Woodrow Wilson 1886/87 während seines Studiums an der Cornell University kennengelernt. Ein enger Kontakt erwuchs später aus ihrer Aktivität für die YMCA. Außerdem war Mott befreundet mit mehreren Beratern Wilsons, z.B mit Cleveland H. Dodge. Vgl. Hopkins, John R. Mott, 379 und 435 ff.

um Ausgleich bemühten Mann wie John R. Mott konnte Troeltsch natürlich viel eher eine gemeinsame Sprache finden. Doch auch Mott blieb distanziert gegenüber Troeltschs Klagen über den Versailler Vertrag und war insgesamt von der deutschen Empfindlichkeit erkennbar genervt. Bedenkt man noch, dass in den obigen Skizzen mit Ernst Troeltsch, Hans Delbrück und anderen der am stärksten versöhnungsbereite und am ehesten westlich orientierte Flügel des Bürgertums in Deutschland seinen Auftritt hatte, wird das ganze Ausmaß der (Selbst)Isolation der deutschen Intellektuellen in Europa nach dem Ersten Weltkrieg erahnbar.

Natürlich wären diese Fallbeispiele zu ergänzen. Troeltschs *Spectator-Briefe* bieten dazu noch zahlreiche Ansätze. Was genau etwa hatte es auf sich mit Troeltschs Kontakten zu dem französischen Literaturwissenschaftler Émile Haguenin und seiner halbamtlichen Mission in Berlin seit 1919?[94] Welches Gewicht kommt Troeltschs engem Kontakt zu deutschfreundlichen Kreisen in den Niederlanden zu, die noch aus seiner Tätigkeit für die deutsche Auslandspropaganda im Ersten Weltkrieg herrührte?[95] Und wer verbirgt sich hinter Troeltschs mysteriösen Andeutungen über Kontakte zu „eingeborenen" Indern? Bestand womöglich eine Verbindung zu der Berliner Exilgruppe der indischen Revolutionäre um Virendranath Chattopadhyaya?[96] Fest steht schon jetzt: Die Troeltsch-Forschung wird auch nach der Fertigstellung der *Kritischen Gesamtausgabe* noch einen Beitrag zur Erforschung der deutschen und europäischen Kulturgeschichte im 20. Jahrhundert zu leisten haben.

---

[94] Vgl. Troeltsch, Spectator-Briefe, 227 (Anm. 17).
[95] Vgl. ebd., 158 (Anm. 1), 523 (Anm. 1), 532 (Anm. 16) und 533 (Anm. 17).
[96] Vgl. ebd., 242 (Anm. 7).

Verzeichnisse und Register

Kurzbiographien der Autorinnen und Autoren

Barbara Beßlich, Professorin für Neuere deutsche Literatur an der Universität Heidelberg. Forschungsschwerpunkte: Literatur und Geschichte, Literatur der Klassischen Moderne. Monographien: Wege in den ‚Kulturkrieg'. Zivilisationskritik in Deutschland 1890–1914 (2000); Faszination des Verfalls. Thomas Mann und Oswald Spengler (2002); Der deutsche Napoleon-Mythos. Literatur und Erinnerung 1800–1945 (2008). Herausgaben: Wende des Erinnerns? Geschichtskonstruktionen in der deutschen Literatur nach 1989 (2006); Arthur Schnitzler und der Film (2010); „Schöpferische Restauration". Traditionsverhalten in der Literatur der Klassischen Moderne (2014).

Reinhard Blänkner. Professor für Neuere Geschichte und Kulturgeschichte an der Europa-Universität Viadrina, Frankfurt (Oder). Aktuelle Forschungsschwerpunkte: Neuständische Vergesellschaftung im globalen Kontext 1750-1850; Globalisierung und Geschichtstheorie; Theorie und historische Analyse institutioneller Mechanismen politisch-sozialer Ordnungen. Publikationen u.a.: (Hg.), Heinrich von Kleists Novelle ‚Die Verlobung in St. Domingo'. Literatur und Politik im globalen Kontext um 1800 (2013); ‚Absolutismus'. Eine begriffsgeschichtliche Studie zur politischen Theorie und zur Geschichtswissenschaft in Deutschland, 1830-1870 (2., um eine Vorbemerkung erg. Aufl. 2011); (Mithg.) Salons und Musenhöfe. Neuständische Geselligkeit in Berlin und in der Mark Brandenburg um 1800 (2009).

Hinnerk Bruhns (geb. 1943). Directeur de recherche émérite au CNRS, Mitglied des Centre de recherches historiques EHESS/CNRS. Promotion 1973 in Alter Geschichte an der Universität zu Köln. Lehrtätigkeiten v.a. an den Universitäten Aix-en-Provence, Bochum, École des Hautes Études en Sciences Sociales (Paris) und an der École normale supérieure Cachan. Wissenschaftsverwaltung im DAAD (1979–1984), am CNRS (1985–1997) und an der Fondation Maison des Sciences de l'Homme (1997–2010). Gründer und Redaktionsleiter der Zeitschrift „Trivium. Deutsch-französische Zeitschrift für Geistes- und Sozialwissenschaften". Auswahl von Publikationen: (Mithg.) Parenté et stratégies familiales dans l'Antiquité Romaine (1990); (Mithg.) Max Weber und die Stadt im Kulturvergleich (2000); (Hg.) Histoire et économie politique en Allemagne de Gustav Schmoller à Max Weber (2004); (Mithg.) Max Weber et le politique (2009); Max Webers historische Sozialökonomie (2014).

Roger Chickering (geb. 1942). Professor em. für Geschichte. Er studierte europäische Geschichte an der Cornell University und promovierte im selben Fach an der Stanford University. 1968–93 lehrte er an der University of Oregon, 1993–2010 am BWM Center for German and European Studies an der Georgetown University. Unter seinen Veröffentlichungen sind: Imperial Germany and a World Without War: The Peace Movement and German Society, 1892–1914 (1975); We Men Who Feel Most German: A Cultural Study of the Pan-German League, 1886–1914 (1984); Karl Lamprecht: A German Academic Life (1856–1915) (1993); The Great War and Urban Life in Germany: Freiburg, 1914–1918 (2007, dt. 2009). Seit 2010 ist er emeritiert und lebt wieder in Oregon.

Bożena Chołuj. Professorin für Deutsche Literatur des 19. und 20. Jahrhunderts an der Universität Warschau und Professorin für Deutsch-Polnische Literatur- und Kulturbeziehungen und Gender Studies an der Europa-Universität Viadrina, Frankfurt (Oder). 1996 gründete sie an der Universität Warschau Gender Studies, die sie bis heute leitet. An der Europa Universität Viadrina gründete sie 2011 den BA-Studiengang Interkulturelle Germanistik. Aktuelle Forschungsbereiche: deutsche und polnische Literaturgeschichte, Gender Studies, Wissenschaftsgeschichte und Wissenschaftstheorie. Publikationen: Deutsche Schriftsteller im Banne der Novemberrevolution 1918 (Bernhard Kellermann, Lion Feuchtwanger, Ernst Toller, Erich Mühsam, Franz Jung) (1991); Enge in deutschen Prosawerken vom Ende des 19. Jhs. bis zur Gegenwart (1999); Mit- und Herausgeberin von: Die Konstruktion des Anderen in Mitteleuropa. Diskurse, politische Strategien und soziale Praxis (2001); Von der wissenschaftlichen Tatsache zur Wissensproduktion. Ludwik Fleck und seine Bedeutung für die Wissenschaft und Praxis (2007, poln. 2013); Europa-Studien. Eine Einführung (2. Aufl. 2013) und des deutsch-polnischen Übersetzungsjahrbuches OderÜbersetzen, das sie 2011 gegründet hat.

Christoph Cornelißen, seit 2012 Professor für Neueste Geschichte an der Goethe-Universität Frankfurt a. M.; vorher Professor für Neueste und Neueste Geschichte an den Universitäten Kiel (2003-11) und Düsseldorf (2012); Gastprofessuren an der London School of Economics und der Universitá di Bologna. Wichtigste Veröffentlichungen: Das „Innere Kabinett“. Die höhere Beamtenschaft und der Aufbau des Wohlfahrtsstaates in Großbritannien 1893-1919 (1996); Gerhard Ritter. Geschichtswissenschaft und Politik im 20. Jahrhundert (2001); (Hg.) Geschichtswissenschaften. Eine Einführung (4. Aufl. 2009); (Mithg.) Erinnerungskulturen. Deutschland, Italien und Japan im Vergleich (2. Aufl. 2005); (Mithg.) Il decennio rosso. Contestazione sociale e conflitto politico in Germania e in Italia negli anni Sessanta e Settanta (2012). Gegenwärtiger Forschungsschwerpunkt: Geschichte Europas im 20. Jahrhundert.

Sérgio da Mata (geb. 1968). Professor für Historiographiegeschichte an der Universidade Federal de Ouro Preto (Brasilien). Studium und Magister in Belo Horizonte (1986–1996), Promotion in Köln (1999–2002), seit 2005 Professur. Er erhielt Stipendien des Deutschen Akademischen Austauschdienstes und der Alexander von Humboldt Stiftung, übersetzte Essays von Leopold von Ranke, Ernst Troeltsch, Heinrich Rickert, Johan Huizinga und Helmuth Plessner ins Portugiesische. Forschungsgebiete: Deutsche Historiographiegeschichte des 19. und 20. Jahrhunderts, deutsche Ideen- und Intellektuellengeschichte, deutsch-brasilianische Beziehungen auf dem Feld der Geschichtswissenschaft. Buchveröffentlichungen: Chão de Deus (2002); História e Religião (2013); A fascinação weberiana. As origens da obra de Max Weber (2013).

Dittmar Dahlmann (geb. 1949). Professor em. für Osteuropäische Geschichte. Studium der Geschichte und Philosophie an der Universität Düsseldorf, Promotion im Fach

Osteuropäische Geschichte 1983, 1980–1988 Mitarbeiter an der Max Weber-Gesamtausgabe; 1988–1990 Habilitationsstipendium der DFG; 1990–1996 Leiter der Forschungsstelle für Geschichte und Kultur der Deutschen in Russland an der Albert-Ludwigs-Universität Freiburg/Br., 1996–2015 Inhaber des Lehrstuhls für Osteuropäische Geschichte an der Rheinischen Friedrich-Wilhelms-Universität Bonn. Forschungsschwerpunkte: Unternehmer im Russischen Reich, Wissenschaftsgeschichte im 18. Jahrhundert, Sportgeschichte, Migrationsgeschichte. Zuletzt publiziert: Sibirien vom 16. Jahrhundert bis zur Gegenwart (2009); (Mithg.) Überall ist der Ball rund. Geschichte und Gegenwart des Fußballs in Ost- und Südosteuropa, 3 Bde. (2006–2011); (Mithg.) Carl Heinrich Merck, Das sibirisch-amerikanische Tagebuch aus den Jahren 1788–1791 (2009); (Mithg.) Carl Heinrich Merck, „Beschreibung der Tschucktschi, von ihren Gebräuchen und Lebensart" sowie weitere Berichte und Materialien (2014).

Christof Dipper (geb. 1943). Professor em. für Neuere und Neueste Geschichte, Technische Universität Darmstadt. 1972 Promotion in Heidelberg (bei R. Koselleck), Habilitation 1980 in Trier (bei W. Schieder), 1980-85 Lehrstuhlvertretung W. J. Mommsen, Düsseldorf. Heisenberg-Stipendiat, 1998/99 Stipendiat am Historischen Kolleg München, 2000 Gastprofessor Hebrew University Jerusalem, 2008/09 Senior Fellow am FRIAS-Kolleg Freiburg. Ein aktueller Forschungsschwerpunkt ist die Konzeption und Geschichte der Moderne. Publikationen dazu siehe: http://www.geschichte.tu-darmstadt.de/ index.php?id=3421&L=0%252520.

Walter Erhart (geb. 1959). Professor für Germanistische Literaturwissenschaft an der Universität Bielefeld. Studium der Germanistik, Philosophie und Geschichte in Tübingen und St. Louis/USA. Promotion 1990 an der Universität Tübingen, Habilitation 1996 an der Universität Göttingen. 1997-2007 Professor für Deutsche Literaturwissenschaft und Literaturtheorie an der Universität Greifswald. Gastprofessuren an der Universität Debrecen (Ungarn) und in den USA (Washington University in St. Louis, University of Kansas in Lawrence/Kansas, University of Washington in Seattle). Forschungsschwerpunkte: Deutsche Literatur vom 18. bis zum 20. Jahrhundert, Literaturtheorie, Gender Studies, Reiseliteratur, Wissenschaftsgeschichte. Seit 2001 Mitherausgeber des Internationalen Archivs für Sozialgeschichte der deutschen Literatur. Publikation u.a.: Familienmänner. Über den literarischen Ursprung moderner Männlichkeit (2001); (Hg.) Grenzen der Germanistik. Rephilologisierung oder Erweiterung? (2004); Wolfgang Koeppen. Das Scheitern moderner Literatur (2012); Neil Young (2015).

Wolf Feuerhahn (geb. 1973) ist ständiger Forscher am Centre Alexandre Koyré, Histoire des sciences et des techniques des CNRS in Paris und Herausgeber der Revue d'histoire des sciences humaines. Er ist Wissenschaftshistoriker und arbeitet über die soziale und politische Geschichte der Teilung des Wissens in Europa (18.–21. Jahrhundert). In diesem Rahmen entwickelt er eine transnationale historische Semantik. Publikationen: (Mithg.) La fabrique ìnternationale de la science. Les congrès scientifiques internationaux 1870-1945, Revue germanique internationale (12/2010); (Mithg.) Les sciences de l'homme à l'âge du neurone, Revue d'histoire des sciences humaines (25/2011); Max Weber, Problèmes logiques des sciences historiques de la culture, introduit, traduit et annoté par W. Feuerhahn (2015, im Druck).

Friedrich Wilhelm Graf (geb. 1948). Professor em. für Systematische Theologie und Ethik. Studierte von 1968 bis 1972 Evangelische Theologie, Philosophie und Geschichte in Wuppertal, Tübingen und München. Ordinarius für Systematische Theologie und Ethik an der Universität München (1999-2014), zuvor lehrte er an der Universität Augsburg (1988-1992; 1996-1999) und der Universität der Bundeswehr in Hamburg (1992-1996). Er war Fellow am Max-Weber-Kolleg der Universität Erfurt (1998/99), Stipendiat des Historischen Kollegs München (2003/04), Fellow am Wissenschaftskolleg zu Berlin, Institute for Advanced Study (2006/07). Er ist Visiting Professor der Seigakuin University in Tokyo (seit 2000), Ordentliches Mitglied der Bayerischen Akademie der Wissenschaften (seit 2001), Research Fellow der University of Pretoria (seit 2001). Auszeichnungen: Leibniz-Preis der Deutschen Forschungsgemeinschaft (1999) und theologische Ehrendoktorwürde der Aarhus University, Dänemark (2010). Herausgeber der „Ernst Troeltsch – Kritische Gesamtausgabe". Neuere Publikationen in Auswahl: Die Wiederkehr der Götter. Religion in der modernen Kultur (erw. Neuaufl. 2007); (Hg.) Klassiker der Theologie, 2 Bde. (2005); Der Protestantismus. Geschichte und Gegenwart (2. Aufl. 2010); Missbrauchte Götter. Zum Menschenbilderstreit in der Moderne (2009); Der heilige Zeitgeist. Studien zur Ideengeschichte der protestantischen Theologie in der Weimarer Republik (2011); Götter global. Wie die Welt zum Supermarkt der Religionen wird (2014); Fachmenschenfreundschaft. Studien zu Troeltsch und Weber (2014).

Edith Hanke (geb. 1962). Generalredakteurin der Max Weber-Gesamtausgabe (MWG), Bayerische Akademie der Wissenschaften, München. 1990 Promotion bei Wilhelm Hennis in Freiburg; 1990-92 Mitarbeiterin der MWG in Düsseldorf bei Wolfgang J. Mommsen; seit 1992 Redakteurin und seit 2005 Generalredakteurin der MWG in München. Arbeiten zur Bedeutung Leo N. Tolstois für die deutsche Kulturdebatte um 1900, Herausgeberin der Herrschaftssoziologie Max Webers (MWG I/22-4) und Mitherausgeberin von Webers Wirtschaft und Gesellschaft. Soziologie (MWG I/23), Mitglied des Editorial Board der Max Weber Studies. Aktueller Forschungsschwerpunkt: die weltweite Rezeption Max Webers.

Wolfgang Hardtwig (geb. 1944). Professor für Neuere Geschichte an der Universität Erlangen (1985-1991) und an der Humboldt-Universität Berlin (1991-2010). Gastsemester an der Emory University Atlanta, USA (1987), Fellow am Institute for Advanced Study in Princeton (1992/93) und am Historischen Kolleg München (2000/01). Mitherausgeber von Geschichte und Gesellschaft. Wichtige Publikationen: Geschichtsschreibung zwischen Alteuropa und moderner Welt – Jacob Burckhardt in seiner Zeit (1974); Geschichtskultur und Wissenschaft (1990); Vormärz – Der monarchische Staat und das Bürgertum (4. Aufl. 1997); Nationalismus und Bürgertum in Deutschland, 1500-1914. Ausgewählte Aufsätze (1994); Genossenschaft, Sekte, Verein in Deutschland. Vom Spätmittelalter bis zur Französischen Revolution (1997); Hochkultur des bürgerlichen Zeitalters (2005); Macht, Emotion und Geselligkeit. Studien zur Soziabilität in Deutschland (2009); Politische Kultur der Moderne. Ausgewählte Aufsätze (2010); Deutsche Geschichtskultur im 19. und 20. Jahrhundert (2013). Herausgeber zahlreicher Sammelbände zur Geschichte von Historiographie und Geschichtskultur. Aktueller Forschungsschwerpunkt: Politische Kulturgeschichte Deutschlands 1870-1945.

Beate Henn-Memmesheimer (geb. 1947). Professorin em. für Germanistische Linguistik, Universität Mannheim. Studium Germanistik, Latein und Philosophie in Heidelberg und Düsseldorf, ab 1972 Wissenschaftliche Assistentin im Fach Germanistische Linguistik an der Universität Duisburg, Habilitation 1985 mit einer Schrift über Nonstandard-Syntax; Lehre an verschiedenen Universitäten, seit 1991 in Mannheim, 1992–2001 Graduiertenkolleg „Dynamik der Substandardvarietäten" mit Kollegen aus den philologischen Fächern der Universität Heidelberg; Projekt im Heidelberg-Mannheimer SFB „Sprache und Situation". Forschungsschwerpunkte: Sprachvarianz und Sprachentwicklung, kulturelle und soziale Differenzierung. Veröffentlichungen z.B.: Sprachliche Varianz als Ergebnis von Handlungswahl (1998); „Sprachliche Innovationen als Ready-made. Zur Soziologie und Semantik sprachlicher Varianten" (2008); Die Ordnung des Standard und die Differenzierung der Diskurse (2009); „Ephemera and Tradition-Founding Grammatical Constructions: Staging and Acceptance" (2010); „Zur Dynamik eines Sprachbildes: Nachhaltig" (2012); „Sprechen über Emotionen und Gefühle: neurobiologisch und alltagssprachlich – Das Beispiel Angst" (2012); „Wahrnehmung und Leugnung von Historizität in Diskursen über romantisch im Kontext von Liebe" (2015).

Christian Hörnlein. Doktorand. Studium der Geschichtswissenschaft und Philosophie an der Universität Bielefeld. Von 2009 bis 2014 war er Akademischer Mitarbeiter am Lehrstuhl für Vergleichende Kulturgeschichte der Neuzeit an der Europa-Universität Viadrina, Frankfurt/Oder. Er schreibt eine Dissertation zum Thema politischer Konversionen im Wilhelminischen Kaiserreich und verbindet damit seine Interessenschwerpunkte Geschichte des politischen Denkens und Deutsche Geschichte im 19. und 20. Jahrhundert.

Dieter Langewiesche. Professor em. für neuere Geschichte, Universität Tübingen. 1997–2000 als Prorektor am Aufbau der Universität Erfurt beteiligt, zuvor Mitglied im Wissenschaftsrat. Mitglied der Leopoldina und der Heidelberger Akademie der Wissenschaften. 1996 Gottfried Wilhelm Leibniz-Preis der Deutschen Forschungsgemeinschaft. Forschungsschwerpunkte: Europäische Geschichte des 19. und 20. Jahrhunderts, insbesondere Nationsbildung und Krieg, Geschichte von Liberalismus und Bürgertum, Arbeiterbewegung und Arbeiterkultur, europäische Revolutionen im 19. Jahrhundert, Universitäts- und Bildungsgeschichte, Geschichte des Geschichtsdenkens. Weitere Informationen: http://www.uni-tuebingen.de/?id=4413.

Friedrich Lenger, seit 1999 Professor für Mittlere und Neuere Geschichte an der Justus-Liebig-Universität Gießen; Gastprofessuren am St Antony`s College in Oxford und der Georgetown University in Washington, DC. Wichtigste Veröffentlichungen: Zwischen Kleinbürgertum und Proletariat. Studien zur Sozialgeschichte der Düsseldorfer Handwerker, 1816–1878 (1986); Werner Sombart (1863–1941). Eine Biographie (3. Aufl. 2012); Industrielle Revolution und Nationalstaatsgründung (1849–1870er Jahre) (= Gebhardt. Handbuch der Deutschen Geschichte, Bd. 15) (2003); Metropolen der Moderne. Eine europäische Stadtgeschichte seit 1850 (2. Aufl. 2014). Gegenwärtiger Forschungsschwerpunkt: Geschichte und Theorie des globalen Kapitalismus.

Barbara Picht (geb. 1970). Wissenschaftliche Mitarbeiterin an der Europa-Universität Viadrina in Frankfurt/Oder. Studium der Philosophie und Geschichte in München und Berlin, 2006 Promotion an der Freien Universität Berlin, 2009 Ernst-Cassirer-Gastprofessur an der Universität Hamburg. Forschungsschwerpunkte: Europäische Kulturwissenschaften im Konfliktfeld des Kalten Krieges (Habilitationsprojekt), Wissenschafts- und Intellektuellengeschichte, deutsch-jüdische Kulturgeschichte. Monographie: Erzwungener Ausweg. Hermann Broch, Erwin Panofsky und Ernst Kantorowicz im Princetoner Exil (2008).

Lutz Raphael. Professor für Neuere und Neueste Geschichte an der Universität Trier. Aktuelle Forschungsschwerpunkte: Geschichte Europas im 20. Jahrhundert, Geschichte der modernen Geschichtswissenschaften. Publikationen: (Mithg.) Atlas of European Historiography. The Making of a Profession 1800–2005 (2010); Geschichtswissenschaft im Zeitalter der Extreme. Hauptwerke und Hauptströmungen von 1900 bis zur Gegenwart (2. Aufl. 2009); Imperiale Gewalt und mobilisierte Nation. Europa 1914–1945 (2011); zusammen mit Anselm Doering-Manteuffel: Nach dem Boom. Zeitgeschichte Westeuropas seit 1970 (2. Aufl. 2011).

Guenther Roth (geb. 1931). Ph.D., University of California, Berkeley 1960. Zuletzt Professor of Sociology, Columbia University. Buchpublikationen: The Social Democrats in Imperial Germany (1963); (mit Reinhard Bendix) Scholarship and Partisanship (1971); (mit Wolfgang Schluchter) Max Weber's Vision of History (1979); Politische Herrschaft und persönliche Freiheit (1987); Max Webers deutsch-englische Familiengeschichte 1800–1950 (2001); Edgar Jaffé, Else von Richthofen and Their Children (2012); Hg. (mit Claus Wittich) der englischen Gesamtausgabe von Max Webers Wirtschaft und Gesellschaft (1968–2013).

Karl Schlögel (geb. 1948). Professor em. für Osteuropäische Geschichte. Studium der Philosophie, Soziologie und Osteuropäischen Geschichte an der Freien Universität Berlin, Moskau und Leningrad, Professur für Osteuropäische Geschichte zuerst in Konstanz, dann an der Viadrina in Frankfurt/Oder. Forschungsschwerpunkte: Russische Geschichte im 20. Jahrhundert, Stadtgeschichte, Diaspora- und Migrationsgeschichte. Zu seinen Publikationen zählen: Terror und Traum, Moskau 1937 (2008); Im Raume lesen wir die Zeit (2003); Archäologie des Kommunismus (2014).

Wolfgang Schwentker (geb. 1953). Professor für vergleichende Kultur- und Ideengeschichte an der Universität Osaka. Mitherausgeber der Neuen Fischer Weltgeschichte. Veröffentlichungen u.a.: Max Weber in Japan. Eine Untersuchung zur Wirkungsgeschichte, 1905-1995 (1998; jap. 2013 in 2. Aufl.); Die Samurai (3. Aufl. 2008; span. 2015 in 2. Aufl.); (Hg.) Megastädte im 20. Jahrhundert (2. Aufl. 2008); (Mithg.) The Power of Memory in Modern Japan (2008); (Mithg.) Geschichtsdenken im modernen Japan. Eine kommentierte Quellensammlung (2015).

Max Spohn (geb. 1980). Doktorand. Studium der Geschichte, Romanistik und Europastudien in Wien, Berlin und Frankfurt/Oder. Seit 2013 Stipendiat der Hanns-Seidel Stiftung am Zentrum für Interdisziplinäre Polenstudien (ZIP) der Europa-Universität Viadrina Frankfurt/Oder. Dort schreibt eine Dissertation über den Soziologen Stefan Czarnowski (1879–1937) als polnisch-deutsch-französische Wissensgeschichte.

Benedikt Stuchtey. Professor für Neuere und Neueste Geschichte an der Universität Marburg. Studium der Philosophie, Germanistik und Geschichte in Münster, Freiburg und Trinity College Dublin; Examen und Promotion in Freiburg, Habilitation in Konstanz; 2004 bis 2013 Stv. Direktor des Deutschen Historischen Instituts in London; Gastprofessuren an der Universität Basel (2012/13) und Jawaharlal Nehru University New Delhi (2015). Forschungsschwerpunkte: Geschichte des Kolonialismus und Imperialismus. Publikationen u.a.: (Hg.) Science across the European Empires, 1800-1950 (2005); Die europäische Expansion und ihre Feinde. Kolonialismuskritik vom 18. bis in das 20. Jahrhundert (2010); Geschichte Irlands (2012).

Klaus Weber. Professor für Europäische Wirtschafts-und Sozialgeschichte an der Viadrina in Frankfurt/Oder. Studium der Geschichte und Philosophie sowie Promotion in Hamburg; 2002/03 Research Fellow an der National University of Ireland in Galway; 2004 bis 2009 Research Fellow am Rothschild Archive London und an der University of London; 2010/11 wissenschaftlicher Mitarbeiter am Institut für die Geschichte der Deutschen Juden in Hamburg. Forschungsschwerpunkte: Arbeitsregime, Wohlfahrtsregime. Publikationen u.a.: (Mithg.) Religion und Philanthropie in den europäischen Zivilgesellschaften. Entwicklungen im 19. und 20. Jahrhundert (2009); (zusammen mit Jochen Meissner und Ulrich Mücke) Schwarzes Amerika. Eine Geschichte der Sklaverei (2008).

Nikolai Wehrs (geb. 1978). Wissenschaftlicher Mitarbeiter im Fachbereich Geschichte und Soziologie (Arbeitsbereich für Zeitgeschichte) der Universität Konstanz. Studium der Geschichte und Literaturwissenschaften in Freiburg und Berlin. 2012 wurde er an der Humboldt-Universität zu Berlin promoviert. Er arbeitete am Zentrum für Zeithistorische Forschung Potsdam und an der Arbeitsstelle der „Kritischen Gesamtausgabe Ernst Troeltsch“ an der Kulturwissenschaftlichen Fakultät der Europa-Universität Viadrina in Frankfurt/Oder. Forschungsschwerpunkte: Geschichte der Zwischenkriegszeit und der Bundesrepublik Deutschland, Wissenschafts- und Universitätsgeschichte und die neuere Intellectual History. Veröffentlichungen u.a.: (Mitarb.) Ernst Troeltsch, Spectator-Briefe und Berliner Briefe (1919–1922), hg. von Gangolf Hübinger (2015); Protest der Professoren. Der Bund Freiheit der Wissenschaft in den 1970er Jahren (2014).

Meike G. Werner. Professorin für German and European Studies an der Vanderbilt University (Nashville). Studium der Germanistik, Geschichte und Erziehungswissenschaften an der Universität Tübingen, Washington University (St. Louis) und Yale University, Professorin für German and European Studies zuerst an der Brandeis University (Boston), dann an der Vanderbilt University (Nashville), dort Chair des Department of Germanic and Slavic Languages. Forschungsschwerpunkte: Deutsche Literatur und Kultur des 19. und 20. Jahrhunderts, Print Culture, Intellektuellen- und Wissenschaftsgeschichte. Zu ihren Publikationen zählen: (Mithg.) Romantik, Revolution und Reform. Der Eugen Diederichs Verlag im Epochenkontext 1900-1949 (1999); Karl Korsch-Briefe, Bd. 8 (2001); German Literature, Jewish Critics (2002); Moderne in der Provinz (2003); Eduard Berend und Heinrich Meyer Briefwechsel 1938–1972 (2013). Sie ist die Mitherausgeberin der Wilhelm Flitner-Korrespondenzen.

Abkürzungen

AfSSp	Archiv für Sozialwissenschaft und Sozialpolitik
ANPUH	Associação Nacional de História (Brasilien)
AWG	Alfred Weber Gesamtausgabe
BMBF	Bundesministerium für Bildung und Forschung
BSB	Bayerische Staatsbibliothek
cf.	confer (vergleiche)
CNPq	Conselho Nacional de Desenvolvimento Científico e Tecnológico (Brasilien)
Coll.	Collection
CNRS	Centre national de la recherche scientifique
DCSV	Deutsche Christliche Studentenvereinigung
DDP	Deutsche Demokratische Partei
DFG	Deutsche Forschungsgemeinschaft
DGS	Deutsche Gesellschaft für Soziologie
DWDS	Digitales Wörterbuch der deutschen Sprache
EGO	Europäische Geschichte Online
EKHN	Evangelische Kirche in Hessen und Nassau
E.S.C.	Économies, Sociétés, Civilisations
GdS	Grundriß der Sozialökonomik
GS	Gesammelte Schriften
HAB	Herzog August Bibliothek (in Wolfenbüttel)
IASL	Internationales Archiv für Sozialgeschichte der deutschen Literatur
IBZ	Internationale Bibliographie der geistes- und sozialwissenschaftlichen Zeitschriftenliteratur
IEG	Institute of European History
ILO	International Labour Office
ITA	Instituto Tecnológico de Aeronáutica (Brasilien)

KPD	Kommunistische Partei Deutschlands
LBI	Leo Baeck Institute
LSE	London School of Economics and Political Science
LMU	Ludwig-Maximilians-Universität München
MAN	Musée des Antiquités Nationales
MEW	Marx-Engels-Werke
MWG	Max Weber-Gesamtausgabe
ND	Narodowa Demokracja (Nationale Demokratie, Polen)
NRO	Nichtregierungsorganisation
PRL	Polska Rzeczpospolita Ludowa (Polnische Volksrepublik)
PSF	Polskie Stowarzyszenie Feministyczene (Polnischer Feministischer Verein)
PT	Partido dos Trabalhadores (Arbeiterpartei in Brasilien)
PZPR	Polska Zjednoczona Partia Robotnicza (Polnische Vereinigte Arbeiterpartei)
RevZA	Geschichte des Revolutionszeitalters
S. K. H.	Seine Königliche Hoheit
SUB	Staats- und Universitätsbibliothek Hamburg
UDC	Union of Democratic Control (Großbritannien)
USPD	Unabhängige Sozialdemokratische Partei Deutschlands
VR	Volksrepublik
WSCF	World Student Christian Federation
WSI	Wirtschafts- und Sozialwissenschaftliches Institut der Hans-Böckler-Stiftung
YMCA	Young Men's Christian Association

Personenregister

Aufgenommen sind im Haupttext genannte Personen. Im Anmerkungsapparat genannte Personen und Autoren (kursive Seitenzahlen) sind nur in Auswahl aufgenommen: wenn sie bereits im Haupttext genannt sind, wenn sie in mehreren Beiträgen vorkommen oder es sich um die Autorinnen und Autoren des Bandes handelt. Bei ihnen wird auch ihre Herausgeberschaft berücksichtigt.